암기법 있는
전기기능사 필기

이한철 · 이명근 공저

이론편

피앤피북

머리말

이 책을 우연히 손에든 [전기기능사] 필기 지망생 여러분 반갑습니다.

영어 선생님이셨던 아버님을 뒤를 따라 영어 교사가 되고 싶었는데 시험에 낙방하여 전기과를 택했고, 전기 공부를 하기 싫어서 그만두고자 했을 때 "공부는 못해도 학교 졸업장이나 따두라"고 하셨던 어머님의 격려(?)에 간신히 학교를 마친 것과 이 글을 읽고 있는 여러분과 마음이 통한 것은 아닌지요?

세균학을 연구하던 플레밍이 페니실린을 발견한 것도 몇 차례에 걸친 우연에 의한 것처럼 여러분이 전기에 관심을 가지고 공부를 시작하는 것도, 인문계를 가고 싶었는데 성적이나 또는 친구 따라서 또는 선생님의 권유에 따라 전기를 택한 여러 학생들도 우연에 의한 성공이 시작되었다는 점을 믿습니다.

앞으로 10년 후의 세상은 어떻게 변할까요?

로봇이나 AI 컴퓨터가 인간의 영역을 대신하게 됩니다.

미래 직업으로서의 전기는 어떨까요? 이제 곧 투명 태양광 판넬이 대량으로 생산됩니다. 태양에너지로부터 받는 전기 에너지 효율도 좋아져 모든 건물의 유리가 태양광 유리로 바뀌고 관리를 [전기기술자]가 하게 됩니다. 자동차도 전기 차와 태양광 차로 바뀌게 됩니다.

전기 직종은 계속 발전해 나갈 것입니다. 여러분, 힘을 내시고 즐거운 마음으로 공부하고 [전기기능사]자격증을 꼭 취득하시길 바랍니다.

이 책은 3가지 중요한 점을 가집니다.

첫째 : 여러분이 계산기를 사용하여 문제를 풀 수 있도록 하였습니다.

둘째 : 공부를 할 때 쉽게 암기할 수 있도록 암기법을 적어 놓았습니다.

셋째 : 이론 설명과 과년도 문제를 연계해 놓았습니다.

책이 나올 때 까지 도와주고 격려해 주신 모든 분들께 감사를 드리고, 끝으로 이렇게 좋은 책을 낼 수 있도록 해주신 피앤피북 출판사 대표님과 임직원분들에게 깊은 감사를 드립니다.

2025년 봄

저자 이 한 철

출제기준

시험 과목	출제 문제수	출제기준	
		주요항목	세부항목
전기이론	20	1. 정전기와 콘덴서	① 전기의 본질 ② 정전기의 성질 및 특수현상 ③ 콘덴서 ④ 전기장과 전위
		2. 자기의 성질과 전류에 의한 자기장	① 자석에 의한 자기현상 ② 전류에 의한 자기현상 ③ 자기 회로
		3. 전자력과 전자유도	① 전자력 ② 전자유도
		4. 직류 회로	① 전압과 전류 ② 전지저항
		5. 교류 회로	① 정현파 교류 회로 ② 3상 교류 회로 ③ 비정현파 교류 회로
		6. 전류의 열작용과 화학작용	① 전류의 열작용 ② 전류의 화학작용
전기기기	20	7. 변압기	① 변압기의 구조와 원리 ② 변압기 이론 및 특성 ③ 변압기 결선 ④ 변압기 병렬운전 ⑤ 변압기 시험 및 보수
		8. 직류기	① 직류기의 원리와 구조 ② 직류 발전기의 이론 및 특성 ③ 직류 전동기의 이론 및 특성 ④ 직류 전동기의 특성 및 용도 ⑤ 직류기의 시험법
		9. 유도 전동기	① 유도 전동기의 원리와 구조 ② 유도 전동기의 속도제어 및 용도
		10. 동기기	① 동기기의 원리와 구조 ② 동기 발전기의 이론 및 특성 ③ 동기 발전기의 병렬운전 ④ 동기 발전기의 운전
		11. 정류기 및 제어기기	① 정류용 반도체 소자 ② 각종 정류회로 및 특성 ③ 제어 정류기 ④ 사이리스터의 응용 회로 ⑤ 제어기 및 제어장치
		12. 보호계전기	① 보호계전기의 종류 및 특성
전기설비	20	13. 배선재료 및 공구	① 전신 및 케이블 ② 배선재료 ③ 전기설비에 관련된 공구
		14. 전선접속	① 전선의 피복 벗기기 ② 전선의 각종 접속방법 ③ 전선과 기구단자와의 접속
		15. 배선설비공사 및 전선허용전류 계산	① 전선관 시스템 ② 케이블 트렁킹 시스템 ③ 케이블 덕팅 시스템 ④ 케이블 트레이 시스템 ⑤ 케이블 공사 ⑥ 저압 옥내배선 공사 ⑦ 특고압 옥내배선 공사 ⑧ 전선 허용전류
		16. 전선 및 기계기구의 보안공사	① 전선 및 전선로의 보안 ② 과전류 차단기 설치공사 ③ 각종 전기기기 설치 및 보안공사 ④ 접지공사 ⑤ 피뢰기 설치공사
		17. 가공 인입선 및 배전반 공사	① 가공 인입선 공사 ② 배전선로용 재료와 기구 ③ 장주, 건주 및 가선 ④ 주상기기의 설치
		18. 고압 및 저압 배전반 공사	① 배전반 공사 ② 분전반 공사
		19. 특수 장소 공사	① 먼지가 많은 장소의 공사 ② 위험물이 있는 곳의 공사 ③ 가연성 가스가 있는 곳의 공사 ④ 부식성 가스가 있는 곳의 공사 ⑤ 흥행장, 광산, 기타 위험 장소의 공사
		20. 전기응용시설 공사	① 조명 배선 ② 동력 배선 ③ 제어 배선 ④ 신호 배선 ⑤ 전기응용 기기 설치공사

차 례

PART 01 전기이론

CHAPTER 01 직류 회로

CHAPTER 02 전력, 전류의 열 작용과 화학 작용

CHAPTER 03 정전기와 콘덴서

CHAPTER 04 자기의 성질과 전류에 의한 자기장

CHAPTER 05 전자력과 전자유도

CHAPTER 06 교류 회로

CONTENTS

차 례

CONTENTS

차 례

CONTENTS

PART 04 과년도 기출문제

〈전기에 사용되는 기호 및 문자〉

1 전기 역사에 큰 업적을 남긴 주요 과학자

이 름	국 가	연 대	내 용
탈레스(Thales)	그리스	B.C 600년경	호박에서 마찰 전기 현상 발견
길버트(Gilbert, W.)	영국	1544~1603	지구가 거대한 자석임을 발견
프랭클린(Franklin, B.)	미국	1706~1790	연날리기 실험으로 번개가 전기임을 증명
쿨롱(Coulomb, C.A.)	프랑스	1736~1806	전기와 자기에 관한 쿨롱의 법칙
볼타(Volta, A.)	이탈리아	1745~1827	볼타 전지 발명
제베크(Zeebeck, T.T.)	독일	1770~1831	열전기 현상 발견
앙페르(Ampere, A.M.)	프랑스	1775~1836	전류와 자기장의 관계 설명
외르스테드(Oersted, H.C.)	덴마크	1777~1851	전류의 자기 작용을 발견
아라고(Arago)	이탈리아	1786~1853	회전 자기장(맴돌이 전류) 발견
옴(Ohm, G.S.)	독일	1789~1854	옴의 법칙
패러데이(Faraday, M.)	영국	1791~1867	전자 유도 작용을 이용한 최초의 전동기 발명
헨리(Henry, G.)	미국	1797~1878	전기와 자기 상호 변환 관계 발명
렌츠(Lenz, E.)	독일	1804~1865	유도 전류의 법칙
줄(Joule, J.P.)	영국	1818~1889	줄의 법칙
키르히호프(Kirchhoff, G.H.)	독일	1824~1887	키르히호프의 법칙
맥스웰(Mexwell, J.C.)	영국	1831~1879	전자기학의 이론적 통합
에디슨(Edison, T.A.)	미국	1847~1931	백열전구, 퓨즈, 축전지 발명
플레밍(Fleming, J.A.)	영국	1849~1945	플레밍의 법칙, 2극 진공관 발명
톰슨(Thomson, J.J.)	영국	1856~1940	전자의 존재를 증명
테슬라(Tesla, N.)	크로아티아	1856~1943	교류 전압 송전 및 다상 교류 시스템 개발

2 그리스 문자

대문자	소문자	호 칭	대문자	소문자	호 칭	대문자	소문자	호 칭
A	α	알파	I	ι	요타	P	ρ	로
B	β	베타	K	κ	카파	Σ	σ	시그마
Γ	γ	감마	Λ	λ	람다	T	τ	타우
Δ	δ	델타	M	μ	뮤	Y	υ	입실론
E	ε	엡실론	N	ν	뉴	Φ	ϕ	파이
Z	ζ	제타	Ξ	ξ	크사이	X	χ	카이
H	η	에타	O	o	오미크론	Ψ	ψ	프사이
Θ	θ	세타	Π	π	파이	Ω	ω	오메가

3 전기, 자기의 단위

양	기호	단위기호	명칭	양	기호	단위기호	명칭
전압	V	V	볼트	유전율	ε	F/m	페럿/미터
기전력	E	V	볼트	전기량	Q	C	쿨롱
전류	I	A	암페어	정전 용량	C	F	패럿
(유효)전력	P	W	와트	자체 인덕턴스	L	H	헨리
피상 전력	P_a	VA	볼트 암페어	상호 인덕턴스	M	H	헨리
무효 전력	P_r	Var	바	주기	T	sec	세컨드
전력량	W	J	줄	주파수	f	Hz	헤르쯔
저항률	ρ	Ω · m	옴 미터	각속도	ω	rad/sec	레디안/세크
저항	R	Ω	옴	임피던스	Z	Ω	옴
전도율	σ	℧/m	모/미터	어드미턴스	Y	℧	모
자장의 세기	H	AT/m	암페어턴/미터	리액턴스	X	Ω	옴
자속	ϕ	Wb	웨버	컨덕턴스	G	℧	모
자속 밀도	B	Wb/m^2	웨버/제곱미터	서셉턴스	B	℧	모
투자율	μ	H/m	헨리/미터	열량	H	cal	칼로리
자하	m	Wb	웨버	힘	F	N	뉴턴
전장의 세기	E	V/m	볼트/미터	토크	T	N · m	뉴턴 미터
전기력선 속	ψ	C	쿨롱	회전 속도	N	rpm	레볼루션/미닛
전속 밀도	D	C/m^2	쿨롱/제곱미터	마력	P	HP	홀스 파워

4 미터법 접두어

국제단위 체계는 기본 단위와 다양한 접두어를 혼합하여 사용한다. 이러한 접두어는 SI단위의 10의 배수로 나타낸다.

접두어	명칭	약어	10의 승수	
tera	테라	T		$=10^{12}$
giga	기가	G		$=10^{9}$
mega	메가	M		$=10^{6}$
kilo	키로	k	1,000	$=10^{3}$
hecto	헥토	h	100	$=10^{2}$
deca	데카	da	10	$=10^{1}$
deci	데시	d	0.1	$=10^{-1}$
centi	센티	c	0.01	$=10^{-2}$
milli	밀리	m	0.001	$=10^{-3}$
micro	마이크로	μ		$=10^{-6}$
nano	나노	n		$=10^{-9}$
pico	피코	p		$=10^{-12}$

P/A/R/T

01

전기이론

(20문제/60문제 중)

[전기이론] 부분은 전기에 입문하는 사람들이 처음 접하는 많은 '이론과 용어'로 인해 어려워합니다. 가능한 '전기 용어' 설명을 쉽게 하였으며 공부하는 여러분은 힘이 들더라도 이 과정을 참고, 이해하고, 공식은 꼭 암기를 하도록 합니다.

계산기를 가지고 문제를 풀 수 있는 능력도 중요합니다.

또 시험장에서 계산기를 Reset 하라고 하는 시험관이 있는데 정작 수험생이 계산기 Reset 을 못해 계산기를 사용 못하는 경우도 있습니다.

계산기 Reset 은 Shift 9 입니다.

꼭 알아두십시오.

(20문제 중 12～14개를 목표로 합시다.)

CHAPTER

Craftsman Electricity

01 직류 회로

1 전기의 본질

1 물질과 전기

가. 물질의 구성

원자가 모여 분자가 되는데, 분자는 물질의 성질을 가진 최소 단위이다.

① 전자 1개가 갖는 전기량 e : -1.6×10^{-19}[C]

계산기 SHIFT 7 23 = 계산기 덮개에 쓰여 있음(2019년 3회, 15번)

② 전자 1개가 갖는 질량 m_e : 9.1×10^{-31}[kg]

계산기 SHIFT 7 03 =

③ 양자 1개의 질량 $m_p = 1.6\times10^{-27}$ [kg]

계산기 SHIFT 7 01 =

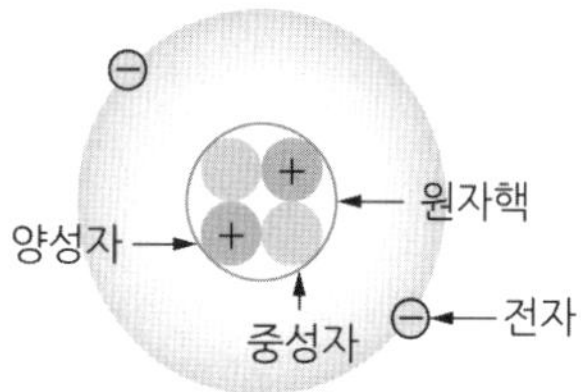

[원자의 구조]

나. 자유 전자(Free Electron)

① 원자핵과 결합력이 약해 외부의 자극에 의하여 쉽게 원자핵이 구속력을 이탈할 수 있는 전자이다.

② 자유전자의 이동이나 증감에 의해 전기적인 현상들이 발생한다.

2 전기의 발생

① 중성 상태 : 양성자와 전자의 수가 동일

② 양전기 발생 : 전자가 물질 바깥으로 나감

③ 음전기 발생 : 전자가 물질 내부로 들어옴

④ 대전(Electrification) : 물체의 전자의 수가 많거나 적어져서 전기를 띠는 현상. 물질 상호 간의 접촉, 박리, 분출, 유동, 충돌, 파괴 등에 의해 발생

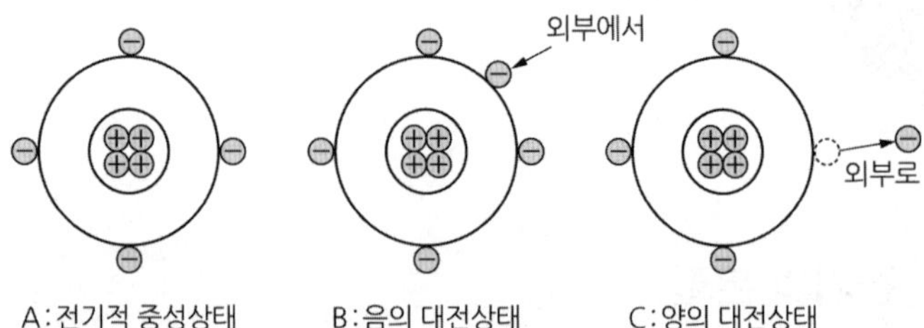

⑤ 대전 서열

아래 그림은 대전 서열이다. 예를 들어 유리와 테플론을 마찰시키면 유리는 (+)로 테플론은 (−)로 대전된다.

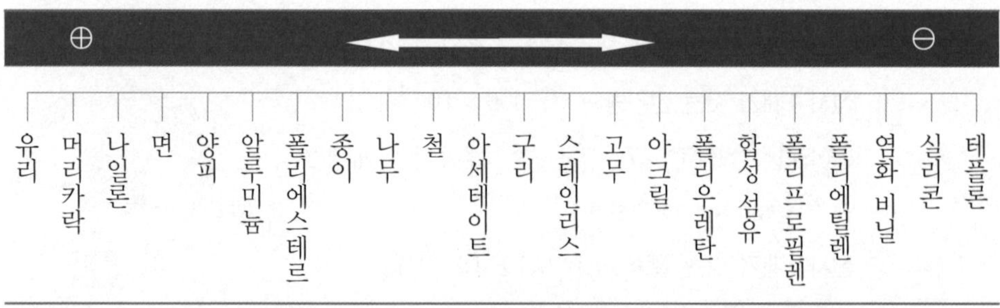

2 전류, 전압 및 저항

1 전류(물과 수압과의 관계에서 (물))

가. 전류(Electric Current)1)

① 기호 및 단위 : I [A]

② 단위 시간 동안에 흐른 전하량으로 정의된다.

$$I[\mathrm{A}] = \frac{Q[\mathrm{C}]}{t[\mathrm{sec}]}$$

따라서 1[A]는 1[sec] 동안에 1[C]의 전하가 이동하고 있다는 것을 의미한다.

1) '물'과 '수압'에서 '물'이 중요하다. 그래서 직류, 교류를 말할 때 전류를 쓰는 것이다.
㉠ 직류(DC) : Direct Current
㉡ 교류(AC) : Alternating Current

Memo 전기와 전자

기원전 그리스의 수학자이자 과학자인 탈레스부터 20세기 초반까지 전기는 (+) 에서 (−)로 흐른다고 생각했고 이에 따라 모든 책에 기록되었다. 그러나 전자과학이 발달함에 따라 전기는 전자의 움직임이며 (−) 에서 (+) 로 흐른다는 것이 입증되었다. 그렇다면 기존의 모든 책들은 폐기되어야 하는가? 이러한 문제를 해결하기 위해 과학자들은 '전기는 (+) 에서 (−) 로, 전자는 (−) 에서 (+) 로 흐른다'는 원리를 적용하였다.

나. 전류의 방향

전자는 음극(−)에서 양극(+)으로 이동하고, 전류는 양극(+)에서 음극(−)으로 흐른다.

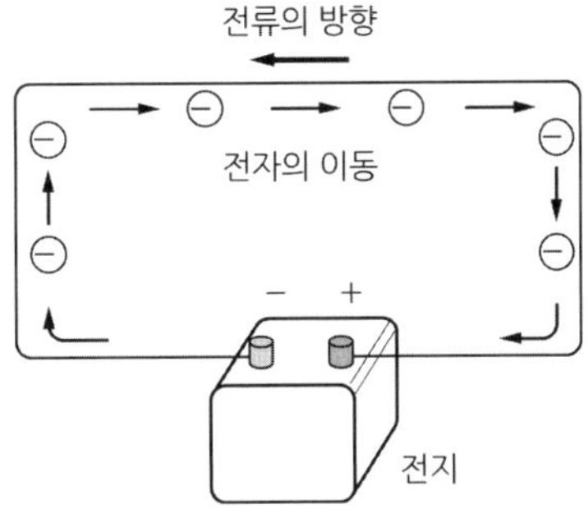

Memo 샤를 오귀스탱 드 쿨롱(Charles-Augustin de Coulomb, 1736~1806년)

프랑스의 물리학자이다. 그는 정전기력의 크기를 나타낸 쿨롱의 법칙으로 유명하다. 전하량을 나타내는 SI 단위 쿨롱은 그의 이름을 딴 것이다.

프랑스의 토목 공학자 · 전기학자. 남프랑스의 앙굴렘에서 태어나 파리에서 공부한 뒤 기술 장교가 되어 마르티닉 섬에서 근무하다 병에 걸려 귀국, 공병단에서 군무에 종사하면서 과학 연구를 진행하였다. 1781년 과학 아카데미 회원. 프랑스 혁명의 발발(1789)과 함께 사직, 귀향하였으나, 공화력 3년에 파리로 돌아와서 파리대학 총장이 되었다. 그는 과학 연구자로서, 또 성실한 인격자로서 당시 널리 사회의 존경을 받았다고 한다. 전하(電荷) 및 자하(磁荷)에 관한 쿨롱 법칙의 확립은 초기의 트위스팅 저울로 연구, 결실된 것이다.

2 전압(물과 수압과의 관계에서 수압)

가. 전위(전기의 위치 에너지), 전위차

전기장 속에 놓인 전하는 전기적인 위치 에너지를 가지게 되는데, 한 점에서 단위 전하 1[C]가 갖는 전기적 위치 에너지를 전위(Electric Potential)라 한다.

나. 전압=전위차(2020년 1회, 6번)

① 전류를 흐르게 하는 전기적인 에너지의 차이. 즉, 두 점 간의 전위의 차를 전위차라 한다.

② 기호 및 단위 : V [V]

③ 어떤 도체에 Q [C]의 전기량이 이동하여 W [J]의 일을 하였다면 이때의 전압 V [V]는 다음과 같이 나타낸다.

$$V[\mathrm{V}] = \frac{W[\mathrm{J}]}{Q[\mathrm{C}]}$$ (2023년 1회, 12번)

④ 단위로는 전하가 한 일의 의미로 [V] 또는 [J/C]을 사용한다.

⑤ 전위(전기의 위치 에너지)의 기준점은 대지로 하고, 대지의 전위는 0[V]이다.

다. 기전력(Electromotive Force)

① 전위차를 만들어 주는 힘을 기전력이라 한다. 이때 힘은 화학 작용, 전자유도 작용 등이 있다.

② 기전력의 기호 및 단위 : E [V]

3 저항

기본적으로 저항은 전류를 흐르지 못하게 함으로써 열이나 빛이 발생한다. 1887년 경복궁에 에디슨 전기회사의 직류 발전기 3대로 750개의 백열등(저항)을 밝혔다.

가. 전기저항

① 기호 및 단위 : $R[\Omega]$

② 전류의 흐름을 방해하는 성질의 크기

③ 도체의 단면적을 $A[\mathrm{m}^2]$, 길이를 $\ell[\mathrm{m}]$이라 하고, 물질의 고유저항을 ρ(로)라 할 때 저항 R은 다음과 같이 나타낸다.(2019년 4회, 14번)

$$R = \rho\frac{\ell}{A}[\Omega]\ (\text{도체의 단면적 A}=\text{반지름}\times\text{반지름}\times\pi = \frac{D}{2}\times\frac{D}{2}\times\pi = \frac{\pi D^2}{4})$$

$$= \frac{\dfrac{\rho\ell}{1}}{\dfrac{\pi D^2}{4}}$$

$$= \frac{4\rho\ell}{\pi D^2}$$

단, D=도체의 지름

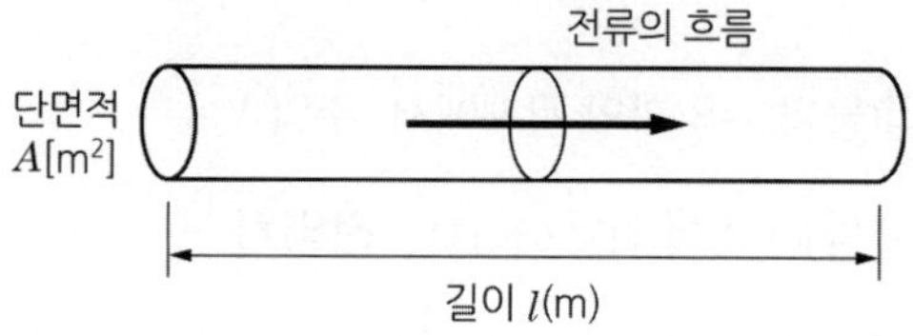

전류의 흐름

단면적 $A[\mathrm{m}^2]$

길이 l(m)

나. 고유저항

① 기호 및 단위 : $\rho[\Omega \cdot m]$ 또는 $[\Omega \cdot mm^2/m]$

② 길이 1[m], 단면적 $1[m^2]$인 도체의 저항치를 의미함

③ $1[\Omega \cdot m] = 10^2[\Omega \cdot cm] = 10^6[\Omega \cdot mm^2/m]$

다. 컨덕턴스(Conductance)(2019년 4회, 02번)

① 기호 및 단위 : $G[℧]$

② 저항의 역수

$$G[℧] = \frac{1}{R[\Omega]} = \frac{[\Omega^{-1}]}{1} = [℧]$$

라. 전도율(= 전도도, 도전율, 전기를 잘 통하는 정도)(2019년 4회, 05번)

① 기호 및 단위 : $\sigma[℧/m] = [\Omega^{-1}/m]$

② 고유저항과 전도율의 역수 관계

$$\sigma = \frac{1}{\rho}$$

마. 여러 가지 저항

① 여러 가지 물질의 고유저항

㉠ 도체 : $10^{-4}[\Omega \cdot m]$ 이하의 고유저항을 가지는 은, 구리, 백금, $A\ell$, 수은

㉡ 부도체 : $10^6[\Omega \cdot m]$ 이상의 고유저항을 가지는 고무, 유리, 공기

㉢ 반도체 : $10^{-4} \sim 10^6[\Omega \cdot m]$ 정도의 고유저항을 가지는 규소, 게르마늄

② 절연저항

절연물은 전류의 통로인 전선이나 금속 단자 또는 전기 회로를 구성하는 소자로만 전류가 흐르고, 그 밖의 부분은 전류가 흐르지 않도록 하기 위해 사용한다. 이러한 절연물은 부도체가 사용되며 절연물 자체가 가지고 있는 저항을 절연저항이라 한다. 절연저항 값은 크면 클수록 좋다.(예 전선의 피복)

③ 전해액의 저항

전해액의 고유저항은 $1[m] \times 1[m^2]$인 정육면체의 저항으로 나타낸다.

④ 접지저항

그림(a)와 같이 구리판을 대지에 묻으면 화살표와 같이 전류가 흐른다. 이때 하나의 구리판과 대지 사이의 저항을 접지저항이라 하며 작을수록 좋다.

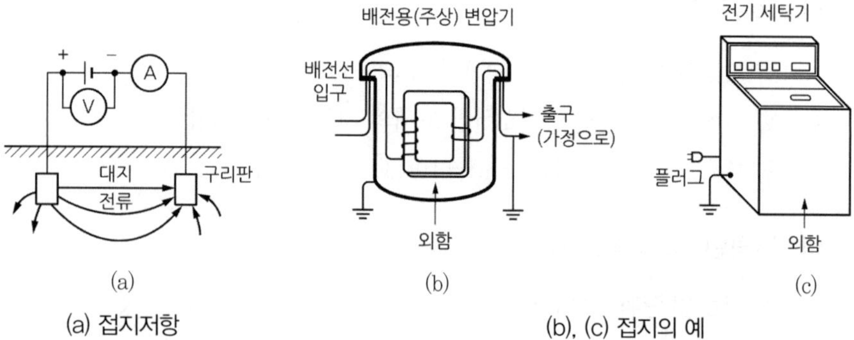

(a) (b) (c)

(a) 접지저항 (b), (c) 접지의 예

사. 저항과 온도와의 관계

① 도체는 온도가 증가하면 저항이 증가한다.
정(+) 특성이라 한다(비례 곡선).

② 반도체나 절연체는 온도가 증가하면 저항이 감소하고 부(−)의 특성(반비례 곡선)이라 한다.

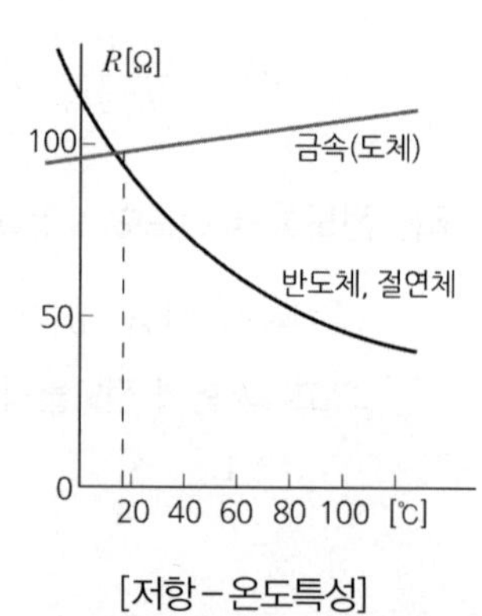

[저항−온도특성]

3 전기 회로

1 옴의 법칙(Ohm's Law)[2] (2023년 1회, 14번)

저항에 흐르는 전류의 크기는 전압에 비례하고 저항에 반비례한다.

① $I=\frac{V}{R}$[A] : 전압과 저항을 알고 전류를 구할 때

② $V=IR$[V] : 전류와 저항을 알고 전압을 구할 때

③ $R=\frac{V}{I}$[Ω] : 전압과 전류를 알고 저항을 구할 때

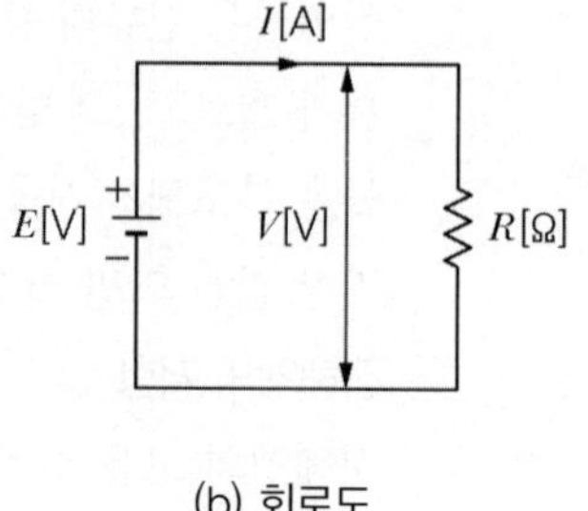

(b) 회로도

2) 옴의 실험에서 전압을 조절해 준 것은 볼타 전지였고 전류를 측정한 것은 앙페르의 법칙을 이용한 것이었다. 이때부터 전압의 단위는 볼트(V), 전류의 단위는 암페어(A)가 되었다.

Memo 분수식 계산법

전기에 나오는 계산은 계산기로 할 수 있지만 식을 유도하고, 변형하기 위해서는 '분수 계산법'을 꼭 알아야 합니다. 아래 예를 이해하고 사용하기 바랍니다.

분수식의 계산(예 1)	옴의 법칙(예 2)
$\frac{2}{10}=\frac{1}{5}$ ……… ① 분수식에서는 화살표 방향으로 이동할 수 있다. $\frac{2}{10} \times \frac{1}{5}$ $\frac{2\times5}{10}=\frac{1}{1}$ ……… ② $\frac{2\times5}{10} \nearrow \frac{1}{1}$ $\frac{2\times5}{1}=\frac{10}{1}$ ……… ③ 전체 식을 뒤집어도 된다. $\frac{1}{2\times5}=\frac{1}{10}$ ……… ④	$\frac{Ⓘ}{1}=\frac{V}{R}$ ……… ① $\frac{I}{1} \leftrightarrows \frac{V}{R}$, I와 R을 바꾸면 $\frac{Ⓡ}{1}=\frac{V}{I}$ ……… ② $\frac{IR}{1}=\frac{Ⓥ}{1}$ ……… ③ 분모에 항상 '1'이 있다는 것을 생각해야 한다.

옴의 법칙을 이용하여 2개 값을 알면 쉽게 구할 수 있다. V, I, R을 VIP로 생각하며 쓰면 쉽다.

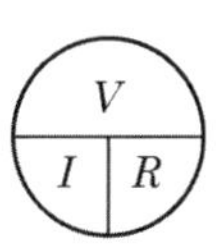

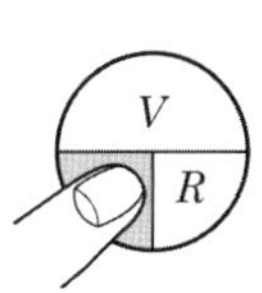

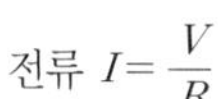

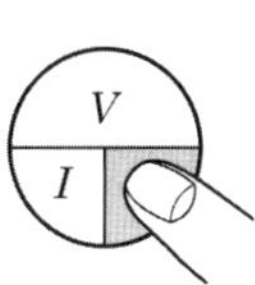

저항 $R=\frac{V}{I}$

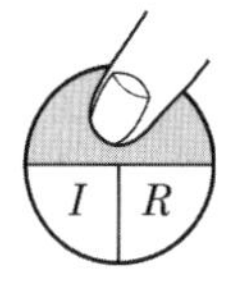

전압 $V=I\cdot R$

[저항 – 전류 – 전압의 관계]

Memo 기전력과 전압

전기를 처음 접하는 사람들의 가장 큰 고충은 용어가 복잡하여 무슨 뜻인지 이해하기 곤란하다는 것이다.

① 기전력 E[V] = 전기를 일으키는 힘(예 건전지, 배터리, 발전기 등)

② 전압 V[V] : 기전력 외에는 전압이라 표시한다.(전압 = 단자 전압 = 전압 강하 = 선간 전압)

Memo 게오르크 시몬 옴(Georg Simon Ohm, 1789~1854년)

옴은 독일의 중부 에드랑켄에서 태어나 에어랑게 대학에 입학하여 물리학과 수학을 공부한 독일의 물리학자이다. 1827년에 '전기 회로의 수학적 연구'를 출판하여 옴의 법칙(Ohm's Law)을 발표하였다. 1841년에 영국 왕립 학회에서 최고의 영예인 코프리 상을 수여받았으며, 1849년 뮌헨 대학 교수가 되었다.

2 저항의 접속

가. 직렬접속 회로(합성저항 값이 커지고 전류는 작아진다)(2023년 1회, 07번)

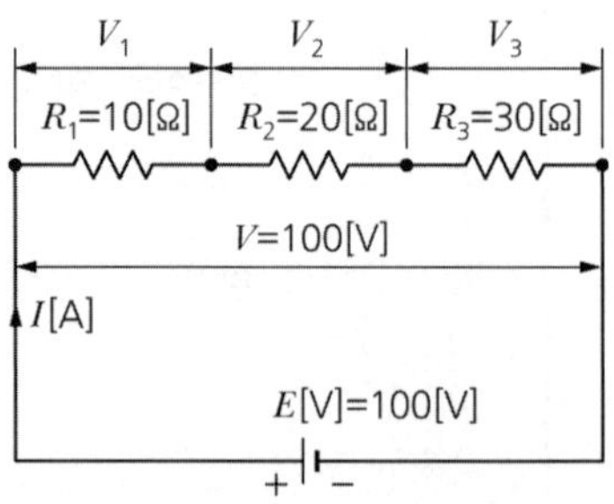

[저항의 직렬접속회로]

① 합성저항 : $R_0 = R_1 + R_2 + R_3[\Omega] = 10 + 20 + 30 = 60[\Omega]$

계산기 10 + 20 + 30 = 60

② 같은 저항 R을 n개 직렬접속 되었을 때의 합성저항 : $R_0 = nR[\Omega]$

③ 각 저항에 흐르는 전류의 크기는 같다.

$$I = \frac{V}{R_0}[\mathrm{A}] = \frac{100}{60} = \frac{10}{6}$$

④ 각 저항에 나타나는 전압(전압 분배 법칙)

$$V_1 = IR_1 = \frac{10}{6} \times 10 = \frac{100}{6}$$

$$V_2 = IR_2 = \frac{10}{6} \times 20 = \frac{200}{6}$$

$$V_3 = IR_3 = \frac{10}{6} \times 30 = \frac{300}{6}\ [\mathrm{V}]$$

Memo 분수식의 계산기 사용방법

① $\frac{1}{10}$ 을 계산기로 계산하면

계산기 1 ÷ 10 = 0.1 로 누르면 된다.

② 다른 방법은

$$\frac{1}{10} = \frac{1}{10^1} = \frac{10^{-1}}{1}$$

계산기 10 x■ (−) 1 = 0.1

③ □/□ 1 ↓ 10 = 1/10 S⇔D 0.1

이 방식은 복잡한 것 같지만 전기 회로 계산에서 많이 사용한다.

나. 병렬접속 회로(합성저항 값이 작아지고 전류는 많아진다)(2017년 1회, 16번)

가정, 공장 등 우리가 일반적으로 결선하는 방식은 병렬접속

① 합성저항 : $\dfrac{1}{R_0}=\dfrac{1}{R_1}+\dfrac{1}{R_2}+\dfrac{1}{R_3}$

(구하고자 하는 답은 R_0이다)

$=\dfrac{1}{20}+\dfrac{1}{40}+\dfrac{1}{60}=\dfrac{11}{120}$

계산기 1 ÷ 20 + 1 ÷ 40 + 1 ÷ 60 = $\dfrac{11}{120}$

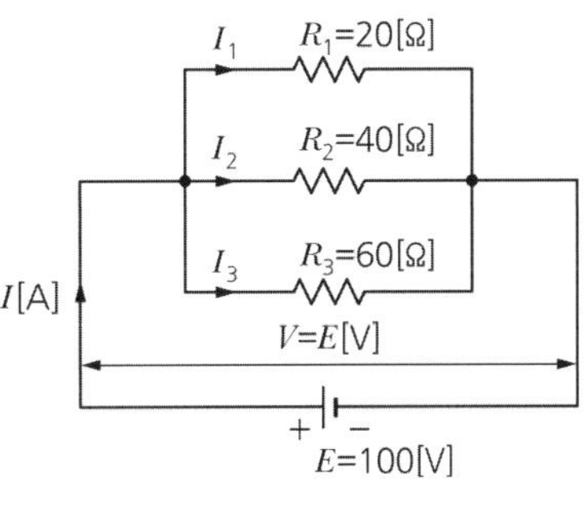

[저항의 병렬접속 회로]

$\therefore\ \dfrac{1}{R_0}=\dfrac{11}{120}$ 여기서 전체를 뒤집으면

$\therefore\ \dfrac{R_0}{1}=\dfrac{120}{11}[\Omega]$ 계산기 X■ (−) 1 = $\dfrac{120}{11}$ S ⇔ D 10.90

② R_1, R_2, R_3의 각각의 단자전압 V=100[V](병렬회로에서 각 저항에 나타나는 전압은 같다.)

③ 각 저항에 흐르는 전류(전류 분배 법칙), 저항이 적은 쪽으로 많은 전류가 흐른다.

$I_1=\dfrac{V}{R_1}=\dfrac{100}{20}[\mathrm{A}]$ $\quad I_2=\dfrac{V}{R_2}=\dfrac{100}{40}[\mathrm{A}]$ $\quad I_3=\dfrac{V}{R_3}=\dfrac{100}{60}[\mathrm{A}]$

Memo 두 개의 저항 R_1과 R_2가 병렬로 있는 경우

합성저항 값은 $\dfrac{1}{R_0}=\dfrac{1}{R_1}+\dfrac{1}{R_2}$으로 계산해도 되지만, $R_0=\dfrac{R_1R_2}{R_1+R_2}[\Omega]$을 암기하고 계산하면 편하다.

3개가 병렬인 경우 $R_0=\dfrac{R_1R_2R_3}{R_1R_2+R_2R_3+R_3R_1}=\dfrac{1}{\dfrac{1}{R_1}+\dfrac{1}{R_2}+\dfrac{1}{R_3}}$(2018년 4회, 1번)

다. 저항의 직 · 병렬접속 회로

① Case 1 : 아래 그림의 경우 병렬로 접속되어 있는 저항값을 먼저 구하고, 그 다음 직렬로 연결되어 있는 것을 계산

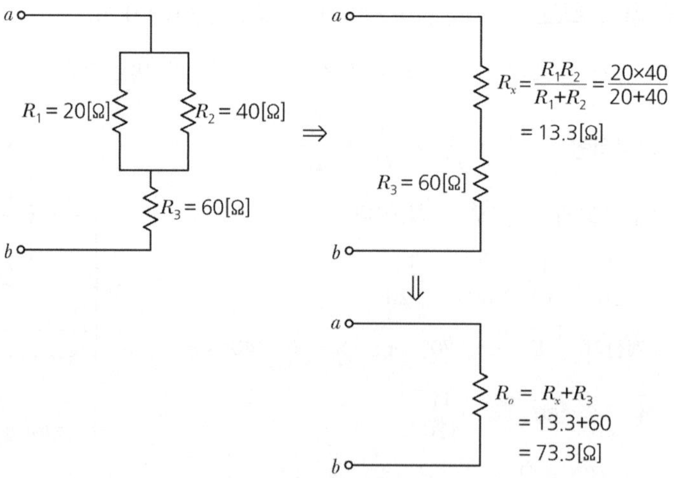

[저항의 직병렬 회로 계산 1]

위 식에서 $R_X = \dfrac{20\times 40}{20+40}$ 의 계산기 사용법

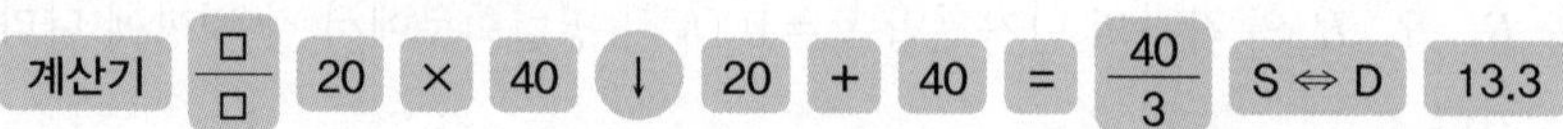

② Case 2 : 아래 그림의 경우는 직렬로 접속되어 있는 저항 값을 먼저 구하고, 그 다음 병렬로 연결되어 있는 것을 계산

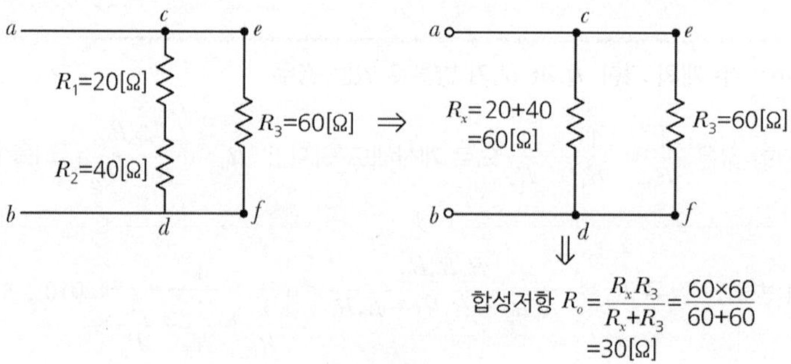

[저항의 직병렬 회로 계산 2]

계산기 □/□ 60 × 60 ↓ 60 + 60 = 30

3 키르히호프의 법칙(Kirchhoff's Law)[3]

가. 제1법칙(전류 법칙)(2019년 3회, 02번)

① 여러 개의 전원과 저항이 조합되어 있는 회로에서 전류를 구할 때 사용한다.

② 한 접속점에서 전류의 합은 '0'이다. = 한 접속점에 들어오는 전류와 나가는 전류의 합은 같다.

③ $\Sigma I_n = 0$

(제1법칙의 예 1) (제1법칙의 예 2)

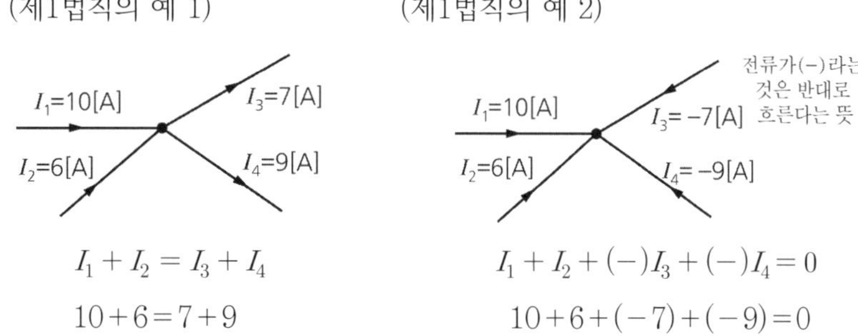

$$I_1 + I_2 = I_3 + I_4$$
$$10+6=7+9$$

$$I_1 + I_2 + (-)I_3 + (-)I_4 = 0$$
$$10+6+(-7)+(-9)=0$$

나. 제2법칙(전압 법칙)

① 한 폐회로(닫힌 회로)에서 기전력의 합($E_1 + E_2$)은 저항에서 발생하는 전압강하(V_n)의 총 합($IR_1 + IR_2$)과 같다.

② $E_1 + E_2 = V_1 + V_2 = IR_1 + IR_2$, 이것을 식으로 표시하면 $\Sigma E_n = \Sigma V_n = \Sigma IR_n$

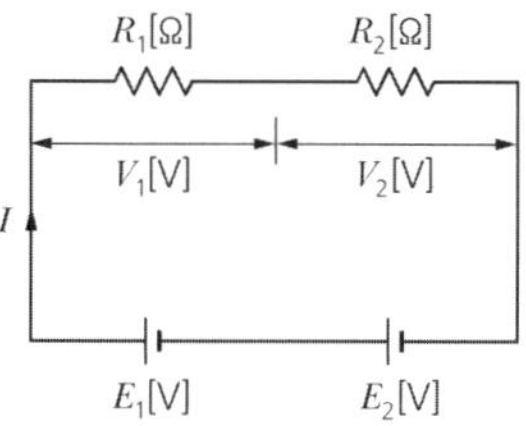

4 전지의 접속

가. 전지의 표시

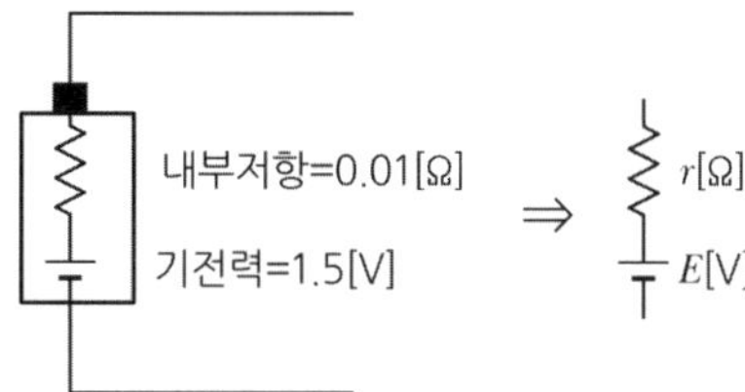

[기전력 E = 1.5[V], 내부저항 r = 0.01[Ω]인 전지의 등가 회로]

3) 옴의 법칙은 간단한 전압과 전류의 관계를 설명한 것이므로 회로의 개념을 정의한 것이라 볼 수 있다. 여러 개의 선이 연결된 복잡한 '진짜 회로'를 해석할 수 있는 방법은 18년 후인 1845년 키르히호프에 의해 만들어졌다.

나. 전지의 직렬접속(전압을 올리기 위한 방법)(2023년 1회, 05번)

① 기전력 E[V], 내부저항 r[Ω]인 전지 n개를 직렬 접속한 회로에 부하저항(외부저항) R[Ω]을 접속한 회로(기능사 시험에서는 기전력 E[V]과 내부저항 r[Ω]이 같은 경우만 시험에 출제됨)

② 총 기전력 : $E_0 = nE$

③ 총 합성저항 : $R_0 = R + nr$

④ 회로에 흐르는 전류 : $I = \dfrac{E_0}{R_0} = \dfrac{nE}{nr + R}$

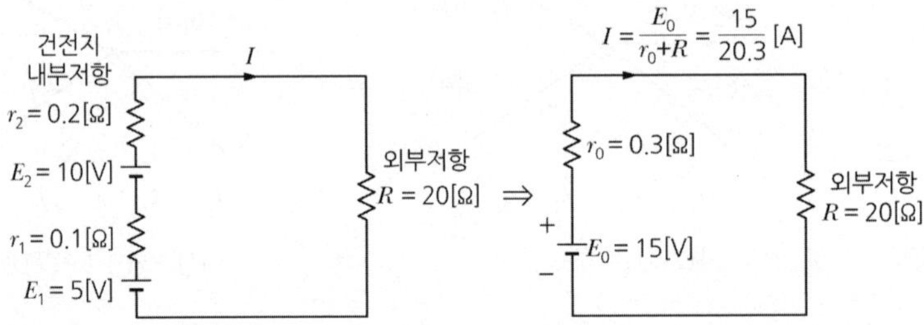

다. 전지의 병렬접속(전압은 일정하게 하고 많은 전류를 흘릴 수 있도록 한 접속)

① 기전력 E[V], 내부저항 r[Ω]인 전지 n개를 병렬 접속한 회로에 부하저항 R[Ω]을 접속한 회로(기능사 시험에서는 기전력 E[V]과 내부저항 r[Ω]이 같은 경우만 시험에 출제됨)

② 총 기전력 : $E_0 = E$

③ 총 합성저항 : $R_0 = R + \dfrac{r}{n}$

④ 회로에 흐르는 전류 : $I = \dfrac{E_0}{R_0} = \dfrac{E}{R + \dfrac{r}{n}}$

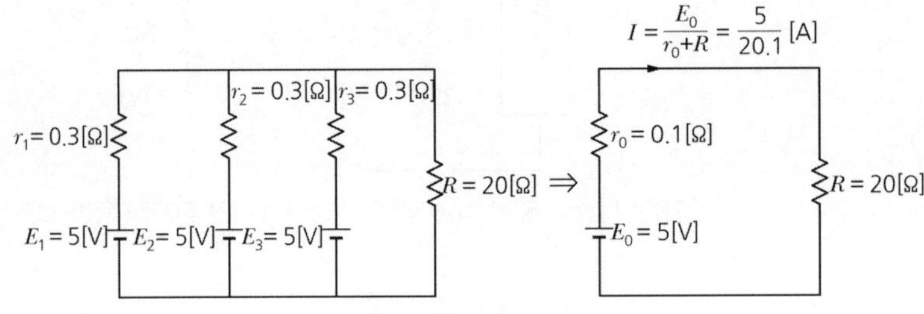

[전지의 병렬접속 계산 예]

라. 전지의 직 · 병렬접속

① 기전력 E[V], 내부저항 r[Ω]인 전지 n개를 직렬접속하고 이것을 다시 병렬로 N조를 접속한 회로에 외부저항 R[Ω]을 접속한 회로

② 총 기전력 : $E_0 = nE$

③ 총 합성저항 : $R_0 = R + \dfrac{nr}{N}$

④ 회로에 흐르는 전류 : $I = \dfrac{E_0}{R_0} = \dfrac{nE}{R + \dfrac{nr}{N}}$

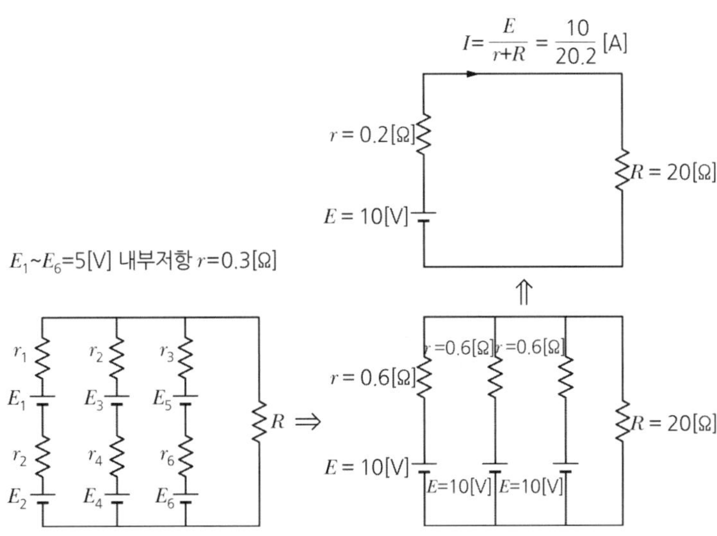

[전지의 직 · 병렬접속 계산 예]

CHAPTER 02

Craftsman Electricity

전류의 열 작용과 화학 작용

1 전력과 전기 회로 측정

1 전력과 전력량

가. 전력(Electric Power)(2019년 4회, 18번)

① 기호 및 단위 : P[W]

② $R[\Omega]$의 저항에 V[V]의 전압을 가하여 I[A]의 전류가 흘렀을 때의 전력

㉠ $P = VI$[W] 전압과 전류를 알고 전력을 구할 때의 식

㉡ $P = I^2R$[W] 전류와 저항을 알고 전력을 구할 때의 식

㉢ $P = \frac{V^2}{R}$[W] 전압과 저항을 알고 전력을 구할 때의 식

나. 전력량(주울의 법칙)

① 기호 및 단위 : W[J], [W · sec]

② 어느 일정 시간 동안의 전기 에너지가 한 일

$W = Pt$[J] = 전력 × 초[W · sec]

③ 전력량의 실용 단위[kWh]

$1[kWh] = 10^3[Wh] = 10^3 \times 3600[J]$ [W · sec]

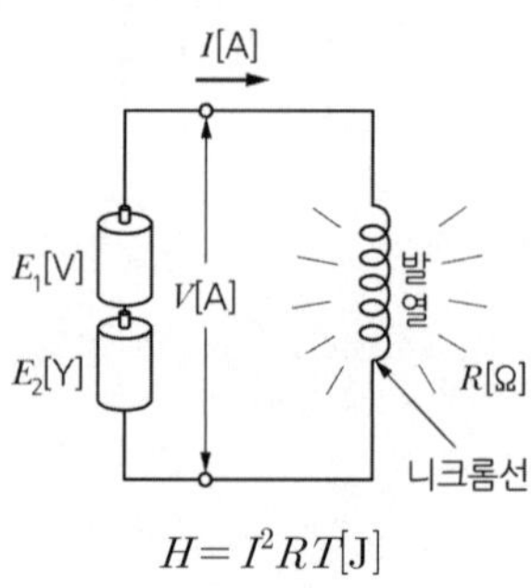

$H = I^2RT$[J]

[저항에 발생하는 열 에너지]

2 줄의 법칙(Joule's Law)

가. 줄의 법칙(전력량)(2019년 4회, 15번)

① 기호 및 단위 : H[J] = 전력량W[J]

② 도체에 흐르는 전류에 의하여 단위 시간 내에 발생하는 에너지는 도체의 저항과 전류의 제곱에 비례한다.

㉠ $H = I^2 R t = \frac{V^2}{R} t = VIt = Pt$ [J] (여기서, P=전력)(2023년 2회, 17번)

㉡ 열량으로 바꾸면 $H = 0.24 I^2 R t = 0.24 \frac{V^2}{R} t = 0.24\, VIt = 0.24\, Pt$ [cal]

나. 단위 환산(계산기 뚜껑에 있음)

① 1[J]=0.24[cal]

② 1[cal]=4.186[J]

③ 1[kWh]=860[kcal]

3 전류, 전압과 저항의 측정

가. 전류계(an amperemeter)와 전압계(a voltmeter) 결선(2017년 2회, 05번)

① **전류계** : 부하 R에 흐르는 전류를 측정하기 위한 계기. 저항과 직렬로 연결한다.

② **전압계** : 부하 R에 나타나는 전압을 측정하기 위한 계기. 저항과 병렬로 연결한다.

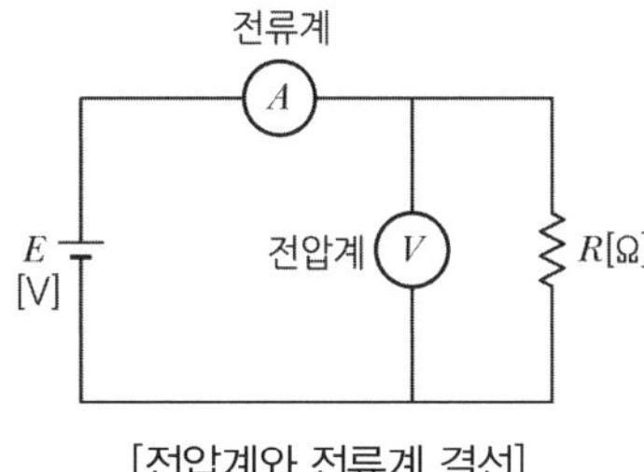

[전압계와 전류계 결선]

나. 분류기(Shunt)와 배율기 결선, 전위차계(2020년 2회, 14번)

① 분류기

㉠ 전류계의 측정 범위를 확대하기 위해 설치하는 저항기

㉡ 전류계와 병렬로 연결한다.

㉢ 전류계의 내부저항보다 작은 저항(분류기)을 사용

㉣ 분류기 저항 $R_s = \frac{r_a}{m-1}$ (단, m=배율)

예제

어떤 전류계의 측정 범위를 10배로 하려면 분류기의 저항은 전류계 내부저항 r_a의 몇 배로 하여야 하는가?

풀이 $R_s = \frac{r_a}{10-1} = \frac{r_a}{9}$

답 $\frac{1}{9}$배

② 배율기(a multiplier)

㉠ 전압계의 측정 범위를 확대하기 위해 설치하는 저항기

㉡ 전압계와 직렬로 연결한다.

㉢ 전압계 내부저항보다 큰 저항을 사용

㉣ 배율기 저항 $R_m = (m-1)r_v$

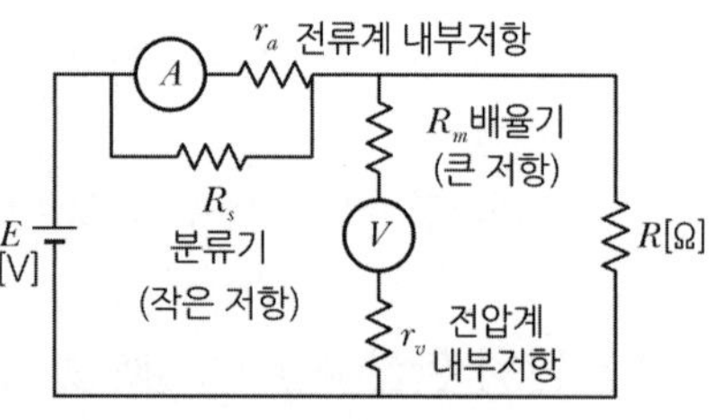

[분류기와 배율기 결선]

예제

어떤 전압계의 측정범위를 10배로 하려면 배율기의 저항은 전압계 내부저항 r_v의 몇 배로 해야 하는가?

풀이 $R_m = (10-1)r_v = 9r_v$

답 9배

③ 전위차계 = 전압계

전위차는 전압이므로 전위차계는 전압계와 같다. 전지 등의 기전력을 정밀하게 측정하는 것으로 전압계에 비해 값이 비싸다.

다. 휘트스톤 브리지(Wheatstone Bridge)(2023년 2회, 10번)

① 저항을 측정하기 위해 4개의 저항과 검류계(Galvano Meter) G를 그림과 같이 브리지로 접속한 회로를 휘트스톤 브리지 회로라 한다.

② X가 미지의 저항이라 할 때 나머지 저항을 가감하여 검류계의 지시 값 I_g가 0이 되었을 때 휘트스톤 브리지는 평형이라 한다.

③ 브리지의 평형 조건

㉠ 서로 마주 보는 변을 곱하여 같으면 평형이다.

$$PR = QX \quad 즉,\ X = \frac{P}{Q}R$$

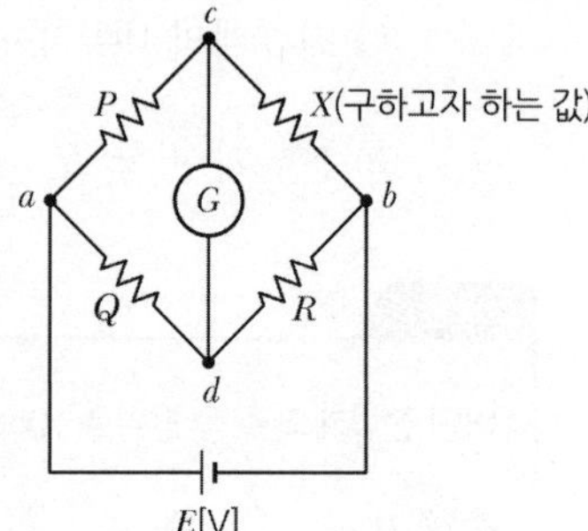

㉡ 이때 단자 c점의 전기 위치에너지와 d점의 전기 위치 에너지는 같으므로 검류계 G로는 전류가 흐르지 않는다.

④ 저항 측정

㉠ 저 저항 측정 : 켈빈 더블 브리지 1[Ω] 이하

㉡ 중 저항 측정 : 휘트스톤 브리지 1[Ω]~1[MΩ] 이하

㉢ 고 저항 측정 : 메거(절연저항기) 1[MΩ] 이상

2 전류의 화학 작용과 열 작용

1 전류의 화학 작용

가. 전해액(Electolyte)

산, 염기, 염류의 물질을 물속에 녹이면 수용액 중에서 양전기를 띤 양이온과 음전기를 띤 음이온으로 전리하는 성질이 있다. 이와 같이 양이온과 음이온으로 나누어지는 물질을 전해질이라 하고, 전해질의 수용액을 전해액이라 한다.

나. 전기분해(Electrolysis)

산, 염기, 염류 등의 수용액에 직류를 통해 전해액을 화학적으로 분해하여 양, 음극 판위에 분해 생성물을 석출하는 현상

① **황산구리의 전기분해** : $CuSO_4 \rightarrow Cu^{2+} + SO_4{}^{2-}$

② **전리(Ionization)** : 황산구리($CuSO_4$)처럼 물에 녹아 양 이온(+ion)과 음 이온(−ion)으로 분리되는 현상

(음극 측) : 음극판에서 전자를 받아 들여 구리가 두터워진다.

(양극 측) : 양극판 구리는 가늘어진다.

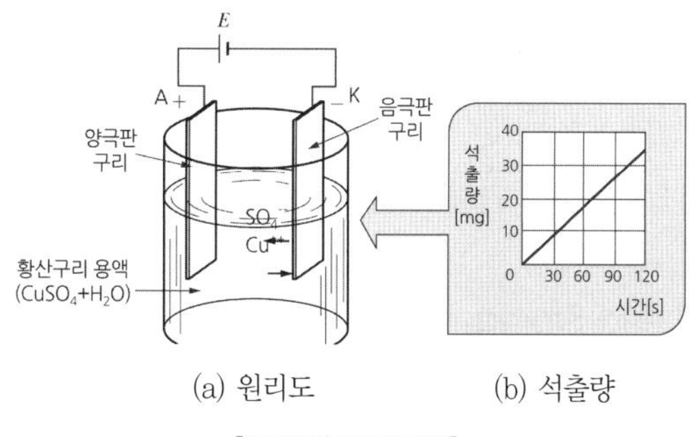

(a) 원리도 (b) 석출량

[구리의 전기분해]

다. 패러데이의 전기분해 법칙(Faraday's Law of Electrolysis)(2019년 4회, 10번)

① 전기분해에 의해서 석출되는 물질의 양은 전해액을 통과한 전기량과 화학당량에 비례한다.

$$W = kQ = kIt\,[\mathrm{g}]\ (16쪽\ I = \frac{Q}{t}에서\ Q = It)$$

② **전기 화학당량** : $k[\mathrm{g/C}] = \frac{원자량}{원자가}$, 1[C]의 전하에서 석출되는 물질의 양

예제

질산은을 전기분해할 때 직류 전류를 10시간 흘렸더니 음극에 120.7[g]의 은이 부착되었다. 이때의 전류는 약 몇 [A]인가?(단, 은의 전기 화학 당량 k=0.001118[g/c])

답 $W=kQ=kIt[\mathrm{g}]$ 에서 $I=\dfrac{W}{kt}=\dfrac{120.7}{(0.001118\times10\times3600)}=3[\mathrm{A}]$

계산기 [분수] 120.7 ↓ 0.001118 × 10 × 3600 = 꼭! 계산기를 사용하여 맞춰야 합니다.

Memo 마이클 패러데이(Michael Faraday, 1791~1867년)

전자기학과 전기화학 분야에 큰 기여를 한 영국의 물리학자이자 화학자이다. 패러데이는 어린 시절에 정식 교육을 거의 받지 못했지만, 역사적으로 매우 훌륭한 과학자로 남았다.
물리학에서 패러데이는 직류가 흐르는 도체 주위의 자기장에 대한 연구를 했으며, 자성이 광선에 영향을 미칠 수 있다는 것과 그들 사이의 근본적인 관계가 있다는 것도 발견하였다. 또한, 전자기 유도, 반자성 현상, 그리고 전기분해의 법칙의 원리에 대해서도 발견하였다. 그가 발명한 전자기 회전 장치는 전기 모터의 근본적 형태가 되었고, 결국 이를 계기로 전기를 실생활에 사용할 수 있게 되었다.

2 전지

가. 전지의 종류

① 1차 전지 : 충전이 불가능한 전지(망간 건전지)

㉠ +극 : 탄소 막대 봉 ㉡ −극 : 아연 판 ㉢ 감극제 : 이산화망간

② 2차 전지 : 재충전이 가능한 전지(납 축전지)

나. 납 축전지(Lead Storage Battery)

① 양극 : 이산화납(PbO_2)

② 음극 : 납(Pb)

③ 전해액 : 비중을 1.3으로 한 묽은 황산(H_2SO_4)(2017년 1회, 05번)

④ 납 축전지의 화학방정식

$$\underset{\text{(충전할 때)}}{PbO_2+2H_2SO_4+Pb} \longleftrightarrow \underset{\text{(방전되었을 때)}}{\underline{PbSO_4}+2H_2O+\underline{PbSO_4}}\ \text{(황산 납)}$$

⑤ 축전지의 기전력 및 용량(2023년 1회, 19번)

㉠ 기전력 : 약 2[V]

㉡ 방전 전압 : 1.8[V](1.8[V] 이하가 되면 못쓴다는 뜻. 재충전해야 함)

㉢ 축전지의 용량[Ah] = 방전 전류[A] × 방전 시간[h]

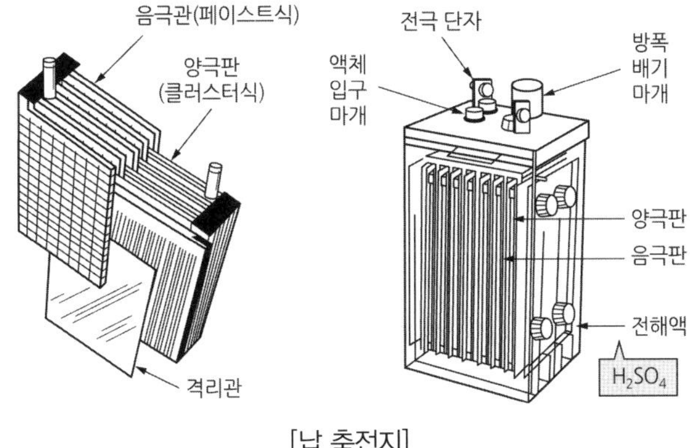

[납 축전지]

다. 국부 작용과 분극 작용

① **국부 작용** : 전지에 포함되어 있는 불순물에 의해 전극과 불순물이 국부적인 하나의 전지를 이루어 전지 내부에서 순환하는 전류가 생겨 화학변화가 일어나 기전력을 감소시키는 현상

② **국부 작용의 방지** : 전극에 수은 도금, 순도가 높은 재료 사용

③ **분극 작용(Polarization Effect)** : 전지에 전류가 흐르면 양극에 수소가스가 생겨 이온의 이동을 방해하여 기전력이 감소하는 현상

④ **분극 작용의 방지** : 양극의 수소 기체를 제거하기 위해 감극제(Depolarizer)를 사용한다.

3 열과 전기

가. 제벡 효과(Zeebeck Effect = 열전현상)(2023년 1회, 01번)

① 서로 다른 금속 2개(안티몬과 비스무트)를 그림과 같이 접속하고 접속점을 서로 다른 온도로 유지하면 기전력이 생겨 전류가 흐르는 현상

② 열전 온도계, 열전형 계기에 이용된다. ※ 제벡 = 열전(두 글자로 암기)

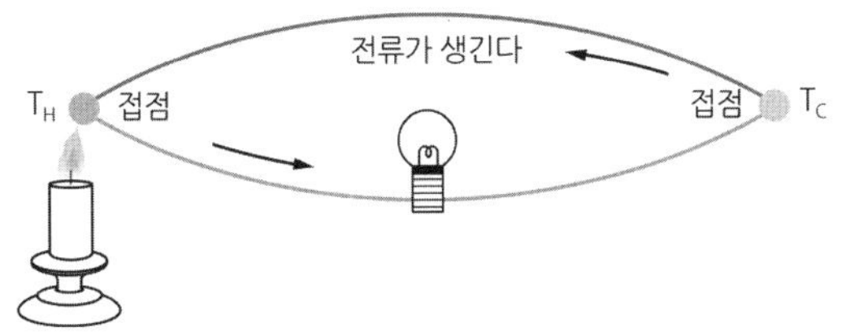

온도차에 의해 전류가 생긴다.

[제백 효과]

나. 펠티에 효과(Peltier Effect)(2019년 3회, 14번)

① 서로 다른 두 종류의 금속을 접합하고 전류를 흘리면 열의 발생 또는 흡수가 일어나는 현상

② 발열은 전자 온풍기, 흡열은 전자 냉동기에 사용

※ 펠티에＝냉동기(세 글자로 암기)

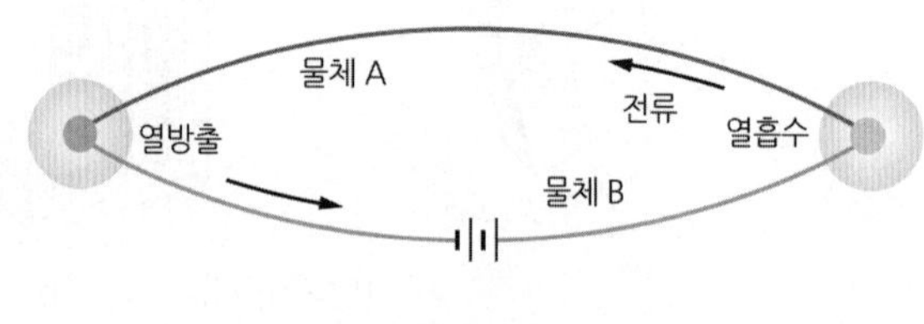

전류에 의해 온도차가 생긴다.

[펠티에 효과]

다. 톰슨 효과(Thomson Effect)

같은 종류의 금속으로 된 회로 내에서 도체의 길이에 다른 온도 분포를 다르게 하면서 전류를 흘릴 경우 각각의 온도 분포가 다른 두 지점에서 열의 발생이나 흡수가 일어나는 현상이다.

라. 제3금속 법칙

서로 다른 A, B 2종류의 금속으로 만든 열전쌍과 접점 사이에 임의의 금속 C를 연결해도 C의 양 끝의 접점 온도를 똑같이 유지하면 회로의 열기전력은 변화하지 않는 현상이다.

마. 홀 효과

전류가 흐르고 있는 도체에 자계를 가하면 도체 측면에 정(+), 부(−)의 전하가 나타나 두 면 간에 전위차가 나타나는 현상이다.

Memo 뉴턴과 주울

① 1[N] : 1[kg]의 물체에 작용하여 [m/s²]의 가속도를 발생시키는 힘

② 1[J] : 1[N]의 힘으로 물체를 1[m] 움직이는 동안에 한 일

즉, 1[N]이나 1[J]은 굉장히 큰 단위이다.

CHAPTER 03

Craftsman Electricity

정전기와 콘덴서

1 정전기

1 정전기의 발생

가. 대전(Electrification)

물체가 전기를 띠는 현상, 이때 전기를 띠는 물체를 대전체라고 한다.

나. 전하(Electric Charge)(2021년 1회, 1번)

물체가 가지고 있는 전기의 양을 뜻하며, 물질이 가진 고유의 전기적 성질, Q[C]으로 표시

다. 정전기(Static Electricity)(2018년 1회, 01번)

대전체 내의 정지되어 있는 전하

라. 마찰 전기(Frictional Electricity)

① 물체끼리 마찰에 의해 대전되어 생기는 전기. 물체는 각각 양(+), 음(−)으로 대전됨

② **대전 서열** : 재질에 따라 양(+), 음(−)으로 대전하기 쉬운 순번
(전기이론 16 쪽 ⑤ 대전서열 참조)

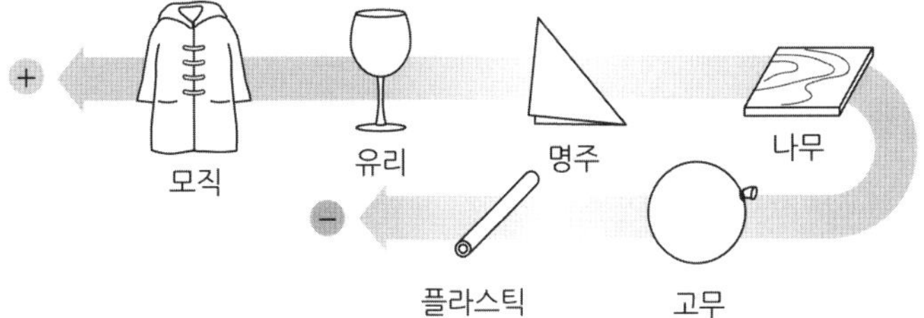

2 정전 유도와 정전 차폐

가. 정전 유도(Electrostatic Induction)

그림과 같이 도체에 대전체를 가까이 하면 대전체에 가까운 쪽에서는 대전체와 다른 종류의 전하가 나타나며 반대쪽에는 같은 종류의 전하가 나타나는 현상

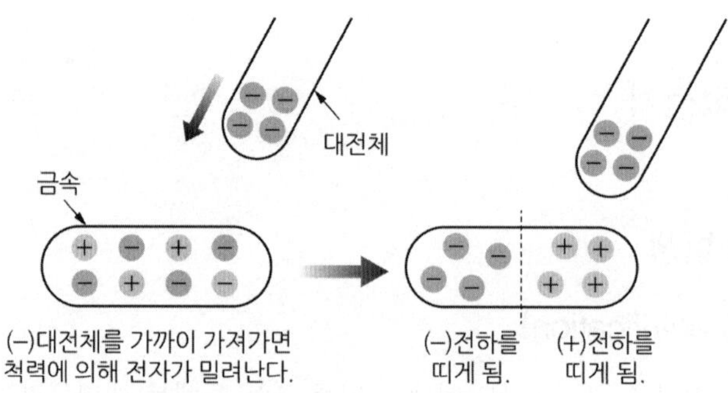

나. 정전 차폐(Electrostatic Shielding)(2017년 3회, 14번)

그림과 같이 박 검전기의 원판 위에 금속 철망을 씌우고 대전체를 가까이 했을 경우에는 정전 유도 현상이 생기지 않는데, 이와 같은 작용을 정전 차폐라고 한다.

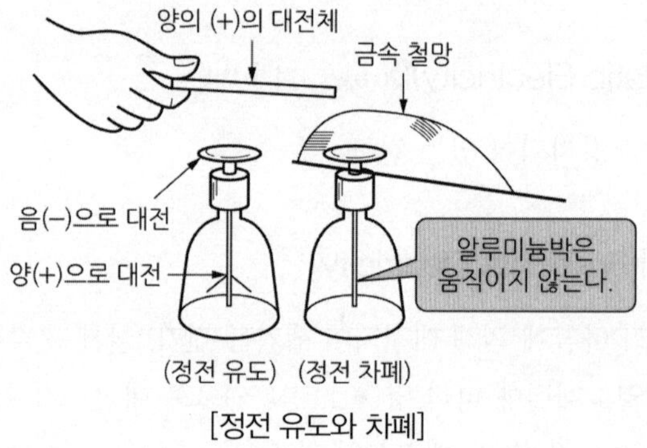

[정전 유도와 차폐]

3 정전기력(Electrostatic Force)

가. 유전율(Dielectric Constant)

① 전하 사이에 전기장이 작용할 때, 그 전하 사이의 매질이 전기장에 미치는 영향을 나타내는 물리적 단위이다. 매질이 저장할 수 있는 전하량으로 볼 수도 있다. 같은 양의 물질이라도 유전율이 더 높으면 더 많은 전하를 저장할 수 있기 때문에, 유전율이 높을수록 전기장의 세기가 감소된다(유전율이 크다는 것은 전기가 안 통한다는 뜻).

② 기호 및 단위 : $\varepsilon = \varepsilon_0 \varepsilon_s$[F/m]

③ 진공이나 공기 중의 유전율 : $\varepsilon_0 = 8.855 \times 10^{-12}$[F/m]

계산기 SHIFT 7 32 =

④ 비유전율 : ε_s(2019년 4회, 01번)

㉠ 진공 중의 유전율에 대해 매질의 유전율이 가지는 상대적인 비율

㉡ 진공이나 공기 중에서의 비유전율 $\varepsilon_S = 1$(진공이나 공기가 기준이라는 뜻)

㉢ '티탄산 바륨'은 비유전율이 3,000이므로 진공이나 공기보다 3,000배 정도 전기를 안 통한다는 뜻. 또는 진공이나 공기보다 3,000배의 전하를 저장할 수 있다는 뜻

⑤ 비유전율 비교

유전체	ε_s	유전체	ε_s
진공	1	운모	5~9
공기	1.00059	증류수	80
절연지	1.2~1.5	산화티탄 자기	60~100
석면	4.8	티탄산 바륨	1,000~3,000

나. 쿨롱의 제1법칙(Coulomb's Law)[4] 교재 46쪽 쿨롱의 제2법칙과 같이 암기

① 두 점전하 Q_1, Q_2[C] 사이에 작용하는 정전기력의 크기 F[N]는 두 전하의 곱에 비례하고, 전하 사이의 거리 r[m]의 제곱에 반비례한다.

$$F = \frac{1}{4\pi\varepsilon} \times \frac{Q_1 Q_2}{r^2} = \frac{1}{4\pi\varepsilon_0\varepsilon_s} \times \frac{Q_1 Q_2}{r^2}\text{[N]}$$ (2017년 1회, 18번)

② 진공이나 공기 중에서의 정전기력의 크기

$$F = \frac{1}{4\pi\varepsilon_0} \times \frac{Q_1 Q_2}{r^2} = 9 \times 10^9 \times \frac{Q_1 Q_2}{r^2}\text{[N]}$$

∵ 공기 중이나 공기 중에서의 비유전율 $\varepsilon_S = 1$

③ Q_1, Q_2가 같은 극성이면 반발력이 작용하고, 다른 극성이면 흡인력이 작용한다.

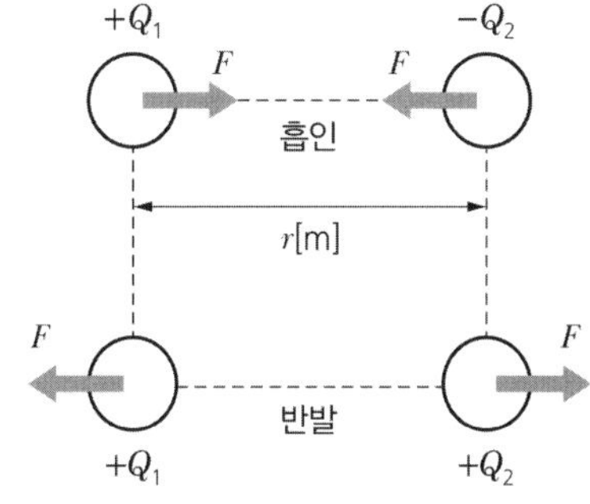

[두 전하 사이의 전기력]

4) 1970년대 유럽의 과학자들 사이에 전기의 인기가 높아져 가는 가운데 학자들은 정량적인 연구에 관심을 가지게 되었다. 가장 먼저 관심을 둔 것은 두 전하 사이의 힘이 거리에 따라 어떻게 변하느냐 하는 것이었다. 이 미세한 힘을 정확히 측정하는 데 성공한 사람이 쿨롱이다. 1785년 은으로 만든 가느다란 철사의 비틀림을 이용하여 이 정밀한 측정을 성공하였다. 쿨롱은 전기(1법칙)뿐 아니라 자기의 경우(2법칙)도 증명하였다.

3 전기장

가. 전기장 : 전기력이 작용하는 공간(=전계, 전장)

나. 전기장의 세기

전기장 내에 이 전기장의 크기에 영향을 미치지 않을 정도로 작은 값의 전하를 놓았을 때 이 전하에 작용하는 힘의 방향을 전기장의 방향으로 하고, 작용하는 힘의 크기를 단위 양전하 1[C]에 대한 힘의 크기로 환산한 것을 전기장의 세기로 정한다.

① 기호 및 단위 : E[V/m]

② Q[C]의 전하로부터 r[m]의 거리에 있는 P점에서의 전기장의 세기

$$E=\frac{1}{4\pi\varepsilon}\times\frac{Q}{r^2}=\frac{1}{4\pi\varepsilon_0\varepsilon_s}\times\frac{Q}{r^2}\text{[V/m]}$$

+Q[C]
ε [F/m]
+1[C]
E
r[m]

[전기장의 세기]

③ 진공이나 공기 중에서의 전기장의 세기 E

: 진공이나 공기 중의 비유전율 $\varepsilon_s=1$이므로 ②식에서

$$E=\frac{1}{4\pi\varepsilon_0}\times\frac{Q}{r^2}=9\times10^9\times\frac{Q}{r^2}\text{[V/m]}$$

④ 전기장의 세기 E[V/m] 장소에 Q[C]의 전하를 놓으면 이 전하가 받는 정전기력 $F=EQ$[N]

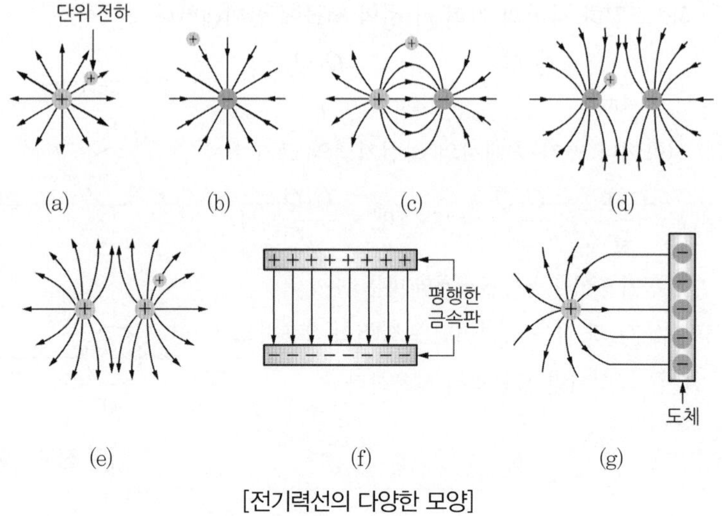

[전기력선의 다양한 모양]

다. 전기력선(Line of Electric Force)

① 전기장에 의해 정전기력이 작용하는 것을 설명하기 위해 가상적으로 그린 선

② **전기력선의 성질**(2018년 4회, 04번)

㉠ 전기력선은 양전하 표면에서 나와 음전하 표면에서 끝난다.

㉡ 전기력선의 접선의 방향은 그 점에서의 전장의 방향이다.

㉢ 전기력선은 같은 전기력선끼리 반발한다.

㉣ 전기력선은 서로 교차하지 않는다.

㉤ 전기력선은 등전위면(도체 표면)과 직각으로 교차한다.

㉥ 전기력선의 수직한 단면적의 밀도는 전장의 세기를 나타낸다.

㉦ 전기력선은 도체 내부에 존재하지 않는다.

㉧ 전기력선은 당기고 있는 고무줄 같이 언제나 수축하려고 한다.

라. 가우스의 정리(Gauss Theorem) = 전기장(전계)의 세기

① 임의의 폐곡면 내에 전체 전하량 Q[C]이 있을 때 이 폐곡면을 통해서 나오는 전기력선의 수는 $\frac{Q}{\varepsilon}$개다. $\left(\frac{Q}{\varepsilon} = \frac{Q}{\varepsilon_0 \varepsilon_s}\right)$

② 공기나 진공 중에서 비유전율 $\varepsilon_S = 1$이므로 공기나 진공 중에서 전기력선의 수 $= \frac{Q}{\varepsilon_0}$개

③ 공기나 진공 중 1[C]에서 나오는 전기력선의 총 수 : $\frac{1}{\varepsilon_0} \fallingdotseq 100,000,000,000$

$\fallingdotseq 1,000$억개

계산기 [□/□] [1] [↓] [SHIFT] [7] [32] [=] [1.13×10^{11}] $\fallingdotseq 1,000$억개

> **Memo 요한 카를 프리드리히 가우스(Johann Carl Friedrich Gauß, 1777~1855년)**
>
> 독일의 수학자이자 과학자이다. 정수론 · 통계학 · 해석학 · 미분 기하학 · 측지학 · 전자기학 · 천문학 · 광학 등의 많은 분야들에 크게 기여하였다. 특히, 정수론이 수학에서 중요한 자리를 차지할 수 있도록 큰 공헌을 한 것이 높이 평가되고 있다. 가우스는 수학의 왕자라는 별명으로, 오늘날의 세대들에게 친숙한 이름이기도 하다.

4 전속과 전속 밀도

가. 전속(Dielectric Flux) : 전기력선속의 줄임 말로서 전기력선의 묶음이다.

① 매질에 상관없이 Q[C]의 전하에서 Q[C]의 전속이 나온다.

② 전속은 전하와 같다.

③ 기호 및 단위 : ψ[C] = Q[C]

나. 전속 밀도(Dielectric Flux Density)

① 단위 면적(가로 1[m], 세로 1[m])을 지나가는 전속 수

② 기호 및 단위 : $D[\text{C/m}^2]$(2019년 2회, 18번)

③ Q[C]의 점전하를 중심으로 반지름 r[m]의 구 표면의 전속밀도

$$D = \frac{Q}{A} = \frac{Q}{4\pi r^2}[\text{C/m}^2] \quad 4\pi r^2 = \text{구의 표면적}$$

④ 전속 밀도와 전기장의 세기와의 관계

$$D = \varepsilon E = \varepsilon_0 \varepsilon_s E[\text{C/m}^2]$$

⑤ 아래 그림에서 전속밀도 $D = 3[\text{C/m}^2]$

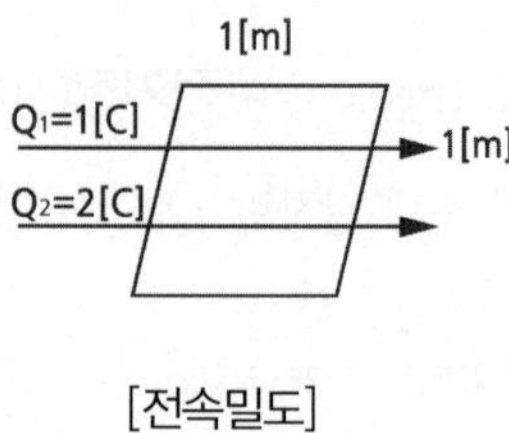

[전속밀도]

5 전위

가. 전위

① 대지를 기준으로 한 전하가 가지는 위치 에너지, 대지의 전위=0[V]

② Q[C]의 전하에서 r[m] 떨어진 점의 전위 V[V]

$$V = \frac{1}{4\pi\varepsilon} \times \frac{Q}{r}[\text{V}], \text{ 진공이나 공기 중의 전위 } V = \frac{1}{4\pi\varepsilon_0} \times \frac{Q}{r} = E \cdot r$$

나. 전위차(=전압)

① 두 점 간의 전위의 차를 전위차라 한다. ② 전위차(전압) = $V_A - V_B$

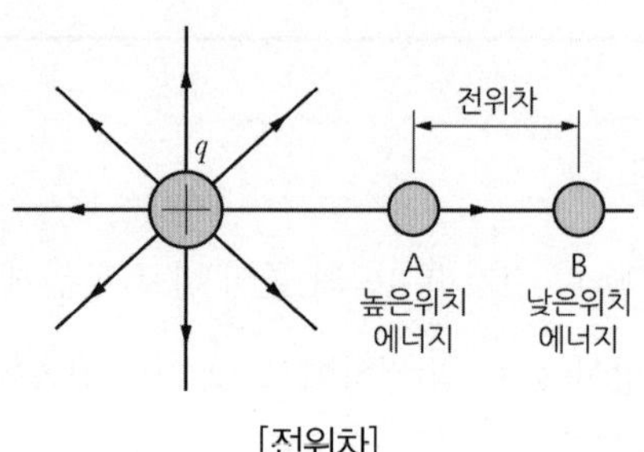

[전위차]

2 정전 용량과 정전 에너지

1 정전 용량(Electrostatic Capacity) ; 커패시턴스(Capacitance)

① 정전 용량이란 접촉되어 있지 않은 두 평행한 도체 판의 전기적 성질을 의미, 즉 콘덴서가 전하를 축적할 수 있는 능력을 표시하는 양(=정전기를 담을 수 있는 그릇의 크기)

② 기호 및 단위 : C[F]

③ 콘덴서의 정전 용량이 C[F]이고 전압 V[V]가 나타날 때 저장되는 전하량

$Q = CV$[C]

④ 1[F]는 1[V]의 전압을 가하여 1[C]의 전하를 축적하는 경우의 정전 용량이다

⑤ 콘덴서에 축적되는 전하 용량은 매우 작기 때문에 [μF](마이크로 패럿 : 10^{-6}[F])이나 [pF](피코 패럿 : 10^{-12}[F])의 단위를 사용한다.

2 정전 용량의 계산

가. 구 도체의 정전 용량

① 반지름 r[m]인 구도체에 Q[C]의 전하를 줄 때 구 도체의 전위 V[V]

$$V = \frac{Q}{4\pi\varepsilon r}[\text{V}]$$

② 구 도체의 정전 용량 C[F]

$$C = \frac{Q}{V} = \frac{\frac{Q}{1}}{\frac{Q}{4\pi\varepsilon r}} = \frac{4\pi\varepsilon r \times Q}{Q} = 4\pi\varepsilon r \ [\text{F}]$$

나. 평행 판 도체의 정전 용량

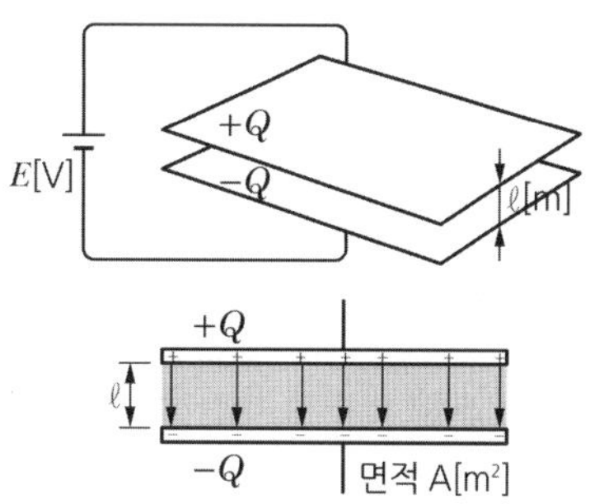

① 콘덴서의 평행 판 면적이 $A[\text{m}^2]$이고, 극판 간의 간격이 ℓ[m]일 때 정전 용량 C[F]

$C = \varepsilon\frac{A}{\ell}$[F](2020년 3회, 04번)

② 용량이 큰 콘덴서를 만들기 위한 방법

㉠ 유전체의 유전율(ε)을 큰 것으로 사용

㉡ 극판의 면적(A)를 넓은 것으로 사용

㉢ 극판 간의 거리(ℓ)를 좁게 함

3 유전체 내의 정전 에너지

가. 정전 에너지(Electrostatic Energy)

정전 용량 C [F]의 콘덴서에 전압 V [V]가 가해져서 Q [C]의 전하가 축적되어 있을 때 저장되는 에너지 W [J]

$$W=\frac{1}{2}QV=\frac{1}{2}CV^2=\frac{Q^2}{2C}[\mathrm{J}]$$

$(\because\ V=\frac{Q}{C}$에서 $Q=CV)$

나. 단위 체적당 저장되는 에너지

유전체 $1[\mathrm{m}^3]$ 안에 저장되는 정전 에너지 $w[\mathrm{J/m^3}]$

$$w=\frac{1}{2}ED=\frac{1}{2}\varepsilon E^2=\frac{D^2}{2\varepsilon}[\mathrm{J/m^3}]$$ ($\because$ 전속 밀도 $\mathrm{D}=\varepsilon E[\mathrm{c/m^2}]$)

4 정전 흡입력(체적당 에너지×단면적)

① $F=\frac{1}{2}\varepsilon E^2 A[\mathrm{N}]$

② 단위 면적 내의 정전 흡인력 F_0

$$F_0=\frac{1}{2}\varepsilon E^2=\frac{1}{2}\varepsilon\left(\frac{V}{\ell}\right)^2[\mathrm{N/m^2}]$$

㉠ 정전 흡입력(F_0)은 전압의 제곱(V^2)에 비례한다. $F_0 \propto V^2$(2019년 3회, 11번)

㉡ 정전 흡입력을 이용한 것에는 정전 전압계와 정전 집진장치 등이 있다.

3 콘덴서(Condenser)

1 콘덴서의 구조와 원리

두 도체 사이에 유전체를 넣어 절연하여 전하를 축적할 수 있게 한 장치로 커패시터(Capacitor)라고도 하며 축전기나 핸드폰 배터리도 콘덴서의 일종이다.

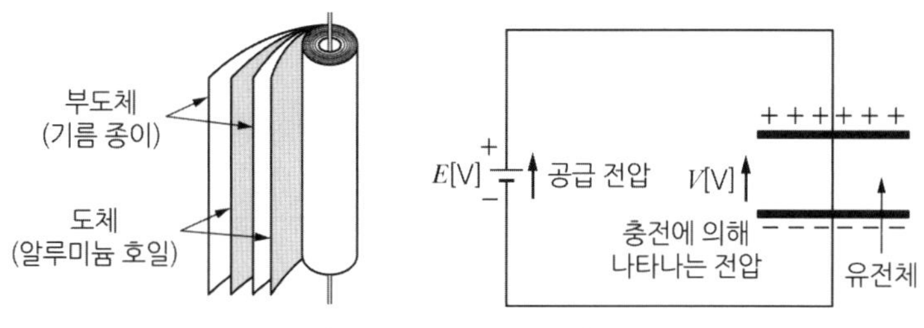

[콘덴서의 구조와 원리]

① 직류 전압이 가해지면 순간적으로 전류가 흐르지만 잠시 후에는 흐르지 않는 특성을 이용하여 직류 차단용으로도 사용된다.

② 교류는 전류가 계속 흐른다.

2 콘덴서의 종류

가. 가변 콘덴서(2023년 2회, 13번)

전극은 고정 전극과 가변 전극으로 되어 있고 가변 전극을 회전하면 전극판의 상대 면적이 변하므로 정전 용량이 변하는 공기 가변 콘덴서(바리콘)가 대표적이다.

나. 고정 콘덴서

① **마일러 콘덴서** : 얇은 폴리에스테르 필름을 유전체로 하여 양면에 금속박을 대고 원통형으로 감은 것(내열성 절연저항이 양호)

② **마이카 콘덴서** : 운모와 금속 박막으로 이루어져 있고 온도 변화에 의한 용량 변화가 작고 절연저항이 높은 우수한 특성을 가지고 있음(표준 콘덴서)

③ **세라믹 콘덴서** : 비유전율이 큰 티탄산바륨 등을 유전체로 사용하고 가격 대비 성능이 우수. 가장 많이 사용

④ **전해 콘덴서** : 전기분해하여 금속의 표면에 산화 피막을 만들어 유전체로 이용. 소형으로 큰 정전 용량을 얻을 수 있으나, 극성을 가지고 있으므로 교류 회로에는 사용할 수 없다.

⑤ **탄탈 콘덴서** : 전극에 탄탈륨이라는 재료를 사용하고 있는 전해 콘덴서이다. 전해 콘덴서와 마찬가지로, 비교적 큰 용량을 얻을 수 있다. 그리고 온도 특성, 주파수 특성 모두 전해 콘덴서보다 우수하다.

3 콘덴서의 접속 및 계산(2023년 1회, 17번)

가. 직렬접속(콘덴서의 직렬은 저항의 병렬과 같이 계산)

① 합성 정전 용량 C_0[F]

$$\frac{1}{C_0} = \frac{1}{C_1} + \frac{1}{C_2}[\mathrm{F}]$$

② 각 콘덴서에 가해지는 전압

$$V_1 = \frac{C_2}{C_1 + C_2} V[\mathrm{V}],\ V_2 = \frac{C_1}{C_1 + C_2} V$$

③ 전체 충전 전압 $Q = C_1 \cdot V_1 = C_2 \cdot V_2 = C_{합} \cdot V$

$\left(C_{합} = \dfrac{C_1 \cdot C_2}{C_1 + C_2},\ V = C_1, C_2\right.$ 전체에 걸려 있는 전압)

나. 병렬접속(콘덴서의 병렬은 저항의 직렬과 같이 계산)(2019년 4회, 16번)

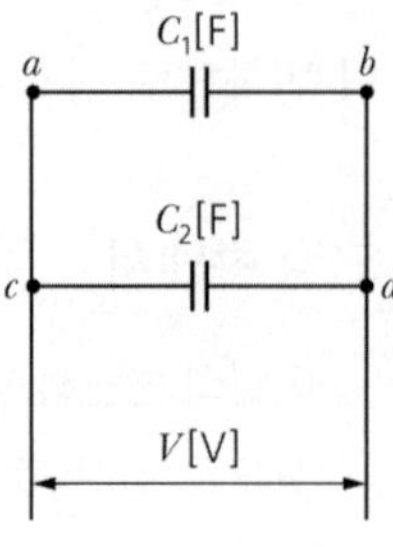

① 합성 정전 용량 C_0[F]

$C_0 = C_1 + C_2$[F]

② 각 콘덴서에 가해지는 전압은 같다.

$V = V_{ab} = V_{cd}$[V]

③ 각각의 콘덴서 C_1, C_2에 축적되는 전하 Q[C]

$Q_1 = C_1 V$[C], $Q_2 = C_2 V$[C](2019년 2회, 19번)

> **Memo 콘덴서 계산법**
>
> 콘덴서의 직렬은 저항의 병렬과 같이 계산하고 콘덴서의 병렬은 저항의 직렬과 같이 계산한다.

Memo 계산기에서 아래의 명칭은 암기해 두면 좋다(전부 '3'이 들어가 있음)

	명칭	기호	계산기 번호	
1	전자의 질량	m_e	SHIFT+7	0③
2	전자의 전기량	e	SHIFT+7	2③
3	진공 중의 유전율	ε_0	SHIFT+7	③2
4	진공 중의 투자율	μ_0	SHIFT+7	③3

CHAPTER

Craftsman Electricity

04 자기의 성질과 전류에 의한 자기장

1 자석의 자기 작용

1 자기 유도

가. 자기(2023년 1회, 02번)

① 자기(Magnetism) : 자석이 주변 물체에 영향을 미치는 것

② 자기력(Magnetic force) : 자석(magnet)과 같이 자성을 띤 물체끼리 밀고 당기는 힘

② 자하(Magnetic Charge) : 자석이 가지는 자기량, m[Wb]

나. 자기유도

① 자화(Magnetization) : 자기력의 영향을 받아 자석처럼 되는 것

② 자기유도(Magnetic Induction) : 자석에 의해 물질이 자화되는 현상

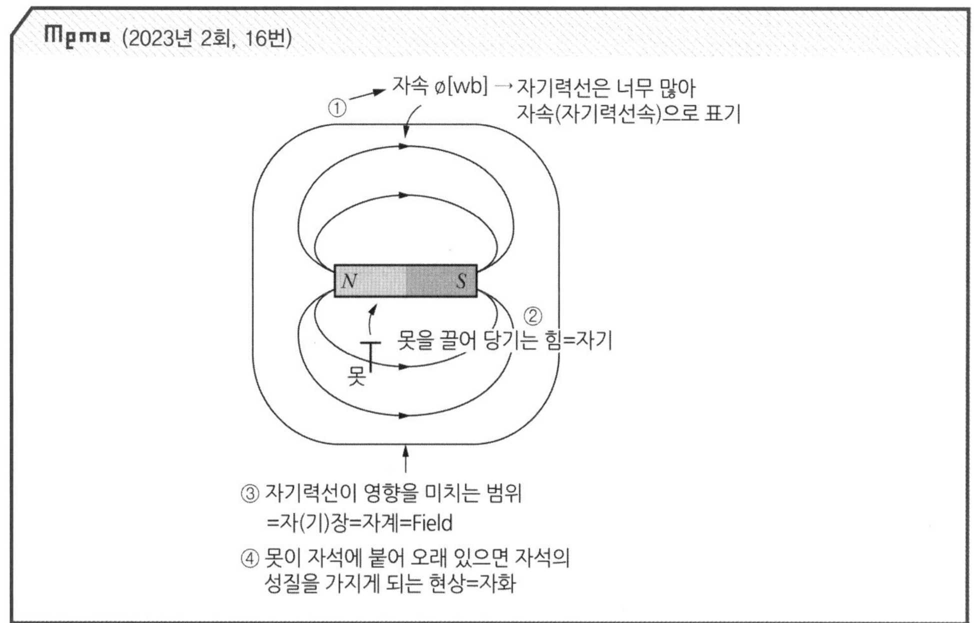

2 자극 사이의 작용하는 힘

가. 투자율(Permeability)

① 매질이 주어진 자기장에 대하여 얼마나 자화하는지를 나타내는 값. 진공이나 공기를 기준(=1)으로 할 때 '얼마만큼 자속이 잘 통하느냐?'의 비율

② 기호 및 단위 : μ[H/m]

③ 진공 중의 투자율 : $\mu_0 = 4\pi \times 10^{-7} = 1.25 \times 10^{-6}$[H/m]

계산기 SHIFT 7 33 =

④ 비 투자율 : μ_S($\mu = \mu_o \mu_S$에서 $\mu_S = \dfrac{\mu}{\mu_o}$)

㉠ 진공 중의 투자율에 대해 매질의 투자율이 가지는 상대적인 비율

㉡ 진공 중이나 공기 중에서의 비 투자율 $\mu_S = 1$

⑤ 물체의 비 투자율

㉠ 강자성체 : $\mu_S \gg 1$(철, 니켈, 코발트, 망간) – '쇠니까만'으로 암기

자기 유도에 의해 강하게 자화되며 쉽게 자석이 되는 물질. 자석을 강하게 당기는 물질

㉡ 상자성체 : $\mu_S \geq 1$(알루미늄, 산소, 백금)

강자성체와 같은 방향으로 약하게 자화되는 물질. 자석을 약하게 당기는 물질

㉢ 반자성체 : $\mu_S < 1$(은, 구리, 아연, 안티몬, 비스무트, 납)

강자성체와 반대로 자화되는 물질. 자석을 밀어내는 물질

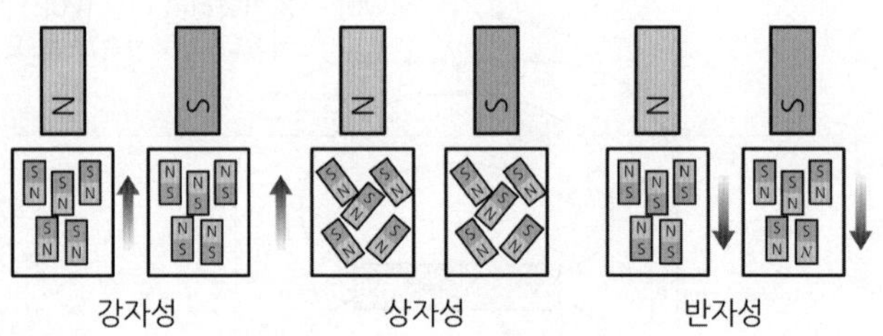

나. 쿨롱의 제2법칙(Coulomb's Law) 교재 37쪽 쿨롱의 제1법칙과 같이 암기

① 두 자극 m_1, m_2[Wb] 사이에 작용하는 힘 F[N]은 두 자극의 세기의 곱에 비례하고, 두 자극 사이의 거리 r[m]의 제곱에 반비례한다.

$$F = \frac{1}{4\pi\mu} \times \frac{m_1 m_2}{r^2} = \frac{1}{4\pi\mu_0\mu_S} \times \frac{m_1 m_2}{r^2} \text{[N]}$$

② 진공이나 공기 중에서의 작용력 F[N](2023년 1회, 15번)

$$F=\frac{1}{4\pi\mu_0}\times\frac{m_1 m_2}{r^2}=6.33\times10^4\times\frac{m_1 m_2}{r^2}[\text{N}]$$

∵ 진공 중이나 공기 중에서의 비 투자율 $\mu_S=1$

③ m_1, m_2가 같은 극성이면 반발력이 작용하고, 다른 극성이면 흡인력이 작용한다.

> **Memo**
>
> 쿨롱은 1785년 전하에 관한 쿨롱의 법칙(제1법칙)을 증명하였고 그 후 자석(자기장)에 관한 것(제2법칙)도 증명하였다

3 자기장

가. 자기장의 세기(Intensity of Magnetic Force)

① 자기장(Magnetic Field) : 자력이 미치는 공간(=자계, 자장)

② 자기장의 세기

자기장 내에 이 자기장의 크기에 영향을 미치지 않을 정도로 아주 작은 자하(자극) m[Wb]를 놓았을 때 이 자하에 작용하는 힘의 방향을 자기장의 방향으로 하고, 작용하는 힘의 크기를 단위 자하 1[Wb]에 대한 힘의 크기로 환산한 것을 자기장의 세기로 정한다.

③ 기호 및 단위 : H[AT/m]

④ m[Wb]의 자극에서 r[m] 떨어진 P점에서의 자기장의 세기

$$H=\frac{1}{4\pi\mu}\times\frac{m}{r^2}=\frac{1}{4\pi\mu_0\mu_S}\times\frac{m}{r^2}[\text{AT/m}]$$

⑤ 진공이나 공기 중에서의 자기장의 세기

$$H=\frac{1}{4\pi\mu_0}\times\frac{m}{r^2}=6.33\times10^4\times\frac{m}{r^2}[\text{AT/m}]$$

(∵ 진공 중이나 공기 중에서의 비 투자율 $\mu_S=1$)

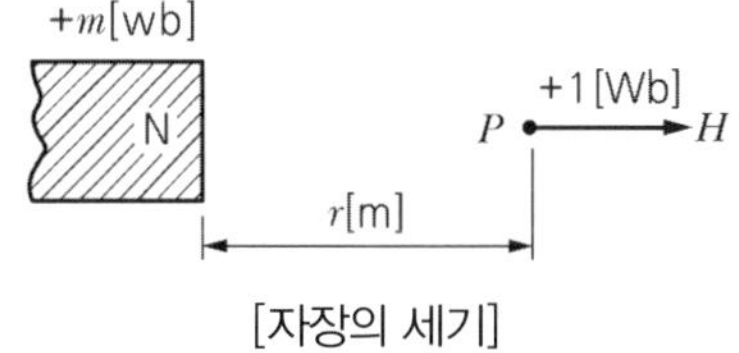

[자장의 세기]

⑥ 자기장의 세기 H[AT/m]의 자기장 내에 m[Wb]의 자극을 두었을 때 작용하는 힘

$F=mH$[N]

나. 자기력선(Line of Magnetic Force)

① 자기장의 세기와 방향을 선으로 나타낸 것

② 자기력선의 성질

㉠ 자기력선은 N극에서 나와 S극으로 끝난다.

㉡ 같은 방향의 자기력선끼리는 서로 반발한다.

㉢ 임의의 한 점을 지나는 자력선의 접선방향이 그 점에서의 자기장의 방향이다.

㉣ 자기장 내의 임의의 한 점의 자기력선 밀도는 그 점의 자기장의 세기를 나타낸다.

㉤ 자력선은 서로 만나거나 교차하지 않는다.

㉥ 늘어난 고무줄처럼 항상 수축하려고 한다(전기력선과 성질이 같음).

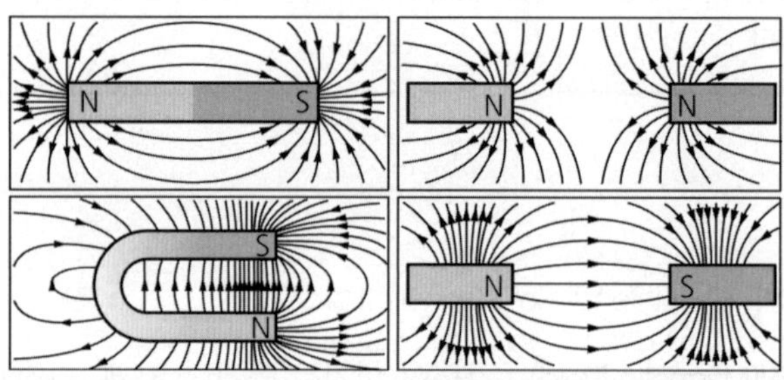

다. 가우스의 정리(Gauss Theorem) = 자기장의 세기

① 임의의 폐곡면 내의 전체 자하량 m[Wb]가 있을 때, 이 폐곡면을 통해서 나오는 자기력선의 총 수 $= \frac{m}{\mu} = \frac{m}{\mu_0 \mu_S}$개

② 공기나 진공 중 1[wb]에서 나오는 자기력선의 수 $= \frac{1}{\mu_0} = \frac{1}{4\pi \times 10^{-7}}$ 개(2017년 1회, 19번)

($\because \mu_S = 1$)

계산기 $\frac{\square}{\square}$ 1 ↓ SHIFT 7 33 = 795,774≒80만개(2020년 1회, 08번)

4 자속과 자속밀도

가. 자속(Magnetic Flux) : 자기력선의 집합(자기력선속의 줄임말)

① 진공이나 공기 중 1[Wb]의 자하에서 나오는 자기력선이 $\frac{1}{\mu_0}$ 개≒80만개이므로 표현하기 어려워 자속으로 표현한 것

② 자성체 내에서 매질에 상관없이 m[Wb]의 자하에서 m개의 선이 나온다고 가정하여 이것을 자속이라 한다(예 3[Wb]에서 나오는 자속의 수는 3개).

③ 기호 및 단위 : ϕ[Wb]

나. 자속 밀도(Magnetic Flux Density)

① 단위 면적(가로 1[m], 세로1[m])을 지나가는 자속 수

② 기호 및 단위 : $B[\mathrm{Wb/m^2}]=[\mathrm{T}]$

③ 반지름 r[m]의 구 표면을 ϕ[Wb]가 통과할 때의 자속밀도 $B[\mathrm{Wb/m^2}]$

$$B=\frac{\phi}{A}=\frac{\phi}{4\pi r^2}[\mathrm{Wb/m^2}]$$ (A : 구 표면 면적)

④ 자속밀도와 전기장의 세기와의 관계(2017년 2회, 03번)

$$B=\mu H=\mu_o\mu_s H[\mathrm{Wb/m^2}]$$

4 자기 모멘트와 토크

가. 자기 모멘트(Magnetic Moment)

① 물체가 자기장에 반응하여 회전력을 받는 정도

② 자극의 세기가 m[Wb]이고 자석의 길이가 ℓ[m]일 때 자기모멘트 M[Wb · m]

$M=m\ell$[Wb · m]

나. 회전력 = 토크

① 기호 및 단위 : T [N · m]

정월 대보름(음력 1월 15일) 달 밝은 밤에 액땜을 하기 위해 쥐불놀이를 한다. 이때 깡통에다 잘 마른 광솔을 넣고 불을 붙여 돌린다. 마지막에 깡통을 힘껏 내어 던지는데 이때의 깡통이 돌아가는 힘, 즉 회전력을 토크라 한다.

토크 T=F×r [N · m]

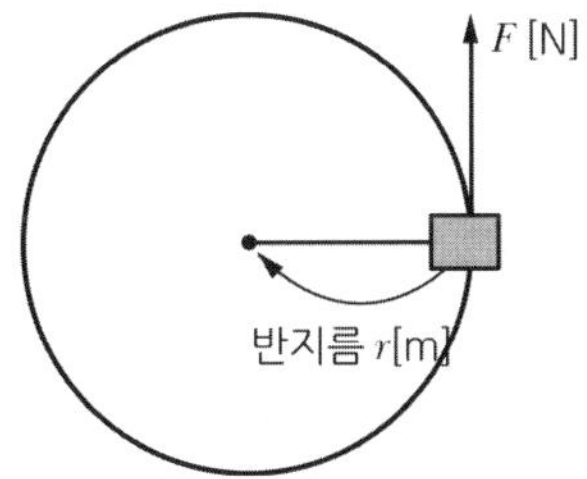

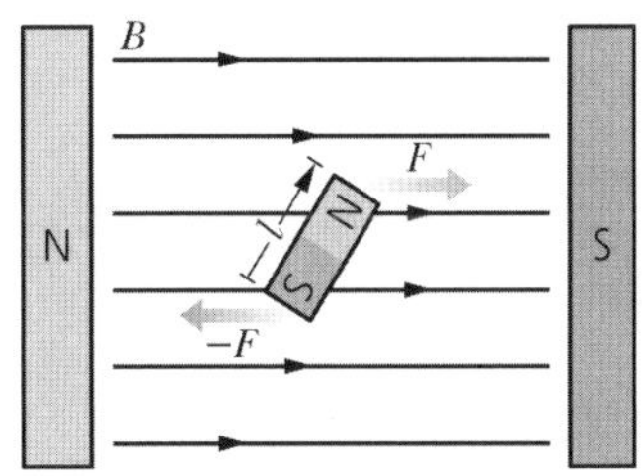

② 자기장의 세기 H [AT/m]인 평등 자기장 내에 자극의 세기 m[Wb]의 자침을 자기장의 방향과 θ의 각도로 놓았을 때 토크 $T=mH\ell\sin\theta=MH\sin\theta$[N · m]

▼ 전기와 자기의 종합 정리

전기	자기
전하 Q [C]	자하 m [Wb]
유전율 $\varepsilon=\varepsilon_0\varepsilon_S$ [F/m]	투자율 $\mu=\mu_0\mu_S$ [H/m]
진공 중의 유전율 $\varepsilon_0=8.855\times10^{-12}$	진공 중의 투자율 $\mu_0=4\pi\times10^{-7}$
• 쿨롱의 제1법칙 $F=\dfrac{1}{4\pi\varepsilon}\times\dfrac{Q_1Q_2}{r^2}=\dfrac{1}{4\pi\varepsilon_0\varepsilon_s}\times\dfrac{Q_1Q_2}{r^2}$ [N] • 진공이나 공기 중에서는 $F=\dfrac{1}{4\pi\varepsilon_0}\times\dfrac{Q_1Q_2}{r^2}=9\times10^9\times\dfrac{Q_1Q_2}{r^2}$ [N]	• 쿨롱의 제2법칙 $F=\dfrac{1}{4\pi\mu}\times\dfrac{m_1m_2}{r^2}=\dfrac{1}{4\pi\mu_0\mu_s}\times\dfrac{m_1m_2}{r^2}$ [N] • 진공이나 공기 중에서는 $F=\dfrac{1}{4\pi\mu_0}\times\dfrac{m_1m_2}{r^2}=6.33\times10^4\times\dfrac{m_1m_2}{r^2}$ [N]
전기장＝전장＝전계	자기장＝자장＝자계
전계의 세기(진공이나 공기 중) $E=\dfrac{1}{4\pi\varepsilon_0}\times\dfrac{Q}{r^2}=9\times10^9\times\dfrac{Q}{r^2}$ [V/m]	자계의 세기(진공이나 공기 중) $H=\dfrac{1}{4\pi\mu_0}\times\dfrac{m}{r^2}=6.33\times10^4\times\dfrac{m}{r^2}$ [AT/m]
$F=EQ$ [N]	$F=mH$ [N]
전기력선의 수 $\dfrac{Q}{\varepsilon}=\dfrac{Q}{\varepsilon_o\varepsilon_s}$ [개]	자기력선의 수 $\dfrac{m}{\mu}=\dfrac{m}{\mu_o\mu_s}$ [개]
진공 · 공기 중의 전기력선의 수＝$\dfrac{Q}{\varepsilon_o}$ [개]	진공 · 공기 중의 자기력선의 수 $\dfrac{m}{\mu_o}$ [개]
전(기력선)속의 수 Q [개]	자(기력선)속의 수 m [개]
전속밀도 $D=\dfrac{Q}{A}=\dfrac{Q}{4\pi r^2}$ [C/m²]	자속밀도 $B=\dfrac{\phi}{A}=\dfrac{\phi}{4\pi r^2}$ [Wb/m²]
전속밀도와 전계의 세기와의 관계 $D=\varepsilon E=\varepsilon_0\varepsilon_S E$ [C/m²]	자속밀도와 자계의 세기와의 관계 $B=\mu H=\mu_0\mu_S H$ [Wb/m²]

2 전류에 의한 자기장과 자기 회로

1 전류에 의한 자기장

가. 앙페르의 오른 나사 법칙(Ampere's Right-handed Screw Rule)

① 전류에 의해 생기는 자기장(자력선)의 방향을 결정하는 법칙

② **직선 도체에 전류가 흐를 때의 자력선 방향** : 전류의 방향이 엄지손가락 방향이라면 자기장의 방향은 나머지 손가락이 감싸는 방향이 된다.

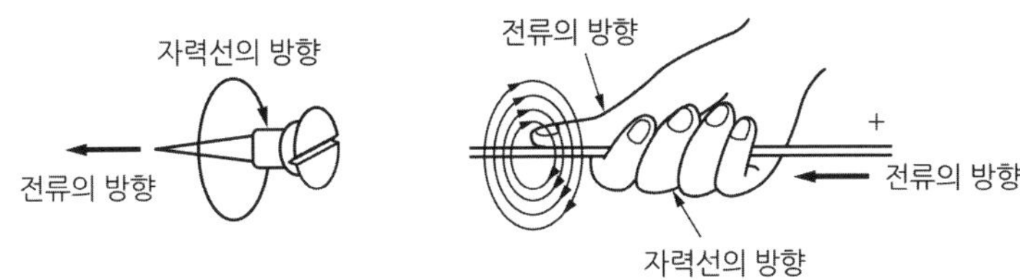

[직선 전류에 의한 자력선의 방향]

③ **원형 도체에 전류가 흐를 때의 자기장의 방향** : 원형 도체에 흐르는 전류의 방향으로 엄지손가락 외 나머지 손가락으로 감싸면 엄지손가락 방향이 자력선의 방향이 된다.

(2020년 4회 5번)

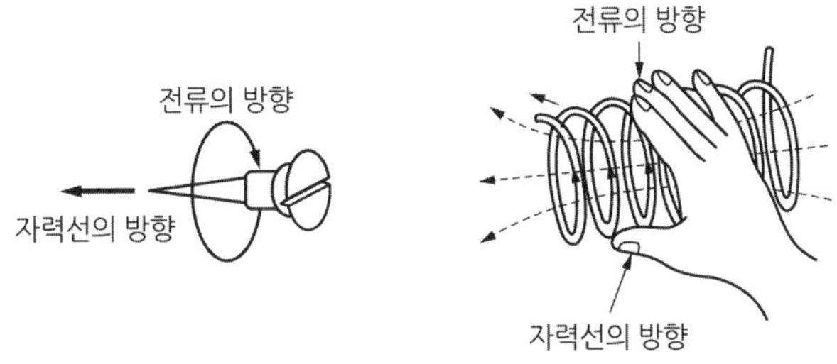

[환상 전류에 의한 자력선의 방향]

> **Memo 앙드레마리 앙페르(André－Marie Ampère, 1775~1836년)**
>
> 프랑스의 물리학자이다. 전기 · 자기의 연구에 몰두하여 근대 전기학의 기초를 세웠다. 전류를 측정하는 데 쓰이는 단위[암페어]는 앙페르의 이름에서 온 것이다.
> 프랑스 리옹에서 태어났다. 고등학교 교사 생활을 하다가 1814년 과학 아카데미 회원으로 선출되었고, 1824년 콜레주 드 프랑스(프랑스의 고등 교육 기관)의 교수가 되었다. 앙페르는 여러 분야의 학문에 업적을 남겼는데, 특히 전자기(電磁氣) 현상과 전기역학(電氣力學)의 연구에 공헌하였다. 자석에 얼굴을 향하여 발에서 머리로 전류를 통하면 자석의 N극, 즉 북극은 그 사람의 왼손 쪽으로 움직인다는 '앙페르 회로 법칙'을 발견하였다.

나. 비오－사바르의 법칙(Biot－Savart's Law) ＝앙페르 주회 적분의 법칙

① 곡선 도체에 전류가 흐를 때의 자기장의 세기를 알아내는 법칙

도선에 I[A]의 전류가 흐를 때 도선의 미소 부분 $\Delta\ell$에서 r[m] 떨어지고 $\Delta\ell$과 이루는 각도가 θ인 점

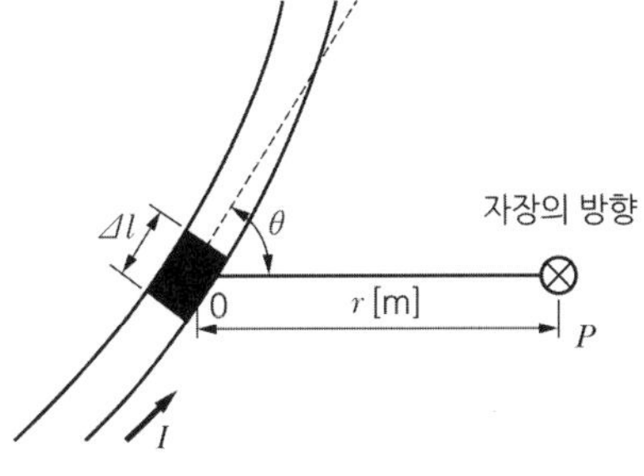

[비오－사바르의 법칙]

P에서 전류I에 의한 자장의 세기

$$\Delta H = \frac{I\Delta\ell}{4\pi r^2}\sin\theta[\mathrm{AT/m}]$$

Memo 장바티스트 비오(Jean－Baptiste Biot, 1774~1862년)

프랑스의 수학자, 물리학자, 천문학자이다. 1797년에 우아즈 주 보베(Beauvais)에 있었던 에콜 센트랄 드 루아즈(École Centrale de l'Oise)의 수학 교수를 역임하였으며, 1800년에는 콜레주 드 프랑스의 물리학 교수가 되었다. 1804년에는 조제프 루이 게이뤼삭와 함께 가벼운 기구를 타고 7,300m 상공을 날면서 자기와 공기의 성질을 연구하였으며, 편광에 관한 연구로 램포드상을 받았다. 1820년에는 펠릭스 사바르(Félix Savart)와 함께 전류가 자석에 미치는 힘에 관하여 비오－사바르 법칙을 세웠다.

Memo 펠릭스 사바르(Félix Savart, 1791~1841년)

프랑스 메지에르 출생. 처음에는 의학을 배워 육군 군의관을 거쳐 개업의가 되었으나, 후에 물리학으로 관심을 돌렸다. 1819년 음향학에 관한 논문을 써서 J.B.비오에게 인정받아 함께 물리학 연구에 종사했다. 특히 1820년 전류가 자석에 미치는 힘에 대한 '비오－사바르의 법칙'을 제출하여 널리 알려졌고, 음향학에 많은 공헌을 하였다. '사바르의 편광판(偏光板)' 제작도 중요한 업적이다. 과학아카데미 회원이 되었고, 후에 A.M.앙페르의 뒤를 이어 콜레주 드 프랑스 교수가 되었다.

② 무한 장 직선 전류에 의한 자기장의 세기

무한 직선 도체에 I[A]의 전류가 흐를 때 전선에서 r[m] 떨어진 점의 자기장의 세기

$$H = \frac{NI}{2\pi r}[\mathrm{AT/m}],\ \mathrm{N} = \text{도체의 수}$$

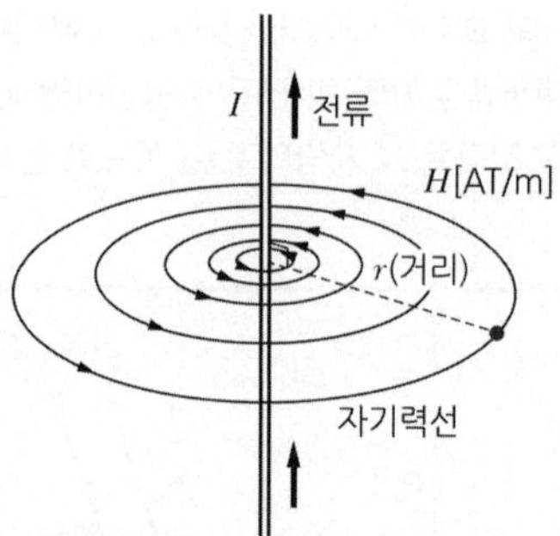

[무한 장 직선 도체에 의한 r[m] 떨어진 점의 자기장의 세기]

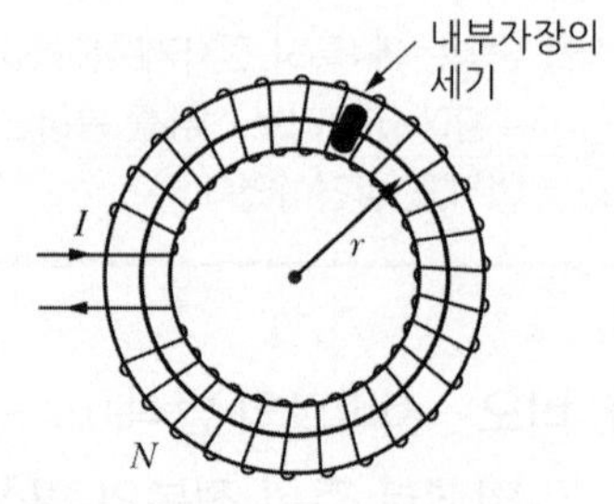

[환상 솔레노이드의 내부 자기장의 세기]

③ **환상 솔레노이드 중심의 자기장의 세기**(2018년 3회, 13번)

반지름이 r[m]이고 감은 권수가 N인 환상 솔레노이드에 I[A]의 전류를 흘릴 때 솔레노이드 내부에 생기는 자장의 세기

솔레노이드 : 도선을 촘촘하고 균일하게 원통형으로 길게 감아 만든 것

$$H = \frac{NI}{2\pi r} = \frac{NI}{\ell}\,[\mathrm{AT/m}]$$

(여기서, ℓ은 환상 자속로 평균 길이 = 원둘레 = $2\pi r$)

④ **원형 코일의 중심의 자기장의 세기**

반지름이 r[m]이고 감은 횟수가 N인 원형 코일에 I[A]의 전류를 흘릴 때 코일 중심의 자기장의 세기

$$H = \frac{NI}{2r}\,[\mathrm{AT/m}]$$

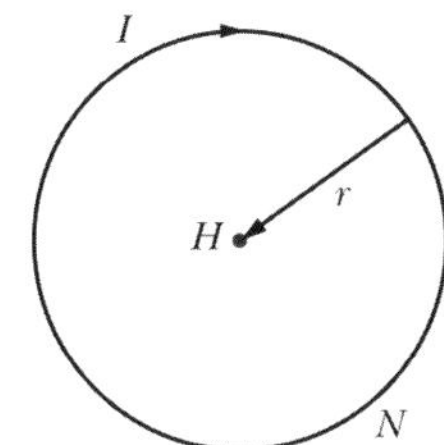

[원형 코일 중심의 자기장의 세기]

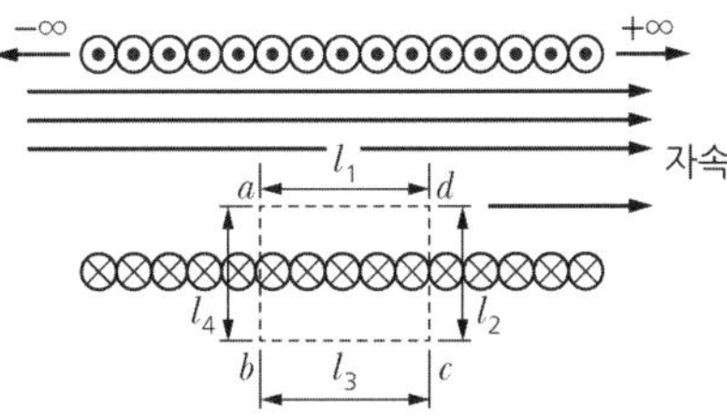

[무한장 직선 솔레노이드의 자기장의 세기]

⑤ **무한장 직선 솔레노이드 내부 자기장의 세기**(2019년 3회, 10번)

감은 권수가 N인 직선 솔레노이드에서 I[A]의 전류를 흘릴 때 솔레노이드 내부에 생기는 자기장의 세기 H[AT/m]

$$H = \frac{N}{\ell} I = nI\,[\mathrm{AT/m}]$$

여기서, n은 단위 길이(1m)당 권수

Memo

비오-사바르의 법칙은 시험에 꼭 나오는데 많아서 암기하기가 어렵다.
그림을 순서대로 외우고 식을 줄여 나가면 쉽다.

㉠ 곡선	㉡ 직선	㉢ 환상 솔레노이드	㉣ 원형 코일	㉤ 무한장 직선 솔레노이드
		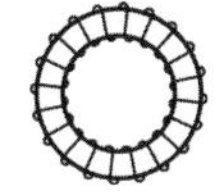	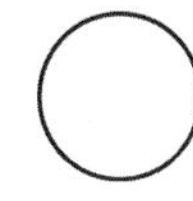	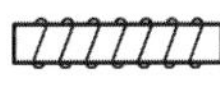
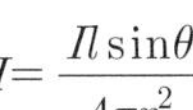 $H = \frac{Il\sin\theta}{4\pi r^2}$	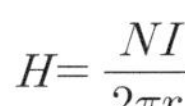 $H = \frac{NI}{2\pi r}$	$H = \frac{NI}{2\pi r}$	$H = \frac{NI}{2r}$	$H = nI$

다. 앙페르 주회 적분의 법칙(Ampere's Circuital Integrating Law) = 비오 – 사바르의 법칙

① 임의의 폐곡선에서 전류에 의한 자기장의 세기를 나타내는 법칙

② 자기장 내의 임의의 폐곡선 C를 취할 때, 이 곡선을 한 바퀴 돌면서 이 곡선의 $\triangle\ell$과 그 부분의 자기장의 세기 $H\triangle\ell$의 대수합은 이 폐곡선을 관통하는 전류의 대수합과 같다.

$\Sigma H\triangle\ell = I$

2 자기 회로

가. 자기 회로(Magnetic Circuit)

자속이 통과하는 폐회로

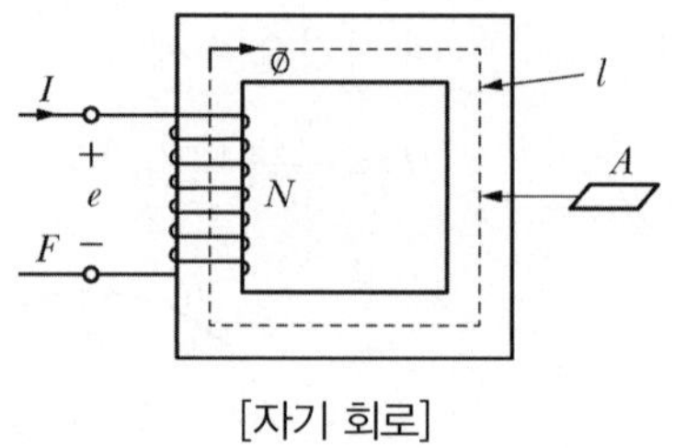

[자기 회로]

나. 기자력(Magnetic Motive Force)

자기 회로에서 자속을 발생시키기 위한 원동력

$F = NI$[AT]

여기서, N[T] : 코일의 권수

I[A] : 코일에 흐르는 전류

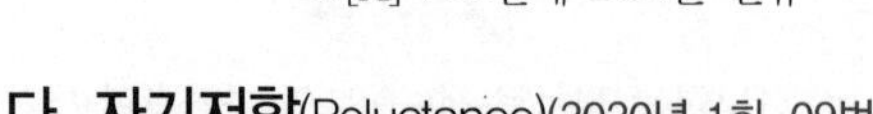

다. 자기저항(Reluctance)(2020년 1회, 09번)

자기력에 대하여 전기저항과 유사한 힘이며, 자속의 흐름을 방해하는 성질

$$R_m = \frac{\ell}{\mu A} = \frac{F}{\varnothing} = \frac{NI}{\varnothing}[\text{AT/Wb}]$$

라. 전기 회로와 자기 회로의 비교

전기 회로	자기 회로
I, E, R $E=I \cdot R$	Φ, I, N, V, F, R_m $F=R_m\Phi$
기전력 E[V]	기자력 $F=NI$[AT]
전류 I[A]	자속 ϕ[Wb]
저항 $R=\frac{E}{I}[\Omega]$	자기저항 $R_m = \frac{F}{\phi} = \frac{NI}{\phi}$[AT/Wb]

CHAPTER

Craftsman Electricity

05 전자력과 전자유도

1 전자력

자기장 내에 있는 도체에 전류를 흘리면 힘이 작용한다. 이 힘을 '전자력'이라 한다.(전동기에 응용)

1 전자력의 방향과 크기

가. 전자력의 방향(2019년 3회, 19번)

플레밍의 왼손 법칙(Fleming's Left-hand Rule) : 전동기(Motor)의 힘 방향과 크기를 결정하는 법칙

※ 암기법 : 오른손은 발전기 왼손은 전동기, (오)른 (발)로 (자)(전)거 타기)

① 엄지 : <u>힘의 방향(F)</u>

② 검지 : 자장의 방향(B)

③ 중지 : 전류의 방향(I)

※ FBI(미 연방 수사국)로 암기

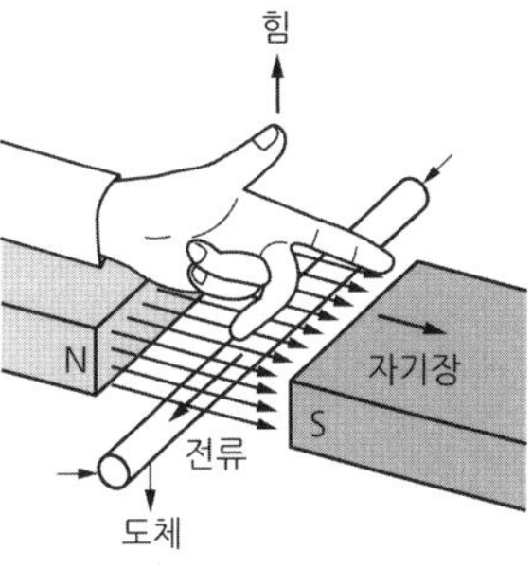

[플레밍의 왼손법칙]=[전동기]

나. 전자력의 크기(2019년 3회, 05번)

자속밀도 $B[\mathrm{Wb/m^2}]$의 평등 자장 내에 자장과 θ의 각도로 길이 $\ell[\mathrm{m}]$의 도체를 놓고 $I[\mathrm{A}]$의 전류를 흘릴 때 도체가 받는 힘 $F[\mathrm{N}]$

$F = BI\ell\sin\theta[\mathrm{N}]$ ※ 암기법 : FBI를 그대로 쓰고 '$\ell\sin\theta$'만 붙이면 된다.

2 평행 도체 사이에 작용하는 힘

가. 힘의 방향

① 같은 방향으로 전류가 흐를 때 : 흡인력

② 다른 방향으로 전류가 흐를 때 : 반발력

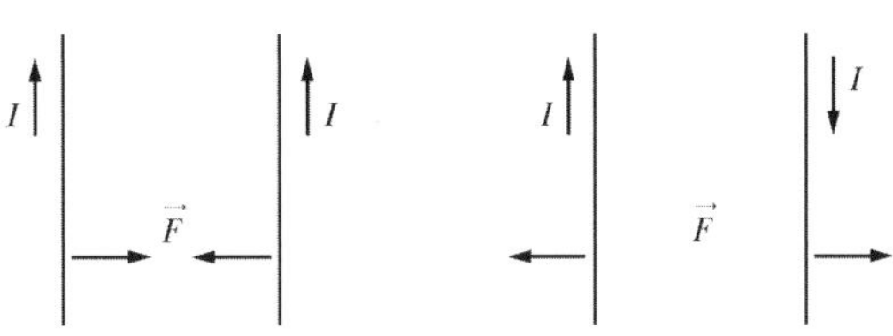

[전류에 의한 평행 도체에 작용하는 힘]

나. 두 도체 사이의 작용력

평행한 두 도체가 r[m]만큼 떨어져 있고 각 도체에 흐르는 전류가 I_1[A], I_2[A] 일 때 두 도체 사이의 작용력, $F = \dfrac{2I_1 I_2}{r} \times 10^{-7}$ [N/m]

2 전자 유도

1 전자 유도에 의한 유도 기전력

코일에 근접하는 자석의 움직임에 기전력이 발생하는 현상

가. 유도 기전력의 방향

렌쯔의 법칙(Lenz's Law)

전자유도에 의해 코일에 흐르는 유도 전류는 자석의 운동을 방해하는 방향, 즉 자속의 변화를 방해하는 방향으로 흐른다.(반작용 법칙)

아래의 식 $e = -N\dfrac{\Delta\phi}{\Delta t}$[V]에서 (−)가 렌쯔의 법칙을 나타냄

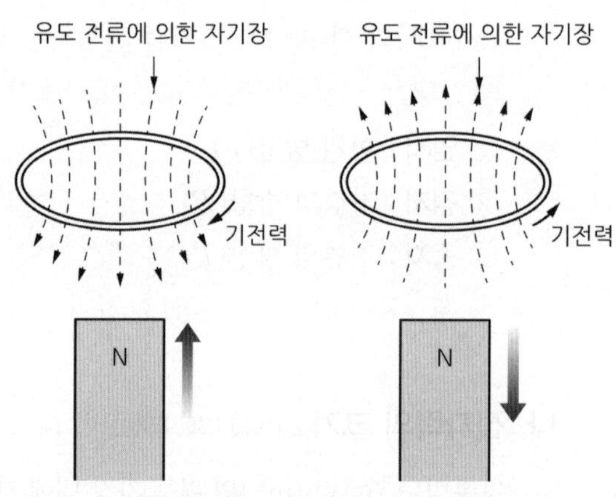

[유도 기전력의 방향]

나. 유도 기전력의 크기

페러데이의 전자유도 법칙(Faraday's law of electromagnetic induction)

변화하는 자기장(전자유도)에 의해 코일에 유도 기전력이 발생하며 이때 생기는 유도 기전력의 크기 e[V]는 「코일을 쇄교하는 자속의 매초 변화량$\left(\dfrac{\Delta\phi}{\Delta t}\right)$에 비례하고 코일의 권수($N$)에 비례한다.」

$$e = -N\frac{\Delta\phi}{\Delta t}\text{[V]}$$

2 자기장 내의 도체 운동에 의한 유도 기전력

가. 유도 기전력의 방향

플레밍의 오른손법칙(Fleming's Right - hand Rule) (2023년 1회, 11번)
: 발전기의 유도 기전력의 방향과 크기를 결정하는 법칙 ※ 암기법 : 오른손은 발전기, 왼손은 전동기=(오른발로 재전거 타기)

① 엄지 : 도체의 운동 방향(v)(2018년 4회, 10번)
② 검지 : 자속의 방향(B)
③ 중지 : 유도기전력의 방향(e)
※ '도자기'로 암기

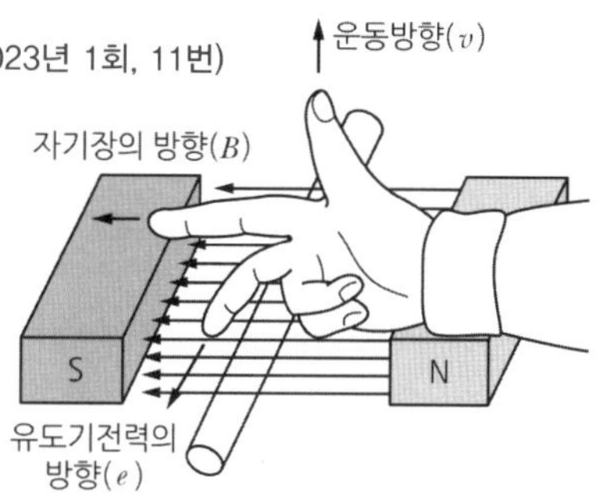

[플레밍의 오른손법칙]=[발전기]

나. 직선 도체에 발생하는 기전력

자속 밀도 $B[\text{Wb/m}^2]$의 평등 자장 내에서 길이 $\ell[\text{m}]$의 도체를 자장과 θ의 각도로 운동하는 경우 도체에 유도되는 기전력 $e[\text{V}]$

$e = vB\ell\sin\theta[\text{V}]$

※ 암기법 : 플레밍의 오른손법칙 vBe에서 vB는 그대로 쓰고 '$\ell\sin\theta$'만 붙이면 된다.

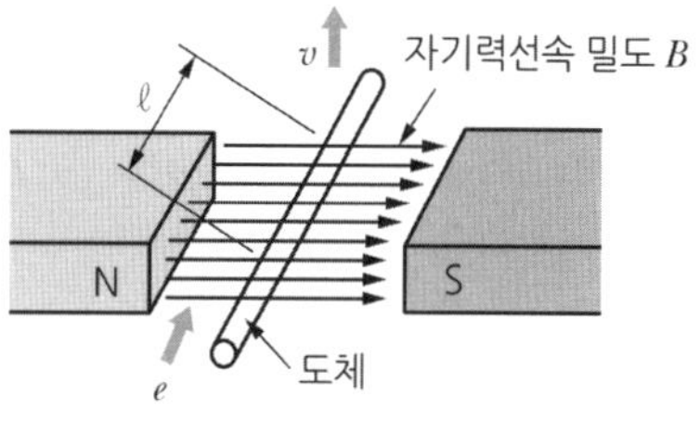

[도체에 발생하는 기전력]

3 인덕턴스와 전자 에너지

1 코일과 인덕턴스

코일(coil)이란 전선을 감은 것을 말하며 인덕터(inductor)라고도 한다. 또한, 전자 유도에 의한 자력선을 사용하기 위해 전선으로 감은 것을 권선이라고 한다. 코일의 특성을 나타내는 용어로 인덕턴스(inductance)가 있다.

가. 자기 인덕턴스

① 코일 자기 자신에 대한 전류의 변화 및 흐름을 방해하는 성질
② 코일의 자기 인덕턴스(Self - inductance)
㉠ 기호 및 단위 : $L[\text{H}]$

㉡ 자기 인덕턴스가 L[H]이고 감은 횟수가 N인 코일에 Δt[sec] 동안에 Δi[A] 만큼 변화할 때 유도되는 기전력(2020년 2회, 15번)

$e = -L\dfrac{\Delta i}{\Delta t}$[V](2019년 2회, 17번)

③ 패러데이의 법칙에 의한 유도 기전력과 자기 인덕턴스의 유도 기전력은 같으므로

$$e = -N\frac{\Delta \phi}{\Delta t} = -L\frac{\Delta i}{\Delta t}\,[\mathrm{V}]$$

위 식에서 $N\phi = LI$이므로 자기 인덕턴스

$$L = \frac{N\phi}{I}\left(= \frac{N \cdot \dfrac{F}{R_m}}{I} = \frac{N \cdot F}{IR_m} = \frac{N \cdot NI}{I \cdot \dfrac{\ell}{\mu A}}\right) = \frac{\mu A N^2}{\ell} = \frac{\mu_o \mu_s A N^2}{\ell}$$

$$= \frac{4\pi \times 10^{-7} \times \mu_s A N^2}{\ell}\,[\mathrm{H}]$$

④ **환상 솔레노이드의 자기 인덕턴스**((2019년 4회, 08번) (2020년 1회, 13번)

$$L = \frac{\mu A N^2}{\ell}\,[\mathrm{H}] \quad \therefore\ L \propto N^2$$

나. 상호 인덕턴스(Mutual Inductance)

① **상호 유도** : 하나의 자기 회로에 1차 코일과 2차 코일을 감고 1차 코일의 전류를 변화시키면 2차 코일에 전압이 발생하는 현상(2018년 4회, 12번)

② **기호 및 단위** : M[H]

③ Δt[sec] 동안에 Δi_1[A] 만큼 변화할 때 2차 코일에 발생하는 전압

$$e_2 = -M\frac{\Delta i_1}{\Delta t} = -N_2\frac{\Delta \phi}{\Delta t}$$

위 식에서 $MI_1 = N_2\phi$ 이므로 상호 인덕턴스

$$M = \frac{N_2\phi}{I_1}\,[\mathrm{H}]$$

④ 환상 솔레노이드의 상호 인덕턴스

$$M = \frac{\mu A N_1 N_2}{\ell} = \frac{\mu_o \mu_s A N_1 N_2}{\ell} = \frac{4\pi \times 10^{-7} \times \mu_s A N_1 N_2}{\ell}\,[\mathrm{H}]$$

다. 자기 인덕턴스와 상호 인덕턴스의 관계

① 상호 인덕턴스 $M = k\sqrt{L_1 L_2}$[H](2020년 1회, 14번)

② 결합계수(2023년 2회, 14번)

㉠ 1차 코일과 2차 코일의 자속에 의한 결합의 정도

㉡ 기호 : k $(0 < k \leq 1)$

㉢ $k = \dfrac{M}{\sqrt{L_1 L_2}}$

2 인덕턴스의 접속

가. 가동 접속인 경우 합성 인덕턴스

1차 코일과 2차 코일이 같은 방향으로 감겨진 접속(자속이 증가하는 접속)

$$L_0 = L_1 + L_2 + 2M\,[\mathrm{H}]$$
$$= L_1 + L_2 + 2k\sqrt{L_1 \cdot L_2}$$

나. 차동 접속인 경우 합성 인덕턴스

1차 코일과 2차 코일이 다른 방향으로 감겨진 접속(자속이 감소하는 접속)

$$L_0 = L_1 + L_2 - 2M\,[\mathrm{H}]$$
$$= L_1 + L_2 - 2k\sqrt{L_1 \cdot L_2}$$

다. 가동 접속과 차동 접속을 같이 표시할 경우 합성 인덕턴스(2019년 4회, 09번)

$$L_0 = L_1 + L_2 \pm 2M\,[\mathrm{H}]$$
$$= L_1 + L_2 \pm 2k\sqrt{L_1 \cdot L_2}$$

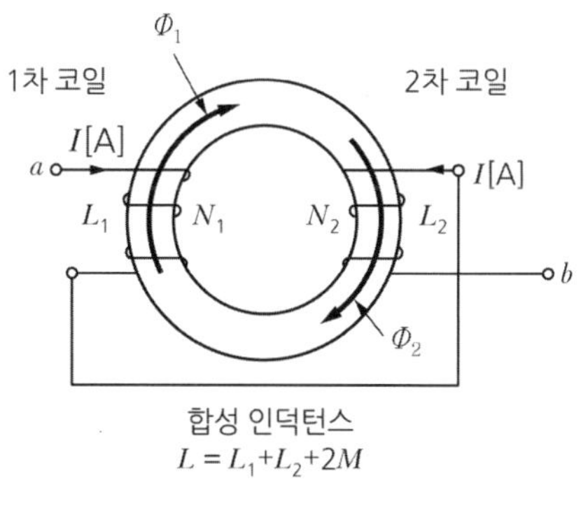

합성 인덕턴스
$L = L_1 + L_2 + 2M$

[가동 접속]

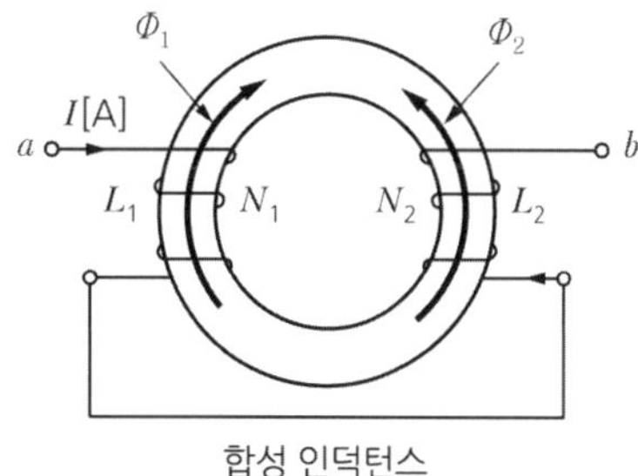

합성 인덕턴스
$L = L_1 + L_2 - 2M$

[차동 접속]

3 전자 에너지

가. 코일의 성질

① 전류의 변화를 안정시키려고 하는 성질이 있다.
② 상호 유도 작용이 있다.
③ 전자석의 성질이 있다.
④ 공진하는 성질이 있다.
⑤ 전원 노이즈 차단 기능이 있다.
⑥ 에너지를 충전 방전하는 역할을 한다.

나. 코일에 저장되는 에너지(2023년 1회, 03번)

자기 인덕턴스 L[H]의 코일에 전류 I[A]를 흘릴 때 저장되는 에너지 W[J]

$$W = \frac{1}{2}LI^2[\mathrm{J}]$$

다. 단위 체적당 저장되는 에너지 $w[\mathrm{J/m^3}]$(2019년 2회, 14번)

$$w = \frac{1}{2}BH = \frac{1}{2}\mu H^2 = \frac{B^2}{2\mu}[\mathrm{J/m^3}] \quad \because\ B = \mu H\ [\mathrm{wb/m^2}]$$

4 히스테리시스 곡선과 손실

가. 히스테리시스 곡선(2019년 3회, 17번)

① 철심 코일에서 전류를 증가시키면 자장의 세기 H는 전류에 비례하여 증가하지만 밀도 B는 자장에 비례하지 않고 그림의 곡선과 같이 포화 현상과 자기 이력 현상(이전의 자화 상태가 이후의 자화 상태에 영향을 주는 현상) 등이 일어나는 데 이와 같은 특성을 히스테리시스 곡선이라 한다.
② 가로축 : 자장의 세기(H)
③ 세로축 : 자속밀도(B)
④ 가로축과 만나는 점(H_C) : 보자력

자기 포화 상태의 철심의 자속밀도를 0으로 하기 위하여 필요한 반대 방향의 외부 자기장의 세기

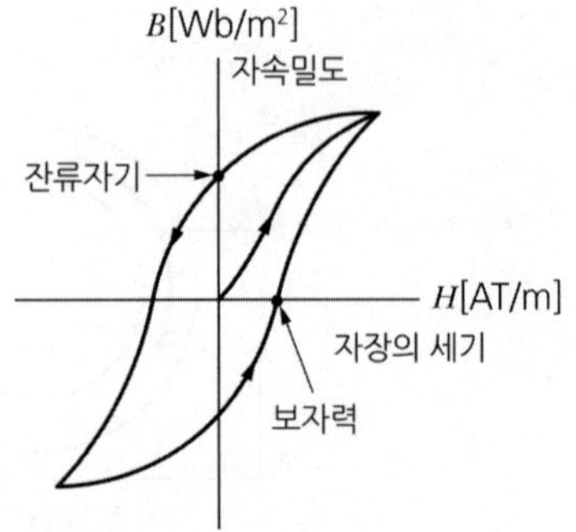

[히스테리시스 곡선]

※ 가로축과 세로축은 'HB' 연필로 암기하고 가로축과 만나는 점은 '자기야 3시에 가로등 밑에서 보자, HB 연필 가지고 나와'로 암기

⑤ **세로축과 만나는 점(B_r)** : 잔류 자기(2020년 1회, 26번)

철심에 가하는 자기장의 세기가 0일 때의 철심 내 남아있는 자속밀도

⑥ **전자석** : 보자력과 잔류 자기 작을 것(홀쭉이)

영구 자석 : 보자력과 잔류 자기 클 것(뚱뚱이)

나. 히스테리시스 손실

① 코일에 저장된 에너지가 히스테리시스 곡선 내 넓이만큼 철심 내에서 열에너지로 잃어버리는 손실

② 히스테리시스 손실(Hysteresis Loss) : $P_h[\mathrm{W/m^3}]$

$P_h = \eta_h f B_m^{\ 1.6}[\mathrm{W/m^3}]$

여기서, η_h : 히스테리시스 상수

f : 주파수[Hz], B_m : 최대 자속 밀도[$\mathrm{W/m^2}$]

CHAPTER 06 교류 회로

1 교류 회로

1 정현파 교류

가. 정현파 교류의 발생

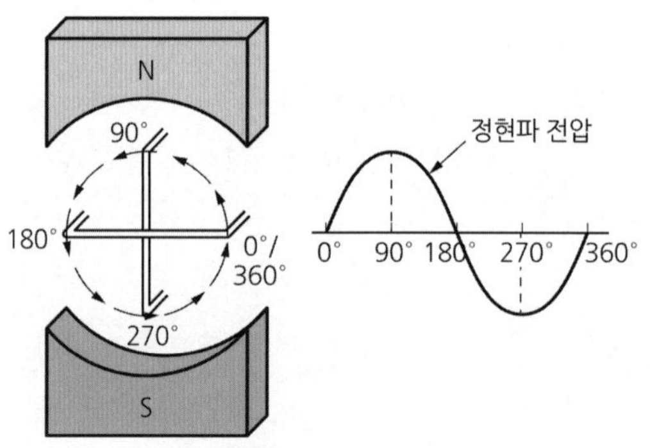

[(a) 정현파 교류의 발생]

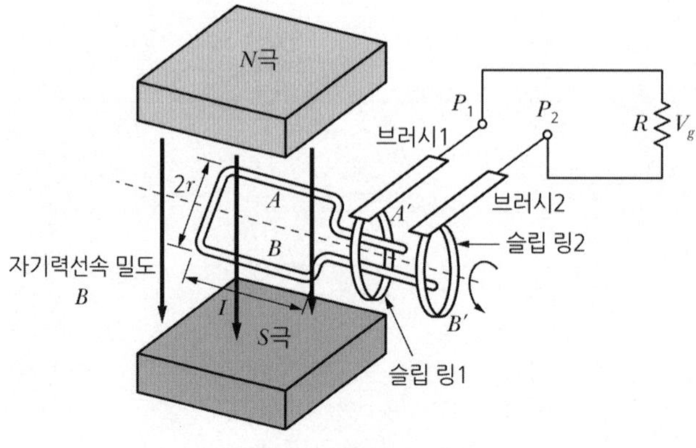

[(b) 교류 발전기의 원리]

그림 (a)=그림 (b)와 같이 자기장 내에서 도체가 회전운동을 하면 플레밍의 오른손법칙(발전기)에 의해 유도 기전력이 도체의 위치에 따라 그림 (c)와 같은 파형이 발생한다.

• 슬립링 : 발전기나 전동기의 회전자 권선에서 전기를 끌어내거나 공급하는 금속제 고리
• 브러시 : 슬립링에 연결되어 전기를 끌어내거나 공급하는 단자(접촉이 잘되어 있어야 한다.)

나. 정현파 교류의 순시값 표현(2019년 4회, 06번)

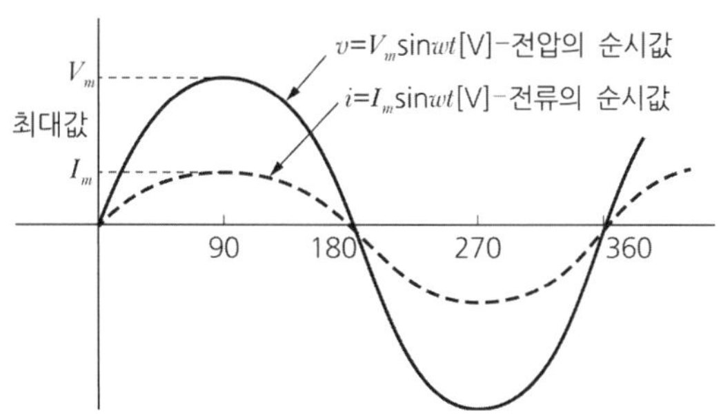

[(c) 교류 전압과 전류의 순시값 표현]

교류는 시간에 따라 방향과 크기가 변하므로 임의의 시간에서의 전압과 전류의 크기로 표현한다. 순시값은 소문자로 표기한다. 최댓값, 실효값, 평균값은 대문자로 표기한다.

① 전압의 순시값 : $v = V_m \sin \omega t$[V]

② 전류의 순시값 : $i = I_m \sin \omega t$[A]

여기서, V_m : 전압의 최댓값, I_m : 전류의 최댓값, ω : 각속도

2 주파수와 각속도

가. 주파수와 주기(2019년 4회, 07번)

① 주파수(Frequency) : 1[sec] 동안에 반복되는 사이클(cycle)의 수 : f[Hz]

② 주기(Period) : 교류의 파형이 1사이클의 변화에 걸리는 시간 : T[sec]

$$T = \frac{1}{f}[\text{sec}], \quad f = \frac{1}{T}[\text{Hz}]$$

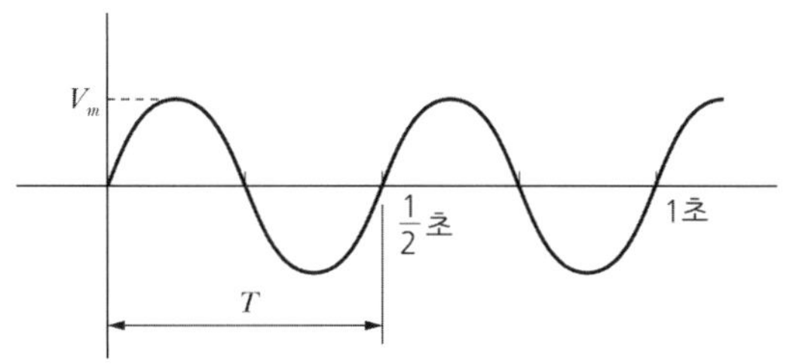

[주파수 f=2[Hz]이고 주기 T=0.5[초]인 파형]

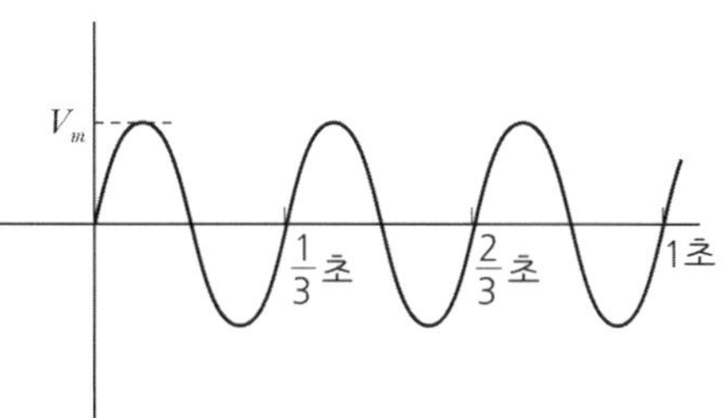

[주파수 f=3[Hz]인 파형]

나. 각 속도(Angular Velocity)(2023년 1회, 16번)

각 속도는 회전의 속력, 즉 어느 순간의 회전이 일어나는 방향으로 이동하는 정도를 나타내는 양이다.(1초 동안 각의 변화율)

① **기호 및 단위** : ω[rad/sec](오메가 : 그리스어의 제일 마지막 문자 '오메가' Ω 의 소문자)

② 회전체가 f의 주파수로 회전할 때 각속도 ω[rad/sec]

$$\omega = 2\pi f = \frac{2\pi}{T}\,[\text{rad/sec}]$$

3 위상

가. 위상(Phase)

① **기호 및 단위** : θ[rad]

② 전기 회로를 다룰 때는 1회전(360°)한 각도를 2π[rad]으로 하는 호도법으로 표시한다.

도수법	0°	30°	45°	60°	90°	180°	270°	360°
레디안법	0	$\frac{\pi}{6}$	$\frac{\pi}{4}$	$\frac{\pi}{3}$	$\frac{\pi}{2}$	π	$\frac{3}{2}\pi$	2π

나. 위상차(Phase Difference)(2019년 1회, 14번)

동일 주파수에서 기준이 되는 위상과 다른 위상의 차이(각도 차)

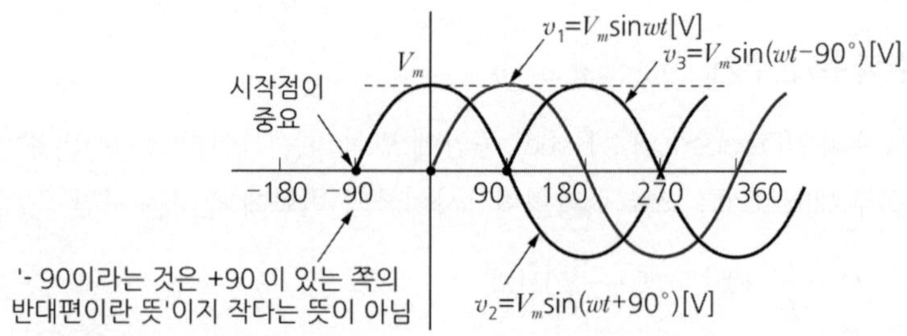

① $v_1 = V_m \sin\omega t$ (기준)

② $v_2 = V_m \sin(\omega t + 90)$[V] v_2는 v_1보다 90°만큼 앞선다.(v_1이 기준, 진상)

'기준 파형인 v_1 파형이 출발하기 전 이미 v_2 파형은 출발하였으므로 v_2 파형이 앞선다'라고 생각하면 됨.

③ $v_3 = V_m \sin(\omega t - 90)$[V] v_3는 v_1보다 90°만큼 뒤진다.(v_1이 기준, 지상)

'기준 파형인 v_1 파형이 출발한 후 v_3 파형이 늦게 출발하였으므로v_3 파형이 늦다'라고 생각하면 됨.

4 정현파 교류의 표시(전압과 전류 표시 방법은 같음)

암기법 : 크기가 큰 최댓값 → 실효값 → 평균값의 순서대로 암기

가. 최댓값(Maximum Value)

교류의 순시값 중에서 가장 높은 값

(V_m = 전압의 최대값(maximum), I_m = 전류의 최대값)

나. 실효값(Effective Value)(2018년 4회, 02번)

직류와 동일한 일을 하는 교류의 값(V, I)

평소 우리가 전압 220[V], 380[V]라고 이야기 하는 전압은 다 실효값이다.

$$V = \frac{V_m}{\sqrt{2}} \fallingdotseq 0.707\,V_m$$

다. 평균값(Average Value)(2020년 4회, 09번)(2023년 2회, 02번)

정현파 교류의 반주기를 평균한 값(V_a, I_a)

① $V_a = \dfrac{2\,V_m}{\pi} \fallingdotseq 0.637\,V_m$

② $V_a = 0.9\,V$(실효값의 90%)

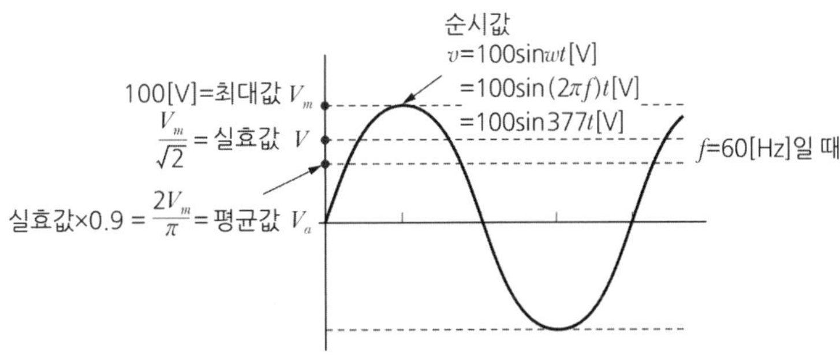

[최대값 Vm = 100[V]이고 f = 60[Hz]인 파형]

5 각종 파형의 실효값, 평균값

구형파, 정현파, 삼각파(전파, 반파의 실효값과 평균값)

파형 이름	파형 모양	전파 파형	전파 실효값	전파 평균값	반파 파형	반파 실효값	반파 평균값
구형파			$\frac{V_m}{\sqrt{1}}$	$\frac{V_m}{\sqrt{1}}$		전파 실효값$\times\frac{1}{\sqrt{2}}$	전파 평균값$\times\frac{1}{2}$
정현파			$\frac{V_m}{\sqrt{2}}$	$\frac{2V_m}{\pi}$		$\times\frac{1}{\sqrt{2}}$	$\times\frac{1}{2}$
삼각파			$\frac{V_m}{\sqrt{3}}$	$\frac{V_m}{2}$		$\times\frac{1}{\sqrt{2}}$	$\times\frac{1}{2}$
3상 반파							$E_d = 1.17E$ ($E = 1\phi$의 실효값)
3상 전파				$E_d = 1.35E$ (2020년 2회, 12번)			
정류를 한 다음의 직류파형의 값은 평균값으로 표시한다.							

2 교류 전류에 대한 R, L, C의 작용

1 저항(R)만의 회로

가. $R\,[\Omega]$만의 회로에 교류전압 $v = V_m \sin\omega t$ [V]를 인가했을 경우

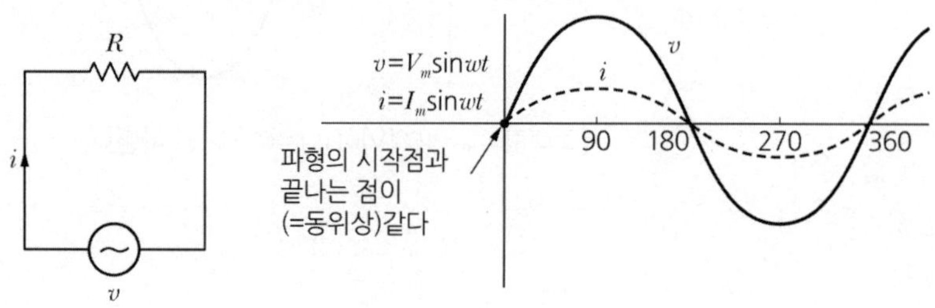

① 순시전류 : $i = \frac{v}{R} = I_m \sin\omega t$[A](2019년 4회, 06번)

② 옴의 법칙 : $I = \frac{V}{R}$

③ 전압과 전류의 위상차 : 전압과 전류는 위상이 같다(전압, 전류 파형의 시작점과 끝나는 점이 같다＝동위상＝동상).

2 인덕턴스(L)만의 회로

가. L [H]만의 회로에 교류 전류 $i = I_m \sin\omega t$ [A]를 흘릴 경우

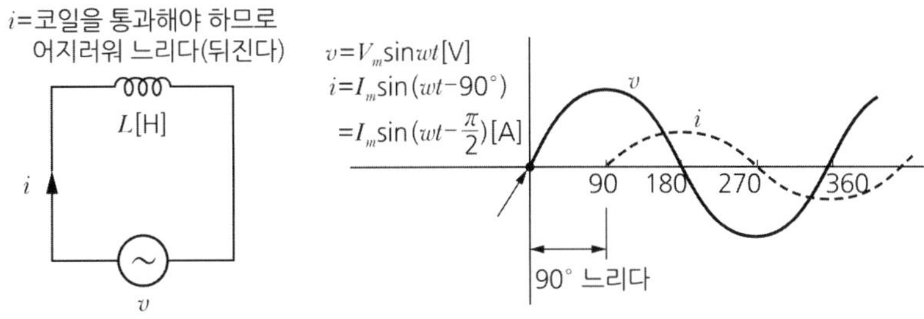

① 유도 리액턴스(Induction Reactance) : $X_L[\Omega]$

코일에서의 교류 흐름의 변화를 방해하는 정도, $X_L = \omega L = 2\pi f L[\Omega]$

② 인덕턴스 L 양단의 전압(v) : $v = V_m \sin(\omega t)$[V]

③ 옴의 법칙 : $I = \frac{V}{X_L} = \frac{V}{\omega L} = \frac{V}{2\pi f L}$[A]

④ 전압과 전류의 위상차

㉠ 전류는 전압보다 위상이 $\frac{\pi}{2}$(90°)만큼 뒤진다.(전압을 기준으로 할 때)

※ '전류가 코일을 흐를 때 어지러워 느리다'라고 암기

㉡ 전압은 전류보다 위상이 $\frac{\pi}{2}$(90°)만큼 앞선다.(전류를 기준으로 할 때)

3 정전 용량(C) 만의 회로(C = capacity = 전하 Q를 축적할 수 있는 능력)

가. C[F]만의 회로에 교류전압 $v = V_m \sin\omega t$ [V]를 인가했을 경우

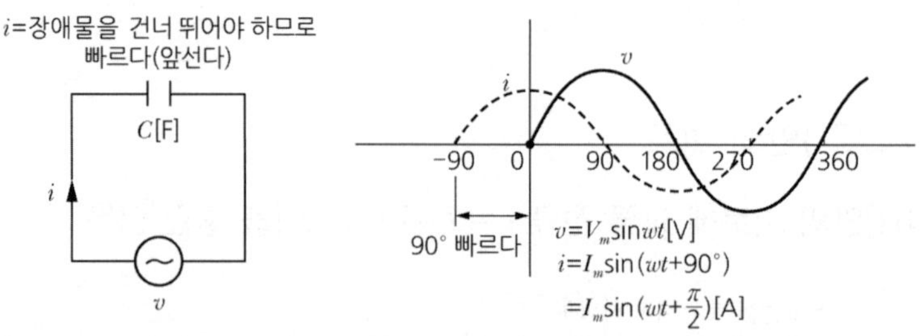

① 용량 리액턴스(Capacitive Reactance) : $X_C[\Omega]$

콘덴서에서 교류 흐름의 변화를 방해하는 정도, $X_C = \dfrac{1}{\omega C} = \dfrac{1}{2\pi f C}[\Omega]$

② 콘덴서에 유입되는 전류(i) : $i = I_m \sin(\omega t + \dfrac{\pi}{2})[\mathrm{A}]$(2019년 3회, 03번)

③ 옴의 법칙 : $I = \dfrac{V}{X_C} = \dfrac{\dfrac{V}{1}}{\dfrac{1}{\omega C}} = \dfrac{\dfrac{V}{1}}{\dfrac{1}{2\pi f C}} = 2\pi f CV[\mathrm{A}]$

④ 전압과 전류의 위상차

㉠ 전류는 전압보다 위상이 $\dfrac{\pi}{2}$(90°)만큼 앞선다.(전압을 기준으로 할 때)

※ 전압을 기준으로 할 때 전류가 콘덴서를 건너뛰어야 하므로 전류가 빠르다.

㉡ 전압은 전류보다 위상이 $\dfrac{\pi}{2}$(90°)만큼 뒤진다.(전류를 기준으로 할 때)

▼ R, L, C의 성질 및 위상차

구분	단위 통일	성질	위상차
$R[\Omega]$	$R[\Omega]$	에너지 소비 소자	전압과 전류는 동위상
L[H]	$X_L = \omega L = 2\pi f L[\Omega]$	• 에너지 저장 소자 • 자기장을 발생	$\dfrac{\pi}{2}$ 뒤진 전류(전압을 기준으로)
C[F]	$X_C = \dfrac{1}{\omega C} = \dfrac{1}{2\pi f C}[\Omega]$	에너지 저장 소자	$\dfrac{\pi}{2}$ 앞선 전류(전압을 기준으로)

Memo X_L과 X_C의 부호 표시

교류 회로의 계산을 할 때 저항 R의 단위는 $[\Omega]$, 코일 L의 단위는 [H], 콘덴서 C의 단위는 [F]이므로 계산을 할 수 없다. 이에 코일과 콘덴서의 단위를 $[\Omega]$으로 바꾸어 주어야 한다. 코일은 유도 리액턴스 $+jX_L[\Omega]$로, 콘덴서는 용량 리액턴스 $-jX_C[\Omega]$. 또한 이를 총칭하여 임피던스 $Z[\Omega]$로 표시한다.

3 복소수의 표현

1 복소수에 의한 벡터 표시

가. 복소수

실수와 허수의 합으로 나타내는 수. a를 실수, b를 j(또는 i) 허수 단위($j=\sqrt{-1}$) 영역이라고 할 때, $a+jb$로 나타내는 수

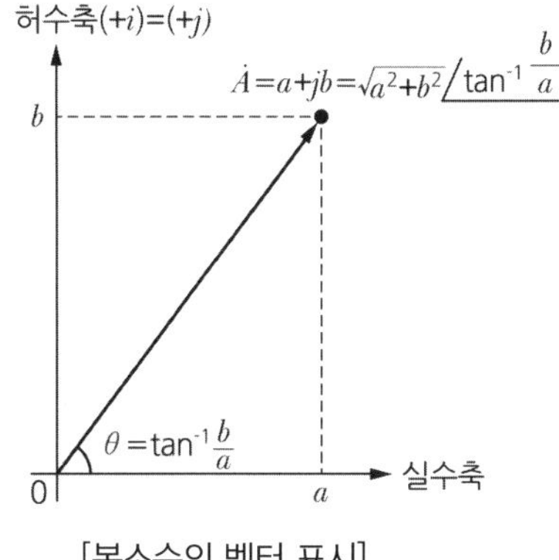

[복소수의 벡터 표시]

Memo

복소수를 배우는 이유는 코일 성분인 유도 리액턴스 $+jX_L\,[\Omega]$과 콘덴서 성분인 용량 리액턴스 $-jX_C$가 복소수로 표시되므로 회로 계산을 위해 필요하다.

나. 복소수에 의한 벡터 표시

① 직각 좌표 형 : $\dot{A}=a+jb$

여기서, a : 실수분, b : 허수분

② 극 좌표 형(페이저 형) : $\dot{A}=\sqrt{a^2+b^2}\angle\tan^{-1}\dfrac{b}{a}$

③ 삼각 함수 형 : $\dot{A}=Acos\theta+jA\sin\theta=A(\cos\theta+j\sin\theta)$

여기서, $\cos\theta=\dfrac{a}{A}$, $\sin\theta=\dfrac{b}{A}$, $\tan\theta=\dfrac{b}{a}$

④ $i=200\sqrt{2}\sin(wt+\dfrac{\pi}{6})$를 복소수로 나타내면? $I=$실효값$\angle\theta=200\angle 30$

계산기 | MODE | 2 | 200 | SHIFT | ∠ | 30 | = | 173 | + | j100

다. 복소수의 계산

$\dot{A}_1 = a_1 + jb_1 = \dot{A}_1 \angle \theta_1$, $\quad \dot{A}_2 = a_2 + jb_2 = \dot{A}_2 \angle \theta_2$일 때,

① $\dot{A}_1 \pm \dot{A}_2 = (a_1 \pm a_2) + j(b_1 \pm b_2)$ 예 $3 + j4 + 5 + j6 = 8 + j10$

실수는 실수끼리, 허수는 허수끼리 계산한다.

② $\dot{A}_1 \cdot \dot{A}_2 = A_1 \cdot A_2 \underline{/\theta_1 + \theta_2}$ 예 $3\underline{/40} \cdot 4\underline{/10} = 12\underline{/50}$

③ $\dfrac{\dot{A}_1}{\dot{A}_2} = \dfrac{A_1}{A_2} \underline{/\theta_1 - \theta_2}$ 예 $\dfrac{3\underline{/40}}{4\underline{/10}} = \dfrac{3}{4}\underline{/40 - 10} = \dfrac{3}{4}\underline{/30}$

4 R, L, C 직렬 회로

1 R, L 직렬 회로

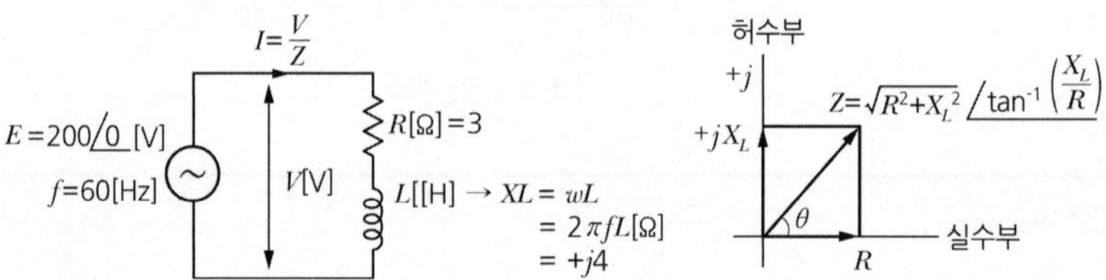

가. 임피던스(Z)

$\dot{Z} = R + jX_L = R + j\omega L$ ① 이것을 절대값 크기로 표시하면 $Z = \sqrt{R^2 + (\omega L)^2}$

② 위쪽 그림을 크기와 각도로 표시하면

$$\dot{Z} = \sqrt{R^2 + X_L^2}\ \underline{/\tan^{-1}\frac{X_L}{R}} = \sqrt{3^2 + 4^2}\ \underline{/\tan^{-1}\frac{4}{3}} = 5\underline{/53.13}\,[\Omega]$$

나. 전류 I[A]의 크기

$$I = \frac{V}{Z} = \frac{V}{\sqrt{R^2 + {X_L}^2}} = \frac{V}{\sqrt{R^2 + (\omega L)^2}} = \frac{200\underline{/0}}{5\underline{/53.13}} = 40\underline{/0 - 53.13} = 40\underline{/-53.13}[\mathrm{A}]$$

- θ의 값이 '−'가 나온다는 것은 전압을 기준으로 할 때 전류가 느리다는 뜻

다. 전압과 전류의 위상차

$$\theta = \tan^{-1}\frac{\omega L}{R} = \tan^{-1}\frac{X_L}{R} = 53.13$$

라. 역률

전류가 단위시간에 하는 일의 비율, 즉 한국전력에서 각 가정에 보낸 전력이 얼마나 잘 쓰이는지를 나타내는 비율

$$\cos\theta = \frac{R}{Z} = \frac{R}{\sqrt{R^2 + {X_L}^2}} = \frac{R}{\sqrt{R^2 + (\omega L)^2}} = \frac{3}{5} = 0.6\ (\text{역률이 } 60[\%]\text{라는 뜻})$$

2 R, C 직렬 회로

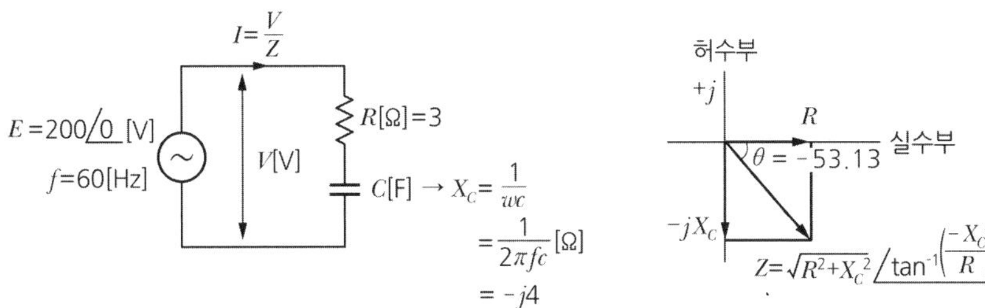

가. 임피던스(Z)

$\dot{Z} = R - j\frac{1}{\omega C} = R - jX_C$ ① 이것을 절대값 크기로 표시하면 $Z = \sqrt{R^2 + \left(\frac{1}{\omega C}\right)^2}$

② 위쪽 그림을 크기와 각도로 표시하면

$$\dot{Z} = \sqrt{R^2 + X_C^2}\ \angle \tan^{-1}\left(\frac{-X_C}{R}\right) = 5\ \angle \tan^{-1}\frac{-4}{3} = 5\angle -53.13\,[\Omega]$$

나. 전류 I의 크기

$$I = \frac{V}{Z} = \frac{V}{\sqrt{R^2 + {X_C}^2}} = \frac{V}{\sqrt{R^2 + \left(\frac{1}{\omega C}\right)^2}}$$

$$= \frac{200\angle 0}{5\angle -53.13} = 40\angle 0-(-53.13) = 40\angle 53.13\,[\text{A}]$$

- θ의 값이 '+'가 나온다는 것은 전압을 기준으로 할 때 전류가 앞선다는 뜻

다. 전압과 전류의 위상차

$$\theta = \tan^{-1}\frac{-X_C}{R} = \tan^{-1}\frac{\frac{-1}{\omega C}}{\frac{R}{1}} = \tan^{-1}\frac{-1}{\omega CR}$$

라. 역률

$$\cos\theta = \frac{R}{Z} = \frac{R}{\sqrt{R^2 + {X_C}^2}} = \frac{R}{\sqrt{R^2 + \left(\frac{1}{\omega C}\right)^2}} = \frac{3}{5} = 0.6 \text{ (역률이 60[%]라는 뜻)}$$

3 R, L, C 직렬 회로(2019년 3회, 06번)

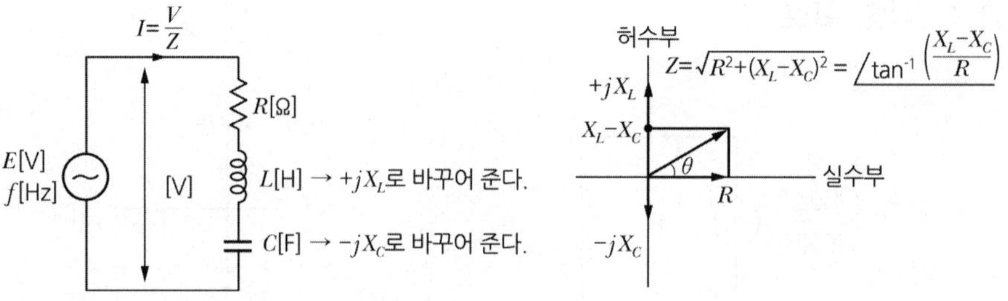

가. 임피던스(Z)

$$\dot{Z} = R + jX = R + j\left(\omega L - \frac{1}{\omega C}\right) = R + j(X_L - X_C) \angle \tan^{-1}\left(\frac{X_L - X_C}{R}\right) \ [\Omega]$$

① $\omega L > \frac{1}{\omega C}$: 코일 성분이 크므로 유도성 회로, 전압보다 전류가 늦는 지상 전류

(집, 회사, 공장에서 쓰이는 부하는 거의 다 저항이나 코일을 주성분으로 하므로 유도성 회로이다.)

② $\omega L < \frac{1}{\omega C}$: 콘덴서 성분이 크므로 용량성 회로, 전압보다 전류가 빠른 진상 전류

③ $\omega L = \frac{1}{\omega C}$: 공진 회로, 동상 전류

(즉 $+jX_L = -jX_C$의 값이 같으므로 서로 상쇄되어 없어지고 R만 남음)

나. 전류 I[A]의 크기

$$I = \frac{V}{Z} = \frac{V}{\sqrt{R^2 + X^2}} = \frac{V}{\sqrt{R^2 + (X_L - X_C)^2}} \text{[A]}$$

다. 전압과 전류의 위상차

$$\theta = \tan^{-1}\frac{X}{R} = \tan^{-1}\frac{X_L - X_C}{R}$$

① $X_L > X_C$: 코일 성분이 크므로 유도성 회로(가정, 회사, 공장에서의 기본 회로)

② $X_L < X_C$: 콘덴서 성분이 크므로 용량성 회로

③ $X_L = X_C$: 코일과 콘덴서 성분이 상쇄되므로 저항 R만 남는다. 주파수의 영향을 받지 않는다.(공진회로)

라. 역률

$$\cos\theta = \frac{R}{Z} = \frac{R}{\sqrt{R^2 + X^2}}$$

5 R, L, C 병렬 회로

1 어드미턴스(Admittance)

가. 어드미턴스

① 기호 및 단위 : $Y[\mho]$ 또는 [S]

※ $[\mho]$: 모, [S] : 지멘스라고 읽는다.

② 임피던스 Z의 역수 : $Y = \frac{1}{Z}[\mho]$

나. 임피던스의 어드미턴스 변환

$\dot{Z} = R \pm jX\,[\Omega]$일 때 어드미턴스 $\dot{Y}\,[\mho]$

$\dot{Y} = \frac{1}{Z} = \frac{1}{R \pm jX} = G \mp jB\ [\mho]$(YGB를 러시아의 정보기관 KGB로 암기)

① G : 컨덕턴스(Conductance), 어드미턴스의 실수부

② B : 서셉턴스(Susceptance), 어드미턴스의 허수부

※ '컨서트'로 암기

Memo 어드미턴스를 쓰는 이유

교류 직렬 회로에서는 임피던스를 사용하여 계산하고 교류 병렬 회로에서는 어드미턴스를 사용하는데 그 이유는 병렬 회로에서 어드미턴스로 변환하여 계산하면 식이 단순해지기 때문

2 R, L 병렬 회로

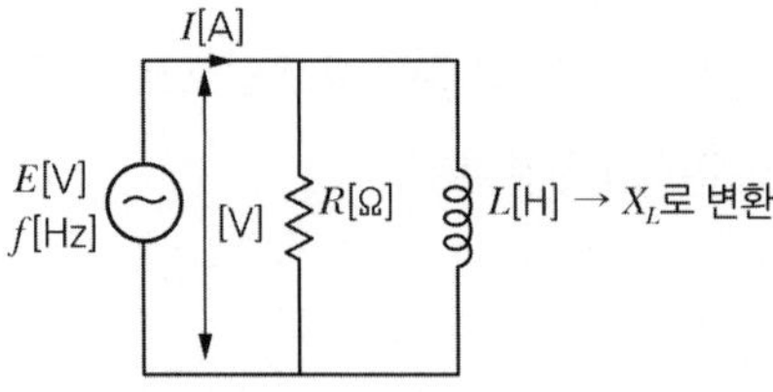

가. 어드미턴스(Y)

$$\dot{Y} = \frac{1}{R} - j\frac{1}{X_L} = \sqrt{\left(\frac{1}{R}\right)^2 + \left(\frac{1}{X_L}\right)^2} \angle \tan^{-1}\frac{R}{-X_L} [\mho]$$

나. 전류 I[A]의 크기

$$I = VY = V\sqrt{\left(\frac{1}{R}\right)^2 + \left(\frac{1}{X_L}\right)^2} \text{ [A]}$$

다. 역률

$$\cos\theta = \frac{G}{Y} = \frac{X_L}{\sqrt{R^2 + {X_L}^2}}$$

3 R, C 병렬 회로(2019년 3회, 07번)

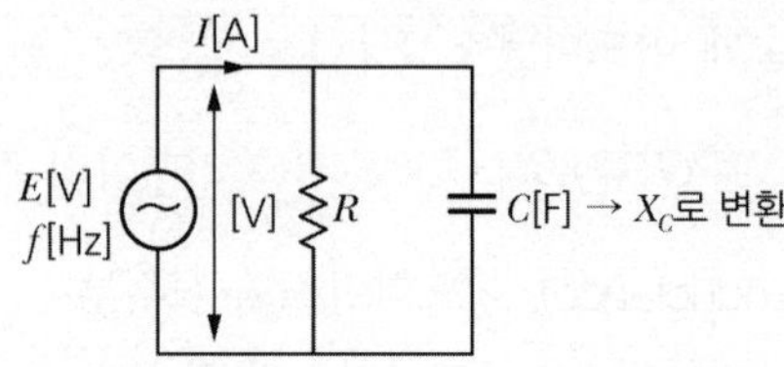

가. 어드미턴스(Y)

$$\dot{Y}=\frac{1}{R}+j\frac{1}{X_C}=\sqrt{\left(\frac{1}{R}\right)^2+(\frac{1}{X_C})^2}\ \underline{/\tan^{-1}\omega CR}[\mho]$$

나. 임피던스

$$\dot{Z}=\frac{1}{\sqrt{(\frac{1}{R})^2+(\frac{1}{X_C})^2}}=\frac{1}{\sqrt{(\frac{1}{R})^2+(wc)^2}}[\Omega]$$ (2021년 2회, 16번)

다. 전류 I[A]의 크기

$$I=VY[\mathrm{A}]$$

라. 역률(2020년 2회, 19번)

$$\cos\theta=\frac{G}{Y}=\frac{X_C}{\sqrt{R^2+{X_C}^2}}$$

4 R, L, C 병렬 회로

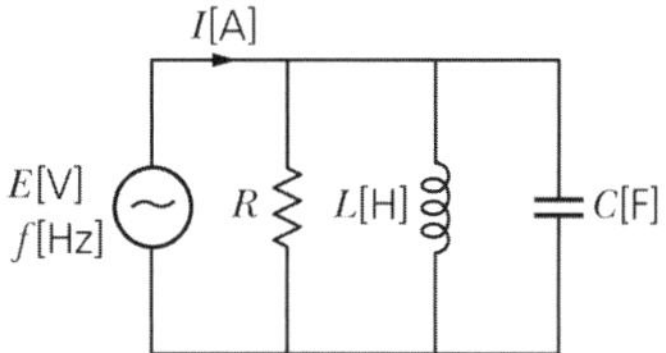

가. 어드미턴스(Y)

$$\dot{Y}=\frac{1}{R}+j\left(\frac{1}{X_C}-\frac{1}{X_L}\right)[\mho]$$

나. 전류 I[A]의 크기

$$I=VY=V\sqrt{\left(\frac{1}{R}\right)^2+\left(\frac{1}{X_C}-\frac{1}{X_L}\right)^2}\ [\mathrm{A}]$$

다. 역률

$$\cos\theta=\frac{G}{Y}$$

6 공진 회로

1 직렬 공진

가. 직렬 공진 조건

RLC 직렬 회로에서 코일 성분인 유도 리액턴스 X_L과 콘덴서 성분인 용량 리액턴스 X_C는 주파수의 영향을 받는다. 직렬 공진 조건이란 X_L과 X_C가 상쇄되어 저항 R[Ω]만 남아 주파수 f의 영향을 받지 않는 조건이 된다는 뜻이다.

즉 $\dot{Z} = R + j\left(\omega L - \frac{1}{\omega C}\right) = R + j(X_L - X_C)$ [Ω]에서 $\omega L - \frac{1}{\omega C} = 0$ 일 때

$\dot{Z} = R[\Omega]$이 된다.

즉, 직렬 공진이 되기 위한 조건을 풀이하면 ①~⑤의 과정이 된다.

$X_L = X_C$ ············ ①

$\omega L = \frac{1}{\omega C}$ ·········· ②

$\omega^2 = \frac{1}{LC}$ ··········· ③

$w = \frac{1}{\sqrt{LC}}$ ········ ④

$f_0 = \frac{1}{2\pi\sqrt{LC}}$ ·· ⑤

※ ①~⑤ 풀이과정을 이해하고 쓸 수 있어야 한다.

나. 공진주파수 $f_0 = \frac{1}{2\pi\sqrt{LC}}$[Hz]

다. 직렬 공진의 특징

① X_L 과 X_C가 상쇄되어 없어졌고 저항 R만 남았으므로 전압과 전류가 동상(동위상)이다.

② 저항만의 회로이므로 역률이 1이다.($\cos\theta = 1$)

③ 임피던스가 최소가 된다.

$Z = R[\Omega]$

④ 전류는 최대가 된다.

$$I=\frac{V}{Z}=\frac{V}{R}[\mathrm{A}]$$

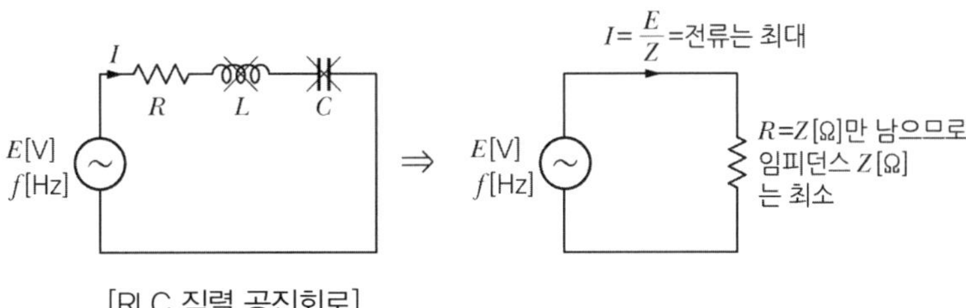

[RLC 직렬 공진회로]

2 병렬 공진

가. 병렬 공진 조건

직렬 공진에서와 마찬가지로 RLC 병렬 회로에서 X_L과 X_C가 상쇄되어 저항 R[Ω]만 남아 주파수 f의 영향을 받지 않는 조건이 된다는 뜻이다.

$\dot{Y}=\frac{1}{R}+j\left(\omega C-\frac{1}{\omega L}\right)[\mho]$에서 $\omega C-\frac{1}{\omega L}=0$일 때 $\dot{Y}=\frac{1}{R}$이 된다.

즉, 병렬 공진 조건 : $\omega C=\frac{1}{\omega L}$

나. 병렬 공진의 특징

① 저항 R[Ω]만 남으므로 전압과 전류가 동위상이다.

② 저항만의 회로이므로 역률이 1이다.($\cos\theta=1$)

③ 임피던스가 최대가 된다.

$$Y=\frac{1}{R}[\mho]\rightarrow Z=R[\Omega]$$

④ 전류는 최소가 된다.

$$I=\frac{V}{Z}=\frac{V}{R}[\mathrm{A}]$$

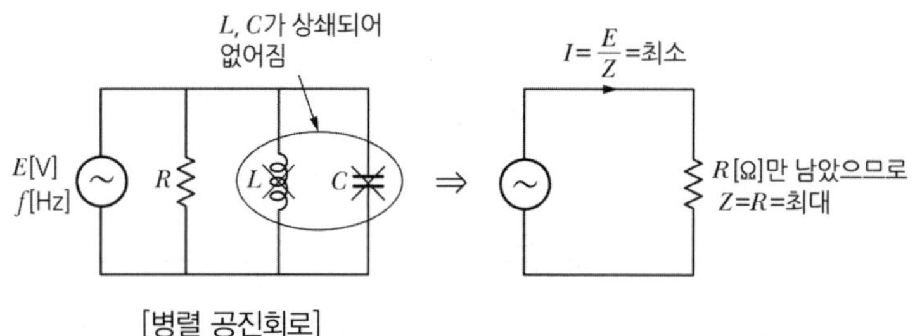

[병렬 공진회로]

다. 공진 주파수(Resonance Frequency)

① 공진 각속도(ω_0)

$$\omega C = \frac{1}{\omega L}, \quad \omega^2 = \frac{1}{LC}, \quad \omega = \frac{1}{\sqrt{LC}}$$

② 공진 주파수(f_0)

$\omega = 2\pi f$이므로, $f = \dfrac{1}{2\pi\sqrt{LC}}$ (직렬 공진 주파수와 같다)

7 단상 교류 전력

1 단상 교류 전력

가. 저항 부하만의 전력

저항 $R\,[\Omega]$에서 소비되는 전력은 전압의 실효값과 전류의 실효값을 곱한 것과 같다.

(우리가 평소에 사용하는 전압, 전류의 값은 실효값이다)

$P = VI\,[\mathrm{W}]$

나. 인덕턴스 L[H]과 정전 용량 C[F] 부하의 전력

인덕턴스 L과 정전 용량 C에서는 충전과 방전만 되풀이하며 전력 소비는 없어 무효 전력이라 한다. 발전기에서는 L, C를 위한 무효 전력도 만들어낸다.

다. 임피던스 Z [Ω] 부하의 전력(=R, L, C 회로)

① 피상 전력(Apparent Power) : P_a[VA](볼트 · 암페어)(2017년 4회, 06번)

교류의 부하 또는 전원의 용량을 표시하는 전력. 전원에서 공급되는 전체 전력으로 겉보기 전력이라고도 한다.

$$P_a = VI = P + jP_X = \sqrt{P^2 + P_X^2}\ [\mathrm{VA}]$$

여기서, P : 유효 전력, P_X : 무효 전력

② 유효 전력(Active Power) : P[W](와트)

전원에서 공급되어 부하(R)에서 유효하게 이용되는 전력. 부하에서 실제 소비되는 전력으로 소비 전력이라고도 한다.

$$P = VI\cos\theta = I^2R[\mathrm{W}]$$

③ 무효 전력(Reactive Power) : P_X[Var](바)(2020년 1회, 17번)

코일 L[H]이나 콘덴서 C[F] 성분에서 충전 또는 방전되는 전력. 실제로 아무런 일도 할 수 없는 전력

$$P_r = VI\sin\theta = I^2X[\mathrm{Var}]$$

2 역률과 무효율

가. 역률(Power Factor) : $\cos\theta$ (2018년 3회, 10번)

① 전체 전력(피상 전력) 중에서 유효 전력으로 사용되는 비율

② $\cos\theta = \dfrac{유효전력}{피상전력} = \dfrac{P}{P_a}\left(= \dfrac{R}{Z}\right)$

여기서, θ는 전압과 전류의 위상차

나. 무효율(Reactive Factor)

① 피상 전력 중에서 무효 전력으로 되는 비율

② $\sin\theta = \dfrac{무효전력}{피상전력} = \dfrac{P_X}{P_a}\left(= \dfrac{X}{Z}\right)$

다. 역률과 무효율의 관계

$\sin^2\theta + \cos^2\theta = 1$ (삼각함수 제곱공식)에서

$\cos\theta = \sqrt{1-\sin^2\theta}$, $\sin\theta = \sqrt{1-\cos^2\theta}$

Memo

- $\cos\theta = 1$ 이면 $\sin\theta = 0$
- $\cos\theta = 0.8$ 이면 $\sin\theta = 0.6$
- $\cos\theta = 0.6$ 이면 $\sin\theta = 0.8$
- $\cos\theta = 0$ 이면 $\sin\theta = 1$

Craftsman Electricity

CHAPTER 07

3상 교류 회로

1 3상 교류

1 3상 교류란?

교류 전압의 대표적인 것으로 단상 교류와 3상 교류가 있다. 전원과 부하가 2줄의 전선으로 접속되어 전기를 공급하거나 공급받는 것을 단상 교류라 한다. 그러나 발전소에서 만드는 교류 전압이나 공장 등에서 동력으로 사용하는 교류 전압은 3상 교류이다. 3상 교류는 위상이 120°씩 다른 단상 교류 3개를 하나로 묶어 놓은 것이다. 세계 최초의 수력을 이용한 교류 발전소는 미국의 '웨스팅하우스' 사에 의해 설계되고 제작된 나이아가라 폭포의 발전소였다. 1897년 11월 16일 2,200[V]의 3상 교류 발전기로 발전하고, 변압기로 17,000[V]로 승압하여 송전하였다. 3상 교류의 특징은 회전 자기장이 생긴다는 점이다. 이것은 동력용으로 쉽고 간편하게 쓰일 수 있었다. 단상 교류는 평등 자장으로 인해 전동기가 스스로 돌아가지 않는데 이를 회전할 수 있도록 한 사람이 테슬라이다.

2 3상 교류의 발생(2019년 3회, 09번)

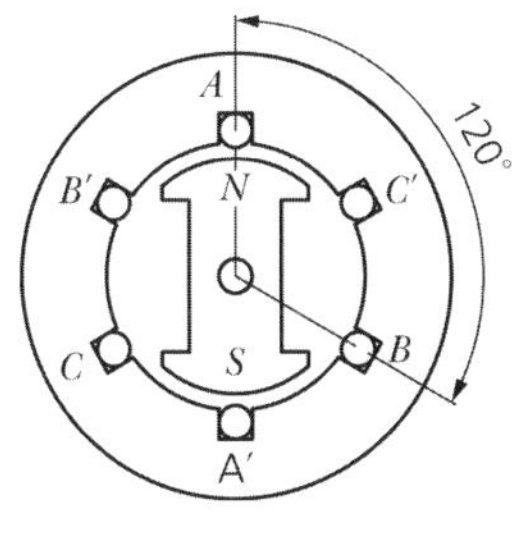

[3상 교류의 배치도]

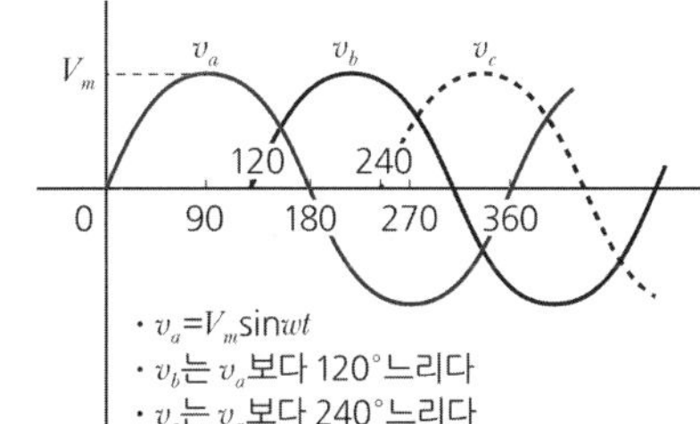

[3상 교류 파형]

① 대칭 3상 교류는 크기와 주파수가 같고 위상만 120°($\frac{2}{3}\pi$[rad])씩 다른 3개의 파형으로 구성된다.

② 대칭 3상 교류와 비대칭 3상 교류로 구분된다(본 전기기능사 시험 교재에서는 대칭 3상 교류만 다룬다).

3 대칭 3상 교류(Symmetrical Three Phase AC)

가. 대칭 3상 교류의 조건(2020년 2회, 07번)

① 기전력의 크기가 같을 것

② 주파수가 같을 것

③ 파형이 같을 것

④ 위상차가 각각 $\frac{2}{3}\pi$[rad]일 것(120°)

나. 3상 교류의 순시값

① $v_a = V_m \sin\omega t$[V]

② $v_b = V_m \sin\left(\omega t - \frac{2}{3}\pi\right)$[V] : v_a보다 120°만큼 느리다.

③ $v_c = V_m \sin\left(\omega t - \frac{4}{3}\pi\right)$[V] : v_a보다 240°만큼 느리다.

다. 대칭(평형) 3상 기전력 순시값의 합 및 벡터의 합은 '0'이다.(2020년 3회, 09번)

즉, $v_a + v_b + v_c = 0$, $\dot{V}_a + \dot{V}_b + \dot{V}_c = 0$

라. 대칭(평형) 3상 전류 순시값의 합 및 벡터의 합도 '0'이다.

즉, $i_a + i_b + i_c = 0$, $\dot{I}_a + \dot{I}_b + \dot{I}_c = 0$

2 3상 회로의 결선

1 3상 교류 전원과 부하의 연결

가. 3상 교류 전원(=단상이 3개)

아래 그림은 V_a, V_b, V_c가 단상 교류이며, 각각 단상 부하를 연결한 것이다.

즉, 3상은 단상 3개를 쓰임에 따라 Y 결선, Δ 결선, V 결선으로 연결해 쓸 수 있다.

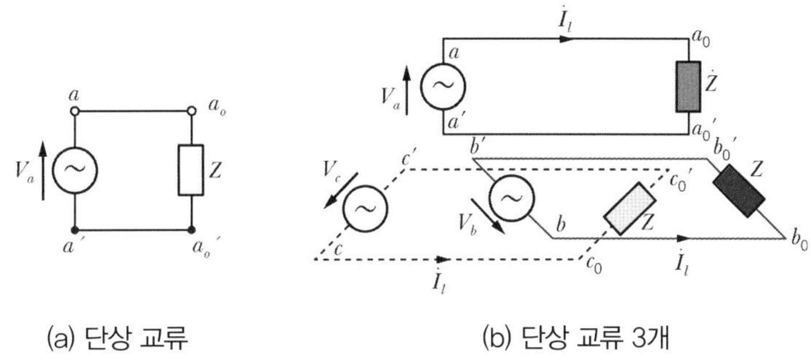

(a) 단상 교류 (b) 단상 교류 3개

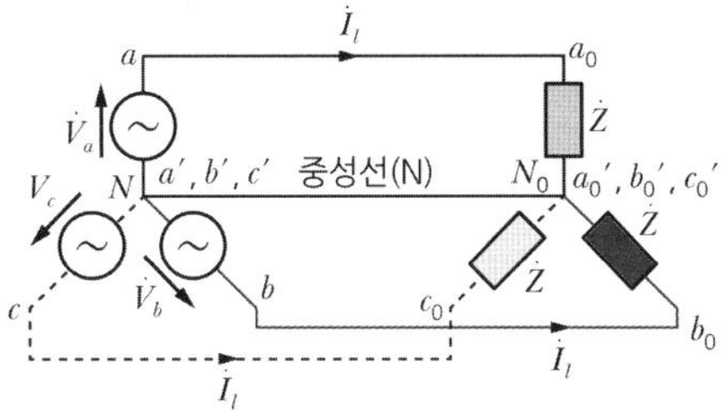

(c) 단상 교류 3개를 3상으로 연결, 3상 4선식

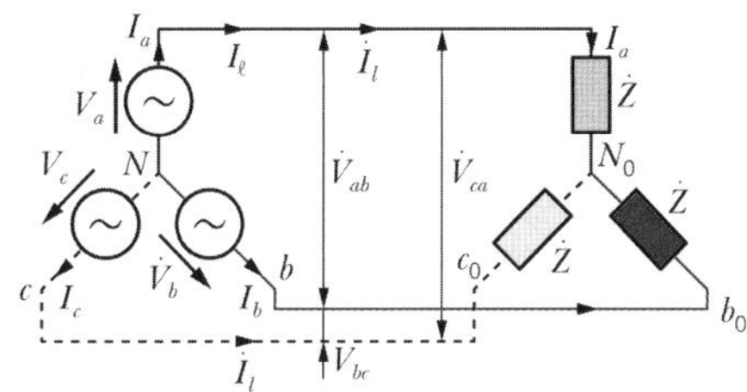

(d) 3상 3선식 교류 전원과 부하의 연결, Y-Y 결선

나. 설명

① 그림 (a)는 단상 전원과 단상 부하

② 그림 (b)는 단상 전원 V_a, V_b, V_c 3개와 임피던스 부하 Z[Ω]

③ 그림 (c)는 단상 전원 V_a, V_b, V_c 3개와 임피던스 부하 Z[Ω]의 연결-3상 4선식
이때 각 부하가 평형된 경우를 생각하므로 중성선 N으로는 전류가 흐르지 않음

④ 그림 (d)는 중성선 N을 없애 버림-3상 3선식

⑤ 그림 (d)에서 V_a, V_b, V_c는 상 전압, V_{ab}, V_{bc}, V_{ca}는 선간 전압

⑥ 그림 (d)에서 I_a, I_b, I_c는 상 전류, I_ℓ는 선 전류

2 Y결선(스타-connection) : 성형 결선, 스타 결선(2023년 1회, 20번)

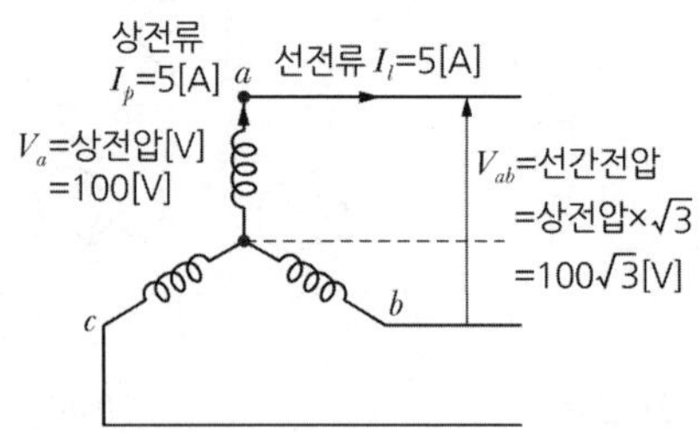

가. 전압과 전류 표시법

① 상 전압(Phase Voltage, V_p) : $\dot{V}_a$, $\dot{V}_b$, $\dot{V}_c$

② 선간 전압(Line Voltage, V_ℓ) : $\dot{V}_{ab}$, $\dot{V}_{bc}$, $\dot{V}_{ca}$

③ 상 전류(Phase Current, I_p)

④ 선 전류(Line Current, I_ℓ)

나. Y 결선에서 상 전압(V_p)와 선간 전압(V_ℓ)의 관계

① $V_{ab} = \sqrt{3}\, V_a$[V](선간 전압 V_{ab}는 상 전압 V_a의 $\sqrt{3}$배)

② 선간 전압이 상 전압보다 $\frac{\pi}{6}$[rad] 앞선다.

③ 즉, $V_{ab} = \sqrt{3}\, V_a \angle 30$

다. 상 전류(I_p)와 선 전류(I_ℓ)의 관계(2019년 4회, 11번)

$I_\ell = I_p$[A], Y결선에서는 상 전류와 선 전류가 같다.

3 △ 결선(델타-connection) : 환상 결선

가. 전압과 전류

① 상 전압(V_p), 선간 전압(V_ℓ) : $\dot{V}_a = \dot{V}_{ab}$, $\dot{V}_b = \dot{V}_{bc}$, $\dot{V}_c = \dot{V}_{ca}$

② 상 전류(I_p)

③ 선 전류(I_ℓ)

나. 상 전압(V_p)와 선간 전압(V_ℓ)의 관계(2019년 1회, 15번)

$V_\ell = V_p$[V](△ 결선에서는 상 전압과 선간 전압이 같다.)

다. 상 전류(I_p)와 선 전류(I_ℓ)의 관계

① $I_{ab} = \sqrt{3}\, I_a$[A](선 전류는 상 전류의 $\sqrt{3}$ 배)

② 선 전류가 상 전류보다 $\frac{\pi}{6}$[rad] 느리다.

③ 즉, $I_{ab} = \sqrt{3}\, I_a \angle -30$

Memo

Y－△결선에서 전압과 전류와의 관계는 처음 공부하는 분들에게는 난해합니다. 아래 그림을 보고 이해하도록 합니다.

- △ 결선은 전압이 같고(상 전압＝선간 전압)
- Y결선은 전류가 같다.(상 전류＝선 전류)

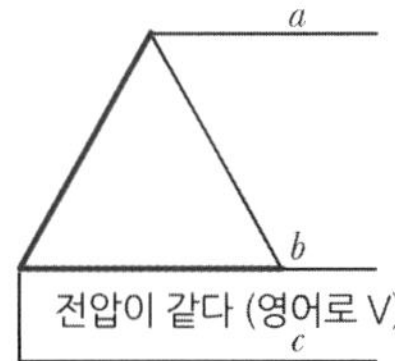

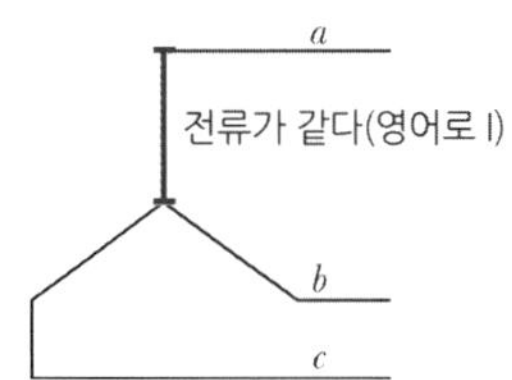

4 Y－△ 결선의 등가 변환(평형 부하인 경우)

가. 등가 변환(2020년 1회, 18번)(2023년 1회, 08번)

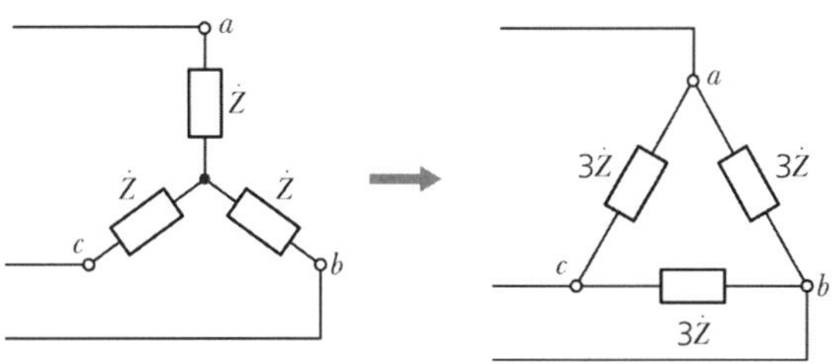

[Y－△ 등가 변환]

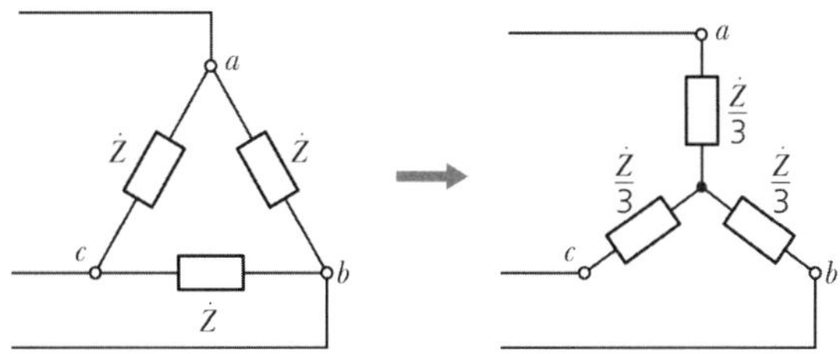

[△－Y 등가 변환]

나. Y－△의 관계

Y결선에 비해 △이 임피던스, 전류, 토크가 3배 크다. '임전무퇴'로 암기
(발전기는 전류가 크면 제작이 힘들므로 Y결선, 전동기는 토크(회전력)가 커야 하므로 △결선)

Memo

Y－△결선의 등가 변환은 헷갈려서 암기하기가 어렵다. 아래 그림을 보면 △ 안에 Y가 들어가 있으므로 △가 크다는 것을 알 수 있다. 즉,

- Y결선에서 △결선은 3배
- △결선에서 Y결선은 $\frac{1}{3}$배

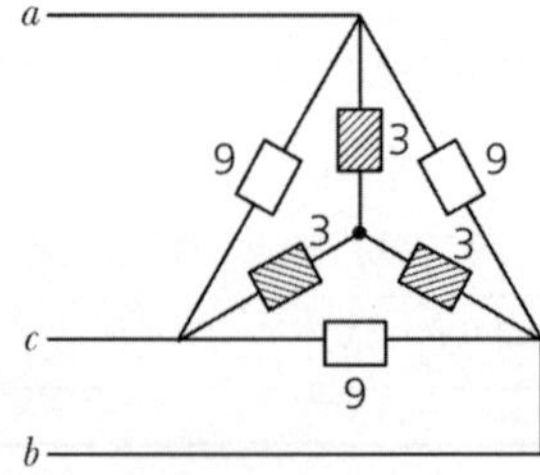

5 V결선(Y결선에서는 안 됨, 152쪽 상세설명 참조)(2020년 4회, 33번)

① 단상 전원 2개로 3상을 공급하거나(V결선), 단상 변압기 3대로 △결선 사용 중 1대에 고장이 발생하였을 경우 변압기 2대로 3상 전력을 공급하는 방법(V−V결선)

② 단상 변압기 3대를 Y결선 사용 중 1대에 고장이 발생하였을 경우는 △결선으로 바꾸고, 다시 V결선으로 바꾸어 3상 전원을 공급한다.

③ 단상 변압기 1대의 출력이 P[VA]일 때 3상 출력은 3P[VA]이나 두 대로 V결선을 할 경우는 2P[VA]가 안 나오고 $\sqrt{3}\,P$[VA]의 출력 밖에 나오지 않으므로(3상 출력일 때의 57.7%) 필요 없는 부하는 차단한다.

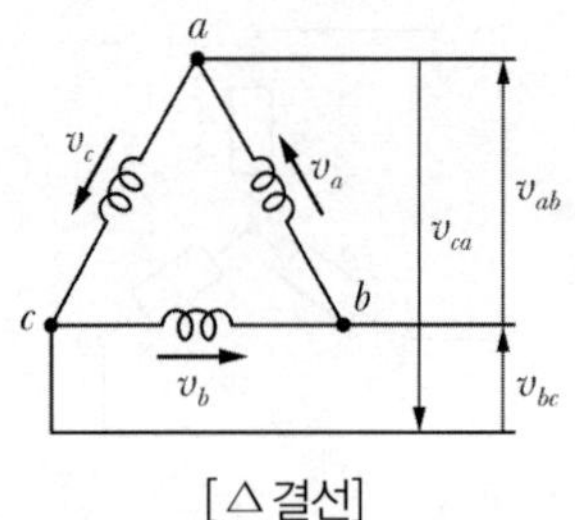

[△결선]

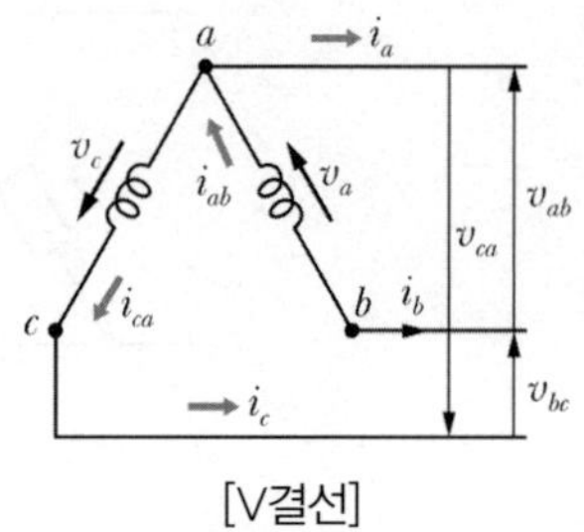

[V결선]

가. V결선 출력(상 전압, 상 전류 기준)(2020년 3회, 07번)(2023년 2회, 01번)

$P_V = \sqrt{3}\ V_p I_p = \sqrt{3}\, P$ [VA](P : 변압기 1대의 용량)

나. V결선 시 변압기 이용률(상 전압, 상 전류 기준)(2017년 1회, 06번)

$$\text{이용률} = \frac{V\text{결선시 용량}}{\text{변압기 2대의 용량}} = \frac{\sqrt{3}\ V_p I_p}{2\,V_p I_p} \fallingdotseq 0.867$$

다. 출력비(상 전압, 상 전류 기준)

$$\text{출력비} = \frac{V\text{결선시 출력}(P_V)}{\triangle\text{ 결선시 출력}(P_\triangle)} = \frac{\sqrt{3}\ V_p I_p}{3\,V_p I_p} \fallingdotseq 0.577$$

3 3상 교류 전력

1 3상 교류 전력

가. 피상 전력(전체 전력)(2020년 1회, 19번)

$P_a = 3\,V_p I_p = \sqrt{3}\ V_\ell I_\ell = \sqrt{\text{유효전력}^2 + \text{무효전력}^2}$ [VA]

※ 전력을 표시할 때는 상을 기준으로 하면 1상의 전력이 P일 때 3상 전력은 $3P$, 즉 $3\,V_P I_P$로 나타낼 수 있지만 일반적으로 전압, 전류라고 하는 것은 선간전압, 선 전류이므로 $\sqrt{3}\ V_\ell I_\ell$을 사용한다.

나. 유효 전력(＝소비전력)(2020년 4회, 18번)

$P = \sqrt{3}\ V_\ell I_\ell \cos\theta = 3\,V_P I_P \cos\theta$ [W]

다. 무효 전력

$P_V = \sqrt{3}\ V_\ell I_\ell \sin\theta = 3\,V_P I_P \sin\theta$[Var]

2 3상 전력의 측정

가. 1전력계 법

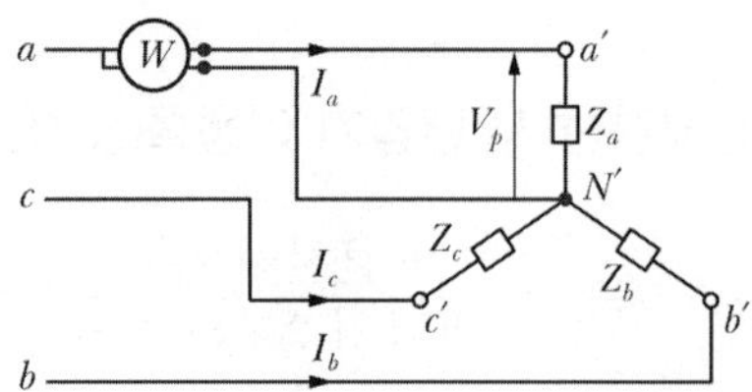

① 1대의 단상 전력계로 3상 평형 부하의 전력을 측정할 수 있는 방법

② 전력계 Ⓦ의 지시 값 P_1

$P = 3P_1$

③ Δ 결선에서는 사용 불가

※ 전력계 = 전류계 + 전압계

나. 2전력계 법(2018년 2회, 16번)

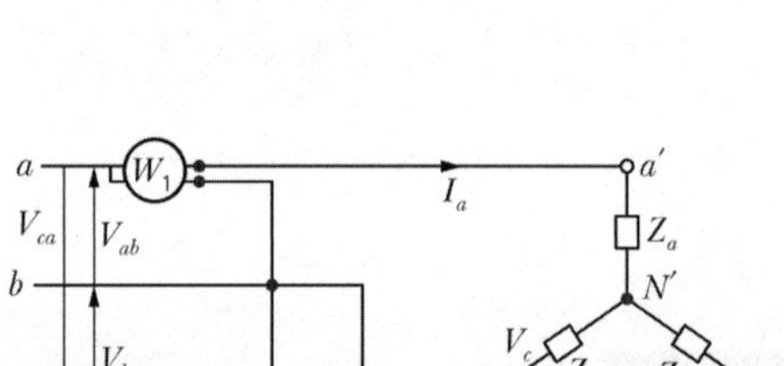

① 단상 전력계 2대를 접속하여 3상 전력을 측정하는 방법

② 전력계 W_1, W_2의 지시 값이 각각 P_1, P_2일 때

㉠ 유효 전력 $P = P_1 + P_2$[W]

㉡ 무효 전력 $P_r = \sqrt{3}(P_1 - P_2)$[Var]

㉢ 피상 전력 $P_a = \sqrt{P^2 + {P_2}^2} = 2\sqrt{{P_1}^2 + {P_2}^2 - P_1P_2}$[VA]

㉣ 역률 $\cos\theta = \dfrac{P_1 + P_2}{2\sqrt{{P_1}^2 + {P_2}^2 - P_1P_2}}$

다. 3전력계 법

① 단상 전력계 3대를 접속하여 3상 전력을 측정하는 방법

② 전력계 W_1, W_2, W_3의 지시 값이 각각 P_1, P_2, P_3일 때 유효전력 P[W]

$P = P_1 + P_2 + P_3$[W]

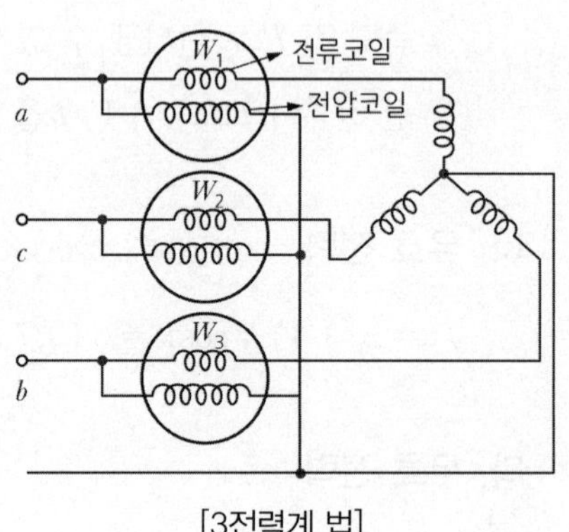

[3전력계 법]

비정현파와 과도현상

1 비정현파 교류

1 비정현파

정현파(기본파) 외에 다른 모양의 주기를 가지는 모든 파를 비정현파라 한다.

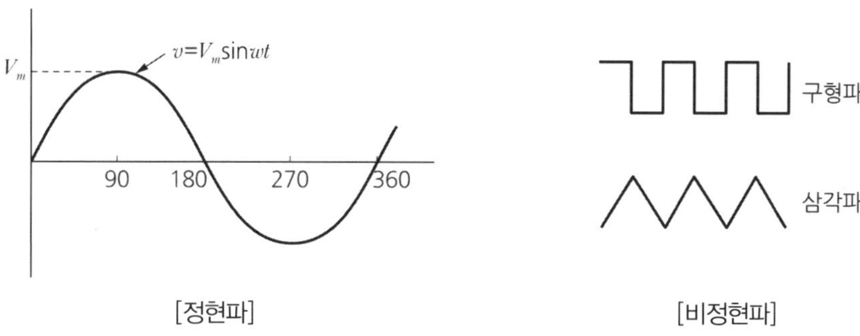

[정현파] [비정현파]

2 비정현파 교류의 해석

가. 고조파(harmonic wave)

① 기본파의 정수 배 주파수를 갖는 파, 제 n 고조파는 기본파의 n배의 주파수를 갖는다. 즉 기본파가 60[Hz]이면 제3 고조파는 $60\times3=180$[Hz]의 주파수를 갖는다.

㉠ 기본파 : $v= V_{m1}\sin\omega t$

㉡ 제3 고조파 : $v_3= V_{m3}\sin 3\omega t$

㉢ 제5 고조파 : $v_5= V_{m5}\sin 5\omega t$

② 고조파의 발생 요인 : 전력 전자기기 등 다양한 반도체 전력변환 설비와 전력기기(변압기 및 회전기)의 비선형 특성 영역에서의 운전 과정에서 발생한다.

예 자기포화, 히스테리시스, 전기자 반작용(나쁜 파형)

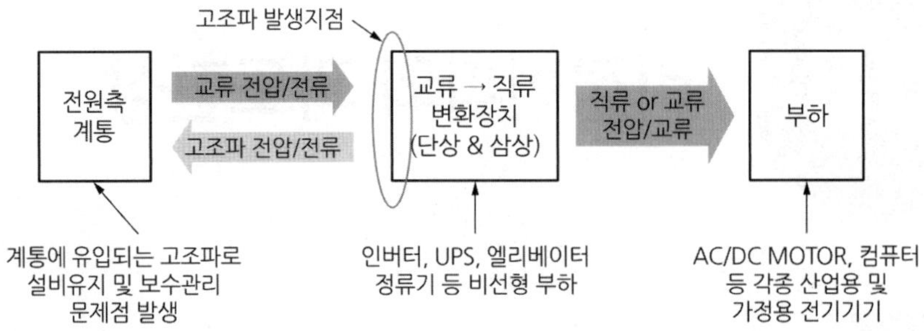

나. 푸리에 급수(Fourier Series)(2019년 3회, 20번)

① 비사인파 교류를 서로 다른 주파수의 정현파 성분들의 합으로 표현한 것

② 푸리에 급수의 전개(2020년 3회, 20번)

㉠ 비정현파 = 직류 분 + 기본파 + 제3 고조파 + 제5 고조파 등으로 나타낸다.

$$= v_0 + V_m \sin\omega t + V_{m3} \sin 3\omega t + V_{m5} \sin 5\omega t + \cdots$$

㉡ 정현파, 제3 고조파, 제5 고조파의 파형의 예

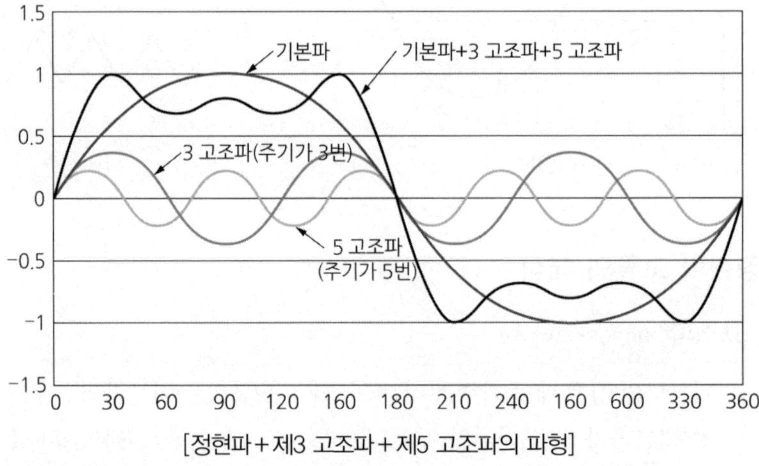

[정현파 + 제3 고조파 + 제5 고조파의 파형]

Memo 장바티스트 조제프 푸리에 남작(Jean-Baptiste Joseph Fourier, 1768~1830년)

프랑스의 수학자이자 물리학자이다.

고체 내에서의 열전도에 관한 연구로 열전도 방정식(푸리에 방정식)을 유도하였으며, 이 방정식을 풀기 위해서 푸리에 해석으로 불리는 이론을 전개했다. 푸리에 해석은 복잡한 주기함수를 보다 간단하게 기술하기 위해, 소리나 빛 등 파동의 연구에 넓게 이용되며 현재 조화 해석이라고 하는 수학의 한 분야를 형성하고 있다. 이 외에도 방정식론이나 방정식의 수치 해법을 연구했으며, 차원 해석의 창시자로 여겨지기도 한다. 또 통계국에 근무할 당시의 경험을 토대로 확률론이나 오차론의 연구도 실시했다.

3 비정현파의 실효값(2023년 1회, 04번)

$$V_s = \sqrt{\text{각 파의 실효값의 제곱의 합}}$$
$$= \sqrt{\text{직류분}^2 + (\text{정현파 실효값})^2 + (\text{고조파 실효값})^2}$$
$$= \sqrt{V_0{}^2 + \left(\frac{V_{m1}}{\sqrt{2}}\right)^2 + \left(\frac{V_{m2}}{\sqrt{2}}\right)^2 + \left(\frac{V_{m3}}{\sqrt{2}}\right)^2 + \cdots\cdots + \left(\frac{V_{mn}}{\sqrt{2}}\right)^2}$$
$$= \sqrt{V_0{}^2 + V_1{}^2 + V_2{}^2 + V_3{}^2 + \cdots\cdots + V_n{}^2} \ \cdots \ ①$$

※ '$\sqrt{\ }$'=제곱근이라 표현한다. ∴ ①식은 '각 파의 실효값 제곱합의 제곱근'이라 표현

4 왜형률(Distortion Factor)(2018년 4회, 16번)

비정현파에서 기본파에 비한 파형의 일그러짐의 정도

$$\varepsilon = \frac{\text{각 고조파의 실효값}}{\text{기본파의 실효값}} = \frac{\sqrt{V_2{}^2 + V_3{}^2 + \cdots\cdots + V_n{}^2}}{V_1}$$

5 정현파의 파고율 및 파형률(2020년 3회, 08번)

가. 파고율(2020년 1회, 12번)

① 파형의 날카로움 정도의 비율 또는 최댓값이 어느 정도 영향을 주는지 정도의 비율

② $\text{파고율} = \frac{\text{최댓값}}{\text{실효값}} = \frac{V_m}{\frac{1}{\sqrt{2}}V_m} = \sqrt{2} \fallingdotseq 1.414$

> 파㉠율과 파㉡률의 암기법
>
> ㉠이 ㉡보다 앞에 있으므로 파고율을 먼저 쓰고 높은 값부터 기록
>
> • $\text{파고율} = \frac{\text{최댓값}}{\text{실효값}}$
>
> • $\text{파형률} = \frac{\text{실효값}}{\text{평균값}}$

나. 파형률(2023년 1회, 10번)

① 파형에 포함된 출렁이는 성분의 비율

② $\text{파형률} = \frac{\text{실효값}}{\text{평균값}} = \frac{\frac{V_m}{\sqrt{2}}}{\frac{2V_m}{\pi}} = \frac{\pi V_m}{2 \cdot \sqrt{2}\,V_m} = \frac{\pi}{2\sqrt{2}} \fallingdotseq 1.111$

또는 평균값은 실효값의 90[%]이므로

$\text{파형률} = \frac{1}{0.9} = 1.111$

2 과도현상

1 과도현상

① L과 C를 포함한 전기 회로에서 스위치 작용에 의한 순간적인 과도 상태에서 정상 상태에 이르는 동안의 현상

② 정상 상태 : 회로에서 전류가 일정한 값에 도달한 상태

③ 과도 상태 : 회로에서 스위치를 닫은 후 정상 상태에 이르는 사이의 상태

④ 시정수 (T [sec]) : 정상 상태의 63.2[%]에 이르는 시간(시상수)

가. R－C 직렬 회로의 과도현상(2020년 3회, 10번)

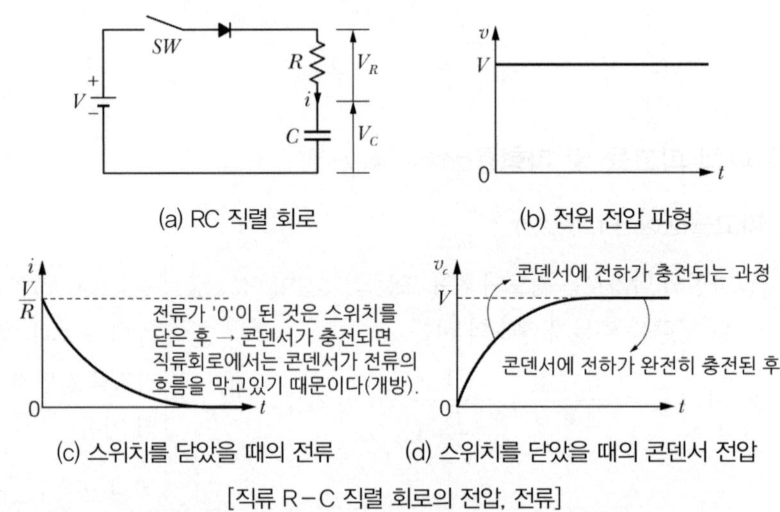

[직류 R－C 직렬 회로의 전압, 전류]

① R－C 직렬 회로의 스위치를 닫으면 $i=\frac{E}{R}e^{-\frac{t}{RC}}$ 에서 t=0에서 $i=\frac{E}{R}$ 가 흐르고 이 전류는 콘덴서를 충전하며, 충전이 끝나면 용량 리액턴스가 무한대가 되어 전류는 '0'이 된다.(그림 C)

② **시정수** : 아래 [시정수에 따른 전류 곡선]은 R－C 직렬 회로에 전압을 가하면 C[F]에 전하가 충전되어 정상 값의 63.2[%]에 도달할 때까지의 시간을 [sec]로 표시한 것이다. 이것은 C[F]와 R[Ω]를 곱한 값과 같다.

$T=CR$ [sec] → (이것만 암기)

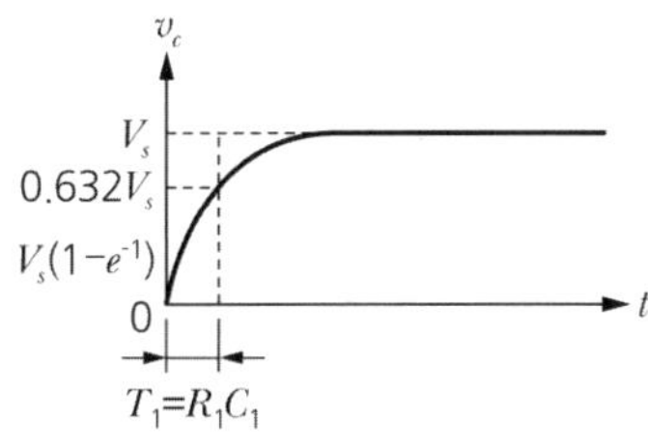

(a) 시정수가 작은 경우(빨리 충전)

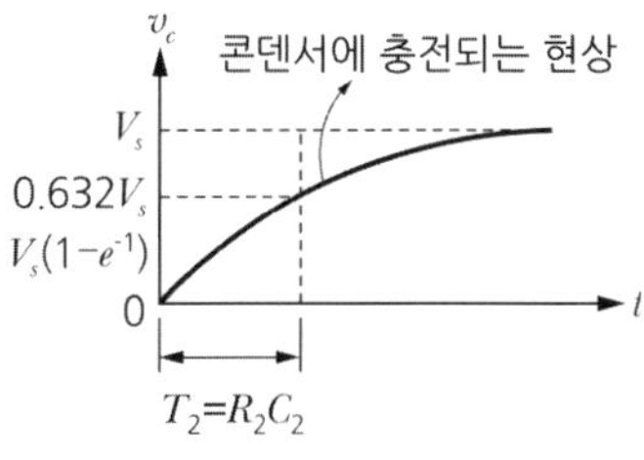

(b) 시정수가 큰 경우(늦게 충전)

[시정수에 따른 전류 곡선]

③ 충전 전류의 과도 특성(이 영역은 기능사 시험에 안 나옴)

㉠ 충전 전류

$$i = I_e^{-\frac{1}{T}t}\ [\text{A}]$$

여기서, I : 충전 전류의 초기 값 $I=\dfrac{V}{R}[\text{A}]$

e : 자연 로그의 밑 $\varepsilon = 2.718$

스위치를 닫았을 때 $T = CR$ [sec] 후의 충전 전류 i는

$i = 0.368I$ [A] 즉, 초기 전류 $I=\dfrac{V}{R}$[A]의 36.8%로 된다.

㉡ C 에 저장되는 전하

$$q = C \cdot v_C = CV(1-e^{-\frac{1}{CR}t})$$

T [sec] 후에는

$$q = CV(1-0.368) = 0.632\,CV$$

즉, 이 회로의 시상수는 q 가 정상 값의 약 63.2[%]로 되었을 때의 시간 T [sec]로 표시된다.

④ 방전 전류의 과도 특성

㉠ 방전 전류 : 스위치 $S2$를 닫으면 콘덴서 C에 충전된 전하가 방전한다.

이때 방전 전류 $i = -\dfrac{V}{R}e^{-\frac{1}{CR}t}$ [A]

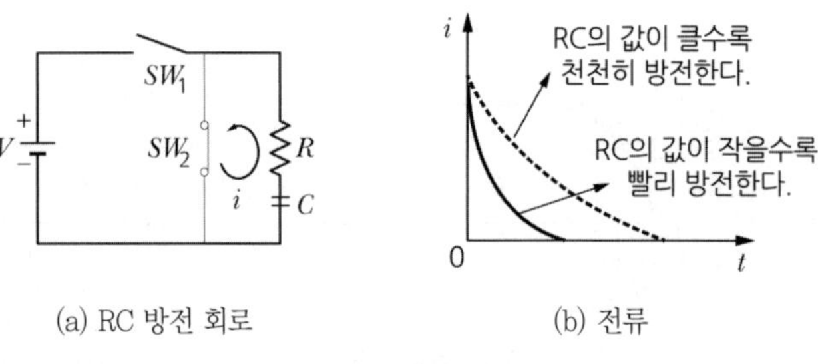

(a) RC 방전 회로 (b) 전류

[RC 방전 회로]

나. $R-L$ 직렬 회로의 과도현상

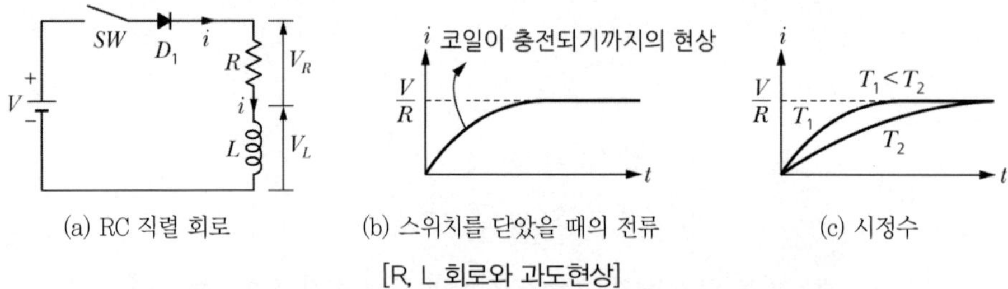

(a) RC 직렬 회로 (b) 스위치를 닫았을 때의 전류 (c) 시정수

[R, L 회로와 과도현상]

① $R-L$회로에서 스위치를 닫고 직류 전류 i를 공급하면

$$v_R = Ri = E\left(1 - e^{-\frac{R}{L}t}\right) \text{ [V]}$$

$$v_L = v - v_R = Ee^{-\frac{R}{L}t}$$

$t=0$에서는 $v_R=0$, $v_L=E$가 되어 전압은 L에 모두 인가된다.

시상수 $T = \frac{L}{R}$[sec]

② $R-L$ 회로에 직류 전압을 가했을 때

$$i = \frac{E}{R} - \frac{E}{R}e^{-\frac{R}{L}t} = \frac{E}{R}\left(1 - e^{-\frac{R}{L}t}\right)$$

시상수 $T = \frac{L}{R}$[sec] → (이것만 암기)(2019년 4회, 03번)

T[sec] 후의 전류 $i = \frac{E}{R}(1-e^{-1}) = \frac{E}{R} \times 0.632$

즉, 최종 값 $I = \frac{E}{R}$의 63.2[%]에 이른다.

[정리]

① RC, RL 직렬 회로에 직류 전원을 가하면 C와 L에 충전이 일어나고
② 충전이 끝나면 C는 open, L은 short가 되고 이 과정까지의 현상이 과도현상이다.

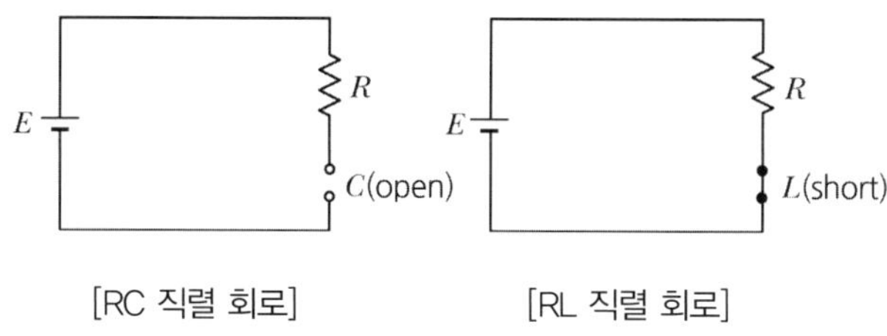

[RC 직렬 회로] [RL 직렬 회로]

P/A/R/T

02

전기기기

(20문제/60문제 중)

전기기기는 아래와 같이 ① 직류기 ② 동기기 ③ 변압기 ④ 유도기 ⑤ 정류기로 분류할 수 있다.

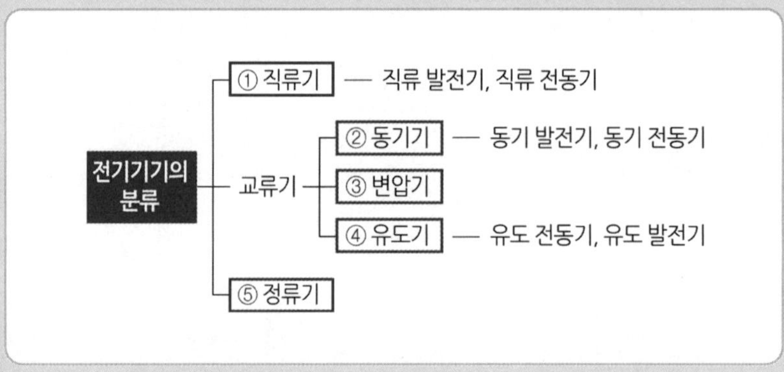

[전기기기]는 발전기나 전동기 같이 움직이는 [機]와 변압기나 정류기 같이 정지해 있는 기기[器]가 같이 있어 [電氣機器]라 합니다. 원래는 [전기이론]을 기본으로 하기 때문에 더 어려운 과목임에도 계산문제가 많지 않아 수험생들은 [전기이론]보다 더 많은 점수를 취득합니다.
(20문제 중 12~14개를 목표로 합시다.)

CHAPTER

Craftsman Electricity

01 직류기

개 요

- 직류기
  1) 직류 발전기 : 운동 에너지를 직류 전기 에너지로 바꾸어 주는 것
  2) 직류 전동기 : 직류 전기 에너지를 운동 에너지로 바꾸어 주는 것
- 직류 발전기와 직류 전동기의 쓰임
  1) 직류 발전기
  직류 발전기는 잘 쓰이지 않는다. 직류 발전기의 정류자 편에 붙어 있는 브러시에서 불꽃이 발생하고, 소음이 크게 나서 불편하고, 지금은 반도체 기술의 발달로 인해 교류 발전기에서 발생된 교류를 직류로 쉽게 바꿀 수 있게 되었기 때문이다. 에디슨이 세계 최초로 필라멘트를 이용한 백열전구를 밝힐 때는 직류 발전기를 이용해 전기를 생산하였다. 이때는 전구에 불을 밝힐 수 있다는 것 만 으로도 브러시에서의 불꽃이나 소음은 전혀 문제가 되지 않았다.
  2) 직류 전동기
  직류 발전기가 잘 안 쓰이는 것과는 달리 직류 전동기는 속도 및 토크 특성이 우수하여 전동용 공구와 같은 특수 용도로 사용되고 있다. 최근에는 브러시가 없는 Brushless 전동기가 많이 쓰인다.

1 직류 발전기의 원리

1 발전기의 원리(57쪽 설명 참조)

가. 원리

플레밍의 오른손법칙에 의해 자극 N, S 사이의 자기장 내(B)에서 도체가 자장을 끊으면(운동 방향 v) 기전력(E)이 발생한다.

※ 암기법 : ㉤른손은 ㉥전기, ㉤손는 ㉢동기= ㉤른㉥로 ㉣㉢거 타기)

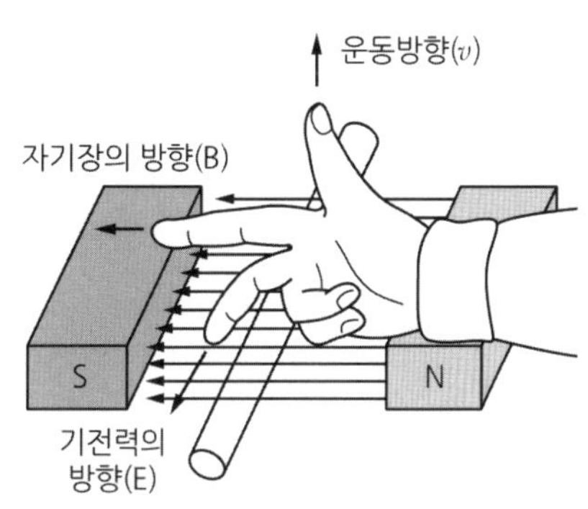

[플레밍의 오른손법칙]

나. 플레밍의 오른손 법칙(발전기) : v. B. E

$$E = vB\ell\sin\theta[V]$$

여기서, v : ㉮도체가 움직이는 방향(세기)
B : ㉯자장의 방향(세기)
E : ㉰기전력의 방향(세기)
ℓ : 자장 내에서 도체의 길이
θ : 자장과 도체의 각도

Memo

1) 플레밍의 오른손 법칙 : 발전기 = v. B. Ⓔ ('도자기'로 암기)
   $E = vB\ell\sin\theta[V]$
2) 플레밍의 왼손 법칙 : 전동기 = Ⓕ. B. I.(미연방수사국 FBI로 암기)
   $F = BI\ell\sin\theta[N]$
3) 발전기는 Ⓔ, 전동기는 Ⓕ가 중요

2 교류 발전기의 원리

① 발전기의 코일 내에서 처음 발생된 전압은 교류 전압이다. 아래의 교류 발전기의 그림에서처럼 교류 전기를 잘 뽑아낼 수 있도록 설계된 슬립링을 통해 외부 회로와 접속하면 교류 발전기가 된다. 직류 발전기는 이 교류 전압을 정류 과정(교류를 직류로 바꾸는 정류자)을 거쳐 직류 전압으로 발생시키는 것이다.

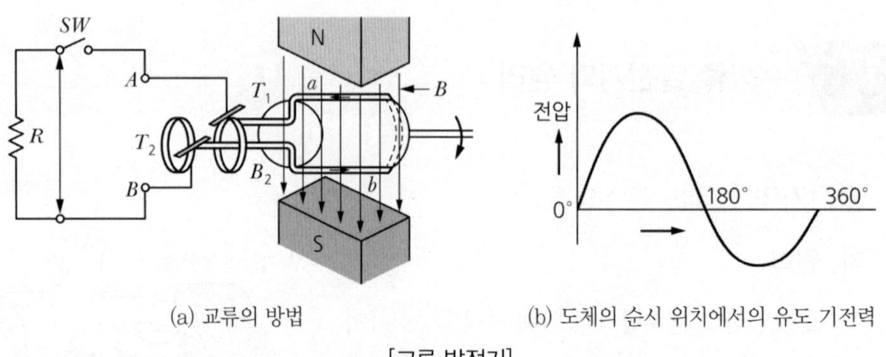

(a) 교류의 방법 (b) 도체의 순시 위치에서의 유도 기전력

[교류 발전기]

② 자기장 내에서 도체를 회전 운동을 시키면 플레밍의 오른손 법칙에 따라 기전력이 유도되는데 반 바퀴를 회전할 때마다 전압의 방향이 바뀌게 된다.

3 직류 발전기의 원리

① 코일의 왼쪽과 오른쪽 도체에 브러시 B_1 · B_2를 접속시키면, 오른쪽은 양(+)극성, 왼쪽은 음(−)극성으로 직류 전압이 발생한다. 원통 모양은 교류를 직류로 바꾸어 주는 정류자이다.

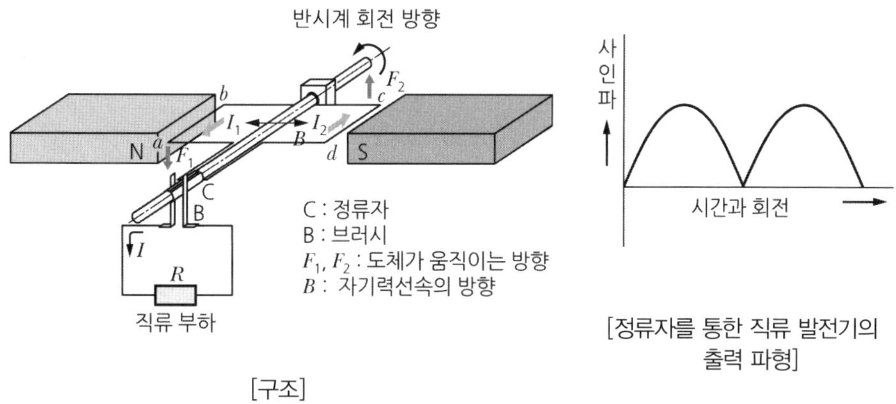

[구조]

[정류자를 통한 직류 발전기의 출력 파형]

② 직류 발전기를 실용화하여 사용하기 위해서는 코일의 도체수와 정류자 편수를 늘리면 맥동률이 작아지고, 평균 전압이 높아지며, 품질 좋은 직류 전압을 얻을 수 있다.

2 직류 발전기의 구조

직류 발전기의 3대 요소는 1) 계자, 2) 전기자, 3) 정류자이다.

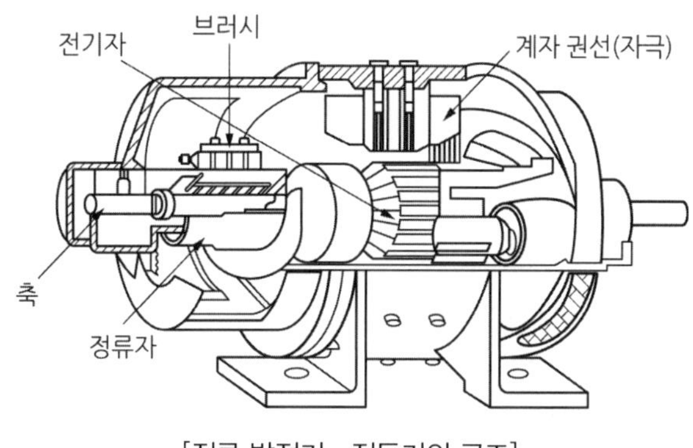

[직류 발전기 · 전동기의 구조]

1 계자(Field Magnet) = 여자

자속을 만들어주는 부분으로 전자석과 영구 자석 등이 있다.

① 계자 권선, 계자 철심, 자극 및 계철로 구성

② **계자 철심** : 철심의 히스테리시스 손과 와류 손을 줄이기 위해 규소 강판을 성층해서 만든다.(2023년 1회, 21번)

2 전기자(Armature)

계자에서 만든 자속으로부터 기전력을 유도하는 부분

① 전기자 철심, 전기자 권선으로 구성

② **전기자 철심** : 규소 강판을 성층하여 만든다.

슬롯에
전기자 권선을
감는다.
슬롯
슬롯절연

[전기자 철심]

3 정류자(Commutator)(2017년 3회, 33번)

교류를 직류로 변환하는 부분

4 공극(Air Gab)(2020년 3회, 35번)

계자 철심의 자극편(고정자 부분)과 전기자 철심(회전 부분) 표면 사이 부분

① 공극이 크면 자기 저항이 커져서 효율이 떨어진다.

② 공극이 작으면 기계적 안정성이 나빠진다.

③ 자기저항이 가장 크다.

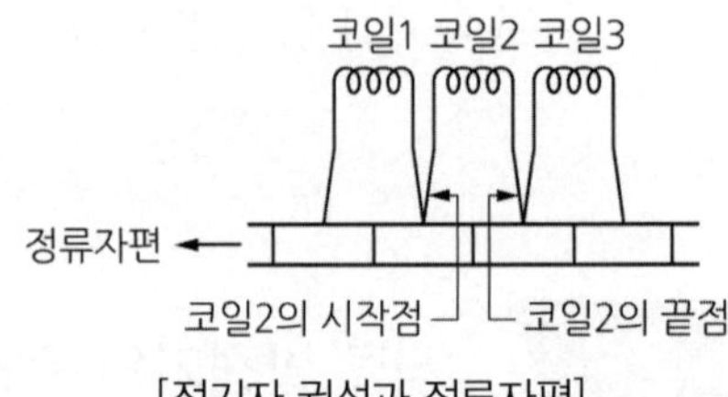

[전기자 권선과 정류자편]

5 브러시

가. 조건

정류자 편에 접촉하여 전기자 권선과 외부 회로를 연결하는 것. 정류자 편과 브러시가 밀착되어 있어야 전기를 내보낼 수 있으므로 ① 접촉 저항이 커야 하고 ② 마멸성이 적으며 ③ 기계적으로 튼튼하여야 한다.

나. 종류

① **탄소질 브러시** : 소형기, 저속기

② **흑연질 브러시** : 대전류, 고속기

③ **전기 흑연질 브러시** : 접촉 저항이 크고, 가장 우수(각종 직류기에 사용)

④ **금속 흑연질 브러시** : 고전압, 대전류

6 전기자 권선법

가. 직류기의 전기자 권선법

2층권, 고상권, 폐로권, 중권, 파권을 쓴다.

① 1층권, ②층권

② 환상권, ㉠상권

③ 개로권, ㉯로권

④ ㉰권(병렬권)

극수와 같은 병렬회로 수로 하면($a=P$), 전지의 병렬접속과 같이 되므로, 저 전압, 대 전류가 얻어진다.

⑤ 파권(직렬권)

극수와 관계없이 병렬 회로수를 항상 2개($a=2$)로 하면, 전지의 직렬접속과 같이 되므로 고전압, 소 전류가 얻어진다.

Memo (대 중 소 파 투(2), 2곱폐)로 암기

1) 김(대중), (소파) 방정환(= 중 권은 대 전류 저전압) (= 파 권은 소 전류 고전압)
 투(2) = 파권에서는 a = 2, 중권에서 a = 극수와 같다.
2) 2곱폐 = 직류기의 전기자 권선은 (2)층권, (고)상권, (폐)로권으로 감는다.
3) 전체적으로 '대중소파2 이고폐'로 암기

3 직류 발전기의 이론

1 유기 기전력

가. 전기자 도체 수 1개당 유기되는 기전력은 플레밍의 오른손 법칙에 따라

$e = vBl\sin\theta$[V]

여기서, v : 전기자 속도[m/s], B : 자속밀도[wb/m^2], l : 전기자 길이[m]

Memo 발전기에서 기전력(E)와 전동기에서 힘(F) 식을 쓰는 방법

㉠ 발전기는 오른손 법칙 v, B, E이므로 $E=v.B$를 쓰고 $\ell\sin\theta$를 붙인다.
㉡ 전동기는 왼손 법칙 F, B, I이므로 $F=BI$를 쓰고 $\ell\sin\theta$를 붙인다.

나. 전기자 도체 수가 Z일 때 유기되는 전체 유기 기전력(2020년 1회, 22번)

$$E = \frac{PZ\phi N}{60a} = k\phi N[\mathrm{V}]$$ ('피존'으로 암기)

여기서, P : 극수 Z : 전기자 도체 수

N : 1분간의 회전수[rpm], ϕ : 계자 자속[wb]

a : 병렬 회로수 : 중권은 극수 P와 같고, 파권은 a=2(대㉯소㉰ 2)

다. 전기자 주변 속도

$$v = \frac{\pi DN}{60}[\mathrm{m/s}]$$

여기서, πD : 전기자 원둘레(지름×π), $\frac{N}{60}$: 1초당 회전수[rps]

라. 전기자 표면의 자속밀도

$$B = \frac{\phi[\mathrm{wb}]}{A[\mathrm{m^2}]} = \frac{\text{전체 자속}}{\text{전기자의 표면적}}[\mathrm{wb/m^2}] = [\mathrm{T}]$$

2 전기자 반작용

가. 전기자 반작용이란?(2019년 4회, 40번)

직류 발전기에 부하를 접속하면 전기자에 전류가 흐르고, 전기자 전류에서 생기는 자속이 자극(N, S)에서 나오는 주된 자속에 영향을 미치고, 자속의 분포가 찌그러지는 현상을 말한다.(나쁜 현상이지만 필연적으로 생김)

나. 전기자 반작용으로 생기는 현상(2019년 3회, 26번)

① 정류자편에 닿아있는 브러시에 불꽃 발생

② 중성 축 이동(편자 작용)

③ 감자작용(자극이 감소하는 현상)으로 유도 기전력 감소

다. 전기자 반작용 없애는 방법

① 보상 권선

가장 확실한 방법으로 주 자극(N, S극) 표면에 전기자 권선과 나란히 홈을 만들어 전기자 회로와 직렬로 접속하여 보상 권선을 설치하고 전기자 전류와 반대 방향으로 전류를

흘려주면
전기자 기자력을 상쇄시켜 전기자 반작용을 줄여준다. 처음부터 직류 발전기를 설계할 때 설치하며 전기자 반작용을 줄여주는 가장 좋은 방법이다.

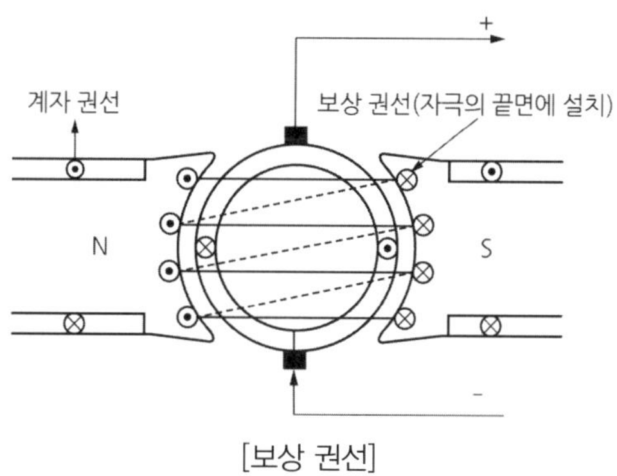

[보상 권선]

② 브러시 위치를 전기적 중심적인 회전 방향으로 이동
③ **보극(보조 극)**
전기자 반작용의 경감법으로 중성 축에 설치한다. 보상 권선이 있는 기기라 해도 정류 중인 코일에는 리액턴스 전압이 있으므로 보극은 꼭 필요하다.

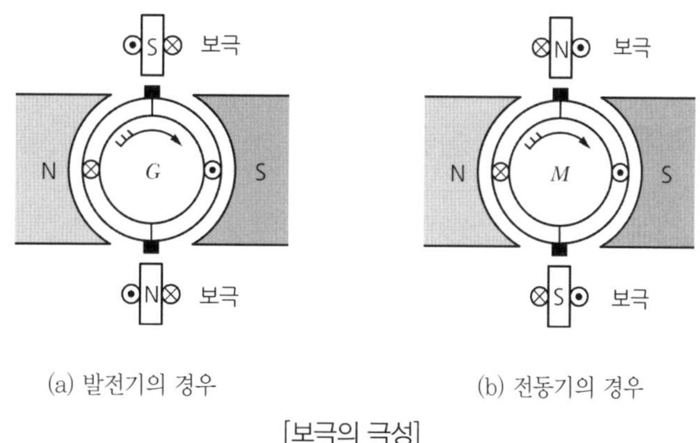

(a) 발전기의 경우
(b) 전동기의 경우

[보극의 극성]

3 정류 작용

가. 정류 작용이란?

정류자와 브러시의 작용으로 전기자에서 발생되는 교류를 직류로 변환하는 작용

나. 정류를 좋게 하는 방법(리액턴스 전압에 의한 영향을 적게 하는 방법)

① 평균 리액턴스 전압을 브러시 접촉면 전압 강하보다 작게 한다(정류 주기를 크게 하고 인덕턴스 L을 작게 한다).

② 접촉 저항이 큰 브러시 사용 → 저항 정류

③ 보극을 설치한다 → 전압 정류

다. 정류 곡선

① 직선 정류 (a) : 이상적인 정류(가장 양호한 정류)

② 정현파 정류 (b) : 불꽃이 발생하지 않는다.

③ 부족 정류 (c) : 브러시 후단부에서 불꽃 발생

④ 과 정류 (d) : 브러시 전단부에서 불꽃 발생

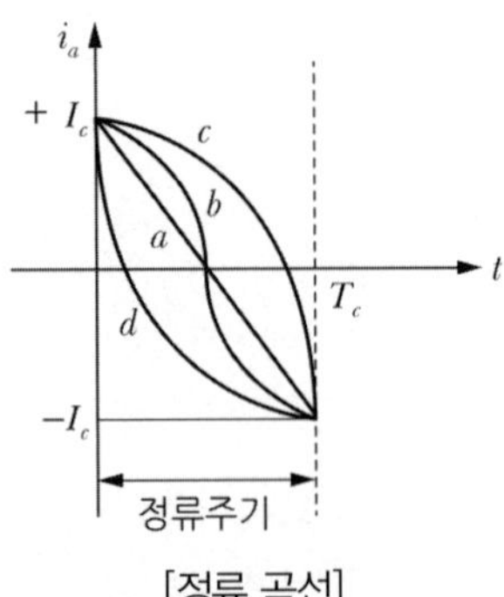

[정류 곡선]

라. 평균 리액턴스 전압

$$e_L = L\frac{di}{dt} = L\frac{2I_c}{T_c}$$

4 직류 발전기의 종류

1 여자(계자) 방식에 따른 분류

직류기에서 계자 자속을 만들기 위해 영구자석이나 전자석을 쓰는데 전자석을 만들기 위해 전자석의 권선에 전류를 흘리는 것을 여자(=계자)라 하며, 직류 발전기(직류 전동기도 같음)를 여자 방식에 따라 분류하면 다음과 같다.

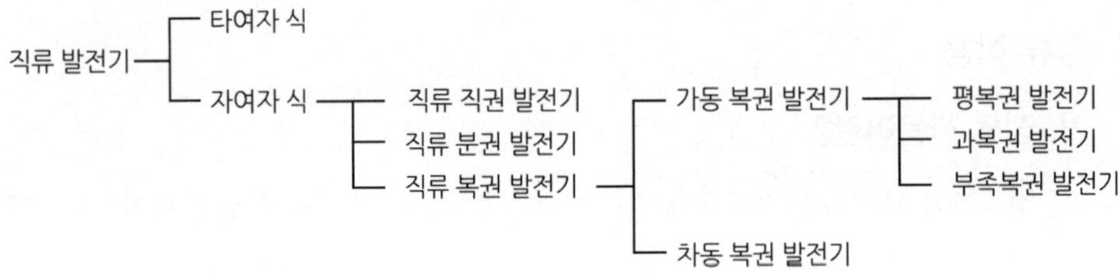

가. 직류 타여자 발전기

① 여자 전류를 발전기 외부의 다른 전원에서 공급하는 방법으로 전기자 (A)와 계자 (F)가 별도로 떨어져 있는 발전기

② 계자 철심에 잔류 자기가 없어도, 외부 다른 전원에서 계자 전류를 공급하므로 발전할 수 있다.

③ $I_a = I,\quad E = V + I_a r_a \ (V = E - I_a r_a)$

④ 발전기이므로 유기 기전력(E)이 단자 전압(V)보다 크다.

여기서, E : 유기 기전력[V], V : 단자 전압[V], I_a : 전기자 전류[V]
I_f : 계자 전류[A], I : 부하 전류[A], r_a : 전기자 저항[Ω]
R_f : 계자 조정기 F : 계자(전자석)

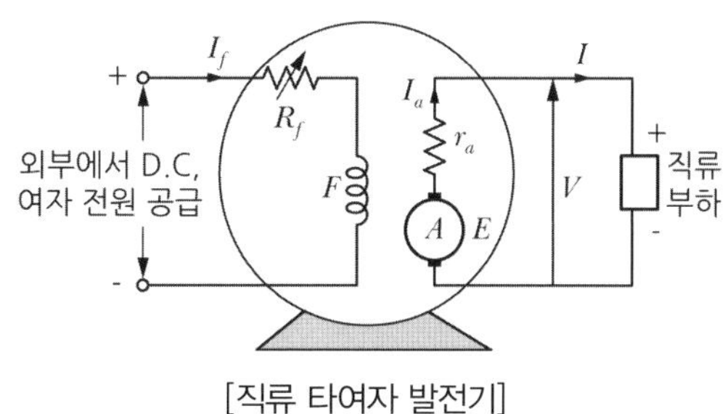

[직류 타여자 발전기]

나. 직류 자여자 발전기

① 전기자(A)와 계자(F)가 연결되어 있는 발전기

② 발전기에서 발생한 기전력에 의하여 계자전류를 공급하는 방법으로 잔류 자기가 있다.

③ 전기자 권선과 계자 권선의 연결 방식에 따라 ㉠ 직류 직권 발전기, ㉡ 직류 분권 발전기, ㉢ 직류 복권 발전기가 있다.

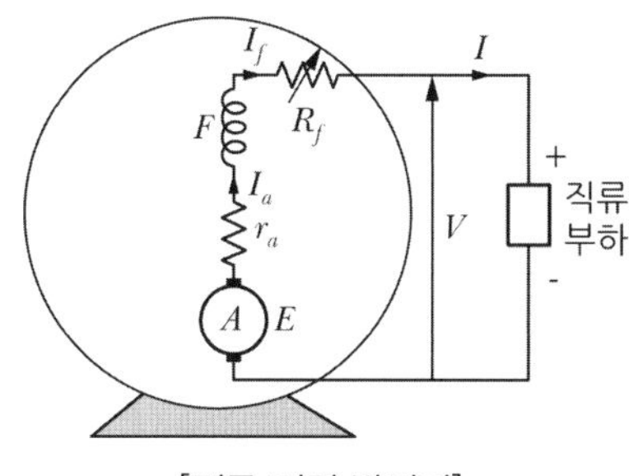

[직류 직권 발전기]

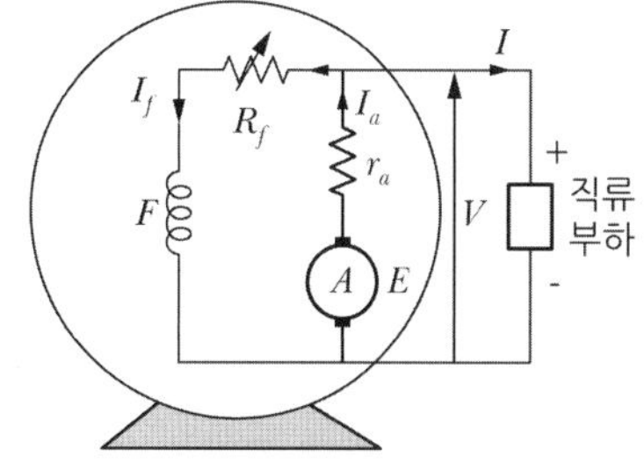

[직류 분권 발전기]

㉠ 직류 직권 발전기

- 계자 권선과 전기자를 직렬로 연결한 것
- $I_a = I_f = I$, $E = V + I_a(r_a + R_f)$
- 무부하에서는 자기 여자로서 전압을 확립하지 못한다.

㉡ 직류 분권 발전기

- 계자 권선과 전기자가 병렬로 연결된 것
- 유기 기전력 E= $V + I_a r_a$
- 전기자 전류 $I_a = I + I_f$ 계자전류 $I_f = \frac{V}{R_f}$

㉢ 직류 복권 발전기

분권 계자 권선과 직권 계자 권선 두 가지를 가지고 있는 것

- 위치상 분류
  - 내 분권 복권 발전기 : 직권 계자를 기준으로 분권 계자가 직권 계자 안쪽에 있는 것
  - 외 분권 복권 발전기 : 직권 계자를 기준으로 분권 계자가 직권 계자 바깥쪽에 있는 것

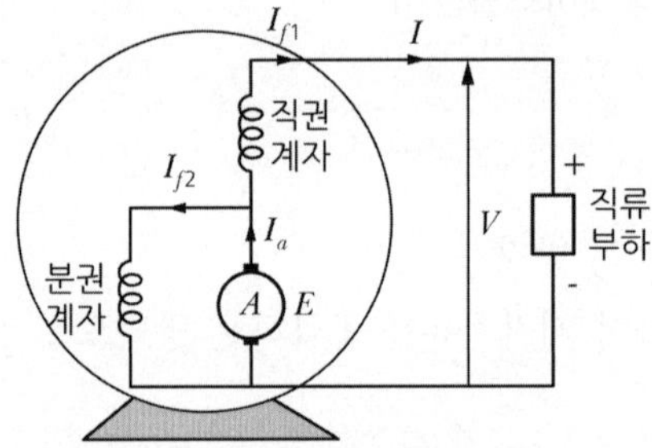

[직류 내 분권 복권 발전기]

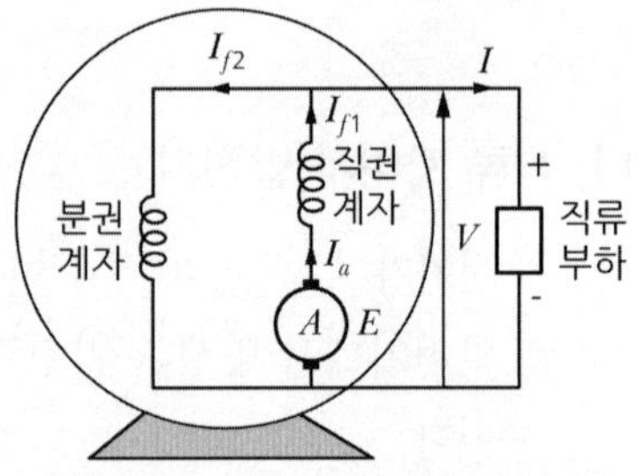

[직류 외 분권 복권 발전기]

- 자속 방향의 분류
  - 가동 복권 : 분권 계자의 자속과 과 직권 계자의 자속이 같은 방향으로 작용되며,
    ⓐ 평복권 발전기는 일반 직류 전원 또는 전기기기(동기기)의 여자 전원으로 사용된다.
    ⓑ 과복권 발전기는 급전선의 전압 강하 보상용으로 사용된다.
  - 차동 복권 : 분권 계자의 자속과 과직권 계자의 자속이 다른 방향으로 작용되며, 수하 특성이 있어 아크 전기 용접용으로 사용되는 일이 많다. 수하 특성이란 전압이 떨어져도 전류를 일정하게 유지하는 특성을 말한다.

5 직류 발전기의 특성

1 특성 곡선

직류 발전기 특성을 보기 쉽도록 곡선으로 나타낸 것으로 직류기는 물론 뒷장에 나오는 교류기(동기기, 유도기, 변압기)에서도 같다. 가로축의 값과 세로축의 값을 잘 알아 두어야 한다.

가. 무부하 특성 곡선

① 무부하 시 계자전류(I_f)와 유도 기전력(E)과의 관계 곡선

② 전압이 낮은 부분에서는 유도 기전력이 계자전류에 정비례하여 증가하지만, 전압이 높아짐에 따라 철심의 자기 포화 때문에 전압의 상승 비율은 매우 완만해진다.

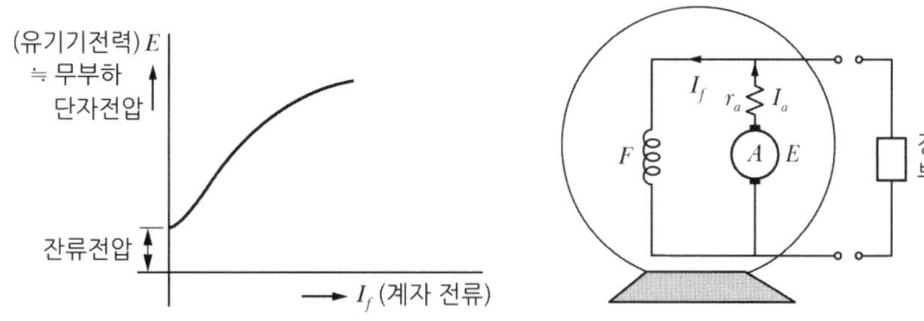

[무부하 특성 곡선(계자 전류와 유기 기전력)] [부하를 걸지 않았을 때의 그림]

나. 부하 포화 곡선(정격 부하를 걸었을 경우)

① 정격 부하 시에 계자전류(I_f)와 단자 전압(V)과의 관계 곡선

② 부하가 증가함에 따라 곡선은 점차 아래쪽으로 이동한다.

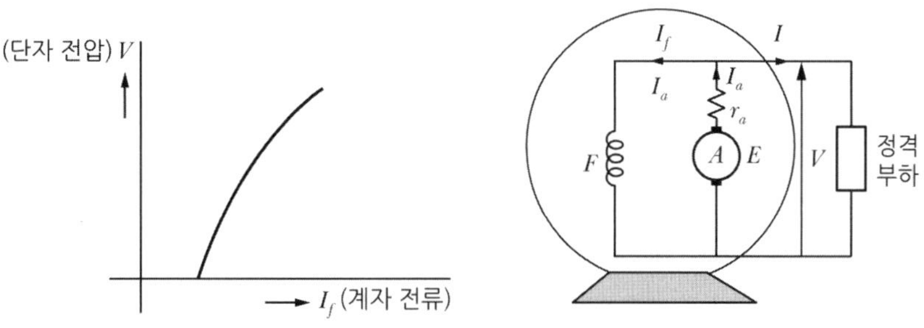

[부하 포화 곡선(계자 전류와 단자 전압)] [정격 부하를 걸었을 때의 그림]

다. 외부 특성 곡선(정격 부하를 걸었을 경우)

정격 부하 시에 발전기 외부의 부하 전류(I)와 단자 전압(V)의 관계 곡선으로 발전기의 특성을 이해하는 데 가장 좋다(발전기 외부를 표시하는 것은 부하 전류(I)와 단자 전압(V) 뿐이다).

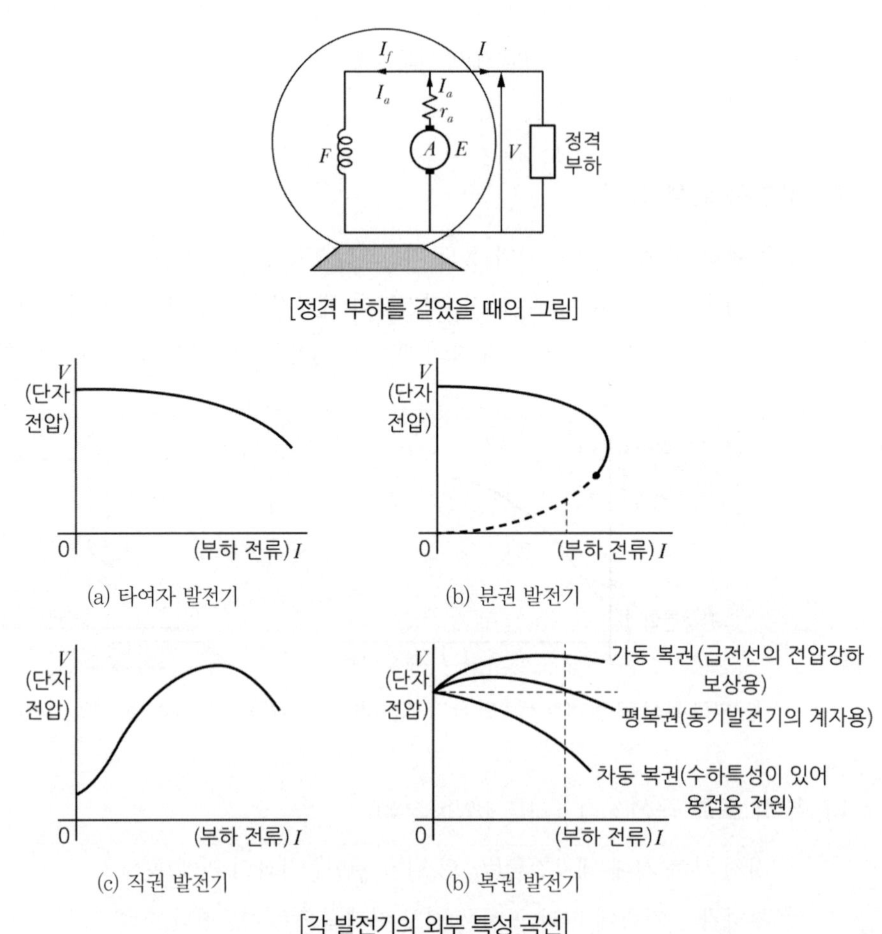

[정격 부하를 걸었을 때의 그림]

(a) 타여자 발전기 (b) 분권 발전기

(c) 직권 발전기 (b) 복권 발전기

[각 발전기의 외부 특성 곡선]

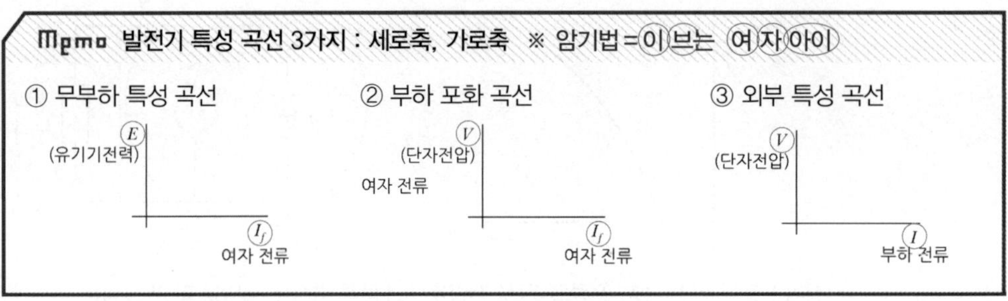

2 직류 발전기 특성

가. 직류 타여자 발전기

부하 전류의 증감에도 별도의 여자 전원을 사용하므로, 자속의 변화가 없어서 전압강하가 적고(전기화학용－저전압 대전류), 전압을 광범위하게 조정하는 용도에 적합하다. (워드레오나드, 일그너 방식, 동기발전기의 주 여자기용)

나. 직류 분권 발전기

① **전압의 확립** : 자기 여자에 의한 발전으로 약간의 잔류 자기로 단자 전압이 점차 상승하는 현상으로 잔류 자기가 없으면 발전이 불가능하다.

② **역회전 운전 금지** : 잔류 자기가 소멸되어 발전이 불가능해진다.

③ 운전 중 무부하 상태가 되면($I=0$), 계자 권선에 큰 전류가 흐르고($I_a = I_f$), 계자 권선에 고전압이 유기되어 권선 소손의 우려가 있다.

④ 타여자 발전기와 같이 전압의 변화가 적으므로 정전압 발전기라고 한다.

다. 직류 직권 발전기

① 무부하 상태에서는 ($I=0$) 전압의 확립이 일어나지 않으므로 발전이 불가능하다. ($I= I_a = I_f = 0$)

② 부하 전류 증가에 따라 계자전류도 같이 상승하고, 부하 증가에 따라 단자 전압이 비례하여 상승하므로 일반적인 용도로는 사용할 수 없다.

라. 직류 복권 발전기

① **가동 복권**(2023년 1회, 22번)

직권 계자 권선과 분권 계자 권선의 기자력이 서로 합쳐지도록 한 것으로, 부하 증가에 따른 전압 감소를 보충하는 특성이 있다.

㉠ 평 복권 발전기 ㉡ 과 복권 발전기가 있으며, 과 복권 발전기는 평 복권 발전기보다 직권 계자 기자력을 크게 만든 것이다.

② **차동 복권**

직권 계자 권선과 분권 계자 권선의 기자력이 서로 상쇄되게 한 것으로, 부하 증가에 따라 전압이 떨어져도 전류는 일정하게 유지하는 수하 특성을 가진다. 이러한 특성은 용접기용 전원으로 적합하다.(110 쪽 발전기의 외부특성곡선 중 (d) 참조)

6 직류 발전기의 병렬 운전

1 병렬 운전

2대 이상의 발전기를 병렬로 모선에 접속해서 운전하고, 같은 부하에 전력을 공급하는 방식을 병렬 운전이라 하는데 다음과 같은 이유 때문이다.

① 1대의 용량으로는 부하에 공급하는 전력량이 모자란 경우

② 부하 변동의 폭이 큰 경우, 작은 부하일 경우는 한 대만 운전하고 부하가 클 경우는 2대를 병렬 운전한다.

③ 예비기로서의 역할을 할 경우

가. 병렬 운전 조건

① 정격 전압이 같을 것

② 극성이 같을 것

③ 외부 특성이 같고 약간의 수하 특성을 가질 것(타여자, 분권, 차동 복권 발전기)

④ 각 발전기의 용량은 달라도 된다.(우리나라 발전소에 있는 발전기의 용량이 다른 것을 생각하면 된다.)

나. 부하 분담

① 유기 기전력(E)이 크면 부하 분담을 많이 한다.

② 유기 기전력을 크게 하려면 계자 전류를 늘리면 된다($E=\dfrac{PZ\phi N}{60a}$[V]에서 계자 전류를 증가시키면 ϕ가 증가하고 유기 기전력 E가 커진다).

다. 균압선(2020년 3회, 24번)

직류 발전기를 병렬 운전할 때 운전을 안정되게 하기 위해 균압선이 필요하다. 브러시의 손실을 막아준다.

[균압선이 필요한 발전기]

① 직류 직권 발전기

② 직류 과복권 발전기, 직류 평복권 발전기(수하 특성이 없어 균압선이 필요하다)

※ 암기법 : 전기자(A)와 연결된 직권 계자가 있는 발전기는 병렬 운전할 때 균압선이 필요하다.

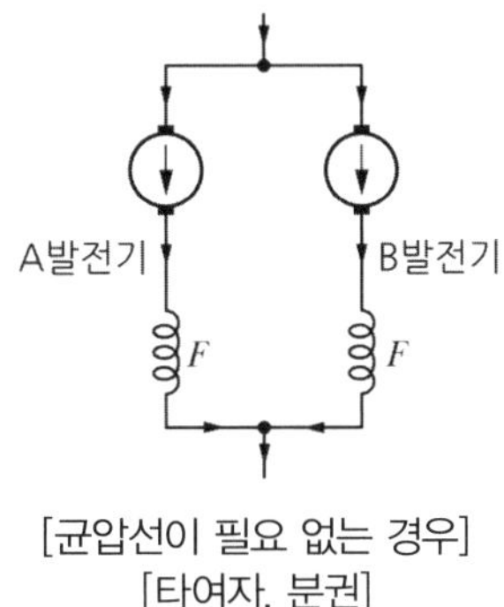

[균압선이 필요 없는 경우]
[타여자, 분권]

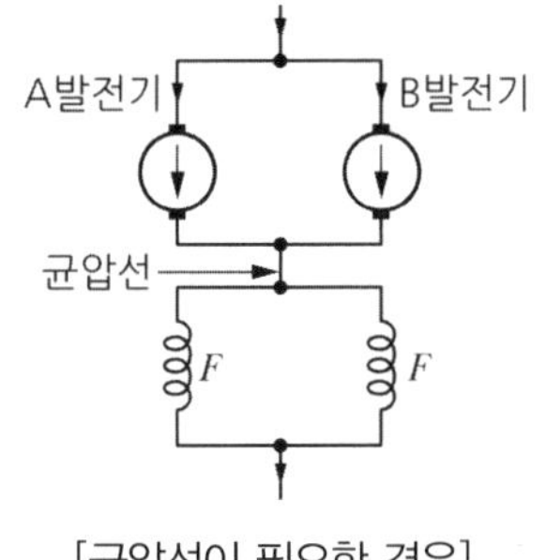

[균압선이 필요한 경우]
[직권, 복권 발전기]

7 직류 전동기의 원리

1 직류 전동기는 직류 발전기와 구조가 같다. 따라서 직류 발전기를 직류 전동기로 사용할 수가 있다.

2 전동기(Motor)는 전기 에너지를 받아 힘(운동 에너지)을 내는 것이다.

3 ① 플레밍의 왼손 법칙 (전동기의 원리) 에 따라 자기장 중에 있는 코일에 정류자를 접속시키고, 브러시를 통해서 직류 전압을 가해 주면 코일은 시계방향으로 회전하게 된다.

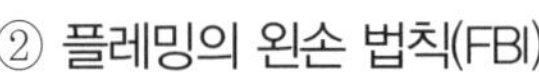

② 플레밍의 왼손 법칙(FBI)

$$F = BI\ell\sin\theta[N]$$

여기서, F : 힘의 방향(세기)
B : 자장의 방향(세기)
I : 전류의 방향(세기)
ℓ : 자장내 도체의 길이
θ : 자장과 도체의 각도

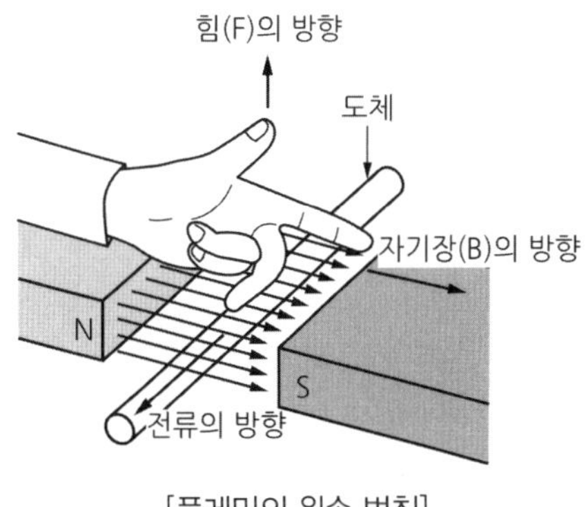

[플레밍의 왼손 법칙]

4 **역기전력**(2019년 2회, 28번)

전동기가 회전하면 도체는 자속을 끊어 발전기와 같이 기전력을 유기한다. 이 기전력의 방향은 플레밍의 오른손 법칙에 의해서 전동기에 공급받는 단자 전압과는 반대 방향이 되고 전기자 전류를 방해하는 방향으로 작용하므로 역기전력이라고 한다(발전기에서는 기전력).

역기전력 $E = \frac{PZ\phi N}{60a} = K\phi N[\text{V}]$, '$PZ\phi N$은' '피존'으로 암기

여기서, P : 극수, Z : 전기자 도체 수

N : 1분간의 회전수 [rpm], ϕ : 계자 자속[wb], a : 병렬 회로 수

8 직류 전동기의 이론

1 회전수[N]

직류 전동기 역기전력과 전기자 전류의 식을 정리하면 다음과 같다.

역기전력 $E = \frac{PZ\phi N}{60a} = K\phi N$ (발전기에서는 유기 기전력, 전동기에서는 역기전력), 그러므로

$N \propto \frac{E}{\phi} \propto \frac{V - I_a r_a}{\phi}$ (전동기는 외부에서 전기를 받아 힘을 내는 회전 기기이므로 V>E이다.)

2 토크[T]

가. 토크의 정의(2019년 3회, 25번)

발전기와는 달리 전동기는 부하를 걸었을 때의 회전수(N)와 회전력 토크(T)로 나타낸다.

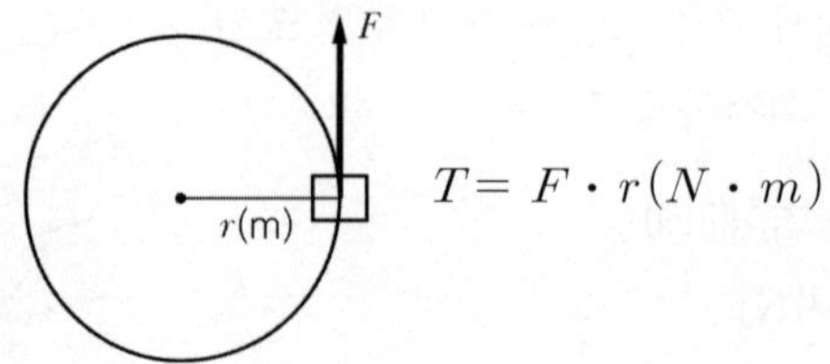

나. 토크 특성

플레밍의 왼손 법칙으로부터 전동기의 축에 대한 토크(T)를 구하면 다음과 같다.

① 자속과 전기자 전류에서 보면

$$T = \frac{P(\text{출력})}{\omega(\text{각속도})} = \frac{EI_a}{2\pi n} = \frac{PZI_a\phi}{2\pi a} = K\phi I_a[\text{N} \cdot \text{m}] = \frac{1}{9.8}K\phi I_a[\text{kg} \cdot \text{m}]$$

즉, 토크는 자속(ϕ)과 전기자 전류(부하 전류)에 비례함을 알 수 있다.

여기서, n : 초당 회전수[rps], K : 전동기의 변하지 않는 상수$= \frac{PZ}{2\pi a}$, I_a : 전기자 전류

($T = \frac{PZI_a \phi}{2\pi a}$ 를 암기할 때는 '피자 파이')

② 출력과 회전수와의 관계에서 보면(2017년 1회, 21번)

$$T = 0.975\frac{P}{N}[\text{kg}\cdot\text{m}] = 9.56\frac{P}{N}[\text{N}\cdot\text{m}]$$

여기서, P : 출력[W], N : 분당 회전수[rpm], 1[kg · m]=9.8[N · m]

이 식은 뒤쪽의 동기기, 유도기에서 계속 나오므로 꼭 암기

다. 토크측정

① 전기 동력계법(대형 직류기) ② 프로니 브레이크법 ③ 와전류 제동기

3 기계적 출력(P_0)

가. 출력과 토크

① 전동기는 전기 에너지가 기계 에너지로 변환되는 장치이므로, 기계적인 동력으로 변환되는 전력은 다음과 같다.

전동기 출력 $P_0 = 2\pi\frac{N}{60}T[\text{W}]$

② 모든 전동기의 출력(P_o)은 위의 식과 같이 토크(T)와 회전수(N)의 곱에 비례한다.

9 직류 전동기의 종류 및 구조

1 구조

직류 전동기의 구조와 종류는 발전기와 동일하다. 발전기는 전기를 발생하는 것이고, 전동기는 전기를 받아서 힘을 내는 것이므로 전류의 방향이 반대이다.

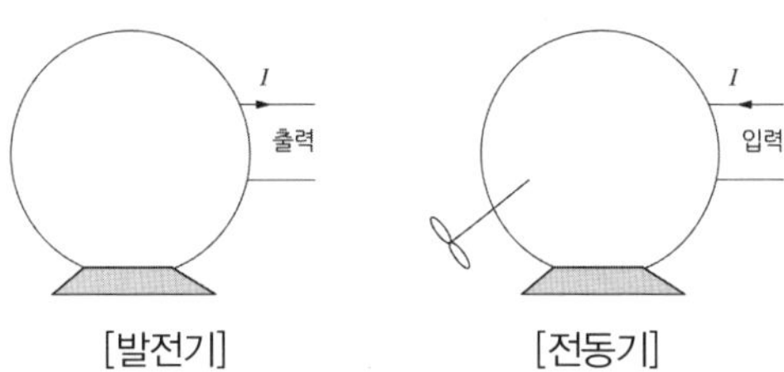

[발전기] [전동기]

2 종류

여자 방식에 따라 타여자 전동기와 자여자 전동기로 분류되며, 계자 권선과 전기자 권선의 접속 방법에 따라 직류 분권 전동기, 직류 직권 전동기, 직류 복권 전동기로 분류된다.

10 직류 전동기의 특성

1 직류 타여자 전동기

가. 구조(2023년 2회, 30번)

전기자를 기준으로 계자 권선이 전기자와 별도로 구성되어 있다.

여기서, I : 전체 전류[A]=입력 전류
I_a : 전기자 전류=부하 전류[A]
I_f : 계자 전류=여자 전류[A]
F : 계자=여자=자속을 발생
A : 전기자
(전류를 받아 힘을 내는 부분)

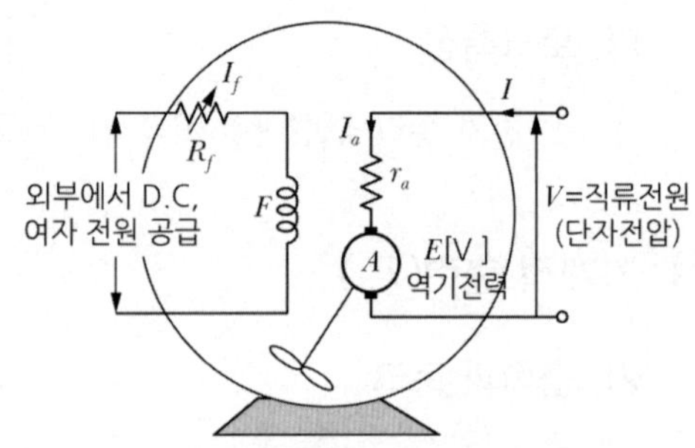

[직류 타여자 전동기]

나. 속도 특성

역기전력 $E=\dfrac{PZ\phi N}{60a}=K\phi N$ 에서 $N=\dfrac{E}{K\phi}\propto\dfrac{V-I_aR_a}{\phi}$[rpm]

① 자속이 일정하고, 전기자 저항 R_a가 매우 작으므로 부하 변화에 전기자 전류 I_a가 변해도 정속도 특성을 가진다.

② 주의할 점은 계자전류가 0이 되면, 속도가 급격히 상승하여 위험하기 때문에 계자 회로에 퓨즈를 넣어서는 안 된다(N과 ϕ가 반비례하므로 ϕ가 작아지면 속도 N가 상승).

③ 토크 특성에 있는 것처럼 속도(N)와 토크(T)는 반비례

④ 워드레오나드 방식의 속도 제어를 한다.

다. 토크 특성

$$T=0.975\frac{P}{N}[\text{kg}\cdot\text{m}]=9.56\frac{P}{N}[\text{N}\cdot\text{m}]=\frac{PZI_a\phi}{2\pi a}[\text{N}\cdot\text{m}]$$

타여자이므로 부하 변동에 의한 자속의 변화가 없으며, 부하 증가에 따라 전기자 전류가 증가하므로 토크는 부하 전류에 비례한다.

2 직류 분권 전동기

가. 구조(2017년 1회, 35번)

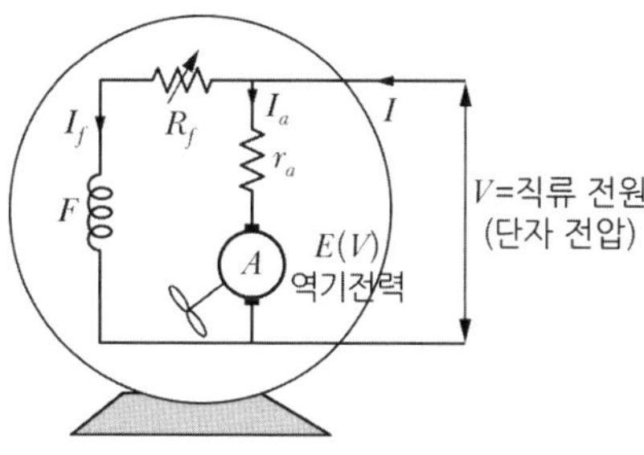

[직류 분권 전동기]

① 전기자(A)를 기준으로 분권 계자(F)가 병렬로 되어 있음

② $V = E + I_a r_a [\mathrm{V}] = I_f R_f [\mathrm{V}]$

③ $I = I_a + I_f [\mathrm{A}]$

나. 속도 및 토크 특성(2020년 1회, 24번)

① 전기자와 계자 권선이 병렬로 접속되어 있어서 단자 전압이 일정하면, 부하 전류에 관계없이 자속이 일정하므로 타여자 전동기와 거의 동일한(정속도) 특성을 가진다.

② 타여자 전동기와 분권 전동기는 속도 조정이 쉽고, 정속도의 특성이 좋으나, 거의 동일한 특성의 3상 유도 전동기가 있으므로 별로 사용하지 않는다.

③ 약간의 수하 특성을 가진다.

④ $T \propto \dfrac{1}{N}$

3 직류 직권 전동기

가. 구조

① 전기자(A)를 기준으로 분권 계자가 직렬로 되어 있음

② $V = E + I_a r_a + I_f R_f [\mathrm{V}]$

③ $I = I_a = I_f [\mathrm{A}]$

[직류 직권 전동기]

나. 속도 특성

$$N \propto \frac{V - I_a (R_a + R_f)}{\phi} [\mathrm{rpm}]$$

① 부하에 따라 자속이 비례하므로, 부하의 변화에 따라 속도가 반비례하게 된다.

② 부하가 감소하여 무부하가 되면, 회전속도가 급격히 상승하여 위험하게 되므로 벨트 운전이나 무부하 운전을 피해야 한다.($\phi \to 0$으로 가면 N가 상승)

다. 토크 특성

$T = K\phi I_a [\text{N} \cdot \text{m}]$

① 전기자와 계자 권선이 직렬로 접속되어 있어서 자속(ϕ)이 전기자 전류(I_a)에 비례하므로, $T = K\phi I_a [\text{N} \cdot \text{m}]$ 에서 $T \propto I_a^2$가 된다. $I_a \propto \frac{1}{N}$이므로 $T \propto \frac{1}{N^2}$

② 부하 변동이 심하고, 큰 기동 토크가 요구되는 전동차, 크레인, 전기 철도에 적합하다.

4 직류 복권 전동기

가. 구조

전기자를 기준으로 직권 계자는 직렬로, 분권 계자는 병렬로 연결되어 있음

나. 가동 복권 전동기

분권 전동기와 직권 전동기의 중간 특성을 가지고 있어, 크레인, 공작기계, 공기 압축기에 사용된다.

다. 차동 복권 전동기

직권 계자 자속과 분권 계자 자속이 서로 상쇄되는 구조로 과부하의 경우에는 위험 속도가 되고, 토크 특성도 좋지 않으므로 거의 사용하지 않는다.

라. 권선 방법

직권 계자를 중심으로 분권 계자가 직권 계자 안쪽에 있으면 내분권 복권 전동기, 분권 계자가 직권 계자 밖에 있으면 외분권 복권 전동기이다.

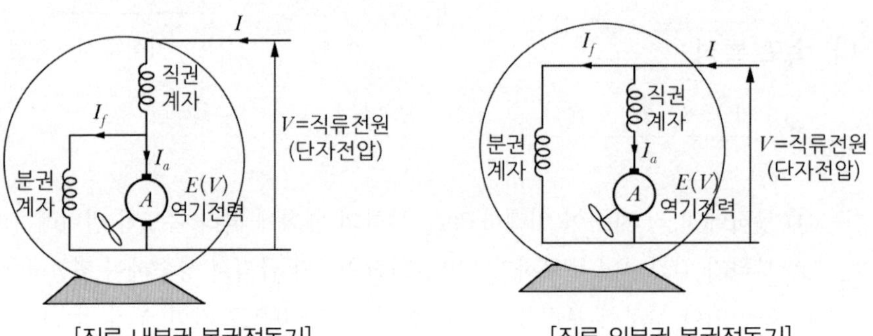

[직류 내분권 복권전동기] [직류 외분권 복권전동기]

11 직류 전동기의 운전

1 기동

가. 거의 모든 전동기는 기동 시 정격전류보다 약 4~6배의 큰 전류가 흐른다. 직류 전동기의 기동 시에도 큰 전류가 흐르고 전동기의 손상 및 전원 계통에 전압 강하의 영향을 주므로 기동 전류를 저감하는 대책이 필요하다.

나. 전기자에 직렬로 저항(기동기)을 삽입하고, 기동 시 직렬 저항 기동기를 최대로 하여 정격 전류의 2배 이내로 기동을 하며, 토크를 유지하기 위해 계자 저항을 최소로 하여 기동한다.(2019년 2회, 25번)

다. R_f(계자 저항)을 최소로 하면 I_f(계자전류)가 최대로 되고 계자 코일의 자속 $\phi(wb)$가 증가하므로 $T = K\phi I_a = \dfrac{P}{N}$에서 기동 시 속도는 줄어들지만 토크는 커진다(자동차가 처음 출발할 때 속도는 느리지만 큰 힘을 내기 위에 기어를 1단으로 놓고 출발하는 원리와 같음).

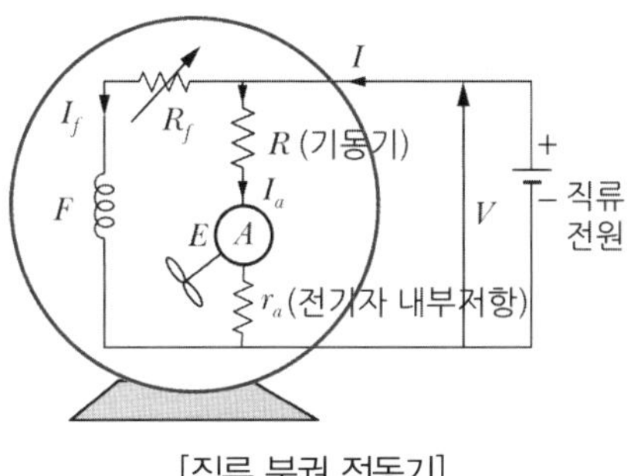

[직류 분권 전동기]

2 속도 제어(2023년 1회, 32번)

역기전력 $E = \dfrac{PZ\phi N}{60a} = K\phi N$에서 $N \propto \dfrac{E}{\phi} = \dfrac{V - I_a r_a}{\phi}$[rpm]

가. 계자 제어(ϕ)

① 정출력 제어이다.

② 간편한 방법이긴 하나 광범위하게 속도를 조정할 수 없다.

③ 전력 손실도 적고 조작도 간편하다.

④ 계자 권선에 직렬로 저항(R_f)을 삽입하여 계자 전류를 변화시켜 자속을 조정한다.

나. 저항 제어(R) : 전기자 내부저항 r_a와 별도의 저항

① 전기자 권선에 직렬로 저항(기동기)을 삽입하여 속도를 조정한다.

② 전력 손실이 생기고, 효율이 나쁘며 속도 조정의 폭이 좁아서 별로 사용하지 않는다.

다. 전압 제어(V)

① 정 토크 제어 방식이다.
전기자에 가해지는 단자 전압을 변화시켜 속도를 조정하는 방법으로 주로 타여자 전동기에 이용된다.

② 워드 레오너드 방식($DM-G-M$ 법), 일그너 방식이 있다.

㉠ 워드 레오너드 방식 : 광범위한 속도에 걸쳐 원활하게 효율적으로 제어할 수 있고, 속도 변동률이 적고, 가역적이므로 가장 우수한 속도 제어법이나 설비비가 많이 든다. 최근에는 반도체 정류기를 이용한 정지 워드 레오너드 방식이 개발되어 많이 이용되고 있다(직류 타여자 전동기).

㉡ 일그너 방식 : 워드 레오너드 방식은 보조 발전기가 직류 전동기(DM)로 돌려지는데, 일그너 방식은 직류 전동기 대신에 유도 전동기를 쓰고 그 축에 큰 플라이휠을 붙인 것이다. 이 방식은 전동기 부하가 급변하여도 전원에서 공급되는 전력의 변동이 적다는 것이 특징이며 큰 제철소의 압연기나 고속 엘리베이터 제어에 적용한다.

3 직류 전동기의 제동(브레이크 = 멈춤)('역발상'으로 암기)

가. 발전 제동

제동 시에 전원을 개방하여 발전기로 이용하여 발전된 전력을 제동용 저항에 열로 소비시키는 방법이다.

나. 회생 제동

제동 시에 전원을 개방하지 않고 발전기로 이용하여 발전된 전력을 다시 전원으로 들여보내는 방식이다.

다. 역상 제동(플러깅)

제동 시에 전동기를 역회전으로 접속하여 제동하는 방법이다.

121쪽 **4 역회전**을 이용한 방식

4 역회전(2018년 4회, 40번)

가. 직류 전동기는 전원이 극성을 바꾸게 되면, 계자 권선과 전기자 권선의 전류 방향이 동시에 바뀌게 되므로 회전 방향이 바뀌지 않는다.

나. 회전 방향을 바꾸려면, 계자 권선이나 전기자 권선 중 어느 한 쪽의 접속을 반대로 하면 되는데 일반적으로 전기자 권선의 접속을 바꾸어 역회전시킨다.

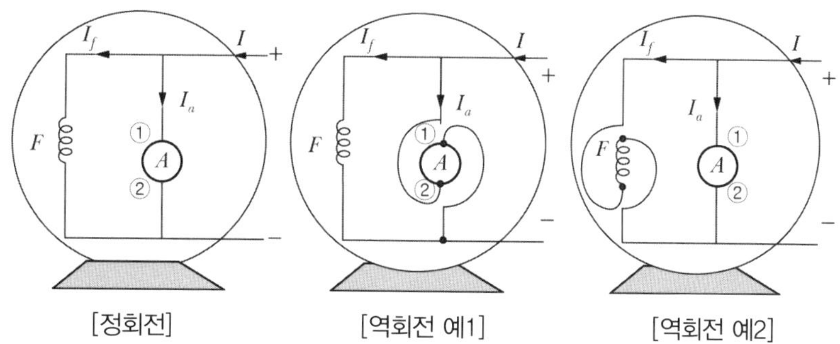

[정회전] [역회전 예1] [역회전 예2]

12 직류 전동기의 손실

1 철손[P_i]

철(iron)로 만들어진 모든 기기는 필연적으로 철손인 ① 히스테리시스 손과 ② 와류 손(맴돌이 손)이 생긴다. 이를 줄이기 위한 방법으로 규소를 3~3.5(%) 정도 넣은 0.3~0.35[mm]의 강철판을 성층하여 기기를 만든다. 규소 강판은 히스테리시스 손을 줄이고, 성층은 와류 손을 줄인다.

가. 히스테리시스 손(P_h) → 60쪽 다시 복습하기

철심에 가해진 자계의 주기적 변화에 따라서 자속 밀도도 변화하는데, 이때 그림과 같이 히스테리시스 루프가 되면, 이 면적에 비례하여 손실이 생긴다. 이것을 히스테리시스 손이라 한다. 주파수 f[Hz]의 교번 자계에 의하여 철심 내에 생기는 히스테리시스 손은,

$P_h \propto f B_m^{1.6}$[W]

여기서, B_m : 최대 자속 밀도

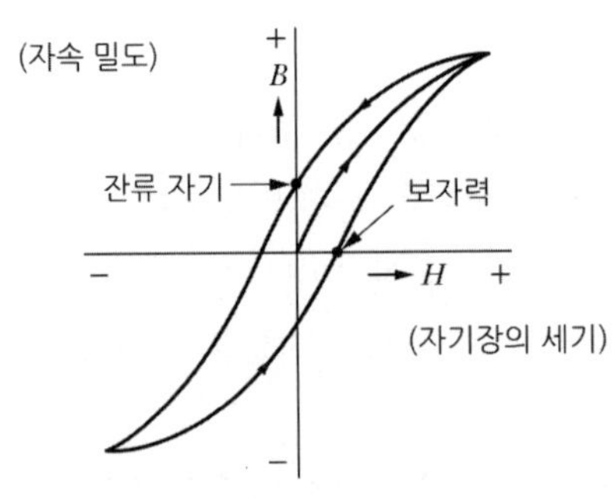

[히스테리시스 곡선]

위와 같은 히스테리시스 곡선의 특성을 이용하여

① 철의 특성 중 보자력과 잔류 자기가 큰 것은 영구 자석(뚱뚱보)

② 철의 특성 중 보자력과 잔류 자기가 작은 것은 전자석으로 이용한다(홀쭉이).

※ 가로축과 세로축은 'HB' 연필로 암기하고 가로축과 만나는 점은 '자기야 3시에 가로등 밑에서 보자'로 암기. 세로축과 만나는 점인 '잔류자기'는 따로 암기

나. 와류 손(맴돌이 손)(2020년 3회, 03번)

자속에 의한 철심의 맴돌이 전류에 의해서 생기는 손실로 다음과 같다.

$P_e \propto (tfB_m)^2 \propto f^2 {B_m}^2$

여기서, t : 철심의 두께

2 동손[P_c]

가. 부하 전류(전기자 전류) 및 여자 전류에 의해 권선(구리, copper)에서 생기는 줄열로 발생하는 손실을 말하며, 저항 손이라고도 한다.

나. 동손이 발생하는 부분은 전기자 권선, 분권 계자 권선, 직권계자 권선, 보극 권선, 브러시 접촉면이다.

3 기타 손실

가. 기계 손(2018년 4회, 31번)

회전 시에 생기는 손실로 마찰 손, 풍손

나. 표류 부하 손(표유 부하손)

철손, 기계손, 동손을 제외한 손실로 측정값으로 잘 나타나지 않는다.

13 직류기의 효율

1 효율

가. 기계의 입력과 출력의 백분율의 비로서 나타낸다.

$$\eta = \frac{\text{출력}}{\text{입력}} \times 100(\%)$$

나. 규약 효율(2019년 3회, 34번)

발전기나 전동기는 규정된 방법에 의하여 각 손실을 측정 또는 산출하고 입력 또는 출력을 구하여 효율을 계산하는 방법

① 발전기 효율

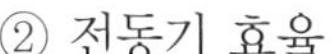

② 전동기 효율

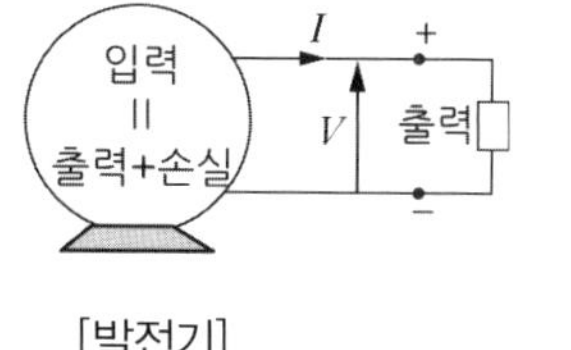

[발전기] [전동기]

$$\eta_G = \frac{\text{출력}}{\text{입력}} = \frac{\text{출력}}{\text{출력} + \text{손실}} \times 100(\%) \quad \eta_M = \frac{\text{출력}}{\text{입력}} = \frac{\text{입력} - \text{손실}}{\text{입력}} \times 100(\%)$$

※ 발전기는 출력이 2개, 전동기는 입력이 2개 : (㉠입신고 하러 출㉡)로 암기
(발전기와 변압기는 'ㅂ'으로 시작되므로 규약 효율 표시 방법이 같다)

다. 최대 효율 조건

① 고정 손(철손)=부하 손(동손)이 같을 때 최대효율

② 일반적으로 기계는 정격부하의 경우 효율이 최대가 되도록 설계되어 있으므로 경부하 또는 과부하로 사용하면 효율이 떨어진다.

2 전압 변동률(2020년 1회, 21번)

발전기를 정격 속도로 돌려 정격 전류를 흘렸을 때의 정격 전압과 무부하로 되었을 때의 단자 전압의 차를 정격 전압의 백분율로 표시한 것이다.

$$\varepsilon = \frac{\text{무부하 전압} - \text{정격 전압}}{\text{정격 전압}} \times 100 = \frac{V_0 - V_n}{V_n} \times 100 = \left(\frac{V_o}{V_n} - 1\right) \times 100[\%]$$

3 속도 변동률(2019년 4회, 23번)

전동기의 정격 회전수(N_n)에서 무부하일 때의 회전 속도(N_0)가 변동하는 비율

$$\varepsilon = \frac{N_0 - N_n}{N_n} \times 100(\%)$$

CHAPTER Craftsman Electricity

02 동기기

개 요

- 동기기
  - 동기 발전기, 동기 전동기
- 세계 최초의 상업적 수력발전소인 나이아가라 발전소가 웨스팅하우스에 의해 1896년 가동 – 동기 발전기
- 동기기는 정상 상태에서 일정한 속도로 회전하는 동기 발전기와 동기 전동기를 말한다.
- 동기 발전기는 전력 계통의 발전소에서 운전된다. 수차와 연결된 수차 발전기, 화력 발전소의 증기 터빈과 연결된 터빈 발전기는 거의 모두 동기 발전기이다. 교류 발전기이며, 전력 설비 가운데 가장 중요한 부분이다.
- 동기 전동기는 정속도 전동기로서 사용되며, 전력 계통에서 위상을 조절하는 동기 조상기로도 사용된다.

1 동기 발전기의 원리(Synchronous Generator)

1 원리

자속과 도체가 서로 상쇄하여 기전력을 발생하는 플레밍의 오른손 법칙은 같으나 정류자가 없고 슬립링을 사용하여 교류 기전력을 그대로 출력한다.

2 동기 속도

회전자 속도(동기속도) N_s, 주파수 f, 발전기 극수 P와의 관계에서 동기 속도는

$$N_s = \frac{120f}{P}[\text{rpm}]$$

Memo

$f = 60[\text{Hz}]$일 때 동기속도 $N_S[\text{rpm}]$

- 2극 = 3,600 • 4극 = 1,800 • 6극 = 1,200 • 8극 = 900

로 암기해 놓으면 편함

2 동기 발전기의 구조, 냉각 방식 및 권선법

1 동기 발전기의 구조

가. 회전 전기자형과 회전 계자형

아래 그림 (a)에서와 같이 자극 N, S가 고정되어 있고 ① 전기자를 회전시키는 구조를 회전 전기자형이라 하고, 그 반대로 그림 (b)와 같이 전기자를 고정시키고 ② 자극을 돌리는 것을 회전 계자형이라 한다. 직류기나 유도기와 같이 용량이 적은 저전압의 발전기나 전동기는 회전 전기자형을 쓰고 용량이 큰 수차 발전기나 터빈 발전기 즉, 동기기는 회전 계자형을 쓴다. 이때 전자석을 만드는 계자 권선에 공급하는 직류 전원은 부하의 변동에 일정한 전압을 공급할 수 있는 분권 발전기나 평복권 발전기를 사용하며, 여자기(계자기)의 전압은 200~250[V]가 가장 많다.

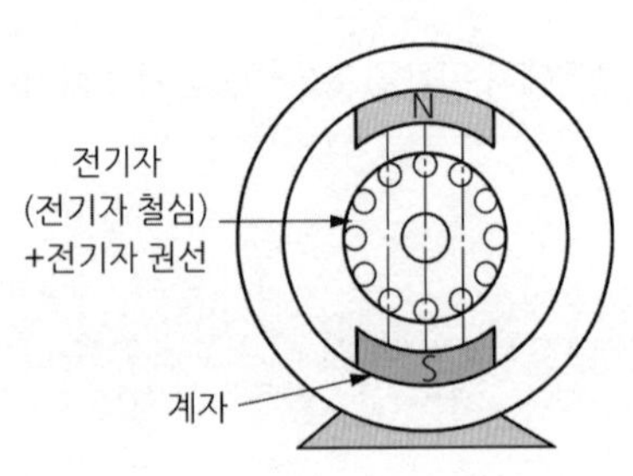

(a) [회전 전기자형]

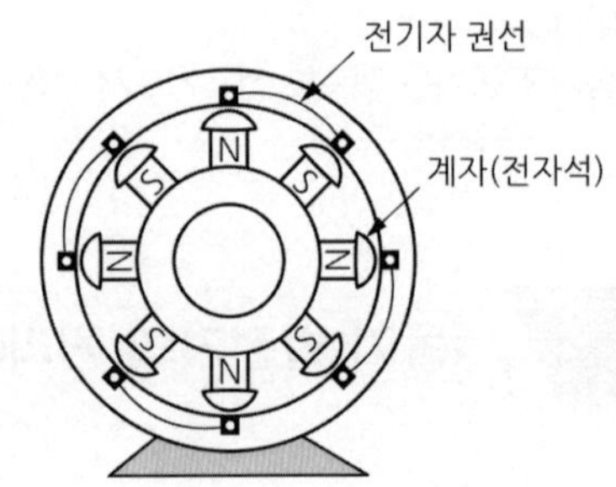

(b) [회전 계자형] = 수차 발전기 = 우산형 발전기

나. 회전 계자형을 사용하는 이유

① 기계적인 측면

㉠ 회전 시 계자가 더 튼튼하다.

㉡ 구조가 복잡한 전기자를 회전시키는 것보다 구조가 간단한 계자를 회전시키는 것이 유리하다.

② 회전 계자형에서 회전자 형태에 의한 분류(2023년 1회, 33번)

㉠ 돌극형(철극형)

- 회전자 모양이 울퉁불퉁하여 돌극형이라 한다.
- 공극이 넓고, 불균일하다(공극 : 자극과 전기자 철심간의 공간).
- 극수가 많다(6~60극).
- 수차 발전기와 같은 저속기에 이용

㉡ 비돌극형(원통형)
- 공극이 좁고, 균일하다.
- 극수가 적다(2~4극).
- 터빈 발전기(화력 발전소)와 같은 고속기에 이용

2 동기 발전기의 냉각 방식

동기 발전기는 냉각 매체로 수소 가스를 사용하고 있고, 다음과 같은 장점과 단점이 있다.

① 발전기의 효율이 약 0.75~1[%] 향상된다.
② 열 전도율이 크므로 공기로 냉각되는 기계에 비해 기계의 크기를 약 25[%] 적게 할 수 있다.
③ 수소는 공기보다 불활성이므로 코일의 절연 수명이 길게 된다.
④ 전폐형으로 시공하므로 불순물의 흡입이 없고 소음이 적다.
⑤ 수소와 공기의 혼합으로 폭발하는 것을 방지하기 위해 설비비가 많이 든다.

3 동기 발전기의 전기자 권선법

동기 발전기는 주로 회전 계자형이므로 고정자에 전기자 권선이 감겨 있고, 회전자가 계자이다. 전기자 및 계자 철심은 규소 강판을 성층하여 철손을 적게 한다. 기전력의 파형이 찌그러지지 않도록 권선 방식은 분포권과 단절권을 쓴다.(암기법 : 우리나라는 세계 유일의 분단국가이다.)

가. 전기자 권선법

① 발전기의 전기자 권선은 3상 Y 결선이다.
② 분포권 채용
㉠ 집중권 : 1극 1상당 슬롯 수가 한 개인 권선법(사용하지 않음)
㉡ 분포권 : 1극 1상당 슬롯 수가 2개 이상인 권선법으로 기전력의 파형이 좋아지고 전기자 동손에 의한 열을 골고루 분포시켜 과열을 방지하는 장점이 있다.
③ 단절권 채용
㉠ 전절권 : 코일의 간격을 자극의 간격과 같게 하는 것(사용하지 않음)
㉡ 단절권 : 코일의 간격을 자극의 간격보다 작게 하는 것으로 고조파 제거로 파형이 좋아지고 코일 단부가 단축되어 동량이 적게 드는 장점이 있다.
④ 유도 기전력을 정현파에 근접하게 하기 위하여 실제로는 분포권과 단절권을 혼합하여 쓴다.

⑤ 권선 계수 : 분포권 계수×단절권 계수

3 동기 발전기의 이론

1 유도 기전력

전기기기를 크게 나누면 ① 직류기, ② 교류기(동기기, 유도기, 변압기), ③ 정류기로 나눌 수 있는데 ② 항 교류기의 유도 기전력은 모두 같다.(변압기 145쪽, 유도기 164쪽)
페러데이의 전자유도법칙에 의한 실효값으로 다음과 같다.
$E = 4.44 f \phi N K_w$[V] (최신 핸드폰인 444폰으로 암기)

여기서, N : 1상의 권선 수
K_w = 권선 계수 (= 단절권 계수× 분포권 계수)

2 전기자 반작용

회전 기기에서는 필연적으로 생성되며, 발전기의 전기자 전류에 의해 생긴 자속이 주 자속에 영향을 주는 작용이다. 무부하일 경우는 전기자 전류가 흐르지 않으므로 전기자 반작용이 일어나지 않는다.(직류기 104 쪽 참조)

가. 교차 자화 작용(횡축 반작용)

동기 발전기에 저항 부하를 연결하면, 기전력과 전류가 동위상이 된다. 이때 전기자 전류에 의한 기자력과 주 자속이 직각이 되는 현상

나. 감자 작용(직축 반작용)

동기 발전기에 리액터 부하를 연결하면, 전류가 기전력보다 90° 늦은 위상이 된다.
전기자 전류에 의한 자속이 주 자속을 감소시키는 방향으로 작용하여 유도 기전력이 작아지는 현상(거의 모든 부하가 코일 성분인 리액터 부하)

다. 증자 작용(직축 반작용)

동기 발전기에 콘덴서 부하를 연결하면, 전류가 기전력보다 90° 앞선 위상이 된다. 전기자 전류에 의한 자속이 주 자속을 증가시키는 방향으로 작용하고, 유도 기전력이 증가하게 되는데, 이런 현상을 동기 발전기의 자기 여자 작용이라고도 한다.

라. 전기자 반작용

동기 발전기의 전기자 반작용은 동기 전동기와 반대이다.(동기 전동기 134 쪽 참조)

▼ **동기 발전기와 동기 전동기의 전기자 반작용**(2017년 1회, 25번)

조건	발전기	전동기
전압과 전류가 동위상(저항 부하)	교차 자화 작용(증자, 감자)	교차 자화 작용(증자, 감자)
전압보다 $\frac{\pi}{2}$ 뒤진 전류(리액터 부하)	감자 작용	증자 작용
전압보다 $\frac{\pi}{2}$ 앞선 전류(콘덴서 부하)	증자 작용	감자 작용

3 동기 발전기의 출력[P_s]

가. 동기 발전기 1상분의 출력 P_s는 다음과 같이 구해진다.

$$P_s = \frac{VE}{X_s}\sin\delta[\mathrm{W}] \quad (\delta : 델타)$$

여기서, X_s : 동기 리액턴스[Ω]

E : 유도 기전력[V]

V : 단자 전압[V]

δ : 부하 각

나. 3상 동기 발전기의 출력

$$P = \frac{3VE}{X_s}\sin\delta[\mathrm{W}]$$

다. 부하 각(δ)

① 동기 발전기는 내부 임피던스에 의해 유도 기전력(E)과 단자 전압(V)의 위상차가 생기게 되는데, 이 위상각 δ를 부하 각이라 한다.

② 비돌극형(원통형 = 터빈발전기)의 출력은 $\delta = 90°$에서 최대, 돌극형(철극형 = 수차발전기) $\delta = 60°$에서 출력이 최대이다.

4 동기 발전기의 특성

1 특성 곡선(직류기 109 쪽과 110 쪽 암기법 참조)

가. 무부하 포화 곡선

① 무부하 시에 유도 기전력(E)과 계자 전류(I_f)의 관계 곡선

② 전압이 낮은 부분에서는 유도 기전력이 계자 전류에 정비례하여 증가하지만, 전압이 높아짐에 따라 철심의 자기 포화 때문에 전압이 상승 비율은 매우 완만해진다.

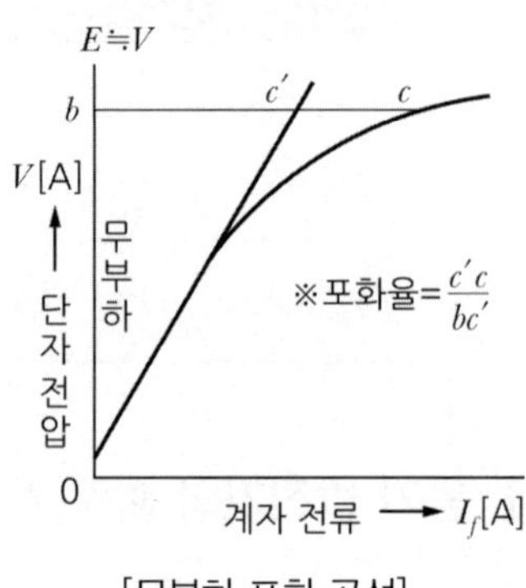

[무부하 포화 곡선]

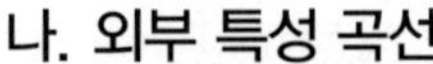
나. 외부 특성 곡선

동기 발전기에 부하를 접속하여 부하 전류를 흐르게 하고, 계자 전류 I_f 를 일정하게 유지하면서 부하를 R, L, C로 바꾸어 가면서 변화 시켰을 때 단자 전압 V와 부하 전류 I와의 관계를 나타낸 곡선이다. 아래 그림에서 ①은 지상 역률이 되는 유도성 부하(L)를 증가 시킬 때 ② 는 저항 부하(R)가 증가될 때 ③은 용량성 부하(C)를 증가 시킬 때의 외부 특성 곡선이다.

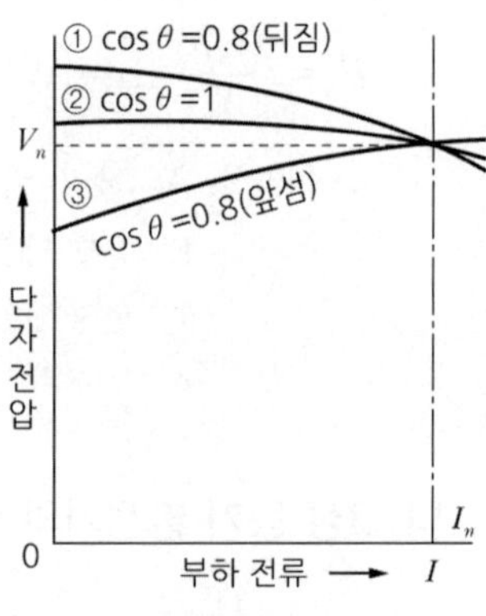

[외부 특성 곡선]

다. 3상 단락 곡선(2020년 3회, 31번)

① 동기 발전기가 사고가 났을 경우에 대비한 특성 곡선으로 동기 발전기의 모든 단자를 단락시키고 정격 속도로 운전할 때 계자 전류와 단락 전류와의 관계 곡선

② 거의 직선으로 상승하다가 2-3cycle 후 전기자 반작용 중 감자작용에 의해 단락 전류의 크기를 줄인다.

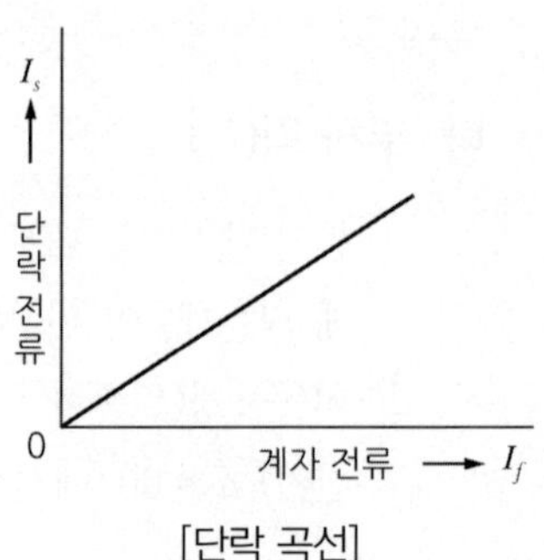

[단락 곡선]

2 단락비(2017년 1회, 39번)

단락비의 크기는 기계의 특성을 나타내는 표준이다.

가. 무부하 포화 곡선 시험과 3상 단락 시험(2018년 4회, 26번)

무부하 포화 곡선 시험과 3상 단락 곡선 시험에서 단락비 K_s는 다음과 같이 표시된다.

$$K_s = \frac{\text{무부하에서 정격 전압을 유지하는 데 필요한 계자 전류}(I_{fs})}{\text{정격전류와 같은 단락전류를 흘려주는데 필요한 계자 전류}(I_{fn})} = \frac{100}{\%Z_s}$$

여기서, $\%Z_s$는 % 동기 임피던스 $\therefore \%Z_s = \frac{100}{\text{단락비}}$으로도 표시

나. 단락비에 따른 발전기의 특징(2017년 1회, 33번) 암기법 : 철수네집

단락비가 큰 동기기(철 기계, 수차 발전기)	단락비가 작은 동기기(동 기계, 터빈 발전기)
전기자 반작용이 작고, 전압 변동률이 작다.	전기자 반작용이 크고, 전압 변동률이 크다.
공극이 크고 과부하 내량이 크다.	공극이 좁고, 안정고가 낮다.
기계의 중량이 무겁고 효율이 낮다.	기계의 중량이 가볍고 효율이 좋다.
동기 임피던스가 작다.	동기 임피던스가 크다.
단락 전류가 크다.	단락 전류가 작다.

3 전압 변동률(직류기 123쪽 참조)

- 발전기 정격 부하일 때의 전압(V_n)과 무부하일 때의 전압(V_o)이 변동하는 비율

$$\varepsilon = \frac{V_0 - V_n}{V_n} \times 100\,[\%]$$

- % 저항 강하 p이고, % 리액턴스 강하가 q일 때

$$\varepsilon = p\cos\theta + q\sin\theta$$

5 동기 발전기의 병렬 운전

- 동기 발전기를 병렬 운전하는 이유는 발전기 1대가 낼 수 있는 출력의 한계가 있기 때문에 출력을 높이기 위해 사용한다.
- 전압은 일정하되 전류가 커지게 되어 용량이 증대된다. 즉, 건전지를 병렬로 연결하는 것과 같다.
- 우리나라 발전소의 각 발전기들은 모두 병렬로 연결되어 있다.

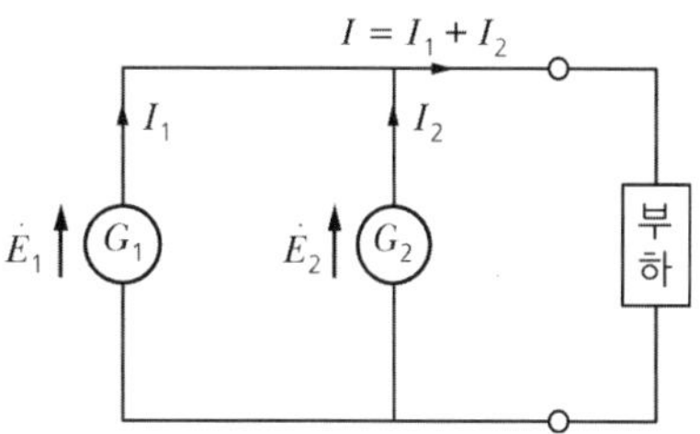

1 동기 발전기의 병렬 운전의 조건(2019년 4회, 25번)

가. 기전력의 (위)상이 같을 것

다를 경우 동기화(위상을 같게)시키고자 하는 동기화 전류, 즉, 유효 순환 전류(유효 횡류)가 흐른다.(2023년 2회, 31번)

나. 기전력의 (크)기가 같을 것

① 다를 경우(2019년 3회, 30번)
   ㉠ 무효 순환 전류(무효 횡류)가 흐른다.
   ㉡ 권선이 가열 된다.
   ㉢ 고압 측에 감자작용이 생긴다.

② 대책 : 여자 전류를 조정한다.

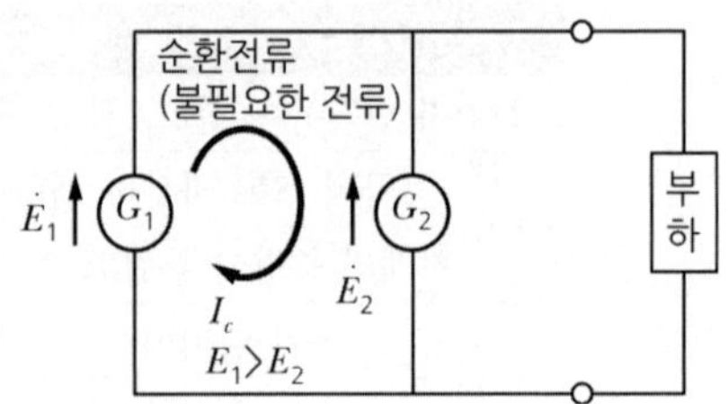

Memo

다음과 같이 암기하면 쉽다.

1) (윙크상)이 (추파)를 보내면서 2) (용부림) 친다.

1)은 같아야 하는 것 2)는 달라도 되는 것

다. (상) 회전 방향이 같을 것

병렬 운전하는 두 발전기의 상 회전 방향이 같다면 동기 검정기 $L_1, L_2\ L_3$ 등은 점등되지 않는다.

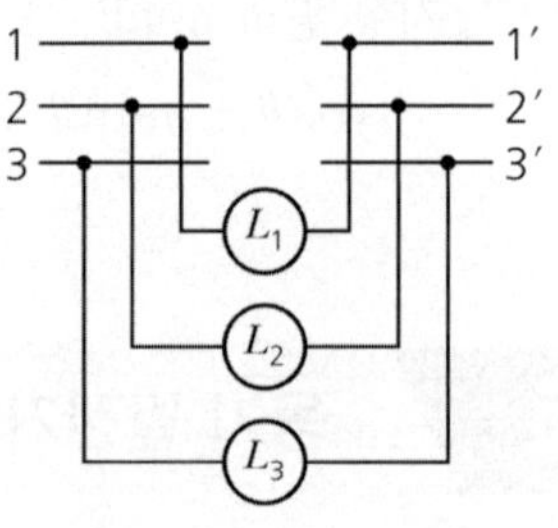

라. 기전력의 (주)파수가 같을 것(2019년 4회, 35번)

① 다를 경우 무효 순환 전류(무효 횡류)가 흐른다.

② 출력이 요동치고 권선이 가열된다.

마. 기전력의 (파)형이 같을 것

다를 경우 고조파 순환 전류가 흐른다.

2 병렬 운전 조건에 달라도 되는 것

① 동기 발전기의 용량(2023년 1회, 30번)
② 부하 전류
③ 각 동기 발전기의 내부 임피던스

3 난조의 발생과 대책

가. 난조

부하가 갑자기 변하면 속도 재조정을 위한 진동이 발생하게 된다. 일반적으로는 그 진폭이 점점 적어지나, 진동 주기가 동기기의 고유 진동에 가까워지면 공진 작용으로 진동이 계속 증대하는 현상. 이런 현상의 정도가 심해지면 동기 운전을 벗어나게 되는데, 이것을 동기 이탈(탈조)이라 한다.

나. 발생하는 원인

① 조속기의 감도가 지나치게 예민한 경우(조속기 : 속도 조절기로 물이 내려오는 수압관로의 끝과 수차의 측에 연결되어 있다)
② 원동기에 고조파 토크가 포함된 경우
③ 부하가 급격하게 변화하는 경우
④ 계자에 고조파 등이 포함된 경우

다. 난조 방지법

① 발전기 계자에 제동 권선을 설치한다(가장 좋은 방법). → 난조에 의해 등기 속도를 벗어난 경우 제동 권선에 의한 토크가 발생 → 속도를 늦추어 준다.
② 원동기의 조속기가 너무 예민하지 않도록 한다.
③ 송전 계통을 연계하여 부하의 급변을 피한다.
④ 회전자에 플라이 휠 효과를 준다.

4 안전도 향상(2020년 3회, 25번)

① 속응 여자 방식을 채용한다.
② 동기 탈조 계전기를 사용한다.
③ 동기화 리액턴스를 적게 한다.
④ 회전자의 플라이 휠 효과를 크게 한다.

6 3상 동기 전동기 원리

1 회전 원리

가. 기동 원리

동기 전동기는 무부하에서 부하 각 $\delta=0$이므로 기동 토크가 없어 회전하지 못한다. 그러므로 동기 전동기는 ① 유도 전동기나 직류 전동기를 직결하여 기동하거나, ② 고정자 권선 끝 부분에 기동 권선을 설치하여 유도 자기장에 의해 기동시킨다. ③ 저주파 기동법도 있다.

나. 회전 자기장

일단 회전을 하게 되면 고정자 철심에 감겨 있는 3개 조의 권선에 3상 교류를 가해 줌으로써 전기의 힘으로 회전하는 회전 자기장을 만들 수 있다.

2 회전 속도 N

$$N = N_S = \frac{120f}{P}\,[\text{rpm}]$$, N_s : 동기 속도

3 전기자 반작용

동기 전동기의 전기자 반작용은 발전기와 반대이다.(동기 발전기 129 쪽 참조)

▼ **동기 발전기와 동기 전동기의 전기자 반작용**(2019년 3회, 31번)

조건	발전기	전동기
전압과 전류가 동위상	교차 자화 작용	교차 자화 작용
전압보다 $\frac{\pi}{2}$ 뒤진 전류(리액터 부하)	감자 작용	증자 작용
전압보다 $\frac{\pi}{2}$ 앞선 전류(콘덴서 부하)	증자 작용	감자 작용

7 동기 전동기의 이론

1 동기 조상기(=위상을 조절하는 기기=동기 전동기=무효전력 보상장치)

전력 계통의 전압 조정과 역률 개선을 하기 위해 전력 계통에 접속한 무부하의 동기 전동기를 말한다.

가. 부족 여자로 운전

지상 무효 전류가 증가하여 리액터(코일)의 역할로 자기 여자에 의한 전압 상승을 방지

- 지상 무효 전류 : 전압보다 위상이 늦은 무효 전류

나. 과 여자로 운전(2023년 1회, 34번)

진상 무효 전류가 증가하여 콘덴서 역할로 역률을 개선하고 전압 강하를 감소시킨다.(일반적으로 부하 측은 리액터 성분이므로 전압보다 늦은 전류이므로 이를 개선하기 위해 동기 조상기는 콘덴서의 역할을 함)

- 진상 무효 전류 : 전압보다 위상이 빠른 무효 전류

다. 동기 전동기의 위상 특성 곡선=동기 조상기의 V 곡선(2023년 1회, 29번)

무부하의 동기 전동기에서 단자 전압을 일정하게 하고, 회전자의 계자(여자) 전류를 변화시켰을 때 전기자 전류의 변화를 나타낸 곡선. 위상을 마음대로 조절할 수 있는 특성을 이용하여 송배전 변전소의 전력 계통에서 동기 조상기로 사용한다.

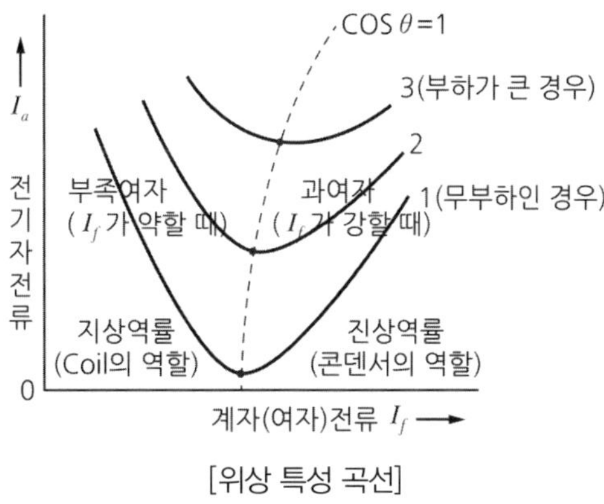

[위상 특성 곡선]

① **여자 전류(I_f)가 약할 때** : 부족 여자=I가 V보다 뒤짐(지상 역률)=리액터(코일) 역할을 한다.

② **여자 전류가 강할 때** : 과여자=I가 V보다 앞섬(진상 역률)=콘덴서 역할을 한다.

③ **여자가 적합할 때($\cos\theta = 1$ 인 지점)** : I와 V가 동위상이 되어 역률이 100%이다.

8 동기 전동기의 운전

1 동기 전동기의 기동 특성

가. 기동

기동 시 고정자 권선의 회전 자기장은 동기 속도 N_s로 회전하고, 정지되어 있는 회전자는 관성이 커서 바로 반응하지 못하기 때문에 기동 토크가 발생되지 않아 회전하지 못하게 된다. 그러므로 아래의 기동법을 이용하여 기동한다.

나. 기동법

① **자기 기동법** : 회전자 자극 표면에 권선을 감아 만든 기동용 권선(제동 권선)을 이용하여 기동하는 것(2020년 1회, 37번)

② **타 기동법** : 유도 전동기나 직류 전동기로 동기 속도까지 회전시켜 주 전원에 투입하는 방식으로 유도 전동기를 사용할 경우 동기 전동기의 극수보다 2극 적은 것을 사용한다.(2019년 4회, 32번)

③ **저주파 기동법** : 낮은 주파수에서 시동하여 서서히 높여가면서 동기 속도가 되면, 주 전원에 동기 투입하는 방식

2 동기 전동기 운전 특성

① 전동기에 부하가 있는 경우, 회전자가 뒤쪽으로 밀리면서 회전 자기장과 각도를 유지하면서 회전을 계속하는데, 이 각도를 부하 각 δ라 한다.(δ=델타)

② 부하가 증가하면, 부하 각 δ도 커지게 되며, $\frac{\pi}{2}$ [rad] 에서 최대 토크 T_m이 발생되어 회전자가 정지하게 되는데, 이를 동기 이탈이라고 한다.

3 동기 전동기의 난조

① 전동기의 부하가 급격하게 변동하면, 동기 속도로 주변에서 회전자가 진동하는 현상이다. 난조가 심하면 전원이 동기를 벗어나 정지하기도 한다.

② **방지책** : 회전자 자극 표면에 홈을 파고 도체를 넣어 도체 양 끝에 2개의 단락 고리로 접속한 제동 권선을 설치한다. 제동 권선은 기동용 권선으로 이용되기도 한다.

9 동기 전동기의 특징 및 용도

1 동기 전동기의 장점

① 부하의 변화에 속도가 불변이다.

② 무부하시 역률을 임의적으로 조종할 수 있다. (=동기 조상기)

③ 공극이 넓으므로 기계적으로 견고하다.

④ 공급 전압의 변화에 대한 토크 변화가 작다.

⑤ 전 부하 시에 효율이 양호하다.

> 시험에 잘 나오는 각종 전동기의 토크
>
> ① 직류 전동기 $T=\dfrac{PZI_a\phi}{2\pi a}$[N · m]
>
> ② 동기 전동기 $T \propto V$
>
> ③ 유도 전동기 $T \propto V^2$
>
> ④ 공통 $T=0.975\dfrac{P}{N}$[kg · m]
>
> $T=9.55\dfrac{P}{N}$[N · m]

2 동기 전동기의 단점(2019년 4회, 34번)

① 여자를 필요로 하므로 직류 전원 장치가 필요하고, 가격이 비싸다.

② 취급이 복잡하다.(기동 시)

③ 난조가 발생하기 쉽다.

④ 토크 $T \propto V$ 하므로 힘이 약하다. 유도 전동기의 토크 $T \propto V^2$이므로 산업현장에서는 토크가 큰 유도 전동기를 사용한다.

3 용도

가. 저속도 대용량 동기 전동기(2017년 2회, 28번)

① 시멘트 공장의 분쇄기　② 송풍기

③ 각종 압축기　④ 동기 조상기

나. 소용량 동기 전동기

① 전기 시계　② 전송 사진

CHAPTER

Craftsman Electricity

03 변압기

개 요

- 변압기는 패러데이의 전자유도 법칙을 응용한, 전압을 변환하는 정지 기기이다.
- 전압을 높게 하면, 대 전력을 송전하기에 유리하며, 손실이 낮아지며 경제적이다.
- 발전된 전력을 높은 전압으로 승압하여 송전하고, 송전된 전력은 변전소에서 다시 전압을 낮추어 각 수용가에 배전되며, 주상 변압기에서 다시 전압을 낮추어 가정에 공급된다.
- 우리나라는 감극성 변압기를 이용한다.

1 변압기의 원리

1 이상적 변압기의 전자유도 작용

가. 전자유도 작용(2019년 3회, 29번)

권선 저항이나 누설 자속을 고려하지 않은 변압기를 이상 변압기라 하며, 1차 권선(n_1)에 교류 전압을 공급하면 자속(ϕ_1)이 발생하여 철심을 지나 2차 권선(n_2)에 쇄교할 때 렌쯔의 반작용 법칙에 의해 ϕ_1의 흐름에 반대하는 ϕ_2가 생기고 이에 I_2가 흐른다(감극성).

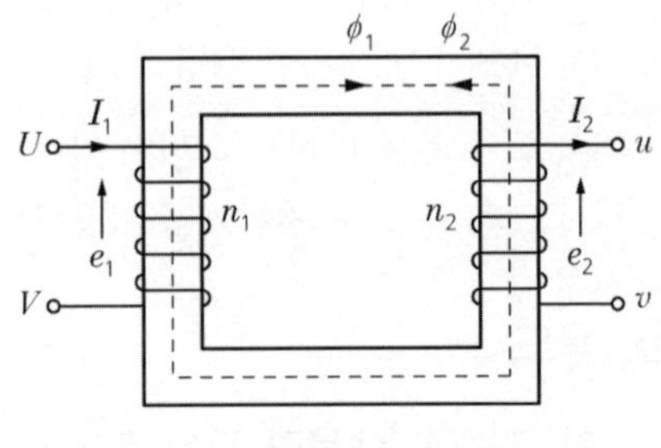

[이상 변압기]

나. 1차 측과 2차 측

전원 측을 1차 측이라 하고, 부하가 걸리는 측을 2차 측이라 하는데, 변압기는 권선 수에 따라서 2차 측의 전압을 변화시키는 기기(전류도 변한다)로서 전력이나 주파수는 변하지 않는다.

다. 이상적 변압기에 부하를 연결한 경우

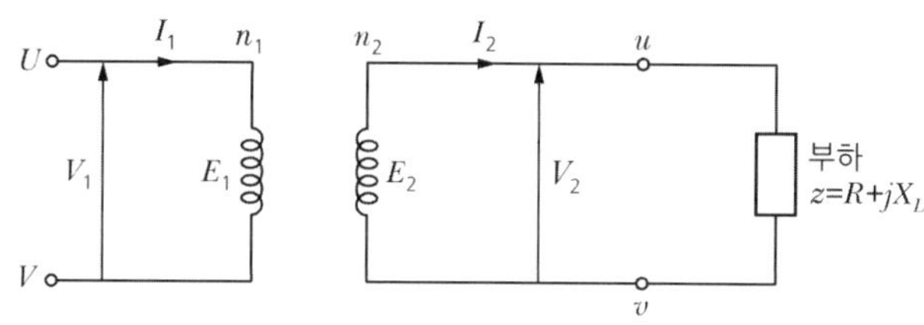

[이상 변압기에 부하를 연결한 경우]

2 실제적 변압기

① 권선의 저항, 누설 리액턴스, 철손 등을 고려한 변압기이다.

② 다음 그림은 실제적 변압기의 모형이다.

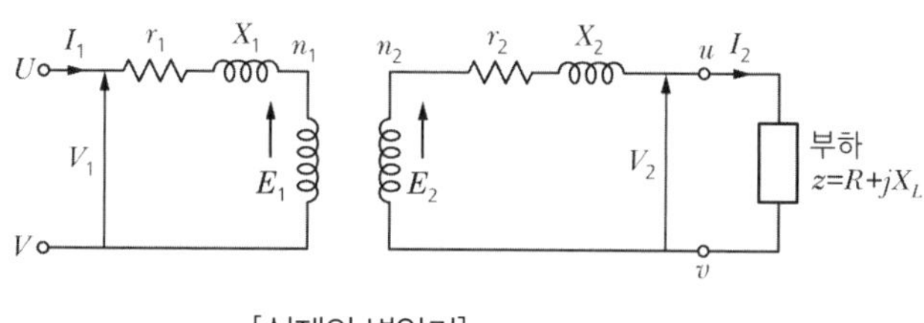

[실제의 변압기]

여기서, r_1 : 1차 권선의 저항 / r_2 : 2차 권선의 저항

x_1 : 1차 측 누설 리액턴스 / x_2 : 2차 측 누설 리액턴스

1차 측 누설 임피던스 $z_1 = r_1 + jx_1[\Omega]$ / 2차 측 누설 임피던스 $z_2 = r_2 + jx_2[\Omega]$

3 변압기의 정격, 권수비

가. 변압기의 정격

변압기의 정격은 2차 측을 기준으로 하며 단위는 [kVA], [VA]이다.

※ 발전기나 전동기의 정격은 [kW], [W]이다.

나. 권수비(2017년 2회, 33번)

$$권수비\ a = \frac{N_1}{N_2} = \frac{V_1}{V_2} = \sqrt{\frac{Z_1}{Z_2}} = \frac{I_2}{I_1}$$

① 2차 측을 1차 측으로 환산하려면 전압은 a배, 전류는 $\frac{1}{a}$배, 임피던스는 a^2하고

② 1차 측을 2차 측으로 환산하려면 전압은 $\frac{1}{a}$배, 전류는 a배, 임피던스는 $\frac{1}{a^2}$한다.

2 변압기의 구조

1 자기 회로인 규소 강판을 성층한 철심에 전기 회로인 2개의 권선이 서로 쇄교된 구조로 되어 있다. 규소 강판은 철손 중 히스테리시스 손을 감소시키고, 성층은 철손 중 와류 손(=맴돌이 손)을 감소시킨다.

2 변압기의 형식

① **내철형** : 철심이 안쪽에 있고, 권선은 양쪽의 철심 각에 감겨져 있는 구조

② **외철형** : 권선이 철심의 안쪽에 감겨져 있고, 권선은 철심이 둘러싸고 있는 구조

③ **권철심형** : 규소 강판을 성층하지 않고, 권선 주위에 방향성 규소 강대를 나선형으로 감아서 만드는 구조(주상 변압기에 사용)

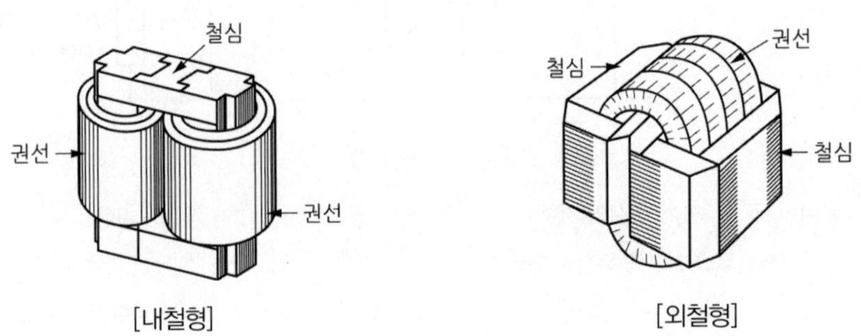

[내철형] [외철형]

3 변압기의 재료

가. 철심(2017년 3회, 26번)

철손을 작게 하기 위해 규소 함량 3~4[%], 두께 0.35[mm]의 규소 강판을 성층하여 사용한다.

나. 도체

권선의 도체는 동선에 면사, 종이테이프, 유리 섬유 등으로 피복한 것을 사용

다. 절연

① 변압기의 절연은 철심과 권선 사이의 절연, 권선 상호간의 절연, 권선의 층간 절연으로 구분된다.

② 절연체는 절연물의 최소 허용온도로 분류된다.

▼ **전기 기기에 사용하는 절연 재료의 종류와 최고 허용 온도(외부 온도 포함)**

종별	최고 허용 온도[℃]	주요 절연 재료	주요 용도
Y 종	90)15	목면, 견, 종이, 목재	저 전압 기기
A 종	105)15	Y종 재료에 니스 함침 또는 기름에 함침한 것	변압기 등 보통의 기기
E 종	120)10	에폭시, 폴리에스테르계 수지	보통 또는 대용량 기기
B 종	130)25	마이카, 석면, 유리섬유를 접착제와 같이 사용한 것(몰드 변압기)	고전압 기기, 건식 변압기
F 종	155)25	마이카, 석면, 유리섬유를 실리콘 수지 등의 접착제와 같이 사용한 것	고전압 기기, 건식 변압기
H 종	180	석면, 유리 섬유, 실리콘 고무,	H종 건식 변압기
C 종	180 초과	마이카, 도자기, 유리 등을 단독 사용한 것	특수 기기

[절연물의 최고 허용 온도]는 "야! 에비 FHC"로 암기한다. 온도 간격 15,15,10,25,25

③ 유입 변압기로 많이 사용되는 목면, 명주, 종이 등의 절연 재료는 내열 등급 A종으로 분류되며 최고 허용 온도는 105[℃]이다.

④ 고층 아파트나 공장 지하의 주 변전실에 있는 변압기는 기름이 들어 있지 않음에도 130[℃]까지 견디는 건식 B종 변압기(몰드 변압기)이다.(2019년 3회, 42번)

4 변압기 권선법

우리나라는 감극성 변압기를 사용한다.

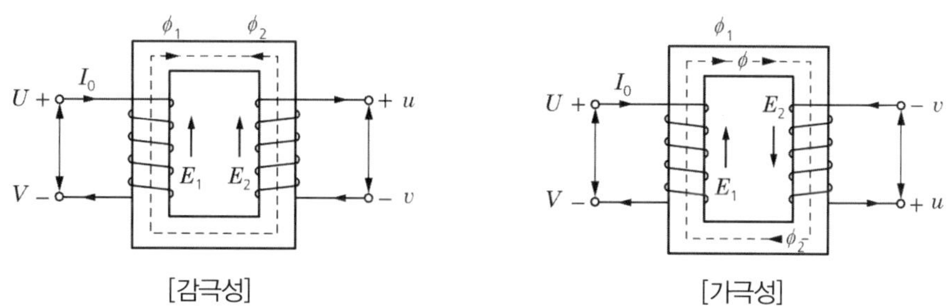

[감극성] [가극성]

가. 직권

철심에 절연을 하고 저압 권선을 감고 절연을 한 다음, 고압 권선을 감는 방법으로 철심과 권선 사이, 권선과 권선 사이의 공극이 적어서 특성이 좋지만, 중 · 대용량 기에서는 권선의 절연 처리와 제작이 어려워 소형기에서만 주로 사용된다.

나. 형권(2020년 4회, 23번)

목제 권형 또는 절연통에 코일을 감아서 절연한 다음 철심과 조립하는 형태로 중형 및 대형 변압기에 사용한다.

5 부싱

가. 부싱

변압기 등, 전기 기기의 내부의 선을 외함에서 끌어 내는 절연 단자이다.

나. 종류

절연 처리의 방법에 따라 단일형 부싱, 컴파운드 부싱, 유입 부싱, 콘덴서 부싱 등으로 분류되고, 컴파운드 부싱은 80[kV] 이하의 주상 변압기, 계기용 변압기(MOF)에 주로 쓰인다.

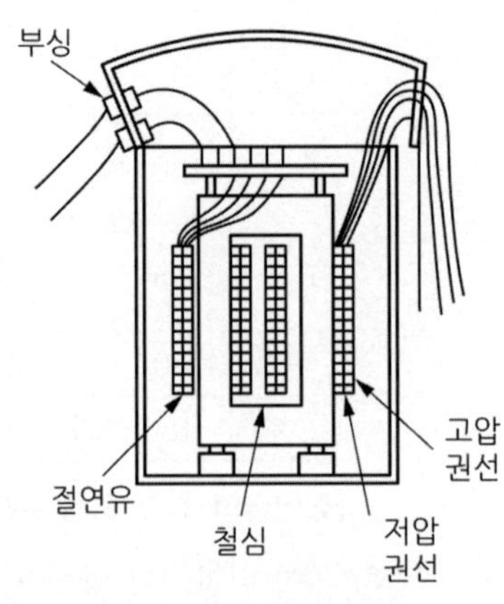

[주상 변압기의 부싱]

3 변압기 유

1 변압기 유의 사용 목적

가. 온도 상승

변압기에 부하 전류가 흐르면 변압기 내부에는 철손과 동손에 의해 변압기의 온도가 상승하여 내부에 절연물을 변질시킬 우려가 있다.

나. 목적

변압기 권선의 절연과 냉각 작용을 위해 사용한다.

2 변압기 유의 구비 조건(2019년 4회, 38번)

① 절연 내력이 클 것. – 12[kV/mm](공기는 3[kV/mm]임)

② 비열이 커서 냉각 효과가 클 것(비열 : 열을 잘 전달함)

③ 인화점이 높고
④ 응고점이 낮을 것
⑤ 열팽창 계수가 작을 것
⑥ 증발 감량이 작을 것
⑦ 고온에서도 산화하지 않을 것
⑧ 절연 재료와 화학 작용을 일으키지 않을 것
⑨ 점도가 낮을 것(끈적끈적하지 않을 것)

3 변압기 유의 열화 방지 대책(2020년 2회, 33번)

가. 변압기 유의 열화

변압기 유가 공기 중의 산소와 만나 산화 작용을 일으키는 것

나. 브리더

변압기의 호흡 작용이 질소 가스를 봉입한 브리더를 통해서 이루어지도록 하여 공기 중의 습기를 흡수한다(유입되는 습기를 1차 제거).

※ 과자 봉지에도 습기 제거를 위해 질소 가스를 넣고 있음

다. 콘서베이터

공기가 변압기 외함 속으로 들어갈 수 없게 하여 기름의 열화를 방지한다. 특히 콘서베이터 유면 위에 공기와의 접촉을 막기 위해 질소로 봉입한다.(유입되는 습기 2차 제거)

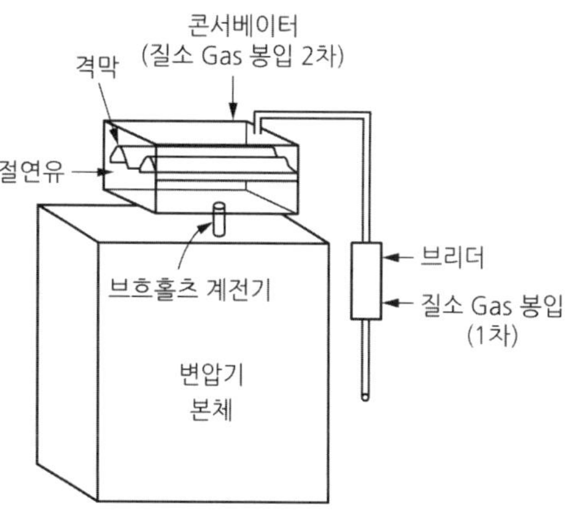

[질소 봉입 방식의 콘서베이터]

라. 브흐홀츠 계전기(변압기 내부에 설치)

변압기 내부 고장으로 인한 절연유의 온도 상승 시 발생하는 유증기를 검출하여 경보 및 차단하기 위한 계전기로 변압기 기름 탱크와 콘서베이터 사이의 파이프에 설치한다.(2023년 1회, 31번)

마. 차동 계전기(비율 차동 계전기) : 변압기 외부에 설치(전기설비 301 쪽 기출문제 1번)

① 변압기 내부 고장 발생 시 1, 2차 측에 설치한 CT(계기용 변류기)의 2차 측의 억제 코일에 흐르는 전류 차가 일정 비율 이상이 되었을 때 계전기가 동작하는 방식

② 주로 발전기, 변압기, 모선 보호용

③ 소용량 변압기 단락 보호용은 과전류 계전기(OCR)(2018년 3회, 33번)

바. 변압기의 온도 시험('반등심'으로 암기)

①실부하법 : 실제 부하를 걸어서 시험하는 방법으로 전력 손실이 크기 때문에 소용량에 적용(2018년 4회, 23번)

②반환 부하법 : 현재 가장 많이 사용(=홉킨스 시험법)

③등가 부하법

4 변압기의 냉각 방식

가. 건식 자냉식(AN) : 22[KV] 이하 소용량 배전용 변압기

철심 및 권선을 공기에 의해서 냉각하는 방식

나. 건식 풍냉식(AF) : 22[KV] 이하 소용량 배전용 변압기

건식 자냉식 변압기를 송풍기 등으로 강제 냉각하는 방식

다. 유입 자냉식(ONAN) : 소형~대형 변압기

변압기 외함 속에 절연유를 넣어 발생한 열을 기름의 대류 작용으로 외함 및 방열기에 전달되어 대기로 발산시키는 방식

라. 유입 풍냉식(ONAF) : 유입 자냉식보다 용량을 20~30[%] 증가 가능, 대용량 변압기

유입 자냉식 변압기의 방열기를 설치함으로서 냉각 효과를 더욱 증가시키는 방식

마. 유입 수냉식(ONWN) : 대용량 변압기

기름도 넣어주고 물도 순환시킴(자동차 엔진 냉각방식과 같음)

바. 유입 송유식(ONOF)

변압기 외함 내에 들어 있는 기름을 펌프를 이용하여 외부에 있는 냉각 장치로 보내서 냉각시켜서 다시 내부로 공급하는 방식, 대용량 변압기에 사용 효과가 크기 때문에 60[MVA] 이상 대용량 변압기에 사용

4 변압기의 이론

1 유도 기전력(128쪽 동기 발전기의 유도 기전력, 164쪽 유도전동기의 유도기전력과 같음)

가. 1차 측 유도 기전력(2020년 1회, 25번)

$E_1 = 4.44 f \phi_m N_1$ [V]

(최신 핸드폰인 '444폰'으로 암기)

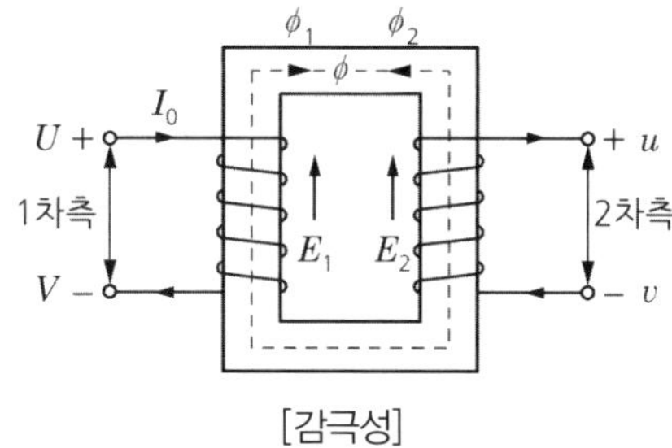

[감극성]

나. 2차 측 유도 기전력

$E_2 = 4.44 f \phi_m N_2$ [V]

여기서, f : 주파수[Hz]　　N : 권수[T]　　ϕ_m : 최대 자속[Wb]

2 최대 자속 밀도

$$B_m = \frac{\text{최대 자속}}{\text{단면적}} = \frac{\phi_m}{A} \text{ [Wb/m}^2\text{]}$$

3 인덕턴스(58쪽, 패러데이의 전자유도법칙)

$$L = \frac{N\phi}{I} \left(= \frac{N \cdot \frac{F}{R_m}}{I} = \frac{N \cdot \frac{N \cdot I}{R_m}}{I} = \frac{N^2}{R_m}\right) = \frac{\mu A N^2}{l} = \frac{\mu_o \mu_s A N^2}{l} = \frac{4\pi \times 10^{-7} \cdot \mu_s A N^2}{l} \text{[H]}$$

여기서, F : 기자력[AT] = N · I　　R_m : 자기저항, 리렉턴스[AT/Wb]

μ : 투자율[H/m] = $\mu_o \mu_s$　　l : 권선이 감긴 물체의 길이[m]

μ_o : 진공 중의 투자율 = $4\pi \times 10^{-7} = 1.25 \times 10^{-6}$[H/m] → 44쪽

4 등가 회로

실제 변압기의 회로는 독립된 2개의 전기 회로가 하나의 자기 회로로 결합되어 있지만, 전자 유도작용에 의하여 1차 쪽의 전력이 2차 쪽으로 전달되므로 변압기 회로를 하나의 전기 회로로 변환시키면 회로가 간단해지며 전기적 특성을 알아보는 데 편리하다.

가. 권선 저항 측정

권선의 저항을 구하기 위해 측정한다.

나. 단락 시험(2020년 3회, 21번)

변압기 2차 측을 단락(short)함으로써 ① 임피던스 전압(변압기 내부 전압 강하), ② %Z, ③ 동손(임피던스 와트)을 구할 수 있다.

다. 개방 시험

변압기 2차 부하 측을 개방한 시험으로 무부하 시험이라고도 하며 ① 무부하 전류(여자 전류 I_0), ② 철손(히스테리시스 손+와류 손), ③ 여자 어드미턴스(Y_0)를 구할 수 있다.

라. 1차 측에서 본 간이 등가 회로(2020년 3회, 27번)

① 2차 측의 전압, 전류 및 임피던스를 1차 측으로 환산하여 등가 회로를 만들 수 있다.

② 실제 변압기에서 1차 임피던스에 의한 전압 강하가 매우 작고, 여자 전류도 작으므로, 여자 어드미턴스(Y_0)를 전원 쪽으로 옮겨서 계산하여도 오차가 거의 없으므로, 변압기 특성을 계산하는 데 많이 사용한다.

③ **여자 전류 I_0와 여자 어드미턴스 Y_0**(2019년 3회, 28번)

2차 단자를 개방한 상태에서 즉, 부하를 걸지 않은 상태에서 교류 전압을 걸어주면 ① 변압기 내부의 철손에 의한 전류(I_i)와 ② 자속을 유지하려고 하는 전류 I_ϕ가 흐르는데 이때 I_i 와 I_ϕ의 합을 여자 전류 I_0라 하고 제 3고조파가 많이 포함되어 있다. 이때의 임피던스를 여자 어드미턴스(Y_0)로 표시한다.

$I_0 = I_\phi + I_i$

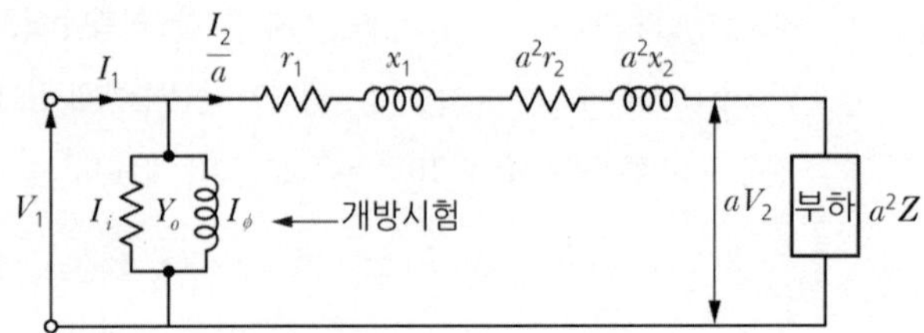

[2차를 1차로 환산한 변압기 등가회로]

마. 2차 측에서 본 간이 등가 회로

1차 측을 2차 측으로 환산하여 등가 회로를 만들 수 있다.

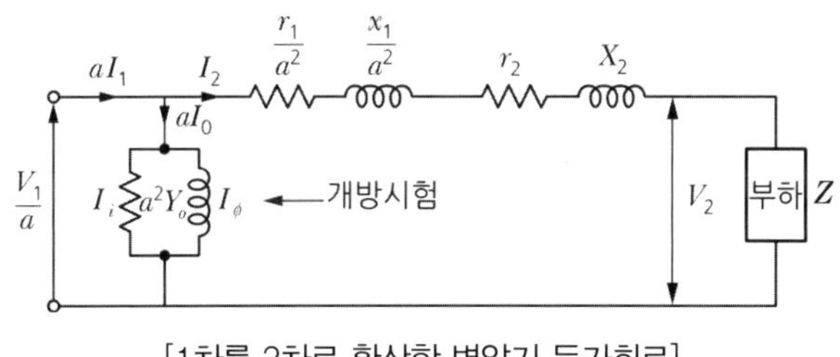

[1차를 2차로 환산한 변압기 등가회로]

5 변압기의 특성

1 전압 변동률(2차측 기준)

$$\varepsilon = \frac{V_{2o} - V_{2n}}{V_{2n}} \times 100(\%)$$

여기서, V_{2o} : 무부하 2차 전압

V_{2n} : 정격 2차 전압

2 전압 변동률 계산(2019년 3회, 32번)

$$\varepsilon = p\cos\theta + q\sin\theta [\%]$$

가. %저항 강하(p)

정격 전류가 흐를 때 권선 저항(r)에 의한 전압 강하의 비율을 퍼센트로 나타낸 것

나. %리액턴스 강하(q)

정격 전류가 흐를 때 리액턴스(X)에 의한 전압 강하의 비율을 퍼센트로 나타낸 것

다. 최대 전압 변동률

$$\varepsilon_{\max} = \sqrt{p^2 + q^2} = \%Z$$

라. 최대 전압 변동률을 발생하는 역률

$$\cos\theta_{max} = \frac{p}{\sqrt{p^2+q^2}}$$

Memo

$\cos^2\theta + \sin^2\theta = 1$ 에서
① $\cos\theta = 1$이면 $\sin\theta = 0$
② $\cos\theta = 0.8$이면 $\sin\theta = 0.6$
③ $\cos\theta = 0.6$이면 $\sin\theta = 0.8$
④ $\cos\theta = 0$이면 $\sin\theta = 1$

3 임피던스 전압, 임피던스 와트

가. 임피던스 전압(V_s)

변압기 2차 측을 단락한 상태에서 1차 측에 정격 전류(I_{1n})가 흐르도록 1차 측에 인가하는 전압. 정격 전류에 의한 변압기 내부 전압 강하이다.

나. 임피던스 와트(P_s)

동손을 말하며 2차 측을 단락하였을 때 1차 측에 정격 전류가 흐르게 하기 위한 1차 측의 유효 전력을 말한다.

4 변압기의 손실

가. 무부하 손(철손)

① 거의 철손으로 되어 있다.
철손=히스테리시스 손+맴돌이 전류 손
$P_i = P_h + P_e$

② 무부하 시험으로 측정

㉠ 히스테리시스 손
철손의 약 80[%]를 차지하는 것으로 이것을 줄이기 위해 철심에 규소를 약 4% 넣은 규소강판을 사용한다.
$P_h = k_h f B_m^{1.6}$ [W/kg]

㉡ 맴돌이 전류 손

와류 손이라고도 하며 이것을 줄이기 위해 약 0.35[mm]의 규소 강판을 성층한다.

$P_e = k_e (t f B_m)^2$ [W/kg]

여기서, B_m : 최대 자속 밀도 t : 강판 두께

f : 주파수 k_h, k_e : 상수

③ **철손과 주파수**(2019년 3회, 36번)

전압이 일정시 주파수가 낮아지면 철손은 증가, 주파수가 높아지면 철손은 감소

나. 부하 손(구리 손)

① 거의 대부분이 동손(전선의 저항 손)으로 되어 있다.

② 단락 시험으로 측정

$P_c = (r_1 + a^2 r^2) I_1^2$ [W]

5 효율

가. 규약 효율 = $\frac{출력}{입력}$, $\eta = \frac{출력[kW]}{출력[kW] + 손실[kW]} \times 100[\%]$ (2023년 1회, 35번)

① 2차측을 기준으로 한다.

②

③ 발전기의 규약 효율과 식이 같다.(전기기기 123 쪽 직류기의 효율 및 암기법 참조)

나. 전 부하 효율

$$\eta = \frac{P}{P + P_i + P_c} \times 100[\%] = \frac{V_{2n} I_{2n} \cos\theta}{V_{2n} I_{2n} \cos\theta + P_i + P_c} \times 100[\%]$$

여기서, P : 출력, P_i : 철손, P_c : 동손

다. 최대 효율 운전 조건(2020년 1회, 27번)

① 전 부하 시

철손(P_i) = 동손(P_c)일 때 즉, $P_i = m^2 P_c$

② $m = \sqrt{\frac{P_i}{P_c}}$ 의 부하로 운전 시 최대 효율로 운전된다.

③ 전 부하 시간이 짧을수록 무부하 손을 적게 한다.

라. 전일 효율(η_d)

변압기의 부하는 항상 변화하므로 하루 중의 평균 효율

$$\eta_d = \frac{\text{1일 중 출력량[kWh]}}{\text{1일 중 입력량[kWh]}} \times 100(\%)$$

$$= \frac{\text{1일 중 출력량}}{\text{1일 중 출력량} + \text{손실량}} \times 100(\%)$$

$$= \frac{V_2 I_2 \cos\theta \times T}{(V_2 I_2 \cos\theta \times T) + (24 \times P_i + T \times P_c)} \times 100(\%) \ (T = \text{시간})$$

6 변압기의 결선

1 변압기의 극성

변압기의 극성에는 2차 권선을 감는 방향에 따라 감극성과 가극성의 두 가지가 있으며, 우리나라에서는 감극성을 표준으로 하고 있다.

가. 감극성인 경우 – 1차 측과 2차 측이 같은 방향

$V_3 = V_1 - V_2$

나. 가극성인 경우 – 1차 측과 2차 측이 다른 방향

$V_3 = V_1 + V_2$

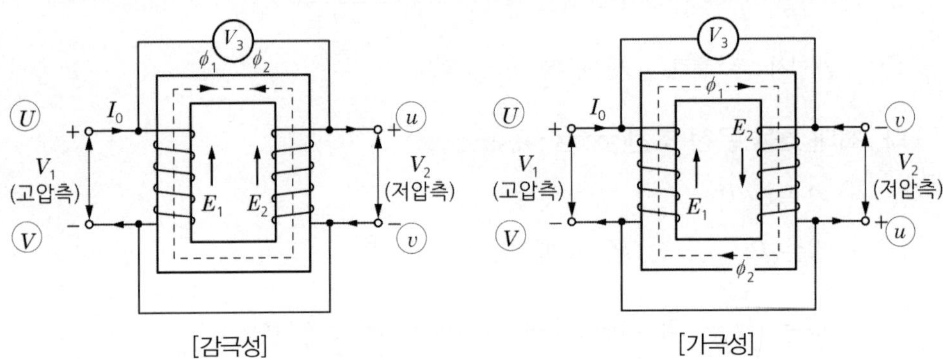

[감극성] [가극성]

2 단상 변압기 '3대'로 3상 결선 방식

가. $\Delta-\Delta$ 결선

① 변압기 외부에 제3고조파가 발생하지 않아 통신 장애가 없다.

② 변압기 3대 중 1대가 고장이 나도 나머지 2대로 V결선이 가능하다(3상 전원 공급 가능).

③ 중성점을 접지할 수 없어 지락사고 시 보호가 곤란하다.

④ 선로 전압과 상전압이 같으므로 60[kV] 이하의 배전용 변압기에 사용된다.

나. $Y-Y$ 결선

① 중성점을 접지할 수 있어서 보호 계전방식의 채용이 가능하다.

② 상전압이 선간전압이 $\frac{1}{\sqrt{3}}$이므로 절연이 용이하다.

③ 선로에 제3고조파를 포함한 전류가 흘러 통신장애를 일으킨다.

④ 이 결선은 3권선 변압기에서 $Y-Y-\Delta$의 송전 전용으로 주로 사용한다.

다. $\Delta-Y$ 결선(2019년 2회, 35번)

① 2차 측 선간 전압이 변압기 상전압의 $\sqrt{3}$ 배가 된다.

② 발전소용 변압기(1차 변전소)와 같이 승압용 변압기에 주로 사용한다.

③ 변압기 1차, 2차간에 $\pi/6$ 만큼의 위상차가 발생한다.

라. $Y-\Delta$ 결선(2020년 1회, 29번)

① 변압기 1차 권선(상 전압)에 선간 전압의 $\frac{1}{\sqrt{3}}$배의 전압이 유도되고, 2차 권선에는 1차 전압에 $\frac{1}{a}$배의 전압이 유도된다.

② 수전단 변전소의 변압기와 같이 강압용 변압기에 주로 사용한다.

③ 변압기 1차, 2차 간에 $\pi/6$ 만큼의 위상차가 발생한다.

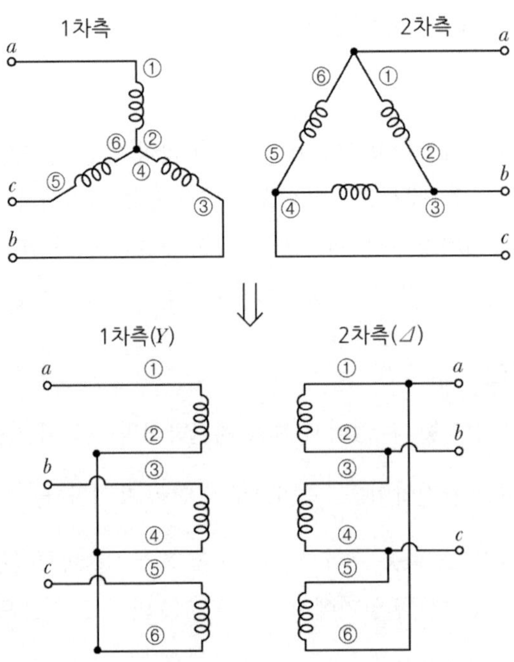

마. $V-V$결선

① $\Delta-\Delta$결선으로 3상 변압을 하는 경우, 1대의 변압기가 고장이 나면 제거하고 남은 2대의 변압기를 이용하여 3상 변압을 계속하는 방식

② 변압기 1대 당의 출력이 P[VA]이면 변압기 Δ결선이나, Y결선한 단상 변압기 3대의 출력은 3P[VA]

③ Δ 결선 중 1대가 고장이 났을 경우 V 결선으로 3상 전력을 공급하면 2P가 아니고 $\sqrt{3}\,P$의 출력이 나온다. 그러므로

㉠ V 결선의 출력 : $\sqrt{3}\,P$(2019년 3회, 16번)

㉡ V결선과 Δ 결선의 출력 비 $\dfrac{P_V}{P_\Delta}=\dfrac{\sqrt{3}\,P}{3P}\fallingdotseq 0.577$

㉢ V 결선한 변압기 1대당 이용률 $\dfrac{\sqrt{3}\,P}{2P}\fallingdotseq 0.866$

④ 단상 변압기 3대로 Y$-\Delta$, $\Delta-$Y 운전 중 1대가 고장 났을 때의 3상 공급 대처법(V-V 결선)

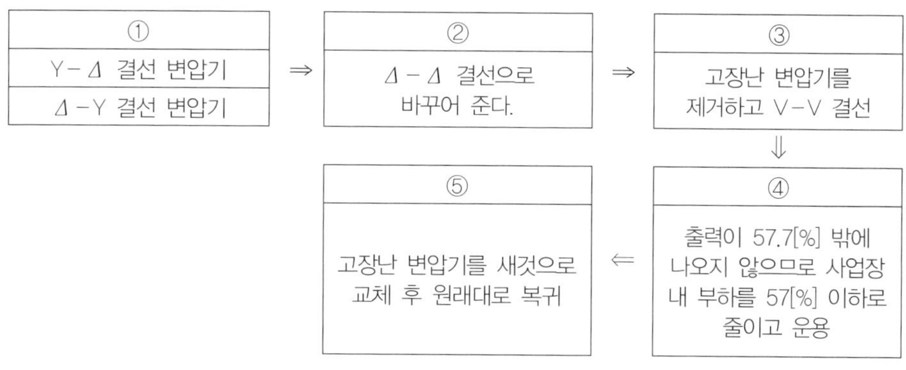

[V－V 결선의 대처법]

⑤ 단상 변압기 3대로 Y－Δ, Δ－Y 운전 중 1대가 고장 났을 때의 3상 공급(V－V 결선) 실제 결선도

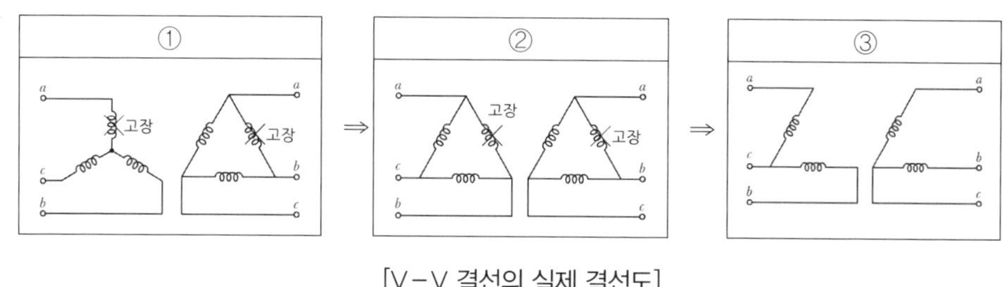

[V－V 결선의 실제 결선도]

3 3상 변압기

가. 결선

단상 변압기 3대를 철심으로 조합시켜서 하나의 철심에 1차 권선과 2차 권선을 감은 변압기. 단상 변압기와 같이 내철형과 외철형으로 분류된다.

① 3상 내철형 변압기

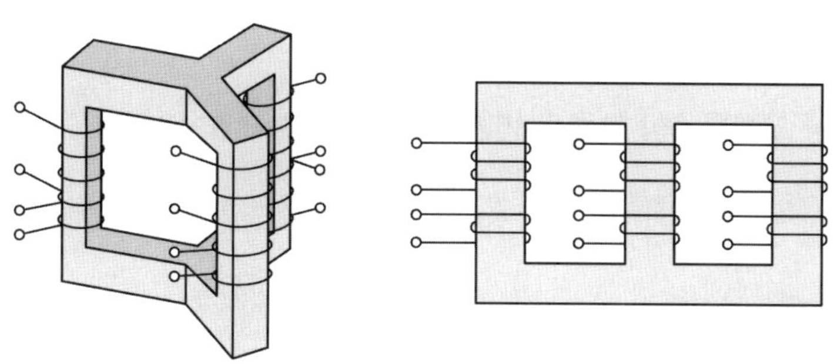

② 3상 외철형 변압기

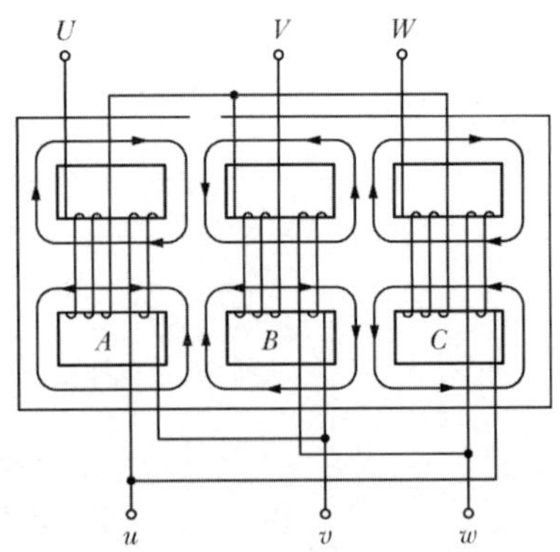

나. 3상 변압기의 장점

① 철심 재료가 적게 들고, 변압기 유량도 적게 들어 경제적이고 효율이 높다.
② 발전기와 변압기를 조합하는 단위 방식에서 결선이 쉽다.
③ 전압 조정을 위한 탭 변환 장치 채용에 유리하다.

다. 3상 변압기의 단점

① V결선으로 운전할 수 없다.
② 예비기가 필요할 때 단상 변압기는 1대만 있으면 되지만, 3상 변압기는 1세트가 있어야 하므로 비경제적이다(실제는 고장이 없어 많이 쓰이고 있다).

4 상수 변환

가. 3상 교류를 2상 교류로 변환("마우스"로 암기)(2019년 1회, 22번)

① ㊕이어(Meyer) 결선
② ㊔드브리지(Wood Bridge)결선
③ ㊂코트(Scott) 결선(T결선)

나. 3상 교류를 6상 교류로 변환 : 대 용량 교류 변환에 이용

① 2차 2중 Y결선
② 2차 2중 Δ결선
③ 대각 결선
④ 포크(Fork) 결선

7 변압기 병렬 운전

변압기를 병렬 운전하는 이유는 동기 발전기를 병렬 운전하는 이유와 마찬가지로, 변압기 1대가 낼 수 있는 용량의 한계가 있기 때문에 용량을 높이기 위해 사용한다.

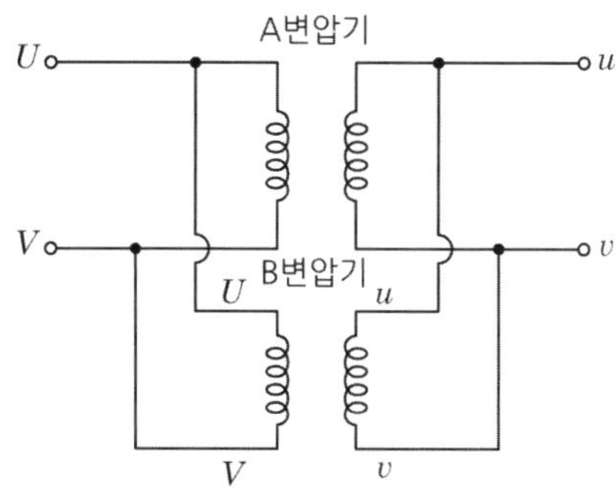

[단상 변압기 2대의 병렬 운전 결선도]

1 병렬 운전 조건

① 각 변압기의 극성이 같을 것(같지 않으면 2차 권선에 매우 큰 순환 전류가 흘러서 변압기 권선이 소손된다)

② 각 변압기의 권수비가 같고, 1차 및 2차의 정격 전압이 같을 것(같지 않으면 2차 권선에 큰 순환 전류가 흘러서 권선이 과열된다)

③ 각 변압기의 %임피던스 강하가 같을 것. 즉 각 변압기의 임피던스가 정격 용량에 반비례할 것(같지 않으면 위상차가 발생하여 동손이 증가한다)

2 3상 변압기군의 병렬 운전(2017년 1회, 26번)

3상 변압기군을 병렬로 결선하여 송전하는 경우에는 각 군의 3상 결선 방식에 따라서 가능한 것과 불가능한 것이 있는데, 그 이유는 결선 방식에 따라서 2차 전압의 위상이 달라지기 때문이다.

▼ **3상 변압기 군의 병렬 운전의 결선 조합**(암기법 : 짝수 OK, 홀수 X)

병렬 운전 가능(짝수)		병렬 운전 불가능(홀수)
$\Delta-\Delta$와 $\Delta-\Delta$ $Y-Y$와 $Y-Y$ $Y-\Delta$와 $Y-\Delta$	$\Delta-Y$와 $\Delta-Y$ $\Delta-\Delta$와 $Y-Y$ $\Delta-Y$와 $Y-\Delta$	$\Delta-\Delta$와 $\Delta-Y$ $Y-Y$와 $\Delta-Y$

8 특수 변압기

1 단권 변압기

가. 단권 변압기 결선

권선 하나의 도중에 탭(Tab)을 만들어 사용한 것으로, 경제적이고 특성도 좋다.

나. 보통 변압기와 단권 변압기의 비교

① 권선이 가늘어도 되며, 자로가 단축되어 재료를 절약할 수 있다.

② 동손이 감소되어 효율이 좋다.

③ 공통 선로를 사용하므로 누설 자속이 없어 전압 변동률이 작다.

④ 고압 측 전압이 높아지면 저압 측에서 고전압을 받게 되므로 위험이 따른다.

다. 자기 용량과 부하 용량의 비

① 단권 변압기 용량(자기 용량) $=(V_2 - V_1)I_2$

② 부하 용량(2차 출력) $P = V_2 I_2 \cos\theta$

$$\therefore \frac{\text{자기 용량}}{\text{부하 용량}} = \frac{V_2 - V_1}{V_2}$$

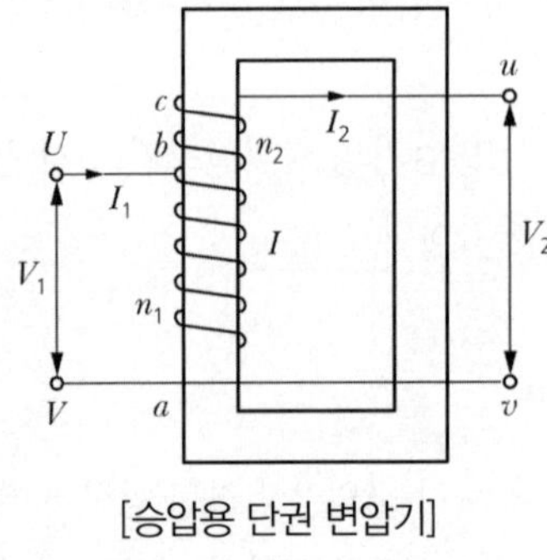

[승압용 단권 변압기]

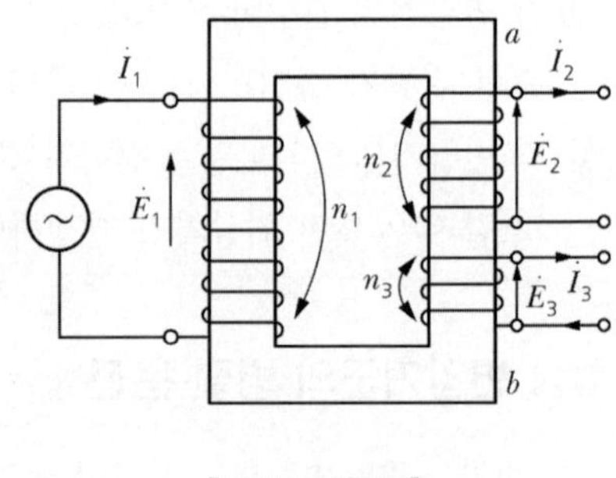

[3권선 변압기]

2 3권선 변압기

가. 3권선 변압기의 정의

1개의 철심에 3개의 권선이 감겨 있는 변압기

나. 용도

① 3차 권선에 콘덴서를 접속하여 1차 측 역률을 개선하는 선로 조상기로 사용할 수 있다.

② 3차 권선으로부터 발전소나 변전소의 구내 전력을 공급할 수 있다.

③ 두 개의 권선을 1차로 하여 서로 다른 계통의 전력을 받아 나머지 권선을 2차로 하여 전력을 공급할 수도 있다.

3 계기용 변성기(PCT = PT + CT = MOF)

교류 고전압 회로의 전압과 전류를 측정하려고 하는 경우에 전압계나 전류계를 직접 회로에 접속하지 않고, 계기용 변성기를 통해서 연결한다. 이렇게 하면 계기 회로를 선로 전압으로부터 절연하므로 위험이 적고 비용이 절약된다.(전기설비 300 쪽 그림을 보고 이해)

가. 계기용 변압기(PT)

① 전압을 측정하기 위한 변압기로 2차 측 정격 전압은 110[V]가 표준이다.

② 변성기 용량은 2차 회로의 부하를 말하며 2차 부담이라고 한다.

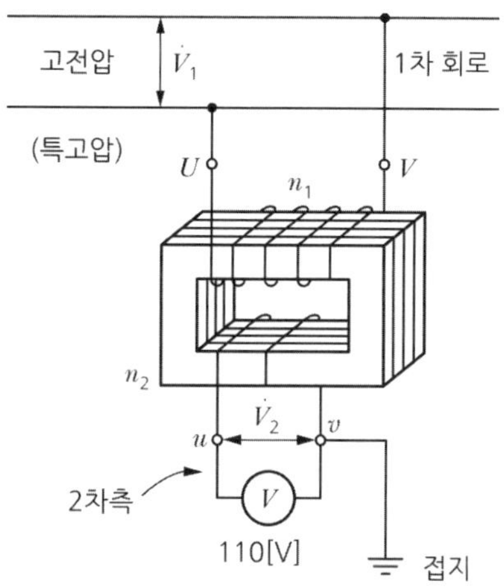

[계기용 변압기의 원리]

나. 계기용 변류기(CT)

① 전류를 측정하기 위한 변압기로 2차 전류는 5[A]가 표준이다.

② 계기용 변류기는 2차 전류를 낮게 하기 위해 2차 측 코일이 많이 감겨 있으므로 2차 측이 개방되면, 2차 측에 매우 높은 전압이 유기되어 위험하므로 2차 측을 절대로 개방하면 안 된다.

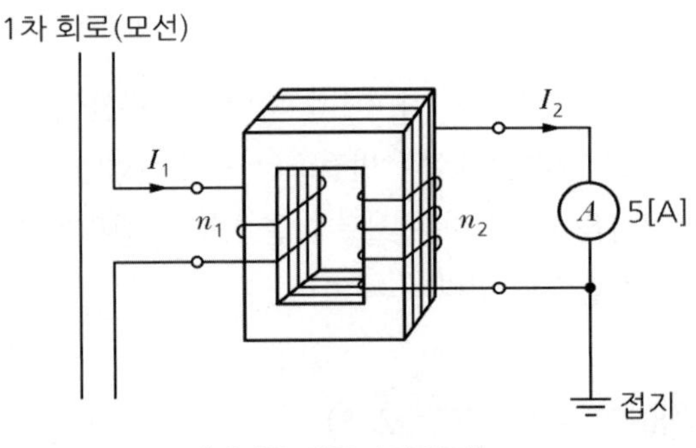

[계기용 변류기의 원리]

4 부하 시 전압 조정 변압기

부하 변동에 따른 선로의 전압 강하나 1차 전압이 변동해도 2차 전압을 일정하게 유지하고자 하는 경우에 전원을 차단하지 않고 부하를 연결한 상태에서 1차 측 탭을 설치하여 전압을 조정하는 변압기이다.

5 누설 변압기(정 전류 변압기)

네온관 점등용 변압기나 아크 용접용 변압기에 이용되며 누설 자속을 크게 한 변압기로 정전류 변압기라고도 한다. 그림 (b)와 같이 전압이 떨어져도 전류는 일정하게 유지하는 수하 특성을 가진다(용접할 때는 전류가 일정해야 한다).

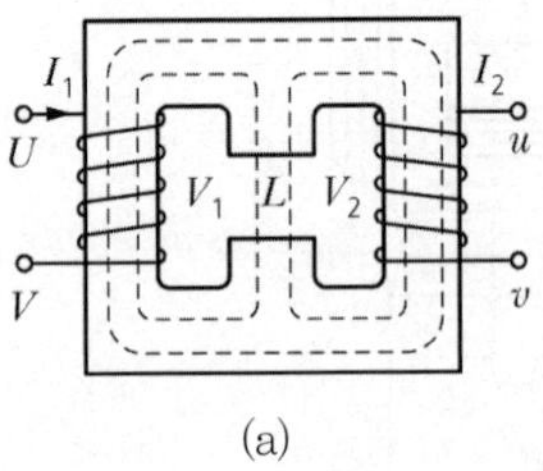

(a)

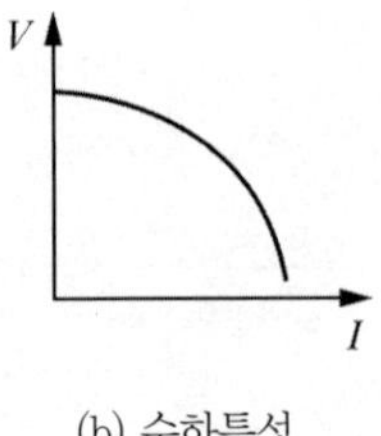

(b) 수하특성

[정전류 변압기]

CHAPTER 04

Craftsman Electricity

유도 전동기

개 요

㉠ 유도 발전기는 효율, 역률이 나빠 거의 쓰이지 않는다. 강원도 횡성군 안흥면 강림리에 소수력 발전소에 쓰이는 발전기가 유도 발전기인데 특별히 주파수를 필요로 하지 않고 전기 보급이 힘든 곳에 사용된다.

㉡ 유도 전동기(Induction Motor)는 각종 전동기 중에서 가장 많이 쓰이고 있는 전동기로서 공장용에서부터 가정용에 이르기까지 전체 전동기 사용 분야의 90[%] 이상이다.

3상 유도 전동기는 공작 기계, 양수 펌프 등과 같이 큰 기계 장치를 움직이는 동력으로 사용되고 있고, 단상 유도 전동기는 선풍기, 냉장고 등과 같이 작은 동력을 필요로 하는 곳에 주로 사용되고 있다. 유도 전동기가 산업 및 가정용으로 널리 이용되고 있는 이유는 교류 전원만을 필요로 하므로 ① 전원을 쉽게 얻을 수 있으며 ② 구조가 간단하고 ③ 가격이 싸며, ④ 취급과 운전이 쉽고 ⑤ 토크 $T \propto V^2$하여 큰 힘을 낼 수 있기 때문이다.

- 유도 전동기
  - 3상 유도 전동기
    - 권선형 유도 전동기(중 · 대형)
    - 농형 유도 전동기(소형)
  - 단상 유도 전동기 — 농형 유도 전동기(소형)

1 유도 전동기의 원리

1 기본 원리

가. 아라고의 원판(2019년 3회, 22번)

알루미늄 원판의 중심축으로 회전할 수 있도록 만든 원판에 주변을 따라 자석을 회전시키면 원판이 전자유도작용에 의하여 자석과 같은 방향으로 약간 늦게 회전하는 원리이다. 1824년 이탈리아의 아라고가 실험했고, 1886년 니콜라 실러가 처음으로 3상 유도 전동기에 이용

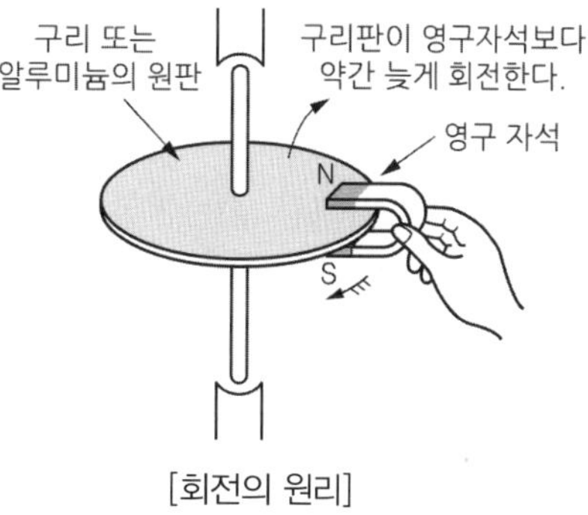

[회전의 원리]

나. 플레밍의 법칙

플레밍의 오른손 법칙에 따라 원판의 기전력의 방향을 구하면 원판의 중심으로 향하는 맴돌이 전류가 흐른다. 다음에 이 맴돌이 전류의 방향과 자속과의 방향에서 플레밍의 왼손 법칙을 적용하여 원판의 회전 방향을 구하면 자속의 회전 방향과 같은 것을 알 수 있다. 이때 원판은 자석의 회전 방향과 같은 방향으로 약간 늦게 회전한다.

2 회전 자기장(회전 자계)

자석을 기계적으로 회전하는 대신 고정자 철심에 감겨 있는 3개 조의 권선에 3상 교류를 가해 줌으로써 전기적으로 회전하는 회전 자기장을 만들 수 있다. 단상에서의 자계는 평등 자계이므로 회전 자기장이 생기지 않아 기동 장치가 필요하다. 이것을 연구하여 실용적인 단상 세일딩 코일형 유도 전동기를 최초로 만든 사람이 테슬라이다.

3 동기 속도

회전 자기장이 회전하는 속도는 극수 P 와 전원의 주파수 f에 의해 정해지며, 이를 동기 속도 N_s라 한다. 유도 전동기는 159쪽 아라고의 원판에서 설명한 바와 같이 동기속도 N_s보다 약간 늦게 회전한다.

$$N_s = \frac{120f}{P}[\text{rpm}]$$

Memo

주파수 $f = 60[\text{Hz}]$일 때 동기속도 N_s는

- 2극 : 3,600[rpm]
- 4극 : 1,800[rpm]
- 6극 : 1,200[rpm]
- 8극 : 900[rpm]
- 10극 : 720[rpm]

4 유도 전동기, 변압기의 동작 원리 비교

① 변압기(그림 a)는 기본적으로 전기 에너지를 전기 에너지로 변환하는 것이며,
② 유도 전동기(그림 b)는 전기 에너지를 받아서 운동 에너지(기계적 출력)로 변환하는 것이다.
③ 기본 원리는 같다.

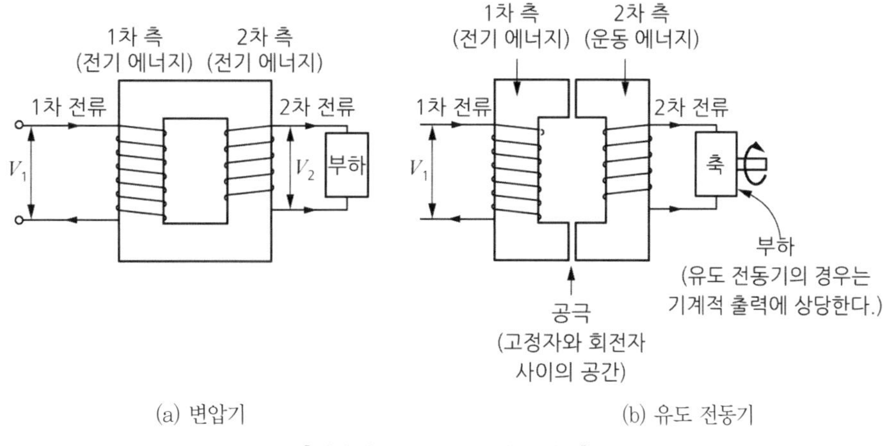

(a) 변압기 (b) 유도 전동기

[변압기와 유도 전동기의 비교]

2 유도 전동기의 구조

유도 전동기의 구조는 고정자(stator)와 회전자(rotor)로 구성되어 있다.
고정자는 외부로부터 전기 에너지를 받아 자장으로 바꾸어 주는 곳이고, 회전자는 고정자에서 받은 전기 에너지(자장)를 운동 에너지로 바꾸어 준다. 유도 전동기에서 1차 측이라 함은 고정자, 2차 측이라 함은 회전자를 뜻한다.

1 고정자

가. 고정자 프레임

전동기 전체를 지탱하는 것으로, 내부에 고정자 철심을 부착한다.

나. 고정자 철심

보통 두께 0.35mm의 규소 강판을 성층하여 만든다.

다. 고정자 권선

전기 에너지를 받아 자극을 만드는 곳이며, 대부분이 2층 권으로 되어 있고, 1극 1상 슬롯 수는 거의 2~3개이다.

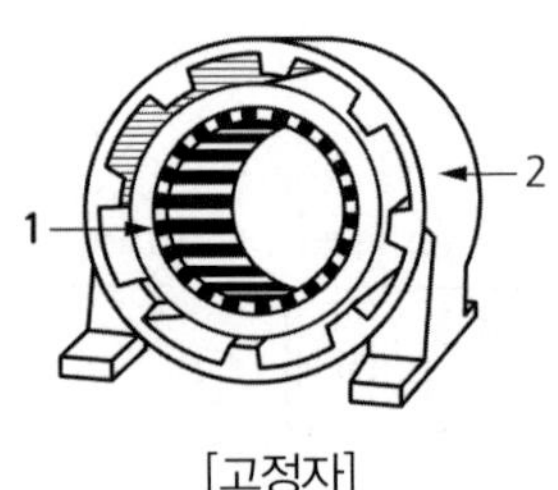

[고정자]

2 회전자

고정자에서 만든 자계를 운동 에너지로 바꾸어 주는 부분으로써 규소 강판을 성층하고 둘레에 홈을 파고 코일을 넣어서 만든다. 홈 안에 끼워진 코일에 따라 농형 회전자와 권선형 회전자로 구분된다.

가. 농형 회전자

① 회전자 둘레의 홈에 원형이나, 다른 모양의 구리 막대를 넣어서 양 끝을 구리로 단락고리(End Ring)에 붙여 전기적으로 접속하여 만든 것이다.

② 회전자 구조가 간단하고 튼튼하여 운전 성능은 좋으나, 기동 시에 4~6배의 큰 기동 전류가 흐를 수 있다.

③ 회전자 둘레의 홈은 축 방향에 평행하지 않고 비뚤어져 있는데, 이것은 소음 발생을 억제하는 효과가 있다.(2018년 4회, 37번)

④ 중소형 유도 전동기이다.

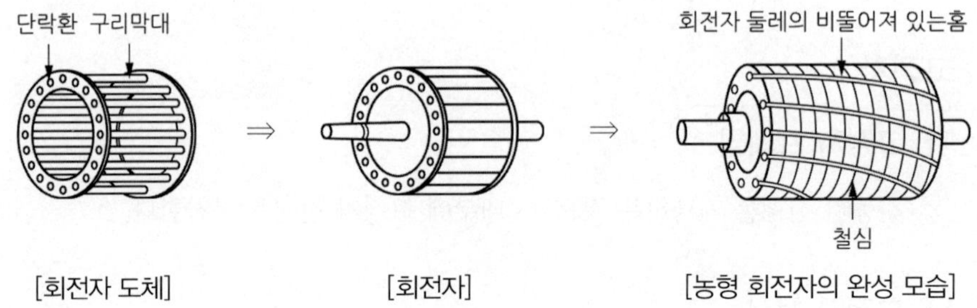

[회전자 도체] [회전자] [농형 회전자의 완성 모습]

나. 권선형 회전자

① 회전자 둘레의 홈에 3상 권선을 넣어서 결선한 것이다.

② 중 · 대형 유도 전동기이다.

③ 회전자 내부 권선의 결선은 슬립 링(slip ring)에 접속하고(그림 a), 브러시를 통해 바깥에 있는 기동 저항기와 연결한다.(그림 b, c)

④ 회전자의 구조가 복잡하고 농형에 비해 운전이 어려우나 기동 시에는 기동 저항을 크게 하여 ㉠ 기동 전류를 감소시킬 수 있고, ㉡ 기동 토크를 크게 할 수 있으며, ㉢ 속도 조정도 자유로이 할 수 있다.

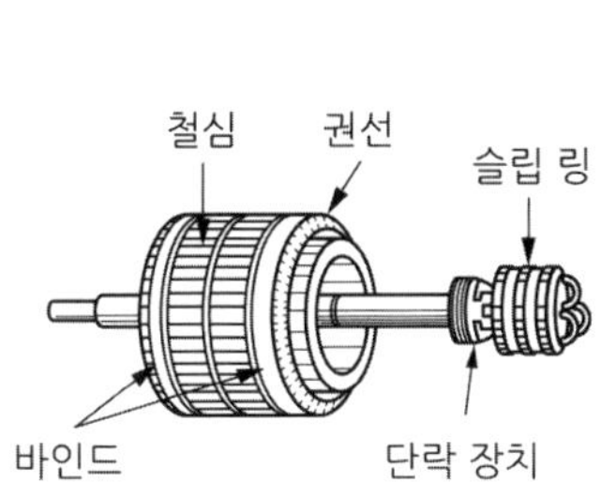

(a) 권선형 회전자

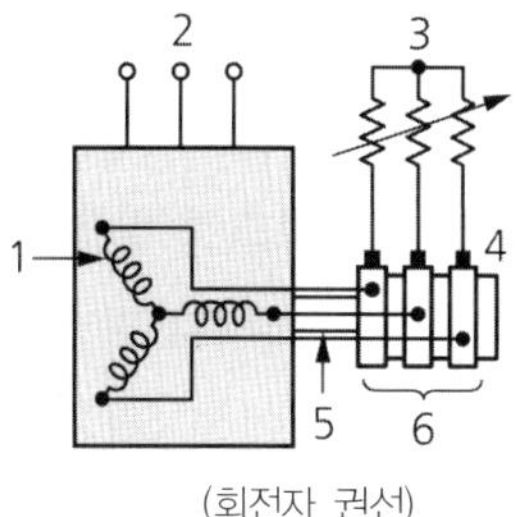

(회전자 권선)

1. 2차 권선 2. 3상 전원(입력)
3. 기동 저항기 4. 브러시
5. 축 6. 슬립 링

(b) 회전자 권선과 기동 저항기와의 결선

[회전자 권선과 슬립 링]

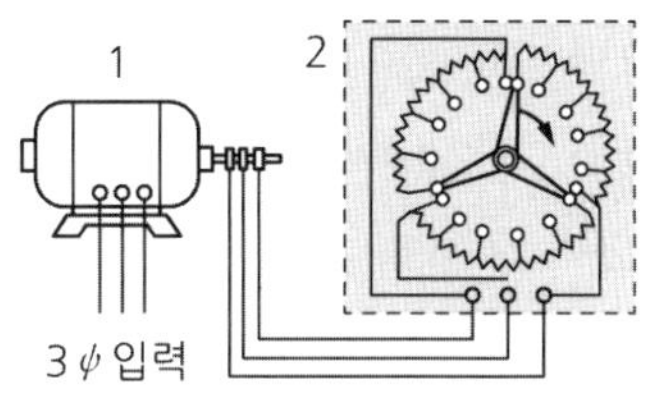

1. 3ψ 권선형 유도 전동기(중 · 대형)
2. 기동 저항기→기동 전류를 줄이기 위해 기동 시에는 기동 저항기의 저항을 크게 하고 운전시에는 작게 한다.
3. 기동 전류를 줄여도 기동 토크를 크게 할 수 있다.(168쪽, 비례추이)

(c) 윗 그림 (b)의 실제 모습

[권선형 전동기의 기동 방법]

3 공극

고정자와 회전자 사이의 간격을 말한다.

① 공극이 넓으면 기계적으로 안전하지만, 전기적으로는 자기 저항이 커지므로 전류가 커지고 전동기의 역률이 떨어진다.

② 공극이 좁으면 기계적으로 약간의 불 평형이 생겨도 진동과 소음의 원인이 되고, 전기적으로는 누설 리액턴스가 증가하여 전동기의 순간 최대 출력이 감소하고 철손이 증가한다.

3 유도 전동기의 이론

1 회전수와 슬립

가. 슬립(Slip)(2019년 4회, 36번)

회전자가 토크를 발생하기 위해서는 회전 자기장의 회전 속도(동기 속도 N_s)와 회전자 속도 N의 차이로 회전자에 기전력이 발생하여 회전하게 되는데, 동기속도 N_s와 회전자 속도 N 의 차에 대한 비를 슬립이라 한다.

① 슬립 $s = \dfrac{\text{동기 속도} - \text{회전자 속도}}{\text{동기 속도}} = \dfrac{N_s - N}{N_s} = 1 - \dfrac{N}{N_s}$

② 소형 유도 전동기의 슬립은 5~10[%], 중 · 대형인 경우 2.5~5[%]이다.

③ 회전자가 정지 상태이면 슬립 $s = 1$이고, 동기 속도로 회전한다면 슬립 $s = 0$이 된다.

나. 슬립의 범위

① 유도 전동기(정회전)의 슬립 : 0<s<1

② 유도 전동기(역회전)의 슬립 : 1<s<2

③ 발전기의 슬립 : −1<s<0

④ 슬립 암기법 : −1<s<0<s<1<s<2

발전기 전동기 역회전

다. 슬립과 전동기의 속도(회전자)

회전자 속도 N=동기속도−(동기속도×슬립)$= N_S - sN_S = (1-s)N_S$

2 전력의 변환

가. 유도 기전력, 슬립, 주파수

① 전동기가 정지하고 있는 경우

㉠ 1차 측 유도 기전력 $E_1 = 4.44 f_1 \phi N_1 K_{w1}$[V]

㉠ 2차 측 유도 기전력 $E_2 = 4.44 f_2 \phi N_2 K_{w2}$[V]

교류기(동기기, 변압기, 유도기)의 유도기전력 $E = 4.44 f \phi N$ 임 최신 핸드폰인 '444폰'으로 암기(동기 발전기 128 쪽 참조)

여기서, f_1 : 주파수[Hz] N : 1상에 직렬로 감긴 권선수[T]

ϕ : 자속[Wb]　　　f_2 : 2차 권선(회전자)에 유도되는 기전력의 주파수

K_{w1} : 1차 권선 계수　　K_{w2} : 2차 권선 계수

㉢ 정지 시 슬립 $s=1$, 주파수 $f_1 = f_2$

② 전동기가 슬립 s로 운전하고 있을 경우

㉠ 회전자(2차 측)에 걸리는 전압 $E_{2s} = SE_2$

㉡ 회전자(2차 측)에 걸리는(1차 입력인 전기 에너지로 인한 자장) $f_{2s} = Sf_1$

3 유도 전동기의 흐름

유도 전동기의 Block diagram에서 ① 고정자 권선에 공급되는 전기 에너지인 1차 입력 (P_1)의 대부분은 ② 회전자 입력 즉, 2차 입력 (P_2)이 되고, 2차 입력 (P_2)에서 회전자 동손 (P_{2c})을 뺀 나머지는 ③ 기계적 출력(P_o)으로 된다. 이때 1차, 2차 권선의 동손 (구리 손)이란 구리의 저항 값에 전류가 흘러서 주울 열이 발생한 것으로 저항 손이라 한다.

가. 유도 전동기의 입력과 출력 관계 모형

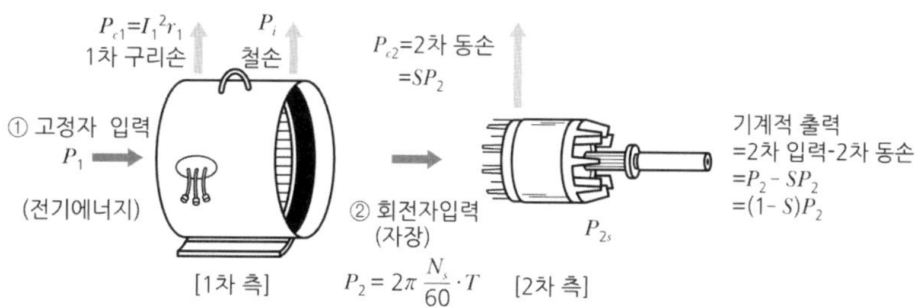

[유도 전동기의 입력과 출력 관계 모형]

나. 유도 전동기의 입력과 출력 관계의 Block diagram

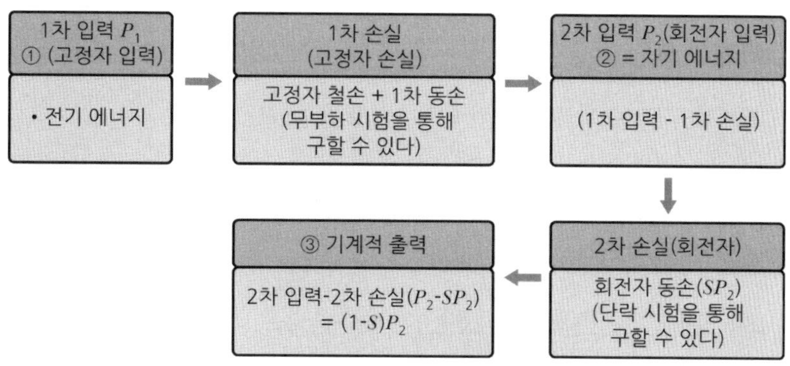

[유도 전동기의 블록 다이어그램]

다. 2차 전류

$$I_2 = \frac{E_2}{\sqrt{(\frac{r_2}{s})^2 + x_2^2}} = \frac{SE_2}{\sqrt{r_2^2 + (SX_2)^2}}$$

라. 2차 역률

$$\cos\theta = \frac{\frac{r_2}{s}}{\sqrt{(\frac{r_2}{s})^2 + x_2^2}}$$

마. 2차 입력(P_2, 회전자 입력)

$$P_2 = \text{출력} + \text{2차 손실} = \text{출력} + (\text{2차 동손} + \text{기계손})$$

$$= P_0 + (P_{c2} + P_m) = E_2 I_2 \cos\theta$$

$$= E_2 \times \frac{E_2}{\sqrt{(\frac{r_2}{s})^2 + x_2^2}} \times \frac{\frac{r_2}{s}}{\sqrt{(\frac{r_2}{s})^2 + x_2^2}}$$

$$= I_2^{\ 2} \cdot \frac{r_2}{s} = \frac{\text{2차 동손}}{s} = \frac{SP_2}{s}[\mathrm{W}]$$

바. 2차 동손(SP_2) = 슬립×2차 입력 = SP_2

∴ 2차 입력= $\frac{\text{2차 동손}}{s}$ 으로 표현할 수 있다.

사. 기계적 출력 P_o

기계적 출력(P_o)=2차 입력 (P_2)−2차 동손(P_{2c})이므로

$$= P_2 - sP_2 = (1-s)P_2$$

아. 슬립의 관계식(2023년 1회, 36번)

<u>2차 입력 : 2차 손실(2차 동손) : 기계적 출력은</u>

$$P_2 : P_{2c} : P_o = 1P_2 : sP_2 : (1-s)P_2 = 1 : s : (1-s)$$

4 유도 전동기의 토크

유도 전동기는 동기 속도 N_s와 회전자 속도 N 의 차이에 의해서 발생한 회전자 기전력으로 회전력(토크)을 갖게 되고, 그 기전력의 크기가 회전력의 크기를 좌우하게 된다.

가. 토크 (회전력)

토크는 유도 전동기의 2차 입력 P_2(회전자 입력)에 비례하고, 동기 속도 N_s에 반비례 한다.(P_0= 출력, N= 회전자 속도)

① $P_o = \omega T = 2\pi \cdot \dfrac{N}{60} T$[W]에서

$$T = 9.55 \times \frac{P_o}{N} = 9.55 \times \frac{P_2}{N_s} [\text{N} \cdot \text{m}]$$

$$= 0.975 \times \frac{P_o}{N} = 0.975 \times \frac{P_2}{N_s} [\text{kg} \cdot \text{m}]$$

$$P_2 = 1.026 N_s \cdot T[\text{W}]$$

> [이해]
> 자동차가 처음 출발할 때 큰 힘이 필요하므로 1단으로 출발한다. 즉 토크나 속도는 반비례

② $T \propto V^2$, 토크(회전력)가 공급 전압의 자승에 비례해 커지므로 실생활에서 유도 전동기가 많이 쓰이는 이유 중 하나이다.

5 동기 와트

2차 입력(P_2)으로서 토크를 표시하는 것을 말한다. 이때 2차 입력의 단위가 [W]이므로 동기 와트라 한다.

$T = 9.55 \times \dfrac{P_2}{N_s}$[N · m] 에서 동기 와트 $P_2 = 1.026\, N_s \cdot T$[W]

6 전체 효율 및 2차 효율

가. 전체 효율(직류 전동기의 효율 123 쪽 참조)

$$\eta = \frac{2\text{차 출력}}{1\text{차 입력}} = \frac{P_o}{P_1}$$

나. 2차 효율

$$\eta = \frac{2\text{차 출력}}{2\text{차 입력}} = \frac{P_o}{P_2} = \frac{\text{입력} - \text{손실}}{\text{입력}} = \frac{P_2 - P_{C2}}{P_2} = \frac{P_2 - sP_2}{P_2} = \frac{P_2(1-s)}{P_2}$$

$$= (1-s) = \frac{N}{N_S}$$

4 유도 전동기의 특성

1 슬립과 토크의 관계

가. 슬립 S에 의한 토크 특성

$T \propto V_1^2$(동기기의 $T \propto V$, 유도 전동기의 토크가 크다는 것은 큰 힘을 낼 수 있다는 뜻) 따라서, 슬립 s가 일정하면, 토크는 공급 전압 V_1의 제곱에 비례한다.

나. 최대 토크(정동 토크) T_m

정격 부하 상태 토크의 160[%] 이상이다.

2 비례 추이

가. 3상 권선형 유도 전동기

일반적으로 유도 전동기는 기동 시에 정격 전류의 4~6배 전류가 흐르기 때문에 기동할 때 기동 토크는 작게 하더라도 기동 전류를 줄이기 위한 여러 가지 기동 방법을 사용한다. 특히 3상 권선형 유도 전동기는 중대형이므로 기동 전류를 줄이기 위한 방법으로 외부 저항을 연결해 기동 전류를 줄이는데, 이때 중대형 유도 전동기가 필요로 하는 기동 토크가 줄어들어 드는 것이 큰 문제점이다. 이것을 해결한 것이 비례 추이이다.

나. 비례 추이(2018년 4회, 36번)

비례 추이란 권선형 유도 전동기의 기동 시 기동 토크가 줄어드는 것을 보완한 것으로 기동할 때 사용하는 외부 저항의 증가에 비례하여 최대 토크가 낮은 속도 쪽으로 이동하는 것을 말한다. 즉, 기동 전류를 줄여도 최대 토크를 유지하는 것을 말한다.

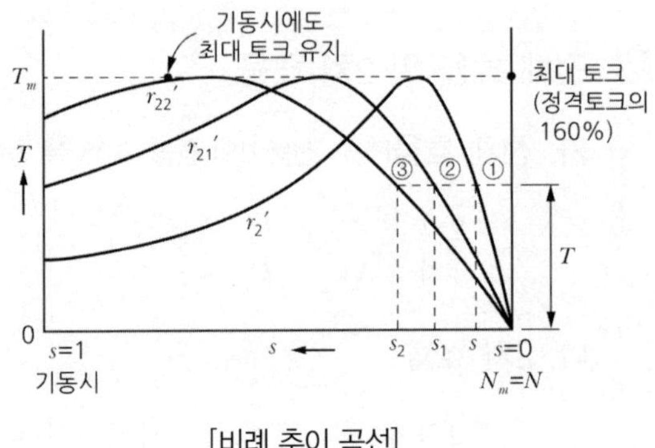

[비례 추이 곡선]

① 비례 추이를 하는 제량

㉠ 1차 전류　　㉡ 2차 전류

㉢ 1차 입력　　㉣ 역률(최대 토크)

㉤ 토크　　㉥ 동기 와트

② 비례 추이를 할 수 없는 것('출동효율'로 암기), '비례 추이를 하는 제량'이 너무 많으므로 '할 수 없는 것'을 암기

㉠ ㊀출력

㉡ 2차 동손

㉢ 효율

3 헤일랜드 원선도

가. 정의

전동기의 실 부하 시험을 하지 않고 전동기의 특성을 쉽게 구할 수 있도록 만든 원선도

나. 원선도 작성에 필요한 시험

① 저항 측정 : 1차 동손

② 구속 시험(단락시험) : 2차 동손

③ 무부하 시험 : 여자전류, 철손

(암기 : 저항을 해서 구속을 했더니 무혐의로 석방되었다)

■ 구속 시험이란? : motor의 기동 토크 시험

5 유도 전동기의 운전

1 기동 법

유도 전동기는 기동 전류가 정격 전류의 4~6배 이상의 큰 전류가 흘러 권선을 가열시킬 뿐 아니라 전원 전압을 강하시켜 전원 계통에 나쁜 영향을 주기 때문에 기동 전류를 낮추기 위한 방법이 필요하다.

가. 농형 유도 전동기의 기동법

기본적으로 3상 전동기의 결선은 Δ이다. Δ 결선으로 하면 Y 결선으로 운전할 때보다 전류도 3배, 토크도 3배이므로 전동기의 목적인 큰 힘을 낼 수 있기 때문이다.

① 전 전압 기동법

5[kW] 이하의 소 용량에 쓰이며, 기동 전류는 정격 정류의 400~600[%] 정도가 흐르게 되나, 비교적 작은 전동기이므로 견디어 낼 수 있다.

② $Y-\Delta$ 기동법(2019년 2회, 32번)(2023년 1회, 38번)

5~15[kW] 이하의 중 용량 전동기에 쓰이며, 이 방법은 고정자 권선을 Y로 하여 상 전압을 줄여 기동 전류를 줄이고, 기동 후 Δ로 하여 운전하는 방식이다. 기동 전류는 정격 전류의 1/3로 줄어들지만(좋은 점), 기동 토크도 1/3로 감소한다(나쁜 점).

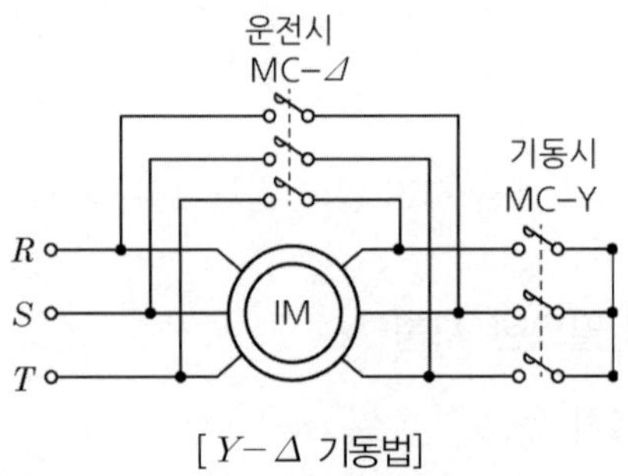

[$Y-\Delta$ 기동법]

③ 기동 보상기법

15[kW] 이상의 전동기나 고압 전동기에 사용되며, 3상 단권 변압기를 써서 공급 전압을 낮추어 기동시키고 속도가 증가하면 기동 보상기를 단락하는 방법으로 기동 전류를 1배 이하로 낮출 수가 있다.

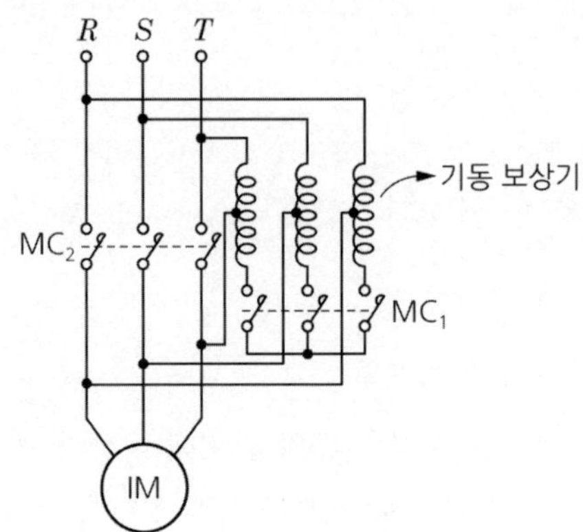

[기동 보상기 기동]

④ 리액터 기동법

15[kW] 이상의 전동기에 사용되며, 전동기의 전원 측에 직렬 리액터(일종의 교류 저항)를 연결하여(MC_1) 공급 전압을 감압하여 기동한 다음, 가속한 후 이를 단락(MC_2)하여 운전하는 방법이다. 기동 보상기법에 의한 기동보다 설비비가 적게 들고 기동 조작도 간단하다. 중 · 대용량의 전동기에 널리 채용하고 있으며, 다른 기동법이 곤란한 경우나 기동 시 충격을 방지할 필요가 있을 때 적합하다.

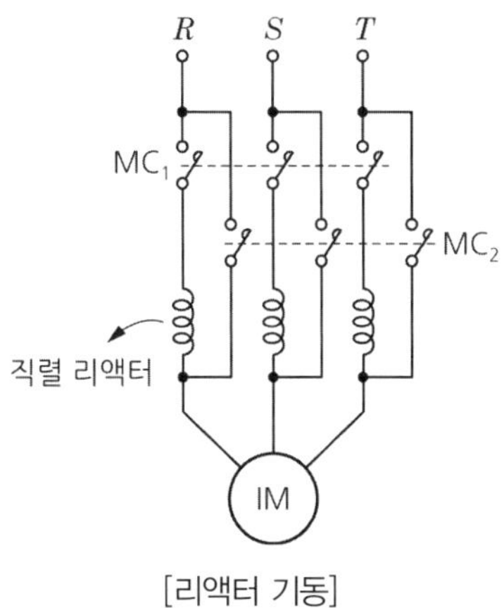

[리액터 기동]

나. 권선형 유도 전동기의 기동법(2차 저항법) = 기동 저항기법

2차 회로에 가변 저항기(기동 저항기)를 접속하고 비례 추이의 원리에 의해 최대 기동 토크를 얻고 기동 전류도 억제할 수 있다.

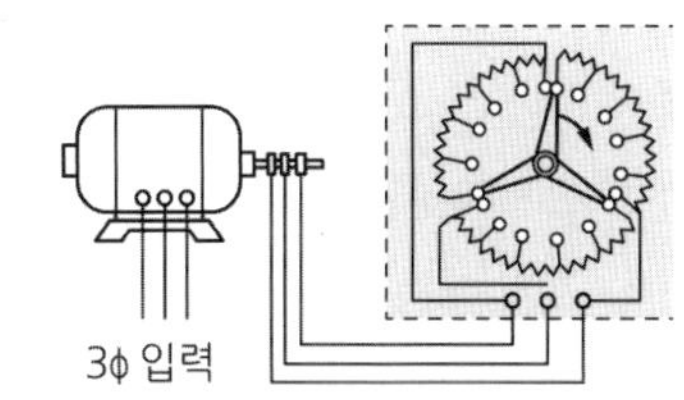

[권선형 유도 전동기] [기동 저항기]

다. 소프트 스타터

① 무접점 반도체 제어 소자를 이용하여 기동에 알맞은 저 전압부터 전 전압까지 서서히 증가 시키면서 저 전류로 기동함.

② 어떤 부하에도 무관하게 적용 가능함.

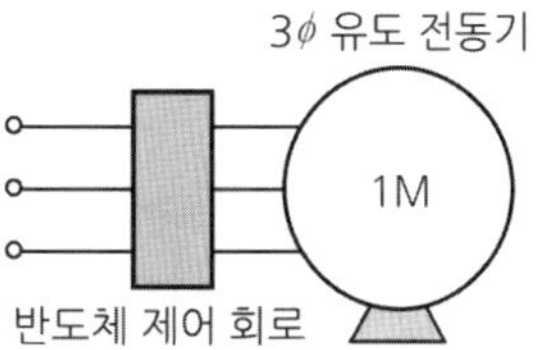

2 속도 제어

가. 농형 유도 전동기의 속도 제어법(2019년 2회, 36번)

① 주파수 제어법

㉠ 공급 전원의 주파수를 변화시켜 동기 속도를 바꾸는 방법이다.

㉡ VVVF 제어(Variable Voltage Variable Frequency)

주파수를 가변하면 $\phi \propto \dfrac{V}{f}$ 와 같이 자속이 변하기 때문에 자속을 일정하게 유지하기 위해 전압과 주파수를 가변시켜 속도를 제어한다.

② 1차 전압 제어

유도 전동기는 전압의 2승에 비례하여 토크는 변화하므로($T \propto V^2$) 이것을 이용해서 속도를 바꾸는 제어법으로 전력전자 소자를 이용하는 방법이 최근에 널리 이용되고 있다.

③ 극수 변환에 의한 속도 제어

고정자 권선의 접속을 바꾸어 극수를 바꾸면 단계적이지만 속도를 바꿀 수 있다.

나. 권선형 유도 전동기의 속도 제어법

① 2차 저항 제어

권선형 유도 전동기는 중대형으로 기동 전류가 워낙 크기 때문에 기동법으로 외부 저항을 삽입, 비례 추이를 이용하여 속도를 제어한다.

② 2차 여자 제어 방식(2023년 1회, 28번)

㉠ 2차 저항 제어를 발전시킨 형태로 회전자에 슬립 주파수의 전압과 운전 시 전동기 2차 측에 발생하는 기전력과 주파수가 똑같은 전압을 가해 속도를 제어하는 방법으로 효율이 좋아진다.

㉡ 공급 방식별 분류로 크리머방식(직류 전동기의 계자)과 세르비어스 방식(인버터)이 있다.(암기법 : '2차'라는 말이 들어 있으면 무조건 권선형 유도 전동기)

3 제동법(Brake)

가. 발전 제동

제동시 전동기를 전원에서 분리한 후 저항을 접속하여 발전기로 동작시켜 전기자가 갖는 기계적 에너지를 전기적 에너지로 변환할 때 전기자의 역 기전력을 이용해 제동하는 방식으로 발생 출력은 저항에서 열로 소비 시키는 방식이다. 발전 제동은 고속회전에서는 제동력이 크지만, 저속 회전에서는 제동력이 작기 때문에 기계적 제동과 겸용하여 사용한다.

나. 역상 제동(=역전 제동=플러깅)

운전 중인 유도 전동기에 회전 방향과 반대 방향의 토크를 발생시켜서 급속하게 정지 시키는 방법이다. 3상 유도 전동기의 경우에는 3선 중 2선을 바꾸면 회전 방향이 바뀐다.

[정방향] [역방향]

다. 회생 제동

전동기 제동 시 전원에 연결시킨 상태에서 중력 부하를 하강 시킬 때 속도가 빨라지는 경우 전동기의 유기 기전력(역기전력)이 전원 전압 보다 높아져서 발전기로 동작하고 발생 전력을 전원으로 되돌려 줌과 동시에 속도를 점차적으로 감속하는 제동법이다.
유도 전동기에서는 외력에 의해서 동기 속도 이상으로 회전하면 유도 발전기가 되어 발생된 전력을 전원으로 반환하면서 제동한다.

라. 단상 제동

3상 권선형 유도 전동기에서 2차 저항이 클 때 전원에 단상 전원을 연결하면 제동 토크가 발생한다.

6 단상 유도 전동기

1 단상 유도 전동기의 특징

① 3상 유도 전동기에 3상 전원을 넣으면 전기 에너지가 회전 자장으로 바뀌고 그 힘이 회전자를 돌리게 되나(회전 자장에 의해 스스로 돌아가는 힘이 생긴다)
② 단상 유도 전동기는 고정자 권선에 단상 교류가 흐르면 축 방향으로 크기가 변화하는 교번 자계가 생길 뿐이라서 기동 토크가 발생하지 않아 기동할 수 없다. 따라서 운전 권선 외에 별도의 기동용 장치(기동 권선)를 설치하여야 한다. 그러나 일단 기동하면 운전 권선으로 회전한다.

③ 동일한 정격의 3상 유도 전동기에 비해 역률과 효율이 매우 나쁘고, 중량이 무거워서 1 마력 이하의 가정용과 소 동력용으로 많이 사용되고 있다.

④ 테슬라는 세일딩 코일형 이라는 불평등 자장을 이용한 전동기를 만들어 세계 최초로 단상 유도 전동기를 회전시켰고(1883년), 단상 유도 전동기에 대한 특허권도 보유하였다. 즉, 단상 유도 전동기는 별도의 기동 장치가 필요하다.

2 단상 유도 전동기의 기동 장치에 의한 분류

가. 분상 기동형 단상 유도 전동기(2018년 4회, 33번)

기동 권선은 운전 권선보다 가는 코일을 사용하며 권수를 적게 감아서 권선 저항을 크게 만들어 주 권선과의 전류 위상차를 생기게 하여 기동하게 된다.(2021년 4회, 38번)

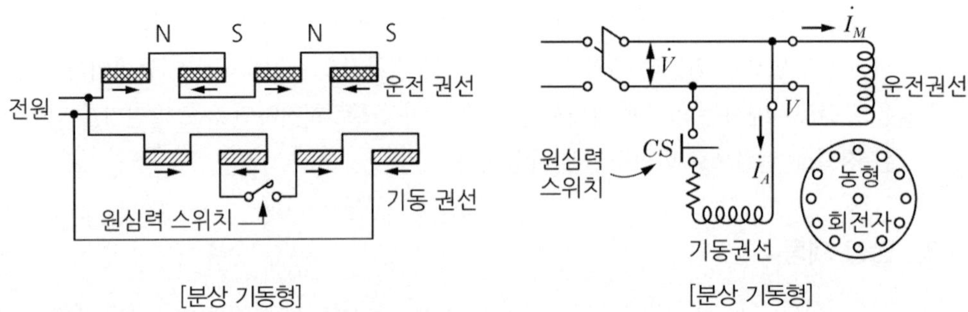

[분상 기동형] [분상 기동형]

나. 콘덴서 기동형 단상 유도 전동기

기동 권선에 직렬로 콘덴서를 넣고, 권선에 흐르는 기동 전류를 앞선 전류로 하고 운전 권선에 흐르는 전류와 위상차를 갖도록 한다. 기동 특성을 좋게 할 수 있고, 기동 전류가 적고, 기동 토크가 큰 특징을 갖고 있다.

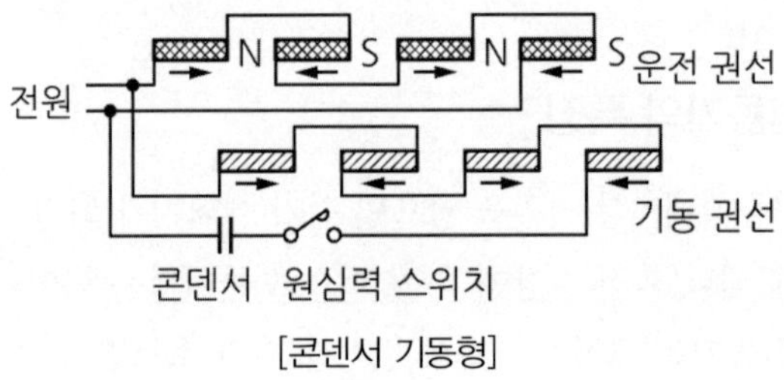

[콘덴서 기동형]

다. 영구 콘덴서(콘덴서 구동)형 단상 유도 전동기(역률 좋음)

① 콘덴서 기동 형은 기동 시에만 콘덴서를 연결하지만, 영구 콘덴서 형 전동기는 기동에서 운전까지 콘덴서를 삽입한 채 운전한다.

② 원심력 스위치가 없어서 가격도 싸므로 큰 기동 토크를 요구하지 않는 선풍기, 냉장고, 세탁기 등에 널리 사용된다.

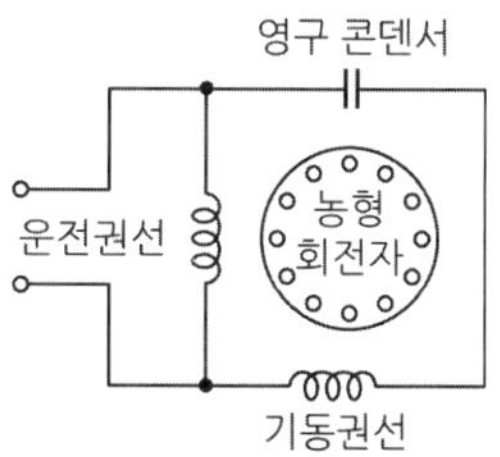

라. 콘덴서 기동 콘덴서 운전형 단상 유도 전동기

기동용 콘덴서와 운전용 콘덴서를 같이 운용하는 단상 유도 전동기이다.(역률이 좋으나 콘덴서가 2개 들어가므로 잘 안 쓰임)

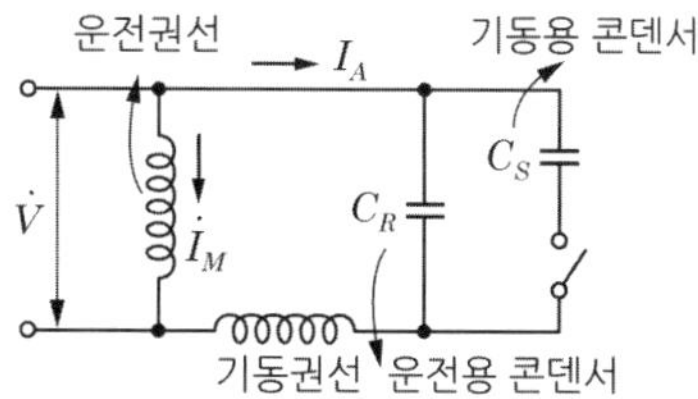

마. 셰이딩 코일형 단상 유도 전동기

① 고정자에 돌극을 만들고 여기에 셰이딩 코일이라는 구리로 만든 단락 코일 끼워 넣는다. 이 코일이 이동 자계를 만들어 그 방향으로 회전한다.

② 슬립이나 속도 변동이 크고 효율이 낮아, 아주 작은 전동기에 한하여 사용되고 있다.

③ 테슬라가 만든 세계 최초의 단상 유도 전동기

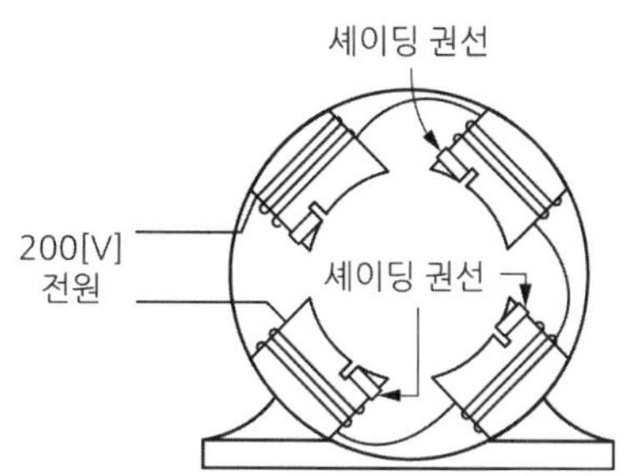

바. 반발 기동형 단상 유도 전동기(2020년 3회, 34번)

회전자에 직류 전동기 같이 전기자 권선과 정류자를 갖고 있고 브러시를 단락하면 기동 시에 큰 기동 토크를 얻을 수 있는 전동기이다.

3 단상 유도 전동기의 기동 토크의 세기(2019년 4회, 26번)

반발 ㉠동형 > 반발 ㉡도형 > 콘덴서 형 > 분상 기동형 > 세이딩 코일형

※ 암기법

① '반발'이 기동 토크가 가장 크고 그중에서 ㉠이 먼저이다.

② 세일딩 코일형은 테슬라가 최초로 만든 단상 유도 전동기로 역률도 나쁘고 가장 힘이 약하다.

CHAPTER 05

Craftsman Electricity

정류기 및 제어 기기

개 요

전기 기기는 대부분 주파수 60[Hz], 전압 220[V]인 사용 전원을 공급받아 동작하게 만들어진다. 그러나 최근 다양한 성능을 가진 전기 기기가 제작되고 사용되고 있다. 이러한 특정한 동작을 하도록 제어하기 위해서는 사용 전원과 다른 크기의 주파수와 전압의 조정이 필요하며, 특히 직류 전원이 필요할 수도 있다. 기본적으로 교류를 직류로 바꾸어 주는 장치를 정류기라 하고, 이와 같이 전원의 형태를 변화시켜주는 장치를 전력변환기라 하며, 전력용 반도체 소자를 적절히 조합해서 만들어진다.

1 정류용 반도체 소자

1 반도체

가. 재료(2018년 4회, 34번)

고유 저항값 $10^{-4} \sim 10^{6}[\Omega \text{m}]$을 가지는 물질로 실리콘(Si), 게르마늄(Ge), 셀렌(Se), 산화동(Cu_2O) 등이 있다.

나. 온도 특성

온도가 증가하면 저항이 감소하는 부(－) 특성을 갖는다.

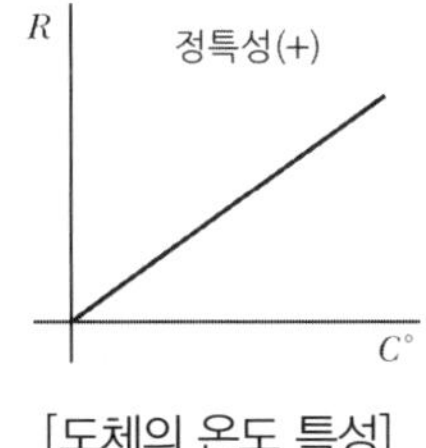

[도체의 온도 특성]

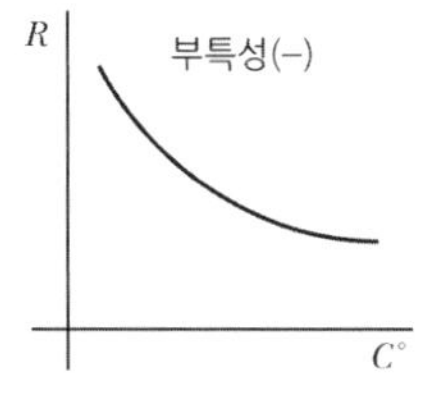

[반도체, 부도체의 온도 특성]

다. 진성 반도체

실리콘(Si)이나 게르마늄(Ge) 등과 같이 불순물이 섞이지 않은 순수한 반도체

라. 불순물 반도체

진성 반도체에 3가 또는 5가 원자를 소량으로 혼입한 반도체로 하면 진성 반도체와 다른 전기적 성질이 나타낸다. 불순물 반도체에는 N형과 P형 반도체가 있다.

구분	첨가 불순물	명칭	반송자
N형 반도체 (2019년 1회, 21번)	5가 원자 (인 P, 비소, 안티몬 S_b)	도너 (Donor)	(−)전자에 의해 전류가 흐름
P형 반도체	3가 원자 (붕소 B, 인디움 In, 갈륨 Ga, 알루미늄 Al)	억셉터 (Acceptor)	(+)정공에 의해 전류가 흐름

※ N형, P형 반도체 암기법
N형 반도체 : 오(5)~비 가 와서 안 쪽까지 다 젖었네
P형 반도체는 피부인간 알어?

• 정공 : 자유전자의 부족

2 PN 접합 반도체의 정류 작용(다이오드)

가. 정류 작용(교류를 직류로 바꾸어 주는 작용)(2018년 1회, 35번)

전압의 방향에 따라 전류를 흐르게 하거나 흐르지 못하게 하는 정류 특성을 가진다. 다이오드는 교류를 직류로 변환하는 대표적인 정류 소자이다.

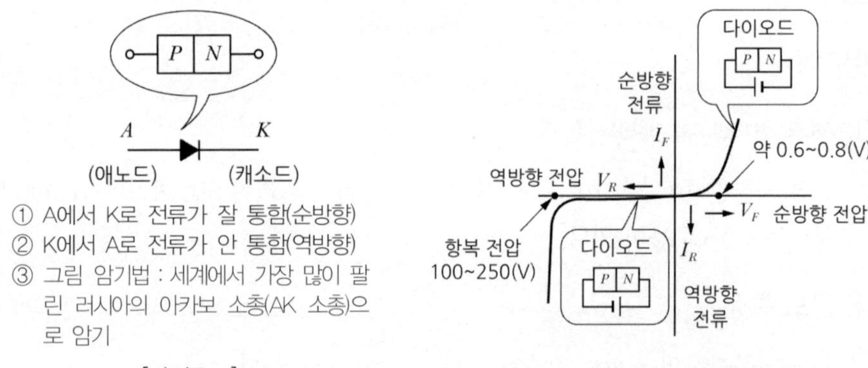

[다이오드] [다이오드의 전압－전류 특성]

나. 다이오드의 전압－전류 특성 곡선(단방향 2단자 소자)＝(역저지 2단자 소자)

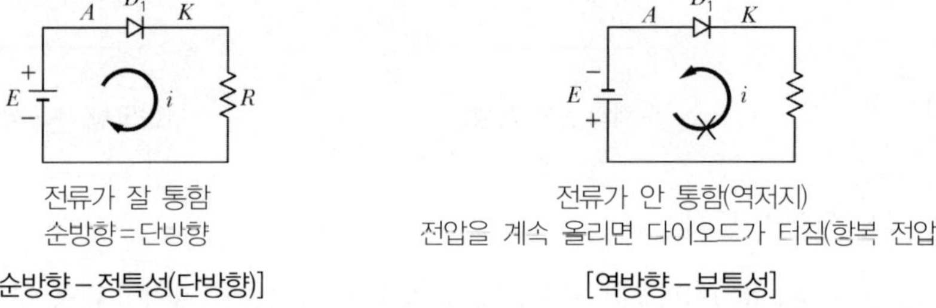

[순방향－정특성(단방향)] [역방향－부특성]

2 각종 정류 회로 및 특성

정류 회로 : 교류를 직류로 바꾸어 주는 회로이다.

1 단상 정류 회로(2023년 1회, 25번)

가. 다이오드 1개를 이용한 단상 반파 정류 회로

입력 전압의 (+) 반주기만 통전하여(순방향 전압) 반파만 출력된다. 직류 출력값은 교류의 평균값으로 표시

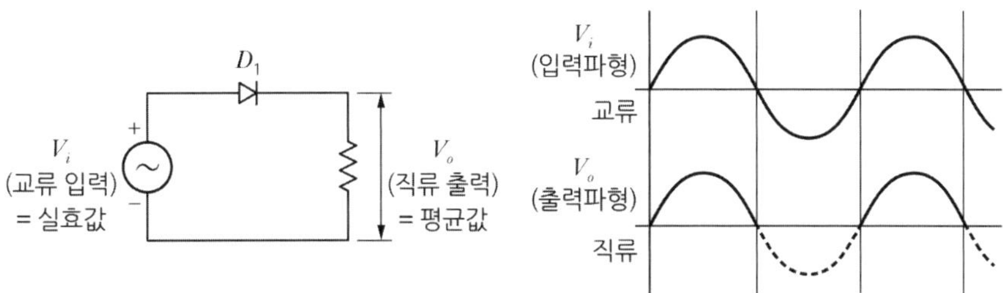

[Diode 1개를 이용한 반파 정류 회로]

① 반파 정류 효율 $\eta = \dfrac{P_{dc}}{P_{ac}} = 40.6\,[\%]$ (2020년 3회, 30번)

② 반파 직류 전압의 평균값 $E_{dc} = \dfrac{2V_m}{\pi} \times \dfrac{1}{2} = \dfrac{V_m}{\pi} = \dfrac{\sqrt{2}\,V}{\pi} = 0.45\,V$ V_m : 최댓값 V : 실효값

암기법 : 교류 전파의 평균값은 실효값의 90[%]이므로, 반파 평균값은 실효값의 45[%]라고 암기하면 편하다.(전기이론 66쪽, 표 참조)

③ 반파 직류 전류의 평균값 $I_{dc} = \dfrac{\text{직류 전압의 평균값}}{\text{부하 저항}} = \dfrac{V_{dc}}{R}$

④ 반파 PIV(첨두 역 전압) = $\sqrt{2}\,V$(V는 교류 입력의 실효값이며, $\sqrt{2}\,V$는 파형의 최댓값)

나. 다이오드 4개를 이용한 단상 전파 정류 회로

① 다이오드 4개를 이용한 단상 전파 정류 회로 1(2020년 3회, 40번)

- 입력 전압의 (+, −) 반주기 동안에는 D_1, D_4 통전하고, (⊕, ⊖) 반주기 동안에는 D_2, D_3 통전하여 전파 출력된다. 직류 출력 전압은 교류 평균값 = 직류값
- 입력 전압은 ⊕, ⊖가 바뀌지만 출력 측은 ⊕, ⊖가 일정하다(직류).

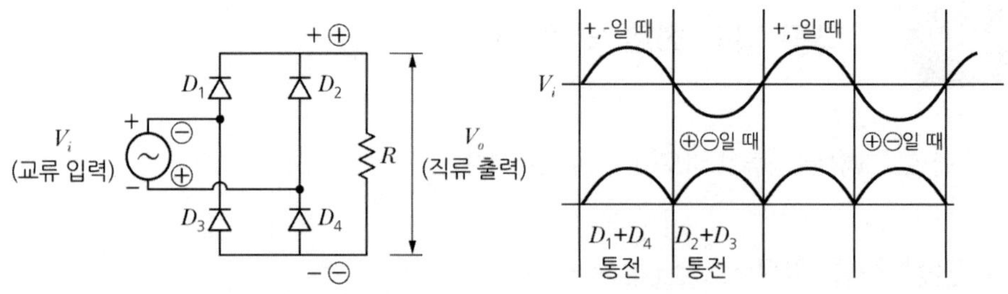

[Diode 4개를 이용한 전파 정류 회로 1]

② 다이오드 4개를 이용한 단상 전파 정류 회로 2

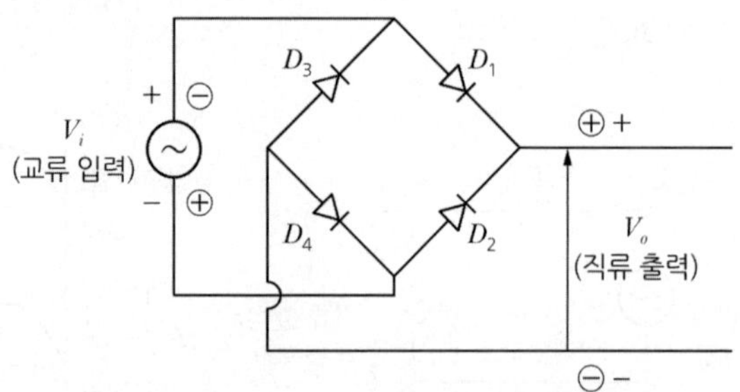

[Diode 4개를 이용한 전파 정류 회로 2]

③ 다이오드 2개를 이용한 단상 전파 정류 회로

다이오드 2개를 사용한 전파 정류 회로는 아래와 같고, 출력 전압은 위의 경우와 동일하다.

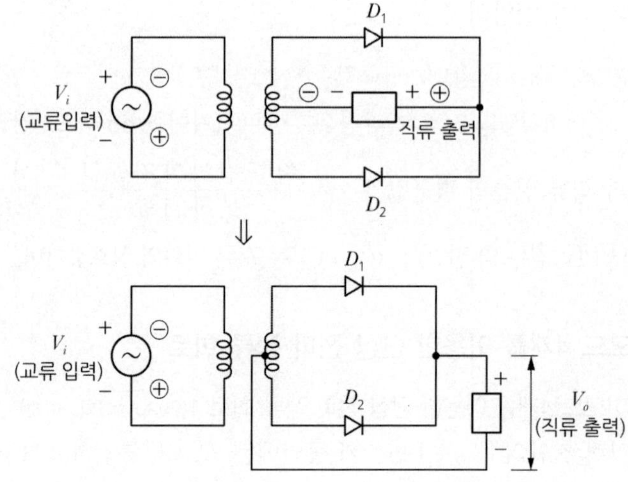

[Diode 2개를 이용한 전파 정류 회로]

㉠ 전파 직류 전압의 평균값 $E_{dc} = \frac{2V_m}{\pi} = \frac{2\sqrt{2}V}{\pi} = 0.9V$

V_m : 최댓값
V : 실효값

㉡ 전파 직류 전류의 평균값 $I_{dc} = \frac{\text{직류 전압의 평균값}}{\text{부하 저항}} = \frac{V_{dc}}{R}$

㉢ 전파 PIV(첨두 역 전압) $= \sqrt{2}V$(브릿지 정류기), $2\sqrt{2}V$(다이오드 2개)

2 3상 정류 회로

가. 3상 반파 정류 회로

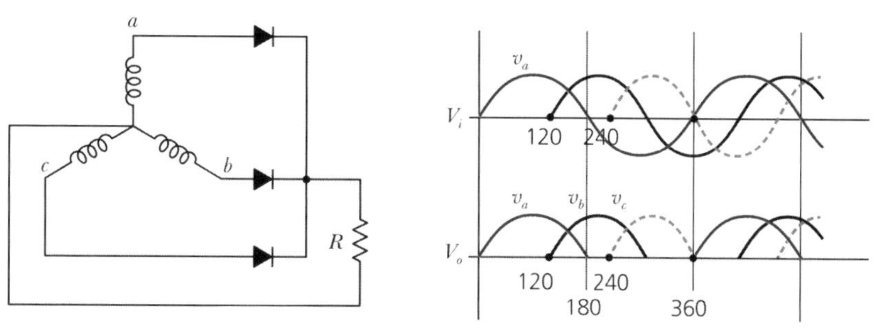

[3상 반파 정류 회로]

① 직류 전압의 평균값 : $V_d = 1.17V$(V= 교류 3상 전원 중 1상의 실효값)

② 직류 전류의 평균값 : $I_d = 1.17\frac{V_d}{R}$

나. 3상 전파 정류 회로

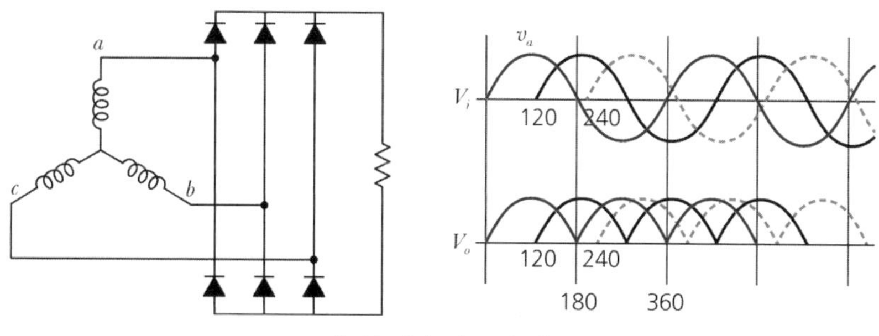

[3상 전파 정류 회로]

① 직류 전압의 평균값 : $V_d = 1.35V$ (V= 교류 3상 전원 중 1상의 실효값)

② 직류 전류의 평균값 : $I_d = 1.35\frac{V}{R}$

3 각종 파형의 전파, 반파의 평균값

구형파, 정현파, 삼각파 파형에 대한 값은 다음과 같다(V_m : 최댓값).

파형	전파 파형	전파		반파 파형	반파	
		실효값	평균값		실효값	평균값
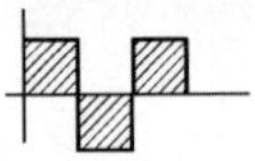	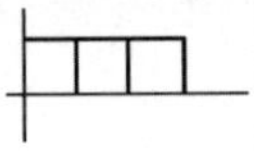	$\dfrac{V_m}{\sqrt{1}}$	$\dfrac{V_m}{\sqrt{1}}$	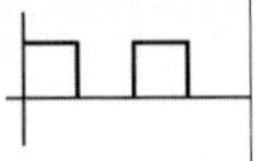	전파 실효값 $\times \dfrac{1}{\sqrt{2}}$	전파 평균값 $\times \dfrac{1}{2}$
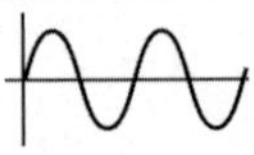	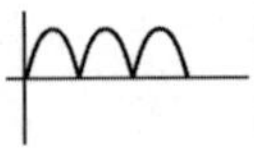	$\dfrac{V_m}{\sqrt{2}}$	$\dfrac{2V_m}{\pi}$	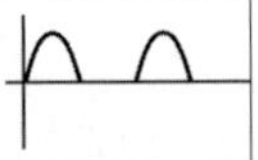	$\times \dfrac{1}{\sqrt{2}}$	$\times \dfrac{1}{2}$
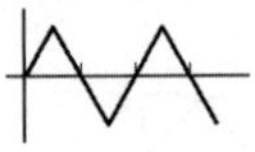	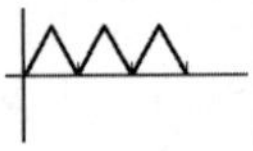	$\dfrac{V_m}{\sqrt{3}}$	$\dfrac{V_m}{2}$	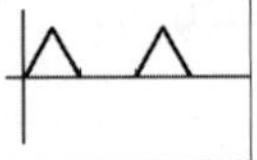	$\times \dfrac{1}{\sqrt{2}}$	$\times \dfrac{1}{2}$
3상 반파						$E_d = 1.17E$ ($E_d = 1\phi$의 실효값)
3상 전파			$E_d = 1.35E$			
정류를 한 다음의 직류 파형의 값은 평균값으로 표시한다.						

4 맥동률

가. 정의

정류된 직류에 포함되는 교류 성분의 정도로서, 맥동률이 작을수록 직류의 품질이 좋아진다.

나. 맥동률이 가장 작은 것

정류 회로 중 3상 전파 정류 회로가 맥동률이 가장 작다.

다. 전압 맥동률 표현식(1414로 암기)

$$\text{전압 맥동률} = \frac{\text{출력 전압에 포함된 교류 성분의 실효값}}{\text{출력 전압의 직류 평균값}} \times 100$$

① 단상 반파 정류 회로의 맥동률=①21[%]

② 단상 전파 정류 회로의 맥동률=④8[%]

③ 3상 반파 정류 회로의 맥동률=①7[%]

④ 3상 전파 정류 회로의 맥동률=④[%]

5 맥동 주파수(1236으로 암기)

가. 단상인 경우

① 반파 정류인 경우 : 인가 주파수×①=맥동 주파수
② 전파 정류인 경우 : 인가 주파수×②=맥동 주파수

나. 3상인 경우

① 3상 반파 정류 : 인가 주파수×③=맥동 주파수(2019년 4회, 33번)
② 3상 전파 정류 : 인가 주파수×⑥=맥동 주파수(2018년 4회, 28번)

6 정류 효율

$$\eta = \frac{\text{부하에 공급된 직류 전력}}{\text{교류 입력 전력}} \times 100$$

① 반파 정류 회로의 정류 효율=0.4(40[%]로 암기)
② 전파 정류 회로의 정류 효율=0.8(80[%]로 암기)

3 제어 정류기

1 사이리스터(SCR)(2023년 1회, 27번)

가. 특성

[SCR의 구조] [단방향 3단자 소자인 SCR]

① PNPN의 4층 구조로 된 사이리스터의 대표적인 소자로서 양극(Anode), 음극(Cathode) 및 게이트(Gate)의 3개 단자를 가지고 있다. 게이트에 흐르는 작은 전류로 큰 전력을 제어할 수 있다(단 방향 3단자 소자). → 러시아의 AK 소총으로 암기
② **용도** : 교류의 위상 제어를 필요로 하는 조광 장치, 전동기의 속도 제어에 사용된다.

나. SCR 결선 및 입출력 파형(2017년 1회, 40번)

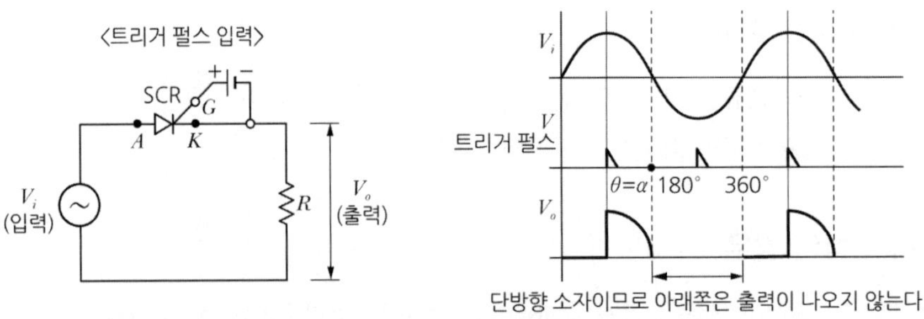

[SCR의 결선과 입 · 출력 파형]

다. 동작 원리

① 위상각 $\theta = \alpha$되는 점에서 <u>SCR의 게이트에 트리거 펄스를 가해 주면</u> 그때부터 SCR은 통전 상태가 되고, 직류가 흐르기 시작한다. $\theta = \pi$에서 전압이 음(−)으로 되면, SCR에는 역으로 전류가 흐를 수 없어서 이때부터 SCR은 소호(동작 중지)된다. 다음 주기의 전압이 양(+)으로 되고, 게이트에 신호가 가해지기 전까지는 직류 측 전압은 나타나지 않는다.

② 제어 정류 작용

게이트에 의하여 점호 시간을 조정할 수 있으므로 단순히 교류를 직류로 변환할 뿐 아니라, 점호 시간을 변화함으로써 출력 전압을 제어할 수 있다.

2 전력용 반도체 소자의 기호와 특성 및 용도

명칭	기호	동작 특성 및 용도
다이오드	A K (애노드) (캐소드)	정류 회로용 PN접합 소자 [순방향 2단자 소자]
제너 다이오드	A K (애노드) (캐소드)	제너 다이오드는 정전압을 얻을 목적으로 항복 전압이 크게 낮아지도록 설계(정전압 다이오드)(2019년 1회, 23번)
트랜지스터TR	C(콜렉터) (게이트) G E(에미터) [NPN TR] C(콜렉터) (게이트) G E(에미터) [PNP TR]	화살표는 ① 전류의 방향 ② N의 방향 ③ 에미터 E의 방향을 나타낸다. 증폭, 스위칭 작용을 한다.[순방향 3단자 소자]=[단방향 3단자 소자]=[역저지 3단자 소자] (2019년 3회, 40번)

명칭	기호	동작 특성 및 용도
UJT	E, B_2, B_1	접합부가 1개인 TR이며 매우 안정적인 (−)저항 특성을 가지고 톱니파 발생기나 펄스 발생기 등에 이용. PUT RK 나옴에 따라 쓰임새가 줄어들었다.
FET	D, G, S	전계 효과(電界效果) 트랜지스터. 트랜지스터의 일종이지만, 일반 트랜지스터가 전류를 증폭시키는 데 비해 FET는 전압을 증폭시킨다.
다이액 [Diac]	A_1, A_2	다이오드 2개를 역병렬로 접속한 것과 등가로 게이트 트리거 펄스용으로 사용. 약 25~40[V]에 동작 양방향 트리거 다이오드라고도 한다.[양방향 2단자 소자]
SCR	G, A, K	순방향으로 전류가 흐를 때 게이트 신호에 의해 스위칭 하며, 역방향은 흐르지 못한다.[단방향 3단자]=[역저지 3단자 사이리스터] (2020년 3회, 26번)
TRIAC	T_2, T_1	사이리스터 2개를 역병렬로 접속한 것과 등가, 양방향으로 전류가 흐르기 때문에 교류 스위치로 사용[양 방향 3단자 사이리스터] (2017년 3회, 29번)
GTO	A, K	게이트 턴 오프 스위치로 게이트에 역방향으로 전류를 흘리면 자기 소호하는 사이리스터. 전력용 반도체 소자의 일종. 게이트 신호로 파워 회로 on, off를 자유로 제어 가능. 내압과 제어(可制御) 전류가 큰 것이므로, 유도 전동기 구동용 PWM 제어 VVVF 인버터, 차량의 보조 전원, 차단기(遮斷器), 지상의 자려식(自勵式) 변환기 등에 사용된다.(2019년 2회, 22번)
PUT (SUS)	A, K, G	UJT와 거의 같은 동작을 하며 PUT는 programable UJT의 약어이다. 감도가 높고 작은 전력의 동작이 가능하다. [단방향 3단자 소자]
SBS	T_1, G, T_2	위의 SUS는 단방향 소자 이것은 다이액과 마찬가지로 양방향 스위치 이며 SCR과 제너 다이오드로 구성되어 있다.
SCS	G_K, A, K, G_A	pnpn 4층의 각 층에서 단자를 낸 4단자 역저지 사이리스터이다.
IGBT	$D(C)$, G, $S(E)$	입력은 MOSFET로 만들어 속도를 빠르게 하고, 드라이브도 쉽게 할 수 있도록 만들고 출력부분은 TR로 구성해서 고압, 대전류에서 손실이 최소화 되도록 만든 것 전력 계통에 많이 사용. 고속 인버터, 고속 초퍼 등에 이용(자기 소호)(2019년 3회, 38번)

3 방향성에 따른 소자

① 양 방향성(쌍 방향성) 소자 : DIAC, TRIAC, SSS

② 역 저지(단 방향성) 소자 : DIODE, SCR, LASCR, GTO, SCS, PUT

4 단자 수에 따른 소자

① 2 단자 소자 : DIODE, DIAC, SSS

② 3 단자 소자 : SCR, LASCR, TRIAC, GTO, PUT

③ 4 단자 소자 : SCS

4 제어 기기 및 제어 장치

1 변환 장치

회로망 변환기라고도 한다. 신호 변환의 경우에는 흔히 트랜스듀서 센서(transducer sensor)라고 하며, 전력분야에서는 교류와 직류 간의 변환, 교류의 주파수 상호 변환, 상수(相數) 변환 등을 하는 장치를 말한다. 좁은 뜻으로는 ① 교류 → 직류의 변환을 컨버터, ② 직류 → 교류의 변환을 인버터, ③ 어느 주파수에서 다른 주파수로의 변환(교류 → 교류)을 사이클로 컨버터, ④ 직류 → 직류 변환 장치를 초퍼로 구별한다.

가. 교류 → 직류 변환 장치(AC-DC Converter : 순변환 장치)

정류 회로라 하며 순변환 장치이다.

나. 교류 → 교류 변환 장치(Cyclo Converter : 사이클로 컨버터)

① 주파수 및 전압의 크기까지 바꾸는 교류-교류 전력제어 장치이다.

② 주파수 변환 방식에 따라 직접식과 간접식이 있다.

㉠ 간접식 : 정류기와 인버터를 결합시켜서 변환하는 방식

㉡ 직접식 : 교류에서 직접 교류를 변환시키는 방식으로 사이클로 컨버터라 한다.

다. 직류 → 교류 변환 장치 : 인버터 회로(DC - AC Converter : 역변환 장치)

① **인버터의 원리**(2019년 4회, 24번)

㉠ 직류를 교류로 변환하는 장치를 인버터(Inverter) 또는 역변환 장치라고 한다.

㉡ 종류 : 단상 인버터, 3상 인버터

② 트랜지스터를 이용한 인버터 회로(입력은 직류, 출력은 유도 전동기에 들어가는 교류)

③ 위상 제어를 위해서는 트랜지스터 대신에 SCR을 이용하면 된다.

라. 직류 → 직류 변환 장치(DC - DC Converter : 초퍼 회로)(2018년 4회, 22번)

① 초퍼(Chopper)는 직류를 다른 크기의 직류로 변환하는 장치이다.

② 전압을 낮추는 강압형 초퍼와 전압을 높이는 승압형 초퍼가 있다.

③ 주로 SCR, GTO, 파워 트랜지스터 등이 이용되나, SCR은 정류 회로가 부착되어야 하고 신뢰성 등의 문제가 있어, 별로 이용되지 않고 있다.

P/A/R/T

03

전기설비

(20문제/60문제 중)

[전기설비]는 '전기기능사' 3과목 중 가장 쉽고 점수를 많이 받을 수 있는 과목이므로 설명 외에 문제를 많이 수록하였습니다.
(20문제 중 16문제 이상을 맞도록 해야 합니다.)

CHAPTER Craftsman Electricity

01 전선 및 케이블

1 전선

1 전선 재료의 구비 조건(2019년 1회, 41번)

가. 도전율이 클 것(전기를 잘 통할 것)
나. 기계적 강도가 클 것
다. 가선 공사가 쉬울 것
라. 내후성이 클 것
마. 비중이 작을 것
(가벼울 것. 비중의 기준은 물=1)
바. 가격이 쌀 것

한국전기설비규정(KEC)–전선 식별(색상)

① 전선의 색상은 다음 표에 따른다.

상(문자)	색상
L1	갈색
L2	흑색
L3	회색
N(중성선)	청색
보호도체(접지선)(PE)	녹색–노랑 줄무늬

② 직류 도체의 색상(2023년 1회, 42번)

상(문자)	색상
L+	적색
L–	백색
N(중성선)	청색

2 전선의 구별

가. 절연물에 따라

① 나전선 ② 절연 전선 ③ 케이블

나. 가닥 수에 따라

① 단선 : 한 가닥으로 이루어진 전선, 전선의 크기는 공칭 단면적[mm^2](스퀘아)로 표시한다.

② 연선 : 여러 가닥으로 이루어진 전선. 가운데 소선을 중심으로 한 층마다 6의 배수로 증가

- 총 소선 수 $N = 3n(n+1)+1$. 또는 중심 소선수를 빼고, 6의 배수+1(중심 소선)
- 바깥지름 $D = (2n+1) \cdot d$[mm], n : 층수

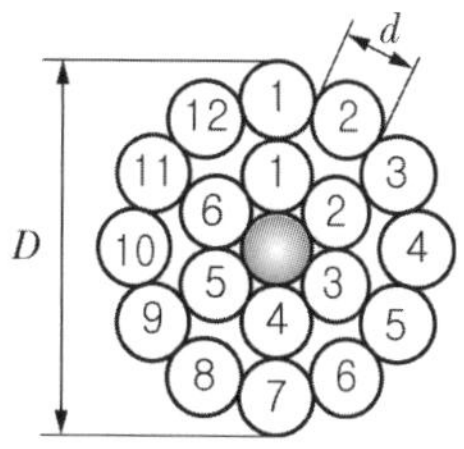

[연선의 단면]

다. 재질에 따라

① **연동선** : 구리(동)에 불순물이 적게 들어 있어 도전율이 크고, 재질이 연함 – 가요성이 우수하여 옥내배선 공사에 사용(2019년 2회, 54번)

② **경동선** : 구리(동)에 불순물이 많이 들어 있어 재질이 강함 – 외선공사에 사용(OW, DV 전선)

3 전선 종류

번호	약호	명칭
1	NR	450/750[V] 일반용 단심 비닐 절연 전선(2019년 4회, 41번) Single core Ⓝon-sheathed Ⓡigid
2	NF	450/750[V] 일반용 유연성 단심 비닐 절연 전선 flexible
3	HR	450/750[V] 이하 고무 절연 전선 Rubber Insulation
4	OW	옥외용 비닐 절연 전선 Out-door wire
5	DV	인입용 비닐 절연 전선(2020년 1회, 46번) Drop-vinyl
6	FL	형광 방전등용 전선 Fluorescent light
7	N	네온 전선(7.5[kV]N–RV, 7.5[kV] 고무 비닐 네온 전선) Insulated wire for neon tube
8	IV	600[V] 비닐 절연 전선 In-door PVC Ⓘnsulated wire Ⓥinyl
9	HIV	내열용 비닐 절연 전선(2019년 2회, 53번) Ⓗeat-resitant
10	IC	600[V] 폴리에틸렌 절연 전선 Polyethylene insulated wire
11	HFIX	저독성 절연전선 Halogen free flame-retardant crosslinked Polyolefin insulation wire

• 450/750[V] 는 단상 450[V] 이하, 3상 750[V] 이하에 사용한다는 뜻임.

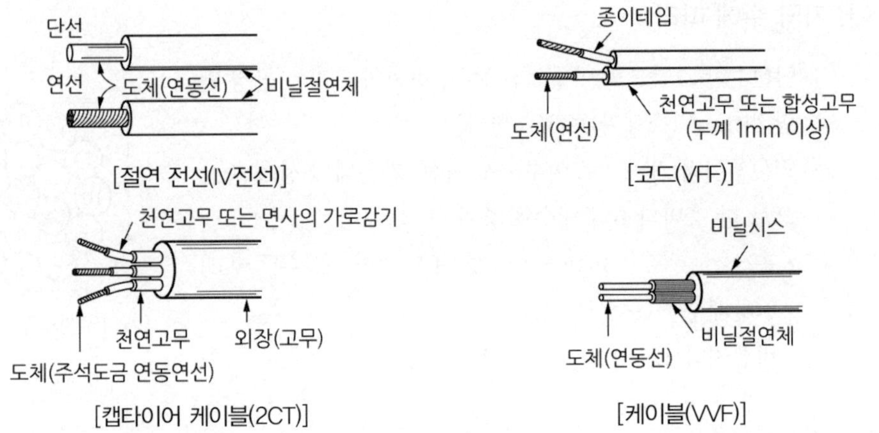

4 허용 전류(KS C IEC 60364－5－52 "부속서 B"에 의한 선종별 굵기 선정)

5 코드(2019년 4회, 60번)

- 금실 코드 : 전기 이발기, 면도기(가요성 우수, 전류 0.5[A] 이하)
- 심선별 색깔 : 갈, 흑, 회, 청, 녹+황
- 가요성 : 휘어짐의 정도를 말한다. '가요성이 우수'하다는 뜻은 잘 구부러지고 잘 휘어진다는 뜻임.

2 케이블

1 케이블 : 절연과 강도를 보강한 전선

가. 케이블의 종류

VV	0.6/1kV 비닐 절연 비닐 시스 케이블
CVV	0.6/1kV 비닐 절연 비닐 시스 제어 케이블
EV	폴리에틸렌 절연 비닐 시스 케이블
VCT	캡타이어 케이블

① 비닐 절연 비닐 시스 케이블(VV)

구리선을 비닐로 절연하고 비닐로 싼(Sheath) cable

② 캡타이어 케이블(VCT)

- 순고무 30[%] 이상을 함유한 고무 혼합물로 피복. 이동용 전선용으로 편함 (광산, 농사, 공장, 무대, 수중 등에 사용, 가요성이 좋다)
- 5심까지 있다. 심선별 색깔 : 갈, 흑, 회, 청, 녹+황
- 이동 전선용에는 전선 굵기 0.75[mm^2] 이상을 사용한다.

기출문제

01 선이 구비해야 될 조건으로 옳지 않은 것은?

① 도전율이 커야 한다.
② 기계적인 강도가 강해야 한다.
③ 비중이 커야 한다.
④ 내구성이 있어야 한다.

풀이 비중의 기준은 물이다. 물을 1로 놓고, 물에 뜨는 것은 '가볍다'라고 말하고, 물에 가라앉을 것 같으면 '무겁다'라고 표현한다. 전선은 가벼워야 하므로 비중이 작아야 한다.

정답 ③

02 공칭 단면적을 설명한 것 중 관계가 없는 것은?

① 전선의 실제 단면적과 같다.
② 단위를 [mm^2]로 나타낸다.
③ 전선의 굵기를 표시하는 호칭이다.
④ 계산상의 단면적은 별도로 있다.

풀이 아래 연선을 보면 공칭 단면적(구리선 외의 공간이 있음)은 실제 구리선의 단면적보다 크다.

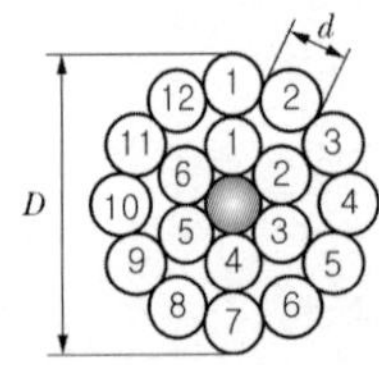

[연선의 단면]

정답 ①

03 다음 연선의 소선 수 표시 중 틀리는 것은?

① 91
② 61
③ 39
④ 19

풀이 연선은 6의 배수+1. 39÷6=36, 3이 남으므로 틀렸음.

정답 ③

04 옥내 배선에 많이 사용하는 전선으로 가요성이 크고 전기 저항이 작은 구리선은?

① 경동선
② 단선
③ 연동선
④ 강심 알루미늄 연선

풀이 가요성이 크다는 것은 딱딱하지 않고 잘 휘어진다는 뜻이며, 연동선은 구리에 불순물이 적어 가요성이 크다. 경동선은 불순물이 많아 딱딱하여 옥외 전선으로 사용한다.

정답 ③

기출문제

05 0.6/1[kV] 비닐 절연 비닐 시스 케이블의 약호는?

① PV ② PN ③ VCT ④ VV

정답 ④

06 옥외용 비닐 절연 전선의 약호는?

① OW ② DV ③ NF ④ VV

풀이 OW : Out door wire

정답 ①

07 인입용으로 쓰이는 전선은 어느 것인가?

① NR 전선 ② DV 전선
③ NF 전선 ④ OW 전선

풀이 DV : Drop Vinyl

정답 ②

08 절연 전선의 표면에 1,000[V] FL의 기호가 있는 것은?

① 고무 클로로프렌 전선 ② 형광 방전등 전선
③ 평형 비닐 외장 케이블 ④ 네온 방전등 전선

풀이 FL : Fluorescent Light

정답 ②

09 폴리에틸렌 절연 비닐 시스 케이블의 약호는?

① DV ② EE ③ EV ④ OW

정답 ③

10 네온 전선 중 7.5[kV] N-RV 전선의 명칭은 다음 중 어느 것인가?

① 7.5[kV], 고무, 비닐, 네온 전선
② 7.5[kV], 고무, 클로로프렌, 네온 전선
③ 7.5[kV], 폴리에틸렌, 비닐, 네온 전선
④ 7.5[kV], 비닐, 네온 전선

풀이 7.5[kV] N-RV : 7500[V]까지 견딜 수 있는 Neon-Rubber Vinyl 전선

정답 ①

기출문제

11 전선 약호가 CN－CV－W인 케이블의 품명은?

① 동심 중성선 수밀형 전력 케이블
② 동심 중성선 차수형 전력 케이블
③ 동심 중성선 수밀형 저독성 난연 전력 케이블
④ 동심 중성선 차수형 저독성 난연 전력 케이블

풀이 ②번 : 동심 중성선 차수형 전력케이블 (CN/CV)

㉮ 특징 : PVC 시스가 손상된 채로 케이블이 물에 1m 이내로 잠길 경우에 케이블 내부로 물이 침투하는 길이가 최대 1.5m 이내임
㉯ 용도 : 22.9[kV] 중성선 직접접지 또는 다중접지의 3상 4선식 배전선로에 사용되며, 직매 관로 덕트 및 트레이 등의 장소에 적합

①번 : 동심 중성선 수밀형 전력케이블 (CN/CV-W)

㉮ 특징 : 22.9[kV] 동심중성선 차수형 전력케이블(CN/CV)의 특성을 모두 만족함. 0.5 기압이하의 수압에서 도체 틈 사이로 물이 관통하지 않음.
㉯ 용도 : 22.9[kV] 중성선 직접접지 또는 다중접지의 3상 4선식 배전선로에 사용되며, 옥외 수직 입상부 장소에 적합

③번, ④번 : 동심 중성선 수밀형 무독성 난연 전력케이블 (FR CNCO-W)

㉮ 특징 : 22.9[kV] 동심중성선 수밀형 전력케이블(CN/CV-W)의 특성을 모두 만족함
IEEE 383 & IEC 332-3의 수직 트레이 난연 특성을 만족함.
㉯ 용도 : 22.9[kV] 중성선 직접접지 또는 다중접지의 3상 4선식 배전선로에 사용되며, 전력구 공동구 변전소 구내 및 건물내부의 장소에 적합함

정답 ①

12 소기구용으로 전류는 0.5[A]이고 전기 이발기, 전기면도기 등으로 이용되는 코드는 무엇인가?

① 고무 코드　② 금실 코드
③ 극장용 코드　④ PE 코드

정답 ②

13 다음 중 고무 코드선의 4심 색깔로 옳은 것은?

① 흑, 백, 적, 황　② 갈, 흑, 회, 녹+황
③ 흑, 백, 적, 청　④ 흑, 백, 회, 적

정답 ②

14 4심 코드의 색깔 중 접지선의 색으로 옳은 것은?

① 녹색+황색　② 녹색+청색　③ 녹색+백색　④ 녹색+적색

정답 ①

기출문제

15 옥내에 시설하는 사용 전압이 400[V] 이상인 저압의 이동 전선은 0.6/1[kV] EP고무 절연 클로로프렌 캡타이어 케이블로서 단면적이 몇 [mm^2] 이상이어야 하는가?

① 0.75[mm^2] ② 2[mm^2] ③ 5.5[mm^2] ④ 8[mm^2]

정답 ①

16 4심 캡타이어 케이블 심선의 색별로 옳은 것은?

① 흑, 백, 적, 청
② 회, 흑, 갈, 청
③ 갈, 흑, 회, 청
④ 흑, 갈, 회, 청

정답 ③

17 다선식 옥내 배선인 경우의 중성선의 색깔은?

① 흑색 ② 백색 ③ 청색 ④ 녹색

정답 ③

18 저압 옥내 배선에서 전구선과 이동 전선 및 진열장 내의 배선공사는 단면적 몇 [mm^2] 이상의 코드 또는 캡타이어 케이블을 사용하는가?

① 0.75 ② 1.25 ③ 2.5 ④ 3.0

풀이 저압 옥내 배선에 사용하는 전선은 2.5[mm^2] 이상의 연동 절연 전선(단, ow 제외). 전구선과 이동 전선의 진열장 내의 배선 공사는 단면적 0.75[mm^2] 이상의 코드 또는 캡타이어 케이블

정답 ①

CHAPTER 02

배선 재료, 공구, 스위치 접점 표시 방법

1 스위치

1 점멸 스위치

① **텀블러 스위치** : 노출형, 매입형

② **캐너피 스위치** : 전등 기구의 플랜지에 붙이는 점멸 스위치

③ **누름 버튼 스위치** : 버튼을 눌러서 점멸하는 스위치

④ **코드 스위치** : 중간 스위치라고도 하며 전기담요 등의 코드 중간에 접속하여 사용한다.

⑤ **조광 스위치** : 빛의 밝기를 조정할 수 있는 스위치, 로터리 스위치의 일종이다.

⑥ 팬던트 스위치

[매입형 텀블러 스위치]

[캐너피 스위치]

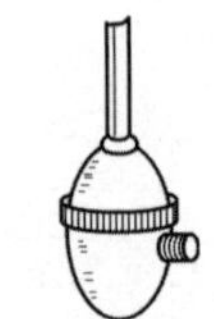

[팬던트 스위치]

2 자동 스위치

① **마그네트 스위치** : 과부하 뿐만 아니라 정전 시나 저전압 시에도 자동적으로 차단되어 전동기의 소손을 방지하는 스위치

② **타임 스위치** : ㉮ 주택, 아파트 현관 : 3분 이내 소등
㉯ 호텔, 여관 현관 : 1분 이내 소등

③ **플로트레스 스위치(Floatless Switch(FTS), 부동 스위치)**(2019년 2회, 57번)

- 수조의 물 수위 조절용
- float 는 화장실 변기 속에 있는 물 조절용 부레이고, less 는 '없다'는 뜻이다.

④ **수은 스위치** : 냉, 온방 기기의 온도 조절용

[멀티 탭]

3 멀티 탭 : 하나의 콘센트에 두, 세 가지 기구 접속

4 소켓

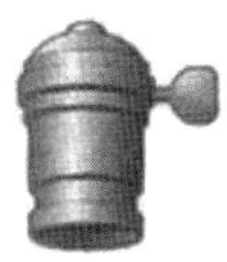
[키 소켓]

[키리스 소켓]

[리셉터클]

[분기 소켓]

- 키리스(keyless) 소켓 : key가 없으므로 먼지 많은 곳, 폭발의 위험이 있는 곳에 사용(스위치를 동작시킬 때 불꽃이 튀어 가스가 많은 곳에서 폭발이 일어나는 것을 방지) (2017년 1회, 46번)
- 백열 전등의 전구 소켓은 키나 그 밖의 점멸 기구가 없는 것일 것
- 리셉터클 : 백열 전구를 노출로 설치할 때 사용

2 측정 기기 및 공구

1 와이어 스트리퍼

전선 피복 벗기는 공구

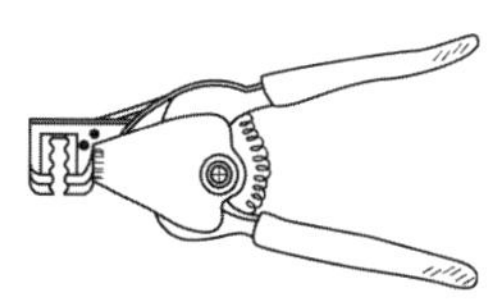
[와이어 스트리퍼]

2 토치 램프

합성 수지관(경질 비닐관) 구부리는 공구

[토치 램프로 가열하는 방법]

3 클리퍼(2017년 3회, 47번)

굵은 전선 또는 철선 절단하는 공구

[클리퍼]

4 프레셔 툴

솔더 리스 터미널, 솔더 리스 커넥터 압착 공구

5 녹아웃 펀치(홀 소)

배전반, 분전반 구멍 낼 때 사용

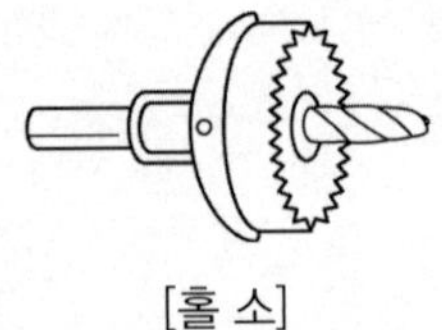

[홀 소]

6 드라이브 – 이트(drive – it) 툴(2019년 4회, 44번)

분, 배전반을 콘크리트 벽에 부착 시 사용. 대형의 권총형을 하고 있다. 내부에 화약을 충전하고, 그 폭발력을 이용한다.

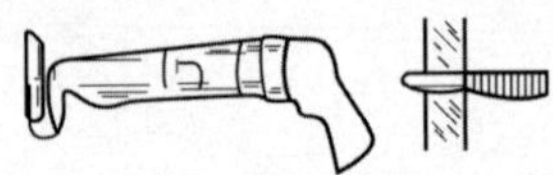

[드라이버이트 툴]

7 버니어캘리퍼스(2019년 3회, 49번)

안지름, 바깥지름, 깊이를 재는 공구

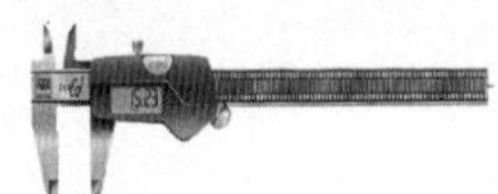

[버니어캘리퍼스]

8 와이어 게이지

전선의 굵기, 철판 두께 측정하는 기기

[와이어 게이지]

9 피시 테이프(Fish Tape)(2017년 1회, 43번)

전선관에서 전선을 넣을 때와 인출할 때 용이하도록 사용되는 평각 강철선이다. 공사 현장에서 철망 그립과 같이 사용된다(전기기능사 필기시험에 합격하고 실기에 응시하면 여러분이 지참해야 할 준비물 중의 하나이다).

3 스위치 접점 표시방법

1 접점의 종류

① a 접점(arbeit contact) : 평소에는 떨어져 있다가 조작하는 동안에만 닫히는 접점으로 도선의 위쪽 또는 오른쪽에 표시한다.

② b 접점(break contact) : 평소에는 붙어 있다가 조작하는 동안에만 떨어지는 접점으로 도선의 아래쪽 또는 왼쪽에 표시한다.

③ c 접점(change-over contact) : 절환 접점으로 a 접점과 b 접점이 같이 있는 것

2 접점의 명칭 및 심벌

명칭	심벌	
	a 접점(떨어져 있음)	b 접점(붙어 있음)
수동 조작, 수동 복귀 접점		

명칭	a 접점(떨어져 있음)	b 접점(붙어 있음)
수동 조작, 자동 복귀 접점 (푸시 버튼 스위치 안에 스프링이 있어 누를 때는 수동, 놓으면 자동 복귀)(2017년 4회, 44번)		
수동 조작, 수동 복귀 접점 (유지형)		
전자 계전기 접점 (전자석)		
자동 조작, 수동 복귀 접점 ('b' 접점이 많이 쓰이며 차단기 계통이다. 전류가 많이 흐르면 자동 차단되나 복귀 시에는 수동으로 복귀)		
한시 동작 접점 (일정 시간 후 동작, 타임 스위치)		
한시 복귀 접점 (즉시 동작하고 일정 시간 후 복귀하는 접점, 타임 스위치)		
플리커 계전기(자동차 깜박이 등) 일정시간 반복 동작–자동차나 오토바이 윙커		
리밋 스위치 (기계에 의해 동작)		
전자 계전기 접점의 입력 신호(코일)		

기출문제

01 급 · 배수 회로 공사에서 물탱크의 유량을 자동 제어하는 데 사용되는 스위치는?

① 리밋 스위치 ② 플로트리스 스위치
③ 텀블러 스위치 ④ 타임 스위치

풀이 Floatless Switch(FTS)=부동 스위치

정답 ②

기출문제

02 전동기의 자동 제어 장치에 사용되지 않은 스위치는 어느 것인가?

① 타임 스위치 ② 팬던트 스위치
③ 수은 스위치 ④ 부동 스위치

정답 ②

03 과부하 뿐만 아니라 정전 시나 저전압 시에도 자동적으로 차단되어 전동기의 소손을 방지하는 스위치는?

① 안전 스위치 ② 마그넷 스위치
③ 기동 스위치 ④ 3로 스위치

정답 ②

04 조명용 백열전등을 호텔 또는 여관 객실의 입구에 설치할 때나 일반 주택 및 아파트 각 실의 현관에 설치할 때 사용되는 스위치는?

① 타임 스위치 ② 누름 버튼 스위치
③ 토글 스위치 ④ 로터리 스위치

정답 ①

05 조명용 백열전등을 일반 주택 및 아파트 각 호실에 설치할 때 현관 등은 최대 몇 분 이내에 소등되는 타임스위치를 시설하여야 하는가?

① 1 ② 2
③ 3 ④ 4

풀이 호텔, 여관의 입구는 1분 이내 소등

정답 ③

06 하나의 콘센트에 둘 또는 세 가지의 기계 기구를 끼워서 사용할 때 사용되는 것은?

① 노출형 콘센트 ② 키리스 소켓
③ 멀티 탭 ④ 아이언 플러그

정답 ③

07 먼지가 많은 장소에 사용하는 소켓은 어느 것인가?

① 키 소켓 ② 풀 소켓
③ 분기 소켓 ④ 키리스 소켓

풀이 Keyless : less가 붙으면 없다는 뜻. 스위치를 동작시킬 때 불꽃이 튀므로 먼지가 많은 곳이나, 폭발성 가스가 있는 곳에는 키리스 소켓 사용

정답 ④

기출문제

08 소형 전기 기구의 코드 중간에 쓰이는 개폐기는 어느 것인가?

① 캐너피 스위치 ② 코드 스위치
③ 나이프 스위치 ④ 플로트 스위치

정답 ②

09 경질 비닐관(PVC)를 구부릴 때 사용되는 공구는?

① 토치 램프 ② 파이프 커터 ③ 리머 ④ 스트리퍼

정답 ①

10 전선의 굵기를 측정할 때 사용되는 것은?

① 와이어 게이지 ② 파이어 포트 ③ 스패너 ④ 프레셔 툴

정답 ①

11 녹아웃 펀치와 같은 용도로 배전반이나 분전반 등에 구멍을 뚫을 때 사용되는 하는 것은?

① 클리퍼(Cliper) ② 홀 소(hole saw)
③ 프레스 툴(pressure tool) ④ 드라이브-이트 툴(drive-it tool)

정답 ②

12 소형 분전반이나 배전반을 콘크리트에 고정시키기 위하여 사용하는 공구는?

① 드라이브이트 ② 익스팬션 ③ 스크루 앵커 ④ 홀 소

정답 ①

13 와이어 스트리퍼(wire stripper)는 무엇인가?

① 송전선 활선 공사용 공구 ② 배전 선로 시험 장비
③ 변전소 배전반 시험 장치 ④ 비닐 절연 전선 작업 공구

정답 ④

14 어미자와 아들자의 눈금을 이용하여 두께, 깊이, 안지름 및 바깥지름 측정용에 사용하는 것은?

① 버니어캘리퍼스 ② 스패너
③ 와이어 스트리퍼 ④ 잉글리시 스패너

정답 ①

15 굵은 전선을 절단할 때 사용하는 전기 공사용 공구는?

① 프레셔 툴 ② 녹아웃 펀치 ③ 파이프 커터 ④ 클리퍼

풀이 우리가 보통 자물쇠 자르는 커터(cutter)를 clipper라 한다.

정답 ④

기출문제

16 **전선에 압착 단자 접속 시 사용되는 공구는?**

① 와이어 스트리퍼　　② 프레셔 툴
③ 클리퍼　　④ 니퍼

정답 ②

17 **전기 공사에 사용하는 공구와 작업 내용이 잘못된 것은?**

① 토치 램프－합성수지관 가공하기
② 홀 소－분전반 구멍 뚫기
③ 와이어 스트리퍼－전선 피복 벗기기
④ 피시 테이프 －전선관 보호

풀이 피시 테이프(Fish Tape) : 전선관에서 전선을 넣을 때와 인출할 때 용이하도록 사용되는 평각 강철선이다. [전기기능사] 필기시험 합격 후 실기 원서를 접수하면 지참 목록에 들어간다.

정답 ④

전선 접속

1 전선의 접속 조건

① 전선 세기를 80[%] 이상 유지할 것 (20[%] 이상 감소시키지 말 것)
② 저항을 증가시키지 말 것
③ 특수(커넥터, 슬리브) 접속 외에는 납땜을 할 것

2 전선 접속 종류

가. 납땜 접속

나. 슬리브 접속

① 링 슬리브에 의한 쥐꼬리 접속은 구리선이나 알루미늄선 공용인 Al−Cu 링 슬리브를 사용한다.
② 링 슬리브를 이용한 접속

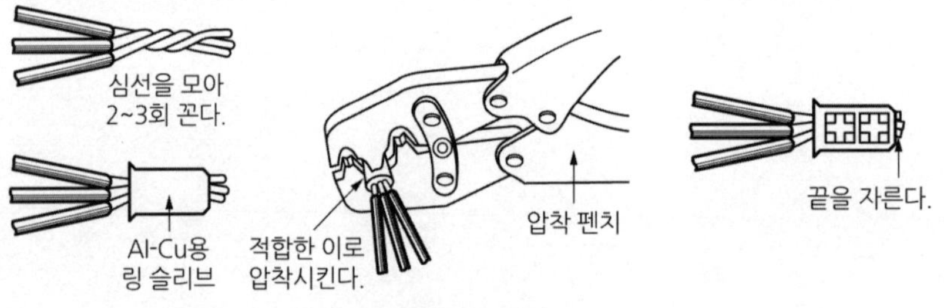

[링 슬리브를 이용한 접속]

다. 커넥터 접속

뒷면 6 정션 박스 내에서 전선 접속 참조

3 단선의 직선 접속

① **트위스트 접속** : 6[mm^2] 이하의 가는 단선 접속 시(2020년 4회, 41번)

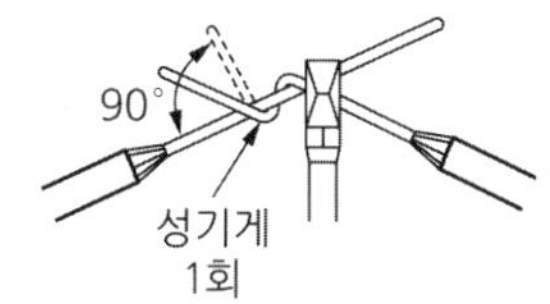

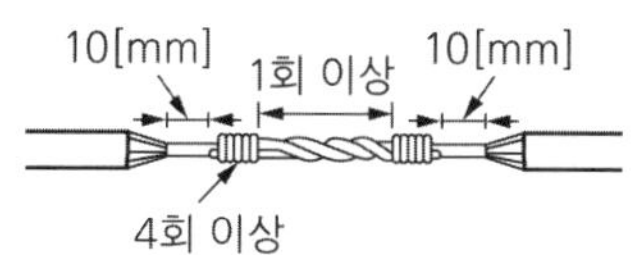

② **브리타니아 접속** : 10[mm^2] 이상의 굵은 단선 접속 시(지름의 20배 이상을 벗긴 후 접속)(2018년 4회, 51번)

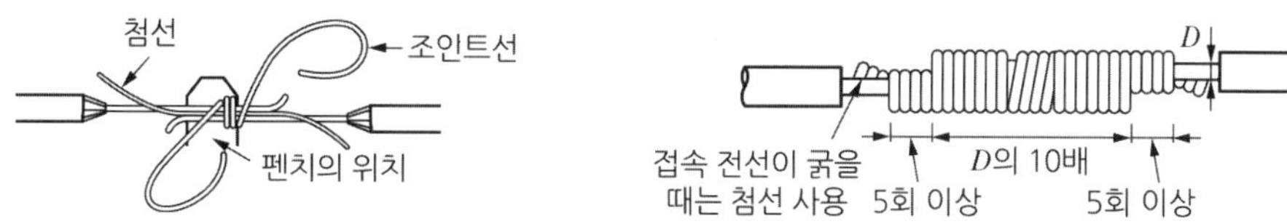

※ 암기법 : 트위스트, 브리타이나 → 글자 수가 적은 트위스트는 6[mm^2], 글자 수가 많은 브리타니아는 10[mm^2]

4 연선의 접속

우산 접속

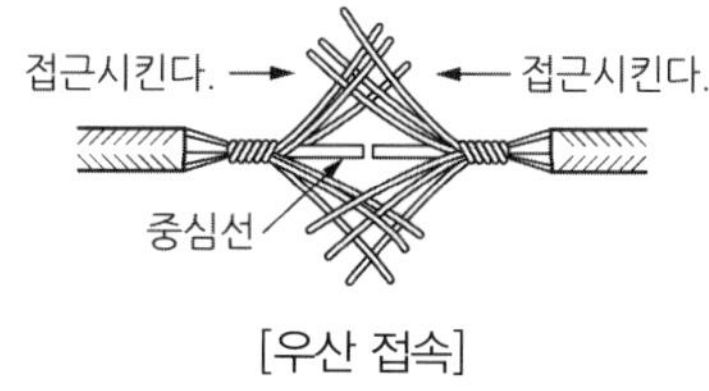

[우산 접속]

5 슬리브 접속

- S형 슬리브는 분기 접속에 사용한다.

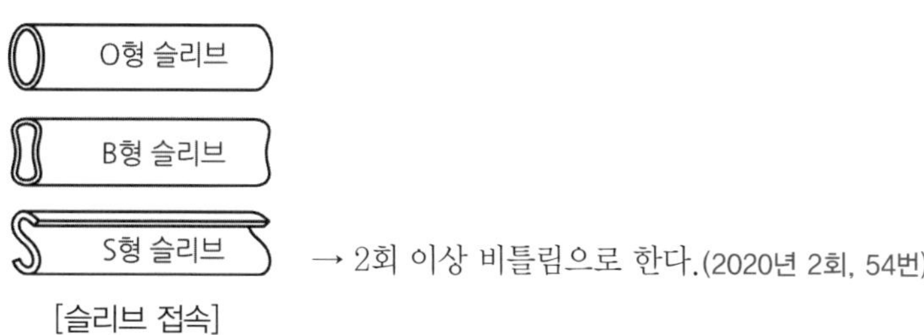

→ 2회 이상 비틀림으로 한다.(2020년 2회, 54번)

[슬리브 접속]

6 정션 박스 내에서 전선 접속 시

가. 쥐꼬리 접속(납땜을 하고 테이프를 감아야 한다)

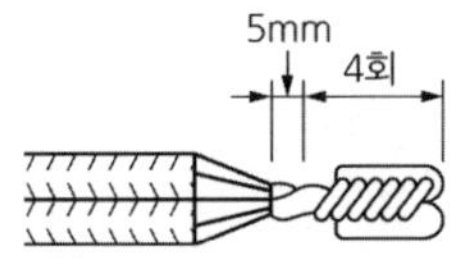

나. 와이어 커넥터 또는 박스형 커넥터(납땜을 하거나 테이프를 감을 필요가 없다)

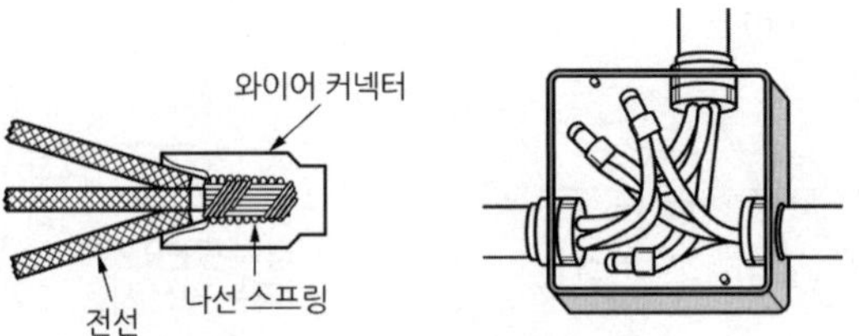

다. 알루미늄 선은 박스 내에서 C형, E형, H형 접속기로 접속한다(트위스트 접속 안 됨).
(CEO로 암기)(2018년 1회, 47번)

7 진동이 있는 기구 단자에 전선을 접속

스프링 와셔, 이중 너트(더블 너트)(2019년 4회, 59번)

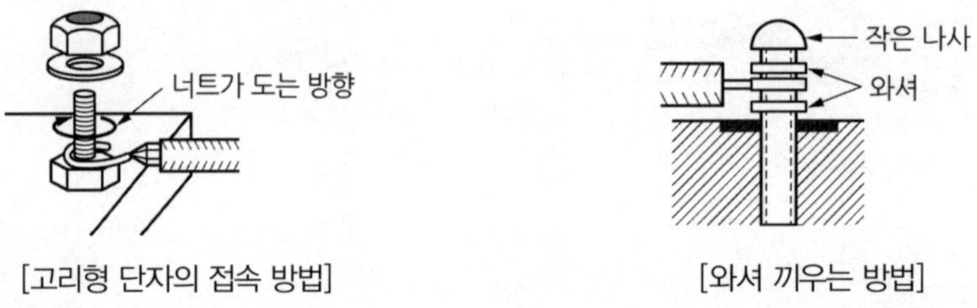

[고리형 단자의 접속 방법] [와셔 끼우는 방법]

8 동관 단자 접속

전선과 기계 기구의 단자를 접속할 때 사용한다.

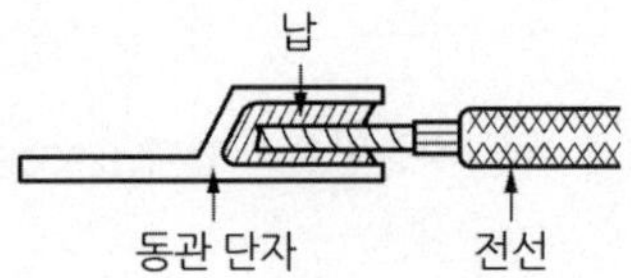

9 불완전 접속 시 생기는 문제점(2019년 3회, 52번)

① 감전 ② 누전 ③ 화재 ④ 과열 ⑤ 전파 잡음 ⑥ 저항 증가

10 절연 테이프

원래 절연물보다 두껍게 감는다.

① 면 테이프 : 거즈 테이프에 검정색 점착성의 고무 혼합물을 양면에 함침시킨 것

② 고무 테이프 : 절연성 혼합물을 압연, 표면에 고무풀을 칠한 것

③ 비닐 테이프 : 염화 비닐 콤파운드로 만든 것

④ 리노 테이프 : 내온성, 내유성, 절연성, 연피 케이블에 사용(2021년 1회)

⑤ 자기 융착 테이프(셀로론 테이프) : 2배 늘려 융착시킴

기출문제

01 전선 피복을 벗기는 방법으로 맞지 않는 것은?

① 450/750V 고무 절연 전선의 경우는 절연물의 단락법이 좋다.
② 450/750V 염화 비닐 절연 전선은 연필 깎듯이 벗기는 것이 좋다.
③ 동관 터미널을 쓸 때는 도체에 직각으로 벗기는 것이 좋다.
④ 450/750V 고무 및 염화 비닐 절연 전선도 도체에 직각으로 벗기는 것이 좋다.

풀이 연필 깎듯이 벗기는 것이 좋다.

정답 ④

02 다음 중 나전선과 절연 전선 접속 시 접속 부분의 전선의 세기는 일반적으로 어느 정도 유지해야 하는가?

① 80% 이상　　② 70% 이상
③ 60% 이상　　④ 50% 이상

풀이 전선의 세기는 20[%] 이상 감소하지 않도록 한다.

정답 ①

03 전선 접속에 관한 설명으로 틀린 것은?

① 접속 부분의 전기 저항을 증가시켜서는 안 된다.
② 전선의 세기를 20% 이상 유지해야 한다.
③ 접속 부분은 납땜을 한다.
④ 절연을 원래의 절연 효력이 있는 테이프로 충분히 한다.

풀이 전선의 세기를 80% 이상 유지해야 한다.

정답 ②

기출문제

04 **나전선 상호 또는 나전선과 절연 전선, 캡타이어 케이블 또는 케이블과 접속하는 경우 바르지 못한 방법은?**

① 전선의 세기를 20[%] 이상 감소시키지 않을 것
② 알루미늄 전선과 구리 전선을 접속하는 경우에는 접속 부분에 전기적 부식이 생기지 않도록 할 것
③ 코드 상호, 캡타이어 케이블 상호, 케이블 상호, 또는 이들 상호를 접속하는 경우에는 코드 접속기, 접속함 기타의 기구를 사용할 것
④ 알루미늄 전선을 옥외에 사용하는 경우에는 반드시 트위스트 접속을 할 것

풀이 알루미늄 선은 박스 내에서 C형, E형, H형 접속기로 접속한다. 트위스트 접속을 하면 선이 끊어진다.

정답 ④

05 **다음 중 전선 및 케이블 접속 방법이 잘못된 것은?**

① 전선의 세기를 30% 이상 감소시키지 않을 것
② 접속 부분은 접속관 기타의 기구를 사용하거나 납땜을 할 것
③ 코드 상호, 캡타이어 케이블 상호, 케이블 상호, 또는 이들 상호를 접속하는 경우에는 코드 접속기, 접속함 기타의 기구를 사용할 것
④ 도체에 알루미늄을 사용하는 전선과 동을 사용하는 전선을 접속하는 경우에는 접속 부분에 전기적 부식이 생기지 않도록 할 것

정답 ①

06 **절연 전선 상호의 접속에서 옳지 않게 된 것은?**

① 굵기 10[mm^2] 이상의 전선을 트위스트 접속하였다.
② 슬리브를 사용하여 접속하였다.
③ 와이어 커넥터를 사용하여 접속하였다.
④ 압축 슬리브를 사용하여 접속하였다.

풀이 굵기 10[mm^2] 이상의 전선 접속은 브리타니아 접속이다.

정답 ①

07 **전선 접속 방법이 잘못된 것은?**

① 트위스트 접속은 6[mm^2] 이하의 가는 단선을 직접 접속할 때 적합하다.
② 브리타니아 접속은 6[mm^2] 이상의 굵은 단선의 접속에 적합하다.
③ 쥐꼬리 접속은 박스 내에서 가는 전선을 접속할 때 적합하다.
④ 와이어 커넥터 접속은 납땜과 테이프가 필요 없이 접속할 수 있고 누전의 염려가 없다.

정답 ②

08 **다음 중 전선의 접속 방법에 해당되지 않는 것은?**

① 슬리브 접속 ② 직접 접속
③ 트위스트 접속 ④ 커넥터 접속

정답 ②

기출문제

09 다음 중 굵은 알루미늄 선을 박스 안에서 접속하는 방법으로 적합한 것은?

① 링 슬리브에 의한 접속
② 비틀어 꽂는 형의 전선 접속기에 의한 방법
③ C형 접속기에 의한 접속
④ 맞대기용 슬리브에 의한 압착 접속

정답 ③

10 분기 접속용으로 사용되는 슬리브는?

① B 형 ② O 형 ③ K 형 ④ S 형

정답 ④

11 전선의 접속 방법 중 트위스트 접속의 용도는?

① 6[mm^2] 이하 단선의 직선 접속
② 10[mm^2] 이상 단선의 직선 접속
③ 3.5[mm^2] 이상 연선의 분기 접속
④ 5.5[mm^2] 이상 연선의 분기 접속

정답 ①

12 단면적 6[mm^2] 이하의 가는 단선(동전선)의 트위스트 조인트에 해당하는 전선 접속법은?

① 직선 접속 ② 분기 접속
③ 슬리브 접속 ④ 종단 접속

정답 ①

13 다음 중 단선의 브리타니아 직선 접속에 사용되는 것은?

① 조인트 선 ② 파라핀 선
③ 바인드 선 ④ 에나멜 선

정답 ①

14 다음 중 10[mm^2] 이상 되는 굵은 전선에 지름 1.0mm 또는 1.2mm의 조인트 선을 감아서 접속하는 방법은?

① 커넥트 접속 ② 직접 접속
③ 트위스트 접속 ④ 브리타니아 접속

정답 ④

15 옥내에서 1.2mm 7본 연동선 직선부의 접속 방법은?

① S 접속 ② T 접속 ③ 우산 접속 ④ 슬리브 접속

정답 ③

기출문제

16 금속관 공사의 정크션 박스 내에 전선을 접속할 때 가장 좋은 것은 어느 것인가?

① 코드 커넥터 ② 커플링
③ 니플 ④ 와이어 커넥터

정답 ④

17 옥내 배선의 박스(접속함) 내에서 가는 전선을 접속할 때 주로 어떤 방법을 사용하는가?

① 쥐꼬리 접속 ② 슬리브 접속
③ 트위스트 접속 ④ 브리타니아 접속

정답 ①

18 박스 내에서 절연 전선을 쥐꼬리 접속하면 어느 처리 방법이 옳은가?

① 납땜만 하면 된다.
② 납땜하고 테이프를 감아야 한다.
③ 테이프만 감으면 된다.
④ 납땜 및 테이프 감기가 필요 없다.

정답 ②

19 절연 전선 서로를 접속할 때 어느 접속기를 사용하면 접속 부분에 절연을 할 필요가 없는가?

① 전선 피박이 ② 박스형 커넥터
③ 전선 커버 ④ 목대

정답 ②

20 코드 상호, 캡타이어 케이블 상호 접속 시 사용하여야 하는 것은?

① 와이어 커넥터 ② 코드 접속기
③ 케이블 타이 ④ 테이블 탭

정답 ②

21 구리 전선과 전기 기계 기구 단자를 접속하는 경우에 진동 등으로 인하여 헐거워질 염려가 있는 곳에는 어떤 것을 사용하여 접속하여야 하는가?

① 평와셔 2개를 끼운다. ② 스프링 와셔를 끼운다.
③ 코드 패스너를 끼운다. ④ 정 슬리브를 끼운다.

정답 ②

22 다음 중 알루미늄 전선의 접속 방법으로 적합하지 않은 것은?

① 직선 접속 ② 분기 접속
③ 종단 접속 ④ 트위스트 접속

정답 ④

기출문제

23 전선과 기계 기구의 단자를 접속할 때 사용되는 것은?(2021년 1회)

① 절연 테이프 ② 동관 단자
③ 관형 슬리브 ④ 압축형 슬리브

정답 ②

24 다음 중 동전선의 접속에서 직선 접속에 해당하는 것은?

① 직선 맞대기용 슬리브(B형)에 의한 압착 접속
② 비틀어 꽂는 형의 전선 접속기에 의한 접속
③ 종단 겹침용 슬리브(E형)에 의한 접속
④ 동선 압착 단자에 의한 접속

정답 ①

25 동전선의 접속 방법에서 종단 접속 방법이 아닌 것은?

① 비틀어 꽂는 형의 전선 접속기에 의한 접속
② 종단 겹침 용 슬리브(E형)에 의한 접속
③ 직선 맞대기 용 슬리브(B형)에 의한 압착 접속
④ 직선 겹침 용 슬리브(P형)에 의한 접속

풀이 직선 맞대기 용 슬리브(B형)에 의한 압착 접속은 직선 접속 방법이다.

정답 ③

26 전선의 접속이 불완전하여 발생할 수 있는 사고로 볼 수 없는 것은?

① 감전 ② 누전 ③ 화재 ④ 타박상

정답 ④

27 전선과 기계 기구 접속 시 나사를 덜 죄었을 경우 발생할 수 있는 위험과 거리가 먼 것은?

(2021년 1회)

① 누전 ② 화재 위험 ③ 과열 발생 ④ 저항 감소

풀이 나사를 덜 조였을 경우 접촉 저항이 증가하여 열이 발생하고, 화재의 위험이 있다.

정답 ④

CHAPTER

Craftsman Electricity

04 전압의 분류와 전기설비 용어

1 전압의 분류

1 전압의 종별(KEC 111.1)

① 저압 : 교류 1,000[V] 이하, 직류 1,500[V] 이하(2021년 1회, 47번)

② 고압 : 교류 1,000[V] 초과 7,000[V] 이하
직류 1,500[V] 초과 7,000[V] 이하

③ 특고압 : 7,000[V] 초과

(2021년 1월 1일부터 교류 저압은 1,000[V], 직류 저압은 1,500[V]로 변경됨)

2 공칭 전압에 의한 분류 : 공칭전압은 '선로를 대표하는 전압'

① 저압 : 110[V], 220[V], 380[V], 440[V]

② 고압 : 3,300[V], 5,700[V], 6,600[V]

③ 특고압 : 11.4[kV], 22.9[kV], 154[kV], 345[kV], 765[kV]

2 전기설비 용어

1. 발전소 : 발전기, 연료전지, 태양전기 등을 시설하여 전기를 발생하는 곳

2. 변전소

① 전압을 변성(전류도 바뀐다.)

② 전력의 집중과 배분(전력은 바뀌지 않는다.)

③ 유효 전력 및 무효 전력 제어, 역률 개선(전기기기 135 쪽 참조)

④ 전력 계통 보호

3. 개폐소

발전소 상호간, 변전소 상호간, 발전소와 변전소 간(5만[V] 이상) 송전 선로를 연결 또는 차단하기 위한 전기설비

4. 급전소 : 전력 계통의 운용에 관한 지시를 하는 곳

5. 송전선로 : 발전소 상호간, 변전소 상호간, 발전소와 변전소 간의 전선로

6. 배전 선로 : 발·변전소 또는 송전 선로와 전기 수용설비 간 또는 수용설비 상호간 전선로

7. 인입선 : 수용 장소의 인입구에 이르는 부분의 전선

① 가공 인입선 : 가공전선의 지지물에서 분기하여 지지물을 거치지 않고 다른 수용장소의 인입구에 이르는 전선(길이 50[m] 이하)

② 연접 인입선 : 수용장소의 인입선에서 분기하여 지지물을 거치지 않고 다른 수용장소의 인입구에 이르는 전선

㉠ 분기점으로부터 100[m] 넘지 말 것

㉡ 도로 폭 5[m]를 넘지 말 것

㉢ 옥내 관통하지 말 것

8. 전차선 : 전차에 동력을 공급하는 전선

9. 전차용 급전선 : 발·변전소에서 직접 전차선에 이르는 전선

10. 관등 회로 : 방전등용 안정기로부터 방전관에 이르는 전선

11. 지지물 : 목주, 철주, 철근 콘크리트 주, 철탑

12. 접근 상태 : 지지물의 지표상 높이를 반경으로 하는 범위 내에 다른 설비가 시설된 상태

① 1차 접근 상태 : 가공 전선이 다른 지지물과 접근하는 경우 가공 전선이 다른 시설물의 위쪽 또는 옆쪽에서 수평거리로 가공전선로 지표상 높이에 상당하는 거리 안에 시설되는 것

② 2차 접근 상태 : 수평 거리로 3[m] 미만인 곳에 시설되는 상태

13. 전력 보안 통신 : 전력 수급에 필요한 급전, 운전, 보수 등 업무 운영용 전화 또는 제어 계측 설비

14. 지중 관로 : 땅 밑에 설치하는 전선로 및 수도관, 가스관 및 부속 설비

15. 리플 프리 직류 : 교류를 직류로 변환할 때 리플 성분이 10[%]이하를 포함한 직류

16. 전선로 : 발전소· 변전소·개폐소와 이에 준하는 곳, 전기 사용 장소 상호간의 전선 및 이를 지지하거나 수용하는 시설물(전차선 제외)

17. 조상 설비 : 무효 전력을 조정하는 전기설비(진상용 콘덴서, 동기 조상기, 리액터 등)

기출문제

01 한국전기설비규정(KEC)에 따른 전압 구분에서 고압에 속하는 것은?

① 교류 440[V]
② 직류 600[V]
③ 교류 1,200[V]
④ 직류 1,400[V]

정답 ③

02 전압의 종별에서 특고압이란?

① 7[kV] 넘는 것
② 10[kV] 넘는 것
③ 14[kV] 이상
④ 20[kV] 이상

정답 ①

03 한국전기설비규정(KEC)에 따른 전압 구분에서 전압을 저압, 고압 및 특고압으로 구분할 때 교류에서 "저압"이란?

① 110[V] 이하
② 600[V] 이하
③ 1,000[V] 이하
④ 1,500[V] 이하

정답 ③

04 한국전기설비규정(KEC)에 따른 전압 구분에서 전압의 구분에서 고압에 대한 설명으로 가장 옳은 것은?

① 직류는 750[V]를, 교류는 600[V] 이하인 것
② 직류는 750[V]를, 교류는 600[V] 이상인 것
③ 직류는 1,500[V]를, 교류는 1,000[V]를 초과하고 7[kV] 이하인 것
④ 7[kV] 초과하는 것

정답 ③

05 전기설비 기술기준의 안전 원칙에 관계없는 것은?

① 에너지 절약 등에 지장을 주지 아니하도록 할 것
② 사람이나 다는 물체에 위해나 손상을 주지 않도록 할 것
③ 기기의 오동작에 의한 전기 공급에 지장을 주지 않도록 할 것
④ 다른 전기설비의 기능에 전기적 또는 자기적 장애를 주지 않을 것

정답 ①

06 전로에 대한 설명 중 옳은 것은?

① 통상의 상태에서 전기를 절연한 곳
② 통상의 상태에서 전기를 접지한 곳
③ 통상의 상태에서 전기가 통하고 있는 곳
④ 통상의 상태에서 전기가 통하고 있지 않은 곳

정답 ③

기출문제

07 발전소 · 변전소 · 개폐소, 이에 준하는 곳, 전기 사용 장소 상호 간의 전선 및 이를 지지하거나 수용하는 시설물을 무엇이라 하는가?

① 급전소 ② 송전선로
③ 전선로 ④ 개폐소

정답 ③

08 발전소 또는 변전소로부터 다른 발전소 또는 변전소를 거치지 않고 전차 선로에 이르는 전선을 무엇이라 하는가?

① 급전선 ② 전기철도용 급전선
③ 급전선로 ④ 전기철도용 급전선로

정답 ②

09 한 수용장소의 인입선에서 분기하여 지지물을 거치지 않고 다른 수용 장소의 인입구에 이르는 부분의 전선은?

① 가공 인입선 ② 인입선
③ 연접 인입선 ④ 옥측 배선

정답 ③

10 '제2차 접근 상태'란 가공 전선이 다른 시설물과 접근하는 경우에 그 가공전선이 다른 시설물의 위쪽 또는 옆쪽에 수평거리로 몇 [m] 미만인 곳에 시설되는 상태를 말하는가?

① 2 ② 3 ③ 5 ④ 10

정답 ②

11 '조상 설비'에 대한 용어의 정의로 옳은 것은?

① 전압을 조정하는 설비를 말한다.
② 전류를 조정하는 설비를 말한다.
③ 유효 전력을 조정하는 전기 기계 기구를 말한다.
④ 무효 전력을 조정하는 전기 기계 기구를 말한다.

풀이 조상 설비에는 늦은 전류의 위상을 빠르게 해주는 진상용 콘덴서, 빠른 전류의 위상을 늦게 하는 리액터(코일), 위상을 마음대로 조절할 수 있는 동기 조상기(동기 전동기) 등이 있다.

정답 ④

접지 공사

1 접지의 목적, 종류, 장소

1 접지의 목적(2019년 3회, 35번)

① 감전의 방지(가장 중요)
② 이상 전압의 억제
③ 뇌해로부터 전기설비 보호
④ 보호 계전기 동작 확보
⑤ 기기의 대지 전위 상승 억제

2 종별 접지설계 방식 폐지(KEC 140) 및 국제표준의 접지설계방식 도입

① 접지 대상에 따라 일괄 적용한 종별 접지(1종, 2종, 3종, 특3종) 폐지

② 국제 표준의 접지 설계 방식 도입을 통한 현장 특화된 접지 시스템 구분 설정

㉠ 계통 접지 : 전력 계통의 이상현상에 대비하여 대지와 계통을 접속

㉡ 보호 접지 : 감전 보호를 목적으로 기기의 한 점 이상을 접지

㉢ 피뢰 시스템 접지 : 뇌격 전류를 안전하게 대지로 방류하기 위한 접지

③ 접지 설계 방식의 국내 수용성 향상을 위한 접지 시스템의 시설 종류 설정

㉠ 단독 접지 : (특)고압 계통의 접지극과 저압 접지계통의 접지극을 독립적으로 시설하는 접지 방식

㉡ 공통 접지 : (특)고압 접지계통과 저압 접지계통을 등전위 형성을 위해 공통으로 접지하는 방식

㉢ 통합 접지 : 계통 접지 · 통신 접지 · 피뢰 접지의 접지극을 통합하여 접지하는 방식

④ 수전 전압별 접지 설계 시 고려사항

㉠ 저압 수전 수용가 접지 설계 : 주상 변압기를 통해 저압 전원을 공급받는 수용가의 경우 지락전류 계산과 자동 차단 조건 등을 고려하여 접지설계

㉡ (특)고압 수전 수용가 접지설계 : (특)고압으로 수전 받는 수용가의 경우 접촉 · 보폭 전압과 대지 전위 상승(EPR), 허용 접촉 전압 등을 고려하여 접지 설계

⑤ 종별 접지설계 방식 폐지 및 국제표준의 접지설계방식 비교

접지대상	KEC 접지방식 (2021년 1월 1일부터 시행)
(특)고압설비	• 계통 접지 : TN, TT, IT 계통 • 보호 접지 : 등전위 본딩 등 • 피뢰 시스템 접지
600V 이하 설비	
400V 이하 설비	
변압기	"변압기 중성점 접지"로 명칭 변경

접지대상	KEC 접지/보호도체 최소단면적 (2021년 1월 1일부터 시행)
(특)고압설비	선 도체 단면적 $S(mm^2)$에 따라 선정, 구리 포함 • $S \le 16$인 경우는 S (2021년 1회, 53번) • $16 < S \le 35$인 경우는 16 • $35 < S$인 경우는 $\frac{S}{2}$ 또는 차단시간 5초 이하의 경우 • $S = \sqrt{I^2 t} / k$
600V 이하 설비	
400V 이하 설비	
변압기	

• 접지 도체와 선도체의 재질이 같은 경우로서, 다른 경우에는 재질 보정 계수(k_1/k_2)를 곱함

3 접지 공사의 생략

① 직류 300[V], 교류 150[V] 이하 건조 한 곳

② 저압용 전로에 감도 전류 30[mA] 이하, 동작시간 0.03[초] 이하 전류 동작형 인체 감전 보호용 누전 차단기를 개별로 시설한 경우

③ 물기가 있는 장소의 경우 저압용 전로에 감도 전류 15[mA] 이하, 동작시간 0.03[초] 이하 전류 동작형 인체 감전 보호용 누전 차단기를 개별로 시설한 경우

• 누전차단기는 영상 변류기(ZCT)+증폭장치를 이용해 신속, 정확히 차단함

4 수도관, 철골 등의 접지 극 사용

① 저항이 3[Ω] 이하 : 관 내경 75[mm] 이상, 분기 길이 5[m] 이내만 가능

② 저항이 2[Ω] 이하 : 각종 접지 극으로 사용 가능

2 전주의 접지 방법

1 전주에서의 접지

① 접지극은 지하 75[cm] 이상 매설할 것(철주 아래쪽 30[cm] 이상 시는 예외)(2019년 4회, 49번)
② 지하 75[cm]부터 지상 2[m]까지 절연할 것
③ 옥외용 비닐 절연 전선(OW전선, DV 전선 등)은 사용 불가. IV 절연 전선, 케이블 사용
④ 납땜 불가(은납 땜, 테르밋 땜 할 것)
⑤ 건물과 접지 극은 2[m]의 거리, 전주와 접지극은 1[m]

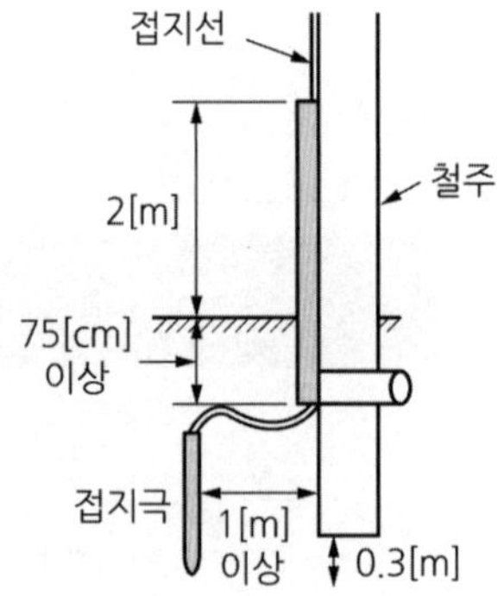

2 접지 전극

구리 봉(동봉)	지름 8[mm] 이상, 길이 0.9[m] 이상(2020년 4회, 43번)
구리 판(동판)	두께 0.7[mm] 이상, 면적 900[cm^2] 이상
강철 봉	지름 12[mm] 이상, 길이 0.9[m] 이상

3 수도관 접지극

3[Ω] 이하의 접지 저항

3 측정 기기, 절연 저항

1 측정기기

① 메거 : 절연 저항 측정(저압 500[V]이하는 500[V] 메거, 500[V] 초과는 1,000[V] 메거)
② 네온 검전기 : 충전 유무 조사
③ 어스 테스터, 코올라시 브리지 : 접지 저항 측정
- 코올라시 브리지는 전해액 저항 측정에도 사용한다.

2 저압, 고압 전로의 절연 성능(기술기준 제52조)

$$\text{전로의 절연 저항} = \frac{\text{정격 전압}}{\text{누설 전류}}$$

구분	전로의 사용전압[V]	DC시험 전압[V]	절연 저항[MΩ]
저압	SELV 및 PELV	250	0.5
	FELV, 500[V] 이하	500	1.0
	500[V] 초과	1,000	1.0
	① 특별 저압(extra low voltage) ㉠ 인체에 위험을 초래하지 않을 정도의 저압 ㉡ 2차 공칭 전압 AC 50[V], DC 120[V] 이하 ② SELV(Safety Extra Low Voltage) : 비접지 회로로 구성된 특별 저압 ③ PELV(Protective Extra Low Voltage) : 접지 회로로 구성된 특별 저압 ④ FELV : 1차와 2차가 전기적으로 절연되지 않은 회로로 구성된 특별 저압		
고압	고압 기계 기구	1,000	3.0

[기술기준 제52조]로 얻는 잇점 : 절연 저항 값 상향으로 누전 화재가 크게 감소할 것으로 예상됨

3 전기설비 기술기준의 판단 기준 제13조(전로의 절연 저항 및 절연 내력)

사용 전압이 저압인 전로의 절연 성능은 [기술기준 제52조]를 충족하여야 한다.
다만, 저압 전로에서 정전이 어려운 경우 등 절연 저항 측정이 곤란한 경우 저항 성분의 누설 전류가 1[mA] 이하이면 그 전로의 절연 성능은 적합한 것으로 본다.

기출문제

01 다음 중 접지의 목적으로 알맞지 않은 것은?

① 감전의 방지 ② 전로의 대지 전압 상승
③ 보호 계전기의 동작 확보 ④ 이상 전압의 억제

정답 ②

02 접지선의 절연 전선 색상은 특별한 경우를 제외하고는 어느 색으로 표시를 하여야 하는가?

① 적색 ② 황색 ③ 녹색+황색 ④ 흑색

정답 ③

03 한국전기설비규정(KEC)에 따른 접지 시스템이 아닌 것은?

① 종별 접지 ② 계통 접지
③ 보호 접지 ④ 피뢰 시스템 접지

풀이 2021년 1월 1일부터 종별 접지(1종, 2종, 3종, 특 3종) 방식은 폐지됨

정답 ①

기출문제

04 2021년부터 시행된 한국전기설비규정(KEC)에 따른 접지 시스템에서 전력 계통의 이상 현상을 대비하여 대지와 계통을 접속하는 접지방식은?

① 종별 접지 ② 계통 접지
③ 보호 접지 ④ 피뢰 시스템 접지

정답 ②

05 2021년부터 시행된 한국전기설비규정(KEC)에 따른 접지 시스템에서 감전 보호를 목적으로 기기의 한 점 이상을 접지하는 방식은?

① 종별 접지 ② 계통 접지
③ 보호 접지 ④ 피뢰 시스템 접지

정답 ③

06 2021년부터 시행된 한국전기설비규정(KEC)에 따른 접지 시스템에서 뇌격 전류를 안전하게 대지로 방류하기 위한 접지방식은?

① 종별 접지 ② 계통 접지
③ 보호 접지 ④ 피뢰 시스템 접지

정답 ④

07 2021년부터 시행된 한국전기설비규정(KEC)에 따른 접지 시스템의 시설 종류 설정에서 고압 또는 특고압 계통의 접지극과 저압 접지 계통의 접지 극을 독립적으로 시설하는 접지 방식은?

① 종별 접지 ② 단독 접지 ③ 통합 접지 ④ 공통 접지

정답 ②

08 2021년부터 시행된 한국전기설비규정(KEC)에 따른 접지 시스템의 시설 종류 설정에서 특고압 또는 고압 접지 계통과 저압 접지 계통을 등 전위 형성을 위해 공통으로 접지하는 방식은?

① 종별 접지 ② 단독 접지 ③ 통합 접지 ④ 공통 접지

정답 ④

09 2021년부터 시행된 한국전기설비규정(KEC)에 따른 접지 시스템의 시설 종류 설정에서 계통접지 통신접지, 피뢰 접지 극을 통합하여 접지하는 방식은?

① 종별 접지 ② 단독 접지 ③ 통합 접지 ④ 공통 접지

정답 ③

10 2021년부터 시행된 한국전기설비규정(KEC)에서 상도체 단면적이 $S \leq 16$[mm^2]인 경우 접지/보호도체 최소 단면적은?

① S ② $1.2S$ ③ $1.5S$ ④ $1.8S$

정답 ①

기출문제

11 2021년부터 시행된 한국전기설비규정(KEC)에서 상도체 단면적이 $16 < S \leq 35$[mm^2]인 경우 접지/보호도체 최소 단면적은?

① 14 ② 16 ③ 20 ④ 35

정답 ②

12 2021년부터 시행된 한국전기설비규정(KEC)에서 상도체 단면적이 $35 < S$ [mm^2]인 경우 접지/보호도체 최소 단면적은?

① $\frac{S}{1}$ ② $\frac{S}{2}$ ③ $\frac{S}{3}$ ④ $\frac{S}{4}$

정답 ②

13 접지 공사에 사용하는 접지선을 사람이 접촉할 우려가 있는 곳에 시설하는 경우 접지극은 지하 몇 [cm] 이상의 깊이에 매설하여야 하는가?

① 30[cm] ② 60[cm] ③ 75[cm] ④ 90[cm]

정답 ③

14 접지 공사를 다음과 같이 시행하였다. 잘못된 접지 공사는?

① 접지 극은 동봉을 사용하였다.
② 접지 극은 75cm 이상의 깊이에 매설하였다.
③ 지표, 지하 모두에 옥외용 비닐 절연 전선을 사용하였다.
④ 접지선과 접지극은 은 납땜을 하여 접속하였다.

풀이 접지선은 연동선을 사용한다. 옥외용 전선 즉, OW전선이나 DV전선은 불순물이 많이 함유된 경동선이다.

정답 ③

15 저압 수용가의 인입구에서 접지 측 전선을 수도관과 연결하였을 경우에 대한 설명으로 틀린 것은?

① 접지 사고 시 퓨즈를 정확히 동작시킨다.
② 접지 저항과 직렬로 되므로, 그것의 저항값을 작게 한다.
③ 고 · 저압 혼촉 사고 시 위험을 감소시킨다.
④ 이상 전압 침입에 있어서 위해를 감소시킨다.

정답 ②

16 지중에 매설되어 있는 금속제 수도관은 접지 공사의 접지 극으로 사용할 수 있다. 이때 수도 관로는 전기 저항치가 얼마 이하여야 하는가?

① 1[Ω] ② 2[Ω] ③ 3[Ω] ④ 4[Ω]

정답 ③

기출문제

17 접지 극에 대한 설명 중 바람직하지 못한 것은?

① 동판을 사용하는 경우에는 두께 0.7[mm] 이상, 면적 900[cm^2] 평면 이상이어야 한다.
② 동봉, 동피복강봉을 사용하는 경우에는 지름 8[mm] 이상, 길이 0.9[m] 이상이어야 한다.
③ 철봉을 사용하는 경우에는 지름 12[mm] 이상, 길이 0.9[m] 이상의 아연 도금한 것을 사용한다.
④ 접지선과 접지극을 접속하는 경우에는 납과 주석의 합금으로 땜하여 접속한다.

정답 ④

18 계측 방법에 대한 다음 설명 중 옳은 것은?

① 어스 테스터로 절연 저항을 측정
② 검전기로 전압을 측정
③ 메가로서 회로의 저항을 측정
④ 코올라시 브리지로 접지 저항을 측정

정답 ④

19 다음 중 접지 저항의 측정에 사용되는 측정기의 명칭은?

① 회로 시험기 ② 변류기
③ 검류기 ④ 어스 테스터

정답 ④

20 접지 저항이나 전해액 저항 측정에 쓰이는 것은?

① 휘스톤 브리지 ② 전위차계
③ 콜라우시 브리지 ④ 메거

풀이 ① 저저항 측정 : 콜라우시 브리지 ② 중저항 측정 : 휘스톤 브리지
③ 고저항(절연저항)측정 : 메거 ④ 전위차계는 정밀한 전압계

정답 ③

21 충전 중의 저압 옥내 배선의 접지 측과 비접지 측을 알아볼 수 있는 계기는 어느 것인가?

① 메거 ② 네온 검전기
③ 회로 시험기 ④ 어스테스터

정답 ②

22 다음 중 옥내에 시설하는 저압 전로와 대지 사이의 절연 저항 측정에 사용하는 계기는?

① 멀티 테스터 ② 메거
③ 어스 테스터 ④ 훅 온 미터

정답 ②

기출문제

23 다음 중 절연 저항 측정을 측정하는 것은?

① 캘빈더블 브리지 법　② 전압전류계 법
③ 휘스톤 브리지 법　④ 메거

정답 ④

24 400[V] 이하 옥내 배선의 절연저항 측정에 가장 알맞은 절연 저항계는?

① 250[V] 메거　② 500[V] 메거
③ 1,000[V] 메거　④ 1,500[V] 메거

정답 ②

25 다음 중 저저항 측정에 사용되는 브리지는?

① 휘스톤 브리지　② 비인 브리지
③ 맥스웰 브리지　④ 캘빈더블 브리지

정답 ④

26 2021년부터 시행된 한국전기설비규정(KEC)에서 교류 380[V]를 사용하는 공장의 전선과 대지 사이의 절연 저항은 몇 [MΩ] 이상이어야 하는가?

① 0.1[MΩ]　② 1.0[MΩ]
③ 10[MΩ]　④ 100[MΩ]

풀이 한국전기설비규정(KEC) 52조 – 교재 221쪽 참조

정답 ②

27 옥내에 시설하는 저압 접촉 전선과 대지간의 절연 저항 값에 대한 설명으로 맞는 것은?

① 대지 전압 200[V] 이하에서는 절연 저항값이 0.1[MΩ] 이상이어야 한다.
② 대지 전압 150[V]를 넘고 300[V] 이하에서는 절연 저항값이 0.2[MΩ] 이상이어야 한다.
③ 대지 전압 300[V]를 넘고 400[V] 이하에서는 절연 저항값이 0.3[MΩ] 이상이어야 한다.
④ 대지 전압 400[V] 이상에서는 절연 저항값이 1[MΩ] 이상이어야 한다.

풀이 한국전기설비규정(KEC) 52조 – 교재 221쪽 참조

정답 ④

28 전로 이외에 흐르는 전류로서 전로와 절연체 내부 및 표면과 공간을 통하여 선간 또는 대지 사이를 흐르는 전류를 무엇이라 하는가?

① 지락 전류　② 누설 전류
③ 정격 전류　④ 영상 전류

정답 ②

기출문제

29 접지 전극과 대지 사이의 저항은?

① 고유 저항
② 대지 전극 저항
③ 접지 저항
④ 접촉 저항

정답 ③

30 다음 중 저항 값이 클수록 좋은 것은?

① 접지 저항
② 절연 저항
③ 도체 저항
④ 접촉 저항

정답 ②

31 저압 전로의 접지 측 전선을 식별하는데 애자의 빛깔에 의하여 표시하는 경우 어떤 빛깔의 애자를 접지 측으로 하여야 하는가?

① 백색
② 청색
③ 갈색
④ 황갈색

정답 ②

32 접지하는 목적이 아닌 것은?

① 이상 전압의 발생 억제
② 전로의 대지 전압 저하
③ 보호 계전기의 동작 확보
④ 감전의 방지

풀이 '전로의 대지전압 저하'는 접지의 목적이 아님

정답 ②

CHAPTER 06 배선 설비 공사

1 애자 사용 공사

① 구비 조건 : 절연성, 난연성, 내수성
② 전선 : 절연 전선(OW, DV 제외)
③ 전선 상호 간격 : 6[cm] 이상(2019년 4회, 55번)
④ 전선과 조영재 이격 거리
- 400[V] 이하 : 2.5[cm] 이상
- 400[V] 초과 : 4.5[cm] 이상
  (건조 장소 : 2.5[cm] 이상)

⑤ 지지점 간 거리 : 2[m] 이하

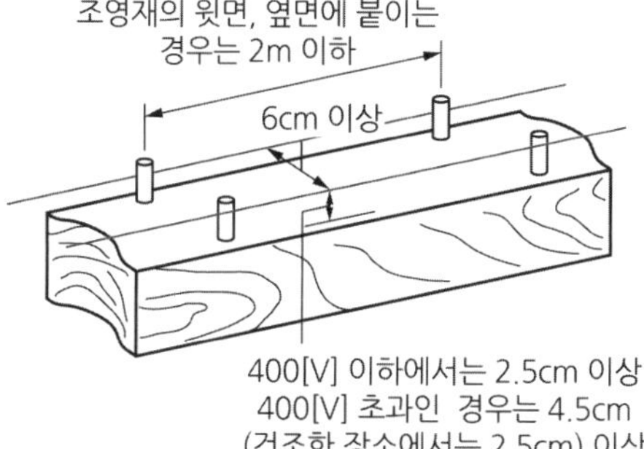

저압 옥내 전로의 대지 전압 및 배선
1. 주택 옥내 전로의 대지 전압
   ① 대지 전압 300[V] 이하(대지 전압은 중성선과 전압선 간의 전압. 주택에서 사용하는 전원은 Y결선으로 되어 있다는 것을 의미. 즉 상전압이 대지 전압
   ② 사용 전압 400[V] 이하(사용 전압은 선간 전압)
   ③ 백열전등의 전구 소켓은 키나 그 밖의 점멸 기구가 없는 것일 것
   ④ 3[kW] 이상의 부하는 옥내배선과 직접 접속하고, 전용의 개폐기 및 과전류 차단기를 설치
2. 불평형 부하의 제한
   ① 단상 3선식 : 40[%] 이하
   ② 3상 3선식, 3상 4선식 : 30[%] 이하
3. 사용 전선은 단면적 2.5[mm^2] 이상의 연동선

기출문제

01 다음 중 애자 사용 공사에 사용되는 애자의 구비 조건과 거리가 먼 것은?
① 광택성 ② 절연성 ③ 난연성 ④ 내수성

정답 ①

02 애자 사용 공사에 사용하는 애자가 갖추어야 할 성질과 가장 거리가 먼 것은?
① 절연성 ② 난연성 ③ 내수성 ④ 내유성

정답 ④

기출문제

03 애자 사용 공사를 건조한 장소에 시설하고자 한다. 사용 전압이 400[V] 이하인 경우 전선과 조영재 사이의 이격 거리는 최소 몇 [cm] 이상이어야 하는가?

① 2.5[cm] 이상
② 4.5[cm] 이상
③ 6[cm] 이상
④ 12[cm] 이상

정답 ①

04 애자 사용 공사에 의한 저압 옥내 배선 공사에서 일반적으로 전선 상호 간의 간격은 몇 [cm] 이상이어야 하는가?

① 2.5[cm] ② 6[cm] ③ 25[cm] ④ 60[cm]

정답 ②

05 애자 사용 공사에 의한 저압 옥내 배선에서 잘못된 것은?

① 450/750[V] 이하 염화 비닐 절연 전선을 사용한다.
② 전선 상호간의 거리가 6[cm]이다.
③ 전선과 조영재 사이의 이격거리는 사용 전압이 400[V] 이하인 경우에는 5.5[cm] 이상일 것
④ 절연성, 내연성 및 내구성이 있어야 한다.

정답 ③

06 고압 옥내 배선에서 애자 사용 공사를 할 경우 전선의 지지점 간 거리는 몇 [m] 이하이어야 하는가?

① 5 ② 4 ③ 3 ④ 2

풀이 지지점 간의 거리

공사 종류	지지점 간격[m]
가요 전선관, 캡타이어 케이블	1[m]
경질(연질) 비닐관	1.5[m]
금속관, 애자 사용공사, 케이블	2[m]
금속 덕트, 버스 덕트 공사	3[m], 수직 6[m]

- 캡타이어 케이블은 순고무 성분이 30[%] 이상 들어 있어 유연하므로 1[m]

정답 ④

07 애자 사용 공사에서 전선의 지지점 간 거리는 전선의 조영재의 위면 또는 옆면에 따라 붙이는 경우에는 몇 [m] 이하인가?

① 1 ② 1.5 ③ 2 ④ 3

정답 ③

2 합성수지관 공사 = 경질 비닐관 = PVC 관

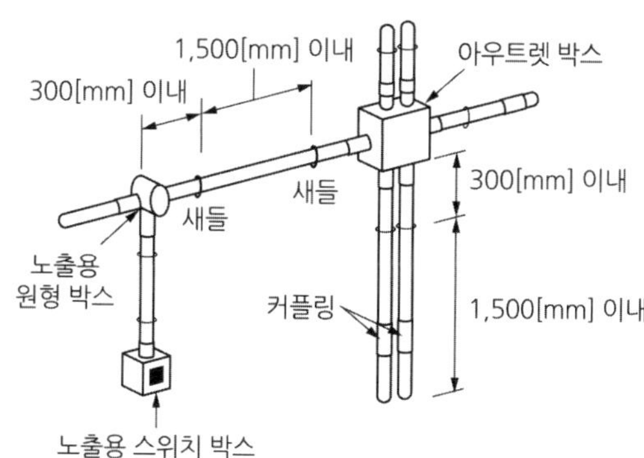

① 특징 : 내부식성, 절연성, 시공 편리, 열에 약하고 충격에 약하다.

② 호칭 : 근사 내경(안지름에 가까운 짝수)

14, 16, 22, 28, 36, 42, 54, 70, 82, 100, 104, 125[mm] – 12종

6 6 8 6 12로 암기

③ 길이 : 4 [m]

④ 접속

커플링에 관 삽입 시 관의 길이는 관 바깥지름의 1.2배 이상(단, 접착제 사용할 때 0.8배 이상)

⑤ 합성수지관 굵기와 전선 수 용량

- 관 내부 단면적의 $\frac{1}{3}$ 이하
- 옥외용 비닐 절연 전선(OW 전선) 불가
- 단선은 최대 10[mm^2] 이하 가능

⑥ 지지점 간의 거리 : 1.5[m] 이하 새들로 고정

⑦ PF관 및 CD 관 : 합성수지제 가요 전선관

기출문제

01 경질 비닐 전선관 1본의 표준 길이는?

① 3[m] ② 3.6[m] ③ 4[m] ④ 4.6[m]

정답 ③

02 합성수지제 가요 전선관(PF 관 CD 관)의 호칭에 포함되지 않는 것은?

① 16 ② 28 ③ 38 ④ 42

정답 ③

기출문제

03 합성수지관의 장점이 아닌 것은?

① 절연이 우수하다.
② 기계적 강도가 높다.
③ 내 부식성이 우수하다.
④ 시공하기 쉽다.

정답 ②

04 경질 비닐 전선관의 호칭으로 맞는 것은?

① 굵기는 관 안지름의 크기에 가까운 짝수의 [mm]로 나타낸다.
② 굵기는 관 안지름의 크기에 가까운 홀수의 [mm]로 나타낸다.
③ 굵기는 관 바깥지름의 크기에 가까운 짝수의 [mm]로 나타낸다.
④ 굵기는 관 바깥지름의 크기에 가까운 홀수의 [mm]로 나타낸다.

정답 ①

05 금속 전선관과 비교한 합성수지 전선관 공사의 특징으로 거리가 먼 것은?

① 내 부식성이 우수하다.
② 배관 작업이 용이하다.
③ 열에 강하다.
④ 절연성이 우수하다.

정답 ③

06 합성수지관이 금속관과 비교하여 장점으로 볼 수 없는 것은?

① 누전의 우려가 없다.
② 온도 변화에 따른 신축 작용이 크다.
③ 내식성이 있어 부식성 가스등에 사용하는 사업장에 적당하다.
④ 관 자체를 접지할 필요가 없고, 무게가 가벼우며 시공하기 쉽다.

정답 ②

07 합성수지관 배선에 대한 설명으로 틀린 것은?

① 합성수지관 배선은 절연 전선을 사용하여야 한다.
② 합성수지관 내에서 전선에 접속점을 만들어서는 안 된다.
③ 합성수지관 배선은 중량물의 압력 또는 심한 기계적 충격을 받는 장소에 시설하여서는 안 된다.
④ 합성수지관의 배선에 사용되는 관 및 박스, 기타 부속품은 온도 변화에 의한 신축을 고려할 필요가 없다.

정답 ④

08 합성수지관 상호간을 연결하는 접속재가 아닌 것은?

① 로크 너트
② TS 커플링
③ 콤비네이션 커플링
④ 2호 커넥터

풀이 '로크 너트(lock nut)'는 금속관을 박스에 접속할 때 고정시키는 너트이다.

정답 ①

기출문제

09 **저압 옥내 배선에서 합성수지관 공사에 대한 설명 중 잘못된 것은?**

① 합성수지관 안에는 전선에 접속점이 없도록 한다.
② 합성수지관을 새들 등으로 지지하는 경우는 그 지지점 간의 거리를 3[m] 이상으로 한다.
③ 합성수지관 상호 및 관과 박스는 접속 시에 삽입하는 깊이를 관 바깥지름의 1.2배 이상으로 한다.
④ 관 상호의 접속은 박스 또는 커플링(coupling) 등을 사용하고 직접 접속하지 않는다.

정답 ②

10 **경질 비닐 전선관의 설명으로 틀린 것은?**

① 1본의 길이는 3.6[m]가 표준이다.
② 굵기는 관 안지름의 크기에 가까운 짝수[mm]로 나타낸다.
③ 금속관에 비해 절연성이 우수하다.
④ 금속관에 비해 내식성이 우수하다.

정답 ①

11 **합성수지관을 새들 등으로 지지하는 경우에는 그 지지점 간의 거리를 몇 [m] 이하로 하여야 하는가?**

① 1.5[m] 이하 ② 2.0[m] 이하
③ 2.5[m] 이하 ④ 3.0[m] 이하

풀이 지지점 간의 거리

공사 종류	지지점 간격[m]
가요 전선관, 캡타이어 케이블	1[m]
경질(연질) 비닐관(합성수지관)	1.5[m]
금속관, 애자 사용공사, 케이블	2[m]
금속 버스, 버스 덕트 공사	3[m], 수직 6[m]

• 캡타이어 케이블은 순고무 성분이 30[%] 이상 들어있어 유연하므로 1[m]

정답 ①

12 **경질 비닐관의 가공 작업으로 볼 수 없는 것은?**

① 90° 구부리기 ② 2호 박스 커넥터 만들기
③ S형 및 반 오프셋 만들기 ④ 커플링과 부싱 만들기

정답 ②

13 **합성수지 전선관 공사에서 하나의 관로 직각 곡률 개소는 몇 개소를 초과하여서는 안 되는가?**

① 2개소 ② 3개소 ③ 4개소 ④ 5개소

정답 ②

기출문제

14 합성수지관 공사에서 접착제를 사용하여 관과 관의 커플링 접속 시 비닐 커플링에 들어가는 관의 최고 길이는?

① 관 안지름이 1.2배 이상 ② 관 바깥지름이 1.2배 이상
③ 관 안지름의 0.8배 이상 ④ 관 바깥지름의 0.8배 이상

정답 ④

15 전선관에 넣은 전선(굵기가 동일하다)은 전선의 절연 피복을 포함한 단면적의 총합을 전선관 내의 단면적의 몇 배 이하로 하여야 하는가?

① $\frac{1}{2}$ ② $\frac{1}{3}$ ③ $\frac{1}{4}$ ④ $\frac{1}{5}$

정답 ②

16 합성수지관 공사에 대한 설명 중 옳지 않은 것은?

① 전선은 인입용 비닐 절연 전선을 사용한다.
② 관 상호의 접속에 접착제를 사용하였다면 관에 삽입하는 길이는 관 바깥지름의 0.6 배로 한다.
③ 관의 지지점 간의 거리는 1.5[m] 이하로 한다.
④ 단구를 윤활하게 한다.

정답 ②

17 합성수지관 상호 및 관과 박스와는 접속 시에 삽입하는 깊이를 관 바깥지름의 몇 배 이상으로 하여야 하는가? (단, 접착제를 사용하지 않는다.)

① 0.8 ② 1.2 ③ 2.0 ④ 2.5

정답 ②

18 합성수지관 상호 및 관과 박스 접속 시에 삽입하는 깊이를 관 바깥지름의 몇 배 이상으로 하여야 하는가? (단, 접착제를 사용하는 경우이다.)

① 0.6배 ② 0.8배 ③ 1.2배 ④ 1.6배

정답 ②

19 합성수지관 공사에 대한 설명 중 옳지 않은 것은?

① 습기가 많은 장소, 또는 물기가 있는 장소에 시설하는 경우에는 방습 장치를 한다.
② 관 상호간 및 박스와는 관을 삽입하는 깊이를 관의 바깥지름의 1.2배 이상으로 한다.
③ 관의 지지점 간의 거리는 3[m] 이상으로 한다.
④ 합성수지관 안에는 전선에 접속점이 없도록 한다.

정답 ③

20 합성수지제 가요 전선관으로 옳게 짝지어진 것은?

① 후강 전선관과 박강 전선관 ② PVC 전선관과 제2종 가요 전선관
③ PVC 전선관과 PF 전선관 ④ PF 전선관과 CD 전선관

정답 ④

3 금속관 공사

가. 금속관 공사의 특징(2019년 4회, 56번)

① 전기, 기계적 안전
② 단락, 접지 사고 및 화재 위험 감소
③ 접지 공사 시 감전 우려 없음
④ 방습 장치 시설 가능
⑤ 전선 교환 시 유리

나. 전선관 종류

① 박강 전선관(BC) : 외경에 가까운 홀수 (2019년 1회, 58번)
  ㉠ 구분 : 15, 19, 25, 31, 39, 51, 63, 75[mm] - 8종
  ㉡ 길이 : 3.6[m]
② 후강 전선관(AC) : 내경에 가까운 짝수
  ㉠ 구분 : 16, 22, 28, 36, 42, 54, 70, 82, 92, 104[mm] - 10종
  6 6 8 6 12로 암기
  ㉡ 길이 : 3.6[m]

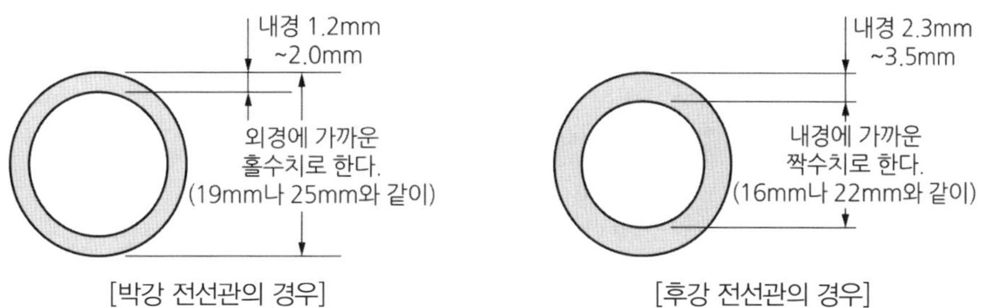

[박강 전선관의 경우] [후강 전선관의 경우]

③ 콘크리트 매입 공사(은폐 배선) 시 전선관의 두께는 1.2mm 이상

※ 암기법 : ㄱ, ㄴ, ㄷ, ㄹ~ 순서에서 'ㅂ'이 'ㅎ'보다 앞선다. 박강 : 홀, 후강 : 짝

다. 관에 넣는 전선

① 단선의 경우 최대 10[mm^2] 이하 사용
② 내부 단면적의 $\frac{1}{3}$ 이하
③ 옥외용 비닐 절연 전선(OW, DV 전선) 불가

라. 구부릴 때는 안지름의 6배 이상의 곡률 반지름으로 해야 한다.(2019년 4회, 58번)

마. 금속관 공사 시 공구

[링 리듀서]

[로크 너트]

① 링 리듀서 : 녹아웃 구멍이 클 때 사용
② 로크 너트 : 금속관 공사 시 관을 박스 내에 붙일 때 사용(2개씩)
③ 피시 테이프 : 전선관에 전선 넣을 때 사용하는 평각 강철선
④ 철망 그리프 : 여러 가닥 전선을 넣을 때 편리하다.
⑤ 부싱 : 전선을 관에 넣을 때 전선 피복 손상 방지(2019년 2회, 58번)
⑥ 앤트런스 캡 : 관 단에서의 빗물 침입 방지, 인입구에 설치
⑦ 노멀 밴드 : 콘크리트 매입 시 직각으로 구부러지는 곳
매입 시 관의 두께는 1.2 [mm] 이상을 사용
⑧ 유니버셜 엘보 : 노출 공사 시 직각으로 구부러지는 곳(2019년 2회, 48번)
⑨ 커플링 : 관 상호간의 접속 시(관 바깥지름의 1.2 배 이상 삽입)

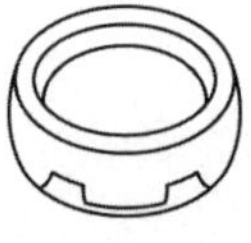
[부싱]

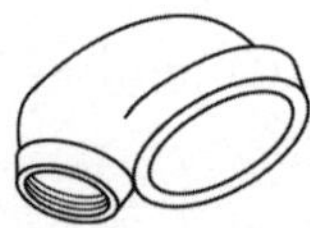
[앤트런스 캡]

[노멀 밴드]

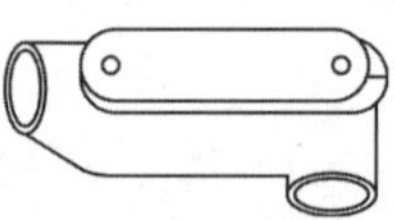
[유니버셜 엘보]

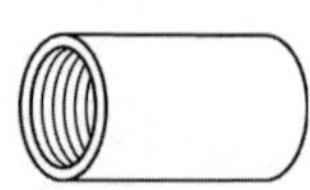
[커플링]

⑩ 유니온 커플링 : 돌려 끼울 수 없는 관 상호간의 접속
⑪ 오스터 : 금속관 나사내는 공구(2017년 1회, 53번)
⑫ 리머 : 금속관 절단면 다듬을 때 사용하는 공구

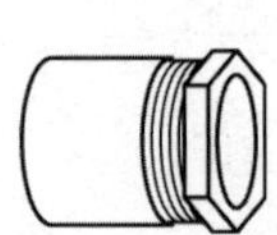
[유니온 커플링]

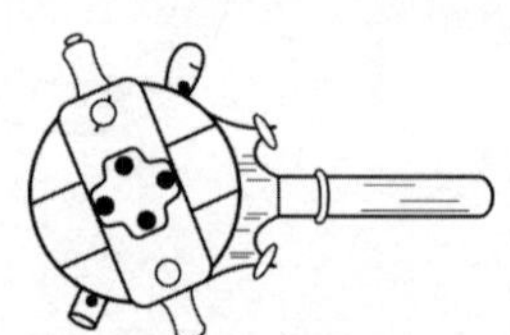
[래칫형 오스터]

[리머]

⑬ 파이프 커터 : 금속관을 절단할 때 사용하는 공구
⑭ 펌프 플라이어 : 전선의 슬리브 접속에 있어서 펜치와 같이 사용되고 금속관 공사에서 로크 너트를 조일 때 사용하는 공구

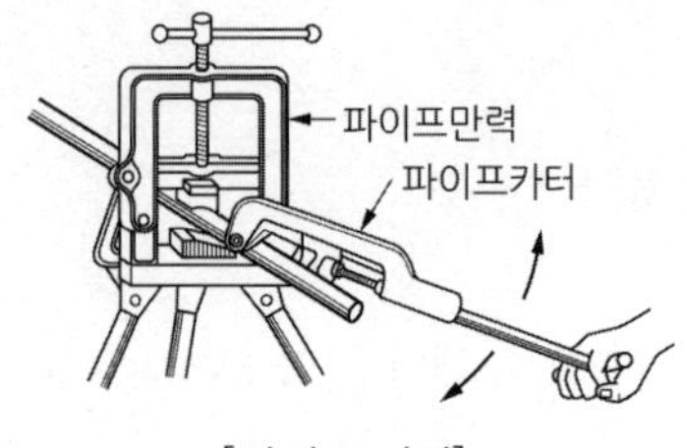

[파이프 커터]

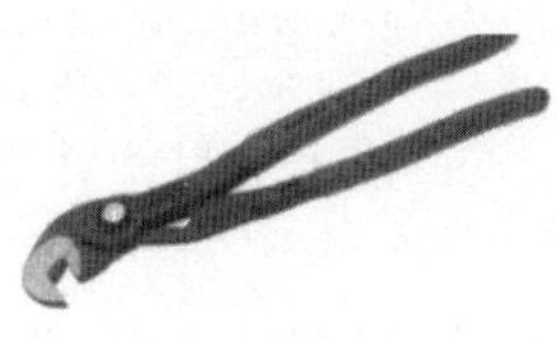
[펌프 플라이어]

⑮ 파이프 렌치 : 금속관과 금속관을 접속할 때 조이는 공구(2021년 3회, 57번)

바. 지지점 간의 거리

노출 배관 공사 시 새들로 거리 2[m] 이하마다 고정

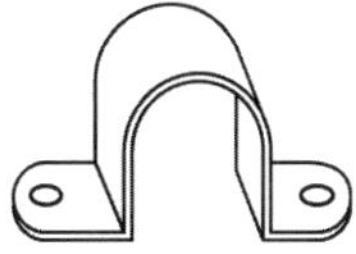

[새들]

사. 접지

금속관을 접지할 때는 접지 클램프를 사용한다.

[접지 클램프]

기출문제

01 금속관 공사에 대한 설명으로 틀린 것은?

① 전선이 금속관 속에 보호되어 안정적이다.
② 단락 사고, 접지 사고 등에 있어서 화재의 우려가 적다.
③ 방습 장치를 할 수 있으므로 전선을 내수적으로 시설할 수 있다.
④ 접지 공사를 하지 않아도 감전의 우려가 없다.

정답 ④

02 다음 사항 중 금속관 공사의 특징이 아닌 것은?

① 전선이 기계적으로 완전히 보호된다.
② 접지 공사를 완전히 하면 감전의 우려가 없다.
③ 단락 사고, 접지 사고 등에 있어서 화재의 우려가 적다.
④ 무게가 가볍고 시공이 용이하다.

정답 ④

03 다음 중 금속 전선관 호칭을 맞게 기술한 것은?

① 박강, 후강 모두 안지름으로 [mm]로 나타낸다.
② 박강은 안지름, 후강은 바깥지름으로 [mm]로 나타낸다.
③ 박강은 바깥지름, 후강은 안지름으로 [mm]로 나타낸다.
④ 박강, 후강 모두 바깥지름으로 [mm]로 나타낸다.

정답 ③

04 박강 전선관의 표준 굵기가 아닌 것은?

① 15[mm] ② 16[mm] ③ 25[mm] ④ 39[mm]

정답 ②

기출문제

05 후강 전선관에서 굵기가 16[mm]보다는 크고, 28[mm]보다는 적은 것은 어느 크기로 선정하는가?

① 20 ② 22 ③ 24 ④ 28

정답 ②

06 다음 재료를 필요로 하는 공사 방법은 어느 것인가?

① 엔트런스 캡	② 링 리듀서	③ 유니온 커플링
④ 새들	⑤ 방출 원형 노출 박스	

① 플랙시블 전선관 공사 ② 합성수지관 공사

③ 금속관 공사 ④ 애자 공사

정답 ③

07 금속관 공사에서 사용하는 부품이 아닌 것은?

① 새들 ② 덕트

③ 로크 너트 ④ 링 리듀서

정답 ②

08 금속관 공사에서 절연 부싱을 사용하는 이유는?

① 외관을 좋게 하기 위하여

② 박스 내에서 전선의 접속 방지

③ 관의 입구에서 조영재의 접속을 방지

④ 관 안에서의 전선의 손상 방지

정답 ④

09 금속관을 가공할 때 절단된 내부를 매끈하게 하기 위하여 사용하는 공구의 명칭은?

① 리머 ② 프레셔 툴

③ 오스터 ④ 노크 아웃 펀치

정답 ①

10 금속관 공사에 의한 저압 옥내 배선의 방법으로 맞지 않는 것은?

① 전선은 연선을 사용하였다.

② 옥외용 비닐 절연 전선을 사용하였다.

③ 콘크리트에 매설하는 금속관의 두께는 1.2[mm]를 사용하였다.

④ 사람이 접촉할 우려가 없는 관에는 접지를 하였다.

정답 ②

기출문제

11 **금속관 공사에서 금속관을 콘크리트에 매설할 경우 관의 두께는 몇 [mm] 이상의 것이어야 하는가?**

① 1.8[mm] ② 1.0[mm] ③ 1.2[mm] ④ 1.5[mm]

정답 ③

12 **금속관 공사에 의한 저압 옥내 배선에서 옳은 것은?**

① 전선은 옥외용 비닐 절연 전선이어야 한다.
② 금속관 안에서는 전선의 접속점이 없도록 하여야 한다.
③ 콘크리트에 매설하는 것은 1.0[mm] 이하이어야 한다.
④ 저압 옥내 배선의 사용 전압이 400[V] 이상일 경우 접지 공사를 하여야 한다.

정답 ②

13 **다음 중 금속관 공사의 설명으로 잘못된 것은?**

① 교류 회로는 1회로의 전선 전부를 동일관 내에 넣는 것을 원칙으로 한다.
② 교류 회로에서 전선을 병렬로 사용하는 경우에는 관내에 전자적 불평형이 생기지 않도록 시설한다.
③ 금속관 내에서는 절대로 전선 접속점을 만들지 않아야 한다.
④ 관의 두께는 콘크리트에 매입하는 경우 1.0[mm] 이상이어야 한다.

정답 ④

14 **금속관을 조영재에 따라서 시설하는 경우는 새들 또는 행어 등으로 견고하게 지지하고 그 간격을 몇 [m] 이하로 하는 것이 가장 바람직한가?**

① 2 ② 3 ③ 4 ④ 5

정답 ①

15 **다음 중 전선의 슬리브 접속에 있어서 펜치와 같이 사용되고 금속관 공사에서 로크 너트를 조일 때 사용하는 공구는 어느 것인가?**

① 펌프 플라이어(Pump Plier)
② 히키(Hickey)
③ 비트 익스텐션(Bit Extension)
④ 클리퍼 (Clipper)

정답 ①

16 **금속관에 여러 가닥의 전선을 넣을 때 매우 편리하게 넣을 수 있는 방법으로 쓰이는 것은?**

① 비닐 전선 ② 철망 그리프 ③ 접지선 ④ 호밍사

정답 ②

기출문제

17 피시 테이프(Fish Tape)의 용도는?

① 전선관을 테이핑하기 위해서 사용
② 전선관의 끝마무리를 위해서 사용
③ 배관에 전선을 넣을 때 사용
④ 합성수지관을 구부릴 때 사용

풀이 Fish Tape는 평각 강철선이다.

정답 ③

18 유니언 커플링의 사용 목적은?

① 안지름이 틀린 금속관 상호 접속
② 금속관 상호 접속용으로 관이 고정되어 있을 때 또는 관 자체를 돌릴 수 없을 때 사용
③ 금속관의 박스와 접속
④ 배관의 직각 굴곡 부분에 사용

정답 ②

19 유니온 커플링의 사용 목적으로 옳은 것은?

① 내경이 틀린 금속관 상호의 접속
② 돌려 끼울 수 없는 금속관 상호의 접속
③ 금속관과 박스와의 접속
④ 금속관 상호를 나사로 연결하는 접속

정답 ②

20 저압 가공 인입선의 인입구에 사용하며 금속관 공사에서 끝 부분의 빗물 침입을 방지하는데 적당한 것은?

① 엔드
② 엔트런스 캡
③ 부싱
④ 라미플

정답 ②

21 저압 가공 인입선의 인입구에 사용하는 부속품은?

① 플로어 박스
② 링 리듀서
③ 엔트런스 캡
④ 노멀 벤드

정답 ③

22 콘크리트에 매입하는 금속관 공사에서 직각으로 배관할 때 사용하는 것은?

① 노멀 밴드
② 뚜껑이 있는 엘보
③ 서비스 엘보
④ 유니버설 엘보

정답 ①

23 최근 콘크리트 건물에 노출 금속관 공사를 할 때 직각으로 굽히는 곳에서 사용하는 금속관 재료는?

① 앤트런스 캡
② 유니버설 엘보
③ 4각 박스
④ 터미널 캡

정답 ②

기출문제

24 금속 전선관 공사에 필요한 공구가 아닌 것은?

① 파이프 바이스 ② 스트리퍼 ③ 리머 ④ 오스터

정답 ②

25 다음 중 금속 전선관 공사에서 나사 내기에 사용되는 공구는?

① 토치 램프 ② 벤더 ③ 리머 ④ 오스터

정답 ④

26 금속관의 절단이나 프레임 파이프의 절단에 사용하는 공구는?

① 파이프 커터 ② 리머
③ 파이프 바이스 ④ 파이프 렌치

정답 ①

27 다음 중 금속 전선관을 박스에 고정시킬 때 사용되는 것은 어느 것인가?

① 새들 ② 부싱
③ 로크 너트 ④ 클램프

정답 ③

28 금속관 공사 시 관을 접지하는 데 사용하는 것은?

① 노출배관용 박스 ② 엘보
③ 접지 클램프 ④ 터미널 캡

정답 ③

29 금속 전선관 공사에서 금속관과 접속함을 접속하는 경우 녹아웃 구멍이 금속관보다 클 때 사용하는 부품은?

① 로크 너트 ② 부싱
③ 새들 ④ 링 리듀서

정답 ④

30 교류 전등 공사에서 금속관 내에 전선을 넣어 연결한 방법 중 옳은 것은?

①
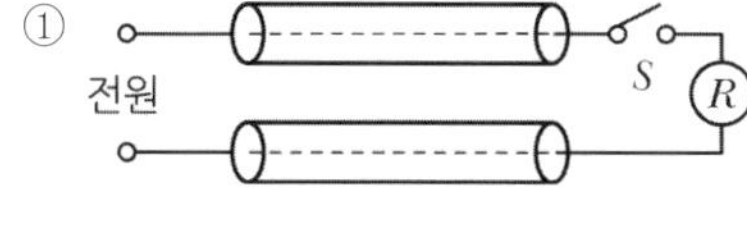

②
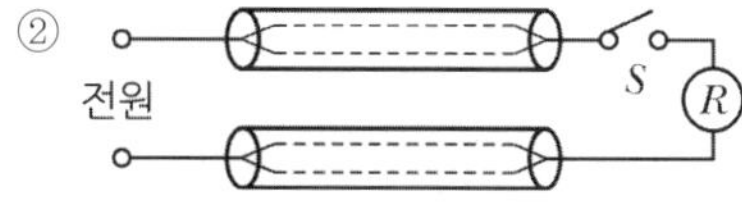

③
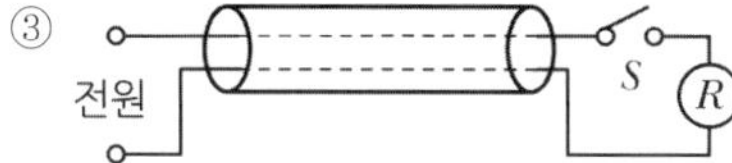

④
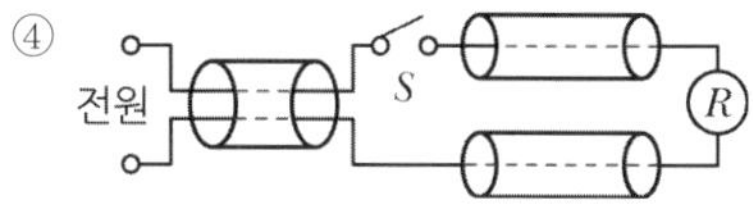

정답 ③

기출문제

31 금속 전선관을 구부릴 때 금속관의 단면이 심하게 변형되지 않도록 구부려야 하며, 일반적으로 그 안측의 반지름의 몇 배 이상이 되어야 하는가?

① 2배 ② 4배 ③ 6배 ④ 8배

정답 ③

32 금속 전선관을 직각 구부리기 할 때 굽힘 반지름 r 은? (단, d는 금속 전선관의 안지름, D 는 금속 전선관의 바깥지름이다.)

① $r=6d+\frac{D}{2}$ ② $r=6d+\frac{D}{4}$

③ $r=2d+\frac{D}{6}$ ④ $r=4d+\frac{D}{6}$

정답 ①

33 다음 그림과 같은 금속관을 구부릴 때 일반적으로 A와 B의 관계식은?

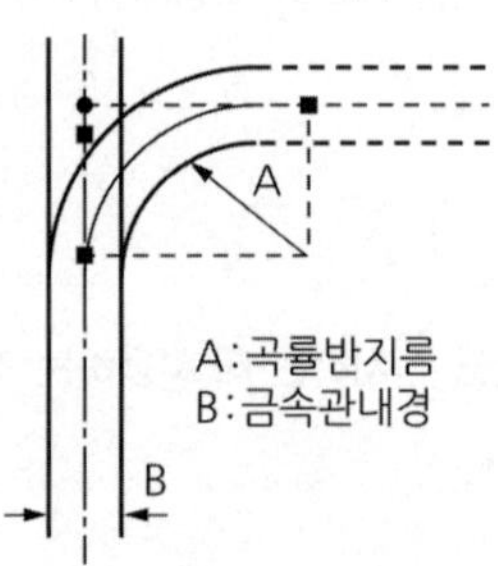

① $A=2B$ ② $A\geq B$

③ $A=5B$ ④ $A\geq 6B$

정답 ④

4 금속제 가요 전선관 공사(2019년 4회, 52번)

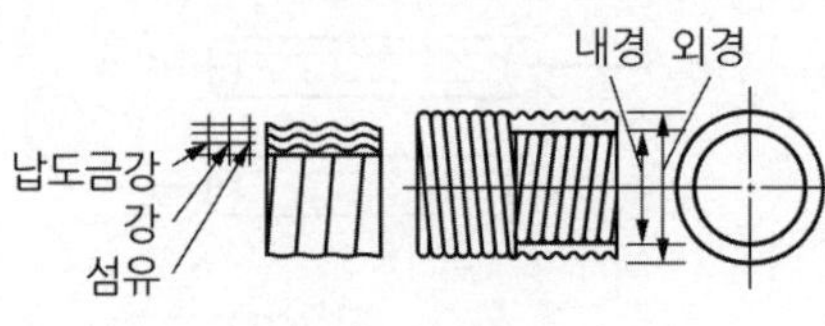

[2종 금속제 가요 전선관]

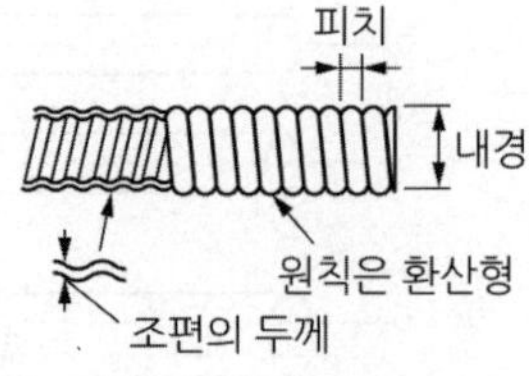

[1종 금속제 가요 전선관]

① 가요 전선관은 2종 가요 전선관일 것. 다만 전개된 장소 또는 점검할 수 있는 은폐된 장소로 건조한 장소에 사용하는 것은 1종 가요 전선관을 사용할 수 있다.
② **두께** : 0.8[mm]이상 아연 도금 연 강대
③ **지지 간격** : 사람이 접촉될 우려가 있는 경우 1[m] 마다 새들로 고정, 기타의 경우 2[m] 이하
④ **가요관과 가요관 상호 접속** : 스플릿 커플링
⑤ **가요관과 금속관 접속** : 컴비네이션 커플링(2019년 3회, 57번)
⑥ **가요관과 박스의 직각 연결** : 앵글 박스 커넥터
⑦ **구부림** : 안지름의 6배(자유로운 경우는 3배)

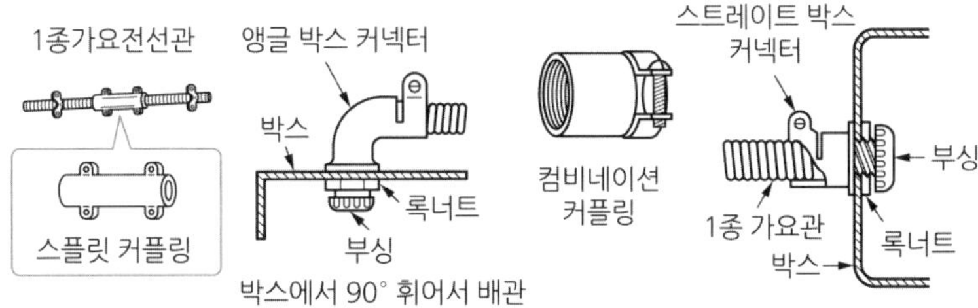

기출문제

01 **노출 장소 또는 점검 가능한 장소에서 제2종 가요 전선관을 시설하고 제거하는 것이 자유로운 경우의 곡률 반지름은 안지름의 몇 배 이상으로 하여야 하는가?**

① 2배 ② 3배 ③ 4배 ④ 6배

정답 ②

02 **전선관 지지점 간의 거리에 대한 설명으로 옳은 것은?**

① 합성수지관을 새들 등으로 지지하는 경우 그 지지점 간의 거리는 2.0[m] 이하로 한다.
② 금속관을 조영재에 따라 시설하는 경우 새들 등으로 견고하게 지지하고 그 간격을 2.5[m] 이하로 하는 것이 바람직하다.
③ 합성수지제 가요관을 새들 등으로 지지하는 경우 그 지지점 간의 거리는 2.5[m] 이하로 한다.
④ 사람이 접촉할 우려가 있을 때 가요 전선관을 새들 등으로 지지하는 경우 그 지지점 간의 거리는 1[m] 이하로 한다.

정답 ④

03 **금속제 가요 전선관과 금속관을 접속하는데 사용하는 것은?**

① 콤비네이션 커플링 ② 앵글박스 커넥터
③ 플랙시블 박스 커넥터 ④ 스플리트 커플링

정답 ①

기출문제

04 금속제 가요 전선관 상호 접속은 어떤 것을 사용하는가?

① 컴비네이션 커플링 ② 스트레이트 커넥터
③ 스플릿 커플링 ④ 앵글 박스 커넥터

정답 ③

05 금속제 가요 전선관 공사에 사용하는 가요 전선관의 최소 두께는?

① 0.6[mm] ② 0.8[mm]
③ 1.0[mm] ④ 1.6[mm]

정답 ②

06 금속제 가요 전선관에 사용되는 부속품이 아닌 것은?

① 스플릿 커플링 ② 콤비네이션 커플링
③ 앵글 박스 커넥터 ④ 유니언 커플링

정답 ④

07 금속제 가요 전선관 공사 방법의 설명으로 옳은 것은?

① 가요 전선관과 박스와의 직각부분에 연결하는 부속품은 앵글 박스 커넥터이다.
② 가요 전선관과 금속관과의 접속에 사용하는 부속품은 스트레이트 커넥터이다.
③ 가요 전선관 상호 접속에 사용하는 부속품은 콤비네이션 커플링이다.
④ 스위치 박스에는 콤비네이션 커플링을 사용하고 가요 전선관과 접속한다.

정답 ①

08 금속제 가요 전선관 공사 방법에 대한 설명으로 잘못된 것은?

① 전선은 옥외용 비닐 절연 전선을 제외한 절연 전선을 사용한다.
② 일반적으로 전선은 연선으로 한다.
③ 가요 전선관 안에는 전선의 접속점이 없도록 한다.
④ 사용 전압 400[V] 이하의 저압의 경우에만 사용한다.

정답 ④

09 다음은 금속제 가요 전선관을 설명한 것이다. 옳은 것은?

① 저압 옥내 배선의 사용 전압이 400[V] 이상인 경우에는 가요 전선관에 접지 공사를 하여야 한다.
② 가요 전선관은 건조하고 점검할 수 없는 은폐 장소에만 시설한다.
③ 가요 전선관 안에는 전선의 접속점이 없도록 한다.
④ 1종 금속제 가요 전선관은 두께 0.7[mm] 이하인 것이어야 한다.

정답 ③

기출문제

10 금속제 가요 전선관 공사에 대한 설명으로 틀린 것은?

① 가요 전선관 상호의 접속은 커플링으로 하여야 한다.
② 1종 금속제 가요 전선관은 두께 0.7[mm] 이하인 것을 사용하여야 한다.
③ 가요 전선관 및 그 부속품은 기계적, 전기적으로 완전하게 연결하고 적당한 방법으로 조영재 등에 확실하게 지지하여야 한다.
④ 사용 전압이 400[V] 이하인 경우는 가요 전선관 및 부속품은 접지 공사에 의하여 접지하여야 한다.

정답 ②

11 금속제 가요 전선관 공사에 대한 설명으로 잘못된 것은?

① 가요 전선관 상호 접속은 커플링으로 하여야 한다.
② 가요 전선관과 금속관 배선 등과 연결하는 경우 적당한 구조의 커플링으로 완벽하게 접속하여야 한다.
③ 가요 전선관을 조영재의 측면에 새들로 지지하는 경우 지지점 간의 거리는 1[m] 이하이어야 한다.
④ 1종 가요 전선관을 구부리는 경우의 곡률 반지름은 관 안지름의 10배 이상으로 하여야 한다.

정답 ④

12 금속제 가요 전선관 공사에 다음의 전선을 사용하였다. 맞게 사용한 것은?

① 알루미늄 35[mm^2]의 단선
② 절연 전선 16[mm^2]의 단선
③ 절연 전선 10[mm^2]의 연선
④ 알루미늄 25[mm^2]의 단선

정답 ③

5 덕트 공사

공통 : 관에는 접지 공사를 할 것

가. 금속 덕트 공사

빌딩, 공장 등 많은 간선이 입출입하는 곳(전개, 건조한 장소만 시설)

① **두께** : 1.2[mm] 이상 철판, 폭 : 40[mm] 이상
② **지지 간격** : 3[m] 이하, 수직으로 설치하는 경우 6[m] 이하
③ **전선 수용량** : 내 단면적의 20[%] 이내, 제어 회로만의 회로일 때는 50[%] - 덕트공사 공통
④ 끝부분을 먼지가 침입하지 않도록 폐쇄

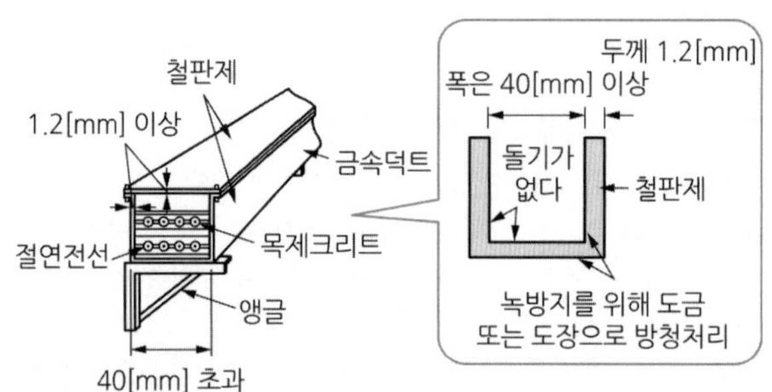

나. 버스 덕트 공사

철판제 덕트 내서 평각 구리선, 평각 알루미늄 선을 자기제 절연물로 50[cm] 간격 지지하여 만든 것. 나전선도 가능

① 종류

㉠ 피더 버스덕트(feeder busduct) : 도중에 부하 접속 안됨

㉡ 플러그인 버스덕트(plug－in busduct) : 도중에 접속용 플러그

㉢ 트롤리 버스덕트(trolly busduct) : 이동 부하 접속

㉣ 익스팬션 버스덕트(expansion busduct) : 직선구간의 지진 등 진동 흡수를 위한 접속 구조, 또는 열신축에 따른 변화량을 흡수하는 구조

② 덕트 및 전선 상호간 견고하고 전기적으로 완전하게 접속

③ 지지점 간 거리 : 3[m] 이하(수직 6[m])

④ 끝부분을 먼지가 침입하지 않도록 폐쇄

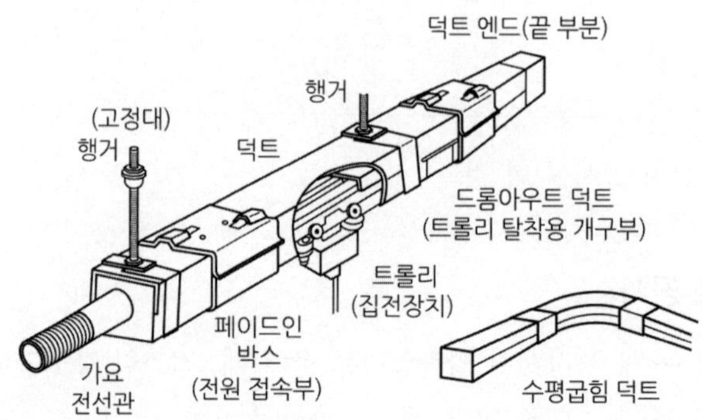

다. 플로어 덕트(floor busduct) 공사

강철제 덕트를 콘크리트 바닥에 매설

① 사용 전압 : 400[V] 이하

② 전선은 총 단면적의 32[%]까지 넣을 수 있다.
③ 강판 두께는 2[mm] 이상으로 한다.

기출문제

01 그림과 같은 심벌의 명칭은?

MD

① 금속 덕트
② 버스 덕트
③ 피더 버스 덕트
④ 플러그인 버스 덕트

정답 ①

02 다음 중 금속 덕트의 시설로서 옳지 않은 것은?

① 덕트의 끝부분은 열어 놓을 것
② 덕트를 조영재에 붙이는 경우에는 덕트의 지지점 간의 거리를 3m 이하로 하고 견고하게 붙일 것
③ 덕트의 뚜껑은 쉽게 열리지 않도록 시설할 것
④ 덕트 상호간은 견고하고 또한 전기적으로 완전하게 접속할 것

정답 ①

03 금속 덕트에 전광 표시 장치 등 또는 제어 회로 등의 배선에 사용하는 전선만을 넣을 경우 금속 덕트의 크기는 전선의 피복 절연물을 포함한 단면적의 총합계가 금속 덕트 내 단면적의 몇 [%] 이하가 되도록 선정하여야 하는가?

① 20[%] ② 30[%] ③ 40[%] ④ 50[%]

정답 ④

04 절연 전선을 동일 금속 덕트 내에 넣을 경우 금속 덕트의 크기는 전선의 피복 절연물을 포함한 단면적의 총 합계가 금속 덕트 내 단면적의 몇 [%] 이하가 되도록 선정하여야 하는가? (단, 제어 회로 등의 배선에 사용하는 전선만을 넣는 경우이다)

① 30[%] ② 40[%] ③ 50[%] ④ 60[%]

정답 ③

05 금속 덕트에 넣은 전선의 단면적(절연 피복의 단면적 포함)의 합계는 덕트 내부 단면적의 몇 [%] 이하로 하여야 하는가? (단, 전광 표시 장치 등 기타 유사한 장치 또는 제어 회로 등의 배선만을 넣는 경우가 아니다.)

① 20% ② 40% ③ 60% ④ 80%

정답 ①

기출문제

06 금속 덕트 배선에는 금속 덕트를 조영재에 붙이는 경우 지지점 간의 거리는?

① 0.3[m] 이하
② 0.6[m] 이하
③ 2.0[m] 이하
④ 3.0[m] 이하

정답 ④

07 버스 덕트 공사에서 도중에 부하를 접속할 수 있도록 제작한 덕트는?

① 피더 버스 덕트
② 플러그인 버스 덕트
③ 트롤리 버스 덕트
④ 이동 부하 버스 덕트

정답 ②

08 버스 덕트 공사에 의한 저압 옥내배선 공사에 대한 설명으로 틀린 것은?

① 덕트 상호간 및 전선 상호간은 견고하고 또는 전기적으로 완전하게 접속할 것
② 저압 옥내 배선의 사용 전압이 400[V] 이하인 경우에는 덕트에 접지 공사를 하지 않는다.
③ 덕트(환기형의 것을 제외한다)의 끝 부분은 막을 것
④ 습기가 많은 장소 또는 물기가 있는 장소에 시설하는 경우에는 옥외용 버스 덕트를 사용할 것

정답 ②

09 버스 덕트 공사에서 덕트를 조영재에 붙이는 경우에는 덕트의 지지점 간의 거리를 몇 [m] 이하로 하여야 하는가?

① 3
② 4.5
③ 6
④ 9

정답 ①

10 다음 중 덕트 공사의 종류가 아닌 것은?

① 금속 덕트 공사
② 버스 덕트 공사
③ 케이블 덕트 공사
④ 플로어 덕트 공사

정답 ③

11 플로어 덕트 공사의 설명 중 틀리는 것은?

① 접속 박스 표면과 콘크리트 바닥면이 일치되도록 고정한다.
② 접속 박스 간에 플로어 덕트를 부설한다.
③ 서포트로 덕트가 수평이 되게 고정한다.
④ 인서트 캡 표면이 콘크리트 바닥보다 약간 높게 고정한다.

정답 ④

기출문제

12 플로어 덕트 공사의 설명 중 옳지 않은 것은?

① 덕트 상호 및 덕트와 박스 또는 인출구와 접속은 견고하고 전기적으로 완전하게 접속하여야 한다.
② 덕트의 끝 부분은 막는다.
③ 덕트 및 박스 기타 부속품은 물이 고이는 부분이 없도록 시설하여야 한다.
④ 플로어 덕트는 접지 공사를 하지 않는다.

정답 ④

13 절연 전선을 동일 플로어 덕트 내에 넣을 경우 플로어 덕트 크기는 전선의 피복 절연물을 포함한 단면적의 총 합계가 플로어 덕트 내 단면적의 몇 [%] 이하가 되도록 선정하여야 하는가?

① 12[%] ② 22[%] ③ 32[%] ④ 42[%]

정답 ③

14 플로어 덕트 부속품 중 박스의 플러그 구멍을 메우는 것의 명칭은?

① 덕트 서포트 ② 아이언 플러그
③ 덕트 플러그 ④ 인서트 마커

정답 ②

15 플로어 덕트 공사에서 금속제 박스는 강판이 몇 [mm] 이상 되는 것을 사용하여야 하는가?

① 2.0 ② 1.5 ③ 1.2 ④ 1.0

정답 ①

6 라이팅 덕트 공사

- 덕트의 전 길이에 걸쳐 연속되는 플러그를 설치하여 조명기구나 소형 전기기계 기구의 급전용으로 이용하는 장치
- 플러그는 라이팅 덕트 내에서 이동할 수 있는 구조로 되어 있다.
- 지지점 간의 거리는 2[m] 이하

7 몰드 공사

① 전선 : 절연 전선(OW 제외), 전선은 10본 이하를 넣는다. 총 단면적의 20% 이내에서 전선을 넣는다.
② 몰드 안에는 접속점 없을 것

③ L 형, T형, 크로스 형이 있다.

④ 사용 전압은 400[V] 이하

⑤ 홈의 폭 및 깊이가 35[mm] 이하, 두께는 2[mm] 이상

8 케이블 공사(2019년 3회, 56번)

① 지지점 간의 거리 2[m] 이하(캡타이어 케이블 : 1[m])

② 케이블을 구부리는 경우

연피가 없는 케이블	단심이 아닌 경우	바깥지름의 6배
	단심인 경우	바깥지름의 8배
연피가 있는 케이블		바깥지름의 12배

③ 지지 : 클리트, 새들, 스테이플

9 케이블 트레이 공사

- 종류 : ① 사다리형, 케이블을 지지하기 위하여 사용하는 금속재 또는 불연성 재료로 제작된 구조물 ② 바닥 밀폐형 ③ 바닥 통풍형(펀칭형) ④ 메시형
- 접지 : 금속제 트레이는 접지공사

기출문제

01 라이팅 덕트 공사에 의한 저압 옥내 배선 시 덕트의 지지점 간의 거리는 몇 [m] 이하로 하여야 하는가?

① 1.0 ② 1.2 ③ 2.0 ④ 3.0

정답 ③

02 합성수지 몰드 공사의 시공에서 잘못된 것은?

① 사용 전압이 400[V] 이하에 사용

② 점검할 수 있고 전개된 장소에 사용

③ 베이스를 조영재에 부착하는 경우 1[m] 간격마다 나사 등으로 견고하게 부착한다.

④ 베이스와 캡이 완전하게 결합하여 충격으로 이탈되지 않을 것

정답 ③

기출문제

03 금속 몰드 배선의 사용 전압은 몇 [V] 이하이어야 하는가?

① 150 ② 220
③ 400 ④ 600

정답 ③

04 2종 금속 몰드의 구성 부품으로 조인트 금속의 종류가 아닌 것은?

① L형 ② T형
③ 플랫 엘보 ④ 크로스형

정답 ③

05 1종 금속 몰드 배선 공사를 할 때 동일 몰드 내에 넣는 전선 수는 최대 몇 본 이하로 하여야 하는가?

① 3 ② 5
③ 10 ④ 12

정답 ③

06 2종 금속 몰드 공사에서 같은 몰드 내에 들어가는 전선은 피복 절연물을 포함하여 단면적의 총합이 몰드 내의 내면 단면적의 몇 [%] 이하로 하여야 하는가?

① 20[%] ② 30[%]
③ 40[%] ④ 50[%]

정답 ①

07 다음에 열거한 것은 금속 몰드 공사를 할 수 있는 방법이다. 여기서 금속 몰드 공사로 적합하지 않는 것은?

① 금속 몰드 안에는 전선의 접속점이 없도록 하여야 한다.
② 몰드 안의 전선을 외부로 인출하는 부분을 몰드의 관통 부분에서 전선이 손상될 우려가 없도록 시설하여야 한다.
③ 전선은 절연 전선이어야 한다.
④ 몰드에는 접지 공사를 하지 말아야 한다.

정답 ④

08 금속제 케이블 트레이의 종류가 아닌 것은?

① 통풍 채널형 ② 사다리형
③ 바닥 밀폐형 ④ 펀칭형

정답 ①

기출문제

09 케이블을 고층 건물에 수직으로 배선하는 경우, 다음 중 어떤 방법으로 지지하는 것이 옳은가?

① 지지하지 않는다. ② 2층 마다
③ 1층 2개소 지지 ④ 3층 마다

정답 ③

10 케이블 공사에 의한 저압 옥내 배선에서 케이블을 조영재의 아랫면 또는 옆면에 따라 붙이는 경우에는 전선의 지지점 간 거리는 몇 [m] 이하이어야 하는가?

① 0.5 ② 1 ③ 1.5 ④ 2

정답 ④

11 캡타이어 케이블을 조영재에 시설하는 경우 그 지지점 간의 거리는 얼마로 하여야 하는가?

① 1[m] 이하 ② 1.5[m] 이하
③ 2.0[m] 이하 ④ 2.5[m] 이하

정답 ①

12 케이블을 구부리는 경우는 피복이 손상되지 않도록 하고 그 굴곡부의 곡률 반경은 원칙적으로 케이블이 단심인 경우 완성품 외경의 몇 배 이상으로 하여야 하는가?

① 4 ② 6 ③ 8 ④ 10

정답 ③

13 콘크리트 직매용 케이블 배선에서 일반적으로 케이블을 구부릴 때는 피복이 손상되지 않도록 그 굴곡부 안쪽의 반경은 케이블 외경의 몇 배 이상으로 하여야 하는가? (단, 단심이 아닌 경우이다.)

① 2배 ② 3배 ③ 6배 ④ 12배

정답 ③

14 케이블을 조영재에 지지하는 경우 이용되는 것으로 맞지 않은 것은?

① 새들 ② 클리트
③ 스테플러 ④ 터미널 캡

정답 ④

Craftsman Electricity

CHAPTER 07 기계, 기구 보안 공사

1 퓨즈 : 저전압 차단

① 저압 퓨즈

정격 전류의 구분	시간	불용단 전류	용단 전류
4[A] 초과 16[A] 미만	60분	1.5배	1.9배
16[A] 이상 63[A] 이하	60분	1.25배	1.6배
63[A] 초과 160[A] 이하	120분	1.25배	1.6배

② 고압 퓨즈

㉠ 비포장 퓨즈 : 정격 전류의 1.25배에 견디고, 2배 전류에 2분 이내 용단

㉡ 포장 퓨즈 : 정격 전류의 1.3배에 견디고, 2배 전류에 120분 이내 용단

③ 텅스텐 퓨즈 : 전압계, 전류계 소손 방지용

2 과전류 보호장치 선정 방식의 국제 표준화(KEC 202)–2021년 1월 1일부터 시행

가. 기계 기구 정격 전류에 종속된 과부하 보호 장치 정격 선정 방식 탈피

나. 과부하 보호와 단락 보호를 포함한 과전류 보호방식의 명확화

① 과부하 보호 : 전선의 과부하 보호점($1.45I_z$)에 근거한 보호 장치 정격 전류(I_n) 선정 및 기동 전류 등을 고려한 규약 동작 전류 특성 검토

② 단락 보호 : ㉠ 단기 허용온도 도달 시간, ㉡ 전동기 돌입 전류, ㉢ 회로 최대 고장 전류 등 단락 보호 장치 선정 근거 제시

다. 보호 장치의 분기점 설치 원칙 및 예외 설치를 위한 보완 조치 명확화

① 분기점 : 배선의 변경 등으로 인해 허용 전류가 작아지는 지점

② 상위 보호 장치에서 하위 분기 회로 보호 시 보호 범위까지 거리 제한 없음

<table>
<tr><th>구분</th><th>2021년 1월 1일부터 KEC 배선 선정방식</th></tr>
<tr><td rowspan="2">과전류
보호 장치
정격 전류</td><td>[과부하 보호]
• 정격 전류 선정 시 고려 사항
㉠ 부하의 설계 전류
㉡ 전선의 과부하 보호점
㉢ 전동기 기동전류 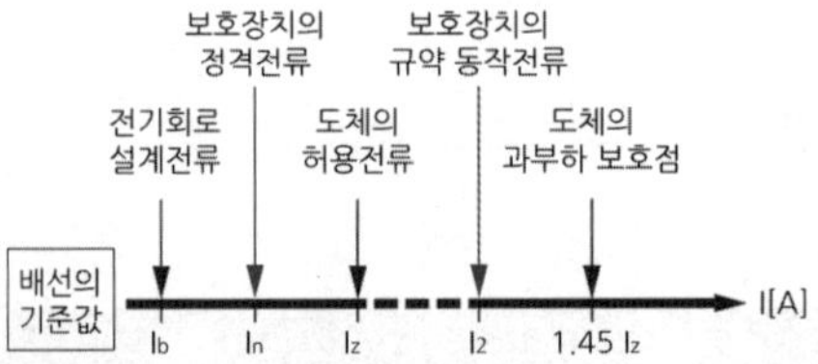

보호장치의 정격전류 / 보호장치의 규약 동작전류
전기회로 설계전류 / 도체의 허용전류 / 도체의 과부하 보호점
배선의 기준값 → I_b, I_n, I_z, I_2, $1.45\ I_z$ → I[A]</td></tr>
<tr><td>[단락 보호]
• 단락 보호장치 선정 시 고려 사항
㉠전선 허용온도 도달 시간[단시간 사고, $t=(kS/I)^2$ 등]
㉡ 전동기 돌입 전류 유형
㉢ 회로의 최대 고장 전류</td></tr>
<tr><td>과전류
보호 장치
설치 위치</td><td>• 분기점 : 설치 원칙
• 3m 이내 : 감전 · 화재보호 전체
• 제한없음 : P_1로 P_2 진단 단락보호</td></tr>
</table>

3 배선용 차단기의 동작 시간(저압 전로)

① 배선용 차단기의 과전류 트립 동작 시간 및 특성(2018년 3회, 46번)

정격 전류	시간	산업용(동작 전류)	주택용(동작 전류)
63[A] 이하	60분	1.3배	1.45배
63[A] 초과	120분	1.3배	1.45배

4 다음 경우는 개폐기, 차단기(퓨즈)의 시설을 금한다.

① 접지 공사의 접지선(접지 도체)

② 다선식 전로의 중성선

③ '변압기 중성점 접지'한 저압 가공 전선로 접지 측 전선

5 분기 회로의 시설

가. 개폐기 및 과전류 차단기 시설

원칙적으로 간선에서 분기하여 3[m] 이내에 개폐기 및 과전류 차단기 시설한다.(감전 · 화재보호를 전제)

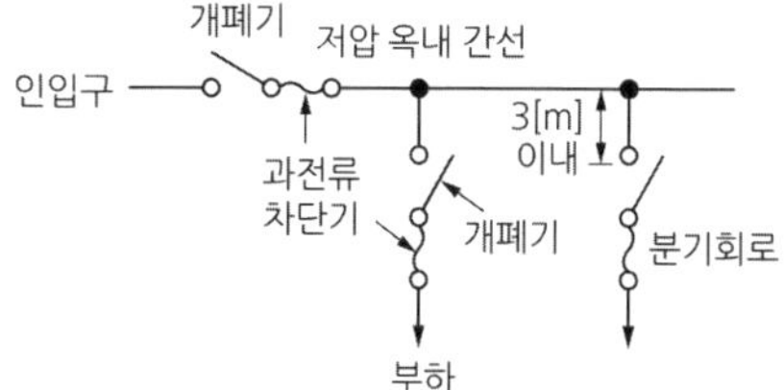

6 지락 차단 장치의 시설

① 사용 전압 50[V]가 넘는 금속제 외함을 가진 저압 기계 기구로서 사람의 접촉 시 전로에 지기가 발생할 경우

② 고압, 특고압의 전로가 변압기에 의해서 결합되는 사용 전압 400[V] 이상의 저압 전로에 지기가 생길 경우 전로를 자동 차단하는 장치 시설

③ 지락 차단장치 설치 예외

㉮ 기계 기구를 발 · 변전소, 개폐소에 시설하는 경우

㉯ 150[V] 이하의 기계 기구를 건조한 곳에 시설하는 경우

㉰ 전로의 전원 측에 절연 변압기(2차 300[V] 이하) 시설, 부하 측 비접지인 경우

㉱ 2중 절연 구조(기본 보호와 고장 보호 동시 제공)

㉲ 기구 내 누전 차단기를 설치한 경우

㉳ 기계 기구가 고무, 합성수지 기타 절연물로 피복된 경우

7 옥내 배선의 전선의 굵기를 결정하는 요소

① 허용 전류　　② 전압 강하　　③ 기계적 강도

[수용가 설비에서의 허용 전압 강하]

수용가 설비에서 설비 인입구와 부하점 사이의 전압 강하는 아래(%)를 초과하지 않아야 한다. 정상 운전 시의 전압 강하와 전동기 전압 강하를 계산하여 도체의 단면적(굵기)을 산정한다.

설치 유형	조명(%)	기타 용도(%)
저압 설비	3	5
고압 설비	6	8

8 고압, 특별 고압용 기계 기구의 시설

고압, 특별 고압 기계 기구는 노출된 충전 부분에 쉽게 접촉할 수 없도록 시설

① 고압용 기계 기구(2019년 2회, 56번)

㉮ 지표상 4.5[m] 이상(시외 4[m] 이상)

㉯ 울타리 높이와 충전부까지의 거리 5[m] 이상

② 특별 고압용 기계 기구

㉮ 지표상 5[m] 이상

㉯ 울타리 높이와 충전부까지의 거리

35[KV] 이하	5[m]
35[KV] 초과 160[KV] 이하	6[m]

③ 고압, 특별 고압 울타리 높이 2[m]

기출문제

01 다음 중 저전압 차단 역할을 하는 보호 기구는 어느 것인가?

① 캐치 홀더 ② 개폐기
③ 퓨즈 ④ 마그넷 스위치

정답 ③

02 전압계, 전류계 등의 소손 방지용으로 계기 내에 장치하고 봉입하는 퓨즈는 어느 것인가?

① 통형 퓨즈 ② 판형 퓨즈
③ 온도 퓨즈 ④ 텅스텐 퓨즈

정답 ④

03 과전류 차단기로 시설하는 퓨즈 중 고압 전로에 사용하는 포장 퓨즈 용단 시험을 하는데 있어 정격 전류의 2배를 공급할 때 몇 분 이내에 용단되어야 하는가?

① 10분 ② 30분
③ 60분 ④ 120분

정답 ④

04 정격 전류가 100[A]인 고압용 통형 퓨즈에 200[A]의 전류가 통했을 때 몇 분 안에 용단되어야 하는가?

① 20 ② 40
③ 80 ④ 120

정답 ④

기출문제

05 저압 단상 3선식 회로의 중성선에는 어떻게 하는가?

① 다른 선의 퓨즈와 같은 용량의 퓨즈를 넣는다.
② 다른 선의 퓨즈의 2배 용량의 퓨즈를 넣는다.
③ 다른 선의 퓨즈의 $\frac{1}{2}$배 용량의 퓨즈를 넣는다.
④ 퓨즈를 넣지 않고 동선으로 직결한다.

정답 ④

06 다음 중 차단기를 시설해야 하는 곳으로 가장 적당한 것은?

① 다선식 전로의 중성선
② 제2종 접지 공사를 한 저압 가공 전로의 접지측 전선
③ 고압에서 저압으로 변성하는 2차 측의 저압측 전선
④ 접지 공사의 접지선

정답 ③

07 과전류 차단기를 꼭 설치해야 하는 곳은?

① 접지 공사의 접지선
② 저압 옥내 간선의 전원 측 전로
③ 다선식 선로의 중성선
④ 전로의 일부에 접지 공사를 한 저압 가공 전로의 접지측 전선

정답 ②

08 간선에서 분기하여 분기 과전류 차단기를 거쳐서 부하에 이르는 사이의 배선을 무엇이라 하는가?

① 간선
② 인입선
③ 중성선
④ 분기 회로

정답 ④

09 다음 중 저압 개폐기를 생략하여도 좋은 개소는?

① 부하 전류를 단속할 필요가 있는 개소
② 인입구 기타 고장, 점검, 측정 수리 등에서 개로할 필요가 있는 개소
③ 퓨즈의 전원 측으로 분기 회로용 과전류 차단기 이후의 퓨즈가 플러그 퓨즈와 같이 퓨즈 교환 시에 충전부에 접촉될 우려가 없을 경우
④ 퓨즈의 전원 측

정답 ③

기출문제

10 일반적으로 분기 회로의 개폐기 및 자동 차단기는 저압 옥내 간선과의 분기점에서 전선의 길이가 몇 [m] 이하의 곳에 시설하여야 하는가?

① 3[m] ② 4[m]
③ 5[m] ④ 8[m]

정답 ①

11 옥내 배선의 전선의 굵기를 결정하는 요소로 옳은 것은?

① 허용 전류, 전압 강하, 절연 저항
② 절연 저항, 통전 시간, 전압 강하
③ 통전 시간, 건축 구조, 전압 강하
④ 허용 전류, 전압 강하, 기계적 강도

정답 ④

12 전동기 과부하 보호 장치에 해당되지 않는 것은?

① 전동기용 퓨즈 ② 열동 계전기
③ 전동기 보호용 배선용 차단기 ④ 전동기 기동 장치

정답 ④

13 과부하 보호장치 정격전류 선정 시 고려사항이 아닌 것은?

① 부하의 설계 전류 ② 전선의 과부하 보호점
③ 전동기 기동 전류 ④ 회로의 최대 고장 전류

풀이 ④번 회로의 최대 고장 전류는 단락 보호 장치 선정 시 고려사항이다.

정답 ④

전선로

1 인입선

① **가공 인입선** : 가공 전선의 지지물에서 분기하여 다른 지지물을 거치지 아니하고 수용 장소의 인입구에 이르는 부분의 전선(나전선은 사용 불가)

- 길이 : 50[m] 이하

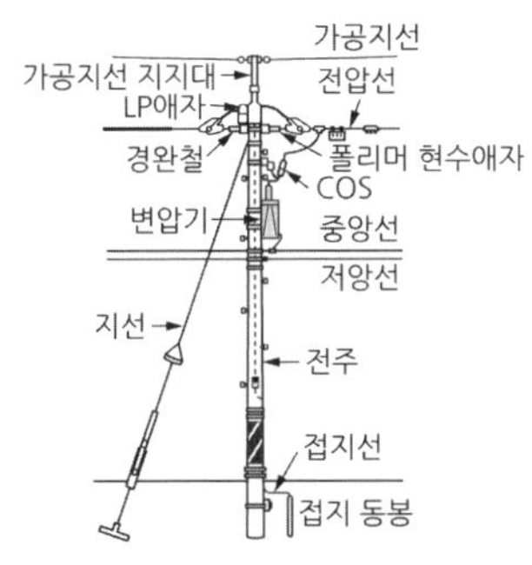

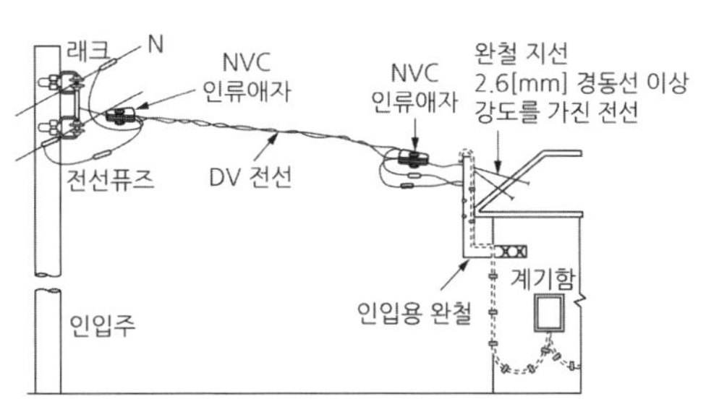

구분	저압 가공 인입선	고압 가공 인입선
횡단 보도교 위	3[m]	3.5[m]
일반 장소	4[m]	5[m](위험 표시 3.5[m])
도로 횡단	5[m]	6[m]
철도 횡단	6.5[m]	

② **저압 연접 인입선** : 한 수용 장소의 인입선에서 분기하여 지지물을 거치지 않고 다른 수용 장소의 인입구에 이르는 부분의 전선, 고압 연접 인입선은 시설해서는 안 됨

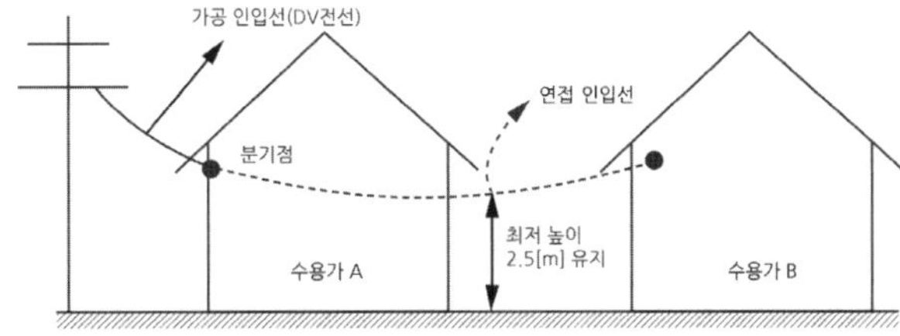

㉮ 저압 연접 인입선 시설 제한

- 분기점으로부터 100[m] 넘지 말 것
- 도로 폭 5[m] 넘지 말 것
- 옥내 관통하지 말 것
- 최저 높이 2.5[m] 이상

2 가공 전선의 굵기

구분	전선 굵기
저압 400[V] 이하	3.2[mm] 경동선(2.6[mm] 절연 전선)(2021년 1회)
400[V] 초과 저압, 고압	시내 : 5[mm] 경동선, 시외 : 4[mm]경동선
특고압	22[mm^2] 경동 연선

• 케이블인 경우 : 22[mm^2] 이상의 것을 사용

3 가공 지선

벼락(직격뢰)으로부터 가공 전선을 보호하기 위한 나전선

① **고압** : 4.0[mm] 이상의 경동선

② **특고압** : 5.0[mm] 이상의 경동선

4 옥내 전로의 대지 전압 제한

가. 주택 옥내 전로의 대지 전압은 300[V] 이하, 사용전압 400[V] 이하

① **누전 차단기 설치** : 30[mA] 이하 0.03[sec] 이내에 자동 차단

② 정격 소비전력 3[kW] 이상의 전기기계, 기구에 전기를 공급하는 전로에는 전용의 개폐기 및 과전류 차단기 설치

③ **전광 표시장치 등 제어장치** : 1.5[mm^2]의 연동선

④ **과전류 차단장치 시설** : 0.75[mm^2] 이상의 다심 케이블 또는 캡타이어 케이블

⑤ **진열장** : 0.75[mm^2] 이상의 캡타이어 케이블 또는 코드

나. 저압 옥내 배선의 전선 굵기는 2.5[mm^2] 이상 연동선

다. 전동기의 과부하 보호 장치

① 0.2[kW] 초과 전동기에는 과부하에 의한 소손 방치 장치 설치

② **예외**

㉮ 운전 중 상시 취급자가 감시할 수 있는 위치에 시설하는 경우

㉯ 단상으로 전원 측에 16[A] 이하의 과전류 차단기(20[A]의 배선용 차단기)를 시설한 경우

기출문제

01 한 수용 장소의 인입선에서 분기하여 지지물을 거치지 아니하고 다른 수용 장소의 인입구에 이르는 부분의 전선을 무엇이라 하는가?

① 가공 전선
② 가공 지선
③ 가공 인입선
④ 연접 인입선

정답 ④

02 저압 연접 인입선 시설에서 제한 사항이 아닌 것은?

① 인입선의 분기점에서 100[m]를 초과하는 지역에 미치지 아니할 것
② 폭 5[m]를 넘는 도로를 횡단하지 말 것
③ 다른 수용가의 옥내를 관통하지 말 것
④ 지름 2.0[mm] 이하의 경동선을 사용하지 말 것

정답 ④

03 저압 연접 인입선은 인입선에서 분기하는 점에서 몇 [m]를 넘지 않는 지역에 시설하고 폭 몇 [m]를 넘는 도로를 횡단하지 않아야 하는가?

① 50[m], 4[m]
② 100[m], 5[m]
③ 150[m], 6[m]
④ 200[m], 8[m]

정답 ②

04 고압 가공 인입선이 일반적인 도로 횡단 시 설치 높이는?

① 3[m] 이상
② 3.5[m] 이상
③ 5[m] 이상
④ 6[m] 이상

정답 ④

05 일반적으로 저압 가공 인입선이 도로를 횡단하는 경우 노면상 설치 높이는 몇 [m] 이상이어야 하는가?

① 3[m] ② 4[m] ③ 5[m] ④ 6.5[m]

정답 ③

06 480[V] 가공 인입선이 철도를 횡단할 때 레일면상의 최저 높이는 몇 [m]인가?

① 4[m] ② 4.5[m] ③ 5.5[m] ④ 6.5[m]

정답 ④

07 저압 가공인입선에 사용하지 않는 전선은?

① 나전선
② 절연 전선
③ 다심형 전선
④ 케이블

정답 ①

2 지지물의 종류와 안전율, 경간(지지물 간 거리)

가. 지지물의 종류, 기초 안전율

지지물 기초의 하중은 안전율 2 이상으로 한다.(2019년 4회, 43번)

지지물 종류 \ 안전율	풍압 하중에 대한 안전율
목주	저압 : 1.2　고압 : 1.3　특고압 : 1.5
철주	A종과 B종으로 구분
철근 콘크리트 주	A종과 B종으로 구분
철탑	지선이 필요 없음

① A종 : 전체 길이가 16[m] 이하이면서 설계하중 6.8[kN] 이하

② B종 : A종 이외의 것

나. 안전율, 응력

① 안전율

기계나 기구를 설계할 때, 그 각 부분에 가해지는 힘에 견딜 수 있도록 설계하여야 한다. 그러나 지나치게 튼튼하게 만들어 공연히 부재(部材)만 커지고 중량이 늘어 가격이 비싸지면 비경제적이다. 그래서 설계를 담당할 기술자는 부재(部材)에 가해지는 힘에 대하여 몇 배의 하중에 견딜 수 있으면 되는가를 결정하고 계산하게 되는데, 이 배율을 안전율이라 한다(안전계수와 같음). 재료의 기준 강도로부터 허용 응력을 구하기 위한 계수(係數). 안전율=기준 강도/허용 응력

② 응력[stress, 應力]

변형력이라고도 하고 내력이라고도 한다. 응력은 외력이 증가함에 따라 증가하지만 이에는 한도가 있어서 응력이 그 재료 고유의 한도에 도달하면 외력에 저항할 수 없게 되어 그 재료는 마침내 파괴된다. 응력의 한도가 큰 재료일수록 강한 재료라고 할 수 있다.

다. 가공 전선로 경간

단위[m]

구분	표준 경간	저 · 고 보안공사 22.9[kV]	특고 시가지 170[kV] 이하
목주, A종 철근 콘크리트 주	150	100	75(목주 불가)
B종 철근 콘크리트 주	250	150	150
철탑	600	400	400

3 철탑의 종류 및 용도

철탑 종류 \ 용도	용도
직선형	직선 부분이 3° 이하
각도형	직선 부분이 3° 넘는 부분
인류형	인류 장소(끝맺음)
내장형	양측 경간 차 큰 곳
보강형	보강을 위한 곳

기출문제

01 철탑의 사용 목적에 의한 분류에서 서로 인접하는 경간의 길이가 크게 달라 지나친 불평형 장력이 가해지는 경우 등에는 어떤 형의 철탑을 사용하여야 하는가?

① 직선형 ② 각도형
③ 인류형 ④ 내장형

정답 ④

02 가공 전선로의 지지물이 아닌 것은?

① 목주 ② 지선
③ 철근 콘크리트 주 ④ 철탑

정답 ②

03 가공 전선로의 지지물에 지선을 사용해서는 안 되는 곳은?

① 목주 ② A종 철근 콘크리트 주
③ A종 철주 ④ 철탑

정답 ④

04 가공 전선로의 지지물에 하중이 가해지는 경우에 그 하중을 받는 지지물의 기초의 안전율은 일반적으로 얼마 이상이어야 하는가?

① 1.5 ② 2.0 ③ 2.5 ④ 4.0

정답 ②

4 매설 깊이

가. 철근 콘크리트 주 땅에 묻히는 깊이(2019년 4회, 46번)

설계하중 / 전주길이	6.8[KN] 이하
15[m] 이하	전장×1/6
15[m] 초과	2.5[m] 이상

- 건주 : 지지물을 세우는 것을 건주라고 한다.

기출문제

01 전주의 길이가 15[m] 이하인 경우 땅에 묻히는 깊이는 전주 길이의 얼마 이상으로 하여야 하는가?

① 1/2 ② 1/3 ③ 1/5 ④ 1/6

정답 ④

02 철근 콘크리트 주의 길이가 14[m]이고, 설계하중이 6.8[kN] 이하일 때, 땅에 묻히는 표준 깊이는 몇 m이어야 하는가?

① 2m ② 2.3m ③ 2.5m ④ 2.7m

정답 ②

03 A종 철근 콘크리트 주의 전장이 15[m] 인 경우에 땅에 묻히는 깊이는 최소 몇 [m] 이상으로 해야 하는가?(단, 설계 하중이 6.8[kN] 이하이다)

① 2.5 ② 3.0 ③ 3.5 ④ 4.0

정답 ①

04 전주의 길이별 땅에 묻히는 표준 깊이에 관한 사항이다. 전주의 길이가 16[m]이고, 설계하중이 6.8[kN] 이하의 철근 콘크리트 주를 시설할 때 땅에 묻히는 표준 깊이는 최소 얼마 이상이어야 하는가?

① 1.2[m] ② 1.4[m] ③ 2.0[m] ④ 2.5[m]

정답 ④

5 장주

지지물에 기계 시설을 설치하는 것을 장주라고 한다.

① 크로스 완금의 길이

단위[mm]

조	저압	고압	특고압
2조	900	1,400	1,800
3조	1,400	1,800	2,400

이렇게 암기 / 이렇게 암기

암기법 : 9월14일(포토 데이)

② 완금 고정 : 암밴드(2018년 4회, 46번)

③ 변압기를 주상에 설치할 때에는 행거 밴드를 사용한다.

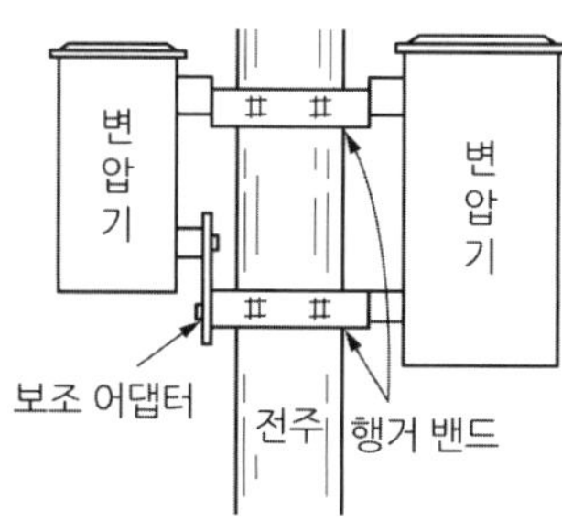

④ 발판 볼트는 지상 1.8[m] 이상 높이에 시설하여야 한다. 간격은 45[cm]이다.

기출문제

01 지지물에 전선 그 밖의 기구를 고정시키기 위하여 완금, 완목, 애자 등을 장치하는 것을 무엇이라고 하는가?

① 건주 ② 가선 ③ 장주 ④ 경간

정답 ③

02 주상 변압기를 철근 콘크리트 전주에 설치할 때 사용되는 것은?

① 암밴드 ② 암타이 밴드 ③ 앵커 ④ 행어 밴드

정답 ④

03 주상 변압기 설치 시 사용하는 것은?

① 완금 밴드 ② 행거 밴드 ③ 지선 밴드 ④ 암타이 밴드

정답 ②

기출문제

04 철근 콘크리트 주에 완금을 고정 시키려면 어떤 밴드를 사용하는가?

① 암 밴드 ② 지선 밴드
③ 래크 밴드 ④ 행거 밴드

정답 ①

05 고압 가공 전선로의 전선의 조수가 3조일 때 완금의 길이는?

① 1,200mm ② 1,400mm
③ 1,800mm ④ 2,400mm

정답 ③

06 주상 변압기의 1차 측 보호 장치로 사용하는 것은?

① 컷아웃 스위치 ② 유입 개폐기
③ 캐치 홀더 ④ 리클로저

정답 ①

07 배전용 기구인 COS(컷아웃 스위치)의 용도로 알맞은 것은?

① 배전용 변압기의 1차 측에 시설하여 변압기의 단락 보호용이다.
② 배전용 변압기의 2차 측에 시설하여 변압기의 단락 보호용이다.
③ 배전용 변압기의 1차 측에 시설하여 배전 구역 전환용으로 쓰인다.
④ 배전용 변압기의 2차 측에 시설하여 배전 구역 전환용으로 쓰인다.

정답 ①

08 가공 전선의 지지물에 승탑 또는 승강용으로 사용하는 발판 볼트 등은 지표상 몇 [m] 미만에 시설하여서는 아니 되는가?

① 1.2[m] ② 1.5[m] ③ 1.6[m] ④ 1.8[m]

정답 ④

09 배전 선로의 기기 설치 공사에서 전주에 승주 시 발판 못 볼트는 지상 몇 [m] 지점에서 180° 방향에 몇 [m] 씩 양쪽으로 설치하여야 하는가?

① 1.5[m], 0.3[m] ② 1.5[m], 0.45[m]
③ 1.8[m], 0.3[m] ④ 1.8[m], 0.45[m]

정답 ④

10 저압 2조의 전선을 설치 시 크로스 완금의 표준 길이[mm]는?

① 600 ② 900 ③ 1,400 ④ 1,800

정답 ②

6 지선(지지선)의 시설 기준

가. 지선의 설치 예(2019년 3회, 50번)

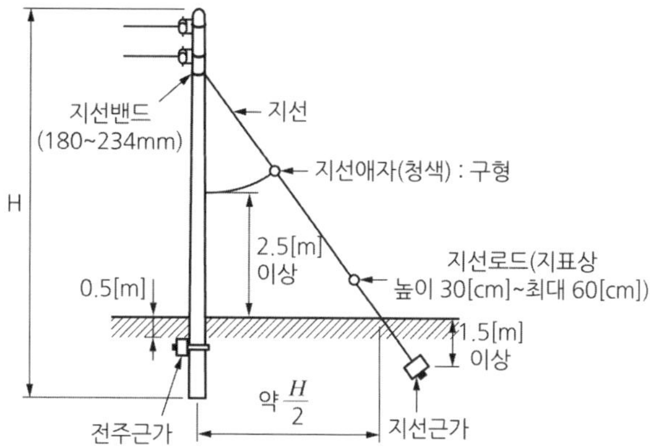

나. 지선의 시설(2019년 3회, 44번)

안전율	2.5 이상(2021년 2회)
인장 하중	4.31[kN] 이상(2021년 3회)
소선	2.6[mm] 이상 금속선 3본 이상(단, 아연 도금 강연선은 2.0[mm] 소선)
아연도금 강선	지중 및 지표상 30[cm]까지
도로 횡단	5[m] 이상

7 지선(지지선)의 종류

지선에서 전선로의 직선 부분이란 5° 이하의 수평 각도를 말한다.

① 수평 지지선 : 토지의 상황이나 사유에 인하여 보통지선을 시설할 수 없을 때

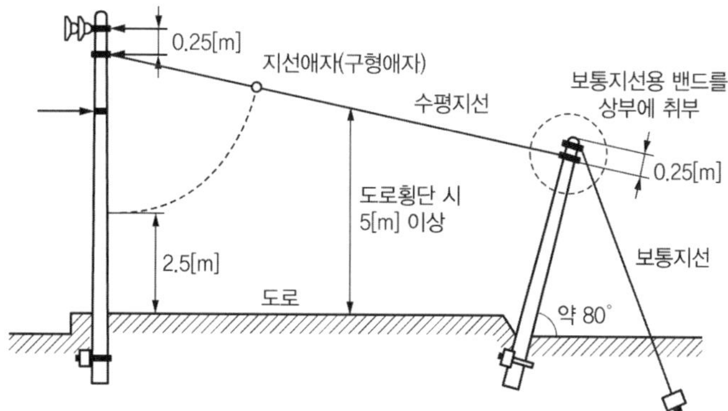

② **공동 지지선** : 지지물 상호 간의 거리가 비교적 접근하여 있을 경우에 시설

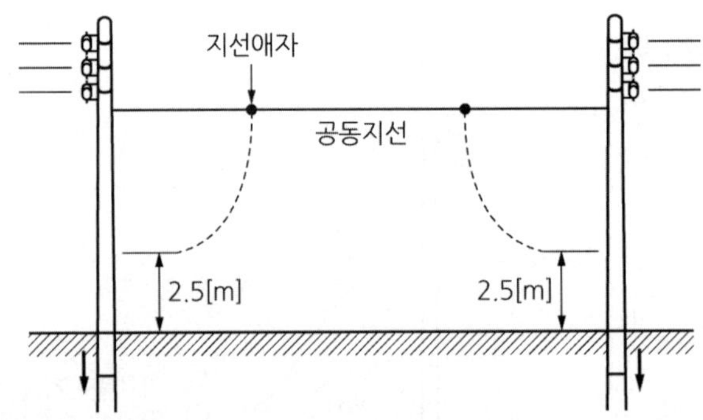

③ Y **지지선** : 다단의 완금이 설치되거나 장력이 큰 경우

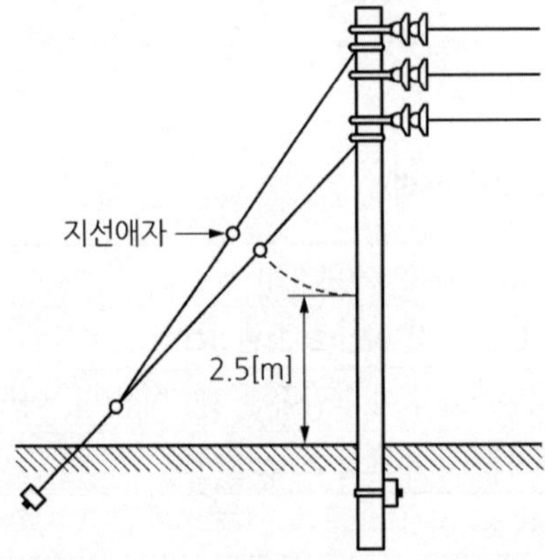

④ **궁 지지선** : 비교적 장력이 작고 시설 장소가 좁을 경우에 시설

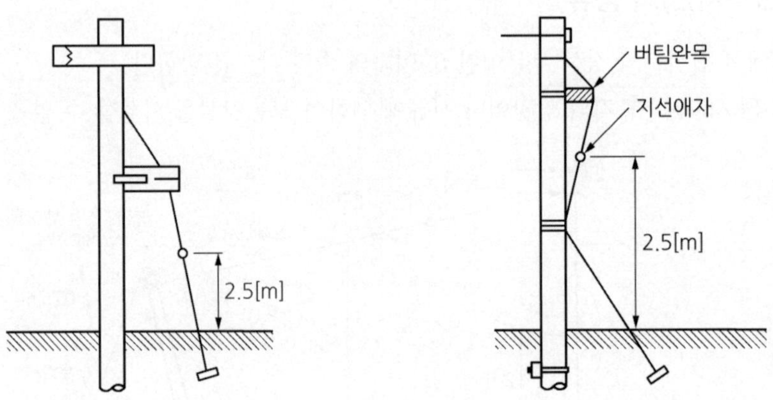

기출문제

01 가공 전선로의 지지물에 시설하는 지선에서 맞지 않는 것은?

① 지선의 안전율은 2.5 이상일 것
② 지선의 안전율이 2.5 이상일 경우에 허용 인장 하중의 최저는 4.31[kN]으로 한다.
③ 소선의 지름이 1.6[mm] 이상의 동선을 사용한 것일 것
④ 지선에 연선을 사용할 경우에는 소선 3가닥 이상의 연선일 것

정답 ③

02 가공 전선로의 지지물에 시설하는 지선의 안전율은 얼마 이상이어야 하는가?

① 2　② 2.5　③ 3　④ 3.5

정답 ②

03 도로를 횡단하여 시설하는 지선의 높이는 지표상 몇 [m] 이상이어야 하는가?

① 5[m]　② 6[m]　③ 8[m]　④ 10[m]

정답 ①

04 가공 전선로의 지지물에 시설하는 지선에 연선을 사용할 경우 소선수는 몇 가닥 이상이어야 하는가?

① 3 가닥　② 5 가닥　③ 6 가닥　④ 7 가닥

정답 ①

05 다단의 크로스 암이 설치되고 또한 장력이 클 때와 H 주일 때 보통 지선을 2단으로 시설하는 지선은?

① 보통 지선　② 공동 지선　③ 궁지선　④ Y 지선

정답 ④

06 비교적 장력이 적고 타종류의 지선을 시설할 수 없는 경우에 적용되는 지선은?

① 공동 지선　② 궁지선　③ 수평 지선　④ Y 지선

정답 ②

07 지선을 사용 목적에 따라 형태별로 분류한 것으로, 비교적 장력이 작고 다른 종류의 지선을 시설할 수 없는 경우에 적용되며, 지선용 근가를 지지물 근원 가까이 매설하여 시설하는 것은?

① 수평 지선　② 공동 지선　③ 궁지선　④ Y 지선

정답 ③

8 애자

기계적으로 전선을 지지하고 전기적으로 절연시키는 절연 지지체

애자 종류 ＼ 위치	위치
현수 애자	인류점(전선로가 끝나는 점), 분기점 등에 설치하는 애자
구형 애자	지선 중간에 시설하는 애자
핀 애자	전선로의 직선 부분 지지
래크	전선을 지지하는데 사용하는 애자, 저압 가공선로에 사용

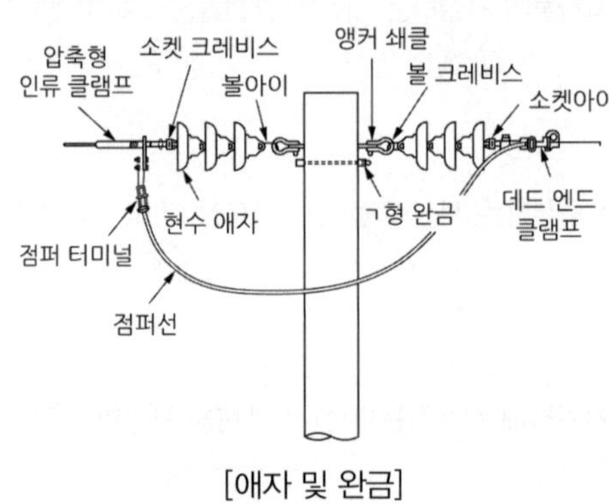

[애자 및 완금]

기출문제

01 옥내 배선의 은폐, 또는 건조하고 전개된 곳의 노출 공사에 사용하는 애자는?

① 현수 애자 ② 놉(노브) 애자 ③ 장간 애자 ④ 구형 애자

정답 ②

02 인류(잡아 당김)하는 곳이나 분기하는 곳에 사용하는 애자는?

① 구형 애자 ② 가지 애자 ③ 섀클 애자 ④ 현수 애자

정답 ④

03 전선로의 직선 부분을 지지하는 애자는?

① 핀 애자 ② 지지 애자 ③ 가지 애자 ④ 구형 애자

정답 ①

04 지선의 중간에 넣는 애자는?

① 저압 핀애자 ② 구형 애자 ③ 인류 애자 ④ 내장 애자

정답 ②

05 가공 전선로의 지선에 사용되는 애자는?

① 노브 애자 ② 인류 애자 ③ 현수 애자 ④ 구형 애자

정답 ④

기출문제

06 저압 배전 선로에서 전선을 수직으로 지지하는 데 사용되는 장주용 자재명은?

① 경완철 ② 래크 ③ L P 애자 ④ 현수 애자

정답 ②

07 랙 배선은 어떤 곳에 사용되는가?

① 저압 가공 선로 ② 고압 가공 선로

③ 저압 지중 선로 ④ 고압 수중 선로

정답 ①

9 지중 전선로

가. 사용 전선

케이블, 트라프를 사용하지 않을 경우는 CD(콤바인 덕트) 케이블 사용

나. 매설 방식

① 직접 매설식(직매식) ②관로식 ③암거식(공동구)이 있다.

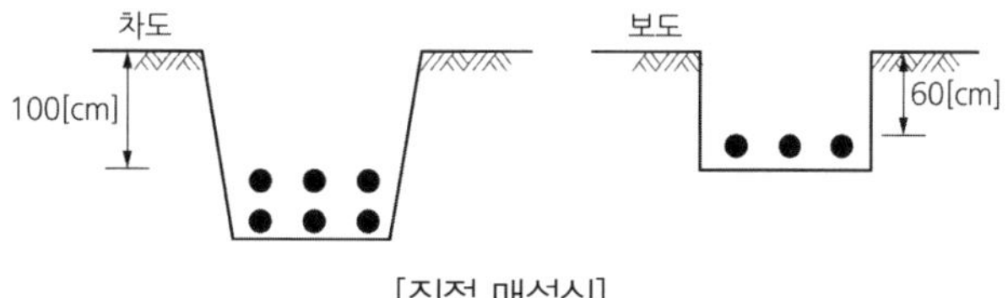

[직접 매설식]

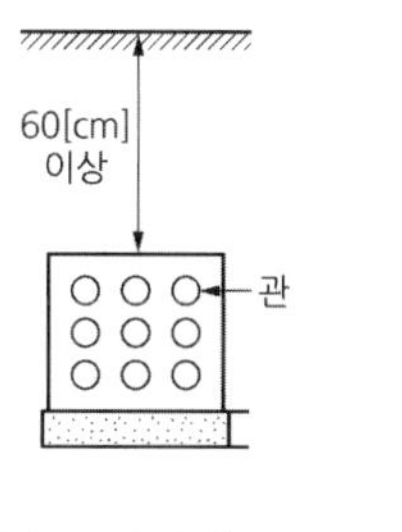

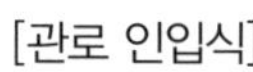

[관로 인입식]

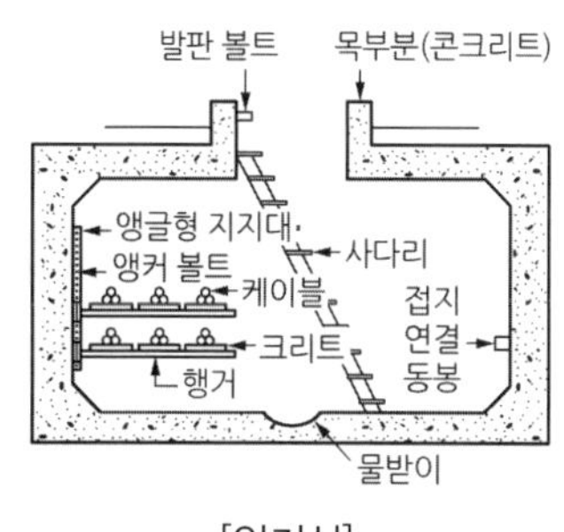

[암거식]

다. 공통(매설 깊이)

차량 · 기타 중량물의 압력을 받을 우려가 있는 장소에는 1.0[m] 이상, 기타 장소는 0.6[m] 이상으로 할 것

기출문제

01 다음 중 지중 전선로의 매설 방법이 아닌 것은?

① 관로식 ② 암거식 ③ 직접 매설식 ④ 행거식

정답 ④

02 연피 케이블을 직접 매설식에 의하여 차량 기타 중량물의 압력을 받을 우려가 있는 장소에 시설하는 경우 매설 깊이는 몇[m] 이상이어야 하는가?

① 0.6[m] ② 0.8[m] ③ 1[m] ④ 1.6[m]

정답 ③

03 지중 전선로를 직접 매설식에 의하여 시설하는 경우 차량, 기타 중량물의 압력을 받을 우려가 있는 장소의 매설 깊이는?

① 0.6[m] 이상 ② 1[m] 이상
③ 1.5[m] 이상 ④ 2.0[m] 이상

정답 ②

04 지중 배전 선로에서 케이블을 개폐기와 연결하는 몸체는?

① 스틱형 접속 단자 ② 엘보 커넥터
③ 절연 캡 ④ 접속 플러그

정답 ②

10 가선공사용 기구

① 데드 엔드 커버 : 인류 또는 내장주의 선로에서 활선 공법(전기가 살아있는 상태에서 작업하는 공법)을 할 때 작업자가 현수 애자 등에 접촉되어 생기는 안전사고를 예방하기 위해 사용하는 것

② 와이어 통 : 배전 선로 공사에서 충전되어 있는 활선을 움직이거나 작업권 밖으로 밀어낼 때, 또는 활선을 다른 장소로 옮길 때 사용하는 활선 공구

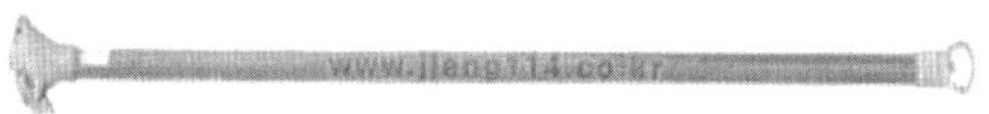

③ **전선 피박기** : 절연 전선으로 가선된 배전 선로에서 활선 상태인 경우 전선의 피복을 벗기는 것은 매우 곤란한 작업이다. 이런 경우 활선 상태에서 전선의 피복을 벗기는 공구

기출문제

01 **다음 중 인류 또는 내장주의 선로에서 활선 공법을 할 때 작업자가 현수 애자 등에 접촉되어 생기는 안전사고를 예방하기 위해 사용하는 것은?**

① 활선 커버　② 가스 개폐기
③ 데드 엔드 커버　④ 프로텍터 차단기

정답 ③

02 **배전 선로 공사에서 충전되어 있는 활선을 움직이거나 작업권 밖으로 밀어낼 때, 또는 활선을 다른 장소로 옮길 때 사용하는 활선 공구는?**

① 피박기　② 활선 커버
③ 데드 앤드 커버　④ 와이어통

정답 ④

03 **절연 전선으로 가선된 배전 선로에서 활선 상태인 경우 전선의 피복을 벗기는 것은 매우 곤란한 작업이다. 이런 경우 활선 상태에서 전선의 피복을 벗기는 공구는?**

① 전선 피박기　② 애자 커버
③ 와이어 통　④ 데드 엔드 커버

정답 ①

차단기, 배전반 및 분전반 공사

1 차단기

1 차단기의 종류(300쪽, 수 · 변전시설 그림 참조)

① 유입 차단기(OCB : Oil Circuit Breaker)

② 자기 차단기(MBB : Magnetic Blow-out circuit Breaker)

③ 가스차단기(GCB : Gas Circuit Breaker) : SF_6(육불화황) 가스를 이용한 것이 널리 사용된다.(2019년 4회, 45번)

- 무색, 무취, 유독성 가스를 발생하지 않는다.
- 밀폐 구조로 소음이 없다.
- 소호 능력은 공기의 100~200배이다.
- 공기보다 2.5~3.5배의 절연 내력이 있다.
- 절연유보다 매우 가벼우나 공기보다는 5배 무겁다.

④ 공기 차단기(ABB : Air-Blast circuit Breaker) : 압축 공기

⑤ 진공 차단기(VCB : Vacuum Circuit Breaker)

⑥ 기중 차단기(ACB : Air Circuit Breaker) : 자연 소호 방식으로 저압 차단용으로 사용한다.

2 저압용 차단기

전기 회로의 부하 전류를 개폐함과 동시에 사고 발생 시에 회로를 차단하여 회로에 접속된 전기 기기, 전선류를 보호

① NFB(배선용 차단기, No Fuse Breaker)=MCB=MCCB(2017년 1회, 55번)

- 단락, 과부하시 과전류를 자동 차단, 평상시는 수동으로 개폐 가능
- 바이메탈의 만곡에 의한 열동형(주울 열)이고 정격 전류의 1.25배(125[%])에서 확실하게 동작하여야 한다.

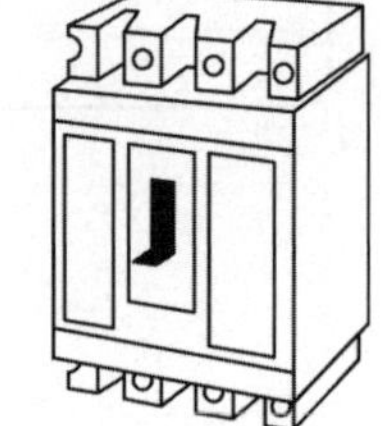

[3p 배선용 차단기]

② **ELB(Earth Leakage Breaker, 누전 차단기)**(2018년 4회, 43번)

- 옥내 배선 공사에서 대지 전압 150[V]를 초과하고 300[V] 이하 저압 전로의 인입구에 반드시 시설
- 저압 측 전로에 30[mA] 이하, 동작시간 0.03초의 인체 감전 보호용 누전 차단기를 설치한 경우는 접지공사를 생략할 수 있다.

3 단로기(DS ; Disconnecting Switch)

기기를 점검, 수리할 때 회로를 분리하거나 접속을 바꿀 때 사용. 부하가 걸려있을 때는 개폐가 불가능하다.

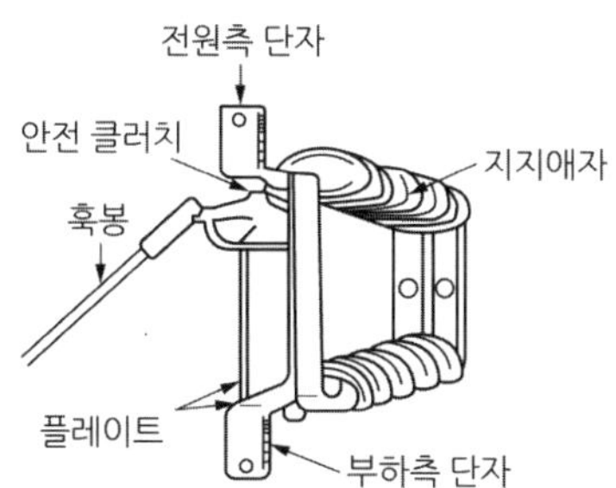

4 부하 개폐기(LBS ; Load Breaker Switch)

수, 변전 설비의 인입구 개폐기, 전력 퓨즈 용단 시 결상을 방지하는 목적

5 계기용 변성기(MOF = PT + CT)

① **계기용 변압기(PT)** : 2차 전압 110[V]

② **변류기(CT)** : 2차 전류 5[A] 점검 시 2차 측 절연 보호를 위하여 단락시킨다.

③ **전력 수급용 계기용 변성기(MOF)** : 계기용 변압기와 변류기를 조합한 것

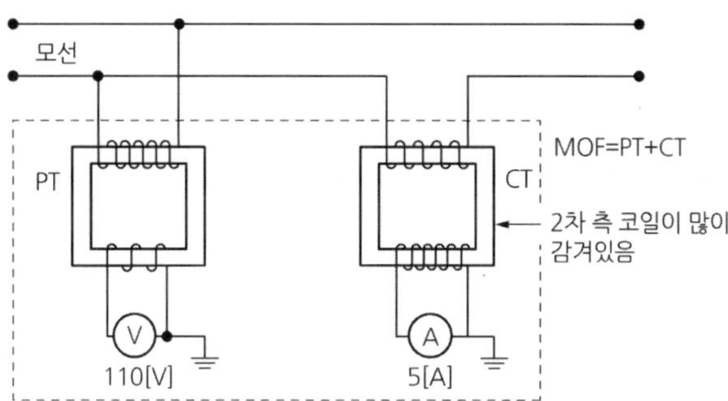

기출문제

01 **변전소에 사용되는 주요 기기로서 ABB는 무엇을 의미하는가?**

① 유입 차단기 ② 자기 차단기
③ 공기 차단기 ④ 진공 차단기

정답 ③

02 **가스 절연 개폐기나 가스 차단기에 사용하는 가스인 SF_6의 성질이 아닌 것은?**

① 같은 압력에서 공기의 2.5~3.5배의 절연 내력이 있다.
② 무색, 무취, 무해 가스이다.
③ 가스 압력 3~4[kg/cm^2]에서는 절연 내력이 절연유 이상이다.
④ 소호 능력이 공기보다 2.5 배 정도 낮다.

정답 ④

03 **수변전 설비에서 차단기의 종류 중 가스 차단기에 들어가는 가스의 종류는?**

① CO_2 ② LPG ③ SF_6 ④ LNG

정답 ③

04 **자연 공기 내에서 개방할 때 접촉자가 떨어지면서 자연 소호되는 방식을 가진 차단기로 저압의 교류 또는 직류 차단기로 많이 사용되는 것은?**

① 유입 차단기 ② 자기 차단기
③ 가스 차단기 ④ 기중 차단기

정답 ④

05 **다음 중 용어와 약호가 바르게 짝지어진 것은?**

① 유입 차단기－ABB ② 공기 차단기－ACB
③ 가스 차단기－GCB ④ 자기 차단기－OCB

정답 ③

06 **차단기에서 ELB의 용어는?**

① 유입 차단기 ② 진공 차단기
③ 배전용 차단기 ④ 누전 차단기

정답 ④

07 **옥내 배선 공사에서 대지 전압 150[V]를 초과하고 300[V] 이하 저압 전로의 인입구에 반드시 시설해야 하는 지락 차단 장치는?**

① 퓨즈(F) ② 누전 차단기(ELB)
③ 배선용 차단기(MCB) ④ 커버나이프 스위치(KS)

정답 ②

기출문제

08 다음 중 교류 차단기의 단선도 심벌은?

① 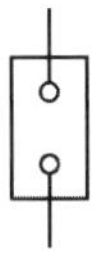 ② 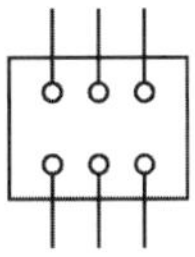 ③ 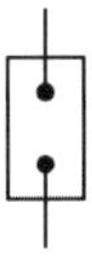 ④

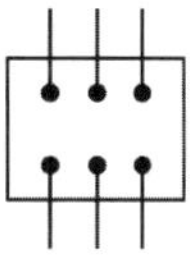

정답 ①

09 배선용 차단기의 심벌은?

① B ② E ③ BE ④ S

정답 ①

10 다음 개폐기 중에서 옥내 배선의 분기 회로 보호용에 사용되는 배선용 차단기의 약호로 옳은 것은?

① DS ② MCB ③ ACB ④ OCB

정답 ②

11 변전소의 전력 기기를 시험하기 위하여 회로를 분리하거나 또는 계통의 접속을 바꾸거나 하는 경우에 사용되는 것은?

① 나이프 스위치 ② 차단기
③ 퓨즈 ④ 단로기

정답 ④

12 수 · 변전 설비의 인입구 개폐기로 많이 사용되고 있으며 전력 퓨즈의 용단 시 결상을 방지하는 목적으로 사용되는 개폐기는?

① 부하 개폐기 ② 선로 개폐기
③ 자동 고장 구분 개폐기 ④ 기중 부하 개폐기

정답 ①

13 고압 전기 회로의 전기 사용량을 적산하기 위한 전력 수급용 계기용 변성기의 약자는?

① ZPCT ② MOF ③ DCS ④ DSPF

정답 ②

14 다음 중 변류기의 약호는?

① CB ② CT ③ DS ④ COS

정답 ②

기출문제

15 변류비 100/5[A]의 변류기와 5[A]의 전류계를 사용하여 부하 전류를 측정한 경우 전류계의 지시가 4[A]이었다. 이때 부하 전류는 몇 [A]인가?

① 30[A] ② 40[A] ③ 60[A] ④ 80[A]

정답 ④

16 특고압 수전 설비 결선 기호와 명칭으로 잘못된 것은?

① CB－차단기 ② DS－단로기 ③ LA－피뢰기 ④ LF－전력 퓨즈

정답 ④

6 표준 부하

① 표준 부하(2018년 3회, 59번)

건축물의 종류	표준 부하	암기법
공장, 교회, 극장	10[VA/m^2]	[ㄱ]으로 시작하는 것 10, [ㅎ]으로 시작하면 20, 나머지 30
호텔, 호스피탈(병원), 학교	20[VA/m^2]	
은행, 상점, 이발소, 미용원	30[VA/m^2]	
주택, 아파트	40[VA/m^2]	2021년 개정

② 부분적인 표준 부하

구분	표준 부하
복도, 계단 세면장, 창고, 다락	5[VA/m^2]
강당, 관람석	10[VA/m^2]

7 수용률 $= \dfrac{\text{최대 수용 전력}}{\text{총 부하 설비 용량}} \times 100[\%]$

① 주택, 아파트는 50%

② 사무실, 은행, 학교는 70%

8 부하율 $= \dfrac{\text{일정 기간의 평균 부하}}{\text{같은 기간의 최대 부하}} \times 100[\%]$

9 부등률 $= \dfrac{\text{각 부하의 최대 수용 전력의 합}}{\text{합성 최대 수용 전력}}$

① 부등률은 1보다 크거나 같다.

② 수용가의 부하 설비는 각 부하의 특성에 따라 최대 수용전력 발생 시점이 다르게 나타나므로 이를 고려하여 변압기 용량을 적정하게 선정하기 위한 방법으로 부등률을 사용함.

③ 일반적으로 변압기 한 대 운전 시는 적용하지 않으며 2대 이상을 가지고 운전 시 수용률과 함께 부등률을 적용해 주 변압기 용량을 감소시킴

④ 부등률 적용 시 장점
- 변압기 용량을 적게 하여 계약 전력을 낮추어 기본 전기 요금 절감
- 설비의 효율적 이용
- 공사비의 절감
- 전기실 면적의 축소

기출문제

01 배선 설계를 위한 전등 및 소형 전기 기계 기구의 부하 용량 산정 시 건축물의 종류에 대응한 표준 설계 부하에서 원칙적으로 표준 부하를 20[VA/m^2]으로 적용하여야 하는 건축물은?

① 교회, 극장　　② 학교, 음식점
③ 은행, 상점　　④ 아파트, 이용원

정답 ②

02 사무실, 은행, 상점, 이발소, 미장원에서 사용하는 표준 부하 [VA/m^2]는?

① 5　② 10　③ 20　④ 30

정답 ④

03 학교, 사무실, 은행의 간선 굵기 선정 시 수용률은 몇 %를 적용하는가?

① 50　② 60　③ 70　④ 80

정답 ③

04 각 수용가의 최대 수용 전력이 각각 5[kW], 10[kW], 15[kW], 22[kW]이고, 합성 최대 수용 전력이 50[kW]이다. 이 수용가 상호간의 부등률은 얼마인가?

① 1.04　② 2.34　③ 4.25　④ 6.94

풀이 부등률 $= \dfrac{\text{각 부하의 최대 수용 전력의 합}}{\text{합성 최대 수용 전력}} = \dfrac{5+10+15+22}{50} = 1.04$

정답 ①

기출문제

05 $\dfrac{\text{부하의 평균전력 (1시간 평균)}}{\text{최대 수용전력 (1시간 평균)}} \times 100\%$ 의 관계를 가지고 있는 것은?

① 부하율 ② 부등률 ③ 수용률 ④ 설비율

정답 ①

06 어느 수용가의 설비 용량이 각각 1[kW], 2[kW], 3[kW], 4[kW]인 부하 설비가 있다. 그 수용률이 60[%]인 경우 그 최대 수용 전력은 몇 [kW]인가?

① 3 ② 6 ③ 30 ④ 60

풀이 수용률 = $\dfrac{\text{최대 수용 전력}}{\text{총부하설비 용량}} \times 100[\%]$ 에서

최대 수용 전력 = 수용률×총 부하 설비 용량 = 0.6×(1+2+3+4) = 6

정답 ②

2 배전반, 분전반

1 배전반 및 분전반

① 수전반 → 배전반 → 분전반 → 부하의 순

② 수전반(受電盤) : 한전으로 부터 전기를 인수받는 곳으로 300[kW] 이상은 고압으로 그 이하는 저압으로 받는 것이 보통. 여기에 관측 계기와 계량기가 달림(전압계, 전류계)

③ 배전반(配電盤) : 수전한 전기를 계통별로 혹은 용도별로 나누어 주는 곳

④ 분전반(分電盤) : 부하별로 분기해 주는 곳

⑤ 수배전반(受配電盤) : 한전으로부터 전기를 인수하면서 바로 배전하는 역할을 겸하는 곳(소규모 공장이나 가정집)

2 큐비클 식(폐쇄식) 배전반(2023년 2회)

점유 면적이 좁고 운전, 보수에 안전하므로 공장, 빌딩 등의 전기실에 많이 사용한다.

가. 설치 장소

① 전기 회로를 쉽게 조작할 수 있는 장소
② 개폐기를 쉽게 조작할 수 있는 장소
③ 안정된 장소

나. 저 · 고압 배전반은 계측기 판독을 위해 앞면과 1.5[m] 이상, 특고 1.7[m] 이상, 이격시켜야 한다.

다. 분전반에 사용 전압이 다른 분기회로가 있을 때 : 명판으로 전압을 표시한다.

라. 강판제 함의 두께는 1.2[mm] 이상으로 한다.

기출문제

01 배전반 및 분전반의 설치 장소로 적합하지 못한 것은?

① 전기 회로를 쉽게 조작할 수 있는 장소
② 개폐기를 쉽게 조작할 수 있는 장소
③ 안정된 장소
④ 은폐된 장소

정답 ④

02 배전반 및 분전반을 넣은 강판제로 만든 함의 최소 두께는?

① 1.2[mm] 이상
② 1.5[mm] 이상
③ 2.0[mm] 이상
④ 2.5[mm] 이상

정답 ①

03 점유 면적이 좁고 운전, 보수에 안전하므로 공장, 빌딩 등의 전기실에 많이 사용되며, 큐비클(cubicle)형이라고도 불리는 배전반은?

① 라이브 프런트식 배전반
② 데드 프런트식 배전반
③ 포스트형 배전반
④ 폐쇄식 배전반

정답 ④

04 분전반에 대한 설명으로 틀린 것은?

① 배선과 기구는 모두 전면에 배치하였다.
② 두께 1.5[mm] 이상의 난연성 합성수지로 제작하였다.
③ 강판제의 분전함은 두께 1.2[mm] 이상의 강판으로 제작하였다.
④ 배선은 모두 분전반 이면으로 하였다.

정답 ①

기출문제

05 수전 설비의 저압 배전반은 배전반 앞에서 계측기를 판독하기 위하여 앞면과 최소 몇 [m] 이상 유지하는 것을 원칙으로 하고 있는가?

① 0.6[m] ② 1.2[m] ③ 1.5[m] ④ 1.7[m]

정답 ③

06 한 분전반에 사용 전압이 각각 다른 분기 회로가 있을 때 분기 회로를 쉽게 식별하기 위한 방법으로 가장 적합한 것은?

① 차단기별로 분리해 놓는다.
② 차단기나 차단기 가까운 곳에 각각 전압을 표시하는 명판을 붙여 놓는다.
③ 왼쪽은 고압 측 오른쪽은 저압 측으로 분류해 놓고 전압 표시는 하지 않는다.
④ 분전반을 철거하고 다른 분전반을 새로 설치한다.

정답 ②

07 배전반을 나타내는 그림 기호는?

① ②

③ ④ S

풀이 ① : 분전반 ③ : 제어반 ④ : 개폐기

정답 ②

08 수변전 설비에서 몇 [kVA] 이상에서는 전압계와 전류계를 기구 전면에 설치해야 하는가?

① 100 ② 200
③ 300 ④ 500

정답 ③

09 부하의 합계 용량이 300[kVA]를 초과하는 배전반에 반드시 붙여야 하는 계기는?(단, 부하의 합계 용량이란 변압기 용량에 고압기기의 용량을 합한 것을 말한다.)

① 전압계, 주파수계 ② 전압계, 전류계
③ 전류계, 주파수계 ④ 전력량계

정답 ②

CHAPTER Craftsman Electricity

10 특수 장소 공사

1 먼지가 많은 장소

① 폭연성 분진(마그네슘, 알루미늄 먼지) 또는 화약류 분말이 있는 곳
- ㉮ 금속관 공사, 케이블 공사 (캡타이어 케이블 제외)
- ㉯ 금속관 공사 접속 시 5턱 이상 나사를 조일 것

② 가연성 분진(소맥분, 전분, 유황)이 존재하는 장소
- ㉮ 금속관 공사 ㉯ 케이블 공사 ㉰ 합성수지관 공사

2 가연성 가스가 존재하는 장소

① LPG, 가연성 액화 가스, 에탄올, 메탄올 인화성 액체
② 금속관
③ 케이블 공사 (캡타이어 케이블 제외)

3 위험물(셀룰로이드, 성냥, 석유류) 제조, 저장소

① 금속관 공사 ② 케이블 공사 ③ 합성수지관 공사

4 화약류 저장소에서의 시설 방법

① 대지 전압 300[V] 이하
② 기계 기구는 전폐형
③ 금속관 공사, 케이블 공사
④ 개폐기 및 과전류 차단기에서 화약류 저장소까지 지중 케이블 사용

5 흥행장의 시설

① 변압기 1차 전압 400[V] 이하이고 유희용 전압은 직류 60[V] 이하, 교류 40[V] 이하
② 무대 마루 밑의 전구선

㉮ 방습 코드
㉯ 고무 캡타이어 코드
㉰ 캡타이어 케이블(비닐 캡타이어 제외)

6 전기 울타리

① **사용 전압** : 250[V] 이하, 출력 측 단락 전류는 3.5[mA] 이하
② **전선** : 인장 강도 1.38[kN] 이상의 것 또는 경동선으로 2.0[mm] 이상, 단면적 4[mm^2]
③ **이격 거리** : 전선과 기둥 2.5[cm] 이상, 전선과 수목 30[cm] 이상

기출문제

01 **폭발성 분진이 존재하는 곳의 금속관 공사에 있어서 관 상호 및 관과 박스 기타의 부속품이나 풀박스 또는 전기 기계 기구와의 접속은 몇 턱 이상의 나사 조임으로 접속하여야 하는가?**

① 2턱 ② 3턱 ③ 4턱 ④ 5턱

정답 ④

02 **폭연성 분진이 존재하는 곳의 금속관 공사 시 전동기에 접속하는 부분에서 가요성을 필요로 하는 부분의 배선에는 방폭형의 부속품 중 어떤 것을 사용하여야 하는가?**

① 플렉시블 피팅 ② 분진 플렉시블 피팅
③ 분진 방폭형 플렉시블 피팅 ④ 안전 증가 플렉시블 피팅

정답 ③

03 **가연성 분진(소맥분, 전분, 유황 기타 가연성 먼지 등)으로 인하여 폭발할 우려가 있는 저압 옥내 설비 공사로 적절하지 않은 것은?**

① 케이블 공사 ② 금속관 공사
③ 합성수지관 공사 ④ 플로어 덕트 공사

정답 ④

04 **소맥분, 전분, 기타 가연성의 분진이 존재하는 곳의 저압 옥내 설비 공사 방법에 해당되지 않는 것은?**

① 케이블 공사 ② 금속관 공사
③ 애자 사용 공사 ④ 합성수지관 공사

정답 ③

05 **폭연성 분진 또는 화약류의 분말이 전기설비가 발화원이 되어 폭발할 우려가 있는 곳에 시설하는 저압 옥내 전기설비의 저압 옥내 배선 공사는?**

① 금속관 공사 ② 합성수지관 공사
③ 가요 전선관 공사 ④ 애자 사용 공사

정답 ①

기출문제

06 **불연성 먼지가 많은 장소에 시설할 수 없는 저압 옥내 배선의 방법은?**

① 금속관 배선
② 두께가 1.2[mm]인 합성수지관 배선
③ 금속제 가요 전선관 배선
④ 애자 사용 배선

정답 ②

07 **성냥, 석유류, 셀룰로이드 등 기타 가연성 물질을 제조 또는 저장하는 장소의 배선 방법으로 적당하지 않은 공사는?**

① 케이블 배선 공사
② 방습형 플렉시블 배선 공사
③ 합성수지관 배선 공사
④ 금속관 배선 공사

정답 ②

08 **셀룰로이드, 성냥, 석유류 등 기타 가연성 위험 물질을 제조 또는 저장하는 장소의 배선으로 잘못된 배선은?**

① 금속관 배선
② 합성수지관 배선
③ 플로어 덕트 배선
④ 케이블 배선

정답 ③

09 **화약고 등의 위험 장소의 배선 공사에서 전로의 대지 전압은 몇 [V] 이하로 하도록 되어 있는가?**

① 300 ② 400 ③ 500 ④ 600

정답 ①

10 **화약류 저장 장소의 배선 공사에서 전용 개폐기에서 화약류 저장소의 인입구까지는 어떤 공사를 하여야 하는가?**

① 케이블을 사용한 옥측 전선로
② 금속관을 사용한 지중 전선로
③ 케이블을 사용한 지중 전선로
④ 금속관을 사용한 옥측 전선로

정답 ③

11 **흥행장의 400[V] 이하의 저압 전기 공사를 시설하는 방법으로 적합하지 않은 것은?**

① 영사실에 사용되는 이동 전선은 캡타이어 케이블을 사용한다.
② 플라이 덕트를 시설하는 경우에는 덕트의 끝부분은 막아야 한다.
③ 무대용의 콘센트 박스, 플라이 덕트 및 보더 라이트의 금속제 외함에는 접지 공사를 한다.
④ 무대, 무대 마루 밑, 오케스트라 박스 및 영사실의 전로에는 과전류 차단기 및 개폐기를 시설하지 않아야 한다.

정답 ④

기출문제

12 흥행장에 시설하는 전구 선이 아크등에 접근하여 과열될 우려가 있을 경우 어떤 전선을 사용하는 것이 바람직한가?

① 비닐 피복 전선
② 내열성 피복 전선
③ 내약품성 피복 전선
④ 내화학성 피복 전선

정답 ②

13 흥행장의 저압 공사에서 잘못된 것은?

① 무대용의 콘센트 박스 플라이 덕트 및 보더 라이트의 금속제 외함에는 접지를 하여야 한다.
② 무대, 마루 밑, 오케스트라 박스 및 영사실의 전로에는 전용 개폐기 및 과전류 차단기를 시설할 필요가 없다.
③ 플라이 덕트는 조영재 등에 견고하게 시설하여야 한다.
④ 플라이 덕트 내의 전선을 외부로 인출할 경우는 캡타이어 케이블을 사용한다.

정답 ②

14 무대, 무대 마루 밑, 오케스트라 박스, 영사실, 기타 사람이나 무대 도구가 접촉할 우려가 있는 장소에 시설하는 저압 옥내 배선, 전구선 또는 이동 전선은 최고 사용 전압이 몇 [V] 이하이어야 하는가?

① 100 ② 200 ③ 400 ④ 700

정답 ③

15 목장의 전기 울타리에 사용하는 경동선의 지름은 최소 몇 [mm] 이상이어야 하는가?

① 1.6 ② 2.0 ③ 2.6 ④ 3.2

정답 ②

16 가연성 가스가 존재하는 저압 옥내 전기설비 공사 방법으로 옳은 것은?

① 가요 전선관 공사
② 합성수지관 공사
③ 금속관 공사
④ 금속 몰드 공사

정답 ③

17 부식성 가스 등이 있는 장소에서 시설이 허용되는 것은?

① 과전류 차단기
② 전등
③ 콘센트
④ 개폐기

정답 ②

기출문제

18 **부식성 가스 등이 있는 장소에 전기설비를 시설하는 방법으로 적합하지 않은 것은?**

① 애자 사용 배선 시 부식성 가스의 종류에 따라 절연 전선인 DV 전선을 사용한다.
② 애자 사용 배선에 의한 경우에는 사람이 쉽게 접촉될 우려가 없는 노출 장소에 한한다.
③ 애자 사용 배선 시 부득이 나전선을 사용하는 경우에는 전선과 조영재와의 거리를 4.5cm 이상으로 한다.
④ 애자 사용 배선 시 전선의 절연물이 상해를 받는 장소는 나전선을 사용할 수 있으며, 이 경우는 바닥 위 2.5m 이상 높이에 시설한다.

정답 ①

19 **부식성 가스 등이 있는 장소에 시설할 수 없는 배선은?**

① 금속관 배선　② 제1종 금속제 가요 전선관 배선
③ 케이블 배선　④ 캡타이어 케이블 배선

정답 ②

20 **습기가 많은 장소 또는 물기가 있는 장소의 바닥 위에서 사람이 접촉될 우려가 있는 장소에 시설하는 사용 전압이 400[V] 이하인 전구선 및 이동 전선은 단면적이 최소 몇 [mm^2] 이상인 것을 사용하여야 하는가?**

① 0.75　② 1.25　③ 2.0　④ 3.5

정답 ①

21 **터널, 갱도 기타 이와 유사한 장소에서 사람이 상시 통행하는 터널 내의 배선 방법으로 적절하지 않은 것은?**

① 라이팅 덕트 배선　② 금속제 가요 전선관 배선
③ 합성수지관 배선　④ 애자 사용 배선

정답 ①

22 **가스 증기 위험 장소의 배선 방법으로 적합하지 않은 것은?**

① 옥내 배선은 금속관 배선 또는 합성수지관 배선으로 할 것
② 전선관 부속품 및 전선 접속함에는 내압 방폭 구조의 것을 사용할 것
③ 금속관 배선으로 할 경우 관 상호 및 관과 박스는 5턱 이상의 나사 조임으로 견고하게 접속할 것
④ 금속관과 전동기의 접속 시 가요성을 필요로 하는 짧은 부분의 배선에는 안전 증가 방폭 구조의 플렉시블 피팅을 사용할 것

정답 ①

CHAPTER

Craftsman Electricity

11 조명

1 배선 공사(2019년 2회, 43번)

─────	- - - - - - -	─ ─ ─ ─
[천장 은폐 배선]	[노출 배선]	[바닥 은폐 배선]

2 조명

가. 조명의 종류(2018년 4회, 54번)

조명 방식	직접 조명	반직접 조명		전반 확산 조명	반간접 조명		간접 조명
상향 광속	0~10%	10~40%		40~60%	60~90%		90~100%
조명 기구							
하향 광속	①00~90%	⑨0~60%		⑥0~40%	④0~10%		⑩~0%

※ 암기법 : 나는 1964년 10월생이다.

나. 조명 용어

① **방사(복사)속** φ **[W, 와트]** : 단위 시간에 어떤 면을 통과하는 방사(복사)에너지의 양

② **광속 F [lm, 루멘]** : 가시 범위(380~760[nm]의 방사속을 시감에 기초를 두어 측정한 것

③ **광도 I [cd, 칸델라]** : 단위 시간당 단위 입체각으로부터 나오는 가시광선의 양

④ **휘도 B [cd/㎡]** : 단위 면적당 광도로서 눈부심 정도를 나타낸다.(2017년 1회, 09번)

⑤ **조도 E [lx, 룩스]** : 단위 면적에 입사되는 빛의 양. $E = \frac{F}{A} = \frac{I}{r^2}$ [lx]

⑥ **완전 확산면** : 어떤 방향에서 바라보아도 휘도가 동일한 면을 말한다.

⑦ **시감도** : 어느 파장의 에너지가 빛으로 느껴지는 정도, 황록색이 최대 시감도

3 3로 스위치

① 두 곳에서 마음대로 전등을 점멸할 수 있는 스위치(3로 스위치 2개)

② 3곳 점멸 (3로 스위치 2개와 4로 스위치 1개)(2020년 4회, 45번)

③ 4곳 점멸 (3로 스위치 2개와 4로 스위치 2개)

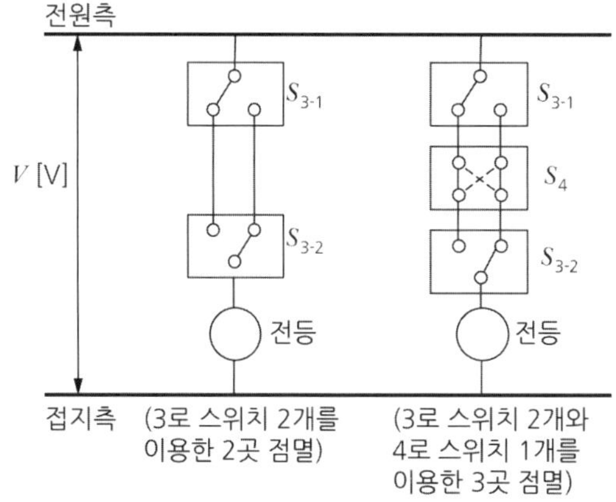

4 콘센트 심벌

[벽 붙이] [천장 붙이] [바닥 붙이] [방수형]

5 등 기구 설치(2019년 3회, 54번)

① 가정용 전등은 등 기구 마다 점멸 가능토록 할 것

② 국부 조명 설비는 그 조명 대상에 따라 점멸할 수 있도록 시설할 것

③ 다중 이용 장소의 전등은 등 기구 6 개 이내의 전등 군마다 점멸 가능하도록 할 것

④ 직접 조명일 경우 광원의 높이는 작업 면에서 천장까지의 높이의 2/3로 한다.

⑤ 기구간의 거리를 S로 하고, 작업면에서 천장까지의 높이를 H라고 했을 때 일반적인 경우 $S \leq 1.5H$ 로 배치한다.

6 조명등의 기호

H : 수은등, N : 나트륨등, F : 형광등, M : 메탈 할라이트등

기출문제

01 다음과 같은 그림 기호의 명칭은?

────────────

① 천장 은폐 배선　　② 노출 배선
③ 지중 매설 배선　　④ 바닥 은폐 배선

정답 ①

02 작업면에서 천장까지의 높이가 3[m]일 때 직접 조명일 경우의 광원의 높이는 몇 [m]인가?

① 1　　② 2　　③ 3　　④ 4

정답 ②

03 조명 기구의 배광에 의한 분류 중 40~60[%] 정도의 빛이 위쪽과 아래쪽으로 고루 향하고 가장 일반적인 용도를 가지고 있으며 상 · 하 좌우로 빛이 모두 나오므로 부드러운 조명이 되는 방식은?

① 직접 조명 방식　　② 반직접 조명 방식
③ 전반 확산 조명 방식　　④ 반간접 조명 방식

정답 ③

04 실내 전체에 균일하게 조명하는 방식으로 광원을 일정한 간격으로 배치하여 공장, 학교, 사무실 등에서 채용되는 조명 방식은?

① 국부 조명　　② 전반 조명　　③ 직접 조명　　④ 간접 조명

정답 ②

05 천장에 작은 구멍을 뚫어 그 속에 등기구를 매입시키는 방식으로 건축의 공간을 유효하게 사용하는 조명 방식은?

① 코브 방식　　② 코퍼 방식
③ 밸런스 방식　　④ 다운 라이트 방식

정답 ④

06 다음 그림 기호 중 천장 은폐 배선은?

① ────────　　② — — — —
③ - - - - - - - - - -　　④ ────●────

정답 ①

07 실내 전반 조명을 하고자 한다. 작업대로부터 높이가 2.4[m]인 위치에 조명 기구를 배치할 때 벽에서 한 기구 이상 떨어진 기구에서 기구간의 거리는 일반적인 경우 최대 몇 [m]로 배치하여 설치하는가? (단, $S \le 1.5H$를 사용하여 구하도록 한다)

① 1.8　　② 2.4　　③ 3.2　　④ 3.6

풀이 $S \le 1.5H$이므로 $S \le 1.5 \times 2.4 = 3.6$

정답 ④

기출문제

08 가정용 전등에 사용되는 점멸 스위치를 설치하여야 할 위치에 대한 설명으로 가장 적당한 것은?

① 접지 측 전선에 설치한다.
② 중성선에 설치한다.
③ 부하의 2차 측에 설치한다.
④ 전압 측 전선에 설치한다.

정답 ④

09 공장 · 사무실 · 학교 · 상점 등의 옥내에 시설하는 전등은 부분 조명이 가능하도록 시설하여야 하는데, 이때 전등군은 몇 등 이내로 하는 것이 바람직한가?

① 6 ② 8 ③ 10 ④ 12

정답 ①

10 우수한 조명의 조건이 되지 못하는 것은?

① 조도가 적당할 것
② 균등한 광속 발산도 분포일 것
③ 그림자가 없을 것
④ 광색이 적당할 것

정답 ③

11 다음 심벌의 명칭은?

① 과전압 계전기
② 환풍기
③ 콘센트
④ 룸에어컨

정답 ③

12 다음 중 방수형 콘센트의 심벌은?

①
②
③ WP
④ E

정답 ③

13 조명 기구의 용량 표시에 관한 사항이다. 다음 중 F40 의 설명으로 알맞은 것은?

① 수은등 40[W]
② 나트륨등 40[W]
③ 메탈 할라이트등 40[W]
④ 형광등 40[W]

정답 ④

기출문제

14 **공장 내 등에서 대지 전압이 150[V]를 초과하고 300[V] 이하 전로에 백열전등을 시설할 경우 다음 중 잘못된 것은?**

① 백열전등은 사람이 접촉할 우려가 없도록 시설하였다.
② 백열전등은 옥내 배선과 직접 접속을 하지 않고 시설하였다.
③ 백열전등의 소켓은 키 및 점멸 기구가 없는 것을 사용하였다.
④ 백열전등 회로에는 규정에 따라 누전 차단기를 설치하였다.

정답 ②

15 **전환 스위치의 종류로 한 개의 전등을 두 곳에서 전등을 자유롭게 점멸할 수 있는 스위치는?**

① 팬던트 스위치　　② 3로 스위치
③ 코드 스위치　　④ 단로 스위치

정답 ②

16 **다음 중 3로 스위치를 나타내는 그림 기호는?**

① ●EX　　② ●3
③ ●2P　　④ ●15A

정답 ②

17 **전등 한 개를 2개소에서 점멸하고자 할 때 옳은 배선은?**

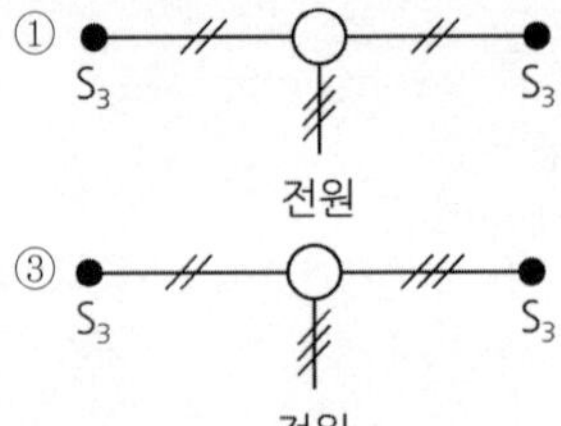

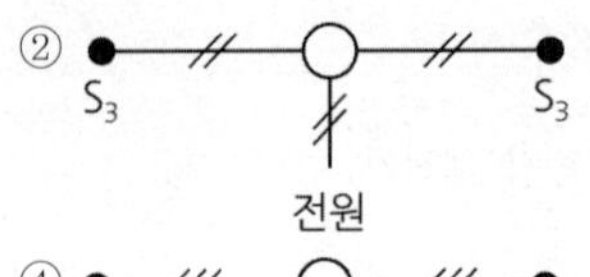

④ S_3 S_3 전원

정답 ④

18 **전등 한 개를 3개소에서 점멸하고자 할 때 옳은 구성은?**

① 3로 스위치 2개
② 3로 스위치 3개
③ 3로 스위치 2개와 4로 스위치 1개
④ 3로 스위치 2개와 4로 스위치 2개

정답 ③

기출문제

19 저압 옥외 조명 시설에 전기를 공급하는 가공 전선 또는 지중 전선에서 분기하여 전등 또는 개폐기에 이르는 배선에 사용하는 절연 전선의 단면적은 몇 [mm^2] 이상이어야 하는가?

① 2.0[mm^2] ② 2.5[mm^2]
③ 6[mm^2] ④ 16[mm^2]

정답 ②

20 가로등, 경기장, 공장, 아파트 단지 등의 일반 조명을 위하여 시설하는 고압 방전등의 효율은 몇 [lm/W] 이상이어야 하는가?

① 3[lm/W] ② 5[lm/W]
③ 70[lm/W] ④ 120[lm/W]

정답 ③

21 완전 확산면이란 어떠한 방향에서 바라보아도 무엇이 동일한 면 말하는가?

① 광도 ② 방사속 ③ 휘도 ④ 광속

정답 ③

22 시감도가 가장 좋은 광색은?

① 적색 ② 등색 ③ 청색 ④ 황록색

정답 ④

23 빛의 파장이 몇 [nm]일 때 가장 밝게 느껴지는가?

① 345 ② 440 ③ 555 ④ 760

풀이 가장 밝게 느껴지는 감도 즉, 최대 시감도는 555[nm] = 680[lm/W]

정답 ③

보호 계전기

1 동작 시간에 따른 분류

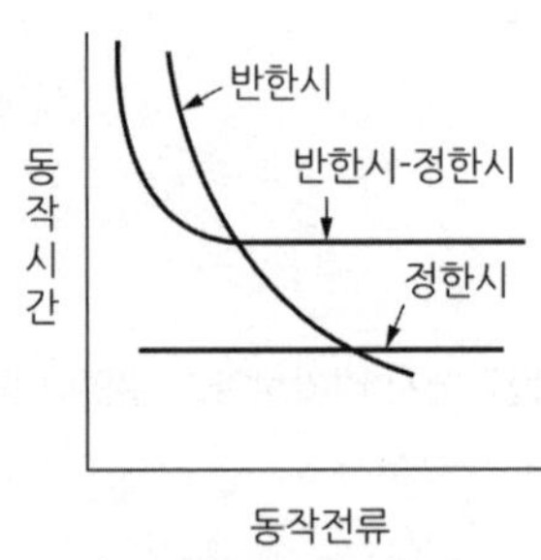

① 순 한시성 : 동작 전류가 흐르는 순간에 동작하며, 2~0.5[Hz] 정도의 고속도로 동작하는 계전기

② 정 한시성 : 정해진 전류, 정해진 시간에 되면 동작하는 계전기(가장 많이 사용)

③ 반 한시성 : 전류가 커질수록 동작 시한이 짧아지고, 전류가 작을수록 동작 시한이 길어지는 계전기(한시=시한, 시한 폭탄=한시 폭탄)

2 동작 원리에 따른 분류(2018년 4회, 30번)

① 유도형　② 정지형　③ 디지털형

3 계전기의 종류

① 과전류 계전기(OCR) : 일정값 이상의 전류가 흘렀을 때 동작하는 계전기

② 선택 지락 계전기(SGR) : 다회선에서 접지 고장 회선의 선택, 비접지식 배전회로에서 영상변류기(ZCT)로 검출(2020년 4회, 34번)

③ 차동 계전기(비율 차동 계전기) : 변압기 내부 고장 시 전류의 차에 의하여 동작하는 계전기 (300쪽, 그림 (87T))

④ 열동 계전기 : 전동기의 온도 상승 시 동작하는 계전기

⑤ 지락방향계전기(DGR) : 고압일 경우는 저항 접지 방식, 저압일 경우는 직접 접지 방식

⑥ **전자식 과전류 계전기(EOCR)** : 설정된 전류값 이상의 전류가 흘렀을 때 동작. 동작 시간, 동작 전류를 조절할 수 있음. 부족 전류, 결상, 역상도 검출(2020년 4회, 26번)

4 재폐로 방식(recloser : 자동 개폐 장치)(2018년 4회, 49번)

배전선로 선로의 도중에 설치하여 회로에 고장 전류가 흐르게 되면 자동적으로 고장 전류를 감지하여 스스로 차단하는 차단기의 일종으로 단상용과 3상용으로 구분, 일정한 시간 간격을 두고 투입, 차단을 행하는 일을 동작 책무라 한다.

① 일반용(갑호) O－1분－CO－3분－CO
② 일반용(을호) CO－15초－CO
③ 고속도 재투입용 O－t－CO－1분－CO
(O : 차단 동작, CO : 투입 직후 차단하는 동작, t : 임의 시간)

5 피뢰기(LA, a Lightning Arrester)

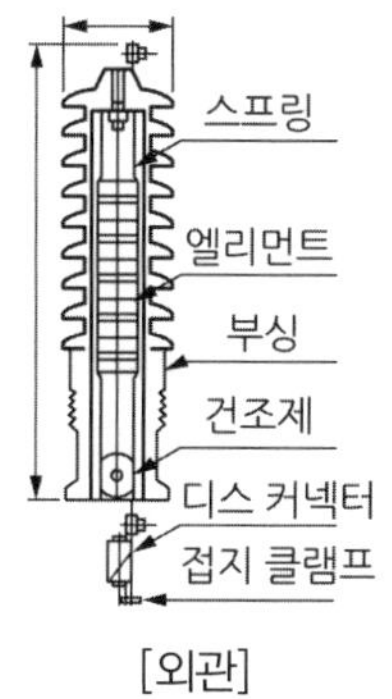

[외관]

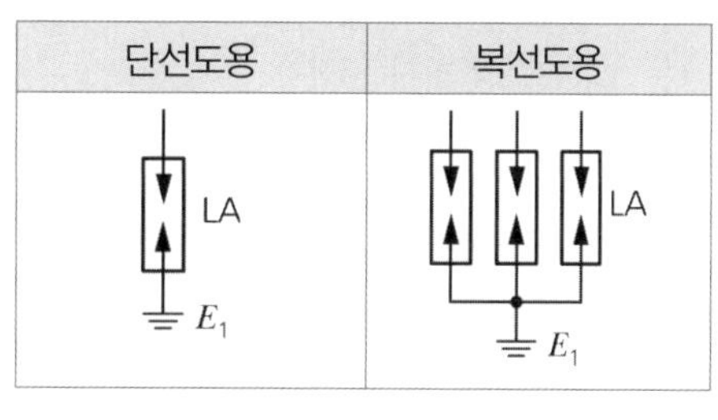

[심벌]

가. 피뢰기 시설 장소

① 발 · 변전소 또는 이에 준하는 장소의 가공 전선 인입구, 인출구
② 가공 전선로에 접속하는 특고 배전용 변압기 고압 및 특고압 측
③ 고, 특고 가공 전선로에서 공급받는 수용 장소 인입구
④ 가공 전선로와 지중 전선로가 접속되는 곳

나. 피뢰기의 접지

접지 저항값 10[Ω] 이하

다. 22.9[kV] 배전 선로의 피뢰기 정격 전압은 18[kV]이다.

기출문제

01 보호 계전기를 동작 원리에 따라 구분할 때 해당되지 않는 것은?

① 유도형 ② 정지형 ③ 디지털형 ④ 저항형

정답 ④

02 보호 계전기를 동작 원리에 따라 구분할 때 입력된 전기량에 의한 전자력으로 회전 원판을 이동시켜 출력값을 얻는 계기는?

① 유도형 ② 정지형 ③ 디지털형 ④ 저항형

정답 ①

03 동작 전류가 흐르는 순간에 동작하며, 2~0.5[Hz] 정도의 고속도로 동작하는 계전기는 어느 것인가?

① 반 한시 정 한시성 계전기 ② 정 한시성 계전기
③ 순 한시성 계전기 ④ 반 한시성 계전기

정답 ③

04 최소 동작값 이상의 구동 전기량이 주어지면 일정 시한으로 동작하는 계전기는?

① 반 한시 계전기 ② 정 한시 계전기
③ 역 한시 계전기 ④ 반 한시-정 한시 계전기

정답 ②

05 구동 전기량이 커질수록 동작 시한이 짧아지고, 구동 전기량이 작을수록 동작 시한이 길어지는 계전기는?

① 계단형 한시 계전기 ② 정 한시 계전기
③ 순 한시 계전기 ④ 반 한시 계전기

정답 ④

06 계전기의 반 한시 특성에 대한 설명으로 맞는 것은?

① 동작 전류에 관계없이 동작 시간이 일정한 것이다.
② 동작 전류가 크면 동작 시간은 짧아지는 것이다.
③ 동작 전류가 클수록 동작 시간이 길어지는 것이다.
④ 동작 전류가 작을수록 동작 시간이 짧아지는 것이다.

정답 ②

07 선로의 도중에 설치하여 회로에 고장 전류가 흐르게 되면 자동적으로 고장 전류를 감지하여 스스로 차단하는 차단기의 일종으로 단상용과 3상용으로 구분되어 있는 것은?

① 리클로저 ② 선로용 퓨즈
③ 섹셔널라이저 ④ 자동 구간 개폐기

정답 ①

기출문제

08 낙뢰, 수목 접촉, 일시적인 섬락 등 순간적인 사고로 계통에서 분리된 구간을 신속히 계통에 투입시킴으로써 계통의 안정도를 향상시키고 정전 시간을 단축시키기 위해 사용되는 계전기는?

① 차동 계전기 ② 과전류 계전기
③ 거리 계전기 ④ 재폐로 계전기

정답 ④

09 배전 선로 보호를 위하여 설치하는 보호 장치는?

① 기중 차단기 ② 진공 차단기
③ 자동 재폐로 차단기 ④ 누전 차단기

정답 ③

10 보호를 요하는 회로의 전류가 어떤 일정한 값(정정값) 이상으로 흘렀을 때 동작하는 계전기는?

① 과전류 계전기 ② 과전압 계전기
③ 차동 계전기 ④ 비율차동 계전기

정답 ①

11 일정값 이상의 전류가 흘렀을 때 동작하는 계전기는?

① OCR ② OVR
③ UVR ④ GR

정답 ①

12 고장에 의해 생긴 불평형의 전류차가 평형 전류의 어떤 비율 이상으로 되었을 때 동작하는 것으로, 변압기의 내부 고장 보호용으로 사용하는 계전기는?

① 과전류 계전기 ② 방향 계전기
③ 비율 차동 계전기 ④ 역상 계전기

정답 ③

13 전자 개폐기를 부착하여 전동기의 소손 방지를 위해서 사용하는 것은?

① 퓨즈 ② 열동 계전기
③ 배선용 차단기 ④ 수은 계전기

정답 ②

14 고압 또는 특고압 가공 전선로에서 공급을 받는 수용 장소의 인입구 또는 이와 근접한 곳에는 무엇을 시설하여야 하는가?

① 계기용 변성기 ② 과전류 계전기
③ 접지 계전기 ④ 피뢰기

정답 ④

기출문제

15 다음의 심벌 명칭은 무엇인가?

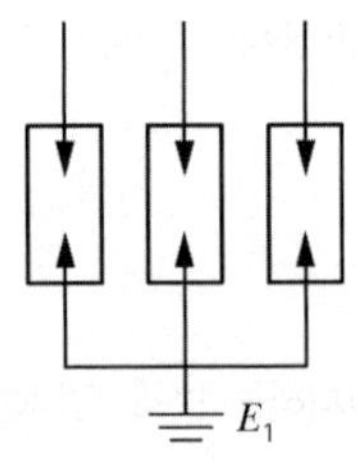

① 파워 퓨즈 ② 단로기
③ 피뢰기 ④ 고압 컷아웃 스위치

정답 ③

16 수전 전력 500[kW] 이상인 고압 수전 설비의 인입구에 낙뢰나 혼촉 사고에 의한 이상 전압으로부터 선로와 기기를 보호할 목적으로 사용하는 것은?

① 단로기(DS) ② 배선용 차단기(MCCB)
③ 피뢰기(LA) ④ 누전 차단기(ELB)

정답 ③

17 반송 보호 계전 방식의 이점을 설명한 것으로 맞지 않는 것은?

① 다른 방식에 비해 장치가 간단하다.
② 고장 구간의 고속도 동시 차단이 가능하다.
③ 고장 구간의 선택이 확실하다.
④ 동작을 예민하게 할 수 있다.

정답 ①

18 평행 2회선의 선로에서 단락 고장 회선을 선택하는 데 사용하는 계전기는?

① 선택 단락 계전기 ② 방향 단락 계전기
③ 차동 단락 계전기 ④ 거리 단락 계전기

정답 ①

19 선택 지락 계전기의 용도는?

① 단일 회선에서 접지 전류의 대소의 선택
② 단일 회선에서 접지 전류의 방향의 선택
③ 단일 회선에서 접지 사고 지속 시간의 선택
④ 다회선에서 접지 고장 회선의 선택

정답 ④

기출문제

20 **전동기의 온도 상승에 대한 보호는?**

① 비율 차동 계전기 ② 부족 전압 계전기
③ 과전류 계전기 ④ 열동 계전기

정답 ④

21 **보호 계전기의 배선 시험으로 옳지 않은 것은?**

① 극성이 바르게 결선되었는가를 확인한다.
② 내부 단자와 각부 나사 조임 상태를 점검한다.
③ 회로의 배선이 정확하게 되었는지 확인한다.
④ 입력 배선 검사는 직류 전압으로 시험한다.

정답 ①

22 **EQ의 뜻?**

① 지진 감지기 ② 지락 계전기
③ 영상 변류기 ④ 열동 계전기

풀이 지진 : Earthquake

정답 ①

CHAPTER

Craftsman Electricity

13 수 · 변전 시설 및 동력 배선

1 수 · 배전 시설

수·배전은 변전소(22.9kV)를 기준으로 들어오는 선(인입선)쪽을 수전이라고 하고, 변압기로 변전한 후 저압(380/220V) 선을 내보내는 것을 배전이라 함(수·변전 시설이라는 말도 같이 사용)

2 154[kV] 2회선 수전하는 공장의 단선도

가. 삼성전자나 SK하이닉스 같이 중요한 산업시설에는 전기설비가 끊어지지 않도록 154[kV] 2회선이 들어간다(189-1, 189-2).

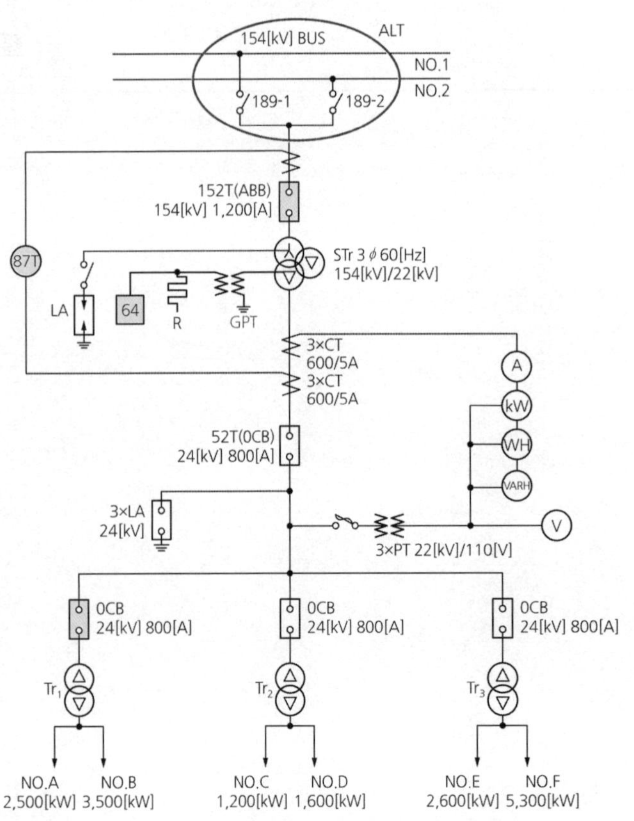

ALTS(Automatic Load Transfer Switch)
한전의 사령탑 수전반에 유일하게 설치되어 있음
① ALTS : 특고압 2회선 자동 전환 스위치
② ATS : 자동 전환 스위치

기출문제

01 87T의 명칭은?

① 누전 차단기 ② 유입 차단기
③ 비율 차동 계전기 ④ 영상 변류기

정답 ③

02 87T의 기능은?

① 내부 고장 시 변압기 보호 ② 내부 고장으로부터 피뢰기 보호
③ G.P.T 보호 ④ 전압계, 전류계, 전력계 보호

풀이 변압기 내부 고장 시 변압기를 보호하는 것으로 ① 변압기 외부에 설치하는 것은 비율차동 계전기 ② 변압기 내부에 설치하는 것은 브흐홀츠 계전기가 있다.

정답 ①

03 64의 명칭은?

① 누전 차단기 ② 유입 차단기
③ 비율 차동 계전기 ④ 지락 과전압 계전기

정답 ④

04 64의 기능은?

① 내부 고장 시 변압기 보호
② 내부 고장으로부터 피뢰기 보호
③ 전압계, 전류계, 전력계 보호
④ 지락 사고 시 영상전압을 검출하여 차단기 트립하여 변압기 보호

풀이 지락 과전압 계전기 : GOR(Ground Overvoltage Replay)

정답 ④

05 G.P.T의 명칭은?

① 영상 접지형 변압기 ② 유입 차단기
③ 비율 차동 계전기 ④ 지락 과전압 계전기

풀이 GPT : Ground Potential Transformer

정답 ①

06 OCB의 명칭은?

① 영상 접지형 변압기 ② 유입 차단기
③ 비율 차동 계전기 ④ 공기 차단기

정답 ②

07 ABB의 명칭은?

① 영상 접지형 변압기 ② 유입 차단기
③ 비율 차동 계전기 ④ 공기 차단기

정답 ④

3 22.9/3.3[KV] 배전 시설

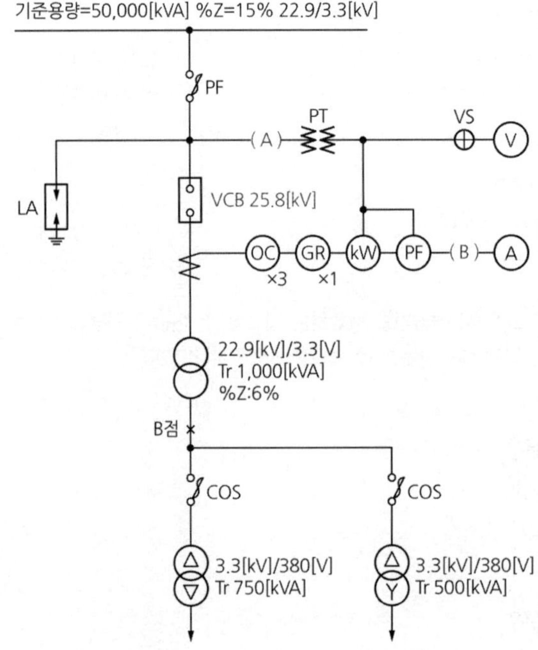

기출문제

01 (A)에 사용될 기기의 명칭은?

① DS ② AS ③ PF ④ TR

정답 ③

02 (B)에 사용될 기기의 명칭은?

① AS ② DS ③ VS ④ PF

풀이 AS : 전류용 전환 개폐기

정답 ①

03 VCB의 우리말 명칭은?

① 기중 차단기 ② 유입 차단기 ③ 공기 차단기 ④ 진공 차단기

정답 ④

04 ACB의 우리말 명칭은?

① 기중 차단기 ② 유입 차단기 ③ 공기 차단기 ④ 진공 차단기

정답 ①

4 특별고압 가공전선로(22.kV-Y)로부터 수전하는 수용가의 특별고압 수전설비의 단선 결선도

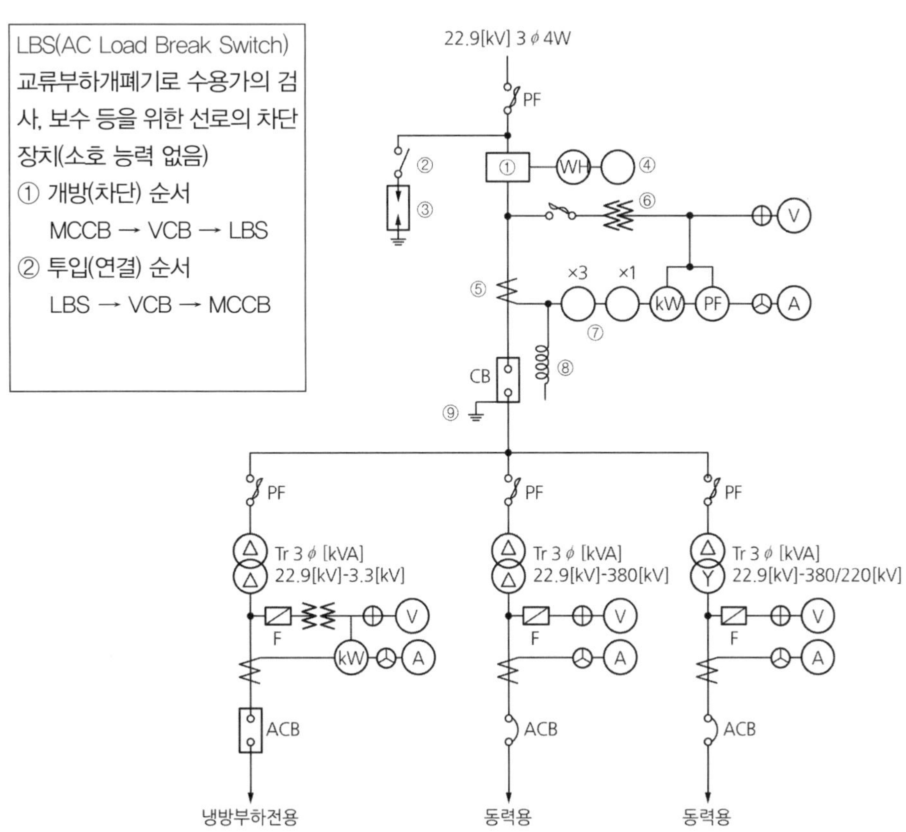

LBS(AC Load Break Switch)
교류부하개폐기로 수용가의 검사, 보수 등을 위한 선로의 차단장치(소호 능력 없음)

① 개방(차단) 순서
MCCB → VCB → LBS

② 투입(연결) 순서
LBS → VCB → MCCB

기출문제

01 ①~③, ⑦, ⑧에 해당되는 것의 명칭과 약호를 쓰시오.

정답

번 호	명 칭	약 호
①	계기용 변압 변류기	MOF
②	단로기	DS
③	피뢰기	LA
⑦	과전류계전기	OCR
⑧	트립코일	TC

02 ⑤의 ㉮ 명칭을 쓰고 ㉯ 2차 전류는 일반적으로 몇 [A]인지 쓰시오.

정답 ㉮ 명칭 : 계기용 변류기(CT) ㉯ 2차 전류 : 5[A]

기출문제

03 ⑥의 ㉮ 명칭을 쓰고 ㉯2차 전압은 일반적으로 몇[V]인지 쓰시오.

정답 ㉮ 명칭 : 계기용 변압기(PT) ㉯ 2차 전압 : 110[V]

04 ④에 해당되는 것은 무엇인가?

정답 무효 전력량계

5 6600[V]고압 가공 전선로로부터 수전하는 수용가의 특별고압 수전설비의 단선 결선도이다. ①~⑩의 명칭을 쓰시오.

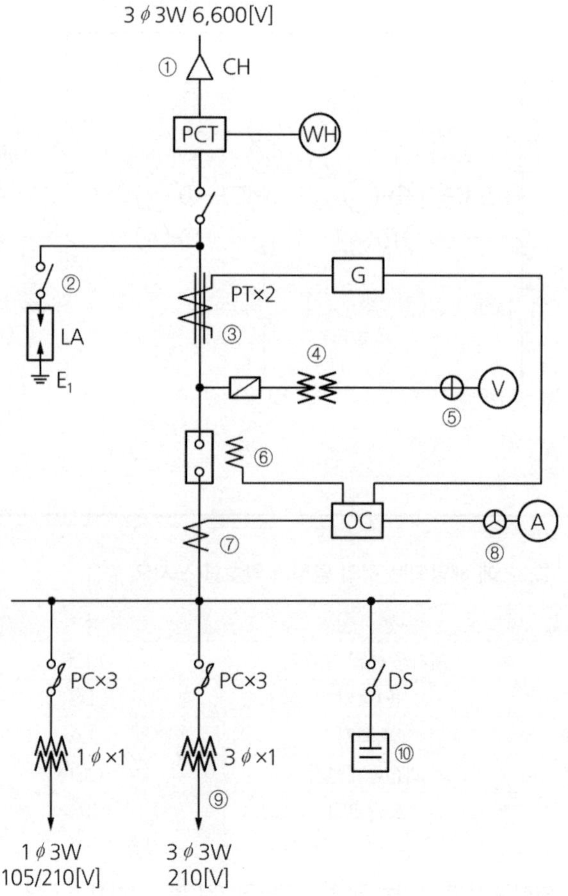

번호	약호	명칭	번호	약호	명칭
①	CH	케이블 헤드	⑥	TC	트립 코일
②	DS	단로기	⑦	CT	계기용 변류기
③	ZCT	영상 변류기	⑧	AS	전류용 절환개폐기
④	PT	계기용 변압기	⑨	T	전력용 변압기
⑤	VS	전압용 절환개폐기	⑩	SC	전력용 콘덴서

6 인터 록 회로(2019년 4회, 47번)

우선도가 높은 쪽의 회로를 「ON」 조작하면 다른 쪽 회로는 작동할 수 없도록 하는 회로를 인터록 회로라 한다.

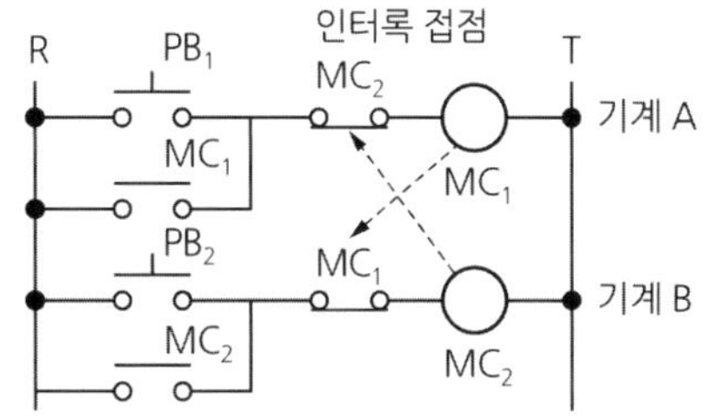

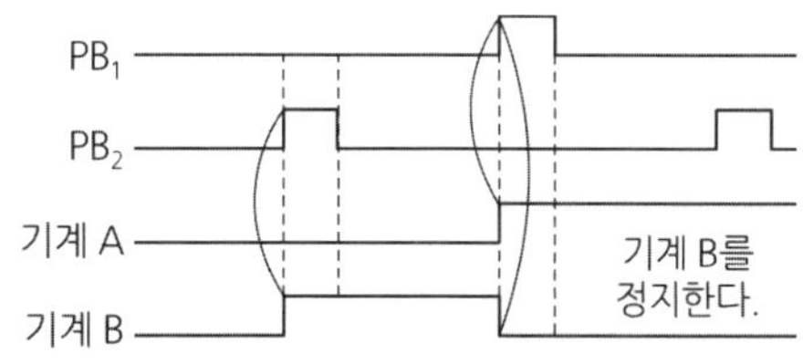

7 동력 배선에서의 램프(PILOT LAMP)

상태	램프 색상	상태	색상
전원	백색	경보	등색(오렌지 색)
정지	녹색	고장	황색
운전	적색		

기출문제

01 두 개 이상의 회로에서 선행 동작 우선 회로 또는 상대 동작 금지 회로인 동력 배선의 제어 회로는?

① 자기 유지 회로 ② 인터록 회로
③ 동작 지연 회로 ④ 타이머 회로

정답 ②

기출문제

02 전동기의 정역 운전을 제어하는 회로에서 2개의 전자 개폐기의 작동이 동시에 일어나지 않도록 하는 회로는?

① Y－Δ 회로 ② 자기 유지 회로
③ 촌동 회로 ④ 인터록 회로

정답 ④

03 2개의 입력 가운데 앞서 동작한 쪽이 우선하고, 다른 쪽의 동작을 금지시키는 회로는?

① 자기 유지 회로 ② 한시 운전 회로
③ 인터록 회로 ④ 비상 운전 회로

정답 ③

04 동력 배선에서 경보를 표시하는 PILOT LAMP의 색깔은?

① 백색 ② 오렌지색
③ 적색 ④ 녹색

정답 ②

05 동력 배선에서 전원 유무를 표시하는 PILOT LAMP의 색깔은?

① 백색 ② 오렌지색
③ 적색 ④ 녹색

정답 ①

암기법 있는

전기기능사 필기

이한철 · 이명근 공저

문제편

CONTENTS

PART 04 과년도 기출문제

P/A/R/T

04

과년도 기출문제

[전기기능사 필기시험문제]는 기출문제에서 80[%] 이상 나오므로 과년도 문제를 많이 풀어보는 것이 가장 중요합니다. 본 교재는 과년도 문제를 많이 수록하기 위해 글자를 작게 편성하였고 이로 인해 불편을 느끼는 수험생들, 특히 연세가 많은 분들께 죄송스런 마음을 보냅니다.

01 과년도 기출문제(2017년 1회)

2016년 5회부터는 CBT 시험이므로 문제의 유형이 모두 다릅니다.

1과목 : 전기 이론

01 정전 용량이 같은 콘덴서 10개가 있다. 이것을 병렬 접속할 때의 값은 직렬 접속할 때의 값보다 어떻게 되는가?

① $\frac{1}{10}$로 감소한다.　② $\frac{1}{100}$로 감소한다.
③ 10배로 증가한다.　④ 100배로 증가한다.

해설

[암기]
콘덴서 직렬일 경우는 저항의 병렬과 같이 계산하고 콘덴서 병렬일 경우는 저항의 직렬과 같이 계산한다.(교재 44쪽 참조)

이런 유형의 문제에서는 10개면 10을, 5개면 5를 대입해서 해석하는 것이 좋다. 콘덴서 10개이므로 10을 대입하면

㉠ 직렬일 경우 합성 정전 용량은 1[F]
㉡ 병렬일 경우 합성 정전 용량 100[F]
∴ 병렬 접속할 때의 값은 직렬 접속할 때의 값보다 100배 증가한다.

02 다음이 설명하는 것은?

> 금속 A와 B로 만든 열전쌍과 접점 사이에 임의의 금속 C를 연결해도 C의 양 끝의 접점의 온도를 똑같이 유지하면 회로의 열기전력은 변화하지 않는다.

① 제벡 효과　② 톰슨 효과
③ 제3금속의 법칙　④ 펠티에 효과

03 히스테리시스 곡선에서 가로 축과 만나는 점과 관계있는 것은?

① 보자력　② 잔류자기
③ 자속밀도　④ 기자력

해설 교재 60쪽 참조
가로축과 만나는 점 : '가보자'로 암기

04 [VA]는 무엇의 단위인가?

① 피상전력　② 무효전력
③ 유효전력　④ 역률

해설 교재 79쪽 참조

05 납 축전지의 전해액으로 사용되는 것은?

① H_2SO_4　② H_2O
③ PbO_2　④ $PbSO_4$

해설 H_2SO_4 : 묽은 황산, 교재 32쪽 참조

06 변압기 2대를 V결선 했을 때의 이용률은 몇[%]인가?

① 57.7[%]　② 70.7[%]
③ 86.6[%]　④ 100[%]

해설 변압기 1대의 출력이 P[kVA]이면
㉠ V결선의 출력 $P_V = \sqrt{3}P$
㉡ 3대일 때와의 출력비$=\frac{\sqrt{3}P}{3P}=57.7[\%]$
㉢ 2대의 이용률$=\frac{\sqrt{3}P}{2P}=86.6[\%]$
• 교재 86쪽 참조

07 그림과 같이 공기 중에 놓인 2×10^{-8}[C]의 전하에서 2[m] 떨어진 점 P와 1[m] 떨어진 점 Q와의 전위차는?

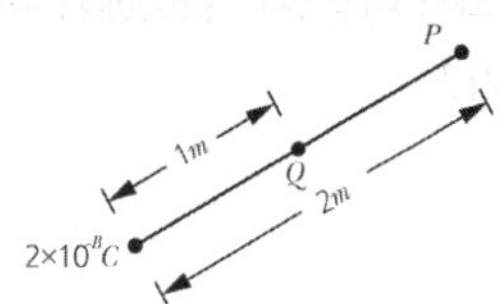

정답　01 ④　02 ③　03 ①　04 ①　05 ①　06 ③　07 ②

① 80[V] ② 90[V]
③ 100[V] ④ 110[V]

해설 공기, 진공 중의 전위(전기 위치 에너지)

㉠ $V = 9\times10^9 \times \dfrac{Q}{r}$

㉡ $V = 9\times10^9 \times \dfrac{Q}{r}$에서 1[m] 떨어진 점의 전위가 크므로 1[m] 떨어진 점의 전위 − 2[m] 떨어진 점의 전위를 빼면 된다.

㉢ 전위차 $V_a - V_p$, $V_a = \dfrac{9\times10^9\times2\times10^{-8}}{1}$,

$V_p = \dfrac{9\times10^9\times2\times10^{-8}}{2}$

$\therefore V_a - V_p = \dfrac{9\times10^9\times2\times10^{-8}}{1} - \dfrac{9\times10^9\times2\times10^{-8}}{2} = 90[V]$

08 어느 회로의 전류가 다음과 같을 때, 이 회로에 대한 전류의 실효값은?

$$i = 3 + 10\sqrt{2}\sin\left(\omega t - \frac{\pi}{6}\right) + 5\sqrt{2}\sin\left(3\omega t - \frac{\pi}{3}\right)$$

① 11.6[A] ② 23.2[A]
③ 32.2[A] ④ 48.3[A]

해설 순시값의 식 i는 비 정현파의 식으로

㉠ 3은 직류분

㉡ $10\sqrt{2}$는 정현파 최대값, 실효값$= \dfrac{10\sqrt{2}}{\sqrt{2}} = 10$

㉢ $5\sqrt{2}$는 제3고조파 최대값, 실효값$= \dfrac{5\sqrt{2}}{\sqrt{2}} = 5$

∴ 전류의 실효값

$I = \sqrt{직류분^2 + 정현파\ 실효값^2 + 제3고조파\ 실효값^2}$

$= \sqrt{3^2 + 10^2 + 5^2} = \sqrt{134} = 11.57[A]$

계산기 $\sqrt{\ }$ 3 X^2 + 10 X^2 + 5 X^2 = $\sqrt{134}$ S⇔D 11.57

09 완전 확산 면은 어느 방향에서 보아도 무엇이 동일한가?

① 광속 ② 조도
③ 광도 ④ 휘도

해설 완전 확산 면은 모든 방향으로 동일한 광원이 빛나는 정도를 나타내는 휘도를 가진 반사면 또는 투과면을 말한다.(암기법 : 완전 히 휘 황찬란하다)

- 교재 288쪽 참조

10 정전 용량 C[μF]의 콘덴서에 충전된 전하가 q = $\sqrt{2}Q\sin\omega t$ [C]와 같이 변화하도록 하였다면 이때 콘덴서에 흘러 들어가는 전류의 값은?

① $i = \sqrt{2}\omega Q\sin\omega t$

② $i = \sqrt{2}\omega Q\cos\omega t$

③ $i = \sqrt{2}\omega Q\sin(\omega t - 30°)$

④ $i = \sqrt{2}\omega Q\sin(\omega t - 60°)$

해설 $i = \dfrac{\triangle q}{\triangle t} = \dfrac{\triangle\sqrt{2}Q\sin\omega t}{\triangle t} = \sqrt{2}\omega Q\cos\omega t$

($\because$ $\sin\omega t$를 미분하면 $\omega\cos\omega t$)

11 기전력 1.5[V], 내부 저항 0.1[Ω]인 전지 4개를 직렬로 연결하고 이를 단락했을 때의 단락 전류[A]는?

① 10 ② 12.5
③ 15 ④ 17.5

해설 교재 26쪽 참조

12 10[Ω]인 저항 3개가 △결선으로 되어 있는 것을 Y결선으로 환산하면 1상의 저항[Ω]은?

① $\dfrac{10}{3}$ ② 10
③ 30 ④ $\dfrac{3}{10}$

해설 ㉠ Y는 △안에 들어가므로 $\dfrac{1}{3}$로 줄어든다.

$\therefore R_y = \dfrac{10}{3}[\Omega]$

㉡ 교재 86쪽 그림

13 $v = 100\sqrt{2}\sin\omega t + 100\sqrt{2}\cos\omega t$[V]의 실효값은?

① 80 ② 100
③ 141 ④ 200

정답 08 ① 09 ④ 10 ② 11 ③ 12 ① 13 ③

해설 ㉠ $100\sqrt{2}\sin\omega t$의 최대값$=100\sqrt{2}$

실효값$=\dfrac{100\sqrt{2}}{\sqrt{2}}=100[V]$

㉡ $100\sqrt{2}\cos\omega t$ 의 최대값$=100\sqrt{2}$

실효값$=\dfrac{100\sqrt{2}}{\sqrt{2}}=100[V]$

㉢ 전체 전압의 실효값 $V=\sqrt{100^2+100^2}=141$

14 그림에서 a−b 간의 합성 정전 용량은?

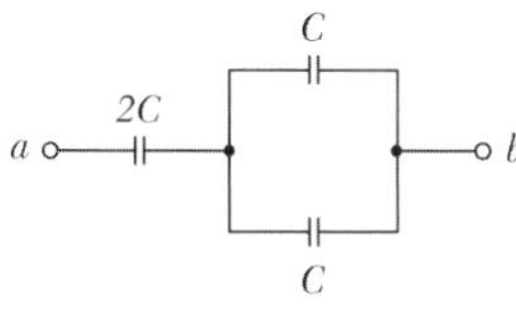

① C ② 2C
③ 3C ④ 4C

해설 [암기]
콘덴서의 직렬은 저항의 병렬과 같이 계산하고
콘덴서의 병렬은 저항의 직렬과 같이 계산한다.

• 교재 44쪽 참조

15 $i=I_m\sin\omega t$[A]인 정현파 교류에서 ωt 가 몇 °일 때 순시값과 실효값이 같게 되는가?

① 90° ② 60°
③ 45° ④ 0°

해설 순시값=실효값이므로 $I_m\sin\omega t=\dfrac{I_m}{\sqrt{2}}$

$\therefore \sin\omega t=\dfrac{1}{\sqrt{2}}$ $\omega=45°$(답을 대입하여 $\dfrac{1}{\sqrt{2}}$이 나오면 됨)

㉠ $\sin 0°=0$

㉡ $\sin 30°=\dfrac{\sqrt{1}}{2}=\dfrac{1}{2}$

㉢ $\sin 45°=\dfrac{\sqrt{2}}{2}=\dfrac{1}{\sqrt{2}}$

㉣ $\sin 60°=\dfrac{\sqrt{3}}{2}$

㉤ $\sin 90°=\dfrac{\sqrt{4}}{2}=1$

16 같은 저항 4개를 그림과 같이 연결하여 a−b 간에 일정 전압을 가했을 때 소비 전력이 가장 큰 것은 어느 것인가?

①
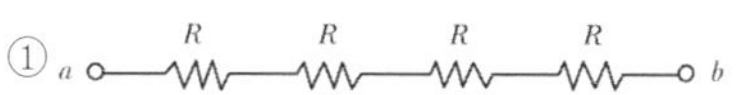

②
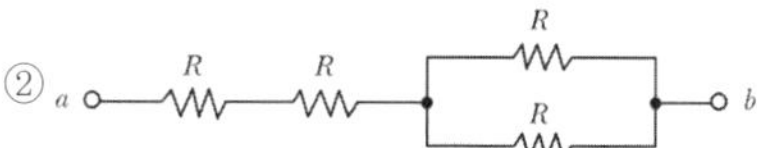

③
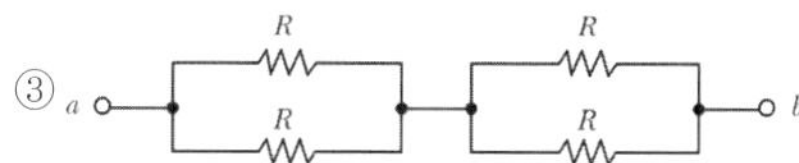

④
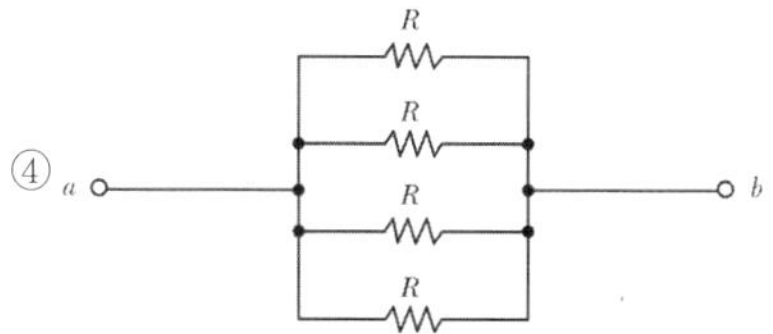

해설 ㉠ 소비전력 $P=VI=\dfrac{V^2}{R}=I^2R$[W]에서 전압이 일정하므로 $P=\dfrac{V^2}{R}$ 이용(저항 값이 작아지면 소비전력 P는 커짐)

㉡ 즉, 저항이 병렬로 연결되어야 저항 값은 작아지고 소비 전력이 커진다.

17 24[C]의 전기량이 이동해서 144[J]의 일을 했을 때 기전력은?

① 2[V] ② 4[V]
③ 6[V] ④ 8[V]

해설 ㉠ $I=\dfrac{Q[C]}{t[S]}$, ㉡ $V=\dfrac{W[J]}{Q[C]}$ 에서

㉡식에 대입하면 $V=\dfrac{W[J]}{Q[C]}=\dfrac{144}{24}=6[V]$

• 교재 16쪽 참조

18 4×10^{-5}[C]과 6×10^{-5}[C]의 두 전하가 자유공간에 2[m]의 거리에 있을 때 그 사이에 작용하는 힘은?

① 5.4[N], 흡인력이 작용한다.
② 5.4[N], 반발력이 작용한다.
③ $\dfrac{7}{9}$[N], 흡인력이 작용한다.
④ $\dfrac{7}{9}$[N], 반발력이 작용한다.

정답 14 ① 15 ③ 16 ④ 17 ③ 18 ②

해설 • 교재 37쪽 참조

진공, 공기 중의 정전력(힘)

㉠ $F=9\times10^9\times\frac{Q_1Q_2}{r^2}$

$=\frac{9\times10^9\times4\times10^{-5}\times6\times10^{-5}}{2^2}=5.4$

㉡ $(+)4\times10^{-5}$, $(+)6\times10^{-5}$의 양전하이므로 반발력

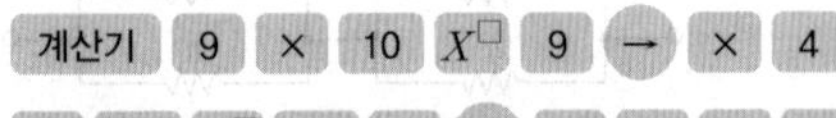

19 공기 중에서 $+m$ [Wb]의 자극으로부터 나오는 자기력선의 총 수를 나타낸 것은?

① m ② $\frac{\mu_0}{m}$
③ $\frac{m}{\mu_0}$ ④ $\mu_0 m$

해설 교재 48쪽 참조

20 $\frac{\pi}{6}$ [rad]는 몇 도인가?

① 30° ② 45°
③ 60° ④ 90°

해설 $\frac{\pi}{6}=\frac{180}{6}=30^\circ$

2과목 : 전기 기기

21 직류 전동기의 출력이 50[KW], 회전수 1,800[rpm] 일 때 토크는 약 몇 [kg · m]인가?

① 12 ② 19
③ 27 ④ 56

해설

[암기]

직류 전동기의 토크

㉠ $T=0.975\frac{P}{N}$[kg · m]

㉡ $T=9.55\frac{P}{N}$[N · m]

㉢ $T=\frac{PZI_a\phi}{2\pi a}$[N · m]

㉠식을 사용하면

$T=0.975\times\frac{50,000}{1,800}=27$[kg · m]

㉣ ㉠과 ㉡은 모든 전동기의 토크 계산에 사용하므로 암기

22 병렬 운전 중인 두 동기 발전기의 유도기전력이 2,000[V], 위상차 60°, 동기 리액턴스 100[Ω]이다. 유효 순환 전류[A]는?

① 5 ② 10
③ 15 ④ 20

해설 유효 순환전류

$I=\frac{2E\sin\frac{\sigma}{2}}{2Z_3}=\frac{E\sin\frac{\sigma}{2}}{Z_3}$

$=\frac{2,000\times\sin\frac{60}{2}}{100}=10$[A]

23 3상 동기 전동기의 토크에 대한 설명으로 옳은 것은?

① 공급 전압 크기에 비례한다.
② 공급 전압 크기의 제곱에 비례한다.
③ 부하 각의 크기에 반비례한다.
④ 부하 각의 크기의 제곱에 비례한다.

해설

[암기]

전동기 토크

㉠ 동기 전동의 토크 $T\propto V$

㉡ 유도 전동기의 토크 $T\propto V^2$

정답 19 ③ 20 ① 21 ③ 22 ② 23 ①

24 자동제어 장치의 특수 전기기기로 사용되는 전동기는?

① 전기 동력계 ② 3상 유도 전동기
③ 직류 스테핑 모터 ④ 초동기전동기

25 3상 동기 발전기에서 전기자 전류가 무부하 유도기전력보다 $\frac{\pi}{2}$[rad] 앞선 경우(X_C만의 부하)의 전기자 반작용은?

① 횡축 반작용 ② 증자 작용
③ 감자 작용 ④ 편자 작용

26 3상 변압기의 병렬 운전이 불가능한 결선은?

① Y－Y와 Y－Y ② Y－△와 Y－△
③ △－△와 Y－Y ④ △－△와 △－Y

해설 짝수 : 가능, 홀수 : 불가능

27 동기 발전기를 계통에 병렬로 접속시킬 때 관계없는 것은?

① 주파수 ② 위상
③ 전압 ④ 전류

해설 ㉠ 교재 131쪽 참조

28 직류 분권 전동기의 기동방법 중 가장 적당한 것은?

① 기동저항기를 전기자와 병렬접속 한다.
② 기동 토크를 작게 한다.
③ 계자 저항기의 저항값을 크게 한다.
④ 계자 저항기의 저항값을 0으로 한다.

해설 직류 분권 전동기
㉠ 모든 전동기의 기동 시에는 정격 전류의 4~6배의 전류가 흐르므로 ⓐ 기동 전류는 줄이고 ⓑ 토크(회전력)를 최대로 하는 것이 중요하다.
㉡ 직류 분권 전동기의 토크 $T=\frac{PZI_a\phi}{2\pi a}=K\phi I_a$
㉢ $R_f=0$으로 하면 I_f 증가 → 자속 증가 → 토크 T 커짐

29 급전선의 전압강하 보상용으로 사용되는 것은?

① 분권기 ② 직권기
③ 과 복권기 ④ 차동 복권기

30 대전류 · 고전압의 전기량을 제어할 수 있는 자기 소호형 소자는?

① FET ② TR
③ IGBT ④ DIODE

해설 *IGBT*는 다른 반도체 소자와는 달리 대전류 · 고전압 제어가 가능해 고 전력 스위칭 용도로 쓰인다.

31 발전기의 전압 변동률을 표시하는 식은?(단, V_0 : 무부하 전압, V_n : 정격 전압)

① $\varepsilon=(\frac{V_0}{V_n}-1)\times 100\%$

② $\varepsilon=(1-\frac{V_0}{V_n})\times 100\%$

③ $\varepsilon=(\frac{V_n}{V_0}-1)\times 100\%$

④ $\varepsilon=(1-\frac{V_n}{V_0})\times 100\%$

해설 • 전압 변동률

$$\text{전압 변동률}=\frac{\text{무부하 전압}-\text{정격 전압}}{\text{정격 전압}}$$

$$\varepsilon=\frac{V_0-V_n}{V_n}=\frac{V_0}{V_n}-\frac{V_n}{V_n}=\frac{V_0}{V_n}-1$$

• 교재 123쪽 참조

32 6극 60[Hz] 3상 유도 전동기의 동기 속도는 몇 [rpm]인가?

① 200 ② 750
③ 1,200 ④ 1,800

해설 [암기]
$N_s=\frac{120f}{P}$[rpm]에서
• 2극 : 3,600 • 4극 : 1,800
• 6극 : 1,200 • 8극 : 900

정답 24 ③ 25 ② 26 ④ 27 ④ 28 ④ 29 ③ 30 ③ 31 ① 32 ③

33 단락비가 큰 동기기는?

① 안정도가 높다.
② 기계가 소형이다.
③ 전압 변동률이 크다.
④ 전기자 반작용이 크다.

해설 ㉠ 단락비가 큰 동기기(철기계)=수차 발전기=기계가 크다.
ⓐ 전기자 반작용이 작고
ⓑ 전압 변동률이 작다.
ⓒ 공극이 크고 과부하 내량이 크다.
ⓓ 기계의 중량이 무겁고 효율이 낮다.
ⓔ 안정도가 높다.
㉡ 단락비가 작은 동기기(동기계)=터빈 발전기(화력 발전기)
=기계가 작다.
특징은 수차 발전기와 반대

34 다음 중 자기 소호 제어용 소자는?

① SCR ② TRIAC
③ DIAC ④ GTO

해설 ㉠ SCR : 자기 소호 기능이 없다. 단방향 3단자 소자
㉡ GTO : 자기 소호 기능이 있다. 단방향 3단자 소자

35 다음 그림의 전동기는 어떤 전동기인가?

① 직권 전동기
② 타여자 전동기
③ 분권 전동기
④ 복권 전동기

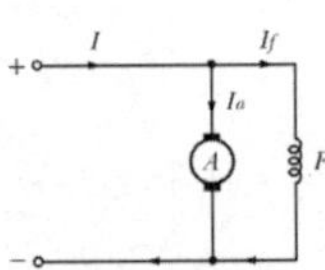

해설 ㉠ 전기자(A)와 계자(F)가 병렬로 연결되어 있는 것 : 분권
㉡ 전기자와 계자가 직렬로 연결되어 있는 것 : 직권
㉢ 계자 권선이 2개인 것 : 복권
㉣ 교재 117쪽 참조

36 아크 용접용 발전기로 가장 적당한 것은?

① 타 여자기 ② 분권기
③ 차동 복권기 ④ 화동 복권기

해설 차동 복권 발전기는 전압이 떨어져도 전류를 일정하게 유지하는 수하 특성이 있으므로 일정한 전류를 요구하는 용접용 발전기로 적당하다.

37 동기 발전기의 돌발 단락 전류를 주로 제한하는 것은?

① 누설 리액턴스
② 동기 임피던스
③ 권선 저항
④ 동기 리액턴스

38 3상 동기기의 제동 권선의 역할은?

① 난조 방지 ② 효율 증가
③ 출력 증가 ④ 역률 개선

해설 제동 권선은 동기기의 난조를 방지하기 위해 자극면에 설치한다.
• 교재 133쪽 참조(난조 방지법)

39 단락비가 1.2인 동기 발전기의 % 동기 임피던스는 약 몇 [%]인가?

① 68 ② 83
③ 100 ④ 120

해설 $\%\text{동기 임피던스} = \frac{1}{\text{단락비}} = \frac{1}{1.2} = 0.83$

40 전원 측 실효값이 100[V]인 단상 전파 정류 회로에서 점호각 $\alpha = 60°$일 때 정류 전압은 약 몇 V[V]인가?

① 35 ② 45
③ 62 ④ 78

해설 ㉠ 단상 전파 정류 회로의 평균값
$V_a = \text{실효값} \times 0.9 = 100 \times 0.9 = 90[\text{V}]$
㉡ 점호각 $\alpha = 60°$이므로
$\text{정류 전압} = \text{평균값} \times \cos 60 = 90 \times \frac{1}{2} = 45[\text{V}]$

정답 33 ① 34 ④ 35 ③ 36 ③ 37 ① 38 ① 39 ② 40 ②

3과목 : 전기 설비

41 다음과 같은 그림의 기호의 명칭은?

① 노출 배선 ② 바닥 은폐 배선
③ 지중 매설 배선 ④ 천장 은폐 배선

해설 그림은 천장 은폐 배선의 기호이다.

42 철근 콘크리트 주에 완금을 고정시키려면 어떤 밴드를 사용하는가?

① 암 밴드 ② 지선 밴드
③ 래크 밴드 ④ 행거 밴드

해설 완금을 고정시킬 때는 암 밴드를 사용한다.

43 전기 공사에 사용하는 공구와 작업 내용이 잘못된 것은?

① 토치 램프 – 합성수지관 가공하기
② 홀 소 – 분전반 구멍 뚫기
③ 와이어 스트리퍼 – 전선 피복 벗기기
④ 피시 테이프 – 전선관 보호

해설 피시 테이프 – 전선 피복 보호하고 전선 작업을 쉽게 하기 위한 평각 강철선이다.

44 케이블을 조영재에 지지하는 경우 이용되는 것으로 맞지 않는 것은?

① 새들 ② 클리트
③ 스테플러 ④ 터미널

해설 케이블을 조영재에 지지하는 경우 새들, 클리트, 스테플러 등으로 지지한다.

45 저압 전로의 접지 측 전선을 식별하는 데 애자의 빛깔에 의하여 표시하는 경우 어떤 빛깔의 애자를 접지 측으로 하여야 하는가?

① 백색 ② 청색
③ 갈색 ④ 황갈

해설 애자의 빛깔에 의하여 표시하는 경우 접지 측은 청색으로 한다.

46 부식성 가스 등이 있는 장소에서 시설이 허용되는 것은?

① 개폐기 ② 콘센트
③ 과전류 차단기 ④ 전등

해설 부식성 가스 등이 있는 장소에는 개폐기, 콘센트 및 과전류 차단기를 시설하여서는 안 된다.

47 화약고 등의 위험 장소에서 전기 설비 시설에 관한 내용으로 옳은 것은?

① 전로의 대지전압을 400[V] 이하일 것
② 전기 기계 기구는 전폐형을 사용할 것
③ 화약고 내의 전기 설비는 화약고 장소에 전용 개폐기 및 과전류 차단기를 시설할 것
④ 개폐기 및 과전류 차단기에서 화약고 인입구까지의 배선은 케이블 배선으로 노출로 시설할 것

해설 ㉠ 화약류 저장소의 전용 개폐기 또는 과전류 차단기에서 화약고의 인입구 까지는 케이블을 사용한 지중 선로로 한다.
㉡ 화약류 저장소 등의 전로의 대지 전압은 300[V] 이하로 하여야 한다.

48 한 분전반에 사용 전압이 각각 다른 분기 회로가 있을 때 분기 회로를 쉽게 식별하기 위한 방법으로 가장 적합한 것은?

① 차단기별로 분리해 놓는다.
② 과전류 차단기 가까운 곳에 각각 전압을 표시하는 명판을 붙여 놓는다.
③ 왼쪽은 고압 측 오른쪽은 저압 측으로 분류해 놓고 전압 표시는 하지 않는다.
④ 분전반을 철거하고 다른 분전반을 새로 설치한다.

해설 분전반에 사용 전압이 각각 다른 분기 회로가 있을 때 과전류 차단기의 가까운 곳에 각각 전압을 표시하는 명판을 붙여 전압을 표시한다.

정답 41 ④ 42 ① 43 ④ 44 ④ 45 ② 46 ④ 47 ② 48 ②

49 **변압기 접지공사의 저항 값을 결정하는 가장 큰 요인은?**

① 변압기의 용량
② 고압 가공 전선로의 전선 연장
③ 변압기 1차 측에 넣는 퓨즈 용량
④ 변압기 고압 또는 특고압 측 전로의 1선 지락 전류의 암페어 수

50 **접지공사의 접지선은 특별한 경우를 제외하고는 어떤 색으로 표시를 하여야 하는가?**

① 적색＋노랑 ② 황색＋노랑
③ 녹색＋노랑 ④ 흑색＋노랑

해설 접지공사의 접지선은 일반적으로 녹색＋노랑으로 시설한다.

51 **자동 화재 탐지 설비는 화재의 발생을 초기에 자동적으로 탐지하여 소방 대상물의 관계자에게 화재의 발생을 통보해주는 설비이다. 이러한 자동 화재 탐지 설비의 구성 요소가 아닌 것은?**

① 수신기 ② 비상경보기
③ 발신기 ④ 중계기

해설 자동 화재 탐지 설비의 구성 요소는 발신기, 수신기. 감지기, 중계기로 되어 있다.

[암기]
어머니를 (수)(발)하는 간병인이 잘하는가 못하는가 (감)시(중)

52 **합성수지관 공사에 대한 설명 중 옳지 않은 것은?**

① 습기가 많은 장소 또는 물기가 있는 장소에 시설하는 경우에는 방습 장치를 한다.
② 관 상호간 및 박스와는 관을 삽입하는 깊이를 관의 바깥지름의 1.2배 이상으로 한다.
③ 관의 지점 간의 거리는 3[m] 이상으로 한다.
④ 합성수지관 안에는 전선에 접속점이 없도록 한다.

해설 합성수지관 공사
㉠ 전선관 내에서는 전선의 접속점이 없도록 할 것
㉡ 관을 삽입하는 길이 : 관 외경의 1.2배(단, 접착제를 사용할 경우 0.8배)
㉢ 관의 지지점 간의 거리는 1.5[m] 이하

53 **다음 중 금속 전선관 공사에서 나사 내기에 사용되는 공구는?**

① 토치 램프 ② 벤더
③ 리머 ④ 오스터

해설 ㉠ 토치 램프 : 합성수지관의 굽힘 작업을 할 때 사용 하는 공구
㉡ 벤더 : 굽힘 작업에 사용되는 공구
㉢ 리머 : 금속관 절단 시 날카로운 부분을 다듬을 때 사용 하는 공구
㉣ 오스터 : 금속관에 나사를 내는 공구

54 **저·고압 보안공사에서 철탑의 경간은?**

① 200[m] ② 300[m]
③ 400[m] ④ 500[m]

해설 저압·고압 보안공사 경간

지지물의 종류	경간
목주,A종 철주 또는 A종 철근콘크리트주	100m
B종 철주 또는 B종 철근콘크리트주	150m
철탑	400m

55 **다음 중 과전류 차단기를 설치하는 곳은?**

① 간선의 전원 측 전선
② 접지공사의 접지선
③ 다선식 전로의 중성선
④ 접지공사를 한 저압 가공 전선로의 접지 측 전선

해설 다음 경우는 개폐기, 차단기 시설의 제한한다.
㉠ 접지공사의 접지선
㉡ 다선식 전로의 중성선
㉢ 제2종 접지공사를 한 저압 가공 전로의 접지 측 전선

56 **다음 중 굵은 AL선을 박스 안에서 접속하는 방법으로 적합한 것은?**

① 링 슬리브에 의한 접속
② 비틀어 꽂는 형의 전선 접속기에 의한 방법
③ C형 접속기에 의한 접속
④ 맞대기 용 슬리브에 의한 압착 접속

정답 49 ④ 50 ③ 51 ② 52 ③ 53 ④ 54 ③ 55 ① 56 ③

해설 박스 내에서 굵은 알루미늄선 접속 시 C형 접속기로 접속한다.

57 지지물의 지선에 연선을 사용하는 경우 소선 몇 가닥 이상의 연선을 사용하는가?

① 1 ② 2
③ 3 ④ 4

해설 지선은 2.6[mm] 이상 금속선 3본 이상을 꼬아서 만든다.

58 진동이 심한 전기 기계 · 기구에 전선을 접속할 때 사용되는 것은?

① 스프링 와셔 ② 커플링
③ 압착 단자 ④ 링 슬리브

해설 진동 등이 있는 기구 단자에 전선 접속 시 스프링 와셔나 이중 너트를 사용한다.

59 배전용 기구인 COS(컷 아웃 스위치)의 용도로 알맞은 것은?

① 배전용 변압기의 1차 측에 시설하여 변압기의 단락 보호용으로 쓰인다.
② 배전용 변압기의 2차 측에 시설하여 변압기의 단락 보호용으로 쓰인다.
③ 배전용 변압기의 1차 측에 시설하여 배전 구역 전환용으로 쓰인다.
④ 배전용 변압기의 2차 측에 시설하여 배전 구역 전환용으로 쓰인다.

해설 컷 아웃 스위치(COS)는 변압기 내부 고장 보호를 위해 변압기 300[kVA] 이상으로 1차 측에 시설한다.

60 금속 전선관을 구부릴 때 금속관의 단면이 심하게 변형되지 않도록 구부려야 하며, 일반적으로 그 안측의 반지름은 관 안지름의 몇 배 이상이 되어야 하는가?

① 2배 ② 4배
③ 6배 ④ 8배

해설 금속관을 구부릴 때 금속관의 단면이 변형되지 아니하도록 그 안측의 반지름은 관 안지름의 6배 이상이 되어야 한다.

정답 57 ③ 58 ① 59 ① 60 ③

02 과년도 기출문제(2017년 2회)

2016년 5회부터는 CBT 시험이므로 문제의 유형이 모두 다릅니다.

1과목 : 전기 이론

01 다음에서 고유 저항 ρ의 단위로 맞는 것은?

① $[\Omega]$ ② $[\Omega \cdot m]$
③ [AT/Wb] ④ $[\Omega^{-1}]$

해설 ㉠ 고유저항 $\rho[\Omega \cdot m]$

㉡ 도전율 $\sigma = \frac{1}{\rho} = \frac{1}{[\Omega \cdot m]} = \frac{[\Omega^{-1}]}{[m]} = \frac{[℧]}{[m]}$

㉢ σ : 시그마, ρ : 로

02 10[Ω]의 저항 회로에 $v = 100\sin(377t + \frac{\pi}{3})$[V]의 전압을 가하였을 때 t=0에서의 순시 전류는?

① 5[A] ② $5\sqrt{3}$[A]
③ 10[A] ④ $10\sqrt{3}$[A]

해설 순시 전압 $V = 100\sin(377t + \frac{\pi}{3})$, $t = 0$일 때

$V = 100\sin 60° = 50\sqrt{3}$

∴ 순시 전류 $i = \frac{V}{R} = \frac{50\sqrt{3}}{10} = 5\sqrt{3}$[A]

03 비 투자율이 1인 환상 철심 중의 자장의 세기가 H[AT/m]이었다. 이때 비 투자율이 10인 물질로 바꾸면 철심의 자속 밀도[Wb/m^2]는?

① 1/10로 줄어든다. ② 10배 커진다.
③ 50배 커진다. ④ 100배 커진다.

해설 자속 밀도 $B = \mu H = \mu_o \mu_s H$[$Wb/m^2$]에서
$\mu_s = 1$이 10으로 바뀌므로 $B = 10$배 커진다.

[암기]
자속 밀도 $B = \mu H = \mu_o \mu_s H$
전속 밀도 $D = \varepsilon E = \varepsilon_o \varepsilon_s E$

04 $R = 4[\Omega]$, $X_L = 8[\Omega]$, $X_C = 5[\Omega]$가 직렬로 연결된 회로에 100V의 교류를 가했을 때 흐르는 ㉠ 전류와 ㉡ 임피던스는?

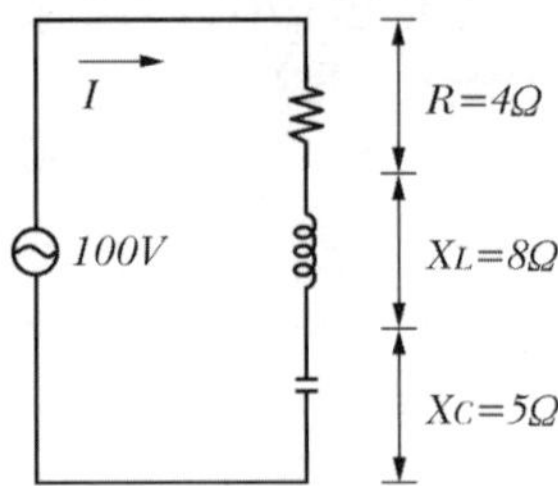

① ㉠ 5.9[A], ㉡ 용량성
② ㉠ 5.9[A], ㉡ 유도성
③ ㉠ 20[A], ㉡ 용량성
④ ㉠ 20[A], ㉡ 유도성

해설 ㉠ $Z = R + jX_L - jX_C[\Omega] = 4 + j8 - j5 = 4 + j3[\Omega]$
즉 $R = 4[\Omega]$ $X_L = +j3[\Omega]$인 회로가 된다.

$\therefore Z = \sqrt{R^2 + X_L^2} = \sqrt{4^2 + 3^2} = 5[\Omega]$

$I = \frac{V}{Z} = \frac{100}{5} = 20$[A]

㉡ 콘덴서 성분 X_C는 없어지고 코일 성분인 X_L만 남으므로 유도성

05 부하에 접속된 (ㄱ) 전압계의 결선과 (ㄴ) 전류계의 결선 방법이 맞는 것은?

① (ㄱ) 전압계 : 직렬, (ㄴ) 전류계 : 직렬
② (ㄱ) 전압계 : 병렬, (ㄴ) 전류계 : 병렬
③ (ㄱ) 전압계 : 직렬, (ㄴ) 전류계 : 병렬
④ (ㄱ) 전압계 : 병렬, (ㄴ) 전류계 : 직렬

해설 ㉠ 전압계는 부하 R와 병렬
㉡ 전류계는 부하 R와 직렬로 결선한다.
㉢ 교재 29쪽 그림 참조

정답 01 ② 02 ② 03 ② 04 ④ 05 ④

06 두 개의 자체 인덕턴스를 직렬로 접속하여 합성 인덕턴스를 측정하였더니 95[mH]이었다. 한쪽 인덕턴스를 반대 접속하여 측정하였더니 합성 인덕턴스가 15[mH]로 되었다. 두 코일의 상호 인덕턴스는?

① 20[mH] ② 40[mH]
③ 80[mH] ④ 160[mH]

해설

$$\begin{array}{l} 95 = L_1 + L_2 + 2M \\ -\ 15 = L_1 + L_2 - 2M \\ \hline 80 = \qquad\qquad 4M \end{array}$$

∴ 합성 인덕턴스 $M = \frac{80}{4} = 20[\text{mH}]$

07 1[μF], 3[μF], 6[μF]의 콘덴서 3개를 병렬로 연결할 때 합성 정전 용량은?

① 1.5[μF] ② 5[μF]
③ 10[μF] ④ 18[μF]

[암기]
콘덴서의 직렬은 저항의 병렬과 같이 계산하고
콘덴서의 병렬은 저항의 직렬과 같이 계산한다.

∴ $C_{합} = 1+3+6 = 10[\mu\text{F}]$

08 어느 자기장에 의하여 생기는 자기장의 세기를 $\frac{1}{2}$로 하려면 자극으로 부터의 거리를 몇 배로 하여야 하는가?

① $\sqrt{2}$배 ② $\sqrt{3}$배
③ 2배 ④ 3배

해설 자기장의 세기 $H = \frac{1}{4\pi\mu} \times \frac{m_1}{r^2}$에서 거리($r$)에 관한 문제이므로 $\sqrt{2}$배로 하면 된다.

09 6[Ω]의 저항과 8[Ω]의 용량성 리액턴스의 병렬 회로가 있다. 이 병렬 회로의 임피던스는 몇 [Ω]인가?

① 3.7 ② 4.8
③ 6.7 ④ 14

해설 병렬회로의 임피던스 $\frac{1}{Z} = \sqrt{\frac{1}{R^2} + \frac{1}{X^2}}$

$\frac{1}{Z} = \sqrt{\frac{1}{6^2} + \frac{1}{8^2}} = \frac{5}{24}$ – ㉠

$\therefore Z = \frac{24}{5} = 4.8$ – ㉡

계산기 √ 1 ÷ 6 X^2 → + 1 ÷ 8 X^2 = $\frac{5}{24}$ X^{-1} = $\frac{24}{5}$ S⇔D 4.8

10 그림과 같은 회로에서 R의 값은 얼마인가?(단 r은 전지의 내부 저항)

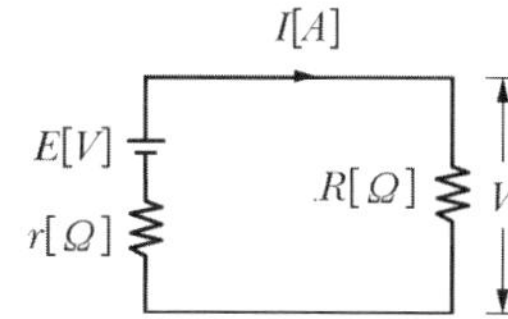

① $\frac{E-V}{E}r$ ② $\frac{E}{E-V}r$
③ $\frac{E+V}{E}r$ ④ $\frac{V}{E-V}r$

해설 ㉠ $V = \frac{RE}{r+R}$

㉡ $V(r+R) = RE$ $\quad V \cdot r + VR = RE$

$V \cdot r = RE - VR$ $\quad V \cdot r = R(E-V)$

$\therefore \frac{V \cdot r}{E-V} = R$

㉢ 답만 암기

11 최대값이 $220\sqrt{2}$ [V]인 사인파 교류의 평균값은?

① 약 175[V] ② 약 181[V]
③ 약 198[V] ④ 약 220[V]

해설 1] ㉠ 최대값 $V_m = 220\sqrt{2}[\text{V}]$

㉡ 실효값 $V = \frac{\text{최대값}}{\sqrt{2}} = \frac{220\sqrt{2}}{\sqrt{2}} = 220[\text{V}]$

㉢ 평균값 $V_a = \frac{2V_m}{\pi} = \frac{2 \times 220\sqrt{2}}{\pi} = 198[\text{V}]$

정답 06 ① 07 ③ 08 ① 09 ② 10 ④ 11 ③

2] ㉠ 최대값 $V_m = 220\sqrt{2}$

㉡ 실효값 $V = 220\sqrt{2} \times 0.707 = 220[V]$

㉢ 평균값 $V_a = 220\sqrt{2} \times 0.637 = 198[V]$

12 정전 용량(electrostatic capacity)의 단위를 나타낸 것으로 틀린 것은?

① $1[pF] = 10^{-12}[F]$ ② $1[nF] = 10^{-7}[F]$

③ $1[\mu F] = 10^{-6}[F]$ ④ $1[mF] = 10^{-3}[F]$

해설 $1[nF] = 10^{-9}[F]$

13 (㉮), (㉯)에 들어갈 말로 알맞은 말은?

> 2차 전지의 대표적인 것으로 납축전지가 있다. 전해액의 비중은 약 (㉮) 정도의 (㉯)을 사용한다.

① ㉮ 0.85~1.15, ㉯ 묽은 황산

② ㉮ 1.23~1.26, ㉯ 묽은 황산

③ ㉮ 0.85~1.15, ㉯ 묽은 질산

④ ㉮ 1.23~1.26, ㉯ 묽은 질산

해설 ㉠ 납축전지의 전해액은 비중 1.2~1.3의 H_2SO_4 (묽은 황산)

㉡ 양극으로는 이산화납, 음극으로는 납

㉢ 방전되었을 경우 양극, 음극 모두 $PbSO_4$ (황산납)

14 파형률은 어느 것인가?

① $\frac{\text{평균값}}{\text{실효값}}$ ② $\frac{\text{실효값}}{\text{최대값}}$

③ $\frac{\text{실효값}}{\text{평균값}}$ ④ $\frac{\text{최대값}}{\text{실효값}}$

해설 파고율과 파형률 암기 방법 (고)가 먼저이고 (형)이 늦은 순서이므로 값이 큰 것부터 차례로 내려쓴다.

㉠ 파(고)율 $= \frac{\text{최대값}}{\text{실효값}}$

㉡ 파(형)률 $= \frac{\text{실효값}}{\text{평균값}}$

15 △결선에서 상전류가 20[A]이면 선전류는 약 몇 [A]인가?

① 11.5 ② 20.0

③ 35.2 ④ 34.6

해설 교재 84쪽 참조

16 비사인파의 일반적인 구성이 아닌 것은?

① 삼각파 ② 고조파

③ 기본파 ④ 직류분

해설 교재 90쪽 참조

17 전류를 계속 흐르게 하려면 전압을 연속적으로 만들어 주는 어떤 힘이 필요하게 되는데, 이 힘을 무엇이라 하는가?

① 자기력 ② 전자력

③ 기전력 ④ 전기장

해설 기전력=전기를 일으키는 힘

18 비 정현파를 여러 개의 정현파의 합으로 표시하는 방법은?

① 중첩의 원리

② 노튼의 정리

③ 푸리에 분석

④ 테일러의 분석

19 "회로의 접속점에서 볼 때, 접속점에 흘러들어오는 전류의 합은 흘러 나가는 전류의 합과 같다"라고 정의되는 법칙은?

① 키르히호프의 제1법칙

② 키르히호프의 제2법칙

③ 플레밍의 오른손 법칙

④ 앙페르의 오른 나사 법칙

해설 교재 25쪽 참조

㉠ 키르히호프의 제1법칙(전류 법칙)

한 접속점에 들어오는 전류의 합은 나가는 전류의 합과 같다.=한 접속점에서 전류의 합은 '0'이다.

$\Sigma I_a = 0$

㉡ 키르히호프의 제2법칙(전압 법칙)

한 폐회로 내에서 기전력의 합은 전압강하의 합과 같다.($\Sigma E_n = \Sigma IR_n = \Sigma V_n$)

정답 12 ② 13 ② 14 ③ 15 ④ 16 ① 17 ③ 18 ③ 19 ①

20 자기 히스테리시스 곡선의 횡축과 종축은 어느 것을 나타내는가?

① 자기장의 크기와 자속 밀도
② 투자율과 자속 밀도
③ 투자율과 잔류 자기
④ 자기장의 크기와 보자력

해설 교재 60쪽 참조

2과목 : 전기 기기

21 직류 발전기가 있다. 자극 수는 6, 전기자 총 도체수 400 매극 당 자속 0.01[Wb], 회전수는 600[rpm]일 때 전기자에 유기되는 기전력은 몇 [V]인가?(단, 전기자 권선은 파권이다.)

① 40[V] ② 120[V]
③ 160[V] ④ 180[V]

해설 $E=\dfrac{PZ\phi N}{60a}=\dfrac{6\times400\times0.01\times600}{60\times2}=120[\text{V}]$

'대중소파2, 이고페'에서 파권에서 $a=2$
중권에서 $a=P$

22 무부하 시 유도 전동기는 역률이 낮지만 부하가 증가하면 역률이 높아지는 이유로 가장 알맞은 것은?

① 전압이 떨어지므로
② 효율이 좋아지므로
③ 전류가 증가하므로
④ 2차 측 저항이 증가하므로

해설 유도 전동기를 처음 제작할 때 정격 부하가 걸렸을 때 최대 효율, 최대 역률이 되도록 설계하므로, 부하가 증가하면 정격 전류에 가깝도록 전류가 증가한다. → 역률이 높아짐

23 다음 그림과 같이 SCR 2개를 역병렬로 접속한 그림과 같은 기호의 명칭은?

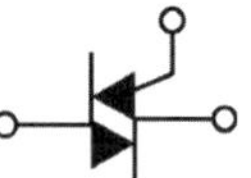

① SCR
② TRIAC
③ GTO
④ UJT

24 단상 유도 전동기 중 ㉠ 반발 기동형, ㉡ 콘덴서 기동형, ㉢ 분상 기동형, ㉣ 셰이딩 코일형이라 할 때, 기동 토크가 큰 것부터 옳게 나열한 것은?

① ㉠ > ㉡ > ㉢ > ㉣
② ㉠ > ㉣ > ㉡ > ㉢
③ ㉠ > ㉢ > ㉣ > ㉡
④ ㉠ > ㉡ > ㉣ > ㉢

해설 교재 176쪽 설명 참조

25 다음 그림에 대한 설명으로 틀린 것은?

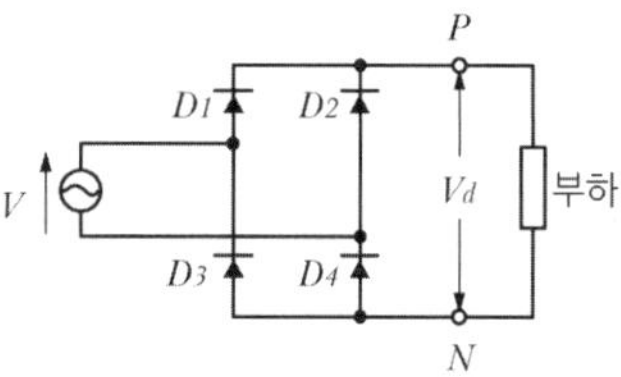

① 브리지(bridge) 회로라고도 한다.
② 실제의 정류기로 널리 사용한다.
③ 전체 한 주기 파형 중 절반만 사용한다.
④ 전파 정류회로라고도 한다.

26 동기 전동기의 자기 기동에서 계자 권선을 단락하는 이유는?

① 기동이 쉽다.
② 운전 권선의 저항을 크게 한다.
③ 전기자 반작용을 방지한다.
④ 고전압 유도에 의한 절연파괴 위험을 방지한다.

해설 ㉠ 동기 발전기, 즉 수력 발전기는 수차로 동기 발전기를 돌려주며 화력 발전기는 증기 터빈으로 동기 발전기를 $N_s=\dfrac{120f}{P}$[rpm]로 돌려준다.(수차 발전기, 터빈 발전기)
㉡ 동기 전동기도 기동할 때 유도 전동기를 기동 장치로 해서 축에 연결시키기도 하지만

정답 20 ① 21 ② 22 ③ 23 ② 24 ① 25 ③ 26 ④

㉢ 자극의 표면에 기동 권선을 설치하여 단상 농형 유도 전동기와 같은 방법으로 기동시키는 방법이 동기 전동기의 자기 기동법이다.

㉣ 이때 계자 권선이 열어진 상태에 전기자에 전원을 가하면 권선 수가 많은 계자 회로가 전기자 회전자계를 끊고 높은 전압을 유기하므로 계자 회로가 소손될 염려가 있으므로 계자 회로는 저항을 통해 단락시켜 놓고 기동하여야 한다.

27 접지의 목적과 거리가 먼 것은?

① 감전의 방지
② 전로의 대지 전압의 상승
③ 보호 계전기의 동작 확보
④ 이상 전압의 억제

28 동기 전동기의 용도에 적합하지 않은 것은?

① 송풍기 ② 압축기
③ 크레인 ④ 분쇄기

해설 동기 전동기의 토크 $T \propto V$이므로 큰 힘을 내는 기계에는 사용하지 않는다.

29 직류 분권 전동기에 대한 설명으로 옳지 않은 것은?

① 토크는 전기자 전류의 자승에 비례한다.
② 부하 전류에 따른 속도 변화가 거의 없다.
③ 계자 회로에 퓨즈를 넣어서는 안 된다.
④ 계자 권선과 전기자 권선이 전원에 병렬로 접속되어 있다

해설 직류 분권 전동기의 토크

$$T = \frac{PZI_a\phi}{2\pi a}[\mathrm{N \cdot m}]$$

∴ 전기자 전류 I_a에 비례

30 교류 회로에서 양방향 점호(ON) 및 소호(OFF)를 이용하며, 위상 제어를 할 수 있는 소자는?

① TRIAC ② SCR
③ GTO ④ IGBT

31 정격 전압 220[V]의 동기 발전기를 무부하로 운전하였을 때의 단자 전압이 253[V]이었다. 이 발전기의 전압 변동률은?

① 13[%] ② 15[%]
③ 20[%] ④ 33[%]

해설

$$\text{전압 변동률} = \frac{\text{무부하 전압} - \text{정격 전압}}{\text{정격 전압}} \times 100[\%]$$
$$= \frac{(253-220)}{220} \times 100 = 15[\%]$$

32 다음 중 초퍼란 어떤 변환인가?

① 교류를 직류로 변환
② 직류를 교류로 변환
③ 교류를 교류로 변환
④ 직류를 직류로 변환

해설 교재 187쪽 설명 참조

33 변압기의 권수비에 관한 식으로 맞는 것은?(단, a는 권수비이다)

① $a = \frac{V_1}{V_2} = \frac{N_1}{N_2} = \frac{I_2}{I_1}$
② $a = \frac{V_2}{V_1} = \frac{N_1}{N_2} = \frac{I_2}{I_1}$
③ $a = \frac{V_1}{V_2} = \frac{N_2}{N_1} = \frac{I_2}{I_1}$
④ $a = \frac{V_1}{V_2} = \frac{N_1}{N_2} = \frac{I_1}{I_2}$

해설

[암기]

변압기의 권수비 $a = \frac{n_1}{n_2} = \frac{V_1}{V_2} = \sqrt{\frac{Z_1}{Z_2}} = \frac{I_2}{I_1}$

34 정지 상태에 있는 3상 유도 전동기의 슬립 값은?

① ∞ ② 0
③ 1 ④ −1

해설 $S = \frac{\text{동기 속도} - \text{회전자 속도}}{\text{동기 속도}}$에서 정지시란 회전자 속도=0이라는 뜻이므로 $S = \frac{N_s - 0}{N_s} = \frac{N_s}{N_s} = 1$

정답 27 ② 28 ③ 29 ① 30 ① 31 ② 32 ④ 33 ① 34 ③

35 **직류 발전기에 있어서 전기자 반작용이 생기는 요인이 되는 전류는?**

① 동손에 의한 전류
② 전기자 권선에 의한 전류
③ 계자 권선의 전류
④ 규소 강판에 의한 전류

해설 교재 104쪽 설명 참조

36 **3상 전파 정류회로에서 전원이 220[V]라면 부하에 나타나는 전압의 최대값은?**

① 약 156[V] ② 약 311[V]
③ 약 354[V] ④ 약 381[V]

해설 교재 181, 182쪽
㉠ 전원 220[V] =실효값
㉡ 최대값 $= 220 \times \sqrt{2} = 311$[V]

37 **직류 전동기의 회전 방향을 바꾸려면?**

① 전기자 전류의 방향과 계자 전류의 방향을 동시에 바꾼다.
② 발전기로 운전시킨다.
③ 계자 또는 전기자의 접속을 바꾼다.
④ 차동 복권을 가동 복권으로 바꾼다.

해설 직류 전동기의 회전방향을 바꾸려면 계자나 전기자의 접속 중에서 한 개를 바꿔 주면 된다.(교재 121쪽)

38 **변압기, 동기기 등의 층간 단락 등의 내부 고장 보호에 사용되는 계전기는?**

① 차동 계전기 ② 접지 계전기
③ 과전압 계전기 ④ 역상 계전기

해설 교재 300쪽 그림 (87T)

39 **3상 권선형 유도 전동기의 기동 시 2차 측에 저항을 접속하는 이유는?**

① 기동 토크를 크게 하기 위해
② 회전수를 감소시키기 위해
③ 기동 전류를 크게 하기 위해
④ 역률을 개선하기 위해

해설 ㉠ 3상 권선형 유도 전동기는 중대형이다.
㉡ 유도 전동기의 기동 시 기동 전류는 정격 전류 보다 4~6배의 많은 전류가 흘러 전동기가 소손될 위험이 있어 기동 전류를 줄이기 위한 여러 가지 방법을 쓴다.(기동 시 토크를 줄이더라도)
㉢ 권선형 유도 전동기의 '2차 저항 기동법'은 비례 추이를 이용한 것으로 기동 전류를 줄이더라도 최대 토크를 유지할 수 있도록 한 기동법이다.

40 **3상 교류 발전기의 기전력에 대하여 90° 빠른 전류가 통할 때의 반작용 기자력은?**

① 자극 축과 일치하고 감자 작용
② 자극 축보다 90° 빠른 증자 작용
③ 자극 축보다 90° 늦은 감자 작용
④ 자극 축과 직교하는 교차자화 작용

3과목 : 전기 설비

41 **가공 전선의 지지물에 승탑 또는 승강용으로 사용하는 발판 볼트 등은 지표상 몇 [m] 미만에 설치하여서는 안 되는가?**

① 1.2[m] ② 1.5[m]
③ 1.6[m] ④ 1.8[m]

해설 지지물의 발판 볼트는 지표상 1.8[m] 이상, 간격은 0.45[m]의 간격으로 설치해야 한다.

42 **녹아웃 펀치와 같은 용도로 배전반이나 분전반 등에 구멍을 뚫을 때 사용하는 것은?**

① 클리퍼(Clipper)
② 홀 소(hole saw)
③ 프레스 툴(pressure tool)
④ 드라이브이트 툴(drivit tool)

해설 녹아웃 펀치, 홀 소 : 배전반이나 박스 등에 구멍을 내는 공구

정답 35 ② 36 ② 37 ③ 38 ① 39 ① 40 ② 41 ④ 42 ②

43 금속관 공사에서 금속관을 콘크리트에 매설할 경우 관의 두께는 몇 [mm] 이상의 것이어야 하는가?

① 0.8[mm] ② 1.0[mm]
③ 1.2[mm] ④ 1.5[mm]

해설 콘크리트에 매입하는 경우 금속관의 두께는 1.2[mm] 이상이어야 한다.

44 소맥분, 전분 기타 가연성의 분진이 존재하는 곳의 저압 옥내 배선 공사 방법 중 적당하지 않은 것은?

① 애자 사용 공사 ② 합성수지관 공사
③ 케이블 공사 ④ 금속관 공사

해설 가연성 분진이 있는 위험 장소 전기 시설에는 합성수지관 공사, 금속관 공사 또는 케이블(캡타이어 케이블 제외) 공사에 의한다.

45 전선과 기구 단자 접속 시 나사를 덜 죄었을 경우 발생할 수 있는 위험과 거리가 먼 것은?

① 누전 ② 화재 위험
③ 과열 발생 ④ 저항 감소

해설 전선과 기구 단자 접속 시 나사를 덜 죄이면 저항이 증가해 발열이 발생하여 화재의 우려가 있고 누설 전류가 발생한다.

46 다음 중 금속관 공사의 설명으로 잘못된 것은?

① 교류 회로는 1회로의 전선 전부를 동일관내에 넣는 것을 원칙으로 한다.
② 교류 회로에서 전선을 병렬로 사용하는 경우에는 관내에 전자적 불평형이 생기지 않도록 시설한다.
③ 금속관 내에서는 절대로 전선 접속점을 만들지 않아야 한다.
④ 관의 두께는 콘크리트에 매입하는 경우 1[mm²] 이상이어야 한다.

해설 콘크리트에 매입하는 경우 금속관의 두께는 1.2[mm] 이상이어야 한다.

47 사무실, 은행, 상점, 이발소, 미장원에서 사용하는 표준 부하[VA/m²]는?

① 5 ② 10
③ 20 ④ 30

해설

건축물의 종류	표준 부하	암기법
공장, 교회, 극장,	10[VA/m²]	[ㄱ]으로 시작하는 것 10, [ㅎ]으로 시작하면 20, 나머지 30
호텔, 호스피탈(병원), 학교	20[VA/m²]	
은행, 상점, 이발소, 미용원	30[VA/m²]	
주택, 아파트	40[VA/m²]	

48 전주의 길이가 15[m] 이하인 경우 땅에 묻히는 깊이는 전장의 얼마 이상인가?

① $\frac{1}{8}$ 이상

② $\frac{1}{6}$ 이상

③ $\frac{1}{4}$ 이상

④ $\frac{1}{3}$ 이상

해설 전주의 매설 깊이

㉠ 15[m] 이하 : 전주 길이의 $\frac{1}{6}$ 이상

㉡ 15[m] 초과 : 2.5[m]

49 화약고 등의 위험장소의 배선 공사에 전로의 대지 전압을 몇 [V] 이하이어야 하는가?

① 300 ② 400
③ 500 ④ 600

해설 화약류 저장소 등의 전로의 대지 전압은 300[V] 이하로 하여야 한다.

50 다음 중 3로 스위치를 나타내는 그림 기호는?

① ● EX ② ● 3
③ ● 2P ④ ● 15A

정답 43 ③ 44 ① 45 ④ 46 ④ 47 ④ 48 ② 49 ① 50 ②

51 라이팅 덕트 공사에 의한 저압 옥내배선 시 덕트의 지지점간의 거리는 몇 [m] 이하로 해야 하는가?

① 10. ② 1.2
③ 2.0 ④ 3.0

해설 라이팅 덕트의 지지점 간 거리는 2[m] 이하로 하여야 한다.

52 접지를 하는 목적이 아닌 것은?

① 이상 전압의 발생
② 전로의 대지전압의 저하
③ 보호 계전기의 동작 확보
④ 감전의 방지

해설 접지의 목적
㉠ 감전 사고의 방지
㉡ 이상 전압의 억제
㉢ 전로의 대지 전압 저하
㉣ 보호 계전기의 동작 확보

53 전기 공사에서 접지 저항을 측정할 때 사용하는 측정기는 무엇인가?

① 검류기 ② 변류기
③ 메거 ④ 어스 테스터

해설 ㉠ 메거 : 절연 저항 측정
㉡ 어스 테스터 : 접지 저항 측정

54 가공 전선에 케이블을 사용하는 경우에는 케이블은 조가용 선에 행거를 사용하여 조가한다. 사용 전압이 고압을 경우 그 행거의 간격은?

① 50[cm] 이하
② 50[cm] 이상
③ 75[cm] 이하
④ 75[cm] 이상

해설 가공 케이블에 사용되는 조가요선은 22[mm^2] 이상의 아연 도금 강연선으로 하고 50[cm] 마다 행거를 시설한다.

55 연접 인입선 시설 제한 규정에 대한 설명으로 잘못된 것은?

① 분기하는 점에서 100[m]를 넘지 않아야 한다.
② 폭 5[m]를 넘는 도로를 횡단하지 않아야 한다.
③ 옥내를 통과해서는 안 된다.
④ 분기하는 점에서 고압의 경우에는 200[m]를 넘지 않아야 한다.

해설 저압 연접 인입선의 시설
㉠ 인입선에서 접속하는 점으로부터 100[m]를 초과하는 지역에 미치지 아니할 것
㉡ 폭 5[m]를 초과하는 도로를 횡단하지 아니할 것
㉢옥내를 관통하지 아니할 것

56 가요 전선관의 상호 접속은 무엇을 사용하는가?

① 콤비네이션 커플링
② 스플릿 커플링
③ 더블 커넥터
④ 앵글 커넥터

해설 ㉠ 가요 전선관 상호간 접속 : 스프릿 커플링
㉡ 서로 다른 관 상호 접속 : 콤비네이션 커플링
㉢ 관과 박스 접속 : 커넥터

57 금속관에 나사를 내기 위한 공구는?

① 오스터
② 토치램프
③ 펜치
④ 유압식 벤더

해설 오스터 : 금속관에 나사를 내기 위한 공구

58 금속 전선관 공사 시 노크아웃 구멍이 금속관보다 클 때 사용되는 접속 기구는?

① 부싱 ② 링 리듀서
③ 로그너트 ④ 엔트런스 캡

해설 링 리듀서
박스의 녹 아웃 구멍이 금속관보다 클 때 사용하는 자재 (큰 와셔)

정답 51 ③ 52 ① 53 ④ 54 ① 55 ④ 56 ② 57 ① 58 ②

59 절연 전선을 동일 금속 덕트 내에 넣을 경우 금속 덕트의 크기는 전선의 피복 절연물을 포함한 단면적의 총 합계가 금속 덕트 내 단면적의 몇 [%] 이하가 되도록 선정하여야 하는가?(단, 제어회로 등의 배선에 사용하는 전선만을 넣는 경우이다.)

① 30[%] ② 40[%]
③ 50[%] ④ 60[%]

해설 금속 덕트 공사에서 전선 단면적의 총 합은 덕트 단면적의 20% 이하일 것(제어 회로만의 배선의 경우 50% 이하)

60 금속관을 구부리는 경우 곡률의 안측 반지름은?

① 전선관 안지름의 3배 이상
② 전선관 안지름의 6배 이상
③ 전선관 안지름의 8배 이상
④ 전선관 안지름의 12배 이상

해설 전선관을 구부릴 때의 반지름은 관 안지름의 6배 이상으로 하여야 한다.

정답 59 ③ 60 ②

03 과년도 기출문제(2017년 3회)

2016년 5회부터는 CBT 시험이므로 문제의 유형이 모두 다릅니다.

1과목 : 전기 이론

01 두 개의 서로 다른 금속의 접속점에 온도차를 주면 열기전력이 생기는 현상은?

① 홀 효과 ② 줄 효과
③ 압전기 효과 ④ 제벡 효과

해설 교재 33쪽

02 비 정현파의 실효값을 나타낸 것은?

① 최대파의 실효값
② 각 고조파의 실효값의 합
③ 각 고조파의 실효값의 합의 제곱근
④ 각 고조파의 실효값의 제곱의 합의 제곱근

해설 교재 91쪽

03 저항 R_1, R_2, R_3가 병렬로 연결되어 있을 때 합성 저항은?

① $R_1+R_2+R_3$ ② $\dfrac{1}{R_1+R_2+R_3}$
③ $\dfrac{1}{R_1}+\dfrac{1}{R_2}+\dfrac{1}{R_3}$ ④ $\dfrac{1}{\dfrac{1}{R_1}+\dfrac{1}{R_2}+\dfrac{1}{R_3}}$

해설 합성 저항을 구하는 공식

$$\frac{1}{R_{합}}=\frac{1}{R_1}+\frac{1}{R_2}+\frac{1}{R_3}$$

$$\therefore R_{합}=\frac{1}{\dfrac{1}{R_1}+\dfrac{1}{R_2}+\dfrac{1}{R_3}}=\frac{R_1R_2R_3}{R_1R_2+R_2R_3+R_3R_1}$$

04 3상 교류를 Y결선 하였을 때 선간전압과 상전압, 선전류와 상전류의 관계를 바르게 나타낸 것은?

① 상전압 $=\sqrt{3}$ 선간전압
② 선간전압 $=\sqrt{3}$ 상전압
③ 선전류 $=\sqrt{3}$ 상전류
④ 상전류 $=\sqrt{3}$ 선전류

해설 ㉠ 교재 84쪽

05 그림의 브리지 회로에서 평형이 되었을 때의 Cx는?

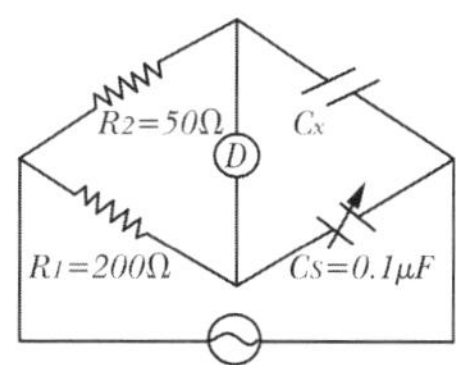

① 0.1[μF] ② 0.2[μF]
③ 0.3[μF] ④ 0.4[μF]

06 기전력 1.5[V], 내부 저항 0.15[Ω]인 전지 30개를 직렬로 연결하고, 이것에 외부 저항 1[Ω]을 직렬로 연결하였을 때 회로에 흐르는 전류는?

① 5.49 ② 8.18
③ 10.74 ④ 12.36

해설 전류 $I=\dfrac{E}{R_{합}}=\dfrac{45}{4.5+1}=\dfrac{45}{5.5}=8.18$

정답 01 ④ 02 ④ 03 ④ 04 ② 05 ④ 06 ②

07 220[V]용 100[W] 전구와 200[W] 전구를 직렬로 연결하여 220[V]의 전원에 연결하면?

① 두 전구의 밝기가 같다.
② 100[W]의 전구가 더 밝다.
③ 200[W]의 전구가 더 밝다.
④ 두 전구 모두 안 켜진다.

해설 ㉠ 우리가 가정에서 사용하는 연결방식은 병렬 회로로
㉡ 병렬에서는 100[W] 전구보다 200[W]가 더 밝다.
㉢ 직렬로 연결했을 경우는 100[W] 전구가 더 밝다.

08 어떤 전지에서 5[A]의 전류가 10분간 흘렀다면 이 전지에서 나온 전기량은?

① 0.83[C] ② 50[C]
③ 250[C] ④ 3000[C]

해설 ㉠ $I=\dfrac{Q[C]}{t[S]}$, ㉡ $V=\dfrac{W[J]}{Q[C]}$
㉠식에서 $Q=It=5\times10\times60=3,000$[C]

09 자기 회로의 길이 ℓ[m], 단면적 A[m²], 투자율 μ[H/m] 일 때 자기 저항 R [AT/Wb]을 나타내는 것은?

① $R=\dfrac{\mu\ell}{A}$[AT/Wb]
② $R=\dfrac{A}{\mu\ell}$[AT/Wb]
③ $R=\dfrac{\mu A}{\ell}$[AT/Wb]
④ $R=\dfrac{\ell}{\mu A}$[AT/Wb]

해설 ㉠ 전기 저항 $R=\dfrac{\rho l}{A}$ [Ω]
㉡ 자기 저항 $R_m=\dfrac{l}{\mu A}$ [AT/Wb]

10 자화력(자기장의 세기)을 표시하는 식과 관계가 되는 것은?

① NI ② $\mu I\ell$
③ $\dfrac{NI}{\mu}$ ④ $\dfrac{NI}{\ell}$

해설 자화력(자기장의 세기)
$H=\dfrac{\text{코일수}\times\text{전류}}{\text{자기 회로의 평균 길이}}=\dfrac{NI}{l}$[AT/Wb], 단위를 알면 답이 보인다.($NI$=기자력)

11 진공 중에 4[μC]과 9[μC]의 점전하 사이에 7.2[N]의 힘이 작용했다면 두 점전하 사이의 거리[m]는?

① 0.21 ② 0.54
③ 1.65 ④ 1.82

해설 진공, 공기 중의 정전력(힘)은
$F=9\times10^9\times\dfrac{Q_1Q_2}{r^2}$[N] 각각의 값을 대입하면
$7.2=\dfrac{9\times10^9\times4\times10^{-6}\times9\times10^{-6}}{r^2}$
계산기로 풀면 $r=0.212$[m]

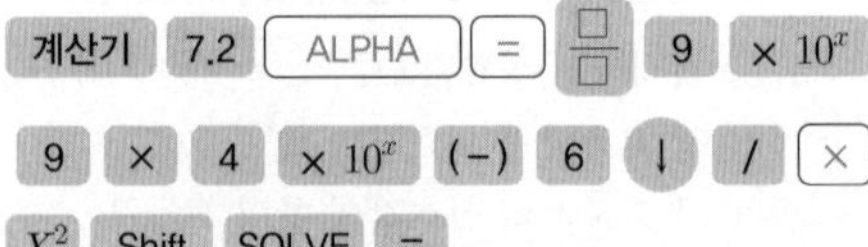

12 5[Ω], 10[Ω], 15[Ω]의 저항을 직렬로 접속하고 전압을 가하였더니 10[Ω]의 저항 양단에 30[V]의 전압이 측정되었다. 이 회로에 공급되는 전 전압은 몇 [V]인가?

① 30[V] ② 60[V]
③ 90[V] ④ 120[V]

13 하나의 폐회로 내에서 키르히호프의 제2법칙을 가장 잘 나타낸 것은?

① 기전력의 합은 전압 강하의 합이다.
② 기전력의 합은 저항의 합이다.
③ 전압 강하의 합은 저항의 합이다.
④ 전압 강하의 합은 전류의 합이다.

해설 교재 25쪽

정답 07 ② 08 ④ 09 ④ 10 ④ 11 ① 12 ③ 13 ①

14 그림과 같이 대전된 에보나이트 막대를 박검전기의 금속판에 닿지 않도록 가깝게 가져갔을 때 금박이 열렸다. 이와 같은 현상을 무엇이라 하는가? (단, A는 원판, B는 박, C는 에보나이트 막대이다.)

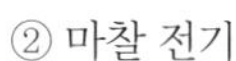

① 대전
② 마찰 전기
③ 정전 유도
④ 정전 차폐

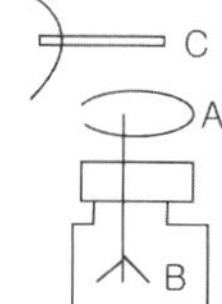

해설 정전 유도(교재 36쪽)
에보나이트 막대를 원판에(A) 가까이 하면 A 원판에서는 에보나이트와 다른 종류의 전하가 나타나면 반대쪽 B에는 에보나이트와 같은 전하가 나타난다.

15 다음 설명 중 틀린 것은?

① 앙페르의 오른 나사 법칙 : 전류의 방향을 오른 나사가 진행하는 방향으로 하면, 이때 발생되는 자기장의 방향은 오른나사의 회전 방향이 된다.
② 렌츠의 법칙 : 유도기전력은 자신의 발생 원인이 되는 자속의 변화를 방해하려는 방향으로 발생한다.
③ 패러데이의 전자 유도 법칙 : 유도 기전력의 크기는 코일을 지나는 자속의 매초 변화량과 코일의 권수에 비례한다.
④ 쿨롱의 법칙 : 두 자극 사이에 작용하는 자력의 크기는 양 자극의 세기의 곱에 비례하며, 자극 간의 거리의 제곱에 비례한다.

해설 쿨롱의 제2법칙
두 점 자극 m_1, m_2가 r[m] 떨어져 있을 때 두 점 자극 사이에 작용하는 힘(자력의 크기)

$F = \frac{1}{4\pi\mu} \times \frac{m_1 m_2}{r^2}$[N] $\therefore$ r^2에 반비례한다.

16 열의 전달 방법이 아닌 것은?

① 복사 ② 대류
③ 확산 ④ 전도

해설 [암기법 1] 옛날 사람들은 돈을 잃어버리지 않으려고 돈을 헝겊에 싸고 배에다가 넣고 다녔는데 그것은 (복)(전)(대)라 한다.
[암기법 2] '전봇대'로 암기

17 그림의 회로에서 모든 저항값은 2[Ω]이고, 전류 전체 I는 6[A]이다. I_1에 흐르는 전류는?

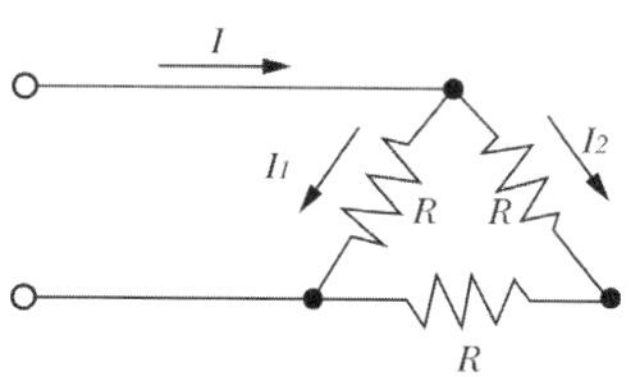

① 1[A] ② 2[A]
③ 3[A] ④ 4[A]

18 다음 중 전동기의 원리에 적용되는 법칙은?

① 렌츠의 법칙
② 플레밍의 오른손 법칙
③ 플레밍의 왼손 법칙
④ 옴의 법칙

해설 [암기]
- 플레밍의 오른손 법칙 = 발전기(v, B, (E))
- 플레밍의 왼손 법칙 = 전동기((F) B, I)

19 다음 전압과 전류의 위상차는 어떻게 되는가?

$v = \sqrt{2}\,V\sin(\omega t - \frac{\pi}{3})$[V]

$i = \sqrt{2}\,I\sin(\omega t - \frac{\pi}{6})$[A]

① 전류가 $\frac{\pi}{3}$ 만큼 앞선다.
② 전압이 $\frac{\pi}{3}$ 만큼 앞선다.
③ 전압이 $\frac{\pi}{6}$ 만큼 앞선다.
④ 전류가 $\frac{\pi}{6}$ 만큼 앞선다.

해설

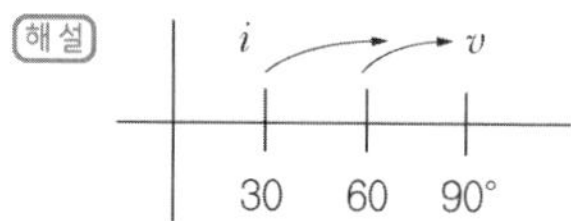

정답 14 ③ 15 ④ 16 ③ 17 ④ 18 ③ 19 ④

20 **200[V], 40[W]의 형광등에 정격 전압이 가해졌을 때 형광등 회로에 흐르는 전류는 0.42[A]이다. 형광등의 역률[%]은?**

① 37.5　② 47.6
③ 57.5　④ 67.5

해설 단상 전력 $P = VI\cos\theta$[W]

$\cos\theta = \frac{P}{VI} = \frac{40}{200 \times 0.42} = 0.48$

2과목 : 전기 기기

21 **그림과 같은 분상 기동형 단상 유도 전동기를 역회전시키기 위한 방법이 아닌 것은?**

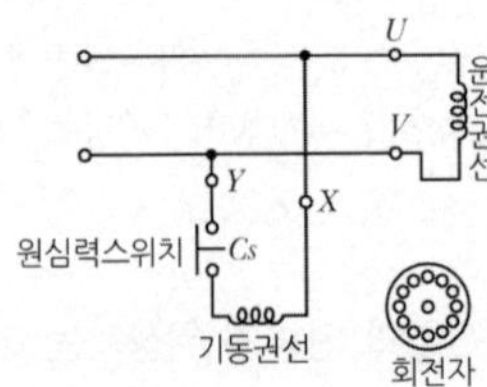

① 원심력 스위치를 개로 또는 폐로 한다.
② 기동 권선이나 운전 권선의 어느 한 권선의 단자 접속을 반대로 한다.
③ 기동 권선의 단자 접속을 반대로 한다.
④ 운전 권선의 단자 접속을 반대로 한다.

해설 그림의 분상 기동형 유도 전동기의 원심력 스위치 C_s는 기동할 때는 붙어 있다가 운전할 때는 원심력에 의해 저절로 떨어지는 것이다.

22 **직류 전동기의 속도제어 방법이 아닌 것은?**

① 전압 제어　② 계자 제어
③ 저항 제어　④ 플러깅 제어

해설 직류 전동기의 역기전력 $E = \frac{PZ\phi N}{60a}$[V]

$\therefore E \alpha \phi N$

$N\alpha \frac{E}{\phi} = \frac{V - I_a r_a}{\phi}$[rpm]에서

㉠ 단자 전압 V를 제어하여 속도를 조절하는 것은 전압 제어
㉡ 전기자에 저항(기동기)을 별도로 넣어 속도를 제어하는 것은 저항 제어
㉢ ϕ를 변화시켜 속도를 조절하는 것은 계자 제어

23 **회전자 입력을 P_2, 슬립을 s라 할 때 3상 유도 전동기의 기계적 출력의 관계식은?**

① sP_2　② $(1-s)P_2$
③ s^2P_2　④ P_2 /S

해설 교재 165쪽
회전자 입력 $P_2 = 2$차 입력, $SP_2 = 2$차 동손이라 하면 기계적 출력 P_0는 다음 그림과 같다.
$P_0 = P_2 - SP_2 = (1-S)P_2$

24 **보호 계전기의 기능상 분류로 틀린 것은?**

① 차동 계전기　② 거리 계전기
③ 저항 계전기　④ 주파수 계전기

25 **동기기를 병렬 운전 할 때 순환 전류가 흐르는 원인은?**

① 기전력의 저항이 다른 경우
② 기전력의 위상이 다른 경우
③ 기전력의 전류가 다른 경우
④ 기전력의 역률이 다른 경우

해설 교재 132쪽

26 **변압기 철심에는 철손을 적게 하기 위하여 철이 몇 [%]인 강판을 사용하는가?**

① 약 50~55[%]　② 약 60~70[%]
③ 약 76~86[%]　④ 약 96~97[%]

해설 교재 140쪽

27 **3상 유도 전동기의 슬립의 범위는?**

① $0 < S < 1$　② $-1 < S < 0$
③ $1 < S < 2$　④ $0 < S < 2$

정답 20 ② 21 ① 22 ④ 23 ② 24 ③ 25 ② 26 ④ 27 ①

해설 [암기]
유도 전동기의 슬립
㉠ 슬립 $S=\frac{\text{동기 속도}-\text{회전자 속도}}{\text{동기 속도}}$
$=\frac{N_s-N}{N_s}$
㉡ 정지(기동시)해 있을 때 $S=\frac{N_s-0}{N_s}=1$
㉢ 거의 동기속도로 돌 때 $S=\frac{N_s-N_s}{N_s}=0$
∴ 유도 전동기의 슬립 $0<S<1$

28 단상 전파 정류회로에서 직류 전압의 평균값으로 가장 적당한 것은?(단, E는 교류 전압의 실효값)

① 1.35E[V] ② 1.17E[V]
③ 0.9E[V] ④ 0.45E[V]

해설 단상 전파 정류회로의 평균값
$=0.9\times$실효값$=0.9E$

29 아래 회로에서 부하의 최대 전력을 공급하기 위해서 저항 R 및 콘덴서 C의 크기는?

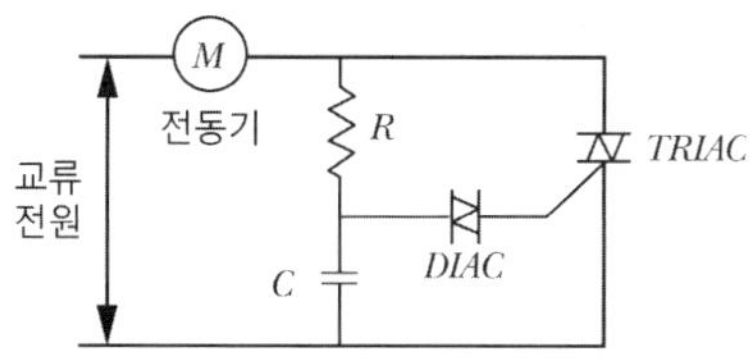

① R은 최대, C는 최대로 한다.
② R은 최소, C는 최소로 한다.
③ R은 최대, C는 최소로 한다.
④ R은 최소, C는 최대로 한다.

해설 ㉠ RC 직렬 회로의 시상수 $T=RC$를 조절하여 DIAC을 통해 트리거 펄스로 TRIAC을 점호한다.
㉡ 기동 시 R를 크게 C를 작게 하고
㉢ 운전 시 최대 전력을 얻기 위해서는 시상수 $T=RC$를 줄여주어야 한다. ∴R과 C를 최소

30 무부하 전압과 전부하 전압이 같은 값을 가지는 특성의 발전기는?

① 직권 발전기 ② 차동 복권 발전기
③ 평복권 발전기 ④ 과복권 발전기

해설 ㉠ 과복권 발전기 : 전압이 급변하는 곳
㉡ 평복권 발전기 : 부하 전류가 증가하여도 전압은 거의 일정(동기 발전기의 계자 전원)
㉢ 차동 복권 발전기 : 수하 특성을 가지고 있어 용접용

31 60[Hz] 3상 반파 정류 회로의 맥동 주파수는?

① 60[Hz] ② 120[Hz]
③ 180[Hz] ④ 360[Hz]

해설 [암기]
정류 방식에 따른 특성(주파수 : f일 때)

특성 \ 정류 방식	단상 반파	단상 전파	3상 반파	3상 전파
맥동 주파수	f	2f	3f	6f
맥동률[%]	121	48	17	4

32 직류 전동기의 최저 절연저항 값은?

① $\frac{\text{정격 전압[V]}}{1000+\text{정격 출력[kW]}}$
② $\frac{\text{정격 출력[kW]}}{1000+\text{정격 입력[kW]}}$
③ $\frac{\text{정격 입력[kW]}}{1000+\text{정격 전압[V]}}$
④ $\frac{\text{정격 전압[V]}}{1000+\text{정격 입력[kW]}}$

33 직류 발전기에서 브러시와 접촉하여 전기자 권선에 유도되는 교류 기전력을 정류해서 직류로 만드는 부분은?

① 계자 ② 전기자
③ 정류자 ④ 계자 권선

해설 직류기의 3요소
㉠ 계자(F) : 자속을 만드는 부분
㉡ 전기자(A) : 계자 자속을 끊어 전기를 발생하는 부분
㉢ 정류자(C) : 전기자 권선에서 나오는 교류를 직류로 바꾸어 주는 부분

정답 28 ③ 29 ② 30 ③ 31 ③ 32 ① 33 ③

34 5.5[kW], 200[V] 유도 전동기의 전 전압 기동 시의 기동전류가 150[A]이었다. 여기에 Y－△ 기동 시 기동전류는 몇 [A]가 되는가?

① 50 ② 70
③ 87 ④ 95

해설 $Y-\triangle$ 기동을 하면 기동 토크와 기동 전류가 $\frac{1}{3}$로 줄어든다.

$\therefore Y-\triangle$ 기동 전류$=\frac{1}{3}\times$전 전압 기동 전류

$=\frac{1}{3}\times 150=50[\mathrm{A}]$

35 다음 중 특수 직류기가 아닌 것은?

① 고주파 발전기 ② 단극 발전기
③ 승압기 ④ 전기 동력계

해설 고주파 발전기는 주파수가 있으므로 교류기이다.

36 계자 권선이 전기자에 병렬로 만 접속된 직류기는?

① 타여자기 ② 직권기
③ 분권기 ④ 복권기

해설 복권기는 전기자에 직렬로 연결된 직권 계자와 전기자와 병렬로 연결된 분권 계자를 가지고 있다.

37 반파 정류 회로에서 변압기 2차 전압의 실효치를 E[V]라 하면 직류 전류 평균치는?(단, 정류기의 전압 강하는 무시 한다.)

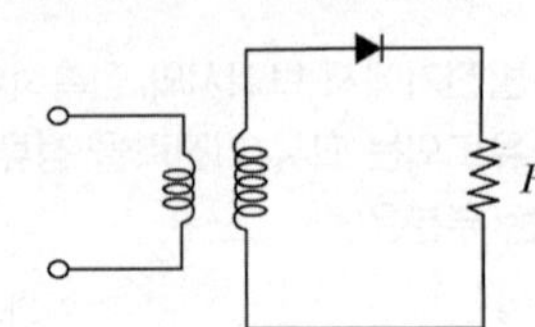

① $\frac{E}{R}$ ② $\frac{1}{2}\cdot\frac{E}{R}$
③ $\frac{2\sqrt{2}}{\pi}\cdot\frac{E}{R}$ ④ $\frac{\sqrt{2}}{\pi}\cdot\frac{E}{R}$

해설 [암기]
정류회로의 평균값
㉠ 단상 반파정류의 평균값＝실효값
$E\times 0.9\times\frac{1}{2}=0.45E[\mathrm{V}]$
㉡ 단상 전파 정류의 평균값＝실효값
$E\times 0.9=0.9E[\mathrm{V}]$
㉢ 3상 반파 정류회로 평균값＝실효값×1.17
㉣ 3상 전파 정류회로 평균값＝실효값×1.35

• 교재 182쪽

38 유도전동기의 슬립을 측정하는 방법으로 옳은 것은?

① 전압계법 ② 전류계법
③ 평형 브리지법 ④ 스트로보법

해설 회전수를 측정하는 것을 '스트로보스코프'라고 하며 회전수를 통해 슬립을 구하는 방식을 스트로보법이라 한다.

39 부흐홀츠 계전기의 설치 위치는?

① 변압기 본체와 콘서베이터 사이
② 콘서베이터 내부
③ 변압기의 고압측 부싱
④ 변압기 주탱크 내부

해설 교재 143쪽 그림

40 수 · 변전설비 구성 기기의 계기용 변압기(PT)의 설명으로 맞는 것은?

① 낮은 전압을 높은 전압으로 변성하는 기기이다.
② 적은 전류를 많은 전류로 바꾸어 주는 기기이다.
③ 많은 전류를 적은 전류로 변성하는 기기이다.
④ 높은 전압을 낮은 전압으로 변성하는 기기이다.

해설 PT는 계기용 변압기로 특고압이나 고압을 저압으로 110[V]로 변압하여 계전기나 계측기에 사용할 수 있도록 한 것

정답 34 ① 35 ① 36 ③ 37 ④ 38 ④ 39 ① 40 ④

3과목 : 전기 설비

41 애자 사용 공사에서 전선의 지점 간 거리는 전선을 조영재의 위면 또는 옆면에 따라 붙이는 경우에는 몇 [m] 이하인가?

① 1　② 1.5
③ 2　④ 3

해설
[암기]
지지점 간의 거리

캡타이어 케이블 공사	1[m]
가요 전선관 공사	
합성수지관(PVC)	1.5[m]
애자, 케이블, 금속관 공사	2[m]
금속 덕트 공사	3[m]

42 옥외용 비닐 절연 전선의 약호(기호)는?

① VV　② DV
③ OW　④ NR

해설 ㉠ VV : 0.6/1[kV] 비닐 절연 비닐 시스 케이블
㉡ OW : 옥외용 비닐 절연 전선(outdoor wire)
㉢ DV : 인입용 비닐 절연 전선(drop vinyl)

43 지중 또는 수중에 시설하는 양극과 피 방식체 간의 전기 부식 방지 시설에 대한 설명으로 틀린 것은?

① 사용 전압은 직류 60[V] 초과 일 것
② 지중에 매설하는 양극은 75[cm] 이상의 깊이일 것
③ 수중에 시설하는 양극과 그 주위 1[m]안의 임의의 점과의 전위차는 10[V]를 넘지 않을 것
④ 지표에서 1[m] 간격의 임의의 2점간의 전위차가 5[V]를 넘지 않을 것

해설 전기 부식 방지 시설
㉠ 사용 전압은 직류 60[V]일 것
㉡ 양극은 지중에 매설하거나 수중에서 쉽게 접촉할 우려가 없는 곳에 시설할 것
㉢ 지중에 매설하는 양극의 매설 깊이는 75[cm]일 것
㉣ 수중에 시설하는 양극과 그 주위 1[m] 이내의 거리에 있는 임으 저과의 사이의 저우차는 10[V]를 넘지 말 것
㉤ 지표 또는 수중에서 1[m] 간격의 임의의 2점 간의 전위차가 5[V]를 넘지 아니할 것

44 480[V] 가공 인입선이 철도를 횡단할 때 레일면상의 최저 높이는 몇 [m]인가?

① 4[m]　② 4.5[m]
③ 5.5[m]　④ 6.5[m]

해설
[암기]
가공 인입선의 시설 높이

	구분	저압	고압
시설 높이	횡단 보도교	3[m]	3.5[m]
	일반	4[m]	5[m]
	도로 횡단	5[m]	6[m]
	철도 횡단	6.5[m]	

45 애자 사용 공사의 저압 옥내 배선에서 전선 상호 간의 간격은 얼마 이상으로 하여야 하는가?

① 2[cm]　② 4[cm]
③ 6[cm]　④ 8[cm]

해설 애자 사용 공사에 의한 저압 옥내배선에서의 전선 상호 간 간격은 6[cm] 이상, 전선과 조영재와의 거리는 2.5[cm] 이어야 한다. 애자는 절연선, 난연성, 내수성일 것

46 무대, 무대 밑, 오케스트라 박스, 영사실, 기타 사람이나 무대 도구가 접촉할 우려가 있는 장소에 시설하는 저압 옥내 배선, 전구선 또는 이동 전선은 사용 전압이 몇 [V] 이하이어야 하는가?

① 60[V]　② 110[V]
③ 220[V]　④ 400[V]

해설 흥행장의 전기 공사는 사용 전압 400[V] 이하이다.

47 굵은 전선을 절단할 때 사용하는 전기 공사용 공구는?

① 프레셔 툴　② 녹아웃 펀치
③ 파이프 커터　④ 클리퍼

해설 ㉠ 프레셔 툴 : 압착 단자를 압착 하는 공구
㉡ 녹아웃 펀치 : 배전반 및 분전반의 구멍을 뚫는 공구
㉢ 파이프 커터 : 금속관을 절단하는 공구
㉣ 클리퍼 : 굵은 전선을 절단하는 공구

정답 41 ③ 42 ③ 43 ① 44 ④ 45 ③ 46 ④ 47 ④

48 **합성수지관 상호 및 관과 박스는 접속 시에 삽입하는 깊이를 관 바깥지름의 몇 배 이상으로 하여야 하는가?(단, 접착제를 사용하지 않은 경우이다.)**

① 0.2 ② 0.5
③ 1 ④ 1.2

해설 합성수지관 공사의 관을 삽입하는 깊이 : 관 외경의 1.2배(단, 접착제를 사용할 경우 0.8배)

49 **배전용 전기 기계 기구인 COS(컷 아웃 스위치)의 용도로 알맞은 것은?**

① 배전용 변압기의 1차 측에 시설하여 변압기의 단락 보호용으로 쓰인다.
② 배전용 변압기의 2차 측에 시설하여 변압기의 단락 보호용으로 쓰인다.
③ 배전용 변압기의 1차 측에 시설하여 배전 구역 전환용으로 쓰인다.
④ 배전용 변압기의 2차 측에 시설하여 배전 구역 전환용으로 쓰인다.

해설 COS(컷 아웃 스위치)는 배전용 변압기의 단락으로부터 전선로를 보호하기 위해 변압기 1차 측에 시설한다.

50 **절연 전선을 동일 금속 덕트 내에 넣을 경우 금속 덕트의 크기는 전선의 피복 절연물을 포함한 단면적의 총 합계가 금속 덕트 내 단면적의 몇 [%] 이하로 하여야 하는가?**

① 10 ② 20
③ 32 ④ 48

해설 금속 덕트 공사
㉠ 금속 덕트의 두께는 1.2[mm]
㉡ 지지 간격 : 3[m] 이하
㉢ 전선 단면적의 총 합은 덕트 단면적의 20% 이하일 것(제어 회로만의 배선의 경우 50% 이하)

51 **가공 전선에 케이블을 사용하는 경우에는 케이블은 조가용선에 행거를 사용하여 조가한다. 사용 전압이 고압일 경우 그 행거의 간격은?**

① 50[cm] 이하 ② 50[cm] 이상
③ 7[cm] 이하 ④ 75[cm] 이상

해설 가공 케이블에 사용되는 조가용선은 22[mm^2] 이상의 아연 도금 강연선으로 하고, 50[cm]마다 행거를 시설한다.

52 **가연성 가스가 새거나 체류하여 전기 설비가 발화원이 되어 폭발할 우려가 있는 곳에 있는 저압 옥내 전기 설비의 시설 방법으로 가장 적합한 것은?**

① 애자 사용 공사
② 가요전선관 공사
③ 셀룰러 덕트 공사
④ 금속관 공사

해설 가연성 가스가 있는 위험 장소 전기 시설에는 금속관 공사 또는 케이블(캡타이어 케이블 제외) 공사에 의한다.

53 **비교적 장력이 적고 다른 종류의 지선을 시설할 수 없는 경우에 적용하며 지선용 근가를 지지물 근원 가까이 매설하여 시설하는 지선은?**

① Y지선 ② 궁지선
③ 공동 지선 ④ 수평 지선

해설 ㉠ Y지선 : 다단의 완금이 시설되거나, 큰 장력이 걸리는 경우에 시설
㉡ 궁지선 : 비교적 장력이 작고 지선을 설치할 장소가 협소하여 다른 지선을 시설할 수 없는 경우에 시설
㉢ 공동 지선 : 장력이 거의 같은 주가 인접하여 있는 경우에 양 주간에 수평이 되도록 시설하는 지선
㉣ 수평 지선 : 토지 상황이나 기타 사유로 인하여 보통 지선을 시설할 수 없는 경우에 시설

54 **정션 박스 내에서 전선을 접속할 수 있는 것은?**

① S형 슬리브
② 꽂음형 커넥터
③ 와이어 커넥터
④ 매킹 타이어

해설 박스 내에서 쥐꼬리 접속 후 절연 테이프나 와이어 커넥터를 사용하여 절연하여야 한다.

정답 48 ④ 49 ① 50 ② 51 ① 52 ④ 53 ② 54 ③

55 **분전반에 대한 설명으로 틀린 것은?**

① 배선과 기구는 모두 전면에 배치하였다.
② 두께 1.5mm 이상의 난연성 합성수지로 제작하였다.
③ 강판제의 분전함은 두께 1.2mm 이상의 강판으로 제작하였다.
④ 배선은 모두 분전반 이면으로 하였다.

해설 분전반 내의 기구는 전면에 배치하고, 배선은 이면에 배치한다.

56 **케이블을 조영재에 지지하는 경우에 이용되는 것이 아닌 것은?**

① 터미널 캡　　② 클리트(Cleat)
③ 스테이플　　④ 새들

해설 케이블을 조영재에 지지하는 경우 새들, 클리트, 스테플러 등으로 지지한다.

57 **금속관을 구부리는 경우 곡률의 안측 반지름은?**

① 전선관 안지름이 3배 이상
② 전선관 안지름의 6배 이상
③ 전선관 안지름의 8배 이상
④ 전선관 안지름의 12배 이상

해설 전선관을 구부릴 때의 반지름은 관 안지름의 6배 이상으로 하여야 한다.

58 **티탄을 제조하는 공장으로 먼지가 쌓여진 상태에서 착화된 때에 폭발할 우려가 있는 곳에 저압 옥내 배선을 설치 하고자 한다. 알맞은 공사 방법은?**

① 합성수지 몰드 공사
② 라이팅 덕트 공사
③ 금속 몰드 공사
④ 금속관 공사

해설 폭연성 분진 또는 화약류 분말 등 위험 장소 전기 시설에는 금속관 공사 또는 케이블(캡타이어 케이블 제외) 공사에 의한다.

59 **손작업 쇠톱날의 크기(치수 : mm)가 아닌 것은?**

① 200　　② 250
③ 300　　④ 550

해설 손작업 쇠톱날의 크기는 200, 250, 300[mm]가 있다.

60 **배전반을 나타내는 그림 기호는?**

① 　　② 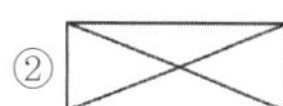
③ 　　④ S

해설 ① 분전반　　② 배전반
③ 제어반　　④ 개폐기

정답 55 ① 56 ① 57 ② 58 ④ 59 ④ 60 ②

04 과년도 기출문제(2017년 4회)

2016년 5회부터는 CBT 시험이므로 문제의 유형이 모두 다릅니다.

1과목 : 전기 이론

01 환상 철심의 평균 자로길이 ℓ [m], 단면적 A [m²], 비 투자율 μ_s, 권선 수 N_1, N_2인 두 코일의 상호 인덕턴스는?

① $\dfrac{2\pi\mu_s \ell N_1 N_2}{A}\times 10^{-7}$[H]

② $\dfrac{AN_1N_2}{2\pi\mu_s \ell}\times 10^{-7}$[H]

③ $\dfrac{4\pi\mu_s AN_1N_2}{\ell}\times 10^{-7}$[H]

④ $\dfrac{4\pi^2\mu_s N_1N_2}{A\ell}\times 10^{-7}$[H]

해설 ㉠ 합성 인덕턴스

$$L=\frac{\mu AN_1N_2}{l}=\frac{\mu_o\mu_s A\cdot N_1N_2}{l}$$

$$=\frac{4\pi\times 10^{-7}\times\mu_s AN_1N_2}{l}[\text{H}]$$

㉡ 교재 58쪽

02 키르히호프의 법칙을 이용하여 방정식을 세우는 방법으로 잘못된 것은?

① 키르히호프의 제1법칙을 회로망의 임의의 한 점에 적용한다.

② 각 폐회로에서 키르히호프의 제2법칙을 적용한다.

③ 각 회로의 전류를 숫자로 나타내고 방향을 가정한다.

④ 계산결과 전류가 +로 표시된 것은 처음에 정한 방향과 반대방향임을 나타낸다.

해설 계산 결과 전류가 (+)표시된 것은 처음에 정한 방향과 같음을 나타낸다. (−)는 처음에 정했던 것과 반대방향

03 가우스의 정리를 이용한 것은?

① 전기장의 세기 ② 두 전하 사이의 힘

③ 전기 분해 ④ 두 자하 사이의 힘

해설 ㉠ 가우스의 정리는 하나의 전하로부터 발생하는 ① 전기장의 세기 E[V]

㉡ 쿨롱의 법칙은 ① 전하사이의 힘 F[N] ② 전기장의 세기 E[V]

㉢ ㉠과 ㉡에서 보면 기본은 같으나 쿨롱의 법칙이 가우스의 정리보다 앞선다.

04 V=200[V], C_1 =10[μF], C_2 =5[μF]인 2개의 콘덴서가 병렬로 접속되어 있다. 콘덴서 C_1 에 축적되는 전하 [μC]는?

① 100[μC] ② 200[μC]

③ 1000[μC] ④ 2000[μC]

해설 ㉠ 병렬 회로이므로 C_1, C_2에 걸리는 전압은 200[V]

㉡ C_1에 축적되는 전하

$Q=C_1V=10\times 10^{-6}\times 200=2{,}000[\mu\text{F}]$

05 저항 R_1, R_2, R_3 가 병렬로 연결되어 있을 때 합성 저항은?

① $R_1+R_2+R_3$ ② $\dfrac{1}{R_1+R_2+R_3}$

③ $\dfrac{1}{R_1}+\dfrac{1}{R_2}+\dfrac{1}{R_3}$ ④ $\dfrac{1}{\frac{1}{R_1}+\frac{1}{R_2}+\frac{1}{R_3}}$

해설 교재 23쪽

06 [VA]는 무엇의 단위인가?

① 피상 전력 ② 무효 전력

③ 유효 전력 ④ 역률

해설 교재 79쪽

정답 01 ③ 02 ④ 03 ① 04 ④ 05 ④ 06 ①

07 납축전지의 전해액으로 사용되는 것은?

① H_2SO_4　② H_2O
③ PbO_2　④ $PbSO_4$

해설 H_2SO_4 = 묽은 황산

08 그림과 같은 비 사인파의 제3 고조파 주파수는?(단, V = 20[V], T = 10[ms]이다.)

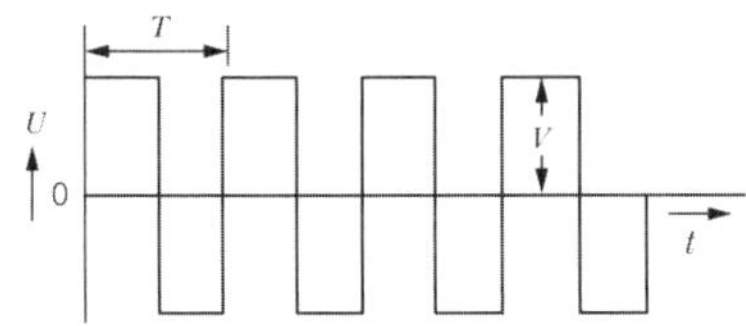

① 100[Hz]　② 200[Hz]
③ 300[Hz]　④ 400[Hz]

09 자체 인덕턴스가 L_1, L_2인 두 코일을 직렬로 접속하였을 때 합성 인덕턴스를 나타내는 식은?(단, 두 코일 간의 상호 인덕턴스는 M이다)

① $L_1 + L_2 \pm M$　② $L_1 - L_2 \pm M$
③ $L_1 + L_2 \pm 2M$　④ $L_1 - L_2 \pm 2M$

해설 교재 59쪽

10 전류의 발열작용과 관계가 있는 것은?

① 줄의 법칙　② 키르히호프의 법칙
③ 옴의 법칙　④ 플레밍의 법칙

해설 ㉠ 전력 $P = VI,\ I^2R,\ \frac{V^2}{R}$[W]
㉡ 전력량=전력×초
$W = Pt = VIt = I^2Rt = \frac{V^2}{R}t$[W·s]
㉢ 전력량=주울의 법칙=[W·s]=[J]

11 출력 P[kVA]의 단상 변압기 2 대를 V결선한 때의 3상 출력[kVA]은?

① P　② $\sqrt{3}P$
③ $2P$　④ $3P$

해설 교재 152쪽

12 공기 중에서 $+m$ [Wb]의 자극으로부터 나오는 자기력선의 총 수를 나타낸 것은?

① m　② $\frac{\mu_0}{m}$
③ $\frac{m}{\mu_0}$　④ $\mu_0 m$

해설 교재 48쪽

13 그림과 같은 자극 사이에 있는 도체에 전류 (I)가 흐를 때 힘은 어느 방향으로 작용하는가?

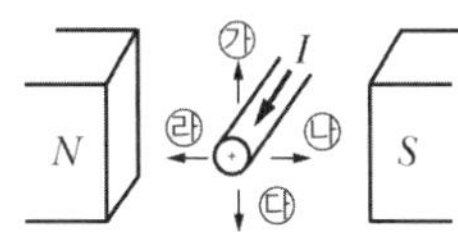

① ㉮　② ㉯
③ ㉰　④ ㉱

해설
[암기]
플레밍의 오른손, 왼손 법칙
㉠ 플레밍의 오른손 법칙=발전기=(v,B,E)
㉡ 플레밍의 왼손 법칙=전동기=(F,B,I)
㉢ 문제에서는 힘의 방향을 구하는 것이므로 ㉡ 플레밍의 왼손 법칙
㉣ 기전력의 방향(크기)을 구하는 것은 ㉠ 플레밍의 오른손 법칙

14 반지름 r[m], 권수 N회의 환상 솔레노이드에 I[A]의 전류가 흐를 때, 그 내부의 자장의 세기 H[AT/m]는 얼마인가?

① $\frac{NI}{r^2}$　② $\frac{NI}{2\pi}$
③ $\frac{NI}{4\pi r^2}$　④ $\frac{NI}{2\pi r}$

해설 교재 53쪽 그림 순서를 꼭 암기할 것

정답 07 ① 08 ③ 09 ③ 10 ① 11 ② 12 ③ 13 ① 14 ④

15 △결선으로 된 부하에 각 상의 전류가 10[A] 이고 각 상의 저항이 4[Ω], 리액턴스가 3[Ω]이라 하면 전체 소비 전력은 몇 [W]인가?

① 2,000 ② 18,000
③ 1,500 ④ 1,200

해설 ㉠ $Z_1 = Z_2 = Z_3 = 4 + j3[\Omega]$

㉡ 1상의 전력 $P = VI,\ I^2Z,\ \frac{V^2}{Z}$ 에서

$P = I^2Z = 10^2(4+j3) = 400 + j300[\text{V} \cdot \text{A}]$

㉢ 3상의 전력
$= 3P = 3(400 + j300) = 1,200 + j900[\text{V} \cdot \text{A}]$

㉣ 문제에서 소비전력을 구하는 것이므로 유효분은 1,200[W]

16 정전 용량이 같은 콘덴서 10개가 있다. 이것을 직렬 접속할 때의 값은 병렬 접속할 때의 값보다 어떻게 되는가?

① $\frac{1}{10}$로 감소한다. ② $\frac{1}{100}$로 감소한다.
③ 10배로 증가한다. ④ 100배로 증가한다.

17 도체가 운동하여 자속을 끊었을 때 기전력의 방향을 알아내는 데 편리한 법칙은?

① 렌츠의 법칙
② 패러데이의 법칙
③ 플레밍의 왼손 법칙
④ 플레밍의 오른손 법칙

18 진공 중에서 10^{-4}[C]과 10^{-8}[C]의 두 전하가 10[m]의 거리에 놓여 있을 때, 두 전하 사이에 작용하는 힘(N)은?

① 9×10^2 ② 1×10^4
③ 9×10^{-5} ④ 1×10^{-5}

해설 교재 37쪽

19 $R_1 = 2[\Omega]$, $R_2 = 4[\Omega]$, $R_3 = 6[\Omega]$의 저항이 병렬로 접속되어 있고 전체 전류가 10[A]일 때 2[Ω]에 흐르는 전류는?

① 3.25 ② 5.45
③ 6.14 ④ 7.12

해설 ㉠ R_2, R_3 병렬회로의 합성저항

$R_{2+3} = \frac{R_2 R_3}{R_2 + R_3} = \frac{4 \times 6}{4+6} = 2.4[\Omega]$

㉡ R_1에 흐르는 전류

$I_1 = \frac{R_{2+3} \cdot I}{R_1 + R_{2+3}} = \frac{2.4 \times 10}{2 + 2.4} = \frac{24}{4.4} = 5.45[\Omega]$

20 회로에서 a－b 단자간의 합성저항[Ω] 값은?

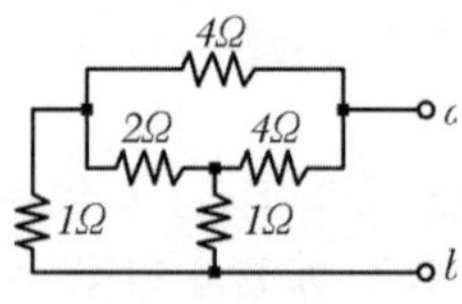

① 1.5 ② 2
③ 2.5 ④ 4

해설 ㉠ 그림에서 단자 a는 고정시키고 단자 b를 왼쪽으로 잡아끌면

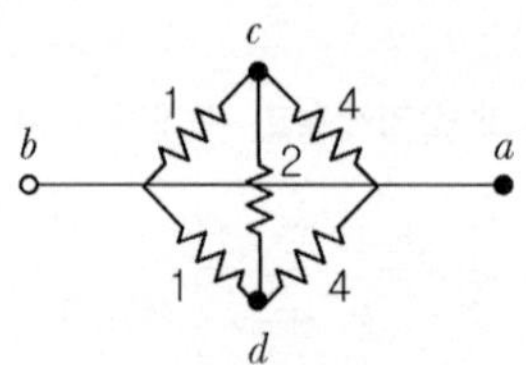

㉡ 서로 마주보는 변을 곱하여(점선 부분) 크기가 같으므로(1×4＝1×4) 브리지 회로는 평형이 되고 V_c, V_d의 전위는 같고 $R = 2[\Omega]$ 쪽으로는 전류가 흐르지 않는다.

㉢ ∴ 합성저항 $R = 2.5[\Omega]$

정답 15 ④ 16 ② 17 ④ 18 ③ 19 ② 20 ③

2과목 : 전기 기기

21 직류 발전기의 전기자 반작용에 의하여 나타나는 현상은?

① 코일이 자극의 중성 축에 있을 때도 브러시 사이에 전압을 유기시켜 불꽃을 발생한다.
② 주 자속 분포를 찌그러뜨려 중성 축을 고정시킨다.
③ 주 자속을 감속시켜 유도 전압을 증가시킨다.
④ 직류 전압이 증가한다.

해설 교재 104쪽

22 동기 발전기에서 전기자 전류가 기전력보다 90° 만큼 위상이 앞설 때의 전기자 반작용은?

① 교차 자화 작용　② 감자 작용
③ 편차 작용　④ 증자 작용

해설 교재 129쪽 '전기자 반작용 표' 참조

23 직류 전동기의 전기적 제동법이 아닌 것은?

① 발전 제동　② 회생 제동
③ 역전 제동　④ 저항 제동

해설 ㉠ 전기적 제동법 : 역전(역상) 제동, 발전 제동, 회생 제
㉡ '역 발생'으로 암기

24 출력 10[KW], 슬립 4[%]로 운전되고 있는 3상 유도 전동기의 2차 동손은 약 몇 [W]인가?

① 250　② 315
③ 417　④ 620

해설 ㉠ 2차 입력 : 2차 손실 : 출력 $=1:S:1-SP_2$
㉡ 출력 $P_o=(1-S)P_2$에서 2차 입력

$$P_2=\frac{P_o}{1-S}=\frac{10,000}{1-0.04}=10,416[\mathrm{W}]$$

㉢ 출력=2차 입력−동손, 동손 =2차 입력−출력
$=10,416-10,000=416$

25 동기 전동기를 송전선의 전압 조정 및 역률 개선에 사용한 것을 무엇이라 하는가?

① 동기 이탈　② 동기 조상기
③ 댐퍼　④ 제동권선

해설 동기전동기=동기조상기

26 직류 전동기의 전기자에 가해지는 단자 전압을 변화하여 속도를 조정하는 제어법이 아닌 것은?

① 워드레오나드 방식
② 일그너 방식
③ 직 · 병렬 제어
④ 계자 제어

해설 교재 119쪽

27 직류 복권 발전기의 직권 계자권선은 어디에 설치되어 있는가?

① 주 자극 사이에 설치
② 분권 계자권선과 같은 철심에 설치
③ 주 자극 표면에 홈을 파고 설치
④ 보극 표면에 홈을 파고 설치

28 변압기 내부고장에 대한 보호용으로 가장 많이 사용되는 것은?

① 과전류 계전기　② 차동 임피던스
③ 비율차동 계전기　④ 임피던스 계전기

해설 교재 300쪽 그림의 (87T)

29 주상 변압기의 고압 측에 여러 개의 탭을 설치하는 이유는?

① 선로 고장대비　② 선로 전압조정
③ 선로 역률개선　④ 선로 과부하 방지

30 직류 분권 발전기를 동일 극성의 전압을 단자에 인가하여 전동기로 사용하면?

① 동일 방향으로 회전한다.
② 반대 방향으로 회전한다.
③ 회전하지 않는다.
④ 소손된다.

해설 2018년 4회 40번

정답 21 ① 22 ④ 23 ④ 24 ③ 25 ② 26 ④ 27 ② 28 ③ 29 ② 30 ①

31 변압기의 퍼센트 저항 강하가 3[%], 퍼센트 리액턴스 강하가 4[%]이고, 역률이 80[%] 지상이다. 이 변압기의 전압 변동률[%]은?

① 3.2 ② 4.8
③ 5.0 ④ 5.6

해설 ㉠ 전압 변동률$=\frac{\text{무부하 전압}-\text{정격전압}}{\text{정격전압}}\times 100[\%]$

㉡ 전압 변동률$=P\cos\theta+q\sin\theta[\%]$

이 문제에서는 ㉡식을 이용

$\varepsilon=P\cos\theta+q\sin\theta$

$=(3\times 0.8)+(4\times 0.6)=4.8[\%]$

단, $\cos\theta=0.8$일 때 $\sin\theta=0.6$

32 유도 전동기에서 슬립이 가장 큰 경우는?

① 무 부하 운전 시 ② 경 부하 운전 시
③ 정격부하 운전 시 ④ 기동 시

해설 슬립 $S=\frac{N_s-N}{N_s}$에서 S가 최대(S=1)로 되기 위해서는 $N=0$, 즉 기동 시이다.

33 직류 스테핑 모터(DC stepping motor)의 특징이다. 다음 중 가장 옳은 것은?

① 교류 동기 서보 모터에 비하여 효율이 나쁘고 토크 발생도 작다.
② 입력되는 전기신호에 따라 계속하여 회전한다.
③ 일반적인 공작 기계에 많이 사용된다.
④ 출력을 이용하여 특수기계의 속도, 거리, 방향 등을 정확하게 제어할 수 있다.

34 통전 중인 사이리스터를 턴 오프(turn off)하려면?

① 순방향 Anode 전류를 유지 전류 이하로 한다.
② 순방향 Anode 전류를 증가시킨다.
③ 게이트 전압을 0 또는 −로 한다.
④ 역방향 Anode 전류를 통전한다.

35 그림의 전동기 제어회로에 대한 설명으로 잘못된 것은?

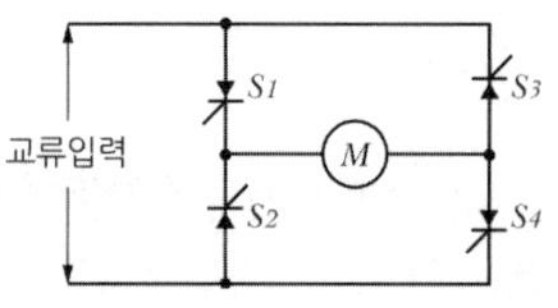

① 교류를 직류로 변환한다.
② 사이리스터 위상제어 회로이다.
③ 전파 정류회로이다.
④ 주파수를 변환하는 회로이다.

36 3상 동기 발전기 병렬운전 조건이 아닌 것은?

① 전압의 크기가 같을 것
② 회전수가 같을 것
③ 주파수가 같을 것
④ 전압 위상이 같을 것

해설 ㉠ 교재 132쪽 암기

37 직류 전동기의 출력이 30[kW], 회전수가 1,200[rpm]일 때 토크는 약 몇 [N · m]인가?

① 24.38 ② 27.59
③ 123.72 ④ 238.75

해설 교재 137쪽[시험에 잘 나오는 각종 전동기토크] 참조

직류 전동기의 토크

㉠ $T=0.975\frac{P}{N}[\text{kg}\cdot\text{m}]$

㉡ $T=9.55\frac{P}{N}[\text{N}\cdot\text{m}]$

㉢ $T=\frac{PZI_a\phi}{2\pi a}[\text{N}\cdot\text{m}]$

㉡식을 사용하면

$T=\frac{9.55\times 30{,}000}{1{,}200}\fallingdotseq 238.75[\text{N}\cdot\text{m}]$

38 변압기의 규약 효율은?

① $\frac{\text{출력}}{\text{입력}}$ ② $\frac{\text{출력}}{\text{출력}+\text{손실}}$
③ $\frac{\text{출력}}{\text{입력}+\text{손실}}$ ④ $\frac{\text{입력}-\text{손실}}{\text{입력}}$

해설 ㉠ 발전기, 변압기 규약 효율$=\frac{\text{출력}}{\text{입력}}=\frac{\text{출력}}{\text{출력}+\text{손실}}$

정답 31 ② 32 ④ 33 ④ 34 ① 35 ④ 36 ② 37 ④ 38 ②

㉡ 전동기$=\frac{\text{출력}}{\text{입력}}=\frac{\text{입력}-\text{손실}}{\text{입력}}$

㉢ [암기]
'(전)입 신고하러 출(발)하세'(전동기는 입력이 2개, 발전기 변압기는 출력이 2개)
발전기와 변압기는 'ㅂ'으로 시작

39 **전동기의 제동에서 전동기가 가지는 운동에너지를 전기에너지로 변화시키고 이것을 전원에 환원시켜 전력을 회생시킴과 동시에 제동하는 방법은?**

① 발전 제동(dynamic braking)
② 역전 제동(plugging braking)
③ 맴돌이전류 제동(eddy current braking)
④ 회생 제동(regenerative braking)

40 **보호 계전기 시험을 하기 위한 유의사항이 아닌 것은?**

① 시험 회로 결선 시 교류와 직류 확인
② 시험 회로 결선 시 교류의 극성 확인
③ 계전기 시험 장비의 오차 확인
④ 영점의 정확성 확인

3과목 : 전기 설비

41 **저압 연접 인입선의 시설 방법으로 틀린 것은?**

① 인입선에서 분기되는 점에서 150[m]를 넘지 않도록 할 것
② 일반적으로 인입선 접속점에서 인입구 장치까지의 배선은 중도에 접속점을 두지 않도록 할 것
③ 폭 5[m]를 넘는 도로를 횡단하지 않도록 할 것
④ 옥내를 통과하지 않도록 할 것

해설 저압 연접 인입선의 시설
㉠ 인입선에서 접속하는 점으로부터 100[m]를 초과하는 지역에 미치지 아니할 것
㉡ 폭 5[m]를 초과하는 도로를 횡단하지 아니할 것
㉢ 옥내를 관통하지 아니할 것

42 **금속 덕트 배선에 사용하는 금속 덕트의 철판 두께는 몇 [mm] 이상 이어야 하는가?**

① 0.8　② 1.2
③ 1.5　④ 1.8

해설 금속 덕트 공사
㉠ 금속 덕트의 두께는 1.2[mm]
㉡ 지지 간격 : 3[m] 이하
㉢ 전선 단면적의 총 합은 덕트 단면적의 20[%] 이하일 것(제어 회로만의 배선의 경우 50[%] 이하)

43 **저압 가공 전선로의 지지물이 목주인 경우 풍압 하중의 몇 배에 견디는 강도를 가져야 하는가?**

① 2.5　② 2.0
③ 1.5　④ 1.2

해설 목주의 강도
㉠ 저압 : 풍압 하중의 1.2배
㉡ 고압 : 풍압 하중의 1.3배
㉢ 특고압 : 풍압 하중의 1.5배

44 **아래 그림기호가 나타내는 것은?**

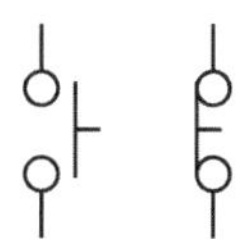

① 한시 계전기 접점　② 전자 접속기 접점
③ 수동 조작 접점　④ 조작 개폐기 잔류 접점

해설 ㉠ 누름 버튼 스위치(푸시 버튼)의 심벌로 수동 조작, 자동복귀 접점이다.(스위치 안에 스프링이 있어 자동 복귀한다)
㉡ 교재 201쪽

45 **저압 가공 인입선의 인입구에 사용하며 금속관 공사에서 끝 부분의 빗물 침입을 방지하는 데 적당한 것은?**

① 플로어 박스　② 엔트런스 캡
③ 부싱　④ 터미널 캡

해설 엔트런스 캡
저압 가공 전선로의 인입구의 빗물 침입방지를 위해 사용한다.

정답 39 ④ 40 ② 41 ① 42 ② 43 ④ 44 ③ 45 ②

46 사용 전압 415[V]의 3상 3선식 전선로의 1선과 대지 간에 필요한 절연저항 값의 최소값은?(단, 최대 공급 전류는 500[A]이다.)

① 2,560[Ω] ② 1,660[Ω]
③ 3,210[Ω] ④ 4,512[Ω]

해설 절연저항

$$R = \frac{\text{사용 전압}}{\text{누설 전류}(I_g)} = \frac{415}{500 \times \frac{1}{2000}} = 1,660$$

47 간선에서 분기하여 분기 과전류 차단기를 거쳐서 부하에 이르는 사이의 배선을 무엇이라 하는가?

① 간선 ② 인입선
③ 중성선 ④ 분기 회로

해설 ㉠ 간선 : 인입구에서 분기 과전류 차단기에 이르는 배선
㉡ 인입선 : 수용장소의 인입구에 이르는 전선
㉢ 중성선 : 다선식 전로에서 변압기를 Y결선 하는 경우에 그 중성점에 접속되는 전선
㉣ 분기 회로 : 간선에서 분기하여 부하에 이르는 배선

48 합성수지제 가요 전선관으로 옳게 짝지어진 것은?

① 후강 전선관과 박강 전선관
② PVC 전선관과 PF 전선관
③ PVC 전선관과 제2종 가요전선관
④ PF 전선관과 CD 전선관

해설 ㉠ 후강, 박강 전선관 : 금속관
㉡ PVC : 경질 비닐관
㉢ 제2종 가요전선관 : 금속새 가요 전선관
㉣ PF, CD 전선관 : 합성수지제 가요 전선관

49 단면적 6[mm^2] 이하의 가는 단선의 직선 접속 방법은?

① 트위스트 접속
② 종단 접속
③ 종단 겹침용 슬리브 접속
④ 꽂음형 커넥터 접속

해설 ㉠ 트위스트 접속 : 굵기가 6[mm^2] 이하의 단선 접속
㉡ 브리타니아 접속 : 굵기가 10[mm^2] 이상의 단선 접속

50 금속관 공사를 노출로 시공할 때 직각으로 구부러지는 곳에는 어떤 배선 기구를 사용하는가?

① 유니온 커플링 ② 아웃렛 박스
③ 픽스처 히키 ④ 유니버설 엘보

해설 금속관 공사 시 직각으로 구부러지는 매입 공사 시 노멀 밴드, 노출 시는 유니버설 엘보를 사용한다.

51 저압 옥내 분기 회로에 개폐기 및 과전류 차단기를 시설하는 경우 원칙적으로 분기점에서 몇 [m] 이하에 시설하여야 하는가?

① 3 ② 5
③ 8 ④ 12

해설 개폐기 및 자동 차단기의 설치 장소
개폐기 및 과전류차단기는 원칙적으로 분기점으로부터 3m 이내의 곳에 시설할 것.

52 단상 2선식 옥내 배전반 회로에서 접지 측 전선의 색깔로 옳은 것은?

① 흑색 ② 적색
③ 청색 ④ 백색

해설 ㉠ 단상 2선식에서 옥내 배전반 회로의 접지 측 전선은 청색으로 하여야 한다.
㉡ 교재 191쪽

53 설계 하중 6.8kN 이하인 철근 콘크리트 전주의 길이가 7[m]인 지지물을 건주하는 경우 땅에 묻히는 깊이로 가장 옳은 것은?

① 1.2[m] ② 1.0[m]
③ 0.8[m] ④ 0.6[m]

해설 전주의 매설 깊이
㉠ 15[m] 이하 : 전주 길이의 $\frac{1}{6}$ 이상
㉡ 15[m] 초과 : 2.5[m], 따라서,

$$7[\text{m}] \times \frac{1}{6} \fallingdotseq 1.167$$

정답 46 ② 47 ④ 48 ④ 49 ① 50 ④ 51 ① 52 ③ 53 ①

54 **하향 광속으로 직접 작업면에 직사하고 상부 방향으로 향한 빛이 천장과 상부의 벽을 부분 반사하여 작업 면에 조도를 증가시키는 조명방식은?**

① 직접 조명 ② 반직접 조명
③ 반간접 조명 ④ 전반 확산 조명

해설 전반 확산 조명
수평 작업 면 위의 조도는 기구로부터 직접 쬐고, 벽부분의 위 방향으로 향한 빛이 천장이나 윗벽 부분에서 반사광을 이룬다.

55 **저압 크레인 또는 호이스트 등의 트롤리 선을 애자 사용 공사에 의하여 옥내의 노출장소에 시설하는 경우 트롤리 선의 바닥에서의 최소 높이는 몇 [m] 이상으로 설치하는가?**

① 2 ② 2.5
③ 3 ④ 3.5

해설 트롤리선을 애자 사용 공사에 의하여 노출 장소에 시설하는 경우 3.5[m] 이상으로 설치한다.

56 **계기용 변류기의 약호는?**

① CT ② WH
③ CB ④ DS

해설 계기용 변류기(CT)
고압 회로의 전류나 저압회로의 대전류를 전류계로 측정할 수 있도록 변류하는 기기, 5[A] 기준

57 **교류 차단기에 포함되지 않는 것은?**

① GCB ② HSCB
③ VCB ④ ABB

해설 ㉠ GCB : 가스 차단기
㉡ HSCB : 직류 고속도 차단기
㉢ VCB : 진공 차단기
㉣ ABB : 공기 차단기

58 **다음 중 전선의 슬리브 접속에 있어서 펜치와 같이 사용되고 금속관 공사에서 로크너트를 조일 때 사용하는 공구는?**

① 펌프 플라이어(Pump Plier)
② 히키 (Hickey)
③ 비트 익스텐션(Bit Extension)
④ 클리퍼(Clipper)

해설 펌프 플라이어
펜치와 같이 사용되고 로그 너트를 조일 때 사용하는 공구

59 **토지의 상황이나 기타 사유로 인하여 보통 지선을 시설할 수 없을 때 전주와 전주 간 또는 전주와 지주 간에 시설할 수 있는 지선은?**

① 보통 지선 ② 수평 지선
③ Y지선 ④ 궁지선

해설 ㉠ 수평 지선 : 토지 상황이나 기타 사유로 인하여 보통 지선을 시설할 수 없는 경우에 시설
㉡ Y지선 : 다단의 완금이 시설되거나, 큰 장력이 걸리는 경우에 시설
㉢ 궁지선 : 비교적 장력이 작고 지선을 설치할 장소가 협소하여 다른 지선을 시설할 수 없는 경우에 시설

60 **차단기 문자 기호 중 "OCB"는 무엇인가?**

① 진공 차단기 ② 기중 차단기
③ 자기 차단기 ④ 유입 차단기

해설 ㉠ VCB : 진공 차단기
㉡ ACB : 기중 차단기
㉢ MBB : 자기 차단기
㉣ OCB : 유입 차단기

정답 54 ④ 55 ④ 56 ① 57 ② 58 ① 59 ② 60 ④

05 과년도 기출문제(2018년 1회)

2016년 5회부터는 CBT 시험이므로 문제의 유형이 모두 다릅니다.

1과목 : 전기 이론

01 정전기 발생 방지책으로 틀린 것은?

① 대전 방지제의 사용
② 접지 및 보호구의 착용
③ 배관 내 액체 흐름 속도 제한
④ 대기의 습도를 30[%] 이하로 하여 건조함을 유지

해설 상대습도 70[%] 이상 유지해야 정전기가 덜 생김

02 거리 1[m]의 평행 도체에 크기가 같은 전류가 같은 방향으로 흐르고, 이때 두 도체에 작용하는 힘이 4×10^{-7}[N/m]이면 흐르는 전류의 크기[A]와 힘의 방향은?

① 2, 흡인력 ② $\sqrt{2}$, 흡인력
③ 2, 반발력 ④ $\sqrt{2}$, 반발력

해설 교재 55쪽

$$F=\frac{2I_1I_2\times10^{-7}}{r}[\text{N}\cdot\text{m}]$$

$$4\times10^{-7}=\frac{2\times I^2\times1\times10^{-7}}{1}\quad\therefore I=\sqrt{2}$$

계산기 4 × 10^x (−) 7 ALPHA = 2 × ALPHA = 10^x × 1 × 10^x (−) 7 Shift SOLVE =

03 기전력 1.5[V], 내부저항 0.1[Ω]인 전지 10개를 직렬로 연결하고 이를 단락했을 때의 단락 전류[A]는?

① 10 ② 12.5
③ 15 ④ 17.5

해설 ㉠ $I_s=\frac{E_{합}}{r_{합}}=\frac{15}{1}=15[\text{A}]$

㉡ 4개, 10개, 30개일 경우도=15[A]

04 다음 물질 중 강 자성체로만 짝지어진 것은?

① 철, 니켈, 아연, 망간
② 구리, 비스무트, 코발트, 망간
③ 철, 구리, 니켈, 아연
④ 철, 니켈, 코발트

해설 강 자성체
자석에 잘 붙는 성질을 가짐, 철(쇠), 니켈, 코발트, 망간. '쇠니까 잘 붙는다'로 암기

05 100[V]의 전압계가 있다. 이 전압계를 써서 300[V]의 전압을 측정하려면 최소 몇 [Ω]의 저항을 외부에 접속해야 하는가?(단, 전압계 내부저항은 5,000[Ω]이다.)

① 15,000 ② 10,000
③ 5,000 ④ 2,000

해설 ㉠ 더 높은 전압을 측정할 수 있도록 전압계와 직렬로 저항을 연결하는데 그것을 배율기(R_m)라 한다.
㉡ 2배의 높은 전압을 측정하기 위해서는 $r_V=1$이라 할 때 1+1(배율기 저항)=2가 되면 된다.
㉢ 3배의 높은 전압을 측정하기 위해서는 1(내부저항)+2(배율기 저항)=3이면 된다.
㉣ 교재 29쪽 그림

06 어떤 도체의 길이를 2배로 하고 단면적을 1/3로 했을 때의 저항은 원래 저항의 몇 배가 되는가?

① 3배 ② 4배
③ 6배 ④ 9배

해설

$$R=\frac{\rho l}{A},\ R=\frac{\rho\frac{2l}{1}}{\frac{A}{3}}=\frac{6\rho l}{A},\ 6배$$

정답 01 ④ 02 ② 03 ③ 04 ④ 05 ② 06 ③

07 공기 중에서 자속 밀도 3[Wb/m²]의 평등 자장 속에 길이 10[cm]의 직선 도선을 자장의 방향과 직각으로 놓고 여기에 4[A]의 전류를 흐르게 하면 이 도선이 받는 힘은 몇 [N]인가?

① 0.5 ② 1.2
③ 2.8 ④ 4.2

해설 ㉠ '힘'이므로 플레밍의 왼손 법칙(F, B, I)을 이용한다.
㉡ 직각이므로 $\sin\theta = \sin 90$
㉢ $F = B \cdot Il\sin\theta$[N]
$= 3 \times 4 \times 10 \times 10^{-2} \times \sin 90° = 1.2$[N]

08 전원과 부하가 다같이 △결선된 3상 평형회로가 있다. 상전압이 220[V], 부하 임피던스가 $Z = 6 + j8$ [Ω]인 경우 ㉮ 선간 전압 V[V], ㉯ 선 전류는 몇 [A]인가?

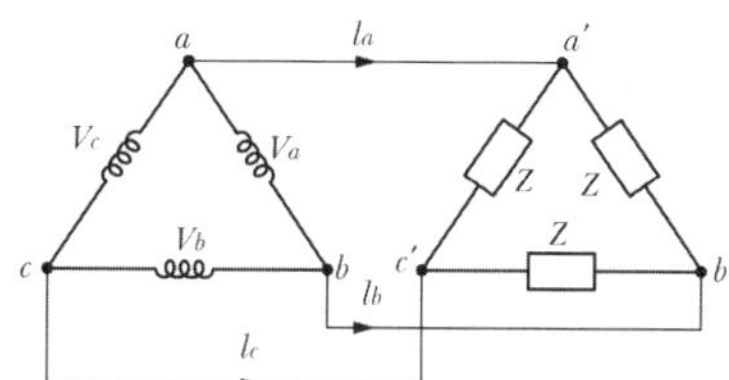

① ㉮ $220\sqrt{3}$, ㉯ 22 ② ㉮ $\frac{220}{\sqrt{3}}$, ㉯ 22
③ ㉮ 220, ㉯ $22\sqrt{3}$ ④ ㉮ $\frac{220}{\sqrt{3}}$, ㉯ $22\sqrt{3}$

해설 ㉠ △에서는 전압이 같으므로 선간 전압 = 220[V]
㉡ 상 전류 $I_P = \frac{E}{Z} = \frac{220}{10} = 22$[A]
㉢ △에서 선 전류 = $\sqrt{3}$ × 상 전류 = $22\sqrt{3}$
㉣ 정답 (가) 220[V] (나) $22\sqrt{3}$

09 R, L, C 직렬 공진회로에서 최대가 되는 것은?

① 저항 ② 전압
③ 전류 ④ 임피던스

해설 ㉠ 공진이 된다는 것은 $X_L = X_C$
㉡ 임피던스 $Z = \sqrt{R^2 + X^2}$ 에서 공진이 되면 $Z = R$
㉢ 임피던스 Z=최소가 되고
㉣ $I = \frac{V}{Z}$에서 Z가 최소가 되므로 I=최대

10 환상 철심의 평균 자로길이 ℓ[m], 단면적 A[m²], 비투자율 μ_s, 권선 수 N_1, N_2 인 두 코일의 상호 인덕턴스는?

① $\frac{2\pi\mu_s \ell N_1 N_2}{A} \times 10^{-7}$[H]
② $\frac{A N_1 N_2}{2\pi\mu_s \ell} \times 10^{-7}$[H]
③ $\frac{4\pi\mu_s A N_1 N_2}{\ell} \times 10^{-7}$[H]
④ $\frac{4\pi^2\mu_s N_1 N_2}{A\ell} \times 10^{-7}$[H]

해설 교재 58쪽

11 실효값 10[A], 주파수 f[Hz], 위상 60°인 전류의 순시값 i[A]를 수식으로 옳게 표현한 것은?

① $i = 10\sqrt{2}\sin(2\pi ft + \frac{\pi}{2})$
② $i = 10\sqrt{2}\sin(2\pi ft + \frac{\pi}{3})$
③ $i = 10\sin(2\pi ft + \frac{\pi}{2})$
④ $i = 10\sin(2\pi ft + \frac{\pi}{3})$

해설 ㉠ 순시값의 기본식
i = 최대값$\sin\omega t = 10\sqrt{2}\sin 2\pi ft$
㉡ 위상이 $60° = \frac{\pi}{3}$ 이므로
㉢ $i = 10\sqrt{2}\sin(2\pi ft + \frac{\pi}{3})$

12 $\omega L = 25$ [Ω], $\frac{1}{\omega C} = 5$ [Ω]인 LC 직렬 회로에 100[V]의 교류 전압을 가할 때 전류는?

① 5[A], 용량성 ② 30[A], 용량성
③ 5[A], 유도성 ④ 30[A], 유도성

해설 ㉠ $X_L = \omega L$=유도 리액턴스
㉡ $X_C = \frac{1}{\omega C}$=용량 리액턴스
㉢ $X_L > X_C$이면 유도성, $X_L < X_C$이면 용량성이다.

정답 07 ② 08 ③ 09 ③ 10 ③ 11 ② 12 ③

㉣ $\omega L = 25 > \dfrac{1}{\omega C} = 5$ 이므로 유도성

㉤ $I = \dfrac{V}{Z} = \dfrac{V}{X} = \dfrac{100}{20} = 5[\text{A}]$

13 평형 3상 교류 회로에서 △부하의 한 상의 임피던스가 $Z_\triangle$ 일 때, 등가 변환한 Y부하의 한 상의 임피던스 Z_Y는 얼마인가?

① $Z_Y = \sqrt{3}\,Z_\triangle$　② $Z_Y = 3Z_\triangle$

③ $Z_Y = \dfrac{1}{\sqrt{3}}Z_\triangle$　④ $Z_Y = \dfrac{1}{3}Z_\triangle$

해설 ㉠ △안에 Y가 들어가므로 △가 Y보다 3배 크다.(Y가 △의 $\dfrac{1}{3}$ 이다.)

㉡ $Z_Y = \dfrac{1}{3}Z_\triangle$, 교재 86쪽

14 정전 용량 $C[\mu\text{F}]$의 콘덴서에 충전된 전하가 q = $\sqrt{2}\,Q\sin\omega t$ [C]와 같이 변화하도록 하였다면 이때 콘덴서에 흘러 들어가는 전류의 값은?

① $i = \sqrt{2}\,\omega Q\sin\omega t$

② $i = \sqrt{2}\,\omega Q\cos\omega t$

③ $i = \sqrt{2}\,\omega Q\sin(\omega t - 30°)$

④ $i = \sqrt{2}\,\omega Q\sin(\omega t - 60°)$

해설 2017년 1회 10번(489쪽)

$$i = \frac{\triangle q}{\triangle t} = \frac{\triangle\sqrt{2}\,Q\sin\omega t}{\triangle t} = \sqrt{2}\,\omega Q\cos\omega T[\text{A}]$$

15 6[Ω]의 저항과, 8[Ω]의 용량 리액턴스의 병렬회로가 있다. 이 병렬 회로의 임피던스는 몇 [Ω]인가?

① 1.5　② 2.6

③ 3.8　④ 4.8

해설 저항 R과 리액턴스 X의 병렬 회로의 임피던스

$$\frac{1}{Z} = \sqrt{\frac{1}{R^2} + \frac{1}{X^2}} \qquad \frac{1}{Z} = \sqrt{\frac{1}{6^2} + \frac{1}{8^2}} = \frac{5}{24}$$

$$\therefore\ Z = \frac{24}{5} = 4.8[\Omega]$$

계산기 √ 1 ÷ 6 X^2 → + 1 ÷ 8 X^2 = $\frac{5}{24}$ X^{-1} = $\frac{24}{5}$ S⇔D 4.8

16 정전 에너지 W[J]를 구하는 식으로 옳은 것은?(단, C는 콘덴서용량[μF], V는 공급전압[V]이다.)

① $W = \dfrac{1}{2}CV^2$　② $W = \dfrac{1}{2}CV$

③ $W = \dfrac{1}{2}C^2V$　④ $W = 2CV^2$

해설 [암기]

정전 에너지

$$W[\text{J}] = \frac{1}{2}\text{CV}^2[\text{J}] = \frac{1}{2}QV = \frac{1}{2}\frac{Q^2}{C}$$

($\because$ Q = CV)

17 전기분해를 통하여 석출된 물질의 양은 통과한 전기량 및 화학 당량과 어떤 관계인가?

① 전기량과 화학당량에 비례한다.

② 전기량과 화학당량에 반비례한다.

③ 전기량에 비례하고 화학당량에 반비례한다.

④ 전기량에 반비례하고 화학당량에 비례한다.

해설 패러데이의 전기분해법칙

㉠ $W = KIt = KQ[\text{g}]$

㉡ K = 화학당량, I = 전류, t = 시간[초], Q = 전하량[C]

18 20분간 876,000[J]의 일을 할 때 전력은 몇 [kW]인가?

① 0.73　② 7.3

③ 73　④ 730

해설 ㉠ 전력 $P = I^2R = \dfrac{V^2}{R} = VI[\text{W}]$

㉡ 전력량

$$W = Pt = I^2Rt = \frac{V^2t}{R} = VIt[\text{w}\cdot\text{sec}] = [\text{J}]$$

㉢ 전력

$$P = \frac{W[\text{J}]}{t[\text{sec}]} = \frac{876{,}000}{20\times 60} = 730[\text{W}] = 0.73[\text{kW}]$$

정답 13 ④ 14 ② 15 ④ 16 ① 17 ① 18 ①

19 **전류에 의해 만들어지는 자기장의 자기력선 방향을 간단하게 알아내는 방법은?**

① 플레밍의 왼손 법칙
② 렌츠의 자기유도 법칙
③ 앙페르의 오른나사 법칙
④ 패러데이의 전자유도 법칙

해설 ㉠ 앙페르의 오른나사 법칙 : 전류와 자장의 방향
㉡ 비오-사바르의 법칙 : 전류와 자장의 세기

20 **권수가 150인 코일에서 2초간 1[Wb]의 자속이 변화한다면, 코일에 발생되는 유도 기전력의 크기는 몇 [V] 인가?**

① 50 ② 75
③ 100 ④ 150

해설 패러데이의 전자유도 법칙
㉠ 유기기전력 $e=-N\frac{d\phi}{dt}=-\frac{Ldi}{dt}$
㉡ $e=-\frac{150\times 1}{2}=-75[\text{V}]$
㉢ (−)는 렌쯔의 법칙을 표시

2과목 : 전기 기기

21 **직류 전동기를 기동할 때 전기자 전류를 제한하는 가감 저항기를 무엇이라 하는가?**

① 균압선 ② 제어기
③ 가속기 ④ 기동기

해설 ㉠ 기동기는 전기자에 직렬로 달아주는 저항으로 전기자 전류를 조절하는 가감 저항기이다.
㉡ 교재 119쪽[직류 분권 전동기] 그림 참조

22 **3상 동기 전동기의 출력(P)을 부하각으로 나타낸 것은?(단, V는 1상 단자 전압, E는 역기전력, X_s 는 동기 리액턴스, δ는 부하각이다.)**

① $P=3VE\sin\delta[\text{W}]$
② $P=\frac{3VE\sin\delta}{X_s}[\text{W}]$
③ $P=\frac{3VE\cos\delta}{X_s}[\text{W}]$
④ $P=3VE\cos\delta[\text{W}]$

해설 [암기]
㉠ 3상 동기 전동기(발전기)의 1상당 출력
$P=\frac{VE\sin\delta}{X_s}[\text{W}]$
㉡ 3상 동기 전동기(발전기)의 3상 출력
$P=\frac{3VE\sin\delta}{X_s}[\text{W}]$

23 **3상 380[V], 60[Hz], 4P, 슬립 5[%], 55[kW] 유도 전동기가 있다. 회전자 속도는 몇 [rpm]인가?**

① 1200 ② 1526
③ 1710 ④ 2280

해설 ㉠ 동기 속도 $N_s=\frac{120f}{P}=\frac{120\times 60}{4}=1,800[\text{rpm}]$
㉡ 슬립이 5[%], $1,800\times 0.05=90[\text{rpm}]$
㉢ 회전자 속도 $N=$ 동기속도 $-90=1,710[\text{rpm}]$

24 **동기 전동기에 관한 내용으로 틀린 것은?**

① 기동토크가 작다.
② 역률을 조정할 수 없다.
③ 난조가 발생하기 쉽다.
④ 여자기가 필요하다.

해설 ㉠ 동기전동기(동기 조상기)는 역률을 마음대로 조정할 수 있다.
㉡ 교재 135쪽

25 **동기기에서 사용되는 절연재료로 B종 절연물의 온도 상승한도는 약 몇 [℃]인가?(단, 기준 온도는 공기 중에서 40[℃]이다.)**

① 65 ② 75
③ 90 ④ 120

해설 교재 141쪽

정답 19 ③ 20 ② 21 ④ 22 ② 23 ③ 24 ② 25 ③

26 3상 농형 유도 전동기의 Y－Δ 기동 시의 기동 전류를 전 전압 기동 시와 비교하면?

① 전 전압 기동 전류의 $\frac{1}{3}$로 된다.
② 전 전압 기동 전류의 $\sqrt{3}$배로 된다.
③ 전 전압 기동 전류의 3배로 된다.
④ 전 전압 기동 전류의 9배로 된다.

해설 ㉠ $Y-\Delta$ 기동은 Y로 기동하고 Δ로 운전한다는 뜻이다. Y로 기동하면 기동 전류가 $\frac{1}{3}$로 줄고 기동 토크도 $\frac{1}{3}$로 줄어든다.
㉡ 교재 170쪽

27 낮은 전압을 높은 전압으로 승압할 때 일반적으로 사용되는 변압기의 3상 결선 방식은?

① Δ－Δ ② Δ－Y
③ Y－Y ④ Y－Δ

해설 ㉠ 승압용 : $\Delta-Y$ 결선
㉡ 강압용 : $Y-\Delta$ 결선

28 직류 발전기의 정격전압 100[V], 무부하 전압 109[V]이다 이 발전기의 전압 변동률 ε[%]은?

① 1 ② 3
③ 6 ④ 9

해설 전압 변동률

$$\varepsilon=\frac{\text{무부하 전압}-\text{정격 전압}}{\text{정격 전압}}=\frac{109-100}{100}=0.09$$

29 직류 스테핑 모터(DC stepping motor)의 특징이다. 다음 중 가장 옳은 것은?

① 교류 동기 서보 모터에 비하여 효율이 나쁘고 토크 발생도 작다.
② 입력되는 전기신호에 따라 계속하여 회전한다.
③ 일반적인 공작 기계에 많이 사용된다.
④ 출력을 이용하여 특수 기계의 속도, 거리, 방향 등을 정확하게 제어할 수 있다.

30 변압기 유의 구비 조건으로 옳은 것은?

① 절연 내력이 클 것 ② 인화점이 낮을 것
③ 응고점이 높을 것 ④ 비열이 작을 것

31 직류 전동기의 규약 효율을 표시하는 식은?

① $\frac{\text{출력}}{\text{출력}+\text{손실}}\times100[\%]$
② $\frac{\text{출력}}{\text{입력}}\times100[\%]$
③ $\frac{\text{입력}-\text{손실}}{\text{입력}}\times100[\%]$
④ $\frac{\text{입력}}{\text{출력}+\text{손실}}\times100[\%]$

해설 ㉠ 발전기, 변압기 효율$=\frac{\text{출력}}{\text{출력}+\text{손실}}\times100$
㉡ 전동기 효율$=\frac{\text{입력}-\text{손실}}{\text{입력}}\times100$
㉢

> 암기할 때는 '㉾전입 신고하러 출㉾발하세'
> (전동기는 입력이 2개, 발전기와 변압기는 출력이 2개)

32 다음 단상 유도 전동기 중 기동 토크가 큰 것부터 옳게 나열한 것은?

㉠ 반발 기동형	㉡ 콘덴서 기동형
㉢ 분상 기동형	㉣ 셰이딩 코일형

① ㉠>㉡>㉢>㉣
② ㉠>㉣>㉡>㉢
③ ㉠>㉢>㉣>㉡
④ ㉠>㉡>㉣>㉢

해설 단상 유도 전동기의 기동 토크가 큰 것부터 나열하면 ㉠ 반발 기동형>㉡ 반발 유도형>㉢ 콘덴서 기동형>㉣ 분상 기동형>㉤ 셰이딩 코일형

33 부하의 변동에 대하여 단자 전압의 변화가 가장 적은 직류 발전기는?

① 직권 ② 분권
③ 평복권 ④ 과복권

정답 26 ① 27 ② 28 ④ 29 ④ 30 ① 31 ③ 32 ① 33 ③

34 변압기의 효율이 가장 좋을 때의 조건은?

① 철손 = 동손　② 철손 = 1/2동손
③ 동손 = 1/2철손　④ 동손 = 2철손

35 PN 접합 정류 소자의 설명 중 틀린 것은?(단, 실리콘 정류 소자인 경우이다.)

① 온도가 높아지면 순방향 및 역방향 전류가 모두 감소한다.
② 순방향 전압은 P형에 (+), N형에 (−) 전압을 가함을 말한다.
③ 정류비가 클수록 정류특성은 좋다.
④ 역방향 전압에서는 극히 작은 전류만이 흐른다.

해설 ㉠ 도체(구리선, Al)의 경우는 온도가 올라가면 저항도 같이 증가하는 정특성(+특성)을 가지며
㉡ 부도체나 반도체(Si, Ge)는 온도가 올라가면 저항이 감소하는 부특성(−특성)을 가진다.

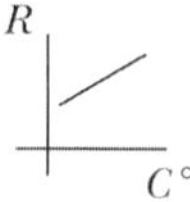

[도체의 정특성 그래프]
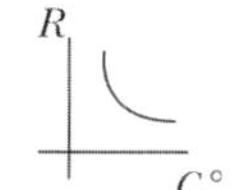

[부도체, 반도체의 부특성 그래프]
㉣ 그러므로 반도체에서 온도가 높아지면 저항이 적어지므로 $I = \frac{V}{R}$에 의해 전류가 증가한다.

36 변압기의 임피던스 전압이란?

① 정격전류가 흐를 때의 변압기 내의 전압 강하
② 여자전류가 흐를 때의 2차 측 단자 전압
③ 정격전류가 흐를 때의 2차 측 단자 전압
④ 2차 단락 전류가 흐를 때의 변압기 내의 전압 강하

37 정격이 10,000[V], 500[A], 역률 90[%]의 3상 동기발전기의 단락전류 Is[A]는?(단, 단락비는 1.3으로 하고, 전기자 저항은 무시한다.)

① 450　② 550
③ 650　④ 750

해설 단락 전류
I_s = 정격 전류 × 단락비 = 500 × 1.3 = 650[A]

38 슬립이 일정한 경우 유도 전동기의 공급 전압이 1/2로 감소되면 토크는 처음에 비해 어떻게 되는가?

① 2배가 된다.　② 1배가 된다.
③ 1/2로 줄어든다.　④ 1/4로 줄어든다.

해설 2014년 5회 36번 설명
유도전동기의 토크 $T \propto V^2 \propto \left(\frac{1}{2}V\right)^2 = \frac{1}{4}V^2$
$\therefore \frac{1}{4}$로 줄어든다.

39 동기 발전기에서 역률 각이 90도 늦을 때의 전기자 반작용은?

① 증자 작용　② 편자 작용
③ 교차 작용　④ 감자 작용

해설 역률 각이 90° 늦다는 것은 전압을 기준으로 하여 전류가 90° 늦다는 것을 뜻한다.

40 다음 그림은 단상 변압기 결선도이다. 1,2차는 각각 어떤 결선인가?

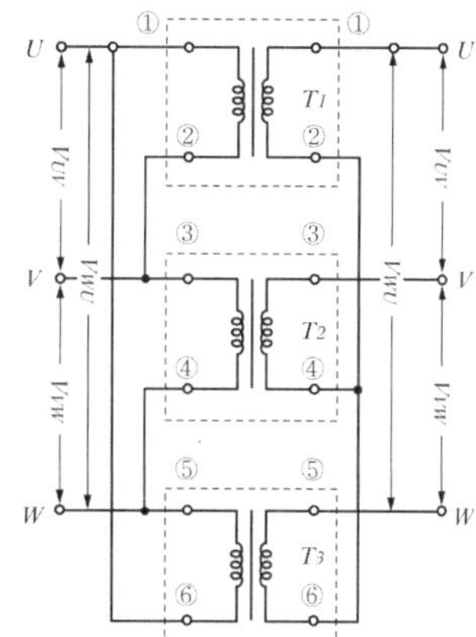

① Y − Y 결선　② Δ − Y 결선
③ Δ − Δ 결선　④ Y − Δ 결선

해설 1+6, 2+3, 4+5이면 Δ결선
2, 4, 6이 묶여 있으면 Y결선

정답 34 ① 35 ① 36 ① 37 ③ 38 ④ 39 ④ 40 ②

3과목 : 전기 설비

41 저압 옥내용 기기에 접지공사를 하는 주된 목적은?

① 이상 전류에 의한 기기의 손상 방지
② 과 전류에 의한 감전 방지
③ 누전에 의한 감전 방지
④ 누전에 의한 기기의 손상 방지

해설 저압 옥내용 기기에 제3종 접지공사를 하는 이유는 기기의 절연 파괴로 인하여 누전이 된 경우 인체에 대해 감전되는 것을 방지하기 위함이다.

42 저압 연접 인입선의 시설과 관련된 설명으로 잘못된 것은?

① 옥내를 통과하지 아니할 것
② 전선의 굵기는 1.5[mm²] 이하일 것
③ 폭 5[m]를 넘는 도로를 횡단하지 아니할 것
④ 인입선에서 분기하는 점으로부터 100[m]를 넘는 지역에 미치지 아니할 것

해설 저압 연접 인입선의 시설
㉠ 인입선에서 접속하는 점으로부터 100[m]를 초과하는 지역에 미치지 아니할 것
㉡ 폭 5[m]를 초과하는 도로를 횡단하지 아니할 것
㉢ 옥내를 관통하지 아니할 것

43 다음 중 배전반 및 분전반의 설치 장소로 적합하지 않은 곳은?

① 접근이 어려운 장소
② 전기 회로를 쉽게 조작할 수 있는 장소
③ 개폐기를 쉽게 개폐할 수 있는 장소
④ 안정된 장소

해설 옥내에 시설하는 배 · 분전반의 시설 장소
㉠ 전기 회로를 쉽게 조작할 수 있는 장소
㉡ 개폐기를 쉽게 개폐할 수 있는 장소
㉢ 안정된 장소

44 특고압(22.9[kV-Y]) 가공 전선로의 완금 접지 시 접지선은 어느 곳에 연결하여야 하는가?

① 변압기 ② 전주
③ 지선 ④ 중성선

해설 배전 선로의 완금을 접지할 때 접지선은 중성선에 연결한다.

45 150[kW]의 수전 설비에서 역률을 80[%]에서 95[%]로 개선하려고 한다. 이때 전력용 콘덴서의 용량은 몇 [kVA]인가?

① 63.2 ② 126.4
③ 144.5 ④ 157.6

해설 전력용 콘덴서 용량 산정
㉠ $Q = P(\tan\theta_1 - \tan\theta_2)$
㉡ $\cos\theta_1 = 0.8,\ \ \theta_1 = \frac{0.8}{\cos} = \cos^{-1}0.8 = 36.87$
㉢ $\cos\theta_2 = 0.95$,
$\theta_2 = \frac{0.95}{\cos} = \cos^{-1}0.95 = 18.19$
㉣ θ_1 과 θ_2 를 ㉠식에 대입하면
㉤ $Q = 150(\tan 36.87 - \tan 18.19)$
㉥ $Q = 150\times\tan 36.87 - 150\times\tan 18.19$
$= 63.21$[kVA]

46 전동기의 정 · 역 운전을 제어하는 회로에서 2개의 전자 개폐기가 동시에 작동하지 않도록 하는 회로는?

① 촌동 회로 ② 자기 유지 회로
③ 인터록 회로 ④ 시퀀스 회로

해설 인터록 회로(Interlock)
기기의 보호와 조작자의 안전을 목적으로 한 것으로 기기의 동작 상태를 나타내는 접점을 사용해서 상호 관련된 기기의 동작을 구속하는 회로. 선행 동작 우선 회로라고도 한다.

47 다음 중 알루미늄 전선의 접속 방법으로 적합하지 않은 것은?

① 직선 접속 ② 분기 접속
③ 종단 접속 ④ 트위스트 접속

해설 알루미늄 전선은 트위스트 접속을 할 수 없다.

정답 41 ③ 42 ② 43 ① 44 ④ 45 ① 46 ③ 47 ④

48 **다음 보기의 (   ) 안에 알맞은 내용은?**

> 고압 및 특고압용 기계 기구의 시설에 있어 고압은 지표상 (ㄱ) 이상(시가지에 시설하는 경우), 특고압은 지표상 (ㄴ) 이상의 높이에 설치하고 사람이 접촉될 우려가 없도록 시설하여야 한다.

① (ㄱ) : 3.5[m], (ㄴ) : 4[m]
② (ㄱ) : 4.5[m], (ㄴ) : 5[m]
③ (ㄱ) : 5.5[m], (ㄴ) : 6[m]
④ (ㄱ) : 5.5[m], (ㄴ) : 7[m]

해설 고압용 기계 기구의 지표상 높이는 4.5[m](시가지 외에는 4[m]) 이상의 높이에 시설하고 특고압은 지표상 5[m] 이상의 높이 설치하여 사람이 접촉될 우려가 없도록 한다.

49 **하나의 콘센트에 두개 이상의 플러그를 꽂아 사용할 수 있는 기구는?**

① 코드 접속기 ② 멀티 탭
③ 테이블 탭 ④ 아이언 플러그

해설 ㉠ 코드 접속기 : 코드, 캡타이어 케이블 접속 시 사용하는 재료
㉡ 멀티 탭 : 하나의 콘센트에 여러 개의 플러그를 꽂아 사용할 수 있는 기구
㉢ 테이블 탭 : 코드의 길이를 연장할 때 사용하는 재료
㉣ 아이언 플러그 : 플로어 덕트 공사에서 박스의 플러그 구멍을 메우는 재료

50 **아래의 그림의 기호가 나타내는 것은?**

① 비상 콘센트
② 형광등
③ 점멸기
④ 접지저항 측정용 단자

해설 **비상용 콘센트**
화재 시 소방대가 조명 기구나 파괴용 기구, 배 연기 등의 전원으로 사용하기 위해 설치

51 **실링 · 직접 부착등을 시설하고자 한다. 배선도에 표기할 그림기호로 옳은 것은?**

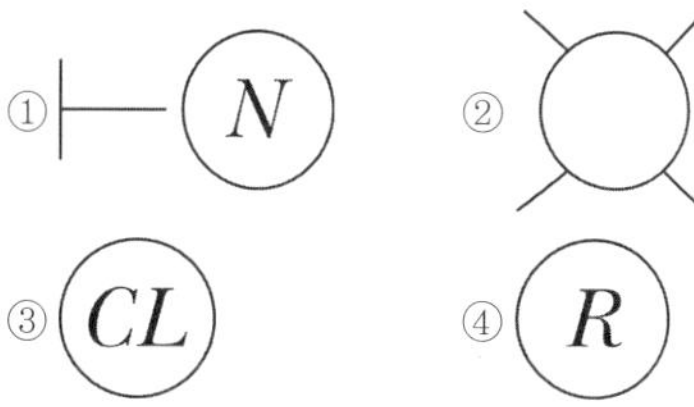

해설 ① 벽 부착형 나트륨등
② 옥외 보안등
② 실링(ceiling, 천장) 직접 부착등
④ 리셉터클

52 **합성수지관 상호 및 관과 박스는 접속 시에 삽입하는 깊이를 관 바깥지름의 몇 배 이상으로 하여야 하는가?(단, 접착제를 사용하지 않은 경우이다.)**

① 0.2 ② 0.5
③ 1 ④ 1.2

해설 합성수지관 공사의 관을 삽입하는 깊이 : 관 외경의 1.2배(단, 접착제를 사용할 경우 0.8배)

53 **금속 전선관 공사에서 사용되는 후강 전선관의 규격이 아닌 것은?**

① 16 ② 28
③ 36 ④ 50

해설 후강 전선관 호칭
내경에 가까운 짝수로 16, 22, 28, 36, 42, 54, 70, 82 등이 있다.

54 **위험물 등이 있는 곳에서의 저압 옥내 배선 공사 방법이 아닌 것은?**

① 케이블 공사
② 합성수지관 공사
③ 금속관 공사
④ 애자 사용 공사

해설 위험물(셀룰로이드, 성냥, 석유류)을 제조 및 저장하는 장소의 전기 시설에는 금속관 공사 또는 케이블(캡타이어 케이블 제외), 합성수지관 공사에 의한다.

정답 48 ② 49 ② 50 ① 51 ③ 52 ④ 53 ④ 54 ④

55 인입용 비닐 절연 전선을 나타내는 약호는?

① OW ② EV
③ DV ④ NV

해설 ㉠ OW : 옥외용 비닐 절연 전선
㉡ DV : 인입용 비닐 절연 전선

56 22.9[kV - y] 가공 전선의 굵기는 단면적이 몇 [mm^2] 이상이어야 하는가?(단, 동선의 경우이다.)

① 22 ② 32
③ 40 ④ 50

해설 특고압 가공 전선은 케이블 이외인 경우 단면적이 22[mm^2] 이상의 경동 연선 또는 인장 강도 8.71[kN] 이상의 연선이어야 한다.

57 폭연성 분진이 존재하는 곳의 저압 옥내배선 공사 시 공사 방법으로 짝지어진 것은?

① 금속관 공사, MI 케이블 공사, 개장된 케이블 공사
② CD 케이블 공사, MI 케이블 공사, 금속관 공사
③ CD 케이블 공사, MI 케이블 공사, 제1종 캡타이어 케이블 공사
④ 개장된 케이블 공사, CD 케이블 공사, 제1종 캡타이어 케이블 공사

해설 폭연성 분진 또는 화약류 분말 등 위험 장소 전기 시설에는 금속관 공사 또는 케이블(캡타이어 케이블 제외) 공사에 의한다.

58 저압 2조의 전선을 설치 시, 크로스 완금의 표준 길이[mm]는?

① 900 ② 1,400
③ 1,800 ④ 2,400

해설 완금의 표준 길이

조수	저압	고압	특고압
2조	900[mm]	1,400[mm]	1,800[mm]
3조	1,400[mm]	1,800[mm]	2,400[mm]

암기법 : 9월 14일(포토데이), 265쪽 참조

59 접지 저항 값에 가장 큰 영향을 주는 것은?

① 접지선 굵기 ② 접지 전극 크기
③ 온도 ④ 대지 저항

해설 접지저항은 대지와 접지봉(판)의 전기적 접촉 정도에 영향을 받으므로, 가장 큰 영향을 주는 것은 대지 저항이다.

60 전선의 접속에 대한 설명으로 틀린 것은?

① 접속 부분의 전기 저항을 20% 이상 증가되도록 한다.
② 접속 부분의 인장 강도를 80% 이상 유지되도록 한다.
③ 접속 부분에 전선 접속 기구를 사용한다.
④ 알루미늄 전선과 구리선의 접속 시 전기적인 부식이 생기지 않도록 한다.

해설 전선의 접속 조건
㉠ 전선의 세기를 20% 이상 감소시키지 않아야 한다.
㉡ 접속 부분의 전기 저항을 증가시키지 말아야 한다.
㉢ 전선 접속 기구를 사용한다. 그 외에는 납땜을 할 것

정답 55 ③ 56 ① 57 ① 58 ① 59 ④ 60 ①

06 과년도 기출문제(2018년 2회)

2016년 5회부터는 CBT 시험이므로 문제의 유형이 모두 다릅니다.

1과목 : 전기 이론

01 평형 Y결선의 전원에서 각 상전압이 100[V]이고 상전류가 20[A]일 때 (가) 선간 전압, (나) 선전류는?

① (가) 100[V], (나) $20\sqrt{3}$[A]
② (가) $100\sqrt{3}$[V], (나) $20\sqrt{3}$[A]
③ (가) $100\sqrt{3}$[V], (나) 20[A]
④ (가) 100[V], (나) $\frac{20}{\sqrt{3}}$[A]

해설 ㉠ Y에서는 전류가 같으므로 선전류 = 20[A]
㉡ Y에서는 선간전압 = $\sqrt{3}$ 상전압이므로 $= \sqrt{3}\cdot 100$[V]

02 $I=8+j6$[A]로 표시되는 전류의 크기 I는 몇 [A]인가?

① 14∠24.72 ② 14∠30.51
③ 10∠36.87 ④ 10∠53.13

해설 2015년 5회 5번
$I=8+j6=\sqrt{8^2+6^2}\angle\tan^{-1}\frac{6}{8}=10\angle 36.87$

03 10[Ω]의 저항과 R[Ω]의 저항이 병렬로 접속되고 10[Ω]의 전류가 5[A], R[Ω]의 전류가 2[A]이면 저항 R[Ω]은?

① 10 ② 20
③ 25 ④ 30

해설 ㉠ $V_{ab}=IR_o=5\times 10=50$[V]
㉡ 병렬 회로 이므로 $V_{cd}=50$[V]
㉢ $R=\frac{V_{cd}}{I}=\frac{50}{2}=25$[Ω]

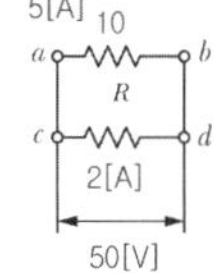

04 저항 8[Ω]과 코일이 직렬로 접속된 회로에 200[V]의 교류 전압을 가하면 20[A]의 전류가 흐른다. 코일의 리액턴스는 몇 [Ω]인가?

① 2 ② 4
③ 6 ④ 8

해설 $Z=\frac{V}{I}=\frac{200}{20}=10$[Ω] $Z=\sqrt{R^2+X_L{}^2}$
$10=\sqrt{8^2+X_L{}^2}$ $\therefore X_L=6$[Ω]

계산기 10 ALPHA = √ 8 X^2 + ALPHA X X^2 Shift SOLVE =

05 대칭 3상 △결선에서 선전류와 상전류와의 위상 관계는?

① 상전류가 $\frac{\pi}{3}$[rad] 앞선다.
② 상전류가 $\frac{\pi}{3}$[rad] 뒤진다.
③ 상전류가 $\frac{\pi}{6}$[rad] 앞선다.
④ 상전류가 $\frac{\pi}{6}$[rad] 뒤진다.

해설 2013년 2회 8번 해설 참조(교재 355쪽)

06 기전력 120[V],내부 저항(r)이 15[Ω]인 전원이 있다. 여기에 부하 저항(R)을 연결하여 얻을 수 있는 최대 전력[W]은?(단, 최대 전력 전달조건은 r=R이다.)

① 100 ② 140
③ 200 ④ 240

해설 ㉠ 최대 전력 전달조건은 $r=R$
㉡ 합성저항 $R_{합}=r+R=15+5=30$[Ω]
㉢전류 $I=\frac{E}{R_{합}}=\frac{120}{30}=4$[A]

정답 01 ③ 02 ③ 03 ③ 04 ③ 05 ③ 06 ④

㉣ 부하 저항 R에서의 최대 전력
$P=I^2R=4^2\times 15=240[W]$

07 권수 200회의 코일에 5[A]의 전류가 흘러서 0.05[Wb]의 자속이 코일을 지난다고 하면, 이 코일의 자체 인덕턴스는 몇 [H]인가?

① 0.2 ② 2.0
③ 2.5 ④ 3.5

해설 페러데이의 전자유도 법칙
㉠ $e=-N\frac{d\phi}{dt}=-L\frac{di}{dt}$에서 $N\phi=LI$
$\therefore L=\frac{N\phi}{I}[H]$
㉡ $L=\frac{200\times 0.05}{5}=2[H]$

08 RL 직렬 회로에서 컨덕턴스는?

① $\frac{R}{R^2+{X_L}^2}$ ② $\frac{X_L}{R^2+{X_L}^2}$
③ $\frac{-R}{R^2+{X_L}^2}$ ④ $\frac{-X_L}{R^2+{X_L}^2}$

해설 ㉠ $Z=\frac{1}{Y}$, $Y=\frac{1}{Z}=G-jB$
여기서 Z : 임피던스, Y : 어드미턴스, G : 컨덕턴스, B : 서셉턴스('콘써트'로 암기)
㉡ $Y=\frac{1}{Z}=\frac{1}{R+jX_L}=\frac{R-jX_L}{(R+jX_L)(R-jX_L)}$
$=\frac{R}{R^2+{X_L}^2}+j\frac{-X_L}{R^2+{X_L}^2}$

09 그림과 같은 회로에서 저항 R_2에 흐르는 전류는?

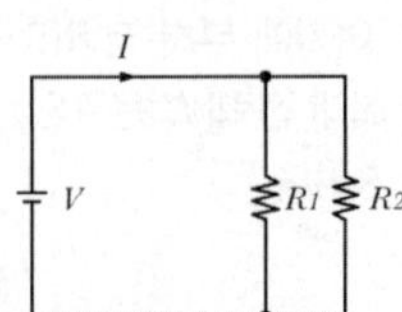

① $(R_1+R_2)I$ ② $\frac{R_2}{R_1+R_2}I$
③ $\frac{R_1}{R_1+R_2}I$ ④ $\frac{R_1R_2}{R_1+R_2}I$

해설 ㉠ $I_1=\frac{R_2\cdot I}{R_1+R_2}[A]$
㉡ $I_2=\frac{R_1\cdot I}{R_1+R_2}[A]$

10 동일한 저항 4개를 접속하여 얻을 수 있는 최대 저항 값은 최소 저항 값의 몇 배인가?

① 2 ② 4
③ 8 ④ 16

11 질산은($AgNO_3$) 용액에 1[A]의 전류를 2시간 동안 흘렸다. 이때 은의 석출량[g]은?(단, 은의 전기 화학 당량은 1.1×10^{-3}[g/C]이다.)

① 5.44 ② 6.08
③ 7.92 ④ 9.84

해설 교재 32쪽 [예제] 참조

12 3[V]의 기전력으로 300[C]의 전기량이 이동할 때 몇 [J]의 일을 하게 되는가?

① 1200 ② 900
③ 450 ④ 100

해설 ㉠ $I=\frac{Q[C]}{t[s]}$, ㉡ $V=\frac{W[J]}{Q[C]}$에서 ㉡식을 이용
$W=V\cdot Q=900[J]$

13 강 자성체 물질의 특색을 나타낸 것은?(단, μ_s는 비투자율이다.)

① $\mu_s>1$ ② $\mu_s\gg 1$
③ $\mu_s=1$ ④ $\mu_s<1$

해설 [암기]
㉠ $\mu_s\gg 1$: 강 자성체(철, 니켈, 코발트, 망간) – 자석에 잘 끌린다.
㉡ $\mu_s>1$: 상 자성체(AL, 산소, 백금) – 자석에 약하게 끌린다.
㉢ $\mu_s=1$: 공기, 진공
㉣ $\mu_s<1$: 반 자성체(은, 구리, 금, 안티몬, 비스므트) – 자석에 반발

정답 07 ② 08 ① 09 ③ 10 ④ 11 ③ 12 ② 13 ②

14 비 사인파 교류 회로의 전력에 대한 설명으로 옳은 것은?

① 전압의 제3고조파와 전류의 제3고조파 성분 사이에서 소비 전력이 발생한다.
② 전압의 제2고조파와 전류의 제3고조파 성분 사이에서 소비 전력이 발생한다.
③ 전압의 제3고조파와 전류의 제5고조파 성분 사이에서 소비 전력이 발생한다.
④ 전압의 제5고조파와 전류의 제7고조파 성분 사이에서 소비 전력이 발생한다.

15 다음에서 나타내는 법칙은?

유도 기전력은 자신이 발생 원인이 되는 자속의 변화를 방해하려는 방향으로 발생한다.

① 줄의 법칙
② 렌츠의 법칙
③ 플레밍의 법칙
④ 패러데이의 법칙

해설 $e=-N\dfrac{d\phi}{dt}=-L\dfrac{di}{dt}$ 에서 (−)부호는 반대 방향을 나타내고 렌쯔의 법칙을 설명한 것이다.

16 2전력계법으로 3상 전력을 측정할 때 지시값이 $P_1=200$[W], $P_2=200$[W]이었다. 부하 전력[W]은?

① 600　② 500
③ 400　④ 300

해설 교재 88쪽 그림 참조

17 0.2[℧]의 컨덕턴스 2개를 직렬로 접속하여 3[A]의 전류를 흘리려면 몇 [V]의 전압을 공급하면 되는가?

① 12　② 15
③ 30　④ 45

해설 컨덕턴스 $G=\dfrac{1}{R}=0.2[℧]$, $R=\dfrac{1}{0.2}=5[\Omega]$

$V=IR=3\times10=30[V]$

18 그림과 같은 회로에서 a−b간에 E[V]의 전압을 가하여 일정하게 하고, 스위치 S를 닫았을 때의 전전류 I[A]가 닫기 전 전류의 3배가 되었다면 저항 R_x 의 값은 약 몇 [Ω]인가?

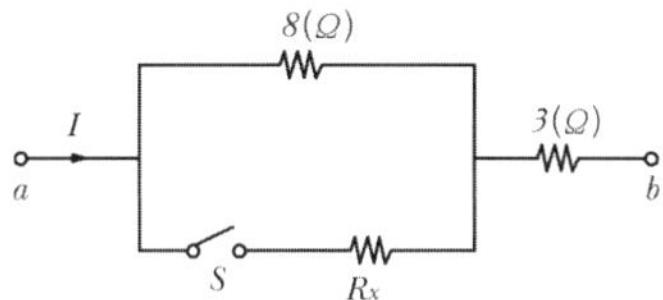

① 0.73　② 1.44
③ 2.16　④ 2.88

해설 답만 암기

19 다음 중 영구 자석의 재료로서 적당한 것은?

① 잔류 자기가 적고 보자력이 큰 것
② 잔류 자기와 보자력이 모두 큰 것
③ 잔류 자기와 보자력이 모두 작은 것
④ 잔류 자기가 크고 보자력이 작은 것

해설 교재 60쪽

20 다음 설명 중 틀린 것은 어느 것인가?

① 같은 부호의 전하끼리는 반발력이 생긴다.
② 정전 유도에 의하여 작용하는 힘은 반발력이다.
③ 정전 용량이란 콘덴서가 전하를 축적하는 능력을 말한다.
④ 콘덴서는 전압을 가하는 순간은 콘덴서는 단락 상태가 된다.

해설 정전 유도란 도체에 대전체를 가까이 대면 대전체에 가까운 쪽에 대전체와 다른 종류의 전하가 생기는 현상으로 흡인력이 생긴다.

정답 14 ① 15 ② 16 ③ 17 ③ 18 ① 19 ② 20 ②

2과목 : 전기 기기

21 정격 속도로 운전하는 무부하 직류 분권 발전기의 계자 저항이 60[Ω], 계자 전류가 1[A], 전기자 저항이 0.5[Ω]라면 유도 기전력은 약 몇 [V]인가?

① 30.5 ② 50.5
③ 60.5 ④ 80.5

해설 ㉠ 무부하, 즉 부하 쪽으로 흐르는 전류는 없으므로
$I_f = I_a = 1[A]$
㉡ 계자회로의 단자전압
$V_f = I_f \cdot R_f = 1 \times 60 = 60[V]$
㉢ 계자회로와 전기자 회로는 병렬이므로
$V_f = V = 60[V]$
㉣ 전기자 저항 $r_a = 0.5[\Omega]$에서 나타나는 전압 강하
$V = I_a r_a = 0.5 \times 1 = 0.5[V]$
㉤ 발전기의 유도 기전력
$E = V + I_a r_a = 60 + 0.5 = 60.5[V]$

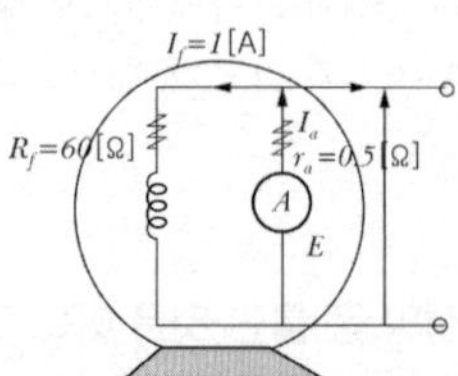

22 정격 전압 100[V], 전기자 전류 10[A], 전기자 저항 1[Ω], 회전수 1,800[rpm]인 직류 분권전동기의 역기전력은 몇 [V]인가?

① 90 ② 100
③ 110 ④ 186

해설 ㉠ 발전기에서는 기전력, 전동기에서는 역기전력이라 한다.
역기전력 $E = \frac{PZ\phi N}{60a} = V - I_a r_a$
$= 100 - (10 \times 1) = 90[V]$
㉡ 전동기이므로 $E < V$

23 변압기 V결선의 특징으로 틀린 것은?

① 고장 시 응급처치 방법으로도 쓰인다.
② 단상 변압기 2대로 3상 전력을 공급한다.
③ 부하 증가가 예상되는 지역에 시설한다.
④ V결선 시 출력은 △결선 시 출력과 크기가 같다.

해설 ㉠ 1상의 출력이 P일 때 V결선의 출력은 $\sqrt{3}P$
㉡ △결선의 출력은 $3P$

24 반도체 사이리스터에 의한 전동기의 속도제어 중 주파수 제어는?

① 초퍼 제어 ② 인버터 제어
③ 컨버터 제어 ④ 브리지 정류 제어

해설 인버터 제어(역변환 제어)
직류 → 교류 제어로 주파수를 변환시켜($VVVF$ 방식) 교류 전동기 속도제어와 형광등의 고주파 점등이 가능하다.

25 동기 발전기의 병렬 운전 중 주파수가 틀리면 어떤 현상이 나타나는가?

① 무효전력이 생긴다.
② 무효 순환전류가 흐른다.
③ 유효 순환전류가 흐른다.
④ 출력이 요동치고 권선이 가열된다.

26 3상 교류 발전기의 기전력에 대하여 90° 늦은 전류가 통할 때의 반작용 기자력은?

① 자극 축과 일치하고 감자 작용
② 자극 축보다 90° 빠른 증자 작용
③ 자극 축보다 90° 늦은 감자 작용
④ 자극 축과 직교하는 교차 자화 작용

해설
[암기]
3상 동기 발전기의 전기자 반작용
㉠ 기전력에 대해 90° 늦은 전기자 전류
ⓐ 자극 축과 일치하고 감자 작용
ⓑ 반작용 리액턴스 증가
㉡ 기전력에 대해 90° 앞선 전기자 전류
ⓐ 자극 축과 일치하고 증자 작용
ⓑ 반작용 리액턴스 감소
㉢ 기전력과 전기자 전류 위상이 같을 때
ⓐ 자극 축과 직교하는 교차 자화 작용
㉣ 3상 동기 전동기의 전기자 반작용은 발전기와 반대이다.

정답 21 ③ 22 ① 23 ④ 24 ② 25 ④ 26 ①

27 반파 정류 회로에서 변압기 2차 전압의 실효치를 E[V]라 하면 직류 전류 평균치는?(단, 정류기의 전압 강하는 무시한다.)

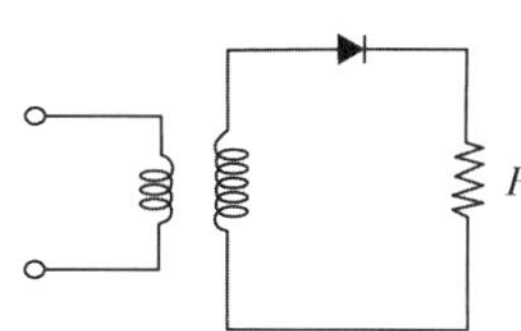

① $\frac{E}{R}$　② $\frac{1}{2}\cdot\frac{E}{R}$

③ $\frac{2\sqrt{2}}{\pi}\cdot\frac{E}{R}$　④ $\frac{\sqrt{2}}{\pi}\cdot\frac{E}{R}$

해설 ㉠ 전파 정류회로의 평균값=전원 측 실효값×0.9
㉡ 반파 정류회로의 평균값
$=$전원 측 실효값$\times 0.9\times\frac{1}{2}$
$=$전원 측 실효값$\times 0.45$
$\therefore \frac{\sqrt{2}}{\pi}=0.45$

28 퍼센트 저항 강하 3[%], 리액턴스 강하 4[%]인 변압기의 최대 전압 변동률[%]은?

① 1　② 5

③ 7　④ 12

해설 최대 전압 변동률$=\sqrt{3^2+4^2}=5$[%]

29 회전 변류기의 직류 측 전압을 조정하려는 방법이 아닌 것은?

① 직렬 리액턴스에 의한 방법
② 여자 전류를 조정하는 방법
③ 동기 승압기를 사용하는 방법
④ 부하 시 전압 조정 변압기를 사용하는 방법

해설 회전 변류기
동기 전동기의 전기자 권선에 슬립링을 통해 교류를 가하면, 전기자에 접속된 정류자(교류를 직류로 바꾸는 부분)에서 직류 전압을 얻을 수 있는 기기

30 다음 중 권선 저항 측정 방법은?

① 메거
② 전압 전류계법
③ 켈빈 더블 브리지 법
④ 휘스톤 브리지 법

해설 저항 측정에서
㉠ 저 저항 측정(10^{-5}[Ω · m]) : 캘빈 더블 브리지
㉡ 중 저항 측정(10^{-4}~10^{6}[Ω · m]) : 휘스톤 브리지
㉢ 고 저항 측정(10^{6}[Ω · m]) : 메거를 사용하는데
㉣ 권선 저항은(구리선의 저항) 10^{-8}[Ω · m] 정도로 작은 저항이므로 캘빈 더블 브리지를 사용한다.

31 3상 유도 전동기의 회전방향을 바꾸기 위한 방법으로 옳은 것은?

① 전원의 전압과 주파수를 바꾸어 준다.
② Δ−Y 결선으로 결선법을 바꾸어 준다.
③ 기동 보상기를 사용하여 권선을 바꾸어 준다.
④ 전동기의 1차 권선에 있는 3개의 단자 중 어느 2개의 단자를 서로 바꾸어 준다.

32 6극 직렬권 발전기의 전기자 도체 수 300, 매 극 자속 0.02[Wb], 회전수 900[rpm]일 때 유도기 전력[V]은?

① 90　② 110

③ 220　④ 270

해설 '대㊥소㊦2 이고폐' 로 암기
㉠ 직렬권이란 파권, 병렬권은 중권
㉡ 파권에서는 전기자 병렬 회로 수=2
㉡ 유도 기전력

$$e=\frac{PZ\phi N}{60a}[\text{V}]$$
$$=\frac{6\times300\times0.02\times900}{60\times2}=270[\text{V}]$$

33 20[kVA]의 단상 변압기 2대를 사용하여 V−V 결선으로 하고 3상 전원을 얻고자 한다. 이때 여기에 접속시킬 수 있는 3상 부하의 용량은 약 몇 [KVA]인가?

① 34.6　② 44.6

③ 54.6　④ 66.6

정답 27 ④ 28 ② 29 ② 30 ③ 31 ④ 32 ④ 33 ①

해설 ㉠ $V-V$ 결선은 변압기 3대의 △, Y의 3상 결선 중 변압기 1대가 고장 났을 경우 3상을 이용하기 위한 응급 처치로
㉡ 변압기 1대의 용량이 P[kVA]인 경우 △, Y에서는 $3P$[kVA]의 출력이 나오지만
㉢ 변압기 2대인 $V-V$ 결선에서는 출력이 $2P$가 안 나오고 $\sqrt{3}P$이다.
㉣ 그러므로 V결선에 접속할 수 있는 부하 용량 $=\sqrt{3}P=\sqrt{3}\cdot 20=34.64$[kVA]
㉤ 교재 152쪽 그림 참조

34 직류 분권 전동기의 기동방법 중 가장 적당한 것은?

① 기동 토크를 작게 한다.
② 계자 저항기의 저항 값을 크게 한다.
③ 계자 저항기의 저항 값을 0으로 한다.
④ 기동 저항기를 전기자와 병렬 접속한다.

해설 ㉠ 계자 저항 $R_f=0$에 가깝게 하면 I_f가 증가
㉡ I_f가 증가하면 계자권선(F)에서 자속 ϕ가 증가
㉢ 전동기는 기동 토크가 커야하므로
$T=\dfrac{PZI_a\phi}{2\pi a}$[N · m]
㉣ ϕ가 증가함에 따라 기동 토크가 커진다.
($N\propto\dfrac{1}{T}$이므로 속도는 느리다.)

35 변압기 유의 구비조건으로 틀린 것은?

① 냉각효과가 클 것
② 응고점이 높을 것
③ 절연내력이 클 것
④ 고온에서 화학반응이 없을 것

해설 ㉠ 응고점이란 기름이 굳는 점(온도)을 말하므로 응고점이 낮아야 한다.
㉡ 예 : 응고점이 −30°이고 −20°이면 −30°가 응고점이 낮다.

36 고장 시의 불평형 차전류가 평형 전류의 어떤 비율 이상으로 되었을 때 동작하는 계전기는?

① 과전압 계전기　② 과전류 계전기
③ 전압 차동 계전기　④ 비율 차동 계전기

해설 2교재 300쪽 그림 중 (87T)

37 전압 변동률 ε의 식은?(단, 정격 전압 V_n[V], 무 부하 전압 V_0[V]이다.)

① $\varepsilon=\dfrac{V_0-V_n}{V_n}\times 100\%$
② $\varepsilon=\dfrac{V_n-V_0}{V_n}\times 100\%$
③ $\varepsilon=\dfrac{V_0-V_n}{V_0}\times 100\%$
④ $\varepsilon=\dfrac{V_0-V_n}{V_0}\times 100\%$

해설 ㉠ 전압 변동률
$\varepsilon=\dfrac{\text{무부하 전압}-\text{정격 전압}}{\text{정격 전압}}\times 100[\%]$
㉡ 전압 변동률
$\varepsilon=(\%\text{ 저항 강하}\times\cos\theta)+(\%\text{리액턴스 강하}\times\sin\theta)=p\cos\theta+q\sin\theta[\%]$

38 동기 발전기의 병렬 운전 중 기전력의 크기가 다를 경우 나타나는 현상이 아닌 것은?

① 권선이 가열된다.
② 동기화 전력이 생긴다.
③ 무효 순환 전류가 흐른다.
④ 고압 측에 감자 작용이 생긴다.

해설 동기화 전력은 위상차가 생겼을 경우 동기화되기 위해 나타나는 현상이다.

39 변압기의 무부하 시험, 단락 시험에서 구할 수 없는 것은?

① 동손　② 철손
③ 절연 내력　④ 전압 변동률

해설 ㉠ 무부하 시험
ⓐ 철손
ⓑ 무부하 여자 전류
㉡ 단락 시험
ⓐ 동손(임피던스 와트)
ⓑ % 저항강하

정답 34 ③ 35 ② 36 ④ 37 ① 38 ② 39 ③

ⓒ % 리액턴스 강하
ⓓ 누설 임피던스
ⓔ 전압 변동률(ⓑ와 ⓒ로)

40 변압기의 철심에서 실제 철의 단면적과 철심의 유효 면적과의 비를 무엇이라고 하는가?

① 권수비 ② 변류비
③ 변동률 ④ 점적률

3과목 : 전기 설비

41 화약류 저장 장소의 배선 공사에서 전용 개폐기에서부터 화약류 저장소의 인입구까지는 어떤 공사를 하여야 하는가?

① 케이블을 사용한 옥측 전선로
② 금속관을 사용한 지중 전선로
③ 케이블을 사용한 지중 전선로
④ 금속관을 사용한 옥측 전선로

해설 화약류 저장소의 전용 개폐기 또는 과전류 차단기에서 화약고의 인입구까지는 케이블을 사용한 지중 선로로 한다.

42 ACSR 약호의 품명은?

① 경동 연선 ② 중공 연선
③ 알루미늄선 ④ 강심 알루미늄 연선

해설 ACSR(Aluminum Conductor Steel Reinforced) : 강심 알루미늄 연선

43 후강 전선관의 관 호칭은 (ㄱ) 크기로 정하여 (ㄴ) 로 표시하는데, (ㄱ)과 (ㄴ)에 들어갈 내용으로 옳은 것은?

① (ㄱ) 안지름, (ㄴ) 홀수
② (ㄱ) 안지름, (ㄴ) 짝수
③ (ㄱ) 바깥지름, (ㄴ) 홀수
④ (ㄱ) 바깥지름,(ㄴ) 짝수

해설 후강 전선관 호칭
내경에 가까운 짝수로 16, 22, 28, 36, 42, 54, 70, 82 등이 있다.

44 저 · 고압 가공 전선이 철도 또는 궤도를 횡단하는 경우 높이는 궤도면 상 몇 [m] 이상이어야 하는가?

① 10 ② 8.5
③ 7.5 ④ 6.5

해설 [암기]
저압 · 고압 가공 전선로의 높이

장소	높이[m]
횡단 보도교	3.5
일반 장소	5
도로 횡단	6
철도 횡단	6.5

45 다음 중 특별고압은?

① 600[V] 이하
② 750[V] 이하
③ 600[V] 초과, 7,000[V] 이하
④ 7,000[V] 초과

해설 [암기]
전압의 종별
㉠ 저압 : 교류 1000[V] 이하, 직류 1500[V] 이하의 것
㉡ 고압 : 교류 1000[V]. 직류 1500[V]를 초과하고 7[kV] 이하의 것
㉢ 특고압 : 교류 7[kV] 초과의 것

46 3상 4선식 380/220[V]전로에서 전원의 중성극에 접속된 전선을 무엇이라 하는가?

① 접지선 ② 중성선
③ 전원선 ④ 접지측선

해설 중성선
다선식 전로에서 변압기를 Y결선하는 경우에 그 중성점에 접속되는 전선

정답 40 ④ 41 ③ 42 ④ 43 ② 44 ④ 45 ④ 46 ②

47 **셀룰로이드, 성냥, 석유류 등 기타 가연성 위험 물질을 제조 또는 저장하는 장소의 배선으로 틀린 것은?**

① 금속관 배선
② 케이블 배선
③ 플로어덕트 배선
④ 합성수지관(CD관 제외) 배선

해설 위험물(셀룰로이드, 성냥, 석유류)를 제조 및 저장하는 장소의 전기 시설에는 금속관 공사 또는 케이블(캡타이어 케이블 제외), 합성수지관 공사에 의한다.

48 **아래 그림 (ㄱ)와 (ㄴ)의 전선 접속 방식은?**

(ㄱ)

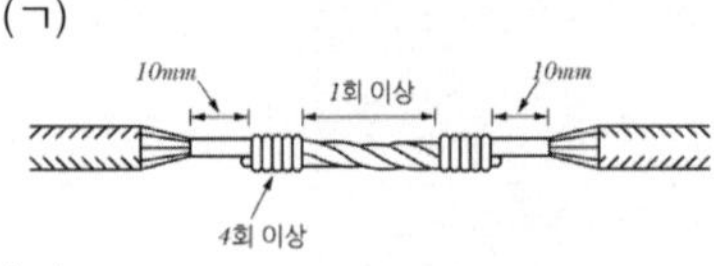

(ㄴ)

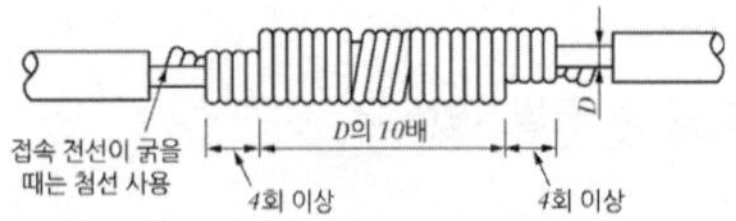

① (ㄱ) 쥐꼬리 접속 – (ㄴ) 우산 접속
② (ㄱ) 트위스트 접속 – (ㄴ) 브리타니아 접속
③ (ㄱ) 우산 접속 – (ㄴ) 쥐꼬리 접속
④ (ㄱ) 브리타니아 접속 – (ㄴ) 트위스트 접속

해설 (ㄱ)은 트위스트 접속으로 굵기가 6[mm²] 이하 단선의 접속 방법이고, (ㄴ)은 브리타니아 접속으로 굵기가 10[mm²] 이상 단선의 접속 방법이다.

49 **다음 중 충전되어 있는 활선을 움직이거나 작업권 밖으로 밀어낼 때 또는 활선을 다른 장소로 옮길 때 사용하는 절연봉은?**

① 애자 커버 ② 전선 커버
③ 와이어 통 ④ 전선 피박기

해설 활선 공사 재료
㉠ 전선 피박기 : 활선 상태에서 전선의 피복을 벗기는 공구
㉡ 애자 커버 : 활선 작업 시 핀 애자 및 라인 포스트 애자에 접촉되더라도 안전사고가 발생하지 않도록 사용하는 절연 커버
㉢ 와이어 통 : 충전되어 있는 활선을 움직이거나 작업권 밖으로 밀어낼 때 사용되는 공구
㉣ 데드엔드 커버 : 활선 작업 시 작업자가 현수 애자 및 데드엔드 클램프에 접촉되는 것을 방지

50 **인류하는 곳이나 분기하는 곳에 사용하는 애자는?**

① 구형 애자 ② 가지 애자
③ 새클 애자 ④ 현수 애자

해설 ㉠ 구형 애자 : 지선의 중간에 사용하는 애자
㉡ 가지 애자 : 전선의 방향을 돌릴 때 사용하는 애자
㉢ 현수 애자 : 인류점(끝나는 부분), 분기점 등에 설치하는 애자

51 **다음 중 저압 개폐기를 생략하여도 좋은 개소는?**

① 부하 전류를 단속할 필요가 있는 개소
② 인입구 기타 고장, 점검, 측정 수리 등에서 개로할 필요가 있는 개소
③ 퓨즈가 전원 측으로 분기회로용 과전류 차단기 이후의 퓨즈가 플러그 퓨즈와 같이 퓨즈 교환 시에 충전부에 접촉될 우려가 없는 경우
④ 퓨즈의 전원 측

해설 저압 개폐기를 생략하여도 되는 개소
㉠ 분기 회로용 과전류 차단기 이후의 퓨즈가 플러그 퓨즈와 같이 퓨즈 교환 시에 충전부에 접촉될 우려가 없을 경우는 생략이 가능하다.
㉡ 차단기 이후의 퓨즈가 플러그 퓨즈와 같이 퓨즈 교환 시에 충전부에 접촉될 우려가 없을 경우는 생략이 가능하다.

52 **전기 설비 기술 기준의 판단 기준에 의하여 애자 사용 공사를 건조한 장소에 시설하고자 한다. 사용 전압이 400[V] 이하인 경우 전선과 조영재 사이의 이격 거리는 최소 몇 [cm] 이상 이어야 하는가?**

① 2.5 ② 4.5
③ 6.0 ④ 12

해설 애자 사용 공사에 의한 저압 옥내 배선에서의 전선 상호 간 간격은 6[cm] 이상, 전선과 조영재와의 거리는 2.5[cm]이어야 한다. 애자는 절연선, 난연성, 내수성일 것

정답 47 ③ 48 ② 49 ③ 50 ④ 51 ③ 52 ①

53 전기 설비 기술 기준의 판단 기준에 의한 고압 가공 전선로 철탑의 경간은 몇 [m] 이하로 제한하고 있는가?

① 150 ② 250
③ 500 ④ 600

해설 철탑의 경간은 600[m] 이하로 제한한다.

54 A종 철근 콘크리트 주의 길이가 9[m]이고, 설계 하중이 6.8[kN]인 경우 땅에 묻히는 깊이는 최소 몇 [m] 이상이어야 하는가?

① 1.2 ② 1.5
③ 1.8 ④ 2.0

해설 전주의 매설 깊이

㉠ 15[m] 이하 : 전주 길이의 $\frac{1}{6}$ 이상

㉡ 15[m] 초과 : 2.5[m] 따라서, $9[m] \times \frac{1}{6} = 1.5$

55 정격 전류가 50[A]인 저압 전로의 과전류 차단기를 주택용 배선용 차단기로 사용하는 경우 정격 전류의 2배의 전류가 통과하였을 경우 몇 분 이내에 자동으로 동작하여야 하는가?

① 20분 ② 40분
③ 60분 ④ 80분

해설 정격 전류가 63[A] 이하인 주택용 배선용 차단기는 1.45배 전류에 60분 이내, 동작하여야 한다.
(252쪽 참조)

56 450/750[V] 일반용 단심 비닐 절연 전선의 약호는?

① NRI ② NF
③ NFI ④ NR

해설 ㉠ NRI : 300/750[V] 기기 배선용 단심 비닐 절연 전선
㉡ NF : 450/750[V] 일반용 유연성 단심 비닐 절연 전선
㉢ NFI : 300/750[V] 기기 배선용 유연성 단심 비닐 절연 전선
㉣ NR : 450/750[V] 일반용 단심 비닐 절연 전선

57 차단기 문자 기호 중 'OCB'는?

① 진공 차단기
② 기중 차단기
③ 자기 차단기
④ 유입 차단기

해설 ㉠ VCB : 진공 차단기
㉡ ACB : 기중 차단기
㉢ MBB : 자기 차단기
㉣ OCB : 유입 차단기

58 절연물 중에서 가교 폴리에틸렌(XLPE)과 에틸렌 프로필렌 고무 혼합물(EPR)의 허용 온도[℃]는?

① 70(전선) ② 90(전선)
③ 95(전선) ④ 105(전선)

해설 가교 폴리에틸렌과 에틸렌 프로필렌 고무 혼합물의 허용온도는 90[℃]이다.

59 다음 중 피뢰기의 약호는?

① LA ② PF
③ SA ④ COS

해설 ㉠ LA : 피뢰기
㉡ PF : 전력 퓨즈
㉢ SA : 서지 흡수기
㉣ COS : 컷 아웃 스위치

60 합성수지 전선관 공사에서 관 상호간 접속에 필요한 부속품은?

① 커플링 ② 커넥터
③ 리머 ④ 노멀 밴드

해설 ㉠ 커플링 : 전선관 상호간 접속 시 사용
㉡ 커넥터 : 관과 박스 접속 시 사용
㉢ 리머 : 금속관 절단 시 날카로운 부분을 다듬을 때 사용 하는 공구
㉣ 노멀 밴드 : 금속관 매입 공사 시 직각으로 구부러지는 곳에 사용

정답 53 ④ 54 ② 55 ③ 56 ④ 57 ④ 58 ② 59 ① 60 ①

07 과년도 기출문제(2018년 3회)

2016년 5회부터는 CBT 시험이므로 문제의 유형이 모두 다릅니다.

1과목 : 전기 이론

01 비오-사바르의 법칙은 어떤 관계를 나타내는 것인가?

① 기전력과 회전력
② 기자력과 자화력
③ 전류와 자기장의 세기
④ 전압과 전장의 세기

해설 비오-사바르의 법칙=앙페르의 주회적분의 법칙=전류와 자기장(자계)의 세기

02 50[μF]과 40[μF]의 콘덴서를 병렬로 접속한 다음 100[V] 전압을 가했을 때 전 전하량은 몇 [C]인가?

① 17×10^{-4}[C] ② 34×10^{-4}[C]
③ 70×10^{-4}[C] ④ 90×10^{-4}[C]

해설

[암기]
콘덴서의 직렬은 저항의 병렬과 같이 계산하고
콘덴서의 병렬은 저항의 직렬과 같이 계산한다.

㉠ 병렬 회로이므로 합성 정전 용량
$C_{합} = C_1 + C_2 = 50 + 40 = 90[\mu F]$
㉡ 전 전하량
$Q = CV = 90\times10^{-6}\times100 = 90\times10^{-4}[C]$

03 자체 인덕턴스 L_1, L_2 상호 인덕턴스 M의 코일을 같은 방향으로 직렬 연결한 경우 합성 인덕턴스[H]는?

① $L_1 + L_2 + M$ ② $L_1 + L_2 - M$
③ $L_1 + L_2 - 2M$ ④ $L_1 + L_2 + 2M$

해설 ㉠ 같은 방향으로 감은 경우 합성 인덕턴스
$L_{합} = L_1 + L_2 + 2M = L_1 + L_2 + 2K\sqrt{L_1L_2}$
㉡ 다른 방향으로 감은 경우 합성 인덕턴스
$L_{합} = L_1 + L_2 - 2M = L_1 + L_2 - 2K\sqrt{L_1L_2}$
(M= 상호 인덕턴스, K=결합 계수)

04 R_1 =2[Ω], R_2 =4[Ω], R_3 =6[Ω]의 저항이 병렬로 접속되어 있고 전체 전류가 10[A]일 때 2[Ω]에 흐르는 전류는?

① 3.25 ② 5.45
③ 6.14 ④ 7.12

해설 ㉠ R_2, R_3 병렬회로의 합성저항
$R_{2+3} = \frac{R_2R_3}{R_2+R_3} = \frac{4\times6}{4+6} = 2.4[\Omega]$
㉡ R_1에 흐르는 전류
$I_1 = \frac{R_{2+3}\cdot I}{R_1 + R_{2+3}} = 5.45[\Omega]$

05 공기 중에서 반지름 20[cm]인 원형 도체에 3[A]의 전류가 흐르면 원의 중심에서 자기장의 크기는 몇 [AT/m] 인가?

① 5.4[AT/m] ② 7.5[AT/m]
③ 15.2[AT/m] ④ 20.9[AT/m]

해설 ㉠ 비오-사바르의 법칙=앙페르의 주회적분의 법칙
㉡ $H = \frac{NI}{2r} = \frac{1\times3}{2\times20\times10^{-2}} = 7.5[AT\cdot m]$
㉢ 교재 53쪽

06 평형 3상 교류 회로의 Y회로로부터 △회로로 등가 변환하기 위해서는 어떻게 하여야 하는가?

① 각 상의 임피던스를 3배로 한다.
② 각 상의 임피던스를 $\sqrt{3}$ 배로 한다.
③ 각 상의 임피던스를 $\frac{1}{\sqrt{3}}$로 한다.

정답 01 ③ 02 ④ 03 ④ 04 ② 05 ② 06 ①

④ 각상의 임피던스를 $\frac{1}{3}$로 한다.

해설 교재 86쪽
△가 Y보다 크므로 3배

07 길이 10[cm]의 도선이 자속 밀도 1[Wb/m²]의 평등 자장 안에서 자속과 수직 방향으로 3[sec] 동안에 12[m] 이동하였다. 이때 유도되는 기전력은 몇 [V]인가?

① 0.1[V] ② 02.[V]
③ 0.3[V] ④ 0.4[V]

해설 플레밍의 오른손 법칙(발전기) v, B, E

$E = vBl\sin\theta$

$= \frac{12}{3} \times 1 \times 10 \times 10^{-2} \times \sin 90 = 0.4[V]$

08 다음 중 자기 저항의 단위는?

① A/Wb ② AT/m
③ AT/Wb ④ AT/H

해설 ㉠ 기자력 : 자속을 만드는 원동력 $F = NI$[AT]
㉡ 자속 : 전기회로에서의 전류 I, 단위[Wb]
㉢ 자기 저항 : $R = \frac{F}{\phi}$[AT/Wb] (교재 54쪽)
전기회로에서 $R = \frac{V}{I}$와 같음

09 그림과 같은 4개의 콘덴서를 직 · 병렬로 접속한 회로가 있다. 이 회로의 합성 정전 용량은? (단, C_1 = 2[μF], C_2 = 4[μF], C_3 = 3[μF], C_4 = 1[μF])

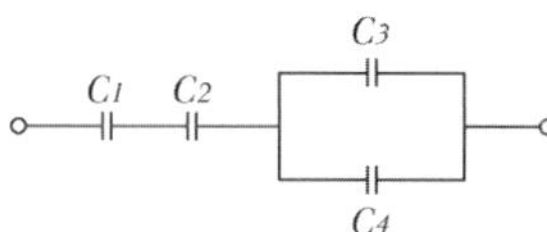

① 1[μF] ② 2[μF]
③ 3[μF] ④ 4[μF]

해설 [암기]
콘덴서의 직렬은 저항의 병렬과 같이 계산하고
콘덴서의 병렬은 저항의 직렬과 같이 계산한다.

10 교류 회로에서 전압과 전류의 위상차를 θ[rad]이라 할 때 cosθ는 회로의 무엇인가?

① 전압 변동률 ② 파형률
③ 효율 ④ 역률

11 0.2[μF] 콘덴서와 0.1[μF] 콘덴서를 병렬 연결하여 40[V]의 전압을 가할 때 0.2[μF]에 축적되는 전하 [μC]의 값은?

① 2 ② 4
③ 8 ④ 12

해설 ㉠ 병렬 회로 이므로 $V_{ab} = V_{cd} = 40[V]$
㉡ 0.2[μF]에 축적되는 전하
$Q = C_1 V = 0.2 \times 10^{-6} \times 40 = 8[\mu F]$

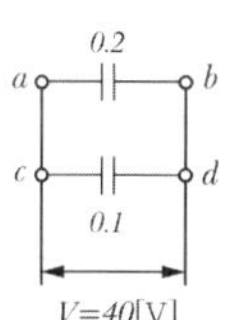

12 주파수 100[Hz]의 주기는 몇 초인가?

① 0.05 ② 0.02
③ 0.01 ④ 0.1

해설 $f = \frac{1}{T}$ 에서 $T = \frac{1}{f} = \frac{1}{100} = 0.01[sec]$

13 평균 길이 40[cm]의 환상 철심에 200회의 코일을 감고, 여기에 5[A]의 전류를 흘렸을 때 철심 내의 자기장의 세기는 몇 [AT/m] 인가?

① 2.5×10³[AT/m] ② 2.5×10²[AT/m]
③ 400[AT/m] ④ 4,000[AT/m]

해설 환상 솔레노이드(환상 철심) 철심 내의 자기장의 세기
$H = \frac{NI}{2\pi r}$ 에서
$2\pi r$ = 원 둘레 = 평균 길이 40[cm]
$H = \frac{200 \times 5}{40 \times 10^{-2}} = 2,500$

정답 07 ④ 08 ③ 09 ① 10 ④ 11 ③ 12 ③ 13 ①

14 다음 회로에서 20[Ω]에 걸리는 전압은 몇 [V]인가?

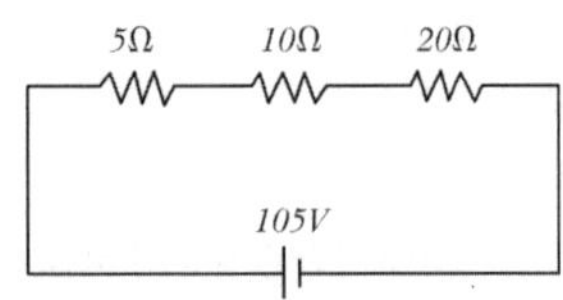

① 5 ② 10
③ 30 ④ 60

해설 ㉠ 합성 저항을 구하면 $R_{합} = 5+10+20 = 35[\Omega]$

㉡ 전체 전류 $I = \frac{V}{R_{합}} = \frac{105}{35} = 3[A]$

㉢ 20[Ω]에 걸리는 전압 $V = IR = 3\times 20 = 60[V]$

15 다음 중에서 자석의 일반적인 성질에 대한 설명으로 틀린 것은?

① N극과 S극이 있다.
② 자력선은 N극에서 나와 S극으로 향한다.
③ 자력이 강할수록 자기력선의 수가 많다.
④ 자석은 고온이 되면 자력이 증가한다.

해설 자석(지남철)을 불 속에 집어넣으면 자석의 힘이 적어진다.

16 진공의 투자율 μ_0[H/m]은?

① 6.33×10^4
② 8.55×10^{-12}
③ $4\pi\times 10^{-7}$
④ 9×10^9

해설 계산기 SHIFT 7 33 의 값 $= 4\pi\times 10^{-7}$

17 코일의 자체 인덕턴스는 어느 것에 따라 변화하는가?

① 투자율 ② 유전율
③ 도전율 ④ 저항률

해설 $L = \frac{\mu AN^2}{\ell}$ 이므로 투자율 μ에 비례

18 어떤 도체에 t초 동안 Q[C]의 전기량이 이동하면 이 때 흐르는 전류 [A]는?

① $I = Q\cdot t$ ② $I = Q^2 t$
③ $I = \frac{t}{Q}$ ④ $I = \frac{Q}{t}$

해설 $I = \frac{Q[C]}{t[S]}[A]$, $V = \frac{W[J]}{Q[C]}[V]$

19 $e = 141\sin(120\pi t - \frac{\pi}{3})$ 인 파형의 주파수는 몇 [Hz]인가?

① 120 ② 60
③ 30 ④ 15

해설 ㉠ $e = 141\sin(120\pi t - \frac{\pi}{3})$에서 $120\pi = \omega = 2\pi f$

㉡ $\therefore\ 2\pi f = 120\pi,\ f = \frac{120\pi}{2\pi} = 60[Hz]$

㉢ $120\pi = 377$은 암기

20 저항 3[Ω], 유도 리액턴스 4[Ω]의 직렬 회로에 교류 100[V]를 가할 때 흐르는 전류와 위상각은 얼마인가?

① 14.3[A], 37°
② 14.3[A], 53°
③ 20[A], 37°
④ 20[A], −53°

해설 ㉠ $Z = 3 + j4 = \sqrt{3^2+4^2}\angle\tan^{-1}\frac{4}{3} = 5\angle 53.13$

㉡ $I = \frac{V}{Z} = \frac{100\angle 0}{5\angle 53.13} = 20\angle 0 - 53.13$
$= 20\angle -53.13$

계산기 SHIFT tan⁻¹ 4 ÷ 3 = 53.13

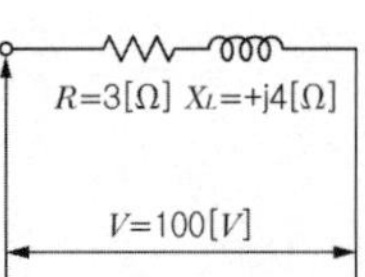

정답 14 ④ 15 ④ 16 ③ 17 ① 18 ④ 19 ② 20 ④

2과목 : 전기 기기

21 보호 계전기를 동작 원리에 따라 구분할 때 입력된 전기량에 의한 전자력으로 회전 원판을 이동시켜 출력된 값을 얻는 계기는?

① 유도형
② 정지형
③ 디지털령
④ 저항형

해설 유도전동기의 원리가 전자력으로 회전 원판을 돌리는 '아라고의 원리'이다.

22 정격 전압 250[V], 정격 출력 50[kW]의 외분권 복권 발전기가 있다. 외분권 계자 저항이 25[Ω]일 때 전기자 전류는?

① 100[A] ② 210[A]
③ 320[A] ④ 440[A]

해설 $V=250[\mathrm{V}]$, $P=50[\mathrm{kw}]$, $R_f=25[\Omega]$

㉠ 정격출력 $P=VI$

∴ 부하전류 $I=\dfrac{P}{V}=\dfrac{50,000}{250}=200[\mathrm{A}]$

㉡ $I_f=\dfrac{V}{R_f}=\dfrac{250}{25}10[\mathrm{A}]$

㉢ $I_0=I+I_f=200+10=210[\mathrm{A}]$

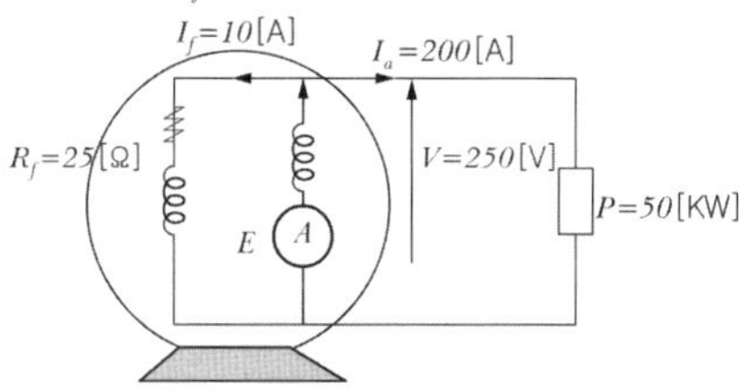

23 다음 설명 중 틀린 것은?

① 3상 유도전압 조정기의 회전자 권선은 분로 권선이고, Y결선으로 되어 있다.
② 디프 슬롯형 전동기는 냉각 효과가 좋아 기동 정지가 빈번한 중 · 대형 저속기에 적당하다.
③ 누설 변압기가 네온사인이나 용접기의 전원으로 알맞은 이유는 수하특성 때문이다.
④ 계기용 변압기의 2차 표준은 110/220[V]로 되어 있다.

해설 [암기]
계기용 변압기(PT)의 2차 표준은 110[V]
계기용 변류기(CT)의 2차 표준은 5[A]

24 전 부하에서의 용량 10[kW] 이하인 소형 3상 유도 전동기의 슬립은?

① 0.1~0.5[%] ② 0.5~5[%]
③ 5~10[%] ④ 25~50[%]

25 유도 전동기 권선법 중 맞지 않는 것은?

① 고정자 권선은 단층 파권이다.
② 고정자 권선을 3상 권선이 쓰인다.
③ 소형 전동기는 보통 4극이다.
④ 홈 수는 24개 또는 36개이다.

해설 유도전동기의 고정자 권선은 보통 1개를 슬롯(홈)에 코일은 2층 이상으로 넣는다.

26 직류기에서 브러시의 역할은?

① 기전력 유도
② 자속 생성
③ 정류 작용
④ 전기자 권선과 외부회로 접속

해설 교재 102쪽 설명 참조

27 자동제어 장치의 특수 전기기기로 사용되는 전동기는?

① 전기 동력계
② 3상 유도전동기
③ 직류 스테핑 모터
④ 초동기 전동기

해설 직류 스테핑 모터(DC stepping motor)
디지털 펄스 출력을 이용하여 특수기계의 속도, 거리, 방향등을 정확하게 제어할 수 있다. CNC, 3D프린터 등 수치 제어가 가능한 정밀 기기용 모터

정답 21 ① 22 ② 23 ④ 24 ③ 25 ① 26 ④ 27 ③

28 직류 분권전동기의 기동방법 중 가장 적당한 것은?

① 기동저항기를 전기자와 병렬접속한다.
② 기동 토크를 작게 한다.
③ 계자 저항기의 저항 값을 크게 한다.
④ 계자 저항기의 저항 값을 0으로 한다.

해설 직류 분권 전동기
㉠ 모든 전동기의 기동 시에는 정격 전류의 4~6배의 전류가 흐르므로 ⓐ 기동전류는 줄이고 ⓑ 토크(회전력)를 최대로 하는 것이 중요하다.
㉡ 직류 분권 전동기의 토크 $T=\dfrac{PZI_a\phi}{2\pi a}=K\phi I_a$
㉢ $R_f=0$으로 하면 I_f증가 →자속 증가→토크 T커짐

29 일반적으로 10[kW] 이하 소용량인 전동기는 동기속도의 몇 [%]에서 최대 토크를 발생시키는가?

① 2[%] ② 5[%]
③ 80[%] ④ 98[%]

30 동기 발전기에서 난조 현상에 대한 설명으로 옳지 않은 것은?

① 부하가 급격히 변화하는 경우 발생할 수 있다.
② 제동 권선을 설치하여 난조 현상을 방지한다.
③ 난조 정도가 커지면 동기 이탈 또는 탈조라고 한다.
④ 난조가 생기면 바로 멈춰야 한다.

해설 난조 현상이란 부하가 갑자기 변하면 속도 재조정을 위해 진동이 발생하고, 일반적으로는 그 진폭이 점점 작아지거나 진동 주기가 동기기의 고유 진동에 가까워지면 공진 작용으로 진동이 계속 증대하는 현상을 말한다. 정도가 심해지면 동기 운전을 이탈한다.

31 다음 중 유도 전동기의 속도 제어에 사용되는 인버터 장치의 약호는?

① CVCF ② VVVF
③ CVVF ④ VVCF

해설 교재 172쪽 설명 참조

32 게이트(gate)에 신호를 가해야만 동작되는 소자는?

① SCR ② MPS
③ UJT ④ DIAC

해설 교재 183쪽 설명 참조

33 용량이 작은 변압기의 단락 보호용으로 주 보호 방식으로 사용되는 계전기는?

① 차동 전류 계전 방식
② 과전류 계전 방식
③ 비율 차동 계전 방식
④ 기계적 계전 방식

34 동기 발전기 2대를 병렬 운전하고자 할 때 필요로 하는 조건이 아닌 것은?

① 발생 전압의 주파수가 서로 같아야 한다.
② 각 발전기에서 유도되는 기전력의 크기가 같아야 한다.
③ 발전기에서 유도된 기전력의 위상이 일치해야 한다.
④ 발전기의 용량이 같아야 한다.

해설 ㉠ 교재 131쪽 설명 참조

35 변압기의 콘서베이터의 사용 목적은?

① 일정한 유압의 유지
② 과부하로부터 변압기 보호
③ 냉각 장치의 효과를 높임
④ 변압 기름의 열화 방지

36 다음 그림의 전동기는 어떤 전동기인가?

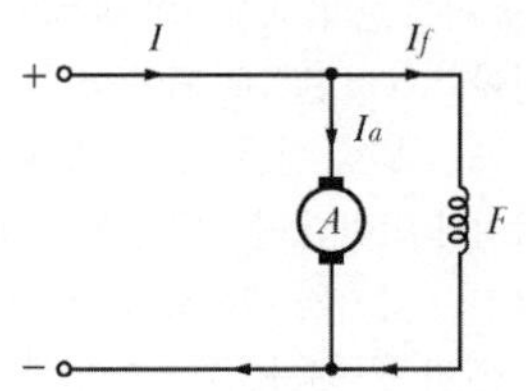

① 직권 전동기 ② 타여자 전동기
③ 분권 전동기 ④ 복권 전동기

정답 28 ④ 29 ③ 30 ④ 31 ② 32 ① 33 ② 34 ④ 35 ④ 36 ③

해설 [암기]
㉠ 발전기=운동 에너지를 전기 에너지로 바꾸는 것
㉡ 전동기=전기 에너지를 운동 에너지로 바꾸는 것(전기를 받아 힘을 내는 것)

㉢ 그림에서 외부에서 전기를 받으므로(전류 I) 전동기이고 전기자(A)와 계자(F)가 병렬로 되어 있으므로 직류 분권 전동기이다.

37 **4극의 3상 유도 전동기가 60[Hz]의 전원에 연결되어 4[%]의 슬립으로 회전할 때 회전수는 몇 [rpm]인가?**

① 1,656 ② 1,700
③ 1,728 ④ 1,880

해설 ㉠ 동기 속도 $N_s = \frac{120f}{P} = \frac{120 \times 60}{4} = 1,800[\text{rpm}]$
㉡ 주파수 $f = 60[\text{Hz}]$일 때, 2극 : 3,600[rpm], 4극 : 1,800[rpm], 6극 : 1,200[rpm], 8극 : 900[rpm]은 암기
㉢ 슬립이 4[%]라는 뜻은 동기 속도보다 4[%] 적게 회전한다는 것이므로 $1,800 \times 0.04 = 72[\text{rpm}]$
㉣ 회전자 속도$= 1,800 - 72 = 1,728[\text{rpm}]$

38 **변압기 유로 쓰이는 절연유에 요구되는 성질이 아닌 것은?**

① 점도가 클 것
② 비열이 커 냉각 효과가 클 것
③ 절연 재료 및 금속 재료의 화학작용을 일으키지 않을 것
④ 인화점이 높고 응고점이 낮을 것

39 **4극 24홈 표준 농형 3상 유도전동기의 매 극 매 상당의 홈 수는?**

① 6 ② 3
③ 2 ④ 1

해설 매극 매상 당의 홈 수$= \frac{\text{전체 홈수}}{\text{매극} \times \text{매상}}$

$= \frac{24}{4 \times 3} = 2[\text{홈}]$

40 **다음 단락비가 큰 동기기는?**

① 안정도가 높다.
② 기계가 소형이다.
③ 전압 변동률이 크다.
④ 전기자 반작용이 크다.

해설 교재 131쪽

3과목 : 전기 설비

41 **금속관을 구부리는 경우 곡률의 안측 반지름은?**

① 전선관 안지름이 3배 이상
② 전선관 안지름의 6배 이상
③ 전선관 안지름의 8배 이상
④ 전선관 안지름의 12배 이상

해설 전선관을 구부릴 때의 반지름은 관 안지름의 6배 이상으로 하여야 한다.

42 **금속 전선관 공사 시 노크 아웃 구멍이 금속관보다 클 때 사용되는 접속 기구는?**

① 부싱 ② 링 리듀서
③ 로그너트 ④ 엔트런스 캡

해설 ㉠ 부싱 : 전선 피복 손상 방지
㉡ 링 리듀서 : 박스의 녹아웃 구멍이 금속관보다 클 때 사용하는 재료
㉢ 로크너트 : 금속관을 박스에 고정시킬 때 사용
㉣ 엔트런스 캡 : 저압 가공 전선로의 인입구의 빗물 침입방지를 위해 사용한다.

43 **고압 보안 공사 시 고압 가공 전선로의 경간은 철탑의 경우 얼마 이하이어야 하는가?**

① 100[m] ② 150[m]
③ 400[m] ④ 600[m]

해설 ㉠ 철탑의 고압 보안 공사 시 고압 가공 전선로의 경간은 400[m] 이하로 한다.
㉡ 일반 철탑의 경우 경간은 600[m]

정답 37 ③ 38 ① 39 ③ 40 ① 41 ② 42 ② 43 ③

44 다음의 심벌 명칭은 무엇인가?

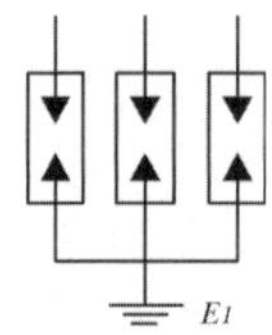

① 파워 퓨즈 ② 단로기
③ 피뢰기 ④ 고압 컷아웃 스위치

해설 피뢰기의 다선도 심벌이다.

45 합성수지제 가요 전선관으로 옳게 짝지어진 것은?

① 후강 전선관과 박강 전선관
② PVC 전선관과 PF 전선관
③ PVC 전선관과 제2종 가요전선관
④ PF 전선관과 CD 전선관

해설 ㉠ 후강, 박강 전선관 : 금속관
㉡ PVC : 경질 비닐관
㉢ 제2종 가요 전선관 : 금속제 가요 전선관
㉣ PF, CD 전선관 : 합성수지제 가요 전선관

46 다음 중 과전류 차단기를 설치하는 곳은?

① 간선의 전원측 전선
② 접지공사의 접지선
③ 다선식 전로의 중성선
④ 접지공사를 한 저압 가공 전선의 접지측 전선

해설 다음 경우는 개폐기, 차단기 시설의 제한한다.
㉠ 접지공사의 접지선
㉡ 다선식 전로의 중성선
㉢ 제2종 접지공사를 한 저압 가공 전로의 접지 측 전선

47 합성수지관 배선에 대한 설명으로 틀린 것은?

① 합성수지관 배선은 절연전선을 사용하여야 한다.
② 합성수지관 내에서 전선에 접속점을 만들어서는 안 된다.
③ 합성수지관 배선은 중량물의 압력 또는 심한 기계적 충격을 받는 장소에 시설하여서는 안 된다.
④ 합성수지관의 배선에 사용되는 관 및 박스, 기타 부속품은 온도 변화에 의한 신축을 고려할 필요가 없다.

해설 합성수지관 공사
㉠ 전선관 내에서는 전선의 접속점이 없도록 할 것
㉡ 관을 삽입하는 길이 : 관 외경의 1.2배
(단, 접착제를 사용할 경우 0.8배)
㉢ 관의 지지점 간의 거리는 1.5[m] 이하
㉣ 합성수지관은 온도 변화에 따라 신축성이 크다.

48 PVC 전선관의 표준 규격품의 길이는?

① 3[m] ② 3.6[m]
③ 4[m] ④ 4.5[m]

해설 경질 비닐 전선관(PVC)의 1본의 길이 : 4[m]

49 폭발성 분진이 있는 위험장소에 금속관 배선에 의할 경우 관 상호 및 관과 박스 기타의 부속품이나 풀 박스 또는 전기기계기구는 몇 턱 이상의 나사 조임으로 접속하여야 하는가?

① 2턱 ② 3턱
③ 4턱 ④ 5턱

해설 폭연성 분진이 있는 위험장소의 금속관은 5턱 이상의 나사 조임으로 접속한다.

50 절연 전선으로 가선된 배전 선로에서 활선 상태인 경우 전선의 피복을 벗기는 것은 매우 곤란한 작업이다. 이런 경우 활선 상태에서 전선의 피복을 벗기는 공구는?

① 전선 피박기 ② 애자커버
③ 와이어 통 ④ 데드엔드 커버

해설 활선 공사 재료
㉠ 전선 피박기 : 활선 상태에서 전선의 피복을 벗기는 공구
㉡ 애자 커버 : 활선 작업 시 핀 애자 및 라인 포스트 애자에 접촉되더라도 안전사고가 발생하지 않도록 사용하는 절연 커버
㉢ 와이어 통 : 충전되어 있는 활선을 움직이거나 작업권 밖으로 밀어낼 때 사용되는 공구
㉣ 데드엔드 커버 : 활선 작업 시 작업자가 현수애자 및 데드엔드 클램프에 접촉되는 것을 방지

정답 44 ③ 45 ④ 46 ① 47 ④ 48 ③ 49 ④ 50 ①

51 절연물 중에서 가교 폴리에틸렌(XLPE)과 에틸렌 프로필렌 고무 혼합물(EPR)의 허용 온도[℃]는?

① 80 ② 90
③ 95 ④ 105

해설 가교 폴리에틸렌과 에틸렌 프로필렌 고무 혼합물의 허용 온도는 90℃이다.

52 차단기에서 ELB의 용어는?

① 유입 차단기 ② 진공 차단기
③ 배전용 차단기 ④ 누전 차단기

해설 누전 차단기(ELB, Earth Leakage Breaker)
전로에 누전(지락)이 발생했을 때 이를 감지하고, 자동적으로 회로를 차단하는 장치

53 옥내 저압 이동 전선으로 사용하는 캡타이어 케이블에는 단심, 2심, 3심, 4~5심이 있다. 이때 도체 공칭 단면적의 최소값은 몇 [mm^2]인가?

① 0.75 ② 2
③ 5.5 ④ 8

해설 캡타이어 케이블의 최소 굵기는 0.75[mm^2]이다.

54 전선 접속에 관한 설명으로 틀린 것은?

① 접속부분의 전기저항을 증가시켜서는 안 된다.
② 전선의 세기를 20[%] 이상 유지해야 한다.
③ 접속부분은 납땜을 한다.
④ 절연을 원래의 전력효력이 있는 테이프로 충분히 한다.

해설 전선의 접속 조건
㉠ 전선의 세기를 20% 이상 감소시키지 않아야 한다.
㉡ 접속 부분의 전기 저항을 증가시키지 말아야 한다.
㉢ 전선 접속 기구를 사용한다. 그 외에는 납땜을 할 것

55 전선에 압착 단자 접촉 시 사용되는 공구는?

① 와이어 스트리퍼
② 프레셔 툴
③ 클리퍼
④ 니퍼

해설 ㉠ 와이어 스트리퍼 : 절연 전선의 피복을 벗길 때 사용하는 공구
㉡ 프레셔 툴 : 압착 단자를 압착하는 공구
㉢ 클리퍼 : 굵은 전선을 절단하는 공구

56 구리 전선과 전기 기계기구 단자를 접속하는 경우에 진동 등으로 인하여 헐거워질 염려가 있는 곳에는 어떤 것을 사용하여 접속하여야 하는가?

① 정 슬리브를 끼운다.
② 평와셔 2개를 끼운다.
③ 코드 패스너를 끼운다.
④ 스프링 와셔를 끼운다.

57 합성수지관을 새들 등으로 지지하는 경우에는 그 지지점 간의 거리를 몇 [m] 이하로 하여야 하는가?

① 1.5[m] 이하
② 2.0[m] 이하
③ 2.5[m] 이하
④ 3.0[m] 이하

해설 [암기]
지지점 간의 거리

공사	거리
캡타이어 케이블 공사	1[m]
가요 전선관 공사	
합성수지관(PVC)	1.5[m]
애자, 케이블, 금속관 공사	2[m]
금속 덕트 공사	3[m]

58 2종 금속 몰드의 구성 부품에서 조인트 금속 부품이 아닌 것은?

① 노멀밴드형
② L형
③ T형
④ 크로스형

해설 2종 금속 몰드의 구성품으로는 L형, T형, 크로스 형이 있다.

정답 51 ② 52 ④ 53 ① 54 ② 55 ② 56 ④ 57 ① 58 ①

59 건축물의 종류에서 표준 부하를 20[VA/m²]으로 하여야 하는 건축물은 다음 중 어느 것인가?

① 교회, 극장
② 학교, 음식점
③ 은행, 상점
④ 아파트, 미용원

해설

[암기]

표준 부하

건축물의 종류	표준 부하	암기법
공장, 교회, 극장	10[VA/m²]	[ㄱ]으로 시작하는 것 10, [ㅎ]으로 시작하면 20, 나머지 30
호텔, 호스피탈(병원), 학교	20[VA/m²]	
은행, 상점, 이발소, 미용원	30[VA/m²]	
주택, 아파트	40[VA/m²]	2021년 개정

60 $\dfrac{\text{부하의 평균 전력(1시간 평균)}}{\text{최대 수용 전력(1시간 평균)}} \times 100[\%]$의 관계를 가지고 있는 것은?

① 부하율 ② 부등률
③ 수용률 ④ 설비율

해설 ㉠ 부하율

$$= \frac{\text{부하의 평균 전력(1시간 평균)}}{\text{최대 수용 전력(1시간 평균)}} \times 100[\%]$$

㉡ 부등률 $= \dfrac{\text{각 최대 수용 전력의 합}}{\text{합성 최대 수용 전력}}$

㉢ 수용률 $= \dfrac{\text{최대 수용 전력(kW)} \times 100}{\text{설비 부하의 정격 용량의 총계(kW)}}$

정답 59 ② 60 ①

08 과년도 기출문제(2018년 4회)

2016년 5회부터는 CBT 시험이므로 문제의 유형이 모두 다릅니다.

1과목 : 전기 이론

01 저항 R_1, R_2, R_3 가 병렬로 연결되어 있을 때 합성 저항은?

① $R_1+R_2+R_3$

② $\frac{1}{R_1}+\frac{1}{R_2}+\frac{1}{R_3}$

③ $\frac{R_1R_2+R_2R_3+R_3R1}{R_1R_2R_3}$

④ $\frac{R_1R_2R_3}{R_1R_2+R_2R_3+R_3R_1}$

해설 ㉠ $\frac{1}{R_{합}}=\frac{1}{R_1}+\frac{1}{R_2}+\frac{1}{R_3}$

$=\frac{R_2R_3}{R_1R_2R_3}+\frac{R_1R_3}{R_1R_2R_3}+\frac{R_1R_2}{R_1R_2R_3}$

$=\frac{R_1R_2+R_2R_3+R_1R_3}{R_1R_2R_3}$

㉡ $\therefore R_{합}=\frac{R_1R_2R_3}{R_1R_2+R_2R_3+R_1R_3}$

02 $e=141.4\sin(100\pi t)$의 교류 전압이다. 이 교류의 실효값은 몇 [V]인가?

① $100\angle 0$　② $100\angle 30$

③ $141\angle 0$　④ $141\angle 30$

해설 ㉠ 순시값 $e=V_m\sin(100\pi t)$[V]에서 sin이나 cos 앞에 붙어 있는 값이 최대값이므로 141.4[V] =최대값

㉡ 실효값 $=\frac{최대값}{\sqrt{2}}=\frac{141.4}{\sqrt{2}}=100$[V]

㉢ 기본파 이므로 $100\angle 0$[V]

03 두 콘덴서 C_1, C_2 가 병렬로 접속되어 있을 때의 합성 정전 용량은?

① C_1+C_2　② $\frac{1}{C_1}+\frac{1}{C_2}$

③ $\frac{C_1C_2}{C_1+C_2}$　④ $\frac{C_1+C_2}{C_1C_2}$

해설 [암기]
콘덴서의 직렬은 저항의 병렬과 같이 계산하고
콘덴서의 병렬은 저항의 직렬과 같이 계산한다.

04 전기력선의 성질 중 옳지 않은 것은?

① 음전하에서 출발하여 양전하로 끝나는 선을 전기력선이라 한다.

② 전기력선의 접선 방향은 그 접점에서의 전기장의 방향이다.

③ 전기력선의 밀도는 전기장의 크기를 나타낸다.

④ 전기력선은 서로 교차하지 않는다.

해설 양전하에서 출발하여 음전하로 끝나는 선이다.

05 $R_1=2[\Omega]$, $R_2=4[\Omega]$, $R_3=6[\Omega]$의 저항이 병렬로 접속되어 있고 전체 전류가 10[A]일 때 2[Ω]에 흐르는 전류는?

① 3.25　② 5.45

③ 6.14　④ 7.12

해설 ㉠ R_2, R_3 병렬회로의 합성저항

$R_{2+3}=\frac{R_2R_3}{R_2+R_3}=\frac{4\times 6}{4+6}=2.4[\Omega]$

㉡ R_1에 흐르는 전류

$I_1=\frac{R_{2+3}\cdot I}{R_1+R_{2+3}}=\frac{2.4\times 10}{2+2.4}=\frac{24}{4.4}=5.45[\Omega]$

정답 01 ④ 02 ① 03 ① 04 ① 05 ②

06 다음 중 구리 전선의 저항 측정에 사용되는 브리지는?

① 휘이트스토운 브리지
② 비인 브리지
③ 멕스웰 브리지
④ 캘빈 더블 브리지

해설 ㉠ 저 저항 측정－캘빈 더블 브리지, 10^{-4}[Ω · m] 이하의 저 저항 측정
㉡ 중 저항 측정－휘스톤 브리지, 10^{-4}~10^{6}[Ω · m] 이하의 중 저항 측정
㉢ 고 저항 측정－메거 브리지, 10^{6}[Ω · m] 이상의 고 저항 측정
㉣ 구리 전선의 저항은 10^{-8}[Ω · m] 이하이므로 캘빈 더블 브리지로 측정

07 2[AH]는 몇 [C]인가?

① 7,200 ② 3,600
③ 120 ④ 60

해설 $Q=It[\mathrm{C}]=2\times3{,}600=7{,}200[\mathrm{C}]$

08 출력 150[KVA]의 단상 변압기 전원 2대를 V결선한 때의 3상 출력 [kVA]은?

① 260 ② 300
③ 360 ④ 450

해설 V 결선의 출력 $P=\sqrt{3}\,P=\sqrt{3}\times150=260[\mathrm{kVA}]$

09 비 사인파의 일반적인 구성이 아닌 것은?

① 삼각파 ② 고조파
③ 기본파 ④ 직류분

해설 ㉠ 비 사인파＝직류 분＋기본파＋고조파
$=V+V_m\sin\omega t+V_m\sin3\omega t$
㉡ 비 사인파 실효값

$$=\sqrt{\text{직류분}^2+\text{기본파 실효값}^2+\text{고조파 실효값}^2}$$

$$=\sqrt{\text{직류분}^2+\left(\frac{\text{기본파 최대값}}{\sqrt{2}}\right)^2+\left(\frac{\text{고조파 최대값}}{\sqrt{2}}\right)^2}$$

$$=\sqrt{\text{직류분}^2+\left(\frac{V_m}{\sqrt{2}}\right)^2+\left(\frac{V_{m3}}{\sqrt{2}}\right)^2}$$

10 플레밍의 오른손 법칙에서 엄지 손가락이 뜻하는 것은?

① 자기력선속의 방향
② 기전력의 방향
③ 도체가 움직이는 방향
④ 전류의 방향

해설 ㉠ 플레밍의 오른손 법칙(＝발전기, v,B,E) '도자기'로 암기
ⓐ 엄지 v＝도체가 움직이는 방향(세기)
ⓑ 검지 B＝자기장의 방향＝자계의 방향(세기)
ⓒ 중지 E＝기전력의 방향(세기)
ⓓ 기전력 $E=vBl\sin\theta[\mathrm{V}]$
㉡ 플레밍의 왼손 법칙(＝전동기, F,B,I) 미 연방수사국 'FBI'로 암기
ⓐ 엄지 F＝힘의 방향(세기)
ⓑ 검지 B＝자기장의 방향＝자계의 방향(세기)
ⓒ 중지 I＝전류의 방향
ⓓ 힘 $F=B\cdot I\cdot l\sin\theta[\mathrm{N}]$

11 진공 중에 두 자극 m_1, m_2를 r[m]의 거리에 놓았을 때 작용하는 힘 F의 식으로 옳은 것은?

① $F=\dfrac{1}{4\pi\mu_0}\times\dfrac{m_1m_2}{r}[\mathrm{N}]$
② $F=\dfrac{1}{4\pi\mu_0}\times\dfrac{m_1m_2}{r^2}[\mathrm{N}]$
③ $F=4\pi\mu_0\times\dfrac{m_1m_2}{r}[\mathrm{N}]$
④ $F=4\pi\mu_0\times\dfrac{m_1m_2}{r^2}[\mathrm{N}]$

해설 교재 47쪽

12 2개의 코일을 서로 근접시켰을 때 한 쪽 코일의 전류가 변화하면 다른 쪽 코일에 유도 기전력이 발생하는 현상을 무엇이라고 하는가?

① 상호 결합
② 자체유도
③ 상호 유도
④ 자체 결합

정답 06 ④ 07 ① 08 ① 09 ① 10 ③ 11 ② 12 ③

13 R=4[Ω], ωL =3[Ω]에 v=100 $\sqrt{2}$ sinωt +20 $\sqrt{2}$ sin3ωt [V]의 전압을 가할 때 전력은 약 몇 [W]인가?

① 1,170[W] ② 1,563[W]
③ 1,637[W] ④ 2,116[W]

해설 답만 암기

14 자속 밀도 B=0.2[Wb/m²]의 자장 내 길이 2[m], 폭 1[m], 권수 5회의 구형 코일이 자장과 30°의 각도로 놓여 있을 때 코일이 받는 회전력은?(단, 이 코일에 흐르는 전류는 2[A]이다.)

① $\sqrt{\frac{3}{2}}$ [N·m] ② $\frac{\sqrt{3}}{2}$ [N·m]
③ $2\sqrt{3}$ [N·m] ④ $\sqrt{3}$ [N·m]

해설 $T = a \cdot bIBN\cos\theta = 2\times1\times2\times0.2\times5\times\cos30°$
$= 2\sqrt{3}$ [N·m]

15 다음 설명의 (㉠), (㉡)에 들어갈 내용으로 옳은 것은?

> 히스테리시스 곡선에서 종축과 만나는 점은 (㉠)이고, 횡축과 만나는 점은 (㉡)이다.

① ㉠ 보자력, ㉡ 잔류자기
② ㉠ 잔류자기, ㉡ 보자력
③ ㉠ 자속밀도, ㉡ 자기저항
④ ㉠ 자기저항, ㉡ 자속밀도

해설
[암기]
자기야 3시에 (가로)수 아래서 (보자).

16 기본파의 3[%]인 제3고조파와 4[%]인 제5고조파, 1[%]인 제7고조파를 포함하는 전압파의 왜율은?

① 약 2.7[%] ② 약 5.1[%]
③ 약 7.7[%] ④ 약 14.1[%]

해설 $K = \sqrt{{V_3}^2 + {V_5}^2 + {V_7}^2} = \sqrt{3^2 + 4^2 + 1^2} = 5.1$

17 2[Ω]의 저항에 4[A]의 전류를 2분간 흘릴 때 이 저항에서 발생하는 열량은?

① 약 259[cal] ② 약 675[cal]
③ 약 922[cal] ④ 약 1,080[cal]

해설
㉠ 전력 $P = VI,\ I^2R,\ \frac{V^2}{R}$ [W]
㉡ 전력량
W= 전력×초 $= Pt = VIt = I^2Rt$
$= \frac{V^2}{R}t$ [W·sec]
㉢ 전력량 W= [W·sec] = [J] = 0.24[cal] = 열량
㉣ 전력량
$= I^2Rt$ [J] $= 0.24I^2Rt$ [cal]
$= 0.24\times4^2\times2\times2\times60 = 922$ [cal]

18 5[mH]의 코일에 220[V], 60[Hz]의 교류를 가할 때 전류는 약 몇 [A]이고 전류의 위상은 전압보다 어떻게 되는가?

① 58[A], 진상 ② 58[A], 지상
③ 117[A], 진상 ④ 117[A], 지상

해설 ㉠ 인덕턴스 L[H]을 유도 리액턴스 X_L[Ω]로 바꾼다.
$X_L = wL = 2\pi fL = 2\times3.14\times60\times5\times10^{-3}$
$= 1.884$ [Ω]
㉡ $I = \frac{V}{X_L} = \frac{220}{1.884} = 117$ [A]
㉢ 코일에서는 전류가 전압보다 느리므로 지상 전류

19 어떤 도체의 길이를 n배로 하고 단면적을 $\frac{1}{n}$로 하였을 때의 저항은 원래 저항보다 어떻게 되는가?

① n배로 된다. ② n^2배로 된다.
③ $\sqrt{n}$배로 된다. ④ $\frac{1}{n}$배로 된다.

해설 $R = \frac{\rho l}{A} = \frac{\rho\frac{nl}{1}}{\frac{1A}{n}} = \frac{\rho n^2 l}{A}$

정답 13 ③ 14 ③ 15 ② 16 ② 17 ③ 18 ④ 19 ②

20 전원과 부하가 다같이 △결선된 3상 평형 회로가 있다. 상전압이 220[V], 부하 임피던스가 $Z=6+j8$ [Ω]인 경우 ㉮ 선간 전압 V[V], ㉯ 선전류는 몇 [A]인가?

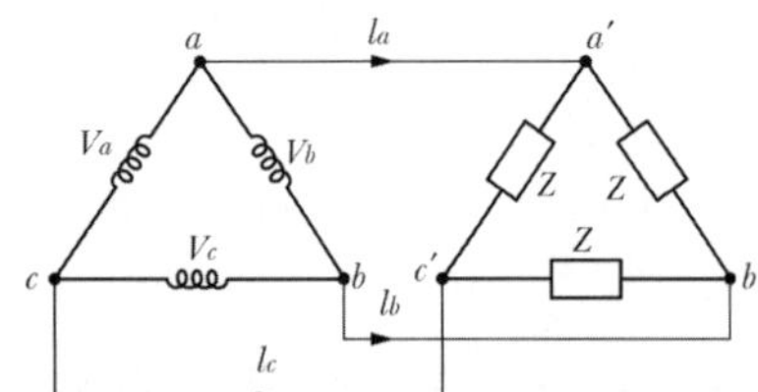

① ㉮ $220\sqrt{3}$, ㉯ 22　② ㉮ $\frac{220}{\sqrt{3}}$, ㉯ 22
③ ㉮ 220, ㉯ $22\sqrt{3}$　④ ㉮ $\frac{220}{\sqrt{3}}$, ㉯ $22\sqrt{3}$

해설 ㉠ △이므로 상 전압=선간 전압≒220[V]
㉡ $Z=6+j8=10[\Omega]$
$\therefore$ 상전류 $I=\frac{E}{Z}=\frac{220}{10}=22[A]$
㉢ 선전류= $\sqrt{3}$×상전류 $=22\sqrt{3}$

2과목 : 전기 기기

21 역저지 3단자에 속하는 것은?

① SCR　② SSS
③ SCS　④ TRIAC

해설 ㉠ '역저지'라는 것은 한 방향만으로만 흐른다는 것이다.(단방향 3단자 소자)
SCR는 단방향 3단자 소자이다.
㉡ 교재 184쪽

22 아래 그림 (1)과 같은 변환 회로에 직류 전원을 통했더니 오실로스코프에 그림 (2)와 같은 파형이 나타났다. 그림 (1)의 변환 회로 명칭은?(단, V_i는 입력 전압, V_0는 출력 전압)

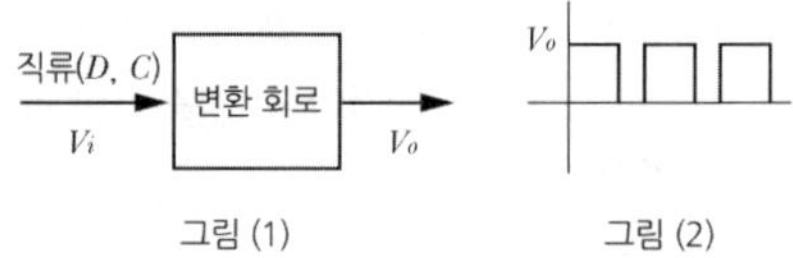

그림 (1)　그림 (2)

① 인버터 회로　② 초퍼 회로
③ 순변환 회로　④ 역변환 회로

해설 오실로스코프에 나타난 파형은 직류 반파의 모습이므로 변환 회로는 직류 → 직류 변환 회로이며, 초퍼 회로이다.

23 다음 중 변압기의 온도 상승 시험법으로 가장 널리 사용되는 것은?

① 무부하 시험법　② 절연내력 시험법
③ 반환 부하법　④ 실 부하법

해설 변압기의 온도시험은 ㉠ 실 부하법 ㉡ 반환 부하법 ㉢ 등가 부하법이 있다.('반등실'으로 암기) ㉠ 실 부하법은 실제 부하를 걸어 시험하는 방법으로 가장 정확하게 온도 시험을 할 수 있다. 용량이 큰 변압기의 경우는 사용하기 어렵다. ㉡ 반환 부하법은 전력 소비가 없고 철손과 동손만을 공급하여 시험(가장 많이 사용)

24 변압기의 무부하 시험, 단락 시험에서 구할 수 없는 것은?

① 동손　② 철손
③ 전압 변동률　④ 절연 내력

해설 변압기의 [절연내력시험]은 다음과 같다.
㉠ 가압시험 : 온도 상승 시험 직후에 실시한다. 가압시간 1분
㉡ 충격시험 : 충격파 전압의 절연파괴시험
㉢ 유도시험 : 층간 절연시험

25 직류 전동기를 기동할 때 전기자 전류를 제한하는 가감 저항기를 무엇이라 하는가?

① 단속기　② 제어기
③ 가속기　④ 기동기

해설 ㉠ 직류전동기뿐만 아니라 모든 전동기 기동 시에는 정격 전류의 4~6배나 되는 많은 전류가 흘러 전동기가 소손될 가능성이 있다.

정답 20 ③ 21 ① 22 ② 23 ③ 24 ④ 25 ④

ⓛ 직류전동기는 전기자에 직렬로 가변 기동 저항기를 달아서 기동 시에는 저항을 크게 하여 기동전류를 줄여주고, 정격운전 시에는 가변 기동 저항을 적게 하여 정상운전을 한다.

ⓒ 단상 유도전동기와 농형 3상 유도 전동기에서는 ⓐ 전전압 기동 ⓑ $Y-\triangle$기동 ⓒ 리액터 기동 ⓓ 기동 보상기 기동법을 이용하고

ⓔ 권선형 3상 유도전동기에서는 ⓐ 2차 저항 기동법 ⓑ 2차 리액터 기동 등 기동전류를 줄이기 위한 방법을 쓰고 있다.

26 단락비가 1.2인 동기발전기의 % 동기 임피던스는 약 몇 [%]인가?

① 68　　② 83
③ 100　　④ 120

해설 %동기 임피던스

$$Z=\frac{1}{\text{단락비}}\times 100=\frac{1}{1.2}\times 100=83[\%]$$

27 동기속도 3,600[rpm], 주파수 60[Hz]의 동기발전기의 극수는?

① 2　　② 4
③ 6　　④ 8

해설 $N_s=\frac{120f}{P}[\text{rpm}]$에서 $P=\frac{120f}{N_s}=\frac{120\times 60}{3,600}=2$[극

단, P : 극수, f=주파수[Hz]

[암기]
주파수가 60[Hz]일 때
• 2극 : 3,600[rpm]　• 4극 : 1,800[rpm]
• 6극 : 1,200[rpm]　• 8극 : 900[rpm]

28 60[Hz] 3상 전파 정류회로의 맥동 주파수 [Hz]는?

① 30　　② 120
③ 180　　④ 360

해설 맥동 주파수와 맥동률

	단상 반파	단상 전파	3상 반파	3상 전파
맥동주파수[Hz]	$1\times f$	$2\times f$	$3\times f$	$6\times f$
맥동률[%]	121	48	17.7	4.04

29 유도 전동기의 동기 속도가 1,200[rpm]이고, 회전수가 1,176[rpm]일 때 슬립은?

① 0.06　　② 0.04
③ 0.02　　④ 0.01

해설 $S=\frac{\text{동기 속도}-\text{회전자 속도}}{\text{동기 속도}}$

$$=\frac{1,200-1,176}{1,200}=0.02$$

30 보호 계전기를 동작 원리에 따라 구분할 때 해당되지 않는 것은?

① 유도형　　② 정지형
③ 디지털형　　④ 저항형

31 직류기의 손실 중 기계손에 속하는 것은?

① 풍손　　② 와전류 손
③ 히스테리시스 손　　④ 표유 부하손

32 변압기 내부 고장 시 발생하는 기름의 흐름 변화를 검출하는 브흐홀츠 계전기의 설치 위치로 알맞은 것은?

① 변압기 본체
② 변압기의 고압 측 부싱
③ 컨서베이터 내부
④ 변압기 본체와 컨서베이터를 연결하는 파이프

해설 교재 143쪽 그림

33 분상 기동형 단상 유도 전동기 원심 개폐기의 작동 시기는 회전자 속도가 동기속도의 몇 [%] 정도인가?

① 10~30[%]　　② 40~50[%]
③ 60~80[%]　　④ 90~100[%]

해설 교재 174쪽

34 반도체 정류 소자로 사용할 수 없는 것은?

① 게르마늄　　② 비스무트
③ 실리콘　　④ 산화구리

해설 비스무트는 펠티어 효과(Peltier Effect)에서 안티몬과 함께 열의 흡수, 발열 작용을 하는 재료이다.

정답 26 ② 27 ① 28 ④ 29 ③ 30 ④ 31 ① 32 ④ 33 ③ 34 ②

35 **전기자 반작용이란 전기자 전류에 의해 발생한 기자력이 주자속에 영향을 주는 현상으로 다음 중 전기자 반작용의 영향이 아닌 것은?**

① 전기적 중성축 이동에 의한 정류의 약화
② 기전력의 불균형에 의한 정류자편 간 전압의 상승
③ 주 자속 감소에 의한 기전력 감소
④ 자기 포화 현상에 의한 자속의 평균치 증가

해설 전기자 반작용(필연적이지만 나쁜 현상)으로 인해 자속이 감소한다.

36 **교류 전동기를 기동할 때 그림과 같은 기동 특성을 가지는 전동기는?(단, 곡선 (1)~(5)는 기동 단계에 대한 토크 특성 곡선이다.)**

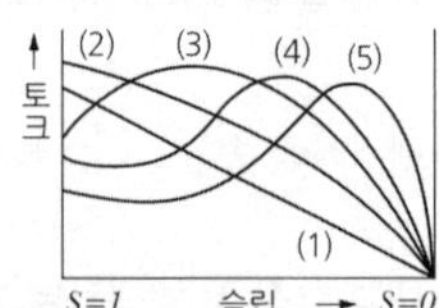

① 반발 유도전동기
② 2중 농형 유도전동기
③ 3상 분권 정류자 전동기
④ 3상 권선형 유도전동기

해설 교재 168쪽 '비례추이' 그림 참조

37 **농형 회전자에 비뚤어진 홈을 쓰는 이유는?**

① 출력을 높인다.
② 회전수를 증가시킨다.
③ 소음을 줄인다.
④ 미관상 좋다.

해설 교재 162쪽

38 **회전 계자형인 동기 전동기에 고정자인 전기자 부분도 회전자의 주위를 회전할 수 있도록 2중 베어링 구조로 되어 있는 전동기로 부하를 건 상태에서 운전하는 전동기는?**

① 초동기전동기
② 반작용 전동기
③ 동기형 교류 서보전동기
④ 교류 동기전동기

해설 초동기 전동기(Super－synchronous Motor)는 동기전동기의 탈출 토크에 이르는 데까지 브레이크를 걸 수 있으므로 큰 부하를 건채로 기동할 수 있다.

39 **아래 회로에서 부하의 최대 전력을 공급하기 위해서 저항 R 및 콘덴서 C의 크기는?**

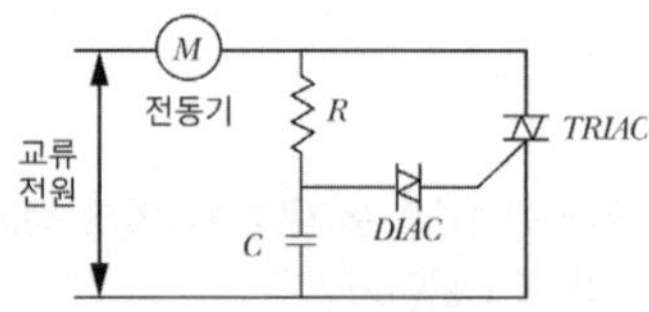

① R은 최대, C는 최대로 한다.
② R은 최소, C는 최소로 한다.
③ R은 최대, C는 최소로 한다.
④ R은 최소, C는 최대로 한다.

해설 2023년 3회 33번 참조

40 **직류 직권 전동기의 공급 전압의 극성을 반대로 하면 회전방향은 어떻게 되는가?**

① 변하지 않는다. ② 반대로 된다.
③ 회전하지 않는다. ④ 발전기로 된다.

해설 계자 권선이나 전기자 권선으로 들어가는 전원의 극성을 바꾸어야(한 곳 만) 회전방향이 바뀐다.
본 교재 121쪽 '역회전' 그림 참조

3과목 : 전기 설비

41 **어미자와 아들자의 눈금을 이용하여 두께, 깊이, 안지름 및 바깥지름 측정용에 사용하는 것은?**

① 버니어 캘리퍼스 ② 스패너
③ 와이어 스트리퍼 ④ 잉글리시 스패너

해설 ㉠ 버니어 캘리퍼스 : 물체의 두께 및 깊이. 관의 안지름, 바깥지름을 측정
㉡ 와이어 스트리퍼 : 절연 전선의 피복을 벗길 때 사용하는 공구

정답 35 ④ 36 ④ 37 ③ 38 ① 39 ② 40 ① 41 ①

42 폭발성 분진이 있는 위험장소의 금속관 공사에 있어서 관 상호 및 관과 박스 기타의 부속품이나 풀 박스 또는 전기 기계 기구는 몇 턱 이상의 나사 조임으로 시공하여야 하는가?

① 2턱 ② 3턱
③ 4턱 ④ 5턱

해설 폭연성 분진이 있는 위험장소의 금속관은 5턱 이상의 나사 조임으로 접속한다.

43 물기가 없는 장소에 시설하는 저압용 전로에 인체 감전 보호용 누전 차단기 설치는?

① 정격 감전 전류 30[mA] – 동작시간 0.03초 이내의 전류 동작형
② 정격 감전 전류 40[mA] – 동작시간 0.05초 이내의 전류 동작형
③ 정격 감전 전류 50[mA] – 동작시간 0.03초 이내의 전류 동작형
④ 정격 감전 전류 60[mA] – 동작시간 0.05초 이내의 전류 동작형

해설 감전 방지용 누전 차단기의 정격 감도 전류는 단위 부하당 30[mA]를 초과(작동시간 0.03초 이내)하지 않도록 하는 것이 좋다. 습기가 있는 곳은 15[mA]

44 다음 중 전선 및 케이블 접속 방법이 잘못된 것은?

① 전선의 세기를 30[%] 이상 감소시키지 않을 것
② 접속 부분은 접속관 기타의 기구를 사용하거나 납땜을 할 것
③ 코드 상호, 캡타이어 케이블 상호, 케이블 상호, 또는 이를 상호를 접속하는 경우에는 코드 접속기. 접속함 기타의 기구를 사용할 것
④ 도체에 알루미늄을 사용하는 전선과 동을 사용하는 전선을 접속하는 경우에는 접속 부분에 전기적 부식이 생기지 않도록 할 것

해설 전선의 접속 조건
㉠ 전선의 세기를 20% 이상 감소시키지 않아야 한다.
㉡ 접속 부분의 전기 저항을 증가시키지 말아야 한다.
㉢ 전선 접속 기구를 사용한다. 그 외에는 납땜을 할 것

45 흥행장의 저압 공사에서 잘못된 것은?

① 무대용 콘센트 박스 플라이 덕트 및 보더 라이트의 금속제 외함에는 접지를 하여야 한다.
② 무대 마루 및 오케스트라 박스 및 영사실의 전로에는 전용 개폐기 및 과전류 차단기를 시설할 필요가 없다.
③ 플라이 덕트는 조영재 등에 견고하게 시설하여야 한다.
④ 플라이 덕트 내의 전선을 외부로 인출할 경우는 1종 캡타이어 케이블을 사용한다.

해설 무대 마루 및 오케스트라 박스 및 영사실의 전로에는 전용 개폐기 및 과전류 차단기를 시설하여야 한다.

46 철근 콘크리트 주에 완금을 고정시키려면 어떤 밴드를 사용하는가?

① 암 밴드 ② 지선 밴드
③ 래크밴드 ④ 행거 밴드

해설 완금을 고정시킬 때는 암 밴드를 사용한다.

47 교류 단상 3선식 배전 선로를 잘못 표현한 것은?

① 두 종류의 전압을 얻을 수 있다.
② 중성선에는 퓨즈를 사용하지 않고 동선으로 연결 한다.
③ 개폐기는 동시에 개폐하는 것으로 한다.
④ 변압기 부하 측 중성선은 접지공사를 생략한다.

해설 특고압, 고압에서 저압으로 변성하는 변압기의 중성점 또는 단자(혼촉 방지)는 접지공사를 하여야 한다.

48 불연성 먼지가 많은 장소에 시설할 수 없는 저압 옥내 배선의 방법은?

① 금속관 배선
② 두께가 1.2[mm]인 합성수지관 배선
③ 금속제 가요 전선관 배선
④ 애자 사용 배선

해설 불연성 먼지가 많은 장소에서의 합성수지관은 2.0[mm] 이상의 것을 사용한다.

정답 42 ④ 43 ① 44 ① 45 ② 46 ① 47 ④ 48 ②

49 배전 선로 보호를 위하여 설치하는 보호 장치는?

① 기중 차단기 ② 진공 차단기
③ 자동 재폐로 차단기 ④ 누전 차단기

해설 자동 재폐로 차단기(R/C : Recloser)
보호 계전기와 차단기의 기능을 갖고 사고 검출 및 자동 차단과 재폐로가 가능한 차단기

50 부식성 가스 등이 있는 장소에서 시설이 허용되는 것은?

① 개폐기 ② 콘센트
③ 과전류 차단기 ④ 전등

해설 부식성 가스 등이 있는 장소에는 개폐기, 콘센트 및 과전류 차단기를 시설하여서는 안 된다.

51 다음 중 단선의 브리타니아 직선 접속에 사용되는 것은?

① 조인트 선 ② 바인드 선
③ 에나멜 선 ④ 리드 선

해설 브리타니아 직선 접속 시 1.2~1.8[mm] 정도의 동선 또는 철선을 조인트 선으로 사용한다.

52 가공 전선 지지물의 기초 강도는 지지물에 가해지는 곡하중에 대하여 안전율은 얼마 이상으로 하여야 하는가?

① 0.8 ② 1.0
③ 1.5 ④ 2.0

해설 지지물의 기초 안전율은 2.0 이상이어야 한다.

53 수 · 변전 설비에서 전력 퓨즈의 용단 시 결상을 방지하는 목적으로 사용하는 것은?

① 자동 고장 구분 개폐기
② 선로 개폐기
③ 부하 개폐기
④ 기중 부하 개폐기

해설 ㉠ 자동 고장 구분 개폐기(ASS) : 한 수용가의 사고가 다른 수용가에 피해를 주는 것을 최소화하기 위한 개폐기
㉡ 선로 개폐기(LS) : 책임 분계점에서 보수 점검 시 전로를 구분하기 위한 개폐기로 시설하고 반드시 무부하 상태로 개방하여야 한다.
㉢ 부하 개폐기(LBS) : 수 · 변전 설비의 인입구 개폐기로 많이 사용하며, 전력 퓨즈 용단 시 결상을 방지하는 목적으로 사용
㉣ 기중 부하 개폐기(IS) : 300[kVA] 이하에서 인입 개폐기로 사용한다.

54 실내 전체를 균일하게 조명하는 방식으로 광원을 일정한 간격으로 배치하며 공장, 학교, 사무실 등에서 채용되는 조명 방식은?

① 국부 조명 ② 전반 조명
③ 직접 조명 ④ 간접 조명

해설 전반 조명
작업면 전반에 균등한 조도를 가지게 하는 방향으로 광원을 일정한 높이와 간격으로 배치하여, 일반적으로 사무실, 학교, 공장 등에 채용된다.

55 엘리베이터 장치를 시설할 때 승강기 내에서 사용하는 전등 및 기계 기구에 사용할 수 있는 최대 전압은?

① 110[V] 이하
② 220[V] 이하
③ 400[V] 이하
④ 440[V] 이하

해설 승강기 내에서 사용하는 전등 및 전기 기계 기구의 사용 전압은 400[V] 이하로 한다.

56 가공 전선로에서 고압 선로와 저압 선로가 같이 가설되어 있을 때 공사하는 방법은?

① 고압 선로가 상단 선로
② 고압 선로가 하단 선로
③ 같은 선로에서 교차시킨다.
④ 저압 선로가 상단 선로

해설 가공 전선로에서 고압 선로와 저압 선로가 같이 가설 되어 있을 때 고압은 상단으로 저압은 하단으로 설치한다.

정답 49 ③ 50 ④ 51 ① 52 ④ 53 ③ 54 ② 55 ③ 56 ①

57 주상 변압기 1차 측을 보호 하는 것은?

① COS
② 저압 핀 애자
③ 누전 차단기
④ 피뢰기

해설 COS(컷 아웃 스위치)는 배전용 변압기의 단락으로부터 전선로를 보호하기 위해 변압기 1차 측에 시설한다.

58 인입선에서 전동기를 접속할 때 보호하는 것은?

① 과전류 차단기 ② 터미널 캡
③ 피뢰기 ④ 현수 애자

해설 고압 및 특고압 수전 설비의 인입구는 이상 전압으로부터 보호하기 위해 피뢰기를 설치하여야 한다.

59 가공 전선에 케이블을 사용하는 경우에는 케이블은 조가용 선에 행거를 사용하여 조가한다. 사용 전압이 고압일 경우 그 행거의 간격은?

① 50[cm] 이하 ② 50[cm] 이상
③ 7[cm] 이하 ④ 75[cm] 이상

해설 가공 케이블에 사용되는 조가용 선은 22[mm^2] 이상의 아연 도금 강연선으로 하고, 50[cm]마다 행거를 시설한다.

60 분전반에 대한 설명으로 틀린 것은?

① 배선과 기구는 모두 전면에 배치하였다.
② 두께 1.5mm 이상의 난연성 합성수지로 제작하였다.
③ 강판제의 분전함은 두께 1.2mm 이상의 강판으로 제작하였다.
④ 배선은 모두 분전반 이면으로 하였다.

해설 분전반 내의 기구는 전면에 배치하고, 배선은 이면에 배치한다.

정답 57 ① 58 ① 59 ① 60 ①

09 과년도 기출문제(2019년 1회)

2016년 5회부터는 CBT 시험이므로 문제의 유형이 모두 다릅니다.

1과목 : 전기 이론

01 단상 전파 사이리스터 정류 회로에서 부하가 큰 인덕턴스가 있는 경우, 점호각이 60°일 때의 정류 전압은 약 몇 [V]인가?(단, 전원 측 전압의 실효값은 100[V]이고 직류 측 전류는 연속이다)

① 141 ② 100
③ 85 ④ 45

해설 풀이 1] 정류회로(직류)의 값은 평균값이므로

$$E_d = \frac{2\sqrt{2}}{\pi}E \times \cos\alpha = 0.9E \times \cos 60$$
$$= 0.9 \times 100 \times \frac{1}{2} = 45[V]$$

풀이 2] 전파정류회로의 실효값 = 전원측 실효값
㉠ 평균값 = 실효값 × 0.9 = 90[V]
㉡ 점호각이 60° 이므로 90 × cos60 = 45[V]

02 길이 1[m]인 도선의 저항 값이 20[Ω]이었다. 이 도선을 고르게 2[m]로 늘렸을 때 저항 값은?

① 10[Ω]
② 40[Ω]
③ 80[Ω]
④ 140[Ω]

해설 ㉠ 저항 R[Ω]인 도선의 길이를 고르게 n배 늘리면 저항은 n^2배가 된다.
㉡ 2배로 늘렸으므로 저항은 $2^2 = 4$배

03 전자의 수가 많거나 적어져서 전기를 띠는 현상은?

① 방전 ② 전기량
③ 대전 ④ 하전

04 그림에서 a－b 간의 합성저항은 c－d 간의 합성저항 보다 몇 배인가?

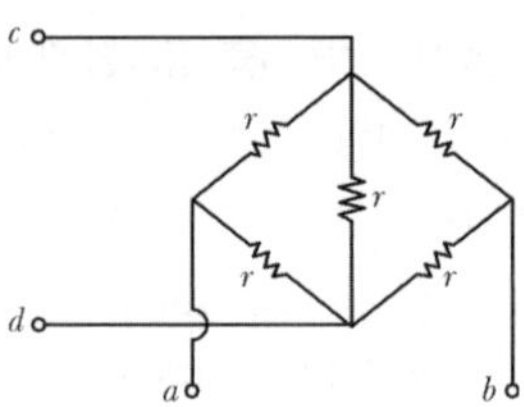

① 1배 ② 2배
③ 3배 ④ 4배

해설 ① R_{ab}를 구하면 브리지 평형회로이므로 ㉮와 ㉯의 전위가 같아 전류가 흐르지 않는다.

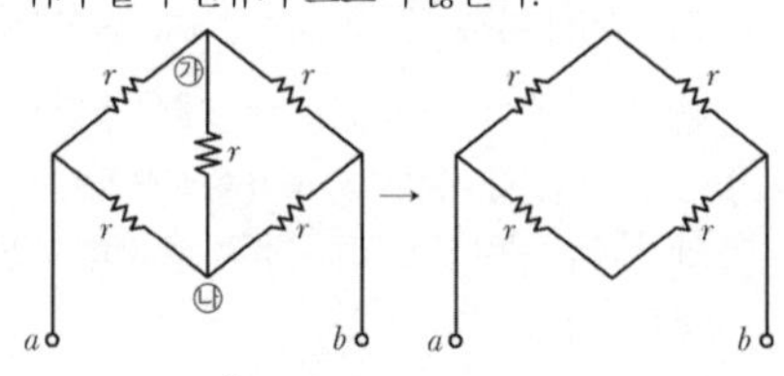

∴ $R_{ab} = r[\Omega]$

② R_{cd}는 직병렬 회로

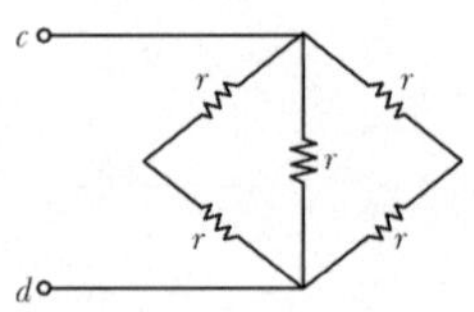

∴ $R_{cd} = 0.5r[\Omega]$

③ $\frac{R_{ab}}{R_{cd}} = \frac{1}{0.5} = 2$배

05 저항이 10[Ω]인 도체에 1[A]의 전류를 10분간 흘렸다면 발생하는 열량은 몇 [kcal]인가?

① 0.62 ② 1.44
③ 4.46 ④ 6.24

정답 01 ④ 02 ③ 03 ③ 04 ② 05 ②

해설 $H = 0.24I^2Rt$
$= 0.24 \times 1^2 \times 10 \times 10 \times 60$
$= 1,440[\text{cal}] = 1.44[\text{kcal}]$

06 부하의 전압과 전류를 측정하기 위한 전압계와 전류계의 접속방법으로 옳은 것은?

① 전압계 : 직렬, 전류계 : 병렬
② 전압계 : 직렬, 전류계 : 직렬
③ 전압계 : 병렬, 전류계 : 직렬
④ 전압계 : 병렬, 전류계 : 병렬

해설

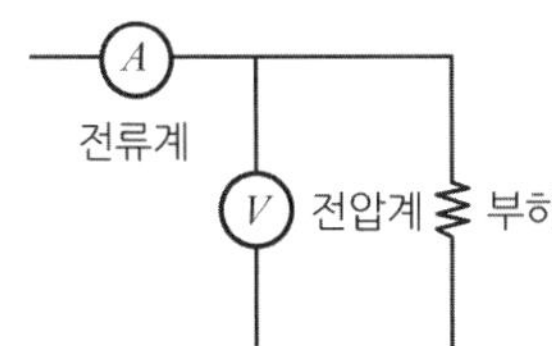

07 질산은($AgNO_3$) 용액에 1[A]의 전류를 2시간 동안 흘렸다. 이때 은의 석출량[g]은?(단, 은의 전기 화학당량은 1.1×10^{-3}[g/C]이다.)

① 5.44　② 6.08
③ 7.92　④ 9.84

해설 $W = KIt = 1.1 \times 10^{-3} \times 1 \times 2 \times 3600 = 7.92$

08 종류가 다른 두 금속을 접합하여 폐회로를 만들고 두 접합 점의 온도를 다르게 하면 이 폐회로에 기전력이 발생하여 전류가 흐르게 되는 현상을 지칭하는 것은?

① 줄의 법칙(Joule's law)
② 톰슨 효과(Thomson effect)
③ 펠티어 효과(Peltier effect)
④ 제벡 효과(Seebeck effect)

09 표면 전하 밀도 σ[C/m²]로 대전된 도체 내부의 전속 밀도는 몇 [C/m²]인가?

① $\varepsilon_0 E$　② 0
③ σ　④ $\dfrac{E}{\varepsilon_0}$

해설 대전된 도체 내부에는 전하가 존재하지 않으므로 전속 밀도는 '0'이다.

10 V=200[V], C_1 =10[μF], C_2 =5[μF]인 2개의 콘덴서가 병렬로 접속되어 있다. 콘덴서 C_1에 축적되는 전하 [μC]는?

① 100[μC]　② 200[μC]
③ 1000[μC]　④ 2000[μC]

해설 병렬이므로 C_1, C_2에 걸리는 전압이 일정하다.
$Q = CV = 10 \times 200 = 2000[\mu C]$

11 평균 반지름 r[m]의 환상 솔레노이드에서 권수가 N일 때, 내부 자계가 H[AT/m]이었다. 전류 I[A]는?

① $\dfrac{HN}{2\pi r}$　② $\dfrac{2\pi r}{HN}$
③ $\dfrac{2\pi r H}{N}$　④ $\dfrac{N}{2\pi r H}$

해설 ㉠ 환상 솔레노이드 중심의 자계의 세기
$H = \dfrac{NI}{2\pi r}[\text{AT/m}]$　$\therefore I = \dfrac{2\pi r H}{N}[\text{A}]$
㉡ 교재 53쪽 'Memo'를 꼭 암기

12 평행한 왕복 도체에 흐르는 전류에 의한 작용은?

① 흡인력　② 반발력
③ 회전력　④ 작용력이 없다.

해설 ㉠ 왕복 도체이므로 전류가 반대로 흐른다.
㉡ 작용력은 반발력이고 $F = \dfrac{2I_1 I_2}{r} \times 10^{-7}[\text{N/m}]$

13 자기 인덕턴스가 각각 L_1, L_2인 2개의 코일이 직렬로 가동 접속 되었을 때, 합성 인덕턴스는?(단, 자기력선에 의한 영향을 서로 받는 경우이다.)

① $L = L_1 + L_2 - M$　② $L = L_1 + L_2 - 2M$
③ $L = L_1 + L_2 + M$　④ $L = L_1 + L_2 + 2M$

해설 교재 59쪽

정답 06 ③ 07 ③ 08 ④ 09 ② 10 ④ 11 ③ 12 ② 13 ④

14 $v=\mathrm{V_m}\sin(\omega t+30°)$ [V], $i=\mathrm{I_m}\sin(\omega t-30°)$ [A]일 때 전압을 기준으로 할 때 전류의 위상차는?

① 60° 뒤진다. ② 60° 앞선다.
③ 30° 뒤진다. ④ 30° 앞선다.

해설 표시법

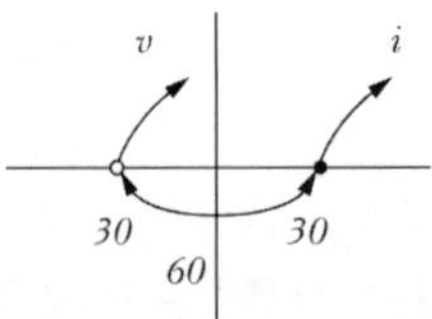

㉠ 전류는 전압보다 60° 느리다.(전압 기준으로 표현)
㉡ 전압은 전류보다 60° 빠르다.(전류 기준으로 표현)

15 평형 3상 △결선에서 선간 전압 V_ℓ과 상 전압 V_p와의 관계가 옳은 것은?

① $V_\ell=\dfrac{1}{\sqrt{3}}V_p$ ② $V_\ell=\dfrac{1}{3}V_p$
③ $V_\ell=V_p$ ④ $V_\ell=\sqrt{3}\,V_p$

해설 교재 85쪽 Memo 이해

16 R=4[Ω], ωL=3[Ω]의 $e=100\sqrt{2}\sin\omega t+30\sqrt{2}\sin3\omega t$ [V]의 전압을 가할 때 전력은 약 몇 [W]인가?

① 1,170[W] ② 1,563[W]
③ 1,637[W] ④ 2,116[W]

해설 ㉠ 전력

$$P=\frac{V_1^{\,2}}{R+j\omega L}\times\cos\theta+\frac{V_2^{\,2}}{R+j3\omega L}\times\cos\theta_3$$

$$=\frac{100^2}{4+j3}\times\frac{4}{4+j3}+\frac{30^2}{4+j9}\times\frac{4}{4+j9}$$

$$=1,600+36.95\fallingdotseq1,637$$

㉡ 답만 암기

17 전지의 기전력 1.5[V], 내부 저항이 0.5[Ω]인 전지 20개를 직렬로 연결하고 부하 저항 5[Ω]을 접속한 경우 부하에 흐르는 전류는?

① 2 ② 3
③ 4 ④ 5

해설

I, 내부저항 $r=0.5\times20$개, $E=1.5\times20$개, $R=5[\Omega]$ → I, $r=10[\Omega]$, $E=30[\Omega]$, $R=5[\Omega]$

$$\therefore I=\frac{E}{r+R}=\frac{30}{10+5}=2[\mathrm{A}]$$

18 같은 저항 4개를 그림과 같이 연결하여 a－b 간에 일정 전압을 가했을 때 소비 전력이 가장 큰 것은 어느 것인가?

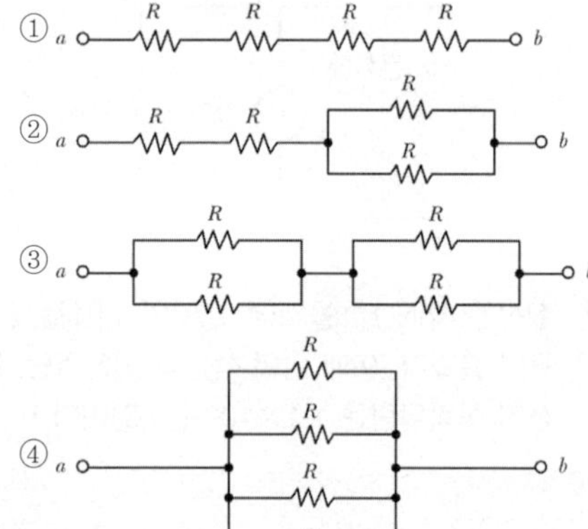

해설 ㉠전력 $P=VI=I^2R=\dfrac{V^2}{R}$

㉡ $P=\dfrac{V^2}{R}$ 에서 보면 저항 R이 작을수록 소비 전력이 커짐을 알 수 있다.

∴ 저항 전체가 병렬로 되어 있는 ④번의 저항이 가장 작고 소비 전력은 가장 크다.(전기난로가 병렬로 연결 되어 있는 원리)

19 대칭 3상 전압에 △결선으로 부하가 구성되어 있다. 3상 중 한 선이 단선되는 경우, 소비되는 전력은 끊어지기 전과 비교하여 어떻게 되는가?

① $\dfrac{3}{2}$으로 증가한다. ② $\dfrac{2}{3}$로 줄어든다.
③ $\dfrac{1}{3}$로 줄어든다. ④ $\dfrac{1}{2}$로 줄어든다.

정답 14 ① 15 ③ 16 ③ 17 ① 18 ④ 19 ④

해설 A : △ 결선의 전력

㉠ 값을 대입하여 계산하는 것이 편리하다. R=20[Ω]

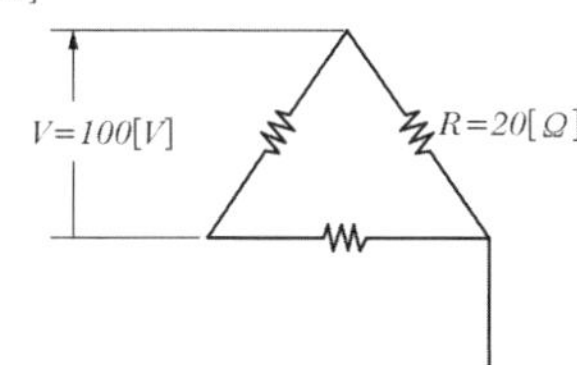

㉡ 1상의 전력

$$P_1 = \frac{V^2}{R} = \frac{100^2}{2} = 500[W]$$

㉢ 3상의 전력

$$P_3 = 3P_1 = 3 \times 500 = 1,500[W]$$

B : 한 선이 단선되었을 경우의 전력

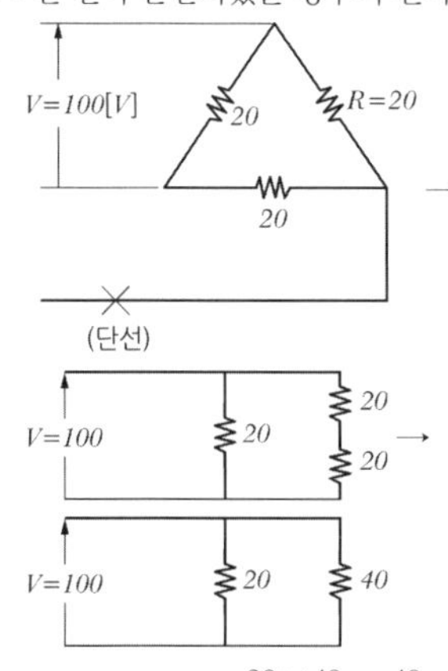

㉠ 합성저항 $R_{합} = \frac{20 \times 40}{20+40} = \frac{40}{3}$

㉡ 전력 $P = \frac{V^2}{R} = \frac{100^2}{\frac{40}{3}} = \frac{30,000}{40} = 750[W]$

$$\therefore \frac{\text{단상 전력}}{\triangle \text{결선 전력}} = \frac{750}{1500} = \frac{1}{2}$$

20 비 사인파의 일반적인 구성이 아닌 것은?

① 삼각파 ② 고조파
③ 기본파 ④ 직류분

해설 교재 90쪽

2과목 : 전기 기기

21 N형 반도체의 주 반송자는 어느 것인가?

① 억셉터 ② 전자
③ 도우너 ④ 정공

해설 P형 반도체 주 반송자 : 정공

22 3상 전원에서 2상 전원을 얻기 위한 변압기의 결선 방법은?

① △ ② Y
③ V ④ T

23 주로 정전압 다이오드로 사용되는 것은?

① 터널 다이오드
② 제너 다이오드
③ 쇼트키베리어 다이오드
④ 바렉터 다이오드

해설

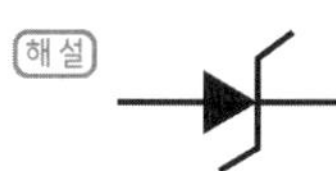

24 설치 면적과 설치 비용이 많이 들지만 가장 이상적이고 효과적인 진상용 콘덴서 설치 방법은?

① 수전단 모선에 설치
② 수전단 모선과 부하 측에 분산하여 설치
③ 부하 측에 분산하여 설치
④ 가장 큰 부하 측에만 설치

해설 진상용 콘덴서는 각각의 부하 측에 분산하여 설치한다.

25 변압기 유의 열화 방지를 위해 쓰이는 방법이 아닌 것은?

① 방열기 ② 브리더
③ 콘서베이터 ④ 질소 봉입

정답 20 ① 21 ② 22 ④ 23 ② 24 ③ 25 ①

26 3상 100[kVA], 13,200/200[V] 변압기의 저압 측 선전류의 유효분은 약 몇 [A]인가?(단, 역률은 80[%]이다.)

① 100 ② 173
③ 230 ④ 260

해설 ㉠ 3상 전력 $P=\sqrt{3}\,VI[\text{kVA}]$

$$I=\frac{P}{\sqrt{3}\,V}=\frac{100\times10^3}{\sqrt{3}\times200}=288.68[\text{A}]$$

㉡ 유효분 전류

$$I_{유}=I\times\cos\theta=288.68\times0.8=230.94$$

27 60[Hz], 4극, 슬립 5[%]인 유도 전동기의 회전수는?

① 1,710[rpm] ② 1,746[rpm]
③ 1,800[rpm] ④ 1,890[rpm]

해설 ㉠ 동기속도 $N_s=\dfrac{120f}{P}=\dfrac{120\times60}{4}=1,800[\text{rpm}]$

㉡ 슬립이 5[%]이므로
$1,800\times0.05=90[\text{rpm}]$

㉢ 회전수=㉠−㉡=1,800−90=1,710

28 전기자의 접속을 역으로 하여 회전 방향과 반대의 회전력을 발생하도록 함으로써 급속히 정지시키는 제동 방법은?

① 역전 제동 ② 발전 제동
③ 회생 제동 ④ 와류 제동

해설

R S T R S T

[역전 제동 방법]

29 변류기 개방 시 2차 측을 단락하는 이유는?

① 2차 측 절연보호
② 2차 측 과전류 보호
③ 측정 오차 감소
④ 변류비 유지

해설 변류기(CT)는 2차 측의 권선이 많이 감겨 있어 개방하면 높은 전압으로 인해 기기가 파손되고 위험하다.

30 직류 발전기의 정격전압 100[V], 무부하 전압 109[V]이다 이 발전기의 전압 변동률 ε[%]은?

① 1 ② 3
③ 6 ④ 9

해설 $$\varepsilon=\frac{V_0-V_n}{V_n}\times100=\frac{109-100}{100}\times100=9[\%]$$

31 3상 동기기에 제동 권선을 설치하는 주된 목적은?

① 출력 증가 ② 효율 증가
③ 역률 개선 ④ 난조 방지

32 동기기의 전기자 권선법이 아닌 것은?

① 전절권 ② 분포권
③ 2층권 ④ 중권

해설 ㉠ 전절권이나 집중권은 파형이 찌그러지므로 쓰이지 않는다. 단절권과 분포권을 쓴다.
㉡ 암기법 : 전세계에서 유일한 (분)(단)국가는 대한민국

33 비례추이를 이용하여 속도 제어가 되는 전동기는?

① 권선형 유도전동기 ② 농형 유도전동기
③ 직류 분권전동기 ④ 동기전동기

해설 교재 168쪽 '비례추이' 참조

34 3상 동기 발전기에서 전기자 전류가 무부하 유도기전력보다 $\frac{\pi}{2}$[rad] 앞선 경우(X_C만의 부하)의 전기자 반작용은?

① 횡축 반작용 ② 증자 작용
③ 감자 작용 ④ 편자 작용

해설 교재 129쪽 '전기자 반작용' 참조

35 전기 용접기용 발전기로 가장 적합한 것은?

① 직류 분권형 발전기
② 차동 복권형 발전기
③ 가동 복권형 발전기
④ 직류 타여자식 발전기

정답 26 ③ 27 ① 28 ① 29 ① 30 ④ 31 ④ 32 ① 33 ① 34 ② 35 ②

36 변압기의 퍼센트 저항 강하가 3[%], 퍼센트 리액턴스 강하가 4[%]이고, 역률이 80[%] 지상이다. 이 변압기의 전압 변동률[%]은?

① 3.7 ② 4.8
③ 5.1 ④ 6.2

해설 $\varepsilon = p\cos\theta + q\sin\theta = 3\times0.8 + 4\times0.6 = 4.8$

[암기]
$\cos^2\theta + \sin^2\theta = 1$에서
$\cos\theta = 1$일 때 $\sin\theta = 0$
$\cos\theta = 0.8$일 때 $\sin\theta = 0.6$
$\cos\theta = 0.6$일 때 $\sin\theta = 0.8$
$\cos\theta = 0$일 때 $\sin\theta = 1$

37 유도 전동기 권선법 중 맞는 것은?

① 고정자 권선은 단층권, 분포권이다.
② 고정자 권선은 이층권, 집중권이다.
③ 고정자 권선은 단층권, 집중권이다.
④ 고정자 권선은 이층권, 분포권이다.

38 직류 전동기의 속도 제어에서 자속을 2배로 하면 회전수는?

① 1/2로 줄어든다.
② 변함이 없다.
③ 2배로 증가한다.
④ 4배로 증가한다.

해설 ㉠ 직류 전동기의 역기전력 $E = \frac{PZ\phi N}{60a}[V] = k\phi N$

$\therefore N = \frac{E}{k\phi} = \frac{V - I_a R_a}{k\phi}$

㉡ N과 ϕ는 반비례 즉, $N \propto \frac{1}{\phi}$에서 자속이 2배로 되므로 $N \propto \frac{1}{2\phi}$ 즉, $\frac{1}{2}$로 줄어든다.

39 직류 전동기에서 전 부하 속도가 1500[rpm], 속도 변동률이 3[%]일 때 무부하 회전 속도는 몇 [rpm]인가?

① 1,455 ② 1,410
③ 1,545 ④ 1,590

해설 풀이 1] $\varepsilon = \frac{N_0 - N_n}{N_n} \times 100$에서
$N_0 = (1+\varepsilon)N_n = (1+0.03)\times1500 = 1545$

풀이 2] $\varepsilon = \frac{N_0 - N_n}{N_n} \times 100$ 에서 $3 = \frac{N_0 - 1500}{1500}$ 에 답을 대입해서 풀면 편하다.

40 6극 직렬권(직류 파권) 발전기의 전기자 도체 수 300, 매극 자속 0.02[Wb], 회전수 900[rpm]일 때 유도기전력[V]은?

① 90 ② 110
③ 220 ④ 270

해설 ㉠ $e = \frac{p\phi ZN}{60a} = \frac{6\times0.02\times300\times900}{60\times2} = 270[V]$

파권이므로 $a = 2$

㉡ 교재 103쪽 설명 참조

3과목 : 전기 설비

41 전선의 재료로서 구비해야 할 조건이 아닌 것은?

① 기계적 강도가 클 것
② 가요성이 풍부할 것
③ 고유 저항이 클 것
④ 비중이 작을 것

42 저압 옥내용 기기에 접지공사를 하는 주된 목적은?

① 이상 전류에 의한 기기의 손상 방지
② 과전류에 의한 감전 방지
③ 누전에 의한 감전 방지
④ 누전에 의한 기기의 손상 방지

43 합성수지관 배선에서 경질 비닐 전선관의 굵기에 해당되지 않는 것은?(단, 관의 호칭을 말한다.)

① 14 ② 16
③ 18 ④ 22

해설 경질 비닐 전선관의 호칭 : 14, 16, 22, 28, 36, 42
(안지름에 가까운 짝수로 나타낸다)

정답 36 ② 37 ④ 38 ① 39 ③ 40 ④ 41 ③ 42 ③ 43 ③

44 과전류 차단기로 저압 전로에 사용하는 퓨즈를 수평으로 붙인 경우 퓨즈는 정격 전류 몇 배의 전류에 견뎌야 하는가?

① 2.0 ② 1.6
③ 1.25 ④ 1.1

45 금속 전선관 공사에서 금속관에 나사를 내기 위해 사용하는 공구는?

① 리머 ② 오스터
③ 프레서 툴 ④ 파이프 벤더

46 다음 기호의 명칭은 무엇인가?

① 전력계 ② 주파수계
③ 전압계 ④ 지진 감지기

해설 지진 : Earthquake

47 금속관 공사를 할 경우 케이블 손상 방지용으로 사용하는 부품은 어느 것인가?

① 부싱 ② 엘보
③ 커플링 ④ 로크너트

해설 ㉠ 부싱 : 전선 피복 손상 방지
㉡ 엘보 : 금속관을 직각으로 연결할 때 사용
㉢ 커플링 : 금속관 상호 접속 시 사용
㉣ 로크너트 : 금속관을 박스에 고정시킬 때 사용

48 저압 가공 전선 또는 고압 가공 전선이 도로를 횡단하는 경우 전선의 지표상 최소 높이는?

① 2[m] ② 3[m]
③ 5[m] ④ 6[m]

해설 [암기]
저압 · 고압 가공 전선로의 높이

장소	높이[m]
횡단 보도교	3.5
일반 장소	5
도로 횡단	6
철도 횡단	6.5

49 수 · 변전 설비에서 전력 퓨즈의 용단 시 결상을 방지하는 목적으로 사용하는 것은?

① 자동 고장 구분 개폐기
② 선로 개폐기
③ 부하 개폐기
④ 기중 부하 개폐기

해설 ① 자동 고장 구분 개폐기(ASS) : 한 수용가의 사고가 다른 수용가에 피해를 주는 것을 최소화하기 위한 개폐기
② 선로 개폐기(LS) : 책임 분계점에서 보수 점검 시 전로를 구분하기 위한 개폐기로 시설하고 반드시 무부하 상태로 개방하여야 한다.
③ 부하 개폐기(LBS) : 수 · 변전 설비의 인입구 개폐기로 많이 사용하며, 전력 퓨즈 용단 시 결상을 방지하는 목적으로 사용
④ 기중 부하 개폐기(IS) : 300[kVA] 이하에서 입입 개폐기로 사용한다.

50 선택 지락 계전기(selective ground relay)의 용도는?

① 다 회선에서 지락고장 회선의 선택
② 단일 회선에서 지락전류의 방향의 선택
③ 단일 회선에서 지락사고 지속 시간의 선택
④ 단일 회선에서 지락전류의 대소의 선택

51 화약류 저장소 안에는 백열전등이나 형광등 또는 이에 전기를 공급하기 위한 공작물에 한하여 전로의 대지 전압을 몇 [V] 이하의 것을 사용하는가?

① 100[V] ② 200[V]
③ 300[V] ④ 400[V]

52 위험물 등이 있는 곳에서의 저압 옥내 배선 공사 방법이 아닌 것은?

① 케이블 공사
② 합성수지관 공사
③ 금속관 공사
④ 애자 사용 공사

정답 44 ④ 45 ② 46 ④ 47 ① 48 ④ 49 ③ 50 ① 51 ③ 52 ④

53 발전기나 변압기 내부 고장 보호에 쓰이는 계전기로서 가장 알맞은 것은?

① 차동 계전기 ② 접지 계전기
③ 과전류 계전기 ④ 역상 계전기

해설 교재 300쪽 단선도에서 (87T) 임

54 활선 작업 시 작업자가 현수애자 및 데드엔드 클램프에 접촉 되는 것을 방지하기 위한 공사 재료는?

① 전선 피박기 ② 애자 커버
③ 와이어 통 ④ 데드 엔드 커버

55 정격 전류가 50[A]인 저압 전로의 과전류 차단기를 주택용 배선용 차단기로 사용하는 경우 정격 전류의 2배의 전류가 통과하였을 경우 몇 분 이내에 자동적으로 동작하여야 하는가?

① 20분 ② 40분
③ 60분 ④ 80분

해설 배선용 차단기의 작동(252쪽 참조)

56 저압 연접 인입선의 시설과 관련된 설명으로 잘못된 것은?

① 옥내를 통과하지 아니할 것
② 전선의 굵기는 1.5[mm²] 이하일 것
③ 폭 5[m]를 넘는 도로를 횡단하지 아니할 것
④ 인입선에서 분기하는 점으로부터 100[m]를 넘는 지역에 미치지 아니할 것

57 보호를 요하는 회로의 전류가 어떤 일정한 값(정정값) 이상으로 흘렀을 때 동작하는 계전기는?

① 과전류 계전기 ② 과전압 계전기
③ 차동 계전기 ④ 비율 차동 계전기

58 박강 전선관의 표준 굵기가 아닌 것은?

① 15[mm] ② 16[mm]
③ 25[mm] ④ 39[mm]

해설 박강 전선관의 호칭은 바깥지름에 가까운 홀수로 정한다.

59 최대 사용 전압이 70[kV]인 중성점 직접 접지식 전로의 절연 내력 시험 전압은 몇 [V]인가?

① 35,000[V] ② 42,000[V]
③ 44,800[V] ④ 50,400[V]

해설 전로의 시험 전압
최대 사용 전압이 60,000[V]를 넘고 170kV이하 중성점 직접 접지식 전로는 최대 사용전압의 0.72배의 전압으로 시험한다.
$70 \times 10^3 \times 0.72 = 50,400[V]$

60 어느 가정집이 40[W] LED등 10개, 1[kW] 전자레인지 1개, 100[W] 컴퓨터 세트 2대, 1[kW] 세탁기 1대를 사용하고, 하루 평균 사용 시간이 LED등은 5시간, 전자레인지 30분, 컴퓨터 5시간, 세탁기 1시간이라면 1개월(30일)간의 사용 전력량[kWh]은?

① 115 ② 135
③ 155 ④ 175

해설 1일 사용 전력량
$40[W] \times 10 \times 5\text{시간} = 2000[Wh]$
$1000[W] \times 1 \times 0.5\text{시간} = 500[Wh]$
$100[W] \times 2 \times 5\text{시간} = 1000[Wh]$
$1000[W] \times 1 \times 1\text{시간} = 1000[Wh]$일 때,
1개월(30일)간의 사용 전력량은
$(2000 + 500 + 1000 + 1000) \times 30\text{일}$
$= 135000[Wh] = 135[kWh]$

정답 53 ① 54 ④ 55 ② 56 ② 57 ① 58 ② 59 ④ 60 ②

10 과년도 기출문제(2019년 2회)

2016년 5회부터는 CBT 시험이므로 문제의 유형이 모두 다릅니다.

1과목 : 전기 이론

01 길이 1[m] 저항 20[Ω]인 전선의 길이를 2배로 늘렸을 경우 저항은 몇 [Ω]이냐?(단, 체적은 일정하다)

① 40[Ω] ② 80[Ω]
③ $\frac{1}{40}$[Ω] ④ $\frac{1}{80}$[Ω]

해설 ㉠ 체적이 일정할 때 길이를 n배로 늘리면 n^2으로 계산
㉡ 체적이 일정할 때 반지름을 n배로 늘리면 $\frac{1}{n^2}$으로 계산
㉢ 길이를 2배로 늘렸으므로 $2^2 \times 20 = 80$[Ω]

02 4[Ω]의 저항과 6[Ω]의 저항을 직렬로 접속할 때 합성 컨덕턴스는 몇 [℧]인가?

① 5 ② 2.5
③ 1.5 ④ 0.1

해설 ㉠ 직렬 합성 저항 R=4+6=10
㉡ 컨덕턴스 $G = \frac{1}{R} = \frac{1}{10} = 0.1$

03 △－△ 평형 회로에서 상전압 E = 200[V], 임피던스 Z=3+j4[Ω]일 때 상전류 I_p[A]는 얼마인가?

① 30[A] ② 40[A]
③ 50[A] ④ 66[A]

해설 상전류 $I_p = \frac{E}{Z} = \frac{200}{3+j4} = \frac{200}{5} = 40$ [A]

04 다음 중 저항 값이 클수록 좋은 것은?

① 접지 저항 ② 도체 저항
③ 절연 저항 ④ 접촉 저항

해설 비닐 절연전선은 구리선에 전기가 통하지 않는 비닐(절연체)을 씌운 것이다. 이와 같이 절연 저항은 클수록 좋다.

05 비 정현파를 여러 개의 정현파의 합으로 표시하는 방법은?

① 중첩의 원리 ② 노튼의 정리
③ 푸리에 분석 ④ 테일러의 분석

해설 ㉠ 프랑스 물리학자인 푸리에－파동에 대한 연구
㉡ 비정현파＝직류분＋정현파＋고조파

$= \sqrt{\text{직류분}^2 + \text{정현파 실효값}^2 + \text{고조파 실효값}^2}$

06 코일의 성질에 대한 설명으로 틀린 것은?

① 공진하는 성질이 있다.
② 상호유도작용이 있다.
③ 전원 노이즈 차단기능이 있다.
④ 직류보다 교류를 잘 통하게 한다.

해설 직류에서는 코일 성분이 없어진다.

07 2개의 저항 R_1, R_2를 병렬 접속하면 합성 저항은?

① $\frac{1}{R_1+R_2}$ ② $\frac{R_1}{R_1+R_2}$
③ $\frac{R_1R_2}{R_1+R_2}$ ④ $\frac{R_2}{R_1+R_2}$

08 두 금속을 접속하여 여기에 전류를 흘리면, 줄열 외에 그 접점에서 열의 발생 또는 흡수가 일어나는 현상은?

① 줄 효과 ② 홀 효과
③ 제벡 효과 ④ 펠티에 효과

정답 01 ② 02 ④ 03 ② 04 ③ 05 ③ 06 ④ 07 ③ 08 ④

09 **220[V]용 100[W]전구와 200[W]전구를 직렬로 연결하여 220[V]의 전원에 연결하면?**

① 두 전구의 밝기가 같다.
② 100[W]의 전구가 더 밝다.
③ 200[W]의 전구가 더 밝다.
④ 두 전구 모두 안 켜진다.

해설 ㉠ 100[W]와 200[W]를 병렬로 연결하면 200[W]가 밝고,
㉡ 100[W]와 200[W]를 직렬로 연결하면 100[W]가 밝다.

10 **전류에 의한 자기장의 세기를 구하는 비오－사바르의 법칙을 옳게 나타낸 것은?**

① $\Delta H = \dfrac{I\Delta l \sin\theta}{4\pi r^2}$[AT/m]

② $\Delta H = \dfrac{I\Delta l \sin\theta}{4\pi r}$[AT/m]

③ $H = \dfrac{I\Delta l \sin\theta}{4\pi r}$[AT/m]

④ $H = \dfrac{I\Delta l \sin\theta}{4\pi r^2}$[AT/m]

해설 교재 53쪽 'Memo' 5개 꼭 암기

11 **3상 100[kVA], 13200/200 [V] 변압기의 저압측 선전류의 유효분은 약 몇 [A]인가?(단, 역률은 80%이다.)**

① 100 ② 173
③ 230 ④ 260

해설 ㉠ 3상 전력 $P = \sqrt{3}\,VI$[VA]에서
㉡ 전체 전류 $I = \dfrac{P}{\sqrt{3}\,V} = \dfrac{100,000}{\sqrt{3}\times 200}$ =288.7[A]
㉢ 유효분 전류 $I_{유}$ =I×0.8=288.7×0.8=230[A]

12 **다음 설명 중 틀린 것은?**

① 앙페르의 오른 나사 법칙 : 전류의 방향을 오른나사가 진행하는 방향으로 하면, 이때 발생되는 자기장의 방향은 오른나사의 회전 방향이 된다.
② 쿨롱의 법칙 : 두 자극 사이에 작용하는 자력의 크기는 양자극의 세기의 곱에 비례하며, 자극 간의 거리의 제곱에 비례한다.
③ 패러데이의 전자 유도 법칙 : 유도 기전력의 크기는 코일을 지나는 자속의 매초 변화량과 코일의 권수에 비례한다.
④ 렌츠의 법칙 : 유도기전력은 자신의 발생 원인이 되는 자속의 변화를 방해하려는 방향으로 발생한다.

해설 쿨롱의 법칙 $F = \dfrac{1}{4\pi\mu}\times\dfrac{m_1 m_2}{r^2}$ 에서 거리의 제곱에 반비례한다.

13 **다음 중 가장 무거운 것은?**

① 양성자의 질량과 중성자의 질량의 합
② 양성자의 질량과 전자의 질량의 합
③ 원자핵의 질량과 전자의 질량의 합
④ 중성자의 질량과 전자의 질량의 합

해설 ㉠ 원자 = 원자핵(양성자와 중성자) + 전자
㉡ 교재 15쪽 참조

14 **비 투자율 1,000, 자속 밀도 0.1[Wb/m²]인 경우 철심에 저장되는 에너지 [J/m³]는?**

① 4 ② 17
③ 270 ④ 352

해설 철심에 저장되는 에너지
㉠ $W = \dfrac{1}{2}BH = \dfrac{1}{2}\mu H^2 = \dfrac{B^2}{2\mu}$ [J/m³]
㉡ $W = \dfrac{B^2}{2\mu} = \dfrac{B^2}{2\mu_s\mu_0} = \dfrac{0.1^2}{2\times 1,000\times\mu_0} = 3.98$ [J/m³]

계산기 [분수] 0.1 X^2 ↓ 2 × 1,000
SHIFT 7 33 = 3.98

15 **5.2[KW], 8[A], 3상 380[V]인 경우 전동기의 역률[%]은?**

① 66 ② 76
③ 82 ④ 98

해설 ㉠ 유효 전력 $P = \sqrt{3}\,VI\cos\theta$[W]에서
㉡ 역률 $\cos\theta = \dfrac{P}{\sqrt{3}\,VI} = \dfrac{5200}{\sqrt{3}\times 380\times 8}$ =0.98
㉢ 무효률은 $\cos^2\theta + \sin^2 = 1$

정답 09 ② 10 ① 11 ③ 12 ② 13 ③ 14 ① 15 ④

16 전류를 3배로 하면 코일에 저장되는 에너지는?

① 3 ② 9

③ $\frac{1}{3}$ ④ $\frac{1}{9}$

해설 코일에 저장되는 에너지 $E=\frac{1}{2}LI^2$ [J]

$\therefore I^2$ 은 3^2

17 권선 수 200회인 코일이 0.1초 동안에 전류가 0.5[A]에서 0.3[A]로 변화한 경우 유도 기전력이 2[V]일 때 자기 인덕턴스(H)는?

① 1 ② 100

③ 1,000 ④ 10,000

해설 $e=L\frac{di}{dt}$ 에서 $L=e\frac{dt}{di}=2\times\frac{0.1}{(0.5-0.3)}=$ 1[H]

18 다음 중 전속 밀도의 단위는?

① C/m^2 ② Wb/m^2

③ F/m ④ F/m^2

해설 ㉠ 전속밀도 $D=\varepsilon E$ [c/m^2]

㉡ 자속밀도 $B=\mu H$ [Wb/m^2]

19 3[F]와 6[F]의 콘덴서를 병렬 접속하고 10[V]의 전압을 가했을 때 축적되는 전하량 Q[C]는?

① 45 ② 60

③ 90 ④ 180

해설 ㉠ 콘덴서의 병렬은 저항의 직렬과 같이 계산

㉡ 합성 정전 용량 C=3+6=9[F]

㉢ 축적되는 전하량 Q=CV=9×10=90[C]

20 $i=200\sqrt{2}\sin(\omega t+\frac{\pi}{2})$를 복소수로 나타내면 어떻게 되는가?

① I=200

② $I=100\sqrt{2}+j100\sqrt{2}$

③ $I=200\sqrt{2}+j200\sqrt{2}$

④ I=j200

해설 복소수는 실효값

$I=200\angle 90$

$=200(\cos\theta+j\sin\theta)=200(\cos 90+j\sin 90)$

$=200(0+j1)=j200$

계산기 MODE 2 : CMPLX 200 SHIFT ∠90 = 200j → 계산기 사용법 숙지

계산기에서 ∠ 표시는 (−)위에 있음

2과목 : 전기 기기

21 유도 전동기의 동기 속도 n_s 회전 속도 n일 때 슬립은?

① $s=\frac{n_s-n}{n}$ ② $s=\frac{n-n_s}{n}$

③ $s=\frac{n_s-n}{n_s}$ ④ $s=\frac{n_s+n}{n_s}$

22 자기 소호 기능이 가장 좋은 소자는?

① GTO ② TRIAC

③ SCR ④ LASCR

해설 ㉠ GTO 심벌

㉡ 게이트 턴 오프 스위치로 게이트에 역방향으로 전류를 흘리면 자기 소호하는 사이리스터

23 일정 전압 및 일정 파형에서 주파수가 상승하면서 변압기 철손은 어떻게 변하는가?

① 증가한다.

② 감소한다.

③ 불변이다.

④ 어떤 기간 동안 증가한다.

해설 철손 $\propto \frac{1}{f}$

정답 16 ② 17 ① 18 ① 19 ③ 20 ④ 21 ③ 22 ① 23 ②

24 발전기를 정격 전압 220[V]로 운전하다가 무부하로 운전하였더니, 단자 전압이 253[V]가 되었다. 이 발전기의 전압 변동률은 몇 [%]인가?

① 15[%] ② 25[%]
③ 35[%] ④ 45[%]

해설 전압 변동률

$$\varepsilon = \frac{\text{무부하 전압} - \text{정격 전압}}{\text{정격 전압}} \times 100 \ [\%]$$

$$\varepsilon = \frac{253-220}{220} \times 100 = 15 \ [\%]$$

25 직류전동기를 기동할 때 전기자 전류를 제한하는 가감 저항기를 무엇이라 하는가?

① 단속기 ② 제어기
③ 가속기 ④ 기동기

해설

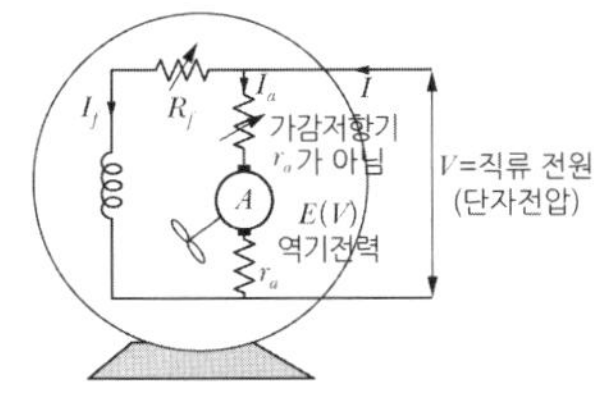

[직류 분권 전동기]

㉠ 전동기는 기동할 때 정격 전류의 4~5배의 전류가 흐른다.
㉡ 그러므로 전기자 전류 I_a를 줄이기 위해 전기자에 직렬로 가변 저항(기동기)을 달아줘 기동 시 기동전류를 줄여준다
㉢ 기동 시는 가감 저항기의 저항을 크게, 운전 시 저항을 작게 조절한다.

26 3상 유도 전동기의 1차 입력 60[kW], 1차 손실 1[kW], 슬립 3[%]일 때 기계적 출력 [kW]은?

① 57 ② 75
③ 95 ④ 100

해설 2차 입력 $P_2 = 1\text{차 입력} - 1\text{차손실} = 59 \ [\text{kW}]$
출력$= 2\text{차 입력} - 1\text{차 동손} = P_2 - SP_2$
$= (1-S)P_2 = 0.97 \times 59 = 57.23 \ [\text{kW}]$

27 동기 발전기의 돌발 단락 전류를 주로 제한하는 것은?

① 권선 저항 ② 동기 리액턴스
③ 누설 리액턴스 ④ 역상 리액턴스

해설 동기기에서 단락 전류를 제한하는 것
㉠ 단락이 되는 순간 – 누설 리액턴스
㉡ 2~3초 후 전기자 반작용(감자 작용)

28 정격 전압 220[V], 전기자 전류 10[A], 전기자 저항 1[Ω],회전수 1,800[rpm]인 전동기의 역기전력은 몇[v]인가?

① 90 ② 160
③ 190 ④ 210

해설 ㉠ 전기자에서의 전압 강하
$V_a = I_a \times r_a = 10 \times 1 = 10 \ [\text{V}]$
㉡ 역기전력 = 정격 전압 – 전압 강하 = 220 – 10 = 210[V]

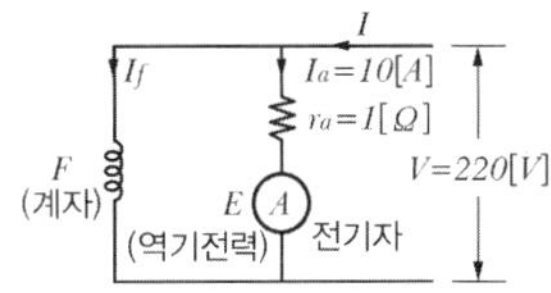

29 동기 전동기의 위상 특성 곡선에서 전기자 전류가 최소로 흐를 때의 역률은?

① 0.5 ② 0.7
③ 1 ④ 1.2

해설 교재 135쪽 참조

30 변압기 2대를 V결선했을 경우의 출력비는?

① 57.7[%] ② 77.5[%]
③ 86.6[%] ④ 89.1[%]

해설 $V-V$결선
㉠ $\Delta-\Delta$결선으로 3상 변압을 하는 경우, 1대의 변압기가 고장이 나면 제거하고 남은 2대의 변압기를 이용하여 3상 변압을 계속하는 방식
㉡ 변압기 1대 당의 출력이 P[VA] 이면 변압기 Δ 결선이나, Y결선한 단상 변압기 3대의 출력은 3P[VA]
㉢ Δ 결선 중 1대가 고장이 났을 경우 V 결선으로 3상 전력을 공급하면 2P가 아니고 $\sqrt{3}\,P$의 출력이 나온다. 그러므로

정답 24 ① 25 ④ 26 ① 27 ③ 28 ④ 29 ③ 30 ①

ⓐ V 결선의 출력 : $\sqrt{3}\,P$

ⓑ V결선과 Δ 결선의 출력 비

$$\frac{P_V}{P_\Delta} = \frac{\sqrt{3}\,P}{3P} \fallingdotseq 0.577$$

ⓒ V 결선한 변압기 1대당 이용률 $\frac{\sqrt{3}\,P}{2P} \fallingdotseq 0.866$

31 단상 반파 정류 회로에서 직류 전압의 평균값으로 가장 적당한 것은?(단, 전원 측 전압은 E[V]이다)

① 1.35E ② 1.17E
③ 0.9E ④ 0.45E

해설 ㉠반파 실효값 $= \frac{E}{2}$

㉡ 반파 평균값 = 반파 실효값×0.9 = 0.45E

32 3상 농형 유도 전동기의 Y－Δ 기동 시 기동전류를 전 전압 기동 시와 비교하면?

① 전 전압 기동 전류의 1/3 로 된다.
② 전 전압 기동 전류의 $\sqrt{3}$ 배로 된다.
③ 전 전압 기동 전류의 3배로 된다.
④ 전 전압 기동 전류의 9배로 된다.

해설 $Y-\Delta$ 기동법

㉠ 5~15[kW] 이하의 중 용량 전동기에 쓰이며, 이 방법은 고정자 권선을 Y로 하여 상 전압을 줄여 기동 전류를 줄이고, 기동 후 Δ로 하여 운전하는 방식이다.

㉡ 기동 전류는 정격 전류의 1/3로 줄어들고

㉢ 기동 토크도 1/3로 감소한다.

33 다극 직류 분권기 균압환 사용 목적은?

① 브러시 불꽃방지 ② 전압 조절
③ 기동 전류 감소 ④ 전기자 반작용 방지

해설 균압환 국부 전류가 브러시를 통하여 흐르지 못하게 한다.

34 전동기 부하가 연속적으로 사용되는 것은?

① 기중기 ② 펌프
③ 절곡기 ④ 압연기

35 전동기 380[V], 전등 220[V] 동시 사용할 수 있는 변압기 결선방법은?

① 3상 4선식 ② 3상 3선식
② 단상 2선식 ③ 단상 3선식

해설 전동기 380[V]는 3상, 전등 220[V]는 단상이므로 3상과 단상을 동시에 쓸 수 있는 3상 4선식(Y 결선)이다.

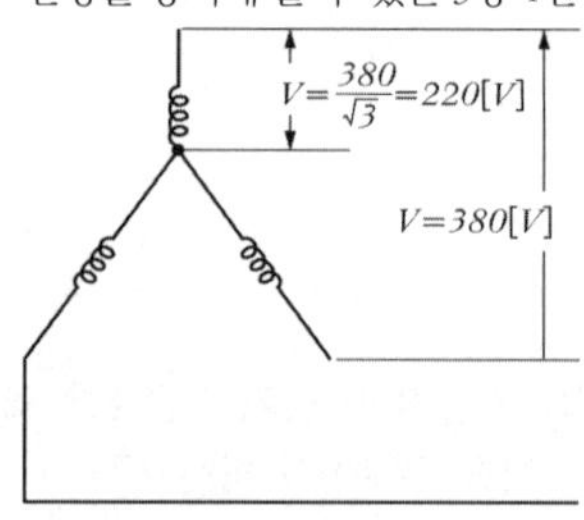

[3ø4w식 접선]

36 단상 유도 전동기 속도제어 방법이 아닌 것은?

① 주파수 제어 ② 2차 저항 제어
③ 극수 제어 ④ 전압 제어

해설 2차 저항 제어법은 3상 유도전동기의 속도 제어 방식이다.

37 권상기, 기중기 등으로 물건을 내릴 때와 같이 전동기가 가지는 운동에너지를 발전기로 동작시켜 발생한 전력을 반환시켜서 제동하는 방식은?

① 역전제동 ② 발전제동
③ 회생제동 ④ 와류제동

38 부르홀츠 계전기의 설치 위치는?

① 변압기 본체와 콘서베이터 사이
② 콘서베이터 내부
③ 변압기의 고압 측 부싱
④ 변압기 주 탱크 내부

해설 변압기 내부고장 보호용으로 쓰이는 계전기

㉠ 부흐홀츠 계전기는 변압기 내부

㉡ 변압기 주탱크와 콘서베이터 관 사이에 있고 차동계전기는 변압기 외부 회로에 접속되어 있다.

㉢ 용량에 작은 변압기의 단락 보호용은 과전류 계전방식이다.

정답 31 ④ 32 ① 33 ① 34 ④ 35 ① 36 ② 37 ③ 38 ①

39 **다음 중 기동 토크가 가장 큰 전동기는?**

① 분상 기동형 ② 콘덴서 모터형
③ 셰이딩 코일형 ④ 반발 기동형

해설 단상 유도전동기의 기동 토크의 세기
반발 기동형 > 반발 유도형 > 콘덴서 형 > 분상 기동형 > 셰이딩 코일형

40 **고압 전동기 철심의 강판 홈(Slot)의 모양은?**

① 반폐형 ② 반구형
③ 개방형 ④ 밀폐형

해설 고압 전동기 고정자 철심의 슬롯은 개방형으로 한다.

3과목 : 전기 설비

41 **가공 인입선 중 수용 장소의 인입선에서 분기하여 다른 수용장소의 인입구에 이르는 전선을 무엇이라 하는가?**

① 소주 인입선 ② 연접 인입선
③ 본주 인입선 ④ 인입 간선

42 **간선에 접속하는 전동기 등의 정격 전류의 합계가 50[A]를 초과하는 경우에 그 정격 전류의 몇 배의 허용 전류가 있는 전선이어야 하는가?**

① 0.8 ② 1.1
③ 1.25 ④ 3.0

43 **다음 그림기호의 배선 명칭은?**

──────────

① 천장 은폐 배선 ② 바닥 은폐 배선
③ 노출 배선 ④ 바닥면 노출 배선

44 **다음 중 금속 전선관 공사에서 나사 내기에 사용되는 공구는?**

① 토치램프 ② 벤더
③ 리머 ④ 오스터

해설 파이프에 나사를 절삭하는 다이스 돌리기의 일종

45 **전선의 접속에 대한 설명으로 틀린 것은?**

① 접속 부분의 전기저항을 20[%] 이상 감소시킨다.
② 접속 부분의 인장강도를 80[%] 이상 유지
③ 접속 부분에 전선 접속 기구를 사용함
④ 알루미늄 전선과 구리선의 접속 시 전기적인 부식이 생기지 않도록 함

해설 접속 부분의 전기 저항을 20[%] 이내로 감소

46 **최대 사용 전압이 70[kV]인 중성점 직접 접지식 전로의 절연내력 시험 전압[V]은?**

① 35,000 ② 50,400
③ 44,800 ④ 42,000

47 **전선 재료로서 구비해야 할 조건이 아닌 것은?**

① 기계적 강도가 클 것
② 가요성이 풍부할 것
③ 고유저항이 클 것
④ 비중이 작을 것

해설 전선의 구비조건
㉠ 도전율이 크고 기계적 강도가 클 것
㉡ 비중이 작고, 가선 공사가 쉬울 것
㉢ 내후성이 크고, 가격이 쌀 것

48 **금속관 공사를 노출로 시공할 때 직각으로 구부러지는 곳에는 어떤 배선 기구를 사용하는가?**

① 유니온 커플링 ② 아웃렛 박스
③ 픽스쳐 히키 ④ 유니버설 엘보

해설 ㉠ 노멀 밴드 : 금속관 매입공사 직각 배관
㉡ 유니버설 엘보 : 금속관 노출공사 직각 배관

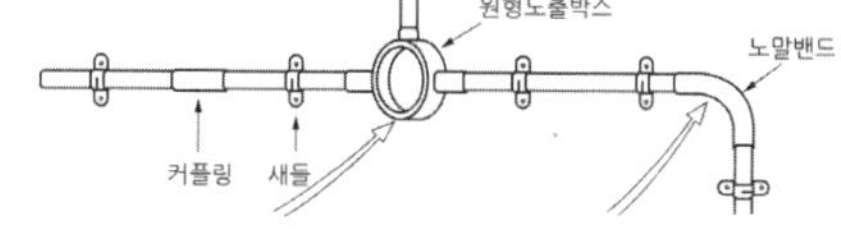

정답 39 ④ 40 ③ 41 ② 42 ② 43 ① 44 ④ 45 ① 46 ② 47 ③ 48 ④

49 **전선을 종단 겹침용 슬리브에 의해 종단 접속할 경우 소정의 압착 공구를 사용하여 보통 몇 개소를 압착하는가?**

① 1 ② 2
③ 3 ④ 4

해설 전선을 종단 겹침용 슬리브에 의해 종단 접속할 경우 보통 2개소를 압착한다.

50 **전선 접속 시 사용되는 슬리브(Sleeve)의 종류가 아닌 것은?**

① D형 ② S형
③ E형 ④ P형

51 **변압기 중성점에 접지공사를 하는 이유는?**

① 전류 변동의 방지
② 전압 변동의 방지
③ 전력 변동의 방지
④ 고저압 혼촉 방지

해설 특고압, 고압에서 저압으로 변성하는 변압기의 중성점 또는 단자에 혼촉 방지를 위해 시설한다.

52 **전류 계전기 설명 중 틀린 것은?**

① 예정된 전류값에서 동작하는 계전기이다.
② 일반적으로 주회로 전류를 감시한다.
③ 부족전류 계전기는 모든 곳에 설치되어야 한다.
④ 과전류계전기와 부족전류 계전기로 나뉜다.

53 **전선 약호 'HIV'는 무엇을 의미하는가?**

① 내열성 비닐절연전선
② 옥외용 비닐절연전선
③ 인입용 비닐절연전선
④ 형광방전등용 전선

54 **다음 전선 중 부드럽고 도전율이 커 옥내 배선에 사용하는 전선은?**

① 연동선 ② 경동선
③ 연선 ④ 단선

해설 ② 경동선 : 연동선보다 불순물 함량이 많아 딱딱한 전선으로 옥외용 전선
③ 연선 : 중심 소선이 있고 외곽에 6의 배수로 되어 있는 전선
④ 단선 : 선이 한 가닥인 선

55 **디지털 계전기의 장점이 아닌 것은?**

① 점검 중에도 작동을 한다.
② 오동작이 작다.
③ 오차가 작다.
④ 진동에 영향을 받지 않는다.

56 **시가지 외 고압 주상 변압기 설치높이는?**

① 4.5[m] ② 5[m]
③ 4[m] ④ 6[m]

해설 고압 주상 변압기 높이

시가지	시가지 외
4.5[m] 이상	4[m] 이상

57 **물탱크의 물의 양에 따라 동작하는 자동 스위치는?**

① 부동 스위치 ② 압력 스위치
③ 타임 스위치 ④ 3로 스위치

해설 부동 스위치(floatless switch, FTS)

58 **금속관 공사를 할 경우 케이블 손상 방지용으로 사용하는 부품은?**

① 부싱 ② 엘보
③ 커플링 ④ 로크너트

해설

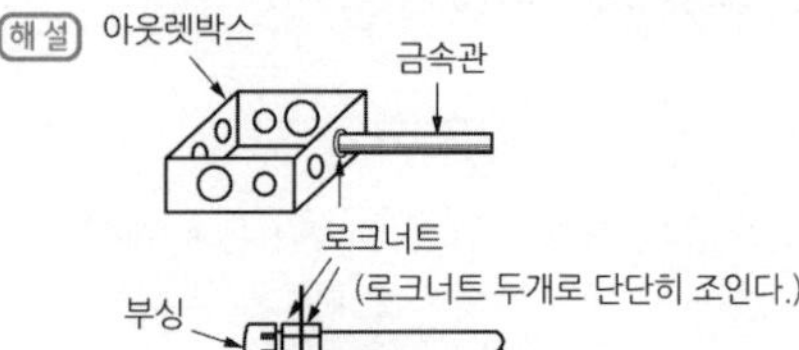

정답 49 ② 50 ① 51 ④ 52 ③ 53 ① 54 ① 55 ① 56 ③ 57 ① 58 ①

59 폭연성 분진이 존재하는 곳의 금속관 공사 시 전동기를 접속하는 부분에서 가요성을 필요로 하는 부분의 배선에는 방폭형 부속품 중 어떤 것을 사용하여야 하는가?

① 플렉시블 피팅
② 분진 플렉시블 피팅
③ 안전 증가 플렉시블 피팅
④ 분진 방폭형 플렉시블 피팅

60 직접 조명으로 천장높이 3[m]에 등을 설치할 때 바닥 면으로부터 등의 위치는?

① 3[m] ② 2[m]
③ 1[m] ④ 1.5[m]

해설 천장으로부터 1/3이므로 바닥면에서는 2[m]

정답 59 ④ 60 ②

11 과년도 기출문제(2019년 3회)

2016년 5회부터는 CBT 시험이므로 문제의 유형이 모두 다릅니다.

1과목 : 전기 이론

01 자기 인덕턴스 L_1, L_2가 서로 자기력선속의 영향을 받지 않을 때 합성 인덕턴스 L_0는?

① $L_0 = L_1 + L_2 - M$
② $L_0 = L_1 + L_2$
③ $L_0 = L_1 + L_2 - 2M$
④ $L_0 = L_1 + L_2 + 2M$

해설 ㉠ 서로 자속의 영향을 받을 때는 $L_0 = L_1 + L_2 \pm 2M$
㉡ 상호 인덕턴스 $M = k\sqrt{L_1 \cdot L_2}$
㉢ 서로 영향을 받지 않으므로 이때 M=0

02 아래 회로에 흐르는 전류 I[A]는?

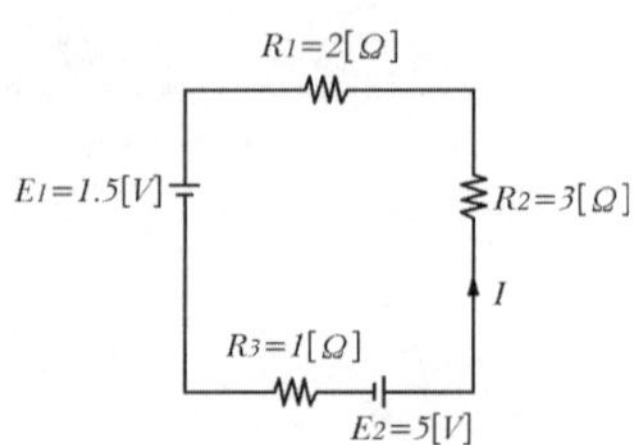

① 0.23 ② 0.47
③ 0.58 ④ 0.92

해설 ㉠ 전지의 방향이 반대이므로 E=5−1.5=3.5[V]
㉡ 합성 저항 R=2+3+1=6[Ω]
㉢ 전류 $I = \frac{E}{R} = \frac{3.5}{6} = 0.58$ [A]

03 어떤 회로에 $v = 200\sin\omega t$의 전압을 가했더니 $i = 50\sin(\omega t + \frac{\pi}{2})$ 전류가 흘렀다. 이 회로는?

① 저항 회로 ② 유도성 회로
③ 용량성 회로 ④ 임피던스 회로

해설 전류가 전압보다 +90도 이므로 진상 전류이다. 즉, 순 용량성 회로(콘덴서 회로)이다.

04 전하 및 전기력에 대한 설명으로 틀린 것은?

① 전하에 양(+)전하와 음(−) 전하가 있다.
② 비유전율이 큰 물질일수록 전기력은 커진다.
③ 대전체의 전하를 없애려면 대전체와 대지를 도선으로 연결하면 된다.
④ 두 전하 사이에 작용하는 전기력은 전하의 크기에 비례하고 두 전하 사이의 거리의 제곱에 반비례 한다.

해설 전기력 $F = \frac{1}{4\pi\varepsilon_o\epsilon_s} \times \frac{Q_1Q_2}{1}$[N]에서 ε_s(비유전율)은 F에 반비례한다.

05 공기 중에서 자속 밀도 2[Wb/m²]의 평등 자계 내에서 5[A]의 전류가 흐르고 있는 길이 60[cm]의 직선 도체를 자계의 방향에 대하여 60°의 각을 이루도록 놓았을 때 이 도체에 작용하는 힘은?

① 약 1.7[N] ② 약 3.2[N]
③ 약 5.2[N] ④ 약 8.6[N]

해설 ㉠ 힘을 구하는 것이므로 플레밍의 왼손 법칙(FBI)이고 전동기를 말한다.
㉡ $F = B\ell I\sin\theta = 2\times5\times60\times10^{-2}\times\sin60 \fallingdotseq 5.2$

계산기 2 × 5 × 60 × 10 $X^{■}$ (−) 2 → × sin60 = S⇔D 5.19

06 R=4[Ω], X=3[Ω]인 R−L−C 직렬 회로에 5[A]의 전류가 흘렀다면 이때의 전압은?

① 15[V] ② 20[V]
③ 25[V] ④ 125[V]

정답 01 ② 02 ③ 03 ③ 04 ② 05 ③ 06 ③

해설 $R=4[\Omega]$, $X=3[\Omega]$이므로

$$Z=4+j3[\Omega]=\sqrt{4^2+3^2}\angle\tan^{-1}\frac{3}{4}=5\angle 36.87$$

여기서는 절대값만 계산했으므로 $I=\dfrac{V}{Z}$에서,

$V=I\cdot Z=5\times5=25$

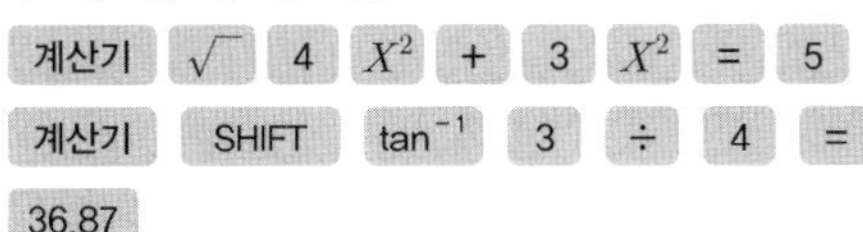

07 R=10[Ω], C=220[μF]의 병렬 회로에 f=60[Hz], V=100[V]의 사인파 전압을 가할 때 저항 R에 흐르는 전류[A]는?

① 0.45[A] ② 6[A]
③ 10[A] ④ 22[A]

해설 ㉠ 병렬 회로이므로 저항 10[Ω] 양단 a, b에 걸리는 전압 $V_{ab}=100[V]$

$$\therefore I_R=\frac{V_{ab}}{R}=\frac{100}{10}=10[A]$$

㉡ 콘덴서에 흐르는 전류 $I_C=\dfrac{V_{cd}}{X_c}$

이때 $X_C=\dfrac{1}{2\pi fc}=\dfrac{1}{2\times3.14\times60\times220\times10^{-6}}$

$=12[\Omega]$

$$\therefore I_C=\frac{100}{12}=8.3[A]$$

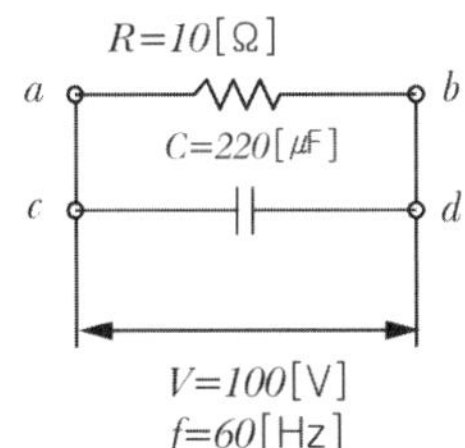

08 주위 온도 0[℃]에서의 저항이 20[Ω]인 연동선이 있다. 주위 온도가 50[℃]로 되는 경우 저항은?(단, 0[℃]에서 연동선의 온도 계수는 $a_0=4.3\times10^{-3}$ 이다.)

① 약 22.3[Ω] ② 약 23.3[Ω]
③ 약 24.3[Ω] ④ 약 25.3[Ω]

해설 $R_T=R_t+\alpha_0 R_t(T-t)$

$=20+4.3\times10^{-3}\times20(50-0)$

$=24.3$

계산기 20 + 4.3 × 10 $X^{\blacksquare}$ (−) 3 → × 20 × 50 =

09 대칭 3상 교류를 올바르게 설명한 것은?

① 3상의 크기 및 주파수가 같고 상차가 60°의 간격을 가진 교류
② 3상의 크기 및 주파수가 각각 다르고 상차가 60°의 간격을 가진 교류
③ 동시에 존재하는 3상의 크기 및 주파수가 같고 상차가 120°의 간격을 가진 교류
④ 동시에 존재하는 3상의 크기 및 주파수가 같고 상차가 90°의 간격을 가진 교류

10 길이 5[cm]의 균일한 자로에 10회의 도선을 감고 1[A]의 전류를 흘릴 때 자로의 자장의 세기[AT/m]는?

① 5[AT/m] ② 50[AT/m]
③ 200[AT/m] ④ 500[AT/m]

해설 ㉠ 무한장 직선 솔레노이드 참조
㉡ 1[m]에 감긴 권 횟수는 200회
∴ H=NI=200×1=200
㉢ 교재 53쪽 Memo → 꼭 암기할 것

11 정전 흡인력은 전압의 몇 승에 비례하는가?

① 2 ② 1
③ $\frac{1}{2}$ ④ $\frac{1}{4}$

해설 정전 흡인력 $F=\dfrac{D^2}{2\varepsilon}\cdot A[N]$, $D=\varepsilon E$이고 $E=\dfrac{V}{d}$

$$F=\frac{D^2}{2\varepsilon}\cdot A=\frac{(\varepsilon\frac{V}{d})^2\cdot A}{2\varepsilon}[N]$$

그러므로 전압의 제곱에 비례한다.

정답 07 ③ 08 ③ 09 ③ 10 ③ 11 ①

12 그림에서 a－b 간의 합성 정전 용량은 10[μF]이다. C_x 의 정전 용량은?

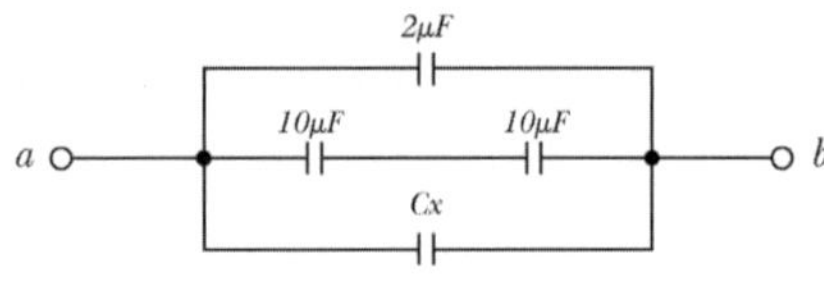

① 3[μF] ② 4[μF]
③ 5[μF] ④ 6[μF]

해설
[암기]
콘덴서의 직렬은 저항의 병렬과 같이 계산하고
콘덴서의 병렬은 저항의 직렬과 같이 계산한다.

$C_X=3[\mu\text{F}]$이면 합성 정전 용량은 10[μF]가 된다.

13 어느 회로 소자에 일정한 크기의 전압으로 주파수를 증가 시키면서 흐르는 전류를 관찰하였다. 주파수를 2배로 하였더니 전류가 2배로 증가하였다. 이 회로의 소자는?

① 저항 ② 코일
③ 콘덴서 ④ 다이오드

해설
㉠ 전기를 이루고 있는 소자 R, L, C에서 L과 C는 주파수의 영향을 받는다.
㉡ $X_L=\omega L=2\pi fL$, $X_C=\dfrac{1}{\omega C}=\dfrac{1}{2\pi fC}$에서 주파수가 증가하면 X_L의 값은 커지고, X_C의 값은 작아진다.
㉢ 코일은 $I=\dfrac{V}{X_L}$에서 I가 작아지고
㉣ 콘덴서는 $I=\dfrac{V}{X_C}$에서 I가 커진다.

14 서로 다른 종류의 안티몬과 비스무트의 두 금속을 접속하여 여기에 전류를 통하면, 줄열 외에 그 접점에서 열의 발생 또는 흡수가 일어난다. 이와 같은 현상은?

① 제3금속의 법칙
② 제벡 효과
③ 페르미 효과
④ 펠티에 효과

해설
• 펠티에 : 냉장고 (세 글자) → 전기를 받아서 열의 흡수 발생이 일어나는 현상
• 제벡＝열전(두 글자) → 온도차에 의해 전기를 발생

15 1[eV]는 몇 [J]인가?

① 1.602×10^{-19}[J] ② 1×10^{-10}[J]
③ 1[J] ④ 1.16×10^{4}[J]

해설 1[eV]＝계산기 뚜껑
SHIFT 7 23 =

16 용량이 250[kVA]인 단상 변압기 3대를 △결선으로 운전 중 1대가 고장이 나서 V결선으로 운전하는 경우 출력은 약 몇 [kVA]인가?

① 144[kVA] ② 353[kVA]
③ 433[kVA] ④ 525[kVA]

해설
㉠ V결선의출력 $P_V=\sqrt{3}\,P_1=\sqrt{3}\times250\fallingdotseq433$[kVA]
(P_1＝변압기 1대의 용량)
㉡ 교재 152쪽

17 히스테리시스 곡선의 ㉠ 가로축(횡축)과 ㉡ 세로축(종축)은 무엇을 나타내는가?

① ㉠ 자속 밀도, ㉡ 투자율
② ㉠ 자기장의 세기, ㉡ 자속 밀도
③ ㉠ 자화의 세기, ㉡ 자기장의 세기
④ ㉠ 자기장의 세기, ㉡ 투자율

해설 히스테리시스 곡선
㉠ 가로(횡)축 : 자장의 세기(H)
㉡ 세로(종)축 : 자속 밀도(B) HB연필로 암기
㉢ 가로축과 만나는 점 : 보자력 (가로축－보자력－자속밀도이므로 '가보자'로 암기)
㉣ 세로축과 만나는 점 : 잔류 자기
㉤ 잔류자기와 보자력이 큰 것(뚱뚱보)＝영구자석 재료
㉥ 잔류자기와 보자력이 작은 것(홀쭉이)＝전자석 재료

정답 12 ① 13 ③ 14 ④ 15 ① 16 ③ 17 ②

18 **PN 접합 다이오드의 대표적 응용 작용은?**

① 증폭작용 ② 발진작용
③ 정류작용 ④ 변조작용

해설 교재 178쪽 참조

19 **플레밍의 왼손 법칙에서 엄지 손가락이 나타내는 것은 무엇인가?**

① 자장 ② 전류
③ 힘 ④ 기전력

해설 ㉠ 플레밍의 오른손 법칙 : 발전기 v, B, E('도자기'로 암기)
V=도체가 움직이는 방향(세기)
B=자장의 방향(세기)
E=기전력의 방향(세기)$=vBl\sin\theta$[V]
※ 발전기 : 운동 에너지를 전기에너지로 바꾸는 것 → (E) 가 중요
㉡ 플레밍의 왼손 법칙 : 전동기 F, B, I(미연방수사국)
F=힘의 방향(세기)$=B \cdot Il\sin\theta$[N]
B=자장의 방향(세기)
I=전류의 방향(세기)
※ 전동기 : 전기 에너지를 운동에너지로 바꾸어 주는 것 → (F) 가 중요

20 **비사인파 교류의 일반적인 구성이 아닌 것은?**

① 기본파 ② 직류분
③ 고조파 ④ 삼각파

해설 ㉠ 비 사인파 교류=직류분+기본파+고조파
㉡ 비 사인파 교류의 실효값
$=\sqrt{\text{직류분}^2+\text{기본파 실효값}^2+\text{고조파 실효값}^2}$

2과목 : 전기 기기

21 **N_s =1200[rpm], N=1,176[rpm]일 때의 슬립은?**

① 6[%] ② 5[%]
③ 3[%] ④ 2[%]

해설 풀이 1] 슬립은 동기속도(N_s, 이론속도)보다 실제 회전 속도가 얼마만큼 늦느냐의 표시
$N_s=1,200$, $N=1,176$이므로 24[rpm] 늦음
$\therefore \frac{24}{1,200}=0.02$
풀이 2] $S=\frac{N_s-N}{N_s}=\frac{1,200-1,176}{1,200}=0.02$

22 **보호 계전기를 동작 원리에 따라 구분할 때 입력된 전기량에 의한 전자력으로 회전 원판을 이동시켜 출력된 값을 얻는 계기는?**

① 유도형 ② 정지형
③ 디지털형 ④ 저항형

해설 유도전동기의 원리와 같음

23 **그림은 동기기의 위상 특성 곡선을 나타낸 것이다. 전기자 전류가 가장 작게 흐를 때의 역률은?**

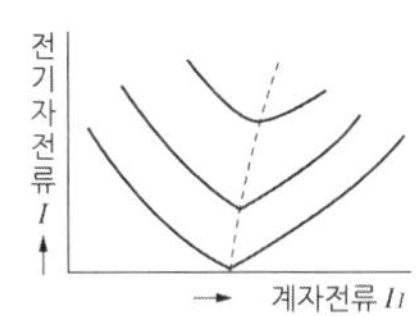

① 1 ② 0.9[진상]
③ 0.9[지상] ④ 0

해설 교재 135쪽 참조

24 **다음 그림에서 직류 분권 전동기의 속도특성 곡선은?**

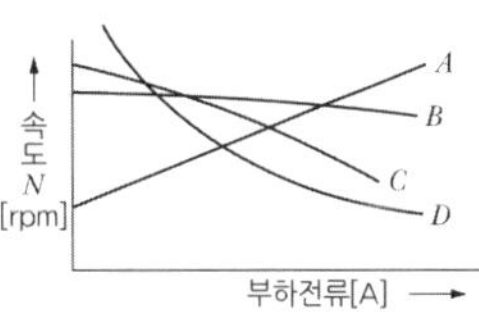

① A ② B
③ C ④ D

해설 직류 분권 전동기
정속도 전동기 즉, 부하 증가에 따른 부하 전류가 증가하여도 거의 속도는 변하지 않는다는 뜻

정답 18 ③ 19 ③ 20 ④ 21 ④ 22 ① 23 ① 24 ②

25 **다음 중 토크(회전력)의 단위는?**

① [rpm] ② [W]
③ [N · m] ④ [N]

해설 ㉠ $T = F \cdot r$[N · m]
㉡ 교재 114쪽 참조

26 **직류 발전기의 전기자 반작용의 영향이 아닌 것은?**

① 절연 내력의 저하 ② 유도 기전력의 저하
③ 중성축의 이동 ④ 자속의 감소

해설 교재 104쪽

27 **분권 발전기의 회전 방향을 반대로 하면?**

① 전압이 유기된다.
② 발전기가 소손된다.
③ 고전압이 발생한다.
④ 잔류 자기가 소멸된다.

해설 분권 발전기의 회전 방향을 반대로 했을 경우 여자전류가 반대로 되기 때문에 계자의 잔류자기가 상쇄되어 발전하지 못한다.

28 **1차 전압 13,200[V], 무부하 전류 0.2[A], 철손 100[W]일 때 여자 어드미턴스는 약 몇 [℧]인가?**

① 1.5×10^{-5}[℧] ② 3×10^{-5}[℧]
③ 1.5×10^{-3}[℧] ④ 3×10^{-3}[℧]

해설 ㉠ $Z = \frac{V_1}{I_0}$
㉡ ∴ 어드미턴스

$$Y_0 = \frac{I_0}{V_1} = \frac{0.2}{13,200} = 1.5\times10^{-5}[℧]$$

29 **변압기의 원리는?**

① 전자유도 법칙
② 플레밍의 오른손 법칙
③ 플레밍의 왼손 법칙
④ 비오-사바르의 법칙

해설 ㉠ 변압기는 전자유도 현상을 이용하여 교류 전압과 전류를 변환하는 전기기기이다.
㉡ 전력은 변하지 않는다.

30 **동기 임피던스 5[Ω]인 2대의 3상 동기 발전기의 유도 기전력에 100[V]의 전압 차이가 있다면 무효 순환 전류는?**

① 10[A] ② 15[A]
③ 20[A] ④ 25[A]

해설 ㉠ $I = \frac{V}{Z} = \frac{100}{10} = 10[A]$
㉡ A_2기의 역률은 좋아지고 A_1기의 역률은 나빠진다.

31 **동기 전동기 전기자 반작용에 대한 설명이다. 공급 전압에 대한 앞선 전류의 전기자 반작용은?**

① 감자 작용 ② 증자 작용
③ 교차 자화 작용 ④ 편자 작용

해설 교재 134쪽 참조

32 **변압기에서 퍼센트 저항 강하 3[%], 리액턴스 강하 4[%]일 때 역률 0.8(지상)에서의 전압 변동률은?**

① 2.4[%] ② 3.6[%]
③ 4.8[%] ④ 6.0[%]

해설 $\varepsilon = p\cos\theta + q\sin\theta = (3\times0.8) + (4\times0.6) = 4.8[\%]$

$\cos\theta = 1$	$\sin\theta = 0$
$\cos\theta = 0.8$	$\sin\theta = 0.6$
$\cos\theta = 0.6$	$\sin\theta = 0.8$
$\cos\theta = 0$	$\sin\theta = 1$

33 **동기 전동기의 자기 기동에서 계자 권선을 단락하는 이유는?**

① 기동이 쉽다.
② 기동 권선으로 이용한다.
③ 고전압이 유도된다.
④ 전기자 반작용을 방지한다.

정답 25 ③ 26 ① 27 ④ 28 ① 29 ① 30 ① 31 ① 32 ③ 33 ③

해설 ㉠ 계자의 자극면에 감은 제동(기동) 권선이 3ϕ 유도 전동기의 회전 자장의 역할을 함으로 이것에 의한 토크로 기동시키는 기동법이며
㉡ 회전 자기장에 의해 계자 권선에 높은 고전압이 유도되어 절연을 파괴할 염려가 있기 때문에 저항을 통해 단락해 놓고 기동시킨다.

34 출력 10[kW], 효율 80[%]인 기기의 손실은 약 몇 [kW]인가?

① 0.6[kW] ② 1.1[kW]
③ 2.0[kW] ④ 2.5[kW]

해설 $효율 = \frac{출력}{입력}$

$\therefore$ $입력 = \frac{출력}{효율} = \frac{10}{0.8} = 12.5[kW]$

$\therefore$ $손실 = 입력 - 출력 = 12.5 - 10 = 2.5[kW]$

35 접지의 목적과 거리가 먼 것은?

① 감전의 방지
② 전로의 대지 전압의 상승
③ 보호 계전기의 동작 확보
④ 이상 전압의 억제

36 변압기의 부하 전류 및 전압이 일정하고 주파수만 낮아지면?

① 철손이 증가한다. ② 동손이 증가한다.
③ 철손이 감소한다. ④ 동손이 감소한다.

해설 $철손 \propto \frac{1}{f}$

37 다음 그림에 대한 설명으로 틀린 것은?

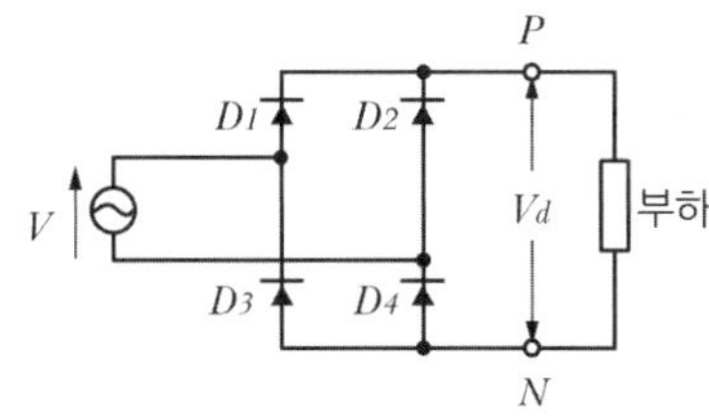

① 브리지(bridge) 회로라고도 한다.
② 실제의 정류기로 널리 사용한다.
③ 전체 한 주기 파형 중 절반만 사용한다.
④ 전파 정류회로라고도 한다.

해설 다이오드가 1개이면 반파 정류회로, 2개 또는 4개이면 전파 정류회로

38 다음 그림과 같은 기호의 소자 명칭은?

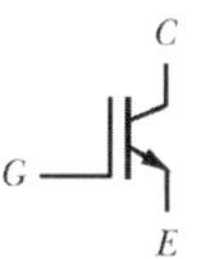

① SCR ② TRIAC
③ IGBT ④ GTO

해설 IGBT는 다른 반도체와 달리 고전압, 대전류를 제어할 수 있는 반도체 소자이므로 전력계통에 이용할 수 있어 시험에 많이 나오고 있다.

39 단상 유도전동기 중 ㉠ 반발기동형, ㉡ 콘덴서 기동형, ㉢ 분상기동형, ㉣ 셰이딩 코일형이라 할 때, 기동 토크가 큰 것부터 옳게 나열한 것은?

① ㉠ > ㉡ > ㉢ > ㉣
② ㉠ > ㉣ > ㉡ > ㉢
③ ㉠ > ㉢ > ㉣ > ㉡
④ ㉠ > ㉡ > ㉣ > ㉢

해설 셰이딩 코일형은 테슬라가 세계 최초로 만든 단상 유도전동기로 당시에는 획기적이었지만 지금은 기동 토크가 가장 작고 효율, 역률이 나쁜 전동기에 속한다.

40 그림은 직류 전동기 속도제어 회로 및 트랜지스터의 스위칭 동작에 의하여 전동기에 가해진 전압의 그래프이다. 트랜지스터 도통 시간 ⓐ가 0.03초, 1주기 시간 ⓑ가 0.05초 일 때, 전동기에 가해지는 전압의 평균은?(단, 전동기의 역률은 1이고 트랜지스터의 전압강하는 무시한다.)

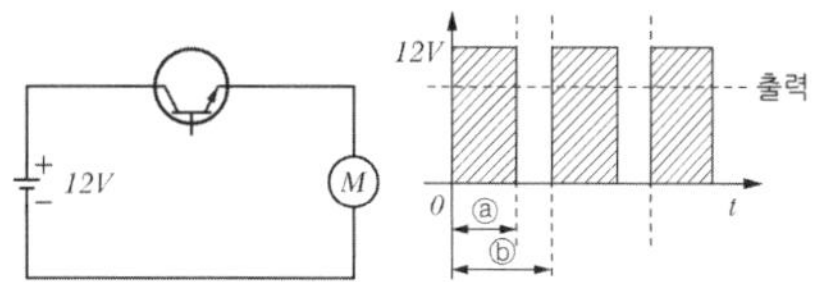

정답 34 ④ 35 ② 36 ① 37 ③ 38 ③ 39 ① 40 ③

① 4.8[V] ② 6.0[V]
③ 7.2[V] ④ 8.0[V]

해설 ㉠ 직류 → 직류이므로 초퍼(Chopper) 회로이다.
㉡ 1주기 평균전압

$$= \frac{(0.03\times12)+(0.02\times0)}{0.05} = \frac{0.03\times12}{0.05}$$

$$= 7.2[V]$$

3과목 : 전기 설비

41 기중기로 200[t]의 하중을 1.5[m/min]의 속도로 권상할 때 소요되는 전동기 용량은?(단, 권상기의 효율은 70% 이다.)

① 약 35[kW] ② 약 50[kW]
③ 약 70[kW] ④ 약 75[kW]

해설 권상기 용량 $P = \frac{W\times V}{6.12\times\eta} = \frac{200\times1.5}{6.12\times0.7} = 70.03$

42 코일 주위에 전기적 특성이 큰 에폭시 수지를 고진공으로 침투시키고, 다시 그 주위를 기계적 강도가 큰 에폭시 수지로 몰딩한 변압기는?

① 건식 변압기 ② 유입 변압기
③ 몰드 변압기 ④ 타이 변압기

해설 몰드 변압기란 철심 및 권선이 절연유 중에 잠겨있지 않고, 권선을 에폭시 등의 수지를 사용하여 고체 절연화시킨 변압기

43 다음 중 부식성 가스 등이 있는 장소에 시설할 수 없는 배선은?

① 금속관 배선
② 제1종 금속제 가요 전선관 배선
③ 케이블 배선
④ 캡타이어 케이블 배선

해설 부식성 가스가 존재하는 장소의 전기 배선은 금속관 공사 및 케이블 공사만 가능하다.

44 가공 전선로의 지지물에 시설하는 지선에 연선을 사용할 경우 소선 수는 몇 가닥 이상이어야 하는가?

① 3가닥 ② 5가닥
③ 7가닥 ④ 9가닥

해설 지선은 2.6[mm] 이상 금속선 3본 이상을 꼬아서 만든다.

45 상설 공연장에 사용하는 저압 전기설비 중 이동전선의 사용 전압은 몇 [V] 이하이어야 하는가?

① 100[V] ② 200[V]
③ 400[V] ④ 600[V]

해설 흥행장의 저압 설비는 400[V] 이하를 사용해야 하며 이동전선은 캡타이어 케이블로 시공한다.

46 저압 가공 인입선의 인입구에 사용하는 것은?

① 플로어 박스 ② 링 리듀서
③ 엔트런스 캡 ④ 노말 밴드

해설 엔트런스 캡
저압 가공 전선로의 인입구의 빗물 침입방지를 위해 사용한다.

47 다선식 옥내 배선인 경우 중성선의 색별 표시는?

① 적색 ② 흑색
③ 백색 ④ 황색

해설 다선식 옥내배선의 중성선은 백색으로 표시한다.

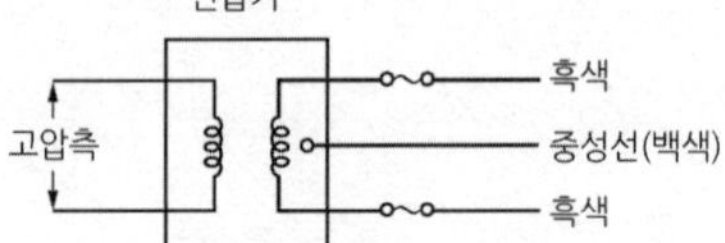

48 전압을 저압, 고압 및 특고압으로 구분할 때 교류에서 "저압"이란?

① 100[V] 이하의 것
② 220[V] 이하의 것
③ 1,000[V] 이하의 것
④ 1,500[V] 이하의 것

정답 41 ③ 42 ③ 43 ② 44 ① 45 ③ 46 ③ 47 ③ 48 ③

해설 전압의 종별
㉠ 저압 : 교류 1,000[V] 이하, 직류 1,500[V] 이하의 것
㉡ 고압 : 교류 1,000[V], 직류 1,500[V]를 초과하고 7[kV] 이하의 것
㉢ 특고압 : 교류 7[kV] 초과한 것

49 어미 자와 아들 자의 눈금을 이용하여 두께, 깊이, 안지름 및 바깥지름 측정용으로 사용하는 것은?

① 버니어 캘리퍼스
② 채널 지그
③ 스트레인 게이지
④ 스태핑 머신

해설 버니어 캘리퍼스
물체의 두께 및 깊이. 관의 안지름, 바깥지름을 측정

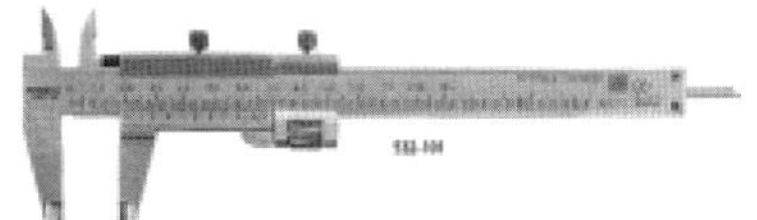

50 지선의 중간에 넣는 애자는?

① 저압 핀 애자 ② 구형 애자
③ 인류 애자 ④ 내장 애자

해설 지선의 누설 전류를 차단하기 위해 지선 중간에 구형 애자(청색)를 사용한다.

51 역률 개선의 효과로 볼 수 없는 것은?

① 감전 사고 감소
② 전력 손실 감소
③ 전압 강하 감소
④ 설비 용량의 이용률 증가

해설 역률 개선 효과
㉠ 전력 손실 감소
㉡ 전압 강하 감소

52 전선과 기구 단자 접속 시 나사를 덜 죄었을 경우 발생할 수 있는 위험과 거리가 먼 것은?

① 누전 ② 화재 위험
③ 과열 발생 ④ 저항 감소

해설 전선과 기구 단자 접속 시 나사를 덜 죄이면 저항이 증가해 발열이 발생하여 화재의 우려가 있고 누설 전류가 발생한다.

53 폭연성 분진 또는 화약류의 분말이 전기설비가 발화원이 되어 폭발할 우려가 있는 곳에 시설하는 저압 옥내 전기 설비의 저압 옥내배선 공사는?

① 금속관 공사 ② 합성수지관 공사
③ 가요전선관 공사 ④ 애자 사용 공사

해설 폭연성 분진 또는 화약류 분말 등 위험 장소 전기 시설에는 금속관 공사 또는 케이블(캡타이어 케이블 제외) 공사에 의한다.

54 트랙이 사용되는 곳은?

① 수중 공사 ② 지중선 공사
③ 조명 공사 ④ 고압선 공사

해설 트랙 조명은 조명기구를 이동시킬 수 있도록 트랙에 스폿 조명을 고정 혹은 매달아 사용하는 조명시스템이다. 심미성이 높아 인테리어용으로 주목받고 있다.

55 진동이 심한 전기 기계 · 기구에 전선을 접속할 때 사용되는 것은?

① 스프링 와셔 ② 커플링
③ 압착단자 ④ 링 슬리브

해설 진동이 심한 전기 기계 · 기구에 전선을 접속할 때는 스프링 와셔를 사용해서 접속해야 한다.

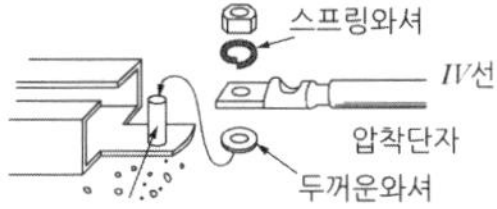

56 연피 케이블을 직접 매설식에 의하여 차량 기타 중량물의 압력을 받을 우려가 있는 장소에 시설하는 경우 매설 깊이는 몇 [m] 이상이어야 하는가?

① 0.6[m] ② 1.0[m]
③ 1.2[m] ④ 1.6[m]

정답 49 ① 50 ② 51 ① 52 ④ 53 ① 54 ③ 55 ① 56 ②

(해설) 직접 매설식의 경우 매설 깊이는 일반 장소 60[cm], 차량 기타 중량물의 압력을 받을 우려가 있는 장소는 1[m] 이상이어야 한다.

57 가요 전선관과 금속관의 상호 접속에 쓰이는 것은?

① 스프릿 커플링
② 콤비네이션 커플링
③ 스트레이트 박스커넥터
④ 앵글 박스커넥터

(해설) ㉠ 가요 전선관 상호간 접속 : 스프릿 커플링

2m 이하

스트레이트박스 커넥터　　스프릿 커플링

㉡ 서로 다른 관 상호 접속 : 콤비네이션 커플링

㉢ 관과 박스 직각 접속 : 앵글 박스 커넥터

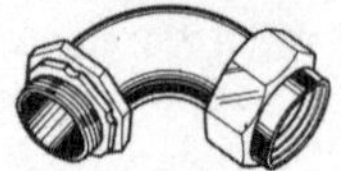

58 합성수지관을 새들 등으로 지지하는 경우 그 지점간의 거리는 몇 [m] 이하로 하여야 하는가?

① 0.8[m]　② 1.0[m]
③ 1.2[m]　④ 1.5[m]

(해설) 합성수지관 공사
㉠ 전선관 내에서는 전선의 접속점이 없도록 할 것
㉡ 관을 삽입하는 길이 : 관 외경의 1.2배(단, 접착제를 사용할 경우 0.8배)
㉢ 관의 지지점 간의 거리는 1.5[m] 이하

59 배전용 기구인 COS(컷아웃스위치)의 용도로 알맞은 것은?

① 배전용 변압기의 1차 측에 시설하여 변압기의 단락 보호용으로 쓰인다.
② 배전용 변압기의 2차 측에 시설하여 변압기의 단락 보호용으로 쓰인다.
③ 배전용 변압기의 1차 측에 시설하여 배전 구역 전환용으로 쓰인다.
④ 배전용 변압기의 2차 측에 시설하여 배전 구역 전환용으로 쓰인다.

(해설) COS(컷 아웃 스위치)는 배전용 변압기의 다락으로부터 전선로를 보호하기 위해 변압기 1차 측에 시설한다.

60 옥내 배선에서 절연 부분의 전선과 대지 간 및 전선의 심선 상호간의 절연 저항은 사용 전압에 대한 누설 전류가 최대 공급 전류의 얼마를 초과하지 않도록 유지하여야 하는가?

① $\frac{1}{500}$　② $\frac{1}{1,000}$
③ $\frac{1}{2,000}$　④ $\frac{1}{3,000}$

(해설) ㉠ 누설 전류는 $\frac{1}{2,000}$ 이하
㉡ 저압 전로에서 정전이 어려운 경우 등 절연 저항 측정이 곤란한 경우는 누설 전류를 1[mA] 이하로 유지하여야 한다. 이때 회로의 커패시턴스에 의한 전류는 제외한다.

정답 57 ② 58 ④ 59 ① 60 ③

12 과년도 기출문제(2019년 4회)

2016년 5회부터는 CBT 시험이므로 문제의 유형이 모두 다릅니다.

1과목 : 전기 이론

01 진공 중에서 비 유전율 ε_s 의 값은?

① 1 ② 6.33×10^4
③ 8.855×10^{-12} ④ 9×10^9

해설 $\varepsilon=\varepsilon_o\varepsilon_s$에서
㉠ 비 유전율 ε_s의 값은 공기와 진공이 기준임 $\varepsilon_s=1$
㉡ 공기, 진공 중의 유전율 $\varepsilon_o=8.885\times10^{-12}$
계산기 뚜껑에 있음 SHIFT 7 32 =

02 저항 2[Ω]과 3[Ω]을 직렬로 접속했을 때의 합성 컨덕턴스는?

① 0.2[℧] ② 1.5[℧]
③ 5[℧] ④ 6[℧]

해설 ㉠ 합성 저항은 5[Ω]
㉡ 합성 컨턱턴스 $G=\frac{1}{R}=\frac{1}{5}=0.2$[℧]

03 $R-L$ 직렬 회로의 시정수 τ[s]는?

① $\frac{R}{L}$[s] ② $\frac{L}{R}$[s]
③ RL[s] ④ $\frac{1}{RL}$[s]

해설 ㉠ 시정수란 목표값(정상 상태)의 63.2[%]에 도달하는 시간
㉡ 교재 94쪽 참조

04 계전기 접점의 불꽃 소거용 등으로 사용되는 것은?

① 서미스터 ② 바리스터
③ 터널 다이오드 ④ 제너 다이오드

해설 고압 송전용 피뢰침에 사용

05 전도도(conductivity)의 단위는?

① [Ω · m] ② [℧ · m]
③ [Ω/m] ④ [℧/m]

해설 $R=\rho\frac{\ell}{A}$에서 고유저항

$$\rho=\frac{R\cdot A}{l}=\frac{[\Omega]\cdot[\mathrm{m}^2]}{[\mathrm{m}]}=[\Omega\cdot\mathrm{m}]$$

$$\text{전도도 } 6=\frac{1}{\rho}=\frac{1}{[\Omega\cdot\mathrm{m}]}=\frac{[\Omega^{-1}]}{[\mathrm{m}]}=[\mho/\mathrm{m}]$$

[암기]
고유저항의 단위 [Ω · m]

06 전기 저항 25[Ω]에 50[V]의 사인파 전압을 가할 때 전류의 순시 값은?(단, 각속도 $\omega=377$ [rad/sec]임)

① $2\sin377t$[A] ② $2\sqrt{2}\sin377t$[A]
③ $4\sin377t$[A] ④ $4\sqrt{2}\sin377t$[A]

해설 50[V] 사인파 전압이라는 뜻은 실효값
∴ 최대값 $=50\sqrt{2}$

$$\text{순시 전류 } i=\frac{V}{R}=\frac{50\sqrt{2}\sin\omega t}{25}$$
$$=2\sqrt{2}\sin\omega t=2\sqrt{2}\sin377t$$

07 각 주파수 $\omega=100\pi$[rad/s]일 때 주파수 f[Hz]는?

① 50[Hz] ② 60[Hz]
③ 300[Hz] ④ 360[Hz]

해설 $\omega=2\pi f$에서 $100\pi=2\pi f$

$$f=\frac{100\pi}{2\pi}=50[\mathrm{Hz}]$$

[암기]
$\omega=100\pi$는 50[Hz], $\omega=120\pi$는 60[Hz]

정답 01 ① 02 ① 03 ② 04 ② 05 ④ 06 ② 07 ①

08 단면적 4[cm²], 자기 통로의 평균 길이 50[cm], 코일 감은 횟수 1,000회, 비 투자율 2,000인 환상 솔레노이드가 있다. 이 솔레노이드의 자체 인덕턴스는?(단 진공 중의 투자율 μ_0 는 $4\pi\times10^{-7}$ 임)

① 약 2[H]
② 약 20[H]
③ 약 200[H]
④ 약 2,000[H]

해설
$$L=\frac{\mu AN^2}{l}=\frac{\mu_o\mu_s AN^2}{l}$$
$$=\frac{4\times3.14\times10^{-7}\times2,000\times4\times10^{-4}\times1,000^2}{50\times10^{-2}}$$
$$\fallingdotseq 2[\mathrm{H}]$$

09 두 개의 자체 인덕턴스를 직렬로 접속하여 합성 인덕턴스를 측정하였더니 95[mH]이었다. 한쪽 인덕턴스를 반대 접속하여 측정하였더니 합성 인덕턴스가 15[mH]로 되었다. 두 코일의 상호 인덕턴스는?

① 20[mH] ② 40[mH]
③ 80[mH] ④ 160[mH]

해설
$$95=L_1+L_2+2M$$
$$-\,|\,15=L_1+L_2-2M$$
$$80=4M$$
$$\therefore \text{ 합성 인덕턴스 } M=\frac{80}{4}=20[\mathrm{mH}]$$

10 황산구리 용액에 10[A]의 전류를 60분간 흘린 경우, 이때 석출되는 구리의 양은?(단, 구리의 전기 화학 당량은 0.3293×10^{-3}[g/C]임)

① 약 1.97[g]
② 약 5.93[g]
③ 약 7.82[g]
④ 약 11.86[g]

해설 전기 분해에 의해 석출되는 양
$W=KIt=0.3293\times10^{-3}\times10\times60\times60=11.85[\mathrm{g}]$

11 200[V]의 3상 3선식 회로에 $R=4[\Omega]$, $X_L=3[\Omega]$ 의 부하 3조를 Y결선했을 때 부하 전류는?

① 약 11.5[A]
② 약 23.1[A]
③ 약 28.6[A]
④ 약 40[A]

해설 ㉠ 200[V]=선간전압
㉡ 상전압$=\dfrac{200}{\sqrt3}=115.5[\mathrm{V}]$
㉢ 상전류$=\dfrac{\text{상전압}}{Z}=\dfrac{115.5}{5}=23[\mathrm{A}]$

12 3상회로의 선간 전압이 13,200[V], 선 전류가 800[A], 역률 80[%] 부하의 소비 전력은?

① 약 4,878[kW]
② 약 8,448[kW]
③ 약 14,632[kW]
④ 약 25,344[kW]

해설
$$P=\sqrt3\,VI\cos\theta$$
$$=\sqrt3\times13,200\times800\times0.8$$
$$=14,632,365$$
$$=14,632[\mathrm{kW}]$$

13 $R=4[ohm]$, $\dfrac{1}{\omega C}=36[ohm]$을 직렬로 접속한 회로에 $v=120\sqrt2\sin\omega t+60\sqrt2\sin(3\omega t+\phi_3)+30\sqrt2\sin(5\omega t+\phi_5)[\mathrm{V}]$ 를 인가했을 때 흐르는 전류의 실효값은 약 몇 [A]인가?

① 3.3[A] ② 4.8[A]
③ 3.6[A] ④ 6.8[A]

해설 답만 암기

14 동선의 길이를 2배로 늘리면 저항은 처음의 몇 배가 되는가?(단, 동선의 체적은 일정함)

① 2배 ② 4배
③ 8배 ④ 16배

정답 08 ① 09 ① 10 ④ 11 ② 12 ③ 13 ④ 14 ②

해설

$$R=\rho\frac{\ell}{A}=\rho\frac{\frac{2}{1}\ell}{\frac{1}{2}A}=4\rho\frac{\ell}{A}$$

즉, 4배가 된다.

15 전류의 발열작용에 관한 법칙으로 가장 알맞은 것은?

① 옴의 법칙
② 패러데이의 법칙
③ 줄의 법칙
④ 키르히호프의 법칙

해설 저항 R에 전류 I가 t초 동안 흐를 때 발생하는 에너지

$W=I^2Rt[\text{J}]=[\text{w}\cdot\text{sec}]=0.24I^2Rt[\text{cal}]$

→ 열량

[암기]
주울의 법칙=전력량

16 1[μF], 3[μF], 6[μF]의 콘덴서 3개를 병렬로 연결할 때 합성 정전용량은?

① 1.5[μF] ② 5[μF]
③ 10[μF] ④ 18[μF]

해설 [암기]
콘덴서와 컨덕턴스의 직렬은 저항의 병렬과 같이 계산하고 콘덴서와 컨덕턴스의 병렬은 저항의 직렬과 같이 계산한다.
C합$=1+3+6=10[\mu\text{F}]$

17 진공 중에 10^{-6}[C], 10^{-4}[C]의 두 점전하가 3[m]의 간격을 두고 놓여 있다. 두 전하 사이에 작용하는 힘은?

① 1×10^{-2}[N] ② 18×10^{-2}[N]
③ 1×10^{-1}[N] ④ 18×10^{-1}[N]

해설 쿨롱의 제1법칙
진공이나 공기 중에서 두 점전하 Q_1, Q_2 사이에 작용하는 힘

$$F=\frac{1}{4\pi\varepsilon_o}\times\frac{Q_1Q_2}{r^2}=9\times10^9\times\frac{Q_1Q_2}{r^2}$$
$$=9\times10^9\times\frac{10^{-6}\times10^{-4}}{3^2}$$
$$=1\times10^{(9-6-4)}$$
$$=1\times10^{-1}$$

↓ 3 X^2 =

18 저항 300[Ω]의 부하에서 90[kW]의 전력이 소비되었다면 이때 흐르는 전류는?

① 약 3.3[A] ② 약 17.3[A]
③ 약 30[A] ④ 약 300[A]

해설 소비전력 ㉠ $P=VI$, ㉡ $P=I^2R$, ㉢ $P=\frac{V^2}{R}$ 에서

㉡식을 이용 $\therefore 90{,}000=I^2\times300$

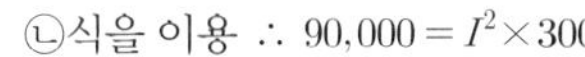

19 1.5[V]의 전위차로 3[A]의 전류가 3분 동안 흘렀을 때 한 일은?

① 1.5[J] ② 13.5[J]
③ 810[J] ④ 2430[J]

해설 [J]=[W·sec]
$\therefore W=V\cdot It[\text{J}]=1.5\times3\times3\times60=810[\text{J}]$

20 어느 자기장에 의하여 생기는 자기장의 세기를 $\frac{1}{2}$로 하려면 자극으로 부터의 거리를 몇 배로 하여야 하는가?

① $\sqrt{2}$배 ② $\sqrt{3}$배
③ 2배 ④ 3배

해설 자기장의 세기

$H=\frac{1}{4\pi\mu}\times\frac{m}{r^2}[\text{AT/m}]$에서

정답 15 ③ 16 ③ 17 ③ 18 ② 19 ③ 20 ①

거리 $r=\sqrt{2}$로 하면 $H=\frac{1}{4\pi\mu}\times\frac{1}{(\sqrt{2}\cdot r)^2}$

$=\frac{1}{4\pi\mu}\times\frac{m}{2r^2}$[AT/m]가 되어서 원래보다 $\frac{1}{2}$배가 된다.

2과목 : 전기 기기

21 다음 권선 저항과 온도와의 관계는?

① 온도와는 무관하다.
② 온도가 상승함에 따라 권선 저항은 감소한다.
③ 온도가 상승함에 따라 권선 저항은 증가한다.
④ 온도가 상승함에 따라 권선의 저항은 증가와 감소를 반복한다.

해설 교재 20쪽

22 다이오드를 사용한 정류회로에서 다이오드를 여러 개 직렬로 연결하여 사용하는 경우의 설명으로 가장 옳은 것은?

① 다이오드를 과전류로부터 보호할 수 있다.
② 다이오드를 과전압으로부터 보호할 수 있다.
③ 부하출력의 맥동률을 감소시킬 수 있다.
④ 낮은 전압 전류에 적합하다.

해설 다이오드는 PN 접합인데 순방향 일 때도 0.8[V] 정도의 전압 강하가 발생한다. 그러므로 여러 개를 직렬로 연결하면 과전압으로부터 보호할 수 있다.
0.8[V]×4개 = 3.2[V]의 전압 강하가 생긴다.

23 직류 전동기에 있어 무부하일 때의 회전수 N_0는 1,200[rpm], 정격 부하일 때의 회전수는 N_n은 1,150[rpm]이라 한다. 속도 변동률은?

① 약 3.45[%]
② 약 4.16[%]
③ 약 4.35[%]
④ 약 5.0[%]

해설 속도변동률

$$\varepsilon=\frac{\text{무부하 속도}-\text{정격속도}}{\text{정격속도}}$$

$$=\frac{1,200-1,150}{1,150}=0.043$$

24 인버터(inverter)란?

① 교류를 직류로 변환
② 직류를 교류로 변환
③ 교류를 교류로 변환
④ 직류를 직류로 변환

해설 인버터 : 역변환 장치, 교재 186쪽

25 3상 동기 발전기를 병렬 운전시키는 경우 고려하지 않아도 되는 조건은?

① 상 회전 방향이 같을 것
② 전압 파형이 같을 것
③ 회전수가 같을 것
④ 발생 전압이 같을 것

해설
[암기]
동기기의 병렬 운전 조건

같아야 하는 것	달라도 되는 것
① 위상 ② 크기	① 용량
③ 상회전 방향	② 부하 전류
④ 주파수 ⑤ 파형	③ 내부 임피던스
[암기법] (위)(크)(상)이 추파를 보내면서	(용)(부)(림) 친다

26 단상 유도 전동기의 기동법 중에서 기동 토크가 가장 작은 것은?

① 반발 유도형
② 반발 기동형
③ 콘덴서 기동형
④ 분상 기동형

해설 교재 176쪽

정답 21 ③ 22 ② 23 ③ 24 ② 25 ③ 26 ④

27 유도 전동기의 회전자에 슬립 주파수의 전압을 공급하여 속도 제어를 하는 것은?

① 자극 수 변환법
② 2차 여자법
③ 2차 저항법
④ 인버터 주파수 변환법

해설 교재 172쪽 '2차 여자 제어 방식' 참조

28 직류 발전기에서 전기자에 자속을 뿌리는 것으로 알맞은 것은?

① 자극편　② 정류자
③ 브러시　④ 공극

29 정격 전압 250[V], 정격 출력 50[kW]의 외 분권 복권발전기가 있다. 외 분권 계자 저항이 25[Ω]일 때 전기자 전류는?

① 10[A]　② 210[A]
③ 2000[A]　④ 2010[A]

해설 ㉠ 출력 $P_0 = VI$

$$\therefore \text{부하전류 } I = \frac{P_o}{V} = \frac{50,000}{250} = 200[\text{A}]$$

㉡ 분권 계자저항 $R_f = 25[\Omega]$

$$\text{분권 계자전류 } I = \frac{V}{R_f} = \frac{250}{25} = 10[\text{A}]$$

㉢ $I_a = I + I_f = 200 + 10 = 210[\text{A}]$

30 일종의 전류 계전기로 보호 대상 설비에 유입되는 전류와 유출되는 전류의 차에 의해 동작하는 계전기는?

① 차동 계전기
② 전류 계전기
③ 주파수 계전기
④ 재폐로 계전기

해설 차동계전기(비율차동계전기)
교재 300쪽 (87T) 그림 참조

31 전동기의 제동에서 전동기가 가지는 운동 에너지를 전기 에너지로 변화시키고 이것을 전원에 변환하여 전력을 회생시킴과 동시에 제동하는 방법은?

① 발전 제동(dynamic braking)
② 역전 제동(plugging breaking)
③ 맴돌이전류 제동(eddy current braking)
④ 회생 제동(regenerative braking)

32 50[Hz], 500[rpm]의 동기 전동기에 직결하여 이것을 기동하기 위한 유도 전동기의 적당한 극수는?

① 4극　② 8극
③ 10극　④ 12극

해설 동기 전동기의 극수 $N_s = \frac{120f}{P}$ 에서

$$P = \frac{120 \times f}{N_s} = \frac{120 \times 50}{500} = 12\text{극}$$

동기 전동기를 기동하기 위해 직결한 유도 전동기의 극수는 동기 전동기 극수보다 2극 작아야 한다.

33 60[Hz] 3상 반파 정류 회로의 맥동 주파수는?

① 60[Hz]　② 120[Hz]
③ 180[Hz]　④ 360[Hz]

해설 [암기]
맥동 주파수
㉠ 단상 반파 정류회로의 맥동 주파수
$60[\text{Hz}] \times 1 = 60[\text{Hz}]$
㉡ 단상 전파 정류회로의 맥동 주파수
$60[\text{Hz}] \times 2 = 120[\text{Hz}]$
㉢ 3상 반파 정류회로의 맥동 주파수
$60[\text{Hz}] \times 3 = 180[\text{Hz}]$
㉣ 3상 전파 정류회로의 맥동 주파수
$60[\text{Hz}] \times 6 = 360[\text{Hz}]$

정답 27 ② 28 ① 29 ② 30 ① 31 ④ 32 ③ 33 ③

34 3상 동기 전동기의 토크에 대한 설명으로 옳은 것은?

① 공급 전압 크기에 비례한다.
② 공급 전압 크기의 제곱에 비례한다.
③ 부하 각 크기에 반비례한다.
④ 부하 각 크기의 제곱에 비례한다.

해설
[암기]
㉠ 직류 직권 전동기 $T \propto I_a^{\ 2}$, $T \propto \frac{1}{N^2}$
㉡ 다른 직류 전동기는 $T \propto I_a$, $T \propto \frac{1}{N}$
㉢ 유도 전동기의 토크
ⓐ $T \propto V^2$
ⓑ $T = 9.55\frac{P_o}{N}[\text{N} \cdot \text{m}]$
ⓒ $T = 0.975\frac{P_o}{N}[\text{kg} \cdot \text{m}]$
(단 P_o =출력 N=회전수)
㉣ 동기전동기 $T \propto V$

35 8극, 900[rpm]의 교류 발전기로 병렬 운전하는 극수 6의 동기 발전기의 회전수는?

① 675[rpm] ② 900[rpm]
③ 1,200[rpm] ④ 1,800[rpm]

해설
㉠ $N_s = \frac{120f}{P}$에서 $f = 60[\text{Hz}]$
㉡ $f = 60[\text{Hz}]$인 동기 발전기 회전 수
$$N_s = \frac{120f}{P} = \frac{120 \times 60}{6} = 1,200[\text{rpm}]$$

36 정지 상태에 있는 3상 유도 전동기의 슬립 값은?

① ∞ ② 0
③ 1 ④ −1

해설
$S = \frac{N_s - N}{N_s}$에서 정지상태 $N = 0$이므로
$$S = \frac{N_s - 0}{N_s} = \frac{N_s}{N_s} = 1$$

37 60[Hz], 4극, 슬립 5[%]인 유도 전동기의 회전수는?

① 1,710[rpm] ② 1,746[rpm]
③ 1,800[rpm] ④ 1,890[rpm]

해설 4극이므로 1,800[rpm]이고 슬립이 5[%]
늦게 도는 회전수 : $1,800 \times 0.05 = 90[\text{rpm}]$
∴ 유도전 동기의 회전수 $1,800 - 90 = 1,710[\text{rpm}]$

[암기]
60[Hz]일 경우 동기속도
• 2극 : 3,600[rpm] • 4극 : 1,800[rpm]
• 6극 : 1,200[rpm] • 8극 : 900[rpm]

38 변압기 유의 구비 조건 중 틀린 것은?

① 인화점이 높을 것
② 열팽창 계수가 작을 것
③ 응고점이 낮을 것
④ 비열이 작을 것

해설 비열이 커야 한다.

39 변압기의 규약 효율은?

① $\eta = \frac{\text{출력}}{\text{출력} + \text{손실}} \times 100[\%]$
② $\eta = \frac{\text{입력} + \text{손실}}{\text{입력}} \times 100[\%]$
③ $\eta = \frac{\text{출력}}{\text{입력} + \text{손실}} \times 100[\%]$
④ $\eta = \frac{\text{입력} - \text{손실}}{\text{출력}} \times 100[\%]$

해설
[암기]
(전)입 신고하러 출(발)하세(전동기는 입력이 2개, 발전기는 출력이 2개이다) (변)압기는 (발)전기와 같다.

40 직류 발전기에 있어서 전기자 반작용이 생기는 요인이 되는 전류는?

① 동손에 의한 전류
② 전기자 권선에 의한 전류
③ 계자 권선의 전류
④ 규소 강판에 의한 전류

정답 34 ① 35 ③ 36 ③ 37 ① 38 ④ 39 ① 40 ②

(해설) 교재 104쪽 참조

3과목 : 전기 설비

41 전선의 종류에서 NRI는?

① 일반용 단심 비닐 절연 전선
② 일반용 유연성 단심 비닐 절연 전선
③ 기기배선용 단심 비닐 절연전선
④ 기기배선용 유연성 단심 비닐 절연 전선

42 교류 380[V]를 사용하는 공장의 전선과 대지 사이의 절연 저항은 몇 [MΩ] 이상이어야 하는가?

① 0.1[MΩ] ② 1.0[MΩ]
③ 10[MΩ] ④ 100[MΩ]

(해설) 221쪽 참조

43 가공 전선로의 지지물에 하중이 가하여지는 경우에 그 하중을 받는 지지물의 기초의 안전율은 일반적으로 얼마 이상이어야 하는가?

① 1.5 ② 2.0
③ 2.5 ④ 4.0

(해설) 지지물의 기초 안전율은 2.0 이상이어야 한다.

44 콘크리트에 구멍을 내는 용도로 쓰이는 것은?

① 리머
② 벤더
③ 클리퍼
④ 드라이브이트

45 가스 절연 개폐기나 가스 차단기에 사용되는 가스인 SF_6의 성질이 아닌 것은?

① 같은 압력에서 공기의 2.5~3.5배의 절연 내력이 있다.
② 무색, 무취, 무해 가스이다.
③ 가스 압력 3~4[kgf/cm²]에서는 절연내력은 절연유 이상이다.
④ 소호능력은 공기보다 2.5배 정도 낮다.

(해설) SF_6(육불화황)
㉠ 무색, 무취, 무해 가스이다.
㉡ 소호 능력은 공기의 100~200배이다.
㉢ 공기보다 2.5~3.5배의 절연 내력을 가진다.
㉣ 절연유보다 매우 가벼우나 공기보다는 5배 무겁다.

46 철근 콘크리트 주의 길이가 14[m]이고 설계하중이 6.8[KN] 이하일 때, 땅에 묻히는 표준 깊이는 몇 [m]이어야 하는가?

① 0.75[m] ② 1.2[m]
③ 2.3[m] ④ 2.5[m]

(해설) ① 15[m] 이하 : 전체 길이 × 1/6
② 15[m] 초과 : 2.5[m]

47 전동기의 정역 운전을 제어하는 회로에서 2개의 전자 개폐기의 작동이 동시에 일어나지 않도록 하는 회로는?

① Y－Δ 회로
② 자기유도 회로
③ 촌동 회로
④ 인터록 회로

(해설) 인터록 회로
기기의 보호와 조작자의 안전을 목적으로 한 것으로 기기의 동작 상태를 나타내는 접점을 사용해서 상호 관련된 기기의 동작을 구속하는 회로. 선행동작 우선회로라고도 한다.

48 옥내에서 두 개 이상의 전선을 병렬로 사용하는 경우 동선은 각 전선의 굵기가 몇 [mm²] 이상이어야 하는가?

① 50[mm²] ② 70[mm²]
③ 95[mm²] ④ 150[mm²]

(해설) 동선을 병렬로 사용하는 경우 전선은 50[mm²] 이상이어야 한다.

정답 41 ③ 42 ② 43 ② 44 ④ 45 ④ 46 ③ 47 ④ 48 ①

49 접지 공사에 사용하는 접지선을 사람이 접촉할 우려가 있는 곳에 시설하는 경우 접지 극은 지하 몇 [cm]이상의 깊이에 매설하여야 하는가?

① 30[cm] ② 60[cm]
③ 75[cm] ④ 90[cm]

해설 접지공사에서 접지 극은 지하 75[cm] 이상 깊이에 매설하고 접지선은 지하 75[cm]에서 지상 2[m]까지는 합성수지관 또는 몰드로 절연해야한다.

50 플로어 덕트 부속품 중 박스의 플러그 구멍을 메우는 것의 명칭은?

① 덕트 서포트 ② 아이언 플러그
③ 덕트 플러그 ④ 인서트 마커

해설 플로어 덕트 공사에서 박스의 플러그 구멍을 메우는 경우 아이언 플러그를 사용한다.

51 전선의 접속에 대한 설명으로 옳은 것은?

① 접속 부분의 전기저항을 20% 이상 증가되도록 한다.
② 접속 부분의 인장강도를 80% 이상 유지되도록 한다.
③ 접속 부분에 전선 접속 기구를 사용한다.
④ 알루미늄 전선과 구리선의 접속 시 전기저인 부식이 생기지 않도록 한다.

해설 전선을 접속하는 경우 전선의 세기를 20% 이상 감소시키지 않아야 한다.

52 가요 전선관 공사 방법에 대한 설명으로 잘못된 것은?

① 전선을 옥외용 비닐 절연전선을 제외한 절연 전선을 사용한다.
② 일반적으로 전선을 연선을 사용한다.
③ 가요 전선관 안에는 전선의 접속점이 없도록 한다.
④ 사용전압 400[V] 이하의 저압의 경우에만 사용한다.

해설 가요 전선관 공사에서 사용전압 400[V] 이상에도 사용이 가능하다. 단, 이런 경우 관 및 부속품은 특별 제3종 접지공사(사람이 접촉될 우려가 없게 시설하는 경우 제3종 접지공사)

53 특고압 수전설비의 결선기호와 명칭으로 잘못된 것은?

① CB－차단기 ② DS－단로기
③ LA－피뢰기 ④ LF－전력 퓨즈

해설 ④ PF－전력퓨즈

54 전선 약호가 VV인 케이블의 종류로 옳은 것은?

① 0.6/1[kV] 비닐 절연 시스 케이블
② 0.6/1[kV] EP 고무 절연 클로로프렌 시스 케이블
③ 0.61[kV] EP 고무 절연 비닐 시스 케이블
④ 0.61[kV] 비닐 절연 비닐 캡타이어 케이블

해설 VV : 0.61[kV] 비닐 절연 비닐 시스 케이블

55 애자 사용 공사에 의한 저압 옥내배선에서 전선 상호 간의 간격은 몇 [cm] 이상이어야 하는가?

① 2.5[cm] ② 6[cm]
③ 10[cm] ④ 12[cm]

해설 애자사용 공사에 의한 저압 옥내배선에서의 전선 상호 간 간격은 6[cm] 이상, 전선과 조영재와의 거리는 2.5[cm]이어야 한다.

56 가연성의 가스 또는 인화성 물질의 증기가 새거나 체류하여 전기설비가 발화원이 되어 폭발할 우려가 있는 곳에 있는 저압 옥내 전기설비의 공사방법으로 가장 알맞은 것은?

① 금속관 공사
② 가요전선관 공사
③ 플로어 덕트 공사
④ 애자 사용 공사

해설 가연성 가스가 있는 위험 장소 전기 시설에는 금속관 공사 또는 케이블(캡타이어 케이블 제외) 공사에 의한다.

57 합성수지제 가요 전선관(PF관 및 CD관)의 호칭에 포함되지 않는 것은?

① 16 ② 28
③ 38 ④ 42

해설 가요 전선관(PF관, CD관)의 호칭은 16, 22, 28, 36, 42, 54 등이 있다.

정답 49 ③ 50 ② 51 ① 52 ④ 53 ④ 54 ① 55 ② 56 ① 57 ③

58 **금속 전선관을 직각 구부리기 할 때 굽힌 반지름 r 은?(단, d 는 금속 전선관의 안지름, D는 금속 전선관의 바깥지름이다.)**

① $r=6d+\frac{D}{2}$ ② $r=6d+\frac{D}{4}$

③ $r=2d+\frac{D}{6}$ ④ $r=4d+\frac{D}{6}$

해설 금속관을 구부릴 때 금속관의 단면이 변형되지 아니하도록 그 안측의 반지름은 관 안지름의 6배 이상이 되어야 한다.

59 **기구 단자에 전선 접속 시 진동 등으로 헐거워지는 염려가 있는 곳에 사용되는 것은?**

① 스프링와셔 ② 2중 볼트

③ 삼각 볼트 ④ 접속기

해설 진동 등이 있는 기구 단자에 전선 접속 시 스프링 와셔나 이중 너트를 사용한다.

60 **코드 상호, 캡타이어 케이블 상호 접속 시 사용하여야 하는 것은?**

① 와이어 커넥터

② 코드 접속기

③ 케이블 타이

④ 테이블 탭

해설 ㉠ 와이어 커넥터 : 전선을 접속 할 때 절연 테이프의 대용으로 사용하는 공사 재료

㉡ 코드 접속기 : 코드, 캡타이어 케이블 접속 시 사용하는 재료

㉢ 케이블 타이 : 전선을 정리하는 용도로 사용하는 재료

㉣ 테이블 탭 : 코드의 길이를 연장할 때 사용하는 재료

정답 58 ① 59 ① 60 ②

12 과년도 기출문제(2019년 4회) 411

13 과년도 기출문제(2020년 1회)

2016년 5회부터는 CBT 시험이므로 문제의 유형이 모두 다릅니다.

1과목 : 전기 이론

01 회로망의 임의의 접속점에 유입되는 전류는 $\Sigma I_n = 0$라는 법칙은?

① 쿨롱의 법칙
② 패러데이의 법칙
③ 키르히호프의 제1법칙
④ 키르히호프의 제2법칙

해설 2016년 1회 18번

㉠ 키르히호프의 제1법칙=전류법칙
- 한 접속점에 들어오는 전류의 합은 나가는 전류의 합과 같다.
  =한 접속점에서 전류의 합은 '0'이다. $\Sigma I_n = 0$

㉡ 키르히호프의 제2법칙=전압법칙
- 한 폐회로에서 기전력의 합은 전압강하의 합과 같다.
  $\Sigma E_n = \Sigma V_n = \Sigma IR_n$

02 $R_1 = 2[\Omega]$, $R_2 = 4[\Omega]$, $R_3 = 6[\Omega]$의 저항이 병렬로 접속되어 있고 전체 전류가 10[A]일 때 2[Ω]에 흐르는 전류는?

① 3.25 ② 5.45
③ 6.14 ④ 7.12

해설 ㉠ 병렬 합성 저항 $\frac{1}{R_0} = \frac{1}{R_1} + \frac{1}{R_2} + \frac{1}{R_3}$에서

$R_0 = \left(\frac{1}{2} + \frac{1}{4} + \frac{1}{6}\right)^{-1} = 1.09[\Omega]$이므로

전체 전압은 $V = IR = 10 \times 1.09 = 10.9[V]$

㉡ 병렬에서는 전압이 일정하므로 2[Ω]에 걸리는 전압은 10.9[V]이다. 이때 2[Ω]에 흐르는 전류는

$I_1 = \frac{V}{R_1} = \frac{10.9}{2} = 5.45[A]$

03 전류원과 전압원이 있는 회로의 계산에서 중첩의 원리를 이용할 때 올바른 방법은?

① 전류원 개방, 전압원 개방
② 전류원 단락, 전압원 단락
③ 전류원 개방, 전압원 단락
④ 전류원 단락, 전압원 개방

04 100[V], 300[W]의 전열선의 저항 값은?

① 약 0.33[Ω] ② 약 3.33[Ω]
③ 약 33.3[Ω] ④ 약 333[Ω]

해설 ㉠ 전열선은 저항 R이므로 $P = I^2R$, $\frac{V^2}{R}$, VI[W]에서 $P = \frac{V^2}{R}$ 식을 이용

㉡ $P = \frac{V^2}{R}$, $R = \frac{V^2}{P} = \frac{100^2}{300} = 33.3[\Omega]$

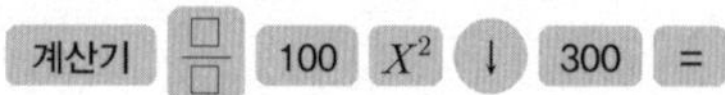

05 진공 중에 2[μC]과 3[μC]의 점전하를 1.2[m]의 거리로 놓았을 때 작용하는 힘[N]은?

① 2.6×10^{-1} ② 3.75×10^{-2}
③ 9.8×10^{-9} ④ 98×10^{-9}

해설 진공, 공기 중의 정전력

$F = \frac{1}{4\pi\epsilon_0} \times \frac{Q_1 Q_2}{r^2} = 9 \times 10^9 \times \frac{Q_1 Q_2}{r^2}[N]$

$= 9 \times 10^9 \times \frac{2 \times 10^{-6} \times 3 \times 10^{-6}}{1.2^2} = 0.0375[N]$

계산기 [□/□] 9×10 $X^□$ 9 → × 2×10 $X^□$ (−) 6 → × 3×10 $X^□$ (−) 6 → ↓ 1.2 X^2 = $\frac{3}{80}$ S⇔D 0.0375

정답 01 ③ 02 ② 03 ③ 04 ③ 05 ②

06 다음 회로에서 B점의 전위가 100[V], D점의 전위는 60[V]일 때, I_1 의 전류는 몇 [A]인가?

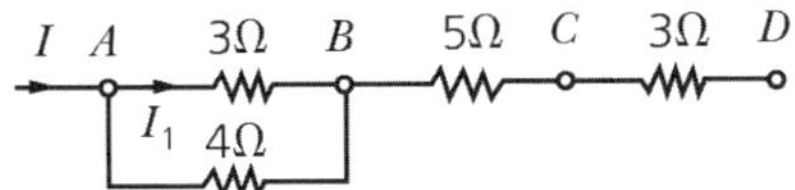

① 2.14[A] ② 2.5[A]
③ 2.86[A] ④ 5[A]

해설 ㉠ B−D의 전위차는 100−60=40[V]이고, B−D의 합성 저항은 5+3=8[Ω]이므로 B−D의 전류

$$I_{BD}=\frac{V}{R}=\frac{40}{8}=5[\mathrm{A}]$$

㉡ 직렬회로에서 $I_{BD}=I=5[\mathrm{A}]$. 이때 3[Ω]에 흐르는 전류 I_1은

$$I_1=\frac{R_2}{R_1+R_2}I=\frac{4}{3+4}\times 5=2.86[\mathrm{A}]$$

계산기 [분수] 4×5 ↓ 3+4 = 20/7 S⇔D

07 4[μF], 6[μF]의 콘덴서가 직렬로 연결하여 100[V]의 전압을 가했을 때 4[μF]에 걸리는 전압은 몇 [V]인가?

① 40[V] ② 50[V]
③ 60[V] ④ 70[V]

해설 $$V_1=\frac{C_2}{C_1+C_2}V=\frac{6}{4+6}\times 100=60[\mathrm{V}]$$

08 공기 중 1[Wb]의 자극에서 나오는 자기력선의 수는 몇 개인가?

① 6.33×10^4 ② 7.958×10^5
③ 8.855×10^3 ④ 1.256×10^6

해설 공기 중에서 1[wb] 의 자극에서 나오는 자력선의 수

$$=\frac{1}{\mu_o}=\frac{1}{1.25\times10^{-6}}=7.958\times10^5$$

09 자기회로의 길이 ℓ[m], 단면적 A[m²], 투자율 μ[H/m] 인 원형 도체의 자기저항 R[AT/Wb]을 나타내는 것은?(단, r : 반지름)

① $\dfrac{\ell}{\mu\pi r^2}$ ② $\dfrac{\mu\pi r^2}{\ell}$
③ $\dfrac{\mu\ell}{\pi r^2}$ ④ $\dfrac{\mu\pi\ell}{r^2}$

해설 ㉠ 원형도체의 면적은 $A=\pi r^2$이므로

㉡ 자기저항 $R_m=\dfrac{\ell}{\mu A}=\dfrac{\ell}{\mu\pi r^2}$ 이다.

10 무한장 직선 도체에 전류를 통했을 때 10[cm] 떨어진 점의 자계의 세기가 2[AT/m]라면 전류의 크기는 약 몇 [A]인가?

① 1.26 ② 2.16
③ 2.84 ④ 3.14

해설 ㉠ 교재 51쪽~54쪽 꼭 암기

㉡ 직선 도체의 자기장의 세기 $H=\dfrac{I}{2\pi r}$ 에서

$$I=2\pi rH=2\pi\times0.1\times2=1.26[\mathrm{A}]$$

11 자체 인덕턴스 L_1, L_2, 상호 인덕턴스 M인 두 코일을 같은 방향으로 직렬 연결한 경우 합성 인덕턴스는?

① L_1+L_2+M ② L_1+L_2-M
③ L_1+L_2+2M ④ L_1+L_2-2M

해설 교재 59쪽

L_1, L_2가 같은 방향	L_1, L_2가 다른 방향
[합성 인덕턴스] $L_합=L_1+L_2+2M$ $=L_1+L_2+2K\sqrt{L_1L_2}$	[합성 인덕턴스] $L_합=L_1+L_2-2M$ $=L_1+L_2-2K\sqrt{L_1L_2}$

12 파고율은 어느 것인가?

① $\dfrac{평균값}{실효값}$ ② $\dfrac{실효값}{최대값}$
③ $\dfrac{실효값}{평균값}$ ④ $\dfrac{최대값}{실효값}$

정답 06 ③ 07 ③ 08 ② 09 ① 10 ① 11 ③ 12 ④

해설 ㉠ 파고율 $= \frac{\text{최대값}}{\text{실효값}}$

㉡ 파형률 $= \frac{\text{실효값}}{\text{평균값}}$

㉢ 교재 91쪽 암기법

13 환상 솔레노이드에 감겨진 코일에 권회수를 3배로 늘리면 자체 인덕턴스는 몇 배로 되는가?

① 3　　② 9

③ $\frac{1}{3}$　　④ $\frac{1}{9}$

해설 ㉠ 교재 58쪽

㉡ 환상솔레노이드 자체 인덕턴스 $L = \frac{\mu A N^2}{l}$[H]

$\therefore L \propto N^2 = 3^2 = 9$배

14 자체 인덕턴스가 각각 L_1, L_2[H]인 두 원통 코일이 서로 직교하고 있다. 두 코일 사이의 상호 인덕턴스[H]는?

① $L_1 + L_2$　　② $L_1 L_2$

③ 0　　④ $\sqrt{L_1 L_2}$

해설 $M = k\sqrt{L_1 \cdot L_2}$ 에서 직교 할 때는 쇄교 자속이 없으므로 결합계수 $k=0$ $\therefore M=0$

15 5[A], 60[Hz]가 흐르는 회로에 저항 8[Ω]과 인덕턴스 19.1[mH]가 직렬로 연결되어 있을 때 인덕턴스에 걸리는 전압[V]는?

① 36[V]　　② 40[V]

③ 50[V]　　④ 95.5[V]

해설 $V_L = I \times \omega L = I \times 2\pi f L$

$= 5 \times 2\pi \times 60 \times 19.1 \times 10^{-3} = 36$

16 $R=4$ [Ω], $X_L=8$ [Ω], $X_C=5$ [Ω]가 직렬로 연결된 회로에 100[V]의 교류를 가했을 때 흐르는 ㉠ 전류와 ㉡ 임피던스는?

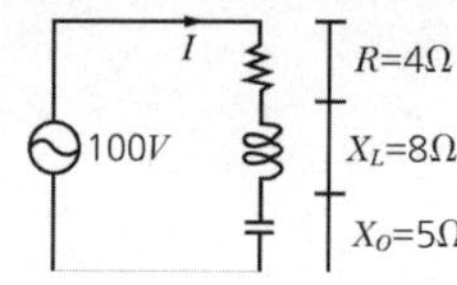

① ㉠ 5.9[A], ㉡ 용량성

② ㉠ 5.9[A], ㉡ 유도성

③ ㉠ 20[A], ㉡ 용량성

④ ㉠ 20[A], ㉡ 유도성

해설 ㉠ 임피던스

$Z = R + j(X_L - X_C) = 4 + j(8-5) = 5[\Omega]$

$\therefore$ 전류 $I = \frac{V}{Z} = \frac{100}{5} = 20[A]$

㉡ $X_L > X_C$이므로 유도성이다. X_L = 유도 리액턴스

17 교류회로에서 무효전력의 단위는?

① W　　② VA

③ Var　　④ V/m

18 R[Ω]인 저항 3개가 △결선으로 되어 있는 것을 Y결선으로 환산하면 1상의 저항[Ω]은?

① $\frac{1}{3}R$　　② R

③ $3R$　　④ $\frac{1}{R}$

해설 ㉠ Y회로는 △안에 들어가므로 △가 크다.(교재 86쪽)

㉡ 임피던스 변환에서

① Y → △로 바꾸면 3배

② △ → Y로 바꾸면 $\frac{1}{3}$배

19 3상 66,000[kVA], 22,900[V] 터빈 발전기의 정격전류는 약 몇[A]인가?

① 8,764　　② 3,367

③ 2,882　　④ 1,664

해설 $P = \sqrt{3}\,VI$, $I = \frac{P}{\sqrt{3}\,V} = \frac{66,000 \times 10^3}{\sqrt{3} \times 22,900} = 1,664[A]$

계산기 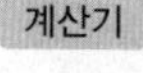  66,000 × 10 $X^{\square}$ 3 → ↓ √ 3 → × 22,900 =

정답 13 ② 14 ③ 15 ① 16 ④ 17 ③ 18 ① 19 ④

20 $R=4[\Omega]$, $\omega L=3[\Omega]$의 직렬 회로에 $v=100\sqrt{2}\sin\omega t+30\sqrt{2}\sin3\omega t$[V]의 전압을 가했을 때 전력은 약 몇 [W]인가?

① 1170[W] ② 1563[W]
③ 1637[W] ④ 2116[W]

해설 ㉠ 정현파
임피던스 $Z=R+j\omega L=4+j3$,
실효값 $V=\frac{100\sqrt{2}}{\sqrt{2}}=100[\text{V}]$,
역률 $\cos\theta=\frac{R}{Z}=\frac{4}{4+j3}=0.8$이므로
정현파의 유효전력은
$P_1=VI\cos\theta=\frac{V^2}{Z}\cos\theta=\frac{100^2}{4+\text{j}3}\times0.8=$
$=1600[\text{W}]$
㉡ 제3고조파 임피던스 $Z=R+j3\omega L=4+j9$,
실효값 $V=\frac{30\sqrt{2}}{\sqrt{2}}=30[\text{V}]$,
역률 $\cos\theta=\frac{R}{Z}=\frac{4}{4+j9}=0.406$이므로
제3고조파의 유효전력은
$P_3=VI\cos\theta=\frac{V^2}{Z}\cos\theta=\frac{30^2}{4+\text{j}9}\times0.406$
$=37.1[\text{W}]$
$\therefore P=P_1+P_3=1600+37.1=1637.1[\text{W}]$

2과목 : 전기 기기

21 발전기의 전압 변동률을 표시하는 식은?(단, V_0 : 무부하 전압, V_n : 정격 전압)

① $\varepsilon=(\frac{\text{V}_0}{\text{V}_\text{n}}-1)\times100\%$

② $\varepsilon=(1-\frac{\text{V}_0}{\text{V}_\text{n}})\times100\%$

③ $\varepsilon=(\frac{\text{V}_\text{n}}{\text{V}_0}-1)\times100\%$

④ $\varepsilon=(1-\frac{\text{V}_\text{n}}{\text{V}_0})\times100\%$

해설 ㉠ 교재 123쪽. 전압 변동률은 모든 기기가 같다.
㉡ 변압기의 전압 변동률
$$\epsilon=\frac{V_o-V_n}{V_n}\times100[\%]=\left(\frac{V_o}{V_n}-1\right)\times100[\%]$$
(V_o : 무부하 전압 V_n : 정격 전압)

22 자극 수 8, 전기자 도체 수 400의 파권 직류 발전기를 600[rpm]으로 무부하 운전할 때 기전력이 120[V]이었다. 이때 1극에 대한 주 자속[Wb]은?

① 3.5×10^{-2} ② 7.5×10^{-2}
③ 3.5×10^{-3} ④ 7.5×10^{-3}

해설 직류기의 유도기전력 $E=\frac{PZ\phi N}{60a}$에서 파권에서는
$a=2,\ \phi=\frac{60aE}{PZN}=\frac{60\times2\times120}{8\times400\times600}=7.5\times10^{-3}$

23 동기발전기의 무부하 포화 곡선을 나타낸 것이다. 포화계수에 해당하는 것은?

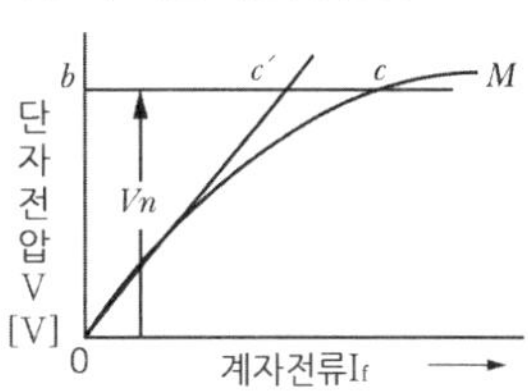

① $\frac{ob}{oc}$ ② $\frac{bc'}{bc}$
③ $\frac{cc'}{bc'}$ ④ $\frac{cc'}{bc}$

해설 ㉠ 교재 130쪽

24 직류 분권 전동기의 회전수(N)와 토크(τ)와의 관계는?

① $\tau\propto\frac{1}{N}$ ② $\tau\propto\frac{1}{N^2}$
③ $\tau\propto N$ ④ $\tau\propto N^2$

해설 ㉠ 교재 116쪽~118쪽
㉡ 타여자, 분권, 복권 전동기 $\tau\propto\frac{1}{N}$
㉢ 직류 직권 전동기 $\tau\propto\frac{1}{N^2}$

정답 20 ③ 21 ① 22 ④ 23 ③ 24 ①

25 다음 중 변압기에서 자속과 비례하는 것은?

① 권수 ② 주파수
③ 전압 ④ 전류

해설 ㉠ 교재 145쪽 $E=4.44f\phi N$에서 $E \propto \phi$

26 다음 설명의 (㉠), (㉡)에 들어갈 내용으로 옳은 것은?

> 히스테리시스 곡선에서 종축과 만나는 점은 (㉠)이고, 횡축과 만나는 점은 (㉡)이다.

① ㉠ 보자력 ㉡ 잔류자기
② ㉠ 잔류자기 ㉡ 보자력
③ ㉠ 자속밀도 ㉡ 자기저항
④ ㉠ 자기저항 ㉡ 자속밀도

해설 ㉠ 교재 60쪽, 61쪽 암기법 참조

27 변압기의 효율이 가장 좋을 때의 조건은?

① $P_i = P_c$ ② $P_i = \frac{1}{2}P_c$
③ $\frac{1}{2}P_i = P_c$ ④ $2P_i = P_c$

해설 변압기의 최대 효율은 철손(P_i)과 동손(P_c)가 같을 때이다.

28 변압기유가 구비해야 할 조건으로 틀린 것은?

① 점도가 낮을 것 ② 인화점이 높을 것
③ 응고점이 높을 것 ④ 절연내력이 클 것

29 수전단 변전소용 변압기 결선에 주로 사용하고 있으며 한쪽은 중성점을 접지할 수 있고 다른 한쪽은 제3고조파에 의한 영향을 없애주는 장점을 가지고 있는 3상 결선 방식은?

① Y－Y ② △－△
③ Y－△ ④ $V-V$

해설 ㉠ 승압용 변압기 결선은 $\triangle - Y$
㉡ 강압용 변압기 결선은 $Y-\triangle$
㉢ 수전단 변압기라는 것은 높은 전압을 받아서 낮은 전압으로 바꾸는 것을 말하므로 $Y-\triangle$

30 다음 중 기동 토크가 가장 큰 전동기는?

① 분상 기동형 ② 콘덴서 모터형
③ 세이딩 코일형 ④ 반발 기동형

해설 단상 유도전동기 중 기동 토크가 큰 순서
반발 기동형＞반발 유도형＞콘덴서 기동형＞분상 기동형＞셰일딩 코일형

31 수·변전 설비 구성기기의 계기용 변압기(PT)에 대한 설명으로 맞는 것은?

① 높은 전압을 낮은 전압으로 변성하는 기기이다.
② 높은 전류를 낮은 전류로 변성하는 기기이다.
③ 회로에 병렬로 접속하여 사용하는 기기이다.
④ 부족 전압 트립 코일의 전원으로 사용된다.

해설 수·변전 설비의 고압 회로에 걸리는 전압을 표시하기 위해 저압으로 변성하여 측정하는데, 이때 계기용 변압기(PT)를 시설한다. 2차 정격은 110[V]이다.

32 농형 회전자에 비뚤어진 홈을 쓰는 이유는?

① 출력을 높인다.
② 회전수를 증가시킨다.
③ 소음을 줄인다.
④ 미관상 좋다.

33 유도 전동기에서 슬립이 '0'이면 전동기 속도 N은?

① 불변 ② 정지
③ 동기 속도와 같다. ④ 무구속 속도

해설 ㉠ 교재 164쪽

34 단상 유도 전동기의 구조상 회전 방향을 바꿀 수 없는 것은?

① 콘덴서 기동형 ② 반발 기동형
③ 콘덴서 전동기 ④ 셰이딩 코일형

해설 ㉠ 셰이딩 코일형 유도 전동기는 테슬라가 세계최초로 만든 단상 유도 전동기
㉡ 회전 방향을 바꿀 수 없고, 구조가 극히 단순하며, 기동 토크가 대단히 작아서 운전 중에도 코일에 전류가 계속 흐르므로 소형 선풍기 등 출력이 매우 작은 소형전동기에 사용됨

정답 25 ③ 26 ② 27 ① 28 ③ 29 ③ 30 ④ 31 ① 32 ③ 33 ③ 34 ④

35 슬립 4[%]인 유도 전동기의 등가 부하 저항은 2차 저항의 몇 배인가?

① 5　② 19
③ 20　④ 24

해설 등가 부하저항 $R=r_2\left(\frac{1-S}{S}\right)=r_2\left(\frac{1-0.04}{0.04}\right)=24r_2$

36 동기 발전기의 전기자 권선을 단절권으로 하면?

① 고조파를 제거한다.
② 절연이 잘 된다.
③ 역률이 좋아진다.
④ 기전력을 높인다.

해설 동기 발전기의 전기자 권선은 단절권+분포권으로 하는데 그 이유는 고조파를 제거하여 파형이 좋아지기 때문이다.

37 3상 동기전동기 자기 기동법에 관한 사항 중 틀린 것은?

① 기동토크를 적당한 값으로 유지하기 위하여 변압기 탭에 의해 정격전압의 80% 정도로 저압을 가해 기동을 한다.
② 기동토크는 일반적으로 적고 전 부하 토크의 40~60% 정도이다.
③ 제동권선에 의한 기동토크를 이용하는 것으로 제동권선은 2차 권선으로 기동토크를 발생한다.
④ 기동할 때에는 회전자속에 의하여 계자 권선 안에는 고압이 유도되어 절연을 파괴할 우려가 있다.

해설 정격전압의 30~50(%) 정도의 저압을 가해 기동한다.

38 동기발전기의 % 동기 임피던스가 5[%]일 때 단락비는 얼마인가?

① 10　② 20
③ 30　④ 40

해설 단락비 $K_S=\frac{1}{\%Z}\times 100=\frac{100}{5}=20\%$

39 실리콘 제어 정류기(SCR)에 대한 설명으로 적합하지 않은 것은?

① 정류 작용을 할 수 있다.
② P－N－P－N 구조로 되어 있다.
③ 정방향 및 역방향의 제어 특성이 있다.
④ 인버터 회로에 이용될 수 있다.

해설 SCR : 단방향성, 3단자 소자이다.

40 그림은 유도 전동기 속도제어 회로 및 트랜지스터의 컬렉터 전류 그래프이다. ⓐ와 ⓑ에 해당하는 트랜지스터는?

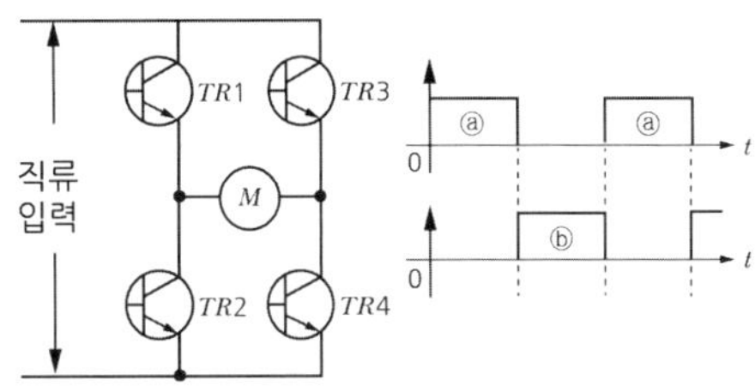

① ⓐ는 TR1과 TR2, ⓑ는 TR3와 TR4
② ⓐ는 TR1과 TR3, ⓑ는 TR2와 TR4
③ ⓐ는 TR2와 TR4, ⓑ는 TR1과 TR3
④ ⓐ는 TR1과 TR4, ⓑ는 TR2와 TR3

해설 ㉠ TR_1과 TR_4 도통. 이때 TR2와 TR3는 동작 중지
㉡ TR_3와 TR_2 도통. 이때 TR1과 TR4는 동작 중지
∴ 이 회로는 직류 입력으로 교류 유도전동기를 운전하는 인버터 회로이다.
㉢ TR_1과 TR_2가 동작하거나 TR_3와 TR_4가 동작하면 합선(Short)
㉣ TR_1과 TR_3나 TR_2와 TR_4가 동작하면 회로 구성 안 됨

3과목 : 전기 설비

41 고압 3조의 전선을 설치 시, 크로스 완금의 표준 길이[mm]는?

① 900　② 1,400
③ 1,800　④ 2,400

정답 35 ④ 36 ① 37 ① 38 ② 39 ③ 40 ④ 41 ③

해설 완금의 표준 길이

조수	저압	고압	특고압
2조	900[mm]	1,400[mm]	1,800[mm]
3조	1,400[mm]	1,800[mm]	2,400[mm]

교재 265쪽, 암기법 : 9월 14일은 포토데이

42 지선의 중간에 넣는 애자는?

① 저압 핀 애자 ② 구형 애자
③ 인류 애자 ④ 내장 애자

해설 지선의 누설 전류를 차단하기 위해 지선 중간에 구형 애자(청색)를 사용한다.

43 셀룰로이드, 성냥, 석유류 등 기타 가연성 위험 물질을 제조 또는 저장하는 장소의 배선으로 틀린 것은?

① 금속판 배선
② 케이블 배선
③ 플로어 덕트 배선
④ 합성수지관(CD관 제외) 배선

해설 위험물(셀룰로이드, 성냥, 석유류)를 제조 및 저장하는 장소의 전기 시설에는 금속관 공사 또는 케이블(캡타이어 케이블 제외), 합성수지관 공사에 의한다.

44 선택 지락 계전기(selective ground relay)의 용도는?

① 다회선에서 지락고장 회선의 선택
② 단일회선에서 지락전류의 방향의 선택
③ 단일회선에서 지락사고 지속시간의 선택
④ 단일회선에서 지락전류의 대소의 선택

해설 선택 지락 계전기는 비접지 계통의 배전선 지락사고를 검출하여 사고회로만을 선택 차단하는 방향성 계전기로써 지락사고 시 계전기 설치 점에 나타나는 영상전압과 영상지락 고장전류(비접지 계통에서는 지락고장 시 계통충전전류 및 GPT 2차 저항에 따라 고장전류가 제한된다)를 검출하여 선택차단 한다.

45 금속관 공사에서 녹아웃의 지름이 금속관의 지름보다 큰 경우에 사용하는 재료는?

① 로크너트 ② 부싱
③ 커넥터 ④ 링 리듀서

해설 링 리듀서
박스의 녹아웃 구멍이 금속관보다 클 때 사용하는 자재

46 인입용 비닐 절연 전선을 나타내는 약호는?

① OW ② EV
③ DV ④ NV

47 다음 ( ) 안에 들어갈 내용으로 알맞은 것은?

> "사람이 접촉 우려가 있는 합성수지제 몰드는 홈의 폭 및 깊이가 (㉠)cm 이하로 두께는 (㉡)mm 이상의 것이어야 한다."

① ㉠ 3.5 ㉡ 1
② ㉠ 5 ㉡ 1
③ ㉠ 3.5 ㉡ 2
④ ㉠ 5 ㉡ 2

48 전력 케이블 중 CV케이블은 무엇인가?

① 비닐절연 비닐 시스 케이블
② 고무절연 클로로프렌 시스 케이블
③ 가교 폴리에틸렌 절연 비닐 시스 케이블
④ 미네랄 인슈레이션 케이블

49 가공 전선로의 지지물을 지선으로 보강하여서는 안 되는 것은?

① 목주
② A종 철근 콘크리트 주
③ B종 철근 콘크리트 주
④ 철탑

해설 철탑은 지선을 사용해서는 안 된다.

50 버스 덕트 공사에서 도중에 부하를 접속할 수 없도록 제작한 덕트는?

① 플로어 버스 덕트
② 피더 버스 덕트
③ 트롤리 버스 덕트
④ 플러그인 버스 덕트

정답 42 ② 43 ③ 44 ① 45 ④ 46 ③ 47 ③ 48 ③ 49 ④ 50 ②

418 13 과년도 기출문제(2020년 1회)

51 무대, 무대 마루 밑 오케스트라 박스, 영사실 기타 사람이나 무대 도구가 접촉할 우려가 있는 곳에 시설하는 저압 옥내배선, 전구선 또는 이동전선은 사용 전압이 몇 [V] 이하이어야 하는가?

① 100[V]　　② 200[V]
③ 300[V]　　④ 400[V]

해설 전시회, 쇼, 공연장의 저압 설비는 400[V] 이하를 사용해야 하며 이동전선은 캡타이어 케이블로 시공한다.

52 실링 직접 부착등을 시설하고자 한다. 배선도에 표기할 그림기호로 옳은 것은?

①
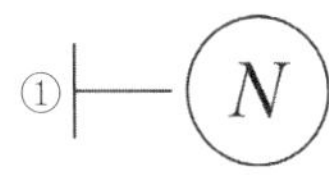

②
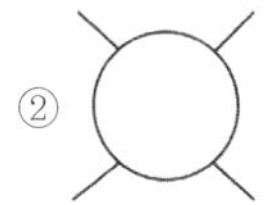
③

④
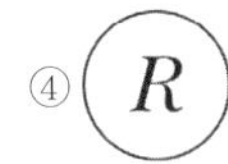

해설 ① 벽 부착형 나트륨등
② 옥외 보안등
③ 실링 직접 부착등(a shilling : 천장)
④ 리셉터클

53 이 공구의 명칭으로 맞는 것은?

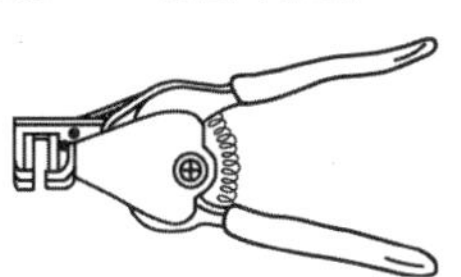

① 드라이버　　② 플라이어
③ 압착 펜치　　④ 와이어 스트리퍼

54 접지공사를 시설하는 주된 목적은?

① 기기의 효율을 좋게 한다.
② 기기의 절연을 좋게 한다.
③ 기기의 누전에 의한 감전을 방지한다.
④ 기기의 누전에 의한 역률을 좋게 한다.

해설 저압 옥내용 기기에 접지 공사를 하는 이유는 기기의 절연 파괴로 인하여 누전이 된 경우 인체에 대해 감전되는 것을 방지하기 위함이다.

55 고압 가공 인입선이 도로 횡단 시 설치 높이는?

① 3[m] 이상　　② 3.5[m] 이상
③ 5[m] 이상　　④ 6[m] 이상

해설 가공 인입선의 시설 높이

	구분	저압	고압
시설 높이	횡단 보도교	3[m]	3.5[m]
	일반	4[m]	5[m]
	도로 횡단	5[m]	6[m]
	철도 횡단	6.5[m]	

56 전등 1개를 2개소에서 점멸하고자 할 때 3로 스위치는 최소 몇 개 필요한가?

① 4개　　② 3개
③ 2개　　④ 1개

해설 전등 1개를 2개소에서 점멸하고자 할 때 3로 스위치는 2개가 필요하다.

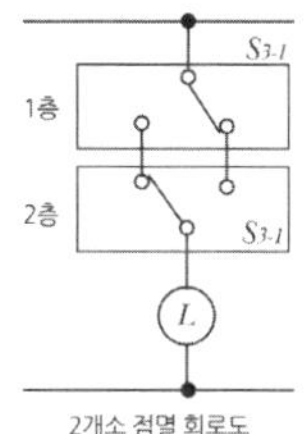

2개소 점멸 회로도

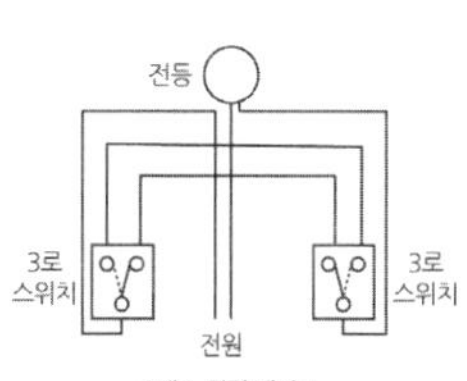

2개소 점멸 배선도

57 금속 전선관 공사에서 사용되는 후강 전선관의 규격이 아닌 것은?

① 16　　② 28
③ 36　　④ 50

해설 ㉠ 교재 233쪽 암기법 참조
㉡ 후강 전선관 호칭 : 내경에 가까운 짝수로 16, 22, 28, 36, 42, 54, 70 82 등이 있다.

58 접착제를 사용하여 합성수지관을 삽입해 접속할 경우 관의 깊이는 합성수지관 외경의 최소 몇 배인가?

① 0.8배　　② 1.2배
③ 1.5배　　④ 1.8배

정답 51 ④ 52 ③ 53 ④ 54 ③ 55 ④ 56 ③ 57 ④ 58 ①

해설 합성수지관 공사

㉠ 전선관 내에서는 전선의 접속점이 없도록 할 것
㉡ 관을 삽입하는 길이 : 관 외경의 1.2배(단, 접착제를 사용할 경우 0.8배)
㉢ 관의 지지점 간의 거리는 1.5[m] 이하

59 3상 4선식 380/220[V]전로에서 전원의 중성극에 접속된 전선을 무엇이라 하는가?

① 접지선 ② 중성선
③ 전원선 ④ 접지측선

해설 중성선

다선식 전로에서 변압기를 Y결선 하는 경우에 그 중성점에 접속되는 전선

60 배선 설계를 위한 전등 및 소형 전기 기계 기구의 부하 용량 산정 시 건축물의 종류에 대응한 표준 부하에서 원칙적으로 표준 부하를 20[VA/m²]으로 적용하여야 하는 건축물은?

① 교회, 극장 ② 호텔, 병원
③ 은행, 상점 ④ 아파트, 미용원

해설 교재 278쪽

표준 부하(2021년 1월 1일, 개정)

건축물	표준 부하
극장, 공장, 교회	10[VA/m²]
기숙사, 학교, 호텔	20[VA/m²]
사무실, 은행, 상점, 이발소	30[VA/m²]
주택, 아파트	40[VA/m²]

정답 59 ② 60 ②

14 과년도 기출문제(2020년 2회)

2016년 5회부터는 CBT 시험이므로 문제의 유형이 모두 다릅니다.

1과목 : 전기 이론

01 전위의 단위가 아닌 것은?

① [V] ② [J/C]
③ [AT/m] ④ [C/F]

해설 ① 전위[V]
② $V = \frac{W[J]}{Q[C]}$
③ 자기장의 세기 H[AT/m]
④ $Q = CV$에서 $V = \frac{Q[C]}{C[F]}$

02 저항 4[Ω]과 6[Ω]을 직렬로 접속했을 때의 합성 컨덕턴스는?

① 0.01[℧] ② 0.1[℧]
③ 10[℧] ④ 100[]

해설 ㉠ 합성 저항 R=4+6=10[Ω]
㉡ 컨덕턴스 $G = \frac{1}{R} = \frac{1}{10} = 0.1$[℧]

03 서로 다른 종류의 안티몬과 비스무트의 두 금속을 접속하여 여기에 전류를 통하면, 그 접점에서 열의 발생 또는 흡수가 일어난다. 줄열과 달리 전류의 방향에 따라 열의 흡수와 발생이 다르게 나타나는 이 현상은?

① 펠티에 효과 ② 제벡 효과
③ 제3금속의 법칙 ④ 열전 효과

해설 교재 34쪽

04 다음은 납축전지에 대한 설명이다. 옳지 않은 것은?

① 전해액은 황산을 물에 섞어서 비중을 1.2~1.3 정도로 하여 사용한다.
② 충전 시 양극은 PbO로 되고 음극은 $PbSO_4$로 된다.
③ 방전 전압의 한계는 1.8[V]로 하고 있다.
④ 용량은 방전 전류×방전 시간으로 표시하고 있다.

해설 ㉠ 교재 32쪽
㉡ 충전 시 : 양극 PbO_2, 음극 Pb
㉢ 방전 시 : 양극, 음극 모두 $PbSO_4$

05 자기력선에 대한 설명으로 옳지 않은 것은?

① 자석의 N극에서 시작하여 S극에서 끝난다.
② 자기장의 방향은 그 점을 통과하는 자기력선의 방향으로 표시한다.
③ 자기력선은 상호간에 교차한다.
④ 자기장의 크기는 그 점에 있어서의 자기력선의 밀도를 나타낸다.

해설 교재 48쪽

06 전기와 자기의 요소를 서로 대칭되게 나타내지 않는 것은?

① 전계－자계 ② 전속－자속
③ 유전율－투자율 ④ 전속 밀도－자기량

해설 전속 밀도[C/m²]－자속 밀도[Wb/m²]

07 대칭 3상 교류를 설명한 것 중 바르지 않은 것은?

① 각 상의 크기가 같을 것
② 각 상간의 위상차가 $\frac{4\pi}{3}$[rad]일 것
③ 각 상의 주파수가 같을 것
④ 각 상의 파형이 같을 것

해설 ㉠ 교재 82쪽
㉡ 각 상간의 위상차가 $120° = \frac{2\pi}{3}$[rad]일 것

정답 01 ③ 02 ② 03 ① 04 ② 05 ③ 06 ④ 07 ②

08 **기전력 50[V], 내부 저항이 5[Ω]인 전원이 있다. 이 전원에 부하를 연결하여 얻을 수 있는 최대 전력[W]은?**

① 125　② 250
③ 500　④ 1000

해설 ㉠ 최대 전력 조건 : 외부 저항=내부 저항
㉡ $I=\frac{E}{r+R}=\frac{50}{5+5}=5[A]$
㉢ 전력 $P=I^2R=5^2\times5=125[W]$
㉣ 내부저항 r이 아닌 외부저항 R에서만 소비되는 전력을 구하는 문제이므로 $P=VI=\frac{V^2}{R}$은 대입하면 안 됨

09 **두 콘덴서 C_1, C_2가 병렬로 접속되어 있을 때의 합성 정전 용량은?**

① C_1+C_2　② $\frac{1}{C_1}+\frac{1}{C_2}$
③ $\frac{C_1C_2}{C_1+C_2}$　④ $\frac{C_1+C_2}{C_1C_2}$

해설 ㉠ 교재 44쪽
㉡
> [암기법]
> 콘덴서의 직렬은 저항의 병렬과 같이 계산하고 콘덴서의 병렬은 저항의 직렬과 같이 계산한다.

10 **전기력선의 성질 중 옳지 않은 것은?**

① 전기력선은 양전하에서 출발하여 음전하에서 끝난다.
② 전기력선은 전위가 낮은 곳에서 높은 곳으로 이동한다.
③ 전기력선의 밀도는 전기장의 크기를 나타낸다.
④ 전기력선은 서로 교차하지 않는다.

해설 ㉠ 교재 39쪽
㉡ 전위는 전기의 위치 에너지이므로 물이 높은 곳에서 낮은 곳으로 흐르듯 전위가 높은 곳에서 낮은 곳으로 이동한다.

11 **공기 중에서 4[μC], 8[μC]의 두 전하 사이에 작용하는 힘이 7.2[N]일 때 두 전하 사이의 거리는 몇 [m]인가?**

① 0.2　② 0.1
③ 1　④ 2

해설 ㉠ 교재 37쪽, 쿨롱의 제1법칙
㉡ $F=\frac{1}{4\pi\epsilon_0}\times\frac{Q_1Q_2}{r^2}=9\times10^9\times\frac{Q_1Q_2}{r^2}$

$7.2=\frac{9\times10^9\times4\times10^{-6}\times8\times10^{-6}}{r^2}$

$r^2=\frac{9\times10^9\times4\times10^{-6}\times8\times10^{-6}}{7.2}$

$r=\sqrt{\frac{9\times10^9\times4\times10^{-6}\times8\times10^{-6}}{7.2}}$

㉢ 계산기로 풀면 된다.

12 **3상 전파 정류 회로에서 직류 전압의 평균값으로 가장 적당한 것은?(단, E는 교류 전압 1상의 실효값)**

① 1.35E[V]　② 1.17E[V]
③ 0.9E[V]　④ 0.45E[V]

해설 ㉠ 교재 66쪽
㉡ 1상의 실효값 이 E[V]일 때
• 3상 반파 정류의 평균값 : 1.17×E
• 3상 전파 정류의 평균값 : 1.35×E

13 **자속밀도 B[Wb/m²], 자기장의 세기 H[AT/m]인 경우 비투자율을 10배로 증가시켰을 경우 자속 밀도 B는 원래의 자속 밀도보다 어떻게 되는가?**

① 10배　② $10\sqrt{3}$배
③ $\frac{1}{10}$배　④ $\frac{10}{\sqrt{3}}$배

해설 ㉠ 교재 60쪽
㉡ B $=\mu H=\mu_0\mu_S H$ 에서 비투자율 μ_S가 10배가 되면 자속밀도 B는 10배 증가한다.

14 **부하의 전압과 전류를 측정하기 위한 전압계, 전류계의 배율기, 분류기의 접속 방법은?**

① 배율기 : 전압계와 직렬, 분류기 : 전류계와 병렬
② 배율기 : 전압계와 병렬, 분류기 : 전류계와 직렬
③ 배율기 : 전압계와 직렬, 분류기 : 전류계와 직렬
④ 배율기 : 전압계와 병렬, 분류기 : 전류계와 병렬

해설 교재 30쪽 그림 참조

정답 08 ① 09 ① 10 ② 11 ① 12 ① 13 ① 14 ①

15 자체 인덕턴스가 100[H]가 되는 코일에 전류를 0.01초 동안 0.1[A] 만큼 변화시켰다면 유도기전력[V]은?

① 1[V]　　② 10[V]
③ 100[V]　　④ 1,000[V]

해설 ㉠ 교재 58쪽
㉡ $e=-\dfrac{N\Delta\phi}{\Delta t}=-\dfrac{L\Delta i}{\Delta t}$[V]에서 $e=-\dfrac{L\Delta i}{\Delta t}$를 적용
㉢ $e=-\dfrac{L\Delta i}{\Delta t}=\dfrac{100\times0.1}{0.01}=1{,}000[\mathrm{V}]$

16 저항 8[Ω]과 유도 리액턴스 6[Ω]이 직렬로 접속된 회로에 200[V]의 교류 전압을 인가하는 경우 흐르는 전류[A]와 역률[%]은 각각 얼마인가?

① 20[A], 80%　　② 10[A], 60%
③ 20[A], 60%　　④ 10[A], 80%

해설 ㉠ 임피던스 $Z=\sqrt{R^2+X^2}=\sqrt{8^2+6^2}=10[\Omega]$
㉡ $I=\dfrac{V}{Z}=\dfrac{200}{10}=20[\mathrm{A}]$
㉢ 역률 $\cos\theta=\dfrac{R}{Z}=\dfrac{8}{10}=0.8$

17 $i=200\sqrt{2}\sin\left(\omega t+\dfrac{\pi}{2}\right)$를 복소수로 나타내면 어떻게 되는가?

① $I=200$
② $I=100\sqrt{2}+j100\sqrt{2}$
③ $I=200\sqrt{2}+j200\sqrt{2}$
④ $I=j200$

해설 ㉠ 교재 69쪽
㉡
$I=$ 실효값$\angle\theta=200\angle90=200(\cos90+j\sin90)$
$=200(0+j1)=j200[\mathrm{A}]$
㉢ 계산기 MODE 2 200 SHIFT ∠ 90 = $200i$

18 +전하와 −전하로 대전된 물질에 금속선을 이으면 −전하는 +전하 쪽으로 끌리어 가고 중화된다. 이때 금속선에 흐르는 것은?

① 전류　　② 전력
③ 전력량　　④ 역률

해설 ㉠ 교재 16쪽
㉡ 전류는 전하의 이동이다.
㉢ $I=\dfrac{Q[\mathrm{C}]}{t[\mathrm{S}]}$

19 다음과 같은 회로의 역률은?

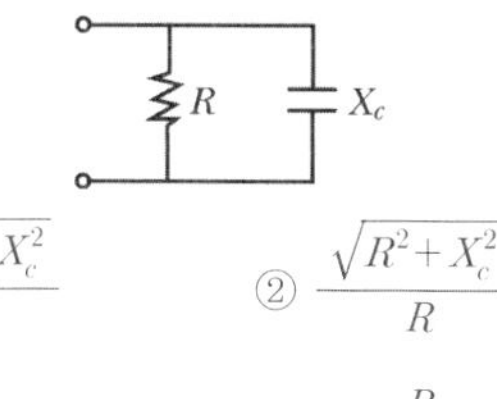

① $\dfrac{\sqrt{R^2+X_c^2}}{X_c}$　　② $\dfrac{\sqrt{R^2+X_c^2}}{R}$
③ $\dfrac{X_c}{\sqrt{R^2+X_c^2}}$　　④ $\dfrac{R}{\sqrt{R^2+X_c^2}}$

해설 직렬일 경우는 ④번

20 단자 A, B의 합성 저항은?

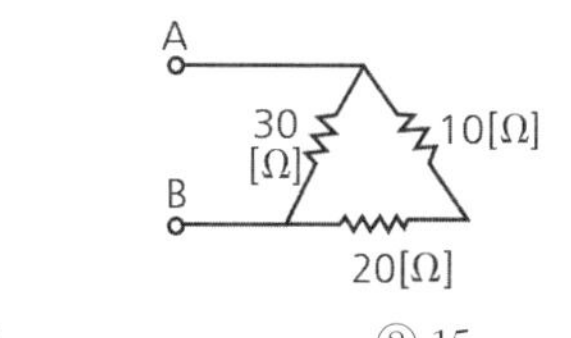

① 5　　② 15
③ 60　　④ 90

해설

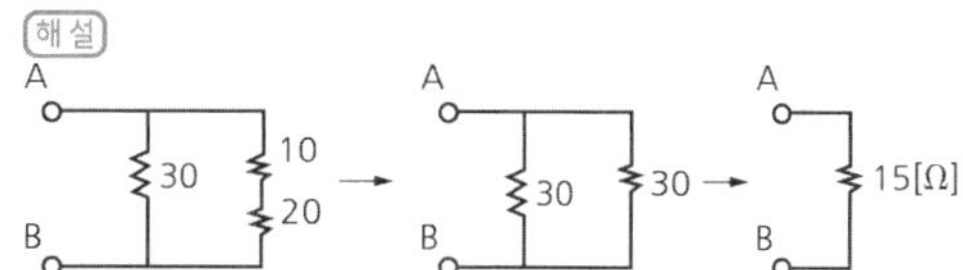

정답 15 ④ 16 ① 17 ④ 18 ① 19 ③ 20 ②

2과목 : 전기 기기

21 4극 60[Hz]의 3상 유도전동기가 슬립 5[%]로 회전하고 있을 때의 회전자 전류의 주파수 [Hz]는?

① 3 ② 6
③ 12 ④ 30

해설 ㉠ 교재 165쪽
㉡ 유도 전동기가 슬립 s로 운전할 때의 2차 측 회전자 전류의 주파수
(2차 측 주파수) $f_{2s} = sf_1 = 0.05 \times 60 = 3[\text{Hz}]$

22 직류 발전기가 있다. 자극 수는 6, 전기자 총 도체수 400 매극 당 자속 0.01[Wb], 회전수는 600[rpm]일 때 전기자에 유기되는 기전력은 몇 [V] 인가?(단, 전기자 권선은 파권이다.)

① 40[V] ② 120[V]
③ 160[V] ④ 180[V]

해설 ㉠ 교재 104쪽 암기법
㉡ $E = \dfrac{PZ\phi N}{60a} = \dfrac{6 \times 400 \times 0.01 \times 600}{60 \times 2} = 120[\text{V}]$
㉢ 계산기 [분수] 6 × 400 × 0.01 × 600 ▼ 60 × 2 =

23 교류 전동기를 기동할 때 그림과 같은 기동 특성을 가지는 전동기는?(단, 곡선 (1)~(5)는 기동 단계에 대한 토크 특성 곡선이다.)

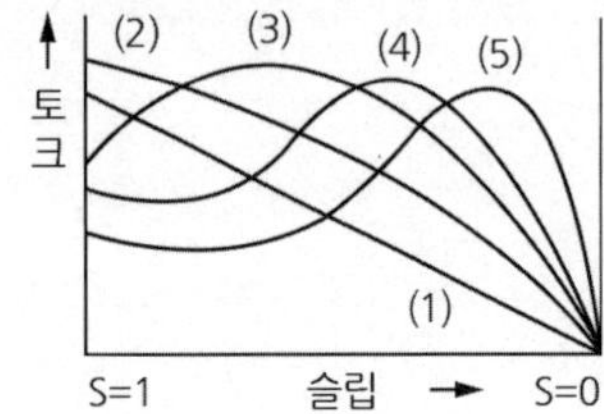

① 반발 유도 전동기
② 2중 농형 유도 전동기
③ 3상 분권 정류자 전동기
④ 3상 권선형 유도 전동기

해설 ㉠ 교재 168쪽, 3상 권선형 유도 전동기의 비례추이 곡선이다.

24 13,200/220[V]의 변압기 2차에 전열기를 접속하였을 때 120[A]가 흘렀다. 1차 전류는 몇 [A] 인가?

① 2 ② 4
③ 3,600 ④ 7,200

해설 ㉠ 교재 139쪽
㉡ 권수비 $a = \dfrac{n_1}{n_2} = \dfrac{V_1}{V_2} = \sqrt{\dfrac{Z_1}{Z_2}} = \dfrac{I_2}{I_1}$ 에서
$\dfrac{V_1}{V_2} = \dfrac{I_2}{I_1}$ 을 적용
㉢ $\dfrac{13,200}{220} = \dfrac{120}{I_1}$
$\therefore I_1 = \dfrac{120 \times 220}{13,200} = 2[\text{A}]$

25 다음 중 자기소호 기능이 가장 좋은 소자는?

① SCR ② GTO
③ TRIAC ④ LASCR

해설 교재 185쪽 참조

26 병렬 운전 중인 두 동기 발전기의 유도 기전력이 2,000[V], 위상차 60°, 동기 리액턴스 100 [Ω]이다. 유효 순환전류[A]는?

① 5 ② 10
③ 15 ④ 20

해설 $I = \dfrac{2,000 \times \sin 30}{100} = 10[\text{A}]$

27 3상 권선형 유도전동기 기동 시 회전자 측에 저항을 넣는 이유는?

① 기동 전류 증가
② 기동 토크 감소
③ 회전수 감소
④ 기동 전류 억제와 토크 증대

해설 교재 163쪽과 168쪽

정답 21 ① 22 ② 23 ④ 24 ① 25 ② 26 ② 27 ④

424 14 과년도 기출문제(2020년 2회)

28 **변압기 내부고장 시 급격한 유류 또는 가스의 이동이 생기면 동작하는 브흐홀츠 계전기의 설치 위치는?**

① 변압기 본체
② 변압기의 고압 측 부싱
③ 콘서베이터 내부
④ 변압기 본체와 콘서베이터를 연결하는 파이프

해설 교재 143쪽

29 **동기기를 병렬운전 할 때 순환전류가 흐르는 원인은?**

① 기전력의 저항이 다른 경우
② 기전력의 위상이 다른 경우
③ 기전력의 전류가 다른 경우
④ 기전력의 역률이 다른 경우

해설 ㉠ 교재 132쪽
㉡ 두 발전기 기전력의 크기가 다른 경우 : 무효 순환전류
㉢ 두 발전기 기전력의 위상이 다른 경우 : 유효 순환전류

30 **용량이 작은 전동기로 직류와 교류를 겸용할 수 있는 전동기는?**

① 셰이딩 전동기
② 단상 반발 전동기
③ 단상 직권 정류자 전동기
④ 리니어 전동기

31 **보호 계전기를 동작 원리에 따라 구분할 때 입력된 전기량에 의한 전자력으로 회전 원판을 이동시켜 출력된 값을 얻는 계기는?**

① 유도형
② 정지형
③ 디지털형
④ 저항형

해설 ㉠ 교재 159쪽
㉡ 아라고의 회전 원판 : 유도전동기의 원리(유도형)

32 **직류 직권 전동기를 사용하려고 할 때 벨트(belt)를 걸고 운전하면 안 되는 가장 타당한 이유는?**

① 벨트가 기동할 때나 또는 갑자기 중 부하를 걸 때 미끄러지기 때문에
② 벨트가 벗겨지면 전동기가 갑자기 고속으로 회전하기 때문에
③ 벨트가 끊어졌을 때 전동기의 급정지 때문에
④ 부하에 대한 손실을 최대로 줄이기 위해서

해설 교재 117쪽

33 **변압기 유의 열화 방지를 위해 쓰이는 방법이 아닌 것은?**

① 방열기 ② 콘서베이터
③ 불활성 질소 ④ 부싱

해설 교재 142쪽, 그림 참조

34 **보호를 요하는 회로의 전류가 어떤 일정한 값(정정값) 이상으로 흘렀을 때 동작하는 계전기는?**

① 과전류 계전기 ② 과전압 계전기
③ 차동 계전기 ④ 비율 차동 계전기

35 **코일 주위에 전기적 특성이 큰 에폭시 수지를 고진공으로 침투시키고, 다시 그 주위를 기계적 강도가 큰 에폭시 수지로 몰딩한 변압기는?**

① 건식 변압기 ② 유입 변압기
③ 몰드 변압기 ④ 타이 변압기

해설 교재 141쪽

36 **60[Hz]의 유도 전동기를 50[Hz]전원에 연결하였을 경우 속도는 어떻게 되는가?**

① 변화없다. ② 1.1배가 된다.
③ 1.2배가 된다. ④ 0.83배가 된다.

해설 ㉠ $N=\frac{120f}{P}$[rpm]에서 $N \propto f$
㉡ 주파수가 60[Hz]에서 50[Hz]로 줄었으므로 비례식을 쓰면
$60 : 1 = 50 : x$
$\therefore x=\frac{50}{60}=0.83$

정답 28 ④ 29 ② 30 ③ 31 ① 32 ② 33 ④ 34 ① 35 ③ 36 ④

37 **다음 중 역률이 가장 좋은 단상 유도 전동기는?**

① 콘덴서 구동형　　② 세일딩 코일형
③ 반발 기동형　　④ 콘덴서 기동형

해설 ① 콘덴서 구동형 : 기동할 때와 운전시에도 계속 콘덴서를 달고 있으므로 역률이 좋고
④ 콘덴서 기동형 : 기동 시에만 콘덴서를 이용함
• 교재 175쪽(그림 다) 영구 콘덴서형 = 콘덴서 구동형

38 **동기 발전기의 고정손은?**

① 철손　　② 풍손
③ 표유 부하손　　④ 마찰손

해설 고정손
철손, 기계손 등 부하전류의 증감과는 관계가 없는 전력 손실

39 **전동기 고정자 자극의 한쪽 끝에 돌출극을 만들어 여기에 코일을 감음으로써 회전 자계가 형성되게 만든 전동기는?**

① 세일딩 코일형 유도 전동기
② 반발 기동형 유도 전동기
③ 콘덴서 기동형 유도 전동기
④ 3상 권선형 유도 전동기

해설 ① 테슬라가 만든 세계 최초의 단상 유도 전동기이다.
② 교재 175쪽(그림 마) 참조

40 **다음 회로는 어떤 정류회로인가?**

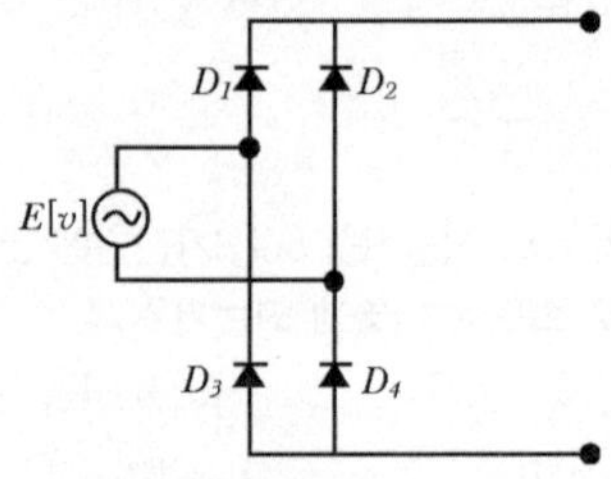

① 단상 전파 정류회로
② 단상 반파 정류회로
③ 3상 전파 정류회로
④ 3상 반파 정류회로

해설 교재 180쪽 그림

3과목 : 전기 설비

41 **접지 공사의 접지도체는 특별한 경우를 제외하고는 어떤 색으로 표시를 하여야 하는가?**

① 적색
② 황색
③ 녹색 + 황색
④ 흑색

42 **금속제 가요전선관 공사 방법의 설명으로 옳은 것은?**

① 가요전선관 박스와 직각부분에 연결하는 부속품은 앵글박스 커넥터이다.
② 가요전선관과 금속관과의 접속에 사용하는 부속품은 스트레이트박스 커넥터이다.
③ 가요전선관 상호접속에 사용하는 부속품은 콤비네이션 커플링이다.
④ 스위치박스에는 콤비네이션 커플링을 사용하여 가요전선관과 접속한다.

해설 교재 241쪽 그림 참조

43 **6[mm²] 이하의 가는 단선 접속 시 접속의 마무리 부분은 몇 회 이상 꼬아야 하는가?**

① 2회　　② 3회
③ 4회　　④ 5회

해설 교재 207쪽 그림 참조

44 **OW 전선을 사용하는 저압 구내 가공 인입 전선으로 전선의 길이가 15[m]를 초과하는 경우 그 전선의 지름은 몇 [mm] 이상을 사용하여야 하는가?**

① 1.6　　② 2.0
③ 2.6　　④ 3.2

해설 저압 가공전선은 2.6[mm]를 사용한다. 단 15[m] 이하는 2[mm] 가능

정답 37 ① 38 ① 39 ① 40 ① 41 ③ 42 ① 43 ③ 44 ③

45 과전류 차단기로 시설하는 고압 퓨즈 중 비포장 퓨즈 용단 시험을 하는데 있어 정격 전류의 2배를 공급 할 때 몇 분 이내에 용단되어야 하는가?

① 2분 ② 10분
③ 60분 ④ 120분

해설 ㉠ 교재 251쪽
㉡ 비포장 퓨즈 : 정격전류의 1.25배에 견디고, 2배의 전류에 2분 이내 용단
㉢ 포장 퓨즈 : 정격전류의 1.3배에 견디고, 2배의 전류에 120분 이내 용단

46 화약류 저장소 안에는 벽열전등이나 형광등 또는 이에 전기를 공급하기 위한 공작물에 한하여 전로의 대지전압을 몇 [V] 이하의 것을 사용하는가?

① 100[V] ② 200[V]
③ 300[V] ④ 400[V]

47 지중 전선로 시설 방식이 아닌 것은?

① 직접 매설식 ② 관로식
③ 트레이식 ④ 암거식

해설 교재 217쪽 그림 참조

48 전기 설비 기술 기준의 판단 기준에 의한 고압 가공 전선로 철탑의 경간은 몇 [m] 이하로 제한하고 있는가?

① 150 ② 250
③ 500 ④ 600

해설 교재 262쪽

49 저압 옥내 분기 회로에 개폐기 및 과전류 차단기를 시설하는 경우 간선의 허용전류가 55% 이내인 경우 분기점에서 몇 [m] 이하에 시설하여야 적당한가?

① 1 ② 3
③ 7 ④ 9

50 가공 전선 지지물의 기초 강도는 주체(主體)에 가하여지는 곡하중(曲荷重)에 대하여 안전율은 얼마 이상으로 하여야 하는가?

① 1.0 ② 1.5
③ 1.8 ④ 2.0

해설 지지물의 기초 안전율은 2.0 이상이어야 한다.

51 과전류 차단기로서 저압 전로에 사용되는 배선용 차단기에 있어서 정격전류가 30[A]인 회로에 60[A]의 전류가 흘렀을 때 몇 분 이내에 자동적으로 동작하여야 하는가?

① 1분 ② 2분
③ 4분 ④ 8분

해설 교재 441쪽, 문제 47번 해설 참조

52 교통 신호등의 제어 장치로부터 신호등의 전구까지의 전로에 사용하는 전압은 몇 [V] 이하인가?

① 60 ② 100
③ 300 ④ 440

53 터널, 갱도 기타 이와 유사한 장소에서 사람이 상시 통행하는 터널 내의 배선방법으로 적절하지 않은 것은?(단, 사용전압은 저압이다.)

① 라이팅 덕트 배선
② 금속제 가요전선관 배선
③ 합성 수지관 배선
④ 애자 사용 배선

해설 교재 247쪽

54 S형 슬리브로 접속하는 경우 몇 회 이상 비틀림으로 하여야 하는가?

① 1 ② 2
③ 3 ④ 4

해설 교재 207쪽

정답 45 ① 46 ③ 47 ③ 48 ④ 49 ③ 50 ④ 51 ② 52 ③ 53 ① 54 ②

55 주로 콘크리트 건조물 밑에 가로 세로 십자로 매설하여 밑에 아우트렛을 설치하는 배선에 사용되는 덕트를 무엇이라 하는가?

① 금속 덕트 ② 버스 덕트
③ 플로어 덕트 ④ 케이블 트레이

해설 교재 244쪽

56 폭연성 분진이 존재하는 곳의 금속관 공사 시 전동기에 접속하는 부분에서 가요성을 필요로 하는 부분의 배선에는 방폭형의 부속품 중 어떤 것을 사용하여야 하는가?

① 플렉시블 피팅
② 분진 플렉시블 피팅
③ 분진 방폭형 플렉시블 피팅
④ 안전 증가 플렉시블 피팅

해설 ㉠ 'flexible = 유연한 = 가요성 = 잘 휘어지는'의 뜻
㉡ 'flexible pitting : 잘 휘어지는 홈이 있는 관'의 뜻

57 전주에 외등을 설치하는 경우 (1) 전주로부터 돌출되는 수평거리와 (2) 지표면상으로 부터의 수직거리[m] 미만인가?

① (가)2 (나)3.5 ② (가)2 (나)4.5
③ (가)1 (나) 3.5 ④ (가) 1 (나)4.5

해설 대지전압 300[V] 이하의 전주에서 외등으로 백열 전구, 형광등을 설치하는 경우 수평거리 1[m], 수직 거리 4.5[m] – 내선 규정 [내규 3330절, 전주 외등]

58 후강 전선관의 관 호칭은(㉠) 크기로 정하여 (㉡)로 표시하는데, ㉠과 ㉡에 들어갈 내용으로 옳은 것은?

① ㉠ 안지름 ㉡ 홀수
② ㉠ 안지름 ㉡ 짝수
③ ㉠ 바깥지름 ㉡ 홀수
④ ㉠ 바깥지름 ㉡ 짝수

해설 교재 233쪽

59 나전선으로 사용할 수 없는 것은?

① 연동선 ② 경동선
③ 연선 ④ 단선

해설 ㉠ 옥내배선은 연동선, 옥외는 경동선
㉡ 옥내 배선에는 나전선(피복이 없는 전선)을 사용할 수 없다.

60 수변전 설비에서 몇 [KVA] 이상에서는 전압계와 전류계를 기구 전면에 설치해야 하는가?

① 100 ② 200
③ 300 ④ 500

해설 교재 280쪽

정답 55 ③ 56 ③ 57 ④ 58 ② 59 ① 60 ③

15 과년도 기출문제(2020년 3회)

2016년 5회부터는 CBT 시험이므로 문제의 유형이 모두 다릅니다.

1과목 : 전기 이론

01 그림과 같이 권수가 1이고 반지름이 a[m]인 원형 코일에 전류 I[A]가 흐르고 있다. 원형 코일 중심에서의 자계의 세기[AT/m]는?

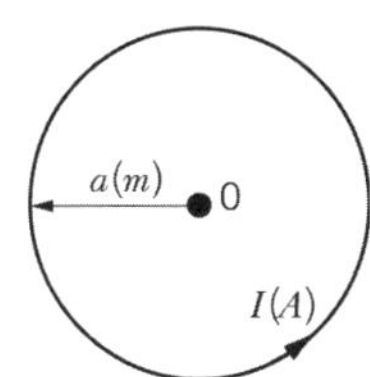

① $\frac{I}{a}$　② $\frac{I}{2a}$

③ $\frac{I}{3a}$　④ $\frac{I}{4a}$

해설 ㉠ 교재 53쪽
㉡ 원형 코일 중심의 자기장(자계)의 세기
$H=\frac{NI}{2r}$에서 $N=1,\ r=a$　$\therefore H=\frac{1}{2a}$

02 자기 인덕턴스가 L_1, L_2이고 상호 인덕턴스가 M인 두 회로의 결합계수가 1일 때, 성립되는 식은?

① $L_1 \cdot L_2 = M$　② $L_1 \cdot L_2 < M^2$

③ $L_1 \cdot L_2 > M^2$　④ $L_1 \cdot L_2 = M^2$

해설 ㉠ 교재 58쪽
㉡ 상호 인덕턴스
$M=k\sqrt{L_1 \cdot L_2}$, 결합계수 $k=1$이므로
$M=\sqrt{L_1 \cdot L_2}$ 양변을 제곱하면 $M^2 = L_1 \cdot L_2$

03 와전류(eddy current)손에 대한 설명으로 틀린 것은?

① 주파수에 비례한다.
② 저항에 반비례한다.
③ 도전율이 클수록 크다.
④ 자속 밀도의 제곱에 비례한다.

해설 ㉠ 철손 = 히스테리시스 손 + 와류손(맴돌이 손)
㉡ 히스테리시스 손을 줄이기 위해서는 규소 강판
㉢ 맴돌이 손(와류손)을 줄이기 위해서는 성층
㉣ 와류손은 주파수의 제곱에 비례한다.
㉤ 교재 122쪽

04 양극판의 면적이 S[m²], 극판 간의 간격이 d[m], 정전용량이 C_1[F]인 평행판 콘덴서가 있다. 양극판 면적을 $3S$[m²]로 늘이고 극판 간격을 $\frac{1}{3}d$[m]로 줄였을 때의 정전용량 C_2[F]는?

① $C_2 = C_1$　② $C_2 = 3C_1$

③ $C_2 = 6C_1$　④ $C_2 = 9C_1$

해설 ㉠ 교재 41쪽
㉡ 정전용량 $C_1 = \frac{\epsilon S}{d} \propto \frac{S}{d}$
㉡ $C_2 = \frac{3S}{\frac{1}{\frac{1d}{3}}} = \frac{9S}{d}$

05 공기 중에 선간 거리 10[cm]의 평행 왕복 도선이 있다. 두 도선 간에 작용하는 힘이 4×10^{-6}[N/m]이었다면 도선에 흐르는 전류는 몇 [A]인가?

① 1　② 2

③ $\sqrt{2}$　④ $\sqrt{3}$

해설 ㉠ 교재 56쪽
㉡ 두 도체 사이의 작용력
$F=\frac{2I_1 I_2 \times 10^{-7}}{r}$[N/m]에서
$4\times10^{-6} = \frac{2I^2\times10^{-7}}{0.1}$,

정답 01 ② 02 ④ 03 ① 04 ④ 05 ③

$\dfrac{4\times10^{-6}\times0.1}{2\times10^{-7}}=I^2$,

$2=I^2$, 양변을 $\sqrt{\ }$ 하면 $I=\sqrt{2}$

06 어떤 콘덴서에 비유전율 ε_s 인 유전체로 채워져 있을 때의 정전용량 C와 공기로 채워져 있을 때의 정전용량 C_0 의 비 $\dfrac{C}{C_0}$ 는?

① ϵ_s ② $\dfrac{1}{\epsilon_s}$

③ $\sqrt{\epsilon_s}$ ④ $\dfrac{1}{\sqrt{\epsilon_s}}$

해설 ㉠ 교재 41쪽

㉡ $C=\dfrac{\varepsilon A}{l}$[F]에서 $C\propto\varepsilon$

㉢ 비유전율 ε_s로 채워져 있는 정전용량 $C\propto\varepsilon\propto\varepsilon_0\varepsilon_s$

㉣ 공기로 채워져 있는 정전용량 $C_0=\varepsilon_0$

㉤ $\dfrac{C}{C_0}=\dfrac{\varepsilon_0\varepsilon_s}{\varepsilon_0}=\varepsilon_s$

07 용량이 50[KVA]인 단상 변압기 3대를 Δ 결선하여 3상으로 운전하던 중 1대의 변압기에 고장이 발생하였다. 나머지 2대의 변압기를 이용하여 3상 V결선으로 운전하는 경우 최대 출력은 몇 [KVA]인가?

① $30\sqrt{3}$ ② $50\sqrt{3}$

③ $100\sqrt{3}$ ④ $150\sqrt{3}$

해설 ㉠ 교재 87쪽

㉡ V결선의 출력

$P_V=\sqrt{3}\,V_P I_P=\sqrt{3}\,P$ 이때P=변압기1대의 용량

08 파형률과 파고율이 모두 1인 파형은?

① 고조파 ② 삼각파

③ 구형파 ④ 사인파

해설 ㉠ 교재 66쪽 그림과 91쪽 설명 참조

㉡ 66쪽 그림과 같이 구형파는 사각파이므로 최대값=실효값=평균값

㉢ 파고율 $=\dfrac{\text{최대값}}{\text{실효값}}$ 파형률 $=\dfrac{\text{실효값}}{\text{평균값}}\sum$

09 다음과 같은 회로에서 V_a, V_b, V_c [V]를 평형 3상 전압이라 할 때 전압 V_0[V]는?

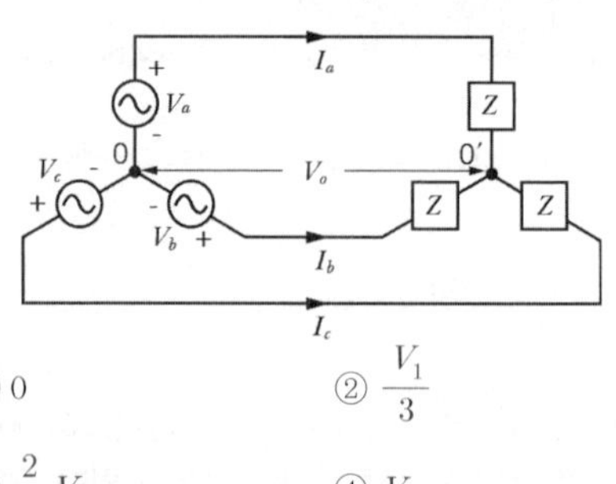

① 0 ② $\dfrac{V_1}{3}$

③ $\dfrac{2}{3}V_1$ ④ V_1

해설 교재 82쪽 설명과 83쪽 그림(C) 설명 참조

10 RC 직렬회로의 과도현상에 대한 설명으로 옳은 것은?

① (R×C)의 값이 클수록 과도 전류는 빨리 사라진다.

② (R×C)의 값이 클수록 과도 전류는 천천히 사라진다.

③ 과도 전류는 (R×C)의 값과 관계가 없다.

④ $\dfrac{1}{R\times C}$ 값이 클수록 과도 전류는 천천히 사라진다.

해설 교재 94쪽 [RC 방전회로] 그림

11 같은 저항 4개를 그림과 같이 연결하여 a－b 간에 일정전압을 가했을 때 소비전력이 가장 큰 것은 어느 것인가?

①
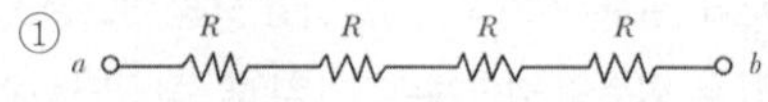

②
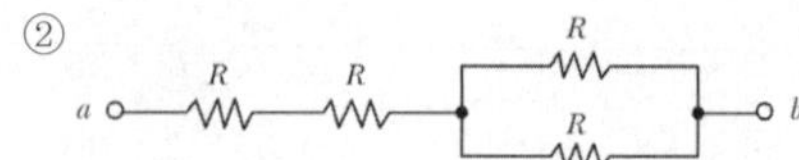

③
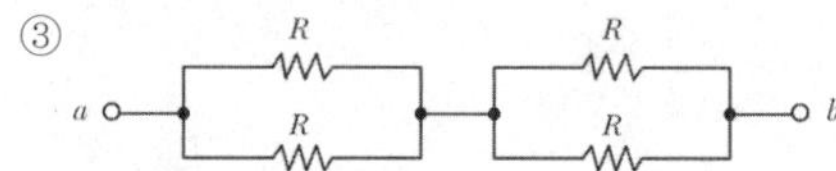

④
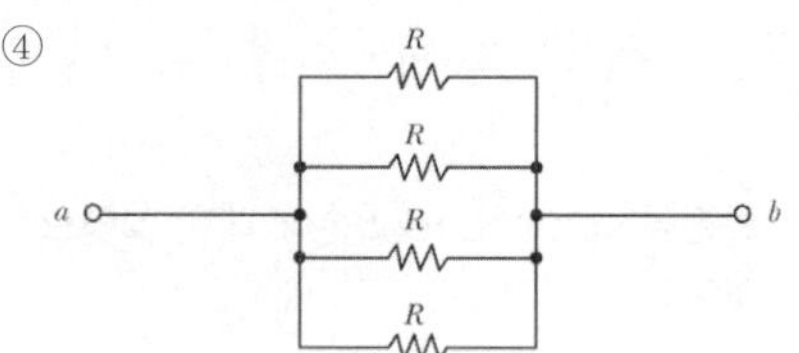

정답 06 ① 07 ② 08 ③ 09 ① 10 ② 11 ④

해설 ㉠ 소비전력 $P=VI=\frac{V^2}{R}=I^2R$[W]에서 전압이 일정하므로 $P=\frac{V^2}{R}$ 이용(저항값이 작아지면 소비전력 P는 커짐)

㉡ 즉, 저항이 병렬로 연결되어야 저항 값은 작아지고 소비 전력이 커진다.

12 그림의 브리지 회로에서 평형이 되었을 때의 Cx는?

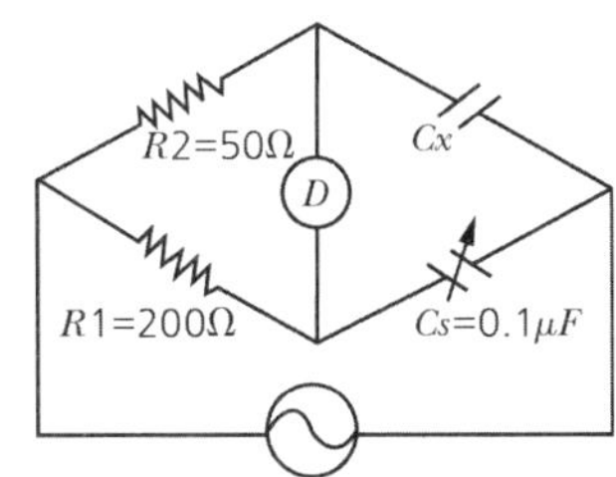

① 0.1[μF] ② 0.2[μF]
③ 0.3[μF] ④ 0.4[μF]

해설 [암기]
브리지 회로의 평형조건
㉠ 저항이나 코일일 경우 마주보는 변을 곱하여 서로 같으면 되고
㉡ 그림과 같이 콘덴서일 경우는 $R_2C_X=R_1C_S$

$\therefore C_X=\frac{R_1\cdot C_S}{R_2}=\frac{200\times0.1\times10^{-6}}{50}$

$=0.4\times10^{-6}$[F]

13 히스테리시스 곡선의 ㉠가로축(횡축)과 ㉡세로축(종축)은 무엇을 나타내는가?

① ㉠ 자속 밀도, ㉡ 투자율
② ㉠ 자기장의 세기, ㉡ 자속 밀도
③ ㉠ 자화의 세기, ㉡ 자기장의 세기
④ ㉠ 자기장의 세기, ㉡ 투자율

해설 교재 122쪽 그림 참조

히스테리시스 곡선

[암기]
자기야~ 3시에 HB연필 가지고 가로등 아래서 보자.

㉠ 가로(횡)축 : 자장의 세기(H)
㉡ 세로(종)축 : 자속 밀도(B) HB연필로 암기
㉢ 가로축과 만나는 점 : 보자력
㉣ 세로축과 만나는 점 : 잔류 자기
㉤ 잔류자기와 보자력이 큰 것(뚱뚱보)=영구자석 재료
㉥ 잔류자기와 보자력이 작은 것(홀쭉이)=전자석 재료

14 어떤 회로에 $v=200\sin\omega t$의 전압을 가했더니 $i=50\sin\left(\omega t+\frac{\pi}{2}\right)$의 전류가 흘렀다. 이 회로는?

① 저항 회로 ② 유도성 회로
③ 용량성 회로 ④ 임피던스 회로

해설 전류가 전압보다 +90°이므로 진상전류이다. 즉, 순 용량성 회로(콘덴서 회로)이다.

15 길이 1m인 도선의 저항 값이 20[Ω]이었다. 이 도선을 고르게 2m로 늘렸을 때 저항 값은?

① 10[Ω] ② 40[Ω]
③ 80[Ω] ④ 140[Ω]

해설 체적을 일정하게 하고 길이를 2배로 늘렸다는 것은 단면적이 2배로 줄었다는 뜻이므로

$$R=\rho\frac{l}{A}=\frac{\rho\frac{2l}{1}}{\frac{A}{2}}=\frac{\rho4l}{A}$$

∴ 저항 값이 4배로 증가

16 공기 중에서 자속밀도 2[Wb/m²]의 평등 자계 내에서 5[A]의 전류가 흐르고 있는 길이 60[cm]의 직선 도체를 자계의 방향에 대하여 60°의 각을 이루도록 놓았을 때 이 도체에 작용하는 힘은?

① 약 1.7[N] ② 약 3.2[N]
③ 약 5.2[N] ④ 약 8.6[N]

해설 힘을 구하는 것이므로 플레밍의 왼손법칙(FBI)이고 전동기를 말한다.

$F=B\ell I\sin\theta=2\times5\times60\times10^{-2}\times\sin60\fallingdotseq5.2$

계산기 2×5×60 × 10 $X^■$ (−) 2 → sin60 = $3\sqrt{3}$ S⇔D 5.19

정답 12 ④ 13 ② 14 ③ 15 ③ 16 ③

17 그림에서 a－b간의 합성 정전 용량은 10[μF]이다. C_X의 정전용량은?

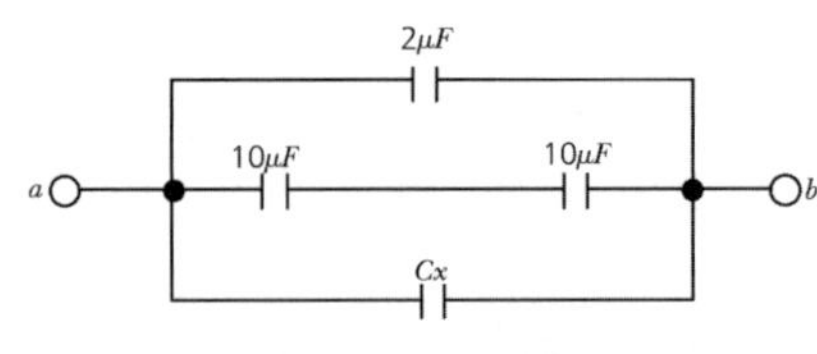

① 3[μF] ② 4[μF]
③ 5[μF] ④ 6[μF]

해설
[암기]
콘덴서의 직렬은 저항의 병렬과 같이 계산하고
콘덴서의 병렬은 저항의 직렬과 같이 계산한다.

$C_X = 3(\mu F)$ 이면 합성 정전용량은 10[μF]가 된다.

18 어느 회로 소자에 일정한 크기의 전압으로 주파수를 증가 시키면서 흐르는 전류를 관찰하였다. 주파수를 2배로 하였더니 전류가 2배로 증가하였다. 이 회로의 소자는?

① 저항 ② 코일
③ 콘덴서 ④ 다이오드

해설
- 전기를 이루고 있는 소자 R, L, C에서 L과 C는 주파수의 영향을 받는다.
- $X_L = \omega L = 2\pi fL$, $X_C = \frac{1}{\omega c} = \frac{1}{2\pi fc}$ 에서 주파수가 증가하면 X_L의 값은 커지고, X_C의 값은 작아진다.
- 코일은 $I = \frac{V}{X_L}$ 에서 I가 작아지고 콘덴서는 $I = \frac{V}{X_C}$ 에서 I가 커진다.

19 서로 다른 종류의 안티몬과 비스무트의 두 금속을 접속하여 여기에 전류를 통하면, 줄열 외에 그 접점에서 열의 발생 또는 흡수가 일어난다. 이와 같은 현상은?

① 제3금속의 법칙 ② 제벡 효과
③ 페르미 효과 ④ 펠티에 효과

해설
[암기]
- 펠티에＝냉장고 (세 글자) → 전기를 받아서 열의 흡수
  발생이 일어나는 현상
- 제벡＝열전(두 글자) → 온도차에 의해 전기를 발생

20 비사인파 교류의 일반적인 구성이 아닌 것은?

① 기본파 ② 직류분
③ 고조파 ④ 삼각파

해설 ㉠ 비 사인파 교류＝직류분＋기본파＋고조파
㉡ 비 사인파 교류의 실효값
$= \sqrt{\text{직류분}^2 + \text{기본파 실효값}^2 + \text{고조파 실효값}^2}$

2과목 : 전기 기기

21 변압기의 임피던스 와트와 임피던스 전압을 구하는 시험은?

① 부하시험
② 단락시험
③ 무 부하시험
④ 충격 전압 시험

해설 ㉠ 교재 148쪽
㉡ 임피던스 와트＝동손
임피던스 전압＝변압기 내부전압 강하

22 수은 정류기에 있어 정류기의 밸브 작용이 상실되는 현상을 무엇이라 하는가?

① 통호 ② 실호
③ 역호 ④ 점호

해설 정류기는 교류를 직류로 바꾸는 장치이고, 밸브 작용이 상실되었다 함은 역방향으로 전기가 통한다는 뜻임

정답 17 ① 18 ③ 19 ④ 20 ④ 21 ② 22 ③

23 **어떤 공장에 뒤진 역률 0.8인 부하가 있다. 이 선로에 연결된 동기 조상기를 병렬로 결선해서 선로의 역률을 0.95로 개선하였다. 개선 후 전력의 변화에 대한 설명으로 틀린 것은?**

① 피상 전력과 유효 전력은 감소한다.
② 피상 전력과 무효 전력은 감소한다.
③ 피상 전력은 감소하고 유효 전력은 변화가 없다.
④ 무효 전력은 감소하고 유효 전력은 변화가 없다.

해설 ㉠ 동기 조상기(동기 전동기)는 역률을 조절하는 기기이며 역률 개선하였다는 것은 회로상의 무효 성분을 감소했다는 뜻임
㉡ 그러므로 $\text{피상 전력} = \sqrt{\text{유효 전력}^2 + \text{무효 전력}^2}$ 에서 무효 전력이 줄어듦
㉢ 유효 전력은 변화가 없고, 무효전력과 피상 전력을 줄어듦
㉣ 교재 87쪽

24 **직류 발전기의 병렬 운전에서 균압 모선을 필요로 하지 않는 것은?**

① 분권 발전기　② 직권 발전기
③ 평복권 발전기　④ 과복권 발전기

해설 ㉠ 교재 112쪽
㉡ 직권 계자가 없는 분권 발전기는 병렬 운전 시 균압선이 필요 없다.

25 **동기기의 과도 안정도를 증가 시키는 방법이 아닌 것은?**

① 속응 여자방식을 채용한다.
② 동기 탈조 계전기를 사용한다.
③ 동기화 리액턴스를 적게 한다.
④ 회전자의 플라이 휠 효과를 작게 한다.

해설 플라이 휠
회전하는 것은 계속 회전하려고 하는 힘

26 **SCR에 대한 설명으로 옳은 것은?**

① 증폭기능을 갖는 단방향성 3단자 소자이다.
② 제어 기능을 갖는 양방향성 3단자 소자이다.
③ 정류 기능을 갖는 단방향성 3단자 소자이다.
④ 스위치 기능을 갖는 양방향성 3단자 소자이다.

해설 ㉠ 교재 : 183쪽, 184쪽

27 **권수비 30, 1차 누설 임피던스 $Z_1 = 12 + j13$ [Ω], 2차 누설 임피던스 $Z_2 = 0.015 + j0.013$ [Ω]인 변압기가 있다. 1차로 환산된 등가 임피던스[Ω]는?**

① 22.7+j25.5　② 24.7+j25.5
③ 25.5+j22.7　④ 25.5+j25

해설 ㉠ 교재 139쪽 그림과 146쪽 그림
㉡ 교재 139쪽 권수비 $a = \dfrac{N_1}{N_2} = \dfrac{V_1}{V_2} = \sqrt{\dfrac{Z_1}{Z_2}} = \dfrac{I_2}{I_1}$
에서 $a = \sqrt{\dfrac{Z_1}{Z_2}}$ 을 이용, 양변을 제곱하면 $a^2 = \dfrac{Z_1}{Z_2}$
㉢ 2차를 1차로 환산한 임피던스 $Z_{21} = a^2 Z_2$
㉣ $Z_{21} = 30^2(0.015 + j0.013) = 13.5 + j11.7$
㉤ 그러므로 1차로 환산한 전체 등가 임피던스
$Z_1 + Z_{21} = (12 + j13) + (13.5 + j11.7)$
$= 25.5 + j25$

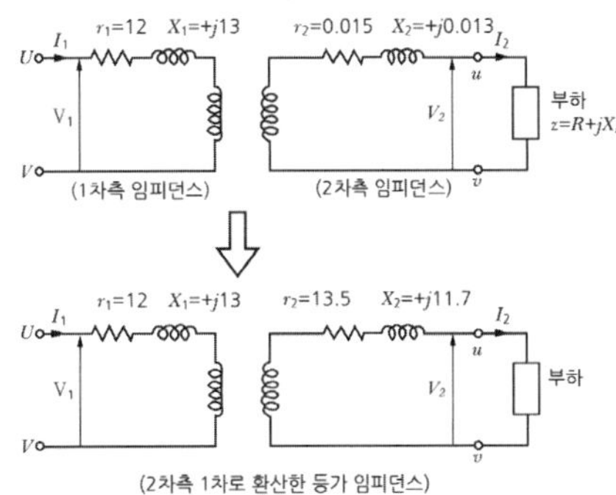

28 **3상 유도전동기의 전원 주파수와 전압의 비가 일정하고 정격 속도 이하로 속도를 제어하는 경우 전동기의 출력 P와 주파수 f와의 관계는?**

① $P \propto f$
② $P \propto \dfrac{1}{f}$
③ $P \propto f^2$
④ P는 f에 무관

정답 23 ① 24 ① 25 ④ 26 ③ 27 ④ 28 ①

해설 ㉠ 교재 167쪽

㉡ 출력 $P_0 = \omega T = 2\pi \frac{N}{60} T$에서 N은 주파수에 비례함

$\because N = \frac{120f}{P(극수)}$

29 유도 전동기의 주파수가 60[Hz]이고 전 부하에서 회전수가 매분 1,164[rpm]이면 극수는?(단, 슬립은 3%이다)

① 4　② 6
③ 8　④ 10

해설 ㉠ 교재 125쪽 맨 아래 동기속도 꼭 암기

㉡ 회전수 1,164[rpm]에서 가장 가까운 수는 6극 1,200[rpm]

㉢ 슬립이 3[%]라는 것은 1200×0.03=36[rpm]만큼 느리다는 뜻

㉣ 슬립 $s = \frac{N_S - N}{N_S} = \frac{동기\ 속도 - 회전자\ 속도}{동기속도}$를 이용하면 더 불편하고 어려움

30 단상 다이오드 반파 정류회로인 경우 정류 효율은 약 몇[%]인가?(단, 저항 부하인 경우이다)

① 12.6　② 40.6
③ 60.6　④ 81.2

해설 ㉠ 교재 183쪽

㉡ 반파 정류 회로의 정류 효율=0.4

㉢ 전파 정류 회로의 정류 효율=0.8

31 동기 발전기의 단자 부근에서 단락이 발생되었을 때 단락 전류에 대한 설명으로 옳은 것은?

① 서서히 증가한다.
② 발전기는 즉시 정지한다.
③ 일정한 큰 전류가 흐른다.
④ 처음은 큰 전류가 흐르나 점차 감소한다.

해설 ㉠ 교재 130쪽

㉡ 거의 직선으로 상승하다가 누설 리액턴스로 인해 2~3cycle 후 전기자 반작용 중 감자 작용에 의해 돌발 단락 전류의 크기를 줄인다.

32 3상 유도전동기의 전원 측에서 임의의 2선을 바꾸어 접속하여 운전하면?

① 즉각 정지한다.
② 회전 방향이 반대가 된다.
③ 바꾸지 않았을 때와 동일하다.
④ 회전방향은 불변이나 속도가 약간 떨어진다.

해설 ㉠교재 173 쪽 그림 참조

㉡ 3상 유도전동기의 전원 측 2선을 바꾸면 회전 방향이 바뀌므로 엘리베이터의 정역 운전에 쓰이고 173쪽의 설명과 같이 급제동을 할 때에도 이용한다.

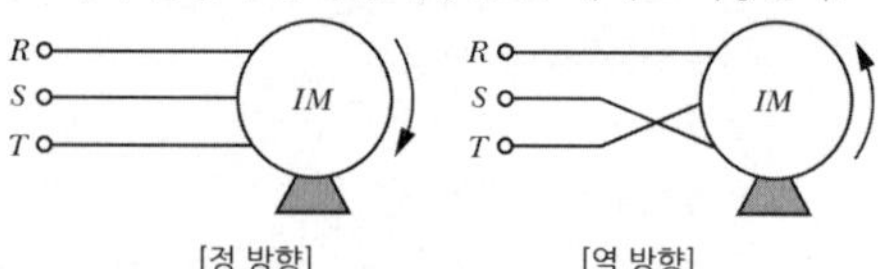

[정 방향]　[역 방향]

33 P형 반도체의 정공은 어떻게 생기는가?

① 자유전자의 부족　② 전압의 차이
③ 전류의 흐름　④ 자유전자의 과잉

해설 자유 전자의 이탈(부족)으로 인해 비어 있는 것을 정공이라 한다. 전자는 −를 가지고 있는 것(negative)에 비해 정공은 +성질(positive)을 가진다.

34 기동 시 정류자의 불꽃으로 라디오의 장해를 주며 단락 장치의 고장이 일어나기 쉬운 전동기는?

① 직류 직권 전동기
② 단상 직권 전동기
③ 반발 기동형 단상 유도 전동기
④ 세일딩 코일형 유도 전동기

해설 반발 기동형 유도 전동기
기동 시에는 반발 전동기로 기동하고 기동 후에는 정류자를 원심력에 의하여 자동으로 단락하여 단상 유도 전동기로 운전하는 전동기이다.

35 직류 발전기에서 자기 저항이 가장 큰 것은?

① 계철　② 계자 권선
③ 전기자 권선　④ 공극

해설 계철, 계자 권선, 전기자 권선 등은 자속이 잘 통하는 물질이다. 공극은 계철 부분의 끝 부분인 자극과 회전자 사이의 공간으로 다른 곳보다 자기 저항이 크다.

정답 29 ② 30 ② 31 ④ 32 ② 33 ① 34 ③ 35 ④

36 임피던스 강하가 5[%]인 변압기가 운전 중 단락되었을 때 그 단락전류는 정격전류의 몇 배인가?

① 20　② 25
③ 30　④ 35

해설 ㉠ 교재 131쪽
㉡ 교류기인 변압기, 동기기, 유도기는 같은 성질을 가진다.
㉢ 단락 전류 $= \dfrac{100}{\%Z_S} = \dfrac{100}{5} = 20$ 배

37 그림은 동기기의 위상 특성 곡선을 나타낸 것이다. 전기자 전류가 가장 작게 흐를 때의 역률은?

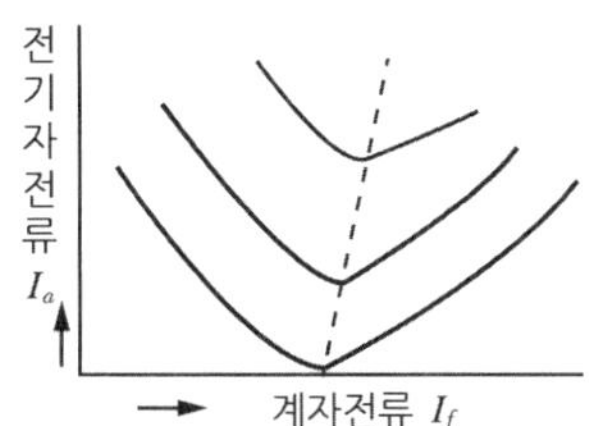

① 1　② 0.9[진상]
③ 0.9[지상]　④ 0

해설 시험에 꼭 나오므로 교재 135쪽 그림(위상특성 곡선)을 다 이해하여야 함

38 다음 그림에서 직류 분권전동기의 속도특성 곡선은?

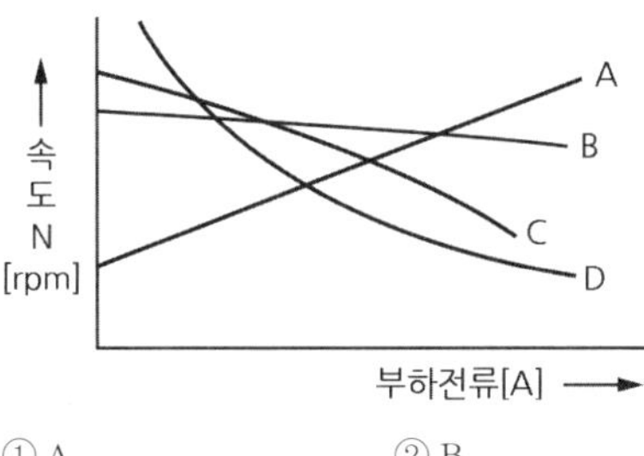

① A　② B
③ C　④ D

해설 직류 분권 전동기
정속도 전동기 즉, 부하 증가에 따른 부하 전류가 증가하여도 거의 속도는 변하지 않는다는 뜻

39 그림은 직류전동기 속도제어 회로 및 트랜지스터의 스위칭 동작에 의하여 전동기에 가해진 전압의 그래프이다. 트랜지스터 도통 시간 ⓐ가 0.03초, 1주기 시간 ⓑ가 0.05초 일 때, 전동기에 가해지는 전압의 평균은?(단, 전동기의 역률은 1이고 트랜지스터의 전압강하는 무시한다.)

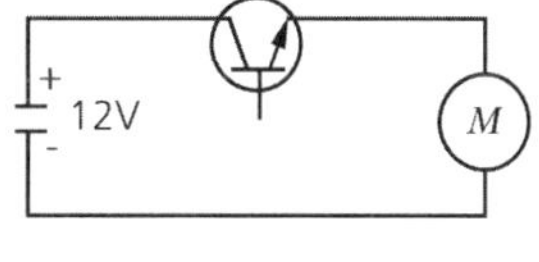

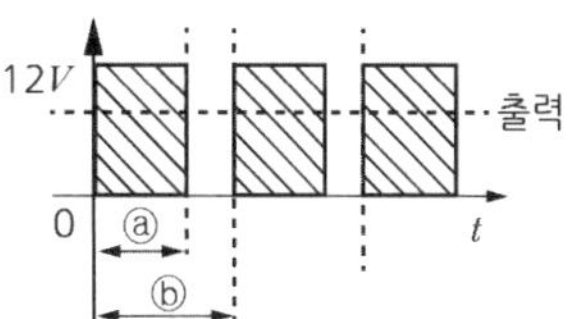

① 4.8[V]　② 6.0[V]
③ 7.2[V]　④ 8.0[V]

해설 ㉠ 입력 = 직류, 출력 = 직류이므로 TR을 이용한 초퍼(Chopper) 회로이다.
㉡ 1주기 평균전압
$= \dfrac{(0.03 \times 12) + (0.02 \times 0)}{0.05} = \dfrac{0.03 \times 12}{0.05} = 7.2[\text{V}]$

40 변압기에서 퍼센트 저항강하 3[%], 리액턴스 강하 4[%]일 때 역률 0.8(지상)에서의 전압 변동률은?

① 2.4[%]　② 3.6[%]
③ 4.8[%]　④ 6.0[%]

해설 2013년 5회 25번 해설 참조/2017년 4회 31번
$\varepsilon = P\cos\theta + q\sin\theta = (3 \times 0.8) + (4 \times 0.6) = 4.8[\%]$

[암기]

$\cos\theta = 1$	$\sin\theta = 0$
$\cos\theta = 0.8$	$\sin\theta = 0.6$
$\cos\theta = 0.6$	$\sin\theta = 0.8$
$\cos\theta = 0$	$\sin\theta = 1$

정답 36 ① 37 ① 38 ② 39 ③ 40 ③

3과목 : 전기 설비

41 다음 중 송 · 배전선로의 진동 방지 대책에 사용되지 않는 기구는?

① 댐퍼 ② 조임쇠
③ 클램프 ④ 아머 로드

해설 전선의 진동을 방지하는 것은 ㉠ 아머 로드 ㉡ 토셔널 크램프 ㉢ 댐퍼 이 3가지가 사용되고 있다.

42 교류 송전 방식과 직류 송전 방식을 비교할 때 교류 송전 방식의 장점에 해당되는 것은?

① 전압의 승압, 강압 변경이 용이하다.
② 절연계급을 낮출 수 있다
③ 송전 효율이 좋다.
④ 안정도가 좋다

해설 직류 송전은 선로에 있는 유도 리액턴스 성분이나 선로 간의 캐패시터 성분을 없애 주어 효율이 좋아지고 안정도가 높아지나 전압의 승압, 강압이 힘들다. 그래서 세계 최초의 나이아가라 발전소도 1896년 교류 송전을 시작하였다.

43 주상 변압기의 2차 측 접지는 어느 것에 대한 보호를 목적으로 하는가?

① 1차 측의 단락
② 2차 측의 단락
③ 2차 측의 전압 강하
④ 1차 측과 2차 측의 혼촉

44 가공 전선을 단도체식으로 하는 것보다 같은 면적의 복도체식으로 하였을 경우에 대한 내용으로 틀린 것은?

① 전선의 인덕턴스가 감소된다.
② 전선의 정전용량이 감소된다.
③ 코로나 발생률이 적어진다.
④ 송전 용량이 증가한다.

해설 복도체로 하면 두 선이 있으므로 선간의 정전 용량이 증가한다.

45 전압이 일정 값 이하로 되었을 때 동작하는 것으로 단락 시 고장 검출용으로도 사용되는 계전기는?

① OVR ② OVGR
③ SGR ④ UVR

해설 ① OVR(over voltage relay : 과전압 계전기)
② OVGR(over voltage ground relay : 과전압 지락 계전기)
③ SGR(select ground relay : 선택 지락 계전기)
④ UVR (under voltage relay : 부족 전압 계전기)

46 반 한시성 과전류 계전기의 전류 – 시간 특성에 대한 설명으로 옳은 것은?

① 계전기 동작시간은 전류의 크기와 비례한다.
② 계전기 동작시간은 전류의 크기와 관계없이 일정하다.
③ 계전기 동작시간은 전류의 크기와 반비례한다.
④ 계전기 동작시간은 전류의 크기의 제곱에 비례한다.

해설 교재 294쪽

47 페란티 현상이 발생하는 원인은?

① 선로의 과도한 저항
② 선로의 정전 용량
③ 선로의 인덕턴스
④ 선로의 급격한 전압 강하

해설 ㉠ 페란티 현상은 경 부하 또는 무부하시 송전단 전압보다 수전단 전압이 높아지는 현상을 말하는 것으로 정전용량의 증가로 인해 발생하는 현상
㉡ 페란티 현상은 가공, 지중 구분 없이 발생할 있으며 최근 지중 전선로의 증가로 인해 지중 구간이 많은 곳에서 더 많이 증가
㉢ 방지대책은 페란티 현상을 줄이기 위해 분로 리액터 설치

48 발전기나 변압기의 내부고장 검출로 주로 사용되는 계전기는?

① 역상 계전기 ② 과전압 계전기
③ 과전류 계전기 ④ 비율차동 계전기

해설 교재 300쪽 그림과 301쪽의 1번 문제 참조

정답 41 ② 42 ① 43 ④ 44 ② 45 ④ 46 ③ 47 ② 48 ④

49 단락 전류를 제한하기 위하여 사용되는 것은?

① 한류 리액터 ② 사이리스터
③ 현수 애자 ④ 직렬 콘덴서

해설 ㉠ 콘덴서와 리액터는 반대역할
㉡ 콘덴서는 진상 전류(위상이 빠른 전류)를 흘리고(위상이 늦은 전류를 빨리 흐르도록 해주고)
㉢ 리액터는 지상 전류(위상이 느린 전류)를 흘리고(위상이 빠른 전류를 늦게)
㉣ 리액터[reactor] : 전자기(電磁氣)에너지의 축적에 의해 교류전류 또는 전류의 급격한 변화에 대해서 큰 유도성인 리액턴스를 나타내는 전기기기. 흔히 철심(鐵心)에 코일을 감은 것이 사용되는데 심이 없는 것도 있다. 송전계통(送電系統)에 병렬로 설치하여 지상 전류(遲相電流)를 공급하는 분로(分路)리액터, 단락 고장(短絡故障)에 대비해서 고장전류를 제한하려는 목적으로 쓰이는 한류(限流)리액터, 송전선의 일선(一線) 접지사고 때에 접지아크를 자연소멸시키는 소호(消弧) 리액터 등이 있다. 이 밖에 강자성 철심의 포화현상을 이용한 가포화(可飽和) 리액터도 있다.

50 교류 단상 3선식 배전 방식을 교류 단상 2선식에 비교하면?

① 전압 강하가 크고, 효율이 낮다.
② 전압 강하가 작고, 효율이 낮다.
③ 전압 강하가 작고, 효율이 높다.
④ 전압 강하가 크고, 효율이 높다.

51 역률이 60[%]인 용량 4800[KW]인 변전 설비를 역률 80[%]로 개선하는데 필요한 전력용 캐패시터의 용량은 몇 [KVA]인가?

① 1600 ② 2800
③ 3200 ④ 3600

해설 ㉠ 교재 304쪽 그림과 459쪽 문제 참조
㉡ 역률 개선용 캐패시터의 용량
$Q = P(\tan\theta_1 - \tan\theta_2)$
㉢ $\cos\theta_1 = 0.6$에서 $\theta_1 = \frac{0.6}{\cos} = \cos^{-1}0.6$
$\cos\theta_2 = 0.8$에서 $\theta_2 = \frac{0.8}{\cos} = \cos^{-1}0.8$
㉣ $Q = 4800(\tan\cos^{-1}0.6 - \tan\cos^{-1}0.8)$
$= 6,400 - 3,600 = 2,800[\mathrm{KVA}]$

52 1차 측 3300[V], 2차 측 220[V]인 변압기 전로의 절연 내력 시험전압은 각각 몇 [V]에서 10분간 견디어야 하는가?

① 1차 측 4,950[V], 2차 측 500[V]
② 1차 측 4,500[V], 2차 측 400[V]
③ 1차 측 4,125[V], 2차 측 500[V]
④ 1차 측 3,300[V], 2차 측 400[V]

53 가공 전선로의 지선을 시설하려는 경우 이 지선의 최저 기준으로 옳은 것은?

① 허용 인장하중 : 2.11[KN], 소선 지름 : 2.0[mm], 안전율 : 3.0
② 허용 인장하중 : 3.21[KN], 소선 지름 : 2.6[mm], 안전율 : 1.5
③ 허용 인장하중 : 4.31[KN], 소선 지름 : 1.6[mm], 안전율 : 2.0
④ 허용 인장하중 : 4.31[KN], 소선 지름 : 2.6[mm], 안전율 : 2.5

54 저압 가공전선과 고압 가공전선을 동일 지지물에 시설하는 경우 이격 거리는 몇 [cm] 이상이어야 하는가?

① 50 ② 60
③ 70 ④ 80

55 사람이 상시 통행하는 터널 안 배선의 시설 기준으로 틀린 것은?

① 사용 전압은 저압에 한한다.
② 전로에는 터널의 입구에 가까운 곳에 전용 개폐기를 시설한다.
③ 애자 사용 공사에 의하여 시설하고 이를 노면 상 2[m] 이상의 높이에 시설한다.
④ 공칭 단면적 2.5[mm²] 연동선과 동등 이상의 세기 및 굵기의 절연 전선을 사용한다.

해설 사람이 상시 통행 하는 곳의 배선은 사람의 손이 닿지 않도록 해야 하므로 노출된 애자 사용공사로 시설하면 안 된다.

정답 49 ① 50 ③ 51 ② 52 ① 53 ④ 54 ① 55 ③

56 **위험물 등이 있는 곳에서의 저압 옥내 배선 공사 방법이 아닌 것은?**

① 케이블 공사 ② 합성수지관 공사
③ 금속관 공사 ④ 애자 사용 공사

해설 위험물(셀룰로이드, 성냥, 석유류)을 제조 및 저장하는 장소의 전기시설에는 금속관 공사 또는 케이블(캡타이어 케이블 제외), 합성수지관 공사에 의한다.

57 **가공 전선로의 지지물에는 취급자가 오르고 내리는데 사용하는 발판 볼트 등은 특별한 경우를 제외하고 지표상 몇[m] 미만에는 시설하지 않아야 하는가?**

① 1.5 ② 1.8
③ 2.0 ④ 2.2

58. **가요 전선관과 금속관의 상호 접속에 쓰이는 것은?**

① 스프릿 커플링
② 콤비네이션 커플링
③ 스트레이트 박스커넥터
④ 앵글 박스커넥터

해설 ㉠ 가요 전선관 상호간 접속 : 스프릿 커플링
㉡ 서로 다른 관 상호 접속 : 콤비네이션 커플링
㉢ 관과 박스 접속 : 커넥터

59 **배전용 기구인 COS(컷아웃스위치)의 용도로 알맞은 것은?**

① 배전용 변압기의 1차 측에 시설하여 변압기의 단락 보호용으로 쓰인다.
② 배전용 변압기의 2차 측에 시설하여 변압기의 단락 보호용으로 쓰인다.
③ 배전용 변압기의 1차 측에 시설하여 배전 구역 전환용으로 쓰인다.
④ 배전용 변압기의 2차 측에 시설하여 배전 구역 전환용으로 쓰인다.

해설 COS(컷 아웃 스위치)는 배전용 변압기의 단락으로부터 전선로를 보호하기 위해 변압기 1차 측에 시설한다.

60 **절연 전선을 동일 금속 덕트 내에 넣을 경우 금속 덕트의 크기는 전선의 피복 절연물을 포함한 단면적의 총합계가 금속 덕트 내 단면적의 몇 [%] 이하가 되도록 선정하여야 하는가?(단, 제어회로 등의 배선에 사용하는 전선만 넣는 경우이다.)**

① 20% ② 40%
③ 50% ④ 60%

해설 금속 덕트 공사
㉠ 금속 덕트의 두께는 1.2[mm]
㉡ 지지 간격 : 3[m] 이하
㉢ 전선 단면적의 총 합은 덕트 단면적의 20% 이하 일 것(제어 회로만의 배선의 경우 50% 이하)

정답 56 ④ 57 ② 58 ② 59 ① 60 ③

16 과년도 기출문제(2020년 4회)

본 기출 문제는 수험생들의 기억을 바탕으로 작성한 것으로 실제 문제와 다를 수 있습니다.

1과목 : 전기 이론

01 수정을 이용한 마이크로폰은 다음 중 어떤 원리를 이용한 것인가?

① 톰슨 효과
② 핀치 효과
③ 압전기 효과
④ 펠티에 효과

해설 ㉠ 마이크로폰 : 수정 발진기의 압전기 효과를 이용한 것
㉡ 압전기 효과 : 유전체 표면에 압력을 가하면 전기 분극이 일어나는 현상

02 근접한 두 코일이 있다. 한 코일에 매초 전류가 150[A]의 비율로 변할 때 다른 코일에 60[V]의 기전력이 발생하였다면, 두 코일의 상호 인덕턴스는 몇 [H]인가?

① 0.4 ② 2.8
③ 18 ④ 32

해설 ㉠ 교재 58쪽 참조
㉡ 2차 코일에 발생하는 전압

$$e_2 = M\frac{\Delta i_1}{\Delta t} \text{ 에서 } M = \frac{e_2 \, \Delta t}{\Delta i_1} = \frac{60 \times 1}{150} = 0.4[\text{H}]$$

03 어떤 도체에 10[V]의 전위를 주었을 때 1[C]의 전하가 축적되었다면 이 도체의 정전 용량[F]은?

① 0.01 ② 0.1
③ 1 ④10

해설 ㉠ 교재 41쪽
㉡ 전하량 $Q = CV$[C] 에서

$$C = \frac{Q}{V} = \frac{1}{10} = 0.1[\text{F}]$$

04 다음 회로에서 절점 a와 절점 b의 전압이 같을 조건은?

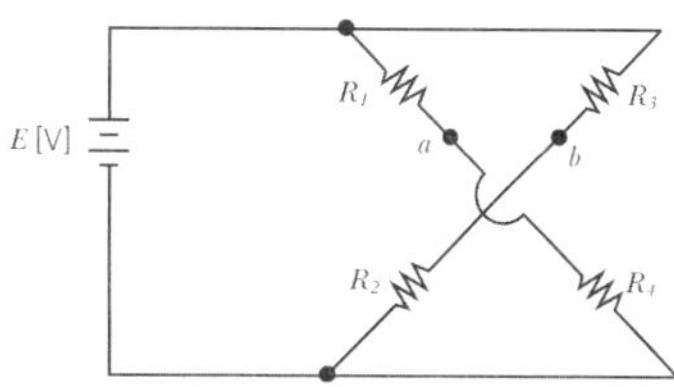

① $R_1 R_2 = R_3 R_4$
② $R_1 R_3 = R_2 R_4$
③ $R_1 + R_3 = R_2 + R_4$
④ $R_1 + R_2 = R_3 + R_4$

해설 ㉠ 교재 30쪽
㉡ 원래 그림에서 R_1과 R_4를 오른쪽으로 끌어당겨 보면 아래 그림과 같아진다.

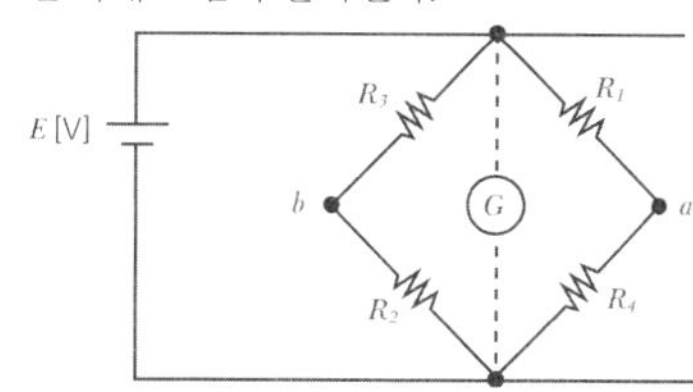

㉢ 가운데 점선에 검류계 Ⓖ가 있다고 생각하면, 검류계 Ⓖ에 전류가 흐르지 않을 조건이 브릿지의 평형 조건이다. 즉 마주보고 있는 $R_1 \cdot R_2 = R_3 \cdot R_4$ 일 때이고, a 점의 전위와 b 점의 전위가 같을 때이다.

05 코일에 그림과 같은 방향으로 전류가 흘렀을 때 A부분의 자극 극성은?

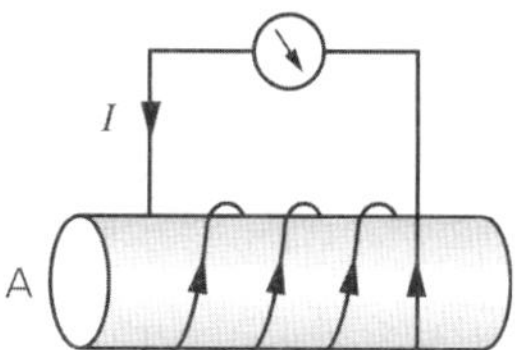

정답 01 ③ 02 ① 03 ② 04 ① 05 ②

① S ② N
③ P ④ (−)

해설 ㉠ 교재 50쪽
㉡ 앙페르의 오른 나사 법칙 = 오른 손 엄지법칙

06 전류를 계속 흐르게 하려면 전압을 연속적으로 만들어 주는 어떤 힘이 필요하게 되는데, 이 힘을 무엇이라 하는가?

① 자기력 ② 기전력
③ 전기장 ④ 전자력

해설 교재 18쪽

07 두 평행 사이의 거리가 1[m]인 왕복 도선 사이에 작용하는 힘의 세기가 18×10^{-7}[N/m]일 경우 전류의 세기[A]는?

① 1 ② 2
③ 3 ④ 4

해설 ㉠ 교재 55쪽
㉡ 두 도체 사이에 사이의 작용력

$$F=\frac{2I_1I_2}{r}\times10^{-7}=\frac{2I^2\times10^{-7}}{r}\text{에서}$$

$$I^2=\frac{F\times r}{2\times10^{-7}}\text{ 양 변에 }\sqrt{\ }\text{ 를 씌우면}$$

$$\sqrt{I^2}=\sqrt{\frac{F\times r}{2\times10^{-7}}}$$

$$\therefore\ I=\sqrt{\frac{18\times10^{-7}}{2\times10^{-7}}}=\sqrt{9}=3[\text{A}]$$

08 다음 중 접지 저항을 측정하기 위한 방법은?

① 전력계
② 전류계, 전압계
③ 휘트스톤 브리지 법
④ 콜라우슈 브리지 법

해설 접지 저항 측정 방법
㉠ 접지 저항계
㉡ 어스 테스터기
㉢ 콜라우슈 브리지법

09 30[W]의 전열기에 220[V], 주파수 60[Hz]의 전압을 인가한 경우 평균 전압[V]은?

① 155 ② 198
③ 220 ④ 311

해설 ㉠ 우리가 쓰는 220[V]는 실효값
㉡ 평균값 = 실효값×0.9 = 220×0.9 = 198[V]

10 도체계에서 임의의 도체를 일정 전위(일반적으로 영전위)의 도체로 완전 포위하면 내부와 외부의 전계를 완전히 차단할 수 있는데 이를 무엇이라 하는가?

① 핀치 효과 ② 톰슨 효과
③ 정전 차폐 ④ 자기 차폐

11 환상 솔레노이드에 감겨진 코일의 권회수를 3배로 늘리면 자체 인덕턴스는 몇 배로 되는가?

① $\frac{1}{9}$ ② $\frac{1}{3}$
③ 3 ④ 9

해설 ㉠ 교재 58쪽
㉡ 환상 솔레노이드의 자기 인덕턴스

$$L=\frac{\mu AN^2}{l}[\text{H}],\quad \therefore\ L\propto N^2\text{이므로 9배}$$

12 자속 밀도 1[Wb/m²]는 몇 [gauss]인가?

① 10^{-6} ② 10^4
③ $\frac{4\pi}{10}$ ④ $4\pi\times10^{-7}$

해설 $1[\text{Wb/m}^2]=10^4[\text{max/cm}^2=\text{gauss}]$

13 200[V], 2[kW]의 전열선 2개를 같은 전압에서 직렬로 접속한 경우의 전력은 병렬로 접속한 경우의 전력보다 어떻게 되는가?

① $\frac{1}{4}$로 줄어든다.
② $\frac{1}{2}$로 줄어든다.
③ 2배로 증가 한다.
④ 4배로 증가한다.

정답 06 ② 07 ③ 08 ④ 09 ② 10 ③ 11 ④ 12 ② 13 ①

해설 ㉠ 가정이나 공장에서의 전등과 절연선 연결은 모두 병렬이다. 왜냐하면 병렬로 연결해야 큰 전력을 얻을(소모할) 수 있기 때문이다. 병렬로 연결하면 R의 값은 작아지고 전력은 커진다.

㉡ 전열선의 저항 $R=\frac{V^2}{P}=\frac{200^2}{2,000}=20[\Omega]$

㉢ 직렬일 때 전력 $P_{직}=\frac{V^2}{R_{직}}=\frac{200^2}{40}=1,000[\text{W}]$

㉣ 병렬일 때 전력 $P_{병}=\frac{V^2}{R_{병}}=\frac{200^2}{10}=4,000[\text{W}]$

14 기전력 120[V], 내부저항(r)이 15[Ω]인 전원이 있다. 여기에 부하 저항 R를 연결하여 얻을 수 있는 최대 전력은?

① 100 ② 140
③ 200 ④ 240

해설 ㉠ 최대 전력 조건은[내부 저항=외부저항]일 경우이다.

㉡ 최대 전력 $P=\frac{E^2}{4R}=\frac{120^2}{4\times15}=240[\text{W}]$

15 선간 전압 200[V]인 대칭 3상 Y결선 부하의 저항 R=4[Ω], 리액턴스 X_L=3[Ω]인 경우 부하에 흐르는 전류는 몇 [A]인가?

① 6.7 ② 15.4
③ 23.1 ④ 82.7

해설 ㉠ 교재 84쪽

㉡ 부하에 걸리는 상전압 $V_P=\frac{200}{\sqrt{3}}[\text{V}]$

㉢ 임피던스 $Z=\sqrt{R^2+X_L^2}=\sqrt{4^2+3^2}=5[\Omega]$

㉣ 상전류 $I_P=\frac{V_P}{Z}=\frac{\frac{200}{\sqrt{3}}}{\frac{5}{1}}=\frac{200}{5\sqrt{3}}=23.1[\text{A}]$

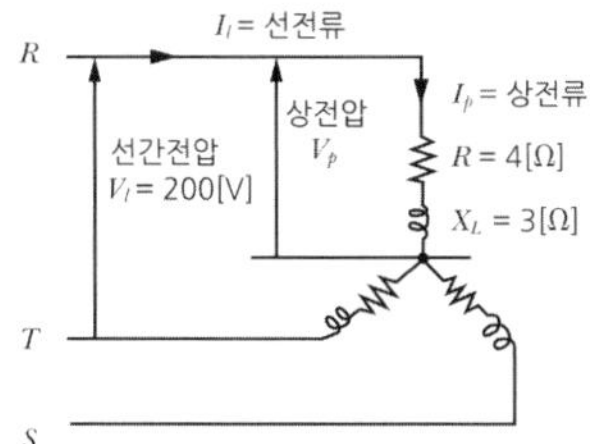

16 지름 2.6[mm], 길이 1,000[m]인 구리선의 전기 저항은 몇 [Ω]인가?(단 구리선의 고유 저항은 1.69×10^{-8}[Ω · m]이다)

① 2.1 ② 3.2
③ 8.5 ④ 12.7

해설 $R=\frac{\rho l}{A}=\frac{1.69\times10^{-8}\times1,000}{1.3\times1.3\times3.14}=3.2$

17 R－L 직렬 회로에 교류전압 $v=V_m\sin\omega t$ [V]를 가했을 때 회로의 위상차 θ를 나타낸 것은?

① $\theta=\tan^{-1}\frac{R}{\omega L}$

② $\theta=\tan^{-1}\frac{\omega L}{R}$

③ $\theta=\tan^{-1}\frac{1}{\omega RL}$

④ $\theta=\tan^{-1}\frac{R}{\sqrt{R^2+\omega L^2}}$

18 3상 교류 회로의 선간 전압이 13,200[V], 선전류가 800[A], 역률 80[%] 부하의 전력은 약 몇 [MW]인가?

① 4.85 ② 12.34
③ 14.63 ④ 15.72

해설 ㉠ 교재 87쪽

㉡ 3상 교류 유효 전력

$P=\sqrt{3}\,V_lI_l\cos\theta[\text{W}]$
$=\sqrt{3}\times13,200\times800\times0.8$
$=14,632,364=14.63[\text{MW}]$

19 단위 시간당 5[Wb]의 자속이 통과하여 2[J]의 일을 하였다면 전류는 몇 [A]인가?

① 0.25 ② 0.4
③ 2.5 ④ 4

해설 자속 ϕ[Wb]가 도체를 통과하여 한 일

$W=\phi I[\text{J}]$ $\therefore I=\frac{W}{\phi}=\frac{2}{5}=0.4[\text{A}]$

정답 14 ④ 15 ③ 16 ② 17 ② 18 ③ 19 ②

20 전위의 단위로 맞지 않는 것은?

① [V] ② [J/C]
③ [N · m/C] ④ [V/m]

해설 ㉠ 전위 $V=\frac{W}{Q}[V=J/C=N \cdot m/C]$ → 교재 17쪽
㉡ 전기장＝전장＝전계 $E[V/m]$ → 교재 38쪽

2과목 : 전기 기기

21 변압기 $\Delta-\mathrm{Y}$ 결선한 경우에 대한 설명으로 옳지 않은 것은?

① Y결선의 중성점을 접지할 수 있다.
② 제 3고조파에 의한 장해가 적다.
③ 1차 선간전압과 2차 선간전압의 위상차는 60°이다.
④ 1차 변전소의 승압용으로 사용된다.

해설 ㉠교재 151쪽
㉡ 1, 2차 전압의 위상차는 $\frac{\pi}{6}=30°$이다

22 직류 전동기에서 무부하 회전 속도가 1,200[rpm]이고 정격 회전 속도가 1,150[rpm]인 경우 속도 변동률은 몇 [%]인가?

① 3.15 ② 4.35
③ 4.72 ④ 4.94

해설 ㉠ 교재 124쪽
㉡ 속도 변동률

$$\varepsilon=\frac{\text{무부하 속도}-\text{정격 속도}}{\text{정격 속도}}\times 100$$
$$=\frac{N_0-N_n}{N_n}\times 100$$
$$=\frac{1,200-1,150}{1,150}\times 100=4.35[\%]$$

23 변압기의 권선법 중 형권은 주로 어디에 사용되는가?

① 중형 이상의 대용량 변압기
② 저전압 대용량 변압기
③ 중형 고전압 변압기
④ 소형 변압기

해설 교재 142쪽

24 다음 중 변전소의 역할로 볼 수 없는 것은?

① 전력 생산
② 전압의 변성
③ 전력 계통의 보호
④ 전력의 집중과 배분

해설 전력 생산＝발전기(발전소)

25 권선형 유도 전동기에서 토크를 일정하게 한 상태로 회전자 권선에 2차 저항을 2배로 하면 슬립은 몇 배가 되는가?

① $\sqrt{2}$ 배 ② 2배
③ $\sqrt{3}$ 배 ④ 4배

해설 ㉠ 중 · 대형 유도전동기는 2차 저항을 조정함으로써 최대 토크는 변하지 않는 상태에서 슬립으로 속도 조절이 가능하다.
㉡ 이때 슬립과 2차 저항은 비례관계가 성립하므로 2배가 된다.

26 전동기의 과전류, 결상 보호 등에 사용되며 단락 시간과 기동 시간을 정확히 구분하는 계전기는?

① 임피던스 계전기
② 전자식 과전류 계전기
③ 방향 단락 계전기
④ 부족 전압 계전기

해설 ㉠ 교재 294쪽
㉡ 전자식 과전류 계전기(EOCR) : 설정된 전류값 이상의 전류가 흘렀을 때 동작하는 계전기. 동작시간, 동작전류를 조절할 수 있으며 부족전류나 결상 등도 검출할 수 있다.

정답 20 ④ 21 ③ 22 ② 23 ① 24 ① 25 ② 26 ②

27 SCR에서 Gate 단자의 반도체는 일반적으로 어떤 형을 사용하는가?

① N형　　② P형
③ NP형　　④ PN형

해설 ㉠ 교재 183쪽
㉡ SCR는 3단자 단방향(역저지) 소자이며 P－게이트 사이리스터이다.

28 6,600[V], 1,000[KVA] 3상 변압기의 저압 측 전류(㉠)와 역률 70[%]일 때의 출력(㉡)은?

① ㉠ 67.8[A], ㉡ 700[KW]
② ㉠ 87.5[A], ㉡ 700[KW]
③ ㉠ 78.5[A], ㉡600 [KW]
④ ㉠ 76.8[A], ㉡ 600[KW]

해설 ㉠ 3상 피상전력
$P_a = \sqrt{3}\, V_\ell I_\ell$ [VA] 에서
$$I = \frac{P_a}{\sqrt{3}\,V} = \frac{1,000 \times 10^3}{\sqrt{3} \times 6,600} = 87.5[\mathrm{A}]$$
㉡ 역률 70[%]일 때의 출력
$P = P_a \cos\theta = 1,000 \times 0.7 = 700[\mathrm{kW}]$

29 전기 설비를 보호하는 계전기중 전류 계전기의 설명으로 틀린 것은?

① 과전류 계전기와 부족 전류 계전기가 있다.
② 부족 전류 계전기는 항상 시설 하여야 한다.
③ 적절한 후비 보호 능력이 있어야 한다.
④ 차동 계전기는 불평형 전류의 차가 일정 값 이상이 되면 동작하는 계전기이다.

해설 부족 전류 계전기(Under Current Relay)는 발전기나 변압기 계자 회로에 필요한 계전기로 항상 시설하는 계전기는 아니다.

30 3상 농형 유도 전동기의 Y－Δ 기동 시의 기동 토크를 전전압 기동법과 비교했을 때 기동 토크는 전 전압보다 몇 배가 되는가?

① 3　　② $\frac{1}{3}$
③ $\frac{1}{\sqrt{3}}$　　④ $\sqrt{3}$

해설 ㉠ 교재 170쪽
㉡ $Y-\Delta$ 기동의 목적은 기동 전류를 적게 하여 기동 시 모터의 소손을 방지하는 목적이다.
㉢ $Y-\Delta$ 기동 시 기동 전류는 ⓐ 정격 전류의 1/3로 줄어들지만(좋은 점) ⓑ 기동 토크도 1/3로 줄어든다(나쁜 점).

31 유도 전동기의 속도 제어법이 아닌 것은?

① 2차 저항법　　② 극수 제어법
③ 일그너 제어　　④ 주파수 제어

해설 ㉠ 유도전동기의 속도 제어법 : 교재172쪽
㉡ 직류 전동기의 속도 제어법 : 119쪽
㉢ 일그너 방식은 직류 전동기 속도 제어법 중 한 가지

32 3상 유도 전동기의 1차 입력 60[KW], 1차 손실 1[KW], 슬립 3[%] 일 때 기계적 출력[KW]는?

① 75　　② 57
③ 95　　④ 43

해설 ㉠ 교재 165쪽 유도 전동기의 Block diagram 참조
㉡ 2차 입력＝1차 입력－1차 손실＝60－1＝59[kW]
2차 손실(동손)＝슬립×2차 입력＝0.03×59＝1.77
출력＝2차 입력－2차 손실＝59－1.77
＝57.23[kW]

33 변압기 결선에서 Y－Y결선의 특징이 아닌 것은?

① 제 3고조파를 포함한다.
② 중성점 접지 가능
③ V－V 결선 가능
④ 절연 용이

해설 ㉠ 교재 151쪽, 152쪽 참조
㉡ V－V 결선은 $\Delta-\Delta$ 결선에서만 가능하다.

34 선택 지락 계전기의 용도는?

① 단일 회선에서 지락 전류의 방향 선택
② 단일 회선에서 지락 사고 지속 시간 선택
③ 단일 회선에서 지락 전류의 대소의 선택
④ 다 회선에서 지락 고장 회선의 선택

해설 ㉠ 교재 294쪽 참조

정답 27 ② 28 ② 29 ② 30 ② 31 ③ 32 ② 33 ③ 34 ④

35 다음 중 부하 증가 시 속도 변경이 작은 전동기에 속하는 것은?

① 직권 전동기 ② 분권 전동기
③ 유도 전동기 ④ 교류 정류자 전동기

해설 ㉠ 교재 116쪽
㉡ 직류 타여자 전동기와 분권 전동기는 부하 변동에 따른 속도 변화가 작아서 정속도 전동기라 표현한다.

36 속도를 광범위하게 조정할 수 있으므로 압연기나 엘리베이터 등에 사용하는 직류 전동기는?

① 직권 전동기 ② 분권 전동기
③ 타여자 전동기 ④ 가동 복권 전동기

해설 가동 복권 전동기
속도를 광범위하게 조절할 수 있어 엘리베이터나 압연기 등에 적합

37 그림과 같은 직류 분권 발전기 등가 회로에서 부하 전류 I[A]는?

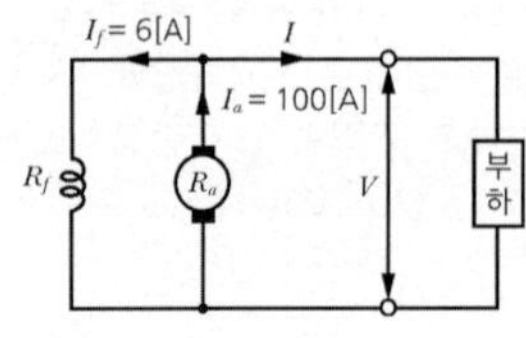

① 4 ② 94
③ 106 ④ 98

해설 ㉠ 전기자 전류 = 부하 전류 + 계자 전류
㉡ $I_a = I + I_f$ 에서 부하전류
$I = I_a - I_f = 100 - 6 = 94$[A]

38 낙뢰, 수목 접촉, 일시적인 섬락 등 순간적인 사고로 계통에서 분리된 구간을 신속히 계통에 재 투입 시킴으로써 계통의 안정도를 향상시키고 정전 시간을 단축시키기 위해 사용되는 계전기는?

① 과전류 계전기
② 거리 계전기
③ 재폐로 계전기
④ 차동 계전기

39 출력이 10[KW]이고 효율80[%]일 때 손실은 몇 [KW]인가?

① 2.5 ② 7.6
③ 8.0 ④ 12.5

해설 효율 $\eta = \frac{출력}{입력}$ 에서

입력 $= \frac{출력}{\eta} = \frac{10}{0.8} = 12.5$[kW]

∴ 손실 = 입력 − 출력 = 12.5 − 10 = 2.5[KW]

40 UPS란 무엇인가?

① 정전 시 무정전 직류전원 장치
② 상시 교류 전원 장치
③ 무 정전 교류전원 공급 장치
④ 상시 직류 전원 장치

해설 UPS(Uninterrupyible Power Supply)

3과목 : 전기 설비

41 다음 그림과 같은 전선의 접속법은?

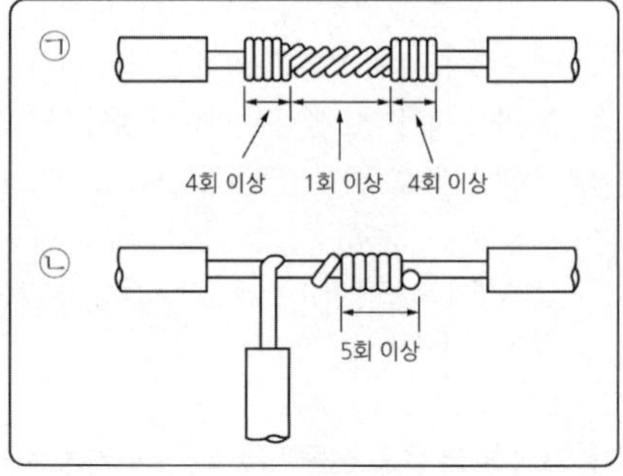

① ㉠ 직선 접속, ㉡ 분기 접속
② ㉠ 직선 접속, ㉡ 종단 접속
③ ㉠ 분기 접속, ㉡ 슬리브 접속
④ ㉠ 종단 접속, ㉡ 직선 접속

정답 35 ② 36 ④ 37 ② 38 ③ 39 ① 40 ③ 41 ①

42 가공 전선의 지지물에 승탑 또는 승강용으로 사용하는 발판 볼트 등은 지표상 몇[m] 미만에 시설하여서는 안 되는가?

① 1.2 ② 1.5
③ 1.6 ④ 1.8

해설 지지물의 벌판 볼트는 지표상 1.8[m] 이상, 간격은 0.45[m]의 간격으로 설치해야 한다.

43 접지 공사에서 접지 극으로 동봉을 사용하는 경우 최소 길이는 몇 [m]인가?

① 0.6 ② 0.9
③ 1.0 ④ 1.2

해설 접지 극이 동봉일 경우 : 지름 8[mm] 이상, 길이 0.9[m] 이상

44 110/220[V]단상 3선식 회로에서 110[V]전구 Ⓡ, 콘센트 Ⓒ, 220[V]전동기 Ⓜ의 연결이 올바른 것은?

①
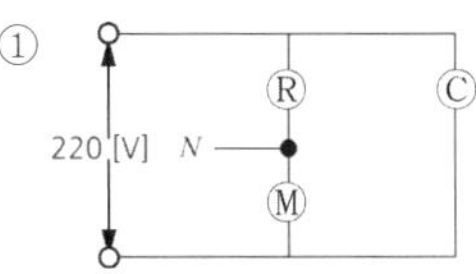

②
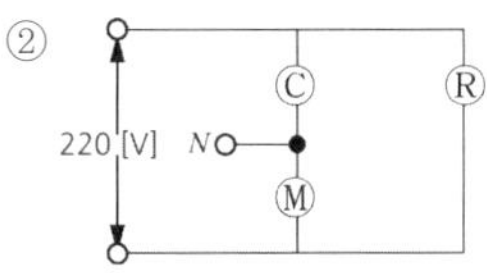

③
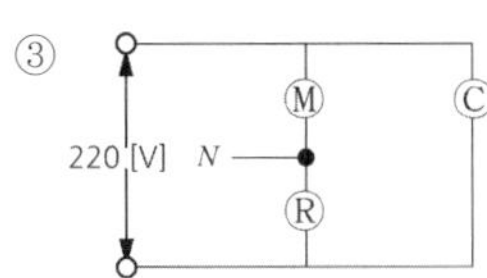

④
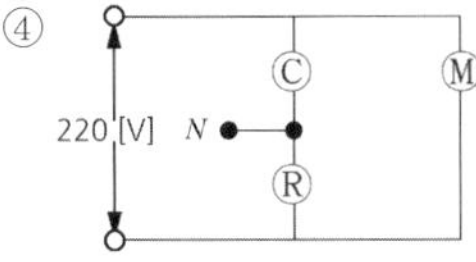

45 옥내 배선에 시설하는 전등 1개를 3개소에서 점멸하고자 할 때 필요한 3로 스위치와 4로 스위치의 최소 개수는?

① 3로 스위치 2개, 4로 스위치 2개
② 3로 스위치 1개, 4로 스위치 1개
③ 3로 스위치 2개, 4로 스위치 1개
④ 3로 스위치 1개, 4로 스위치 2개

해설 ㉠ 교재 몇 289쪽 그림 참조
㉡ ⓐ 두 곳에서 마음대로 전등을 점멸할 수 있는 스위치(3로 스위치 2개)
ⓑ 3곳 점멸(3로 스위치 2개와 4로 스위치 1개)
ⓒ 4곳 점멸(3로 스위치 2개와 4로 스위치 2개)

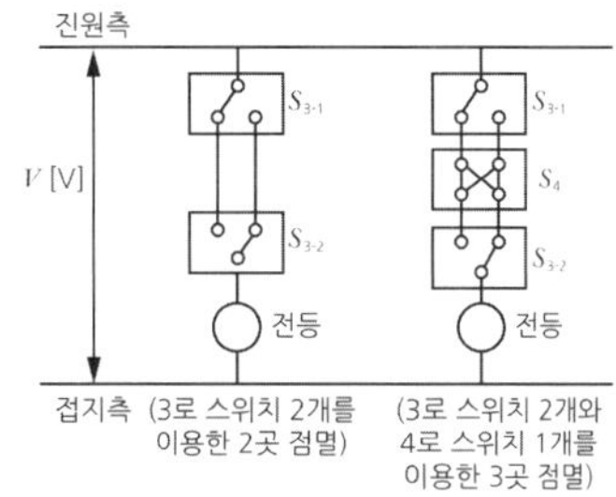

46 전기 울타리에 사용하는 경동선의 지름은 최소 몇 [mm] 이상이어야 하는가?

① 1.6 ② 2.0
③ 2.6 ④ 3.2

해설 전기 울타리 시설
㉠ 사용 전압 : 250[V] 이하
㉡ 사용 전선 : 2[mm] 이상 나 경동선

47 배선 공사시 금속관이나 합성 수지관으로부터 전선을 뽑아 전동기 단자 부근에 접속할 때 관 단에 사용하는 재료는?

① 부싱
② 엔트런스 캡
③ 터미널 캡
④ 로크 너트

정답 42 ④ 43 ② 44 ④ 45 ③ 46 ② 47 ③

48 다음 보기 중 금속관, 케이블, 합성 수지관, 애자 사용공사가 모두 가능한 특수 장소를 옳게 나열한 것은?

> ㉠ 화약류 등의 위험 장소
> ㉡ 부식성 가스가 있는 장소
> ㉢ 위험물 등이 존재하는 장소
> ㉣ 불연성 먼지가 많은 장소
> ㉤ 습기가 많은 장소

① ㉠, ㉢, ㉤ ② ㉠, ㉡, ㉣
③ ㉡, ㉣, ㉤ ④ ㉡, ㉢, ㉤

해설 ㉠금속관, 케이블 공사=어느 곳이든 가능
㉡ 합성수지관 공사=㉠공사 불가능
㉢ 애자 사용 공사=㉠,㉢공사 불가능
∴ 모두 가능한 특수 장소 공사 장소=㉡, ㉣, ㉤

49 코드나 케이블 등을 기계 기구의 단자 등에 접속할 때 몇 [mm^2]가 넘으면 그림과 같은 터미널 러그(압착 단자)를 사용해야 하는가?

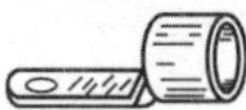

① 4 ② 6
③ 8 ④ 10

50 소세력 회로의 전선을 조영재에 붙여 시설하는 경우중 틀린 것은?

① 전선이 손상을 받을 우려가 있는 곳에 시설하는 경우에는 적당한 방호 장치를 할 것
② 전선은 코드, 캡타이어 케이블 또는 케이블 일 것
③ 케이블 이외에는 공칭 단면적 2.5[mm^2] 이상의 연동선 또는 이와 동등 이상의 것을 사용할 것
④ 전선은 금속제의 수관, 가스관 또는 이와 유사한 것과 접촉되지 아니하도록 시설할 것

해설 전선을 조영재에 붙여 시설하는 소세력 회로의 배선 공사에서
㉠ 전선을 사용할 경우 : 코드, 캡타이어 케이블, 케이블을 사용하고
㉡ 케이블 이외에는 공칭 단면적 1[mm^2] 이상의 연동선 또는 이와 동등 이상의 것일 것

51 COS를 설치하는 경우 완금의 설치 위치는 전력선용 완금으로부터 몇 [m] 위치에 설치해야 하는가?

① 0.45 ② 0.75
③ 0.9 ④ 1.0

해설 COS : Cut Out Switch

52 최대 사용전압이 70[KV]인 중성점 직접 접지식 전로의 절연 내력 시험 전압은 몇 [V]인가?

① 42,000 ② 44,800
③ 50,400 ④ 52,700

해설 ㉠ 절연 내력 시험 : 최대 사용전압이 60[kV] 이상 170[KV] 이하인 중성점 직접 접지식 전로의 절연내력 시험은 최대 사용 전압의 0.72배의 전압을 연속으로 10분간 가할 때 견디는 것으로 하여야 한다.
㉡ 70[kV]인 경우 : 70,000×0.72=50,400[V]

53 지선의 안정율은 2.5 이상으로 하여야 한다. 이 경우 허용 최저 인장 하중은 몇 [KN] 이상으로 하여야 하는가?

① 2.68 ② 4.31
③ 6.8 ④ 9.8

해설 ㉠ 교재 267쪽 그림과 표 참조

54 고압 배전반에는 부하의 합계 용량이 몇 [KVA]를 넘는 경우 배전반에 전류계, 전압계를 부착하는가?

① 100 ② 200
③ 300 ④ 440

55 코드 상호, 캡타이어 케이블 상호 접속 시 사용해야 하는 것은?

① 와이어 커넥터
② 케이블 타이
③ 코드 접속기
④ 테이블 탭

정답 48 ③ 49 ② 50 ③ 51 ② 52 ③ 53 ② 54 ③ 55 ③

56 다음 중 고압 지중 케이블이 아닌 것은?

① 알루미늄피 케이블
② 비닐 절연 비닐 외장 케이블
③ 클로로프렌 외장 케이블
④ 미네랄 인슈레이션 케이블

해설 미네랄 인슈레이션(MI) 케이블은 저압 지중 케이블이다.

57 분전반 및 배전반의 설치 장소로 적합하지 않은 곳은?

① 안정된 장소
② 밀폐된 장소
③ 개폐기를 쉽게 개폐할 수 있는 장소
④ 전기 회로를 쉽게 조작할 수 있는 장소

해설 교재 280쪽 참조

58 지락 전류를 검출 할 때 사용하는 계기는?

① ZCT ② PT
③ CT ④ OCR

해설 ㉠ 교재 305쪽 참조
㉡ 영상 변류기(ZCT) : 지락 사고 시 발생하는 영상 전류를 검출하여 지락 계전기에 공급하는 역할을 하는 전류 변성기이다.

59 저압 옥내 배선에서 합성 수지관 공사에 대한 설명 중 잘못된 것은?

① 합성 수지관 안에서는 접속점이 없도록 한다.
② 합성 수지관 상호 및 관과 박스는 접속 시에 삽입하는 깊이를 관 바깥 지름의 1.2배 이상으로 한다.
③ 관 상호간의 접속은 박스 또는 커플링 등을 사용하고 직접 접속하지 않는다.
④ 합성 수지관을 새들 등으로 지지하는 경우는 그 지지점 간의 거리를 3[m] 이상으로 한다.

해설 ㉠ 교재 229쪽 참조
㉡ 합성 수지관 공사의 지지점 간의 거리 : 1.5[m]

60 저압 개폐기를 생략하여도 무방한 개소는?

① 부하 전류를 끊거나 흐르게 할 필요가 있는 장소
② 인입구, 기타 고장, 점검, 측정, 수리 등에서 개로할 필요가 있는 개소
③ 퓨즈의 전원 측으로 분기 회로용 과전류 차단기 이후의 퓨즈가 플러그 퓨즈와 같이 퓨즈 교환 시에 충전부에 접촉될 우려가 없을 경우
④ 퓨즈에 근접하여 설치한 개폐기인 경우의 퓨즈 전원 측

해설 ③번은 개폐기를 생략할 수 있는 영역이다.

정답 56 ④ 57 ② 58 ① 59 ④ 60 ③

17 과년도 기출문제(2021년 1회)

1과목 : 전기 이론

01 물체가 가지고 있는 전기의 양을 뜻하며 물질이 가진 고유한 전기의 성질을 무엇이라고 하는가?

① 대전　　② 전하
③ 방전　　④ 양자

해설 교재 35쪽

02 다음 중 전류를 흘렸을 때 열이 발생하는 원리를 이용한 것이 아닌 것은?

① 헤어 드라이기
② 백열 전구
③ 적외선 히터
④ 전기 도금

해설 전기 도금은 전기의 화학 작용을 이용한 것이다.

03 4[Ω]의 저항과 6[Ω]의 저항을 직렬로 접속할 때 합성 컨덕턴스는 몇 [℧]인가?

① 0.1　　② 0.2
③ 0.5　　④ 2.4

해설 합성저항 $R = 4 + 6 = 10[\Omega]$

컨덕턴스 $G = \dfrac{1}{R} = \dfrac{1}{10} = 0.1[℧]$

04 다음 중 패러데이 관(Faraday tube)의 단위 전위차 당 보유에너지는 몇 [J]인가?

① 1　　② 2
③ $1/2(\varepsilon E)$　　④ 1/2

05 어느 정도 이상으로 전압이 높아지면 급격히 저항이 낮아지는 성질을 이용하여 이상 전압에 대하여 회로를 보호하기 위한 소자는 무엇인가?

① 다이오드
② SCR
③ 바리스터
④ 커패시터

06 10[V]와 15[V]의 전원을 같은 방향으로 직렬로 연결하고 이 사이에 5[Ω]의 저항을 넣었을 때 흐르는 전류는 몇 [A]인가?

① 2　　② 3
③ 4　　④ 5

해설

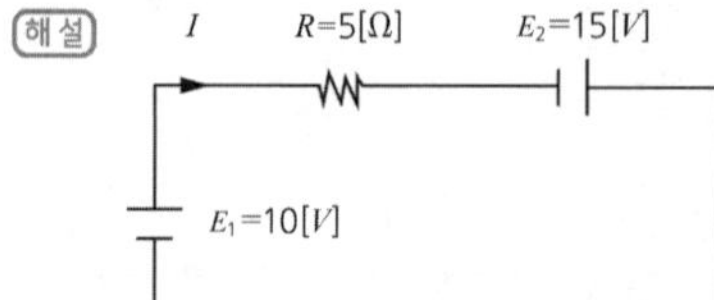

$E_{합} = E_1 + E_2 = 10 + 15 = 25[V]$

$\therefore I = \dfrac{E_{합}}{R} = \dfrac{25}{5} = 5[A]$

07 내부 저항이 r[Ω]인 전지를 2개 직렬로 연결한 전원에 외부 저항은 몇 [Ω]을 연결하여 전력을 최대로 전달할 수 있는가?

① r/2　　② r
③ 2r　　④ r^2

해설 [최대 전력 전달 조건]
내부 저항=외부 저항$=2r[\Omega]$

08 중첩의 정리를 이용하여 회로를 해석할 때 전압원과 전류원은 각각 어떻게 하여야 하는가?

① 전압원 - 단락, 전류원 - 개방
② 전압원 - 개방, 전류원 - 개방

정답 01 ② 02 ④ 03 ① 04 ④ 05 ③ 06 ④ 07 ③ 08 ①

③ 전압원 - 개방, 전류원 - 단락
④ 전압원 - 단락, 전류원 - 단락

해설 [그림 A]

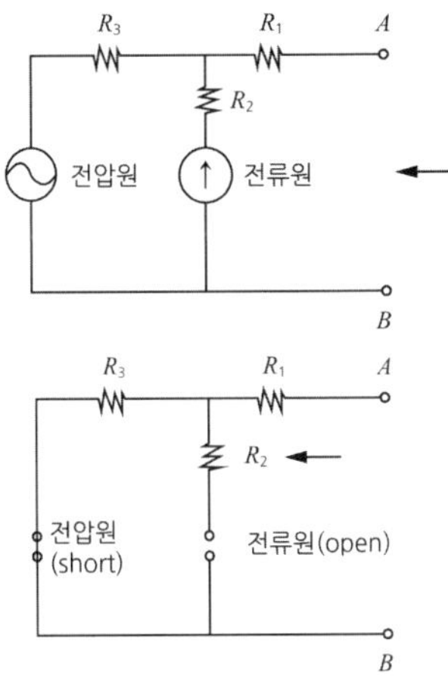

그림[A]를 [중첩의 정리]로 회로망을 해석하면 전압원은 Short(단락), 전류원은 Open(단선, 개방)하여 해석한다.
∴단자 A, B에서 들여다본 저항값
$R_{AB} = R_1 + R_3$

09 $v = 8\sqrt{2}\,sin(\omega t + \frac{\pi}{3})$의 복소수 표현으로 맞는 것은?

① $3+j4\sqrt{3}$
② $3+j4$
③ $4+j\sqrt{3}$
④ $4+j4\sqrt{3}$

해설 풀이1
복소수는 실효값으로 표시하므로
$v = 8\sqrt{2}\,sin(\omega t + \frac{\pi}{3})$
$V = 8\angle 60 = 8(\cos 60^\circ + j\sin 60^\circ)$
$= 8(\frac{1}{2} + j\sin\frac{\sqrt{3}}{2}) = 4 + j4\sqrt{3}$

풀이2
$V = 8\angle 60$에서
계산기 MODE 2 8 SHIFT ∠ 60 = $4+j4\sqrt{3}$

10 다음 중 1[J]과 같은 것은?

① 1[kcal]
② 1[W/sec]
③ 1[W·sec]
④ 860[kWh]

해설 전력량 W = 전력 $\times t$ [W · sec]
$= Pt$ [W · sec] = [J]

11 다음 중 같은 크기의 저항 3개를 연결한 것 중 소비 전력이 가장 작은 연결법은?

① 모두 직렬로 연결할 때
② 모두 병렬로 연결할 때
③ 직렬 1개와 병렬 2개로 연결할 때
④ 상관없다.

해설 ㉠ 소비 전력이 가장 작은 것은 직렬 연결
㉡ 소비 전력이 가장 큰 것은 병렬 연결

12 다음이 설명하는 것은?

금속 A와 B로 만든 열전쌍과 접점 사이에 임의의 금속 C를 연결해도 C의 양 끝의 접점의 온도를 똑같이 유지하면 회로의 열기전력은 변화하지 않는다.

① 제벡 효과
② 톰슨 효과
③ 제3 금속의 법칙
④ 펠티에 법칙

해설 교재 33~34 해설참조

13 전기력선에 대한 설명으로 틀린 것은?

① 같은 전기력선은 흡입한다.
② 전기력선은 서로 교차하지 않는다.
③ 전기력선은 도체의 표면에 수직으로 출입한다.
④ 전기력선은 양전하의 표면에서 나와서 음전하의 표면에서 끝난다.

해설 같은 전기력선은 반발한다.(38쪽 그림)

정답 09 ④ 10 ③ 11 ① 12 ③ 13 ①

14 다음 중 전위 단위가 아닌 것은?

① V/m ② J/C
③ N·m/C ④ V

해설 쿨롱의 제1 법칙에서
[V/m]=[자기장의 세기]의 단위
쿨롱의 제2 법칙에서
[A/m=AT/m]=[전기장의 세기]의 단위

15 정전 흡인력에 대한 설명 중 옳은 것은?

① 정전 흡인력은 전압의 제곱에 비례한다.
② 정전 흡인력은 극판 간격에 비례한다.
③ 정전 흡인력은 극판 면적의 제곱에 비례한다.
④ 정전 흡인력은 쿨롱의 법칙으로 직접 계산한다.

해설 ㉠ 교재 42쪽 정전 흡입력 참조
㉡ 정전 흡입력, $F = \frac{1}{2}\epsilon E^2 A$[N]
즉, 전압의 제곱(V^2)에 비례한다.

16 200[V], 60[Hz] $R-C$ 직렬회로에서 시정수 τ는 0.01[s]이고 전류가 10[A]일 때, 저항은 1[Ω]이다. 용량 리액턴스 Xc의 값으로 옳은 것은?

① 0.27[Ω] ② 0.05[Ω]
③ 0.53[Ω] ④ 2.65[Ω]

해설 $R-C$ 직렬회로 시정수 $\tau = RC$
$0.01 = 1 \times C$
$\therefore X_c = \frac{1}{\omega c} = \frac{1}{2\pi fc}$
$\fallingdotseq 0.27[\Omega]$

17 평균 길이 40[cm], 권수 10회인 환상 솔레노이드에 4[A]의 전류가 흐르면 그 내부의 자장의 세기 [AT/m]는?

① 10 ② 100
③ 200 ④ 300

해설 ㉠ 교재 53쪽 그림 참조
㉡ 환상 솔레노이드 내부 자장의 세기
$H = \frac{NI}{2\pi r}$에서 평균 길이 $l = 2\pi r = 0.4$이므로
$= \frac{10 \times 4}{0.4} = 100[\text{AT/m}]$

18 용량 리액턴스가 주파수 1[kHz] 일 때 50[Ω]이라면, 50[Hz]일 때는 몇 [Ω]인가?

① 10 ② 100
③ 1000 ④ 10000

해설 용량 리액턴스 $X_c = \frac{1}{\omega c} = \frac{1}{2\pi fc}$, 즉 X_c는 주파수 f에 반비례
$\therefore 50 : X_c = \frac{1}{1000} : \frac{1}{50}$
(내항의 곱은 외항의 곱과 같다.)
$\therefore \frac{X_c}{1000} = \frac{50}{50}$
$\therefore X_c = 1000[\Omega]$

19 RL 직렬회로에 직류 전압 100[V]를 가했더니 전류가 20[A] 흘렀다. 여기에 교류 전압 100[V], $f = 60[\text{Hz}]$를 인가하였더니 전류가 10[A] 흘렀다. 유도성 리액턴스 X_L은 몇 [Ω]인가?

① 5 ② $5\sqrt{2}$
③ $5\sqrt{3}$ ④ 10

해설 ㉠ RL 직렬회로에 직류 전압을 가하면 L은 Short(단락)

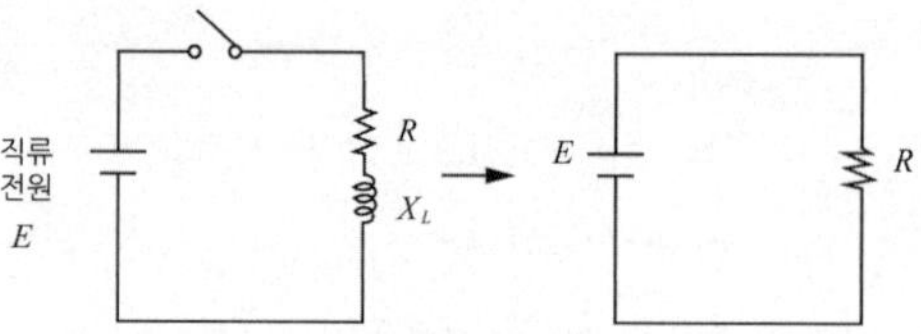

㉡ $I = \frac{E}{R}$, $R = \frac{E}{I} = \frac{100}{20} = 5[\Omega]$
㉢ $I = \frac{V}{Z} = \frac{100}{\sqrt{R^2 + {X_L}^2}}$

정답 14 ① 15 ① 16 ① 17 ② 18 ③ 19 ③

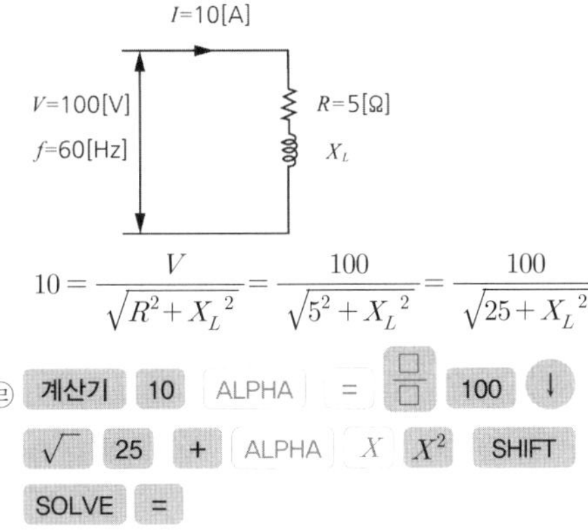

$$10 = \frac{V}{\sqrt{R^2+X_L{}^2}} = \frac{100}{\sqrt{5^2+X_L{}^2}} = \frac{100}{\sqrt{25+X_L{}^2}}$$

㉣ 계산기 10 ALPHA = 분수 100 ↓

√ 25 + ALPHA X X^2 SHIFT

SOLVE =

답 : $8.66 = 5\sqrt{3}$

20 다음 중 비 정현파가 아닌 것은?

① 펄스파
② 주기 사인파
③ 삼각파
④ 사각파

해설 주기 사인파 = 정현파

2과목 : 전기 기기

21 직류 발전기에서 계자의 주된 역할은?

① 기전력을 유도한다.
② 자속을 만든다.
③ 정류 작용을 한다.
④ 정류자 면에 접촉한다.

해설 계자 : 고정자와 회전자 사이의 공간에 회전자 동작에 필요한 자계를 확립하기 위한 구조로, 영구 자석도 있지만 보통 전자석이다.

22 6극 직렬권(파권) 발전기의 전기자 도체 수 300, 매극 자속 수 0.02[Wb], 회전수 900[rpm]일 때 유도 기전력은 몇 [V]인가?

① 300　　② 400
③ 270　　④ 120

해설 ㉠ 직류기의 유도 기전력

$E = \frac{PZ\phi N}{60a}$[V]에서 파권이므로 $a=2$

$= \frac{6\times300\times0.02\times900}{60\times2} = 270$[V]

㉡ 교재 104쪽

23 균압선을 설치하여 병렬 운전하는 발전기는?

① 타여자 발전기
② 분권 발전기
③ 복권 발전기
④ 동기기

해설 직권 계자가 있는 직류 직권 발전기, 직류 복권 발전기는 병렬 운전할 때 균압선이 필요하다.(교재 112쪽)

24 직류 직권전동기의 회전수(N)와 토크(N·m)와의 관계는?

① $\tau \propto \frac{1}{N}$　　② $\tau \propto \frac{1}{N^2}$
③ $\tau \propto N$　　④ $\tau \propto N^{\frac{3}{2}}$

해설 일반적으로 전동기의 토크 $T \propto \frac{1}{N}$ 이나, 직류 직권전동기의 토크 $\tau \propto \frac{1}{N^2}$ 이다. 즉, 회전력이 크다는 뜻

25 직류 전동기의 전 부하 속도가 1200[rpm]이고 속도 변동률이 2[%]일 때, 무부하 회전 속도는 몇 [rpm]인가?

① 1224　　② 1236
③ 1176　　④ 1164

해설 ㉠ 속도 변동률

$= \frac{\text{무부하 속도} - \text{전부하 속도}}{\text{전부하 속도}} \times 100$

$\therefore 0.02 = \frac{\text{무부하 속도} - 100}{1200}$

∴ 무부하 속도 = 1224[rpm]

정답 20 ② 21 ② 22 ③ 23 ③ 24 ② 25 ①

㉡ 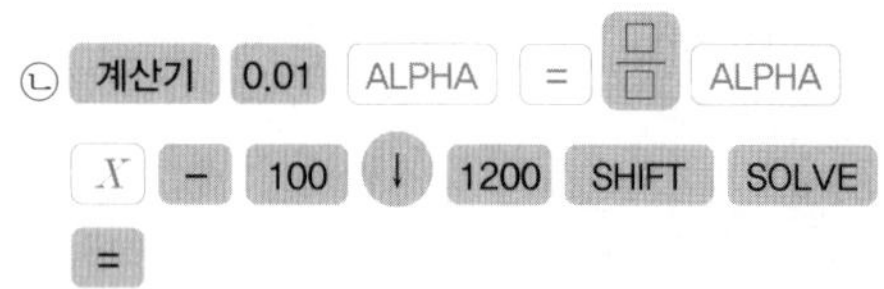

26 다음 그림과 같은 분권 발전기에서 계자 전류가 6[A], 전기자 전류가 100[A]라면 부하 전류는 몇 [A]인가?

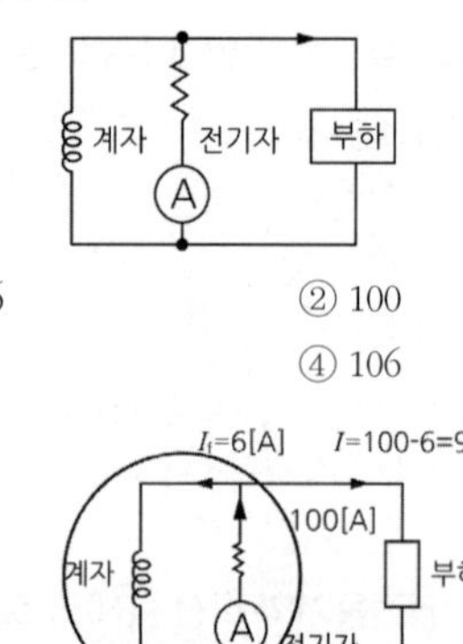

① 1.96　　② 100
③ 94　　④ 106

해설 I_f=6[A]　I=100-6=94
100[A]
계자　부하
전기자

[분권 발전기]

27 다음 중 워드레오나드 방식으로 속도를 제어하는 방법이 사용되는 전동기는?

① 타여자　　② 직권
③ 분권　　④ 복권

해설 교재 120쪽

28 1차 권수가 3300이고, 2차 권수가 330인 변압기의 권수비(turn ratio)는 얼마인가?

① 0.1　　② 0.5
③ 10　　④ 50

해설 권수비 $a = \frac{n_1}{n_2} = \frac{V_1}{V_2} = \sqrt{\frac{Z_1}{Z_2}} = \frac{I_2}{I_1}$에서

$$a = \frac{3300}{330} = 10$$

29 변압기의 성층 철심 강판 재료의 규소 함유량은 대략 몇[%]인가?

① 8　　② 6
③ 4　　④ 2

해설 교재 140쪽

30 특별한 냉각법을 사용하지 않고 공기의 대류 작용으로 변압기 본체가 공기로 자연적으로 냉각되도록 한 방식은?

① 건식 풍냉식　　② 건식 자냉식
③ 유입 자냉식　　④ 유입풍냉식

해설 교재 144쪽

31 기전력에 고조파를 포함하고, 중성점이 접지되어 있을 때는 선로에 제3 고조파를 주로 포함하는 충전 전류가 흐르고, 변압기에서 제3 고조파의 영향으로 통신 장해를 일으키는 3상 결선법은?

① Δ-Δ 결선
② $Y-Y$ 결선
③ Y-Δ 결선
④ Δ-Y 결선

해설 교재 151쪽, $Y-Y$결선

32 단상 변압기 3대 (100 [kVA]×3)로 △ 결선하여 운전 중 1대 고장으로 V결선한 경우의 출력 [kVA]은?

① 100[kVA]　　② 173[kVA]
③ 245[kVA]　　④ 300[kVA]

해설 교재 152쪽

33 브흐홀츠 계전기가 설치되어 있는 기기는?

① 유도 전동기
② 변압기
③ 직류 직권 전동기
④ 동기기

해설 교재 143쪽, 변압기 기름 탱크와 콘서베이터 사이의 파이프에 브흐홀츠 계전기를 설치한다.

정답 26 ③ 27 ① 28 ③ 29 ③ 30 ② 31 ② 32 ② 33 ②

34 8극 60[Hz] 3상 유도 전동기의 동기속도는 몇 [rpm]인가?

① 900
② 1200
③ 1500
④ 1800

해설 동기속도 $N_s = \frac{120f}{P} = \frac{120 \times 60}{8} = 900[\text{rpm}]$

35 일정한 주파수의 전원에서 운전하는 3상 유도 전동기의 전원 전압이 90[%]가 되었다면 토크는 약 몇 [%]가 되는가? (단, 회전수는 변하지 않는 상태로 한다.)

① 10 ② 64
③ 81 ④ 90

해설 교재 168쪽, '회전수가 변하지 않는 상태'라는 말은 '슬립이 일정하다'는 뜻.
유도 전동기 토크 $T \propto V^2$이므로 $T \propto 0.9^2$
$\therefore T \propto 0.81$

36 유도 전동기에 기계적 부하를 걸었을 때 출력에 따라 속도, 토크, 효율, 슬립 등의 변화를 나타낸 출력 특성 곡선에서 슬립을 나타내는 곡선은?

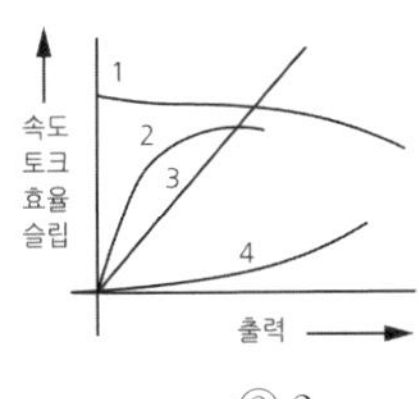

① 1 ② 2
③ 3 ④ 4

37 동기 와트 P_2, 출력 P_0, 슬립 s, 동기 속도 N_s, 회전 속도 N, 2차 동손 P_{2C}일 때 2차 효율 표기로 틀린 것은?

① 1-s ② P_{2C}/P_2
③ P_0/P_2 ④ N/N_S

해설 교재 167쪽

38 슬립 4[%]인 유도 전동기의 등가 부하 저항은 2차 저항의 몇 배인가?

① 5 ② 19
③ 20 ④ 24

해설 $R = \gamma\left(\frac{1-S}{S}\right) = \gamma\left(\frac{1-0.04}{0.04}\right) = 24\gamma$

39 저항만의 부하에서 사이리스터를 이용한 전파 정류 회로의 출력식이 옳게 표시된 것은?

① $E_d = 0.9E(1+\cos\alpha)$
② $E_d = 0.45(1+\cos\alpha)$
③ $E_d = 0.9E+\cos\alpha$
④ $E_d = 0.45E+\cos\alpha$

해설 $E_d = \frac{2\sqrt{2}E}{\pi}\left(\frac{1+\cos\alpha}{2}\right) = 0.45E(1+\cos\alpha)$

40 VVVF(Variable Voltage Variable Frequency)는 어떤 전동기의 속도 제어에 사용되는가?

① 동기 전동기
② 유도 전동기
③ 직류 복권 전동기
④ 직류 타여자 전동기

해설 VVVF : 농형 유도 전동기의 속도 제어법이다.

41 다음 그림과 같은 전선의 접속법은?

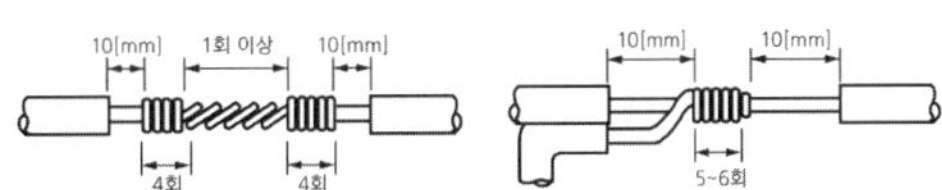

① 직선 접속, 분기 접속
② 직선 접속, 종단 접속
③ 종단 접속, 직선 접속
④ 직선 접속, 슬리브에 의한 접속

해설 교재 207쪽

정답 34 ① 35 ③ 36 ④ 37 ② 38 ④ 39 ② 40 ② 41 ①

42 4심 캡타이어 케이블 심선의 색상은?

① 흑, 백, 적, 청
② 흑, 백, 적, 황
③ 갈, 흑, 회, 청
④ 흑, 백, 적, 회

해설 교재 193쪽

43 금속관 공사를 할 경우 절연 전선이나 케이블 손상 방지용으로 사용하는 부품은?

① 부싱 ② 엘보
③ 커플링 ④ 로크 너트

44 합성 수지관 공사에서 옥외 등, 온도 차가 큰 장소에 노출 배관을 할 때 사용하는 커플링은?

① 신축 커플링(0C)
② 신축 커플링(1C)
③ 신축 커플링(2C)
④ 신축 커플링(3C)

45 폭연성 분진이 존재하는 곳의 저압 옥내배선 공사 시 공사 방법으로 짝지어진 것은?

① 금속관 공사, MI 케이블 공사, 개장된 케이블 공사
② CD 케이블 공사, MI 케이블 공사, 금속관 공사
③ CD 케이블 공사, MI 케이블 공사, 제1종 캡타이어 케이블 공사
④ 개장된 케이블 공사, CD 케이블 공사, 제1종 캡타이어 케이블 공사

해설 폭연성 분진이 있는 곳은 캡타이어 케이블 공사는 안됨

46 목장의 전기 울타리에 사용하는 경동선의 지름은 최소 몇 $[mm^2]$ 이상이어야 하는가?

① 1.5 ② 4
③ 6 ④ 10

해설 교재 284쪽

47 전압선 구분에서 고압에 대한 설명으로 가장 옳은 것은?

① 직류는 1500[V], 교류는 1000[V] 이하인 것
② 직류는 1000[V], 교류는 1500[V] 이상인 것
③ 직류는 1500[V], 교류는 1000[V]를 초과하고, 7[kV] 이하인 것
④ 7[kV]를 초과하는 것

해설 교재 214쪽

48 전압의 구분에서 직류를 몇 [V] 이하를 저압이라고 하는가?

① 600[V]
② 750[V]
③ 1000[V]
④ 1500[V]

해설 교재 214쪽

49 최대 사용전압이 70[kV]인 중성점 직접 접지식 전로의 절연내력 시험 전압은 몇 [V]인가?

① 35,000[V]
② 50,400[V]
③ 44,800[V]
④ 42,000[V]

50 절연 내력을 시험할 때는 관련 규정에서 정한 시험 전압을 연속하여 몇 분간 가하여야 하는가?

① 1분 ② 3분
③ 5분 ④ 10분

51 접지극 공사 방법이 아닌 것은?

① 동판 면적은 $900[cm^2]$ 이상의 것이어야 한다.
② 동 피복 강봉은 지름 6[mm] 이상의 것이어야 한다.
③ 접지선과 접지 극은 은 납땜, 기타 확실한 방법에 의해 접속한다.
④ 사람이 접촉할 우려가 있는 곳에 설치할 경우 손상을 방지하도록 방호장치를 시설할 것.

정답 42 ③ 43 ① 44 ④ 45 ① 46 ② 47 ③ 48 ④ 49 ② 50 ④ 51 ②

해설 교재 220쪽
접지 극 공사에서 동 피복 강봉은 지름 8[mm]이상의 것이라야 한다.

52 피뢰 설비공사에 대한 설명으로 옳지 않은 것은?

① 돌침부는 건축법에서 규정한 풍하중에 견딜 수 있는 것이어야 한다.
② 피뢰 도선에서 동선의 단면적은 20[mm²] 이상의 것이어야 한다.
③ 피뢰 접지극은 지표면에서 0.75[m] 이상의 깊이로 매설해야 한다.
④ 뇌서지 전류를 대지로 방류시키기 위한 접지를 시설하여야 한다.

53 큰 고장 전류가 접지 도체를 통하여 흐르지 않을 경우 접지 도체의 최소 단면적은 구리인 경우 몇 [mm^2] 이상인가?

① 2.5 ② 6
③ 10 ④ 16

54 선도체의 단면적이 16[mm^2]이면, 구리 보호도체의 굵기는?

① 1.5[mm^2] ② 2.5[mm^2]
③ 16[mm^2] ④ 25[mm^2]

해설 교재 219쪽

55 교통 신호등 회로의 사용 전압은 몇 [V]를 넘는 경우에 전로에 지락이 생겼을 때 자동적으로 전로를 차단하는 장치를 시설하여야 하는가?

① 100 ② 150
③ 200 ④ 300

56 0.2[kW] 초과의 단상 전동기를 시설할 때 과전류 보호 장치를 시설하지 않아도 되는 전원 측 전로의 과전류 차단기 정격 전류는 몇 [A] 이하인가?

① 8 ② 16
③ 20 ④ 32

57 전선의 PVC 절연물에 대한 최고 허용 온도는 몇 [℃]인가?

① 70 ② 85
③ 90 ④ 105

58 저압 옥내 전로의 인입구에 개폐기를 시설하는 경우 통상적으로 바닥에서 몇 [m]의 높이에 설치하는가?

① 1.4~1.8 ② 1.8~2.2
③ 2.2~2.5 ④ 2.5~2.7

59 차단기 문자 기호 중 'ACB'는?

① 진공 차단기
② 기중 차단기
③ 자기 차단기
④ 유입 차단기

해설 교재 274쪽

60 수전 설비에서 저압 배전반은 앞면 또는 조작·계측 면의 거리가 최소 몇 [m] 이상이어야 하는가?

① 0.6 ② 1.2
③ 1.5 ④ 1.7

해설 교재 281쪽

정답 52 ② 53 ② 54 ③ 55 ② 56 ② 57 ① 58 ② 59 ② 60 ③

17 과년도 기출문제(2021년 1회) 455

18 과년도 기출문제(2021년 2회)

1과목 : 전기 이론

01 다음 중 가우스 정리를 이용하여 구하는 것은?

① 두 전하 사이에 작용하는 힘
② 전계의 세기
③ 전기력의 방향
④ 전류의 크기

해설 [가우스의 정리] 교재 48쪽
전기력선의 밀도를 이용하여 전계의 세기를 구하는 법칙

02 "도체에 대전체를 접근시키면 대전체에 가까운 쪽에서는 대전체와 다른 전하가 나타나며 그 반대 쪽에는 대전체와 같은 종류의 전하가 나타나는 현상이 일어난다." 이와 같은 현상을 무엇이라고 하는가?

① 정전 차폐 ② 자기 유도
③ 대전 ④ 정전 유도

해설 교재 36쪽

03 공기 중에 놓인 4×10^{-8}[C]의 전하에서 4[m] 떨어진 점 P와 2[m] 떨어진 점 Q와의 전위차는 몇 [V]인가?

① 80 ② 90
③ 100 ④ 110

해설 ㉠ 교재 40쪽
㉡ 2[m] 떨어진 Q점의 전위(전기의 위치 에너지)가 4[m] 떨어진 P점의 전위보다 크므로
전위차 $= V_Q - V_P$
㉢ Q점의 전위 $= 9\times10^9\times\dfrac{4\times10^{-8}}{2} = 180$[V]
㉣ P점의 전위 $= 9\times10^9\times\dfrac{4\times10^{-8}}{4} = 90$
㉤ $\therefore V_Q - V_P = 180 - 90 = 90$[V]

04 길이가 31.4[cm], 단면적 0.25[m^2], 비투자율이 100인 철심을 이용하여 자기 회로를 구성하면 자기 저항은 몇 [AT/Wb] 인가?(단, 진공의 투자율은 $4\pi\times10^{-7}$[H/m]로 계산한다.)

① 2648.24 ② 6784.58
③ 8741.49 ④ 9994.93

해설 ㉠ 교재 54쪽
㉡ 자기 저항

$$R_m = \frac{F}{\phi} = \frac{NI}{\phi} = \frac{l}{\mu A} = \frac{l}{\mu_o \mu_s A}$$
$$= \frac{31.4\times10^{-2}}{4\pi\times10^{-7}\times100\times0.25}$$
$$= 10,000[\text{AT/wb}]$$

05 자계의 영향을 받지 않아 자화가 되지 않는 물질로, 강 자성체 이외의 자성이 약한 물질이나 전혀 자성을 갖지 않는 물질을 무엇이라고 하는가?

① 상 자성체 ② 반 자성체
③ 비 자성체 ④ 페리 자성체

해설 교재 46쪽

06 자장 중에서 도선에 발생되는 유기 기전력의 방향은 어떤 법칙에 의하여 설명되는가?

① 패러데이(Faraday)의 법칙
② 앙페르(Ampere)의 법칙
③ 렌츠(Lenz)의 법칙
④ 가우스(Gauss)의 법칙

해설 교재 56쪽

정답 01 ② 02 ④ 03 ② 04 ④ 05 ③ 06 ③

07 공기 중에 1[m] 떨어져 평행으로 놓인 두 개의 무한히 긴 도선에 왕복 전류가 흐를 때, 단위 길이 당 18×10^{-7}[N]의 힘이 작용한다면 이때 흐르는 전류는 약 몇 [A]인가?

① 3　　② 9
③ 27　　④ 34

해설 ㉠ 교재 55쪽
㉡ 문제에서 왕복 전류라 함은 전류가 반대 방향으로 흐른다는 것을 뜻함.
∴ 반발력
㉢ $F=\dfrac{2I_1I_2\times10^{-7}}{r}$,
그러므로 $18\times10^{-7}=\dfrac{2I^2\times10^{-7}}{1}$
㉣ **계산기**
18 | $\times10^X$ | (−) | 7 | ALPHA | =
2 | × | ALPHA | × | X^2 | × | 1
$\times10^X$ | (−) | 7 | SHIFT | SOLVE | =

08 두 코일이 서로 직각으로 교차할 때 상호 인덕턴스는?

① L_1+L_2
② L_1-L_2
③ $L_1\times L_2$
④ 0

해설 ㉠ $L_{합}=L_1+L_2\pm2M=L_1+L_2\pm2K\sqrt{L_1\times L_2}$
㉡ 상호 인덕턴스 $M=K\sqrt{L_1\times L_2}$
㉢ 직각으로 교차하므로 결합 계수 $K=0$
㉣ $\therefore M=0$

09 어느 코일에서 01[초] 동안에 전류가 0.3[A]에서 0.2[A]로 변화할 때 코일에 유도되는 기전력이 2×10^{-4}[V]이면, 이 코일의 자체 인덕턴스는 몇 [mH]인가?

① 0.1　　② 0.2
③ 0.3　　④ 0.4

해설 ㉠ 패러데이의 전자유도법칙(교재 56쪽)
㉡ $e=\dfrac{-Nd\phi}{dt}$
㉢ $e=\dfrac{-Ldi}{dt}$
㉣ ㉢식을 이용
㉤ $2\times10^{-4}=\dfrac{L(0.3-0.2)}{0.1}$
$\therefore L=\dfrac{2\times10^{-4}\times0.1}{0.3-0.2}$
$=2\times10^{-4}$
$=0.2\times10^{-3}$[H]

10 주파수 10[Hz]의 주기는 몇 초인가?

① 0.05
② 0.02
③ 0.01
④ 0.1

해설 ㉠ 교재 63쪽
㉡ $T=\dfrac{1}{f}=\dfrac{1}{10}=0.1$(초)

11 $R=8[\Omega]$, $L=19.1$[mH]의 직렬 회로에 5[A]가 흐르고 있을 때 인덕턴스 L에 걸리는 단자 전압의 크기는 약 몇 [V]인가? (단, 주파수는 60[Hz]이다.)

① 12　　② 25
③ 29　　④ 36

해설 ㉠ $L=19.1$[mH]이므로 단위를 $[\Omega]$으로 고쳐야 함
㉡ $X_L=\omega L=2\pi fL=2\times3.14\times60\times19.1\times10^{-3}$
$=7.2[\Omega]$
㉢ $\therefore V_L=I\cdot X_L=5\times7.2=36$[V]
㉣
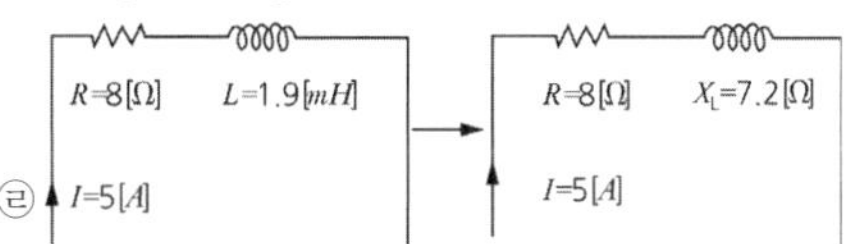

정답 07 ① 08 ④ 09 ② 10 ④ 11 ④

18 과년도 기출문제(2021년 2회) 457

12 저항 4[Ω], 유도 리액턴스 8[Ω], 용량 리액턴스 5[Ω]이 직렬로 된 회로에서 역률은 얼마인가?

① 0.8　② 0.7
③ 0.6　④ 0.5

해설
㉠
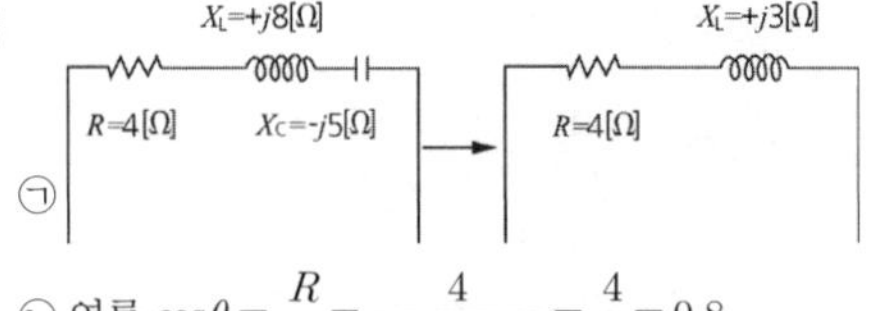

㉡ 역률 $\cos\theta=\dfrac{R}{Z}=\dfrac{4}{\sqrt{4^2+3^2}}=\dfrac{4}{5}=0.8$

13 그림과 같은 RC 병렬 회로에서 합성 임피던스 식은?

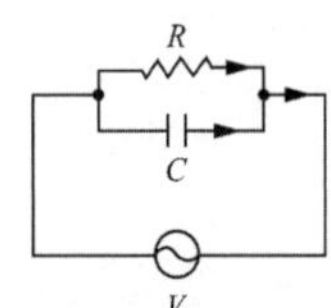

① $Z=\sqrt{(R)^2+(\omega C)^2}$
② $Z=\sqrt{(\dfrac{1}{R})^2+(\omega C)^2}$
③ $Z=\dfrac{1}{\sqrt{(\dfrac{1}{R})^2+(\omega C)^2}}$
④ $Z=\dfrac{1}{\sqrt{(\dfrac{1}{R})^2+(\dfrac{1}{\omega}C)^2}}$

해설 교재 75쪽

14 L만의 회로에서 유도 리액턴스는 주파수가 1[kHz]일 때 50[Ω]이었다. 주파수를 500[Hz]로 바꾸면 유도 리액턴스는 몇 [Ω]인가?

① 12.5　② 25
③ 50　④ 100

해설 ㉠ 유도 리액턴스 $X_L=\omega L=2\pi fL$
㉡ 즉, $X_L \propto f$(유도 리액턴스 X_L은 주파수 f에 비례)
㉢ 비례식을 쓰면 1[kHz] : 500[Hz]=50[Ω] : X
1000 : 500 = 50 : X

$1000X=500\times 50$

$X=\dfrac{500\times 50}{1000}=25[\Omega]$

15 RLC 직렬 공진회로에서 최대가 되는 것은?

① 전류　② 임피던스
③ 리액턴스　④ 저항

해설 교재 76쪽

16 다음 중 유효 전력의 단위는 어느 것인가?

① W　② Var
③ kVA　④ VA

해설 ㉠ 유효 전력(소비 전력)의 단위 : [W]
㉡ 무효 전력의 단위 : [Var]
㉢ 피상 전력(=겉보기 전력=전체 전력)의 단위 : [VA]

17 전압 200[V], 저항 8[Ω], 유도 리액턴스 6[Ω]이 직렬로 연결된 회로에 흐르는 전류와 역률은 얼마인가?

① 20[A], 0.8
② 20[A], 0.7
③ 10[A], 0.6
④ 10[A], 0.5

㉠
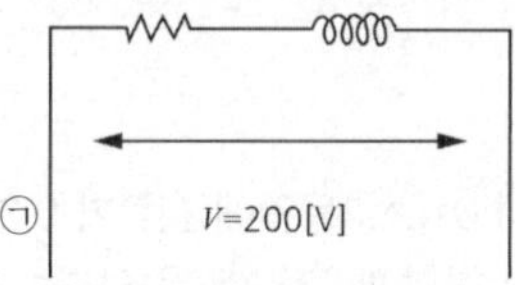

㉡ 임피던스 $Z=\sqrt{R^2+X_L{}^2}=\sqrt{8^2+6^2}=10[\Omega]$
㉢ 전류 $I=\dfrac{V}{Z}=\dfrac{200}{10}=20[A]$
㉣ 역률 $\cos\theta=\dfrac{R}{Z}=\dfrac{8}{10}=0.8$

정답 12 ① 13 ③ 14 ② 15 ① 16 ① 17 ①

18 평형 3상 회로에서 1상의 소비 전력이 P 라면 3상 회로의 전체 소비 전력은?

① P　② $2P$
③ $3P$　④ $\sqrt{3}P$

(해설) 교재 87쪽

19 비 정현파가 발생하는 원인과 거리가 먼 것은?

① 자기 포화
② 옴의 법칙
③ 히스테리시스
④ 전기자 반작용

(해설) ㉠ 순수한 저항 $R[\Omega]$ 에서는 정현파만 발생

20 세 변의 저항 $R_a = R_b = R_c = 15[\Omega]$인 Y결선 회로가 있다. 이것과 등가인 △ 결선 회로의 각 변의 저항은 몇 $[\Omega]$인가?

① 5　② 10
③ 25　④ 45

(해설) 교재 85쪽

2과목 : 전기 기기

21 영구 자석 또는 전자석 끝부분에 설치한 자성 재료 편으로서, 전기자에 대응하여 계자 자속을 공극 부분에 적당히 분포시키는 역할을 하는 것은 무엇인가?

① 자극 편
② 정류자
③ 공극
④ 브러시

22 발전기의 전압 변동률을 표시하는 식은? (단 Vo는 무부하 단자전압, Vn은 정격전압이다.

① $\epsilon = (\frac{V_o}{V_n} - 1) \times 100$

② $\epsilon = (1 - \frac{V_o}{V_n}) \times 100$

③ $\epsilon = (\frac{V_n}{V_o} - 1) \times 100$

④ $\epsilon = (1 - \frac{V_n}{V_o}) \times 100$

(해설) 발전기 전압 변동률

$$\epsilon = \frac{\text{무부하 전압} - \text{정격 전압}}{\text{정격 전압}}$$

$$= \frac{\text{무부하 전압}}{\text{정격 전압}} - \frac{\text{정격 전압}}{\text{정격 전압}} = \frac{\text{무부하전압}}{\text{정격전압}} - 1$$

23 13200/220[V] 변압기에서 1차 전압 6000[V]를 가했을 때, 2차 전압은 몇 [V]인가?

① 1000　② 10
③ 100　④ 1

(해설) 13,200 : 220 = 6000 : x

$13{,}200x = 220 \times 6000$

$$x = \frac{220 \times 6000}{13{,}200} = 100$$

24 변압기의 규약효율은?

① $\frac{\text{출력}}{\text{입력}} \times 100\%$

② $\frac{\text{출력}}{\text{출력} + \text{손실}} \times 100\%$

③ $\frac{\text{출력}}{\text{입력} - \text{손실}} \times 100\%$

④ $\frac{\text{입력} + \text{손실}}{\text{입력}} \times 100\%$

(해설) ㉠ 교재 123쪽
㉡ 발전기는 출력이 2개, 전동기는 입력이 2개 : (전압 신고 하러 출발)로 암기, (발전기와 변압기는 'ㅂ'으로 시작되므로 규약 효율 표시 방법이 같다)

정답　18 ③　19 ②　20 ④　21 ①　22 ①　23 ③　24 ②

25 일반적으로 사용하는 주상 변압기의 냉각방식은?

① 유입 송유식
② 유입 수냉식
③ 유입 풍냉식
④ 유입 자냉식

해설 ㉠ 주상 변압기 : 전봇대 위의 변압기
㉡ 유입 자냉식 : 기름이 들어있고 스스로 냉각

26 여러 변압기를 1개의 조로 묶어 전력을 변성하는 단위를 말하는 용어는 무엇인가?

① 앵커
② 뱅크
③ 리클로저
④ 노드

27 단상 변압기에 있어서 부하 역률 80[%]의 지상 역률에서 전압 변동률 4[%]이고, 부하 역률 100[%]에서 전압 변동률 3[%]라고 한다. 이 변압기의 퍼센트 리액턴스는 약 몇 [%]인가?

① 2.7 ② 3.0
③ 3.3 ④ 3.6

해설 ㉠ 전압 변동률 $\epsilon = P\cos\theta + q\sin\theta$
P는 % 저항 강하, q는 % 리액턴스 강하
부하 역률 100%일 때, $P=3$
㉡ $\epsilon = P\cos\theta + q\sin\theta$
$4 = 3\times0.8 + q\times0.6$
$\therefore q = 2.7(\%)$

28 고장 시의 불평형 차 전류가 평형 전류의 어떤 비율 이상으로 되었을 때 동작하는 계전기는?

① 과전압 계전기
② 과전류 계전기
③ 전압 차동 계전기
④ 비율 차동 계전기

해설 교재 300쪽 그림 87T

29 동기 속도 3600[rpm], 주파수 60[Hz]의 유도 전동기의 극수는?

① 2 ② 4
③ 6 ④ 8

해설 $N_s = \dfrac{120f}{P} = \dfrac{120\times60}{2} = 3600[\text{rpm}]$
∴ 극수는 2극

30 다음 3상 유도 전동기 고정자 권선의 결선도를 나타낸 것이다. 맞는 사항을 고르시오.

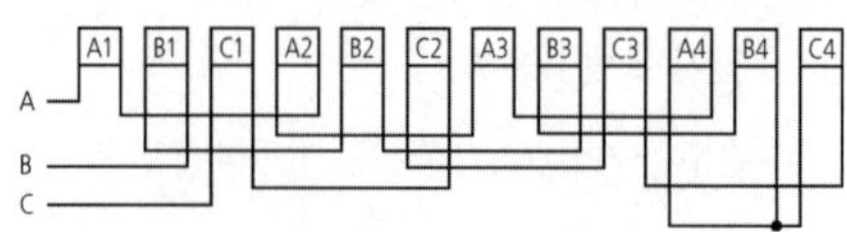

① 3상 2극, Y결선
② 3상 4극, Y결선
③ 3상 2극, Δ결선
④ 3상 4극, Δ결선

해설 ㉠

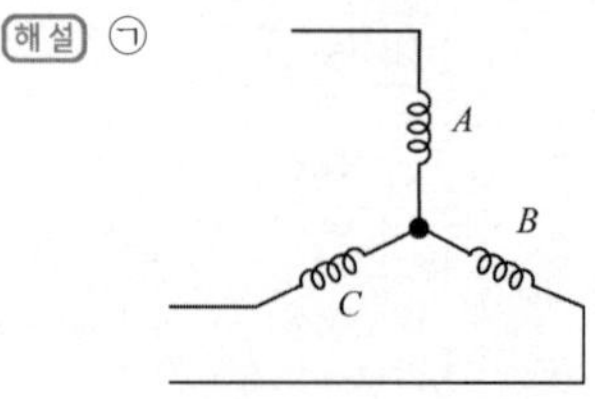

㉡ Y결선 : A코일 군, B코일 군, C코일 군이 같이 묶여 있다.

31 정지 상태에 있는 3상 유도 전동기의 슬립 값은?

① 0 ② 1
③ 2 ④ 3

해설 ㉠ $S = \dfrac{\text{동기 속도} - \text{회전자 속도}}{\text{동기 속도}}$
㉡ 정지 상태이므로 회전자 속도 = 0
㉢ $S = \dfrac{\text{동기 속도} - 0}{\text{동기 속도}} = 1$
㉣ 교재 164쪽

정답 25 ④ 26 ② 27 ① 28 ④ 29 ① 30 ② 31 ②

32 **단상 유도 전동기 중 고정자 자극의 한 쪽 끝에 홈을 파서 돌출 극을 만들고 이 돌출 극에 구리 단락 고리를 끼워 회전 자계를 만들어 기동하는 단상 유도 전동기를 무엇이라고 하는가?**

① 콘덴서 기동형
② 영구 콘덴서형
③ 셰이딩 코일형
④ 반발 기동형

해설 ㉠ 교재 164쪽
㉡ 테슬라가 만든 세계 최초의 단상 유도 전동기
㉢ 효율이 가장 낮다.

33 **정격 전압이 380[V]인 3상 유도 전동기의 1차 입력이 50[kW]이고, 1차 전류가 135[A]가 흐를 때 이 전동기의 역률은?**

① 0.52　　② 0.56
③ 0.59　　④ 0.64

해설 ㉠ 3상 유도 전동기 입력 $P=\sqrt{3}\,VI\cos\theta$[W]
㉡ 역률 $\cos\theta=\dfrac{P}{\sqrt{3}\,VI}=\dfrac{50000}{\sqrt{3}\times 380\times 135}=0.56$

34 **동기기의 전기자 권선법이 아닌 것은?**

① 2층 분포권
② 단절권
③ 중권
④ 전절권

해설 ㉠ 동기기(동기 발전기)는 발전소의 발전기로써 파형을 좋게 하기 위해 단절권+분포권을 쓴다.
㉡ 교재 127쪽
㉢ 암기법 : 우리나라는 세계 유일의 분단국가이다.

35 **동기 발전기의 병렬 운전 중에 기전력의 위상차가 생기면?**

① 위상이 일치하는 경우보다 출력이 감소한다.
② 부하 분담이 변한다.
③ 무효 순환전류가 흘러 전기자 권선이 과열된다.
④ 동기화력이 생겨 두 기전력의 위상이 동상이 되도록 작용한다.

해설 ㉠ 동기 발전기의 병렬 운전 중 기전력의 차이가 나면 → 무효 순환 전류
㉡ 동기 발전기의 병렬운전 중 위상의 차이가 나면 → 유효 순환 전류(동기화 하고자 하는 힘 = 동기화 력)
㉢ 교재 132쪽

36 **동기 발전기에서 전기자 전류가 기전력보다 90° 만큼 위상이 앞설 때의 전기자 반작용은?**

① 교차 자화 작용
② 감자 작용
③ 편자 작용
④ 증자 작용

해설 교재 128쪽

37 **진성 반도체를 P형 반도체로 만들기 위하여 첨가하는 것은?**

① 인
② 인듐
③ 비소
④ 안티몬

해설 교재 178쪽 암기법 참조.

38 **단상 전파 정류회로에서 전원이 220[V]이면 부하에 나타나는 전압의 평균값은 약 몇 [V]인가?**

① 99
② 198
③ 257.4
④ 297

해설 ㉠ 전원 220[V]는 실효값
㉡ 평균값=실효값×0.9 = 220×0.9 = 198[V]

39 **그림과 같은 전동기 제어회로에서 전동기 M의 전류 방향으로 올바른 것은? (단, 전동기의 역률은 100%이고, 사이리스터의 점호각은 0°라고 본다.)**

정답 32 ③ 33 ② 34 ④ 35 ④ 36 ④ 37 ② 38 ② 39 ①

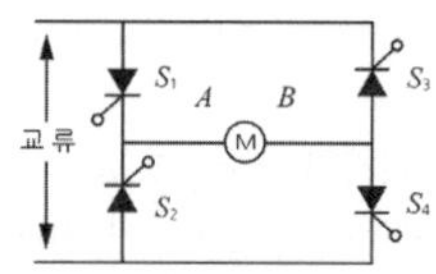

① 항상 'A'에서 'B'의 방향
② 항상 'B'에서 'A'의 방향
③ 입력의 반주기마다 'A'에서 'B'의 방향, 'B'에서 'A'의 방향
④ S1과 S4, S2와 S3의 동작 상태에 따라 'A'에서 'B'의 방향, 'B'에서 'A'의 방향

해설 ㉠

S_1과 S_4가 동작 $A(+)$, $B(-)$

㉡

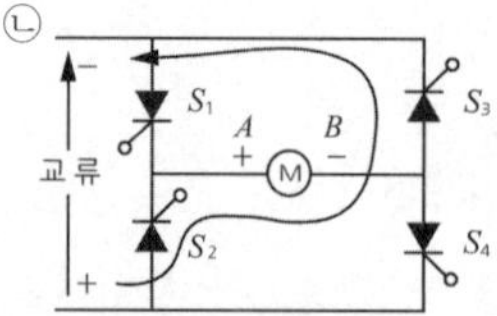

S_2과 S_3가 동작하므로 $A(+)$, $B(-)$

㉢ 즉, 입력은 교류이나 모터 M에 들어가는 것은 직류 (A는 항상 +, B는 항상 -)임
(= 즉, D.C Motor)
㉣ SCR를 이용한 전파 정류 회로로 위상 제어를 함

40 **SCR 2개를 역병렬로 접속한 그림과 같은 기호의 명칭은?**

① SCR ② TRIAC
③ GTO ④ UJT

해설 ㉠ 교재 185쪽
㉡ 트라이액 : 양방향 3단자 소자

3과목 : 전기 설비

41 **전선 및 케이블의 구비 조건으로 맞지 않는 것은?**

① 도전율이 크고 고유 저항이 작을 것
② 기계적 강도 및 가요성이 풍부할 것
③ 내구성이 크고 비중이 클 것
④ 시공 및 접속이 쉬울 것

해설 ㉠ 전선은 가벼워야 하는데
㉡ 비중(물이 기준)이 크다는 것은 무겁다는 뜻
㉢ 전선은 비중이 작을 것(=가벼울 것)

42 **저압 가공전선에 대한 설명으로 옳지 않은 것은?**

① 저압 가공전선은 나전선, 절연전선, 다심형 전선 또는 케이블을 사용하여야 한다.
② 사용 전압이 400[V] 이하인 경우 케이블을 사용할 수 있다.
③ 사용 전압이 400[V] 초과하고 시가지에 시설하는 경우 지름 5mm 이상의 경동선이어야 한다.
④ 사용 전압이 400[V] 초과하는 경우 인입용 비닐 절연 전선을 사용할 수 있다.

43 **다음 중 금속 전선관의 종류에서 박강 전선관의 규격이 아닌 것은?**

① 19 ② 25
③ 31 ④ 35

해설 교재 233쪽

44 **다음 중 버스 덕트의 종류가 아닌 것은?**

① 플로어 버스 덕트
② 피더 버스 덕트
③ 탭붙이 버스 덕트
④ 플러그인 버스 덕트

해설 ㉠ 교재 244쪽
㉡ 버스 덕트 공사는 공중에 떠 있는 중대형덕트 공사

정답 40 ② 41 ③ 42 ④ 43 ④ 44 ①

㉢ 플로어 버스 덕트라는 명칭은 없고 강철제 덕트를 콘크리트 바닥에 매설하는 공사는 플로어 덕트 공사라 한다.

45 교통 신호등 회로의 사용 전압은 몇 [V]를 넘는 경우에 전로에 지락이 생겼을 때 자동적으로 전로를 차단하는 장치를 시설하여야 하는가?

① 100 ② 150
③ 200 ④ 300

46 접지도체의 절연 전선 색상은 특별한 경우를 제외하고는 어느 색으로 표시를 하여야 하는가?

① 흑색 ② 녹색
③ 녹색-노란색 ④ 녹색-적색

해설 교재 191쪽

47 보조 접지 극 2개를 이용하여 계기판의 눈금이 '0'을 가리키는 순간의 저항 다이얼의 값을 읽어 접지 저항을 측정하는 방법은?

① 캘빈더블 브리지
② 휘트스톤 브리지
③ 콜라우시 브리지
④ 접지 저항계

48 접지 공사에서 접지극으로 동판을 사용하는 경우 면적이 몇 $[cm^2]$ 평면 이상이어야 하는가?

① 300 ② 600
③ 900 ④ 1200

해설 교재 220쪽

49 기동 시 발생하는 기동 전류에 대해 동작하지 않는 퓨즈의 종류로 옳은 것은?

① 플러그 퓨즈
② 전동기용 퓨즈
③ 온도 퓨즈
④ 텅스텐 퓨즈

해설 ㉠ 전동기용 퓨즈
전동기가 기동할 때 정격 전류의 4~6배 정도의 큰 전류가 흐르는데 이때는 끊어지지 않도록 설계되어 있는 퓨즈

50 사람의 감전을 방지하기 위하여 설치하는 주택용 누전 차단기는 정격 감도 전류와 동작 시간이 얼마 이하여야 하는가?

① 30[mA], 0.03[초]
② 3[mA], 0.03[초]
③ 300[mA], 0.3[초]
④ 30[mA], 0.3[초]

해설 교재 275쪽

51 정격 전류가 60[A]일 때, 주택용 배선 차단기의 동작 시간은 얼마 이내인가?

① 15분 ② 30분
③ 60분 ④ 120분

해설 교재 252쪽

52 철근 콘크리트 주로서 전장이 15[m]이고, 설계하중이 7.8[kN]이다. 이 지지물을 논, 기타 지반이 약한 곳 이외에 기초 안전율의 고려 없이 시설하는 경우에 그 묻히는 깊이는 기준보다 몇 [cm]를 가산하여 시설하여야 하는가?

① 10 ② 30
③ 50 ④ 70

해설 교재 264쪽

53 전선로의 직선 부분을 지지하는 애자는?

① 핀 애자
② 지지 애자
③ 가지 애자
④ 구형 애자

해설 교재 270쪽

정답 45 ② 46 ③ 47 ④ 48 ③ 49 ② 50 ① 51 ③ 52 ② 53 ①

54 다음 중 래크를 사용하는 장소는?

① 저압 가공 전선로
② 저압 지중 전선로
③ 고압 가공 전선로
④ 고압 지중 전선로

해설 교재 270쪽

55 인류하는 곳이나 분기하는 곳에 사용하는 애자는?

① 구형 애자
② 가지 애자
③ 새클 애자
④ 현수 애자

해설 ㉠ 인류하는 곳 = 전선로가 끝나는 지점

56 가공 전선로의 지지물에 시설하는 지선의 안전율은 얼마 이상이어야 하는가?

① 2 ② 2.5
③ 3 ④ 3.5

해설 교재 267쪽

57 배선 설계를 위한 전등 및 소형 전기기계 기구의 부하 용량 산정 시 건축물의 종류에 대응한 표준부하에서 원칙적으로 표준 부하를 20[VA/m^2]으로 적용하여야 하는 건축물은?

① 교회, 극장
② 호텔, 병원
③ 은행, 상점
④ 아파트, 미용원

해설 교재 278쪽

58 다음 중 배선 차단기의 기호로 옳은 것은?

① MCCB
② ELB
③ ACB
④ DS

해설 ㉠ 교재 274쪽
㉡ ELB : 누전 차단기
㉢ ACB : 기중 차단기
㉣ DS : 단로기

59 수변전 설비 구성 기기의 계기용 변압기(PT) 설명으로 맞는 것은?

① 높은 전압을 낮은 전압으로 변성하는 기기이다.
② 높은 전류를 낮은 전류로 변성하는 기기이다.
③ 회로에 병렬로 접속하여 사용하는 기기이다.
④ 부족 전압 트립 코일의 전원으로 사용된다.

해설 교재 157쪽

60 옥측 또는 옥외에 시설하는 배전반 및 분전반을 시설하는 경우에 사용하는 케이블로 옳은 것은?

① 난연성 케이블
② 광섬유 케이블
③ 차폐 케이블
④ 수밀형 케이블

정답 54 ① 55 ④ 56 ② 57 ② 58 ① 59 ① 60 ④

19 과년도 기출문제(2021년 3회)

1과목 : 전기 이론

01 4[Ω]의 저항에 200[V]의 전압을 인가할 때 소비되는 전력은?

① 20 [W]
② 400 [W]
③ 2.5 [W]
④ 10 [kW]

해설 ㉠ 소비 전력

$$P=\frac{V^2}{R}=\frac{200^2}{4}$$
$$=10,000[\text{W}]$$
$$=10[\text{kW}]$$

㉡ 교재 28쪽

02 30[W] 전열기에 220[V], 주파수 60[Hz]인 전압을 인가한 경우 평균 전압[V]은?

① 200 ② 300
③ 311 ④ 400

해설 ㉠ 평균값 $V_a=$ 실효값$\times 0.9=220\times 0.9 \fallingdotseq 200[\text{V}]$
㉡ 교재 65쪽

03 유전율의 단위는?

① [F/m] ② [V/m]
③ [C/m^2] ④ [H/m]

해설 ㉠ 유전율의 단위는 [F/m]이다.
㉡ 교재 36쪽

04 $Y-Y$결선에서 선간 전압이 380[V]인 경우 상전압은 몇 [V]인가?

① 100 ② 220
③ 200 ④ 380

해설 ㉠ 상전압 $V_P=\frac{V_1}{\sqrt{3}}=\frac{380}{\sqrt{3}}\fallingdotseq 220[\text{V}]$
㉡ 교재 84쪽

05 220[V], 50[W] 전등 10개를 10시간 사용하였다면 사용 전력량은 몇 [kWh]인가?

① 5 ② 6
③ 7 ④ 10

해설 ㉠ 교재 28쪽
㉡ 전력량

$$W=Pt$$
$$=50\times 10\times 10$$
$$=5,000[\text{Wh}]$$
$$=5[\text{kWh}]$$

06 콘덴서 중 극성을 가지고 있는 콘덴서로서 교류 회로에 사용할 수 없는 것은?

① 마일러 콘덴서 ② 마이카 콘덴서
③ 세라믹 콘덴서 ④ 전해 콘덴서

해설 ㉠ 교재 43쪽
㉡ 전해 콘덴서는 양극과 음극의 극성을 가지고 있어 직류 회로에서만 사용 가능하다.

07 자속 밀도 $1[\text{Wb/m}^2]$은 몇 [gauss]인가?

① $4\pi\times 10^{-7}$ ② 10^{-6}
③ 10^4 ④ $\frac{4\pi}{10}$

해설 ㉠ 교재 48쪽
㉡ 자속 밀도 환산

$$1[\text{Wb/m}^2]=\frac{10^8[Max]}{10^4[\text{cm}^2]}$$
$$=10^4[\text{Max/cm}^2=\text{gauss}]$$

정답 01 ④ 02 ① 03 ① 04 ② 05 ① 06 ④ 07 ③

08 **다음 ( ) 안의 말을 찾으시오.**

> 두 자극 사이에 작용하는 자기력의 크기는 양 자극의 세기의 곱에 (㉠)하며, 자극 간 거리의 제곱에 (㉡)한다.

① ㉠ 반비례, ㉡ 비례
② ㉠ 비례, ㉡ 반비례
③ ㉠ 반비례, ㉡ 반비례
④ ㉠ 비례, ㉡ 비례

해설 ㉠ **쿨롱의 제2 법칙** : 두 자극 사이에 작용하는 자력의 크기는 양 자극의 세기의 곱에 비례하며, 자극 간 거리의 제곱에 반비례한다.

$$F=\frac{1}{4\pi\mu}\times\frac{m_1m_2}{r^2}[\text{N}]$$

㉡ 교재 46쪽

09 **진성 반도체인 4가의 실리콘에 N형 반도체를 만들기 위하여 첨가하는 것은?**

① 게르마늄
② 칼륨
③ 인듐
④ 안티몬

해설 ㉠ 교재 178쪽 - 암기법 참조

10 **도체 계에서 임의의 도체를 일정 전위(일반적으로 영전위)의 도체로 완전 포위하면 내부와 외부의 전계를 완전히 차단할 수 있는데 이를 무엇이라 하는가?**

① 핀치 효과
② 톰슨 효과
③ 정전 차폐
④ 자기 차폐

해설 ㉠ **정전 차폐** : 도체가 정전 유도가 되지 않도록 도체 바깥을 포위하여 접지함으로써 정전 유도를 완전 차폐하는 것
㉡ 교재 36쪽

11 **그림과 같은 회로에서 합성 저항은 몇 [Ω]인가?**

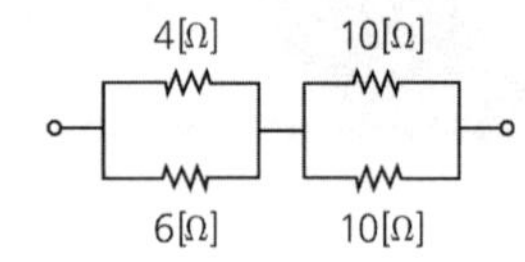

① 6.6 ② 7.4
③ 8.7 ④ 9.4

해설

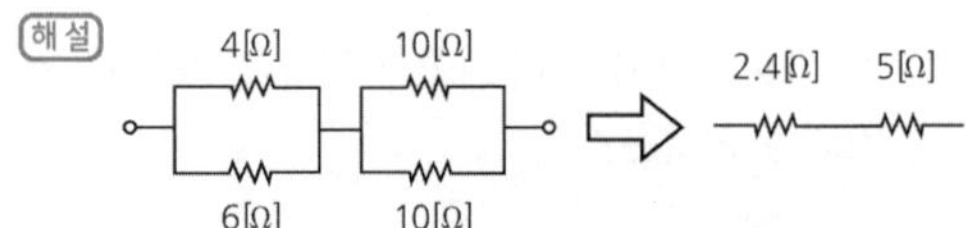

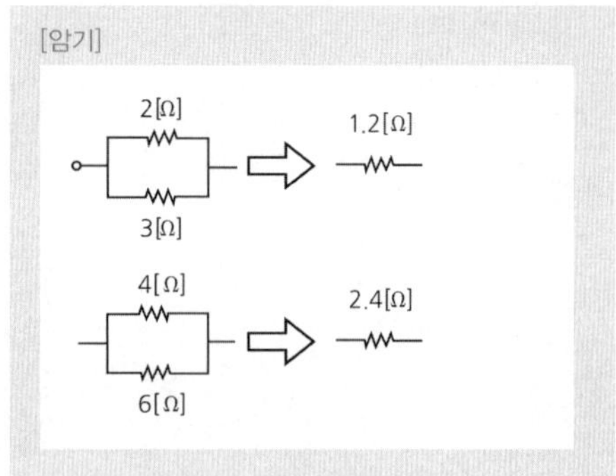

12 **5[Ω]의 저항 4개, 10[Ω]의 저항 3개, 100[Ω]의 저항 1개가 있다. 이들을 모두 직렬 접속할 때 합성 저항[Ω]은?**

① 75 ② 50
③ 150 ④ 100

해설 $R_0=(5\times4)+(10\times3)+(100\times1)=150[\Omega]$

13 **히스테리시스 곡선이 세로축과 만나는 점의 값은 무엇을 나타내는가?**

① 자속 밀도 ② 잔류 자기
③ 보자력 ④ 자기장

해설 ㉠ 교재 121쪽
㉡ **암기법** : "자기야 3시에 가로등 밑에서 보자, HB 연필 가지고 나와"

정답 08 ② 09 ④ 10 ③ 11 ② 12 ③ 13 ②

14 실효값 20[A], 주파수 $f = 60[\text{Hz}]$, $\theta = 0$인 전류의 순시값 $i = [\text{A}]$를 수식으로 옳게 표현한 것은?

① $i = 20\sin(60\pi t)$
② $i = 20\sqrt{2}\,sin(120\pi t)$
③ $i = 20\sin(120\pi t)$
④ $i = 20\sqrt{2}\,sin(60\pi t)$

해설 ㉠ 교재 64쪽

15 전압 200[V]이고 $C_1 = 10[\mu\text{F}]$와 $C_2 = 5[\mu\text{F}]$인 콘덴서를 병렬로 접속하면 C_2에 분배되는 전하량은 몇 $[\mu\text{C}]$인가?

① 200 ② 2,000
③ 500 ④ 1,000

해설 ㉠ C_2에 축적되는 전하량
㉡ $Q_2 = C_2 V = 5 \times 200 = 1{,}000[\mu\text{C}]$
교재 44쪽

16 다음 중 접지 저항을 측정하기 위한 방법은?

① 전류계, 전압계
② 전력계
③ 휘트스톤 브리지법
④ 콜라우슈 브리지법

해설 ㉠ 접지 저항 측정 방법 : 접지 저항계, 콜라우슈 브리지법, 어스 테스터기
㉡ 교재 220쪽

17 다음 물질 중 강자성체로만 짝지어진 것은?

① 니켈, 코발트, 철
② 구리, 비스무트, 코발트, 망간
③ 철, 구리, 니켈, 아연
④ 철, 니켈, 아연, 망간

해설 ㉠ 교재 46쪽 암기법 참조
㉡ 강 자성체는 비 투자율이 아주 큰 물질로서 철, 니켈, 코발트, 망간 등이 있다.

18 전류를 계속 흐르게 하려면 전압을 연속적으로 만들어주는 어떤 힘이 필요하게 되는데, 이 힘을 무엇이라 하는가?

① 자기력 ② 기전력
③ 전자력 ④ 전기장

해설 ㉠ 교재 18쪽
㉡ 전기 회로에서 전위차를 일정하게 유지시켜 전류가 연속적으로 흐를 수 있도록 하는 힘을 기전력이라 한다.

19 110/220[V] 단상 3선식 회로에서 110[V] 전구 Ⓡ, 110[V] 콘센트 ⓒ, 220[V] 전동기 Ⓜ의 연결이 올바른 것은?

①

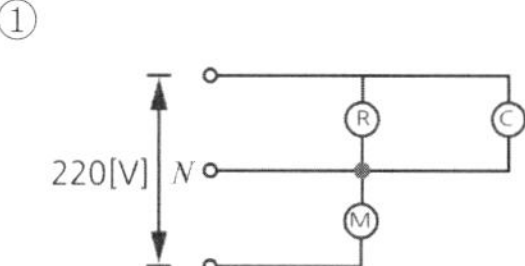

②

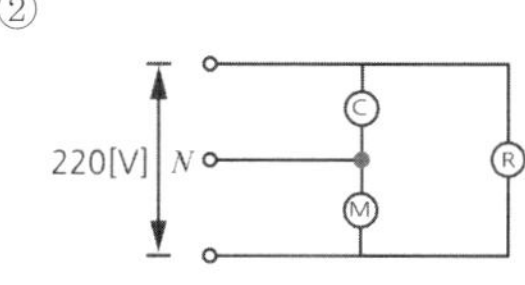

③

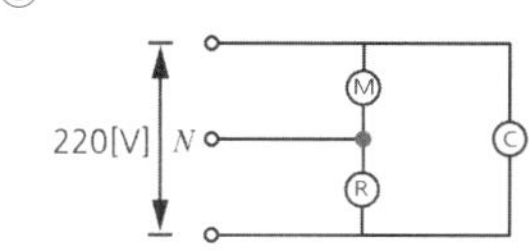

④

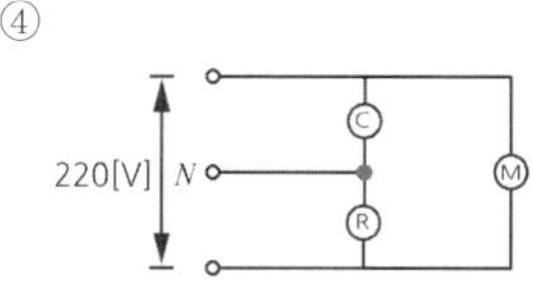

해설 전구와 콘센트는 110[V]를 사용하므로 전선과 중성선 사이에 연결해야 하고 전동기 Ⓜ은 220[V]를 사용하므로 선간에 연결해야 한다.

20 막대 자석의 자극의 세기가 m[Wb]이고 길이가 l[m]인 경우 자기 모멘트[Wb·m]는 얼마인가?

① $\dfrac{m}{l}$ ② ml
③ $\dfrac{l}{m}$ ④ $2ml$

정답 14 ② 15 ④ 16 ④ 17 ① 18 ② 19 ④ 20 ②

해설 ㉠ 교재 49쪽
㉡ 막대 자석의 자기 모멘트 $M=ml$[Wb·m]

2과목 : 전기 기기

21 **발전기나 변압기 내부 고장 보호에 쓰이는 계전기는?**

① 접지 계전기
② 차동 계전기
③ 과전압 계전기
④ 역상 계전기

해설 ㉠ 교재 300쪽~301쪽
㉡ 발전기, 변압기 내부 고장 보호용 계전기는 차동 계전기, 부흐홀츠 계전기가 있다.

22 **변압기에서 자속에 대한 설명 중 맞는 것은?**

① 전압에 비례하고 주파수에 반비례
② 전압에 반비례하고 주파수에 비례
③ 전압에 비례하고 주파수에 비례
④ 전압과 주파수에 무관

해설 ㉠ 교재 145쪽
㉡ $E_1=4.44fN_1\phi_m$[V]
$\phi_m=\dfrac{E_1}{4.44fN_1}$[Wb] 이므로 전압에 비례하고 주파수에 반비례한다.

23 **전기 기계의 효율 중 발전기의 규약 효율 η_G는 몇 [%]인가? (단, P는 입력, Q는 출력, L은 손실이다.)**

① $\eta_G=\dfrac{P-L}{P}\times100$[%]
② $\eta_G=\dfrac{P-L}{P+L}\times100$[%]
③ $\eta_G=\dfrac{Q}{P}\times100$[%]
④ $\eta_G=\dfrac{Q}{Q+L}\times100$[%]

해설 ㉠ 교재 123쪽 암기법
㉡ 효율 $\eta_G=\dfrac{\text{출력}}{\text{입력}}\times100$[%]로서 출력으로 표현한다.
㉢ 발전기(변압기)의 규약 효율
$\eta_G=\dfrac{\text{출력}}{\text{출력}+\text{손실}}\times100$[%]
㉣ 전동기의 규약 효율
$\eta_M=\dfrac{\text{입력}-\text{손실}}{\text{입력}}\times100$[%]

24 **변압기 V결선의 특징으로 틀린 것은?**

① 고장 시 응급 처치 방법으로 쓰인다.
② 단상 변압기 2대로 3상 전력을 공급한다.
③ 부하 증가가 예상되는 지역에 시설한다.
④ V결선 시 출력은 △결선 시 출력과 그 크기가 같다.

해설 ㉠ 교재 152쪽
㉡ V결선의 특징
△결선 운전 중 1대 고장 시 V결선으로 운전 가능하며 2대를 이용하여 3상 부하에 전원을 공급해주는 방식이다. V결선 출력은 △결선 1대 용량의 $\sqrt{3}$배로서 출력이 감소한다.

25 **보호 계전기 시험을 하기 위한 유의 사항으로 틀린 것은?**

① 계전기 위치를 파악한다.
② 임피던스 계전기는 미리 예열하지 않도록 주의한다.
③ 계전기 시험 회로 결선 시 교류, 직류를 파악한다.
④ 계전기 시험 장비의 허용 오차, 지시 범위를 파악한다.

해설 ㉠ 교재 294쪽
㉡ 보호 계전기 시험 유의 사항
• 보호 계전기의 배치된 상태를 확인
• 임피던스 계전기는 미리 예열이 필요한지 확인

정답 21 ② 22 ① 23 ④ 24 ④ 25 ②

- 시험 회로 결선 시에 교류와 직류를 확인해야 하며 직류인 경우 극성을 확인
- 시험용 전원의 용량 계전기가 요구하는 정격 전압이 유지될 수 있도록 확인
- 계전기 시험 장비의 지시 범위의 적합성, 오차, 영점의 정확성 확인

26 **다음 중 유도 전동기에서 비례 추이를 할 수 있는 것은?**

① 출력 ② 2차 동손
③ 효율 ④ 역률

해설 ㉠ 교재 168쪽 '암기법' 참조

27 **3상 유도 전동기의 원선도를 그리는 데 필요하지 않은 것은?**

① 저항 측정
② 무부하 시험
③ 구속 시험
④ 슬립 측정

해설 ㉠ 교재 169쪽 '암기법' 참조
㉡ • 저항 측정 시험 : 1차 동손
• 무부하 시험 : 여자 전류, 철손
• 구속 시험(단락 시험) : 2차 동손

28 **동기 발전기에서 단락비가 크면 다음 중 작아지는 것은?**

① 동기 임피던스와 전압 변동률
② 단락 전류
③ 공극
④ 기계의 크기

해설 ㉠ 교재 130쪽
㉡ 단락비는 정격 전류에 대한 단락 전류의 비를 보는 것으로서 단락비가 크면 동기 임피던스와 전기자 반작용이 크다.

29 **동기 전동기의 자기 기동법에서 계자 권선을 단락하는 이유는?**

① 기동이 쉽다.
② 기동 권선으로 이용
③ 고전압 유도에 의한 절연 파괴 위험 방지
④ 전기자 반작용을 방지한다.

해설 ㉠ 교재 136쪽
㉡ 동기 전동기의 자기 기동법에서 계자 권선을 단락하는 이유는 고전압 유도에 의한 절연 파괴 위험 방지에 있다.

30 **SCR에서 Gate 단자의 반도체는 일반적으로 어떤 형을 사용하는가?**

① N형 ② P형
③ NP형 ④ PN형

해설 ㉠ 교재 183쪽
㉡ SCR(Silicon Controlled Rectifier)은 일반적인 타입이 P-Gate 사이리스터이며 제어 전극인 게이트(G)가 캐소드(K)에 가까운 쪽의 P형 반도체 층에 부착되어 있는 3단자 단일 방향성 소자이다.

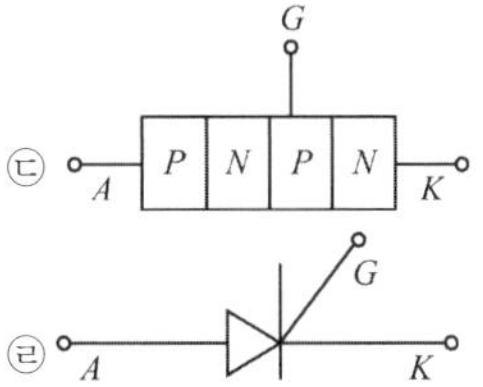

㉤ Gate에 신호를 주어야 SCR 동작됨.

31 **변압기 유(油)가 구비해야 할 조건 중 맞는 것은?**

① 절연내력이 작고 산화하지 않을 것
② 비열이 작아서 냉각 효과가 클 것
③ 인화점이 높고 응고점이 낮을 것
④ 절연 재료나 금속에 접촉할 때 화학 작용을 일으킬 것

해설 ㉠ 교재 142쪽
㉡ 변압기 유의 구비 조건
• 절연 내력이 클 것
• 인화점이 높고 응고점이 낮을 것
• 점도가 낮을 것

정답 26 ④ 27 ④ 28 ① 29 ③ 30 ② 31 ③

32 교류 전동기를 기동할 때 그림과 같은 특성을 가지는 전동기는? (단, 곡선 ㉠~㉤은 기동 단계에 대한 토크 특성 곡선이다.)

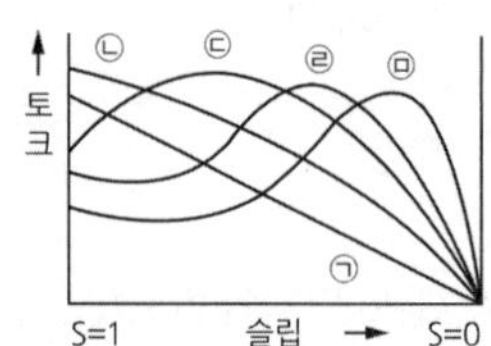

① 반발 유도 전동기
② 2중 농형 유도 전동기
③ 3상 분권 정류자 전동기
④ 3상 권선형 유도 전동기

해설 ㉠ 교재 168쪽

33 동기 발전기에서 전기자 전류가 유도 기전력보다 $\frac{\pi}{2}$[rad] 앞선 전류가 흐르는 경우 나타나는 전기자 반작용은?

① 교차 자화 작용
② 증자 작용
③ 감자 작용
④ 직축 반작용

해설 ㉠ 발전기의 전기자 반작용
- 동상 전류 : 교차 자화 작용
- 뒤진 전류 : 감자 작용
- 앞선 전류 : 증자 작용

㉡ 교재 129쪽

34 직류 전동기의 규약 효율을 표시하는 식은?

① $\frac{출력}{출력+손실} \times 100[\%]$
② $\frac{출력}{입력} \times 100[\%]$
③ $\frac{입력-손실}{입력} \times 100[\%]$
④ $\frac{입력}{출력+손실} \times 100[\%]$

해설 ㉠ 교재 123쪽 암기법 참조

35 직류 분권 전동기를 운전하던 중 계자 저항을 증가시키면 회전 속도는?

① 감소한다. ② 정지한다.
③ 변화없다. ④ 증가한다.

해설 ㉠ 교재 544쪽 28번 문제 참조
㉡ 분권 전동기의 계자 저항을 증가시키면 자속이 감소하므로 회전 속도는 증가한다.

회전수 $N = K\frac{V-I_aR_a}{\Phi}$[rpm]

위 식에서 계자 저항을 증가시키면 다음과 같이 된다.

$R_f \uparrow \rightarrow$ 자속 $\Phi \downarrow \rightarrow$ 회전수 $N \uparrow$

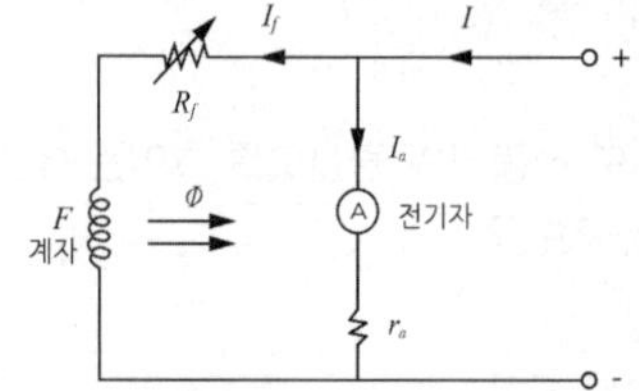

㉢ [직류 분권 전동기의 기동 및 운전방법]

ⓐ 기동 방법
모든 전동기가 처음 기동할 때는 큰 토크(T)가 필요하다.
$T = \frac{PZI_a\phi}{2\pi a}$[N]에서 ϕ를 크게 하면 토크(T)가 커지므로 ϕ를 크게 하기 위해 계자 저항 R_f를 0으로 놓으면 I_f가 많이 흘러 ϕ가 많아짐→T가 최대(속도는 최소)

ⓑ 기동이 끝난 후 운전 시에는 R_f를 증가시키면 I_f가 감소, 자속 ϕ가 감소→토크 T는 줄어들지만
$E = \frac{PZ\phi N}{60a}$[V], $E \propto \phi N$, $N = \frac{E}{\phi} = \frac{V-I_ar_a}{\phi}$
에서 ϕ가 감소하면 회전 속도가 정속도로 돌아옴

36 전기 기기의 철심 재료로 규소 강판을 성층하여 사용하는 이유로 가장 적당한 것은?

① 동손 감소
② 히스테리시스손 감소
③ 맴돌이 전류손 감소
④ 풍손 감소

해설 ㉠ 교재 148쪽
㉡ 규소 강판을 성층하여 사용하는 이유는 맴돌이 전류손을 감소시키기 위한 대책이다.

정답 32 ④ 33 ② 34 ③ 35 ④ 36 ③

37 **동기 발전기의 병렬 운전 중 기전력의 위상 차가 발생하면 어떤 현상이 나타나는가?**

① 무효 횡류
② 유효 순환 전류
③ 무효 순환 전류
④ 고조파 전류

해설 ㉠ 교재 131쪽
㉡ 동기 발전기 병렬 운전 조건 중 기전력의 위상차가 발생하면 유효 순환 전류(동기화 전류)가 흐르며 동기화력(동기화 하고자 하는 힘)을 발생시켜서 위상이 일치된다.

38 **권선형 유도 전동기 기동 시 회전자 측에 저항을 넣는 이유는?**

① 기동 전류를 감소시키기 위해
② 기동 토크를 감소시키기 위해
③ 회전수를 감소시키기 위해
④ 기동 전류를 증가시키기 위해

해설 ㉠ 교재 168쪽 비례 추이
㉡ 권선형 유도 전동기에 외부 저항을 접속하면 기동 전류는 감소하고 기동 토크는 증가하며 역률은 개선된다.

39 **3상 전파 정류 회로에서 출력 전압의 평균 전압값은? (단, V는 선간 전압의 실효값이다.)**

① $0.45V$　② $0.9V$
③ $1.17V$　④ $1.35V$

해설 ㉠ 교재 181~182쪽
㉡ 정류기의 직류 전압(평균값)의 크기
• 단상 반파 정류분 $E_d = 0.45V$
• 단상 전파 정류분 $E_d = 0.9V$
• 3상 반파 정류분 $E_d = 1.17V$
• 3상 전파 정류분 $E_d = 1.35V$

40 **직류 직권 전동기에서 벨트를 걸고 운전하면 안 되는 이유는?**

① 벨트가 마멸 보수가 곤란하므로
② 벨트가 벗겨지면 위험 속도에 도달하므로
③ 직결하지 않으면 속도 제어가 곤란하므로
④ 손실이 많아지므로

해설 ㉠ 교재 117쪽
㉡ 직류 직권 전동기는 정격 전압하에서 무부하 특성을 지니므로, 벨트가 벗겨지면 속도는 급격히 상승하여 위험 속도에 도달할 수 있다.

3과목 : 전기 설비

41 **일반적으로 가공 전선로의 지지물에 취급자가 오르고 내리는 데 사용하는 발판 볼트 등은 지표상 몇 [m] 미만에 시설하여서는 안 되는가?**

① 0.75　② 1.2
③ 1.8　④ 2.0

해설 ㉠ 교재 266쪽, 08번 문제
㉡ 지표상 1.8[m]로부터 완금 하부 0.9[m]까지 발판 볼트를 설치한다.

42 **저압 옥내 배선에서 합성 수지관 공사에 대한 설명 중 잘못된 것은?**

① 합성 수지관 안에는 전선에 접속점이 없도록 한다.
② 합성 수지관을 새들 등으로 지지하는 경우는 그 지지점 간의 거리를 3[m] 이상으로 한다.
③ 합성 수지관 상호 및 관과 박스는 접속 시에 삽입하는 깊이를 관 바깥지름의 1.2배 이상으로 한다.
④ 관 상호의 접속은 박스 또는 커플링(coupl-ing) 등을 사용하고 직접 접속 하지 않는다.

해설 ㉠ 교재 231쪽, 11번 문제
㉡ 합성 수지관 공사의 지지점 간의 거리는 1.5[m] 이하이다.

정답 37 ② 38 ① 39 ④ 40 ② 41 ③ 42 ②

19 과년도 기출문제(2021년 3회) 471

43 지락 전류를 검출할 때 사용하는 계기는?

① ZCT ② PT
③ CT ④ OCR

해설 ㉠ 교재 294쪽
㉡ 영상 변류기(ZCT) : 지락 사고 시 발생하는 영상 전류를 검출하여 지락 계전기에 공급하는 역할을 하는 전류 변성기

44 배전반 및 분전반의 설치 장소로 적합하지 않은 곳은?

① 안정된 장소
② 밀폐된 장소
③ 개폐기를 쉽게 개폐할 수 있는 장소
④ 전기 회로를 쉽게 조절할 수 있는 장소

해설 ㉠ 교재 281쪽 이번 문제
㉡ 배전반 및 분전반 설치 장소 : 전개된 노출 장소나 개폐기를 쉽게 조작 가능한 점검 장소가 적합하므로 밀폐된 장소는 적합하지 않다.

45 한국전기설비규정에 의한 고압 가공 전선로 철탑의 경간은 몇 [m] 이하로 제한하고 있는가?

① 150 ② 250
③ 500 ④ 600

해설 ㉠ 교재 262쪽
㉡ 가공 전선로의 철탑 경간

구분	표준 경간
철탑	600

46 설계 하중 6.8[kN] 이하인 철근 콘크리트 전주의 길이가 7[m]인 지지물을 건주하는 경우 땅에 묻히는 깊이 [m]로 가장 옳은 것은?

① 1.2 ② 1.0
③ 0.8 ④ 0.6

해설 ㉠ 교재 264쪽
㉡ 전체 길이 16[m] 이하이고, 설계 하중은 6.8[kN] 이하인 경우 매설 깊이

$$\text{전체 길이} \times \frac{1}{6}\text{이상} = 7 \times \frac{1}{6} \fallingdotseq 1.2[\text{m}]$$

47 절연 저항을 측정하는 데 정전이 어려워 측정이 곤란한 경우에는 누설 전류를 몇[mA] 이하로 유지하여야 하는가?

① 1 ② 2
③ 5 ④ 10

해설 정전(전기를 끊는 것)이 어려운 경우 등 절연 저항 측정이 곤란한 경우에는 누설 전류를 1[mA] 이하로 유지하여야 한다.

48 큰 건물의 공장에서 콘크리트에 구멍을 뚫어 드라이브 핀을 고정하는 공구는?

① 스패너 ② 드라이브이트 툴
③ 오스터 ④ 녹아웃 펀치

해설 ㉠ 교재 200쪽
㉡ 드라이브이트 툴 : 화약의 폭발력을 이용하여 콘크리트에 구멍을 뚫는 공구

49 전기 울타리 시설의 사용 전압은 얼마 이하인가?

① 150 ② 250
③ 300 ④ 400

해설 ㉠ 교재 284쪽
㉡ 전기 울타리 사용 전압 : 250[V] 이하

50 일반적으로 학교 건물이나 은행 건물 등의 간선의 수용률[%]은 얼마인가?

① 50 ② 60
③ 70 ④ 80

해설 일반적으로 학교 건물이나 은행 건물 등 간선의 수용률은 70[%]를 적용한다.

51 고압 배전반에는 부하의 합계 용량이 몇 [kVA]를 넘는 경우 배전반에는 전류계, 전압계를 부착하는가?

① 100 ② 150
③ 200 ④ 300

해설 고압 및 특고압 배전반에는 부하의 합계 용량이 300[kVA]를 넘는 경우 전류계, 전압계를 부착한다.

정답 51 ④ 45 ④ 46 ① 47 ① 48 ② 49 ② 50 ③ 51 ④

52 지선의 안전율은 2.5 이상이어야 한다. 이 경우 허용 최저 인장 하중은 몇 [kN] 이상으로 해야 하는가?

① 4.31 ② 6.8
③ 9.8 ④ 0.68

해설 ㉠ 교재 267쪽
㉡ 지선 시설 규정
- 안전율은 2.5 이상일 것
- 지선의 허용 인장 하중은 4.31[kN] 이상일 것
- 소선 3가닥 이상의 아연 도금 연선일 것

53 보호를 요하는 회로의 전류가 어떤 일정한 값(정정값) 이상으로 흘렀을 때 동작하는 계전기는?

① 과전류 계전기
② 과전압 계전기
③ 부족 전압 계전기
④ 비율 차동 계전기

해설 전류가 정정값 이상이 되면 동작하는 계전기는 과전류 계전기이다.

54 450/750[V] 일반용 단심 비닐 절연 전선의 약호는?

① FI ② RI
③ NR ④ NF

해설 ㉠ 교재 192쪽
㉡ NR : 450/750[V] 일반용 단심 비닐 절연 전선
㉢ NF : 450/750[V] 일반용 유연성 단심 비닐 절연 전선

55 불연성 먼지가 많은 장소에 시설할 수 없는 저압 옥내 배선의 방법은?

① 금속관 공사 ② 애자 사용 공사
③ 케이블 공사 ④ 플로어 덕트 공사

해설 불연성 먼지(정미소, 제분소)가 많은 장소 : 금속관 공사, 케이블 공사, 합성 수지관 공사, 가요 전선관 공사, 애자 사용 공사, 금속 덕트 및 버스 덕트 공사, 캡타이어 케이블 공사

④ 플로어 덕트 공사는 400[V] 이하의 점검할 수 없는 은폐 장소에만 가능하다.

56 소세력 회로의 전선을 조영재에 붙여 시설하는 경우에 틀린 것은?

① 전선이 손상을 받을 우려가 있는 곳에 시설하는 경우에는 적당한 방호장치를 할 것
② 전선은 코드, 캡타이어 케이블 또는 케이블일 것
③ 케이블 이외에는 공칭 단면적 2.5[mm^2]이상의 연동선 또는 이와 동등 이상의 것을 사용할 것
④ 전선은 금속제의 수관·가스관 또는 이와 유사한 것과 접촉하지 아니하도록 시설할 것

해설 전선을 조영재에 붙여 시설하는 소세력 회로의 배선 공사
- 전선 : 코드, 캡타이어 케이블, 케이블 사용
- 케이블 이외에는 공칭 단면적 1[mm^2] 이상의 연동선 또는 이와 동등 이상의 것일 것

57 금속관과 금속관을 접속할 때 커플링을 사용하는데 커플링을 접속할 때 사용되는 공구는?

① 히키
② 녹아웃 펀치
③ 파이프 커터
④ 파이프 렌치

해설
- 파이프 커터, 파이프 바이스 : 금속관 절단 공구
- 오스터 : 금속관에 나사내는 공구
- 녹아웃 펀치 : 콘크리트 벽에 구멍을 뚫는 공구
- 파이프 렌치 : 금속관 접속 부분을 조이는 공구

58 코드나 케이블 등을 기계 기구의 단자 등에 접속할 때 몇 [mm^2]가 넘으면 그림과 같은 터미널 러그(압착 단자)를 사용해야 하는가?

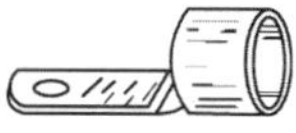

① 6 ② 4
③ 8 ④ 10

해설 터미널 러그 : 코드 또는 캡타이어 케이블을 전기 사용 기계 기구에 접속하는 압착 단자
- 동 전선과 전기 기계 기구 단자의 접속은 접속이 완전하고 헐거워질 우려가 없도록 해야 한다.

정답 52 ① 53 ① 54 ③ 55 ④ 56 ③ 57 ④ 58 ①

19 과년도 기출문제(2021년 3회) 473

- 기구 단자가 누름 나사형, 클램프형이거나 이와 유사한 구조가 아닌 경우는 단면적 6[mm^2]를 초과하는 연선에 터미널 러그를 부착할 것

59 **COS를 설치할 경우 완금의 설치 위치는 전력선용 완금으로부터 몇 [m] 위치에 설치해야 하는가?**

① 0.75 ② 0.45
③ 0.9 ④ 1.0

해설 ㉠ COS용 완철을 설치하는 경우 최하단 전력선용 완철에서 0.75[m] 하부에 설치한다.
㉡ 교재 259쪽 그림
㉢ COS(Cut out switch)와 PF(Power Fuse)의 차이점
- COS – 변압기의 1차 측의 각 상마다 설치하여 변압기의 보호와 개폐를 위한 것으로 내부의 퓨즈가 용단되면 스위치의 덮개가 스스로 개방되게 하여 멀리서도 눈으로 식별할 수 있게 한 것
- PF – 고압 및 특별 고압 기기의 단락 보호용 퓨즈이고, 수변전 설비에서 많이 사용(교재 303쪽 그림 참조)

60 **다음 [보기] 중 금속관, 케이블, 합성수지관, 애자 사용 공사가 모두 가능한 특수 장소를 옳게 나열한 것은?**

㉠ 화약류 등의 위험 장소
㉡ 부식성 가스가 있는 장소
㉢ 위험물 등이 존재하는 장소
㉣ 불연성 먼지가 많은 장소
㉤ 습기가 많은 장소

① ㉠, ㉢, ㉤
② ㉠, ㉡, ㉣
③ ㉡, ㉣, ㉤
④ ㉡, ㉢, ㉣

해설 금속관, 케이블 공사는 어느 장소든 모두 가능하지만 합성 수지관은 ㉠ 공사가 불가능하고, 애자 사용 공사는 ㉠, ㉢ 공사가 불가능하므로 모두 가능한 특수 장소는 ㉡, ㉣, ㉤이 된다.

정답 59 ① 60 ③

20 과년도 기출문제(2021년 4회)

1과목 : 전기 이론

01 '코일에서 유도되는 기전력의 크기는 자속의 시간적인 변화율에 비례한다'는 유도 기전력의 크기를 정의한 법칙은?

① 렌츠의 법칙
② 플레밍의 법칙
③ 패러데이의 법칙
④ 줄의 법칙

해설 ㉠ 교재 56쪽
㉡ 패러데이의 법칙은 유도 기전력의 크기를 정의한 법칙으로서 코일에서 유도되는 기전력의 크기는 자속의 시간적인 변화율에 비례한다.
㉢ $e=-N\frac{\Delta\phi}{\Delta t}=-L\frac{\Delta I}{\Delta t}$(V)

02 납 축전지의 전해액으로 사용되는 것은?

① 묽은 황산
② 이산화 납
③ 질산
④ 황산 구리

해설 ㉠ 교재 32쪽
㉡ 납 축전지
- 음극제 : 납(Pb)
- 양극제 : 이산화 납(PbO_2)
- 전해액 : 묽은 황산(H_2SO_4)

03 수정을 이용하여 마이크로 폰은 다음 중 어떤 원리를 이용한 것인가?

① 핀치 효과
② 압전기 효과
③ 팰티에 효과
④ 톰슨 효과

해설 ㉠ 압전기 효과
- 유전체 표면에 압력이나 인장력을 가하면 전기 분극이 발생하는 효과
- 응용 기기 : 수정 발전기, 마이크로 폰, 초음파 발생기, Crystal pick-up

04 다음 두 코일이 있다. 한 코일에 매초 전류가 150[A]의 비율로 변할 때 다른 코일에 60[A]의 기전력이 발생하였다면, 두 코일의 상호 인덕턴스는 몇 [H]인가?

① 4.0 ② 2.5
③ 0.4 ④ 25

해설 ㉠ 상호 유도 전압 $e=-M\frac{\Delta I}{\Delta t}$[V]
㉡ 상호 인덕턴스 $M=e\times\frac{\Delta t}{\Delta I}$
$=60\times\frac{1}{150}$
$=0.4$[H]

05 다음 설명 중 잘못된 것은?

① 전위차가 높으면 높을수록 전류는 잘 흐른다.
② 양전하를 많이 가진 물질은 전위가 낮다.
③ 1초 동안에 1[C]의 전기량이 이동하면 전류는 1[A]이다.
④ 전류의 방향은 전자의 이동 방향과는 반대 방향으로 정한다.

해설 ㉠ 전위란 전기적인 위치 에너지로서, 전위차가 높을수록 전류가 잘 흐르며 양전하가 많을수록 전위가 높다.

06 키르히호프의 법칙을 이용하여 방정식을 세우는 방법으로 잘못된 것은?

① 키르히호프의 제1법칙을 회로망의 임의의

정답 01 ③ 02 ① 03 ② 04 ③ 05 ② 06 ②

점에 적용한다.

② 계산 결과 전류가 +로 표시된 것은 처음에 정한 방향과 반대 방향임을 나타낸다.

③ 각 폐회로에서 키르히호프의 제2법칙을 적용한다.

④ 각 회로의 전류를 문자로 나타내고 방향을 가정한다.

해설 ㉠ 교재 25쪽
㉡ 처음에 정한 방향과 전류 방향이 같으면 '+' 처음에 정한 방향과 전류 방향이 반대이면 '-'로 표시한다.

07 공기중 1[Wb]의 자하량으로부터 발생하는 자기력선의 총수는?

① 6.33×10^4개
② 7.96×10^5개
③ 8.855×10^3개
④ 1.256×10^6개

해설 자기력선의 총수

$$N = \frac{m}{\mu_0} = \frac{1}{4\pi \times 10^{-7}} = 7.96 \times 10^5\text{개}$$

㉠ 교재 48쪽
㉡ 공기, 진공 중 1[Wb]에서 나오는 자기력선의 수 :

$$\frac{1}{\mu_0} = 7.96 \times 10^5\text{개}$$

795774

㉢ SHIFT ENG 를 누르면 지수의 값이 변한다.

08 $v = 100\sqrt{2}\, sin\left(120\pi t + \frac{\pi}{4}\right)$, $i = 100\sin\left(120\pi t + \frac{\pi}{2}\right)$**인 경우 전류는 전압보다 위상이 어떻게 되는가?**

① 전류가 전압보다 $\frac{\pi}{2}$[rad]만큼 앞선다.

② 전류가 전압보다 $\frac{\pi}{2}$[rad]만큼 뒤진다.

③ 전류가 전압보다 $\frac{\pi}{4}$[rad]만큼 앞선다.

④ 전류가 전압보다 $\frac{\pi}{4}$[rad]만큼 뒤진다.

해설 ㉠

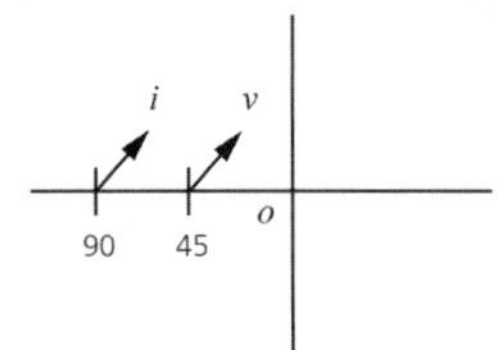

㉡ 전류가 전압보다 $45°\left(\frac{\pi}{4}\right)$ 앞선다. (빠르다)
㉢ 교재 508쪽 참조

09 평균값이 100[V]인 경우 실효값[V]은?

① 100 ② 111
③ 127 ④ 200

해설 ㉠ 교재 65쪽
㉡ 평균값 = 실효값 × 0.9

$$\therefore \text{실효값} = \frac{\text{평균값}}{0.9}$$

10 두 개의 막대기와 눈금계, 저항, 도선을 연결하고 절환 스위치를 이용해 검류계의 지시값을 '0'으로 하여 접지 저항을 측정하는 방법은?

① 콜라우슈 브리지
② 켈빈 더블 브리지법
③ 접지 저항계
④ 휘트스톤 브리지

해설 ㉠ 교재 30쪽
㉡ 휘트스톤 브리지는 검류계의 지시값을 "0"으로 하여 접지 저항을 측정하는 방법으로서, 지중 전선로의 고장점 검출 시 사용한다.

11 두 개의 평행한 도체가 진공 중(또는 공기 중)에 20[cm] 떨어져 있고, 100[A]의 같은 크기의 전류가 흐르고 있을 때 1[m]당 발생하는 힘의 크기[N]는?

① 0.05 ② 0.01
③ 50 ④ 100

해설 ㉠ 교재 55쪽

정답 07 ② 08 ③ 09 ② 10 ④ 11 ②

㉡ 평행 도체 사이에 작용하는 힘

$F = \frac{2I_1I_2}{r} \times 10^{-7}$

$= \frac{2 \times 100 \times 100}{0.2} \times 10^{-7}$

$= 10^{-2} = 0.01[\text{N}]$

12 환상 솔레노이드의 내부 자장과 전류에 세기에 대한 설명으로 맞는 것은?

① 전류의 세기에 반비례한다.
② 전류의 세기에 비례한다.
③ 전류의 세기 제곱에 비례한다.
④ 전혀 관계가 없다.

해설 ㉠ 교재 53쪽
㉡ 환상 솔레노이드 내부 자장의 세기

$H = \frac{NI}{2\pi r}[\text{AT/m}]$

13 자기 회로에서 자기 저항이 2,000[AT/Wb]이고 기자력이 50,000[AT]이라면 자속 [Wb]은?

① 50 ② 20
③ 25 ④ 10

해설 ㉠ 교재54쪽
㉡ 자속 $\phi = \frac{F}{R_m} = \frac{50,000}{2,000} = 25[Wb]$

14 평형 3상 회로에서 1상의 소비 전력이 P[W]라면, 3상 회로 전체 소비 전력[W]은?

① $2P$ ② $\sqrt{2}P$
③ $3P$ ④ $\sqrt{3}P$

해설 ㉠ 교재 87쪽
㉡ 3상 소비 전력 $P_3 = 3P[\text{W}]$

15 그림의 정류 회로에서 실효값 220[V], 위상 점호각이 60° 일 때 정류 전압은 약 몇 [V]인가? (단, 저항 만의 부하이다.)

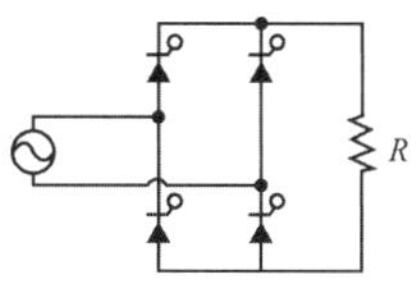

① 99 ② 148
③ 110 ④ 100

해설 단상 전파 정류 회로 : 직류분 전압

$E_d = \frac{2\sqrt{2}}{\pi}E\left(\frac{1+\cos\alpha}{2}\right)$

$= \frac{2\sqrt{2}}{\pi} \times 220 \times \left(\frac{1+\cos 60^\circ}{2}\right)$

$= 148[\text{V}]$

16 코일에 흐르는 전류가 0.5[A], 축적되는 에너지가 0.2[J]이 되기 위한 자기 인덕턴스는 몇 [H]인가?

① 0.8 ② 1.6
③ 10 ④ 16

해설 ㉠ 교재 60쪽
㉡ 코일에 축적되는 $W = \frac{1}{2}LI^2[\text{J}]$에서

$L = \frac{2W}{I^2} = \frac{2 \times 0.2}{0.5^2} = 1.6[\text{H}]$

17 그림의 회로에서 합성 임피던스는 몇 $[\Omega]$인가?

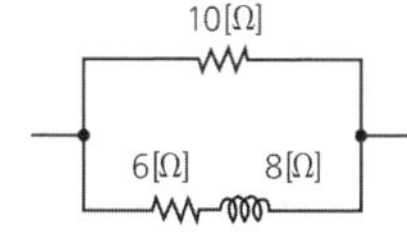

① $2+j5.5$
② $3+j4.5$
③ $5+j2.5$
④ $4+j3.5$

해설 합성 임피던스 $Z = \frac{10(6+j8)}{10+(6+j8)} = \frac{10(6+j8)}{16+j8}$

$\frac{10(6+j8)(16-j8)}{(16+j8)(16-j8)} = 5+j2.5[\Omega]$

정답 12 ② 13 ③ 14 ③ 15 ② 16 ② 17 ③

18 $R_1[\Omega]$, $R_2[\Omega]$, $R_3[\Omega]$의 저항 3개를 직렬 접속했을 때 R_2에 걸리는 전압 $[\mathrm{V}]$은?

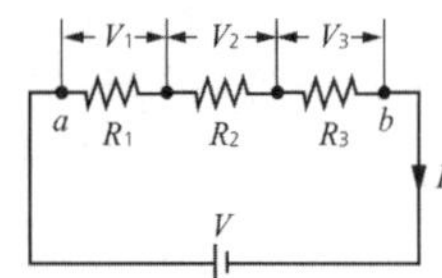

① $\dfrac{R_1R_3}{R_1+R_2+R_3}V$

② $\dfrac{R_2}{R_1+R_2+R_3}V$

③ $\dfrac{1}{R_1+R_2+R_3}V$

④ $\dfrac{R_3-R_1}{R_1+R_2+R_3}V$

해설 ㉠ 직렬 합성 저항 $R_0=R_1+R_2+R_3[\Omega]$

㉡ 전류 $I=\dfrac{V}{R}=\dfrac{V}{R_1+R_2+R_3}[\mathrm{A}]$

㉢ R_2에 걸리는 전압 $V_2=IR_2=\dfrac{VR_2}{R_1+R_2+R_3}[\mathrm{V}]$

19 그림의 회로에서 교류전압 $v(t)=100\sqrt{2}\sin\omega t$ $[\mathrm{V}]$를 인가했을 때 회로에 흐르는 전류는?

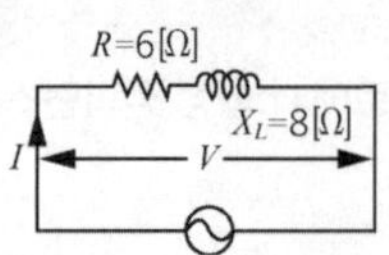

① 10 ② 20

③ 25 ④ 40

해설 ㉠ 전류 $I=\dfrac{V}{Z}=\dfrac{100}{\sqrt{6^2+8^2}}=10[\mathrm{A}]$

20 도체의 길이가 $l[\mathrm{m}]$, 고유 저항 $\rho[\Omega\cdot m]$, 반지름이 $r[\mathrm{m}]$인 도체의 전기 저항$[\Omega]$은?

① $\rho\dfrac{l}{\pi r}$ ② $\rho\dfrac{rl}{\pi}$

③ $\rho\dfrac{l}{\pi r^2}$ ④ $\rho\dfrac{\pi l}{r}$

해설 ㉠ 교재 18쪽

㉡ 전기저항 $R=\rho\dfrac{l}{S}=\rho\dfrac{l}{\pi r^2}[\Omega]$

2과목 : 전기 기기

21 전기자를 고정시키고 자극 N, S를 회전시키는 동기 발전기는?

① 회전 전기자형 ② 직렬 저항형

③ 회전 계자형 ④ 회전 정류자형

해설 ㉠ 교재 126쪽

㉡ 회전 계자형 동기 발전기는 전기자를 고정시키고 계자를 회전시키는 회전 계자형을 사용하며, 계자를 여자시키기 위한 직류 여자기가 반드시 필요하다.

22 동기 발전기의 돌발 단락 전류를 주로 제한하는 것은?

① 권선 저항 ② 역상 리액턴스

③ 동기 리액턴스 ④ 누설 리액턴스

해설 전기자 반작용은 단락 전류가 흐른 뒤에 작용하므로 돌발 단락 전류를 제한하는 것은 누설 리액턴스이다.

23 권선형 유도 전동기에서 토크를 일정하게 한 상태로 회전자 권선에 2차 저항을 2배로 하면 슬립은 몇 배가 되겠는가?

① $\sqrt{2}$배 ② 2배

③ $\sqrt{3}$배 ④ 4배

해설 ㉠ 교재 171쪽

㉡ 권선형 유도 전동기는 2차 저항을 조정함으로써 최대 토크는 변하지 않는 상태에서 슬립으로 속도조절이 가능하며 슬립과 2차 저항은 비례관계가 성립하므로 2배가 된다.

정답 18 ② 19 ① 20 ③ 21 ③ 22 ④ 23 ②

24 3상 동기기에 제동 권선을 설치하는 주된 목적은?

① 출력을 증가시키기 위해
② 난조를 방지하기 위해
③ 역률을 개선하기 위해
④ 효율을 증가시키기 위해

해설 ㉠ 교재 133쪽
㉡ 동기 전동기에서 제동 권선은 기동 토크 발생 및 난조를 방지하기 위해 설치한다.

25 변압기의 권선법 중 형권은 주로 어디에 사용되는가?

① 중형 이상의 대용량 변압기
② 저전압 대용량 변압기
③ 중형 대전압 변압기
④ 소형 변압기

해설 ㉠ 교재 142쪽
㉡ 형권 코일(formed coil) : 권선을 일정한 틀에 감아 절연시킨 후 정형화된 틀에 만들어서 조립하는 방법으로, 용량이 작은 가정용 변압기에 사용하는 권선법이다.

26 양 방향으로 전류를 흘릴 수 있는 양 방향 소자는?

① GTO ② MOS FET
③ TRIAC ④ SCR

해설 ㉠ 교재 185쪽
㉡ 양 방향성 사이리스터 : SSS, TRIAC, DIAC

27 100[kVA]의 단상 변압기 2대를 사용하여 $V-V$ 결선으로 하고 3상 전원을 얻고자 한다. 이때, 여기에 접속시킬 수 있는 3상 부하의 용량은 약 몇 [kVA]인가?

① $100\sqrt{3}$ ② 100
③ 200 ④ $200\sqrt{3}$

해설 ㉠ 교재 152쪽
㉡ V결선 용량

$$P_V = \sqrt{3}\,P_1 = \sqrt{3}\times 100 = 100\sqrt{3}\,[\text{kVA}]$$

28 직류 전동기에서 무부하 회전 속도가 1,200[rpm]이고 정격 회전 속도가 1,150[rpm]인 경우 속도 변동률은 몇 [%]인가?

① 4.25 ② 4.35
③ 4.5 ④ 5

해설 ㉠ 교재 124쪽
㉡ 속도 변동률 $\epsilon = \dfrac{N_0 - N_n}{N_n}\times 100[\%]$

$$= \frac{1,200\times 1,150}{1,150}\times 100$$

$$≒ 4.35[\%]$$

29 측정이나 계산으로 구할 수 없는 손실로 부하 전류가 흐를 때 도체 또는 철심 내부에서 생기는 손실을 무엇이라고 하는가?

① 표유 부하손
② 히스테리시스손
③ 구리손
④ 맴돌이 전류손

해설 ㉠ 교재 122쪽
㉡ 표유 부하손 = 표류 부하손 : 누설 전류에 의해 발생하는 손실로 측정은 가능하나 계산에 의하여 구할 수 없는 손실

30 $\Delta - Y$ 결선(delta-star connection)한 경우에 대한 설명으로 옳지 않은 것은?

① Y결선의 중성점을 접지할 수 있다.
② 제3 고조파에 의한 장해가 잦다.
③ 1차 선간 전압 및 2차 선간 전압의 위상차는 60이다.
④ 1차 변전소의 승압용으로 사용된다.

해설 ㉠ 교재 151쪽
㉡ $\Delta - Y$ 결선의 특징
- 승압용으로 사용
- Y결선의 중성점을 접지할 수 있다.
- Δ결선은 제3 고조파에 의한 장해가 작다.
- 1, 2차 전압 위상차 : $\dfrac{\pi}{6}[\text{rad}] = 30°$ 발생

정답 24 ② 25 ④ 26 ③ 27 ① 28 ② 29 ① 30 ③

31 **농형 유도 전도기의 기동법이 아닌 것은?**

① $Y-\Delta$ 기동법 ② 2차 저항 기동법
③ 기동 보상기법 ④ 전전압 기동법

해설 ㉠ 교재 170쪽
㉡ • **농형 유도 전동기의 기동법**
- 전전압 기동법
- $Y-\Delta$ 기동법
- 리액터 기동법
- 1차 저항 기동법
- 기동 보상기법

• **권선형 유도 전동기의 기동법**
2차 저항 기동법(기동 저항기법)

32 **급전선의 전압 강하를 목적으로 사용되는 발전기는?**

① 분권 발전기
② 가동 복권 발전기
③ 타여자 발전기
④ 차동 복권 발전기

해설 ㉠ 교재 110쪽의 복권 발전기 그림과 111쪽 설명
㉡ 직류 복권 발전기는 복권 발전기의 주 권선은 분권 계자이고 기계에 필요한 기자력의 대부분을 공급하며, 직권 권선은 전기자 회로 및 전기자 반작용에 의한 전압 강하를 보상하기 위한 기자력을 공급한다.

33 **단면적 $14.4[\text{cm}^2]$, 폭 $3.2[\text{cm}]$, 1장의 두께가 $0.35[\text{mm}]$인 철심의 점적률이 90[%]가 되기 위한 철심은 몇 장이 필요한가?**

① 162 ② 143
③ 46 ④ 92

해설 ㉠ **점적률** : 철심의 실제 단면적에 대한 자속이 통과하는 유효 단면적의 비율
㉡ 철심이 n장일 경우 철심 단면적은
$3.2\times0.35\times10^{-1}\times n[\text{cm}^2]$
㉢ 점적률 $0.9=\dfrac{14.4}{3.2\times0.35\times10^{-1}\times n}$ 이므로
$n=\dfrac{14.4}{3.2\times0.35\times10^{-1}\times0.9}=142.8$이고
절상하면 143장이 된다.

34 **유도 전동기에서 슬립이 커지면 증가하는 것은?**

① 2차 출력
② 2차 효율
③ 2차 주파수
④ 회전 속도

해설 ㉠ 교재 165쪽
㉡ 슬립 s가 커지면
• 2차 주파수 $f_2=sf_1[\text{Hz}]$→증가
• 2차 효율
$$\eta_2=\frac{P_0}{P_2}=\frac{(1-s)P_2}{P_2}=1-s=\frac{N}{N_s}\rightarrow\text{감소}$$
• 2차 출력 $P_2=\dfrac{P_0}{1-s}[\text{W}]$→감소
• 회전 속도 $N=(1-s)N_s[\text{rpm}]$→감소

35 **동기 전동기의 특징으로 틀린 것은?**

① 전 부하 효율이 양호하다.
② 부하의 역률을 조정할 수가 있다.
③ 공극이 좁으므로 기계적으로 튼튼하다.
④ 부하가 변하여도 같은 속도로 운전할 수 있다.

해설 ㉠ **동기 전동기의 특징**
• 속도(N_s)가 일정하다.
• 역률을 조정할 수 있다.
• 효율이 좋다.
• 공극이 크고 기계적으로 튼튼하다.

36 **3상 유도 전동기의 원선도를 그리는 데 필요하지 않은 것은?**

① 무부하 시험
② 구속 시험
③ 2차 저항 측정
④ 회전수 측정

해설 ㉠ 교재 169쪽
㉡ **원선도를 그리는데 필요한 시험**
• **저항 측정 시험** : 1차 동손
• **무부하 시험** : 여자 전류, 철손
• **구속 시험(단락 시험)** : 2차 동손
㉢ 암기법 : 저항을 해서 구속을 했더니 무혐의로 석방되었다.

정답 31 ② 32 ② 33 ② 34 ③ 35 ③ 36 ④

37 **복권 발전기의 병렬 운전을 안전하게 하기 위해서 두 발전기의 전기자와 직권 권선의 접속점에 연결해야 하는 것은?**

① 집전환
② 균압선
③ 안정 저항
④ 브러시

해설 ㉠ 교재 112쪽 맨 아래쪽 줄
㉡ 복권 발전기 운전 중 과복권 발전기로 운전 시 발전기 특성상 수하 특성을 지니지 않으므로 안정하게 운전하기 위해서는 균압선을 연결해야 한다.

38 **분상 기동형 단상 유도 전동기의 기동 전선은?**

① 운전 권선보다 굵고 권선이 많다.
② 운전 권선보다 가늘고 권선이 많다.
③ 운전 권선보다 굵고 권선이 적다.
④ 운전 권선보다 가늘고 권선이 적다.

해설 ㉠ 교재 174쪽
㉡ 분상 기동형 단상 유도 전동기의 권선
- 운전 권선(L만의 회로) : 굵은 권선으로 길게 하여, 권선을 많이 감아서 L성분을 크게 한다.
- 기동 권선(R만의 회로) : 운전 권선보다 가늘고, 권선을 적게 하여 저항값을 크게 한다.

39 **전력 계통에 접속되어 있는 변압기나 장거리 송전 시 정전 용량으로 인한 충전 특성 등을 보상하기 위한 기기는?**

① 동기 조상기
② 유도 전동기
③ 동기 발전기
④ 유도 발전기

해설 ㉠ 교재 135쪽 동기 전동기의 위상특성 곡선
㉡ 동기 조상기 : 전력 계통의 지상과 진상을 조정하여 역률을 개선해 주는 설비(=동기 전동기를 무부하로 운전)
- 과여자 : 진상 전류 발생(C로 작용)
- 부족 여자 : 지상 전류 발생(L로 작용)

40 **유도 발전기의 장점이 아닌 것은?**

① 동기 발전기에 비해 가격이 저렴하다.
② 조작이 쉽다.
③ 동기 발전기처럼 동기화할 필요가 없다.
④ 효율과 역률이 높다.

해설 유도 발전기는 유도 전동기를 동기 속도 이상으로 회전시켜서 전력을 얻어내는 발전기로서 동기기에 비해 조작이 쉽고 가격이 저렴하지만 효율과 역률이 낮다.
강원도 횡성군 안흥면 강림리에 소수력 발전소에 쓰이는 발전기가 유도 발전기인데 특별히 주파수를 필요로 하지 않고 전기 보급이 힘든 곳에 사용된다.

3과목 : 전기 설비

41 **전동기의 과전류, 결상 보호 등에 사용되며 단락 시간과 기동 시간을 정확히 구분하는 계전기는?**

① 임피던스 계전기
② 전자식 과전류 계전기
③ 방향 단락 계전기
④ 부족 전압 계전기

해설 ㉠ 교재 295쪽
㉡ 전자식 과전류 계전기(EOCR) : 설정된 전류값 이상의 전류가 흘렀을 때 EOCR 접점이 동작하여 회로를 차단시켜 보호하는 계전기로서 전동기의 과전류나 결상을 보호하는 계전기이다.

42 **한국전기설비규정에 의하면 정격 전류가 30[A]인 저압 전로의 과전류 차단기를 산업용 배선용 차단기로 사용하는 경우 39[A]의 전류가 통과하였을 때 몇 분 이내에 자동적으로 동작하여야 하는가?**

① 60 ② 120
③ 2 ④ 4

해설 ㉠ 교재 252쪽
㉡ 과전류 차단기로 저압 전로에 사용하는 63[A]이하의 산업용 배선용 차단기는 정격 전류의 1.3배 전류가 흐를 때 60분 내에 자동으로 동작하여야 한다.

정답 37 ② 38 ④ 39 ① 40 ④ 41 ② 42 ①

43 **특고압 · 고압 전기 설비용 접지 도체는 단면적 몇 $[\mathrm{mm}^2]$ 이상의 연동선 또는 동등 이상의 단면적 및 강도를 가져야 하는가?**

① 0.75 ② 4
③ 6 ④ 10

해설 특고압 · 고압 전기 설비용 접지 도체는 단면적 $6[\mathrm{mm}^2]$ 이상의 연동선 또는 동등 이상의 단면적 및 강도를 가져야 한다.

44 **옥내 배선에 시설하는 전등 1개를 3개소에서 점멸하고자 할 때 필요한 3로 스위치와 4로 스위치의 최소 개수는?**

① 3로 스위치 2개, 4로 스위치 2개
② 3로 스위치 1개, 4로 스위치 1개
③ 3로 스위치 2개, 4로 스위치 1개
④ 3로 스위치 1개, 4로 스위치 2개

해설 ㉠ 교재 289쪽 그림 참조
㉡ 전등 1개를 3개소에서 점멸하므로 스위치는 최소 3개가 필요하며 4로 스위치는 스위치 접점이 교대로 바뀌는 구조로서 3개소에서 전등 1개를 점멸 시 3로 스위치 2개와 조합하여 사용한다.

45 **금속관 공사의 장점이라고 볼 수 없는 것은?**

① 전선관 접속이나 관과 박스를 접속 시 견고하고 완전하게 접속할 수 있다.
② 전선의 배선 및 배관 변경 시 용이하다.
③ 기계적 강도가 좋다.
④ 합성 수지관에 비해 내식성이 좋다.

해설 ㉠ 금속관은 부식이 잘 된다.(내식성이 나쁘다.)

46 **수전 방식 중 3상 4선식은 부득이 한 경우 설비 불평형률은 몇 [%] 이내로 유지해야 하는가?**

① 10 ② 20
③ 30 ④ 40

해설 3상 3선식, 4선식의 각 전압측 전선 간의 부하는 평형이 되게 하는 것을 원칙으로 하지만, 부득이 한 경우 발생하는 설비 불평형률은 30[%]까지 할 수 있다.

47 **절연 저항 측정 시 영향을 주거나 손상을 받을 수 있는 SPD 또는 기타 기기 등은 측정 전에 분리시켜야 하고, 부득이 하게 분리가 어려운 경우에는 시험 전압을 몇 [V] 이하로 낮추어서 측정하여야 하는가?**

① 100 ② 200
③ 250 ④ 300

해설 절연 측정 시 영향을 주거나 손상을 받을 수 있는 SPD(서지 보호기) 또는 기타 기기 등은 측정 전에 분리시켜야 하고, 부득이 하게 분리가 어려운 경우에는 시험 전압을 DC 250[V]로 낮추어 측정할 수 있다.

48 **전기설비를 보호하는 계전기 중 전류 계전기의 설명으로 틀린 것은?**

① 부족 전류 계전기는 항상 시설하여야 한다.
② 과전류 계전기와 부족 전류 계전기가 있다.
③ 과전류 계전기는 전류가 일정값 이상이 흐르면 동작한다.
④ 배선 전소 보호, 후비 보호 능력이 있어야 한다.

해설 부족 전류 계전기(UCR) : 전류가 정해진 값 이하가 되었을 때 동작하는 계전기로서 전동기나 변압기의 여자 회로에만 설치하는 계전기로서 항상 시설하는 계전기는 아니다.

49 **전시회나 쇼, 공연장 등의 전기 설비에서 이동 전선으로 사용할 수 있는 케이블은?**

① 0.6/1[kV] EP 고무 절연 클로로프렌 캡타이어 케이블
② 0.8/1[kV] EP 고무 절연 클로로프렌 캡타이어 케이블
③ 0.6/1.5[kV] EP 고무 절연 클로로프렌 캡타이어 케이블
④ 0.8/1.5[kV] 비닐 절연 클로로프렌 캡타이어 케이블

해설 전시회 쇼 및 공연장에 가능한 이동 전선
- 0.6/1.0[kV] EP 고무 절연 클로로프렌 캡타이어 케이블
- 0.6/1.5[kV] 비닐 절연 비닐 캡타이어 케이블

정답 43 ③ 44 ③ 45 ④ 46 ③ 47 ③ 48 ① 49 ①

50 **한국전기설비규정에 의하면 옥외 백열전등의 인하선으로서 지표상의 높이 2.5[m] 미만의 부분은 전선에 공칭 단면적 몇 $[mm^2]$ 이상의 연동선과 동등 이상의 세기 및 굵기의 절연 전선(옥외용 비닐 절연 전선을 제외)을 사용하는가?**

① 0.75　　② 2.0
③ 2.5　　④ 1.5

해설 옥외 백열전등 인하선의 시설 : 옥외 백열전등의 인하선으로서 지표상의 높이 2.5[m] 미만의 부분은 전선에 공칭 단면적 2.5$[mm^2]$ 이상의 연동선과 동등 이상의 세기 및 굵기의 옥외용 비닐 절연 전선을 제외한 절연 전선을 사용한다.

51 **케이블 덕트 시스템에 시설하는 배선 방법이 아닌 것은?**

① 플로어 덕트 배선
② 셀룰러 덕트 배선
③ 버스 덕트 배선
④ 금속 덕트 배선

해설 케이블 덕트 시스템 배선 방법 : 플로어 덕트 배선, 셀룰러 덕트 배선, 금속 덕트 배선

52 **저압 전로의 전선 상호 간 및 전로와 대지 사이의 절연 저항의 값에 대한 설명으로 틀린 것은?**

① 측정 시 SPD 또는 기타 기기 등은 측정 전 위험 사항이 아니므로 분리시키지 않아도 된다.
② 사용 전압이 SELV 및 PELV는 DC 250[V] 시험 전압으로 0.5$[M\Omega]$ 이상이어야 한다.
③ 사용 전압이 PELV 및 500[V] 이하는 DC 500[V] 시험 전압으로 1.0$[M\Omega]$ 이상이어야 한다.
④ 사용 전압이 500[V] 초과하는 경우 DC 1,000[V] 시험 전압으로 1.0$[M\Omega]$ 이상이어야 한다.

해설 ㉠ **전로의 절연 저항** : 사용 전압이 저압인 전로의 전선 상호간 및 전로와 대지 사이의 절연 저항은 개폐기 또는 과전류 차단기로 구분할 수 있는 전로마다 다음 표에서 정한 값 이상이어야 한다.
㉡ 교재 221쪽 참조

53 **송전 방식에서 선간 전압, 선로 전류, 역률이 일정할 때 단상 3선식/단상 2선식의 전선 1선 당의 전력비는 약 몇 [%]인가?**

① 87.5　　② 115
③ 133　　④ 141.4

해설

결선방식		공급 전력	1선당 공급 전력	1선당 공급 전력비
단상 2선식		$P_1 = VI$	$\frac{1}{2}VI$	기준
단상 3선식		$P_2 = 2VI$	$\frac{2}{3}VI$ $= 0.67VI$	$\frac{\frac{2}{3}VI}{\frac{1}{2}VI}$ $= \frac{4}{3}$ $= 1.33$ $= 133[\%]$

54 **정격 전류가 60[A]인 주택의 전로에 정격 전류의 1.45배의 전류가 흐를 때 주택에 사용하는 배선용 차단기는 몇 분 내에 자동적으로 동작하여야 하는가?**

① 10분 이내　　② 30분 이내
③ 60분 이내　　④ 120분 이내

해설 ㉠ 교재 252쪽
㉡ 과전류 차단기로 주택에 사용하는 63[A] 이하의 배선용 차단기는 정격 전류의 1.45배 전류가 흐를 때 60분 내에 자동으로 동작하여야 한다.

55 **전로에 시설하는 기계 기구의 철대 및 금속제 외함(외함이 없는 변압기 또는 계기용 변성기는 철심)에는 접지 공사를 하여야 한다. 다음 사항 중 접지 공사 생략이 불가능한 장소는?**

① 전기용품 안전관리법에 의한 2중 절연 기계 기구
② 철대 또는 외함이 주위의 적당한 절연대를 이용하여 시설한 경우
③ 사용 전압이 직류 300[V] 이하인 전기 기계 기구를 건조한 장소에 설치한 경우
④ 대지 전압 교류 220[V] 이하인 전기 기계 기구를 건조한 장소에 설치한 경우

정답 50 ③ 51 ③ 52 ① 53 ③ 54 ③ 55 ④

해설 교류 대지 전압 150[V] 이하, 직류 사용 전압 300[V] 이하인 전기 기계 기구를 건조한 장소에 설치한 경우 접지 공사 생략이 가능하다.

56 한국전기설비규정에 의한 중성점 접지용 접지 도체는 공칭 단면적 몇 $[\text{mm}^2]$ 이상의 연동선을 사용하여야 하는가? (단, 25[kV] 이하인 중성선 다중 접지식으로서 전로에 지락 발생 시 2초 이내에 자동적으로 이를 전로로부터 차단하는 장치가 되어 있는 경우이다.)

① 16　　② 6
③ 2.5　　④ 10

해설 중성점 접지용 접지 도체는 공칭 단면적 $16[\text{mm}^2]$ 이상의 연동선을 사용하여야 한다. 단, 25[kV] 이하인 중성선 다중 접지식으로서 전로에 지락 발생 시 2초 이내에 자동적으로 이를 전로로부터 차단하는 장치가 되어 있는 경우는 $6[\text{mm}^2]$를 사용하여야 한다.

57 분기 회로(S_2)의 보호 장치(P_2)는 P_2의 전원 측에서 분기점(O) 사이에 다른 분기 회로 또는 콘센트의 접속이 없고, 단락의 위험과 화재 및 인체에 대한 위험성이 최소화되도록 시설된 경우, 분기 회로의 보호 장치(P_2)는 분기 회로의 분기점(O)으로부터 몇 [m]까지 이동하여 설치할 수 있는가?

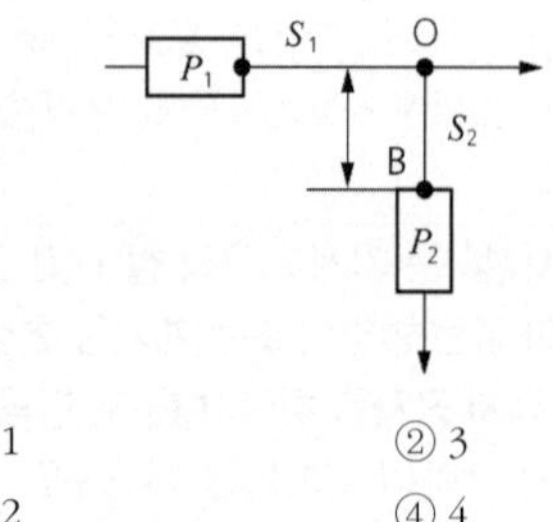

① 1　　② 3
③ 2　　④ 4

해설 전원 측(P_2)에서 분기점(O) 사이에 다른 분기 회로 또는 콘센트의 접속이 없고, 단락의 위험과 화재 및 인체에 대한 위험성이 최소화되도록 시설된 경우, 분기 회로의 보호 장치(P_2)는 분기 회로의 분기점(O)으로부터 3[m]까지 이동하여 설치할 수 있다.

58 한국전기설비규정에 의하면 정격 전류가 30[A]인 저압 전로의 과전류 차단기를 산업용 배선용 차단기로 사용하는 경우 39[A]의 전류가 통과하였을 때 몇 분 이내에 자동적으로 동작하여야 하는가?

① 60　　② 120
③ 2　　④ 4

해설 ㉠ 교재 252쪽 참조
㉡ 63[A] 이하는 60분 이내 차단

59 폭연성 분진이 존재하는 곳의 금속관 공사 시 전동기에 접속하는 부분에서 가요성을 필요로 하는 부분의 배선에는 방폭형의 부속품 중 어떤 것을 사용하여야 하는가?

① 유연성 구조
② 분진 방폭형 유연성 구조
③ 안정 증가형 유연성 구조
④ 안전 증가형 구조

해설 폭연성 분진이 존재하는 장소 : 전동기에 가요성을 요하는 부분의 부속품은 분진 방폭형 유연성 구조이어야 한다.

60 사람이 상시 통행하는 터널 내 배선의 사용 전압이 저압일 때 배선 방법으로 틀린 것은?

① 금속관
② 금속 몰드
③ 합성 수지관(두께 2[mm] 이상)
④ 제2종 가요 전선관 배선

해설 사람이 상시 통행하는 터널 안의 배선공사 : 금속관, 제2종 가요 전선관, 케이블, 합성 수지관, 단면적 $2.5[\text{mm}^2]$ 이상의 연동선을 사용한 애자 사용 공사에 의하여 노면상 2.5[m] 이상의 높이에 시설할 것

정답 56 ② 57 ② 58 ① 59 ② 60 ②

21 과년도 기출문제(2022년 1회)

1과목 : 전기 이론

01 그림과 같이 R_1, R_2, R_3의 저항 3개가 직·병렬 접속되었을 때 합성 저항은?

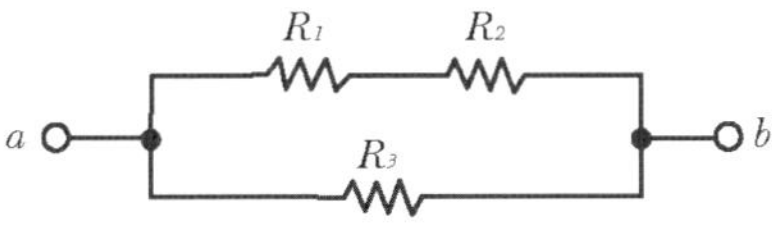

① $R=\dfrac{(R_1+R_2)R_3}{R_1+R_2+R_3}$

② $R=\dfrac{(R_2+R_3)R_1}{R_1+R_2+R_3}$

③ $R=\dfrac{(R_1+R_3)R_2}{R_1+R_2+R_3}$

④ $R=\dfrac{R_2\,R_3\,R_1}{R_1+R_2+R_2}$

02 RL직렬 회로에 교류 전압 $v=V_m\sin(\omega t+\theta)$[V]를 가했을 때 위상각 θ를 나타낸 것은?

① $\theta=\tan^{-1}\dfrac{R}{\omega L}$

② $\theta=\tan^{-1}\dfrac{\omega L}{R}$

③ $\theta=\tan^{-1}\dfrac{1}{R\omega L}$

④ $\theta=\tan^{-1}\dfrac{R}{\sqrt{R^2+(\omega L)^2}}$

해설 ㉠ RL 직렬 회로 벡터도

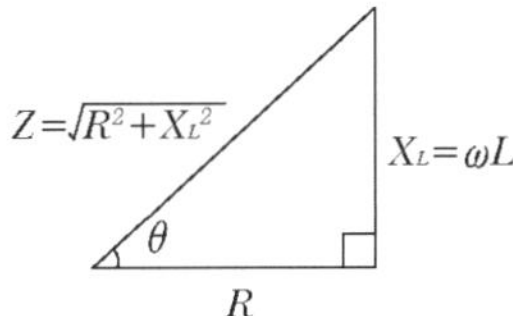

㉡ 교재 70쪽 [R, L 직렬 회로] 참조

03 어떤 회로에 인가 전압 $v=150\sin(\omega t+10°)$[V] 인가 시 전류 $i=5\sin(\omega t-50°)$[A]가 흐르는 경우 무효 전력은 몇 [Var]인가?

① 187.6 ② 325
③ 345 ④ 375

해설 $P=\dfrac{V_m}{\sqrt{2}}\cdot\dfrac{I_m}{\sqrt{2}}sin\theta$

$=\dfrac{1}{2}V_mI_m\sin\theta$

$=\dfrac{1}{2}\times150\times5\times\sin60°=324.7$

04 유도 전기력은 자신의 발생 원인이 되는 자속의 변화를 방해하려는 방향으로 발생한다. 이것을 유도 전기력에 관한 무슨 법칙이라고 하는가?

① 옴(Ojm)의 법칙
② 렌츠(Lenz)의 법칙
③ 쿨롱(Coulomb)의 법칙
④ 앙페르(Ampere)의 법칙

해설 ㉠ 자속의 변화로 유기되는 유기 기전력

$e=N\dfrac{d\phi}{dt}$ 인데 (-)는 관성(렌츠)의 법칙으로 유기 기전력의 방향을 결정하는 것으로 자속 φ의 변화를 반대하는 방향으로 유기 전력이 발생한다.

㉡ 교재 56쪽 [렌쯔의 법칙]

05 종류가 다른 두 금속을 접합하여 폐회로를 만들고 두 접합점의 온도를 다르게 하면 이 폐회로에 기전력이 발생하여 전류가 흐르게 되는 현상을 지칭하는 것은?

① 홀 효과 ② 제벡 효과
③ 펠티에 효과 ④ 톰슨 효과

정답 01 ① 02 ② 03 ② 04 ② 05 ②

해설 ㉠ 교재 33쪽 [3. 열과 전기] 참조
㉡ 제벡 효과(Seebeck effect) : 서로 다른 금속을 접합하여 폐회로를 만든 후 두 접합점의 온도를 다르게 했을 때 폐회로에 열기전력이 발생하여 열전류가 흐르는 현상
㉢ 펠티에 효과(Peltier Effect) : 서로 다른 금속을 접속시켜 폐회로를 만들고 전류를 흘리면 접합부에서 열이 발생 또는 흡수되는 현상
㉣ 톰슨 효과(Thomson Effect) : 같은 종류 금속을 접합하여 두 점 간에 온도 차를 주고 고온에서 저온 쪽으로 전류를 흘리면 열이 발생하거나 흡수가 일어나는 현상

06 권선을 100회 감은 코일에 2[A]의 전류가 흘렀을 때 50×10^{-3}[Wb]의 자속이 코일에 쇄교되었다면 자기 인덕턴스는 몇 [H]인가?

① 1.0 ② 1.5
③ 2.0 ④ 2.5

해설 ㉠ 교재 57~58쪽 [자기 인덕턴스] 참조
㉡ $e = \dfrac{-L\Delta i}{\Delta t} = \dfrac{-N\Delta\phi}{\Delta t}$
㉢ ㉡식에서 $LI = N\phi$
㉣ $L = \dfrac{N\phi}{I} = \dfrac{100 \times 250 \times 10^{-3}}{2}$
$= 2.5[\text{H}]$

07 비정현파의 일그러짐 정도를 표시하는 양으로서 왜형률을 나타내는 식은?

① $\dfrac{\text{평균값}}{\text{실효값}}$
② $\dfrac{\text{실효값}}{\text{최대값}}$
③ $\dfrac{\text{고조파만의 실효값}}{\text{기본파의 실효값}}$
④ $\dfrac{\text{기본파의 실효값}}{\text{고조파만의 실효값}}$

해설 ㉠ 교재 91쪽 [왜형률] 참조
㉡ 왜형률 $= \dfrac{\text{고조파 성분의 실효값}}{\text{기본파 성분의 실효값}}$

08 0.1[μF]의 정전 용량을 가지는 콘덴서에 실효값 1414[V], 주파수 1[kHz], 위상각 '0'인 전압을 가했을 때 순시값 전류는 약 얼마인가?

① $0.89\sin(\omega t + 90°)$
② $0.89\sin(\omega t - 90°)$
③ $1.26\sin(\omega t + 90°)$
④ $1.26\sin(\omega t - 90°)$

해설 ㉠ 콘덴서에 흐르는 전류는 전압보다 90° 앞선다.
∴ 순시값 i = 최대값$\sin(\omega t + 90)$
㉡ V_m = 실효값 $\times \sqrt{2} = 144 \times \sqrt{2} \fallingdotseq 2000[\text{V}]$
$X_c = \dfrac{1}{\omega c} = \dfrac{1}{2\pi fc} = \dfrac{1}{2 \times 3.14 \times 1{,}000 \times 0.1 \times 10^{-6}}$
$\fallingdotseq 1592$
$\therefore I_m = \dfrac{V_m}{X_c} = \dfrac{2{,}000}{1{,}592} \fallingdotseq 1.26$
㉢ 순시값 $i = 1.26\sin(\omega t + 90°)$

09 전기력선의 성질에 대한 설명 중 옳지 않은 것은?

① 전기력선의 방향은 그 점의 전계의 방향과 일치하며, 밀도는 그 점에서의 전계의 크기와 같다.
② 전기력선은 부전하에서 시작하여 정전하에서 그친다.
③ 단위 전하에서는 $\dfrac{1}{\varepsilon_0}$ 개의 전기력선이 출입한다.
④ 전기력선은 전위가 높은 점에서 낮은 점으로 향한다.

해설 ㉠ 교재 39쪽 [전기력선의 성질] 참조
㉡ 전기력선의 성질
ⓐ 전기력선은 정전하(+)에서 시작하여 부전하(-)에서 그친다.
ⓑ 전기력선은 전위가 높은 점에서 낮은 점으로 향한다.
ⓒ 전기력선은 도체 표면에 수직으로 출입하여 내부에 존재하지 않는다.
ⓓ 전기력선은 등전위면과 항상 직교한다.
ⓔ 전기력선은 그 자신등전위 면만으로 폐곡선이 되지 않는다.
ⓕ 전하가 없는 곳에서는 전기력선의 발생과 소멸이 없다.
ⓖ 전기력선의 접선 방향이 전계의 방향이다.
ⓗ 전기력선의 수는 $N = \dfrac{Q}{\varepsilon_0}$ 이다.

정답 06 ④ 07 ③ 08 ③ 09 ②

10 4×10^{-5}[C]과 6×10^{-5}[C]의 두 전하가 자유공간에 2[m]의 거리에 있을 때 그 사이에 작용하는 힘은?

① 5.4[N], 흡인력이 작용한다.
② 5.4[N], 반발력이 작용한다.
③ $\frac{7}{9}$[N], 흡인력이 작용한다.
④ $\frac{7}{9}$[N], 반발력이 작용한다.

해설 ㉠ 교재 37쪽 [나. 쿨롱의 제1법칙] 참조
㉡ 두 전하 사이에 작용하는 힘

$$F=\frac{1}{4\pi\varepsilon}\times\frac{Q_1Q_2}{r^2}[\mathrm{N}]=\frac{1}{4\pi\varepsilon_0\varepsilon_s}\times\frac{Q_1Q_2}{r^2}[\mathrm{N}]$$

(자유 공간(공기 중)이므로 비유전율 $\varepsilon_s=1$)

$$=\frac{1}{4\pi\varepsilon_0}\times\frac{Q_1Q_2}{r^2}[\mathrm{N}]=9\times10^9\times\frac{Q_1Q_2}{r^2}$$

$$=\frac{9\times10^9\times4\times10^{-5}\times6\times10^{-5}}{2^2}=5.4[\mathrm{N}]$$ 이고,

전하의 부호가 같이 (+) 이므로 반발력이 작용한다.

11 무효 전력이 10[Var] 일 때 역률이 0.8이면 유효 전력[W]은 약 얼마인가?

① 6.0 ② 8.0
③ 7.5 ④ 13.34

해설 ㉠ 유효 전력 $P=VI\cos\theta=P_a\cos\theta$[W]
무효 전력 $P=VI\sin\theta=P_a\sin\theta$[Var]
피상 전력 $P_a=VI$[VA]
㉡ $\sin\theta=\sqrt{1-\cos^2\theta}=\sqrt{1-0.8^2}=0.6$
㉢ $P_a=\frac{P_r}{\sin\theta}=\frac{10}{0.6}=16.67$[VA]
㉣ $P=P_a\times\cos\theta=16.67\times0.8=13.34$[W]
㉤ 교재 87쪽 참고

12 저항 10개를 접속하여 가장 작은 합성 저항값을 얻으려면 어떻게 접속하여야 하는가?

① 직렬 ② 병렬
③ 직렬-병렬 ④ 병렬-직렬

해설 저항 $r[\Omega]$을 병렬로 n개 연결하면 합성 저항 $R=\frac{r}{n}[\Omega]$로 작아진다.

13 그림과 같은 회로에서 각 계기들의 지시값은 다음과 같다. Ⓥ는 240[V], Ⓐ는 5[A], Ⓦ는 720[W]이다. 이때 인덕턴스 L[H]는? (단, 전원 주파수는 60[Hz]라 한다.)

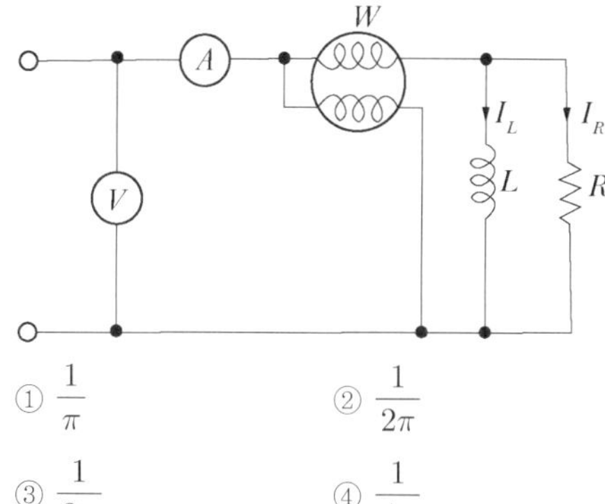

① $\frac{1}{\pi}$ ② $\frac{1}{2\pi}$
③ $\frac{1}{3\pi}$ ④ $\frac{1}{4\pi}$

해설 ㉠ 전력계의 값이 [W]으므로 유효 전력(소비 전력) = 720[W]
㉡ 피상 전력(전체 전력 = 겉보기 전력)
$P^2=VI=240\times5=1200[V,A]$
㉢ P^2 = 유효 전력^2 + 무효 전력^2
∴ 무효 전력^2 = 피상 전력^2 − 유효 전력^2
양변에 '$\sqrt{\ }$'를 씌우면
$\sqrt{\text{무효 전력}^2}=\sqrt{\text{피상 전력}^2-\text{유효 전력}^2}$
무효전력 $=\sqrt{\text{피상 전력}^2-\text{유효 전력}^2}$
$=\sqrt{1200^2-720^2}$
$=960[Var]$
㉣ 무효 전력 $=\frac{V^2}{X_L}$ 에서

$$X_L=\frac{V^2}{\text{무효 전력}}=\frac{240^2}{960}=60[\Omega]$$

㉤ $X_L=\omega L=60[\Omega]$ 에서

$$L=\frac{60}{\omega}=\frac{60}{2\pi f}=\frac{60}{2\pi\times60}=\frac{1}{2\pi}$$

정답 10 ② 11 ④ 12 ② 13 ②

14 그림의 브리지 회로에서 평형이 되었을 때의 C_x는?

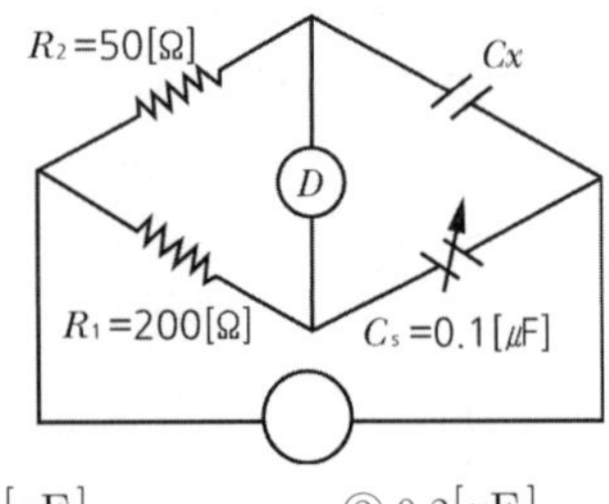

① 0.1[μF] ② 0.2[μF]
③ 0.3[μF] ④ 0.4[μF]

해설 ㉠ 휘스톤 브리지 회로가 저항 만의 회로일 경우 평형 조건은

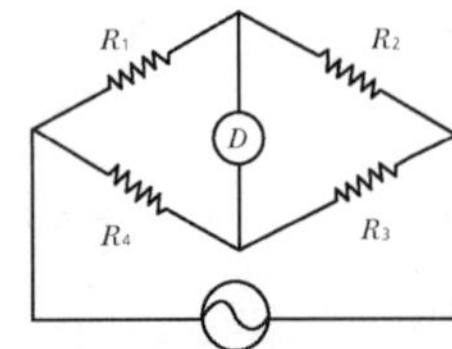

$R_1 \cdot R_3 = R_2 \cdot R_4$

㉡ 휘스톤 브리지 회로가 문제와 같이 저항과 콘덴서 회로일 경우 평형조건은

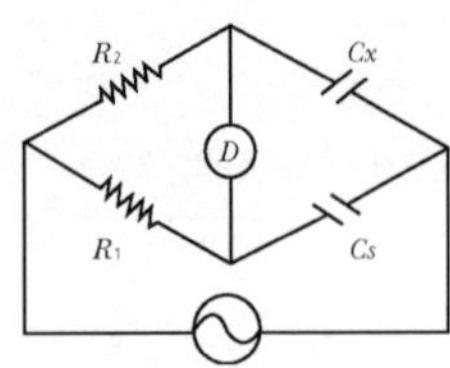

$R_2 \cdot C_x = R_1 \cdot C_s$

$\therefore 50 \times C_x = 200 \times 0.1$

$C_x = \dfrac{200 \times 0.1}{50} = 0.4\,[\mu F]$

㉢ 교재 30쪽 참조

15 평균 반지름이 10[cm]이고 감은 횟수 10회의 원형 코일에 5[A]의 전류를 흐르게 하면 코일 중심의 자장의 세기[AT/m]는?

① 250 ② 500
③ 750 ④ 1,000

해설 ㉠ 교재 51~53쪽 꼭 암기

㉡ $H = \dfrac{N \cdot I}{2r} = \dfrac{10 \times 5}{2 \times 10 \times 10^{-2}} = 250\,[AT/m]$

16 3상 평형 부하가 있다. 이것의 선간 전압은 200[V], 선 전류는 10[A]이고, 부하의 소비 전력은 4[kW]이다. 이 부하의 등가 Y 회로의 각 상의 저항은 몇 [Ω]인가?

① 8 ② 13.3
③ 15.6 ④ 18.3

해설 ㉠ 3상 전력 $P = 3I^2R$

$\therefore R = \dfrac{P}{3I^2} = \dfrac{4 \times 10^3}{3 \times 10^2} = 13.3\,[\Omega]$

㉡ 이때 Y결선이므로 선전류(I_l)=상전류(I_p)
교재 84쪽 [Y결선] 참조

17 등전위 면(Equipotential Surface)에 대한 설명으로 옳은 것은?

① 전기력선은 등전위 면을 평행하게 지나간다.
② 전하를 갖고 등전위 면을 따라가면 일이 생긴다.
③ 다른 전위의 등전위 면은 서로 교차한다.
④ 점전하가 만드는 전계의 등전위 면은 동심 구면이다.

해설 ㉠ 등전위 면은 전기장 안에서 전위가 같은 점을 연결하여 이루어진 면이다
㉡ 등전위 면은 동심 폐곡면이고 교차하지 않는다
㉢ 전하에서 나오는 전기력선은 등전위 면과 수직이다.
㉣ 등전위 면에서 전하를 이동하면 일의 양은 '0'이다

18 다음 회로의 합성 정전 용량[μF]은?

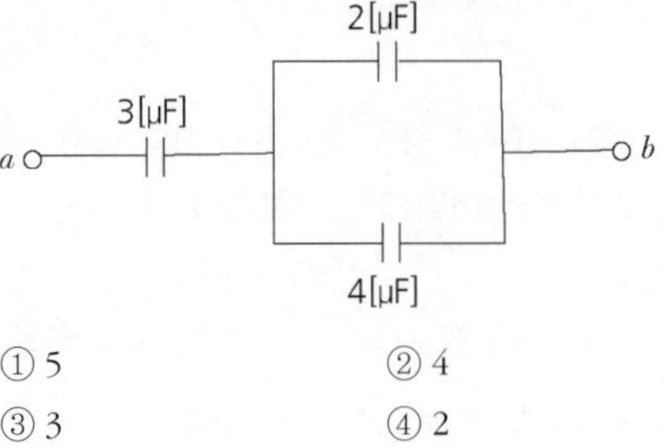

① 5 ② 4
③ 3 ④ 2

정답 14 ④ 15 ① 16 ② 17 ④ 18 ④

해설 ㉠ 콘덴서의 직렬은 저항의 병렬, 콘덴서의 병렬은 저항의 직렬처럼 계산한다.
㉡ 콘덴서 병렬 연결 시 합성 정전 용량
$C=2+4=6[\mu F]$
㉢ $3[\mu F]$과 $6[\mu F]$은 직렬 연결이므로 전체 합성 정전 용량 $C=\frac{3\times6}{3+6}=2[\mu F]$
㉣ 교재 44쪽 [3. 콘덴서의 접속 및 계산]

19 대칭 3상 전압을 공급한 유도 전동기가 있다. 전동기에 그림과 같이 2개의 전력계 W_1 및 W_2, 전압계 V, 전류계 A를 접속하니 각 계기의 지시가 다음과 같다. $W_1=5.96[kW]$, $W_2=1.31[kW]$ $V=200[V]$, $A=30[A]$일 때 이 전동기의 역률은 몇 [%]인가?

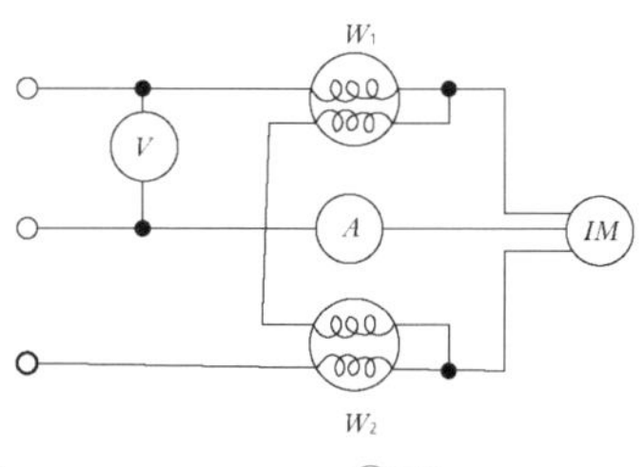

① 60　② 70
③ 80　④ 90

해설 ㉠ $P=\sqrt{3}\,VI\cos\theta$에서 $\cos\theta=\frac{P}{\sqrt{3}\,VI}$
$=\frac{5960+1310}{\sqrt{3}\times200\times30}=0.7$
㉡ 2전력계 법에서 전체 전력은 전력계 W_1과 W_2 값의 합이다.
㉢ 교재 88쪽 [2. 3상전력의 측정]

20 한 상의 임피던스 $Z=6+j8[\Omega]$인 평형 Y부하에 평형 3상 전압 200[V]를 인가할 때 무효 전력[Var]은 약 얼마인가?

① 1330[Var]　② 1848[Var]
③ 2381[Var]　④ 3200[Var]

해설 ㉠ 교재 87쪽 [3. 3상 교류전력]
㉡ $P=3I^2X=3\left(\frac{V}{Z}\right)^2X$
$=3\left(\frac{V}{\sqrt{R^2+X^2}}\right)^2X=3200[Var]$

2과목 : 전기 기기

21 극수가 8극이고 회전수가 900[rpm]인 동기 발전기와 병렬 운전하는 동기 발전기의 극수가 12극이라면 회전수는?

① 400[rpm]　② 500[rpm]
③ 600[rpm]　④ 700[rpm]

해설 풀이1
㉠ 동기 속도의 식 $N_s=\frac{120f}{p}$에서
㉡ $f=\frac{N_s\times P}{120}=\frac{900\times8}{120}=60[Hz]$
㉢ $N_s'=\frac{120f}{p}=\frac{120\times60}{12}=600[rpm]$

풀이2
㉠ 교재 125쪽 [memo] 암기
㉡ 동기 발전기의 극수가 12극이므로 6극의 $\frac{1}{2}$ 속도로 회전한다.

22 SCR 2개를 역병렬로 접속한 그림과 같은 기호의 명칭은?

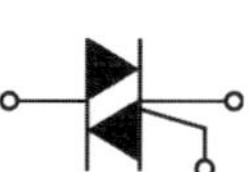

① SCR　② TRIAC
③ GTO　④ UJT

23 인버터란?

① 교류를 직류로 변환
② 직류를 교류로 변환
③ 교류를 교류로 변환
④ 직류를 직류로 변환

정답 19 ② 20 ④ 21 ③ 22 ② 23 ②

해설 ㉠ 초퍼 : 고정 직류를 가변 직류로 변환하는 장치(DC→Variable DC)
㉡ 인버터(역변환 장치) : 직류를 교류로 변환하는 장치(DC→AC)
㉢ 컨버터(순변환 장치) : 교류를 직류로 변환하는 장치(AC→DC)
㉣ 사이클로 컨버터 : 교류를 또 다른 교류로 변환하는 주파수 변환 장치(AC→AC)
㉤ 교재 186쪽 [변환 장치] 참조

24 **3상 전파 정류 회로에서 교류 입력이 100[V] 이면 직류 출력은 약 몇 [V] 인가?**

① 135 ② 90
③ 67.5 ④ 45

해설 ㉠ 3상 전파 정류에서
$E_d = 135E = 1.35 \times 100 = 135[\mathrm{V}]$
㉡

구분	직류 출력	맥동 주파수	효율 (정류)	맥동률
단상 반파	$E_d = 0.45E$	f	40.6 [%]	121 [%]
단상 전파	$E_d = 0.9E$	$2f$	81.2 [%]	48 [%]
3상 반파	$E_d = 1.17E$	$3f$	96.7 [%]	18 [%]
3상 전파	$E_d = 1.35E$	$6f$	99.8 [%]	4 [%]

㉢ 교재 182쪽 참조

25 **1차 측 권수가 1500인 변압기의 2차 측에 접속한 16[Ω]의 저항은 1차 측으로 환산했을 때 8[kΩ]으로 되었다 한다. 2차 측 권수는 얼마인가?**

① 75 ② 70
③ 67 ④ 64

해설 ㉠ 교재 139쪽 [변압기의 정격, 권수비] 참조
㉡ 권수비 $a = \dfrac{N_1}{N_2} = \dfrac{V_1}{V_2} = \sqrt{\dfrac{Z_1}{Z_2}} = \dfrac{I_2}{I_1}$에서

$$a = \sqrt{\frac{Z_1}{Z_2}} = \sqrt{\frac{8{,}000}{16}} = 22.36$$

㉢ $a = \dfrac{N_1}{N_2}$ 에서 $N_2 = \dfrac{N_1}{a} = \dfrac{1{,}500}{22.36} = 67$

26 **변압기의 백분율 저항강하가 2[%], 백분율 리액턴스 강하가 3[%]일 때 부하 역률이 80[%]인 변압기의 전압 변동률 [%]은?**

① 1.2 ② 2.4
③ 3.4 ④ 3.6

해설 ㉠ 전압 변동률 $\varepsilon = p\cos\theta + q\sin\theta$
$= (2 \times 0.8) + (3 \times 0.6) = 3.4[\%]$
㉡ 교재 147쪽 [전압 변동률 계산]

27 **동기 발전기에서 전기자 전류가 무부하 유도 기전력보다 $\dfrac{\pi}{2}$[rad] 앞서 있는 경우에 나타나는 전기자 반작용은?**

① 증자 작용
② 감자 작용
③ 교차 자화 작용
④ 직축 반작용

해설 ㉠ 교차 자화 작용(횡축 반작용) : 계자에 의한 기전력과 전기자 부하 전류가 동상(역률 1). 전기자에 의한 기자력과 계자 기자력이 90도 방향
㉡ 감자 작용(직축 반작용) : 계자에 의한 기전력과 전기자 부하 전류가 90도 위상차(역률 0, 지상). 전기자에 의한 기자력과 계자 기자력이 180도 방향(직축)
㉢ 증자 작용(직축 반작용) : 전기자 전류가 계자 기전력보다 90도 앞선 경우 (진상 무효 전류). 전기자에 의한 기자력과 계자 기자력이 0도, 동일 방향(계자 자속 증가)
㉣ 교재 129쪽 [전기자 반작용] 참조.
발전기와 전동기는 반대임.

28 **직류 전동기의 규약 효율을 표시하는 식은?**

① $\dfrac{\text{출력}}{\text{출력}+\text{손실}} \times 100[\%]$

② $\dfrac{\text{출력}}{\text{입력}} \times 100[\%]$

③ $\dfrac{\text{입력}-\text{손실}}{\text{입력}} \times 100[\%]$

④ $\dfrac{\text{입력}-\text{손실}}{\text{출력}+\text{손실}} \times 100[\%]$

정답 24 ① 25 ③ 26 ③ 27 ① 28 ③

해설 ㉠ 전기 기기의 효율에는 출력과 입력을 측정해서 구하는 실측 효율과 규약에 따라 손실을 결정하여 계산으로 구하는 규약 효율이 있다.

㉡ 전동기의 규약 효율 $\eta_M = \dfrac{\text{입력} - \text{손실}}{\text{입력}} \times 100[\%]$

㉢ 발전기의 규약 효율 $\eta_G = \dfrac{\text{출력}}{\text{출력} + \text{손실}} \times 100[\%]$

㉣ 교재 123쪽 [직류기의 효율] 참조. 암기법 이용.

29 유도 전동기의 원선도에서 구할 수 없는 것은?

① 1차 입력 ② 동기 와트
③ 1차 동손 ④ 기계적 출력

해설 ㉠ 원선도는 전동기의 특성을 알기 쉽게하기 위하여 등가회로를 그려 확인하는 방법이다.

㉡ 원선도를 그리기 위해서는 무부하 시험, 단락 시험(구속 시험), 권선 저항 측정 등이 필요하다.

㉢ 원선도를 통해 알 수 있는 것 : 1·2차 입력, 1·2차 동손, 철손, 슬립, 역률

㉣ 원선도를 통해 알 수 없는 것 : 기계손, 기계적 출력(2차)

㉤ 교재 169쪽 [헤일랜드 원선도]와 암기법 참조

30 교류 전동기를 기동할 때 그림과 같은 기동 특성을 가지는 전동기는?(단, 곡선 ㉠~㉤은 기동 단계에 대한 토크 특성 곡선이다.)

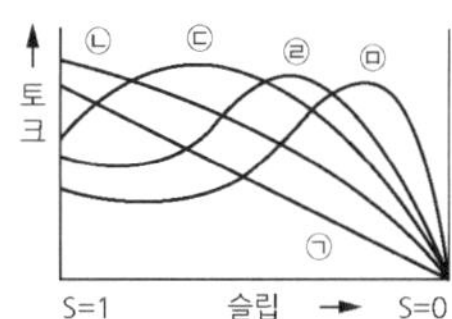

① 반발 유도 전동기
② 2중 농형 유도 전동기
③ 3상 분권 정류자 전동기
④ 3상 권선형 유도 전동기

해설 ㉠ 교재 168쪽 [비례 추이] 참조

㉡ 그림은 비례 추이 특성을 나타낸 것이다. 3상 권선형 유도 전동기는 2차 회로의 저항을 가감시켜서 슬립을 조정하는 비례 추이에 따라 기동 회전력을 크게 하거나 속도를 제어할 수 있다.

31 용량이 200[kVA]인 단상 변압기 3대를 Δ 결선으로 운전 중 1대가 고장 나서 V 결선으로 운전하는 경우의 출력은 약 몇 [kVA] 인가?

① 346[kVA] ② 200[kVA]
③ 600[kVA] ④ 400[kVA]

해설 ㉠ 단상 변압기 3대 Δ 결선 출력 $P_\Delta = 3P$[kVA] (단, P : 변압기 1대의 용량[kVA])

㉡ 단상 변압기 2대 V 결선 출력 $P_V = \sqrt{3}P$[kVA] $= \sqrt{3} \times 200 = 346$[kVA]

㉢ 교재 152쪽~153쪽까지 완벽하게 이해

32 3상 변압기의 병렬 운전 시 병렬 운전이 불가능한 결선 조합은?

① $\Delta-\Delta$와 $Y-Y$ ② $\Delta-\Delta$와 $\Delta-Y$
③ $\Delta-Y$와 $\Delta-Y$ ④ $\Delta-\Delta$와 $\Delta-\Delta$

해설 ㉠ 교재 155쪽 [3상 변압기 군의 병렬 운전] 참조

33 직류 직권 발전기가 정격 전압 $V=400$[V], 출력 $P=10$[kW]로 운전되고 전기자 저항 R_a와 직권 계자 저항 R_f가 모두 0.1[Ω]일 경우, 유도 기전력[V]은?(단, 정류자의 접촉 저항은 무시한다.)

① 393 ② 405
③ 415 ④ 423

해설

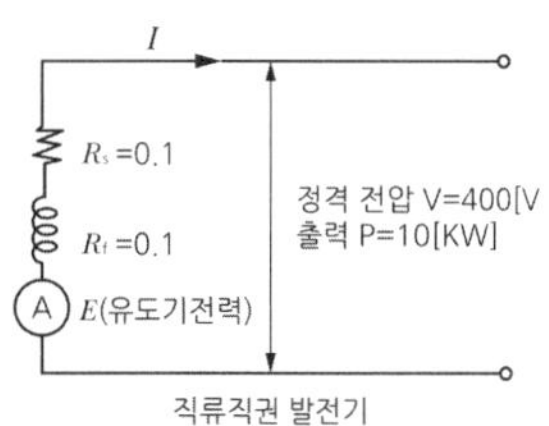

㉠ 출력 $P=VI$에 $I = \dfrac{P}{V} = \dfrac{10,000}{400} = 25$[A]

㉡ 유기기전력 $E = V + IR_a + IR_f$ $= 400 + (25 \times 0.1) + (25 \times 0.1) = 405$[V]

㉢ IR_a =전기자 저항으로 인해 생긴 전압 강하
IR_f = 계자 저항으로 인해 생긴 전압 강하

㉣ 교재 107쪽 [직류 직권 발전기] 그림 참조

정답 29 ④ 30 ④ 31 ① 32 ② 33 ②

34 VVVF (Variable Voltage Variable Frequency)는 어떤 전동기의 속도 제어에 사용되는가?

① 직류 타여자 전동기
② 동기 전동기
③ 유도 전동기
④ 직류 분권 전동기

해설 ㉠ 교재 172쪽 [가. 농형 유도 전동기의 속도 제어법] 참조
㉡ VVVF(가변 전압 가변 주파수)는 유도형 모터에 대하여 속도 제어를 하는 장치이다.
㉢ 동기 속도 $N_s = \frac{120f}{p}$에서 유도 전동기는 속도가 극수와 전원 주파수에 의해 결정되므로 속도 제어를 위해 주파수를 가변해야 한다. 이러한 모터 방식에 대해서 VVVF 방식으로 속도를 제어한다.

35 부흐홀츠 계전기의 설치 위치는?

① 콘서베이터 내부
② 변압기의 고압 측 부싱
③ 변압기 주탱크 내부
④ 변압기 본체와 콘서베이터 사이

해설 ㉠ 부흐홀츠 계전기는 변압기 내부 고장으로 인한 보호용으로 사용되며, 변압기의 주 탱크와 콘서베이터 사이에 설치된다. 절연유의 온도 상승 시 발생하는 유증기를 검출하여 권선 단락, 철심 고정 볼트의 절연 열화, 탭 전환기의 고장 등을 경보 및 차단하기 위한 용도로 사용된다.
㉡ 교재 143쪽 [부흐홀츠 계전기] 그림 참조

36 동기 속도 30[rps]인 교류 발전기 기전력의 주파수가 60[Hz]가 되려면 극수는 얼마인가?

① 2 ② 4
③ 6 ④ 8

해설 ㉠ 동기 속도 30 [rps]는 1초 간의 회전 속도이므로 1분 간의 속도는 30×60초=1,800 [rpm]
㉡ 교재 125쪽 [memo] 암기
㉢ 60 [Hz], 1,800 [rpm] =4극

37 직류 전동기의 출력이 50[kW], 회전수가 1,800[rpm]일 때 토크는 약 몇 [kg·m]인가?

① 12 ② 23
③ 27 ④ 31

해설 ㉠ 교재 114쪽~115쪽 [토크특성]

$T = 0.975\frac{P}{N}[\text{kg}\cdot\text{m}] = 9.56\frac{P}{N}[\text{N}\cdot\text{m}]$에서

$T = 0.975\frac{P}{N} = 0.975 \times \frac{50,000}{1,800} = 27$

38 다음 중 정류 소자가 아닌 것은?

① GTO ② SCR
③ LED ④ IGBT

해설 ㉠ GTO게이트 턴 오프 사이리스터)는 게이트에 역방향으로 전류를 흘리면 자기 소호하는 양극(A), 음극(C) 및 게이트(G)의 3개의 단자를 가진 사이리스터로 직류 및 교류 제어용 소자로 사용된다.
㉡ SCR은 PNPN의 4층 구조로 된 사이리스터의 대표적인 3단자 소자로서 양극(Anode), 음극(Cathode) 및 게이트(Gate)의 3개의 단자를 가지고 게이트에 흐르는 작은 전류로 큰 전력을 제어할 수 있다.
㉢ LED(발광 다이오드)는 Ga(갈륨), P(인), As(비소)를 재료로 하여 만들어진 반도체이다. 일정 전류를 흐르게 하면 적색, 녹색, 청색, 백색, 노랑색 빛 등을 발한다.
㉣ IGBT는 컬렉터(C), 에미터(E), 게이트(G)를 가진 3단자 대전류 고전압의 전기량을 제어할 수 있는 자기 소호형 소자이다. 파워 MOSFET의 고속성과 파워 TR의 저 저항성을 겸비한 노이즈에 강한 파워 소자이다.
㉤ 교재 184쪽 [2. 전력용 반도체 소자의 기호와 특성 및 용도]

39 동기기의 전기자 권선법이 아닌 것은?

① 전절권 ② 분포권
③ 2층권 ④ 중권

해설 ㉠ 동기기의 전기자 권선법은 2층권, 중권, 분포권, 단절권이다.
㉡ 교재 127쪽 [동기 발전기의 전기자 권선법] 암기법 참조[우리나라는 세계 유일의 분단국가이다.]

정답 34 ③ 35 ④ 36 ② 37 ③ 38 ③ 39 ①

40 그림의 정류 회로에서 다이오드의 전압 강하를 무시할 때 콘덴서 양단의 최대전압은 약 몇 [V]까지 충전되는가?

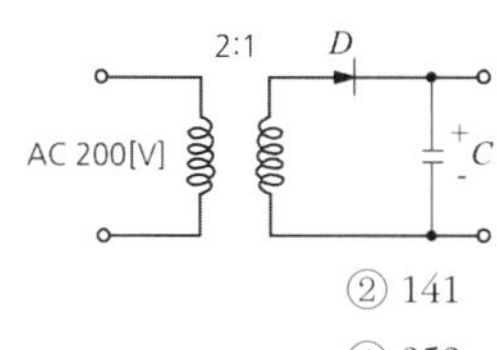

① 70 ② 141
③ 280 ④ 352

해설 ㉠ 교재 182쪽 [3. 각종 파형의 전파, 반파의 평균값] 참조
㉡ 그림은 [다이오드 1개를 이용한 반파 정류회로]임
㉢ 변압기의 권선 비율이 2 : 1이므로 2차 측 전압(실효값)은 100 [V], 최대값= $\sqrt{2}$×실효값 = $\sqrt{2}\times 100 = 141$[V]
㉣ 2차 측 최대 전압 파형

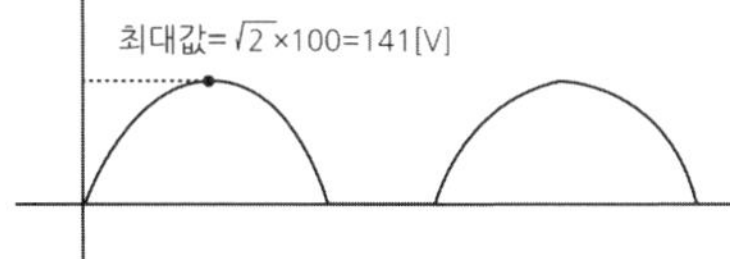

3과목 : 전기 설비

41 접지 저항 측정 방법으로 가장 적당한 것은?

① 절연 저항계 ② 전력계
③ 교류의 전압, 전류계 ④ 콜라우시 브리지

해설 ㉠ 교재 30쪽 맨 아래 [저항 측정] 참조
㉡ 저 저항 측정(1[Ω] 이하) ⓐ 캘빈더블 브리지법: 10^{-3}~1[Ω] 정도의 저 저항 정밀 측정에 사용된다.
㉢ 중 저항 측정(1[Ω]~10[kΩ] 정도) ⓐ 저항 강하법의 전압 전류계법 : 백열 전구의 필라멘트 저항 측정 등에 사용된다. ⓑ 휘스톤 브리지법
㉣ 특수 저항 측정
ⓐ 검류계의 내부 저항 : 휘스톤 브리지법
ⓑ 전해액의 저항 : 콜라우시 브리지법
ⓒ 접지 저항 : 콜라우시 브리지법

42 고압 이상에서 기기의 점검, 수리 시 무전압, 무전류 상태로 전로에서 단독으로 전로의 접속 또는 분리하는 것을 주목적으로 사용되는 수·변전 기기는?

① 기중 부하 개폐기 ② 단로기
③ 전력 퓨즈 ④ 컷아웃 스위치

해설 ㉠ 부하 개폐기(LBS) : 전력 계통의 운전·정지 등 부하 전류가 흐르고 있는 회로의 개폐를 목적으로 사용한다.
㉡ 단로기(DS) : 전류가 흐르지 않는 상태(무부하 시)에서 회로의 접속 변경 및 점검 수리 시에 사용되는 개폐기를 말한다.
㉢ 전력 퓨즈(PF) : 회로를 단락 사고로부터 보호한다.
㉣ 컷 아웃 스위치(COS) : 기계 기구(변압기)를 과전류로부터 보호한다.
㉤ 교재 275쪽

43 변류기의 약호는?

① CT ② WH
③ CB ④ DS

해설 ㉠ CT(변류기), WH(전력량계), CB(차단기), DS(단로기)
㉡ 교재 275쪽

44 피시 테이프(Fish Tape)의 용도는?

① 전선을 테이핑하기 위해서 사용
② 전선관의 끝마무리를 위해서 사용
③ 배관에 전선을 넣을 때 사용
④ 합성 수지관을 구부릴 때 사용

해설 ㉠ 교재 234쪽 [마. 금속관 공사시 공구]
㉡ 피시 테이프(Fish Tape) : 전선관에 전선을 넣거나 매달고 당길 때 사용되는 도구이다.

45 옥내 배선의 전선의 굵기를 결정하는 요소는?

① 허용 전류, 전압 강하, 절연 저항
② 절연 저항, 전압 강하, 통전 시간
③ 허용 전류, 전압 강하, 통전 시간
④ 허용 전류, 전압 강하, 기계적 강도

정답 40 ② 41 ④ 42 ② 43 ① 44 ③ 45 ④

해설 ㉠ 교재 253쪽
㉡ 옥내 전선의 굵기를 결정하는 요소
ⓐ 허용 전류, ⓑ 기계적 강도, ⓒ 전압 강하

46 고압 가공 전선이 도로를 횡단하는 경우 전선의 지표상 최소 높이는 몇 [m]인가?

① 3 ② 4
③ 5 ④ 6

해설 교재 259쪽 [전선로] 참조

47 과전류 차단기로 시설하는 퓨즈 중 고압 전로에 사용하는 비포장 퓨즈는 정격 전류의 몇 배의 전류에 견디어야 하는가?

① 1.1 ② 1.25
③ 1.5 ④ 2

해설 ㉠ 교재 251쪽
㉡ 고압 전로 퓨즈
ⓐ 비포장 퓨즈 : 정격전류의 1.25배의 전류에 견디고 또한 2배의 전류로 2분 안에 용단되는 것이어야 한다. 예 실 퓨즈, 고리 퓨즈, 판형 퓨즈
ⓑ 포장 퓨즈 : 정격 전류의 1.3배의 전류에 견디고 또한 2배의 전류로 120분 안에 용단되는 것이어야 한다. 예 통형 퓨즈, 플러그 퓨즈

48 옥내 배선 공사 작업 중 접속함에서 쥐꼬리 접속을 할 때 필요한 것은?

① 커플링
② 와이어 커넥터
③ 로크 너트
④ 부싱

해설 ㉠ 접속함(박스) 내에서 전선을 쥐꼬리 접속할 경우 와이어 커넥터를 사용하여 접속하여야 한다.
㉡ 교재 207쪽 [6. 정션 박스 내에서 전선 접속시]

49 22.9[kV−Y] 이하의 배전선로에서 수전하는 설비의 피뢰기 정격 전압은 몇 [kV]를 적용하는가?

① 288[kV] ② 144[kV]
③ 24[kV] ④ 18[kV]

해설 ㉠ 피뢰기의 정격전압

공칭전압	피뢰기 정격 전압	
	변전소	선로
345 [kV]	288 [kV]	
154 [kV]	144 [kV]	
66 [kV]	72 [kV]	
22 [kV]	24 [kV]	
22.9 [kV]	21 [kV]	18 [kV]

50 차단기 문자 기호 중 'ACB'는?

① 진공 차단기 ② 기중 차단기
③ 자기 차단기 ④ 유입 차단기

해설 ㉠ 수·변전설비에서 사용되는 스위치는 고압용과 저압용으로 구분된다. 이때, ABC는 저압용으로 사용되는 차단기이고, 나머지는 고압용으로 분리된다.
㉡ ⓐ 진공 차단기 : VCB ⓑ 기중 차단기 : ACB
ⓒ 자기 차단기 : MBB ⓓ 유입 차단기 : OCB
㉢ 교재 274쪽[1. 차단기의 종류]

51 한국전기설비규정에 의하면 옥외 백열 전등의 인하선으로서 지표상의 높이 2.5[m] 미만인 부분은 공칭 단면적 몇 [mm^2] 이상의 연동선과 동등 이상의 세기 및 굵기의 절연전선(옥외용 비닐 전선을 제외)을 사용하는가?

① 0.75 ② 1.5
③ 2.5 ④ 2.0

해설 ㉠ 옥외 백열전등의 인하선으로서 지표상의 높이 2.5 [m] 미만의 부분은 공칭 단면적 2.5 [mm^2] 이상의 연동선과 동등 이상의 세기 및 굵기의 절연 전선을 사용한다.(단, OW 제외)

52 교류 전등 공사에서 금속관 내에 전선을 넣어 연결한 방법 중 옳은 것은?

①
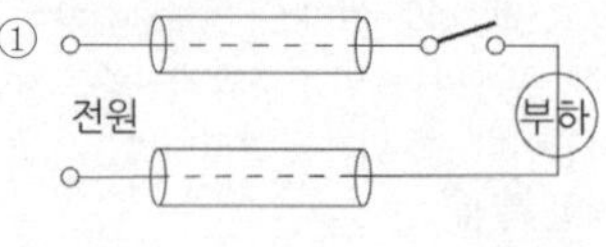

②
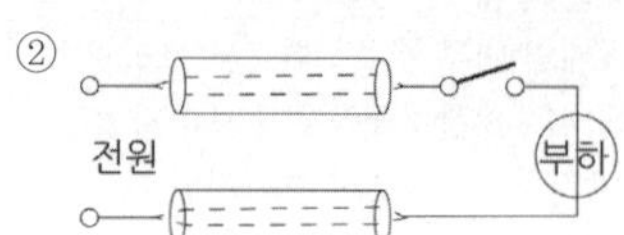

정답 46 ④ 47 ② 48 ② 49 ④ 50 ② 51 ③ 52 ③

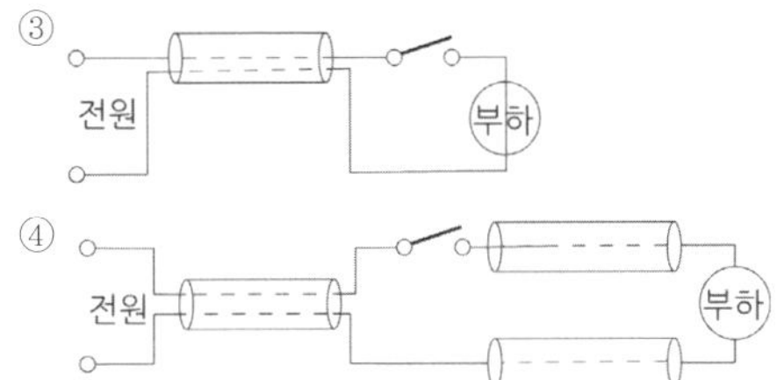

해설 ㉠ 교재 239쪽 [30번 문항]
㉡ 교류 전등 공사에서 금속관 내에 전선을 넣어 연결할 경우 전자식 불평형이 생기지 않도록 하나의 배관에 하나의 부하를 연결하여야 한다.

53 **조명용 전등을 호텔 또는 여관 객실의 입구나 일반 주택 및 아파트 각 실의 현관에 설치할 때 사용되는 스위치는 무엇인가?**

① 로터리 스위치 ② 누름버튼 스위치
③ 타임 스위치 ④ 토글 스위치

해설 ㉠ 타임 스위치 : 정해진 시간에 자동으로 흐르거나 끊어지게 하는 스위치. 전기 장치에 많이 사용
㉡ 토글 스위치 : on, off가 가능한 스위치
㉢ 누름 버튼 스위치 : 누르고 있는 동안에만 동작하는 스위치. PB 스위치라고도 함
㉣ 로터리 스위치 : 한단 한단 돌아가면서 올리고 내리는 스위치. 선풍기 강약 조절용에 사용

54 **전주의 길이가 16[m]이고, 설계 하중이 6.8[kN] 이하의 철근 콘크리트 주를 시설할 때 땅에 묻히는 길이는 몇 [m] 이상이어야 하는가?**

① 1.2 ② 1.4
③ 2.0 ④ 2.5

해설 ㉠ 주의 길이가 16 [m] 이하이고 설계 하중이 6.8 [kN] 이하인 경우, 땅에 묻히는 길이는 2.5 [m] 이상이어야 한다.
㉡ 교재 264쪽 [4. 매설 깊이]

55 **천장에 작은 구멍을 뚫어 그 속에 등기구를 매입시키는 방식으로 건축의 공간을 유효하게 하는 조명 방식은?**

① 코브 방식 ② 코퍼 방식
③ 밸런스 방식 ④ 다운 라이트 방식

해설 ㉠ 코브 방식 : 램프를 감추고 코브의 벽, 천장면을 이용하여 간접 조명으로 만들어 그 반사광으로 채광하는 방식으로 가장 대표적인 건축화 조명방식이다.
㉡ 코퍼(라이트) 방식 : 천장면을 여러 형태로 오려내어 건축적인 공간을 형성하고, 다양한 매입기구를 부착하여 단조로움을 피하는 방식이다.
㉢ 밸런스 방식 : 벽면을 밝은 광원으로 조명하는 방식으로 숨겨진 램프의 직접 광이 아래쪽의 벽, 커튼, 위쪽 천장면에 조사되도록 조명하는 방식이다.
㉣ 다운 라이트 방식 : 천장에 작은 구멍을 뚫고 그 속에 광원을 넣고 매입하는 방식으로 용도에 따라 다운 라이트, 다운스포트로 구분하며 광원으로는 백열등, 할로겐 램프 등을 사용한다.

56 **지중 전선로를 직접 매설식에 의하여 시설하는 경우 차량, 기타 중량물의 압력을 받을 우려가 있는 장소의 매설 깊이 [m]는?**

① 0.6[m] 이상 ② 1.0[m] 이상
③ 1.5[m] 이상 ④ 2.0[m] 이상

해설 ㉠ 지중 전선로를 직접 매설식에 의하여 시설하는 경우, 매설 깊이를 차량 기타 중량물의 압력을 받을 우려가 있는 장소에는 1.0 [m] 이상, 기타 장소에는 60 [cm] 이상으로 하고 또한 지중 전선을 견고한 트러프나 기타 방호물에 넣어 시설하여야 한다.
㉡ 교재 271쪽 [다. 공통(매설 깊이)] 참조

57 **금속관 절단구에 대한 다듬기에 쓰이는 공구는?**

① 리머 ② 홀소우
③ 프레셔 툴 ④ 파이프 렌치

해설 ㉠ 리머 : 금속관을 쇠톱이나 커터로 자른 다음 관 안의 날카로운 것을 다듬는 것
㉡ 홀소우 : 원형의 톱으로 구멍을 뚫는 데 사용
㉢ 프레셔 툴 : 솔더리스 커넥터 또는 솔더리스 터미널을 압착하는 것(압착 펜치)
㉣ 파이프 렌치 : 금속관 커플링을 접속할 때 금속관 커플링을 물고 조이는 것
㉤ 교재 234쪽 [마. 금속관 공사 시 공구] 참조

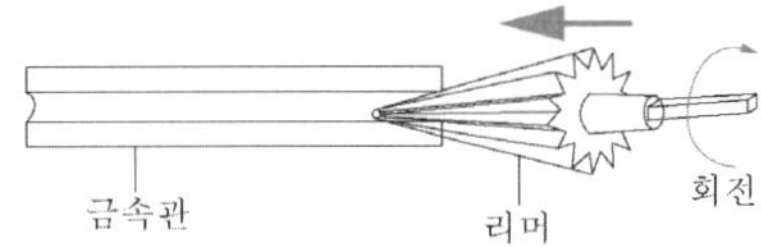

[절단면 다듬기]

정답 53 ③ 54 ④ 55 ④ 56 ② 57 ①

58 **제1종 가요 전선관을 구부릴 경우 곡률 반지름은 관 안지름의 몇 배 이상으로 하여야 하는가?**

① 3배 ② 4배
③ 6배 ④ 8배

해설 ㉠ 제1종 가요 전선관을 구부릴 경우 곡률 반지름은 관 안지름의 6배 이상으로 하여야 한다.
㉡ 교재 241쪽 [⑦ 구부림] 참조

59 **전기 울타리용 전원 장치에 전원을 공급하는 전로의 사용 전압은 몇 [V] 이하이어야 하는가?**

① 400 ② 250
③ 200 ④ 150

해설 ㉠ 전기 울타리는 사람이 쉽게 출입하지 아니하는 곳에 시설할 것
㉡ 전기 울타리를 시설한 곳에는 사람이 보기 쉽도록 위험표시를 시설할 것
㉢ 전선은 인장 강도 1.38[kN] 이상의 것 또는 지름 2[mm] 이상의 경동선일 것
㉣ 전선과 이를 지지하는 기둥 사이의 이격 거리는 2.5[cm] 이상일 것
㉤ 전선과 다른 시설물(가공 전선을 제외한다) 또는 수목 사이의 이격 거리 30cm 이상일 것
㉥ 전기 울타리에 전기를 공급하는 전로에는 쉽게 개폐할 수 있는 곳에 전용 개폐기를 시설하여야 한다.
㉦ 전기 울타리용 전원 장치에 전기를 공급하는 전로의 사용 전압은 250[V] 이하이어야 한다.

60 **수전 설비의 저압 배전반은 배전반 앞에서 계측기를 판독하기 위하여 앞면과 최소 몇 [m] 이상 유지하는 것을 원칙으로 하고 있는가?**

① 2.5[m] ② 1.8[m]
③ 1.5[m] ④ 1.7[m]

해설 ㉠ 기기 별 최소 유지 거리[m]

부위[m] / 기기	앞면 또는 조작 계측면	뒷면 또는 점검면	열상호간 (점검하는 면)	기타의 면
특고압반	1.7	0.8	1.4	-
고압 배전반	1.5	0.6	1.2	-
저압 배전반	1.5	0.6	1.2	-
변압기 등	0.6	0.6	1.2	0.3

㉡ 교재 280쪽 [2. 큐비클 식 배전반] 참조

정답 58 ③ 59 ② 60 ③

22 과년도 기출문제(2022년 2회)

1과목 : 전기 이론

01 세 개의 저항 2[Ω], 4[Ω], 6[Ω]을 병렬로 연결하였을 때 전 전류가 5[A]이면 2[Ω]에 흐르는 전류는 몇 [A]인가?

① 1.32 ② 1.81
③ 2.72 ④ 4.57

해설 풀이1

㉠
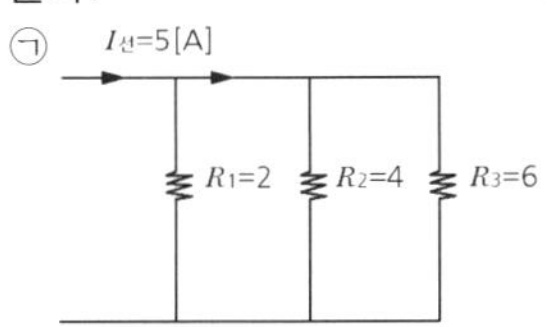

㉡
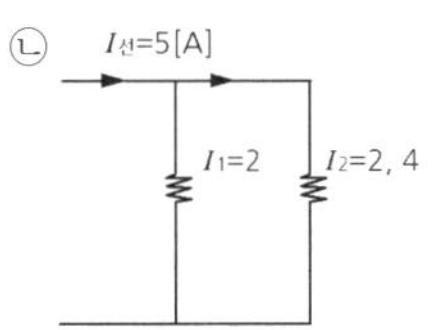

ⓐ 2[Ω]과 3[Ω]이 병렬이면 합성 저항 1.2[Ω]
ⓑ 4[Ω]과 6[Ω]이 병렬이면 합성 저항 2.4[Ω]는 암기하면 편하다.

㉢ 2[Ω]에 흐르는 전류 $I_1 = \frac{2.4}{2+2.4} \cdot I_{전} = 2.72$

풀이2

㉠ 전체 합성 저항

$$R_{전} = \frac{R_1 R_2 R_3}{R_1 R_2 + R_2 R_3 + R_3 R_1} = 1.1\ [\Omega]$$

㉡ $V = I \cdot R_{합} = 5 \times 1.1 = 5.5\ [\mathrm{V}]$

㉢
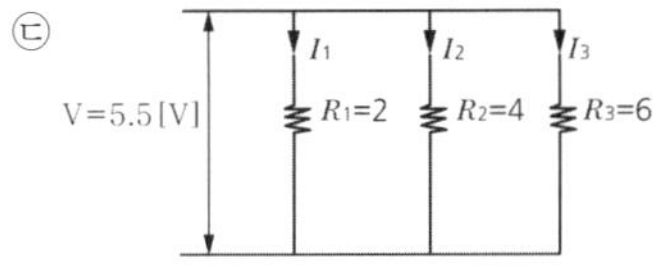

$$I_1 = \frac{V}{R_1} = \frac{5.5}{2} \fallingdotseq 2.7,\ I_2 = \frac{V}{R_2} = \frac{5.5}{4}$$

$$I_3 = \frac{V}{R_3} = \frac{5.5}{6}$$

02 다음과 같은 회로에서 흐르는 전류 I는 몇 [A]인가?

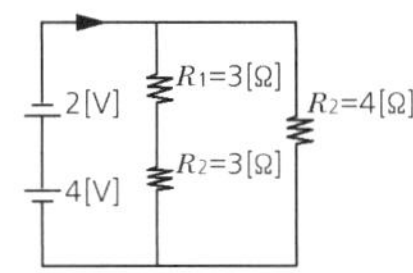

① 0.24 ② 0.83
③ 1.25 ④ 2.42

해설 ㉠ 기전력의 방향이 반대이므로
4[V] − 2[V] = 2[V] 회로를 다시 그리면

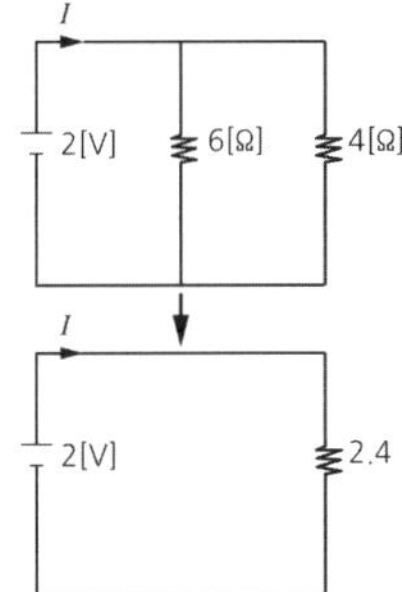

[암기]
ⓐ 2[Ω]과 3[Ω]이 병렬이면 합성 저항 1.2[Ω]
ⓑ 4[Ω]과 6[Ω]이 병렬이면 합성 저항 2.4[Ω]는 암기하면 편하다.

㉡ $\therefore \mathrm{I} = \frac{\mathrm{E}}{\mathrm{R}} = \frac{2}{2.4} = 0.83$

정답 01 ③ 02 ②

03 **정전 에너지 W[J]를 구하는 식으로 옳은 것은? (단, C는 콘덴서 용량[F], V는 공급 전압[V]이다.)**

① $W=\frac{1}{2}CV^2$ ② $W=\frac{1}{2}CV$

③ $W=\frac{1}{2}C^2V$ ④ $W=2CV^2$

해설 ㉠ 정전 에너지 $W=\frac{1}{2}CV^2=\frac{1}{2}QV=\frac{Q^2}{2C}$ [J]

㉡ 교재 42쪽 [가. 정전 에너지] 참조

04 $i=20\sqrt{2}\,sin\left(377t-\frac{\pi}{6}\right)$ [A]**인 파형의 주파수는 몇 [Hz]인가?**

① 50 ② 60

③ 70 ④ 80

해설 ㉠ 377은 60[Hz], 314는 60[Hz]

㉡ $i=20\sqrt{2}\,sin\left(377t-\frac{\pi}{6}\right)=20\sqrt{2}\,sin\left(\omega t-\frac{\pi}{6}\right)$

$\omega=377$ [rad/s], 즉 $2\pi f=377$ [rad/s]

$f=\frac{377}{2\times3.14}=60$ [Hz]

㉢ 교재 63쪽 [2. 주파수와 각속도] 참조

05 **전류계의 측정 범위를 확대시키기 위하여 전류계와 병렬로 접속하는 것은?**

① 분류기 ② 검류계

③ 배율기 ④ 전위차계

해설 ㉠ 분류기: 전기 회로에서 전류계의 측정 범위를 확대하기 위한 장치

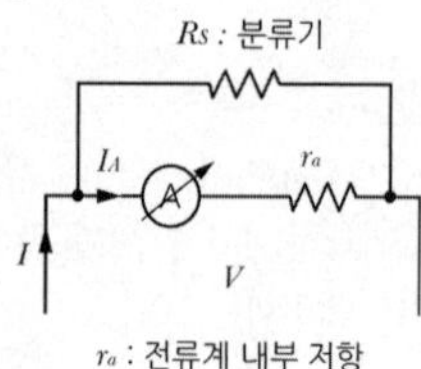

㉡ 교재 29쪽~30쪽, 그림 참조

06 **그림을 테브난 등가 회로로 고칠 때 개방 전압 V[V]와 등가 저항 R[Ω]은?**

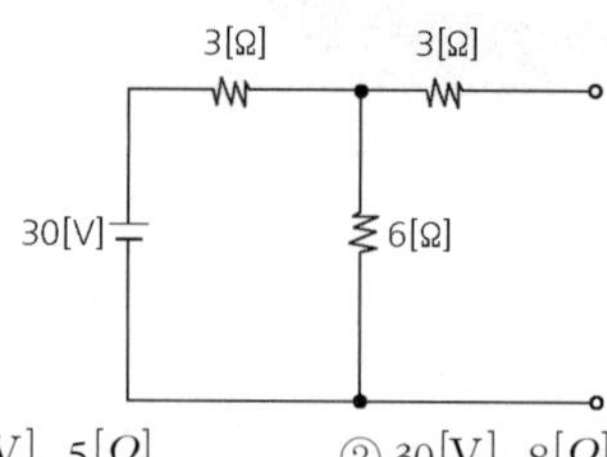

① 20[V], 5[Ω] ② 30[V], 8[Ω]

③ 15[V], 12[Ω] ④ 10[V], 1.2[Ω]

해설 ㉠ 6[Ω]에 걸리는 테브난 전압

$V_{th}=\frac{6}{3+6}\times30=20$ [V]

㉡ 개방 측에서 본 합성 저항 $R_{th}=\frac{3\times6}{3+6}+3=5$ [Ω]

(이때 전압원은 단락 상태로 계산한다.)

㉢

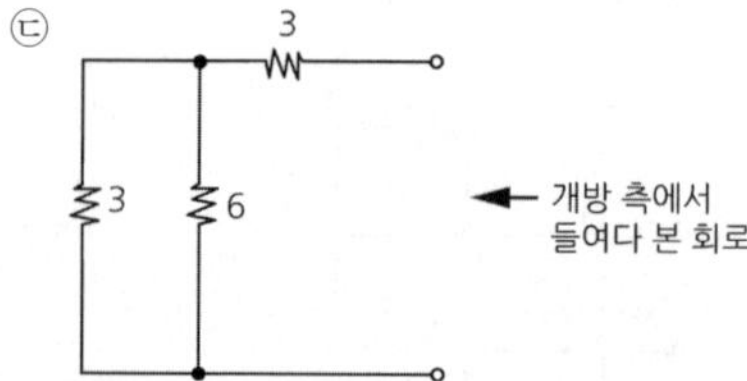

07 $+Q_1$[C]**과** $-Q_2$[C]**의 전하가 진공 중에서 r[m]의 거리에 있을 때 이들 사이에 작용하는 정전기력 F[N]과 힘의 방향은?**

① $F=9\times10^{-7}\times\frac{Q_1Q_2}{r^2}$, 흡입력

② $F=9\times10^{9}\times\frac{Q_1Q_2}{r^2}$, 흡입력

③ $F=9\times10^{9}\times\frac{Q_1Q_2}{r^2}$, 반발력

④ $F=9\times10^{-7}\times\frac{Q_1Q_2}{r^2}$, 반발력

해설 ㉠ 공기, 진공 중에서의 정전기력

$F=\frac{1}{4\pi\varepsilon_0}\times\frac{Q_1Q_2}{r^2}=9\times10^9\times\frac{Q_1Q_2}{r^2}$ [N]

㉡ 교재 37쪽 [쿨롱의 제1법칙] 참조

정답 03 ① 04 ② 05 ① 06 ① 07 ③

08 **평행한 두 도선 간의 전자력은?**

① 거리 r에 비례한다.
② 거리 r에 반비례한다.
③ 거리 r^2에 비례한다.
④ 거리 r^2에 반비례한다.

해설 ㉠ 교재 55쪽 [2. 평행 도체 사이에 작용하는 힘] 참조
㉡ 평행한 두 도선에 작용하는 힘의 종류
ⓐ 흡인력: 도체에 흐르는 전류의 방향이 같을 때 발생
ⓑ 반발력: 도체에 흐르는 전류의 방향이 다를 때 발생

09 **비유전율 2.5의 유전체 내부의 전속 밀도가 2×10^{-6} [C/m^2]되는 점의 전기장의 세기는 약 [V/m]인가?**

① 18×10^4　② 9×10^4
③ 6×10^4　④ 3.6×10^4

해설 ㉠ 교재 40쪽 [나. 전속 밀도]에서 전속 밀도
$D=\varepsilon E=\varepsilon_0\varepsilon_s E$
㉡ 전기장의 세기
$$E=\frac{D}{\varepsilon_0\varepsilon_s}=\frac{2\times10^{-6}}{8.85\times10^{-12}\times2.5}=9\times10^4\ [\text{V/m}]$$

10 **3 [kwh] 의 전열기를 정격 상태에서 20분 동안 사용하였을 때의 열량은 몇 [kcal] 인가?**

① 430　② 520
③ 610　④ 860

해설 ㉠ 교재 28쪽 [1. 전력과 전력량] 참조
㉡ 1 [kWh] = 860 [kcal] ,
3 [kWh] = 860×3 = 2,580 [kcal]
20분간 사용했으므로
$$2,580\times\frac{20}{60}=860\ [\text{kcal}]$$

11 **10 [V] 의 전위차로 가속된 전자 운동 에너지는 몇 [J]인가?**

① 1.602×10^{-20}　② 1.602×10^{-19}
③ 1.602×10^{-18}　④ 1.602×10^{-17}

해설 ㉠ 전자의 운동에너지 $E=eV$[J]에서 $V=10$ [V]
㉡ 계산기를 사용해서 풀면
$E=$ SHIFT 7 23 = × 10
= 1.602×10^{-18}

12 **평형 3상 회로에서 1상의 소비 전력이 P[W]라면, 3상 회로 전체 소비 전력[W]은?**

① $2P$　② $\sqrt{2}P$
③ $3P$　④ $\sqrt{3}P$

해설 ㉠ 1상의 소비전력이 P이면 3상의 소비 전력
$P_{3상}=3\times P$[W]
㉡ 교재 87쪽 [3상 교류 전력] 참조

13 **L_1, L_2 두 코일이 접속되어 있을 때 누설 자속이 없는 이상적인 코일 간의 상호 인덕턴스는?**

① $M=\sqrt{L_1+L_2}$　② $M=\sqrt{L_1-L_2}$
③ $M=\sqrt{L_1L_2}$　④ $M=\sqrt{\dfrac{L_1}{L_2}}$

해설 합성인덕턴스
㉠ $L_{합}=L_1+L_2\pm2M=L_1+L_2\pm2K\sqrt{L_1L_2}$
㉡ $M=K\sqrt{L_1L_2}$에서 누설자속이 없으므로 결합계수 $K=1\quad\therefore M=\sqrt{L_1L_2}$
㉢ 교재 59쪽

14 **두 콘덴서 C_1, C_2를 직렬 연결하고 그 양 끝에 전압을 가한 경우 C_1에 걸리는 전압 [V]은?**

① $\dfrac{C_1}{C_1+C_2}\times V$　② $\dfrac{C_2}{C_1+C_2}\times V$
③ $\dfrac{C_1+C_2}{C_1}\times V$　④ $\dfrac{C_1+C_2}{C_2}\times V$

해설 ㉠ 교재 44쪽 [콘덴서의 접속 및 계산]에서 '콘덴서의 직렬은 저항의 병렬과 같이 계산하고 콘덴서의 병렬은 저항의 직렬과 같이 계산한다.'
㉡ 저항 R_1, R_2가 직렬로 연결되어 있을 경우 R_1에 걸리는 전압 V_1은 $V_1=\dfrac{R_1\cdot V}{R_1+R_2}$

정답 08 ② 09 ② 10 ④ 11 ③ 12 ③ 13 ③ 14 ②

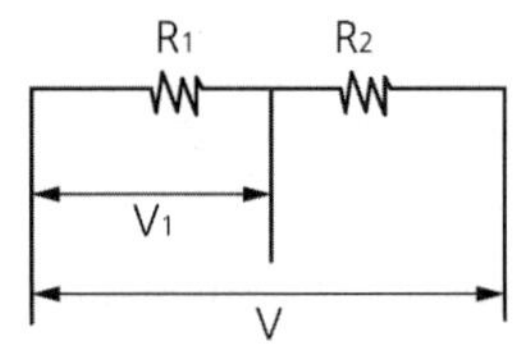

㉢ 콘덴서 C_1, C_2가 직렬로 연결되어 있을 경우 C_1에 걸리는 전압 $V_1 = \dfrac{C_2 \cdot V}{C_1 + C_2}$

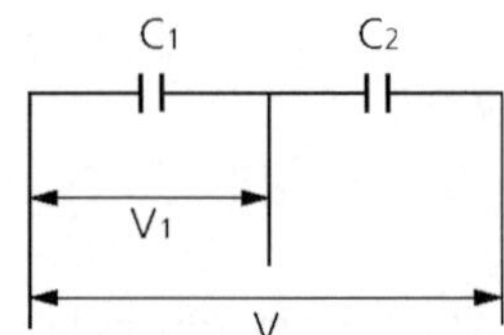

15 $I = 8 + j6$ [A]로 표시되는 전류의 크기 I[A]는 얼마인가?

① 6 ② 8
③ 10 ④ 12

해설 ㉠ 전류의 크기 $|I| = \sqrt{8^2 + 6^2} = 10$ [A]

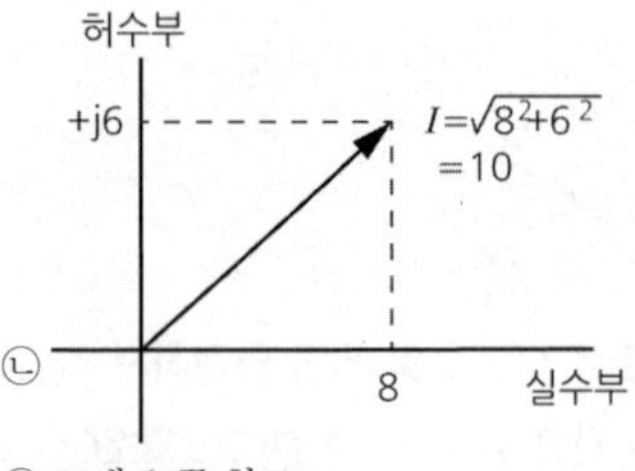

㉡

㉢ 교재 69쪽 참조

16 쿨롱의 법칙에서 2개의 점 전하 사이에 작용하는 정전력의 크기는?

① 두 전하의 곱에 비례하고 거리에 반비례한다.
② 두 전하의 곱에 반비례하고 거리에 비례한다.
③ 두 전하의 곱에 비례하고 거리의 제곱에 비례한다.
④ 두 전하의 곱에 비례하고 거리의 제곱에 반비례한다.

해설 쿨롱의 법칙에서 정전력

㉠ $F = \dfrac{1}{4\pi\varepsilon} \times \dfrac{Q_1 Q_2}{r^2}$ [N]

$= \dfrac{1}{4\pi\varepsilon_0\varepsilon_s} \times \dfrac{Q_1 Q_2}{r^2}$ [N]

(r: 두 점 전하 사이 거리, Q: 전하량)

㉡ 교재 37쪽 [쿨롱의 제1법칙] 참조

㉢ 교재 46쪽 [쿨롱의 제2법칙]도 같이 암기하고 이해해야 함.

17 저항 $R = 30$ [Ω], 자체 인덕턴스 $L = 50$ [mH], 정전 용량 $C = 102$ [μF]의 직렬 회로에서 공진 주파수 f_0는 약 몇 [Hz]인가?

① 40 ② 50
③ 60 ④ 70

해설 ㉠ RLC회로의 공진 주파수는 직렬 또는 병렬에 관계없이 항상 $f_0 = \dfrac{1}{2\pi\sqrt{LC}}$이다.

$\therefore \dfrac{1}{2\pi\sqrt{LC}} = \dfrac{1}{2\times3.14\times\sqrt{50\times10^{-3}\times102\times10^{-6}}}$

$= 70.5$ [Hz]

㉡ 계산기를 이용해서 풀 것.

18 도체가 운동하여 자속을 끊었을 때 기전력의 방향을 알아내는 데 편리한 법칙은?

① 렌츠의 법칙
② 패러데이의 법칙
③ 플레밍의 왼손 법칙
④ 플레밍의 오른손 법칙

해설 ㉠ 도체가 운동하여 자속을 끊어 유기 기전력이 발생할 때 기전력의 방향을 결정하는 법칙은 플레밍의 오른손 법칙이다.

㉡ 교재 57쪽 암기법을 이용할 것.

19 Y−Y 결선 회로에서 각 상전압이 100 [V]일 때 선간 전압은 약 몇 [V]인가?

① 100 ② 150
③ 173 ④ 195

해설 ㉠ Y 결선에서는 선간 전압 V_l이 상전압 V_p보다 $\sqrt{3}$배 크기 때문에 $V_l = \sqrt{3}\,V_p$이다.

$\therefore V_l = \sqrt{3} \times 100$ [V] $= 173$ [V]

㉡ 교재 84쪽 [2. Y 결선] 참조

정답 15 ③ 16 ④ 17 ④ 18 ④ 19 ③

20 그림의 단자 1-2에서 본 노튼의 등가 회로 개방단 컨덕턴스는 몇 [℧]인가?

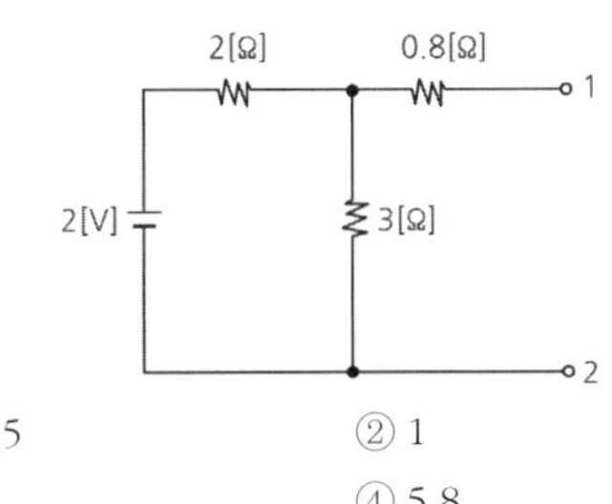

① 0.5 ② 1
③ 2 ④ 5.8

해설 ㉠ 1-2에서 들여다 본 저항 R(이때 전압원은 단락)

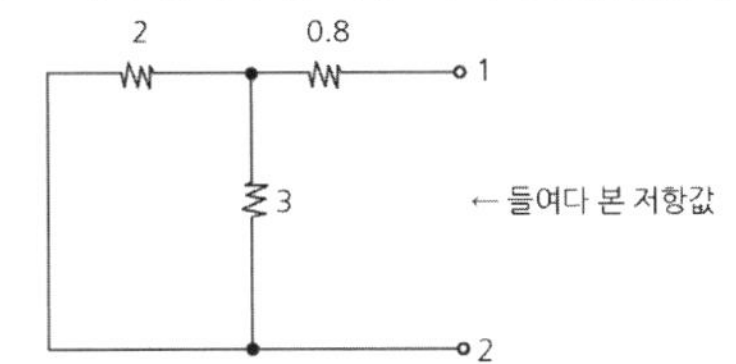

㉡ $R = 0.8 + \dfrac{2\times3}{2+3} = 2\,[\Omega]$

㉢ 컨덕턴스 $G = \dfrac{1}{R} = \dfrac{1}{2} = 0.5\,[℧]$

2과목 : 전기 기기

21 6극 직류 발전기의 정류자 편수가 132, 단자 전압이 220[V] 직렬 도체수가 132개이고 중권이다. 정류자 편간 전압은 몇 [V]인가?

① 5 ② 10
③ 20 ④ 30

해설 ㉠ 정류자 편간 전압 $e = \dfrac{PE}{K} = \dfrac{6\times220}{132} = 10\,[V]$

(단, e : 정류자 편간 전압, P : 극수, E : 기전력, K : 정류자 편수)

22 자극수 6, 파권 전기자 도체수 400의 직류 발전기를 600[rpm]의 회전 속도로 무부하 운전할 때 기전력은 120[V]이다. 1극당 주자속[Wb]은?

① 0.89 ② 0.09
③ 0.47 ④ 0.01

해설 ㉠ $E = \dfrac{PZ\phi N}{60a}$

㉡ $\phi = \dfrac{60aE}{PZN} = \dfrac{60\times2\times120}{6\times400\times600} = 0.01\,[Wb]$

㉢ 교재 104쪽 맨 위 [나. 전기자 도체수가 Z일 때 유기되는 전체 유기 기전력] 참조

23 단상 변압기의 병렬 운전 조건에 대한 설명으로 잘못된 것은?

① 각 변압기의 극성이 일치할 것
② 각 변압기의 %임피던스 강하가 같을 것
③ 각 변압기의 권수비가 같고 1차 및 2차 정격 전압이 같을 것
④ 각 변압기의 저항과 리액턴스의 비가 $\dfrac{x}{r}$일 것

해설 ㉠ 단상 변압기의 병렬 운전 조건
ⓐ 각 변압기의 극성이 같을 것
ⓑ 각 변압기의 %임피던스 강하가 같을 것
ⓒ 각 변압기의 권수비가 같고
ⓓ 1차 및 2차의 정격전압이 같을 것
ⓔ 기타 3상의 경우 위 조건 외에 각 변압기의 상회전 방향 및 위상 변위가 같을 것
㉡ 교재 155쪽 [병렬 운전 조건] 참조

24 계자 권선이 전기자와 접속되어 있지 않은 직류기는?

① 직권기 ② 분권기
③ 복권기 ④ 타여자기

해설 ㉠ 타여자 발전기: 발전기 외부의 별도의 다른 직류 전압원에서 여자 전류를 공급하여 계자를 여자시키는 방식의 발전기이다. 즉, 계자 권선이 전기자와 접속되어 있지 않다.
㉡ 교재 107쪽 [가. 직류 타여자 발전기]

25 변압기의 온도 상승 시험법으로 가장 널리 사용되는 것은?

① 단락 시험법 ② 절연내력 시험법
③ 무부하 시험법 ④ 실 부하법

해설 ㉠ 변압기의 온도 시험법은 반환 부하법, 단락 시험법, 실 부하법 등이 있는데 가장 널리 사용하는 방법은 단락 시험법, 반환 부하법이다.

정답 20 ① 21 ② 22 ④ 23 ④ 24 ④ 25 ①

㉡ 단락 시험법: 변압기의 권선을 단락하고 전 손실에 해당하는 부하 손실을 공급하여 온도 상승을 측정
㉢ 반환 부하법: 전력을 소비하지 않고, 온도가 올라가는 원인이 되는 철손과 구리 손만 공급하여 시험하는 방법
㉣ 실부하 시험: 변압기에 전 부하를 걸어서 온도가 올라가는 상태를 시험하는 것으로, 전력이 많이 소비되므로 소형기에서만 적용
㉤ 교재 144쪽 [변압기의 온도 시험] 참조

26 1차 전압 6,300[V], 2차 전압 210[V], 주파수 60[Hz]의 변압기가 있다. 이 변압기의 권수비는?

① 30 ② 40
③ 50 ④ 60

해설 ㉠ 교재 139쪽 [3. 변압기의 정격, 권수비] 참조
㉡ 권수비 $a=\dfrac{N_1}{N_2}=\dfrac{V_1}{V_2}=\sqrt{\dfrac{Z_1}{Z_2}}=\dfrac{I}{I_2}$
㉢ $a=\dfrac{V_1}{V_2}=\dfrac{6300}{210}=30$

27 전기 기계의 효율 중 발전기의 규약 효율 η_G는? (단, 입력 P, 출력 Q, 손실 L로 표현한다.)

① $\eta_G=\dfrac{P-L}{P}\times 100$ [%]
② $\eta_G=\dfrac{P-L}{P+L}\times 100$ [%]
③ $\eta_G=\dfrac{Q}{P}\times 100$ [%]
④ $\eta_G=\dfrac{Q}{Q+L}\times 100$ [%]

해설 ㉠ 교재 123쪽 [규약 효율]
㉡ 전기 기계의 효율에는 출력과 입력을 측정해서 구하는 실측 효율, 규약에 따라 손실을 결정하여 계산으로 구하는 규약 효율이 있다.
㉢ 전동기의 규약 효율 $\eta_M=\dfrac{\text{입력}-\text{손실}}{\text{입력}}\times 100[\%]$
㉣ 발전기의 규약 효율 $\eta_G=\dfrac{\text{출력}}{\text{출력}+\text{손실}}\times 100[\%]$

28 다음 그림은 동기 발전기의 무부하 포화 곡선을 나타낸 것이다. 포화 계수에 해당하는 것은?

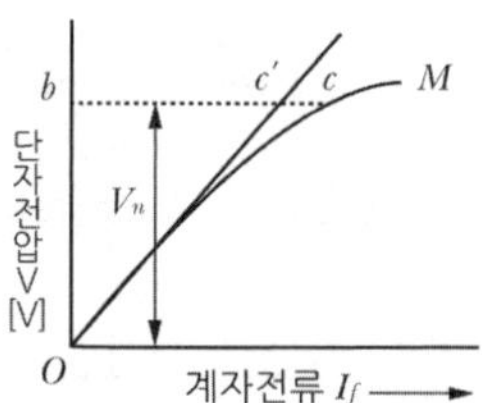

① $\dfrac{\overline{ob}}{\overline{oc}}$ ② $\dfrac{\overline{bc'}}{\overline{bc}}$
③ $\dfrac{\overline{cc'}}{\overline{bc'}}$ ④ $\dfrac{\overline{cc'}}{\overline{bc}}$

해설 ㉠ 교재 130쪽 [특성 곡선] 참조
㉡ 교재 110쪽 맨 아래 [memo]. 발전기 특성 곡선 3가지] 암기법 참조
㉢ 동기 발전기의 무부하 포화 곡선은 무부하 유기 기전력과 계자 전류의 관계 곡선으로 정격 전압에 상응하는 bc의 연장선과 만나는 공극 선과 무부하 포화 곡선이 만나는 점에서 포화 계수(포화율)
$\sigma=\dfrac{\overline{cc'}}{\overline{bc'}}$가 된다.

29 6극, 성형 접속의 3상 교류 발전기가 있다. 1극의 자속이 0.16[Wb], 회전수 1000[rpm], 1상의 권수 186, 권선계수 0.96이면 주파수[Hz]와 단자 전압[V]은?

① 50, 6340 ② 60, 6340
③ 50, 11000 ④ 60, 11000

해설 ㉠ 교재 128쪽 [1. 유도 기전력] 암기법 참조
㉡ $N_s=\dfrac{120f}{P}$에서 $f=\dfrac{N_sP}{120}=\dfrac{1000\times 6}{120}=50$ [Hz]
㉢ 성형 접속(Y 결선)이므로 단자 전압(선간 전압)
$V=\sqrt{3}E=\sqrt{3}\times 4.44 f\phi NK_w$
$=\sqrt{3}\times 4.44\times 50\times 0.16\times 186\times 0.96$
$=10985$ [V]

30 교류 회로에서 양방향 점호(ON) 및 소호(OFF)를 이용하며, 위상 제어를 할 수 있는 소자는?

① TRIAC ② SCR
③ GTO ④ IGBT

정답 26 ① 27 ④ 28 ③ 29 ③ 30 ①

해설 ㉠ 교재 184쪽 [2. 전력용 반도체 소자의 기호와 특성 및 용도] 참조
㉡ TRIAC(쌍방향성 3단자 사이리스터)는 SCR 2개를 역병렬로 접속한 것과 등가인 것으로 양방향 전류가 흘러 교류 제어용으로 사용되는 소자이다. 전력 제어용, 조광 다이얼(AC) 등 교류 제어용으로만 사용된다.
㉢ SCR은 PNPN의 4층 구조로 된 사이리스터의 대표적인 3단자 소자로서 양극(Anode), 음극(Cathode) 및 게이트(Gate)의 3개의 단자를 가지고 있다. 게이트에 흐르는 작은 전류로 큰 전력을 제어할 수 있다.
㉣ GTO(게이트 턴 오프 사이리스터)는 게이트에 역방향으로 전류를 흘리면 자기 소호하는 양극, 음극 및 게이트의 3개의 단자를 가진 사이리스터로 직류 및 교류 제어용 소자로 사용한다.
㉤ IGBT: 컬렉터(C), 에미터(E), 게이트(G)를 가진 3단자 대전류 고전압의 전기량을 제어할 수 있는 자기 소호형 소자이다. 파워 MOSFET의 고속성과 파워 트랜지스터의 저 저항성을 겸비한 노이즈에 강한 파워 소자이다. 고속 인버터, 고속 초퍼 제어 소자로 활용된다.

31 6극, 3상 유도 전동기가 있다. 회전자도 3상이며 회전자 정지 시의 1상의 전압은 200[V]이다. 전부하 시의 속도가 1152[rpm]이면 2차 1상의 전압은 몇 [V]인가? (단, 1차 주파수는 60[Hz]이다.)

① 8.0 ② 8.3
③ 11.5 ④ 23.0

해설 ㉠ $N_s = \frac{120f}{P} = \frac{120 \times 60}{6} = 1200\,[\text{rpm}]$
㉡ $s = \frac{N_s - N}{N_s} = \frac{1200-1152}{1200} = 0.04$
㉢ $\therefore E_{2s} = sE_2 = 0.04 \times 200 = 8\,[\text{V}]$

32 권선형 유도 전동기에서 비례 추이를 이용한 기동법은?

① 리액터 기동법 ② 기동 보상기법
③ 2차 저항 기동법 ④ Y−Δ 기동법

해설 ㉠ 교재 168쪽 [2. 비례추이] 참조
㉡ 권선형 유도 전동기와 같이 2차 회로의 저항을 가감시켜서 슬립을 조정하는 것을 비례 추이라 한다.
㉢ 기동 시 회전력을 크게 하거나 속도를 제어하는 데 용이하다.
㉣ 2차 동손, 출력, 2차 효율 등은 $\frac{r_2}{s}$의 함수로 표현되지 않아 비례 추이를 할 수 없다.

33 정격 속도로 운전하는 무부하 분권 발전기의 계자 저항이 60[Ω], 계자 전류가 1[A], 전기자 저항이 0.5[Ω]이라 하면 유도 기전력은 약 몇 [V]인가?

① 30.5 ② 50.5
③ 60.5 ④ 80.5

해설 ㉠ 분권 발전기 그림

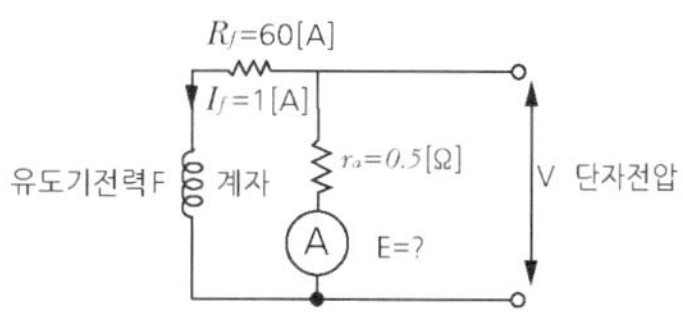

㉡ 유도 기전력 $E = V + I_a r_a$에서
$V = I_f \cdot R_f = 1 \times 60 = 60\,[\text{V}]$
㉢ $E = 60 + (1 \times 0.5) = 60.5\,[\text{V}]$
㉣ 교재 107쪽 맨 아래 [직류 분권 발전기] 그림 참조

34 인버터의 스위칭 주기가 1[ms]일 때 주파수는 몇 [Hz]인가?

① 20 ② 60
③ 100 ④ 1,000

해설 ㉠ 교재 63쪽 [주파수와 각속도]
㉡ 주파수 $f = \frac{1}{T}\,[\text{Hz}]$에서
$$f = \frac{1}{T} = \frac{1}{1 \times 10^{-3}} = 1{,}000\,[\text{Hz}]$$

35 3상 반파 정류 회로 입력 전압을 E[V]라고 할 때의 직류 출력 전압값은?

① $0.45E$ ② $0.9E$
③ $1.17E$ ④ $1.35E$

해설 ㉠ 교재 182쪽 [3. 각종 파형의 전파, 반파의 평균값] 참조

정답 31 ① 32 ③ 33 ③ 34 ④ 35 ③

㉡

구분	직류 출력	맥동 주파수	효율 [%]	맥동률 [%]
단상 반파	$E_d = 0.45E$	f	40.6	121
단상 전파	$E_d = 0.9E$	$2f$	81.2	48
3상 반파	$E_d = 1.17E$	$3f$	96.7	18
3상 전파	$E_d = 1.35E$	$6f$	99.8	4

36 동기 전동기의 자기 기동에서 계자 권선을 단락하는 이유는?

① 기동이 쉽다.
② 기동 권선으로 이용하기 용이하다.
③ 고전압 유도에 의한 절연 파괴 위험을 방지한다.
④ 전기자 반작용을 방지한다.

해설 ㉠ 교재 136쪽 [1. 동기 전동기의 기동 특성] 참조
㉡ 동기 전동기의 자기(자체) 기동법: 회전 자극 표면에 기동 권선을 설치하여 기동 시에는 농형 유도 전동기로 동작시켜 기동시키는 방법이다. 계자 권선을 열어 둔 전기자에 전원을 가하면 권선 수가 많은 계자 회로가 전기자 회전 자계를 끊고 높은 전압을 유기한다. 이때, 계자 회로가 소손될 염려가 있으므로 반드시 계자 회로는 저항을 통해 단락시켜 놓고 기동시켜야 한다.

37 전기 기기의 철심 재료로 규소 강판을 많이 사용하는 이유로 가장 적당한 것은?

① 와류 손을 줄이기 위해
② 맴돌이 전류를 없애기 위해
③ 히스테리시스 손을 줄이기 위해
④ 구리 손을 줄이기 위해

해설 ㉠ 교재 102쪽 [1. 계자] 참조
㉡ 전기 기기에서 철심은 자기 회로를 만드는 부분으로 회전에 따른 자속 방향이 수시로 변화하면서 와전류(성층 철심으로 감소) 손실이나 히스테리시스(규소 강판 사용으로 감소)현상에 의한 철손이 생기게 된다. 따라서 계자(전기자) 철심은 이 철손을 줄이기 위해서 두께 0.35[mm]~0.5[mm] 정도의 얇은 규소 강판을 성층한다.

38 정격 전압 230[V], 정격 전류 28[A]에서 직류 전동기의 속도가 1,680[rpm]일 때 무부하에서의 속도가 1733[rpm]이라고 하면 속도 변동률[%]은 약 얼마인가?

① 3.2 ② 4.6
③ 5.0 ④ 6.1

해설 ㉠ 교재 124쪽 [3. 속도 변동률] 참조
㉡ 속도 변동률

$$\varepsilon = \frac{N_0 - N_n}{N_n} \times 100\,[\%] = \frac{1,733 - 1,680}{1,680} \times 100\,[\%]$$
$$= 3.15\,[\%]$$

(단, N_0: 무부하 속도, N_n: 정격 속도)

39 변압기 내부 고장 시 불평형 1차 전류가 평형 전류의 어떤 비율 이상으로 되었을 때 동작하는 계전기는?

① 과전압 계전기 ② 과전류 계전기
③ 전압 차동 계전기 ④ 비율 차동 계전기

해설 ㉠ 교재 294쪽 [3. 계전기의 종류], 교재 300쪽 그림과 301쪽 문제
㉡ ⓐ 비율 차동 계전기: 변압기의 내부 고장 발생 시 고저압 측에 설치한 CT 2차 측의 억제 코일에 흐르는 전류차가 일정 비율 이상이 되었을 때 계전기가 동작하는 방식이다. 주로 변압기 및 발전기 내부 고장 보호용으로 적용되는 계전기이다.
ⓑ 부흐홀츠 계전기: 변압기 내부 고장으로 인한 보호용으로 사용되며 변압기의 주 탱크와 콘서베이터 사이에 설치된다. 절연유의 온도 상승 시 발생하는 유증기를 검출하여 권선 단락, 철심 고정 볼트의 절연 열화, 탭 전환기의 고장 등을 경보 및 차단하기 위한 용도로 사용된다.

40 주파수 60[Hz]의 회로에 접속되어 슬립 3[%], 회전수 1,164[rpm]으로 회전하고 있는 유도 전동기의 극수는?

① 4 ② 6
③ 8 ④ 10

정답 36 ③ 37 ③ 38 ① 39 ④ 40 ②

해설 ㉠ 교재 160쪽 [memo]는 꼭 암기
㉡ 회전수가 1,164[rpm] 이므로 6극 1,200[rpm] 에 제일 가까움.
㉢ 확인 $1,200 \times 0.03 = 36$ [rpm]
㉣ 회전수$= 1,200 - 36 = 1,164$ [rpm]

3과목 : 전기 설비

41 단상 2선식 옥내 배전반 회로에서 접지 측 전선의 색깔로 옳은 것은?

① 갈색　② 흑색
③ 회색　④ 녹색-노란색

해설 ㉠ 접지 측 전선은 녹색, 황색(노란색)을 혼합하여 사용한다.

42 배선 설계를 위한 전등 및 소형 전기 기계기구의 부하 용량 산정 시 건축물의 종류에 대응한 표준 부하에서 원칙적으로 표준 부하를 20[VA/m^2]으로 적용하여야 하는 건축물은?

① 교회, 극장　② 호텔, 병원
③ 은행, 상점　④ 아파트, 미용원

해설 ㉠ 건축물 종류에 따른 표준 부하 밀도

건축물의 종류	표준 부하 [VA/m^2]
공장, 공화당, 사원, 교회, 극장, 영화관, 연회장 등	10
기숙사, 여관, 호텔, 병원, 학교, 음식점, 다방, 대중 목욕탕 등	20
사무실, 은행, 상점, 미용실	30
주택, 아파트	40

㉡ 교재 278 [6. 표준 부하] 암기법 참조

43 금속관 공사를 노출로 시공할 때 직각으로 구부러지는 곳에는 어떤 배선 기구를 사용하는가?

① 유니언 커플링　② 아웃렛 박스
③ 픽스터 하키　④ 유니버설 엘보

해설 ㉠ 직각 배관 시 사용하는 기구
ⓐ 유니버설 엘보: 노출 배관 시 직각 배관
ⓑ 노멀 밴드: 매입 배관 공사 시 직각 배관
㉡ 교재 234쪽 [마. 금속관 공사 시 공구]

44 케이블 공사에 의한 저압 옥내 배선에서 케이블을 조영재의 아랫 면 또는 옆 면에 따라 붙이는 경우에는 전선의 지지점 간 거리는 몇 [m] 이하이어야 하는가?

① 0.5　② 1
③ 1.5　④ 2

해설 ㉠ 케이블 지지점 간의 거리
㉡ 조영재의 아랫 면 또는 옆 면에 따라 시설할 경우: 2[m] 이하(단, 캡타이어 케이블은 1[m])
㉢ 조영재의 수직 방향으로 시설할 경우: 6[m] 이하

45 다음은 절연 저항에 대한 설명이다. 괄호 안에 들어갈 내용으로 알맞은 것은?

> 특별 저압: 2차 전압이 AC(㉠), DC(㉡)[V] 이하인 SELV(비접지회로) 및 PELV(접지회로)는 1차와 2차가 전기적으로 절연된 회로, FELV는 1차와 2차가 전기적으로 절연되지 않은 회로이다.

① ㉠ 50　㉡ 100
② ㉠ 40　㉡ 100
③ ㉠ 50　㉡ 120
④ ㉠ 40　㉡ 120

해설 ㉠ 교재 221쪽 [2. 저압·고압 전로의 절연 성능] 참조
㉡ 전로의 절연 저항 및 절연 내력

전로의 사용 전압[V]	DC 시험 전압[V]	절연 저항 [Ω]
SELV 및 PELV	250	0.5 이상
FELV 및 500 [V] 이하	500	1.0 이상
500 [V]	1,000	1.0 이상

* 특별 저압(Extra Low Voltage: 2차 전압이 AC 50 [V], DC 120 [V] 이하)으로 SELV(비접지 회로 구성) 및 PELV(접지 회로 구성)은 1차와 2차가 전기적으로 절연된 회로, FELV는 1차와 2차가 전기적으로 절연되지 않은 회로

정답 41 ④ 42 ② 43 ④ 44 ④ 45 ③

46 전등 한 개를 2개소에서 점멸하고자 할 때 옳은 배선은?

①
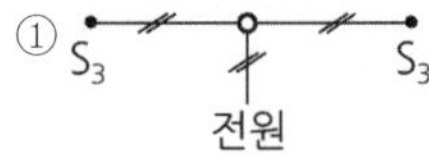

② S_3 S_3 전원

③ S_3 S_3 전원

④ S_3 S_3 전원

해설 교재 289쪽 [3. 3로 스위치] 그림 참조

47 한국전기설비 규정에 따른 고압의 전압 범위는?

① 교류 0.6[kV] 초과 7[kV] 이하
② 교류 0.75[kV] 초과 7[kV] 이하
③ 직류 1.2[kV] 초과 7[kV] 이하
④ 직류 1.5[kV] 초과 7[kV] 이하

해설 ㉠ 교재 214쪽 [1. 전압의 분류] 참조
㉡ 전압의 종별

분류	전압의 범위
저압	직류: 1,500 [V] 이하 교류: 1,000 [V] 이하
고압	직류: 1,500 [V]를 초과하고 7 [kV] 이하 교류: 1,000 [V]를 초과하고 7 [kV] 이하
특고압	7 [kV]를 초과

48 접지 시스템의 구성 요소가 아닌 것은?

① 접지 극　② 접지 도체
③ 보호 도체　④ 소호 도체

해설 ㉠ 교재 218~219쪽 참조
㉡ 접지 시스템은 접지 극, 접지 도체, 보호 도체로 구성되어 있다.

49 사용 전압이 35[kV] 이하인 특고압 가공 전선과 220[V] 가공 전선을 병행 설치할 때, 가공선로 간의 이격 거리는 몇 [m] 이상이어야 하는가?

① 0.5　② 0.75
③ 1.2　④ 1.5

해설 ㉠ 특고압 가공전선과 저고압 가공전선의 병행설치

구분	35 [kV] 이하	35 [kV] 초과 60 [kV] 이하
이격 거리	1.2 [m] 이상 (케이블 사용 시 0.5 [m])	2 [m] 이상 (케이블 사용 시 1 [m])

50 과전류 차단기로 저압 전로에 사용되는 산업용 배선 차단기에 있어서 정격 전류가 32[A]인 회로에 50[A]의 전류가 흘렀을 때 몇 분 이내에 자동적으로 동작하여야 하는가?

① 30분　② 60분
③ 120분　④ 180분

해설 ㉠ 과전류 차단기로 저압 전로에 사용되는 산업용 배선 차단기의 동작 시간 및 특성

정격 전류	규정 시간	정격 전류 배수	
		부동작 전류	동작 전류
63 [A] 이하	60분	1.05배	1.3배
63 [A] 초과	120분	1.05배	1.3배

51 절연물 중에서 가교 폴리 에틸렌(XLPE)과 에틸렌 프로필렌 고무 혼합물(EPR) 전선의 허용 온도[℃]는?

① 70　② 90
③ 95　④ 105

해설 ㉠ 절연물의 허용 온도

정답 46 ④ 47 ④ 48 ④ 49 ③ 50 ② 51 ②

절연물 종류	허용 온도 [℃]	비고
· 염화 비닐(PVC) · 가교폴리에틸렌(XLPE)과 에틸렌 프로필렌 고무 혼합물(EPR)	70 90(전선)	(전선) 도체
· 무기물(PVC피복 또는 나도체가 인체에 접촉할 우려가 있는 것) · 무기물(접촉하지 않고 가연성 물질과 접촉할 우려가 없는 나도체)	70 105	(전선) 시스

52 한국전기설비규정에 의하여 조명용 전등을 아파트 현관에 설치할 경우 최대 몇 분 이내 소등되는 타임 스위치를 시설하여야 하는가?

① 1분 ② 3분
③ 0.5분 ④ 5분

해설 ㉠ 교재 198쪽 [2. 자동스위치] 참조
㉡ 타임 스위치 소등 시간
ⓐ 일반 주택 및 아파트 : 3분 이내 소등
ⓑ 숙박 업소 입구 : 1분 이내 소등

53 연피 케이블을 직접 매설식에 의하여 차량 기타 중량물의 압력을 받을 우려가 있는 장소에 시설하는 경우 매설 깊이는 몇 [m] 이상이어야 하는가?

① 0.6 ② 0.8
③ 1.0 ④ 1.6

해설 직접 매설식으로 시공할 경우 매설 깊이는 중량물의 압력이 있는 곳은 1.0 [m] 이상 없는 곳은 0.6 [m] 이상으로 한다.

54 배전 선로 공사에서 충전되어 있는 활선을 움직이거나 작업권 밖으로 밀어낼 때, 또는 활선을 다른 장소로 옮길 때 사용하는 활선 공구는?

① 피박기 ② 활선 커버
③ 데드 엔드 커버 ④ 와이어 통

해설 ㉠ 교재 272쪽 [10. 가선 공사용 기구] 그림 참조
㉡ 와이어 통 : 충전되어 있는 활선을 움직이거나 작업권 밖으로 밀어낼 때, 또는 활선을 다른 장소로 옮길 때 사용하는 활선 공구(절연봉)

55 간선에서 분기하여 분기 과전류 차단기를 거쳐서 부하에 이르는 사이의 배선을 무엇이라 하는가?

① 간선 ② 인입선
③ 중성선 ④ 분기 회로

해설 분기 회로 : 간선에서 분기하여 과전류 차단기를 거치는 구간

56 변압기의 보호 및 개폐를 위해 사용되는 특고압 컷 아웃 스위치는 변압기 용량의 몇 [kVA] 이하에 사용되는가?

① 100[kVA] ② 200[kVA]
③ 300[kVA] ④ 400[kVA]

해설 ㉠ 변압기 용량이 300 [kVA] 이하인 경우 전력 퓨즈(PF) 대신 특고압 컷 아웃 스위치(COS)를 사용할 수 있다.

57 진동이 심한 기계 기구의 단자에 전선을 접속할 때 사용되는 것은?

① 커플링 ② 압착 단자
③ 링 슬리브 ④ 스프링 와셔

해설 ㉠ 교재 208쪽 [7. 진동이 있는 기구 단자에 전선을 접속] 그림 참조
㉡ 진동이 있는 단자에 전선을 접속할 때 스프링 와셔 또는 이중 너트를 사용하여 접속한다.

58 금속관 공사에서 절연 부싱을 사용하는 이유는?

① 박스 내에서 전선의 접속을 방지
② 관이 손상되는 것을 방지
③ 관 끝단에서 전선의 인입 및 교체 시 발생하는 전선의 손상 방지
④ 관의 입구에서 조영재의 접속을 방지

정답 52 ② 53 ③ 54 ④ 55 ④ 56 ③ 57 ④ 58 ③

해설 ㉠ 모든 관 공사 시 부상은 관 끝단에 설치하여 전선의 피복 훼손 방지를 하기 위한 것이다.
㉡ 교재 234쪽 [마. 금속관 공사 시 공구] 참조

59 피뢰기가 구비해야 할 조건 중 잘못 설명된 것은?

① 충격 방전 개시 전압이 낮을 것
② 방전 내량이 작으면서 제한 전압이 높을 것
③ 상용 주파 방전 개시 전압이 높을 것
④ 속류의 차단 능력이 충분할 것

해설 ㉠ 교재 295쪽 [5. 피뢰기] 참조
㉡ 피뢰기의 구비 조건
ⓐ 상용 주파 방전 개시 전압이 높을 것
ⓑ 충격 방전 개시전압이 낮을 것
ⓒ 제한 전압이 낮을 것
ⓓ 속류 차단 능력이 우수할 것
ⓔ 내구성이 있을 것
ⓕ 경제적일 것

60 피뢰 시스템에 접지 도체가 접속된 경우 접지 도체의 굵기는 구리선의 경우 최소 몇 $[mm^2]$ 이상이어야 하는가?

① 6 ② 10
③ 16 ④ 22

해설 ㉠ 피뢰 시스템에 접속되는 경우 접지 도체의 단면적은 구리 16 $[mm^2]$
㉡ 접지 도체와 접지 극의 접속은 발열성 용접, 압착 접속, 클램프 접속으로 해야 한다.

정답 59 ② 60 ③

23 과년도 기출문제(2022년 3회)

1과목 : 전기 이론

01 아래와 같은 회로에서 저항 R에 흐르는 전류 I[A]는?

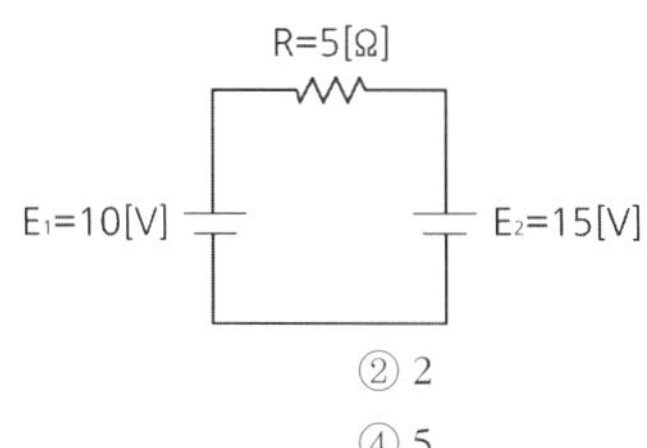

① 1 ② 2
③ 4 ④ 5

해설 ㉠ 기전력의 방향이 반대이므로 큰 것에서 작은 것을 빼면 $15-10=5$ [V]

㉡

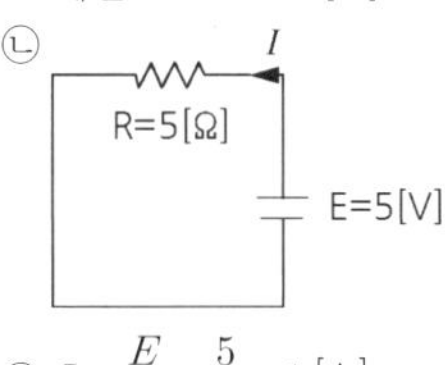

㉢ $I=\frac{E}{R}=\frac{5}{5}=1$ [A]

02 그림과 같은 회로의 합성 저항은 몇 [Ω]인가?

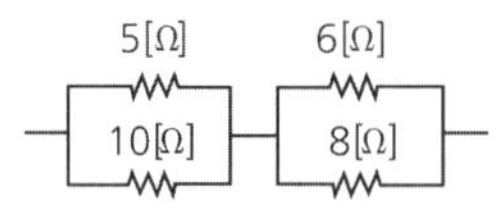

① 2.45 ② 3.62
③ 6.76 ④ 7.48

해설 ㉠ 5 [Ω]과 10 [Ω] 병렬 회로의 합성 저항

$R_1=\frac{5\times10}{5+10}=3.3$ [Ω]

㉡ 6 [Ω]과 8 [Ω] 병렬 회로의 합성 저항

$R_2=\frac{6\times8}{6+8}=3.4$ [Ω]

㉢ 합성 저항

$R_{합}=R_1+R_2=3.3+3.4=6.7$

03 반지름 25[cm], 권수 10회의 원형 코일에 10[A]의 전류가 흐를 때 코일 중심의 자장의 세기는 몇 [AT/m]인가?

① 32 ② 65
③ 100 ④ 200

해설 ㉠ 교재 51~54쪽까지 완벽하게 이해하고 읽기

㉡ $H=\frac{NI}{2r}=\frac{10\times10}{2\times25\times10^{-2}}=200$[AT/m]

04 두 종류의 금속 접합부에 전류를 흘리면 전류의 방향에 따라 줄열 이외의 열의 흡수 또는 발생 현상이 생긴다. 이러한 현상을 무엇이라 하는가?

① 제벡 효과 ② 페란티 효과
③ 펠티에 효과 ④ 초전도 효과

해설 ㉠ 교재 33~34쪽 참조

㉡ 제벡 효과(Seebeck Effect) : 서로 다른 금속을 접합하여 폐회로를 만든 후 두 접합점의 온도를 다르게 했을 때 폐회로에 열기전력이 발생하여 열전류가 흐르는 현상

㉢ 펠티에 효과(Peltier Effect) : 서로 다른 금속을 접합시켜 폐회로를 만들고 전류(I)를 흘리면 접합부에서 열이 발생하거나 흡수되는 현상

㉣ 톰슨 효과(Thomson Effect) : 같은 종류의 금속을 결합하여 두 점 간에 온도 차를 주고 고온에서 저온 쪽으로 전류를 흘리면 열이 발생하거나 흡수가 일어나는 현상

05 자체 인덕턴스가 각각 L_1, L_2[H]인 두 원통 코일이 서로 직교하고 있다. 두 코일 사이의 상호 인덕턴스[H]는?

① L_1+L_2 ② L_1L_2
③ 0 ④ $\sqrt{L_1L_2}$

해설 ㉠ 상호 인덕턴스 $M=k\sqrt{L_1L_2}$, k : 결합 계수.

㉡ 코일이 직교하여 배치되면 결합 계수 $k=0$이 된다.
$\therefore M=0$ [H]

정답 01 ① 02 ③ 03 ④ 04 ③ 05 ③

06 가우스의 정리는 무엇을 구하는 데 사용하는가?

① 정전 용량 ② 자위
③ 전장의 세기 ④ 전위

해설 ㉠ 교재 39쪽 [라. 가우스의 정리] 참조
㉡ 가우스 정리 $\oint D \cdot ds = Q \oint \varepsilon E \cdot ds = Q$에서 전장의 세기(E)를 구할 수 있다. ($\because D = \varepsilon E$)

07 어드미턴스의 실수부는 무엇이라 하는가?

① 임피던스 ② 컨덕턴스
③ 리액턴스 ④ 서셉턴스

해설 ㉠ 교재 73쪽 [1. 어드미턴스] 참조
㉡ 임피던스 $Z = r + jx$ (r: 저항, X: 리액턴스)
어드미턴스 $Y = \frac{1}{Z} = g + jb$
(g: 컨덕턴스, b: 서셉턴스)

08 다음 보기 중 자기 저항에 영향을 미치는 성질이 아닌 것은?

① 길이 ② 면적
③ 투자율 ④ 전류

해설 ㉠ 교재 54쪽 [다. 자기 저항] 참조
㉡ 자기 저항 $R_m = \frac{l}{\mu A}$
(l: 길이, μ: 투자율, A: 단면적)

09 R_1과 R_2가 병렬 연결이고 전체 전류 I가 흐르고 있을 때, R_2에 흐르는 전류 I_2는 얼마인가?

① $\frac{R_2}{R_1 + R_2} I$ ② $\frac{R_1}{R_1 + R_2} I$
③ $\frac{R_1 + R_2}{R_2} I$ ④ $\frac{R_1 + R_2}{R_1} I$

해설

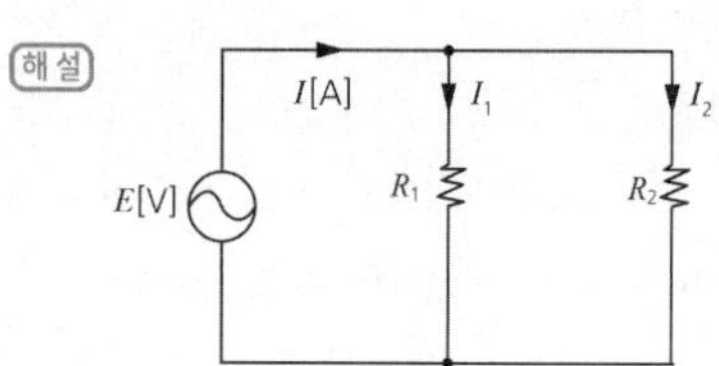

10 대전에 의해 물체가 띠고 있는 전기를 무엇이라고 하는가?

① 원자 ② 전하
③ 정전 유도 ④ 대전체

해설 ㉠ 교재 16쪽 [대전] 참조
㉡ 전하: 물체가 외부에서 공급한 에너지로 인해 양 이온이나 음 이온 상태로 대전이 될 때, 그 물체가 가지는 전기적인 성질

11 비유전율이 2.5일 때 유전체의 유전율 [F/m]은?

① 2.21×10^{-11} ② 2.5×10^{-11}
③ 3.77×10^{-11} ④ 2.21×10^{-12}

해설 ㉠ 유전율 $\varepsilon = \varepsilon_0 \varepsilon_s = \varepsilon_0 \cdot 2.5 = 2.21 \times 10^{-11}$
㉡ 계산기 SHIFT 7 32 × 2.5
㉢ 교재 36~37쪽

12 자기 인덕턴스 $L = 0.2$ [H], $I = 5$ [A] 일 때 코일에 축적된 에너지[J]는?

① 0.25 ② 0.5
③ 2.5 ④ 5

해설 ㉠ 코일에 축적된 에너지
$W = \frac{1}{2} LI^2 = \frac{1}{2} \times 0.2 \times 5^2 = 2.5$ [J]
㉡ 교재 60쪽 [나. 코일에 저장되는 에너지] 참조

13 자속 밀도 2[Wb/m^2]의 평등 자장 안에 길이 20[cm]의 도선을 자장과 60°의 각도로 놓고 5[A]의 전류를 흘리면 도선에 작용하는 힘은 몇 [N]인가?

① 0.1 ② 0.75
③ 1.73 ④ 3.46

해설 ㉠ 힘을 구하는 공식은 플레밍의 왼손 법칙
$F = BIl \sin\theta$ [N]
㉡ $F = 2 \times 5 \times 20 \times 10^{-2} \times \sin 60° = 1.73$
㉢ 교재 55쪽 참조

정답 06 ③ 07 ② 08 ④ 09 ② 10 ② 11 ① 12 ③ 13 ③

14 자기 인덕턴스 2[H], 전류를 1초 사이에 1[A] 만큼 변하게 할 때, 유도기전력[V]은?

① 0.2　　② 2
③ 20　　④ 200

해설 ㉠ 인덕턴스에 전류가 흐를 때의 유도 기전력

$$E = L\frac{di}{dt} = 2 \times \frac{1}{1} = 2\,[\text{V}]$$

㉡ 교재 57쪽 [가. 자기 인덕턴스] 참조

15 자기 회로의 길이 l [m], 반지름 r [m], 투자율 μ [H/m]일 때 자기 저항 R [AT/Wb]을 나타낸 것은?

① $R = \frac{\mu l}{A}$

② $R = \frac{l}{\mu \pi r^2}$

③ $R = \frac{\mu A}{l}$

④ $R = \frac{l}{\mu r}$

해설 ㉠ 자기 회로에서 자기 저항 $R = \frac{l}{\mu A}$ [AT/Wb].

이때 A는 자기 회로의 단면적이므로 $A = \pi r^2$

㉡ $\therefore R = \frac{l}{\mu \pi r^2}$

㉢ 교재 54쪽 참조

16 단면적 A [m²], 자로의 길이 l [m], 투자율 μ, 권수 N(회)인 환상 철심의 자체 인덕턴스 [H]는?

① $\frac{\mu A N^2}{l}$　　② $\frac{A l N^2}{4\pi\mu}$

③ $\frac{4\pi A N^2}{l}$　　④ $\frac{\mu l N^2}{A}$

해설 ㉠ 교재 57~58쪽, 자기 인덕턴스 참조

17 자체 인덕턴스가 1[H]인 코일에 200[V], 60[Hz]의 사인파 교류 전압을 가했을 때 전류와 전압의 위상차는? (단, 저항 성분은 무시한다.)

① 전류는 전압보다 위상이 $\frac{\pi}{2}$ [rad] 만큼 뒤진다.

② 전류는 전압보다 위상이 π [rad] 만큼 뒤진다.

③ 전류는 전압보다 위상이 $\frac{\pi}{2}$ [rad] 만큼 앞선다.

④ 전류는 전압보다 위상이 π [rad] 만큼 앞선다.

해설 ㉠ 교재 67쪽 참조

18 RL 직렬 회로에 직류 전압 100[V]를 가했더니 전류가 20[A] 흘렀다. 여기에 교류 전압 100[V], $f = 60$ [Hz]를 인가하였더니 전류가 10[A] 흘렀다. 유도성 리액턴스 X_L은 몇 [Ω]인가?

① 5　　② $5\sqrt{2}$
③ $5\sqrt{3}$　　④ 10

해설 ㉠ RL 직렬 회로에 직류 전압을 가하면 인덕턴스 L은 short

㉡

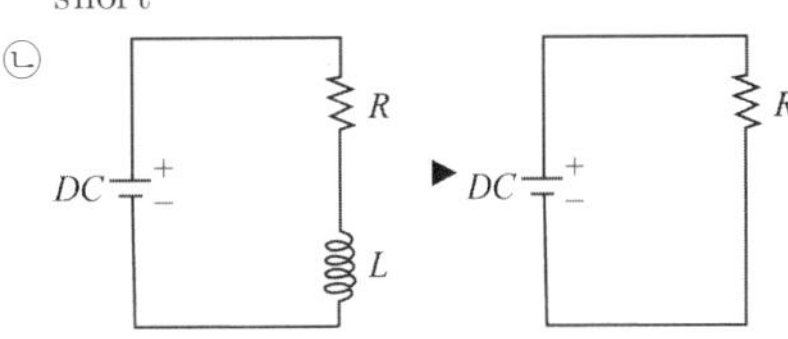

㉢ $\therefore R = \frac{V}{I} = \frac{100}{20} = 5\,[\Omega]$

㉣ 교류 회로에서 그림을 그리면

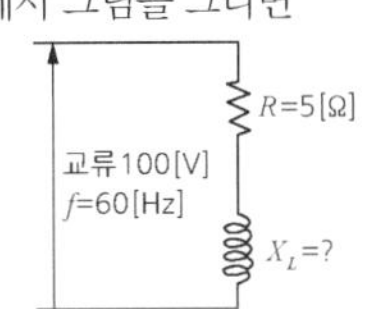

㉤ $I = \frac{V}{Z} = \frac{V}{\sqrt{R^2 + X_L^{\,2}}} \therefore 10 = \frac{100}{\sqrt{5 + X_L^{\,2}}}$

㉥ 계산기로 답을 대입하는게 편함

$$10 = \frac{100}{\sqrt{5^2 + (5\sqrt{3})^2}}$$

정답 14 ② 15 ② 16 ① 17 ① 18 ③

19 **선간 전압 210[V], 선 전류 10[A]의 Y－Y 회로가 있다. 상 전압과 상 전류는 각각 얼마인가?**

① 약 121[V], 5.77[A]
② 약 121[V], 10[A]
③ 약 210[V], 5.77[A]
④ 약 210[V], 10[A]

해설 ㉠

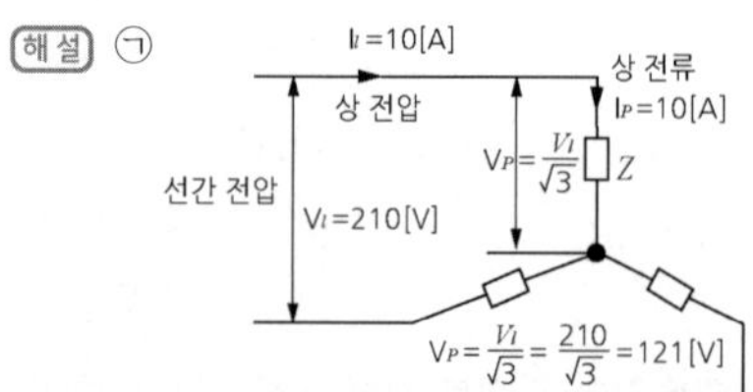

㉡ 교재 84~85쪽 참조

20 **비 정현파가 발생하는 원인과 거리가 먼 것은?**

① 자기 포화 ② 옴의 법칙
③ 히스테리시스 ④ 전기자 반작용

해설 ㉠ 옴의 법칙 $I=\frac{V}{R}$, $V=IR$, $R=\frac{V}{I}$에서 저항 $R[\Omega]$는 자장을 발생하지 않으므로 파형의 삐뚤어짐이 생기지 않는다.(정현파)

2과목 : 전기 기기

21 **전기자 저항 0.1[Ω], 전기자 전류 104[A], 유도 기전력 110.4[V]인 직류 분권 발전기의 단자 전압[V]은?**

① 110 ② 106
③ 102 ④ 100

해설 ㉠ 직류 분권 발전기

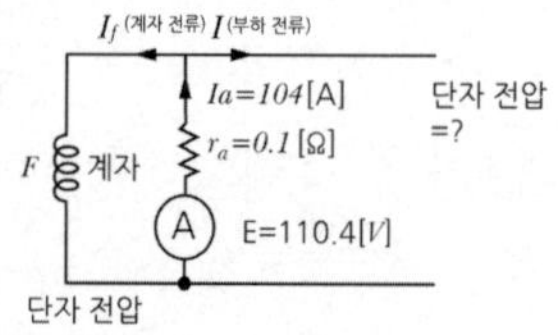

㉡ $V=E-I_a r_a=110.4-(104\times0.1)=100$ [V]

㉢ 교재 107쪽 [직류 분권 발전기]의 그림과 교재 108쪽 식을 참조

22 **단상 유도 전동기의 기동 방법 중 기동 토크가 가장 큰 것은?**

① 분상 기동형 ② 반발 유도형
③ 콘덴서 기동형 ④ 반발 기동형

해설 ㉠ 단상 유도 전동기의 기동 토크가 큰 순서를 보면 다음과 같다.
반발 기동형 > 반발 유도형 > 콘덴서 기동형 > 영구 콘덴서형 > 분상 기동형 > 셰이딩 코일형
㉡ 교재 176쪽 암기법 참조

23 **유도 전동기에서 슬립이 '0'이라는 것은 다음 중 어느 것과 같은가?**

① 유도 전동기가 동기 속도로 회전한다.
② 유도 전동기가 정지 상태이다.
③ 유도 전동기가 전 부하 운전 상태이다.
④ 유도 제동기의 역할을 한다.

해설 ㉠ 슬립 $s=1$이면 $N=0$으로 전동기는 정지 상태이다. $s=0$이면 $N=N_s$가 되어 전동기는 동기 속도로 회전하고 있는 것이다.
㉡ 교재 164쪽 참조

24 **유도 전동기의 회전 속도를 N[rpm], 동기 속도를 N_s[rpm]이라 할 때, 순방향 회전 자계의 슬립을 s라 하면, 역방향 회전 자계에 대한 회전자 슬립은 어떻게 되는가?**

① $1-s$ ② $2-s$
③ $s-1$ ④ $s-2$

해설 ㉠ 교재 164쪽 암기법 참조

25 **변압기 내부 고장 보호에 쓰이는 계전기는?**

① 접지 계전기 ② 차동 계전기
③ 과전압 계전기 ④ 역상 계전기

해설 ㉠ 교재 143쪽 맨 아래 [차동 계전기] 설명 참조
㉡ 교재 300쪽 그림과 301쪽 문제 01~02 설명 참조

정답 19 ② 20 ② 21 ④ 22 ④ 23 ① 24 ② 25 ②

26 **동기 전동기의 자기 기동에서 계자 권선을 단락하는 이유는?**

① 기동이 쉽다.
② 기동 권선으로 이용한다.
③ 고전압 유도에 의한 절연 파괴 위험을 방지한다.
④ 전기자 반작용을 방지한다.

해설 ㉠ 동기 전동기의 자기(자체) 기동법 : 회전 자극 표면에 기동 권선을 설치하여 기동 시에는 농형 유도 전동기로 동작시켜 기동시키는 방법이다. 계자 권선을 열어 둔 채로 전기자에 전원을 가하면 권선 수가 많은 계자 회로가 전기자 회전 자계를 끊고 높은 전압을 유기하여 계자 회로가 소손될 염려가 있으므로 반드시 계자 회로는 저항을 통해 단락시켜 놓고 가동시켜야 한다.
㉡ 교재 136쪽 [동기 전동기의 운전] 중 기동법 참조

27 **동기 발전기의 돌발 단락 전류를 주로 제한하는 것은?**

① 누설 리액턴스 ② 동기 임피던스
③ 권선 저항 ④ 동기 리액턴스

해설 동기 발전기를 갑자기 단락시켰을 때 흐르는 큰 전류를 돌발 단락 전류라고 한다. 돌발 단락 전류를 주로 제한하는 것은 누설 리액턴스이다.

28 **직류 전동기의 전기자에 가해지는 단자전압을 변화하여 속도를 조정하는 제어법이 아닌 것은?**

① 워드 레오나드 방식 ② 일그너 방식
③ 직 · 병렬 제어 ④ 계자 제어

해설 ㉠ 직류 전동기의 전압 제어에 의한 속도제어 방식은 워드 레오나드 방식, 일그너 방식, 직 · 병렬 제어방식 등이 있다.
㉡ 교재 120쪽 [전압 제어] 참조

29 **3상 유도 전동기의 원선도를 그리는 데 필요하지 않은 것은?**

① 저항 측정 ② 무부하 시험
③ 구속 시험 ④ 슬립 측정

해설 ㉠ 원선도는 정격 출력에 대한 전부하 전류, 역률, 효율, 슬립, 최대출력, 정격출력, 부하 회전력 및 최대 회전력을 구하며, 원선도 작성에 필요하 시험으로는 저항 측정 시험, 무부하 시험, 구속 시험 등이 있다.
ⓐ 저항 측정 시험: 임의의 주위온도에서 1차 단자 간의 권선 저항을 직류로 측정하여 환산
ⓑ 무부하 시험: 임의의 주위온도에서 전동기에 정격 전압을 가하여 무부하로 운전하면서 각 상의 전압 V_0, 전류 I_0, 전력 P_0를 측정
ⓒ 구속 시험: 유도 전동기의 회전자를 구속한 후에, 1차 측에 정격 주파수의 낮은 $V_s{}'$를 가하여 1차 전류 $I_s{}'$와 1차 입력 $P_s{}'$를 측정
㉡ 교재 169쪽 [헤일랜드 원선도]에서 암기법 참조

30 **1대의 출력이 20[kVA] 인 단상 변압기 2대로 V 결선하여 3상 전력을 공급할 수 있는 최대 전력은 약 몇 [kVA] 인가?**

① 20 ② 28.3
③ 34.6 ④ 40

해설 ㉠ 단상 변압기 3대로 $\Delta-\Delta$ 결선 운전 중 1대의 변압기 고장 시 $V-V$ 결선으로 운전된다.
㉡ $P_\Delta=3P_1$, $P_V=\sqrt{3}P_1$이므로 3상 출력
$P_V=\sqrt{3}P_1=\sqrt{3}\times 20=34.6$ [kVA]
㉢ 교재 152쪽 [$V-V$ 결선] 그림과 설명 참조

31 **3상 동기 전동기 자기 기동법에 관한 사항 중 틀린 것은?**

① 기동 토크를 적당한 값으로 유지하기 위하여 변압기 탭에 의해 정격 전압의 80[%] 정도로 전압을 가해 기동을 한다.
② 기동 토크는 일반적으로 적고 전 부하 토크의 40~60[%] 정도이다.
③ 제동 권선에 의한 기동 토크를 이용하는 것으로 제동 권선은 2차 권선으로서 기동 토크를 발생한다.
④ 기동할 때에는 회전 자속에 의하여 계자 권선 안에는 고전압이 유도되어 절연을 파괴할 우려가 있다.

해설 ㉠ 동기 전동기의 기동 시 제동 권선을 이용한 기동 회전력을 이용하여 기동시키는 방법이다.
㉡ 계자 권선을 저항을 통해 단락시켜 놓고 고전압 유기를 방지하도록 하는 기동 방법이다.
㉢ 기동 보상기라고 하는 일종의 3상 단권 변압기를 이

정답 26 ③ 27 ① 28 ④ 29 ④ 30 ③ 31 ①

용하여 전전압의 $\frac{1}{3}$ 또는 $\frac{1}{2}$ 정도로 전압을 낮게 하여 기동시키는 방법이다.

㉣ 교재 136쪽 [동기 전동기의 운전] 중 기동법 참조

32 변압기 절연 내력 시험 중 권선의 층간 절연 시험은?

① 충격 전압 시험　② 무부하 시험
③ 가압 시험　④ 유도 시험

해설 ㉠ 변압기 절연 내력 시험: 변압기유의 절연 파괴 전압 시험, 가압 시험, 유도 시험, 충격 전압 시험
㉡ 유도 시험: 변압기나 그 외의 기기는 층간 절연을 시험하기 위하여 권선의 단자 사이에 상호 유도 전압의 2배 전압을 유도시켜 시험

33 그림과 같이 권수비 30, 1차 누설 임피던스 $Z_1 = 12 + j13$ [Ω], 2차 누설 임피던스 $Z_2 = 0.015 + j0.013$ [Ω]인 변압기가 있다. (2차를) 1차로 환산한 전체 등가 임피던스 [Ω]는?

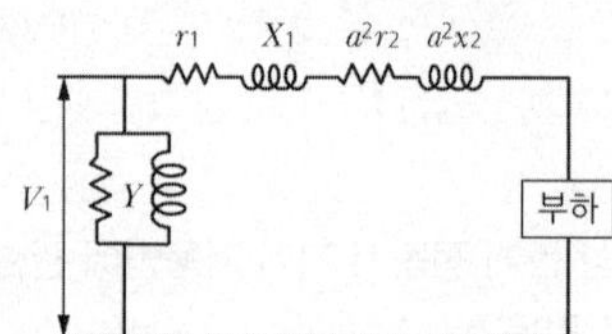

① $22.7 + j25.5$　② $24.7 + j25.5$
③ $25.5 + j22.7$　④ $25.5 + j24.7$

해설 ㉠ 권수비 30이므로 전체 등가 임피던스
$Z_{전체} = Z_1 + a^2 Z_2$
㉡ $Z_{전체} = 12 + j13 + 30^2(0.015 + j0.013)$
$= 12 + j13 + 13.5 + j11.7$
$= 25.5 + j24.7$ [Ω]

34 다음 기호 중 DIAC의 기호는?

① 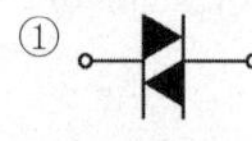
② 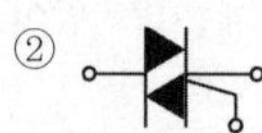
③ 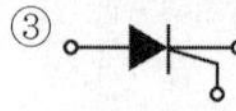
④

해설 ㉠ 교재 184쪽 [2. 전력용 반도체 소자의 기호와 특성 및 용도] 참조
㉡ 각 기호가 의미하는 명칭은 다음과 같다.
① DIAC ② TRIAC ③ SCR ④ UJT

35 4극 36슬롯 3상 동기 발전기의 매극 매상당 슬롯 수는?

① 2　② 3
③ 4　④ 5

해설 ㉠ 매극 매상당의 슬롯 수(군수)
$= \frac{\text{전체 슬롯(홈) 수}}{\text{극수} \times \text{상수}} = \frac{36}{4 \times 3} = 3$

36 변압기의 규약 효율은?

① $\frac{\text{출력}}{\text{입력}} \times 100$ [%]
② $\frac{\text{출력}}{\text{출력} + \text{손실}} \times 100$ [%]
③ $\frac{\text{출력}}{\text{입력} + \text{손실}} \times 100$ [%]
④ $\frac{\text{입력} - \text{손실}}{\text{입력}} \times 100$ [%]

해설 ㉠ 교재 123쪽 [나. 규약효율] 암기법 참조
㉡ 전기 기계의 효율에는 출력과 입력을 측정해서 구하는 실측 효율, 규약에 따라 손실을 결정하여 계산으로 구하는 규약 효율이 있다. 변압기의 효율은 규약 효율을 표준으로 한다.
㉢ 발전기, 변압기의 규약 효율
$\eta = \frac{\text{출력[kW]}}{\text{출력[kW]} + \text{손실[kW]}} \times 100$ [%]
㉣ 전동기의 규약 효율
$\eta = \frac{\text{입력[kW]} - \text{손실[kW]}}{\text{입력[kW]}} \times 100$ [%]

37 부흐홀츠 계전기로 보호되는 기기는?

① 발전기　② 변압기
③ 전동기　④ 회전 변류기

해설 ㉠ 부흐홀츠 계전기는 변압기의 내부 고장으로 발생하는 절연유의 분해 가스 증가 또는 유류를 이용하여 부저를 움직여 계전기의 접점을 닫는 것이다. 변압기의 주 탱크와 콘서베이터와의 연결관 도중에 설치하여 변압기 보호에 사용하는 계전기이다.
㉡ 교재 143쪽 [브흐홀츠 계전기] 그림 참조

정답 32 ④ 33 ④ 34 ① 35 ② 36 ② 37 ②

38 보극이 없는 직류 전동기의 브러시 위치를 무부하 중성점으로부터 이동시키는 이유와 이동 방향은?

① 정류 작용이 잘 되게 하기 위하여 전동기 회전 방향으로 브러시를 이동한다.
② 장류 작용이 잘 되게 하기 위하여 전동기 회전 반대 방향으로 브러시를 이동한다.
③ 유기 기전력을 증가시키기 위하여 전동기 회전 방향으로 브러시를 이동한다.
④ 유기 기전력을 증가시키기 위하여 전동기 회전 반대 방향으로 브러시를 이동한다.

해설 ㉠ 직류기에서 부하 전류가 흐른 상태에서의 중성축을 전기적 중성축이라고 한다. 보극이 없는 전동기의 경우 정류를 양호하게 하기 위해 회전 방향과 반대 방향으로 브러시를 이동시킨다.
㉡ 교재 104쪽 [2. 전기자 반작용] 참조

39 직류 전동기의 속도 제어법이 아닌 것은?

① 전압 제어법 ② 계자 제어법
③ 저항 제어법 ④ 주파수 제어법

해설 ㉠ 직류 전동기의 속도 $N = K\frac{V - I_a R_a}{\phi}$로서 속도 제어법은 3가지로 분류한다.
ⓐ 전압 제어법: 전기자에 가하는 전압 V를 변화시키는 방법으로 정토크 제어이다.
ⓑ 계자 제어법: 계자 전류를 조정하여 자속 ϕ를 변화시키는 방법으로 정출력 제어이다.
ⓒ 저항 제어법: 전기자에 직렬로 저항을 넣어서 R_a의 값을 변화시키는 방법으로 전력손실이 크며, 속도 제어의 범위가 좁다.
㉡ 직류는 주파수가 없음
㉢ 교재 119쪽 [속도 제어] 참조

40 변압기유로 쓰이는 절연유에 요구되는 성질이 아닌 것은?

① 점도가 클 것
② 비열이 커 냉각 효과가 클 것
③ 절연 재료 및 금속 재료에 화학 작용을 일으키지 않을 것
④ 인화점이 높고 응고점이 낮을 것

해설 ㉠ 변압기에 부하 전류가 흐르면 변압기 내부에는 철손과 동손에 의해 변압기의 온도가 상승하여 내부에 절연물을 변질시킬 우려가 있다. 이에 대응한 절연과 냉각 작용을 위해 절연(광)유를 사용하는데 이에 요구되는 변압기유의 구비 조건은 다음과 같다.
ⓐ 절연 내력이 클 것
ⓑ 비열이 커서 냉각 효과가 클 것
ⓒ 인화점이 높고 응고점이 낮을 것
ⓓ 고온에서도 산화하지 않을 것
ⓔ 절연, 금속 재료와 화학 작용을 일으키지 않을 것
㉡ 점도 : 끈적거림, 좋은 기름은 점도가 작아야 함

3과목 : 전기 설비

41 고압 전로에 지락 사고가 생겼을 때 지락 전류를 검출하는 데 사용하는 것은?

① CT ② ZCT
③ MOF ④ PT

해설 ㉠ 영상 변류기(ZCT)는 지락 사고가 생겼을 때 흐르는 영상 전류(지락 전류)를 검출하여 접지 계전기에 의하여 차단기를 동작시켜 사고 범위를 작게 한다.
㉡ 교재 294쪽 [선택 지락 계전기]에서 영상 변류기(ZCT) 참조

42 고압 가공전선이 도로를 횡단하는 경우 전선의 지표상 최소 높이는 몇 [m]인가?

① 3 ② 4
③ 5 ④ 6

해설 ㉠ 저압 및 고압 가공 전선의 높이는 다음과 같다.· 도로 횡단의 경우: 지표 상 6 [m] 이상· 철도 횡단의 경우: 레일면 상 6.5 [m] 이상
㉡ 교재 259쪽 [전선로] 참조

43 폭연성 분진 또는 화약류의 분말이 전기 설비가 발화원이 되어 폭발할 우려가 있는 곳에 시설하는 저압 옥내 전기 설비의 저압 옥내배선 공사는?

① 금속관 공사 ② 합성 수지관 공사
③ 가요 전선관 공사 ④ 애자 공사

정답 38 ② 39 ④ 40 ① 41 ② 42 ④ 43 ①

해설 폭연성 분진 또는 화약류의 분말이 전기 설비가 발화원이 되어 폭발할 우려가 있는 곳에 시설하는 저압 옥내 전기 설비는 금속관 공사 또는 케이블 공사(캡타이어 케이블을 사용하는 것을 제외한다)에 따르고 또한 위험의 우려가 없도록 시설하여야 한다.

44 선택 지락 계전기(Selective Grounf Relay)의 용도는?

① 단일 회선에서 지락 전류의 방향의 선택
② 단일 회선에서 지락 사고 지속 시간 선택
③ 단일 회선에서 지락 전류의 대소의 선택
④ 다회선에서 지락 고장 회선의 선택

해설 ㉠ 선택 지락 계전기(SGR): 다회선 송전 선로에서 지락이 발생한 회선만을 검출하여 선택해 차단할 수 있도록 동작하는 계전기
㉡ 교재 294쪽 [계전기의 종류]에서 SGR 참조

45 저압 연접 인입선의 시설과 관련된 설명으로 잘못된 것은?

① 옥내를 통과하지 아니할 것
② 전선의 굵기는 1.5[mm^2] 이하일 것
③ 폭 5[m]를 넘는 도로를 횡단하지 아니할 것
④ 인입선에서 분기하는 점으로부터 100[m]를 넘는 지역에 미치지 아니할 것

해설 ㉠ 교재 259쪽 [② 저압 연접 인입선] 그림 참조
㉡ 연접 인입선: 한 수용 장소의 인입선에서 분기하여 지지물을 거치지 아니하고 다른 수용 장소의 인입구에 이르는 부분의 전선
ⓐ인입선에서 분기하는 점으로부터 100 [m]를 넘지 않는 지역이어야 한다.
ⓑ 폭 5 [m]를 초과하는 도로를 횡단하지 아니할 것
ⓒ 옥내를 통과하지 아니할 것

46 분전반 및 배전반은 어떤 장소에 설치하는 것이 바람직한가?

① 전기 회로를 쉽게 조작할 수 있는 장소
② 개폐기를 쉽게 개폐할 수 없는 장소
③ 은폐된 장소
④ 이동이 심한 장소

해설 ㉠ 분전반 및 배전반의 설치장소는 전기 회로를 쉽게 조작할 수 있는 장소와 은폐되지 않은 곳, 전기 기술자들이 조작이 가능한 곳, 움직임이 적은 고정된 곳이다.

47 플로어 덕트 공사의 설명 중 틀린 것은?

① 덕트의 끝 부분은 막는다.
② 플로어 덕트는 접지 공사를 생략하여도 된다.
③ 덕트 상호 간 접속은 견고하고 전기적으로 완전하게 접속하여야 한다.
④ 덕트 및 박스 기타 부속품은 물이 고이는 부분이 없도록 시설하여야 한다.

해설 ㉠ 플로어 덕트는 접지 공사를 할 것

48 전선의 굵기가 6[mm^2] 이하의 가는 단선의 전선 접속은 어떤 접속을 하여야 하는가?

① 브리타니아 접속 ② 쥐꼬리 접속
③ 트위스트 접속 ④ 슬리브 접속

해설 ㉠ 교재 206~207쪽 [3. 단선의 직선 접속] 그림 참조
㉡ 단선의 직선 접속
ⓐ 단면적 6 [mm^2] 이하: 트위스트
ⓑ 접속 단면적 10 [mm^2] 이상: 브리타니아 접속

49 박강 전선관의 표준 굵기가 아닌 것은?

① 16[mm] ② 19[mm]
③ 25[mm] ④ 39[mm]

해설 ㉠ 교재 233쪽 [3. 금속관 공사] 참조
㉡ 박강 전선관: 두께 1.2[mm] 이상의 얇은 전선관 관의 호칭: 관 바깥지름의 크기에 가까운 홀수.
관의 종류(7종류): 19, 25, 31, 39, 51, 63, 75 [mm]

50 연선 분기 접속은 접속 선을 브리타니아 접속과 소선 자체를 이용하여 접속하는 방법이 있는데 다음 중 소선 자체를 이용하는 방법이 아닌 것은?

① 단권 분기 접속 ② 복권 분기 접속
③ 직권 분기 접속 ④ 분할 분기 접속

해설 ㉠ 연선 분기 접속을 브리타니아 접속으로 할 경우 종류는 다음에 의한다.

정답 44 ④ 45 ② 46 ① 47 ② 48 ③ 49 ① 50 ③

ⓐ 권선 분기 접속: 첨선과 접속선을 이용한 접속 방법
ⓑ 단권 분기 접속: 소선 자체를 이용한 접속 방법
ⓒ 복권 분기 접속: 소선을 분할하여 주어진 소선을 이용하여 감는 접속 방법
ⓓ 분할 분기 접속: 첨선과 접속선을 이용한 분할 접속 방법

51 흥행장의 저압 공사에서 잘못된 것은?

① 무대 용의 콘센트 박스, 플라이 덕트의 금속제 외함에는 접지를 하여야 한다.
② 무대 마루 밑, 오케스트라 박스 및 영사실의 전로에는 전용 개폐기 및 과전류 차단기를 시설할 필요가 없다.
③ 플라이 덕트는 조영재 등에 견고하게 시설하여야 한다.
④ 플라이 덕트 내의 전선을 외부로 인출할 경우는 제 1 종 캡타이어 케이블을 사용한다.

해설 ㉠ 교재 283쪽 참조
㉡ 무대 마루 밑, 오케스트라 박스 및 영사실의 전로에는 전용 개폐기 및 과전류 차단기를 반드시 시설하여야 한다.

52 자연 공기 내에서 개방할 때 접촉자가 떨어지면서 자연 소호되는 방식을 가진 차단기로 저압의 교류 또는 직류 차단기로 많이 사용되는 것은?

① 유입 차단기 ② 자기 차단기
③ 가스 차단기 ④ 기중 차단기

해설 ㉠ 교재 274쪽 [1. 차단기의 종류] 참조
㉡ 기중 차단기(ACB): 공기의 자연 소호 방식을 이용한 것으로 소호실에서 아크를 흡수하여 소호한다. 소형 경량화가 장점이며 저압용 차단기로 사용한다.
㉢ 진공 차단기(VCB): 진공 중에 높은 절연 내력과 아크의 급속한 확산을 통해 진공으로 흡입되면서 아크를 소호한다.
㉣ 가스 차단기(GCB): SF_6 가스를 이용한 차단기로 초고압 계통에서 사용한다.
㉤ 유입 차단기(OCB): 전로 개폐시 발생하는 아크로 절연유가 분해된다. 절연유가 증발, 기화되면서 압력이 올라가고 절연유의 온도가 내려가면서 저항값이 커져 아크를 소호한다.

53 설치 면적과 설치 비용이 많이 들지만 가장 이상적이고 효과적인 진상용 콘덴서를 설치하는 방법은 무엇인가?

① 수진단 모선에 설치
② 수전단 모선과 부하 측에 분산하여 설치
③ 부하 측에 분산하여 설치
④ 가장 큰 부하 측에만 설치

해설 ㉠ 진상용 콘덴서를 설치하는 목적은 역률 개선에 있으며 설치 위치는 다음과 같다.
ⓐ부하 전원 측에 설치하는 방식
ⓑ 부하와 병렬로 일괄해서 설치하는 방식(모선 설치)
ⓒ 부하 말단에 설치하는 방식
㉡ 이 중에서 수전단 모선과 부하 측에 분산하여 설치하는 것이 가장 이상적이나 설치 비용은 고가이다.

54 전선 접속 시 사용되는 슬리브(Sleeve)의 종류가 아닌 것은?

① D형 ② S 형
③ E형 ④ P형

해설 ㉠ 슬리브의 종류: 직선 맞대기용 슬리브(B형), 종단겹침용 슬리브(E형), 직선 겹침용 슬리브(P형), S형 슬리브, 매킹 타이어 슬리브
㉡ 교재 207쪽 [슬리브 접속] 참조

55 네온 방전등의 관등 회로 배선을 애자 공사로 하는 경우 전선 상호 간의 이격거리는?

① 3[cm] ② 6[cm]
③ 9[cm] ④ 12[cm]

해설 ㉠ 관등 회로 배선은 애자 공사로 다음에 따라 시설한다.
ⓐ 전선은 네온관 용 전선을 사용한다.
ⓑ 배선은 외상을 받을 우려가 없고 사람의 접촉할 우려가 없는 노출 장소에 시설할 것
ⓒ 전선은 자기 또는 유리제 등의 애자로 견고하게 지지하여 조영재의 아래 면 또는 옆 면에 부착한다.
ⓓ 전선 상호 간의 간격: 6 [cm] 이상
ⓔ 애자는 절연성, 난연성, 내수성 재료의 것을 사용한다.
㉡ 애자 공사의 전선의 이격거리

정답 51 ② 52 ④ 53 ② 54 ① 55 ②

<table>
<tr><th>구분 \ 사용 전압</th><th>400 [V] 이하</th><th>400 [V] 초과</th></tr>
<tr><td>전선 상호 간의 거리</td><td colspan="2">6 [cm] 이상</td></tr>
<tr><td>전선과 조영재 간의 거리</td><td>2.5 [cm] 이상</td><td>4.5 [cm] 이상(건조한 장소: 2.5 [cm] 이상)</td></tr>
<tr><td rowspan="2">지지점 간의 거리</td><td colspan="2">조영재의 윗면 또는 옆면에 따라 붙일 경우 2 [m] 이하</td></tr>
<tr><td>2 [m] 이하</td><td>조영재의 윗면 또는 옆면에 따라 붙이는 경우 이외 6 [m] 이하</td></tr>
</table>

56 박스나 캐비닛의 노크 아웃의 지름이 금속관의 지름보다 클 때 사용되는 접속기구는 무엇인가?

① 링 리듀서 ② 부싱
③ 커넥터 ④ 로크 너트

해설 ㉠ 교재 234쪽 [마. 금속관 공사 시 공구]에서 그림 참조
㉡ 금속관 공사에서 접속함과 파이프 고정 시 구멍(홀)이 클 때 링 리듀서를 사용하여 고정한다.

57 금속 전선관 작업에서 나사를 낼 때 필요한 공구는 어느 것인가?

① 파이프 벤더 ② 볼트 클리퍼
③ 오스터 ④ 파이프 렌치

해설 ㉠ 교재 234쪽 [마. 금속관 공사 시 공구] 참조
㉡ 오스터는 금속관 끝에 나사를 내는 공구로 랫치와 다이스로 구성되어 있다.

58 전기 저항이 작고, 부드러운 성질이 있어 구부리기가 용이하므로 주로 옥내 배선에 사용하는 구리선의 명칭은?

① 경동선 ② 연동선
③ 합성 연선 ④ 중공 전선

해설 ㉠ 교재 191쪽 [2. 전선의 구별], 연선과 연동선 용어를 구별해야 함
㉡ 구리선의 종류(재질에 따라)
ⓐ 경동선: 인장 강도가 뛰어나므로 주로 옥외 전선로에서 사용(딱딱하다)
ⓑ 연동선: 부드럽고 가요성이 뛰어나므로 주로 옥내 배선에서 사용

59 가연성 분진에 전기 설비가 발화원이 되어 폭발의 우려가 있는 곳에 시설하는 저압 옥내 배선 공사 방법이 아닌 것은?

① 애자 공사
② 케이블 공사
③ 두께 2[mm] 이상의 합성 수지관 공사
④ 금속관 공사

해설 ㉠ 가연성 분진(소맥분, 전분, 유황 기타 가연성 먼지 등)으로 인하여 폭발할 우려가 있는 저압 옥내 설비 공사는 금속관 공사, 케이블 공사, 두께 2 [mm] 이상의 합성 수지관 공사 등에 의하여 시설한다.

60 최대 사용 전압이 70[kV] 인 중성점 직접 접지식 전로의 절연 내력 시험 전압은 몇 [V] 인가?

① 35,000 ② 50,400
③ 44,800 ④ 42,000

해설 ㉠ 절연 내력 시험 : 최대 사용 전압이 60[kV] 초과 170[kV] 이하인 중성점 직접 접지식 전로의 절연 내력 시험은 최대 사용 전압의 0.72배의 전압을 연속으로 10분간 가할 때 견디는 것으로 하여야 한다.
㉡ 시험 전압 $V = 70,000\ [V] \times 0.72 = 50,400\ [V]$

정답 56 ① 57 ③ 58 ② 59 ① 60 ②

24 과년도 기출문제(2022년 4회)

1과목 : 전기 이론

01 2[Ω]과 3[Ω] 두 개의 저항을 병렬로 접속할 때의 전류는 직렬로 접속할 때 전류의 몇 배인가?

① 4　② 4.17
③ 4.52　④ 5

해설 ㉠ 전류를 구하는 것이므로 $E=10\,[\mathrm{V}]$로 대입하여 계산

㉡ $R_{병렬}=\dfrac{R_1R_2}{R_1+R_2}=\dfrac{2\times3}{2+3}=1.2$

㉢ $I_{병렬}=\dfrac{E}{R_{병렬}}=\dfrac{10}{1.2}=8.33$

㉣ $R_{직렬}=R_1+R_2=2+3=5$

$\therefore I_{직렬}=\dfrac{E}{R_{직렬}}=\dfrac{10}{5}=2$

㉤ $\dfrac{I_{병렬}}{I_{직렬}}=\dfrac{8.33}{2}\fallingdotseq 4.17$

02 자속 밀도 1[Wb/m²]는 몇 [GAUSS] 인가?

① 10^1　② 10^2
③ 10^3　④ 10^4

03 다음 회로에서 10[Ω]에 걸리는 전압은 몇 [V] 인가?

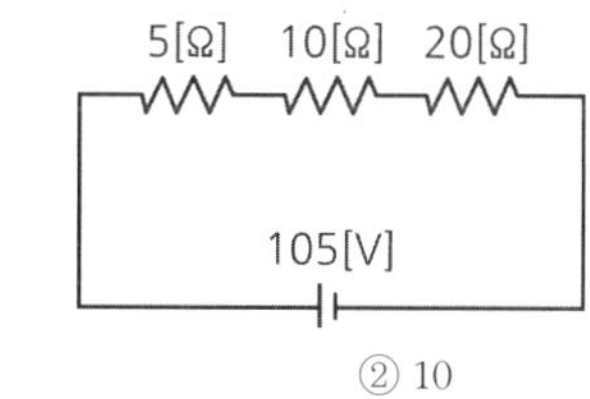

① 2　② 10
③ 20　④ 30

해설 ㉠ 회로에 흐르는 전류 $I=\dfrac{105}{5+10+20}=3\,[\mathrm{A}]$

∴ 10 [Ω]에 걸리는 전압

$V_{10}=I\times R=3\times10=30\,[\mathrm{V}]$

04 자속 밀도 $B\,[\mathrm{Wb/m^2}]$의 평등 자장 내에 자장과 60°의 각도로 길이 $l\,[\mathrm{m}]$의 도체를 놓고 1[A]의 전류를 흘릴 때 도체가 받는 힘 $F\,[\mathrm{N}]$은?

① $F=BIl\sin\theta\,[\mathrm{N}]$
② $F=BIl\cos\theta\,[\mathrm{N}]$
③ $F=BI^2l\sin\theta\,[\mathrm{N}]$
④ $F=B^2Il\sin\theta\,[\mathrm{N}]$

해설 ㉠ 교재 55쪽 [전자력의 크기] 참조

05 전압 220[V], 전력 60[W]인 전구 10개를 20시간 동안 사용하였을 때의 사용 전력량[kWh]은 얼마인가?

① 12　② 15
③ 120　④ 150

해설 ㉠ 전구 1개당 소비되는 전력은 60 [W]
㉡ 전체 소비되는 전력

$P_t=60\,[\mathrm{W}]\times10\,[개]\times20\,[\mathrm{h}]$
$=12{,}000\,[Wh]=12\,[kWh]$

06 전기력선의 성질에 대한 설명 중 옳지 않은 것은?

① 전기력선의 방향은 그 점의 전계의 방향과 일치하며, 밀도는 그 점에서의 전계의 크기와 같다.
② 전기력선은 부전하에서 시작하여 정전하에서 그친다.
③ 공기, 진공 중에서 단위전하에서는 $\dfrac{1}{\varepsilon_0}$개의 전기력선이 출입한다.
④ 전기력선은 전위가 높은 점에서 낮은 점으로 향한다.

해설 ㉠ 교재 38쪽 [다. 전기력선] 참조

정답 01 ② 02 ④ 03 ④ 04 ① 05 ① 06 ②

㉡ 전기력선의 성질

ⓐ 전기력선은 정전하(+)에서 시작하여 부전하(-)에서 그친다.

ⓑ 전기력선은 전위가 높은 점에서 낮은 점으로 향한다.

ⓒ 전기력선은 도체 표면에 수직으로 출입하여 내부에 존재하지 않는다.

ⓓ 전기력선은 등전위면과 항상 직교한다.

ⓔ 전기력선은 그 자신만으로도 폐곡선이 되지 않는다.

ⓕ 전하가 없는 곳에서는 전기력서의 발생과 소멸이 없다.

ⓖ 전기력선의 접선 방향이 전계의 방향이며, 밀도는 그 점에서의 전계의 크기와 같다.

ⓗ 전기력선의 수는 $N=\dfrac{Q}{\varepsilon}=\dfrac{Q}{\varepsilon_0\varepsilon_s}$개

ⓘ 공기, 진공 중에서는 $\varepsilon_s=1$이므로 $N=\dfrac{Q}{\varepsilon_0}$개

07 **저항 8[Ω]과 리액턴스 6[Ω]이 직렬 연결된 회로에 전압 $100\sqrt{2}\,sin\omega t$ [V]를 인가하였을 경우, 전류의 실효값은 얼마인가?**

① $10\sqrt{2}$ ② 10

③ $100\sqrt{2}$ ④ 100

해설 ㉠ $v=100\sqrt{2}\,sin\omega t$에서

최대값$=100\sqrt{2}$

$\therefore$ 실효값$=\dfrac{최대값}{\sqrt{2}}=\dfrac{100\sqrt{2}}{\sqrt{2}}=100$ [V]

08 **다음 중 [Wb] 단위를 사용하는 것은?**

① 자하 ② 전하

③ 전속 ④ 투자율

해설 ㉠ 교재 48쪽 [가 자속] 참조

㉡ 자속=자기력선속=자하

㉢ ⓐ 자하: m [Wb], ⓑ 전하: Q[C],

ⓒ 전속: ψ [C], ⓓ 투자율: μ [H/m]

09 **반지름 r [m], 권수 N회의 환상 솔레노이드에 I[A]의 전류가 흐를 때, 그 내부의 자장의 세기 H[AT/m]는 얼마인가?**

① $\dfrac{NI}{r^2}$ ② $\dfrac{NI}{2\pi}$

③ $\dfrac{NI}{4\pi r^2}$ ④ $\dfrac{NI}{2\pi r}$

해설 ㉠ 교재 51쪽 [나. 비오-사바르의 법칙]과 53쪽 암기법 참조

㉡ 환상 솔레노이드 내부 자계 $H=\dfrac{NI}{2\pi r}$ [AT/m]

10 **다음 전압과 전류의 위상차는 어떻게 되는가?**

$$v=\sqrt{2}\,V\sin\left(\omega t-\frac{\pi}{3}\right)\,[\mathrm{V}],$$
$$i=\sqrt{2}\,I\sin\left(\omega t-\frac{\pi}{6}\right)\,[\mathrm{A}]$$

① 전류가 $\dfrac{\pi}{3}$만큼 앞선다.

② 전압이 $\dfrac{\pi}{3}$만큼 앞선다.

③ 전압이 $\dfrac{\pi}{6}$만큼 앞선다.

④ 전류가 $\dfrac{\pi}{6}$만큼 앞선다.

해설 ㉠ 교재 64쪽 [3. 위상] 참조

㉡ $\theta_i-\theta_v=\left(-\dfrac{\pi}{6}\right)-\left(-\dfrac{\pi}{3}\right)=\dfrac{\pi}{6}$ 전류가 $\dfrac{\pi}{6}$만큼 앞선다.

㉢

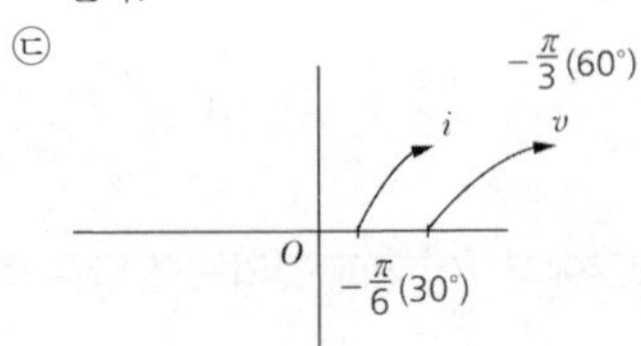

㉣ ㉢ 그림에서 i가 v보다 30° 즉, $\left(\dfrac{\pi}{6}\right)$ 앞선다.

11 **그림의 휘스톤 브리지의 평형 조건은?**

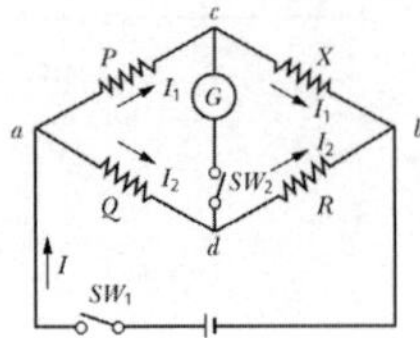

정답 07 ② 08 ① 09 ④ 10 ④ 11 ②

① $X=\frac{Q}{P}R$ ② $X=\frac{P}{Q}R$

③ $X=\frac{Q}{R}P$ ④ $X=\frac{P^2}{R}Q$

해설 ㉠ 교재 30쪽 [다. 휘스톤 브리지] 참조
㉡ 휘스톤 브리지의 평형 조건 $Q\cdot X=P\cdot R$
$\therefore X=\frac{P}{Q}R$

12 다음 중 도전율을 나타내는 단위는?

① $[\Omega]$ ② $[\Omega\cdot\text{m}]$
③ $[℧\cdot\text{m}]$ ④ $[℧/\text{m}]$

해설 ㉠ 교재 19쪽 [라. 전도율] 참조
㉡ 고유 저항 ρ [Ω · m]
㉢ 도전율(전도율)
$$\sigma=\frac{1}{\rho}=\frac{1}{[\Omega\cdot\text{m}]}=\frac{[\Omega]^{-1}}{[\text{m}]}=\left[\frac{℧}{\text{m}}\right]$$

13 $R=2\,[\Omega]$, $L=10\,[\text{mH}]$, $C=4\,[\mu\text{F}]$으로 구성되는 직렬 공진 회로의 L과 C에서의 전압 확대율은?

① 3 ② 6
③ 16 ④ 25

해설 ㉠ 전압 확대율: 전압을 증폭시킬 수 있는 비율
㉡ R, L, C회로에서 L과 C의 공진에 의해 R만 존재. R의 값을 가변하여 L, C에 걸리는 전압을 증폭, 조절한다는 뜻
㉢ 직렬 공진 시 선택도
$$Q=\frac{1}{R}\sqrt{\frac{L}{C}}=\frac{1}{2}\sqrt{\frac{10\times10^{-3}}{4\times10^{-6}}}=25$$

14 패러데이관 한 개의 단위 전위차 당 보유 에너지의 값으로 알맞은 것은?

① ED ② 0
③ $\frac{1}{2}ED$ ④ $\frac{1}{2}$

해설 ㉠ +1 [C] 에서 −1 [C] 으로 이동하는 1개의 전속이 [패러데이관]이라는 가상의 관 속을 이동하는 것(마치 관이 관속을 감싸고 있는 것처럼 묘사
㉡ 1개의 전속 당 1개의 [패러데이관]이 존재
㉢ [패러데이관] 내의 [전속 선] 수는 일정하며 [패러데이관] 수는 [전속 선] 수와 같다.
㉣ [패러데이관의 밀도] = [전속 밀도]
㉤ 진 전하가 없는 곳에서 패러데이관은 연속이다.
(진 전하가 없다라는 말은 관 양 끝의 +, - 전하 외에 관 사이에 다른 방해하는 전하가 없다는 의미. 방해하는 다른 전하가 없으면 (진 전하) +1 [C] 에서 나오는 전속선이 −1 [C] 까지 관 속에서 끊어지지 않고 일정하게 유지되며 도착할 수 있다는 의미
㉥ 패러데이관의 단위 전위차 당 보유 에너지 $=\frac{1}{2}$ [J] · 정전 에너지 공식을 이용하면 패러데이관은 +1 [C] 의 전하량에 대해서 다루므로 $Q=1$ [C], 단위 전위차 $V=1$ [V] (단위: 크기가 '1'을 나타냄)
㉦ 교재 42쪽 [가. 정전 에너지]에서· 정전 에너지
$$W=\frac{1}{2}QV[\text{J}]=\frac{1}{2}\times1\times1=\frac{1}{2}\,[\text{J}]$$

15 공기중 어떤 한 점에 전하량 Q가 $72\pi\varepsilon_0\times10^{12}$ [C] 만큼 있다. 여기서 1 [m] 떨어진 곳에서의 전속 밀도를 D_A, 2 [m] 떨어진 곳에서의 전속 밀도를 D_B라고 할 때 D_A, D_B값으로 알맞은 것은?

① $D_A=40\,[\text{C/m}^2]$, $D_B=80\,[\text{C/m}^2]$
② $D_A=159\,[\text{C/m}^2]$, $D_B=40\,[\text{C/m}^2]$
③ $D_A=80\,[\text{C/m}^2]$, $D_B=40\,[\text{C/m}^2]$
④ $D_A=40\,[\text{C/m}^2]$, $D_B=159\,[\text{C/m}^2]$

해설 ㉠ $D_A=\varepsilon_0E_A=\varepsilon_0\times\frac{Q}{4\pi\varepsilon_0{r_A}^2}=\frac{Q}{4\pi{r_A}^2}$
$$=\frac{72\times\pi\times\varepsilon_0\times10^{12}}{4\times\pi\times1^2}$$
$$=\frac{72\times3.14\times8.85\times10^{-12}\times10^{12}}{4\times3.14\times1}$$
$$=159\,[\text{C/m}^2]$$
㉡ $D_B=\varepsilon_0E_B=\varepsilon_0\times\frac{Q}{4\pi\varepsilon_0{r_B}^2}=\frac{Q}{4\pi{r_B}^2}$
$$=\frac{72\times\pi\times\varepsilon_0\times10^{12}}{4\times\pi\times2^2}$$
$$=\frac{72\times3.14\times8.85\times10^{-12}\times10^{12}}{4\times3.14\times4}$$
$$=40\,[\text{C/m}^2]$$
㉢ 교재 40쪽 [4. 전속 밀도] ④번 참조

정답 12 ④ 13 ④ 14 ④ 15 ②

16 **전류에 의한 자기장과 직접적으로 관련이 없는 것은?**

① 줄의 법칙
② 플레밍의 왼손 법칙
③ 비오-사바르의 법칙
④ 앙페르의 오른나사 법칙

해설 ㉠ 줄의 법칙은 전류와 저항에서 소비하는 에너지(열량)와 관련 있는 법칙이다. $H = I^2Rt$ [J]

17 **중첩의 정리를 이용하여 회로를 해석할 때 전압원과 전류원은 각각 어떻게 하여야 하는가?**

① 전압원-단락, 전류원-개방
② 전압원-개방, 전류원-개방
③ 전압원-개방, 전류원-단락
④ 전압원-단락, 전류원-단락

18 **공심 솔레노이드 내부 자계의 세기가 500 [AT/m]일 때, 자속 밀도[Wb/m²]는 약 얼마인가?**

① 6.28×10^{-3} ② 6.28×10^{-4}
③ 6.28×10^{-5} ④ 6.28×10^{-6}

해설 ㉠ 자속밀도 $B = \mu H = \mu_0 \mu_s H$.
공심은 속이 비어 있는 것이므로 $\mu_s = 1$
㉡ $B = \mu_0 H = 1.25 \times 10^{-6} \times 500 = 6.28 \times 10^{-4}$
㉢ 계산기 SHIFT 7 33 = × 500 =

19 **저항 8[Ω], $L = 19.1$ [mH]의 직렬 회로에 5 [A]가 흐르고 있을 때 인덕턴스 L에 걸리는 단자 전압의 크기는 몇 [V]인가? (단, 주파수는 60[Hz]이다.)**

① 12 ② 25
③ 29 ④ 36

해설 ㉠ L[H]을 X_L [Ω]으로 변환하면
$X_L = 2\pi fL = 2 \times 3.14 \times 60 \times 19.1 \times 10^{-3}$
$= 7.2$ [Ω]

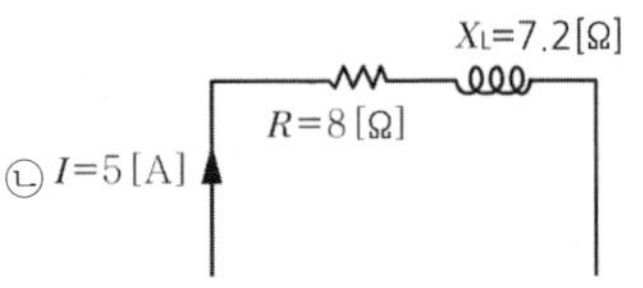

㉢ X_L에 걸리는 전압 $V_L = IX_L = 5 \times 7.2 = 36$ [V]

20 **200[V], 60[Hz], RC회로에서 시정수 $\tau = 0.01$ [S]이고, 전류가 10[A]일 때 저항은 1[Ω]이다. 용량 리액턴스 X_C의 값[Ω]은 얼마인가?**

① 0.27 ② 0.05
③ 0.53 ④ 2.65

해설 ㉠ 정상 상태의 63.2 [%]에 이르는 시간을 시정수라 하고 시정수 $\tau = RC$이므로
㉡ $C = \frac{\tau}{R} = \frac{0.01}{1}$
㉢ $X_C = \frac{1}{\omega c} = \frac{1}{2\pi fc} = \frac{1}{2 \times 3.14 \times 60 \times 0.01}$
$= 0.27$ [Ω]
㉣ 계산기 $2 \times 3.14 \times 60 \times 0.01$ = X^{-1}
㉤ 교재 92쪽 참조

2과목 : 전기 기기

21 **전압 변동률이 작고 자여자이므로 다른 전원이 필요 없으며, 계자 저항기를 사용한 전압 조정이 가능하여 전기 화학용, 전지의 충전용 발전기로 가장 적합한 것은?**

① 타여자 발전기
② 직류 복권 발전기
③ 직류 분권 발전기
④ 직류 직권 발전기

해설 ㉠ 타여자 발전기: 외부에서 계자 권선에 직류 여자 전원을 공급한다.
㉡ 직권 발전기: 계자 권선과 전기자 권선이 직렬로 연결되어 있으므로 계자 전류, 전기자 전류는 부하 전류와 같으며 무부하 운전은 곤란하다.
㉢ 분권 발전기: 잔류 자기로 인한 낮은 전압이 전기자

정답 16 ① 17 ① 18 ② 19 ④ 20 ① 21 ③

에 유기되어, 전기자 저항과 계자 저항 조정으로 전압 조정이 가능하다.

㉣ 교재 107쪽 맨 아래 [직류 분권 발전기] 그림 참고

22 동기 발전기의 병렬 운전 중 기전력의 위상차가 생기면 어떤 현상이 나타나는가?

① 전기자 반작용이 발생한다.
② 동기화 전류가 흐른다.
③ 단락 사고가 발생한다.
④ 무효 순환 전류가 흐른다.

해설 ㉠ 교재 132쪽 [1. 동기 발전기의 병렬 운전 조건] 중 암기법 참조

㉡ 동기 발전기의 병렬 운전 조건

ⓐ 기전력의 크기가 같을 것. 다를 경우 무효 순환전류가 흘러 역률이 달라지고 과열이 발생

ⓑ 기전력의 위상이 같을 것. 다를 경우 동기화 전류(유효 횡류) 발생

ⓒ 기전력의 주파수가 같을 것. 다를 경우 단자전압의 진동 발생

ⓓ 기전력의 파형이 같을 것. 다를 경우 고조파 순환전류 발생

23 1차 측 권수가 1500인 변압기의 2차 측에 접속한 16[Ω]의 저항은 1차 측으로 환산했을 때 8[kΩ]으로 되었다고 한다. 2차 측 권수를 구하면?

① 75 ② 70
③ 67 ④ 64

해설 ㉠ 교재 139쪽 [3. 변압기의 정격, 권수비] 참조

㉡ 권수비 $a = \dfrac{N_1}{N_2} = \dfrac{V_1}{V_2} = \sqrt{\dfrac{Z_1}{Z_2}} = \dfrac{I_2}{I_1}$

㉢ ㉡ 식에서 $\dfrac{N_1}{N_2} = \sqrt{\dfrac{Z_1}{Z_2}}$을 쓰면

$\dfrac{1500}{N_2} = \sqrt{\dfrac{8000}{16}}$,

여기서 $\sqrt{\dfrac{8000}{16}}$을 먼저 계산하면 $10\sqrt{5}$

$\therefore N_2 = \dfrac{1500}{10\sqrt{5}} = 67.08$(회)

24 변류가 개방 시 2차 측을 단락하는 이유는?

① 2차 측 절연 보호
② 2차 측 과전류 보호
③ 측정 오차 방지
④ 1차 측 과전류 방지

해설 ㉠ 교재 157쪽 [3. 계기용 변성기] 참조

㉡ 변류기는 2차 전류를 낮게 하기 위하여 권수비가 매우 작으므로 2차 측을 개방하게 되면 2차 측에 매우 높은 기전력이 유기되어 절연 파괴의 위험이 있다.

25 동기 전동기의 특징으로 잘못된 것은?

① 일정한 속도로 운전이 가능하다.
② 난조가 발생하기 쉽다.
③ 역률을 조정하기 힘들다.
④ 공극이 넓어 기계적으로 견고하다.

해설 ㉠ 교재 134쪽 [6. 3상 동기 전동기의 원리] 참조

㉡ 동기 전동기의 장점

ⓐ 부하의 변화로 속도가 변하지 않는다.

ⓑ 계자 권선의 직류 여자 전류를 조정하여 역률을 조정할 수 있다.

ⓒ 공극이 넓으므로 기계적으로 견고하다.

ⓓ 공급 전압의 변화에 대한 토크의 변화가 적다.

ⓔ 전 부하 효율이 양호하다.

㉢ 동기 전동기의 단점

ⓐ 여자를 필요로 하므로 직류 전원 장치가 필요하다.

ⓑ 동기화 장치가 필요하며 가격이 고가로 된다.

ⓒ 속도 제어가 어렵다.

ⓓ 난조가 발생하기 쉽다.

26 부흐홀츠 계전기의 설치 위치로 가장 적당한 곳은?

① 콘서베이터 내부
② 변압기 고압 측 부싱
③ 변압기 주 탱크 내
④ 반압기 주 탱크와 콘서베이터 사이

해설 ㉠ 교재 143쪽 그림 참조

㉡ 부흐홀츠 계전기는 변압기 내부 고장으로 인한 보호용으로 사용되며 변압기의 주 탱크와 콘서베이터 사이에 설치한다. 절연유의 온도 상승 시 발생하는 유증기를 검출하여 권선 단락, 철심 고정 볼트의 절연 열화, 탭 전환기의 고장 등을 경보 및 차단하기 위한 용도로 사용된다.

정답 22 ② 23 ③ 24 ① 25 ③ 26 ④

27 **동기기의 전기자 권선법이 아닌 것은?**

① 전절권 ② 분포권
③ 2층권 ④ 중권

해설 ㉠ 교재 127쪽 [3. 동기 발전기의 전기자 권선법] 중 암기법 외울 것
㉡ 동기기의 전기자 권선법은 2층권, 중권, 분포권, 단절권이다.

28 **그림과 같은 전동기 제어 회로에서 전동기 M의 전류 방향으로 올바른 것은? (단, 전동기의 역률은 100[%]이고, 사이리스터의 점호각은 '0°'라고 본다.**

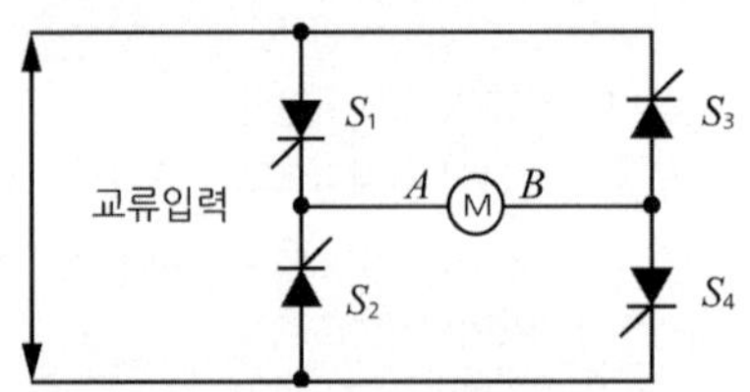

① 입력 반 주기마다 'A'에서 'B'의 방향, 'B'에서 'A'의 방향
② S_1과 S_4, S_2와 S_3의 동작 상태에 따라 'A'에서 'B'의 방향, 'B'에서 'A'의 방향
③ 항상 'A'에서 'B'의 방향
④ 항상 'B'에서 'A'의 방향

해설 ㉠ 교재 183쪽 [1. 사이리스터] 설명 참조
㉡ 반도체 사이리스터에 의한 전동기의 속도 제어 중 주파수에 의한 속도 제어 방식으로 인버터 제어이며, 항상 'A'에서 'B'의 방향이다.

29 **주파수가 60[Hz]인 동기 전동기의 극수가 2극일 때, 동기 속도는 몇 [rpm]인가?**

① 2,400 ② 3,600
③ 4,800 ④ 7,200

해설 ㉠ 교재 125쪽 [2. 동기 속도] 중 [memo] 암기
㉡ 동기 속도 $N_s = \dfrac{120f}{p} = \dfrac{120\times 60}{2} = 3,600$ [rpm]

30 **입력으로 펄스 신호를 가해주고 속도를 입력 펄스의 주파수에 의해 조절하는 전동기는?**

① 전기 동력계 ② 서보 전동기
③ 스테핑 전동기 ④ 권선형 유도 전동기

해설 ㉠ 직류 스테핑 모터의 특징
ⓐ 회전속도는 입력 펄스 주파수에 비례하여 증감한다.
ⓑ 입력되는 펄스 신호에 따라 미리 설정된 각도만큼 회전한다.
ⓒ 전동기의 출력을 이용한 속도, 거리, 방향 등을 정확히 제어할 수 있다.
ⓓ 응답 특성이 좋고, 정밀 제어에 용이하다.

31 **단상 변압기 2대로 V−V 결선하여 3상에서 사용하는 경우, V−V 결선의 특징으로 옳지 않은 것은?**

① 변압기의 이용률이 86.6[%]로 저하된다.
② 부하 측에 대칭 3상 전압을 공급할 수 있다.
③ 설치 방법이 비교적 간단하다.
④ 출력은 $\Delta-\Delta$ 결선일 때와 동일하다.

해설 ㉠ 교재 152쪽 [V−V 결선] 그림 및 해설을 이해
㉡ · 3상 $\Delta-\Delta$결선에서 단상 변압기 1대 고장 등으로 인해 나머지 2개로 3상을 유지하는 결선법이다.
ⓐ Δ 결선에 대한 출력은 $\dfrac{1}{\sqrt{3}} \fallingdotseq 0.577$이다.
ⓑ Δ 결선에 대한 이용률은 $\dfrac{\sqrt{3}}{2} \fallingdotseq 0.866$이다.
ⓒ 부하의 상태에 따라서는 2차 단자 전압이 불평형으로 된다.

32 **다극 중권 직류 발전기의 전기자 권선에 균압 고리를 설치하는 이유는?**

① 브러시에서 불꽃을 방지하기 위하여
② 전기자 반작용을 방지하기 위하여
③ 정류 기전력을 높이기 위하여
④ 전압 강하를 방지하기 위하여

해설 ㉠ 교재 112쪽 [다. 균압선]
㉡ 중권 전기자 병렬 회로에서 자속의 불일치에 의해 병렬 회로에 서로 발생하는 기전력의 크기는 같지 않게 된다. 때문에 브러시를 통하여 병렬 회로 사이에 순환 전류가 흘러 불꽃이 발생하는 원인이 되고 정류가 나빠지므로 이에 대비한 균압선을 접속한다.

정답 27 ① 28 ③ 29 ② 30 ③ 31 ④ 32 ①

33 변압기의 자속에 관한 설명으로 옳은 것은?

① 전압과 주파수에 반비례한다.
② 전압과 주파수에 비례한다.
③ 전압에 반비례하고 주파수에 비례한다.
④ 전압에 비례하고 주파수에 반비례한다.

해설 ㉠ 교재 145쪽 [1. 유도 기전력] 암기법 참조
㉡ 변압기의 전압 $E=4.44f\phi_m N$

자속 $\phi_m = \dfrac{E}{4.44fN}$ [Wb]

㉢ 즉, 전압에 비례하고 주파수에 반비례한다.

34 낮은 전압을 높은 전압으로 승압할 때 일반적으로 사용되는 변압기의 3상 결선 방식은?

① $\Delta-\Delta$ 결선 ② $\Delta-$Y 결선
③ Y－Y 결선 ④ Y$-\Delta$결선

해설 ㉠ 교재 151쪽 [다. $\Delta-$Y 결선] 참조
㉡ $\Delta-$Y 결선은 발전소 용 변압기와 같이 낮은 전압을 높은 전압으로 올리는 승압용 변압기 사용
③ Y$-\Delta$ 결선은 수전단 변전소 용 변압기와 같이 높은 전압을 낮은 전압으로 강압하는 경우에 사용

35 다음 중 전력 제어용 반도체 소자가 아닌 것은?

① LED ② TRIAC
③ GTO ④ IGBT

해설 ㉠ 교재 184쪽 [2. 전력용 반도체 소자의 기호와 특성 및 용도]
㉡ LED(발광 다이오드): GA(갈륨), P(인), As(비소)를 재료로 하여 만들어지 반도체이다. 다이오드의 특성을 가지고 있으며, 일정 전류를 흐르게 하면 적색, 녹색, 청색, 백색, 노란색 빛을 말한다.
㉢ TRIAC(쌍방향성 3단자 사이리스터): SCR 2개를 역병렬로 접속한 것과 등가인 것으로 양방향 전류가 흘러 교류 제어용으로 사용되는 소자이다. 전력 제어용 조광 다이얼(AC) 등 교류 제어용으로만 사용된다.
㉣ GTO(게이트 턴 오프 사이리스터): 게이트에 역방향으로 전류를 흘리면 자기 소호하는 양극, 음극 및 게이트의 3개의 단자를 가진 사이리스터로 직류 및 교류 제어용 소자로 사용된다.
㉤ IGBT: 컬렉터(C), 에미터(E), 게이트(G)를 가진 3단자 대전류 고전압의 전기량을 제어할 수 있는 자기 소호형 소자이다. 파워 MOS FET의 고속성과 파워 트랜지스터의 저 저항성을 겸비한 노이즈에 강한 파워 소자이다. 고속 인버터, 고속 초퍼 제어 소자로 활용된다.

36 단상 유도 전동기의 기동 방법 중 기동 토크가 가장 큰 것은?

① 분상 기동형 ② 반발 유도형
③ 콘덴서 기동형 ④ 반발 기동형

해설 ㉠ 교재 176쪽 [3. 단상 유도 전동기의 기동 토크의 세기]에서 암기법 중요
㉡ 단상 유도 전동기의 기동 토크가 큰 순서를 보면 다음과 같다.
반발 기동형 > 반발 유도형 > 콘덴서 기동형 > 영구 콘덴서형 > 분상 기동형 > 셰이딩 코일형

37 전기 기기의 철심 재료로 규소 강판을 많이 사용하는 이유로 가장 적당한 것은?

① 와류손을 줄이기 위해
② 맴돌이 전류를 없애기 위해
③ 히스테리시스 손을 줄이기 위해
④ 구리 손을 줄이기 위해

해설 ㉠ 교재 102쪽 [1. 계자] 참조
㉡ 전기 기기에서 철심은 자기 회로를 만드는 부분으로 회전에 따른 자속 방향이 수시로 변화하면서 와전류(성층 철심으로 감소) 손실이나 히스테리시스(규소 강판 사용으로 감소) 현상에 의한 철손이 생기게 된다. 따라서 계자(전기자) 철심은 이 철손을 줄이기 위해서 두께 0.35[mm]~0.5[mm] 정도의 얇은 규소 강판을 성층한다.

38 병렬 운전 중인 두 동기 발전기의 유도 기전력이 2000[V], 위상차 60°, 동기 리액턴스 100[Ω]이다. 유효 순환 전류[A]는?

① 5 ② 10
③ 15 ④ 20

해설 ㉠ 교재 132쪽 [1. 동기 발전기의 병렬 운전 조건] 참조
㉡ 동기기의 유효 순환 전류(동기화 전류)

$$I_s = \frac{E}{X_s} sin\frac{\delta}{2} = \frac{2000}{100} sin\frac{60}{2} = 10\ [\mathrm{A}]$$

정답 33 ④ 34 ② 35 ① 36 ④ 37 ③ 38 ②

39 34극 60[MVA], 역률 0.8, 60[HZ], 22.9[kV] 수차 발전기의 전부하 손실이 1600[kW]이면 전부하 효율[%]은?

① 90 ② 95
③ 97 ④ 99

해설 $\text{발전기 효율} = \dfrac{\text{출력}}{\text{출력}+\text{손실}} = \dfrac{60000\times0.8}{60000\times0.8+1600}$
$\fallingdotseq 97[\%]$

40 단상 전파 정류 회로에서 전원이 220[V]이면 부하에 나타나는 전원의 평균값은 약 몇 [V]인가?

① 99 ② 198
③ 257.4 ④ 297

해설 ㉠ 정류 회로의 출력값은 평균값
㉡ 전파 정류 회로의 값은 $220\times0.9=198$ [V]
반파 정류 회로의 값은 $220\times0.45=99$ [V]

3과목 : 전기 설비

41 광도가 I[cd] 일 때 구 광원의 광속은?

① $F=4\pi I$[lm] ② $F=2\pi I$[lm]
③ $F=\pi I$[lm] ④ $F=\pi^2 I$[lm]

해설 ㉠ 교재 288쪽 [2. 조명] 참조
㉡ 광도 I[cd] : 광원이 어떤 방향에 대하여 발생하는 빛의 세기(발산 광속의 입체각 밀도)
㉢ 광속 F[lm] : 광원으로부터 나오는 빛의 양
ⓐ 구 광원 $F=4\pi I$[lm]
ⓑ 평판 광원 $F=\pi I$[lm]

42 450/750[V] 일반용 단심 비닐 절연 전선의 약호는?

① NV ② PN
③ NF ④ NR

해설 ㉠ 교재 192쪽 [3. 전선 종류] 참조

43 전선과 대지 사이의 절연 저항은 사용 전압에 대한 누설 전류가 최대 공급 전류의 얼마를 초과하지 않도록 해야 하는가?

① $\dfrac{1}{1,000}$ ② $\dfrac{1}{2,000}$
③ $\dfrac{1}{2,500}$ ③ $\dfrac{1}{1,500}$

해설 ㉠ 저압 전선로 중 절연 부분의 전선과 대지 사이 및 전선의 심선 상호 간의 절연 저항은 사용 전압에 대한 누설 전류가 최대 공급 전류의 $\dfrac{1}{2,000}$을 넘지 않도록 하여야 한다.
㉡ 사용 전압이 저압인 전로에서 정전이 어려운 경우 등 절연 저항 측정이 곤란한 경우에는 누설 전류를 1[mA] 이하로 유지하여야 한다.

44 보조 접지극 2개를 이용하여 계기판의 눈금이 '0'을 가리키는 순간의 저항 다이얼 값을 읽어 접지 저항을 측정하는 방법은?

① 캘빈 더블 브릿지 ② 휘스톤 브릿지
③ 콜라우시 브릿지 ④ 접지 저항계

45 고압 가공 전선이 도로를 횡단하는 경우 전선의 지표상 최소 높이는 몇 [m]인가?

① 3 ② 4
③ 5 ④ 6

해설 ㉠ 교재 259쪽 [1. 인입선] 참조
㉡ 저압 및 고압 가공 전선의 높이는 다음과 같다.
ⓐ 도로 횡단의 경우: 지표상 6[m] 이상
ⓑ 철도 횡단의 경우: 레일면 상 6.5[m] 이상

46 가스 차단기에 들어가는 가스인 SF_6가스의 특징으로 틀린 것은?

① 무색, 무취, 무독성 가스이다.
② 난연성, 불활성 가스이다.
③ 소호 능력은 공기의 약 $\dfrac{1}{3}$배이다.
④ 절연 내력은 공기의 약 2~3배이다.

해설 ㉠ 교재 274쪽 [1. 차단기의 종류] 참조

정답 39 ③ 40 ② 41 ① 42 ① 43 ② 44 ④ 45 ④ 46 ③

ⓛ 소호 능력(아크를 방지하는 능력)이 공기의 100~200배에 달하고, 절연 내력이 공기의 2~3배이다. 절연 내력이 좋아 전선과 전선을 가까이 둘 수 있고, 장치를 아주 콤팩트하게, 소형화할 수 있다. 또한, 화재의 위험이 없고 인체에도 무해한 무색, 무취의 가스다.

47 **가정용 세탁기를 욕조에 설치할 때 콘센트의 규격은?**

① 접지극부 3극 15[A]
② 3극 15[A]
③ 접지극부 2극 15[A]
④ 2극 15[A]

48 **사람이 쉽게 접촉하는 장소에 설치하는 누전 차단기의 사용 전압 기준은 몇 [V] 초과인가?**

① 50　② 110
③ 150　④ 220

해설 ㉠ 교재 275쪽 [② *ELB*] 참조
ⓛ 50 [V]를 초과하는 저압의 금속제 외함을 가지는 전기 기계 기구에 전기를 공급하는 전로에 지락이 발생하였을 때 전로를 자동으로 차단하는 장치를 시설하여야 한다.(사람이 접촉하기 쉬운 장소)

49 **다음은 변압기의 고압 및 특고압 측 전로가 저압 측 전로와 혼촉하고 저압 전로의 대지 전압이 150[V]를 초과하는 경우, 1초 초과 2초 이내에 고압 및 특고압 전로를 자동으로 차단하는 장치를 설치할 때의 저항 값에 관한 내용이다. k값은 얼마인가?**

$$저항값 = \frac{k}{1차\ 지락전류}\ [\Omega]\ 이하$$

① 150　② 300
③ 600　④ 100

해설 ㉠ 변압기의 고압·특고압 측 전로 또는 사용 전압이 35 [kV] 이하의 특고압전로가 저압 측 전로와 혼촉하고 저압 진로의 대지전압이 150 [V]를 초과하는 경우는 저항값은 다음에 의한다.
ⓐ 1초 초과 2초 이내에 고압·특고압 전로를 자동으로 차단하는 장치를 설치할 때는 300을 나눈 값 이하
ⓑ 1초 이내에 고압·특고압 전로를 자동으로 차단하는 장치를 설치할 때는 600을 나눈 값 이하
ⓛ 2초 이내에 자동으로 차단하는 장치를 설치하였으므로 저항값= $\frac{300}{1선\ 지락전류}$ [Ω] 이하이다. 즉, $k = 300$

50 **펜치로 절단하기 힘든 굵은 전선의 절단에 사용되는 공구는?**

① 파이프 렌치　② 파이프 커터
③ 클리퍼　④ 와이어 게이지

해설 ㉠ 클리퍼: 굵은 전선을 절단할 때 사용하는 절단기

51 **합성 수지관 공사에서 경질 비닐 전선관의 굵기에 해당되지 않는 것은? (단, 관의 호칭을 말한다.)**

① 14　② 16
③ 18　④ 22

해설 ㉠ 교재 229쪽 [2. 합성 수지관 공사에서 암기법 참조
ⓛ 경질 비닐 전선관의 호칭 규격14, 16, 22, 28, 36, 42, 54, 70, 82, 100 [호]

52 **경질 비닐관의 호칭으로 맞는 것은?**

① 홀수에 가까운 바깥지름으로 표기한다.
② 짝수에 가까운 바깥지름으로 표기한다.
③ 홀수에 가까운 안지름으로 표기한다.
④ 짝수에 가까운 안지름으로 표기한다.

해설 ㉠ 교재 229쪽 [2. 합성 수지관 공사] 참조
ⓛ 경질 비닐관(합성 수지관)의 호칭: 짝수
ⓒ 안 지름(내경)으로 표기(규격: 14, 16, 22, 28, 36, 42, 54, 70, 82, 100 [mm])

53 **수변전 설비의 고압회로에 걸리는 전압을 표시하기 위해 전압계를 시설할 때 고압 회로와 전압계 사이에 시설하는 것은?**

① 수전용 변압기　② 계기용 변류기
③ 계기용 변압기　④ 권선형 변류기

정답 47 ③ 48 ① 49 ② 50 ③ 51 ③ 52 ④ 53 ③

해설 ㉠ 교재 157쪽 [가. 계기용 변압기] 그림 참조
㉡ 계기용 변압기(PT) : 고압 회로의 전압을 저압으로 변성하기 위해서 사용하는 것이며, 배전반의 전압계나 전력계, 주파수계, 역률계, 표시등 및 트립 코일의 전원으로 사용된다.

54 **일반적으로 가공 전선로의 지지물에 취급자가 오르고 내리는 데 사용하는 발판 볼트 등은 지표상 몇 [m] 미만에 시설하여서는 아니 되는가?**

① 0.75[m] ② 1.2[m]
③ 1.8[m] ④ 2.0[m]

해설 ㉠ 발판 볼트는 지표상 1.8 [m] 미만에 시설하여서는 안 된다.

55 **금속관 공사에서 금속관을 콘크리트에 매입할 경우 관의 두께는 최소 몇 [mm] 이상의 것이어야 하는가?**

① 0.8[mm] ② 1.0[mm]
③ 1.2[mm] ④ 1.5[mm]

해설 ㉠ 금속관의 두께와 공사
ⓐ 콘크리트에 매입하는 경우 : 1.2 [mm] 이상
ⓑ 기타의 경우 : 1.0 [mm] 이상

56 **한국전기설비규정에 의하면 옥외 백열 전등의 인하선으로써 지표상의 높이 2.5[m] 미만인 부분은 공칭 단면적 몇 [mm^2] 이상의 연동선과 동등 이상의 세기 및 굵기의 절연 전선(옥외용 비닐 절연 전선을 제외)을 사용하는가?**

① 0.75 ② 1.5
③ 2.5 ④ 2.0

해설 ㉠ 옥외 백열 전등의 인하선 시설
· 옥외 백열 전등의 인하선으로서 지표상의 높이 2.5 [m] 미만의 부분은 공칭 단면적 2.5 [mm^2] 이상의 연동선과 동등 이상의 세기 및 굵기의 절연 전선을 사용한다.(단, OW 제외)

57 **다음 중 고압 지중 케이블이 아닌 것은?**

① 알루미늄 피복 케이블
② 비닐 절연 비닐 외장 케이블
③ 미네랄 인슈레이션 케이블
④ 클로로프렌 외장 케이블

해설 ㉠ 전압에 따른 지중 케이블의 종류

전압	사용 가능 케이블
저압	알루미늄 피복, 클로로프렌 외장, 비닐 절연 비닐 외장, 폴리에틸렌 외장, 미네랄 인슈레이션(MI) 케이블
고압	알루미늄 피복, 클로로프렌 외장, 비닐 절연 비닐 외장, 폴리에틸렌 외장, 콤바인덕트(CD) 케이블

58 **한국전기설비 규정에 의하여 분기 회로의 과부하 보호 장치 설치점과 분기점 사이에 따른 분기 회로 또는 콘센트의 접속이 없고, 단락의 위험과 화재 및 인체에 대한 위험성이 최소화되도록 시설된 경우 과부하 보호 장치는 분기점으로부터 몇 [m]까지 이동하여 설치할 수 있는가?**

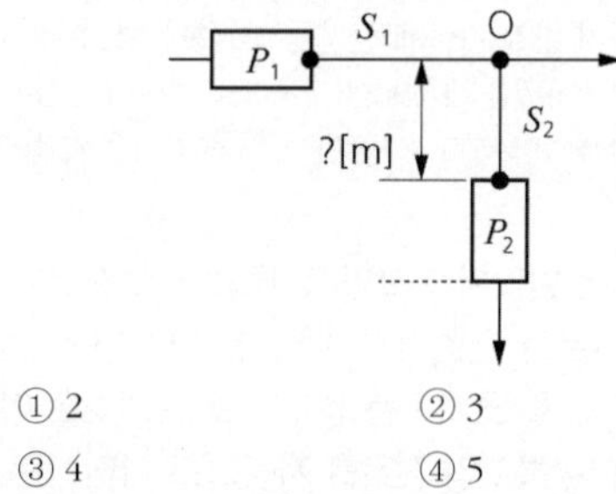

① 2 ② 3
③ 4 ④ 5

해설 ㉠ 교재 253쪽 [5. 분기 회로의 시설] 참조

59 **교통 신호등의 제어 장치로부터 신호등의 전구까지의 전로에 사용하는 전압은 몇 [V] 이하인가?**

① 60 ② 100
③ 300 ④ 440

해설 교통 신호등 회로는 300 [V] 이하로 시설하여야 한다.

정답 54 ③ 55 ③ 56 ③ 57 ③ 58 ② 59 ③

60 **무대, 무대 마루 밑, 오케스트라 박스, 영사실 기타 사람이나 무대 도구가 접촉할 우려가 있는 장소에 시설하는 저압 옥내 배선, 전구선 또는 이동 전선은 사용 전압이 몇 [V] 이하이어야 하는가?**

① 100　　② 200

③ 400　　④ 700

해설 ㉠ 전시회, 쇼, 공연장에서 저압 옥내 배선, 전구선 또는 이동 전선은 사용 전압이 400 [V] 이하이어야 한다.
㉡ 교재 283쪽 [5. 전시회, 쇼, 공연장의 시설] 참조

정답 60 ③

25 과년도 기출문제(2023년 1회)

1과목 : 전기 이론

01 두 개의 서로 다른 금속의 접속점에 온도차를 주면 열기전력이 생기는 현상은?

① 홀 효과 ② 줄 효과
③ 압전기 효과 ④ 제벡 효과

해설 제벡 효과
서로 다른 금속 A, B를 접속하고 접속점을 서로 다른 온도로 유지하면 기전력이 생기는 현상으로 열전 온도계, 열전형 계기에 이용

> ㉠ 제벡=열전='두 글자'로 암기
> ㉡ 펠티에=냉장고='세 글자'로 암기

02 다음 중에서 자석의 일반적인 성질에 대한 설명으로 틀린 것은?

① N극과 S극이 있다.
② 자력선은 N극에서 나와 S극으로 향한다.
③ 자력이 강할수록 자기력선의 수가 많다.
④ 자석은 고온이 되면 자력이 증가한다.

해설 자석은 고온이 되면 자기력이 감소된다.

03 자체 인덕턴스 2[H]의 코일에 25[J]의 에너지가 저장되어있다면 코일에 흐르는 전류는?

① 2[A] ② 3[A]
③ 4[A] ④ 5[A]

해설 ㉠ 코일에 충전, 방전되는 에너지 $W=\frac{1}{2}LI^2[J]$

㉡ 콘덴서에 충전, 방전되는 에너지 $W=\frac{1}{2}CV^2[J]$에서 ㉠식을 이용하면

$W=\frac{1}{2}LI^2[J]$, $I^2=\frac{2W}{L}$,

$I=\sqrt{\frac{2W}{L}}=\sqrt{\frac{2\times25}{2}}=5[A]$

계산기 √ ▭/▭ 2×25 ▽ 2 = 5

04 다음 중 비정현파의 실효값을 나타낸 것은?

① 최대파의 실효값
② 각 고조파의 실효값의 합
③ 각 고조파의 실효값의 합의 제곱근
④ 각 고조파의 실효값의 제곱의 합의 제곱근

해설 비정현파의 실효값
$=\sqrt{\text{직류분}^2+\text{기본파 실효값}^2+\text{고조파 실효값}^2}$
($\sqrt{\ }$=제곱근)

05 기전력 1.5[V], 내부저항 0.2[Ω]인 전지 5개를 직렬로 접속하여 단락시켰을 때의 전류[A]는?

① 1.5[A] ② 2.5[A]
③ 6.5[A] ④ 7.5[A]

해설 전지 5개를 직렬로 접속하고 그림과 같이 단락(Short)시켰으므로 전체 내부저항
$r=0.2\times5=1[\Omega]$

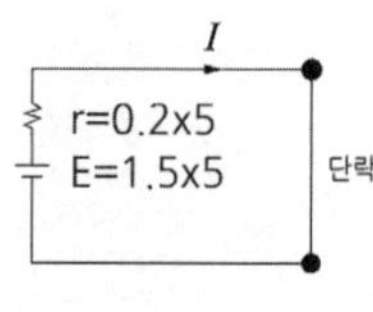

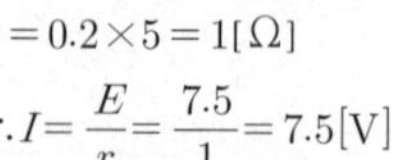

$\therefore I=\frac{E}{r}=\frac{7.5}{1}=7.5[V]$

06 브리지 회로에서 미지의 인덕턴스 Lx를 구하면?

① $L_X=\frac{R_2}{R_1}Ls$

② $L_X=\frac{R_1}{R_2}Ls$

③ $L_X=\frac{R_S}{R_1}Ls$

④ $L_X=\frac{R_1}{R_S}Ls$

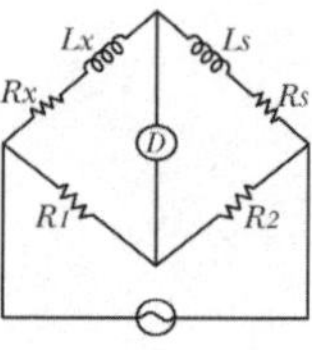

정답 01 ④ 02 ④ 03 ④ 04 ④ 05 ④ 06 ②

해설 ㉠ 서로 마주보는 변을 곱하여 계산
㉡ 풀기에는 시간이 많이 걸림(답만 암기)

07 R_1, R_2, R_3의 저항 3개를 직렬 접속했을 때의 합성저항 값은?

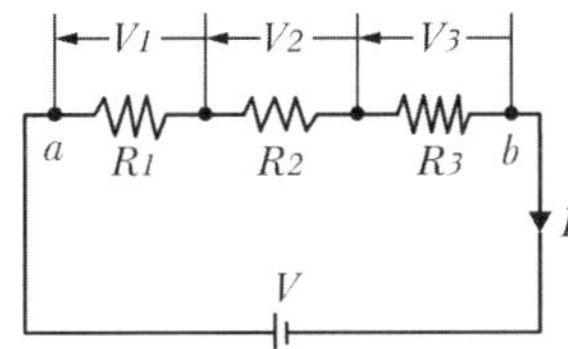

① $R=R_1+R_2\cdot R_3$ ② $R=R_1\cdot R_2+R_3$
③ $R=R_1\cdot R_2\cdot R_3$ ④ $R=R_1+R_2+R_3$

08 그림과 같은 평형 3상 △회로를 등가 Y결선으로 환산하면 각상의 임피던스는 몇 [Ω]이 되는가?(단, Z는 12[Ω]이다.)

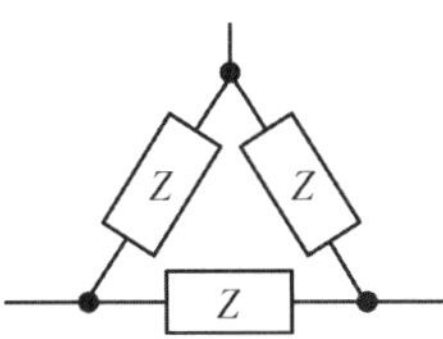

① 48[Ω] ② 36[Ω]
③ 4[Ω] ④ 3[Ω]

해설 ㉠ 2014년 4회 7번 해설 참조
㉡ △안에 Y가 들어가므로 △를 Y로 변환하면 $\frac{1}{3}$로 줄어들고
㉢ Y를 △로 변환하면 3배로 증가

$$\therefore Z_Y=\frac{1}{3}Z_\Delta=\frac{12}{3}=4[\Omega]$$

09 감은 횟수 200회의 코일 P와 300회의 코일 S를 가까이 놓고 P에 1[A]의 전류를 흘릴 때 S와 쇄교하는 자속이 4×10^{-4}[Wb]이었다면 이들 코일 사이의 상호 인덕턴스는?

① 0.12[H] ② 0.12[mH]
③ 0.08[H] ④ 0.08[mH]

해설 $M=\dfrac{N_2\,d\varnothing}{dt}=300\times4\times10^{-4}=0.12$

10 다음 중 파형률을 나타낸 것은 무엇인가?

① 실효값/평균값 ② 최대값/실효값
③ 평균값/실효값 ④ 실효값/최대값

해설 기본파에서 가장 높은 값은 최대값, 실효값, 평균값이다. 최대값이 V_m일 때 실효값$=\dfrac{V_m}{\sqrt{2}}$ 평균값$=\dfrac{2V_m}{\pi}$

[암기]
'ㄱ'이 'ㅎ'보다 빠르므로 파고율을 먼저 쓰고 높은 값부터 쓰면 된다. 최대값 → 실효값 → 평균값
- 파고율$=\dfrac{\text{최대값}}{\text{실효값}}$
- 파형률$=\dfrac{\text{실효값}}{\text{평균값}}$

11 플레밍의 오른손 법칙에서 셋째 손가락의 방향은 무엇을 의미하는가?

① 운동 방향 ② 자속밀도의 방향
③ 유도기전력의 방향 ④ 자력선의 방향

해설
[암기]
- 플레밍의 오른손 법칙＝발전기(v, B, E)
- 플레밍의 왼손 법칙＝전동기(F B, I)

12 2[C]의 전기량이 이동을 하여 10[J]의 일을 하였다면 두 점 사이의 전위차는 몇 [V]인가?

① 0.2[V] ② 0.5[V]
③ 5[V] ④ 20[V]

해설
[암기]
$V=\dfrac{W[J]}{Q[C]}$, $I=\dfrac{Q[C]}{t[S]}$

그러므로 $V=\dfrac{10[J]}{2[C]}=5[V]$

정답 07 ④ 08 ③ 09 ① 10 ① 11 ③ 12 ③

13 다음 중 1[J]과 같은 것은?

① 1[cal] ② 1[W · S]
③ 1[kg · m] ④ 1[N · m]

해설 [암기]
㉠ $[J]=[w \cdot sec]=$ 전력량
㉡ 전력 $P=VI=I^2R=\dfrac{V^2}{R}[W]$
㉢ 전력량 $W=VIt=I^2Rt$
$=\dfrac{V^2t}{R}[w \cdot sec]=[J]$

14 "회로에 흐르는 전류의 크기는 저항에 (㉮) 하고, 가해진 전압에 (㉯)한다." ( ) 안에 알맞은 내용을 바르게 나열한 것은?

① ㉮ 비례, ㉯ 비례
② ㉮ 비례, ㉯ 반비례
③ ㉮ 반비례, ㉯ 비례
④ ㉮ 반비례, ㉯ 반비례

해설 옴의 법칙
$I=\dfrac{V}{R}$ -㉠
$V=IR$ -㉡
$R=\dfrac{V}{I}$ -㉢
㉠식을 인용

15 진공 중에서 같은 크기의 두 자극을 1[m] 거리에 놓았을 때, 그 작용하는 힘은?(단, 자극의 세기는 1[Wb]이다.)

① 6.33×10^4[N] ② 8.33×10^4[N]
③ 9.33×10^5[N] ④ 9.09×10^9[N]

해설 쿨롱의 제2법칙
㉠ 두 점 자극 작용하는 힘
$$F=\frac{1}{4\pi\mu}\times\frac{m_1m_2}{r^2}[N]=\frac{1}{4\pi\mu_o\mu_s}\times\frac{m_1m_2}{r^2}$$
㉡ 진공이나 공기 중에서 두 점 자극 사이에 작용하는 힘
$$F=\frac{1}{4\pi\mu_o}\times\frac{m_1m_2}{r^2}=6.33\times10^4\times\frac{m_1m_2}{r^2}$$
$$=6.33\times10^4\times\frac{1\times1}{1}=6.33\times10^4[N]$$
(진공이나 공기 중에서는 비 투자율 $\mu_s=1$)

16 각속도 $\omega=300$[rad/sec]인 사인파 교류의 주파수[Hz]는 얼마인가?

① $70/\pi$ ② $150/\pi$
③ $180/\pi$ ④ $360/\pi$

해설 사인파 교류의 순시값
$v=$최대값 $\sin\omega t[V]=V_m\sin2\pi ft$로 표시
이때 각속도 $\omega=2\pi f$
그러므로 $f=\dfrac{\omega}{2\pi}=\dfrac{300}{2\pi}=\dfrac{150}{\pi}[Hz]$

17 C_1, C_2를 직렬로 접속한 회로에 C_3를 병렬로 접속하였다. 이 회로의 합성 정전 용량[F]은?

① $C_3+\dfrac{1}{\dfrac{1}{C_1}+\dfrac{1}{C_2}}$ ② $C_1+\dfrac{1}{\dfrac{1}{C_2}+\dfrac{1}{C_3}}$
③ $\dfrac{C_1+C_2}{C_3}$ ④ $C_1+C_2+\dfrac{1}{C_3}$

해설 [암기]
콘덴서의 직렬은 저항의 병렬과 같이 계산하고
콘덴서의 병렬은 저항의 직렬과 같이 계산한다.

㉠ C_1과 C_2는 저항의 병렬과 같이 계산한 다음
㉡ C_3를 저항의 직렬계산과 같이 더해주면 됨

18 $Z_1=5+j3[\Omega]$과 $Z_2=7-j3[\Omega]$이 직렬 연결된 회로에 V=36[V]를 가한 경우의 전류[A]는?

① 1[A] ② 3[A]
③ 6[A] ④ 10[A]

해설 $Z_{합}=Z_1+Z_2=5+j3+7-j3=12[\Omega]$
즉 코일 성분과 콘덴서 성분은 서로 상쇄되어 없어지고 저항 성분만 남는다.
전류 $I=\dfrac{V}{Z_{합}}=\dfrac{36}{12}=3[A]$

정답 13 ② 14 ③ 15 ① 16 ② 17 ① 18 ②

19 10[A]의 전류로 6시간 방전할 수 있는 축전지의 용량은?

① 2[Ah] ② 15[Ah]
③ 30[Ah] ④ 60[Ah]

20 3상 교류를 Y결선하였을 때 선간전압과 상전압, 선전류와 상전류의 관계를 바르게 나타낸 것은?

① 상전압 = $\sqrt{3}$ 선간전압
② 선간전압 = $\sqrt{3}$ 상전압
③ 선전류 = $\sqrt{3}$ 상전류
④ 상전류 = $\sqrt{3}$ 선전류

해설 ㉠ 3상 △와 Y에서 선간전압, 상전압, 선전류, 상전류의 암기 방법 : △에서는 전압이 같고, Y에서는 전류가 같다.
㉡ 교재 84쪽

2과목 : 전기 기기

21 직류기의 전기자 철심을 규소 강판으로 성층하여 만드는 이유는?

① 가공하기 쉽다.
② 가격이 염가이다.
③ 철손을 줄일 수 있다.
④ 기계 손을 줄일 수 있다.

해설 직류기뿐만 아니라 모든 전기기에는 철손이 존재한다.
철손 : ⓐ 히스테리시스 손 → 규소 강판 → 규소 3~4[%]
ⓑ 와류 손 → 성층, 두께 0.3[mm]

[암기]
- 글자 수가 긴 것은 긴 것(히스테리시스 손 – 규소 강판)
- 글자 수가 짧은 것은 짧은 것(와류 손 – 성층)

22 정격 전압 250[V], 정격 출력 50[kW]의 외분권 복권 발전기가 있다. 외분권 계자 저항이 25[Ω]일 때 전기자 전류는?

① 100[A] ② 210[A]
③ 2,000[A] ④ 2,010[A]

해설 ㉠ 직류기에서 직권 계자를 중심으로 분권 계자가 밖에 있을 경우는 외분권 복권 발전기
㉡ 직류기에서 직권 계자를 중심으로 분권 계자가 안에 있을 경우는 내분권 복권 발전기
㉢ 483쪽, 29번. 그림과 해설 참조

23 다음 중 절연저항을 측정하는 것은 어느 것인가?

① 캘빈더블 브리지법
② 전압 전류계법
③ 휘스톤 브리지법
④ 메거

해설 ㉠ 절연저항은 10^6[Ω] 이상의 큰 저항이므로 절연저항 측정기인 메거를 사용한다.(고저항 측정)
㉡ 콜라우시 브리지는 10^{-4} 이하 : 도체나 접지저항(저 저항측정)
㉢ 휘스톤 브리지 : 10^{-4}~10^6[Ω] : 중저항 측정

24 그림과 같은 분상 기동형 단상 유도전동기를 역회전시키기 위한 방법이 아닌 것은?

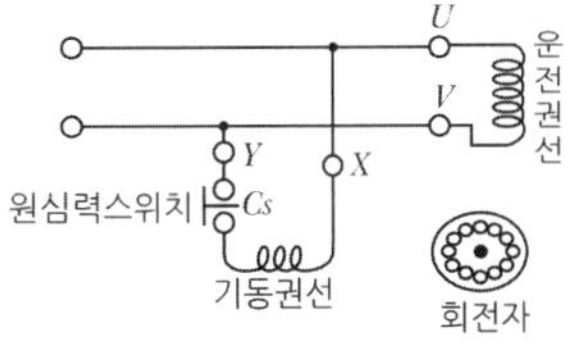

① 원심력 스위치를 개로 또는 폐로 한다.
② 기동권선이나 운전권선의 어느 한 권선의 단자접속을 반대로 한다.
③ 기동권선의 단자접속을 반대로 한다.
④ 운전권선의 단자접속을 반대로 한다.

정답 19 ④ 20 ② 21 ③ 22 ② 23 ④ 24 ①

해설 ㉠ 단상 유도전동기는 평등자장이므로(회전자장이 없으므로) 스스로 돌아가지 않는다. 그러므로 3상 유도 전동기와는 달리 운전 권선 외에 기동 권선이 필요하다.
㉡ 분상 기동형 단산 유도전동기의 원심력 스위치는 회전자가 정상 속도의 60~80[%]의 속도에 도달하면 원심력에 의해 자동으로 떨어진다.

25 **반파 정류회로에서 변압기 2차 전압의 실효치를 E[V]라 하면 직류 전류 평균치는?(단, 정류기의 전압강하는 무시한다.)**

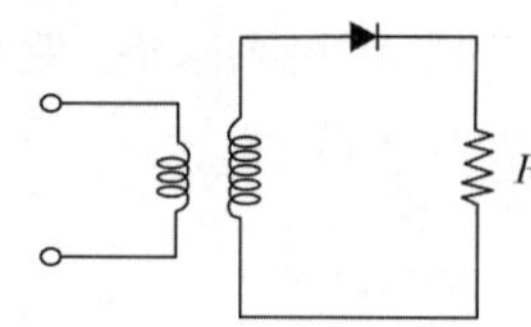

① $\frac{E}{R}$ ② $\frac{1}{2}\cdot\frac{E}{R}$
③ $2\frac{\sqrt{2}}{\pi}\cdot\frac{E}{R}$ ④ $\frac{\sqrt{2}}{\pi}\cdot\frac{E}{R}$

해설 교류 회로에서는 실효값, 직류 회로에서는 평균값을 사용한다.
㉠ 평균값 = 0.9 × 실효값
㉡ 반파이므로 = $\frac{0.9\times 실효값}{2} = 4.5E = \frac{\sqrt{2}}{\pi}$
계산기로 $\frac{\sqrt{2}}{\pi}$를 계산하면 = 4.5

26 **농형 유도 전동기의 기동법이 아닌 것은?**

① 전전압 기동법
② 저저항 2차권선 기동법
③ 기동 보상기법
④ Y－△ 기동법

해설 일상생활에서 가장 많이 쓰이는 유도전동기(IM)는 기동 시에 보통 정격전류의 4~6배의 전류가 흐르므로 소손될 위험이 있다. 그러므로 소손을 방지하기 위해 쓰이는 것이 기동법이다.

[암기]
농형 유도전동기 기동법(단상, 3상)
㉠ 전전압기동법 : 5[kW] 이하
㉡ Y－△ 기동법 : 15[kW] 이하
㉢ 리액터 기동법 : 15[kW] 이하
㉣ 기동보상 기동법 : 15[kW]~50[kW]

[암기]
권선형 유도전동기 기동법(3상, 중대형)
㉠ 2차 저항 기동법
㉡ 2차 여자 기동법

27 **실리콘 제어 정류기(SCR)에 대한 설명으로 적합하지 않은 것은?**

① 정류 작용을 할 수 있다.
② P－N－P－N 구조로 되어 있다.
③ 정방향 및 역방향의 제어 특성이 있다.
④ 인버터 회로에 이용될 수 있다.

해설 SCR : 단방향, 3단자 소자이다.

28 **유도 전동기의 회전자에 슬립 주파수의 전압을 공급하여 속도 제어를 하는 것은?**

① 2차 저항법
② 2차 여자법
③ 자극수 변환법
④ 인버터 주파수 변환법

29 **동기 전동기의 전기자 전류가 최소일 때 역률은?**

① 0.5 ② 0.707
③ 0.866 ④ 1.0

해설 교재 135쪽 [위상 특성 곡선]

30 **동기 발전기의 병렬 운전 조건이 아닌 것은?**

① 기전력의 크기가 같을 것
② 기전력의 위상이 같을 것
③ 기전력의 주파수가 같을 것
④ 기전력의 용량이 같을 것

정답 25 ④ 26 ② 27 ③ 28 ② 29 ④ 30 ④

해설 [암기]

동기기의 병렬 운전 조건

같아야 하는 것	달라도 되는 것
① 위상 ② 크기	① 용량
③ 상회전 방향	② 부하 전류
④ 주파수 ⑤ 파형	③ 내부 임피던스
[암기법] 윙크상이 추파를 보내면서	용부림 친다

31 부흐홀츠 계전기의 설치 위치는?

① 변압기 주 탱크 내부
② 콘서베이터 내부
③ 변압기의 고압 측 부싱
④ 변압기 본체와 콘서베이터 사이

32 직류 전동기의 속도제어 방법이 아닌 것은?

① 전압 제어　② 계자 제어
③ 저항 제어　④ 플러깅 제어

해설 직류전동기의 역 기전력

$$E = \frac{PZ\phi N}{60a} \propto K\phi N. \therefore N \propto \frac{E}{\phi} \propto \frac{V - I_a r_a}{\phi}$$

㉠ 전압 제어 : V를 조절하여 속도 조정
㉡ 계자 제어 : ϕ를 조절
㉢ 저항 제어 : 전기자에 가감 저항기를 달아서 속도 제어(r_a가 아님, r_a는 전기자 내부 저항)

33 우산형 발전기의 용도는?

① 저속 대용량기　② 저속 소용량기
③ 고속 대용량기　④ 고속 소용량기

해설
• 수차발전기(수력발전)=크다(저속도 대용량)
• 터빈발전기(화력발전)=작다(고속도 소용량)

34 전력 계통에 접속되어 있는 변압기나 장거리 송전 시 정전 용량으로 인한 충전 특성 등을 보상하기 위한 기기는?

① 유도전동기　② 동기발전기
③ 유도발전기　④ 동기조상기

해설 위상을 조절하는 기기=동기조상기=동기전동기 (문제 29번과 같음)

35 변압기의 규약 효율은?

① $\frac{출력}{입력} \times 100\%$

② $\frac{출력}{출력+손실} \times 100\%$

③ $\frac{출력}{입력-손실} \times 100\%$

④ $\frac{입력+손실}{입력} \times 100\%$

해설 효율$=\frac{출력}{입력}$

㉠ 발전기의 규약 효율$=\frac{출력}{입력}=\frac{출력}{출력+손실}$

㉡ 변압기의 규약 효율$=\frac{출력}{입력}=\frac{출력}{출력+손실}$

㉢ 전동기의 규약 효율$=\frac{출력}{입력}=\frac{입력-손실}{입력}$

㉣ [요점 정리] 규약 효율$=\frac{출력}{입력}$에서 발전기와 변압기는 출력을 측정할 수 있고 전동기는 입력을 측정할 수 있음
발전기 규약 효율=변압기 규약 효율과 같음
(둘 다 'ㅂ')

[암기]
전입 신고하러 출발하자 : 전동기는 입력이 2개
발전기는 출력이 2개

36 회전자 입력을 P_2, 슬립을 s라 할 때 3상 유도 전동기의 기계적 출력의 관계식은?

① sP_2　② $(1-s)P_2$
③ s^2P_2　④ P_2/S

해설 $P_o = 2차\ 입력 - 동손 = P_2 - SP_2 = (1-S)P_2$
㉠ 2차 입력 : 동손 : 기계적 출력$=1 : S : 1-S$
㉡ 교재 165쪽

정답 31 ④ 32 ④ 33 ① 34 ④ 35 ② 36 ②

37 무부하에서 119[V] 되는 분권 발전기의 전압 변동률이 6[%]이다. 정격 전부하 전압은 약 몇[V]인가?

① 110.2 ② 112.3
③ 122.5 ④ 125.3

해설 ㉠ 전압 변동률 $\varepsilon = \dfrac{\text{무부하 전압} - \text{정격 전압}}{\text{정격 전압}}$

㉡ $0.06 = \dfrac{119 - \text{정격 전압}}{\text{정격 전압}}$ 이므로 답을 대입하여 풀면 됨

38 5.5[kW], 200[V] 유도 전동기의 전전압 기동 시의 기동 전류가 150[A]이었다. 여기에 Y－△ 기동 시 기동 전류는 몇 [A]가 되는가?

① 50 ② 70
③ 87 ④ 95

해설
[암기]
㉠ Y－Δ 기동 (Y로 기동하고 Δ로 운전)
㉡ 기동 전류와 기동 토크가 1/3로 감소
㉢ $\therefore 150 \times \dfrac{1}{3} = 50[A]$

39 다음 그림 중 SCR의 기호는?

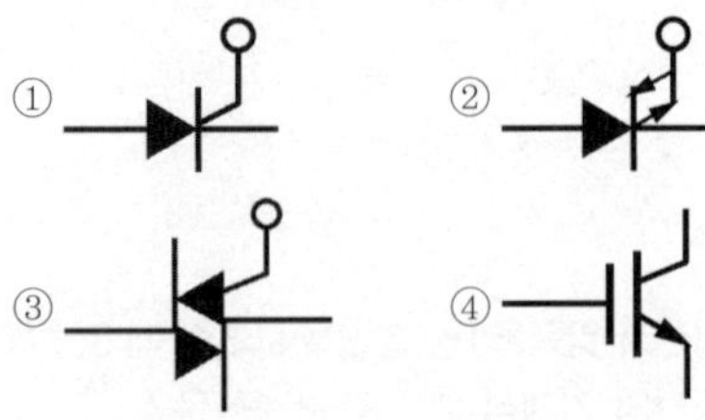

40 보호 계전기의 기능상 분류로 틀린 것은 어느 것인가?

① 차동 계전기 ② 거리 계전기
③ 저항 계전기 ④ 주파수 계전기

3과목 : 전기 설비

41 저압 연접 인입선은 인입선에서 분기하는 점으로부터 몇 [m]를 넘지 않는 지역에 시설하고 폭 몇 [m]를 넘는 도로를 횡단하지 않아야 하는가?

① 50[m], 4[m] ② 100[m], 5[m]
③ 150[m], 6[m] ④ 200[m], 9[m]

해설 저압 연접 인입선의 시설
㉠ 인입선에서 분기하는 점으로부터 100[m]를 초과하는 지역에 미치지 아니할 것
㉡ 폭 5[m]를 초과하는 도로를 횡단하지 아니할 것
㉢ 옥내를 관통하지 아니할 것

42 직류 도체의 L+(상)의 색상은?

① 적색 ② 백색
③ 청색 ④ 갈색

해설 직류 도체의 색상식별

상(문자)	색상
$L+$	적색
$L-$	백색
PEM(중간도체)	청색
N(중성선 도체)	청색

43 애자 사용 공사의 저압 옥내배선에서 전선 상호 간의 간격은 얼마 이상으로 하여야 하는가?

① 2[cm] ② 4[cm]
③ 6[cm] ④ 8[cm]

해설 애자 사용 공사에 의한 저압 옥내배선에서의 전선 상호 간 간격은 6[cm] 이상, 전선과 조영재와의 거리는 2.5[cm]이어야 한다.

44 접지 시스템의 부식방지를 위해 고려할 사항 중 틀린 것은?

① 폐기물 집하장은 꼭 접지극 설치
② 변화한 장소는 접지극 설치를 피한다.
③ 서로 다른 재질의 접지극을 연결하는 경우는 전식을 고려할 것
④ 콘크리트 기초 접지극에 접속하는 접지 도체

정답 37 ② 38 ① 39 ① 40 ③ 41 ② 42 ① 43 ③ 44 ①

해설 폐기물 집하장은 접지극에 부식을 일으킬 수 있으므로 접지극 설치를 피한다.

45 절연전선을 동일 금속 덕트 내에 넣을 경우 금속 덕트의 크기는 전선의 피복 절연물을 포함한 단면적의 총합계가 금속 덕트 내 단면적의 몇 [%] 이하가 되도록 선정하여야 하는가?(단, 제어회로 등의 배선에 사용하는 전선만을 넣는 경우이다.)

① 30% ② 40%
③ 50% ④ 60%

해설 금속 덕트 공사
㉠ 금속 덕트의 두께는 1.2[mm]
㉡ 지지 간격 : 3[m] 이하
㉢ 전선 단면적의 총합은 덕트 단면적의 20% 이하일 것 (제어 회로만의 배선의 경우 50% 이하)

46 다음 중 사람이 접촉될 우려가 있는 곳에 시설하는 경우 접지극은 지하 몇 [cm] 이상의 깊이에 매설하여야 하는가?

① 30 ② 45
③ 50 ④ 75

해설 접지공사에서 접지극은 지하 75[cm] 이상 깊이에 매설하고 접지선은 지하 75[cm]에서 지상 2[m]까지는 합성수지관 또는 몰드로 절연해야 한다.

47 다음 중 금속관에 나사를 내기 위한 공구는?

① 오스터 ② 토치램프
③ 펜치 ④ 유압식 벤더

해설 ㉠ 오스터 : 금속관에 나사를 내기 위한 공구

48 진열장 안에 400[V] 미만인 저압 옥내배선 시 외부에서 보기 쉬운 곳에 사용하는 전선을 단면적이 몇 [mm²] 이상의 코드 또는 캡타이어 케이블이어야 하는가?

① 0.75[mm²] ② 1.25[mm²]
③ 2[mm²] ④ 3.5[mm²]

해설 코드 및 캡타이어 케이블의 최소 굵기는 0.75[mm²]이다.

49 다음 중 경질 비닐 전선관 1본의 표준 길이는?

① 3[m] ② 3.6[m]
③ 4[m] ④ 4.6[m]

해설 경질 비닐 전선관(PVC)
㉠ 특징 : 금속관에 비해 내부식성, 절연성이 우수하고, 시공이 편리하다.
㉡ 호칭 : 안지름에 가까운 짝수로 나타낸다.
㉢ 한 본의 길이 : 4[m] ㉣ 12종이 있다.

50 전력선 전압이 1,000[V] 이하인 경우 전기울타리 인입선과의 최소 공간거리는?

① 3m ② 4m
③ 5m ④ 8m

해설 전력선으로부터의 최소 공간거리

전력선 전압	간격
1,000[V] 이하	3m
1,000[V] 초과 33,000[V] 이하	4m
33,000[V] 초과	8m

51 변압기의 보호 및 개폐를 위해 사용되는 특고압 컷아웃 스위치는 변압기 용량의 몇 [kVA] 이하에 사용되는가?

① 100[kVA] ② 200[kVA]
③ 300[kVA] ④ 400[kVA]

해설 컷 아웃 스위치(COS)는 변압기 내부 고장 보호를 위해 변압기 300[kVA] 이상으로 1차 측에 시설한다.

52 400[V] 이하의 저압 가공전선의 굵기는?

① 1.6[mm] ② 2.6[mm]
③ 3.2[mm] ④ 5.0[mm]

해설 가공전선의 굵기

사용 전압	시설 조건	인장강도 [kN]	전선의 굵기 [mm]
400[V] 이하의 저압	일반의 경우	3.43 (절연전선:2.3)	3.2 (절연전선:2.6)
	보안공사를 요하는 경우	5.26	4.0
400[V] 초과의 저압, 고압	일반의 경우	8.01 (시가지외 : 5.26)	5.0 (시가지외 : 4)
	보안공사를 요하는 경우	8.01	5.0

정답 45 ③ 46 ④ 47 ① 48 ① 49 ③ 50 ① 51 ③ 52 ③

53 **화약류 저장소 안에는 백열전등이나 형광등 또는 이에 전기를 공급하기 위한 공작물에 한하여 전로의 대지전압을 몇 [V] 이하를 사용하는가?**

① 100[V] ② 200[V]
③ 300[V] ④ 400[V]

해설 화약류 저장소 등의 전로의 대지 전압은 300[V] 이하로 하여야 한다.

54 **다음 중 네온 검전기를 사용하는 목적은 무엇인가?**

① 주파수 측정 ② 충전 유무 조사
③ 전류 측정 ④ 조도를 조사

해설 네온 검전기 : 기기 및 선로의 충전 유무 조사에 사용한다.

55 **다음 중 부식성 가스 등이 있는 장소에 시설할 수 없는 배선은 어느 것인가?**

① 케이블 배선
② 제1종 금속제 가요전선과 배선
③ 애자사용 배선
④ 캡타이어 케이블 배선

해설 부식성 가스가 존재하는 장소의 전기 배선은 애자 공사, 금속관 공사 및 케이블 공사를 한다.

56 **합성수지제 가요 전선관으로 옳게 짝지어진 것은 어느 것인가?**

① 후강 전선관과 박강 전선관
② PVC 전선관과 PF 전선관
③ PVC 전선관과 제2종 가요 전선관
④ PF 전선관과 CD 전선관

해설 ㉠ 후강, 박강 전선관 : 금속관
㉡ PVC : 경질 비닐관
㉢ 제2종 가요 전선관 : 금속제 가요 전선관
㉣ PF, CD 전선관 : 합성수지제 가요 전선관

57 **다음 중 옥외용 비닐 절연 전선의 약호(기호)는?**

① VV ② DV
③ OW ④ NR

해설 ㉠ VV : 비닐 절연 비닐 시스 케이블
㉡ DV : 인입용 비닐 절연 전선
㉢ OW : 옥외용 비닐 절연 전선
㉣ NR : 일반 단심 비닐 절연 전선

58 **480[V] 가공 인입선이 철도를 횡단할 때 레일면상의 최저 높이는 몇 [m]인가?**

① 4[m] ② 4.5[m]
③ 5.5[m] ④ 6.5[m]

해설 [암기]
가공 인입선의 시설 높이

	구분	저압	고압
시설 높이	횡단 보도교	3[m]	3.5[m]
	일 반	4[m]	5[m]
	도로 횡단	5[m]	6[m]
	철도 횡단	6.5[m]	

59 **케이블을 구부리는 경우 피복이 손상되지 않도록 하고 그 굴곡부의 곡률 반경은 원칙적으로 케이블이 단심인 경우 완성품 외경의 몇 배 이상이어야 하는가?**

① 4 ② 6
③ 8 ④ 10

해설 케이블을 구부릴 때 곡률 반경은 외경의 6배이다. 단심인 경우 8배이다.

60 **설비용량 600[kW], 부등률 1.2, 수용률 0.6일 때 합성 최대 전력 [kW]은?**

① 240[kW] ② 300[kW]
③ 432[kW] ④ 833[kW]

해설 합성 최대 전력

$$= \frac{설비용량 \times 수용률}{부등률} = \frac{600 \times 0.6}{1.2} = 300$$

정답 53 ③ 54 ② 55 ② 56 ④ 57 ③ 58 ④ 59 ③ 60 ②

26 과년도 기출문제(2023년 2회)

1과목 : 전기 이론

01 100[KVA] 단상변압기 2대를 V결선하여 3상 전력을 공급할 때의 출력은?

① 17.3[KVA] ② 86.6[KVA]
③ 173.2[KVA] ④ 346.8[KVA]

해설
[암기]
㉠ 단상변압기 3대를 가지고 3상 결선할 때 변압기 1대의 출력을 P라 하면, 3상 출력=$3P$
㉡ 1대가 고장 나서 V결선 하면 3상 출력=$2P$가 아니고 V결선의 3상 출력= $\sqrt{3}P$
㉢ 그러므로 $P_V = \sqrt{3} \times 100 = 173.2$[KVA]
㉣ 변압기 3개일 때와의 출력비= $\frac{\sqrt{3}P}{3P} = 0.577$
㉤ 변압기 2대일 때와의 이용률= $\frac{\sqrt{3}P}{2P} = 0.866$
(원래는 $2P$가 나와야 하는데) $\sqrt{3}P$ 밖에 나오지 않는다는 뜻

02 어떤 정현파 교류의 최대값이 $V_m = 220$[V]이면 평균값 V_a는?

① 약 120.4[V]
② 약 125.4[V]
③ 약 127.3[V]
④ 약 140.1[V]

해설 1. 최대값 V_m이라 할 때
㉠ 실효값 $V = \frac{V_m}{\sqrt{2}}$,
㉡ 평균값 $V_a = \frac{2V_m}{\pi} = \frac{2 \times 220}{\pi} = 140.1$

계산기 2 × 220 ÷ π =

2. 최대값 V_m이라 할 때 평균값=최대값 ×0.63=140[V]

03 어떤 콘덴서에 전압 20[V]를 가할 때 전하 800[μC]이 축적되었다면 이때 축적되는 에너지는?

① 0.008[J] ② 0.16[J]
③ 0.8[J] ④ 160[J]

해설 ㉠ 콘덴서에 축적 또는 방전되는 에너지
$$E = \frac{1}{2}CV^2 = \frac{1}{2}QV = \frac{1}{2}\frac{Q^2}{C}[\mathrm{J}]$$
㉡ $E = \frac{1}{2}QV = \frac{1}{2} \times 800 \times 10^{-6} \times 20 = 0.008$[J]

계산기 0.5 × 800 × 10 $X^{■}$ (−) 6 → × 20 =

04 진공 중에 두 자극 m_1, m_2를 r[m]의 거리에 놓았을 때 작용하는 힘 F의 식으로 옳은 것은?

① $F = \frac{1}{4\pi\mu_0} \times \frac{m_1 m_2}{r}$[N]
② $F = \frac{1}{4\pi\mu_0} \times \frac{m_1 m_2}{r^2}$[N]
③ $F = 4\pi\mu_0 \times \frac{m_1 m_2}{r}$[N]
④ $F = 4\pi\mu_0 \times \frac{m_1 m_2}{r^2}$[N]

해설 교재 46쪽

05 220[V]용 100[W] 전구와 200[W] 전구를 직렬로 연결하여 220[V]의 전원에 연결하면?

① 두 전구의 밝기가 같다.
② 100[W]의 전구가 더 밝다.
③ 200[W]의 전구가 더 밝다.
④ 두 전구 모두 안 켜진다.

해설 1. ㉠ 100[W] 전구의 저항 $P = \frac{V^2}{R}$에서
$$R = \frac{V^2}{P} = \frac{220^2}{100} = 400[\Omega]$$

정답 01 ③ 02 ④ 03 ① 04 ② 05 ②

㉡ 200[W] 전구의 저항 $R=\frac{V^2}{P}=\frac{220^2}{200}=200$ [Ω] 전력 $P=I^2R$ 에서 I는 일정하므로 R가 큰 것이 더 밝다.

2. 병렬 회로일 때 200[W]의 전구가 밝으므로, 직렬일 때는 100[W]의 전구가 밝다고 생각하면 됨.

06 2개의 코일을 서로 근접시켰을 때 한 쪽 코일의 전류가 변화하면 다른 쪽 코일에 유도기전력이 발생하는 현상을 무엇이라고 하는가?

① 상호 결합 ② 자체 결합
③ 상호 유도 ④ 자체 유도

07 어떤 전지에서 5[A]의 전류가 10분간 흘렀다면 이 전지에서 나온 전기량은?

① 0.83[C] ② 50[C]
③ 250[C] ④ 3,000[C]

해설 $I=\frac{Q}{t}$ 에서 $Q=I\cdot t[C]=5\times 10\times 60=3{,}000[C]$

08 물질 중의 자유전자가 과잉된 상태는?

① (−) 대전 상태 ② (+) 대전 상태
③ 중성 상태 ④ 발열 상태

09 $R=4[\Omega]$, $X_L=3[\Omega]$의 $e=100\sqrt{2}\sin\omega t+30\sqrt{2}\sin 3\omega t[V]$의 전압을 가할 때 전력은 약 몇 [W]인가?

① 1,170[W] ② 1,563[W]
③ 1,637[W] ④ 2,116[W]

해설 답만 암기

㉠ 기본파전류 $I_1=\frac{V_1}{Z_1}=\frac{100}{\sqrt{4^2+3^2}}=20[A]$

㉡ 제3 고조파 전류

$$I_3=\frac{V_3}{Z_3}=\frac{V_3}{\sqrt{R^2+(3wL)^2}}=\frac{30}{\sqrt{4^2+9^2}}\fallingdotseq 3[A]$$

㉢ 전체 전류$=\sqrt{{I_1}^2+{I_3}^2}=\sqrt{20^2+3^2}\fallingdotseq 20.23$

㉣ 유효전력 $P=I^2R=20.23^2\times 4\fallingdotseq 1{,}637[W]$

10 다음 그림의 브리지 회로에서 평형이 되었을 때의 Cx는?

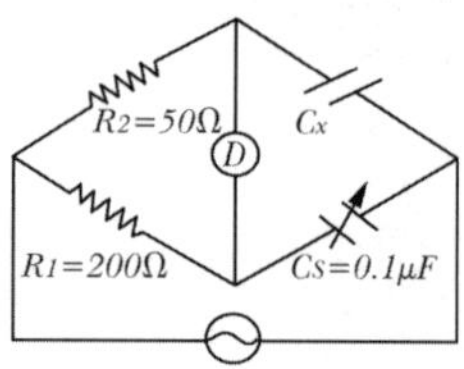

① 0.1[μF] ② 0.2[μF]
③ 0.3[μF] ④ 0.4[μF]

해설 [암기]

브리지 회로의 평형 조건

㉠ 저항이나 코일일 경우 마주보는 변을 곱하여 서로 같으면 되고

㉡ 그림과 같이 콘덴서일 경우는 $R_2C_X=R_1C_S$

$$\therefore C_X=\frac{R_1\cdot C_S}{R_2}=\frac{200\times 0.1\times 10^{-6}}{50}=0.4\times 10^{-6}[F]$$

11 기전력이 V_0, 내부저항이 r[Ω]인 n개의 전지를 직렬 연결하였다. 전체 내부저항은 얼마인가?

① r/n ② nr
③ r/n^2 ④ nr^2

12 △결선인 3상 유도전동기의 상전압(V_p)과 상전류(I_p)를 측정하였더니 각각 200[V], 30[A]이었다. 이 3상 유도전동기의 선간전압(V_l)과 선전류(I_l)의 크기는 각각 얼마인가?

① $V_l=200[V]$, $I_l=30[A]$
② $V_l=200\sqrt{3}[V]$, $I_l=30[A]$
③ $V_l=200\sqrt{3}[V]$, $I_l=30\sqrt{3}[A]$
④ $V_l=200[V]$, $I_l=30\sqrt{3}[A]$

13 용량을 변화시킬 수 있는 콘덴서는 무엇인가?

① 바리콘
② 전해 콘덴서
③ 마일러 콘덴서
④ 세라믹 콘덴서

정답 06 ③ 07 ④ 08 ① 09 ③ 10 ④ 11 ② 12 ④ 13 ①

14 자기 인덕턴스 200[mH], 450[mH]인 두 코일의 상호 인덕턴스는 60[mH]이다. 두 코일의 결합계수는?

① 0.1 ② 0.2
③ 0.3 ④ 0.4

해설 상호 인덕턴스 $M = K\sqrt{L_1 \cdot L_2}$

결합계수 $K = \dfrac{M}{\sqrt{L_1 L_2}} = \dfrac{60}{\sqrt{200 \times 450}} = 0.2$

계산기 [분수] 60 ↓ √ 200×450 =

15 그림의 병렬 공진회로에서 공진 임피던스 Z_0 [Ω]은?

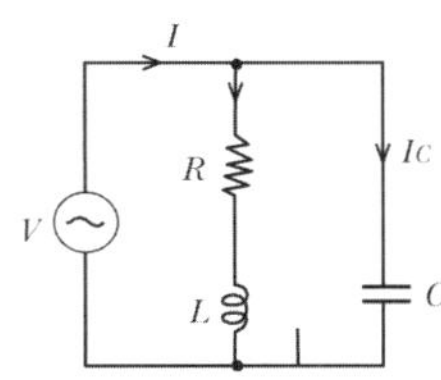

① $\dfrac{L}{CR}$ ② $\dfrac{CL}{R}$
③ $\dfrac{R}{CL}$ ④ $\dfrac{CR}{L}$

해설 답만 암기

16 자기력선에 대한 설명으로 옳지 않은 것은?

① 자석의 N극에서 시작하여 S극에서 끝난다.
② 자기장의 방향은 그 점을 통과하는 자기력선의 방향으로 표시한다.
③ 자기력선은 상호간에 교차한다.
④ 자기장의 크기는 그 점에 있어서의 자기력선의 밀도를 나타낸다.

17 줄의 법칙에서 발열량 계산식을 옳게 표시한 것은?

① $H = I^2R[J]$ ② $H = I^2R^2t[J]$
③ $H = I^2R^2[J]$ ④ $H = I^2Rt[J]$

18 플레밍의 왼손 법칙에서 전류의 방향을 나타내는 손가락은 어느 것인가?

① 엄지 ② 검지
③ 중지 ④ 약지

해설 플레밍의 왼손 법칙 = 전동기 = F, B, I

19 자속밀도 B = 0.2[Wb/m²]의 자장 내에 길이 2[m], 폭 1[m], 권수 5회의 구형 코일이 자장과 30°의 각도로 놓여 있을 때 코일이 받는 회전력은?(단, 이 코일에 흐르는 전류는 2[A]이다.)

① $\sqrt{\dfrac{3}{2}}[N \cdot m]$ ② $\dfrac{\sqrt{3}}{2}[N \cdot m]$
③ $2\sqrt{3}[N \cdot m]$ ④ $\sqrt{3}[N \cdot m]$

해설 $T = a \cdot bIBN\cos\theta = 2 \times 1 \times 2 \times 0.2 \times 5 \times \cos 30°$
$= 2\sqrt{3}[\mathrm{N \cdot m}]$

20 직류 250[V]의 전압에 두 개의 150[V]용 전압계를 직렬로 접속하여 측정하면 각 계기의 지시값 V_1, V_2는 각각 몇 [V]인가? (단, 전압계의 내부저항은 $V_1 = 15[k\Omega]$, $V_2 = 10[k\Omega]$이다.)

① $V_1 = 250$, $V_2 = 150$
② $V_1 = 150$, $V_2 = 100$
③ $V_1 = 100$, $V_2 = 150$
④ $V_1 = 150$, $V_2 = 250$

해설 ㉠ $V_{ab} = \dfrac{r_1 V}{r_1 + r_2} = \dfrac{15 \times 250}{15 + 10} = 150[V]$

㉡ $V_{bc} = V - V_{ab} = 250 - 150 = 100[V]$

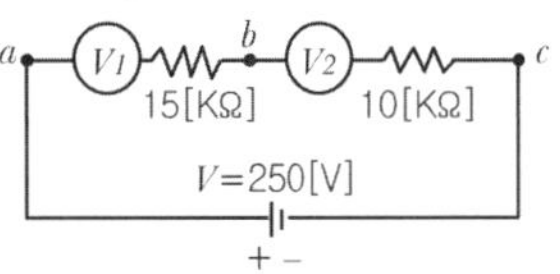

정답 14 ② 15 ① 16 ③ 17 ④ 18 ③ 19 ③ 20 ②

2과목 : 전기 기기

21 직류기의 손실 중 기계 손에 속하는 것은?

① 풍손 ② 와전류 손
③ 히스테리시스 손 ④ 표류 부하 손

해설 ㉠ 기계 손 : 풍손, 마찰 손
㉡ 철손 : 히스테리시스 손+와전류 손
㉢ 표류 부하 손 : 측정값으로 나타나지 않는 손실

22 직류 발전기를 구성하는 부분 중 정류자란?

① 전기자와 쇄교하는 자속을 만들어 주는 부분
② 자속을 끊어서 기전력을 유기하는 부분
③ 전기자 권선에서 생긴 교류를 직류로 바꾸어 주는 부분
④ 계자 권선과 외부 회로를 연결시켜 주는 부분

23 변압기 내부 고장 시 발생하는 기름의 흐름변화를 검출하는 브흐홀츠 계전기의 설치 위치로 알맞은 것은?

① 변압기 본체
② 변압기의 고압 측 부싱
③ 콘서베이터 내부
④ 변압기 본체와 콘서베이터를 연결하는 파이프

해설 교재 143쪽 그림 참조

24 주파수 60[Hz]를 내는 발전용 원동기인 터빈 발전기의 최고 속도는 얼마인가?

① 1800[rpm] ② 2400[rpm]
③ 3600[rpm] ④ 4800[rpm]

해설 ㉠ 발전기나 전동기의 극수는 2극, 4극, 6극, 8극, 즉 짝수로 시작하므로 최고속도는

$$N=\frac{120f}{P}=\frac{120\times 60}{2}=3,600[\text{rpm}]$$

㉡ [암기]
주파수가 60[Hz]일 때
• 2극 : 3,600 • 4극 : 1,800
• 6극 : 1,200 • 8극 : 900[rpm]

25 분상 기동형 단상 유도 전동기 원심개폐기의 작동 시기는 회전자 속도가 동기속도의 몇 [%] 정도인가?

① 10~30[%] ② 40~50[%]
③ 60~80[%] ④ 90~100[%]

26 동기 전동기를 자기 기동법으로 기동시킬 때 계자 회로는 어떻게 하여야 하는가?

① 단락시킨다.
② 개방시킨다.
③ 직류를 공급한다.
④ 단상교류를 공급한다.

해설 교재 136쪽

27 직류 복권 발전기를 병렬 운전할 때 반드시 필요한 것은?

① 과부하 계전기
② 균압선
③ 용량이 같을 것
④ 외부특성 곡선이 일치할 것

해설 균압선(전압을 균일하게 유지하는 선)
직권발전기나 복권발전기는 수하특성을 가지지 않아 병렬운전 시 부하 분담이 적절하지 않아 균압선을 설치한다.

28 유도 전동기에 대한 설명 중 옳은 것은?

① 유도발전기일 때의 슬립은 1보다 크다.
② 유도전동기의 회전자 회로의 주파수는 슬립에 반비례 한다.
③ 전동기 슬립은 2차 동손을 2차 입력으로 나눈 것과 같다.
④ 슬립은 크면 클수록 2차 효율은 커진다.

해설 ㉠번 〈발전기, 전동기의 슬립〉

발전기 슬립	전동기 슬립	
	정회전	역회전
$-1<S<0$	$0<S<1$	$1<S<2$

㉡번 회전자(2차 측) 주파수 $f_2=sf_1$

㉢번 $\frac{\text{2차 동손}}{\text{2차 입력}}=\frac{SP_2}{P_2}=S$ (정답)

정답 21 ① 22 ③ 23 ④ 24 ③ 25 ③ 26 ① 27 ② 28 ③

㉣번 2차 효율 $= \frac{2차\ 출력}{2차\ 입력} = \frac{(1-S)P_2}{P_2} = 1-S$

∴ 슬립이 클수록 2차 효율은 나빠진다. 전동기나 발전기는 정격 속도에 가까워지면(슬립이 작을수록) 효율이 좋아지도록 설계되어 있다. 무부하보다는 정격 부하일 때 효율이 좋다.

29 동기 전동기의 특징으로 잘못된 것은?

① 일정한 속도로 운전이 가능하다.
② 난조가 발생하기 쉽다.
③ 역률을 조정하기 힘들다.
④ 공극이 넓어 기계적으로 견고하다.

해설 교재 137쪽

30 계자 권선이 전기자와 접속되어 있지 않은 직류기는?

① 직권기　② 분권기
③ 복권기　④ 타여자기

해설 타여자 발전기와 타여자 전동기는 전기자 권선과 별도의 외부 계자회로를 가진다.(타여자의 뜻이 여자(계자)가 따로 있다는 표현)

31 동기기를 병렬운전 할 때 순환전류가 흐르는 원인은?

① 기전력의 저항이 다른 경우
② 기전력의 위상이 다른 경우
③ 기전력의 전류가 다른 경우
④ 기전력의 역률이 다른 경우

해설
[암기]
동기발전기를 병렬 운전할 때 순환전류가 흐르는 경우는 크게 2가지가 있는데
ⓐ 기전력의 크기가 다를 때 → 무효 순환전류
ⓑ 위상이 다른 경우 → 유효 순환전류(유효 횡류) = 동기화 전류

32 반도체 정류 소자로 사용할 수 없는 것은?

① 게르마늄　② 비스무트
③ 실리콘　④ 산화구리

해설 비스무트는 펠티어 효과(Peltier Effect)에서 안티몬과 함께 열의 흡수, 발열작용을 하는 재료이다.

33 단상 전파 사이리스터 정류회로에서 부하가 큰 인덕턴스가 있는 경우, 점호각이 60°일 때의 정류 전압은 약 몇 [V]인가?(단, 전원 측 전압의 실효값은 100[V]이고 직류 측 전류는 연속이다.)

① 141　② 100
③ 85　④ 45

해설 ㉠ 정류회로의 값은 평균값이다.
㉡ 단상전파 정류회로의 평균값은 전원 입력 부분의 평균값과 같다.
∴ 전원측 실효값이 100[V]이므로 평균값 $= 100 \times 0.9 = 90$[V](∴ 평균값=실효값의 90%)
㉢ 점호각이 60°이므로 정류회로 값은 $90 \times \cos 60 = 45$

34 변압기 철심에는 철손을 적게 하기 위하여 철이 몇 [%]인 강판을 사용하는가?

① 약 50~55[%]　② 약 60~70[%]
③ 약 76~86[%]　④ 약 96~97[%]

해설 규소 함유량 : 3~4[%], 나머지 97[%]는 철

35 전기자 반작용이란 전기자 전류에 의해 발생한 기자력이 주자속에 영향을 주는 현상으로 다음 중 전기자 반작용의 영향이 아닌 것은?

① 전기적 중성축 이동에 의한 정류의 약화
② 기전력의 불균형에 의한 정류자편 간 전압의 상승
③ 주 자속 감소에 의한 기전력 감소
④ 자기 포화 현상에 의한 자속의 평균치 증가

해설 전기자 반작용(필연적이지만 나쁜 현상)으로 자속이 감소한다.

36 2대의 동기 발전기가 병렬운전하고 있을 때 동기화 전류가 흐르는 경우는?

① 기전력의 크기에 차가 있을 때
② 기전력의 위상에 차가 있을 때
③ 부하분담에 차가 있을 때
④ 기전력의 파형에 차가 있을 때

해설 교재 132쪽

정답 29 ③ 30 ④ 31 ② 32 ② 33 ④ 34 ④ 35 ④ 36 ②

37 직류전동기에서 전 부하 속도가 1,500[rpm], 속도 변동률이 3[%]일 때 무부하 회전 속도는 몇 [rpm]인가?

① 1,455 ② 1,410
③ 1,545 ④ 1,590

해설 ㉠ 속도 변동률 $\varepsilon = \frac{\text{무부하 속도} - \text{정격 속도}}{\text{정격 속도}}$

$0.03 = \frac{N_o - 1,500}{1,500}$ 답을 대입해서 푼다.

$\therefore N_o = 1,545[\text{rpm}]$

㉡ 무부하 속도는 정격 속도보다 빠르므로 답을 대입할 때 1,500[rpm]보다 작은 ① 1,455, ② 1,410은 제외

38 3상 유도 전동기의 슬립의 범위는?

① 0<S<1 ② −1<S<0
③ 1<S<2 ④ 0<S<2

해설 교재 164쪽

39 단상 전파 정류회로에서 직류 전압의 평균값으로 가장 적당한 것은?(단, E는 교류 전압의 실효값)

① 1.35E[V] ② 1.17E[V]
③ 0.9E[V] ④ 0.45E[V]

해설 문제 33번과 같음
㉠ 실효값$= E$
㉡ 평균값=실효값$\times 0.9 = 0.9E$

40 직류 발전기 전기자의 구성으로 옳은 것은?

① 전기자 철심, 정류자
② 전기자 권선, 전기자 철심
③ 전기자 권선, 계자
④ 전기자 철심, 브러시

해설 ㉠ 전기자=전기자 권선+철심
㉡ 교재 102쪽

3과목 : 전기 설비

41 도로를 횡단하여 시설하는 지선의 높이는 지표상 몇 [m] 이상이어야 하는가?

① 5[m] ② 6[m]
③ 8[m] ④ 10[m]

해설 지선의 도로 횡단 시 높이는 5[m] 이상이어야 한다.

42 전선 약호가 CN−CV−W인 케이블의 품명은?

① 동심 중성선 수밀형 전력 케이블
② 동심 중성선 차수형 전력 케이블
③ 동심 중성선 수밀형 저독성 난연 전력 케이블
④ 동심 중성선 차수형 저독성 난연 전력 케이블

해설 ① CN−CV−W : 동심 중정선 수밀형 전력 케이블
② 교재 196쪽

43 제1종 금속제 가요 전선관의 두께는 최소 몇 [mm] 이상이어야 하는가?

① 0.8 ② 1.2
③ 1.6 ④ 2.0

해설 제1종 금속제 가요 전선관의 두께는 0.8[mm] 이상의 연강대로 만들어진다.

44 플로어 덕트 공사의 설명 중 옳지 않은 것은?

① 덕트 상호간 접속은 견고하고 전기적으로 완전하게 접속 하여야 한다.
② 덕트의 끝 부분은 막는다.
③ 덕트 및 박스 기타 부속품은 물이 고이는 부분이 없도록 시설하여야 한다.
④ 플로어 덕트는 특별 제3종 접지공사로 하여야 한다.

해설 접지의 종별이 없어졌음

45 500[kW]의 설비 용량을 갖춘 공장에서 정격 전압 3상 24[kV], 역률 80[%]일 때의 차단기 정격 전류는 약 몇 [A]인가?

① 8[A] ② 15[A]
③ 25[A] ④ 30[A]

정답 37 ③ 38 ① 39 ③ 40 ② 41 ① 42 ① 43 ① 44 ④ 45 ②

해설 차단기 정격 전류

$$= \frac{\text{차단기 정격 용량}}{\sqrt{3} \times \text{정격 차단 전압} \times \text{역률}}$$

$$= \frac{500 \times 10^3}{\sqrt{3} \times 24 \times 10^3 \times 0.8} = 15.04[\text{A}]$$

46 전선을 접속하는 방법으로 틀린 것은?

① 전기 저항이 증가되지 않아야 한다.
② 전선의 세기는 30[%] 이상 감소시키지 않아야 한다.
③ 접속 부분은 와이어 커넥터 등 접속 기구를 사용하거나 납땜을 한다.
④ 알루미늄을 접속할 때는 고시된 규격에 맞는 접속관 등의 접속 기구를 사용한다.

해설 전선을 접속하는 경우 전선의 세기를 20% 이상 감소시키지 않아야 한다.

47 굵은 전선을 절단할 때 사용하는 전기공사용 공구는?

① 프레셔 툴 ② 녹아웃 펀치
③ 파이프 커터 ④ 클리퍼

해설 ① 프레셔 툴 : 압착 단자를 압착 하는 공구
② 녹아웃 펀치 : 배전반 및 분전반의 구멍을 뚫는 공구
③ 파이프 커터 : 금속관을 절단하는 공구
④ 클리퍼 : 굵은 전선을 절단하는 공구

48 무대, 무대 밑, 오케스트라 박스, 영사실, 기타 사람이나 무대 도구가 접촉할 우려가 있는 장소에 시설하는 저압 옥내배선, 전구선 또는 이동전선은 사용 전압이 몇[V] 미만이어야 하는가?

① 60[V] ② 110[V]
③ 220[V] ④ 400[V]

해설 흥행장의 저압 설비는 400[V] 미만을 사용해야 하며 이동전선은 캡타이어 케이블로 시공한다.

49 실내 전체를 균일하게 조명하는 방식으로 광원을 일정한 간격으로 배치하며 공장, 학교, 사무실 등에서 채용되는 조명방식은?

① 국부 조명 ② 전반 조명
③ 직접 조명 ④ 간접 조명

해설 전반 조명
작업면 전반에 균등한 조도를 가지게 하는 방향으로 광원을 일정한 높이와 간격으로 배치하여, 일반적으로 사무실, 학교, 공장 등에 채용된다. 하향 광속, 상향 광속 50[%]

50 다음의 심벌 명칭은 무엇인가?

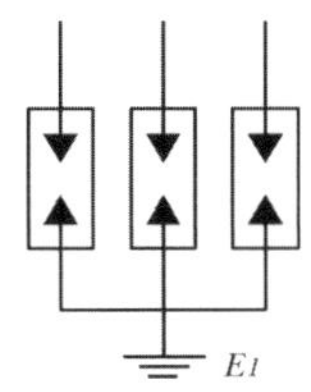

① 파워 퓨즈
② 단로기
③ 피뢰기
④ 고압 컷아웃 스위치

해설 피뢰기의 다선도 심벌이다.

51 금속 몰드 배선의 사용 전압은 몇 [V] 미만이어야 하는가?

① 150 ② 220
③ 400 ④ 600

해설 금속 몰드 배선의 사용 전압은 400[V] 미만이어야 한다.

52 옥내에 사용하는 전자개폐기의 조작회로 또는 초인벨, 경보벨 등에 접속하는 소세력 회로가 50[V] 이하일 때 최대 사용전류는?

① 1.5[A] ② 3[A]
③ 5[A] ④ 7[A]

해설 소세력 회로의 최대사용전류

최대사용전압	15[V] 이하	15[V] 초과 30[V] 이하	30[V] 초과 60[V] 이하
최대사용전류	5[A] 이하	3[A] 이하	1.5[A] 이하

정답 46 ② 47 ④ 48 ④ 49 ② 50 ③ 51 ③ 52 ①

53 캡타이어 케이블을 조영재의 옆면에 따라 시설하는 경우 지지점 간의 거리는 얼마 이하로 하는가?

① 2[m] ② 3[m]
③ 1[m] ④ 1.5[m]

해설

[암기]
지지점 간의 거리

캡타이어 케이블 공사	1[m]
가요 전선관 공사	
합성수지관(PVC)	1.5[m]
애자, 케이블, 금속관 공사	2[m]
금속 덕트 공사	3[m]

54 전로 이외를 흐르는 전류로서 전로의 절연체 내부 및 표면과 공간을 통하여 선간 또는 대지 사이를 흐르는 전류를 무엇이라 하는가?

① 지락 전류 ② 누설 전류
③ 정격전류 ④ 영상 전류

해설 누설 전류 : 전로 이외를 흐르는 전류

55 배전용 전기 기계 기구인 COS(컷 아웃 스위치)의 용도로 알맞은 것은?

① 배전용 변압기의 1차 측에 시설하여 변압기의 단락 보호용으로 쓰인다.
② 배전용 변압기의 2차 측에 시설하여 변압기의 단락 보호용으로 쓰인다.
③ 배전용 변압기의 1차 측에 시설하여 배전 구역 전환용으로 쓰인다.
④ 배전용 변압기의 2차 측에 시설하여 배전 구역 전환용으로 쓰인다.

해설 COS(컷 아웃 스위치)는 배전용 변압기의 다락으로부터 전선로를 보호하기 위해 변압기 1차 측에 시설한다.

56 금속관 공사에 사용되는 부품이 아닌 것은?

① 새들 ② 덕트
③ 로크 너트 ④ 링 리듀셔

해설 덕트는 금속관 공사에 사용하는 부품이 아니다.

57 구리 전선과 전기 기계 기구 단자를 접속하는 경우에 진동 등으로 인하여 헐거워질 염려가 있는 곳에는 어떤 것을 사용하여 접속하여야 하는가?

① 평 와셔 2개를 끼운다.
② 스프링와셔를 끼운다.
③ 코드 스패너를 끼운다.
④ 정 슬리브를 끼운다.

해설 진동 등이 있는 기구 단자에 전선 접속 시 스프링와셔나 이중 너트를 사용한다.

58 화약류 저장장소의 배선공사에서 전용 개폐기에서 화약류 저장소의 인입구까지는 어떤 공사를 하여야 하는가?

① 케이블을 사용한 옥측 전선로
② 금속관을 사용한 지중 전선로
③ 케이블을 사용한 지중 전선로
④ 금속관을 사용한 옥측 전선로

해설 화약류 저장소의 전용 개폐기 또는 과전류 차단기에서 화약고의 인입구 까지는 케이블을 사용한 지중선로로 한다.

59 수 · 변전 설비에서 전력 퓨즈의 용단 시 결상을 방지하는 목적으로 사용하는 것은?

① 자동 고장 구분 개폐기
② 선로 개폐기
③ 부하 개폐기
④ 기중 부하 개폐기

해설 ① 자동 고장 구분 개폐기(ASS) : 한 수용가의 사고가 다른 수용가에 피해를 주는 것을 최소화하기 위한 개폐기
② 선로 개폐기(LS) : 책임 분기점에서 보수 점검 시 전로를 구분하기 위한 개폐기로 시설하고 반드시 무부하 상태로 개방하여야 한다.
③ 부하 개폐기(LBS) : 수 · 변전 설비의 인입구 개폐기로 많이 사용하며, 전력 퓨즈 용단 시 결상을 방지하는 목적으로 사용
④ 기중 부하 개폐기(IS) : 300[kVA] 이하에서 입입 개폐기로 사용한다.

정답 53 ③ 54 ② 55 ① 56 ② 57 ② 58 ③ 59 ③

60 합성수지관 상호 및 관과 박스는 접속 시에 삽입하는 깊이를 관 바깥지름의 몇 배 이상으로 하여야 하는가?(단, 접착제를 사용하지 않은 경우이다.)

① 0.2　　② 0.5
③ 1　　④ 1.2

해설 합성수지관 공사의 관을 삽입하는 길이
관 외경의 1.2배(단, 접착제를 사용할 경우 0.8배)

정답 60 ④

27 과년도 기출문제(2023년 3회)

1과목 : 전기 이론

01 5[Ω], 10[Ω], 15[Ω]의 저항을 직렬로 접속하고 전압을 가하였더니 10[Ω]의 저항 양단에 30[V]의 전압이 측정 되었다. 이 회로에 공급되는 전 전압은 몇 [V]인가?

① 30[V] ② 60[V]
③ 90[V] ④ 120[V]

해설 ㉠ 직렬회로이므로 10[Ω]에 흐르는 전류(전체전류)

$$I = \frac{V_2}{R_2} = \frac{30}{10} = 3[\text{A}]$$

㉡ $\therefore V_1 = I \cdot R_1 = 3 \times 5 = 15[\text{V}]$,

$V_3 = I \cdot R_3 = 3 \times 15 = 45[\text{A}]$

㉢ ∴ 전체전압

$V = V_! + V_2 + V_3 = 15 + 30 + 45 = 90[\text{V}]$

02 전압계의 측정 범위를 넓히는데 사용되는 기기는?

① 배율기 ② 분류기
③ 정압기 ④ 정류기

해설 ㉠ 전압계의 측정 범위를 높이도록 전압계와 직렬로 달아주는 저항 = 배율기
㉡ 전류계의 측정 범위를 높이도록 전류계와 병렬로 달아주는 저항 = 분류기
㉢ 교재 30쪽

03 전계의 세기 50[V/m], 전속밀도 100[C/m²]인 유전체의 단위 체적에 축적되는 에너지는?

① 2[J/m³] ② 250[J/m³]
③ 2,500[J/m³] ④ 5,000[J/m³]

해설 유전체의 단위 체적 당 에너지

$$W = \frac{1}{2}DE = \frac{1}{2} \times 100 \times 50 = 2,500[\text{J/m}^3]$$

04 1상의 R = 12[Ω], X_L = 16[Ω]을 직렬로 접속하여 선간전압 200[V]의 대칭 3상 교류 전압을 가할 때의 역률은?

① 60[%] ② 70[%]
③ 80[%] ④ 90[%]

해설 ㉠ $Z = \sqrt{R^2 + {X_L}^2} = \sqrt{12^2 + 16^2} = 20[\Omega]$

㉡ $\cos\theta = \frac{R}{Z} = \frac{12}{20} = 0.6$

05 그림은 실리콘 제어소자인 SCR을 통전시키기 위한 회로도이다. 바르게 된 회로는?

①
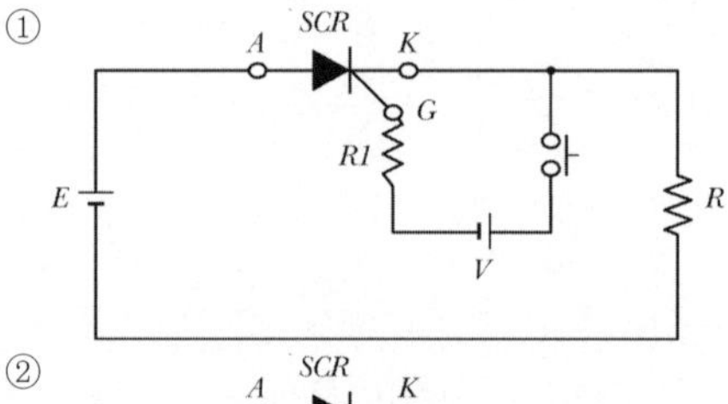

②
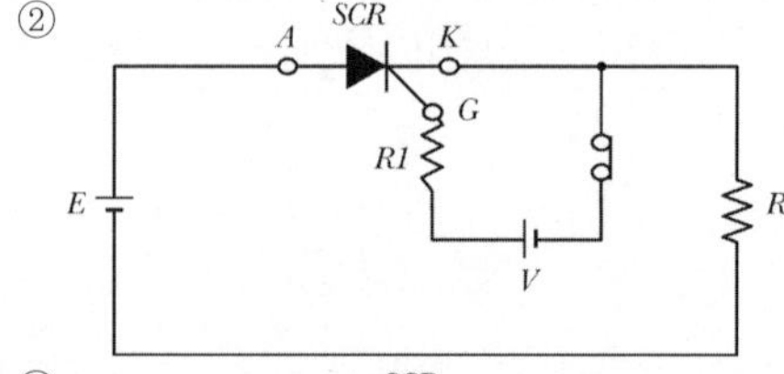

③
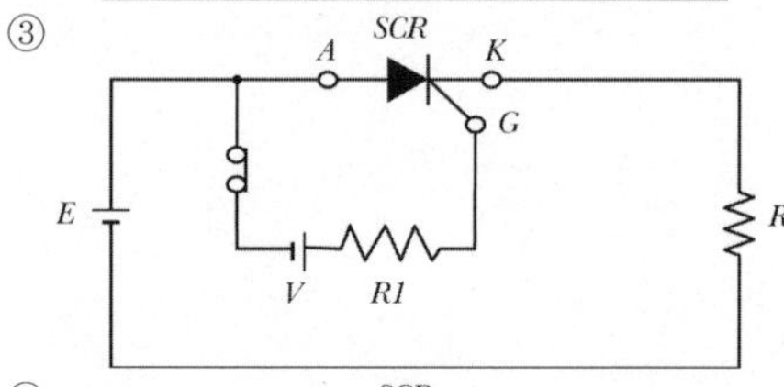

④
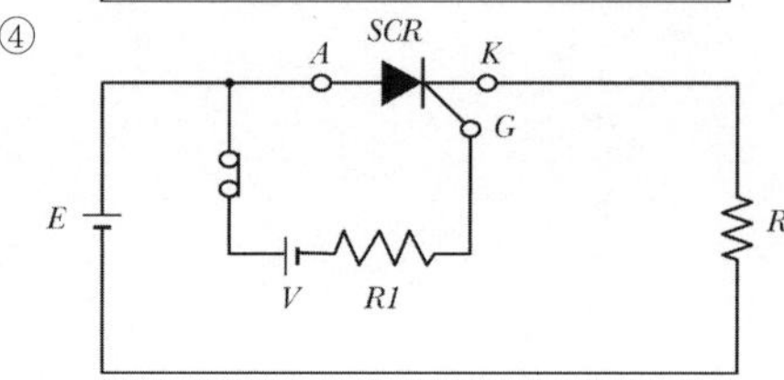

정답 01 ③ 02 ① 03 ③ 04 ① 05 ②

해설 ㉠ Gate 에는 (+) 전압
㉡ Gate (−) 쪽은 부하 측으로 결선

06 그림과 같이 I[A]의 전류가 흐르고 있는 도체의 미소부분 $\Delta \ell$ 의 전류에 의해 r[m] 떨어진 지점 P 의 자기장 ΔH [A/m]는?

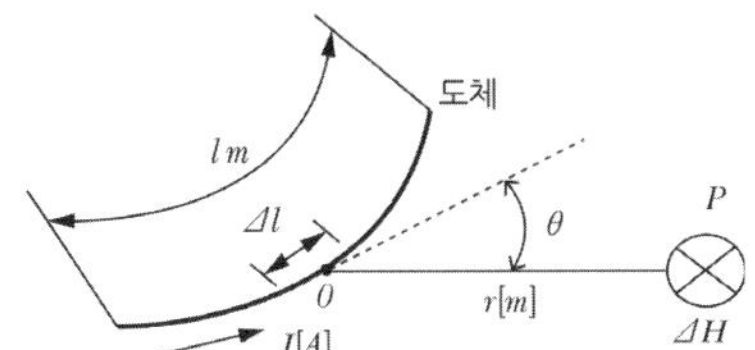

① $\Delta H = \dfrac{I^2 \Delta \ell \sin\theta}{4\pi r^2}$　② $\Delta H = \dfrac{I^2 \Delta \ell^2 \sin\theta}{4\pi r}$

③ $\Delta H = \dfrac{I^2 \Delta \ell \sin\theta}{4\pi r}$　④ $\Delta H = \dfrac{I \Delta \ell \sin\theta}{4\pi r^2}$

해설 교재 51, 52, 53쪽

07 PN 접합의 순방향 저항은(㉠), 역방향 저항은 매우 (㉡), 따라서 (㉢) 작용을 한다. (　) 안에 들어갈 말로 옳은 것은?

① ㉠ 크고, ㉡ 크다, ㉢ 정류
② ㉠ 작고, ㉡ 크다, ㉢ 정류
③ ㉠ 작고, ㉡ 작다, ㉢ 검파
④ ㉠ 작고, ㉡ 크다, ㉢ 검파

해설 ㉠ 순방향은 저항값이 작아서 0.8[V] 이상의 전압만 주면 잘 통하고
㉡ 역방향은 저항값이 매우 커서 높은 전압을 걸어도 전류가 통하지 않는다.

08 L=0.05[H]의 코일에 흐르는 전류가 0.05[sec] 동안에 2[A]가 변했다. 코일에 유도되는 기전력[V]은?

① 0.5[V]　② 2[V]
③ 10[V]　④ 25[V]

해설 ㉠ 패러데이의 전자유도법칙
㉡ $e = -\dfrac{Nd\varnothing}{dt} = -\dfrac{Ldi}{dt}$ 에서

$$e = -\frac{Ldi}{dt} = \frac{0.05 \times 2}{0.05} = 2$$

㉢ (−)는 렌쯔의 법칙으로 방향을 나타내고 있다.

09 자기회로의 길이 ℓ[m], 단면적 A[m²], 투자율 μ[H/m] 일 때 자기저항 R[AT/Wb]을 나타내는 것은?

① $R = \dfrac{\mu \ell}{A}$[AT/Wb]　② $R = \dfrac{A}{\mu \ell}$[AT/Wb]

③ $R = \dfrac{\mu A}{\ell}$[AT/Wb]　④ $R = \dfrac{\ell}{\mu A}$[AT/Wb]

10 2개의 자극 사이에 작용하는 힘의 세기는 무엇에 반비례 하는가?

① 전류의 크기
② 자극 간의 거리의 제곱
③ 자극의 세기
④ 전압의 크기

해설 쿨롱의 제2법칙

$$F = \frac{1}{4\pi\mu} \times \frac{m_1 m_2}{r^2} \text{ [N]}$$

11 자화력(자기장의 세기)을 표시하는 식과 관계가 되는 것은?

① NI　② $\mu I \ell$

③ $\dfrac{NI}{\mu}$　④ $\dfrac{NI}{\ell}$

해설 자화력(자기장의 세기)

$$H = \frac{\text{코일 수} \times \text{전류}}{\text{자기 회로의 평균 길이}} = \frac{NI}{l} \text{[AT/Wb]}$$

단위를 알면 답이 보인다.(기자력 F=NI[AT])

12 2[Ω]의 저항에 3[A]의 전류를 1분간 흘릴 때 이 저항에서 발생하는 열량은?

① 약 4[cal]　② 약 86[cal]
③ 약 259[cal]　④ 약 1080[cal]

해설 저항에서 발생하는 열량

$H = 0.24 I^2 Rt$ [cal]

$= 0.24 \times 3^2 \times 2 \times 1 \times 60 = 259$ [cal]

정답 06 ④　07 ②　08 ②　09 ④　10 ②　11 ④　12 ③

13 **평형 3상 △ 결선에서 선간전압 V_ℓ과 상전압 V_p와의 관계가 옳은 것은?**

① $V_\ell = \frac{1}{\sqrt{3}} V_p$　　② $V_\ell = \frac{1}{3} V_p$

③ $V_\ell = V_p$　　④ $V_\ell = \sqrt{3}\, V_p$

해설 교재 84쪽

14 **전류에 의해 만들어지는 자기장의 자기력선 방향을 간단하게 알아내는 방법은?**

① 플레밍의 왼손 법칙
② 렌츠의 자기유도 법칙
③ 앙페르의 오른나사 법칙
④ 패러데이의 전자유도 법칙

15 **5[mH]의 코일에 220[V], 60[Hz]의 교류를 가할 때 전류는 약 몇 [A]인가?**

① 43[A]　　② 58[A]
③ 87[A]　　④ 117[A]

해설 2014년 5회 2번

㉠ L[H]을 $X_L[\Omega]$로 바꾼다.

$X_L = \omega L = 2\pi f L = 2\times3.14\times60\times5\times10^{-3}$
$= 1.88[\Omega]$

㉡ $\therefore\ I = \frac{V}{X_L} = \frac{220}{1.88} \fallingdotseq 117$

16 **다음 중 1차 전지에 해당하는 것은?**

① 망간 건전지　　② 납축전지
③ 니켈카드뮴 전지　　④ 리튬 이온 전지

해설 ㉠ 1차 전지 → 한번 쓰고 버리는 것(재충전 안됨) → 망간 건전지
㉡ 2차 전지 → 재충전해서 쓸 수 있는 것 → 납축전지, 니켈－카드뮴 전지, 리튬－이온 전지

17 **어떤 도체의 길이를 n배로 하고 단면적을 $\frac{1}{n}$로 하였을 때의 저항은 원래 저항보다 어떻게 되는가?**

① n배로 된다.　　② n^2배로 된다.
③ $\sqrt{n}$배로 된다.　　④ $\frac{1}{n}$배로 된다.

해설 $R = \rho\frac{l}{A} \propto \frac{l}{A}$, 길이를 n배로 하고 단면적을 $\frac{1}{n}$로 하면 $R \propto \frac{nl}{\frac{1}{n}A} = \frac{n^2 l}{A}$

∴ 저항은 n^2배로 된다.

18 **회로에서 검류계의 지시가 0일 때 저항 X는 몇 [Ω]인가?**

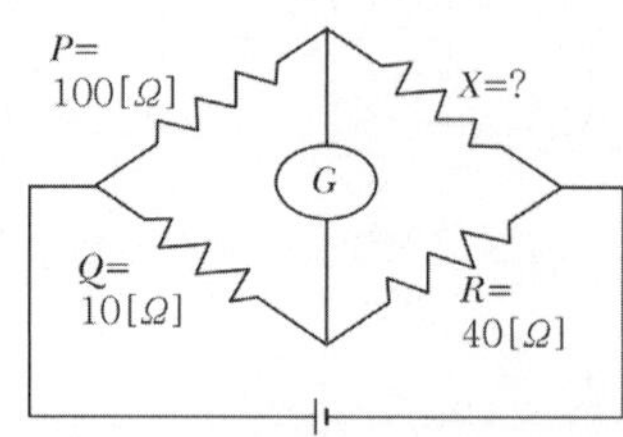

① 10[Ω]　　② 40[Ω]
③ 100[Ω]　　④ 400[Ω]

해설 브리지 회로의 평행조건
서로 마주보는 변을 곱하여 같으면 평행이 된다.
(검류계 G로 전류가 흐르지 않는다.)

$PR = QX \quad \therefore\ X = \frac{PR}{Q} = \frac{100\times40}{10} = 400$

19 **정전 용량 C_1, C_2가 병렬 접속되어 있을 때의 합성 정전 용량은?**

① $C_1 + C_2$　　② $\frac{1}{C_1} + \frac{1}{C_2}$

③ $\frac{C_1 C_2}{C_1 + C_2}$　　④ $\frac{1}{C_1 + C_2}$

해설 [암기]
콘덴서의 직렬은 저항의 병렬과 같이 계산하고
콘덴서의 병렬은 저항의 직렬과 같이 계산한다.

∴ 콘덴서 병렬 $C_{합} = C_1 + C_2$

정답 13 ③　14 ③　15 ④　16 ①　17 ②　18 ④　19 ①

20 $e=100\sqrt{2}\sin(100\pi t-\frac{\pi}{3})$ [V]인 정현파 교류전압의 주파수는 얼마인가?

① 50[Hz] ② 60[Hz]
③ 100[Hz] ④ 314[Hz]

해설 $e=$최대값 $\sin\omega t[V]=V_m\sin 2\pi ft$가 기본파이므로

$\omega=2\pi f=100\pi \quad \therefore f=\frac{100\pi}{2\pi}=50[Hz]$

2과목 : 전기 기기

21 무부하 전압과 전부하 전압이 같은 값을 가지는 특성의 발전기는?

① 직권 발전기 ② 차동 복권 발전기
③ 평복권 발전기 ④ 과복권 발전기

해설 ㉠ 과복권 발전기 : 전압이 급변하는 곳
㉡ 평복권 발전기 : 부하 전류가 증가하여도 전압은 거의 일정
㉢ 차동 복권 발전기 : 수하 특성을 가지고 있어 용접용

22 동기 전동기의 특징과 용도에 대한 설명으로 잘못된 것은?

① 진상, 지상의 역률 조정이 된다.
② 속도 제어가 원활하다.
③ 시멘트 공장의 분쇄기 등에 사용된다.
④ 난조가 발생하기 쉽다.

해설 동기발전기나 동기전동기는 $N_s=\frac{120f}{P}$[rpm]으로 회전하는 정속도 기기이다. 그러므로 속도제어가 원활하지 못하다.

23 동기 발전기의 병렬 운전 조건이 아닌 것은?

① 기전력의 주파수가 같은 것
② 기전력의 크기가 같을 것
③ 기전력의 위상이 같을 것
④ 발전기의 회전수가 같을 것

해설 [암기]
동기기의 병렬 운전 조건

같아야 하는 것	달라도 되는 것
① 위상 ② 크기	① 용량
③ 상회전 방향	② 부하 전류
④ 주파수 ⑤ 파형	③ 내부 임피던스
[암기법] 윙크상이 추파를 보내면서	용부림 친다

24 직류 발전기에서 브러시와 접촉하여 전기자권선에 유도되는 교류기전력을 정류해서 직류로 만드는 부분은?

① 계자 ② 정류자
③ 전기자 ④ 브러시

25 회전 계자형인 동기 전동기에 고정자인 전기자 부분도 회전자의 주위를 회전할 수 있도록 2중 베어링 구조로 되어 있는 전동기로 부하를 건 상태에서도 운전하는 전동기는?

① 초 동기전동기
② 반작용 전동기
③ 동기형 교류 서보전동기
④ 교류 동기전동기

해설 초 동기전동기(Super－synchronous Motor)는 동기전동기의 탈출 토크에 이르는 데까지 브레이크를 걸 수 있으므로 큰 부하를 건 상태로 기동할 수 있다.

26 단상 전파정류 회로에서 교류 입력이 100[V]이면 직류 출력은 약 몇 [V]인가?

① 45 ② 67.5
③ 90 ④ 135

해설 직류 출력의 값은 평균값이고 평균값＝실효값×0.9이므로 100×0.9＝90[V]

27 기동 토크가 대단히 작고 역률과 효율이 낮으며 전축, 선풍기 등 수 [kW] 이하의 소형 전동기에 널리 사용되는 단상 유도 전동기는?

① 반발 기동형 ② 셰이딩 코일형

정답 20 ① 21 ③ 22 ② 23 ④ 24 ② 25 ① 26 ③ 27 ②

③ 모노사이클릭형 ④ 콘덴서형

해설 테슬라가 세계 최초로 만든 단상 유도 전동기이다.
–셰이딩 코일형

28 직류 전동기의 최저 절연 저항 값은?

① $\frac{\text{정격전압[V]}}{1000+\text{정격출력[kW]}}$

② $\frac{\text{정격출력[kW]}}{1000+\text{정격 입력[kW]}}$

③ $\frac{\text{정격 입력[kW]}}{1000+\text{정격 전압[V]}}$

④ $\frac{\text{정격 전압[V]}}{1000+\text{정격 입력[kW]}}$

해설 암기

29 농형 회전자에 비뚤어진 홈을 쓰는 이유는?

① 출력을 높인다.
② 회전수를 증가시킨다.
③ 소음을 줄인다.
④ 미관상 좋다.

30 직류 전동기의 속도 제어 방법 중 속도 제어가 원활하고 정 토크 제어가 되며 운전 효율이 좋은 것은?

① 계자제어 ② 병렬 저항제어
③ 직렬 저항제어 ④ 전압제어

해설 직류 전동기의 속도 제어법

종류	방식	장단점
전압 제어 (정토크 제어)	㉠ 워드–레오너드 ㉡ 일그너 ㉢ 직 · 병렬 제어 ㉣ 초퍼 제어	㉠ 광범위한 속도 제어 ㉡ 일그너 방식은 부하가 급변하는 곳
계자 제어 (정출력 제어)	㉠ 계자 제어 방식	㉠ 속도 조정 범위가 좁다. ㉡ 세밀한 제어
저항 제어		㉠ 속도 조정 범위가 좁다.

31 60[Hz] 3상 반파 정류 회로의 맥동 주파수는?

① 60[Hz] ② 120[Hz]
③ 180[Hz] ④ 360[Hz]

해설 [암기]
맥동 주파수와 맥동률

	단상 반파	단상 전파	3상 반파	3상 전파
맥동 주파수[HZ]	$1\times f$	$2\times f$	$3\times f$	$6\times f$
맥동률[%]	121	48	17.7	4.04

32 변압기 V결선의 특징으로 틀린 것은?

① 고장 시 응급처치 방법으로 쓰인다.
② 단상변압기 2대로 3상 전력을 공급한다.
③ 부하증가가 예상되는 지역에 시설한다.
④ V결선 시 출력은 △결선 시 출력과 그 크기가 같다.

해설 교재 152쪽

33 아래 회로에서 부하의 최대 전력을 공급하기 위해서 저항 R 및 콘덴서 C의 크기는?

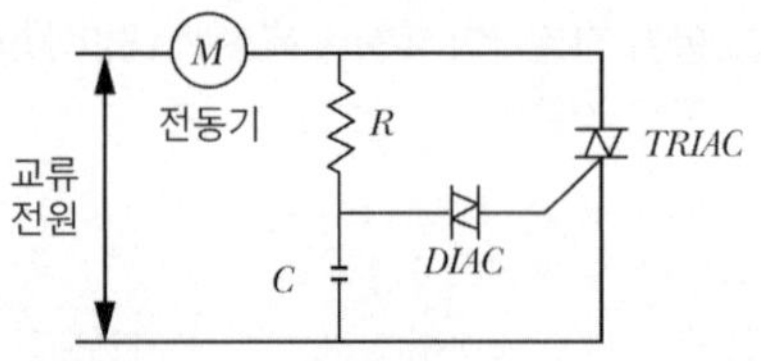

① R은 최대, C는 최대로 한다.
② R은 최소, C는 최소로 한다.
③ R은 최대, C는 최소로 한다.
④ R은 최소, C는 최대로 한다.

해설 ㉠ 기동 시에는 유도전동기의 기동전류를 적게 하기 위해 R를 최대 C를 최소로 놓고
㉡ 운전 시에는 R를 최소, C를 최대
㉢ Motor에 최대 전력을 공급하기 위해서는 시정수 $T=RC$에서 R, C를 최소로 하면 트리거가 빨라져 많은 전류가 흘러 최대 전력을 공급할 수 있다.

정답 28 ① 29 ③ 30 ④ 31 ③ 32 ④ 33 ②

34 권선형 유도 전동기의 회전자에 저항을 삽입하였을 경우 틀린 사항은?

① 기동전류가 감소된다.
② 기동전압은 증가한다.
③ 역률이 개선된다.
④ 기동 토크는 증가한다.

35 인견 공업에 사용되는 포트 전동기의 속도 제어는?

① 극수 변환에 의한 제어
② 1차 회전에 의한 제어
③ 주파수 변환에 의한 제어
④ 저항에 의한 제어

36 보호 계전기의 배선 시험으로 옳지 않은 것은?

① 극성이 바르게 결선 되었는가를 확인한다.
② 내부 단자와 각부 나사 조임 상태를 점검한다.
③ 회로의 배선이 정확하게 결선 되었는지 확인한다.
④ 입력 배선 검사는 직류 전압으로 시험한다.

37 직류 직권 전동기의 공급 전압의 극성을 반대로 하면 회전 방향은 어떻게 되는가?

① 변하지 않는다. ② 반대로 된다.
③ 회전하지 않는다. ④ 발전기로 된다.

해설 직류 전동기의 회전 방향을 바꾸려면 ㉠ 계자 전류의 방향이나 ㉡ 전기자 전류의 방향 둘 중 한 가지를 바꾸면 된다. 전원 전압의 극성을 반대로 하면 전체가 바뀌므로 회전 방향은 바뀌지 않는다.

38 전기자 저항 0.1[Ω], 전기자 전류 104[A], 유도기전력 110.4[V]인 직류 분권 발전기의 단자 전압[V]은?

① 110 ② 106
③ 102 ④ 100

해설 ㉠ $r_a = 0.1$, $I_a = 104[\text{A}]$ $E = 110.4[\text{V}]$에서
㉡ 전기자 저항 r_a에서의 전압 강하
$V_a = I_a r_a = 104 \times 0.1 = 10.4[\text{V}]$
㉢ 단자전압 $V = E - I_a r_a = 110.4 - 10.4 = 100[\text{A}]$

39 단상 반파 정류 회로의 전원전압 200[V], 부하저항이 20[Ω]이면 부하 전류는 약 몇 [A]인가?

① 4 ② 4.5
③ 6 ④ 6.5

해설 교재 179쪽

40 동기발전기의 전기자 반작용 현상이 아닌 것은?

① 포화 작용 ② 증자 작용
③ 감자 작용 ④ 교차 자화 작용

3과목 : 전기 설비

41 합성수지관 공사에서 관의 지지점간 거리는 최대 몇 [m]인가?

① 1 ② 1.2
③ 1.5 ④ 2

해설 지지점간의 거리

공사	거리
캡타이어 케이블 공사	1[m]
가요 전선관 공사	
합성수지관(PVC)	1.5[m]
애자, 케이블, 금속관 공사	2[m]
금속 덕트 공사	3[m]

42 터널, 갱도 기타 이와 유사한 장소에서 사람이 상시 통행하는 터널내의 배선방법으로 적절하지 않은 것은?(단, 사용전압은 저압이다.)

① 라이팅덕트 배선
② 금속제 가요전선관 배선
③ 합성수지관 배선
④ 애자 사용 배선

해설 터널 안 저압 전선 배선은 금속관 공사, 합성수지관 공사, 가요 전선관 공사 및 애자 사용 공사에 의한다.

정답 34 ② 35 ③ 36 ② 37 ① 38 ④ 39 ② 40 ① 41 ③ 42 ①

43 폴리에틸렌 절연 비닐 시스 케이블의 약호는?

① DV ② EE
③ EV ④ OW

해설 ① DV : 인입용 비닐 절연 전선
② EE : 폴리에틸렌 절연 폴리에틸렌 시스 케이블
③ EV : 폴리에틸렌 절연 비닐 시스 케이블
④ OW : 옥외용 비닐 절연 전선

44 옥내에 시설하는 사용 전압이 400[V] 이상인 저압의 이동 전선을 0.6/1[kV] EP 고무 절연 클로로프렌 캡타이어 케이블로서 단면적이 몇 [mm^2] 이상이어야 하는가?

① 0.75[mm^2] ② 2[mm^2]
③ 5.5[mm^2] ④ 8[mm^2]

해설 캡타이어 케이블의 최소 굵기는 0.75[mm^2]이다.

45 22.9[kV] 계통의 인입선에 케이블을 사용하는 경우의 케이블의 굵기는 최소 몇 [mm^2] 이상이어야 하는가?

① 30 ② 40
③ 60 ④ 80

해설 ㉠ 케이블인 경우 60[mm^2] 이상
㉡ ACSR(OC) 전선인 경우 32[mm^2] 이상

46 가요 전선관 공사에서 가요 전선관의 상호 접속에 사용하는 것은?

① 유니언 커플링 ② 2초 커플링
③ 콤비네이션 커플링 ④ 스플릿 커플링

해설 ㉠ 가요전선관 상호간 접속 : 스플릿 커플링
㉡ 서로 다른 관 상호 접속 : 콤비네이션 커플링
㉢ 관과 박스 접속 : 커넥터

47 전선 상별 색상이 맞는 것은?(L_1, L_2, L_3 순서임)

① 갈색 – 흑색 – 회색
② 흑색 – 회색 – 갈색
③ 회색 – 갈색 – 흑색
④ 흑색 – 갈색 – 회색

해설 전선 상별 식별

상(문자)	색상
L_1	갈색
L_2	흑색
L_3	회색
N(중성선도체)	청색
PE(보호도체)	녹색-노란색
PEN(보호도체와 중성선도체 겸용)	녹색-노란색에 청색마킹 또는 청색에 녹색-노란색 마킹

48 다음 중 방수형 콘센트의 심벌은?

① (콘센트 심벌) E ② (콘센트 심벌)
③ (콘센트 심벌) wp ④ (콘센트 심벌)

해설 ① 접지극 붙이 콘센트
② 방수형 콘센트(Water proof)
④ 벽 붙이 콘센트

49 가연성 가스가 새거나 체류하여 전기설비가 발화원이 되어 폭발할 우려가 있는 곳에 있는 저압 옥내전기설비의 시설 방법으로 가장 적합한 것은?

① 애자사용 공사 ② 가요전선관 공사
③ 셀룰러 덕트 공사 ④ 금속관 공사

해설 가연성 가스가 있는 위험 장소 전기 시설에는 금속관 공사 또는 케이블(캡타이어 케이블 제외) 공사에 의한다.

50 분전반에 대한 설명으로 틀린 것은?

① 배선과 기구는 모두 전면에 배치하였다.
② 두께 1.5[mm] 이상의 난연성 합성수지로 제작하였다.
③ 강판제의 분전함은 두께 1.2[mm] 이상의 강판으로 제작하였다.
④ 배선은 모두 분전반 이면으로 하였다.

해설 분전반 내의 기구는 전면에 배치하고, 배선은 이면에 배치한다.

정답 43 ③ 44 ① 45 ③ 46 ④ 47 ① 48 ③ 49 ④ 50 ④

51 **비교적 장력이 적고 다른 종류의 지선을 시설할 수 없는 경우에 적용하며 지선용 근가를 지지물 근원 가까이 매설하여 시설하는 지선은?**

① Y 지선　② 궁 지선
③ 공동 지선　④ 수평 지선

해설 ① Y 지선 : 다단의 완금이 설치되거나 장력이 큰 경우 시설
② 궁 지선 : 장력이 작고 시설 장소가 좁을 경우에 시설
③ 공동 지선 : 지지물 상호간의 간격이 좁을 때 시설
④ 수평 지선 : 토지의 상황인 사유에 인하여 보통 지선을 시설 할 수 없을 때 시설

52 **가공전선에 케이블을 사용하는 경우에는 케이블은 조가용 선에 행거를 사용하여 조가한다. 사용전압이 고압일 경우 그 행거의 간격은?**

① 50[cm] 이하　② 50[cm] 이상
③ 7[cm] 이하　④ 75[cm] 이상

해설 가공 케이블에 사용되는 조가용선은 22[mm^2] 이상의 아연 도금 강연선으로 하고, 50[cm]마다 행거를 시설한다.

53 **절연전선을 동일 금속 덕트 내에 넣을 경우 금속 덕트의 크기는 전선의 피복 절연물을 포함한 단면적의 총 합계가 금속 덕트 내 단면적의 몇 [%] 이하로 하여야 하는가?**

① 10　② 20
③ 32　④ 48

해설 금속 덕트 공사
㉠ 금속 덕트의 두께는 1.2[mm]
㉡ 지지 간격 : 3[m] 이하
㉢ 전선 단면적의 총 합은 덕트 단면적의 20% 이하일 것 (제어 회로만의 배선의 경우 50% 이하)

54 **400[V] 이하 옥내 배선의 절연저항 측정에 가장 알맞은 절연저항계는?**

① 250[V] 메거
② 500[V] 메거
③ 1000[V] 메거
④ 1500[V] 메거

해설 저압용 메거 500[V], 고압용 메거 1000[V] 중 용도에 알맞게 사용하는 것이 좋다. 400[V] 이하 저압 옥내 배선에서는 500[V]를 사용하는 것이 알맞다.

55 **폭발성 분진이 있는 위험장소의 금속관 공사에 있어서 관 상호 및 관과 박스 기타의 부속품이나 풀 박스 또는 전기 기계 기구는 몇 턱 이상의 나사 조임으로 시공하여야 하는가?**

① 2턱　② 3턱
③ 4턱　④ 5턱

해설 폭발성 분진이 있는 위험장소의 금속관은 5턱 이상의 나사 조임으로 접속한다.

56 **고압 가공 인입선이 일반적인 도로 횡단 시 설치 높이는?**

① 3[m] 이상　② 3.5[m] 이상
③ 5[m] 이상　④ 6[m] 이상

해설 [암기]
① 가공 인입선의 시설 높이

	구분	저압	고압
시설 높이	횡단 보도교	3[m]	3.5[m]
	일 반	4[m]	5[m]
	도로 횡단	5[m]	6[m]
	철도 횡단	6.5[m]	

② 고압 가공 인입선의 높이 = 저압 · 고압 가공 전선로의 높이(343쪽, 문제 53번)

57 **금속 전선관과 비교한 합성수지 전선관 공사의 특징으로 거리가 먼 것은?**

① 내식성이 우수하다.
② 배관 작업이 용이하다.
③ 열에 강하다.
④ 절연성이 우수하다.

해설 경질 비닐 전선관(PVC)
㉠ 특징 : 금속관에 비해 내 부식성, 절연성이 우수하고, 시공이 편리하다.
㉡ 호칭 : 안지름에 가까운 짝수로 나타낸다.
㉢ 한 본의 길이 : 4[m]

정답 51 ② 52 ① 53 ② 54 ② 55 ④ 56 ④ 57 ③

58 폭연성 분진이 존재하는 곳의 금속관 공사 시 전동기에 접속하는 부분에서 가요성을 필요로 하는 부분의 배선에는 방폭형의 부속품 중 어떤 것을 사용하여야 하는가?

① 플렉시블 피팅
② 분진 플렉시블 피팅
③ 분진 방폭형 플렉시블 피팅
④ 안전 증가 플렉시블 피팅

해설 폭연성 분진이 존재하는 곳의 금속관 공사 시 가요성을 필요로 하는 부분은 분진 방폭형 플렉시블 피팅의 부속품을 사용한다.

59 권상기, 기중기 등으로 물건을 내릴 때와 같이 전동기가 가지는 운동에너지를 발전기로 동작시켜 발생한 전력을 반환시켜서 제동하는 방식은?

① 역전 제동 ② 발전 제동
③ 회생 제동 ④ 와류 제동

해설 ① 역전 제동 : 전기자의 접속을 역으로 하여 회전방향과 반대의 회전력을 발생하도록 함으로써 급속히 정지시키는 방법
② 발전 제동 : 발생 전력을 저항기에 흐르게 해 발열 소비시켜, 모터에 회전 저항을 일으켜 제동하는 방법
③ 회생 제동 : 전동기의 역기전력을 공급 전압보다 크게 하여 에너지를 전원 측으로 환원하며 제동하는 방법

60 전선 접속 방법 중 트위스트 직선 접속의 설명으로 옳은 것은?

① 6[mm²] 이하의 가는 단선인 경우에 적용된다.
② 6[mm²] 이상의 굵은 단선인 경우에 적용된다.
③ 연선의 직선 접속에 적용된다.
④ 연선의 분기 접속에 적용된다.

해설 [암기]
㉠ 트위스트 직선 접속 : 6[mm²] 이하의 가는 단선인 경우 접속하는 방법
㉡ 브리타니아 접속 : 10[mm²] 이상의 단선 접속
㉢ 우산형 접속 : 연선 접속

정답 58 ③ 59 ③ 60 ①

28 과년도 기출문제(2023년 4회)

1과목 : 전기 이론

01 평형 3상 Y결선에서 상전류 I_p와 선전류 I_ℓ과의 관계는?

① $I_\ell = 3I_p$ ② $I_\ell = \sqrt{3}\,I_p$

③ $I_\ell = I_p$ ④ $I_\ell = \frac{1}{3}I_p$

해설 교재 84쪽

02 그림과 같이 $C=2[\mu F]$ 의 콘덴서가 연결되어 있다. A점과 B점 사이의 합성 정전 용량은 얼마인가?

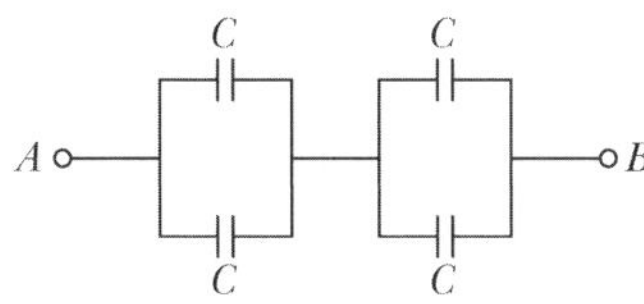

① 1[μF] ② 2[μF]

③ 4[μF] ④ 8[μF]

해설 2012년 1회 17번

㉠ 콘덴서의 직렬은 저항의 병렬과 같이 계산하고
㉡ 콘덴서의 병렬은 저항의 직렬과 같이 계산한다.

03 다음 설명 중 틀린 것은?

① 앙페르의 오른 나사 법칙 : 전류의 방향을 오른나사가 진행하는 방향으로 하면, 이때 발생되는 자기장의 방향은 오른나사의 회전 방향이 된다.
② 렌츠의 법칙 : 유도기전력은 자신의 발생 원인이 되는 자속의 변화를 방해하려는 방향으로 발생한다.
③ 패러데이의 전자 유도 법칙 : 유도기전력의 크기는 코일을 지나는 자속의 매초 변화량과 코일의 권수에 비례한다.
④ 쿨롱의 법칙 : 두 자극 사이에 작용하는 자력의 크기는 양 자극의 세기의 곱에 비례하며, 자극 간의 거리의 제곱에 비례한다.

해설 쿨롱의 제2법칙 : 거리의 제곱에 반비례 한다.

$$F = \frac{1}{4\pi\mu} \times \frac{m_1 m_2}{r^2}[N]$$

04 200[V], 40[W]의 형광등에 정격 전압이 가해졌을 때 형광등 회로에 흐르는 전류는 0.42[A]이다. 형광등의 역률[%]은?

① 37.5 ② 47.6

③ 57.5 ④ 67.5

해설 $P = VI\cos\theta$ [W]에서

$$\cos\theta = \frac{P}{VI} = \frac{40}{200 \times 0.42} = 0.48$$

05 자체 인덕턴스가 각각 L_1, L_2[H]인 두 원통 코일이 서로 직교하고 있다. 두 코일 사이의 상호 인덕턴스 [H]는?

① $L_1 + L_2$ ② $L_1 L_2$

③ 0 ④ $\sqrt{L_1 L_2}$

해설 $M = K\sqrt{L_1 \cdot L_2}$ 에서 직각 교차 할 때는 쇄교 자속이 없으므로 결합계수 $K=0$

∴ 상호 인덕턴스 $M=0$

06 다음 전압과 전류의 위상차는 어떻게 되는가?

$$v = \sqrt{2}\,V\sin\left(\omega t - \frac{\pi}{3}\right)[V]$$

$$i = \sqrt{2}\,I\sin\left(\omega t - \frac{\pi}{6}\right)[A]$$

정답 01 ③ 02 ② 03 ④ 04 ② 05 ③ 06 ④

① 전류가 $\frac{\pi}{3}$ 만큼 앞선다.

② 전압이 $\frac{\pi}{3}$ 만큼 앞선다.

③ 전압이 $\frac{\pi}{6}$ 만큼 앞선다.

④ 전류가 $\frac{\pi}{6}$ 만큼 앞선다.

해설 ㉠ 전류가 전압보다 30° 빠르다. (앞선다)
㉡ 전압이 전류보다 30° 느리다. (뒤진다)

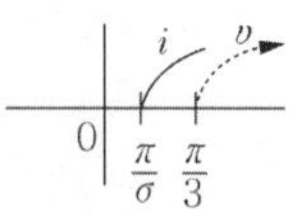

07 1[kWh]는 몇 [J]인가?

① 3.6×10^6 ② 860
③ 10^3 ④ 10^6

해설 [J] = [w · sec]
$\therefore 1[\text{kwh}] = 1\times1,000\times3,600[\text{w·sec}]$
$= 3.6\times10^6[\text{J}]$

08 다음 중 복소수의 값이 다른 것은?

① $-1+j$ ② $-j(1+j)$
③ $(-1-j)/j$ ④ $j(1+j)$

해설 복소수
㉠ $j=\sqrt{-1}$ ㉡ $j^2=-1$
㉢ $j^3=j\times j^2=-j$ ㉣ $j^4=j^2\times j^2=1$
∴ ①=③=④

09 열의 전달 방법이 아닌 것은?

① 복사 ② 대류
③ 확산 ④ 전도

해설 [암기]
열의 전달=전도, 복사, 대류 (배가 '전복대'었어)

10 비정현파의 종류에 속하는 직사각형파의 전개식에서 기본파의 진폭[V]은?(단, $V_m=20[\text{V}]$, $T=10[\text{ms}]$)

① 23.47[V] ② 24.47[V]
③ 25.47[V] ④ 26.47[V]

해설 비정현파의 기본파 진폭$=\frac{4V_m}{\pi}\fallingdotseq 25.5$

11 다음은 정전 흡인력에 대한 설명이다. 옳은 것은?

① 정전 흡인력은 전압의 제곱에 비례한다.
② 정전 흡인력은 극판 간격에 비례한다.
③ 정전 흡인력은 극판 면적의 제곱에 비례한다.
④ 정전 흡인력은 쿨롱의 법칙으로 직접 계산한다.

해설 정전 흡입력
$F=\frac{1}{2}\varepsilon V^2[\text{N/m}^2]$

12 그림의 회로에서 모든 저항값은 2[Ω]이고, 전류 전체 I는 6[A]이다. I_1에 흐르는 전류는?

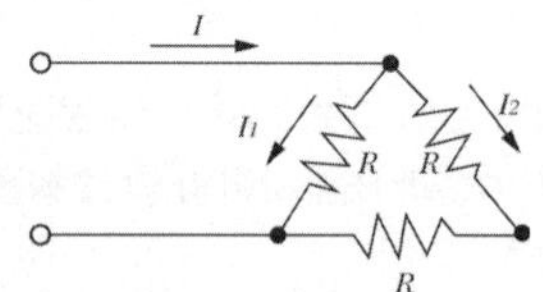

① 1[A] ② 2[A]
③ 3[A] ④ 4[A]

해설 2017년 3회 17번
㉠ $I_1=\frac{4\times\text{전체 전류}}{2+4}=\frac{4\times6}{2+4}=4[\text{A}]$
㉡ $I_2=6-4=2[\text{A}]$
㉢

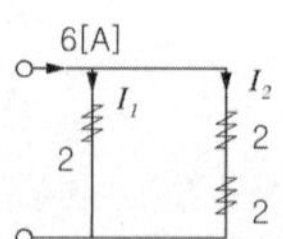

13 1[cm]당 권수가 10인 무한 길이 솔레노이드에 1[A]의 전류가 흐르고 있을 때 솔레노이드 외부 자계의 세기[AT/m]는?

① 0 ② 10
③ 100 ④ 1,000

해설 ㉠ 무한 직선 솔레노이드의 외부자계=0[AT/m]
㉡ 무한 직선 솔레노이드의 내부자계의 세기
$H=NI=1,000\times1=1,000[\text{AT/m}]$
($N=1[\text{m}]$당 감은 권 회수)
㉢ 교재 53쪽

정답 07 ① 08 ② 09 ③ 10 ③ 11 ① 12 ④ 13 ①

14 전기장(電氣場)에 대한 설명으로 옳지 않은 것은?

① 대전된 무한장 원통의 내부 전기장은 0이다.
② 대전된 구(球)의 내부 전기장은 0이다.
③ 대전된 도체 내부의 전하 및 전기장은 모두 0이다.
④ 도체 표면의 전기장은 그 표면에 평행이다.

해설 도체 표면의 전기장은 그 표면에 수직이다.

15 다음 중 전동기의 원리에 적용되는 법칙은?

① 렌츠의 법칙
② 플레밍의 오른손 법칙
③ 플레밍의 왼손 법칙
④ 옴의 법칙

해설 플레밍의 왼손 법칙 = 전동기 = F, B, I

16 그림과 같은 회로에서 a, b간에 E[V]의 전압을 가하여 일정하게 하고, 스위치 S를 닫았을 때의 전전류 I[A]가 닫기 전 전류의 3배가 되었다면 저항 R_x 의 값은 약 몇 [Ω]인가?

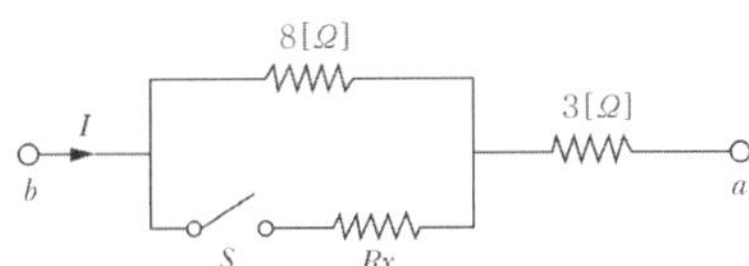

① 0.73 ② 1.44
③ 2.16 ④ 2.88

해설 좋은 문제 아님. 답만 외울 것

17 어떤 도체에 5초간 4[C]의 전하가 이동했다면 이 도체에 흐르는 전류는?

① 0.12×10^3 [mA]
② 0.8×10^3 [mA]
③ 1.25×10^3 [mA]
④ 8×10^3 [mA]

해설 $I = \frac{Q[\text{C}]}{t[\text{sec}]} = \frac{4}{5} = 0.8$

18 내부 저항이 0.1[Ω]인 전지 10개를 병렬 연결하면, 전체 내부 저항은?

① 0.01[Ω] ② 0.05[Ω]
③ 0.1[Ω] ④ 1[Ω]

해설 건전지는 기전력 E[V]와 내부저항 r로 표시
㉠ 전압(기전력)은 같고 ㉡ 내부저항 r는 10개가 병렬이므로 $\frac{1}{10}$로 줄어든다.

19 R=6[Ω], X_c=8[Ω]이 직렬로 접속된 회로에 I=10[A]의 전류가 흐른다면 전압[V]은?

① $60 + j80$ ② $60 - j80$
③ $100 + j150$ ④ $100 - j150$

해설 ㉠ $X_L = +j$, $X_C = -j$붙여 주는 것이 중요
㉡ $V = I \cdot Z$에서 $V = 10(6 - j8) = 60 - j80$[V]

20 저항 R_1, R_2의 병렬회로에서 R_2에 흐르는 전류가 I일 때 전 전류는?

① $\frac{R_1 + R_2}{R_1} I$ ② $\frac{R_1 + R_2}{R_2} I$
③ $\frac{R_1}{R_1 + R_2} I$ ④ $\frac{R_2}{R_1 + R_2} I$

해설 $I = \frac{R_1 \cdot I_{전}}{(R_1 + R_2)}$, $\therefore I_{전체} = \frac{I(R_1 + R_2)}{R_1}$

2과목 : 전기 기기

21 5.5[kW], 200[V] 유도 전동기의 전 전압 기동 시의 기동 전류가 150[A]이었다. 여기에 Y−△ 기동 시 기동 전류는 몇 [A]가 되는가?

① 50 ② 70
③ 87 ④ 95

해설 ㉠ $Y-\triangle$ 기동은 기동전류를 줄이기 위한 것으로 3ϕ 전동기의 기동시 Y, 운전시 △로 결선하는 것이다.

정답 14 ④ 15 ③ 16 ① 17 ② 18 ① 19 ② 20 ① 21 ①

㉡ Y 기동을 하면 기동전류는 $\frac{1}{3}$로 줄고 기동토크도 $\frac{1}{3}$로 줄어든다.

㉢ 기동토크가 $\frac{1}{3}$로 줄어드는 것은 나쁘지만 기동 전류를 $\frac{1}{3}$로 줄여 전동기가 소손되는 것을 방지한다.

㉣ 교재 170쪽

22 **변압기의 절연 내력 시험 중 유도 시험에서의 시험시간은?(단 유도시험의 계속 시간은 시험 전압 주파수가 정격주파수의 2배를 넘는 경우이다.)**

① $60 - \frac{2\times \text{정격 주파수}}{\text{시험 주파수}}$

② $120 - \frac{\text{정격 주파수}}{\text{시험 주파수}}$

③ $60 \times \frac{2\times \text{정격 주파수}}{\text{시험 주파수}}$

④ $120 + \frac{\text{정격 주파수}}{\text{시험 주파수}}$

해설 암기

23 **출력 12[kW], 회전수 1,140[rpm]인 유도 전동기의 동기 와트는 약 몇 [kW]인가?(단, 동기 속도 N_s는 1,200[rpm]이다.)**

① 10.4 ② 11.5
③ 12.6 ④ 13.2

해설
효율 $\eta = 1 - S = \frac{P_0}{P_2} = \frac{N}{N_S}$ 에서

$$P_2 = \frac{N_S}{N} \times P_0 = \frac{1,200}{1,140} \times 12,000 \fallingdotseq 12.6[\text{kW}]$$

24 **직류 전동기의 회전 방향을 바꾸는 방법으로 옳은 것은?**

① 전기자 회로의 저항을 바꾼다.
② 전기자 권선의 접속을 바꾼다.
③ 정류자 접속을 바꾼다.
④ 브러시의 위치를 조정한다.

해설 교재 121쪽 그림

25 **동기 발전기의 병렬운전에 필요한 조건이 아닌 것은?**

① 유기 기전력의 주파수
② 유기 기전력의 위상
③ 유기 기전력의 역률
④ 유기 기전력의 크기

해설
[암기]
동기기의 병렬 운전 조건

같아야 하는 것	달라도 되는 것
① 위상 ② 크기	① 용량
③ 상회전 방향	② 부하 전류
④ 주파수 ⑤ 파형	③ 내부 임피던스
[암기법] 윙크상이 추파를 보내면서	용부림 친다

26 **단락비가 큰 동기기에 대한 설명으로 옳은 것은?**

① 기계가 소형이다.
② 안정도가 높다.
③ 전압 변동률이 크다.
④ 전기자 반작용이 크다.

해설 ㉠ 단락비가 큰 동기기=수차 발전기(철기계)
㉡ 단락비가 작은 동기기=터빈 발전기(동기계)

27 **유도 전동기의 슬립을 측정하는 방법으로 옳은 것은?**

① 전압계 법 ② 전류계 법
③ 평형 브리지 법 ④ 스트로보 법

해설 ㉠ 빛으로 회전수를 측정하는 기기를 스트로보스코프
㉡ 주파수, 파형, 전압을 측정하는 기기를 오실로스코프

28 **3상 동기 전동기의 특징이 아닌 것은?**

① 부하의 변화로 속도가 변하지 않는다.
② 부하의 역률을 개선 할 수 있다.
③ 전 부하 효율이 양호하다.
④ 공극이 좁으므로 기계적으로 견고하다.

정답 22 ① 23 ③ 24 ② 25 ③ 26 ② 27 ④ 28 ④

해설 3상 동기 전동기의 특징

1. 장점
   - ㉠ 정속도 $N_s = \frac{120f}{P}$[rpm]
   - ㉡ 역률을 마음대로 조절할 수 있다.(동기 조상기)
   - ㉢ 저속도일 때는 효율이 좋다.
   - ㉣ 계자와 전기자의 간격(공극)이 넓고 안전하다.
2. 단점
   - ㉠ 기동 토크(회전력)가 작다.
   - ㉡ 계자 전류를 흘려 주기 위한 직류 전원이 필요하다.
   - ㉢ 난조가 일어나기 쉽다.
   - ㉣ 자기 기동법을 쓸 경우 계자 권선을 단락해야 한다.

29 애벌런치 항복 전압은 온도 증가에 따라 어떻게 변화하는가?

① 감소한다. ② 증가한다.
③ 증가했다 감소한다. ④ 무관하다.

해설 ㉠ 전자에서 항복이라는 말은 역 전압을 가해 주었을 때 처음에는 전류가 흐르지 않다가 전압을 계속 높이면 갑자기 전류가 흐르기 시작하는 지점(다이오드가 파괴되는 시점)
㉡ 애벌런치 항복 전압은 강한 역 전압을 걸어 주면 눈사태와 같이 전자의 이동속도가 빨라져서 다른 전자나 정공과 부딪치고, 새로운 전자와 정공을 만들어 내어 결국에는 다이오드의 항복을 일으키는 현상(이러한 애벌런치 항복전압은 Diodl 규격표에 표시되어 있다.)
㉢ 에벌런치 항복전압은 온도 증가에 따라 증가한다.

30 속도를 광범위하게 조정할 수 있으므로 압연기나 엘리베이터 등에 사용되는 직류 전동기는?

① 직권전동기 ② 분권전동기
③ 타여자 전동기 ④ 가동 복권 전동기

해설 타여자 전동기 정토크 방식으로의 속도제어는 ㉠ 워드레오나드 방식이나 ㉡ 일그너 방식 ㉢ 직·병렬 접속방식 ㉣ 초퍼 방식이 쓰이는데, 특히 ㉠ 워드레오나드 방식은 광범위한 속도제어를 할 수 있어 많이 사용된다.

31 단상 전파정류 회로에서 $\alpha = 60°$일 때 정류전압은?(단, 전원 측 실효값 전압은 100[V]이며, 유도성 부하를 가지는 제어정류기이다.)

① 약 15[V] ② 약 22[V]
③ 약 35[V] ④ 약 45[V]

해설 V_a = 전파 정류 평균값 × $\cos 60°$이므로
$= (\text{실효값} \times 0.9) \times \cos 60$
$= 100 \times 0.9 \times \cos 60 = 45[\text{V}]$

32 부흐홀츠 계전기의 설치 위치는?

① 변압기 본체와 콘서베이터 사이
② 콘서베이터 내부
③ 변압기의 고압 측 부싱
④ 변압기 주 탱크 내부

해설 변압기를 보호하는 계전기는 ㉠ 부흐홀츠 계전기와 ㉡ 비율차동 계전기㉢ 과전류 계전기
㉠ 부흐홀츠 계전기는 변압기 본체와 콘서베이터 사이의 관에 들어 있고
㉡ 비율 차동 계전기는(DR) 전력 계통의 변압기 압력 측과 출력 측에 설치되어 전류의 차가 생길 때 동작하여 변압기를 보호한다.
㉢ 과전류 계전기(OCR)는 보통 비율차동 계전기가 없는 소용량 변압기에 사용

33 다음 중 특수 직류기가 아닌 것은?

① 고주파 발전기 ② 단극 발전기
③ 승압기 ④ 전기 동력계

해설 고주파 발전기는 일반적으로 쓰는 60[Hz]보다 높은 교류 전력을 발생하는 발전기(교류 발전기)

34 변압기의 2차 저항이 0.1[Ω]일 때 1차로 환산하면 360[Ω]이 된다. 이 변압기의 권수비는?

① 30 ② 40
③ 50 ④ 60

해설 $a = \frac{n_1}{n_2} = \frac{V_1}{V_2} = \sqrt{\frac{Z_1}{Z_2}} = \frac{I_2}{I_1}$에서
$a = \sqrt{\frac{Z_1}{Z_2}} = \sqrt{\frac{360}{0.1}} = 60$

정답 29 ② 30 ③ 31 ④ 32 ① 33 ① 34 ④

35 **계자 권선이 전기자에 병렬로 만 접속된 직류기는?**

① 타여자기 ② 직권기
③ 분권기 ④ 복권기

해설 ㉠ 직류 타여자기 ㉡ 직류직권 발전기
㉢ 직류 분권 발전기 ㉣ 직류 복권 발전기
문제에서 계자 권선이 전기자에 병렬로만 연결된 것은 ㉢ 직류 분권 발전기이다.

36 **농형 유도 전동기의 기동법이 아닌 것은?**

① Y－Δ 기동법
② 기동 보상기에 의한 기동법
③ 2차 저항기법
④ 전 전압 기동법

해설
유도 전동기의 분류
㉠ 농형
ⓐ 단상 농형 유도 전동기
ⓑ 3상 농형 유도 전동기
㉡ 3상 권선형 유도 전동기

㉡의 3상 권선형 유도 전동기의 기동법에는 ⓐ 2차 저항기법과 ⓑ 2차 여자법이 있다 (2차가 들어있는 것은 권선형 유도 전동기)

37 **용량이 작은 변압기의 단락 보호용으로 주 보호 방식으로 사용되는 계전기는?**

① 차동전류 계전 방식 ② 과전류 계전 방식
③ 비율 차동 계전 방식 ④ 기계적 계전 방식

해설 문제 32번 참조

38 **반파 정류 회로에서 변압기 2차 전압의 실효치를 E[V]라 하면 직류 전류 평균치는?(단, 정류기의 전압강하는 무시한다.)**

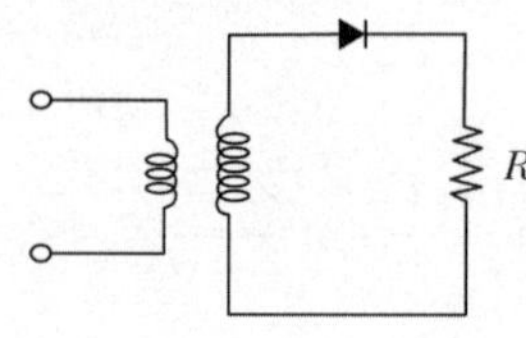

① $\frac{E}{R}$ ② $\frac{1}{2}\cdot\frac{E}{R}$
③ $\frac{2\sqrt{2}}{\pi}\cdot\frac{E}{R}$ ④ $\frac{\sqrt{2}}{\pi}\cdot\frac{E}{R}$

해설 ㉠ 단상 전파 정류의 평균값＝실효값×0.9
㉡ 단상 반파 정류의 평균값
$=\frac{실효값}{2}\times 0.9 = 0.45\times 실효값$
㉢ $\frac{\sqrt{2}}{\pi}= 0.45$(정답)

39 **직류 발전기의 무부하 특성곡선은 무엇인가?**

① 부하전류와 무부하 단자전압과의 관계이다.
② 계자전류와 부하전류와의 관계이다.
③ 계자전류와 무부하 단자전압과의 관계이다.
④ 계자전류와 회전력과의 관계이다.

해설 직류기뿐만 아니고 교류기의 특성곡선도 같다. ($E \fallingdotseq V$)
㉠ 무부하 특성곡선 : 계자전류 I_f와 유기기전력(E)
㉡ 부하 특성곡선 : 계자전류 I_f와 단자전압(V)
㉢ 외부 특성곡선 : 부하전류 I와 단자전압(V)
㉣ 교재 109쪽

40 **극수 10, 동기속도 600[rpm]인 동기 발전기에서 나오는 전압의 주파수는 몇 [Hz]인가?**

① 50 ② 60
③ 80 ④ 120

해설 $N_s = \frac{120f}{P}$
$\therefore f = \frac{N_s \cdot P}{120} = \frac{600\times 10}{120} = 50[\text{Hz}]$

3과목 : 전기 설비

41 **가요 전선관에 대한 설명으로 잘못된 것은?**

① 가요전선관 상호접속은 커플링으로 하여야 한다.
② 가요전선관과 금속관 배선 등과 연결하는 경우 적당한 구조의 커플링으로 완벽하게 접속하여야 한다.

정답 35 ③ 36 ③ 37 ② 38 ④ 39 ③ 40 ① 41 ④

③ 가요전선관을 조영재의 측면에 새들로 지지하는 경우 지점 간의 거리는 1[m] 이하이어야 한다.
④ 1종 가요전선관을 구부리는 경우의 곡률 반지름은 관 안지름의 10배 이상으로 하여야 한다.

해설 전선관을 구부릴 때의 반지름은 관 안지름의 6배 이상으로 하여야 한다.

42 그림 중 전등 한 개를 2개소에서 점멸하고자 할 때 옳은 배선은 어느 것인가?

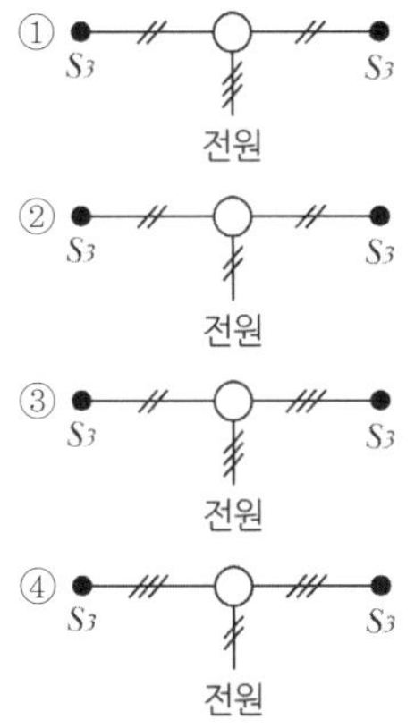

해설 3로 스위치의 결선

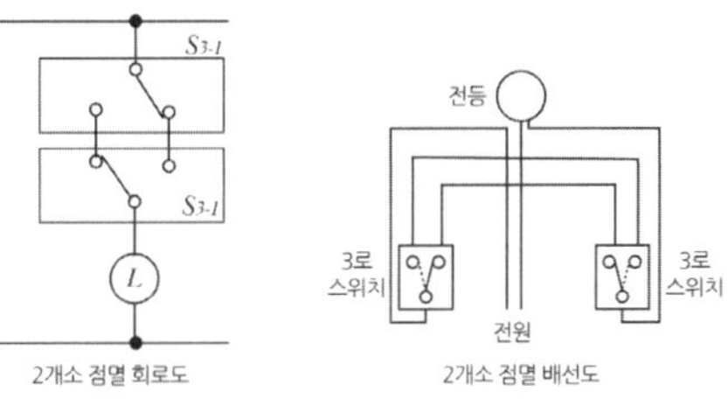

2개소 점멸 회로도 2개소 점멸 배선도

43 다음 중 차단기를 시설해야 하는 곳으로 가장 적당한 것은?

① 고압에서 저압으로 변성하는 2차 측의 저압 측 전선
② 제2종 접지공사를 한 저압 가공 전로의 접지 측 전선
③ 다선식 전로의 중성선
④ 접지공사의 접지선

해설 다음과 같은 경우 개폐기, 차단기 시설을 제한한다.
㉠ 접지공사의 접지선
㉡ 다선식 전로의 중성선
㉢ 저압 가공 전로의 접지측 전선

44 다음 중 배전반을 나타내는 그림 기호는?

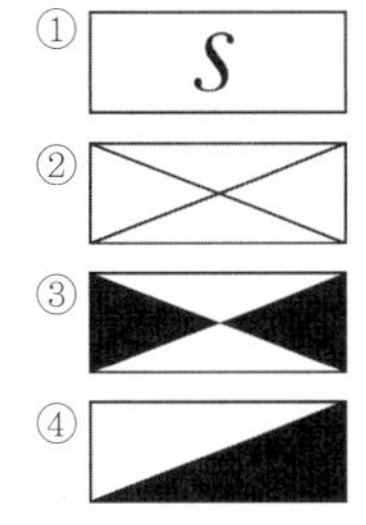

해설 ① 개폐기 ② 배전반
③ 제어반 ④ 분전반

45 건축물 종류에 따른 표준부하에서 주택이나 아파트의 표준부하는?

① 20[VA/m^2] ② 40[VA/m^2]
③ 50[VA/m^2] ④ 60[VA/m^2]

46 흥행장의 저압공사에서 잘못된 것은?

① 무대, 무대 밑, 오케스트라 박스 및 영사실의 전로에는 전용 개폐기 및 과전류 차단기를 시설할 필요가 없다.
② 무대용의 콘센트, 박스 플라이 덕트 및 보더 라이트의 금속제 외함에는 제3종 접지를 하여야 한다.
③ 플라이 덕트는 조영재 등에 견고하게 시설하여야 한다.
④ 사용전압 400[V] 미만의 이동전선은 0.6/1[kV] EP 고무 절연 클로로플렌 캡타이어케이블을 사용한다.

해설 무대, 무대 밑, 오케스트라 박스 및 영사실의 전로에는 전용 개폐기 및 과전류 차단기를 시설하여야 한다.

정답 42 ④ 43 ① 44 ② 45 ② 46 ①

47 티탄을 제조하는 공장으로 먼지가 쌓인 상태에서 착화된 때에 폭발할 우려가 있는 곳에 저압 옥내배선을 설치하고자 한다. 다음 중 알맞은 공사방법은 무엇인가?

① 금속몰드 공사 ② 라이팅덕트 공사
③ 합성수지몰드 공사 ④ 금속관 공사

해설 폭연성 분진 또는 화약류 분말 등 위험 장소 전기 시설에는 금속관 공사 또는 케이블(캡타이어 케이블 제외) 공사에 의한다.

48 기구 단자에 전선 접속 시 진동 등으로 헐거워질 우려가 있는 곳에 사용되는 것은?

① 스프링 와셔 ② 접속기
③ 삼각 볼트 ④ 2중 볼트

해설 진동 등이 있는 기구 단자에 전선 접속 시 스프링 와셔나 이중 너트를 사용한다.

49 손작업 쇠 톱날의 크기[mm]가 아닌 것은?

① 200 ② 250
③ 300 ④ 550

해설 손작업 쇠톱날의 크기는 200, 250, 300[mm]가 있다.

50 특고압·고압 전기설비용 접지도체는 단면적 몇 $[mm^2]$ 이상의 연동선을 사용해야 하는가?

① $3.5[mm^2]$ ② $5.5[mm^2]$
③ $6[mm^2]$ ④ $8[mm^2]$

해설 ㉠ 특고압 · 고압 접지도체 : $6[mm^2]$이상 연동선
㉡ 중성점 접지용 접지도체 : $16[mm^2]$ 이상의 연동선

51 고압 보안 공사 시 고압 가공 전선로의 경간은 철탑의 경우 얼마 이하이어야 하는가?

① 100[m] ② 150[m]
③ 400[m] ④ 600[m]

해설 ㉠ 고압 가공 전선로 철탑 경간 : 600[m]
㉡ 고압 가공 전선로 철탑의 보안 공사 경간은 400[m] 이하

52 정션 박스 내에서 전선을 접속할 수 있는 것은?

① S형 슬리브
② 꽂음형 커넥터
③ 와이어 커넥터
④ 매킹 타이어

해설 박스 내에서 쥐꼬리 접속 후 절연 테이프나 와이어 커넥터를 사용하여 절연하여야 한다.

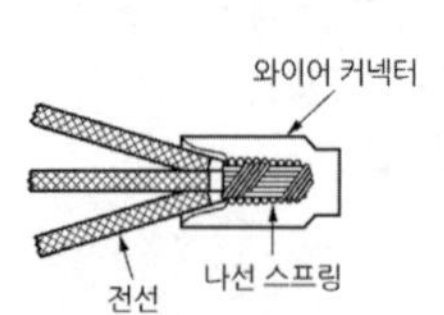

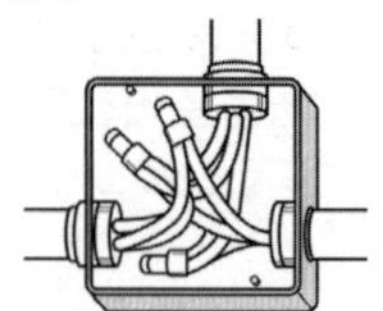

53 저압 가공 전선 또는 고압 가공 전선이 도로를 횡단하는 경우 전선의 지표상 최소 높이는?

① 2[m] ② 3[m]
③ 5[m] ④ 6[m]

해설 [암기]
① 저압 · 고압 가공 전선로의 높이

장소	높이[m]
횡단 보도교	3.5
일반 장소	5
도로 횡단	6
철도 횡단	6.5

② 고압 가공 인입선의 높이 = 저압 · 고압 가공 전선로의 높이

54 금속관을 구부리는 경우 곡률의 안측 반지름은?

① 전선관 안지름이 3배 이상
② 전선관 안지름의 6배 이상
③ 전선관 안지름의 8배 이상
④ 전선관 안지름의 12배 이상

해설 전선관을 구부릴 때의 반지름은 관 안지름의 6배 이상으로 하여야 한다.

정답 47 ④ 48 ① 49 ④ 50 ③ 51 ③ 52 ③ 53 ④ 54 ②

55 저압 인입선의 접속점 선정으로 잘못된 것은?

① 인입선이 옥상을 가급적 통과하지 않도록 시설할 것
② 인입선은 약전류 전선로와 가까이 시설할 것
③ 인입선은 장력에 충분히 견딜 것
④ 가공배전선로에서 최단거리로 인입선이 시설될 수 있을 것

해설 저압 인입선의 접속점은 약전류 전선로와 충분한 거리를 두어야 한다.

56 가연성 가스가 존재하는 저압 옥내 전기설비 공사 방법으로 옳은 것은?

① 가요전선관 공사 ② 애자사용 공사
③ 금속관 공사 ④ 금속 몰드 공사

해설 가연성 가스가 있는 위험 장소 전기 시설에는 금속관 공사 또는 케이블(캡타이어 케이블 제외) 공사에 의한다.

57 A종 철근 콘크리트주의 전장이 15[m]인 경우에 땅에 묻히는 깊이는 최소 몇 [m] 이상으로 해야 하는가?(단, 설계하중은 6.8[kN] 이하이다)

① 2.5 ② 3.0
③ 3.5 ④ 4.0

해설 전주의 매설 깊이

㉠ 15[m] 이하 : 전주 길이의 $\frac{1}{6}$ 이상
㉡ 15[m] 초과 : 2.5[m]

58 금속 전선관 공사 시 노크아웃 구멍이 금속관보다 클 때 사용되는 접속 기구는?

① 부싱 ② 링 리듀서
③ 로크너트 ④ 엔트런스 캡

해설 링 리듀서
박스의 녹 아웃 구멍이 금속관보다 클 때 사용하는 자재(큰 와셔)

59 합성수지 몰드 공사의 시공에서 잘못된 것은?

① 사용 전압이 400[V] 미만에 사용
② 점검할 수 있고 전개된 장소에 사용
③ 베이스를 조영재에 부착하는 경우 1[m] 간격마다 나사 등으로 견고하게 부착한다.
④ 베이스와 캡이 완전하게 결합하여 충격으로 이탈되지 않을 것

해설 베이스를 조영재에 부착하는 경우 접착제를 사용한다.

60 케이블을 조영재에 지지하는 경우에 이용되는 것이 아닌 것은?

① 터미널 캡 ② 클리트(Cleat)
③ 스테이플 ④ 새들

해설 터미널 캡
노출 공사로 연결될 때 전선관 끝에 사용하는 재료

정답 55 ② 56 ③ 57 ① 58 ② 59 ③ 60 ①

29 과년도 기출문제(2024년 1회)

1과목 : 전기 이론

01 도전율의 단위는?

① [Ω・m] ② [℧・m]
③ [Ω/m] ④ [℧/m]

해설 ㉠ 도전율(전기 전도도, Conductivity)의 단위는 [℧/m]. 여기서 ℧[모]는 "지멘스(Siemens)"라는 단위로, 저항(Ω)의 역수.
㉡ 교재 19쪽 전도율(=도전율) : 전기를 잘 통하는 정도

02 납축전지의 전해액으로 사용되는 것은?

① 묽은 황산(H_2SO_4) ② 순수 물($2H_2O$)
③ 이산화 납(PbO_2) ④ 황산 납($PbSO_4$)

해설 ㉠ 전해액 : 묽은 황산(H_2SO_4)이 전해질로 작용하여 전류를 흐르게 함. 나머지 순수 물, 이산화 납, 황산 납은 전해액이 아닙니다.
㉡ 교재 32쪽

03 1[cal]는 약 몇 [J]인가?

① 0.24 ② 1.24
③ 0.418 ④ 4.18

해설 ㉠ 칼로리(cal)는 에너지의 단위로, 1[cal]는 물 1[g]을 1[℃] 올리는 데 필요한 에너지. 이를 줄(J)로 환산하면 1[cal]=4.18[J]
㉡ 교재 29쪽

04 다음 내용이 나타내는 법칙은?

> "유도기전력은 자신이 발생 원인이 되는 자속의 변화를 방해하려는 방향으로 발생한다."

① 줄의 법칙 ② 렌츠의 법칙
③ 플레밍의 법칙 ④ 패러데이의 법칙

해설 교재 56쪽[렌츠의 법칙(Lenz's Law)] – 유도된 기전력 또는 전류는 그 유도 원인이 되는 자기장의 변화를 방해하는 방향으로 흐른다.
즉, 변화하려는 자속을 반대하는 방향으로 유도 기전력이 발생한다.
① 줄의 법칙 : 전류가 흐를 때 발생하는 열 에너지와 관련된 법칙.
③ 플레밍의 법칙
ⓐ 플레밍의 왼손 법칙 – 전동기
ⓑ 플레밍의 오른손 법칙 – 발전기
④ 패러데이의 법칙 : 유도기전력의 크기는 자속의 시간 변화율에 비례한다는 법칙.

05 전류에 의해 만들어지는 자기장의 자기력선 방향을 간단하게 알아내는 방법은?

① 플레밍의 왼손 법칙
② 렌츠의 자기유도 법칙
③ 앙페르의 오른나사 법칙
④ 패러데이의 전자유도 법칙

해설 교재 50쪽
① 플레밍의 왼손 법칙 : 전동기
② 렌츠의 자기유도 법칙 : 유도된 전류의 방향.
④ 패러데이의 전자유도 법칙 : 유도기전력의 크기를 설명.

06 다음 중 전동기 원리는 어떤 법칙으로 정하는가?

① 플레밍의 오른손 법칙
② 플레밍의 왼손 법칙
③ 렌츠의 법칙
④ 앙페르의 오른나사 법칙

해설 교재 55쪽
① 플레밍의 오른손 법칙 : 발전기의 원리
③ 렌츠의 법칙 : 유도된 전류의 방향을 설명.
④ 앙페르의 오른나사 법칙 : 전류가 만드는 자기장의 방향을 설명.

정답 01 ④ 02 ① 03 ④ 04 ② 05 ③ 06 ②

07 그림과 같이 R_1, R_2, R_3의 저항 3개가 직 · 병렬 접속되었을 때 합성저항은?

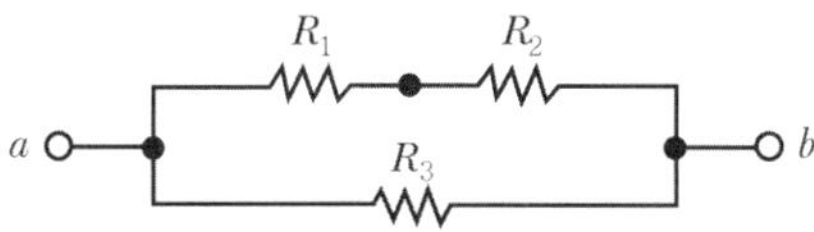

① $R=\dfrac{(R_1+R_2)R_3}{R_1+R_2+R_3}$

② $R=\dfrac{(R_2+R_3)R_1}{R_1+R_2+R_3}$

③ $R=\dfrac{(R_1+R_3)R_2}{R_1+R_2+R_3}$

④ $R=\dfrac{R_1R_2R_3}{R_1+R_2+R_3}$

해설 합성 저항 $R=\dfrac{(R_1+R_2)R_3}{(R_1+R_2)+R_3}$ 로 표시하면 쉽다.

08 다음 중 비정현파가 아닌 것은?

① 펄스파 ② 주기 사인파
③ 삼각파 ④ 사각파

해설 교재 89쪽
㉡ 비정현파란 순수한 사인파가 아닌 파형을 의미합니다. 즉, 사인파의 기본적인 형태를 따르지 않는 복잡한 파형을 비정현파라고 부릅니다.

09 자장 내에 있는 도체가 운동 시 자속을 끊었을 때 기전력이 유도되었다면 어떤 법칙으로 정하는가?

① 플레밍의 오른손 법칙
② 플레밍의 왼손 법칙
③ 렌츠의 법칙
④ 앙페르의 오른나사 법칙

해설 교재 57
② 플레밍의 왼손 법칙 : 전동기의 원리.
③ 렌츠의 법칙 : 유도된 전류가 원인이 되는 자기장의 변화를 방해하는 방향으로 흐름을 설명.
④ 앙페르의 오른나사 법칙 : 전류가 흐를 때 자기장의 방향.

10 반지름이 r[m]이고 감은 횟수 N[회]의 환상 솔레노이드에 I[A]의 전류를 흐르게 하면 내부의 자기장의 세기는?

① $\dfrac{NI}{2\pi r}$ [AT/m] ② $\dfrac{NI}{2r}$ [AT/m]
③ $\dfrac{NI}{r}$ [AT/m] ④ $\dfrac{NI}{4\pi r^2}$ [AT/m]

해설 교재 53쪽 [메모] 참조

11 6[F]와 3[F]의 콘덴서를 병렬로 접속하고 20[V]의 전압을 가했을 때 축적되는 전하량 Q[C]은?

① 45 ② 60
③ 90 ④ 180

해설 콘덴서의 병렬은 저항의 직렬과 같이 계산
㉡ 그러므로 합성 정전 용량 C = 6 + 3 = 9[F]
㉢ 축적되는 전하량 Q[C] = CV = 9 × 20 = 180[C]
㉣ 교재 41쪽

12 전류에 의한 자기장과 관계없는 것은?

① 줄의 법칙
② 앙페르의 오른나사 법칙
③ 비오사바르 법칙
④ 앙페르의 주회적분 법칙

해설 ① 줄의 법칙 : 전류가 흐를 때 발생하는 열 에너지와 관련된 법칙으로, 전류에 의해 열이 발생하는 현상을 설명하지만, 자기장과는 직접적인 관련이 없음.
② 앙페르의 오른나사 법칙 : 전류가 흐를 때 그에 의해 생성되는 자기장의 방향을 설명.
③ 비오 – 사바르 법칙 : 전류가 흐르는 도선 주위에서 생성되는 자기장의 크기와 방향을 설명.
④ 앙페르의 주회적분 법칙 : 전류가 흐를 때 그 주위에 형성되는 자기장의 총량(순환)을 설명 = 비오 – 사바르의 법칙

13 다음 중 자기 저항에 영향을 미치지 않는 것은?

① 투자율 ② 자로의 면적
③ 자로의 길이 ④ 전류의 크기

해설 교재 54쪽

정답 07 ① 08 ② 09 ① 10 ① 11 ④ 12 ① 13 ④

14 단면적 A(m²), 자로의 길이 ℓ(m), 투자율 μ, 권수 N회인 환상 철심의 자체 인덕턴스(H)는?

① $\dfrac{\mu AN^2}{\ell}$ ② $\dfrac{A\ell N^2}{4\pi\mu}$

③ $\dfrac{4\pi AN^2}{\ell}$ ④ $\dfrac{\mu\ell N^2}{A}$

(해설) 교재 58쪽

15 2전력계법으로 3상 전력을 측정하였더니 전력계의 지시값이 $P_1=450$[W], $P_2=450$[W]였다. 이 부하 전력은 몇 [W]인가?

① 450 ② 900

③ 1,350 ④ 1500

(해설) 교재 88쪽

16 다음 중 자기 저항의 단위를 나타낸 것은?

① A/m ② Wb

③ Wb/m² ④ AT/Wb

(해설) 자기저항은 자기회로에서 자속이 흐르는 것을 방해하는 정도를 나타내며, 단위는 자기모멘트(AT)을 자속(Wb)으로 나눈 값.

① [A/m] : 자기장의 세기 단위.

② [Wb] : 자속의 단위인 웨버.

③ [Wb/m²] : 자기장 밀도(B)의 단위로, 테슬라(T)와 동일.

17 대칭 3상 교류에서 기전력과 주파수가 같을 경우 각 상간의 위상차를 말하시오.

① π[rad] ② $\dfrac{1}{2}\pi$[rad]

③ $\dfrac{2}{3}\pi$[rad] ④ 2π[rad]

(해설) 교재 82쪽

18 옴의 법칙에 대한 설명으로 맞는 것은?

① 전압은 저항에 반비례한다.

② 전압은 전류와 서로 반비례한다.

③ 저항은 전류와 서로 비례한다.

④ 저항은 전류와 서로 반비례한다.

(해설) 교재 20쪽

19 줄의 열법칙에 대한 식으로 옳은것은?

① $H=0.24\ I^2R^2$[cal]

② $H=0.24\ I^2Rt$ [cal]

③ $H=0.24\ I^2R$[cal]

④ $H=0.24\ I^2R^2t$[cal]

(해설) 교재 28쪽

20 2개의 코일을 서로 근접시켰을 때, 한 코일의 전류를 변화시키면 다른 코일에 유도기전력이 발생하는 현상을 무엇이라 하는가?

① 상호 결합 ② 자체 유도

③ 상호 유도 ④ 자체 결합

(해설) 교재 58쪽 참조

① 상호 유도 : 두 개의 코일이 가까이 있을 때, 한 코일에서 전류가 변화하면 그로 인해 생성된 변화하는 자기장이 다른 코일에 유도 기전력을 발생시키는 현상.

② 자체 유도는 한 코일에서 전류 변화가 그 코일 자체에 유도 기전력을 발생시키는 현상.

2과목 : 전기 기기

21 6극 직렬 권(파권) 발전기의 전기자 도체 수 300, 매극 자속 수 0.02[Wb], 회전수 900[rpm]일 때 유도기전력은 몇 [V]인가?

① 300 ② 400

③ 270 ④ 120

(해설) ㉠ 교재 104쪽 유기 기전력 식 대입

㉡ 중권에서 병렬 회로수 a=극수와 같음

$$E=\frac{PZ\phi N}{60a}=\frac{6\times300\times0.02\times900}{60\times2}=270[V]$$

정답 14 ① 15 ② 16 ④ 17 ③ 18 ④ 19 ② 20 ③ 21 ③

22 직류전동기의 규약 효율은 어떤 식으로 표현되는가?

① $\frac{출력}{입력}\times 100\%$ ② $\frac{입력}{입력+손실}\times 100\%$
③ $\frac{출력}{출력+손실}\times 100\%$ ④ $\frac{입력-손실}{입력}\times 100\%$

해설 직류기의 효율 : 교재 123쪽

23 단락비가 1.25인 동기발전기의 % 동기임피던스(%Z)는 얼마인가?

① 70 ② 80
③ 90 ④ 100

해설 ㉠ 교재 130쪽
㉡ 주어진 단락비가 1.25이므로, 이를 공식에 대입하면 : %Z＝100/단락비＝100/1.25＝80[%]

24 변압기의 내부고장 보호에 가장 많이 쓰이는 계전기는?

① 접지 계전기 ② 차동 계전기
③ 과전압 계전기 ④ 역상 계전기

해설 ㉠ 변압기의 내부고장 보호에 가장 많이 사용되는 계전기는 차동 계전기.
㉡ 차동 계전기는 변압기의 1차와 2차 전류를 비교하여 차이가 발생할 경우, 즉 내부고장이 발생할 경우 이를 감지하여 동작. 변압기 내부에서 발생하는 고장을 신속하고 정확하게 보호할 수 있는 가장 일반적인 방법.
㉢ 교재 300쪽 그림과 301쪽 [기출 문제 1번] 참조

25 슬립이 일정할 경우 유도 전동기의 공급 전압을 1/2로 감소되면 토크는 처음에 비해 어떻게 되는가?

① 2배가 된다. ② 1배가 된다.
③ 1/2배가 된다. ④ 1/4배가 된다.

해설 ㉠ 유도 전동기에서 토크(T)는 공급 전압(V)의 제곱에 비례. 즉, 토크 $T \propto V^2$
㉡ 주어진 문제에서 공급 전압을 절반(1/2)으로 줄였을 때, 토크는 전압의 제곱에 비례하므로 :

$$T=(\frac{V}{2})^2=\frac{V^2}{4}$$

㉢ 즉, 전압이 절반으로 감소하면 토크는 처음에 비해 1/4로 줄어듦.
㉣ 교재 167쪽

26 브흐홀츠 계전기의 설치 위치는?

① 콘서베이터 내부
② 변압기 주탱크 내부
③ 변압기 본체와 콘서베이터 사이에 연결 파이프
④ 변압기 고압측 부싱

해설 ㉠ 교재 143쪽 그림 참조
㉡ 브흐홀츠 계전기는 변압기 본체와 콘서베이터 사이에 발생한 가스를 감지하기 위해 설치됩니다.
㉢ 따라서 브흐홀츠 계전기의 설치 위치는 변압기 본체와 콘서베이터 사이에 연결된 파이프 안에 위치함.

27 동기전동기의 자기 기동법에서 계자권선을 단락하는 이유는?

① 기동이 쉽다.
② 운전 권선의 저항을 크게 한다.
③ 전기자 반작용을 크게 한다.
④ 고전압 유도에 의한 절연파괴 위험을 방지한다.

해설 ㉠ 기동 시 전동기의 속도가 급격히 변할 때, 계자권선에 높은 전압이 유도될 수 있음.
㉡ 이로 인해 절연이 파괴될 위험이 있기 때문에 계자권선을 단락하여 고전압 유도를 방지하고 안전하게 기동할 수 있도록 함.
㉢ 교재 136쪽

28 동기발전기의 병렬 운전 중 기전력의 위상차가 발생하면 어떤 현상이 나타나는가?

① 무효 횡류 ② 유효 순환 전류
③ 무효 순환 전류 ④ 고조파 전류

해설 ㉠ 교재 131쪽
㉡ 동기발전기의 병렬 운전 중 기전력 사이에 위상차가 발생하면 유효 순환 전류가 흐르게 됨. 이 현상은 두 발전기의 기전력의 위상 각이 다를 때 발생하며, 두 발전기 사이에 유효 전력이 흐르게 됩니다.
㉢ 위상차가 커질수록 유효 순환 전류의 크기도 커져 발전기 운전에 영향을 미칠 수 있습니다.

정답 22 ④ 23 ② 24 ② 25 ④ 26 ③ 27 ④ 28 ②

29 **변류기 개방시 2차 측을 단락하는 이유는?**

① 2차 측 절연 보호 ② 2차 측 과전류 보호
③ 측정 오차 감소 ④ 변류비 유지

해설 ㉠ 변류기(CT, Current Transformer)에서 2차 측을 단락하는 이유는 2차 측 절연 보호 및 안전을 위해서 임.
㉡ 변류기의 2차 측이 개방되면, 1차 측에 흐르는 전류에 의해 2차 측에 매우 높은 전압이 유도될 수 있음.
㉢ 이로 인해 절연이 파괴되거나, 작업자에게 위험한 전압이 발생할 수 있음. 이를 방지하기 위해 2차 측을 반드시 단락해야 함.

30 **고압 회로와 전압계 사이에 시설하여야 할 것은?**

① 계기용 변류기 ② 계기용 변압기
③ 과전류 차단기 ④ 변압기 뱅크

해설 ㉠ 고압 회로에서 전압계와 연결할 때는 직접적으로 고압을 측정하는 것이 위험하기 때문에, 고압을 저압으로 변환하여 안전하게 측정할 수 있도록 계기용 변압기 (PT, Potential Transformer)를 사용.
㉡ 이는 전압을 적절한 범위로 변환하여 전압계가 고압을 간접적으로 측정할 수 있게 함.
㉢ 교재 304쪽 그림 참조

31 **직류발전기에서 급전선의 전압강하 보상용으로 사용되는 발전기는?**

① 분권 발전기 ② 직권 발전기
③ 과복권 발전기 ④ 차동복권 발전기

해설 ㉠ 교재 111쪽
㉡ 과복권 발전기는 분권 권선과 직권 권선을 함께 사용하여, 부하가 증가할 때 직권 권선의 전류가 증가하여 발전기의 출력 전압이 상승. 이를 통해 급전선에서 발생하는 전압강하를 보상할 수 있음.

32 **낮은 전압을 높은 전압으로 승압할 때 사용하는 변압기 3상 결선 방식은?**

① Y－Y ② △－△
③ Y－△ ④ △－Y

해설 교재 151쪽

33 **유도 전동기의 역방향 회전자계에 대한 회전자 슬립의 범위는?**

① $0 < s < 1$ ② $1 < s < 2$
③ $-1 < s < 1$ ④ $0 < s < 2$

해설 ㉠ 유도 전동기의 슬립은 일반적으로 정방향 운전 시 0에서 1 사이의 값을 가지지만,
㉡ 역방향 회전자계에서는 슬립이 1을 초과할 수 있음. 이 경우, 슬립 값이 1보다 크면 역방향으로 회전하는 회전자계를 나타냅니다.
㉢ 교재 164쪽

34 **변압기 최대 전압 변동률을 발생하는 역률은? (단, p는 %저항 강하이고, q는 %리액턴스 강하이다.)**

① $\dfrac{p}{\sqrt{p^2+q^2}}$ ② $\dfrac{q}{\sqrt{p^2+q^2}}$
③ $\dfrac{\sqrt{p^2+q^2}}{p}$ ④ $\dfrac{\sqrt{p^2+q^2}}{q}$

해설 교재 148쪽

35 **동기 전동기의 특징으로 잘못된 것은?**

① 일정한 속도로 운전이 가능하다.
② 난조가 발생하기 쉽다.
③ 역률을 조정하기 힘들다.
④ 공극이 넓어 기계적으로 견고하다.

해설 교재 137쪽

36 **단상 전파 사이리스터 정류회로에서 부하가 큰 인덕턴스가 있는 경우, 점호각이 60°일 때의 정류 전압은 약 몇 [V]인가?(단, 전원 측 전압의 실횻값은 100[V]이고 직류측 전류는 연속이다.)**

① 141 ② 100
③ 85 ④ 45

해설 ㉠ 단상 전파 사이리스터 정류회로의 정류 전압(Edc)은 아래 공식을 사용하여 계산.
$Edc = 0.9 \times V \times \cos(\alpha)$
㉡ V는 전원 측 전압의 실효값＝100[V], α는 점호각＝60°, $\cos 60° = 0.5$

정답 29 ① 30 ② 31 ③ 32 ④ 33 ② 34 ① 35 ③ 36 ④

㉢ 공식에 대입하여 계산하면 :

$Edc = 0.9 \times 100 \times \cos(60°) = 0.9 \times 100 \times 0.5$
$= 45[V]$

37 직류기의 손실 중 기계 손에 속하는 것은?

① 풍손 ② 와전류손
③ 히스테리시스손 ④ 표유 부하손

해설 교재 121쪽

38 13200/220[V] 변압기에서 1차 전압 6000[V]를 가했을 때, 2차 전압은 몇 [V]인가?

① 1000 ② 10
③ 100 ④ 1

해설 ㉠ 교재 139쪽
㉡ 13200 : 220 = 6000 : X에서 "내항의 곱은 외항의 곱과 같다"를 이용하면 $220 \times 6000 = 13200X$
㉢ 그러므로 $X = \frac{220 \times 6000}{13200} = 100$

39 직류 분권 전동기의 계자 저항을 운전 중에 증가시키는 경우 일어나는 현상으로 옳은 것은?

① 자속 증가 ② 속도 감소
③ 부하 증가 ④ 속도 증가

해설 계자 저항 증가 → 계자 전류 감소 → 자속 감소 → 회전속도 증가 $N \propto E/\Phi$

40 동기기의 전기자 권선법이 아닌 것은?

① 2층, 분포권 ② 단절권
③ 중권 ④ 전절권

해설 교재 127쪽

3과목 : 전기 설비

41 인입용 비닐절연전선을 나타내는 약호는?

① OW ② EV
③ DV ④ NV

해설 ㉠ 교재 192쪽
㉡ DV(Drop Wire)는 주로 전력선을 주택이나 건물로 인입할 때 사용하는 비닐 절연 전선을 의미합니다.

42 굵은 전선을 절단할 때 사용하는 전기 공사용 공구는?

① 프레셔 툴 ② 녹아웃 펀치
③ 파이프 커터 ④ 클리퍼

해설 ㉠ 교재 200쪽 그림
㉡ 클리퍼는 전선 절단에 사용되는 공구로, 특히 굵은 전선을 깔끔하고 효율적으로 자를 수 있음.
㉢ 우리가 철사나 자물쇠 자를 때 흔히 쓰는 '카터'를 말함

43 폭발성 분진이 존재하는 곳의 금속관 공사에 있어 관 상호 및 관과 박스 기타의 부속품이나 풀박스 또는 전기 기계 기구와의 접속은 몇 턱 이상의 나사 조임으로 접속하여야 하는가?

① 2턱 ② 3턱
③ 4턱 ④ 5턱

44 480[V] 가공 인입선이 철도를 횡단할 때 레일면상의 최저 높이는 몇 [m]인가?

① 4[m] ② 4.5[m]
③ 5.5[m] ④ 6.5[m]

45 가연성의 가스 또는 인화성 물질의 증기가 새거나 체류하여 전기설비가 발화원이 되어 폭발할 우려가 있는 곳에 있는 저압 옥내 전기설비의 공사로 가장 알맞은 것은?

① 금속관 공사 ② 가요전선관 공사
③ 플로어 덕트 공사 ④ 애자 사용 공사

정답 37 ① 38 ③ 39 ④ 40 ④ 41 ① 42 ④ 43 ④ 44 ④ 45 ①

46 소맥분, 전분, 기타 가연성의 분진이 존재하는 곳의 저압 옥내 설비 공사 방법에 해당되지 않는 것은?

① 케이블 공사 ② 금속관 공사
③ 애자 사용 공사 ④ 합성수지관 공사

47 철근 콘크리트 주에 완금을 고정시키려면 어떤 밴드를 사용하는가?

① 암 밴드 ② 지선 밴드
③ 래크 밴드 ④ 행거 밴드

해설 ㉠ 암 밴드는 철근 콘크리트 기둥이나 주에 완금(전선 지지대)을 고정할 때 사용되는 밴드로, 견고하게 고정할 수 있는 역할을 함
㉡ 교재 265쪽

48 전등 한 개를 2개소에서 점멸하고자 할 때 옳은 배선은?

①
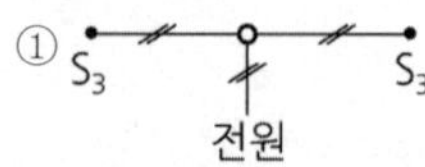

②

③ S_3 S_3 전원

④

49 가스 절연 개폐기나 가스 차단기에 사용되는 가스인 SF4의 성질이 아닌 것은?

①같은 압력에서 공기의 2.5~3.5배의 절연 내력이 있다.
② 무색, 무취, 무해 가스이다.
③ 가스 압력 3~4[kgf/cm²]에서는 절연내력은 절연유 이상이다.
④ 소호 능력은 공기보다 2.5배 정도 낮다.

해설 교재 274쪽

50 후강 전선관은 몇 종인가?

① 7종 ② 8종
③ 9종 ④ 10종

해설 ㉠ 후강 전선관(AC) : 내경에 가까운 짝수
㉡ 16, 22, 28, 36, 42, 54, 70, 82, 92, 104[mm] – 10종
㉢ 교재 233쪽

51 다음 중 고압 지중케이블이 아닌 것은?

① 콤바인덕트 케이블
② 개장한 케이블
③ 알루미늄피 케이블
④ 미네랄 인슈레이션 케이블

해설 미네랄 인슈레이션 케이블 (Mineral Insulated Cable)은 주로 내화성이나 내열성이 필요한 건물 내부 배선에 사용되며, 지중케이블로 사용되지는 않습니다.

52 전기 울타리에 사용하는 전압은 몇 [V] 이하인가?

① 150 ② 250
③ 300 ④ 400

해설 ㉠ 전기 울타리에 사용하는 전압은 일반적으로 250[V] 이하로 규정되어 있음. 이는 사람과 동물에게 안전한 수준을 유지하기 위함임.
㉡ 교재 282쪽

53 금속덕트에 제어회로 배선에 사용하는 전선만을 넣을 경우 전선의 피복절연물을 포함한 단면적의 총 합계가 금속덕트 내 단면적의 몇 % 이하가 되도록 선정하여야 하는가?

① 1/5 ② 1/4
③ 1/3 ④ 1/2

해설 교재 245쪽 [기출문제 04]

54 지선이 도로를 횡단할 때 최저높이는 몇 [m]인가?

① 4[m] ②5[m]
③ 6[m] ④ 8[m]

정답 46 ③ 47 ① 48 ④ 49 ④ 50 ④ 51 ④ 52 ② 53 ④ 54 ②

55 박강 전선관의 표준 굵기가 아닌 것은?

① 15[mm] ② 16[mm]
③ 25[mm] ④ 39[mm]

해설 교재 233쪽

56 조명에서 칸델라(cd)는 무엇의 단위인가?

① 휘도 ② 조도
③ 광도 ④ 광속발산도

해설 ㉠ 광도는 특정 방향에서 빛의 세기를 나타내며, 칸델라는 그 방향에서의 빛의 강도를 측정하는 데 사용되는 기본 단위입니다.
㉡ 교재 288쪽

57 고압 가공전선이 도로 횡단 시 지표상 설치 높이는?

① 3[m] 이상 ② 3.5[m] 이상
③ 5[m] 이상 ④ 6[m] 이상

해설 교재 257쪽

58 조명기구를 일정한 높이 및 간격으로 배치하여 방 전체의 조도를 균일하게 조명하는 방식으로 공장, 사무실, 백화점 등에 널리 쓰이는 조명방식은 무엇인가?

① 직접조명 ② 간접조명
③ 전반조명 ④ 국부조명

해설 교재 286쪽

59 급전선의 전압강하 보상용으로 사용되는 것은?

① 분권기 ② 직권기
③ 과복권기 ④ 차동 복권기

해설 교재 110쪽 [각 발전기의 외부특성곡선] 중 그림 (b) 복권발전기 참조

60 합성 수지관 공사에서 옥외 등 온도차가 큰 장소에 노출 배관을 할 때 사용하는 커플링은?

① 신축커플링(0C) ② 신축커플링(1C)
③ 신축커플링(2C) ④ 신축커플링(3C)

해설 ㉠ 신축 커플링(0C)는 주로 실내 배관이나 온도 변화가 미미한 환경에서 사용되며, 배관의 신축 요구가 거의 없을 때 적합한 커플링입니다.
㉡ 신축 커플링(1C)는 주로 실내 배관 또는 온도 변화가 크지 않은 환경에서 사용되며, 배관의 신축 요구가 크지 않은 경우에 적합합니다.
㉢ 합성 수지관 공사에서 신축 커플링(2C)의 용도는 주로 온도 변화에 따른 배관의 신축을 흡수하기 위해 사용됩니다. 특히, 옥외 노출 배관이나 온도 차이가 큰 장소에서 배관이 열에 의해 팽창하거나 추위에 의해 수축할 때, 배관의 변형을 방지하기 위해 설치합니다.
㉣ 신축 커플링(3C)은 배관의 이동 및 변형을 흡수하는 역할을 하며, 온도 변화나 구조물의 움직임에 대응하기 위한 용도로 사용됩니다.

정답 55 ② 56 ③ 57 ④ 58 ③ 59 ③ 60 ③

30 과년도 기출문제(2024년 2회)

1과목 : 전기 이론

01 어떤 도체의 길이를 n배로 하고, 단면적을 1/n으로 하였을 때의 저항은 원래 저항보다 어떻게 되는가?

① n배로 된다. ② n2배로 된다.
③ n의 제곱근으로 된다. ④ 1/n배로 된다.

해설 교재 18쪽

02 서로 다른 종류의 안티몬과 비스무트의 두 금속을 접속하여 여기에 전류를 통하면, 그 접점에서 열의 발생 또는 흡수가 일어난다. 줄열과 달리 전류의 방향에 따라 열의 흡수와 발생이 다르게 나타나는 이 현상은?

① 펠티에 효과 ② 제벡 효과
③ 제3금속의 법칙 ④ 열전 효과

해설 ㉠ 펠티에 효과는 서로 다른 두 금속이나 반도체를 접합하여 전류를 흐르게 할 때, 접점에서 열이 발생하거나 흡수되는 현상. 전류의 방향에 따라 열의 흡수와 발생이 달라지며, 이는 주로 열전기 냉각 장치에서 이용.
㉡ 교재 34쪽

03 납축전지의 전해액으로 사용되는 것은?

① 묽은 황산(H_2SO_4) ② 순수 물($2H_2O$)
③ 이산화 납(PbO_2) ④ 황산 납($PbSO_4$)

해설 교재 32쪽

04 납축전지가 완전 방전되면 음극과 양극은 어떻게 변하는가?

① 묽은 황산(H_2SO_4) ② 순수 물($2H_2O$)
③ 이산화 납(PbO_2) ④ 황산 납($PbSO_4$)

해설 ㉠ 납축전지는 방전 과정에서 음극의 납(Pb)과 양극의 이산화 납(PbO_2)이 모두 묽은 황산과 반응하여 황산 납($PbSO_4$)으로 변하고, 전해질인 황산의 농도도 감소.
㉡ 교재 32쪽

05 다음 그림과 같이 절연물 위에 +로 대전 된 대전체를 놓았을 때 도체의 음전기와 양전기가 분리되는 것은 어떤 현상 때문인가?

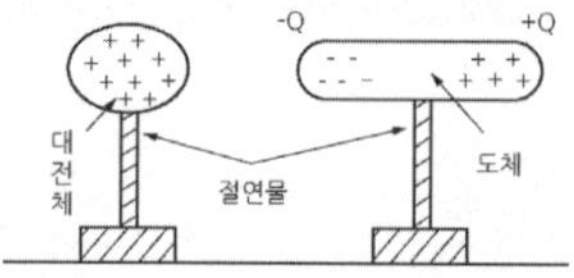

① 정전유도 ② 정전차폐
③ 자기유도 ④ 대전

해설 교재 36쪽 그림 참조

06 그림에서 a－b간의 합성 정전 용량은 10[μF]이다. Cx의 정전용량은?

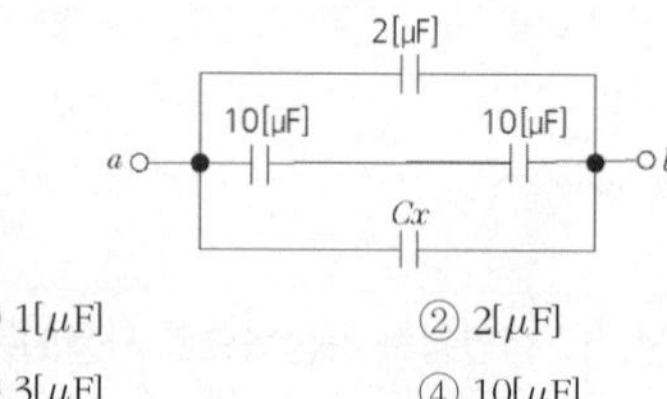

① 1[μF] ② 2[μF]
③ 3[μF] ④ 10[μF]

해설 교재 613쪽, 2020년 3회 17번 문제

07 다음 중 m[wb]의 자기력선의 성질에 대한 설명으로 옳지 않은 것은?

① 자석의 N극에서 시작하여 S극에서 끝난다.
② 자기장의 방향은 그 점을 통과하는 자기력선의 방향으로 표시한다.
③ 자기력선은 상호 간에 교차하지 않는다.
④ 진공 중의 자기력선의 수는 m개이다.

정답 01 ② 02 ① 03 ① 04 ④ 05 ① 06 ③ 07 ④

해설 교재 47쪽

08 **그림과 같이 도선에 I[A]의 전류가 흐를 때, 도선의 미소부분 $\Delta\ell$ 에서 r[m] 떨어지고 $\Delta\ell$ 과 이루는 각도가 θ 인 점 P에서 자기장의 세기의 식으로 맞는 것은?**

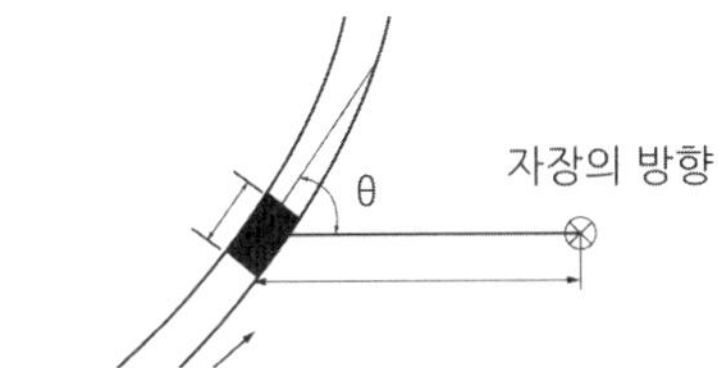

① $\dfrac{NI}{2\pi r}$ [AT/m]　② $\dfrac{I\Delta\ell \sin\theta}{4\pi r^2}$ [AT/m]

③ $\dfrac{I\Delta\ell \cos\theta}{4\pi r^2}$ [AT/m]　④ $\dfrac{I\Delta\ell \sin\theta}{2\pi r}$ [AT/m]

해설 교재 51쪽. 비오－사바르의 법칙

09 **1[cm]당 감은 횟수가 10회의 무한 길이 솔레노이드에 I[A]의 전류가 흐르고 있을 때 솔레노이드 외부 자계의 세기[AT/m]는?**

① 0　② 10

③ 100　④ 1000

해설 ㉠ 무한 길이의 솔레노이드 외부에서 자계의 세기는 '0'.
㉡ 이론적으로, 무한 길이의 솔레노이드에서 자계는 솔레노이드 내부에만 존재하고, 외부에서는 자계가 거의 존재하지 않는다고 가정합니다.
㉢ 이는 앙페르의 법칙을 적용한 결과로, 외부 자계가 상쇄되기 때문.
㉣ 교재 53쪽 참조

10 **다음 중 상자성체에 속하는 물질은?**

① 니켈　② 텅스턴

③ 코발트　④ 철

해설 ㉠ 상자성체는 외부 자기장에 의해 자성을 띠지만, 자기장이 사라지면 자성을 유지하지 않는 물질입니다.
㉡텅스텐은 상자성체의 예입니다.
㉢ 반면, 니켈, 코발트, 철은 강자성체에 속하는 물질로, 외부 자기장이 없어도 자성을 유지할 수 있습니다.
㉣ 교재 46쪽

11 **다음 중 전동기 원리는 어떤 법칙으로 정하는가?**

① 플레밍의 오른손 법칙

② 플레밍의 왼손 법칙

③ 렌츠의 법칙

④ 앙페르의 오른나사 법칙

해설 ㉠ 플레밍의 왼손 법칙은 전동기에서 전류가 흐를 때, 그 전류가 자기장 속에서 받는 힘의 방향을 결정하는 법칙입니다. 전동기는 전류와 자기장의 상호작용으로 회전력을 발생시키기 때문에 이 법칙이 적용됩니다.
㉡ 반면, 플레밍의 오른손 법칙은 발전기에서 기전력의 방향을 설명하는 법칙입니다.
㉢ 교재 55쪽

12 **권수 300회의 코일에 6[A]의 전류를 흘릴 때, 0.05[wb]의 자속이 코일을 지난다고 하면, 이 코일의 자체 인덕턴스는 몇 [H]인가?**

① 0.5　② 1

③ 1.5　④ 2.5

해설 ㉠ 자체 인덕턴스 $L = \dfrac{N\Phi}{I} = \dfrac{300 \times 0.05}{6} = 2.5[\text{H}]$
㉡ 교재 57 ~58쪽

13 **RLC 직렬공진회로에서 최대가 되는 것은?**

① 전류　② 임피던스

③ 리액턴스　④ 저항

해설 ㉠ 공진 주파수에서 RLC 직렬회로는 리액턴스가 서로 상쇄되어 임피던스가 최소가 되고, 회로의 임피던스는 저항과 동일하게 됩니다.
㉡ 임피던스가 최소가 되므로, 옴의 법칙 $I = \dfrac{V}{Z}$[A]에 따라 전류가 최대가 됩니다.
㉢ 교재 57~58쪽

14 **파형율이란?**

① $\dfrac{\text{평균값}}{\text{최댓값}}$　② $\dfrac{\text{평균값}}{\text{실횻값}}$

③ $\dfrac{\text{최댓값}}{\text{실횻값}}$　④ $\dfrac{\text{실횻값}}{\text{평균값}}$

해설 교재 91쪽 암기법 참조

정답 08 ② 09 ① 10 ② 11 ② 12 ④ 13 ① 14 ④

15 2분간에 876000[J]의 일을 하였다. 그 전력은 얼마인가?

① 7.3[kW] ② 29.2[kW]
③ 73[kW] ④ 438[kW]

해설 $P = \frac{W}{t} = \frac{876,000}{120} = 7,300 = 7.3[KW]$

16 다음 중 비정현파가 아닌 것은?

① 펄스파
② 주기 사인파+기본파
③ 삼각파
④ 사각파

해설 교재 89쪽

17 R=5[Ω,] L=30[mH]의 RL 직렬회로에 V=200[V], 주파수 60[Hz]의 교류전압을 가할 전류의 크기는 약 몇 [A]인가?

① 8.67 ② 11.42
③ 16.17 ④ 21.25

해설 ㉠ $XL = 2\pi fL = 2 \times 3.1416 \times 60 \times 0.03 \approx 11.31[\Omega]$
㉡ $Z = \sqrt{R^2 + (X_L)^2} = \sqrt{5^2 + 11.31^2} = 12.37[\Omega]$
$I = \frac{V}{Z} = \frac{200}{12.37} = 16.17[A]$

18 R[Ω]인 저항 3개가 △결선으로 되어 있는 것을 Y결선으로 환산하면 1상의 저항[Ω]은?

① R ② $3R$
③ $\frac{1}{3}R$ ④ $\frac{1}{3R}$

해설 교재 85쪽 암기법 참조

19 두 코일의 자체 인덕턴스를 L_1(H), L_2(H)라 하고 상호 인덕턴스를 M이라 할 때, 두 코일을 자속이 동일한 방향과 역방향이 되도록 하여 직렬로 각각 연결하였을 경우, 합성 인덕턴스의 큰 쪽과 작은 쪽의 차는?

① M ② 2M
③ 4M ④ 8M

해설 394쪽 2014년 2회 19번 문제

20 어느 회로의 전류가 다음과 같을 때, 이 회로에 대한 전류의 실효값은?

$$i = 3 + 10\sqrt{2}\,sin(wt - \frac{\pi}{6}) + 5\sqrt{2}\,(3wt - \frac{\pi}{3})[A]$$

① 11.6[A] ② 23.2[A]
③ 32.2[A] ④ 48.3[A]

해설 ㉠ 첫 번째 항 3의 실효값=3
㉡ 두 번째 항 $10\sqrt{2}$ 의 실효값$= \frac{10\sqrt{2}}{\sqrt{2}} = 10$
㉢ 세 번째 항 $5\sqrt{2}$ 의 실효값$= \frac{5\sqrt{2}}{\sqrt{2}} = 5$
㉣ 전체 전류 실효값$= \sqrt{3^2 + 10^2 + 5^2} = 11.57[A]$

2과목 : 전기 기기

21 6극, 1200[rpm]의 교류발전기와 병렬 운전하는 극수 8의 동기발전기의 회전수는 몇 [rpm]인가?

① 1200 ② 1000
③ 900 ④ 600

해설 ㉠ 발전기의 속도 $N = \frac{120f}{P}$ (N은 회전수[rpm] f는 주파수[Hz], P는 극수)
㉡ 두 발전기는 같은 주파수에서 병렬로 운전되므로 6극 발전기의 주파수
$f = \frac{N \cdot P}{120} = \frac{1200 \times 6}{120} = 60[Hz]$
㉢ 8극 발전기의 회전수 $N = \frac{120 \times 60}{8} = 900[rpm]$
㉣ 교재 125쪽의 메모를 암기하세요.

22 동기속도 3600[rpm], 주파수 60[Hz]의 교류발전기의 극 수는?

① 2 ② 4
③ 6 ④ 8

해설 교재 125쪽의 메모를 암기하세요.

정답 15 ① 16 ② 17 ③ 18 ③ 19 ③ 20 ① 21 ③ 22 ①

23 전력 계통에 접속되어있는 변압기나 장거리 송전 시 정전 용량으로 인한 충전 특성 보상 및 전압 조정 및 역률 개선에 사용하는 것을 무엇이라 하는가?

① 동기 조상기 ② 유도 전동기
③ 동기 발전기 ④ 유도 발전기

해설 135쪽 참조

24 동기 전동기의 용도로 적합하지 않은 것은?

① 송풍기 ② 압축기
③ 분쇄기 ④ 크레인

해설 교재 137쪽. 동기전동기의 단점은 힘이 약하다.

25 6600/220[V] 변압기에서 1차 전압 6000[V]를 가했을 때, 2차 전압은 몇 [V]인가?

① 300 ② 200
③ 100 ④ 30

해설 ㉠ 교재 139쪽
㉡ 6600 : 220 = 6000 : X에서 "내항의 곱은 외항의 곱과 같다"를 이용하면 $220 \times 6000 = 6600X$
㉢ 그러므로 $X = \dfrac{220 \times 6000}{6600} = 200[\text{V}]$

26 변압기유가 구비해야 할 조건은?

① 절연 내력이 클 것
② 인화점이 낮을 것
③ 응고점이 높을 것
④ 비열이 작을 것

해설 교재 142쪽

27 변압기유의 열화 방지와 관계가 가장 먼 것은?

① 브리더 ② 콘서베이터
③ 불활성 질소 ④ 부싱

해설 ㉠ 부싱은 전기적인 절연과 지지 역할을 하는 장치로, 변압기유의 열화 방지와는 직접적인 관계가 없습니다.
㉡ 교재 143쪽

28 직류 직권 전동기의 벨트 운전을 금지하는 이유는?

① 벨트가 벗겨지면 위험 속도에 도달한다.
② 손실이 많아진다.
③ 벨트가 마모하여 보수가 곤란한다.
④ 직결하지 않으면 속도 제어가 곤란하다.

해설 ㉠ 직류 직권전동기는 부하에 따라 속도가 크게 변하는 특성이 있습니다.
㉡ 부하가 줄어들거나 벨트가 벗겨지면 부하가 거의 없어진 상태가 되어, 전동기의 속도가 매우 빠르게 증가할 수 있습니다.
㉢ 이러한 상황에서는 전동기가 위험한 속도에 도달하여 손상이 발생하거나 안전 문제가 생길 수 있기 때문에 벨트 운전을 금지합니다.
㉣ 교재 117쪽

29 3상 동기발전기를 병렬 운전시키는 경우 고려하지 않아도 되는 것은?

① 상회전 방향이 같을 것
② 회전수가 같을 것
③ 전압 파형이 같을 것
④ 발생 전압이 같을 것

해설 교재 132쪽 암기법 참조

30 브흐홀츠 계전기의 설치 위치는?

① 콘서베이터 내부
② 변압기 주탱크 내부
③ 변압기 본체와 콘서베이터 사이에 연결 파이프
④ 변압기 고압 측 부싱

해설 143쪽 그림 참조

31 브흐홀츠 계전기로 보호되는 기기는?

① 발전기 ② 전동기
③ 변압기 ④ 회전 변류기

해설 ㉠ 브흐홀츠 계전기는 주로 유입 변압기에서 가스 발생이나 절연유 누설과 같은 내부 고장을 감지하는 보호 장치입니다.
㉡ 변압기 내부에 문제가 발생하면 절연유가 열화되거나 가스가 발생하여 브흐홀츠 계전기가 이를 감지하고 변압기를 차단하는 역할을 합니다.

정답 23 ① 24 ④ 25 ② 26 ① 27 ④ 28 ① 29 ② 30 ③ 31 ③

32 정밀 측정의 디지털(Digital)화에 관한 일반적인 설명 중 올바른 것은?

① 개인차에 따른 측정 오차가 제거된다.
② 정보의 전송은 쉬우나 연산할 때 오차가 크다.
③ 읽기, 기록은 쉬우나 측정하는 시간이 많이 소요된다.
④ 측정의 다중화 작업이 어렵다.

해설 ① 디지털화는 측정 데이터를 전자적으로 처리하여 자동으로 값을 기록하고 표시하기 때문에 사람에 의한 읽기나 해석의 차이에 따른 개인적인 오차가 줄어듭니다. 이로 인해 측정의 신뢰성이 향상되고, 사람의 주관에 따른 편차가 최소화됩니다.
② 정보의 전송은 쉬우나 연산할 때 오차가 크다 : 디지털화는 오히려 연산에서 높은 정확도를 보장합니다.
③ 읽기, 기록은 쉬우나 측정하는 시간이 많이 소요된다 : 디지털 측정은 속도가 빠르며, 시간이 절약됩니다.
④ 측정의 다중화 작업이 어렵다 : 디지털 측정에서는 다중화 작업이 더 용이합니다.

33 변압기의 임피던스 전압이란?

① 정격전류가 흐를 때 변압기 내의 전압강하
② 여자전류가 흐를 때 2차 측 단자전압
③ 정격전류가 흐를 때 2차 측 단자전압
④ 2차 단락 전류가 흐를 때 변압기 내의 전압강하

해설 ㉠ 변압기의 임피던스 전압은 변압기의 2차 측을 단락시킨 상태에서 1차 측에 정격전류가 흐르도록 할 때 필요한 전압을 말합니다. 이 전압은 변압기의 내부 임피던스(저항 및 리액턴스)에 의해 발생하는 전압강하를 나타내며, 변압기의 단락 시험에서 주로 측정됩니다.
㉡ 교재 148쪽

34 변류기 개방 시 2차 측을 단락하는 이유는?

① 2차 측 절연 보호 ② 2차 측 과전류 보호
③ 측정 오차 감소 ④ 변류비 유지

해설 ㉠ 변류기(CT)의 1차 측은 전력 회로와 직렬로 연결되어 계속 전류가 흐르기 때문에, 2차 측이 개방되면 변류기 내부에서 높은 전압이 유도되어 절연 파괴나 전기적 사고가 발생할 수 있습니다.
㉡ 이를 방지하기 위해 변류기의 2차 측은 항상 단락 상태로 유지하여 안전하게 사용해야 합니다.
㉢ 교재 273쪽

35 중권 직류발전기 전기자 권선에 균압 고리를 설치하는 이유는?

① 브러시의 불꽃을 방지하기 위해서
② 정류자의 정류를 돕기 위해서
③ 기동 전류를 1/3로 줄이기 위해서
④ 제동을 부드럽게 하기 위해서

해설 ㉠ 균압 고리(균압환)
ⓐ대형 중권 직류기에 설치
ⓑ 브러시 불꽃 방지 목적으로 사용
㉡ 균압 모선 : 직권 계자가 있는 복권 발전기, 직권발전기에 사용 안정되게 병렬 운전을 시킬 수 있다.
㉢ 교재 112쪽

36 유도 전동기에서 비례 추이를 적용할 수 없는 것은?

① 토크 ② 1차 전류
③ 부하 ④ 역률

해설 ㉠ 유도 전동기의 토크, 1차 전류, 부하는 전압이나 회전 속도에 따라 비례적으로 변화할 수 있는 값들입니다.
㉡ 하지만 역률은 부하의 종류나 크기, 전동기의 상태에 따라 비선형적으로 변화할 수 있으므로 비례 추이를 적용하기 어렵습니다.
㉢ 교재 168쪽

37 3상 유도 전동기에 회전 방향을 반대 방향으로 바꾸기 위한 방법으로 가장 알맞은 것은?

① $\Delta-Y$ 결선으로 결선 법을 바꾼다.
② 전원의 전압과 주파수를 바꾼다.
③ 전동기 전원의 3선 중 2선을 바꾼다.
④ 기동 보상기를 사용하여 권선을 바꾼다.

해설 ㉠ 3상 유도 전동기는 전원의 위상 순서에 따라 회전 방향이 결정되므로, 3선 중 두 선의 연결을 바꾸면 회전 방향이 반대로 바뀝니다. 이 방법은 매우 효율적이고, 다른 전동기 결선이나 설정을 변경할 필요가 없습니다.
㉡ 교재 173쪽

정답 32 ① 33 ① 34 ① 35 ① 36 ③ 37 ③

38 반파 정류회로에서 변압기 2차 전압의 실효치를 E[V]라 하면 직류 전류 평균치는?(단, 정류기의 전압강하는 무시한다.)

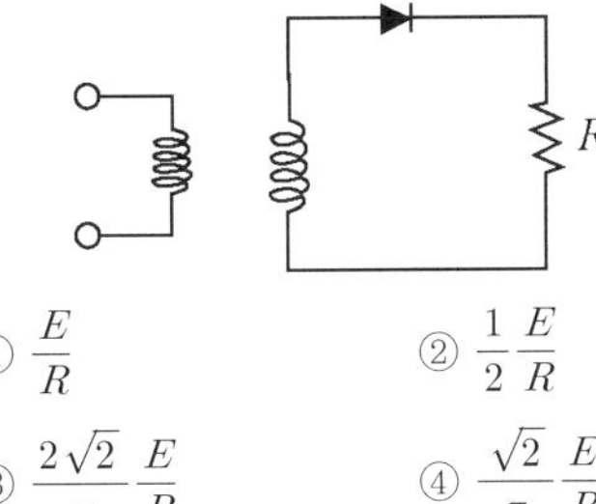

① $\frac{E}{R}$　　② $\frac{1}{2}\frac{E}{R}$

③ $\frac{2\sqrt{2}}{\pi}\frac{E}{R}$　　④ $\frac{\sqrt{2}}{\pi}\frac{E}{R}$

해설 교재 179쪽

39 다음 중 인버터(Inverter)의 설명으로 바르게 나타낸 것은?

① 직류를 교류로 변환
② 교류를 교류로 변환
③ 직류를 직류로 변환
④ 교류를 직류로 변환

해설 ㉠ 인버터는 직류(DC) 전원을 교류(AC) 전원으로 변환하여 다양한 전기 기기에 사용할 수 있도록 합니다.
㉡ 예를 들어, 태양광 발전 시스템에서 생성된 직류 전기를 가정이나 산업용에서 사용하는 교류로 변환하는 데 주로 사용됩니다.
㉢ 교재 187쪽

40 단상 유도전동기 중 역률이 가장 좋은 단상 유도전동기를 무엇이라고 하는가?

① 콘덴서 기동형　　② 분상 기동형
③ 셰이딩 코일형　　④ 반발 기동형

해설 ㉠ 콘덴서 기동형 전동기는 보조 권선에 콘덴서를 연결하여 역률을 개선하고, 기동 시 충분한 토크를 제공합니다.
㉡ 또한 운전 중에도 높은 효율과 더불어 양호한 역률을 유지할 수 있어, 다른 단상 유도 전동기 유형에 비해 역률이 더 우수합니다.
㉢ 교재 175쪽

3과목 : 전기 설비

41 고압 3조의 전선을 설치 시 크로스 완금의 표준 길이[mm]는?

① 600　　② 900
③ 1,400　　④ 1,800

해설 ㉠ 크로스 완금은 전선로에서 전선을 지지하는 데 사용되는 부품으로, 고압 전선을 안전하고 효율적으로 설치하기 위해 일정한 표준 길이가 필요합니다. 고압 3조의 전선 설치 시 일반적으로 1,800[mm]가 표준 길이로 사용됩니다.
㉡ 교재 263쪽

42 사무실, 은행, 상점, 이발소, 미장원에서 사용하는 표준 부하[VA/m^2]는?

① 5　　② 10
③ 20　　④ 30

해설 ㉠ 일반적인 상업용 공간에서의 전기설비 용량을 산정할 때 사용되는 표준 부하로, 이러한 장소들의 전기적 수요를 충족시키기 위해 사용됩니다.
㉡ 교재 276쪽

43 전기 울타리에 사용하는 전압은 몇 [V] 이하이어야 하는가?

① 150　　② 200
③ 250　　④ 300

해설 ㉠ 전기 울타리는 안전을 위해 저전압을 사용하며, 사람이나 동물이 접촉하더라도 심각한 위험을 피할 수 있도록 설계됩니다. 250[V] 이하의 전압이 일반적으로 사용됩니다.
㉡ 교재 282 쪽

44 화약고 등의 위험 장소의 배선 공사에서 전로의 대지 전압은 몇 [V] 이하로 하도록 되어 있는가?

① 300　　② 400
③ 500　　④ 600

해설 ㉠ 화약고 등의 위험 장소에서의 배선 공사에서 전로의 대지 전압은 ① 300[V] 이하로 하도록 규정되어 있습니다. 위험 장소에서는 안전을 최우선으로 하기 위

정답　38 ④　39 ④　40 ①　41 ④　42 ④　43 ③　44 ①

30 과년도 기출문제(2024년 2회) 579

해 전압을 낮게 유지하여, 전기적인 사고 발생 시 위험을 최소화할 수 있도록 하고 있습니다.
㉡ 교재 281 쪽

45 **4심 코드의 색깔 중 접지선의 색으로 옳은 것은?**

① 녹색+황색 ② 녹색+청색
③ 녹색+백색 ④ 녹색+적색

해설 ㉠ 국제적으로 표준화된 전선 색상 규정에 따르면, 접지선은 일반적으로 녹색과 황색이 함께 사용됩니다. 이는 전기 안전을 위해 명확히 구분되는 색상으로, 다른 전선과 혼동을 방지하기 위한 것입니다.
㉡ 교재 193쪽

46 **연피 케이블의 접속에 반드시 사용되는 테이프는?**

① 리노 테이프 ② 자기 융착 테이프
③ 고무 테이프 ④ 비닐 테이프

해설 ㉠ 연피(Lead Sheath) : 연피 케이블의 가장 특징적인 부분으로, 납으로 만든 층을 표현한 것입니다. 이 층은 케이블을 외부의 화학적, 기계적 손상으로부터 보호하며, 특히 내구성이 높고 내식성이 뛰어나기 때문에 높은 환경적 스트레스에서도 케이블을 보호하는 역할을 합니다.
㉡ 자기 융착 테이프는 접속 부위에서 절연과 방수 성능을 높이기 위해 사용되며, 테이프가 자기 자신과 접착하여 일체화되므로 케이블의 접속부를 보호하는 데 매우 효과적입니다. 특히 연피 케이블과 같은 고압 케이블의 접속 시 안정적인 절연을 위해 필수적으로 사용됩니다.

47 **금속전선관에서 후강 전선관의 규격이 아닌 것은?**

① 16 ② 28
③ 36 ④ 50

해설 ㉠ 교재 233쪽 암기법 참조

48 **굵은 전선을 절단할 때 사용하는 전기 공사용 공구는?**

① 프레셔 툴 ② 녹아웃 펀치
③ 파이프 커터 ④ 클리퍼

해설 ㉠ 교재 200쪽 그림
㉡ 클리퍼는 전선 절단에 사용되는 공구로, 특히 굵은 전선을 깔끔하고 효율적으로 자를 수 있음.
㉢ 우리가 보통 철사나 자물쇠를 자를 때 '컷터'를 이용하는데 이것이 '클리퍼'입니다

49 **전선을 접속할 경우의 설명으로 틀린 것은?**

① 접속 부분의 전기저항은 증가시키지 않아야 된다.
② 전선의 세기를 20% 이상 유지해야 한다.
③ 접속 부분은 접속기구를 사용하거나 납땜을 하여야 된다.
④ 알루미늄 전선과 동선을 접속하는 경우, 전기적 부식이 생기지 않아야 한다.

해설 일반적으로 전선 접속 후에도 전선의 세기가 80~100[%] 수준으로 유지되어야 합니다. 20[%]만 유지하는 것은 매우 부족하여 전선이 쉽게 손상되거나 끊어질 수 있기 때문에, 이 설명은 틀린 것입니다.

50 **다음 중 슬리브 접속에 있어서 펜치와 같이 사용되고 금속관 공사에서 로크 너트를 조일 때 사용하는 공구는 어느 것인가?**

① 히키 ② 펌프 플라이어
③ 클리퍼 ④ 파이프 커터

해설 ㉠ 펌프 플라이어는 조정이 가능한 집게형 공구로, 다양한 크기의 너트를 조이거나 풀 때 사용됩니다. 특히 로크 너트와 같은 고정용 너트를 조일 때 유용하게 사용됩니다.
① 히키 : 전선을 잡아당기거나 작업할 때 사용되는 도구.
③ 클리퍼 : 주로 절단 작업에 사용되는 공구입니다.
④ 파이프 커터 : 금속관이나 파이프를 절단하는 데 사용.
㉡ 교재 234쪽 그림 참조

51 **터널 · 갱도 기타 이와 유사한 장소에서 사람이 상시 통행하는 터널 내의 배선방법으로 적절하지 않은 것은?(단, 사용전압은 저압이다.)**

① 라이팅 덕트 배선
② 금속제 가요전선관 배선
③ 합성수지관 배선
④ 애자사용 배선

정답 45 ① 46 ① 47 ④ 48 ④ 49 ② 50 ② 51 ①

해설 애자 사용 배선은 전선을 절연체인 애자에 지지하여 공중에 설치하는 방식으로, 외부 충격이나 환경적인 요소에 의해 손상될 가능성이 높아 터널이나 갱도처럼 사람이 상시 통행하는 장소에서는 안전성 문제가 발생할 수 있습니다. 이러한 장소에서는 전선이 노출되지 않도록 하는 보호가 필수

① 라이팅 덕트 배선 : 덕트를 사용하여 전선을 보호하며, 실내 배선에 적합합니다.

② 금속제 가요전선관 배선 : 금속관을 사용하여 전선의 외부 충격에 대한 보호가 가능합니다.

③ 합성수지관 배선 : 내식성과 내구성이 뛰어난 합성수지관을 사용하여 보호합니다.

52 애자 사용 공사에 의한 저압 옥내배선에서 일반적으로 전선 상호 간의 간격은 몇 [cm] 이상 이어야 하는가?

① 2.5[cm] ② 6[cm]
③ 25[cm] ④ 60[cm]

해설 ㉠ 저압 옥내 배선에서 전선 간의 간격은 전기적 간섭이나 화재 위험을 방지하기 위해 규정된 최소 간격을 유지해야 합니다. 따라서, 애자 사용 공사에서 전선 간 간격은 6[cm] 이상이 적절합니다.
㉡ 교재 227쪽

53 가요 전선관 상호 접속은 어떤 것을 사용하는가?

① 컴비네이션 커플링
② 스트레이트 커넥터
③ 스플릿 커플링
④ 앵글 박스 커넥터

해설 ㉠ 스플릿 커플링 : 주로 이미 설치된 전선관을 다시 연결할 때 사용됩니다.
㉡ 교재 241쪽 그림 참조

54 금속덕트의 크기는 전선의 피복절연물을 포함한 단면적의 총 합계가 금속덕트 내 단면적의 몇 [%] 이하가 되도록 선정하여야 하는가?

① 20[%] ② 30[%]
③ 40[%] ④ 50[%]

해설 교재 243쪽

55 저압 가공 인입선의 인입구에 사용하며 금속관 공사에서 끝 부분의 빗물 침입을 방지하는데 적당한 것은?

① 엔드 ② 엔트런스 캡
③ 부싱 ④ 라미플

해설 ㉠ 엔트런스 캡은 끝 부분이 둥글게 처리되어 있고, 보통 금속 또는 플라스틱으로 제작되며 전선이 통과할 수 있는 구멍이 있는 모양입니다. 이 구멍은 전선이 통과하면서 빗물이 들어오지 않도록 막아줍니다.
㉡ 교재 234쪽 그림 참조

56 폭발성 분진이 존재하는 곳의 금속관 공사에 있어서 관 상호 및 관과 박스 기타의 부속품이나 풀박스 또는 전기 기계 기구와의 접속은 몇 턱 이상의 나사 조임으로 접속하여야 하는가?

① 2턱 ② 3턱
③ 4턱 ④ 5턱

57 금속관 공사시 사용하는 후강 전선관은 몇 종인가?

① 7종 ② 8종
③ 9종 ④ 10종

해설 ㉠ 교재 233 암기법 참조
㉡ 후강 전선관(AC) : 내경에 가까운 짝수 : 16, 22, 28, 36, 42, 54, 70, 82, 92, 104[mm] – 10종

58 저압 크레인 또는 호이스트 등의 트롤리 선을 애자 사용공사에 의하여 옥내의 노출 장소에 시설하는 경우 트롤리 선의 바닥에서의 최소 높이는 몇 [m] 이상으로 설치하는가?

① 2 ② 2.5
③ 3 ④ 3.5

해설 3.5[m] 이상으로 설치해야 합니다. 이 높이는 작업자의 안전을 보장하고 기계가 원활하게 작동할 수 있도록 하기 위한 규정입니다.

정답 52 ② 53 ③ 54 ① 55 ② 56 ④ 57 ④ 58 ④

59 **가스 절연 개폐기나 가스 차단기에 사용되는 가스인 SF_4 의 성질이 아닌 것은?**

①같은 압력에서 공기의 2.5~3.5배의 절연 내력이 있다.
② 무색, 무취, 무해 가스이다.
③ 가스 압력 3~4[kgf/cm²]에서는 절연 내력은 절연유 이상이다.
④ 소호 능력은 공기보다 2.5배 정도 낮다.

해설 교재 274쪽

60 **다음 중 차단기를 시설해야 하는 곳으로 가장 알맞은 것은?**

① 고압에서 저압으로 변성하는 2차 측 저압 측 전선
② 접지 공사를 한 저압 가공 전로의 접지 측 전선
③ 다선식 전로의 중성선
④ 접지 공사의 접지선

정답 59 ④ 60 ①

31 과년도 기출문제(2024년 3회)

1과목 : 전기 이론

01 2 전력계법으로 3상 전력을 측정할 때 지시값이 $P_1 = 200[W]$, $P_2 = 200[W]$일 때 부하전력[W]은?

① 200 ② 400
③ 600 ④ 800

해설 ㉠ 교재 88쪽 그림 참조
㉡ $P_{유효} = P_1 + P_2 = 200 + 200 = 400$ [W]

02 20분간 876,000[J]의 일을 할 때 전력은 몇 [kW]인가?

① 0.73 ② 7.3
③ 73 ④ 730

해설 ㉠ 전력(P)은 일을 한 시간(t) 동안에 사용된 에너지(W)를 나눈 값으로, 다음 공식으로 구할 수 있습니다.
$P = \frac{W}{t} = \frac{876000}{20 \times 60} = 730[W]$
㉡ 교재 28쪽

03 전류에 의해 만들어지는 자기장의 자기력선 방향을 간단하게 알아내는 방법은?

① 플레밍의 왼손 법칙
② 렌츠의 자기유도 법칙
③ 앙페르의 오른나사 법칙
④ 패러데이의 전자유도 법칙

해설 ㉠ 앙페르의 오른나사 법칙 : 전류가 흐르는 방향을 나사의 회전 방향으로 가정했을 때, 나사가 전진하는 방향이 자기장의 방향과 일치.
㉡ 교재 50쪽

04 $R = 5[\Omega]$, $L = 30[mH]$의 RL 직렬회로에 $V = 200[V]$, $f = 60[Hz]$의 교류전압을 가할 때 전류의 크기는 약 몇 [A]인가?

① 18.67 ② 16.17
③ 11.42 ④ 8.09

해설 ㉠ $Z = \sqrt{R^2 + (X_L)^2}$
㉡ $X_L = 2\pi fL = 2 \times 3.14 \times 60 \times 30 \times 10^{-3}$
$= 11.31[\Omega]$
㉢ 그러므로 $Z = \sqrt{5^2 + 11.31^2} = 12.37$
㉣ $I = \frac{V}{Z} = \frac{200}{12.37} = 16.17[\Omega]$

05 1[cm] 당 권선 수가 10인 무한 길이 솔레노이드에 1[A]의 전류가 흐르고 있을 때 솔레노이드 외부 자계의 세기[AT/m]는?

① 0 ② 5
③ 10 ④ 20

해설 ① 무한 길이의 솔레노이드 내부와 외부에서의 자기장에 대해 고려할 때, 솔레노이드 외부의 자기장은 이론적으로 0입니다. 이는 솔레노이드가 무한히 긴 경우, 자기장이 내부에만 집중되고 외부로는 거의 영향을 미치지 않기 때문입니다.
㉡ 교재 53쪽 메모(암기사항) 참조

06 원자핵의 구속력을 벗어나서 물질 내에서 자유로이 이동할 수 있는 것은?

① 중성자 ② 양자
③ 분자 ④ 자유전자

해설 ㉠ 원자핵의 구속력을 벗어나 물질 내에서 자유롭게 이동할 수 있는 것은 자유전자입니다. 자유전자는 특히 금속과 같은 도체에서 중요한 역할을 하며, 이러한 전자들이 전류를 형성합니다.
㉡ 교재 15쪽

정답 01 ② 02 ① 03 ③ 04 ④ 05 ① 06 ④

07 **권수가 150인 코일에서 2초간 1[Wb] 자속이 변화한다면, 코일에 발생되는 유도 기전력의 크기는 몇 [V]인가?**

① 50 ② 75
③ 100 ④ 150

해설 ㉠ 패러데이의 전자기 유도 법칙에 따르면, 코일에 발생하는 유도 기전력 E는 자속의 변화율과 권수에 비례합니다. 이를 수식으로 표현하면 다음과 같습니다. $e=-N\dfrac{\Delta\phi}{\Delta t}=150\times\dfrac{1}{2}=75[\mathrm{V}]$
㉡ 교재 56쪽

08 **복소수에 대한 설명으로 틀린 것은?**

① 실수부와 허수부로 구성된다.
② 허수를 제곱하면 음수가 된다.
③ 복소수는 A = a + jb의 형태로 표시한다.
④ 거리와 방향을 나타내는 스칼라 양으로 표시한다.

해설 교재 69쪽

09 **그림과 같은 RL 병렬회로에서 $R=25[\Omega]$, $\omega L=\dfrac{100}{3}$ $[\Omega]$일 때, 200[V]의 전압을 가하면 코일에 흐르는 전류 I_L [A]은?**

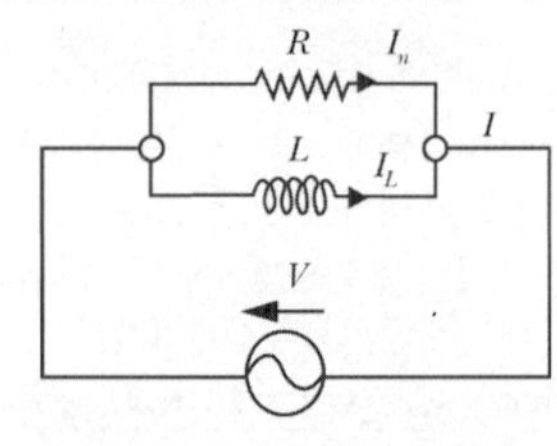

① 3.0 ② 4.8
③ 6.0 ④ 8.2

해설 ㉠ 병렬회로이므로 저항과 코일에 걸리는 전압은 각각 200[V]
㉡ 그러므로 코일에 흐르는 전류는

$$I_L=\frac{V}{X_L}=\frac{200}{33.3}=6[\mathrm{A}]$$

10 **콘덴서의 정전 용량에 대한 설명으로 틀린 것은?**

① 전압에 반비례한다.
② 이동 전하량에 비례한다.
③ 극판의 넓이에 비례한다.
④ 극판의 간격에 비례한다.

해설 ㉠ 콘덴서의 정전용량 $C=\varepsilon\dfrac{A}{l}$ (ε는 유전율, A는 극판의 넓이, l은 극판 사이의 거리)
㉡ 교재 41쪽

11 **정전 에너지 W[J]를 구하는 식으로 옳은 것은? (단, C는 콘덴서 용량[μF], V는 공급 전압[V]이다.)**

① $W=\dfrac{1}{2}CV^2$ ② $W=\dfrac{1}{2}CV$
③ $W=\dfrac{1}{2}C^2V$ ④ $W=2CV^2$

해설 교재 42쪽

12 **등전위면과 전기력선의 교차 관계는?**

① 직각으로 교차한다. ② 30°로 교차한다.
③ 45°로 교차한다. ④ 교차하지 않는다.

해설 ㉠ 등전위면은 전위가 동일한 지점을 연결한 면이고, 전기력선은 전기장이 존재하는 방향을 나타냅니다.
㉡ 전기력선은 항상 전위가 가장 급격히 변화하는 방향으로 향하므로, 등전위면과 직각으로 교차하게 됩니다.
㉢ 교재 39쪽

13 **전기분해를 통하여 석출된 물질의 양은 통과한 전기량 및 화학당량과 어떤 관계인가?**

① 전기량과 화학당량에 비례한다.
② 전기량과 화학당량에 반비례한다.
③ 전기량에 비례하고 화학당량에 반비례한다.
④ 전기량에 반비례하고 화학당량에 비례한다.

해설 교재 31쪽

14 **평형 3상 교류회로에서 Y결선할 때 선간전압(V_ℓ)과 상전압(V_p)의 관계는?**

① $V_\ell=V_p$ ② $V_\ell=\sqrt{2}\,V_p$
③ $V_\ell=\sqrt{3}\,V_p$ ④ $V_\ell=\dfrac{1}{3}V_p$

해설 교재 84쪽, 그림을 잘 이해하시기 바랍니다.

정답 07 ② 08 ④ 09 ③ 10 ④ 11 ① 12 ① 13 ① 14 ③

15 다음 중 1[V]와 같은 값을 갖는 것은?

① 1 [J/C] ② 1 [Wb/m]
③ 1 [Ω/m] ④ 1 [A · sec]

해설 ㉠ 1[V] (볼트)는 전기적 잠재력 차이의 단위로, 1[V]는 1줄[J]의 에너지가 1쿨롱[C]의 전하를 이동시키는데 필요한 에너지를 의미합니다.
㉡ 1 [Wb/m]는 자기장(B)의 단위입니다.
㉢ 1 [Ω/m]는 저항의 선밀도 단위입니다.
㉣ 1 [A · sec]는 전하의 단위입니다.(1[C])

16 그림과 같은 회로의 저항값이 R1＞R2＞R3＞R4일 때 전류가 최소로 흐르는 저항은?

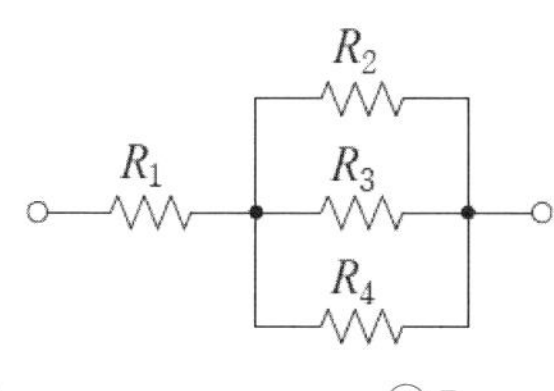

① R_1 ② R_2
③ R_3 ④ R_4

해설 교재 436쪽, 2015년도 4회 기출문제, 문제 13번 해설 참조

17 자기 인덕턴스가 각각 L_1과 L_2인 2개의 코일이 직렬로 가동접속 되었을 때, 합성 인덕턴스[H]는?(단, 자기력선에 의한 영향을 서로 받는 경우이다.)

① $L = L_1 + L_2 - M$ ② $L = L_1 + L_2 - 2M$
③ $L = L_1 + L_2 + M$ ④ $L = L_1 + L_2 + 2M$

해설 교재 59쪽

18 저항이 있는 도선에 전류가 흐르면 열이 발생한다. 이와 같이 전류의 열작용과 가장 관계가 깊은 법칙은?

① 패러데이의 법칙
② 키르히호프의 법칙
③ 줄의 법칙
④ 옴의 법칙

해설 ㉠ 전류가 흐를 때 도선에서 발생하는 열과 가장 관계가 깊은 법칙은 줄의 법칙입니다.
㉡ 줄의 법칙은 전류가 저항을 통과할 때 발생하는 열의 양을 설명하며, 이는 다음과 같은 식으로 표현됩니다.
$H = I^2Rt\,[\mathrm{J}] = 0.24I^2Rt\,[\mathrm{cal}]$
㉢ 교재 28쪽

19 그림에서 a－b간의 합성저항은 c－d간의 합성저항 보다 몇 배인가?

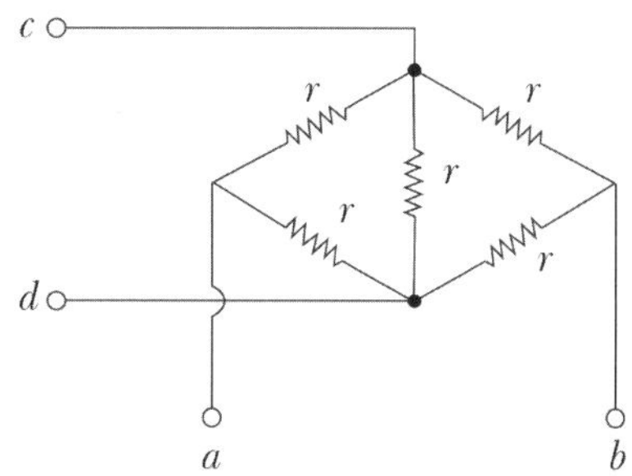

① 1배 ② 2배
③ 3배 ④ 4배

해설 2015년 4회 기출문제 20번, 해설 참조

20 RL 직렬 회로에 교류전압 V[V]를 가했을 때 회로의 위상각 θ를 나타낸 것은?

① $\theta = \tan^{-1}\dfrac{R}{\omega L}$

② $\theta = \tan^{-1}\dfrac{\omega L}{R}$

③ $\theta = \tan^{-1}\dfrac{1}{R\omega L}$

④ $\theta = \tan^{-1}\dfrac{R}{\sqrt{R^2+(\omega L)^2}}$

해설 교재 70쪽 참조

정답 15 ① 16 ② 17 ④ 18 ③ 19 ② 20 ②

2과목 : 전기 기기

21 동기발전기의 단락비가 크다는 것은?

① 기계가 작아진다.
② 안정도가 높다.
③ 전압변동률이 크다.
④ 전기자 반작용이 크다.

해설 ㉠ 동기 발전기의 단락비(Short Circuit Ratio, SCR)가 크다는 것은 발전기의 안정성이 높다는 것을 의미합니다. 즉, 전기자 반작용이 적고, 자속이 잘 유지된다는 뜻이며,
㉡ 결과적으로 발전기의 전압 조정 능력이 좋아집니다.
㉢ 따라서, 단락비가 크다는 것은 발전기의 안정도가 높다는 의미.
㉣ 교재 130쪽

22 동기발전기의 권선을 분포권으로 하면 어떻게 되는가?

① 권선의 리액턴스가 커진다.
② 파형이 좋아진다.
③ 난조를 방지 한다.
④ 유도기전력이 높아진다.

해설 ㉠ 동기 발전기의 권선을 분포권으로 하면 전기자에서 발생하는 유도 기전력의 파형이 개선됩니다.
㉡ 분포권은 권선을 고르게 분포시켜서 유도 기전력의 고조파 성분을 줄이고, 보다 순수한 사인파에 가까운 파형을 얻을 수 있게 해줍니다.
㉡ 교재 127쪽

23 동기 발전기의 돌발 단락전류를 주로 제한하는 것은?

① 누설리액턴스 ② 역상리액턴스
③ 동기리액턴스 ④ 권선저항

해설 ㉠ 동기 리액턴스는 발전기 내부의 누설 리액턴스와 전기자 반작용 리액턴스를 포함하는 개념으로, 돌발 단락 상황에서 흐르는 전류를 제한하는 주요 요소입니다.
㉡ 동기 리액턴스가 클수록 돌발 단락 시 흐르는 전류가 작아집니다.

24 다음 중 변압기의 절연 내력 시험 중 층간절연 시험으로 가장 널리 사용되는 것은?

① 온도 시험법 ② 가압 시험법
③ 충격전압 시험법 ④ 유도 시험법

해설 ㉠ 유도 절연 시험은 변압기, 모터, 발전기 등의 전기기기에 사용되는 절연체의 상태를 확인하기 위해 시행하는 시험 중 하나입니다.
㉡ 이 시험은 고전압이 인가되었을 때 기기의 절연체가 얼마나 잘 견디는지를 측정합니다. 주로 전기기기의 내구성과 신뢰성을 검증하는 데 사용됩니다.

25 직류 발전기에서 브러시와 접촉하여 전기자 권선에 유도되는 교류기전력을 정류해서 직류로 만드는 부분은?

① 계자 ② 정류자
③ 슬립링 ④ 전기자

해설 교재 102쪽

26 직류기에서 보극을 두는 가장 주된 목적은?

① 기동 특성을 좋게 한다.
② 전기자 반작용을 크게 한다.
③ 정류작용을 돕고 전기자 반작용을 약화시킨다.
④ 전기자 자속을 증가시킨다.

해설 교재 105쪽

27 중권 직류발전기 전기자 권선에 균압고리를 설치하는 이유는?

① 브러시의 불꽃을 방지하기 위해서
② 정류자의 정류를 돕기 위해서
③ 기동 전류를 1/3로 줄이기 위해서
④ 제동을 부드럽게 하기 위해서

해설 ㉠ 균압 고리(균압환)
ⓐ 대형 중권 직류기에 설치
ⓑ 브러시 불꽃 방지 목적으로 사용
㉡ 균압 모선 : 직권계자가 있는 복권, 직권발전기에 사용. 안정되게 병렬 운전을 시킬 수 있다.

정답 21 ② 22 ② 23 ① 24 ④ 25 ② 26 ③ 27 ①

28 정류자와 접촉하여 전기자 권선과 외부 회로를 연결하는 역할을 하는 것은?

① 계자 ② 전기자
③ 브러시 ④ 계자철심

해설 교재 102쪽

29 직류 발전기에서 자기 저항이 가장 큰 것은?

① 계철 ② 계자 권선
③ 전기자 권선 ④ 공극

해설 교재 102쪽

30 6극 발전기의 전기자 도체 수 440, 매극 자속수 0.01[Wb], 회전수 1500[rpm]일 때 유도 기전력은 몇 [V]인가?(단, 중권이다)

① 37 ② 55
③ 110 ④ 220

해설 ㉠ 중권에서 병렬 회로수 a = 극수와 같음

㉡ $E = \frac{PZ\phi N}{60a} = \frac{6 \times 440 \times 0.01 \times 1500}{60 \times 6} = 110[V]$

㉢ 교재 104쪽

31 전기자 저항 0.1[Ω], 전기자 전류 104[A], 유도 기전력 110.4[V]인 직류 분권 발전기의 단자 전압[V]은?

① 110 ② 106
③ 102 ④ 100

해설 ㉠ 분권 발전기의 그림을 그릴 수 있어야 합니다.

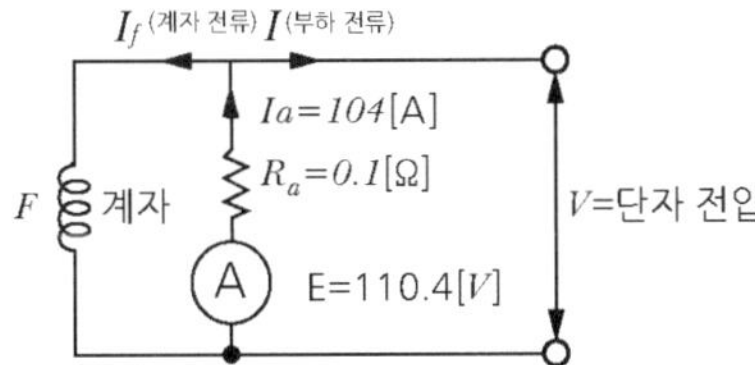

㉡ 그림에서 전기자 저항 R_a에서의 전압 강하
$V_a = I_a r_a = 104 \times 0.1 = 10.4[V]$

㉢ 단자전압 $V = E - I_a r_a = 110.4 - 10.4 = 100[V]$

㉣ 교재 117쪽

32 직류전동기의 규약효율은 어떤 식으로 표현되는가?

① $\frac{출력}{입력} \times 100\%$ ② $\frac{입력}{입력+손실} \times 100\%$
③ $\frac{출력}{출력+손실} \times 100\%$ ④ $\frac{입력-손실}{입력} \times 100\%$

해설 ㉠ 교재 123쪽

33 권선형 유도전동기에서 비례추이를 이용한 기동법은?

① 리액터 기동법 ② 기동 보상기법
③ 2차 저항기동법 ④ Y－Δ 기동법

해설 ㉠ 권선형 유도전동기에서 비례추이를 이용한 기동법은 2차 저항 기동법입니다.

ⓐ 권선형 유도전동기는 회전자에 저항을 연결할 수 있으며, 이 저항을 조절함으로써 기동 시 전류와 토크를 제어할 수 있습니다.

ⓑ 기동 시 2차 측(회전자 회로)에 저항을 추가하여 전류를 줄이고, 기동 토크를 증가시키는 방식입니다. 기동이 완료되면 저항을 서서히 제거해 정상 운전 상태로 전환합니다.

㉡ 교재 168쪽

34 슬립 4[%]인 유도전동기에서 동기속도가 1200[rpm]일 때 전동기의 회전속도는 몇 [rpm]인가?

① 698 ② 1051
③ 1152 ④ 1322

해설 ㉠ 슬립이 4[%]라는 뜻은 동기속도(이론 속도) 보다 4[%] 늦는다는 뜻이므로 $1200 \times 0.04 = 48$[rpm] 그러므로 회전속도는 $1200 - 48 = 1152$[rpm]

㉡ 교재 164쪽

35 주파수 60[Hz] 회로에 접속되어 슬립 3[%], 회전수 1164[rpm]으로 회전하고 있는 유도 전동기의 극수는?

① 4 ② 6
③ 8 ④ 10

해설 ㉠ 교재 160쪽, 주파수 60[Hz]일 때의 극수－동기속도는 꼭 암기해야 합니다.

정답 28 ③ 29 ④ 30 ③ 31 ④ 32 ④ 33 ③ 34 ③ 35 ②

36 **변압기의 임피던스 전압이란?**

① 정격전류가 흐를 때의 변압기 내의 전압 강하
② 여자전류가 흐를 때의 2차측 단자 전압
③ 정격전류가 흐를 때의 2차측 단자 전압
④ 2차 단락전류가 흐를 때의 변압기 내의 전압 강하

해설 교재 148쪽

37 **그림은 전력제어 소자를 이용한 위상제어 회로이다. 전동기의 속도를 제어하기 위해서 '가' 부분에 사용되는 소자는?**

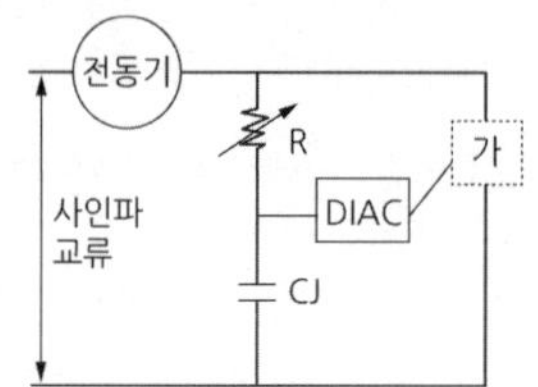

① 전력용 트랜지스터
② 제너 다이오드
③ 트라이악
④ 레귤레이터 78XX 시리즈

해설 ㉠ 교류 양방향 3단자 소자 = 트라이악
㉡ 교재 185쪽 TRIAC 그림 참조

38 **유도 전동기가 회전하고 있을 때 생기는 손실 중에서 구리 손이란?**

① 브러시의 마찰손
② 베어링의 마찰손
③ 표유 부하손
④ 1차, 2차 권선의 저항손

39 **그림과 같은 분상 기동형 단상 유도 전동기를 역회전시키기 위한 방법이 아닌 것은?**

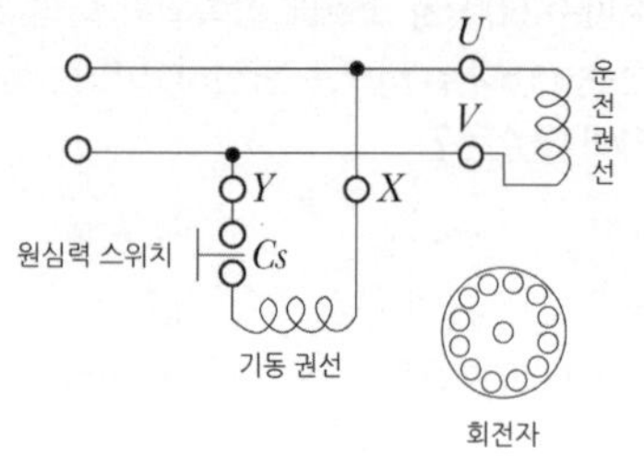

① 원심력스위치를 개로 또는 폐로 한다.
② 기동 권선이나 운전 권선의 어느 한 권선의 단자 접속을 반대로 한다.
③ 기동 권선의 단자접속을 반대로 한다.
④ 운전 권선의 단자접속을 반대로 한다.

해설 원심력 스위치는 기동시에는 붙어 있다가 전동기가 회전하면 원심력에 의해 저절로 떨어지는 것으로 역회전과는 관계가 없습니다.

40 **용량이 작은 유도 전동기의 경우 전부하에서의 슬립(%)은?**

① 1－2.5　　② 2.5－4
③ 5－10　　④ 10－20

해설 슬립이라는 뜻은 '동기 속도(이론 속도) 보다 몇 [%] 늦는가' 하는 척도임

3과목 : 전기 설비

41 **가공전선로의 지지물에 시설하는 지선의 안전율은 얼마 이상이어야 하는가?**

① 2　　② 2.5
③ 3　　④ 3.5

42 **화약류 저장소에서 백열전등이나 형광등 또는 이들에 전기를 공급하기 위한 전기설비를 시설하는 경우 전로의 대지 전압[V]은?**

① 100[V] 이하　　② 150[V] 이하
③ 220[V] 이하　　④ 300[V] 이하

해설 교재 281쪽

43 **연피 없는 케이블을 배선할 때 직각 구부리기(L형)는 대략 굴곡 반지름을 케이블의 바깥지름의 몇 배 이상으로 하는가?**

① 3　　② 4
③ 6　　④ 10

정답 36 ① 37 ③ 38 ④ 39 ① 40 ③ 41 ② 42 ④ 43 ③

44 선 도체의 단면적이 16[mm²]이면, 구리 보호 도체의 굵기는?

① 1.5[mm²] ② 2.5[mm²]
③ 16[mm²] ④ 25[mm²]

해설 선 도체의 단면적이 16[mm²]일 때, 구리로 된 보호도체(PE선)의 굵기는 동일하게 16[mm²]로 해야 합니다. 이는 전기설비에서 보호도체의 굵기가 주 도체와 동일하거나 그 이상의 굵기를 유지해야 한다는 규정에 따른 것입니다

45 접지저항 측정방법으로 가장 적당한 것은?

① 절연 저항계
② 전력계
③ 교류의 전압, 전류계
④ 콜라우시 브리지

해설 224쪽 기출문제 18번, 20문제

46 큰 건물의 공사에서 콘크리트에 구멍을 뚫어 드라이브 핀을 경제적으로 고정하는 공구는?

① 스패너
② 드라이브이트 툴
③ 오스터
④ 록 아웃 펀치

해설 ㉠ 큰 건물의 공사에서 콘크리트에 구멍을 뚫고 드라이브 핀을 경제적으로 고정하는 공구는 드라이브이트 툴입니다. 이 공구는 드라이브 핀을 콘크리트나 단단한 표면에 쉽게 고정할 수 있도록 설계된 도구로, 공사 현장에서 효율적으로 사용됩니다.
㉡ 교재 200쪽 그림 참조

47 전자 접촉기 2개를 이용하여 유도전동기 1대를 정·역운전하고 있는 시설에서 전자접촉기 2개가 동시에 여자 되어 상간 단락되는 것을 방지하기 위하여 구성하는 회로는?

① 자기 유지회로 ② 순차 제어회로
③ Y−△ 기동 회로 ④ 인터록 회로

해설 교재 303쪽 그림과 해설 참조

48 저압 연접 인입선의 시설규정으로 적합한 것은?

① 분기점으로부터 90[m] 지점에 시설
② 6[m] 도로를 횡단하여 시설
③ 수용가 옥내를 관통하여 시설
④ 지름 1.5[mm] 인입용 비닐 절연전선을 사용

해설 교재 257쪽 그림과 해설 참조

49 교통신호등 및 제어기기에 사용하는 사용전압은?

① 150 ② 220
③ 300 ④ 400

50 전선을 접속할 경우의 설명으로 틀린 것은?

① 접속 부분의 전기저항이 증가되지 않아야 한다.
② 전선의 세기를 80[%] 이상 감소시키지 않아야 한다.
③ 접속 부분은 접속 기구를 사용하거나 납땜을 하여야 한다.
④ 알루미늄 전선과 동선을 접속하는 경우, 전기적 부식이 생기지 않도록 해야 한다.

해설 교재 206쪽

51 배선설계를 위한 전등 및 소형 전기 기계기구의 부하용량 산정 시 건축물의 종류에 대응한 표준부하에서 원칙적으로 표준부하를 20[VA/m²]로 적용하여야 하는 건축물은?

① 교회, 극장 ② 호텔, 병원
③ 은행, 상점 ④ 아파트, 미용원

해설 교재 276쪽 암기법 참조

52 특고압 계기용 변압기 2차 측에는 어떤 계기를 설치하는가?

① 전류계 ② 전압계
③ 가스차단기 ④ 캐치 홀더

해설 특고압 계기용 변압기의 2차 측에는 전압계를 설치합니다. 계기용 변압기는 주로 고압 또는 특고압 전압을 측정하기 위한 기기이며, 2차 측에서 측정된 전압을 전압계로 확인합니다.

정답 44 ③ 45 ④ 46 ② 47 ④ 48 ① 49 ③ 50 ② 51 ② 52 ②

53 피뢰기의 접지저항은 몇 [Ω] 이하여야 하는가?

① 10 ② 20
③ 50 ④ 100

해설 교재 293쪽 피뢰기 그림과 해설 참조

54 다음 중 버스 덕트가 아닌 것은?

① 플로어 버스 덕트 ② 피더 버스 덕트
③ 트롤리 버스 덕트 ④ 플러그인 버스 덕트

해설 교재 244쪽

55 저압전로에 사용되는 가정용 배선용 차단기의 정격전류가 50[A]인 회로에 72.5[A]의 전류가 흘렀을 때 몇 분 이내에 자동적으로 동작하여야 하는가?

① 2분 ② 20분
③ 60분 ④ 120분

해설 저압 전로에 사용되는 가정용 배선용 차단기의 경우, 정격전류의 1.45배의 전류가 흐를 때 일정 시간 내에 자동으로 차단되어야 합니다. 정격전류가 50[A]인 회로에서 1시간(60분) 이내에 동작해야 합니다.

56 가공전선로의 지지물에서 다른 지지물을 거치지 아니하고 수용장소의 인입선 접속점에 이르는 가공전선을 무엇이라 하는가?

① 연접 인입선 ② 가공 인입선
③ 구내 전선로 ④ 구내 인입선

해설 교재 257쪽 그림과 해설 참조

57 합성 수지관 공사의 설명 중 틀린 것은?

① 관의 지지점 간의 거리는 1.5[m] 이하로 할 것
② 합성 수지관 안에는 전선에 접속점이 없도록 할 것
③ 전선은 절연 전선 (옥외용 비닐 절연전선을 제외한다.)일 것
④ 관 상호 간 및 박스는 관을 삽입하는 깊이를 관의 바깥 지름의 1.5배 이상으로 할 것

해설 교재 229쪽

58 지중전선로를 직접매설식에 의하여 시설하는 경우 차량, 기타 중량물의 압력을 받을 우려가 있는 장소의 매설 깊이[m]는?

① 0.6[m] 이상 ② 1.0[m] 이상
③ 1.2[m] 이상 ④ 1.5[m] 이상

해설 교재 269

59 배전용 기구인 COS(컷아웃스위치)의 용도로 알맞은 것은?

① 배전용 변압기의 1차 측에 시설하여 변압기의 단락 보호용으로 쓰인다.
② 배전용 변압기의 2차 측에 시설하여 변압기의 단락 보호용으로 쓰인다.
③ 배전용 변압기의 1차 측에 시설하여 배전 구역 전환용으로 쓰인다.
④ 배전용 변압기의 2차 측에 시설하여 배전 구역 전환용으로 쓰인다.

60 전기 난방 기구인 전기담요나 전기장판의 보호용으로 사용되는 퓨즈는?

① 플러그 퓨즈 ② 온도 퓨즈
③ 절연 퓨즈 ④ 유리관 퓨즈

해설 전기 난방 기구인 전기담요나 전기장판의 보호용으로 사용되는 퓨즈는 온도 퓨즈입니다. 온도 퓨즈는 기기의 내부 온도가 설정된 한도를 넘을 경우 회로를 차단하여 과열로 인한 화재나 고장을 방지하는 역할을 합니다.

정답 53 ① 54 ① 55 ③ 56 ② 57 ④ 58 ② 59 ① 60 ②

32 과년도 기출문제(2024년 4회)

1과목 : 전기 이론

01 일반적으로 절연체를 서로 마찰시키면 이들 물체는 전기를 띠게 된다. 이와 같은 현상은?

① 대전(electrification) ② 분극(polarization)
③ 정전(electrostatic) ④ 코로나(corona)

해설 ㉠ 대전은 물체가 서로 접촉하거나 마찰할 때 전자가 이동하면서 한 물체는 양전하를, 다른 물체는 음전하를 띠게 되는 현상을 의미합니다.
㉡ 교재 16쪽

02 2[Ω]의 저항과 3[Ω]의 저항을 직렬로 접속할 때 합성 컨덕턴스는 몇 [℧]인가?

① 0.1 ② 0.2
③ 0.5 ④ 2.4

해설 ㉠ 합성저항 R=2+3=5[Ω]
㉡ 컨덕턴스 $G=\frac{1}{R}=\frac{1}{5}=0.2$

03 그림과 같은 회로에서 합성저항은 몇 [Ω]인가?

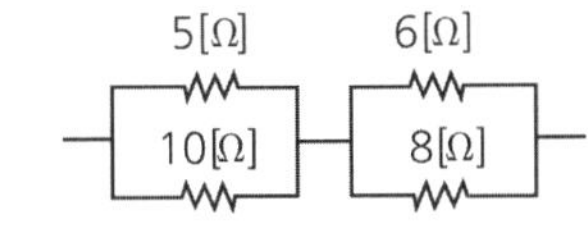

① 2.45 ② 3.62
③ 6.76 ④ 7.48

해설

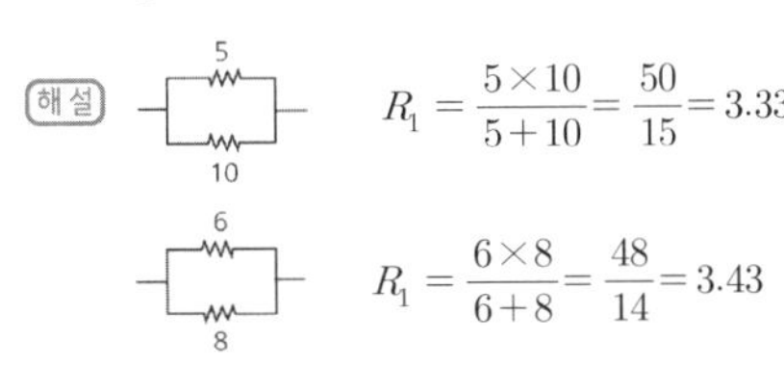

$R_1=\frac{5\times10}{5+10}=\frac{50}{15}=3.33$

$R_1=\frac{6\times8}{6+8}=\frac{48}{14}=3.43$

$R_{합}=R_1+R_2=3.33+3.43=6.76$

04 같은 저항 4개를 연결하여 a-b간에 일정 전압을 가했을 때 소비 전력이 가장 큰 것은 어느 것인가?

① a —R—R—R—R— b

②

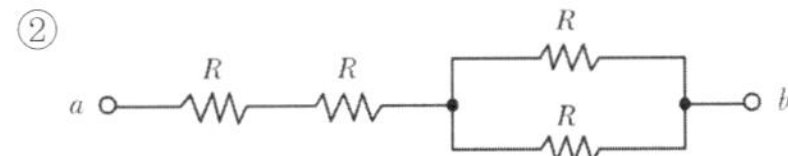

③

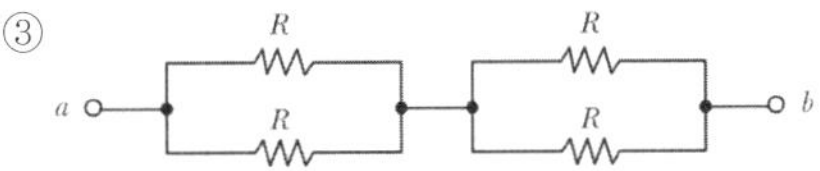

④

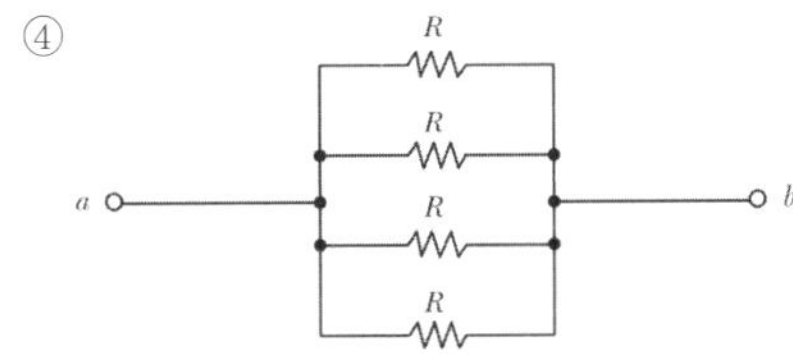

해설 교재 430쪽, 2020년 3회 문제 11번

05 전기분해를 통하여 석출된 물질의 양은 통과한 전기량 및 화학당량과 어떤 관계인가?

① 전기량과 화학당량에 비례한다.
② 전기량과 화학당량에 반비례한다.
③ 전기량에 비례하고 화학당량에 반비례한다.
④ 전기량에 반비례하고 화학당량에 비례한다.

해설 교재 31쪽

06 부하의 전압과 전류를 측정하기 위한 전압계, 전류계 의 배율기, 분류기의 접속 방법은?

① 배율기 : 전압계와 직렬, 분류기 : 전류계와 병렬
② 배율기 : 전압계와 병렬, 분류기 : 전류계와 직렬
③ 배율기 : 전압계와 직렬, 분류기 : 전류계와 직렬
④ 배율기 : 전압계와 병렬, 분류기 : 전류계와 병렬

해설 교재 30쪽 [분류기와 배율기 결선] 그림 참조

정답 01 ① 02 ② 03 ③ 04 ④ 05 ① 06 ①

07 다음 중 전장의 세기의 단위는?

① V/m　② J/C
③ N · m/C　④ V

해설 교재 38쪽

08 전기량 10[μC]을 1,000[V]로 콘덴서에 충전하면 저장되는 에너지는 몇 [J]인가?

① 2.5×10^{-3}　② 5×10^{-2}
③ 5×10^{-3}　④ 7.5×10^{-3}

해설 $W = \frac{1}{2}QV = \frac{1}{2}CV^2 = \frac{Q^2}{2C}$[J] 에서

$W = \frac{1}{2}QV = \frac{1 \times 10 \times 10^{-6} \times 1000}{2} = 5 \times 10^{-3}$[J]

09 정전 용량 $C[\mu F]$ 의 콘덴서에 충전된 전하가 $q = \sqrt{2}Q\sin\omega t$[C] 와 같이 변화하도록 하였다면 이때 콘덴서에 흘러 들어가는 전류의 값은?

① $i = \sqrt{2}\,\omega Q\sin\omega t$[C]
② $i = \sqrt{2}\,\omega Q\cos\omega t$[C]
③ $i = \sqrt{2}\,\omega Q\sin(\omega t - 60°)$[C]
④ $i = \sqrt{2}\,\omega Q\cos(\omega t - 60°)$[C]

10 단위 길이당 권수 30회인 무한장 솔레노이드에 5[A]의 전류가 흐를 때 그 내부의 자장의 세기 [AT/m]는?

① 10　② 100
③ 120　④ 150

해설 ㉠ 교재 53쪽 메모 참조
㉡ $H = n \cdot I = 30 \times 5 = 150$[AT/m]

11 환상 솔레노이드의 내부 자계와 전류의 세기에 대한 설명으로 맞는 것은?

① 전류의 세기에 반비례한다.
② 전류의 세기에 비례한다.
③ 전류의 세기 제곱에 비례한다.
④ 전류의 세기와 전혀 관계 없다.

해설 ㉠ 교재 53쪽 메모 참조
㉡ $H = \frac{N \cdot I}{2\pi r}$[AT/m]

12 자체 인덕턴스가 L_1, L_2이고 상호 인덕턴스가 M인 두 회로의 결합계수가 1일 때, 성립되는 식은?

① $L_1 \cdot L_2 = M$　② $L_1 \cdot L_2 < M^2$
③ $L_1 \cdot L_2 > M^2$　④ $L_1 \cdot L_2 = M^2$

해설 ㉠ 교재 58쪽 맨 아래쪽 '자기 인덕턴스와 상호 인덕턴스와의 관계' 참고
㉡ 상호 인덕턴스
$M = k\sqrt{L_1 \cdot L_2}$ 여기서 결합계수 $k = 1$ 이므로
$M = \sqrt{L_1 \cdot L_2}$ 양변을 제곱하면
$M^2 = (\sqrt{L_1 \cdot L_2})^2$
그러므로 $M^2 = L_1 \cdot L_2$

13 코일에 그림과 같은 방향으로 전류가 흘렀을 때 A 부분의 자극 극성은?

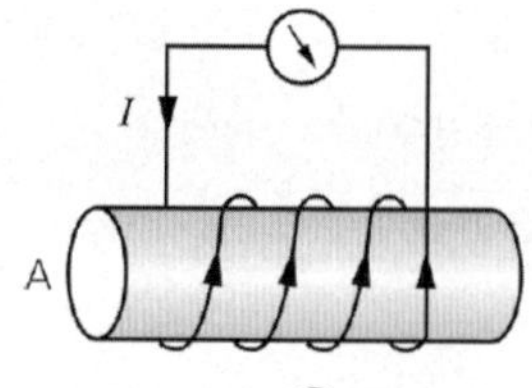

① S　② N
③ P　④ (−)

해설 교재 50쪽, 앙페르의 오른나사법칙

14 다음 중 자기력선(line of magnetic force)에 대한 설명으로 옳지 않은 것은?

① 자석의 N극에서 시작하여 S극에서 끝난다.
② 자기장의 방향은 그 점을 통과하는 자기력선의 방향으로 표시한다.
③ 자기력선은 상호 간에 교차한다.
④ 자계의 크기는 그 점에서의 자기력선 밀도를 나타낸다.

해설 교재 48쪽

정답 07 ① 08 ③ 09 ② 10 ④ 11 ② 12 ④ 13 ② 14 ③

15 자체 인덕턴스가 1[H]인 코일에 200[V], 60[Hz]의 사인파 교류 전압을 가했을 때 전류와 전압의 위상차는?(단, 저항 성분은 무시한다.)

① $1/4\pi$ ② $1/3\pi$
③ $1/2\pi$ ④ $2/3\pi$

해설 교재 67쪽 그림을 잘 이해하시기 바랍니다(암기법까지).

16 환상 철심의 단면적 A[m²], 자로의 길이 ℓ[m], 비투자율 μs , 권수 N_1, N_2인 두 코일의 상호 인덕턴스(H)는?

① $\dfrac{2\pi\mu_s \ell N_1 N_2}{A} \times 10^{-7}$[H]
② $\dfrac{AN_1N_2}{2\pi\mu\ell} \times 10^{-7}$[H]
③ $\dfrac{4\pi\mu_s AN_1N_2}{\ell} \times 10^{-7}$[H]
④ $\dfrac{\pi^2\mu_s N_1N_2}{A\ell} \times 10^{-7}$[H]

해설 교재 58쪽

17 전기저항 25[Ω]에 50[V]의 사인파 전압을 가할 때 전류의 순시값은?(단, 각속도 $\omega = 377$[rad/sec]임)

① $2\sin 377t$[A] ② $2\sqrt{2}\sin 377t$[A]
③ $4\sin 377t$[A] ④ $4\sqrt{2}\sin 377t$[A]

해설 ㉠ $I = \dfrac{V}{R} = \dfrac{50}{25} = 2$[A]
㉡ 전류의 순시값은 $i =$ 최대값$\sin\omega t$로 표시되므로 $i = 2\sqrt{2}\sin 377t$[A]

18 실효값 20[A], 주파수 f [Hz], $\theta = 60°$인 전류의 순시값 i[A]를 수식으로 옳게 표현한 것은?

① $i = 20\sin(2\pi ft + \frac{\pi}{2})$[A]
② $i = 20\sqrt{2}\,sin(2\pi ft + \frac{\pi}{2})$[A]
③ $i = 20\sin(2\pi ft + \frac{\pi}{3})$[A]
④ $i = 20\sqrt{2}\,sin(2\pi ft + \frac{\pi}{3})$[A]

해설 18번 문제와 같은 유형임

19 그림과 같은 평형 3상 △회로를 등가 Y결선으로 환산하면 각상의 임피던스는 몇[Ω]이 되는가?(단, Z는 30[Ω]이다.)

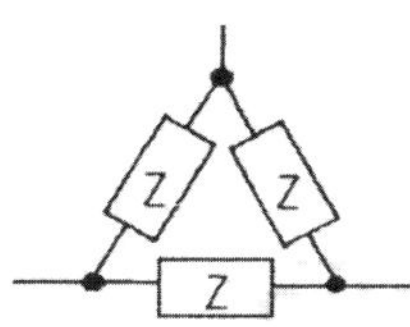

① 30[Ω] ② 15[Ω]
③ 10[Ω] ④ 52[Ω]

해설 교재 85~86쪽의 암기법을 이해하도록 합니다.

20 다음 중 비정현파가 아닌 것은?

① 펄스파 ② 주기 사인파
③ 삼각파 ④ 사각파

해설 '주기 사인파'는 정현파로 모든 교류 파형의 기본입니다.

2과목 : 전기 기기

21 영구자석 또는 전자석 끝부분에 설치한 자성 재료 편으로서, 전기자에 대응하여 계자 자속을 공극 부분에 적당히 분포시키는 역할을 하는 것은 무엇인가?

① 자극 편 ② 정류자
③ 공극 ④ 브러시

해설 ㉠ '자극 편'이라는 의미는 'N, S 자극(계자)의 끝부분 면'을 말합니다.

22 발전기의 전압 변동률을 표시하는 식은?(단, V_o : 무부하 전압, V_n : 정격 전압)

① $\varepsilon = (\dfrac{V_o}{V_n} - 1) \times 100$ ② $\varepsilon = (1 - \dfrac{V_o}{V_n}) \times 100$
③ $\varepsilon = (\dfrac{V_n}{V_o} - 1) \times 100$ ④ $\varepsilon = (1 - \dfrac{V_n}{V_o}) \times 100$

정답 15 ③ 16 ③ 17 ② 18 ④ 19 ③ 20 ② 21 ① 22 ①

해설 교재 123쪽

23 직류 발전기에서 계자의 주된 역할은?

① 기전력을 유도한다.
② 자속을 만든다.
③ 정류작용을 한다.
④ 정류자 면에 접촉한다.

해설 교재 102쪽

24 6극 직렬 권(파권) 발전기의 전기자 도체 수 300, 회전수 900[rpm]일 때 유도기전력 220[V]이면 매극 자속 수는 몇 [wb]인가?

① 20 ② 2
③ 0.2 ④ 0.02

해설 ㉠ 교재 104쪽 암기법
㉡ 유기 기전력

$E=\dfrac{PZ\phi N}{60a}$[V]에서

$\phi=\dfrac{E\cdot 60\cdot a}{PZN}=\dfrac{220\times 60\times 2}{6\times 300\times 900}=0.02$

(단, 파권에서 병렬회로 수 $a=2$)

25 정격속도로 운전하는 무부하의 분권 발전기의 계자 저항이 60[Ω], 계자 전류가 1[A], 전기자 저항이 0.5[Ω]이라 하면 유도 기전력은 약 몇 [V]인가?

① 30.5 ② 50.5
③ 60.5 ④ 80.5

해설 무부하 분권 발전기의 그림

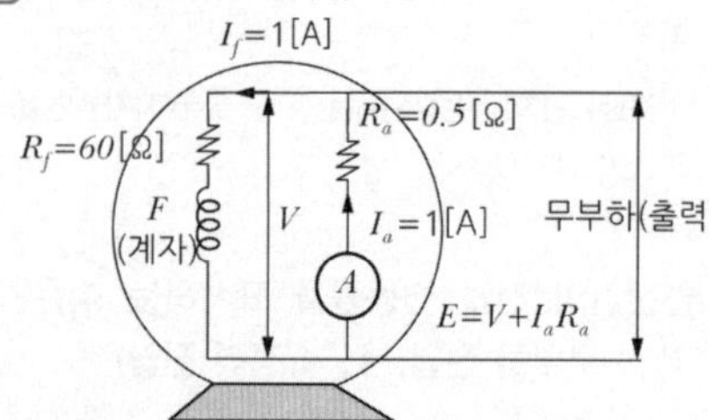

㉠ V=단자 전압, $V=I_f\times R_f=60$[V]
㉡ 유도 기전력 $E=V+I_aR_a=60+0.5=60.5$[V]

26 변압기의 정격 출력으로 맞는 것은?

① 정격 1차 전압 × 정격 1차 전류
② 정격 1차 전압 × 정격 2차 전류
③ 정격 2차 전압 × 정격 1차 전류
④ 정격 2차 전압 × 정격 2차 전류

해설 ㉠ 변압기의 정격은 2차 측을 기준으로 한다.
㉡ 교재 139쪽

27 다음 중 직류전동기의 속도제어 방법이 아닌 것은?

① 저항 제어 ② 계자 제어
③ 전압 제어 ④ 주파수 제어

해설 직류는 주파수가 없다.

28 동기발전기에서 전기자 전류가 유도기전력보다 90°만큼 위상이 앞설 때의 전기자 반작용은?

① 교차 자화 작용 ② 감자 작용
③ 편자 작용 ④ 증자 작용

해설 교재 128쪽

29 중권 직류발전기 전기자 권선에 균압 고리를 설치하는 이유는?

① 브러시의 불꽃을 방지하기 위해서
② 정류자의 정류를 돕기 위해서
③ 기동 전류를 1/3로 줄이기 위해서
④ 제동을 부드럽게 하기 위해서

해설 ㉠ 균압 고리(균압환) : 대형 중권 직류기에 설치.
㉡ 브러시 불꽃 방지 목적으로 사용
㉢ 교재 112쪽

30 역률 개선의 효과로 볼 수 없는 것은?

① 전력 손실 감소
② 전압 강하 감소
③ 감전 사고 감소
④ 설비 용량의 이용률 증가

정답 23 ② 24 ④ 25 ③ 26 ④ 27 ④ 28 ④ 29 ① 30 ③

31 특별한 냉각법을 사용하지 않고 공기의 대류작용으로 변압기 본체가 공기로 자연적으로 냉각되도록 한 방식은?

① 건식 풍냉식 ② 건식 자냉식
③ 유입 자냉식 ④ 유입 풍냉식

해설 교재 144쪽

32 변압기 퍼센트 저항 강하 3[%], 리액턴스강하 4[%]일 때 역률 0.8(지상)에서의 전압 변동률은?

① 2.4[%] ② 3.6[%]
③ 4.8[%] ④ 6.0[%]

해설 ㉠ 교재 147쪽
㉡ $\varepsilon = p\cos\theta + q\sin\theta = (3\times0.8)+(4\times0.6) = 4.8$

[암기]
$\cos\theta = 0.8$ 이면 $\sin\theta = 0.6$

33 수전단 변전소용 변압기 결선에 주로 사용하고 있으며 한쪽은 중성점을 접지할 수 있고 다른 한쪽은 제3 고조파에 의한 영향을 없애주는 장점을 가지고 있는 3상 결선 방식은?

① Y－Y ② △－△
③ Y－△ ④ △－Y

해설 교재 151쪽

34 다음은 3상 유도 전동기 고정자 권선의 결선도를 나타낸 것이다. 맞는 사항을 고르시오.

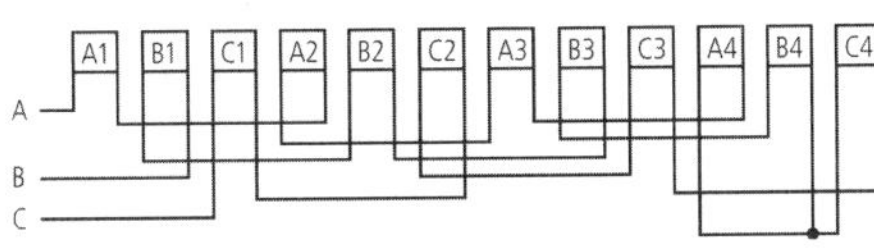

① 3상 2극, Y 결선 ② 3상 4극, Y 결선
③ 3상 2극, Δ 결선 ④ 3상 4극, Δ 결선

해설 ㉠

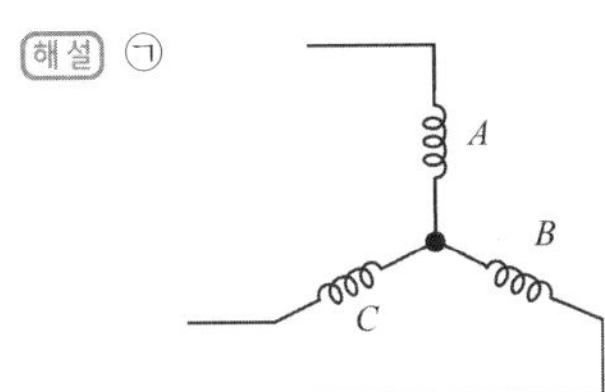

㉡ Y결선 : A코일 군, B코일 군, C코일 군이 같이 묶여 있다.

35 유도 전동기의 슬립은?

① $s = \dfrac{N_S}{N_S - N}$ ② $s = \dfrac{N - N_S}{N}$
③ $s = \dfrac{N_S - N}{N_S}$ ④ $s = \dfrac{N_S + N}{N_S}$

해설 ㉠ 교재 164쪽

36 주파수 60[Hz] 회로에 접속되어 슬립 3[%], 회전수 1164[rpm]으로 회전하고 있는 유도 전동기의 극수는?

① 4 ② 6
③ 8 ④ 10

해설 교재 160쪽 주파수 60[Hz]에서 동기 속도 1200[rpm]에 가장 가까움. 6극

37 교류회로에서 양방향 점호(ON) 및 소호(OFF)를 이용하여 위상 제어를 할 수 있는 소자는?

① SCR ② TRIAC
③ GTO ④ UJT

해설 교재 185쪽 TRIAC 그림과 설명 참조

38 유도전동기의 슬립을 측정하는 방법으로 옳은 것은?

① 전압계법 ② 전류계법
③ 평형 브리지법 ④ 스트로보법

해설 회전수를 측정하는 것을 '스트로보스코프'라고 하며 회전수를 통해 슬립을 구하는 방식을 스트로보법이라 한다.

39 부흐홀츠 계전기의 설치 위치는?

① 변압기 본체와 콘서베이터 사이
② 콘서베이터 내부
③ 변압기의 고압측 부싱
④ 변압기 주탱크 내부

해설 교재 143쪽 그림

정답 31 ② 32 ③ 33 ③ 34 ② 35 ③ 36 ③ 37 ② 38 ④ 39 ①

40 수 · 변전설비 구성 기기의 계기용 변압기(PT)의 설명으로 맞는 것은?

① 낮은 전압을 높은 전압으로 변성하는 기기이다.
② 적은 전류를 많은 전류로 바꾸어 주는 기기이다.
③ 많은 전류를 적은 전류로 변성하는 기기이다.
④ 높은 전압을 낮은 전압으로 변성하는 기기이다.

해설 PT는 계기용 변압기로 특고압이나 고압을 저압으로 110[V]로 변압하여 계전기나 계측기에 사용할 수 있도록 한 것

3과목 : 전기 설비

41 경질 비닐관의 호칭으로 맞게 기술한 것은?

① 안지름을 짝수 [mm]로 나타낸다.
② 바깥지름을 짝수 [mm]로 나타낸다.
③ 안지름을 홀수 [mm]로 나타낸다.
④ 바깥지름을 홀수 [mm]로 나타낸다.

해설 ㉠ 교재 229쪽

42 배전용 기구인 COS(컷아웃스위치)의 용도로 알맞은 것은?

① 배전용 변압기의 1차 측에 시설하여 변압기의 단락 보호용으로 쓰인다.
② 배전용 변압기의 2차 측에 시설하여 변압기의 단락 보호용으로 쓰인다.
③ 배전용 변압기의 1차 측에 시설하여 배전 구역 전환용으로 쓰인다.
④ 배전용 변압기의 2차 측에 시설하여 배전 구역 전환용으로 쓰인다.

43 배전반 및 분전반의 설치 장소로 적합하지 못한 것은?

① 전기 회로를 쉽게 조작할 수 있는 장소
② 개폐기를 쉽게 조작할 수 있는 장소
③ 안정된 장소
④ 밀폐된 장소

해설 교재 279쪽

44 한 수용 장소의 가공 인입선에서 분기하여 지지물을 거치지 아니하고 다른 수용 장소의 인입구에 이르는 부분의 전선을 무엇이라 하는가?

① 가공 전선 ② 가공 지선
③ 가공 인입선 ④ 연접 인입선

해설 교재 257쪽 그림과 설명 참조

45 주상변압기를 철근콘크리트 전주에 설치할 때 사용되는 것은?

① 암 밴드 ② 암타이 밴드
③ 앵커 ④ 행거 밴드

해설 교재 263쪽 그림 참조

46 가공전선로의 지지물에 시설하는 지선의 안전율은 얼마 이상이어야 하는가?

① 2 ② 2.5
③ 3 ④ 3.5

47 합성 수지관 공사에서 옥외 등 온도 차가 큰 장소에 노출 배관을 할 때 사용하는 커플링은?

① 신축 커플링(0C) ② 신축 커플링(1C)
③ 신축 커플링(2C) ④ 신축 커플링(3C)

해설 ㉠ 신축 커플링(0C)는 주로 실내 배관이나 온도 변화가 미미한 환경에서 사용되며, 배관의 신축 요구가 거의 없을 때 적합한 커플링입니다.
㉡ 신축 커플링(1C)는 주로 실내 배관 또는 온도 변화가 크지 않은 환경에서 사용되며, 배관의 신축 요구가 크지 않은 경우에 적합합니다.
㉢ 합성 수지관 공사에서 신축 커플링(2C)의 용도는 주로 온도 변화에 따른 배관의 신축을 흡수하기 위해 사용됩니다. 특히, 옥외 노출 배관이나 온도 차이가 큰 장소에서 배관이 열에 의해 팽창하거나 추위에 의해 수축할 때, 배관의 변형을 방지하기 위해 설치합니다.
㉣ 신축 커플링(3C)은 배관의 이동 및 변형을 흡수하는 역할을 하며, 온도 변화나 구조물의 움직임에 대응하기 위한 용도로 사용됩니다.

정답 40 ④ 41 ① 42 ① 43 ④ 44 ④ 45 ④ 46 ② 47 ③

48 보호를 요하는 회로의 전류가 어떤 일정한 값(정정값) 이상으로 흘렀을 때 동작하는 계전기는?

① 과전류 계전기 ② 과전압 계전기
③ 부족 전압 계전기 ④ 비율 차동 계전기

49 설계 하중 7.8[kN] 이하인 철근 콘크리트 전주의 길이가 7[m]인 지지물을 건주하는 경우 땅에 묻히는 깊이로 가장 옳은 것은?

① 1.2m ② 1.5m
③ 1.8m ④ 2.0m

해설 ㉠ 설계 하중 7.8[kN] 이하, 전주의 길이가 7[m]인 경우 일반적인 기준에 따르면, 전주의 묻힘 깊이는 전주의 길이의 1/6 또는 1.2m 정도가 적절합니다.
전주의 길이 : 7[m] 전주의 묻힘 깊이 : 1.2m
㉡ 설계 하중 6.8[kN] 이하, 전주의 길이가 7[m]인 경우 이 경우에도 전주의 길이가 7m이므로, 하중이 더 작더라도 묻힘 깊이는 큰 차이가 없습니다. 일반적으로 하중이 낮아도 묻힘 깊이는 전주의 길이 기준으로 결정되기 때문에, 이 경우도 1/6 기준에 따라 1.2m로 적용하는 것이 일반적입니다.
전주의 길이 : 7m 전주의 묻힘 깊이 : 1.2m

50 특고압 가공 전선로의 전선의 조수가 3조일 때 완금의 길이는?

① 1,200mm ② 1,400mm
③ 1,800mm ④ 2,400mm

해설 교재 263쪽의 암기법

51 전선을 병렬로 연결하여 공사 시 올바르지 않은 것은?

① 각 전선의 굵기는 50[mm²] 이상 동일한 도체, 굵기, 길이이어야 한다.
② 전선의 접속은 동일한 터미널 러그에 완전히 접속시킬 것.
③ 병렬로 사용하는 전선에는 각각에 퓨즈를 설치할 것.
④ 전류의 불평형이 발생하지 않도록 할 것.

해설 병렬로 연결된 전선은 하나의 회로로 동작하기 때문에, 각각의 전선에 퓨즈를 설치하면 퓨즈가 개별적으로 차단되어 회로의 안정성이 떨어질 수 있습니다. 따라서 병렬로 연결된 전선에는 개별 퓨즈를 설치하지 않고, 하나의 퓨즈나 차단기를 사용하여 회로 전체를 보호하는 것이 일반적인 방법입니다.

52 구리 전선과 전기 기계 기구 단자를 접속하는 경우에 진동 등으로 인하여 헐거워질 염려가 있는 곳에는 어떤 것을 사용하여 접속하여야 하는가?

① 평와셔 2개를 끼운다.
② 스프링 와셔를 끼운다.
③ 코드 패스너를 끼운다.
④ 정 슬리브를 끼운다

해설 교재 28쪽

53 전등 한 개를 2개소에서 점멸하고자 할 때 옳은 배선은?

①
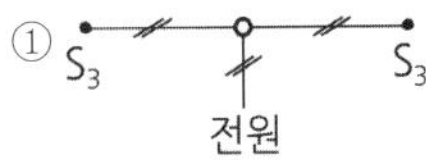

②
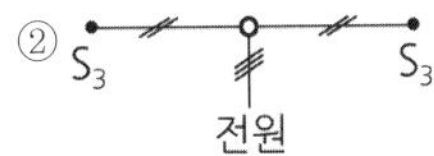

③
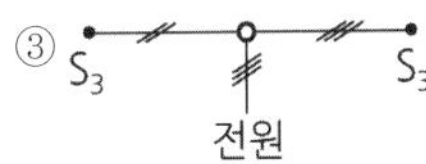

④
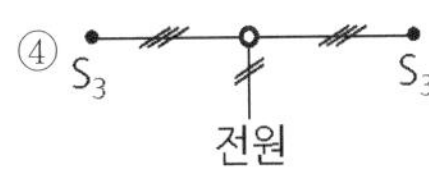

54 전력용 콘덴서 개방 시 잔류 전하 방전 및 과전류 방지를 위해 설치하는 기기를 무엇이라 하는가?

① 한류 리액터 ② 단로기
③ 방전 코일 ④ 유입 차단기

해설 방전 코일은 콘덴서 내부에 남아 있는 잔류 전하를 신속히 방전시켜 안전성을 확보하는 장치로, 전력용 콘덴서를 다룰 때 필수적으로 설치됩니다.

정답 48 ① 49 ② 50 ④ 51 ③ 52 ② 53 ④ 54 ③

55 **화약류 저장소의 전기설비 내용 중 옳은 것은?**

① 전로의 대지전압은 400[V] 이하로 한다.
② 전기 기계 기구는 개방형으로 시설해야 한다.
③ 케이블을 전기 기계 기구에 인입할 때는 인입구에서 케이블이 손상될 우려가 없도록 시설해야 한다.
④ 백열전등 및 형광등을 포함한 전기 시설은 일절 금지된다.

56 **옥내 배선의 박스(접속함) 내에서 가는 전선을 접속할 때 주로 어떤 방법을 사용하는가?**

① 쥐꼬리 접속 ② 슬리브 접속
③ 트위스트 접속 ④ 브리타니아 접속

해설 교재 207쪽

57 **전선에 압착 단자 접속 시 사용되는 공구는?**

① 와이어 스트리퍼 ② 프레셔 툴
③ 클리퍼 ④ 니퍼

58 **배전반 및 분전반과 연결된 배관을 변경하거나 이미 설치되어 있는 캐비닛에 구멍을 뚫을 때 필요한 공구는?**

① 오스터 ② 클리퍼
③ 토치 램프 ④ 녹아웃 펀치

해설 교재 200쪽. '녹아웃 펀치'='홀 소'

59 **한국전기설비규정(KEC)에 의하면 2.5[m] 미만의 높이에서 옥외 백열전등의 전선 굵기는?**

① 1.5[mm^2] ② 2.5[mm^2]
③ 4[mm^2] ④ 6[mm^2]

해설 한국전기설비규정(KEC)에 따르면, 2.5m 미만의 높이에 설치된 옥외 백열전등의 전선 굵기는 최소 2.5mm^2 이상이어야 합니다. 이 규정은 전선의 과열 및 안전을 고려하여 정해진 것입니다.

60 **저압 전로의 접지 측 전선을 식별하는데 애자의 빛깔에 의해 표시하는 경우 어떤 빛깔을 접지 측으로 하여야 하는가?**

① 녹색 ② 백색
③ 청색 ④ 갈색

정답 55 ③ 56 ① 57 ② 58 ④ 59 ② 60 ③

이한철 vvvleehan@hanmail.net

[학 력]

1980년 2월	홍익대학교 전기과 졸업(학사)
1984년 2월	연세대학교 산업대학원 공학 석사(전기 전공)
2007년 8월	관동대학교 교육대학원 교육학 석사(교육학 전공)

[경 력]

현재	안양전기공과학원/안산전기공과학원 기술 이사
2017년 2월 28일	경기도 평촌공업고등학교(전기 전공) 정년 퇴임
1980년 ~2017년 2월	경기도 공업고등학교 전기과 교사 재직

[강 의]

1980년~2017년 2월	경기도, 공업고등학교 전기과 강의
2017년~2020년 현재	[안양전기공과학원] 전기 강의
2013년	[3RLB] 사외 강사 – 전기전자 기초 강좌
2013년	[천세 산업] 사외 강사 – 전기전자 기초 강좌
2017년~2019년	[기아자동차 기술교육센터] 사외 강사 – 시퀀스 제어 실무

[해외 연수]

프랑스 ESIEE 대학교 1997년 (교육부)

저자소개

이명근 magibt@naver.com

[학 력]

2013년 목원대학교 기술마케팅과 졸업

2020년 한국기술교육대학교 공학 석사 (전기전자통신)

2021년 한국기술교육대학교 공학 박사과정 (전기전자통신)

[경 력]

현재 한국전기산업연구원 신사업개발 연구원

[강 의]

2020년 기아자동차 기술교육센터 – PLC 및 시퀀스 제어

2019년 경기기술학교 전기과 – 내선 공사

2019년 안성 폴리텍 대학교 – PLC 및 HMI

2019년 혜전대학교 전기과 – 전기설비기술기준

1917년 국제대학교 전기과 – PLC 및 시퀀스 제어

2016년~2017년 폴리텍 4대학 산학 협력단 – PLC 및 HMI

2015년~2020년 현재 기아자동차 기술교육센터 – PLC 및 시퀀스 제어

[연구 실적]

2019년 '배전선로 절체에 의한 태양광 전원의 수용성 향상 방안에 관한 연구'

2019년 '배전 계통에 있어서 SVR의 LDC방식에 의한 태양광 전원의 수용성 향상 평가 알고리즘'

2019년 '소수력 발전기를 이용한 태양광 전원이 연계된 배전계통의 수용성 평가 알고리즘 분석'

2018년 'PSCAD/EMTDC를 이용한 선로 전압 조정 장치의 LDC방식 모델링 및 태양광 전원 연계 용량 특성 분석'

2017년 '연 축전지와 리튬 이온 전지, 슈퍼 캐패시터를 이용한 하이 브리드 BMS 구현'

2017년 '30[KW]급 마이크로 그리드 시험 장치를 이용한 전력 품질 특성 분석'

[해외 연수]

필리핀 성결대학교 1997년

[2025 최신판] 암기법 있는

전기기능사 필기

발　　행 | 2020년 3월 10일 초판1쇄
2025년 1월 10일 개정5판1쇄

저　　자 | 이한철, 이명근
발 행 인 | 최영민
발 행 처 | 피앤피북
주　　소 | 경기도 파주시 신촌로 16
전　　화 | 031-8071-0088
팩　　스 | 031-942-8688
전자우편 | pnpbook@naver.com
출판등록 | 2015년 3월 27일
등록번호 | 제406-2015-31호

정가 : 30,000원

ISBN 979-11-94085-22-5 (93560)